Reinmut K. Hoffmann

Integrierte Mikrowellenschaltungen

Elektrische Grundlagen, Dimensionierung, technische Ausführung, Technologien

Mit 176 Abbildungen

Springer-Verlag Berlin Heidelberg GmbH 1983

Dipl.-Ing. Reinmut K. Hoffmann
Siemens AG, Bereich Kommunikationstechnik, München

ISBN 978-3-662-12098-9 ISBN 978-3-662-12097-2 (eBook)
DOI 10.1007/978-3-662-12097-2

CIP-Kurztitelaufnahme der Deutschen Bibliothek:
Hoffmann, Reinmut: Integrierte Mikrowellenschaltungen : Elektrische Grundlagen, Dimensionierung, techn. Ausführung, Technologien / R. Hoffmann. – Berlin ; Heidelberg ; New York : Springer, 1983.

Ursprünglich erschienen bei Springer-Verlag Berlin Heidelberg New York 1983
Softcover reprint of the hardcover 1st edition 1983

2362/3020-543210

Vorwort

Ohne die hauptsächlich in diesem Jahrhundert gewonnenen Errungenschaften der Hochfrequenztechnik z.B. auf dem breiten Gebiet der gesamten drahtlosen Nachrichtenübertragung, auf den Gebieten der Ortung und Navigation läßt sich unsere Zivilisation kaum mehr vorstellen. Vorliegendes Buch befaßt sich mit einem jungen Zweig der Hochfrequenztechnik, nämlich der Mikrowellentechnik bei Frequenzen zwischen etwa 0,5 GHz und 20 GHz, und hier wiederum mit deren jüngstem Sproß, den integrierten Mikrowellenschaltungen.

Die klassischen Anwendungen der Mikrowellen in der terrestrischen Richtfunktechnik und der Radartechnik haben sich in den letzten Jahrzehnten stark erweitert, und es sind - durch technologische Fortschritte ermöglicht - viele neue Anwendungsgebiete hinzugekommen. Dazu gehören die Kommunikation und Navigation über Satelliten, die industrielle Meßtechnik, Luftverkehrssicherungssysteme, Radiometrie, industrielle Fertigungsprozeßüberwachung und medizinische Anwendungen sowie die das breite Publikum unmittelbar betreffenden Anwendungen beim Satellitenfernsehen, Polizeiradar, bei Diebstahl- und Einbruchalarmsystemen und den evtl. zu erwartenden automatischen Brems- und Steuersystemen für Kraftfahrzeuge. Außerdem dringt bei superschnellen Impulsschaltungen (Gigabit-Logik) für Breitbandkommunikation und schnelle Rechner die Mikrowellentechnik in das weite Gebiet der Digitaltechnik ein.

Diese starke Ausweitung der Mikrowellenanwendungen ist durch große Fortschritte auf zwei Gebieten, nämlich der Mikrowellen-Halbleitertechnologie und der Technik integrierter Mikrowellenschaltungen ermöglicht worden. In den Anfangszeiten der Mikrowellentechnik in den dreißiger und vierziger Jahren beschränkten sich die Mikrowellenschaltungen auf wenige Komponenten, hauptsächlich auf Röhrensender und einfache Eindioden-Empfangsmischer in sperriger Koaxialleitungs- und Hohlleitertechnik ("Wasserleitungstechnik"). In den letzten drei Jahrzehnten wurde eine Fülle neuer Mikrowellen-Halbleiterbauelemente erfunden und technisch ausgereift wie z.B. Schottkydioden, PIN-Dioden, Varaktordioden, Gunndioden, Lawinenlaufzeitdioden, bipolare Transistoren und Feldeffekttransistoren. Diese Halbleiter ermöglichten wiederum die Entwicklung vieler neuer Mikrowellenkomponenten wie Gegentakt- und

Einseitenbandmischer, Sende-Modulatoren, elektronisch gesteuerte Schalter, Dämpfungsregler und Phasenschieber, Oszillatoren, rauscharme Verstärker und Leistungsverstärker.

Zur Realisierung dieser Komponenten war eine umfangreiche komplexe Mikrowellen-Schaltkreistechnik notwendig, welche bald den Kinderschuhen der Koaxial- und Hohlleitertechnik entwuchs. Neuere, schaltungstechnisch flexiblere wellenleitende Medien wurden benötigt und in den Streifenleitungen gefunden. Es konnte damit eine komplette Schaltung, bestehend aus vielen Streifenleitern, zusammen mit allen weiteren Bauelementen wie Dioden und Transistoren auf einer einzigen gemeinsamen dielektrischen Platte, dem sog. Substrat, in planarer Technik aufgebaut werden. Dabei waren alle Bauelemente fest miteinander verbunden. Somit war die integrierte Mikrowellenschaltung (abgekürzt MIC für microwave integrated circuit) als jüngerer Bruder der bereits existierenden integrierten Digitalschaltungen geboren. Die gesamte Schaltung wird dabei gemeinsam nach dem für kostengünstige Massenproduktion geeigneten fotolithografischen Verfahren hergestellt. Neben der hohen schaltungstechnischen Flexibilität schlagen hoher Miniaturisierungsgrad, geringes Gewicht, große Zuverlässigkeit wegen des Wegfalls löslicher Teile und hohe mechanische Belastbarkeit gegenüber Stoß und Vibration (z.B. bei Fluggeräten, Satelliten) als Vorteile zu Buch.

Die Technologie der integrierten Mikrowellenschaltungen begann in den fünfziger Jahren mit aus kupferkaschierten Kunststoffplatten (glasfaserverstärktes Teflon, Polyolefin) herausgeätzten Schaltungen und eingelöteten Bauteilen. Sie verfeinerte sich in den sechziger und siebziger Jahren in erster Linie mit der Dünnfilm-, aber auch mit der Dickschichttechnik und den damit verbundenen vielfältigen Einbauverfahren (Hybridierungsverfahren) für Zusatzbauelemente. Diese Techniken benützen hauptsächlich Aluminiumoxid-Keramiksubstrate. Am Anfang der achziger Jahre stehen wir an der Schwelle zum technischen Einsatz der monolithischen integrierten Mikrowellenschaltungen, bei denen Streifenleitungen und Halbleiterbauelemente (Dioden, Transistoren) gemeinsam auf demselben Halbleitersubstrat (Silizium, Gallium-Arsenid) hergestellt werden.

Vorliegendes Buch liefert die Grundkenntnisse zum Entwurf integrierter Mikrowellenschaltungen. Dabei liegt der Schwerpunkt auf den elektrischen Eigenschaften der bei diesen Schaltungen verwendeten mannigfaltigen Streifenleitungs-Bauformen, welche die Grundbausteine für alle integrierten Mikrowellenschaltungen bilden. Weitere Hauptthemen bilden eine Einführung in die Technik dieser Schaltungen sowie die Behandlung der beim Schaltungsaufbau und Gehäuseeinbau auftretenden zusätzlichen elektrischen Effekte wie Feldverzerrungen an Diskontinuitäten, Strahlung, Oberflächenwellen und Gehäuseresonanzen.

Zunächst wird in Kap. 1 eine Einführung in die Technik der integrierten Mikrowellenschaltungen gegeben (Schaltungsbeispiele, Substrate, Technologien, Gehäuseeinbau, Bauelemente-Übersicht). Die für alle Streifenleitungstypen gemeinsam gültigen elektrischen Phänomene, Analyseverfahren und Näherungsbetrachtungen werden in Kap. 2 zusammengefaßt dargestellt. Das Hauptgewicht bezüglich der verschiedenen Streifenleitungs-Bauformen liegt auf der Mikrostreifenleitung (microstrip), welche sich weltweit als die Standardleitungsform für integrierte Mikrowellenschaltungen durchgesetzt hat. Ihr sind die Kap. 3 bis 11 gewidmet.

Die statischen und dynamischen Leitungsparameter der Mikrostreifenleitung werden in Kap. 3 berechnet. Die das Schaltungsverhalten bei hohen Frequenzen beeinflussenden Oberwellen werden in Kap. 4 nach einem Näherungsverfahren analysiert. Oft sollen im Interesse starker Miniaturisierung die Gehäuseabmessungen sehr klein gehalten werden. Hierfür sind in Kap. 5 die Einflüsse von Seitenwand und Deckel des Gehäuses auf die Leitungsparameter angegeben. Eine Analyse der verschiedenen Verlustquellen der Leitung (Kap. 6) liefert wichtige Auswahlkriterien für Substrate und Leitungsabmessungen. Wegen ihrer Bedeutung zur Verifikation theoretischer Ergebnisse und zur Beurteilung technologischer Verfahren werden in Kap. 7 Meßverfahren für die Streifenleitungsparameter angegeben. Während die meisten technisch üblichen Substrate isotrope Dielektrika sind, kommen für Spezialschaltungen (z.B. mit geringer Exemplarstreuung oder mit speziellen Richtkopplern) dielektrisch anisotrope Substrate wie Saphir in Frage. Einfache Methoden zur Berechnung der Leitungsparameter mit anisotropen Substraten zeigt Kap. 8. Gekoppelte Leitungen zur Anwendung bei Richtkopplern und Filtern beschreibt Kap. 9. In allen Schaltungen kommen Verbindungen und Abschlüsse von Leitungen vor. Diese Diskontinuitäten müssen aufgrund der ihnen innewohnenden Feldverzerrungen als eigene Bauelemente betrachtet werden. In Kap. 10 werden die Ersatzschaltbildelemente und Übertragungseigenschaften der wichtigsten Diskontinuitäten angegeben. Die ersten Schaltungsentwürfe von Anfängern funktionieren oftmals nicht, da Verkoppelungen durch Strahlungseffekte an Diskontinuitäten und Resonatoren unberücksichtigt blieben. Diese Effekte werden in Kap. 11 abgeschätzt.

Die Kapitel 12, 13 und 14 sind den neben der Mikrostreifenleitung wichtigen weiteren Leitungsvarianten gewidmet. Hier gibt es eine Gruppe von Leitungen, mit denen i.allg. - wie bei der Mikrostreifenleitung - eine eigene Schaltkreistechnik aufgebaut wird, die aber nicht die starke Verbreitung der Mikrostreifenleitung erlangt haben. Dazu gehören die Kammerleitung, die Suspended-Substrate-Leitung, die Triplateleitung und die symmetrisch geschirmte Mikrostreifenleitung (alle in Kap. 12). Für eine zweite Gruppe von Leitungen hat sich i.allg. keine eigene Schaltkreistechnik herausgebildet. Sie werden meist als Hilfsleitungen in Mikrostreifenleitungs-Schaltungen zur Realisierung spezieller Schaltungsfunktionen (z.B. Erzeugung einer entkoppelten Viertorverzweigung bei Doppelgegentaktmischern) verwendet. Zu dieser Gruppe gehören die Mikrostreifenleitung mit Masseschlitz, die Bandleitung (beide noch in Kap. 12), die Koplanarleitungsvarianten (Kap. 13) und die Schlitzleitung (Kap. 14). Die beim Schaltungsaufbau und Gehäuseeinbau oft die Schaltungsfunktion störenden Oberflächenwellen und Gehäuseresonanzen werden in Kap. 15 nach einfachen Modellen analysiert.

Bei den Kurvendarstellungen für die Leitungsparameter werden hauptsächlich die technisch bedeutenden Substrate Aluminiumoxid-Keramik für die Dünnfilm- und Dickschichttechnik und glasfaserverstärktes Teflon für die einfache Ätztechnik kupferkaschierter Platten berücksichtigt. Die angegebenen Formeln gelten jedoch meist für beliebige Substratmaterialien.

Eine Gewähr für die Patentfreiheit der wiedergegebenen Anordnungen kann nicht übernommen werden.

Bei der Behandlung der einzelnen Themen wird im wesentlichen nach einem einheitlichen Schema verfahren: Zunächst wird das physikalische Verhalten anschaulich ohne die Zuhilfenahme komplizierter mathematischer Formalismen beschrieben. Anwendungsbeispiele und typische Daten technischer Ausführungen runden das Bild ab. Feldtheoretische Analyseverfahren werden überblicksmäßig beschrieben. Der hieran tiefer interessierte Leser wird durch umfangreiche kommentierte Literaturhinweise auf detailliertere Darstellungen hingewiesen. Größeren Umfang nehmen unmittelbar anwendbare handliche Formeln und umfassende Kurvendarstellungen, welche auf die in der Praxis auftretenden Fälle zugeschnitten sind, ein. Die Formeln sind mit Angaben der Fehlergrenzen versehen und in kurzer Zeit auf Taschenrechnern zu programmieren: Sie sind auch für rechnergestützten Schaltungsentwurf (Computer-Aided-Design) zu verwenden. Die Kurven sind größtenteils mit genauen numerischen Verfahren auf Digitalrechnern berechnet worden. Schließlich wird eine Übersicht über weitere technisch bedeutende Varianten der jeweils beschriebenen Anordnung, ebenfalls mit kommentierten Literaturhinweisen versehen, gegeben.

Das Buch entstand aus einer fünfzehnjährigen Industrietätigkeit auf den Gebieten der Entwicklung integrierter Mikrowellenschaltungen, der Erstellung rechnergestützter Analyse- und Meßverfahren für diese Schaltungen und der schaltungstechnischen Beratung beim Aufbau von Technologien. Es wendet sich damit auch in erster Linie als Arbeitsbuch an den breiten Kreis der Ingenieure in der Industrie. Der heutige Entwicklungsingenieur ist eingespannt in ein terminlich enges Netz verschiedenster Aufgaben auf den Gebieten der Schaltungsentwicklung, des Projektmanagements und der Fertigungsbetreuung, und er besitzt normalerweise nicht die Zeit und die Spezialkenntnisse, sich mit der feldtheoretischen Analyse von Streifenleitungsstrukturen detailliert zu befassen. Er ist daher auf unmittelbar verwendbare Kurvendarstellungen und Formeln angewiesen. Darauf wird in vorliegendem Buch Rücksicht genommen. Da das Buch auch als Einführung konzipiert ist, wendet es sich zudem sowohl an den fachfremden Spezialisten, der sich in dieses Gebiet neu einarbeiten will, als auch an den gegenüber der späteren Berufspraxis aufgeschlossenen Studenten der Fachhochschulen und technischen Universitäten. Für Hochschul- und Forschungsinstitute liefert das Buch zusätzlich Informationen über die in der Praxis auftretenden Probleme sowie eine umfassende Bibliografie als Ausgangspunkt für weitere wissenschaftliche Arbeiten.

An dieser Stelle möchte ich mich bei allen denjenigen, die am Zustandekommen des Buches beteiligt waren, herzlich bedanken: Frau Chr. Maier besorgte mit großem Sachverstand und Zuverlässigkeit die Berechnungen für viele Kurvendarstellungen. Die Reinzeichnung der Bilder wurde mit großer Sorgfalt von Frl. Brancik, Hrn. Hengmith und Hrn. Lutz vorgenommen. Das erste Konzept schrieben mit viel Geduld Frau Bitzinger, Frau Dellaert und Frau Kahr in Reinschrift. Den gesamten endgültigen Schreibsatz erstellte Frau B. Schmitz mit viel Sachverstand und Einfühlungsvermögen. Mein besonderer Dank gilt ferner der Firma Siemens, bei der ich meine fachliche Erfahrung sammeln konnte, für die Erlaubnis zur Veröffentlichung des Buches und dem Springer-Verlag für sein verständnisvolles Entgegenkommen und die große Sorgfalt beim Druck sowie - last not least - meiner Frau, welche mich in den vielen Jahren der Ausarbeitung des Manuskripts während meiner Freizeit von vielen häuslichen Problemen entlastete.

München, im Februar 1983 R.K. Hoffmann

Inhaltsverzeichnis

Verzeichnis der wichtigsten Symbole und Konstanten, Formelschreibweise XIX

1 Einführung in die Technik integrierter Mikrowellenschaltungen 1

1.1 Definition und Systematik der integrierten Mikrowellenschaltungen 1

1.2 Anwendungsgebiete und Grenzen 11

1.3 Schaltungsbeispiele 12

1.4 Substrate 20

1.4.1 Kriterien zur Substratauswahl 20

1.4.2 Übersicht über Substratmaterialien 23

1.4.3 Aluminiumoxidkeramik (Al_2O_3) 28

1.4.4 Messung der relativen Permittivität und des Verlustfaktors von Substraten ... 32

1.4.5 Bearbeitung von Keramiksubstraten 37

1.5 Herstellungsverfahren (Technologien) für integrierte Mikrowellenschaltungen ... 38

1.5.1 Übersicht 38

1.5.2 Ätztechnik kupferkaschierter Kunststoffplatten 40

1.5.3 Dünnfilm-Hybridschaltungen 42

1.5.4 Dickschicht-Hybridschaltungen 61

1.5.5 Halbleiter-Saphirtechnik 63

1.5.6 Monolithische integrierte Mikrowellenschaltungen 65

1.6 Gehäuseeinbau und elektrische Anschlüsse 79

1.6.1 Anforderungen an Schaltungsgehäuse 79

1.6.2 Konstruktive Auslegung des Hochfrequenz-Übergangs 80

1.6.3 Gehäusetechnik 82

1.6.4 Elektrische Auslegung der Übergänge Mikrostreifenleitung - Koaxialleitung ... 84

1.6.5 Messung des Reflexionsfaktors von Übergängen 88

1.6.6 Sonderformen von Übergängen 90

1.7 Bauelemente für integrierte Mikrowellenschaltungen 92
1.7.1 Streifenleitungs-Bauformen 92
1.7.2 Schaltelemente für Mikrostreifenleitungsschaltungen 96

2 Allgemeine Streifenleitungseigenschaften 99

2.1 Wellentypen auf Streifenleitungen 99
2.1.1 Übersicht 99
2.1.2 TEM-Leitungen und TEM-Wellen 99
2.1.3 Quasi-TEM-Leitungen und Quasi-TEM-Wellen 100
2.1.4 Streifenleitungen mit allgemeinen hybriden Wellen (Nicht-Quasi-TEM-Wellen) 104

2.2 Näherung: Schwach gedämpfte TEM-Leitung 104

2.3 Statische (TEM-) Näherung für Streifenleitungen mit inhomogenem Dielektrikum 108
2.3.1 Wellenwiderstand und Phasengeschwindigkeit 108
2.3.2 Effektive Permittivität 110
2.3.3 Dielektrischer Füllfaktor 111

2.4 Dämpfung von Streifenleitungen mit inhomogenem Dielektrikum nach statischer Näherung 114
2.4.1 Einführung 114
2.4.2 Skineffekt 114
2.4.3 Leiterdämpfung 116
2.4.4 Dielektrische Dämpfung 121
2.4.5 Ableitungsdämpfung 123

2.5 Näherungsverfahren für die statische Analyse von Quasi-TEM-Leitungen 124
2.5.1 Übersicht 124
2.5.2 Modifizierte konforme Abbildung unter Berücksichtigung der dielektrischen Grenzfläche 124
2.5.3 Verfahren der Überlagerung von Teilkapazitäten 126
2.5.4 Umrechnung der Leitungsparameter für andere Substratpermittivitäten 128

2.6 Wellenwiderstandsdefinitionen bei Quasi-TEM-Wellen 130
2.6.1 Einführung 130
2.6.2 Wellenwiderstandsdefinitionen aus Strom, Spannung und Leistung 132
2.6.3 Weitere Wellenwiderstandsdefinitionen 133

2.7 Ähnlichkeitsgesetze bei linearer Vergrößerung von Leiteranordnungen 135
2.7.1 Lineare Vergrößerung von Leitungsquerschnitten 135
2.7.2 Lineare Vergrößerung von dreidimensionalen Leiterstrukturen 140

3 Leitungsparameter der Mikrostreifenleitung auf dielektrischem, isotropem Substrat 142

3.1 Einführung 142

3.2 Wellenwiderstand und effektive Permittivität nach statischer Näherung 145

3.2.1 Numerische statische Analyse der Mikrostreifenleitung 145

3.2.2 Formeln für den Wellenwiderstand und die effektive Permittivität für die Streifenleiterdicke Null 151

3.2.3 Wellenwiderstand der Mikrostreifenleitung ohne Substrat für die Streifenleiterdicke Null 158

3.2.4 Berücksichtigung endlicher Streifenleiterdicke bei der Berechnung der Leitungsparameter der Mikrostreifenleitung 160

3.2.5 Statisches Bandleitungsmodell für die Mikrostreifenleitung 166

3.3 Wellenwiderstand und effektive Permittivität für die hybride Grundwelle der Mikrostreifenleitung nach dynamischer Analyse 168

3.3.1 Dynamische Analyse nach numerischen Verfahren 168

3.3.2 Verschiedene Wellenwiderstandsdefinitionen bei der dynamischen Analyse 170

3.3.3 Dispersionsformeln für die effektive Permittivität 172

3.3.4 Dynamisches Bandleitungsmodell für die Mikrostreifenleitung 181

3.3.5 Dispersionsmodelle für den Wellenwiderstand 182

4 Oberwellen der Mikrostreifenleitung 186

4.1 Übersicht 186

4.2 Oberwellen nach dem Bandleitungsmodell 188

5 Einfluß des Schaltungsgehäuses auf die Leitungsparameter der Mikrostreifenleitung 193

5.1 Einfluß des Gehäusedeckels 193

5.2 Einfluß der Gehäuse-Seitenwand 193

6 Dämpfung der Mikrostreifenleitung 196

6.1 Leiterdämpfung 196

6.1.1 Übersicht 196

6.1.2 Dämpfungsformel nach der Regel vom Induktivitätsinkrement 197

6.1.3 Asymptote des Leiterdämpfungsbelags für große Leiterbreite 198

6.1.4 Einfluß der Haftschicht auf die Leiterdämpfung 199

6.1.5 Einfluß der Substrat-Oberflächenrauhigkeit auf die Leiterdämpfung 201

6.2 Dielektrische Dämpfung 203

6.3 Ableitungsdämpfung 204

7 Messung der Leitungsparameter der Mikrostreifenleitung 207

7.1 Einführung 207

7.2 Ringresonatormethode 207

7.3 Methode des geraden Resonators 210

7.4 Weitere Meßverfahren 213

8 Mikrostreifenleitung auf dielektrisch anisotropem Substrat 216

8.1 Einführung 216

8.2 Permittivitätstensor bei dielektrisch anisotropen Substraten 217

8.3 Mikrostreifenleitung auf uniaxial anisotropem Substrat mit der Hauptachse senkrecht zur Substratoberfläche 220

8.3.1 Wellentyp, statische Näherung 220

8.3.2 Äquivalenztransformation für statische Leitungsparameter 220

8.3.3 Dispersion bei Saphir als Substrat 223

8.4 Verallgemeinerte Äquivalenztransformation zur statischen Analyse: beliebig geneigte Hauptachse in der Querschnittsebene 226

9 Gekoppelte Mikrostreifenleitungen auf dielektrischem Substrat 228

9.1 Übersicht 228

9.2 Leitungsparameter nach statischer Näherung 231

9.2.1 Beziehungen zwischen den Leitungsbelägen und Leitungsparametern 231

9.2.2 Leitungsparameter nach statischer numerischer Analyse 236

9.2.3 Umrechnung der Leitungsparameter für andere Substratpermittivitäten 237

9.2.4 Asymptoten für die Leitungsparameter 240

9.2.5 Formeln für die statischen Leitungsparameter 242

9.3 Frequenzabhängigkeit der Leitungsparameter (dynamische Analyse) 244

9.3.1 Leitungsparameter nach numerischer dynamischer Analyse 244

9.3.2 Dispersionsformeln 245

9.4 Übertragungseigenschaften (S-Parameter) des Mikrostreifenleitungs-Koppelabschnitts 248

9.4.1 Idealer kontradirektionaler Richtkoppler (TEM-Koppler) 248

9.4.2 Streuparameter des nichtidealen Koppelabschnitts in inhomogenem Dielektrikum bei beliebiger Beschaltung 251

9.4.3 Mikrostreifenleitungs-Koppelabschnitt als quasi-kontradirektionaler Koppler (Quasi-TEM-Koppler) 254

9.5 Modifizierte Mikrostreifenleitungs-Koppelabschnitte zur Erreichung hoher Verkoppelung und hoher Richtschärfe 260

9.5.1 Für 3-dB-Koppler geeignete modifizierte Koppelabschnitte 260

9.5.2 Schwach verkoppelte Koppelabschnitte mit hoher Richtschärfe 262

9.6 Verfälschung der Richtschärfe und des Reflexionsfaktors von Richtkopplern durch Reflexionen an den Übergängen 264

10 Mikrostreifenleitungs-Diskontinuitäten 267

10.1 Einführung 267

10.2 Mikrostreifenleitungs-Leerlauf 268

10.2.1 Elektrisches Verhalten, Analyseverfahren 268

10.2.2 Analysegleichungen 270

10.3 Leiterbreitenstufe.. 272

10.3.1 Elektrisches Verhalten, Analyseverfahren 272

10.3.2 Statische Analyse der Originalstruktur 274

10.3.3 Dynamische Analyse mit der Grundwelle des Bandleitungsmodells.... 275

10.3.4 Berücksichtigung des elektrischen Streufelds bei der Bandleitungsanalyse 278

10.3.5 Dynamische Analyse mit dem Bandleitungsmodell unter Einschluß der Oberwellen 279

10.3.6 Sonderformen 281

10.4 Symmetrische rechtwinkelige Verzweigung 282

10.4.1 Elektrisches Verhalten, statische Analyse der Originalstruktur .. 282

10.4.2 Dynamische Analyse mit der Grundwelle des Bandleitungsmodells ... 284

10.4.3 Dynamische Analyse mit dem Bandleitungsmodell unter Einschluß der Oberwellen 287

10.4.4 Sonderformen 289

10.5 Leitungsknick 290

10.5.1 Elektrisches Verhalten, Kompensation 290

10.5.2 Rechtwinkeliger Knick ohne Eckanschrägung (unkompensiert) 292

10.5.3 Kompensierter rechtwinkeliger Knick 293

10.5.4 Sonderformen 296

10.6 Kurzschluß 298

10.6.1 Elektrisches Verhalten, Ersatzschaltbilder 298

10.6.2 Analyse nach dem Bandleitungsmodell 301
10.6.3 Sonderformen 304

10.7 Spalt im Streifenleiter 306

11 Abstrahlung bei Mikrostreifenleitungs-Schaltungen 309

11.1 Übersicht 309

11.2 Abstrahlung bei Leitungsdiskontinuitäten und Übergängen 311
11.2.1 Strahlungsleistungen verschiedener Diskontinuitäten 311
11.2.2 Strahlungsleitwerte und Strahlungswiderstände 316
11.2.3 Abstrahlung bei Übergängen 316
11.2.4 Weitere Strahlungsberechnungen für den Leerlauf 317

11.3 Abstrahlung bei Resonatoren, Antennen 318
11.3.1 Abstrahlung bei Leitungsresonatoren 318
11.3.2 Abstrahlung bei Scheibenresonatoren und Antennen 321

12 Varianten der Mikrostreifenleitung 323

12.1 Mikrostreifenleitung mit Masseschlitz 323

12.2 Kammerleitung 326

12.3 Bandleitung 329

12.4 Suspended-Substrate-Leitung 330
12.4.1 Einzelstreifen-Suspended-Substrate-Leitung 330
12.4.2 Doppelstreifen-Suspended-Substrate-Leitung 333
12.4.3 Sonderformen der Suspended-Substrate-Leitung 333

12.5 Triplate-Leitung 336
12.5.1 Wellenwiderstand der Triplate-Einzelleitung 336
12.5.2 Dämpfung der Triplate-Einzelleitung 341
12.5.3 Weitere Probleme 341
12.5.4 Varianten der Triplateleitung 343
12.5.5 Kantengekoppelte Triplateleitungen 344

12.6 Symmetrisch geschirmte Mikrostreifenleitung 347

13 Koplanarleitungen 349

13.1 Symmetrische koplanare Dreibandleitung mit unendlich breiten Massestreifen 349
13.1.1 Einführung 349

13.1.2 Leitungsparameter bei unendlich dickem Substrat 350
13.1.3 Leitungsparameter für endliche Substratdicke 351
13.1.4 Dämpfung 354
13.1.5 Varianten der koplanaren Dreibandleitung 355

13.2 Symmetrische koplanare Dreibandleitung mit endlicher Massestreifenbreite 357

13.3 Symmetrische koplanare Zweibandleitung 359
13.3.1 Übersicht 359
13.3.2 Leitungsparameter für unendlich dickes Substrat 360
13.3.3 Leitungsparameter für endliche Substratdicke 361
13.3.4 Dämpfung 364

13.4 Koplanare Zweibandleitung mit unendlich breitem Massestreifen 365

13.5 Unsymmetrische koplanare Zweibandleitung 367

13.6 Hilfskurven für elliptische Integrale zur Bestimmung der Parameter von Koplanar- und Triplateleitungen 370

14 Schlitzleitung 373

14.1 Wellentyp und Leitungsparameter 373

14.2 Dämpfung 379

14.3 Frequenzabhängigkeit der seitlichen Feldausdehnung 380

14.4 Varianten und Bauelemente der Schlitzleitung 383

15 Parasitäre Wellen in Streifenleitungsschaltungen 385

15.1 Oberflächenwellen in offenen Mikrostreifenleitungsschaltungen 385
15.1.1 Übersicht 385
15.1.2 Diskontinuitätenverkoppelung 385
15.1.3 Eigenschaften der Oberflächenwellen 386
15.1.4 Synchrone Verkoppelung 388
15.1.5 Unterdrückung von Oberflächenwellen 389

15.2 Hohlleiterwellen in geschlossenem Mikrostreifenleitungs-Schaltungsgehäuse 390
15.2.1 Übersicht über die parasitären Hohlleiterwellen 390
15.2.2 Magnetische Längsschnittwellen im Schaltungsgehäuse 392
15.2.3 Gehäuseresonanzen der magnetischen Längsschnittwellen 393

15.2.4 Gehäuseresonanzen der elektrischen Längsschnitt-Grundwelle 394
15.2.5 Unterdrückung von Gehäuseresonanzen, Einfluß der Streifenleiter.. 395

15.3 Hohlleiterwellen in geschlossenem Suspended-Substrate-Schaltungsgehäuse 396

Literaturverzeichnis 400

Sachverzeichnis 465

Verzeichnis der wichtigsten Symbole und Konstanten, Formelschreibweise

Formelzeichen mit Angabe gebräuchlicher Einheiten

a	Dämpfung	dB
$\underline{a}_i$	in Tor i (i = 1, 2...) von Mehrtoren einlaufende Welle	$\sqrt{W}$
a_{Km}	Mittenfrequenzkoppeldämpfung bei Richtkoppler	dB
a_R	Richtschärfe (Directivity) bei Richtkoppler	dB
a_{21}	Dämpfung eines Zweitors Durchgangsdämpfung bei Richtkoppler	dB dB
a_{31}	Koppeldämpfung bei Richtkoppler	dB
a_{41}	Isolationsdämpfung bei Richtkoppler	dB
A_ρ	Geometriefaktor für Leiterdämpfung	dB
B	Blindleitwert	S
$\underline{b}_i$	am Tor i (i = 1, 2...) von Mehrtoren reflektierte Welle	$\sqrt{W}$
C	Kapazität	pF
C'	Kapazitätsbelag von Leitungen	pF/cm
C'_{even}	Gleichtakt-Kapazitätsbelag gekoppelter Leitungen	pF/cm
$C'_{even,0}$	Gleichtakt-Kapazitätsbelag gekoppelter Leitungen im leeren Raum ($\varepsilon_r = \mu_r = 1$)	pF/cm
C_F	Flächenkapazität	pF/cm^2
C'_f	Randstreukapazitätsbelag bei Streifenleitungen	pF/cm
C_L	Leerlauf-Endkapazität	pF
C'_m	Koppelkapazitätsbelag	pF/cm
C'_{odd}	Gegentakt-Kapazitätsbelag gekoppelter Leitungen	pF/cm
$C'_{odd,0}$	Gegentakt-Kapazitätsbelag gekoppelter Leitungen im leeren Raum ($\varepsilon_r = \mu_r = 1$)	pF/cm
C'_P	Plattenkapazitätsbelags-Anteil bei Streifenleitungen	pF/cm
C'_0	Kapazitätsbelag von Leitungen im leeren Raum ($\varepsilon_r = \mu_r = 1$)	pF/cm

C'^{*}_{ε}	Kapazitätsbelag der Ersatzleitung bei dem Verfahren der Überlagerung von Teilkapazitäten (Abschn. 2.5.3)	pF/cm
d,D	Durchmesser	mm
$\underline{\vec{D}}$	elektrische Verschiebungsdichte (Flußdichte), komplexer Ortsvektor	As/cm^2
$\underline{\vec{E}}$	elektrische Feldstärke (komplexer Ortsvektor)	V/cm
$\underline{E}$	komplexe elektrische Feldstärke (Betrag des Ortsvektors)	V/cm
E	elektrische Feldstärke (Betrag des Ortsvektors und des komplexen Zeigers)	V/cm
$E_{\text{längs}}$	Längskomponente der elektrischen Feldstärke auf einer Leitung (in Wellenausbreitungsrichtung)	V/cm
E_{quer}	Querkomponente der elektrischen Feldstärke auf einer Leitung (senkrecht zur Wellenausbreitungsrichtung)	V/cm
E_S	elektrische Feldstärke im Schlitz bei der Schlitzleitung	V/cm
E_x, E_y, E_z	Komponenten der elektrischen Feldstärke $\vec{E}$	V/cm
f	Frequenz	Hz, GHz
F	Fläche	cm^2
$f_{g,HEm}$	untere Grenzfrequenz der HE_m-Oberwellen auf der Mikrostreifenleitung (m = 1, 2, 3...)	GHz
$f_{g,Hm0}$	untere Grenzfrequenz der H_{m0}-Oberwelle des Bandleitungsmodells (m = 1, 2, 3...)	GHz
$f_{g,LSMmn}$, $f_{g,LSEmn}$	Grenzfrequenz der LSM_{mn}- bzw. LSE_{mn}-Längsschnittwelle im Gehäuse mit Substrat	GHz
$f_{g,stat}$	(empirische) obere Grenzfrequenz für die statische Näherung bei Quasi-TEM-Leitungen	GHz
$f_{g,TE10}$	Grenzfrequenz der TE_{10}-Welle im leeren Gehäuse (Bezugsgröße)	GHz
$f_{g,TMn}$, $f_{g,TEn}$	Grenzfrequenz der TM_n- bzw. TE_n-Oberflächenwelle	GHz
F_i	Strahlungsfaktor einer Diskontinuität i (i = 1, 2, 3...)	1
f_m, f_{m1}, f_{m2}	Mittenfrequenzen von Richtkopplern	GHz
$f_{m,even}$	Gleichtakt-Mittenfrequenz bei Richtkoppler	GHz
$f_{m,odd}$	Gegentakt-Mittenfrequenz bei Richtkoppler	GHz
f_{mK}	Richtkoppler-Mittenfrequenz bei Koppeldämpfungs-Minimum	GHz
f_R	Resonanzfrequenz	Hz, GHz
$f_{R,mnp}$	Resonanzfrequenz eines quaderförmigen Hohlraumresonators	GHz

f_{Rn}	Resonanzfrequenz eines Leitungsresonators (n = 1, 2, 3...)	GHz
$f_{Rn}^{(m)}$	gemessene Resonanzfrequenz eines verlustbehafteten Leitungsresonators (n = 1, 2, 3...)	GHz
$f_{R,LSMmnq}$, $f_{R,LSEmnq}$	Resonanzfrequenz der LSM_{mnq}- bzw. LSE_{mnq}-Resonanz im Gehäuse mit Substrat	GHz
$f_{S,TMn}$, $f_{S,TEn}$	synchrone Koppelfrequenz zwischen Mikrostreifenleitungswelle und TM_n- bzw. TE_n-Oberflächenwelle	GHz
g	Stromdichte	A/cm^2
	Strombelag (elektrische Stromstärke durch Länge quer zur Stromrichtung)	A/cm
G	Wirkleitwert	S
G'	Ableitungsbelag (Querleitwertsbelag) einer Leitung	S/cm
$g_{längs}$	Längsstrombelag auf einer Leitungselektrode (in Wellenausbreitungsrichtung)	A/cm
g_{Li}	Längsstrombelag auf der Streifenleiteroberseite (i = 1), Streifenleiterunterseite (i = 2) und auf dem Masseleiter (i = 3) bei der Mikrostreifenleitung	A/cm
g_{Qi}	Querstrombelag auf der Streifenleiteroberseite (i = 1), Streifenleiterunterseite (i = 2) und dem Masseleiter (i = 3) bei der Mikrostreifenleitung	A/cm
g_{quer}	Querstrombelag auf einer Leitungselektrode (senkrecht zur Wellenausbreitungsrichtung)	A/cm
$G_{Rad,i}$	Strahlungsleitwert einer Diskontinuität i (i = 1, 2, 3...)	S
g_0	Stromdichte an der Leiteroberfläche (bei Skineffekt)	A/cm^2
G'_ε	Ableitungsbelag durch dielektrische Verluste (Umladeverluste $\tan\delta_\varepsilon > 0$)	S/cm
G'_κ	Ableitungsbelag durch Ableitungsverluste (endliche spezifische Leitfähigkeit des Substrats $\kappa > 0$)	S/cm
h	Substratdicke	mm
h*	transformierte Substratdicke (Leitung auf anisotropem Substrat)	mm
$\underline{\vec{H}}$	magnetische Feldstärke (komplexer Ortsvektor)	A/cm
$\underline{H}$	komplexe magnetische Feldstärke (Betrag des Ortsvektors)	A/cm
H	magnetische Feldstärke (Betrag des Ortsvektors und des komplexen Zeigers)	A/cm
H_x, H_y, H_z	Komponenten der magnetischen Feldstärke $\vec{H}$	A/cm
I	Strom (Scheitelwert)	A

I_z	in Wellenausbreitungsrichtung fließender Strom auf einer Leitungselektrode (Scheitelwert)	A
I_{zL}	I_z auf Streifenleiter einer Mikrostreifenleitung	A
I_{zM}	I_z auf Masseleiter einer Mikrostreifenleitung	A
k	Koppelfaktor zwischen Resonatoren	1
	Koppelfaktor bei Richtkopplern	1
k_e	elektrischer Koppelfaktor bei Richtkopplern	1
k_m	magnetischer Koppelfaktor bei Richtkopplern	1
l	Leitungslänge, Streifenleiterlänge	cm, mm
L	Induktivität	nH
L'	Induktivitätsbelag von Leitungen	nH/cm
L'_{even}	Gleichtakt-Induktivitätsbelag gekoppelter Leitungen	nH/cm
$L_{F,i}$	spezifische innere Induktivität eines verlustbehafteten Leiters (Skineffekt)	nH
L_K	Ersatzinduktivität für Kurzschluß am Leitungsende	nH
L'_{odd}	Gegentakt-Induktivitätsbelag gekoppelter Leitungen	nH/cm
M'	Gegeninduktivitätsbelag gekoppelter Leitungen	nH/cm
n_n	Konzentration frei beweglicher Elektronen im Halbleiter	$1/cm^3$
n_p	Konzentration frei beweglicher Löcher im Halbleiter	$1/cm^3$
n_1, n_2, n_2^*	Übersetzungsverhältnisse idealer Transformatoren bei T-Verzweigungs-Ersatzschaltbild	1
p	Dichte (i.allg. von Substraten)	g/cm^3
P	Leistung	W, mW
	Porösität von Substraten	1
P_{Hin}	Leistung der auf eine Diskontinuität hinlaufenden Welle (bei Strahlungsberechnung)	W
P_{Rad}, $P_{Rad,ges}$	gesamte Strahlungsleistung einer Diskontinuität	W
$P_{Rad,OW,i}$	Oberflächenwellen-Strahlungsleistung einer Diskontinuität i (i = 1, 2, 3...)	W
$P_{Rad,RW,i}$	Raumwellen-Strahlungsleistung einer Diskontinuität i (i = 1, 2, 3...)	W
P'_V	Verlustleistung pro Längeneinheit bei einer Leitung	W/cm
P_z	auf einer Leitung in Wellenausbreitungsrichtung transportierte Leistung	W

p_0	theoretische Dichte von Keramiksubstraten	g/cm^3
Q	Güte eines i.allg. unbelasteten Resonators	1
Q_L	belastete Resonatorgüte	1
$Q_{längs}$	Leitungsgüte durch Längsverluste R'	1
Q_{quer}	Leitungsgüte durch Querverluste G'	1
Q_{Rad}, $Q_{Rad,i}$	Leitungsgüte durch Abstrahlungsverluste, Strahlungsgüte (i = 1, 2, 3...)	1
$q_{\tan\delta,\varepsilon}$	Füllfaktor für dielektrische Verluste bei Leitungen in inhomogenem Dielektrikum	1
Q_α	Leitungsgüte durch Gesamtdämpfungsbelag (ohne Abstrahlungsverluste)	1
q_ε	dielektrischer Füllfaktor bei Leitung in inhomogenem Dielektrikum	1
Q_ε	Leitungsgüte durch dielektrische Verluste	1
Q_κ	Leitungsgüte durch Ableitungsverluste	1
Q_μ	Leitungsgüte durch magnetische Verluste	1
Q_ρ	Leitungsgüte durch Leiterverluste	1
r	Betrag eines komplexen Reflexionsfaktors	1 oder %
$\underline{r}$	komplexer Reflexionsfaktor	1 oder %
R	Wirkwiderstand	Ω
R'	Widerstandsbelag einer Leitung	Ω/cm
R_F	(reeller) spezifischer Oberflächenwiderstand beim Skineffekt	Ω
$R_{F,eff}$	effektiver spezifischer Oberflächenwiderstand (bei Mehrschichtleitern und rauher Oberfläche)	Ω
$R_{Rad,i}$	Strahlungswiderstand einer Diskontinuität i (i = 1, 2, 3...)	Ω
R'_μ	R' aufgrund magnetischer Verluste im Substrat	Ω/cm
R'_ρ	R' aufgrund von Leiterverlusten ($\rho > 0$)	Ω/cm
s	Spaltbreite zwischen zwei Streifenleitern	mm
s^*	relative Eckanschrägung bei Leitungsknicken	%
$\underline{S}_{ij}$	Streuparameter (Element der Streumatrix) eines n-Tors (i, j = 1, 2, 3...n)	1
$\underline{S}_{ij,id}$	ideale Streuparameter von Diskontinuitäten ohne Feldverzerrung	1
s^*_{opt}	optimale relative Eckanschrägung für Kompensation bei Leitungsknicken	%
$\underline{S}_{11}$	Eingangs-Reflexionsfaktor bei Richtkoppler	1
$\underline{S}_{21}$	Durchgangs-Übertragungsfaktor bei Richtkoppler	1
$\underline{S}_{31}$	Koppelübertragungsfaktor bei Richtkoppler	1

$\underline{S}_{41}$	Überkoppelfaktor (Isolation) bei Richtkoppler	1
t	Dicke von Streifenleitern, Metallfilmen auf Substraten	µm
T	Temperatur	K, °C
$\tan\delta$	Verlustfaktor	1
$\tan\delta_{\text{längs}}$	Verlustfaktor einer Leitung durch Längsverluste R'	1
$\tan\delta_{\text{quer}}$	Verlustfaktor einer Leitung durch Querverluste G'	1
$\tan\delta_{\varepsilon}$	dielektrischer Verlustfaktor (Umladeverluste im Substrat, Materialeigenschaft)	1
$\tan\delta_{\varepsilon,\text{eff}}$	effektiver dielektrischer Verlustfaktor bei Leitung in inhomogenem Dielektrikum	1
$\tan\delta_{\kappa}$	Ableitungsverlustfaktor (endliche spezifische Leitfähigkeit $\kappa > 0$ im Substrat, Materialeigenschaft)	1
$\tan\delta_{\mu}$	magnetischer Verlustfaktor (Materialeigenschaft)	1
t_H	Haftschichtdicke	µm
t_L	Leitschichtdicke	µm
$\underline{U}$	komplexe Spannung (Scheitelwert)	V
U_i	Klemmenspannung bei Mehrtoren ($i = 1, 2, 3...$)	V
U_S	Schlitzleitungsspannung	V
U_{S0}	Schlitzleitungsspannung zwischen Schlitzkanten längs Substratgrenze	V
U_0	Quellspannung	V
v_P	Phasengeschwindigkeit auf einer Leitung ($v_P = \omega/\beta$)	cm/s
$v_{P,\text{even}}$	Gleichtakt-Phasengeschwindigkeit gekoppelter Leitungen	cm/s
$v_{P,Hm0}$	Phasengeschwindigkeit der H_{m0}- Oberwelle des Bandleitungsmodells ($m = 1, 2, 3...$)	cm/s
$v_{P,HEm}$	Phasengeschwindigkeit der HE_m-Oberwelle der Mikrostreifenleitung ($m = 1, 2, 3...$)	cm/s
$v_{P,LSMmn}$, $v_{P,LSEmn}$	Phasengeschwindigkeit der LSM_{mn}- bzw. der LSE_{mn}-Längsschnittwelle im Gehäuse mit Substrat	cm/s
$v_{P,\text{odd}}$	Gegentakt-Phasengeschwindigkeit gekoppelter Leitungen	cm/s
$v_{P,\text{stat}}$	statische (für niedrige Frequenzen wirksame) Phasengeschwindigkeit von Quasi-TEM-Wellen	cm/s
$v_{P,TMn}$, $v_{P,TEn}$	Phasengeschwindigkeit der TM_n- bzw. der TE_n-Oberflächenwelle	cm/s
w	Streifenleiterbreite	mm

w^*	transformierte Leiterbreite (Leitung auf anisotropem Substrat)	mm
W'_e	auf einer Leitung pro Längeneinheit gespeicherte elektrische Feldenergie	Ws/cm
$W'_{e,\varepsilon}$	im Substrat allein pro Längeneinheit gespeicherte elektrische Feldenergie bei einer Leitung in querinhomogenem Dielektrikum	Ws/cm
w_{eff}	effektive Streifenleiterbreite (i.allg. frequenzabhängig)	mm
$w_{eff,stat}$	statische (frequenzunabhängige) effektive Leiterbreite	mm
$w_{eq,i}$	äquivalente Streifenleiterbreite (bei endlicher Streifenleiterdicke) bzgl. des Leitungsparameters i, z.B. $w_{eq,C0}$, $w_{eq,C}$, $w_{eq,L}$, $w_{eq,ZL0}$, $w_{eq,ZL}$, $w_{eq,\varepsilon}$	mm
$w_{eq,0}$	äquivalente Streifenleiterbreite bzgl. des Kapazitätsbelags C'_0	mm
X	Blindwiderstand	Ω
X_{ij}	Imaginärteile der Elemente der Widerstandsmatrix $(i,j=1,2...)$	Ω
z	Längskoordinate einer Leitung (in Wellenausbreitungsrichtung)	cm
$\underline{Z}$	komplexer Widerstand	Ω
Z_F	Feldwellenwiderstand (aus Feldstärken E,H definiert)	Ω
$\underline{Z}_{F,i}$	komplexer spezifischer innerer Oberflächenwiderstand (Skineffekt)	Ω
$\underline{Z}_{ij}$	Elemente der Widerstandsmatrix	Ω
Z_L	(reeller) Wellenwiderstand verlustfreier oder verlustarmer Leitungen und Richtkoppler	Ω
$\underline{Z}_L$	komplexer Wellenwiderstand von stark verlustbehafteten Leitungen	Ω
$Z_L^{(UI)}$	Wellenwiderstand Z_L nach der Strom-Spannungsdefinition	Ω
$Z_L^{(PI)}$	Wellenwiderstand Z_L nach der Leistungs-Stromdefinition	Ω
$Z_L^{(PU)}$	Wellenwiderstand Z_L nach der Leistungs-Spannungsdefinition	Ω
$Z_L^{(\varepsilon\text{-eff})}$	Wellenwiderstand Z_L nach der $\varepsilon_{r,eff}$-Definition	Ω
$Z_L^{(r)}$	Wellenwiderstand Z_L nach der Reflexionsfaktordefinition	Ω
$Z_{L,even}$	Gleichtakt-Wellenwiderstand gekoppelter Leitungen	Ω
$Z_{L,even}^{(PI)}$	Gleichtakt-Wellenwiderstand nach der Leistungs-Stromdefinition	Ω

$Z_{L,even,stat}$	statischer (bei niedrigen Frequenzen wirksamer) Gleichtakt-Wellenwiderstand	Ω
$Z_{L,even,0}$	Gleichtakt-Wellenwiderstand gekoppelter Leitungen im leeren Raum ($\varepsilon_r = \mu_r = 1$)	Ω
Z_{LN}	Wellenwiderstand einer querhomogenen Normleitung zur Definition von $Z_L^{(r)}$	Ω
$Z_{L,odd}$	Gegentakt-Wellenwiderstand gekoppelter Leitungen	Ω
$Z_{L,odd}^{(PI)}$	Gegentakt-Wellenwiderstand nach der Leistungs-Stromdefinition	Ω
$Z_{L,odd,stat}$	statischer (bei niedrigen Frequenzen wirksamer) Gegentakt-Wellenwiderstand gekoppelter Leitungen	Ω
$Z_{L,odd,0}$	Gegentakt-Wellenwiderstand gekoppelter Leitungen im leeren Raum ($\varepsilon_r = \mu_r = 1$)	Ω
$Z_{L,stat}$	statischer (bei niedrigen Frequenzen wirksamer) Wellenwiderstand von Quasi-TEM-Leitungen	Ω
Z_{L0}	Wellenwiderstand verlustfreier oder verlustarmer Leitungen im leeren Raum ($\varepsilon_r = \mu_r = 1$)	Ω
Z_T	Tor-Bezugswiderstand eines Vierpols oder Mehrtors	Ω
Z_0	Torbeschaltung (reeller Widerstand) bei Richtkopplern, Mehrtoren	Ω
α	Dämpfungsbelag einer Leitung in dB/Längeneinheit	dB/cm
$\alpha_{längs}$	Längsdämpfungsbelag (durch Längsverluste R') einer Leitung	dB/cm
$\alpha_{(N)}$	Dämpfungsbelag einer Leitung in Np/Längeneinheit	Np/cm
α_{quer}	Querdämpfungsbelag (durch Querverluste G') einer Leitung	dB/cm
α_0	Dämpfungsbelag einer Leitung im leeren Raum in dB/Längeneinheit	dB/cm
α_ε	Dämpfungsbelag durch dielektrische Verluste (Umladeverluste)	dB/cm
α_κ	Dämpfungsbelag durch Ableitungsverluste (spezifische Substratleitfähigkeit $\kappa > 0$)	dB/cm
α_μ	Dämpfungsbelag durch magnetische Verluste	dB/cm
α_ρ	Dämpfungsbelag durch Leiterverluste (spez. Widerstand ρ)	dB/cm
$\alpha_{\rho,eff}$	effektiver Leiterdämpfungsbelag (bei Mehrschichtleitern und rauhem Substrat)	dB/cm
$\alpha_{\rho 0}$	Leiterdämpfungsbelag einer Leitung im leeren Raum ($\varepsilon_r = \mu_r = 1$)	dB/cm
β	Phasenbelag einer Leitung	1/cm
β_{quer}	seitliche Abklingkonstante der Schlitzleitungsfelder	1/cm

β_0	Phasenbelag einer Leitung im leeren Raum	1/cm
$\underline{\gamma}$	Ausbreitungskoeffizient einer Leitung	1/cm
δ	äquivalente Leitschichtdicke, Eindringtiefe beim Skineffekt	µm
δ_H	Eindringtiefe bei der Haftschicht	µm
δ_L	Eindringtiefe bei der Leitschicht	µm
Δl_K	äquivalente Leitungsverlängerung bei Kurzschluß am Leitungsende	mm
Δl_L	äquivalente Leitungsverlängerung bei Leerlauf	mm
$\Delta w_{t,i}$	äquivalente Streifenleiterverbreiterung bei endlicher Leiterdicke bzgl. des Leitungsparameters i, z.B. $\Delta w_{t,L}$, $\Delta w_{t,C0}$, $\Delta w_{t,ZL}$, $\Delta w_{t,ZL0}$, $\Delta w_{t,\varepsilon}$	mm
$\Delta w_{t,0}$	äquivalente Streifenleiterverbreiterung bzgl. gleichen Kapazitätsbelags C_0'	mm
Δy_{10dB}, Δy_{20dB}	seitliche 10-dB- bzw. 20-dB-Feldabklingweite bei der Schlitzleitung	mm
ε_r	relative Permittivität (Dielektrizitätszahl) i.allg. von Substraten	1
ε_r^*	transformierte relative Permittivität (Leitung auf anisotropem Substrat)	1
	relative Substratpermittivität der Ersatzleitung bei dem Verfahren der Überlagerung von Teilkapazitäten (Abschn. 2.5.3)	1
$\overleftrightarrow{\varepsilon}_r$	relativer Permittivitätstensor bei anisotropen Dielektrika	1
$\varepsilon_{r,eff}$	effektive (relative) Permittivität von Leitungen in inhomogenem Dielektrikum (s. Abschn. 2.3.2)	1
$\varepsilon_{r,eff,even}$	effektive Gleichtaktpermittivität gekoppelter Leitungen	1
$\varepsilon_{r,eff,even,stat}$	statische effektive Gleichtaktpermittivität gekoppelter Leitungen	1
$\varepsilon_{r,eff,HEm}$	effektive Permittivität der HE_m-Oberwellen der Mikrostreifenleitung ($m = 1, 2, 3...$)	1
$\varepsilon_{r,eff,Hm0}$	effektive Permittivität der H_{m0}-Oberwelle des Bandleitungsmodells ($m = 1, 2, 3...$)	1
$\varepsilon_{r,eff,LSMmn}$, $\varepsilon_{r,eff,LSEmn}$	effektive Permittivität der LSM_{mn}- bzw. LSE_{mn}-Längsschnittwelle im Gehäuse mit Substrat	1
$\varepsilon_{r,eff,m}$	mittlere effektive Permittivität gekoppelter Leitungen	1
$\varepsilon_{r,eff,odd}$	effektive Gegentaktpermittivität gekoppelter Leitungen	1
$\varepsilon_{r,eff,odd,stat}$	statische effektive Gegentaktpermittivität gekoppelter Leitungen	1

$\varepsilon_{r,eff,TMn}$, $\varepsilon_{r,eff,TEn}$	effektive Permittivität der TM_n- bzw. TE_n-Oberflächenwelle	1
ε_{r0}	theoretische relative Permittivität von vollkommen porenfreier Al_2O_3-Keramik	1
$\varepsilon_{r\xi}$, $\varepsilon_{r\eta}$, $\varepsilon_{r\zeta}$	relative Hauptachsenpermittivitäten bei allg. anisotropen Dielektrika	1
$\varepsilon_{r\parallel}$	(relative) Hauptachsenpermittivität parallel zur Hauptachse bei uniaxial anisotropen Dielektrika (i.allg. Substraten)	1
$\varepsilon_{r\perp}$	(relative) Hauptachsenpermittivität senkrecht zur Hauptachse bei uniaxial anisotropen Dielektrika (i.allg. Substraten)	1
Θ	elektrische Länge von Leitungen ($\Theta = 2\pi l/\lambda$)	rad
Θ_{even}	elektrische Länge gekoppelter Leitungen bei Gleichtakterregung	rad
Θ_{odd}	elektrische Länge gekoppelter Leitungen bei Gegentakterregung	rad
κ	spezifische elektrische Leitfähigkeit (Materialeigenschaft, i.allg. von Halbleitersubstraten)	S/cm
κ_{Th}	Wärmeleitfähigkeit	cal/(s·K·cm), W/(K·cm)
$\lambda = v_p/f$	Leitungswellenlänge	cm
$\lambda_{g,Hm0}$	Grenzwellenlänge der H_{m0}-Welle des Bandleitungsmodells	cm
$\lambda_{g,HEm}$	Grenzwellenlänge der HE_m-Oberwelle der Mikrostreifenleitung ($m = 1, 2, 3...$)	cm
$\lambda_{g,LSMmn}$, $\lambda_{g,LSEmn}$	Grenzwellenlänge der LSM_{mn}- bzw. LSE_{mn}-Längsschnittwelle im Gehäuse mit Substrat	cm
λ_{HEm}	Leitungswellenlänge der HE_m-Oberwelle der Mikrostreifenleitung ($m = 1, 2, 3...$)	cm
λ_{Hm0}	Leitungswellenlänge der H_{m0}-Welle des Bandleitungsmodells	cm
λ_{LSMmn}, λ_{LSEmn}	Leitungswellenlänge der LSM_{mn}- bzw. LSE_{mn}-Längsschnittwelle im Gehäuse mit Substrat	cm
$\lambda_0 = c_0/f$	Wellenlänge bei TEM-Leitung und ebener Welle im leeren Raum ($\varepsilon_r = \mu_r = 1$)	cm
$\lambda_{S,TMn}$, $\lambda_{S,TEn}$	synchrone Koppelwellenlänge zwischen Mikrostreifenleitungswelle und TM_n- bzw. TE_n-Oberflächenwelle	cm
μ_n	Beweglichkeit von Elektronen im Halbleiter	$cm^2/(Vs)$
μ_p	Beweglichkeit von Löchern im Halbleiter	$cm^2/(Vs)$
μ_r	relative Permeabilität	1
$\mu_{r,eff}$	effektive (relative) Permeabilität von Leitungen in inhomogenem magnetischem Medium	1

ρ	spezifischer elektrischer Widerstand (Materialeigenschaft, i.allg. von Streifenleitern und Metallschichten, auch von Halbleitersubstraten)	Ωcm
ρ_{Cu}	spezifischer Widerstand von Kupfer ($\rho_{Cu} = 1,72 \cdot 10^{-6}$ Ωcm)	Ωcm
ρ_H	spezifischer Widerstand der Haftschicht	Ωcm
ρ_L	spezifischer Widerstand der Leitschicht	Ωcm
σ_{eff}	effektive Oberflächenrauhigkeit von Substraten	µm
ϕ	Phasendifferenz	°, rad
	Potential auf einer Leitungselektrode	V
$\omega = 2\pi f$	Kreisfrequenz	1/s

Allg. Längenmaße und Querschnittsabmessungen von Leitungen: a, b, B, c, d, D, e, g, h, H, l, L, r, s, t, w, x.

Ersatzschaltbildelemente: Kapazitäten C_L, C_P, C_{P1}, C_S, C_1, C_2, C_3; Induktivitäten L_K, L_P, L_q, L_S, L_{S1}, L_{S2}, L_1, L_2; Blindwiderstände X_P, X_q, X_S, X_1, X_2; Blindleitwert B_{P2}.

Bezugsfrequenzen: f_{pi} $(i = 1...7)$, $f_{p1,even}$, $f_{p1,odd}$.

Bezugsebenenverschiebungen bei Ersatzschaltbildern: d_1, d_2, d_2^*, Δl, Δl_K, Δl_L, Δl_S, Δl_{S1}.

Zählvariable: i, j, k, m, n, p, q = 0, 1, 2, 3....

Winkel: α, β, γ.

Kartesische Koordinatensysteme: x, y, z und ξ, η, ζ.

Mathematische Konstanten und besondere Symbole

$e = \exp(1) = 2,71828183$	Basis des natürlichen Logarithmus
$\pi = 3,14159265$	

f, F	allg. funktionale Abhängigkeit, z.B. $f(w/h, \varepsilon_r)$ bzw. $F(w/h, \varepsilon_r)$
$j = \sqrt{-1}$	imaginäre Einheit
K(k)	vollständiges elliptisches Integral erster Gattung von dem Modul k
$K'(k) = K(k')$	vollständiges elliptisches Integral erster Gattung von dem komplementären Modul k'
k	Modul des elliptischen Integrals
$k' = \sqrt{1-k^2}$	komplementäres Modul von dem Modul k bei elliptischem Integral

Naturkonstanten

$c_0 = 2,99792456 \cdot 10^{10}$ cm/s $\cong 3 \cdot 10^{10}$ cm/s	Lichtgeschwindigkeit, TEM-Wellengeschwindigkeit im leeren Raum
$e = 1,6021917 \cdot 10^{-19}$ As	Elementarladung
$\varepsilon_0 = 8,8541843$ pF/m $\cong 1/(3,6\,\pi)$ pF/cm	elektrische Feldkonstante (Dielektrizitätskonstante des leeren Raums)

$\eta_0 = 120\,\pi\Omega = 376{,}99112\ \Omega$ Wellenwiderstand des leeren Raums ($\varepsilon_r = \mu_r = 1$)

$\mu_0 = 4\pi\,\mathrm{nH/cm}$ magnetische Feldkonstante (Permeabilität des leeren Raums)

Zwischen c_0, ε_0, η_0 und μ_0 bestehen die Beziehungen

$\eta_0 = \sqrt{\mu_0/\varepsilon_0}$,

$c_0 = 1/\sqrt{\mu_0 \cdot \varepsilon_0}$.

Daraus ergibt sich weiterhin

$\eta_0 c_0 = 1/\varepsilon_0$,

$\eta_0/c_0 = \mu_0$.

Formelschreibweise

Komplexe Größen sind unterstrichen, z.B. $\underline{S}_{11}$.

Vektoren sind durch Pfeil gekennzeichnet, z.B. $\vec{E}$.

Tensoren sind durch Doppelpfeil gekennzeichnet, z.B. $\overleftrightarrow{\varepsilon}_r$.

Die Gleichungen werden i.allg. als Größengleichungen, gelegentlich auch als Zahlenwertgleichungen angegeben (s. DIN 1313). Bei Größengleichungen sind für die Formelzeichen die Produkte aus Zahlenwert und (frei wählbarer) Einheit einzusetzen. Kennzeichnung durch kapitelweise fortlaufende Numerierung ohne Zusatzbuchstabe. So bedeutet z.B. (9.22) die 22. Gleichung in Kap. 9 als Größengleichung.

Bei Zahlenwertgleichungen bedeuten Formelzeichen Zahlenwerte, die sich auf jeweils bestimmte, im begleitenden Text angegebene Einheiten beziehen. Kennzeichnung durch zusätzlichen Buchstaben "Z" bei der fortlaufenden kapitelweisen Numerierung. So bedeutet z.B. (2.54 Z) die 54. Gleichung in Kap. 2 als Zahlenwertgleichung.

Aus technischen Gründen wurde in Abweichung von DIN 1302 bei der Formelschreibweise zur Darstellung von "angenähert gleich" das Zeichen " ≅ " verwendet.

Beziehungen zwischen amerikanischen und metrischen Längenmaßen

1 Zoll(inch) = 25,4 mm
1 mil = 0,001 inch = 25,4 µm

Dämpfungsmaße in dB und Np

Das Dämpfungsmaß a bzw. $a_{(N)}$ ist das logarithmierte Verhältnis jeweils zweier Ströme I_1 und I_2, zweier Spannungen U_1 und U_2 oder zweier Leistungen P_1 und P_2. Werden z.B. in zwei Widerständen vom gleichen Wert R die Leistungen $P_1 = U_1 I_1/2 = U_1^2/(2R) = I_1^2 R/2$ und $P_2 = U_2 I_2/2 = U_2^2/(2R) = I_2^2 R/2$ verbraucht, wobei die Spannungen U_1 und U_2 an den Widerständen abfallen und die Ströme I_1 und I_2 durch die Widerstände fließen, so gilt (DIN5493)

$$a = 20\log(U_2/U_1)\,\mathrm{dB} = 20\log(I_2/I_1)\,\mathrm{dB} = 10\log(P_2/P_1)\,\mathrm{dB}$$

$$a_{(N)} = \ln(U_2/U_1)\,\mathrm{Np} = \ln(I_2/I_1)\,\mathrm{Np} = 0{,}5\ln(P_2/P_1)\,\mathrm{Np}.$$

Je nach Berechnungsvorschrift werden die Dämpfungsmaße a mit dem Kurzzeichen dB (Dezibel) und $a_{(N)}$ mit dem Kurzzeichen Np (Neper) versehen. Die Kurzzeichen dB und Np können wie Einheiten von Größen gleicher Art ineinander umgerechnet werden gemäß

$$1\ \mathrm{Np} = \{20/\ln(10)\}\mathrm{dB} = 8{,}686\ \mathrm{dB}.$$

1 Einführung in die Technik integrierter Mikrowellenschaltungen

1.1 Definition und Systematik der integrierten Mikrowellenschaltungen

Einführung

Integrierte Mikrowellenschaltungen, abgekürzt MIC (Microwave Integrated Circuits), haben etwa seit dem Jahr 1950 in stets zunehmendem Maße konventionelle Mikrowellenschaltungen verdrängt. Letztere waren in Koaxialleitungs- und Hohlleitertechnik aufgebaut, wobei innerhalb einer Schaltung Leitungen und andere Bauelemente (Filter, Richtkoppler usw.) miteinander verschraubt, also lösbar miteinander verbunden waren. Bei der integrierten Mikrowellenschaltung sind dagegen, ähnlich wie bei integrierten Digitalschaltungen, alle Bauelemente fest miteinander verbunden und nach einem weitgehend gemeinsamen technologischen Verfahren in planarer Form hergestellt. An die Stelle der bei konventionellen Mikrowellenschaltungen verwendeten Leitungsbauelemente Hohlleiter oder Koaxialleitung tritt bei der integrierten Mikrowellenschaltung die Mikrostreifenleitung. Die für Mikrostreifenleitungen spezifischen Verfahren zum Entwurf und zur Realisierung von Mikrowellen-Schaltungsfunktionen (z.B. Empfangsmischer, Transistorverstärker) als integrierte Mikrowellenschaltungen werden hier als Mikrostreifenleitungstechnik bezeichnet.

Beispiel

Bild 1.1 zeigt einen integrierten PIN-Diodenumschalter für eine Frequenz von 1 GHz als Beispiel für eine einfache integrierte Mikrowellenschaltung. Dieser ist eine Dünnfilm-Hybridschaltung, eine bei technischen Anwendungen vorherrschende spezielle Bauform von integrierten Mikrowellenschaltungen. Nach dem technologischen Verfahren der Dünnfilmtechnik aufgebrachte Streifenleiter befinden sich auf einer dielektrischen Trägerplatte der Dicke 50 mil (1,27 mm) und der Fläche von 1 Zoll x 1 Zoll (25,4 mm x 25,4 mm), dem sog. Substrat. Es besteht aus Aluminiumoxid-Keramik. Zwei PIN-Dioden D_1, D_2 sind als sog. hybride Elemente nach Herstellung der Leiterstruktur in die Schaltung eingelötet und mit aufgeschweißten

Goldbändchen kontaktiert. Die gesamte auf dem Substrat befindliche Schaltung ist in ein Gehäuse mit drei Koaxialleitungsanschlüssen E, A_1, A_2 eingesetzt. Das Bild zeigt das Gehäuse bei abgenommenem Deckel. Elektrische Funktion: Die beiden PIN-Dioden D_1, D_2 schalten ein beim Eingang E eingespeistes Signal (Frequenz: 1 GHz) wahlweise auf den Ausgang A_1 oder A_2. Die PIN-Dioden werden durch Flußstrom- oder Sperrspannungsimpulse an den Steueranschlüssen St gesteuert. D_1 und D_2 liegen, jeweils eine Viertel-Wellenlänge vom Verzweigungspunkt bei E entfernt, parallel zu den Mikrostreifenleitungen.

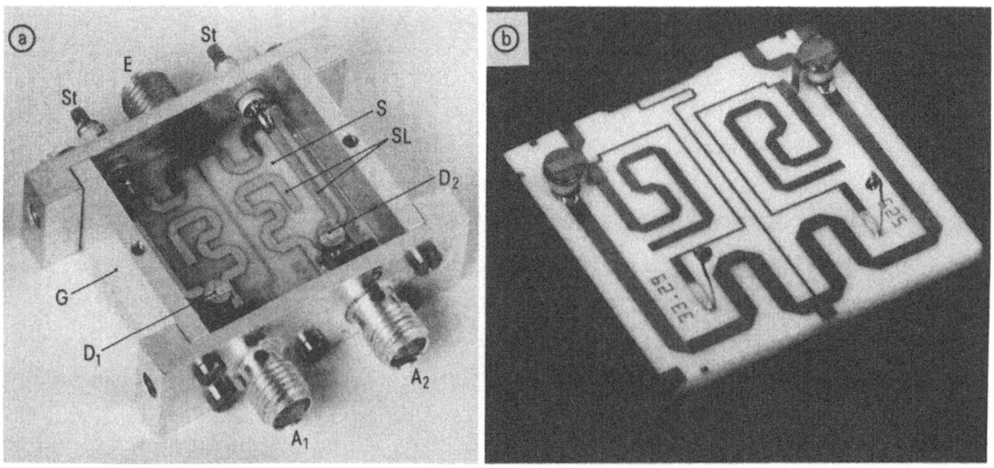

Bild 1.1. PIN-Diodenschalter (1 GHz) als Beispiel einer integrierten Mikrowellenschaltung in Mikrostreifenleitungstechnik auf Keramiksubstrat. a) In das Gehäuse eingebaute Schaltung, Deckel entfernt: G Gehäuse; S Substrat; SL Streifenleiter; E, A_1, A_2 Koaxialanschlüsse; St Steuereingänge für PIN-Dioden; D_1, D_2 PIN-Dioden (hybride Elemente); b) Substrat mit der Schaltung

Kennzeichen

Obwohl das Schaltungsbeispiel von Bild 1.1 nur eine spezielle Bauform einer integrierten Mikrowellenschaltung darstellt, so lassen sich an ihm dennoch die allgemeinen Kennzeichen dieser Schaltungen zeigen: Eine integrierte Mikrowellenschaltung ist eine planar aufgebaute Mikrowellenschaltung, bei welcher alle Schaltungsteile unlösbar miteinander verbunden sind. Sie befinden sich auf einer gemeinsamen, verlustarmen dielektrischen Trägerplatte, dem *Substrat* und sind mit gemeinsamen technologischen Verfahren hergestellt. *Technologie* nennt man das Herstellungsverfahren für diese Schaltungen. Tafel 1.1 zeigt die funktionalen Bestandteile, aus denen sich, vom Standpunkt des Schaltungsentwicklers aus gesehen, eine integrierte Mikrowellenschaltung zusammensetzt. Streifenleitungsdiskontinuitäten, also Verbindungen von geraden Streifenleitungsstücken, werden als eigene

Elemente dargestellt, da ihre elektrischen Eigenschaften aufgrund ihrer Streufelder von den Eigenschaften der idealisierten Streifenleiterverbindungen (z.B. ideale Parallelschaltung) i.a. wesentlich abweichen. Tafel 1.2 stellt die strukturellen Bestandteile einer integrierten Mikrowellenschaltung, wie sie vom Technologen gesehen werden, dar. Diese Aufschlüsselung gilt für die spezielle Bauform der Dünnfilm-Hybridschaltung, welche in der Praxis überwiegend anzutreffen ist. Integrierte Elemente sind diejenigen Elemente, welche in gemeinsamen Verfahren zusammen mit der Leiterstruktur hergestellt werden. Hybride Elemente werden als fertige Bauteile nach der Herstellung der Leiterstruktur in getrennten Verfahrensschritten in der Schaltung eingesetzt.

Der Begriff "Mikrowellenschaltung" schließt einen Frequenzbereich von etwa 0,5 GHz bis 20 GHz, im erweiterten Sinn auch noch von etwa 0,1 GHz bis 30 GHz, ein. Das ist der Frequenzbereich, in welchem sich die bei niedrigen Frequenzen gebräuchliche konzentrierte Schaltungstechnik (R, L, C) nicht mehr verwenden läßt und Wellenleiter zum Aufbau von Schaltungen benötigt werden. Nach oben schließen sich für $f > 20$ GHz (> 30 GHz) die Millimeterwellen an. Bei ihnen können die integrierten Mikrowellen-Schaltungstechniken großenteils übernommen werden. Es haben

Tafel 1.1. Funktionale Bestandteile einer integrierten Mikrowellenschaltung (aus der Sicht des Schaltungstechnikers)

Elektrische Funktionseinheiten

- geradlinige Streifenleitungsstücke (z.B. Mikrostreifenleitungen, Koplanarleitungen)
- Streifenleitungsdiskontinuitäten (z.B. Verzweigungen, Knicke, Leerläufe, Kurzschlüsse)
- konzentrierte Blindelemente: Kondensatoren, Induktivitäten
- Leitungs-Abschlußwiderstände
- Hochfrequenzwiderstände (z.B. in Dämpfungsgliedern)
- Widerstände in Versorgungsnetzwerken für Halbleiter
- Halbleiter: Dioden, Transistoren
- Sonderbauelemente (z.B. Zirkulatoren, dielektrische Resonatoren, Streifenleitungsantennen)

Mechanische Funktionseinheiten

- Gehäuse
- Hochfrequenzanschlüsse
- Gleichspannungs-Anschlüsse

Tafel 1.2. Strukturelle Bestandteile einer integrierten Mikrowellenschaltung vom Typ der Dünnfilm-Hybridschaltung (aus der Sicht des Technologen)

<u>Schichtschaltung</u>

- Substrat
- integrierte Elemente
    - Leiterstruktur
    - Widerstandsstruktur (mit/ohne Abgleich)
    (- Schichtkondensatoren)
- hybride Elemente
    - Kondensatoren (z.B. Keramik-Chipkondensatoren, Beamlead-Kondensatoren)
    - Halbleiter: Dioden, Transistoren (mit/ohne Gehäuse)
    - Trimmerkondensatoren, Trimmerwiderstände
    - Zirkulatoren (eingesetzte Ferritscheiben)
    - Dielektrische Resonatoren (HDK-Keramikblöcke)
    - halbflexible Miniaturkoaxialleitungen
- Anschlußhalbzeuge (Drähtchen, Bändchen)
- Substratdurchbrüche (Löcher für Durchkontaktierungen, Aussparungen)
- Plastikumhüllungen, Schutzkappen für empfindliche hybride Elemente

<u>Gehäuse</u>

- eigentliche Kapselung (mit/ohne hermetischer Abdichtung)
- Hochfrequenzanschlüsse, Verbindungen Substrat - Substrat
- Gleichspannungsanschlüsse (Durchführungs-Kondensatoren)

---

sich jedoch auch spezifische Millimeterwellen-Schaltungstechniken wie z.B. die Finleitungstechnik und die dielektrische Bildleitung herausgebildet. Die für MIC verwendeten Wellenleiter sind durchwegs Leitungen mit planaren Elektroden, die unter dem Oberbegriff S t r e i f e n l e i t u n g e n zusammengefaßt werden. Die wichtigste Bauform ist die Mikrostreifenleitung. Sie wird auch bei dem in Bild 1.1 gezeigten Beispiel benützt. Andere Leitungsbauformen sind die Suspended-Substrate-Leitung, die Koplanarleitung und die Schlitzleitung. Eine Übersicht gibt Abschnitt 1.7.1. Lediglich für die lösbaren externen Anschlüsse der integrierten Mikrowellenschaltung verwendet man noch herkömmliche Leitungstypen, wie Koaxialleitungen und - jedoch seltener - Hohlleiter.

Systematik

Es gibt eine Vielzahl verschiedener Typen bzw. Varianten von integrierten Mikrowellenschaltungen. Eine grobe Systematik ist in Tafel 1.3 angegeben: Hier sind die Schaltungstypen nach den Kriterien der beim Schaltungsentwurf verwendeten Schaltungstechnik, des zum Schaltungsaufbau benutzten Substratmaterials, der zum Aufbau gewählten Streifenleitungsart, der Technologie zur Herstellung der Schaltung und des Integrationsgrades aufgeschlüsselt. Es lassen sich aber nicht alle Schaltungstypen beliebig untereinander kombinieren.

Bei technischen Mikrowellensystemen kleiner und mittlerer Stückzahlen (bis einige 1000 Stück) wird am häufigsten die verteilte Mikrostreifenleitungs-Hybridschaltung, die in Dünnfilmtechnik auf Al_2O_3-Keramiksubstrat hergestellt wird, angewandt. Sie besitzt einen höheren Miniaturisierungsgrad (ε_r = 9,8 bei Al_2O_3-Keramik), bedingt aber auch höhere Geräteinvestitionen, als die ebenfalls häufig vorkommende verteilte Mikrostreifenleitungs-Hybridschaltung, die mit reinem fotolithografischem Verfahren auf metallisierten Kunststoffsubstraten (z.B. glasfaserverstärktes Teflon mit $\varepsilon_r \cong 2{,}5$) hergestellt wird. Zum ersten Typ gehören der in Bild 1.1 gezeigte PIN-Diodenschalter sowie die in Abschnitt 1.3 beschriebenen Schaltungsbeispiele. Es ist i.a. kostengünstiger, bei der Dünnfilmtechnik nur die Leiterbahnen und die Widerstände zu integrieren und die Kondensatoren hybrid einzusetzen. Die Herstellung von Dünnfilmkondensatoren erfordert hohen technologischen Aufwand, welcher bei der üblicherweise geringen Kondensatorzahl pro Schaltung (< 10 Stück) nicht lohnend ist. Ein Vorteil der Dünnfilm-Hybridschaltung ist die große Flexibilität hinsichtlich der Realisierung unterschiedlichster Schaltungsfunktionen: Mit der gleichen Schichttechnologie und den gleichen Hybridierungsverfahren kann man, je nach dem Typ des verwendeten Halbleiters, eine Vielzahl von Schaltungen für hohe oder niedrige Leistungen, wie z.B. Empfangsmischer, Detektoren, Transistorverstärker, Diodenoszillatoren usw. in kurzer Zeit entwickeln und aufbauen. Der Grund ist, daß man auf fertige, handelsübliche Halbleiter zurückgreifen kann und diese nicht mitentwickeln muß.

Anders verhält es sich bei monolitischen integrierten Mikrowellenschaltungen, welche i.a. in verteilter Mikrostreifenleitungstechnik stets auf Halbleitersubstraten aufgebaut werden. Hier muß der Schaltungsentwickler zugleich die Halbleiter mitentwickeln (z.B. bei Transistorverstärker). Sie werden in gemeinsamem Arbeitsgang, wie bei monolitischen integrierten Digitalschaltungen, zusammen mit der Leiterstruktur hergestellt. Demzufolge ist das zur Verfügung stehende Halbleiterspektrum in starkem Maße begrenzt. Die Entwicklungszeiten

Tafel 1.3. Systematik der integrierten Mikrowellenschaltungen

Integrierte Mikrowellenschaltungen (MIC)

Schaltungstechnik	Substratart	Streifenleitungsart	Technologie	Integrationsgrad
- konzentrierte integr. Mikrowellenschaltungen - verteilte integr. Mikrowellenschaltungen (Streifenleitungsschaltungen)	- Kunststoff (z.B. Teflon) - Keramik - Ferrit - Saphir - Halbleiter	- Mikrostreifenleitung - Triplateleitung - Suspended-Substrate-Leitung - Finleitung (mm-Wellen) - dielektrischer Wellenleiter (mm-Wellen) - gemischte Schaltungen (z.B. Mikrostreifen-, Schlitz-, Koplanarleitungen)	- reine Fotolithografie (i.a. bei Kunststoffsubstraten) - Dünnfilmtechnik a) nur Leiter b) Leiter + R c) Leiter + R + C - Dickschichttechnik - kombinierte Dünnfilm-/Halbleiteraufwachstechnik - Halbleitertechnologie (monolithische integr. Mikrowellenschaltungen)	- Hybridschaltungen a) nur Leiter integriert b) Leiter + R integriert c) Leiter + R + C integriert - "Halbleiter auf Saphir" - monolithische integrierte Mikrowellenschaltungen

und die zur Fertigung notwendigen Investitionen sind höher. Der Vorteil der monolitischen MIC liegt in kostengünstiger Massenproduktion standardisierter Schaltungen. Mit zunehmender Ausweitung des Einsatzes von Mikrowellenschaltungen auf den Gebieten der Kommunikation, Ortung, industriellen Meßtechnik und Konsumelektronik sowie mit zunehmender Bauelementestandardisierung läßt sich für monolitische MIC ein starker Aufschwung voraussagen.

Mit sehr geringen Investitionen, die nur in einer Fotoätzeinrichtung bestehen, lassen sich verteilte Mikrostreifenleitungs-Hybridschaltungen auf metallisierten Kunststoffsubstraten (z.B. glasfaserverstärktes Teflon mit $\varepsilon_r = 2,5$) herstellen. Hier sind ausschließlich Leiterbahnen integriert. Der Miniaturisierungsgrad ist jedoch wegen der kleinen Substratpermittivität $\varepsilon_r = 2,5$ niedriger als bei Verwendung von Al_2O_3-Keramiksubstraten.

Konzentrierte integrierte Mikrowellenschaltungen /1.1 - 1.16/ verwenden bis zu Frequenzen von etwa 12 GHz hinauf ausschließlich konzentrierte Blindelemente (Kondensatoren, Induktivitäten) zum Schaltungsaufbau. Sie werden als Dünnfilm-Hybridschaltungen aufgebaut. Es wurden z.B. Verstärker, Mischer und Oszillatoren realisiert.

Verschiedene gebräuchliche Technologien und Streifenleitungsarten sind in den Abschnitten 1.5 und 1.7.1 näher beschrieben. Weitere einführende und vergleichende Betrachtungen zu integrierten Mikrowellenschaltungen enthalten /1.1, 1.2, 1.8, 1.17 - 1.38/.

Vergleich mit konventionellen Schaltungen

Nachfolgend werden integrierte Mikrowellenschaltungen in Dünnfilm-Mikrostreifenleitungstechnik auf Al_2O_3-Keramiksubstrat mit konventionellen Mikrowellenschaltungen in Hohlleiter- bzw. Koaxialleitungstechnik verglichen. Zusätzlich werden integrierte Mikrowellenschaltungen in Triplate-Leitungstechnik auf Teflonsubstrat, eine Variante für Schaltungen geringer Komplexität, die jedoch höhere Leistungen verträgt, betrachtet. Tafel 1.4 enthält diese Gegenüberstellung. Typische Abmessungen der betrachteten Leitungen zeigt Bild 1.2. In Tafel 1.5 werden Zahlenwerte für die nutzbare Bandbreite, den felderfüllten Leitungsquerschnitt, den Wellenlängen-Verkürzungsfaktor $\lambda_0/\lambda = c_0/v_P = \beta/\beta_0$, den Dämpfungsbelag α und die unbelastete Resonatorgüte Q_0 der in Bild 1.2 gezeigten Leitungen angegeben.

Aus den Gegenüberstellungen ergeben sich folgende Hauptvorteile der integrierten Mikrowellenschaltungen in Mikrostreifenleitungstechnik: Sie ermöglichen einen hohen Miniaturisierungsgrad (geringen Raumbedarf, niedriges Gewicht), da sich

Tafel 1.4. Vergleich konventioneller Mikrowellenschaltungen in Hohlleiter- und Koaxialleitungstechnik mit integrierten Mikrowellenschaltungen in Triplate- und Mikrostreifenleitungstechnik

	Hohlleiter	Koaxial-leitung	Triplate-leitung	Mikrostreifen-leitung
Leitungsdämpfung	sehr niedrig	niedrig	mäßig	mäßig
Resonatorgüte	sehr hoch	hoch	mäßig	mäßig
Maximale Pulsleistung	sehr hoch	hoch	mäßig	niedrig
Maximale mittlere Leistung	sehr hoch	hoch	mäßig	niedrig
Bandbreite der Leitung	klein	mäßig	groß	groß
Isolation benachbarter Schaltungsteile	sehr hoch	sehr hoch	niedrig	niedrig
Störung durch parasitäre Wellentypen	keine	keine	Hohlraum-wellen	Oberflächen-wellen
Gewicht	sehr hoch	hoch	niedrig	sehr niedrig
Volumen	sehr groß	groß	klein	sehr klein
Miniaturisierungsgrad	sehr niedrig	niedrig	hoch	sehr hoch
Empfindlichkeit gegen mechan. Belastung	gering	gering	gering	sehr gering
Einbaumöglichkeit für				
a) gehäuste Halbleiter	mäßig	mäßig	gut	sehr gut
b) ungehäuste Halbleiter	nicht möglich	nicht möglich	nicht möglich	sehr gut
c) konzentrierte Elemente	sehr schlecht	mäßig	gut	sehr gut
d) Röhren	gut	mäßig	nicht möglich	nicht möglich
e) mechan. Elemente	gut	mäßig	schlecht	sehr schlecht
f) Ferrite	gut	mäßig	sehr gut	gut
Kombinierbarkeit mit anderen Leitungstypen	mäßig	mäßig	mäßig	gut (mit Streifenleitungen)
Möglichkeit zur hermet. Abdichtung	einfach	schwierig	sehr schwierig	schwierig
Reparierbarkeit (Austauschteile)	gut	gut	mäßig	schwierig
Möglichkeit für komplexe Schaltungen	sehr schlecht	schlecht	mäßig	sehr gut
Schaltungstechn. Flexibilität	sehr schlecht	schlecht	mäßig	sehr gut
Serienfertigungskosten	hoch	hoch	mäßig	niedrig

alle Bauelemente auf einem gemeinsamen Substrat (ohne Trennwände und zwischengeschaltete Steckverbindungen) befinden und da die Leitung einen hohen Wellenlängen-Verkürzungsfaktor besitzt. Zudem sind durch die Fotoätztechnik sehr feine Leiterstrukturen präzise und reproduzierbar herstellbar. Das niedrige Gewicht und der Wegfall von lösbaren Verbindungen zwischen Bauteilen erlauben eine höhere

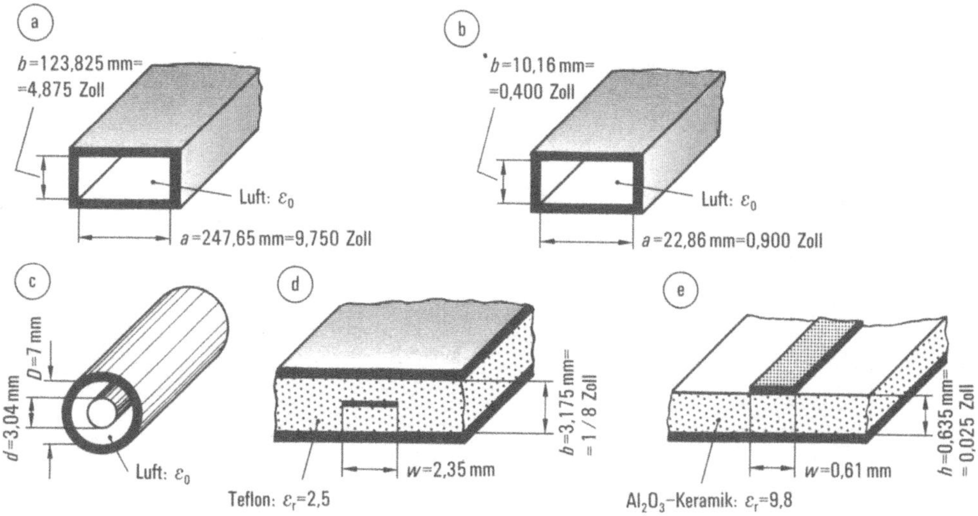

Bild 1.2. Typische Abmessungen von Wellenleitern für konventionelle (a, b, c) und integrierte Mikrowellenschaltungen (d, e). a) E-Band-Hohlleiter WR 975; b) X-Band-Hohlleiter WR 90; c) 3/7-Koaxialleitung; d) Triplateleitung; e) Mikrostreifenleitung

mechanische Belastbarkeit durch Vibration und Stoß (z.B. bei mobilem Einsatz sowie in der Luft- und Raumfahrt). Auch die Zuverlässigkeit wird dadurch größer. Die zur Herstellung angewandte Fotoätztechnik ermöglicht automatisierte Massenfertigung, insbesondere gemeinsame Fertigung einer Vielzahl von Schaltungen auf gemeinsamem Substrat (Nutzenfertigung). Durch die Fotoätztechnik lassen sich sehr komplexe Leiterstrukturen praktisch ohne Mehrkosten fertigen. Dadurch wird der Weg zu neuen, verbesserten, rechnergestützt entworfenen (CAD: Computer Aided Design) Schaltungskonzepten, z.B. für Breitbandverstärker oder breitbandige Mischer mit hoher Entkoppelung, frei. Nachteile integrierter Mikrowellenschaltungen sind die im Vergleich zu Hohlleiter- oder Koaxialleitungsschaltungen höheren Leiterverluste. Auch Schaltungen für hohe Leistungen, z.B. Pulsleistungen oberhalb von etwa 10 kW oder Dauerstrichleistungen oberhalb von ca. 100 W, lassen sich kaum realisieren. Einen Vergleich zwischen einer in modifizierter Koaxialleitungstechnik aufgebauten Mikrowellenschaltung und einer integrierten Mikrowellenschaltung ermöglicht Bild 1.3. Hier ist ein Empfangsmischer mit einer Mittenfrequenz von etwa 3 GHz in beiden Techniken gezeigt. Aufgrund der präziseren Technologie besitzt die integrierte Version sogar noch wesentlich höhere Bandbreite und Entkoppelung zwischen Signal- und Oszillatoranschluß.

Tafel 1.5. Vergleich zwischen konventionellen Wellenleitern (Hohlleiter, Koaxialleitung) und Wellenleitern für integrierte Schaltungen (Triplate-, Mikrostreifenleitung). λ_0 Freiraumwellenlänge, λ Leitungswellenlänge, c_0 Lichtgeschwindigkeit, v_P Phasengeschwindigkeit auf der Leitung, $\beta = 2\pi/\lambda = 2\pi f/v_P$ Phasenkonstante, $\beta_0 = 2\pi/\lambda_0 = 2\pi f/c_0$ Phasenkonstante im leeren Raum

	E-Band-Hohlleiter WR 975	X-Band-Hohlleiter WR 90	3/7-Koaxialleitung, luftgefüllt	Triplateleitung, $\varepsilon_r = 2{,}5$	Mikrostreifenleitung auf Al_2O_3-Keramik
Frequenzbereich $f_1 \ldots f_2$ in GHz	0,75...1,12	8,2...12,4	0...19 *	0...25,3 **	0...31,3 **
Leitungsquerschnitt F in cm^2	$a \cdot b = 306{,}6$	$a\ b = 2{,}32$	$(D/2)^2\pi = 0{,}39$	$\cong (3w)\ b = 0{,}224$	$\cong (2h)(3 \cdot w) = 0{,}023$
Verkürzungsfaktor $\frac{\lambda_0}{\lambda} = \frac{c_0}{v_P} = \frac{\beta}{\beta_0}$	0,80 bei 1 GHz	0,75 bei 10 GHz	1	1,59	2,63
Dämpfungsbelag α für Kupferleiter in dB/cm	$2{,}80 \cdot 10^{-5}$ bei 1 GHz	0,0011 bei 10 GHz	0,0011 bei 1 GHz 0,0034 bei 10 GHz	0,0033 bei 1 GHz 0,01 bei 10 GHz	0,012 bei 1 GHz 0,036 bei 10 GHz
unbelastete Resonatorgüte Q_0 für Kupferleiter	25900 bei 1 GHz	5860 bei 10 GHz	850 bei 1 GHz 2690 bei 10 GHz	440 bei 1 GHz 1380 bei 10 GHz	200 bei 1 GHz 675 bei 10 GHz
Wellenwid. in Ω	-	-	50	50	50
Feldwellenwiderstand Z_{LF} in Ω	474 bei 1 GHz	500 bei 10 GHz	-	-	-
Querschnittsabmessungen nach	Bild 1.2.a	Bild 1.2.b	Bild 1.2.c	Bild 1.2.d	Bild 1.2.e

*) begrenzt durch Auftreten der H_{11}-Oberwelle
**) begrenzt durch Querresonanzen auf dem Streifenleiter

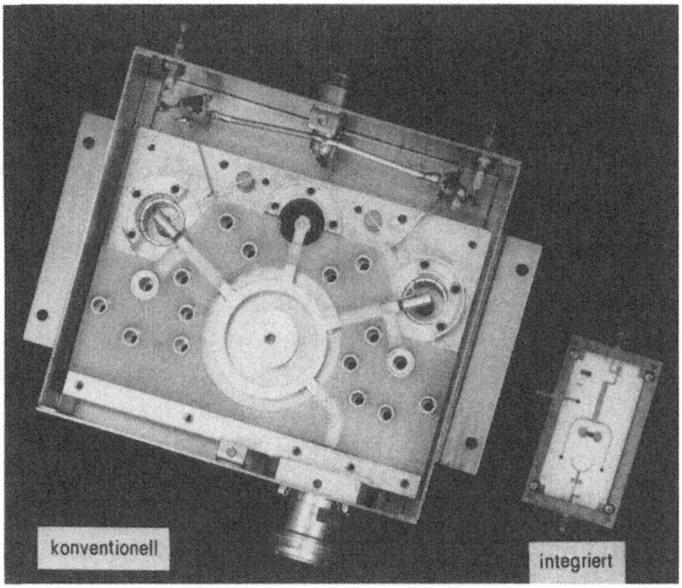

Bild 1.3. Empfangsmischer für eine Mittenfrequenz von ca. 3 GHz in konventioneller und integrierter Schaltungstechnik (Gehäusedeckel jeweils entfernt)

1.2 Anwendungsgebiete und Grenzen

Kriterien für die Integrierbarkeit von Mikrowellenschaltungen sind folgende physikalisch-technische Grenzen der integrierten Mikrowellentechnik:

1. Die übertragbare Leistung ist bei Streifenleitungen für Pulsbetrieb auf P < 5...20 kW (Sprühentladung!) und für Dauerstrichbetrieb auf P < einige 100 W (Erwärmung!) begrenzt. Dieses sind grobe Richtwerte, da der Leitungstyp, der Aufbau, die Substratdicke usw. einen starken Einfluß haben.
2. Die Resonatorgüte ist auf Werte Q < 100...1000 (ja nach Leitungstyp und Frequenzbereich) durch die Leiterverluste begrenzt.
3. Der Arbeitsfrequenzbereich ist bei vielen Streifenleitungen gegen hohe Frequenzen durch das Auftreten parasitärer Wellentypen (Gehäuseresonanzen, Oberflächenwellen) begrenzt. Durch gezielte Gegenmaßnahmen wie z.B. Einbringen von Dämpfungsmaterial in das Schaltungsgehäuse läßt sich diese Grenze i.a. weiter gegen höhere Frequenzen verschieben.
4. Schaltungen mit sperrigen oder bewegten Bauteilen, wie Vakuumröhren oder Drehschalter, sind nicht möglich.

5. *Hohe Isolationen* (z.B. > 80 dB) zwischen benachbarten Schaltungsteilen auf gemeinsamem Substrat sind nicht erreichbar. Es entstehen stets mit wachsender Frequenz sich verstärkende parasitäre Überkoppelungen durch Oberflächenwellen. Dadurch lassen sich bei Mikrostreifenleitungsschaltungen auf 0,635 mm dicken Al_2O_3-Keramiksubstrat für eine Frequenz von f = 1 GHz Isolationen > 60 dB und für f = 10 GHz Isolationen > 40 dB nur sehr schwer erreichen. Abhilfe erreicht man durch Verteilen der Schaltung auf mehrere Substrate in einzelnen Gehäusekammern.

6. Die *Exemplarstreuung* des ε_r bei üblichen Substratmaterialien bewirkt Schwankungen in den Leitungsparametern der Mikrostreifenleitung. Dadurch kann z.B. bei schmalbandigen Filtern die Mittenfrequenz in unzulässig starkem Maße streuen. Dies läßt sich durch die Verwendung monokristalliner Substrate, wie Saphir, welche konstantes ε_r besitzen, vermeiden.

Aus diesen Grenzen folgt, daß einige wenige Spezialbauelemente wie Senderendstufen für Radar- und Richtfunkgeräte großer Reichweite, Hochleistungs-Dämpfungsglieder, Röhrensender, sehr schmalbandige Filter (z.B. relative Bandbreite < 1 ‰) nicht als integrierte Mikrowellenschaltung realisiert werden können.

Der überwiegende Teil der Mikrowellenbauelemente ist jedoch integrierbar. In Tafel 1.6 sind einige typische Bauelemente dieser Art zusammengestellt. Die Einsatzgebiete für integrierte Mikrowellenschaltungen sind somit die Richtfunk-, Satelliten- und Funkortungstechnik sowie die industrielle Meß- und Prüftechnik. Auch in der Konsumelektronik (z.B. Satellitenfernsehen, Einbruchalarmsysteme, Kraftfahrzeug-Abstandsradar) finden integrierte Mikrowellenschaltungen Eingang.

1.3 Schaltungsbeispiele

Nachfolgend wird anhand der Bilder 1.4 bis 1.11 eine Auswahl typischer integrierter Mikrowellenschaltungen vorgestellt. Dabei beschränken wir uns auf Hybridschaltungen in Mikrostreifenleitungstechnik, wie sie üblicherweise in Dünnfilmtechnik auf Al_2O_3-Keramiksubstraten aufgebaut werden. Die Vielfalt der schaltungstechnischen Möglichkeiten integrierter Mikrowellenschaltungen übersteigt diese Auswahl jedoch in hohem Maße. Zur weiteren Information wird auf die laufenden Veröffentlichungen verwiesen, welche vor allem in den Zeitschriften IEEE Trans. on Microwave Theory and Techn. (MTT), Microwaves, Microwave Journal, Microwave System News (alle USA), Electronic Letters, IEE Proceedings - H (Microwaves, Optics and Antennas) (England), Trans. of the Institute of Electronics and Communication

Tafel 1.6. Typische in integrierter Mikrostreifenleitungstechnik realisierbare Mikrowellenbauelemente

---

Passive Bauelemente

- Tiefpässe, Hochpässe
- Bandpässe, Bandsperren mittlerer bis großer Bandbreite
- Richtkoppler
- Leistungsteiler
- Leistungsaddierer
- Zirkulatoren, Isolatoren (mit Ferritsubstrat)
- Dämpfungsglieder
- Resonatoren
- Transformationsschaltungen
- Weichen
- Antennen

Halbleiterschaltungen

- Demodulatoren
- Empfangs- und Aufwärtsmischer
- Feldeffekt- und bipolare Transistorverstärker
- Transistor-Leistungsverstärker
- Frequenzvervielfacher
- PIN-Diodenschalter
- PIN-Dioden-Phasenschieber
- Begrenzer
- Modulatoren
- Oszillatoren mit Transistoren, Gunn- und Impattdioden
- regelbare Dämpfungsglieder

Subsysteme

- Hochfrequenzteile von Empfängern
- Sender (Kleinsignal- und Pulsleistungssender)
- phasengesteuerte Antennenmodule (Phased-Array-Antennen)
- Dopplerradar-Module

Engrs. of Japan (Japan), Archiv für Elektronik und Übertragungstechnik, Nachrichtentechn. Zeitschrift, Frequenz (BRD) erscheinen. Weiterhin sind die Tagungshefte der alljährlich stattfindenden Tagungen European Microwave Conf. und IEEE Internat. Microwave Symposium (USA) zu empfehlen. Systematische Bemessungsverfahren für reine passive Schaltungen wie Filter, Leistungsteiler, Weichen werden bei /1.39/ angegeben.

Die Bilder 1.4 und 1.5 zeigen passive Grundbausteine, welche in vielen integrierten Mikrowellenschaltungen als Schaltungsteile zu finden sind. Hierzu gehören die Leistungsteiler nach Bild 1.4. Das sind Dreitore oder Viertore, welche eine

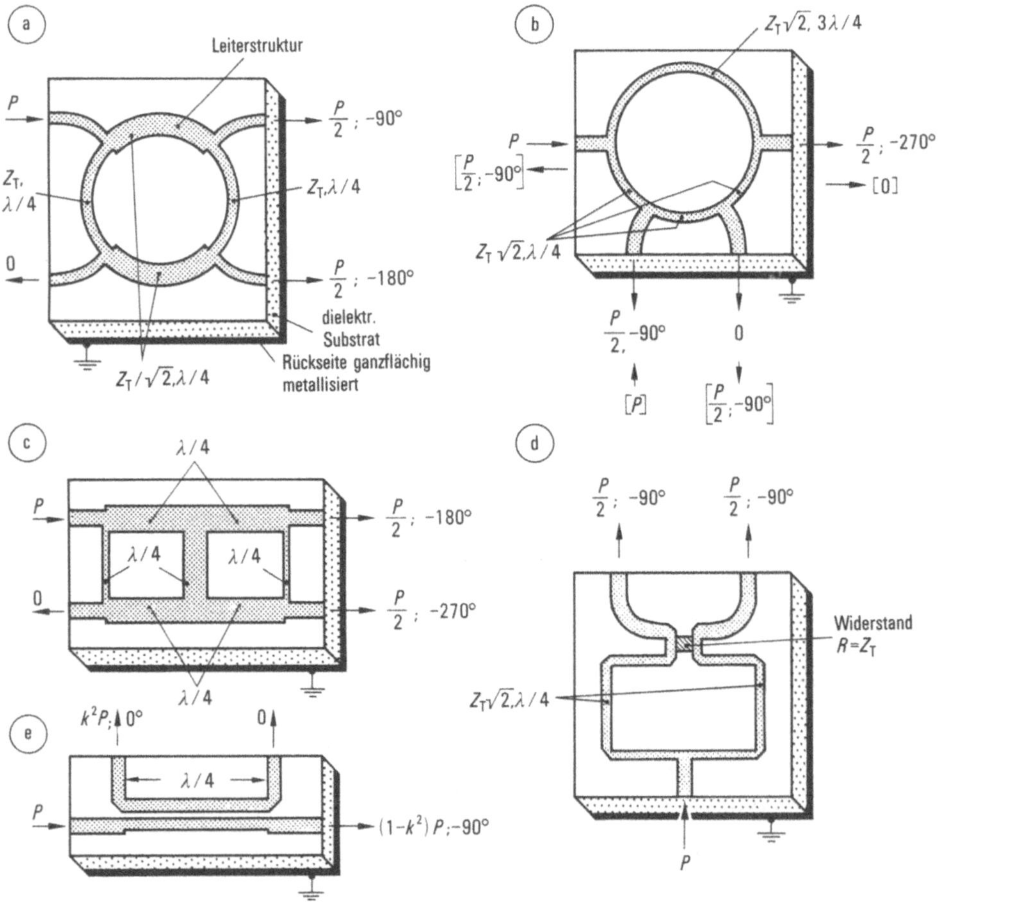

Bild 1.4. Leistungsteiler in Mikrostreifenleitungstechnik (Z_T: Torwiderstand).
a) Standard-Hybridring; b) Ratrace-Hybrid; c) Dreiarmkoppler (branch-line-coupler); d) Wilkinson-Teiler; e) Richtkoppler

an einem Tor eingespeiste Leistung P auf zwei weitere Tore aufteilen. Wird die Leistung in je zwei Hälften P/2 aufgeteilt, so spricht man von einem 3-db-Leistungsteiler oder Hybrid. Bei Viertor-Leistungsteilern ist stets ein Tor entkoppelt (Bilder 1.4 a,b,c,e). Bild 1.4 zeigt die Leiterstruktur auf der Substratoberseite. Die Rückseite ist jeweils ganzflächig metallisiert und bildet den gemeinsamen Masseleiter aller Mikrostreifenleitungen. Alle Teiler besitzen eine Mittenfrequenz, bei der sie optimale elektrische Eigenschaften haben. Für sie gelten die in Bild 1.4 angegebenen Leitungslängen, z.B. $\lambda/4$ (λ: Leitungswellenlänge), und die Leistungs- und Phasenzuordnung an den Toren, z.B. P/2 (-90°). Zudem sind die auf den an allen Anschlüssen als gleich angenommenen Torwiderstand Z_T bezogenen Wellenwiderstände angegeben, z.B. $Z_T/\sqrt{2}$. Entkoppelte Viertor-Hybride werden als Bausteine für Gegentaktmischer, Phasenschieber (Hybridkoppler-Phasenumschalter) und Gegentakt-Transistorverstärker verwendet. Für Verteiler- und Kombinier-Netzwerke verwendet man den Wilkonson-Teiler (Bild 1.4d). Der Richtkoppler (Bild 1.4e) besitzt i.a. stark ungleiche Leistungsaufteilung ($k < 0,1$) und wird für VSWR-Messung und Signalflußüberwachung auf Leitungen benutzt.

Eine weitere wichtige Gruppe von Grundbausteinen bilden die Filter, von denen Bild 1.5 einige typische Strukturen zeigt. Tiefpäße (Bilder 1.5a,b) können in ihrer Funktion als quasi-konzentrierte Schaltungen (Leitungslängen $\ll \lambda/4$) interpretiert werden. Kurze Leitungen mit kleiner Leiterbreite (d.h. hoher Wellenwiderstand $\gg Z_T$) entsprechen Serieninduktivitäten, kurze Leitungen mit großer Leiterbreite (d.h. niedriger Wellenwiderstand $\ll Z_T$) entsprechen Parallelkapazitäten gegen Masse (metallisierte Substratrückseite). Die Resonator-Bandpässe (Bilder 1.5c,d) besitzen $\lambda/2$-Resonatoren, welche entweder an den Enden kapazitiv oder über ihre halbe Länge elektromagnetisch verkoppelt sind. Die Mittenfrequenz des Durchlaßbandes liegt bei der $\lambda/2$-Resonanzfrequenz. Der interdigitale Bandpaß (Bild 1.5e) besteht aus mehrfach verkoppelten, bei der Mittenfrequenz $\lambda/4$-langen Resonatoren, die an den Enden abwechselnd leerlaufen bzw. kurzgeschlossen sind. Die Bandsperre (Bild 1.5f) besitzt parallel zur Durchgangsleitung geschaltete, an den Enden leerlaufende, $\lambda/4$-Resonatoren. Sie schließen bei ihrer Resonanzfrequenz, welche gleich der Mittenfrequenz des Filters ist, den Signalfluß kurz. Bemessungsvorschriften für diese und weitere Filter sind bei /1.39/ angegeben.

Komplexere integrierte Mikrowellenschaltungen mit Halbleiterbauelementen zeigen die Bilder 1.6 bis 1.11. Alle Schaltungen sind Hybridschaltungen in Mikrostreifenleitungstechnik (Substratrückseite metallisiert). Die Leiterstrukturen wurden in Dünnfilm-Technologie auf Al_2O_3-Keramiksubstraten der Flächen 1 Zoll x 1 Zoll bzw. 1 Zoll x 2 Zoll hergestellt (1 Zoll = 25,4 mm). Dioden, Transistoren und Kondensatoren wurden als hybride Elemente nach der Strukturherstellung eingesetzt.

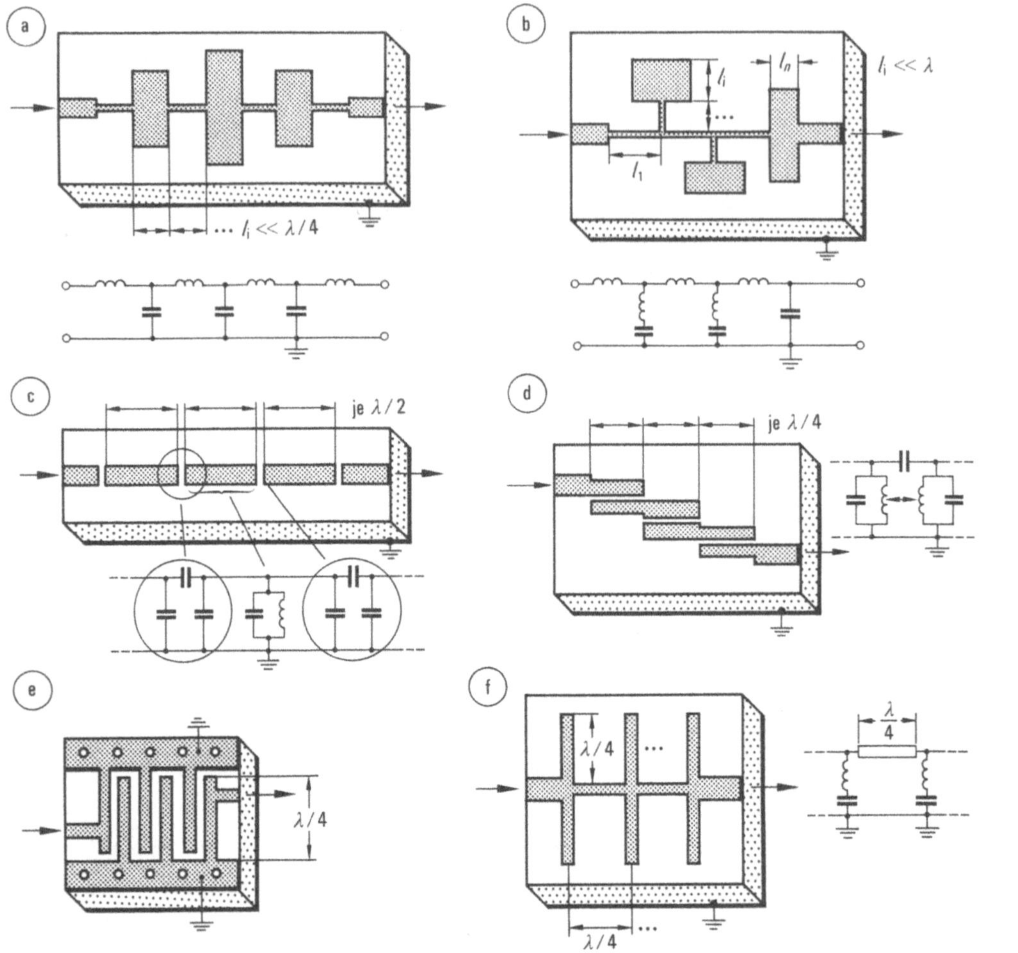

Bild 1.5. Filter in Mikrostreifenleitungstechnik. a) Standard-Tiefpaß; b) Tiefpaß mit Dämpfungspolen; c) endgekoppelter Resonator-Bandpaß; d) parallelgekoppelter Resonator-Bandpaß; e) Interdigital-Bandpaß; f) Bandsperre

Bild 1.6 zeigt einen 3-bit-P h a s e n s c h i e b e r für Antennen-Arrays mit elektronischer Strahlschwenkung. Das Substrat hat die Fläche 1 Zoll x 2 Zoll und die Dikke 25 mil (0,635 mm). Die Schaltung enthält zwei Hybride nach Bild 1.4.a. Sechs Dioden in hermetisch dichtem Metall-Keramikgehäuse sind, in Löchern versenkt, an den Enden von Stichleitungen parallelgeschaltet. Neben dem koaxialen Ein- und Ausgang besitzt der Phasenschieber noch sechs Anschlüsse zur Einspeisung der Steuerimpulse für die PIN-Dioden. Der Phasenschieber besteht aus drei Einzelstufen (3-bit), welche die Transmissionsphase um jeweils 45°, 90° und 180° umschalten. Dadurch ist die Gesamtphase in 45°-Stufen schaltbar. Die Schaltzeit ist < 1 µs, die maximale Pulsleistung beträgt 500 W, und die Arbeitsfreuenz liegt bei 3 GHz.

Bild 1.7 zeigt einen vierstufigen Breitband-Transistorverstärker, der ebenfalls auf einem 25 mil (0,635 mm) dicken Al_2O_3-Keramiksubstrat der Fläche 1 Zoll x 2 Zoll aufgebaut ist. Transistoren in hermetisch dichtem Streifenleitungs-

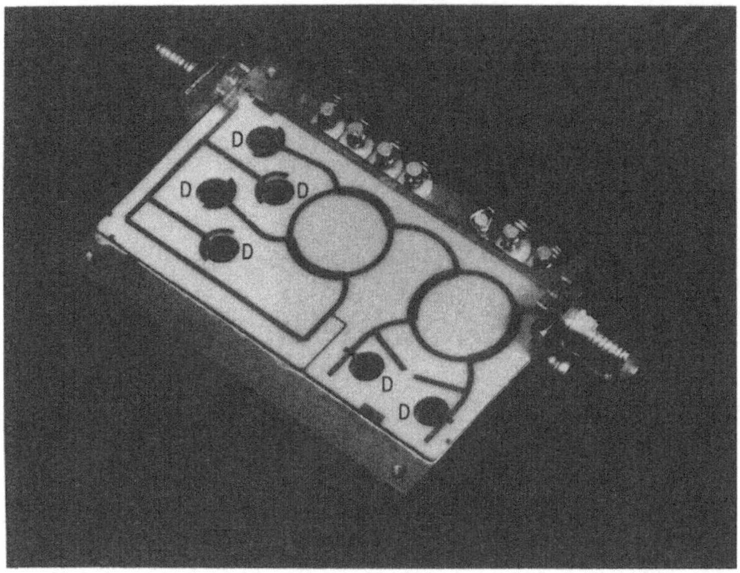

Bild 1.6. 3-bit PIN-Dioden-Phasenschieber für Antennen mit elektronischer Strahlschwenkung (D PIN-Dioden)

Bild 1.7. Breitband-Transistorverstärker für Frequenzen von 0,5 GHz - 1,7 GHz (Tr Transistoren)

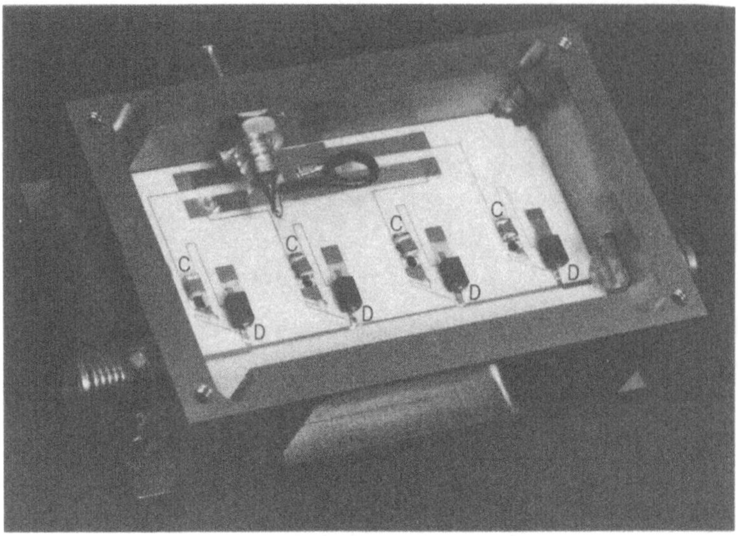

Bild 1.8. Steuerbares PIN-Dioden-Dämpfungsglied (2,5 GHz - 3,5 GHz; D PIN-Dioden; C Chipkondensatoren)

gehäuse und Chipkondensatoren, welche der Abblockung und Verkoppelung der einzelnen Stufen dienen, sind als hybride Elemente eingesetzt. Die Struktur wird von einer über Federleisten mit der Substratrückseite verbundenen Massemetallisierung flankiert. Der Arbeitsfrequenzbereich liegt zwischen 0,5 GHz und 1,7 GHz (3-dB-Bandbreite), die Verstärkung beträgt 28 dB.

Bild 1.8 stellt ein regelbares PIN-Dioden-Dämpfungsglied auf 25 mil dickem Keramiksubstrat der Fläche 1 Zoll x 2 Zoll dar. Vier PIN-Dioden in Plastik-Streifenleitungsgehäuse und vier Block-Kondensatorchips sind als hybride Elemente eingesetzt. Die Dämpfung zwischen den beiden Koaxialleitungsanschlüssen kann bei der Frequenz 2,5 GHz stetig über den an der Durchführung eingespeisten PIN-Diodenstrom zwischen 0,5 dB und 70 dB variiert werden (Reflexionsfaktor < 15 %). Dabei wirken die PIN-Dioden als stromgesteuerte Widerstände.

Bild 1.9 zeigt einen größeren Schaltungskomplex, nämlich den Empfänger eines Satelliten-Transponders für 11 GHz in einem Testgehäuse. Das von der Antenne A kommende Empfangssignal durchläuft einen Zirkulator Z_1, wird in einem Tunneldiodenverstärker TDV um 15 dB verstärkt und gelangt wieder über Z_1 in den Gegentaktmischer Mi. Dieser wird über einen als Isolator geschalteten Zirkulator Z_2 von dem Oszillatorsignal LO gespeist. Die Zwischenfrequenz wird über einen Tiefpaß TP bei ZF ausgekoppelt. Die gesamte Substratfläche beträgt 1 Zoll x 1 Zoll (Dicke: 25 mil = 0,635 mm). Die beiden Zirkulatoren sind auf Ferritsubstraten aufgebaut.

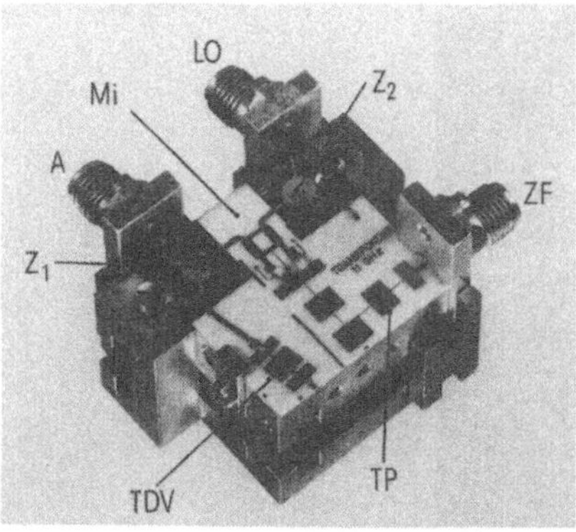

Bild 1.9. 11-GHz-Empfängerstufe eines Satellitentransponders (A Antennenanschluß, Z_1 und Z_2 Zirkulatoren, TDV Tunneldiodenverstärker, LO lokaler Oszillatoranschluß, TP Tiefpaß, ZF Zwischenfrequenzausgang, Mi Gegentaktmischer)

Bild 1.10. Millimeterwellenmischer mit Hohlleiteranschlüssen für 26 GHz

In Bild 1.10 ist ein M i l l i m e t e r w e l l e n - M i s c h e r für eine Signalfrequenz von 26 GHz auf einem 10 mil (0,254 mm) dicken Keramiksubstrat der Fläche 1 Zoll x 1 Zoll dargestellt. Die beiden Beamlead-Mischerdioden (ungehäuste Halbleiterkristalle mit Gold-Anschlußbändchen) sind kaum sichtbar. Die Signalleistung und die Leistung des lokalen Oszillators werden über Hohlleiter zugeführt, die Zwischenfrequenz wird über einen Koaxialanschluß abgegeben.

Bild 1.11 zeigt einen D o p p e l g e g e n t a k t - M i s c h e r für eine Frequenz von 1 GHz mit angeschlossenem Zwischenfrequenzverstärker, der in konventioneller Leiterplattentechnik aufgebaut ist. Der Mischer befindet sich auf einem 25 mil (0,635 mm) dicken Keramiksubstrat der Fläche 1 Zoll x 2 Zoll. Im Gegensatz zu den bisher beschriebenen Schaltungen ist hier die Substratrückseite nicht ganzflächig metallisiert, sondern sie besitzt Strukturen, welche Schlitzleitungen und Koplanarleitungen bilden. Diese Leitungen arbeiten in Kombination mit den Mikrostreifenleitungen auf der Substrat-Vorderseite als Differentialübertrager, welcher eine entkoppelte Speisung des Diodenquartetts (Rückseite) mit Signal- und Oszillatorleistung ermöglicht. Auf diese Weise erhält man eine Entkoppelung > 50 dB zwischen dem Oszillator- und dem Signalanschluß.

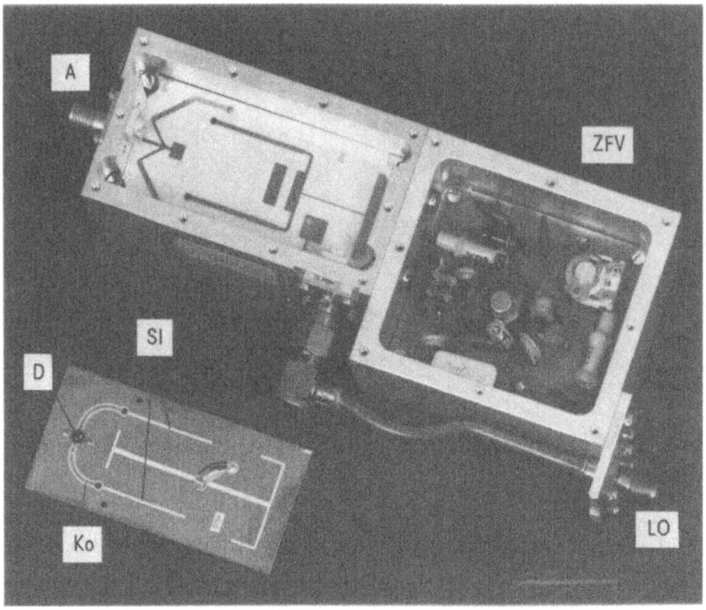

Bild 1.11. Doppelgegentaktmischer in kombinierter Mikrostreifen-, Koplanar-, Schlitzleitungstechnik (A Antennenanschluß, LO lokaler Oszillatoranschluß, Sl Schlitzleitung, Ko Koplanarleitung, D Mischerdiodenquartett, ZFV Zwischenfrequenzverstärker)

1.4 Substrate

1.4.1 Kriterien zur Substratauswahl

Substrate nennt man die dielektrischen Trägerplatten, auf denen sich die Leiterstruktur und die hybriden Elemente, welche zusammen die Schaltung bilden, befinden (s. Abschnitt 1.3). Bei der Beurteilung der Substrate muß man berücksichtigen, daß sie bei integrierten Mikrowellenschaltungen drei unterschiedliche Aufgaben erfüllen:

- Mechanischer Träger der Schaltung und Bauteile sowie mechanische Verbindung mit dem Schaltungsgehäuse;

- Wellenleitendes Medium bei den Streifenleitungen;

- Technologisches Medium für die Verfahrensschritte zur Herstellung von Leiterstrukturen, Widerständen und Kondensatoren - bei monolithischen integrierten Mikrowellenschaltungen zusätzlich noch zur Herstellung von Halbleitern.

Bei der Auswahl von Substraten sind neben der grundsätzlichen technischen Eignung für das zur Herstellung der Schaltung verwendete technologische Verfahren eine Vielzahl weiterer mechanischer, elektrischer, thermischer und chemischer Kriterien zu beachten. Solche Kriterien sind in Tafel 1.7, speziell im Hinblick auf die Verwendung der Substrate für die Fotoätztechnik, Dünnfilmtechnik und Dickschichttechnik, zusammengestellt. Gesichtspunkte für die monolithische Integration von Halbleitern und für die Integration nichtreziproker Elemente (z.B. Zirkulatoren) sind in Tafel 1.7 nicht berücksichtigt. Die Anforderungen an die mechanische Stabilität der Substrate ergeben sich nicht nur aus der Notwendigkeit sicherer Montierbarkeit im Schaltungsgehäuse, sondern werden auch teilweise durch die Belastungen durch die Umwelt (environmental stress), welchen die fertigen Schaltungen im Einsatz (z.B. in Fluggeräten, Satelliten) ausgesetzt sind, diktiert. Hierzu gehören der Betrieb bei hohen und niedrigen Temperaturen (z.B. -55 °C ... +125 °C), Temperaturwechselbelastung, Betauung, feuchte Atmosphäre, aggressive Industrieabgase (z.B. H_2S und SO_2), mechanische Vibration, mechanischer Stoß und Strahlenbelastung.

Die Substratfunktion als wellenleitendes Medium ergibt sich dadurch, daß sich bei der Mikrostreifenleitung (Bild 1.2e) ein hoher Feldenergieanteil im Substrat befindet. Hierdurch beeinflussen die Substrateigenschaften relative Permittivität ε_r, dielektrischer Verlustfaktor $\tan\delta_\varepsilon$ und Substratdicke h die Leitungsparameter Wellenwiderstand Z_L Wellengeschwindigkeit v_p und Dämpfungsbelag α.

Bei der Substratfunktion als technologisches Medium muß man unterscheiden, ob bereits metallisierte Substrate ausschließlich mit Fotoätztechnik behandelt werden sollen oder ob bei unbeschichteten Substraten die Verfahren der Dünnfilm- oder Dickschichttechnologie angewendet werden sollen. Im ersten Fall genügt es, wenn die Substrate Temperaturen von ca. 250 °C widerstehen können. Das ist bei vielen Kunststoffsubstraten, z.B. bei glasfaserverstärktem Teflon, der Fall. Im zweiten Fall sind nur anorganische Materialien (z.B. Keramiken, Gläser) geeignet: In der Dünnfilmtechnik treten bei Aufdampf- und Aufstäubprozessen Temperaturen bis zu 400 °C auf. Um gute Haftfähigkeit der Schichten zu erreichen, glüht man Keramiksubstrate bei Temperaturen um 1000 °C zum Entfernen von Verunreinigungen vor den Metallisierungsprozessen aus. Bei der Dickschichttechnik sind zum Einbrennen der Pasten für Leiter, Widerstände und Dielektrika Temperaturen von etwa 850 °C notwendig. Mit speziellen Verfahren (Kühlung!) wurden jedoch in neuerer Zeit auch auf hochwertigen Plastikfolien (Polyimide) Dünnfilmschaltungen hergestellt.

Auch kommerzielle und fertigungstechnische Gesichtspunkte dürfen nicht vergessen werden. So wirkt sich die Nutzenfertigung sehr kostensparend aus: Es wer-

Tafel 1.7. Auswahlkriterien für Substrate bei besonderer Berücksichtigung der Dünnfilmtechnik

Gewünschte Eigenschaft	Begründung
Mechanischer Träger der Schaltung	
- mechan. Widerstandsfähigkeit (z.B. gegen Zerbrechen)	mechanische Gerätebelastung im Betrieb durch Vibration und Stoß
- Formbeständigkeit (kein Kaltfluß)	stabile Gehäusemontage
- hohe Wärmeleitfähigkeit	Wärmeableitung von Bauelementen (z.B. Leistungstransistoren)
- Langzeitstabilität bei Belastung durch Umwelt (Temperaturwechsel, Hoch- und Niedrigtemperaturlagerung, Feuchtigkeit, Industrieabgase H_2S und SO_2)	Zuverlässigkeit der Schaltung
- Wärmeausdehnungskoeffizient ähnlich dem von Metallen	zuverlässiger Gehäuseeinbau (z.B. Einlöten) im gesamten Betriebstemperaturbereich
- geringe Exemplarsteuerung der Abmessungen	eng tolerierter Gehäuseeinbau zur Vermeidung parasitärer Reaktanzen bei Übergängen
Wellenleitendes Medium	
- hohes ε_r ($\cong$ 10...20)	Miniaturisierung (hoher Wellenlängenverkürzungsfaktor)
- Homogenität bzgl. ε_r	homogene Leitungseigenschaften
- geringe Exemplarstreuung von ε_r	Reproduzierbare Fertigungsqualität
- geringer Temperaturgang von ε_r	geringe Temperaturabhängigkeit von Filtern und Resonatoren
- niedriger dielektrischer Verlustfaktor $\tan\delta_\varepsilon < 0{,}001$ bei Mikrowellenfrequenzen	verlustarme Schaltungen, hohe Resonatorgüte
- keine Wasseraufnahme	Erhaltung der Schaltungsfunktion bei Luftfeuchtigkeit
- hoher spezifischer Widerstand $\rho > 10^{10}\ \Omega$cm	verlustarme Schaltungen
- geringe Dickenstreuungen (innerhalb des gleichen Substrats und über viele Exemplare)	Reproduzierbarkeit der Leitungseigenschaften
- hohe elektr. Durchschlagfestigkeit	Schaltungen für hohe Leistungen
Technologisches Medium	
- Stabilität bis zu hohen Temperaturen (1000...2000° C)	für Dünnfilmtechnik, Dickschichttechnik, Löten (nicht für reine Ätztechnik)
- Widerstandsfähigkeit gegen Chemikalien	wegen Fotoätztechnik

Fortsetzung Tafel 1.7.

Gewünschte Eigenschaft	Begründung
- ebene Oberfläche, geringe makroskopische Verbiegung (camber)	für hohe Strukturgenauigkeit bei Belichtung durch Fotomasken
- glatte Oberfläche (Rauhtiefe σ_{eff} < 0,5 µm, Korngröße < 1 µm)	für hohe Haftfestigkeit von Dünnfilmleitern
- leichte Bearbeitbarkeit (Bohren, Trennen)	Durchkontaktierungen, Zuschnitt, Nutzenfertigung
- Formbeständigkeit bei Druck	für Thermokompressions- und Ultraschallschweißen
- Oberfläche ohne Defekte (z.B. pinholes)	für Dünnfilmkondensatoren
- Wärmeausdehnungskoeffizient ähnlich dem der Leiterbahnen	Haftfestigkeit der Leiterbahnen
Kommerzielle und fertigungstechnische Kriterien	
- niedrige Kosten	niedrige Herstellungskosten
- leichte Lagerbarkeit	niedrige Herstellungskosten
- gefahrlose Verarbeitbarkeit	niedrige Herstellungskosten
- allgemeine Verfügbarkeit	niedrige Herstellungskosten
- Lieferbarkeit in möglichst großen Platten	Nutzenfertigung

den eine Vielzahl gleicher Schaltungen simultan im gleichen Prozeß auf einem Großsubstrat hergestellt. Danach wird das Großsubstrat in die (i.a. gleichen) Einzelschaltungen zertrennt.

Es gibt kein Substratmaterial, welches alle in Tafel 1.7 genannten Eigenschaften zugleich erfüllt. Man muß daher für jeden technischen Einsatzfall den optimalen Kompromiß finden.

1.4.2 Übersicht über Substratmaterialien

Tafel 1.8 gibt eine Übersicht über die wichtigsten technischen Substratmaterialien /1.1, 1.8, 1.17, 1.18, 1.40-1.84/. Man kann sie global in zwei Gruppen, nämlich die Kunststoffe (organische Materialien) und die anorganischen Materialien, aufteilen. Die anorganischen Stoffe spalten sich wiederum in die Untergruppen Keramiken, Gläser, einkristalline Stoffe (z.B. Saphir, Quarz), Ferrite und Halbleiter auf (Tafel 1.9).

Kunststoffsubstrate werden gelegentlich in reiner Form (z.B. Teflon, Polyolefin) verwendet. In dieser Form besitzen sie niedriges $\varepsilon_r \cong 2...3$ und niedrigen Verlustfaktor $\tan\delta_\varepsilon$. Sie haben in dieser Form jedoch Kaltflußeigenschaften und sind daher mechanisch instabil. Zur Vermeidung der Kaltflußeigenschaften la-

Tafel 1.8. Eigenschaften technisch wichtiger Substrate (An anorganisches dielektrisches Material, Ha Halbleiter, Fe ferrimagnetisches Material, K Kunststoff-Dielektrikum)

Material	relative Permittivität	diel. Verlustfaktor bei 10 GHz, 25 °C	spez. Wärmeleitfähigkeit bei 25 °C	linearer Wärmeausdehnungskoeffizient bei 25 °C	Temp.-Koeffizient von ε_r	Typ	Bemerkung
	ε_r	$\tan\delta_\varepsilon$	κ_{Th} in $\frac{W}{cm\,K}$	$\Delta l/l/\Delta T$ in $10^{-6}/K$ = ppm/K	$\frac{\Delta\varepsilon_r}{\varepsilon_r\,\Delta T}$ in $10^{-6}/K$ = ppm/K		
Al_2O_3-Keramik (99,5 % Reinheit)	9,8	0,0001	0,37	6,3	+136	An	
Al_2O_3-Keramik (96 %)	9,4	0,001	0,35	6,4		An	
Saphir	9,4; 11,6	0,0001	0,42	6	+110...+140	An	anisotrop
Quarzglas	3,78	0,0001	0,017	0,55	+13	An	
Corning Glas 7059	5,75	0,0036	0,012	4,6		An	
Berylliumoxid-Keramik (BeO) (98 %)	6,3	0,006	2,1 (hoch!)	6,1	+107	An	Staub ist giftig
Titanoxid-Keramik (TiO_2)	85	0,004	0,05	7,5	-575	An	
Bariumtetratitanat ($BaTi_4O_9$)	37	0,0005 (6 GHz)	0,02	9,4	-26	An	neg. Temp. Koeff. von ε_r
Zirkonate	20...40	0,0002		5	-130...0...+100	An	geringe Temp.-Abhgkt.
Semiisolierendes Ga As	12,9	0,002	0,46	5,7		Ha	
hochohmiges Silizium ($\rho = 10^3\ \Omega cm$)	11,9	0,015	1,45	4,2		Ha	
Ferrit	9...16	0,001				Fe	Curie Temp. +100...+500 °C
Teflon	2,1	0,0003	0,002	106	350	K	
Polyolefin	2,32	0,0007	0,005	108	480	K	
glasfaserverstärktes Teflon	2,55	0,001	0,003	16...100		K	
Aluminium			2,2	23,8			
Kupfer			3,93	17			zum Vergleich

Tafel 1.9. Systematik der Substratmaterialien für integrierte Mikrowellenschaltungen

---

Organische Materialien (reine Dielektrika)

- reine Kunststoffe (z.B. Teflon, Polyolefin, Polystyren): ε_r = 2,3...2,6; isotrop
- glasfaserverstärkte Kunststoffe (z.B. glasfaserverstärktes Teflon oder Polystyren): ε_r = 2,4...2,6; leicht anisotrop
- glasgewebeverstärkte Kunststoffe (z.B. Teflon mit Glasgewebe): ε_r = 2,4...2,6; leicht anisotrop
- mit Keramikpulver gefüllte Harze (z.B. Polyolefin, Polystyren, Teflon mit Keramikpulver): ε_r = 5...20; leicht anisotrop

Anorganische Materialien

- reine Dielektrika
  - einkristalline Stoffe (z.B. Saphir mit ε_r = 9,4; 10,6): anisotrop
  - polykristalline Stoffe, Keramiken (z.B. Al_2O_3-Keramik, TiO_2-Keramik): ε_r = 10...85; isotrop
  - amorphe Stoffe (z.B. Glas mit ε_r = 5,7): isotrop
- ferrimagnetische polykristalline Stoffe (z.B. Ferrite, Granate): ε_r = 9...16; dielektrisch isotrop
- Halbleiter (z.B. Silizium mit ε_r = 11,9; Gallium-Arsenid mit ε_r = 13): isotrop
  - semiisolierende Halbleiter: hochohmig mit $\rho > 10^3$ Ωcm
  - dotierte Halbleiter mit ρ = 0,01...100 Ωcm
- Sondermaterialien (z.B. Porzellan)

---

gert man bei der Herstellung Glasteilchen ein. Man erhält so z.B. glasfaserverstärktes Teflon. Dadurch erhöhen sich ε_r geringfügig und $\tan\delta_\varepsilon$ stärker. Zudem wird das Material leicht anisotrop. Man kann auch Keramikteilchen einlagern, welche wesentlich höheres ε_r als Glas besitzen, und erhält so Materialien mit ε_r = 5...20 /1.76, 1.77/. Alle diese Materialien sind leicht mechanisch bearbeitbar.

Von den anorganischen Substratmaterialien wird weitaus am häufigsten die Aluminiumoxidkeramik (Al_2O_3-Keramik) technisch angewandt. Sie ist das wichtigste Substrat für die Dünnfilmtechnik. Die einkristalline Form der Al_2O_3-Keramik ist der Saphir. Er zeichnet sich durch hohe Oberflächenqualität, geringen Verlustfaktor $\tan\delta_\varepsilon$ und äußerst geringe Exemplarstreuung der relativen Permittivität ε_r aus, ist jedoch dielektrisch anisotrop. Weitere Keramiken sind die Berylliumoxide (BeO) und Titanoxide. BeO besitzt hohe Wärmeleitfähigkeit. Nachteilig ist, daß der bei seiner Bearbeitung entstehende Staub giftig ist. Die hervorstechende Eigenschaft der Titanoxide ist ihre hohe Permittivität $\varepsilon_r > 80$, die jedoch stark temperaturabhängig ist. Besonders geringe Oberflächenrauhigkeiten besitzen Glas und Quarz. Glas hat relativ hohe dielektrische Verluste. Quarz ist bis zu höchsten Frequenzen (mm-Wellenbereich) verlustarm und weist äußerst geringe Exemplarstreuung auf. Wegen der geringen Verluste und wegen dem im Vergleich zur Al_2O_3-Keramik niedrigeren ε_r (kleinerer Wellenlängenverkürzungsfaktor) eignet es sich besonders als Substrat für Mikrostreifenleitungsschaltungen im mm-Wellenbereich.

Die dielektrische Anisotropie bringt weder für die mechanischen noch für die technologischen noch für die elektrischen Eigenschaften der Schaltungen Nachteile mit sich. Es wird allenfalls die Bemessung der Streifenleitungen schwieriger, da in verschiedenen Raumrichtungen unterschiedliche ε_r-Werte wirksam sind. Man schneidet jedoch üblicherweise die anisotropen Substrate bei der Herstellung auf solche Weise aus dem Kristallblock, daß die optische Achse senkrecht zur Substratebene steht. Dann besitzen die Mikrostreifenleitungen unabhängig von der Richtung, in der sie verlaufen, stets die gleichen Leitungsparameter. Dabei wird uniaxial anisotropes Material, wie es bei Saphir vorliegt, vorausgesetzt.

Im Gegensatz zu den bisher genannten Substratmaterialien besitzen Halbleitersubstrate (Silizium, Germanium, Gallium-Arsenid) wesentlich höhere spezifische Leitfähigkeit κ, die - je nach Dotierung - über einen viele Größenordnungen breiten Bereich schwanken kann. Sie haben daher nennenswerte Ableitungsverluste. Unter Ausnützung spezifischer Halbleitereigenschaften (z.B. Sperrschichtbildung bei Vorspannung) kann man jedoch auch mit Halbleitersubstraten hoher Eigenleitfähigkeit verlustarme Schaltungen aufbauen. Hierfür gibt es die Möglichkeiten, entweder das Substrat auf der Oberfläche zu passivieren (mit Isolierschicht zu versehen) oder zwischen dem Streifenleiter und Masse eine Sperr-Gleichspannung anzulegen. Speziell im Hinblick auf hohen spezifischen Widerstand ($\rho > 10^3\ \Omega\text{cm}$) entwickelte Halbleitersubstrate, sog. semiisolierende Halbleiter, gestatten jedoch auch ohne diese Hilfsmittel den Aufbau dämpfungsarmer Mikrostreifenleitungs-Schaltungen. Solche Substrate erhält man entweder durch extrem niedrige Dotierung (hochreine Halbleiter) oder durch spezielle Dotierung mit Chrom oder Sauerstoff. Halbleitersubstrate besitzen große Bedeutung als Grundmaterial für monolithische integrierte Mikrowellenschaltungen.

Alle bisher erwähnten Substratmaterialien sind reine Dielektrika und sind daher nichtmagnetisch (relative Permeabilität $\mu_r = 1$). Zur Herstellung von nichtreziproken Bauelementen, wie Zirkulatoren, Isolatoren und nichtreziproke Phasenschieber, benötigt man ferrimagnetische Substrate. Die wichtigsten Vertreter hiervon sind die Ferrite und Granate mit $\varepsilon_r = 9...16$. Ihre dielektrischen Verluste sind wie bei Al_2O_3-Keramik sehr niedrig ($\tan\delta_\varepsilon < 0.001$). Eine spezielle Ausführung ist das "nichtmagnetische" Ferrit. Bei diesem ist durch Aluminium-Substitution die Curie-Temperatur auf etwa -40 °C abgesenkt /1.40-1.43/, während sie bei üblichen Ferriten zwischen 100 und 300 °C liegt. Oberhalb der Curie-Temperatur T_C sind Ferrite paramagnetisch, d.h., die relative Permeabilität μ_r weicht vom Wert 1 um weniger als 1 ‰ ab, so daß sie sich wie nichtmagnetische Stoffe verhalten (paramagnetische Stoffe sind z.B. Luft, Aluminium, Platin). Die Ferrite wirken also oberhalb von T_C als Dielektrika. Bei den nichtmagnetischen Ferriten besteht die Möglichkeit, kreisförmige ferrimagnetische Bereiche mit $T_C \cong 100...300$ °C einzusintern, welche zur Herstellung von Zirkulatoren verwendet werden /1.40-1.43/. Somit hat man auf dem gleichen Substrat bei Zimmertemperatur rein dielektrische Zonen ($T_C \cong -40$ °C) für die Leiterstrukturen und magnetische Zonen ($T_C > 100$ °C) für die Zirkulatoren.

Substratmaterialien mit besonders n i e d r i g e n T e m p e r a t u r k o e f f i z i e n t e n der relativen Permittivität ε_r sind das Barium-Tetratitanat $BaTi_4O_9$ /1.44, 1.45/, die Zirkonat-Keramiken, z.B. $Ca\ Zr_{1-x}\ Ti_x\ O_3$ /1.46-1.48/ und das Barium-Nonatitanat $Ba_2Ti_9O_{20}$ /1.49-1.52/. Das $Ba_2Ti_9O_{20}$ besitzt eine Permittivität von $\varepsilon_r = 40$ mit einem sehr niedrigen Temperaturkoeffizienten $\Delta\varepsilon_r/(\varepsilon_r \Delta T) = 2$ ppm/K. Eine ebenfalls sehr geringe Temperaturabhängigkeit von ε_r mit $\Delta\varepsilon_r/(\varepsilon_r \Delta T) = -3$ ppm/K be $\varepsilon_r = 20$ weist ein modifiziertes Zirkonat $Ba_{0,27}Sr_{0,73}Zr_{0,963}Ti_{0,027}Ta_{0,01}O_3$/1.46, 1.47/ auf. Bei den Zirkonat-Keramiken läßt sich durch die Zusammensetzung der Temperaturkoeffizient $\Delta\varepsilon_r/(\varepsilon_r \Delta T)$ auf Werte zwischen -130 ppm/K und +100 ppm/K, also auch auf Null, einstellen. Die meisten temperaturstabilen dielektrischen Materialien sind für dielektrische Resonatoren entwickelt worden. Daher liegt ihre relative Permittivität ε_r bei hohen Werten zwischen 20...40.

Für Billigschaltungen mit geringen Ansprüchen an Leitungsgüte und Reproduzierbarkeit der Schaltungseigenschaften lassen sich auch die für niederfrequente Hybridschaltungen entwickelten, auf Stahlträger eingebrannten P o r z e l l a n s u b s t r a t e /1.82-1.84/ verwenden. Auf einer 0,5 mm bis 1,5 mm dicken Trägerplatte aus Stahl wird eine etwa 0,15 mm dicke Porzellanschicht ($\varepsilon_r = 4{,}5...5{,}7$) aufgebrannt. Zur Verringerung der Leiterverluste galvanisiert man für Mikrowellenanwendungen die Stahlplatte mit Kupfer, bevor sie mit Porzellan beschichtet wird (Porzellan-Kupfer-Stahl-Substrat). Diese Substrate sind wesentlich robuster als Keramik, besitzen hohe mechanische und thermische Stabilität und sind billiger als Keramiksubstrate. Porzellansubstrate eignen sich für die Dünnfilm- und Dickschichttechnologie. Nachteilig sind die höheren Mikrowellenverluste und die starke Streuung der Substratdicke über die Substratfläche. Der Dämpfungsbelag einer Mikrostreifenleitung vom Wellenwiderstand 50 Ω (Leiterbreite 0,25 mm) beträgt für 1 GHz bei Porzellan-Stahl-Substrat 0,26 dB/cm und bei Porzellan-Kupfer-Stahl-Substrat 0,13 dB/cm /1.84/. Bei einer Dünnfilmleitung auf einem ebenso dicken Al_2O_3-Keramiksubstrat wäre der Dämpfungsbelag 0,11 dB/cm (Leiterbreite 0,18 mm, Wellenwiderstand 50 Ω).

1.4.3 Aluminiumoxidkeramik (Al_2O_3)

Technische Lieferformen

Die bedeutendste Bauform integrierter Mikrowellenschaltungen sind die Dünnfilm-Hybridschaltungen auf Al_2O_3-Keramiksubstraten. Die Gründe sind die relativ (im Vergleich zu monolithischen MIC) einfache Herstellung und die große Flexibilität zur Realisierung eines großen Schaltungsspektrums. Somit ist die Al_2O_3-Keramik eines der wichtigsten Substratmaterialien. Sie wird meistens in Dicken von 0,254 mm (10 mil), 0,508 mm (20 mil), 0,635 mm (25 mil), 1,27 mm (50 mil) und 2.54 mm (100 mil) gefertigt und in Plattengrößen, deren Kantenlängen in Raster von 1 Zoll = 25,4 mm gestaffelt sind, geliefert. Bei der am häufigsten verwendeten Dicke von 0,635 mm sind Plattengrößen zwischen 1 Zoll x 1 Zoll und 4 Zoll x 4 Zoll gebräuchlich.

Die Eigenschaften keramischer Isolierstoffe sind in dem Normblatt DIN 40685 festgelegt. Tafel 1.10 zeigt die wichtigsten Eigenschaften der Al_2O_3-Keramik und vergleicht sie mit denen des glasfaserverstärkten Teflon. Letzteres ist das für die Technologie der einfachen Fotoätztechnik, die allerdings geringere schaltungstechnische Möglichkeiten bietet, häufig verwendete Substrat. Es wird in Dicken von 0,254 mm (10 mil) bis 2,54 mm (100 mil) und in Plattengrößen bis zum Format 40 cm x 50 cm, versehen mit einer 17,5 µm oder 35 µm dicken Kupferkaschierung, geliefert. Bei ihm ist wegen des kleineren ε_r der Miniaturisierungsgrad geringer. Aufgrund der niedrigen maximalen Temperatur von 260 °C ist die Dünnfilmtechnik mit ihren vielfältigen Einbaumöglichkeiten hybrider Elemente und präziseren Strukturen (s. Abschn. 1.5.3) bei Teflon nicht anwendbar.

Chemische Eigenschaften, Herstellung

Die für integrierte Mikrowellenschaltungen benötigten Al_2O_3-Keramikplatten mit eng tolerierten, relativ geringen Dicken von etwa 1 mm und kleiner Exemplarstreuung des ε_r werden hauptsächlich nach dem F o l i e n z i e h v e r f a h r e n hergestellt /1.58/: Bei diesem Prozeß mischt man zunächst 99,9 % reines Aluminiumoxid mit klei-

Tafel 1.10. Vergleich der Substrate Al_2O_3-Keramik und glasfaserverstärktes Teflon

Eigenschaft	Einheit	Al_2O_3-Keramik	glasfaserverstärktes Teflon
Herstellungstoleranzen			
Dickentoleranz Δh	mm	± 0,025 bei 0,635 mm Dicke ± 0,05 bei 1,27 mm Dicke	± 3 % der Dicke
Kantenlängentoleranz Δl	mm pro Zoll Kantenlänge	± 0,025	-
Durchbiegung (camber) Δd	mm pro Zoll Kantenlänge	0,05	-
Oberflächenrauhtiefe (surface roughness) σ_{eff}	µm	0,04 (poliert) 0,25 ("as fired")	-
Reinheitsgrad	Gewichts-%	99,5	-
mechanische Eigenschaften			
Härte (nach Rockwell 45N)		81	-
Dichte (density)	g/cm^3	3,86...3,90	2,15
Biegefestigkeit (flexural strength) σ_{bB}	N/mm^2	350	100
Druckfestigkeit (compressive strength) σ_{dB}	N/mm^2	2400	70
Zugfestigkeit (tensile strength) σ_{zB}	N/mm^2	200	50
thermische Eigenschaften			
Wärmeausdehnungskoeffizient $\Delta l/l/\Delta T$	1/K	$6,3 \cdot 10^{-6}$	$16 \cdot 10^{-6}$
Wärmeleitfähigkeit (therm. conductivity) κ_{Th}	W/(Kcm)	0,37	0,0015
max. zulässige Temperatur T_{max}	°C	1600	260
elektrische Eigenschaften			
rel. Permittivität ε_r		9,8 ± 2 %	2,55 ± 3 %
diel. Verlustfaktor $\tan\delta_\varepsilon$ (25° C, 10 GHz)		0,0001	0,001
spez. Widerstand ρ	Ωcm	$> 10^{14}$	$2 \cdot 10^{13}$
Durchschlagfestigkeit E_{max}	kV/cm	92	120

Umrechnung amerikanischer Einheiten:

Länge	1 inch (Zoll) = 25,4 mm 1 mil = 0,001 inch = 25,4 µm
Mechan. Festigkeit	$1 \frac{N}{mm^2} = 145{,}04$ psi (pounds force per square inch)
Wärmeleitfähigkeit	$1 \frac{cal}{cm\ s\ K} = 4{,}187 \frac{W}{K\ cm}$

nen Mengen von Magnesiumoxid (magnesia) und Quarz (silica). Diese Stoffe werden unter Zusatz von Lösungsmitteln und Binder zu einer dickflüssigen Masse gemahlen. Die Masse gießt man in eine poröse Form. Nach dem Austrocknen entsteht eine flexible, lederartige Folie (tape), die "grüne Keramik", aus der man die Platten der gewünschten Größe ausstanzt. Sie werden anschließend zu der endgültigen harten Keramik unter Austreibung der Lösungsmittel- und Bindemittelanteile gebrannt und gesintert. Beim Brennvorgang verhindern die Magnesiumoxidanteile ein zu starkes Anwachsen der Korngröße. Weiterhin verbinden sich Teile des Magnesiumoxid mit dem Quarz und dem Aluminiumoxid zu einem mengenmäßig genau definierten Glasanteil, welcher zwischen den Al_2O_3-Körnern und an der Substratoberfläche sitzt. Dieser Glasanteil und seine Verteilung bestimmt die Haftfestigkeit der später nach dem Verfahren der Dünnfilmtechnik aufgebrachten Metallisierung.

Das Ergebnis des ganzen Vorgangs ist 99,6 %ige Al_2O-Keramik (enthält 99,6 % reines Al_2O_3). Sie besitzt drei Anteile, nämlich reines Aluminiumoxid, Spuren von Glas und Poren (Lufteinschlüsse mit Durchmesser < 1 µm), die entlang der Korngrenzen auftreten. Ein Maß für den Grad der Porösität P (Volumenanteil der Poren) ist die Dichte des Substrats. Vollkommen porenfreie Al_2O_3-Keramik hat eine theoretische Dichte von $p_0 = 3{,}983\ g/cm^3$. Die tatsächliche Dichte technischer 99,6 %iger Keramik liegt zwischen $p = 3{,}81 \ldots 3{,}92\ g/cm^3$, je nach Porengröße. Es ist

$$P = (p_0/p) - 1 \quad . \tag{1.1}$$

Bild 1.12.a zeigt eine Rasterelektronenstrahlmikroskop-Aufnahme der Oberfläche einer technischen Al_2O_3-Keramik. Man erkennt deutlich die Al_2O_3-Körner.

Porösität, Dichte und relative Permittivität

Typische 99,6 %ige Al_2O_3-Keramik besitzt drei für den Wert der relativen Permittivität ε_r wichtige Bestandteile: Die eigentlichen Aluminiumoxidkristalle, die Poren (Lufteinschlüsse) und Spuren von Glasanteilen /1.58/. Letzere sind vernachlässigbar, so daß ε_r durch die Al_2O_3-Kristalle und die Porösität bestimmt wird. Der Beitrag durch die Al_2O_3-Kristalle wird durch die Verteilung der Richtungen der einzelnen Körner oder Kristalle im gesamten Substratvolumen festgelegt. Jedes Korn ist ein mikroskopisch kleines Stück Saphir und ist somit dielektrisch anisotrop, wie Bild 11.12 b zeigt: In der Hauptachsenrichtung des hexagonalen Prismas des Kristalls ist $\varepsilon_{r\parallel} = 11.55$, senkrecht dazu ist $\varepsilon_{r\perp} = 9{,}34$. Die resultierende, senkrecht zur Substratoberfläche wirksame relative Permittivität ε_{r0} liegt somit zwischen beiden Werten. Eine statistische Gleichverteilung würde $\varepsilon_{r0} = 10{,}08$ ergeben.

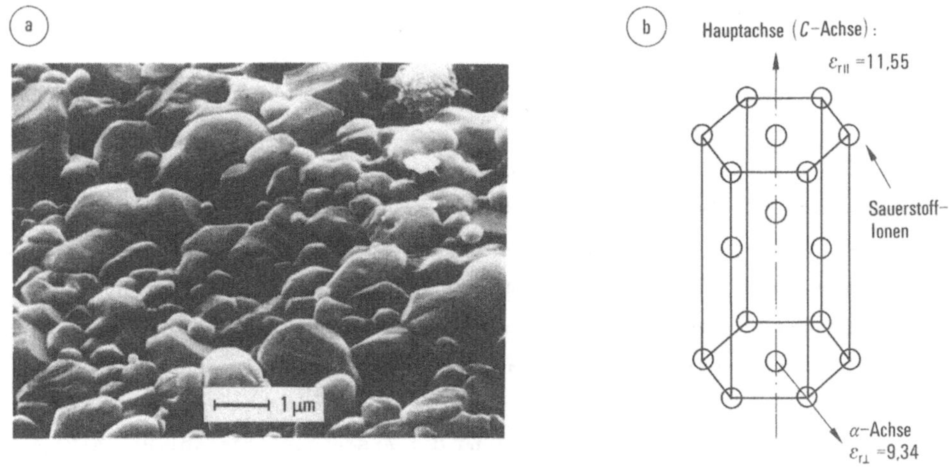

Bild 1.12. Al_2O_3-Keramiksubstrat. a) Oberfläche von 99,6 %iger Al_2O_3-Keramik, aufgenommen mit dem Rasterelektronenstrahlmikroskop; b) einzelnes Al_2O_3-Kristall: Beziehung zwischen Kristallorientierung und der relativen Permittivität

Die tatsächliche Verteilung ist vom Herstellungsprozeß abhängig. Beim Folienziehverfahren ergibt sich eine Vorzugsorientierung von der Art, daß der Hauptanteil der Kristalle mit ihren C-Achsen senkrecht zur Substratoberfläche liegt. Dadurch erhält man Werte zwischen ε_{r0} = 10,22...10,80. Der Index 0 soll darstellen, daß die Werte für ein absolut porenfreies Substrat gelten. Die Bezugsrichtung wurde senkrecht zur Substratoberfläche gewählt, da in dieser Richtung bei der Mikrostreifenleitung der Hauptanteil des elektrischen Felds verläuft. Aufgrund der bei der Herstellung entstehenden Vorzugsorientierung der Al_2O_3-Kristalle kann in geringem Maß Anisotropie auftreten.

Durch die endliche Porösität P (Volumenanteil der Lufteinschlüsse) wird ε_{r0} auf die tatsächliche Permittivität $\varepsilon_r < \varepsilon_{r0}$ reduziert, was durch

$$\varepsilon_{r0} = \varepsilon_r \cdot \frac{1 - 3P + 2\varepsilon_r}{1 + (2-3P)\varepsilon_r} \qquad (1.2)$$

beschrieben wird /1.58/. Mit ε_{r0} = 10,22 läßt sich die bei bestimmter Porösität P entstehende resultierende relative Permittivität des Substrats durch

$$\varepsilon_r = 4{,}860 - 6{,}915P + 0{,}25\sqrt{765{,}1P^2 - 537{,}7P + 459{,}7} \qquad (1.3)$$

darstellen. P errechnet sich in Abhängigkeit von der Dichte p des porösen Substrats nach (1.1). Vergleiche zwischen ε_r-Messungen nach der Zweiflüssigkeiten-

Methode (2 MHz) und den aus Dichtemessungen errechneten ε_r-Werten lieferten nur Unterschiede von maximal 0,8 % /1.58/.

1.4.4 Messung der relativen Permittivität und des Verlustfaktors von Substraten

Die relative Permittivität ε_r von Substraten muß als eine der Einflußgrößen auf die Leitungsparameter Wellenwiderstand und Phasengeschwindigkeit von Streifenleitungen genau bekannt sein, wenn Streifenleitungen dimensioniert werden sollen. Genaue Zahlenwerte für ε_r liegen jedoch nur bei reinen, einkristallinen Stoffen, wie Saphir oder Quarz, eindeutig fest. Bei polykristallinen Materialien, wie Keramik, bei amorphen Materialien, wie Glas, sowie bei anorganischen gemischten Stoffen, wie glasfaserverstärktes Teflon, hängt ε_r stark von den Parametern des Herstellungsverfahrens und der Zusammensetzung der Ausgangsstoffe ab. Bei Al_2O_3-Keramik wird ε_r von dem Prozentsatz reinen Al_2O_3, der Porösität und von dem Herstellungsverfahren beeinflußt. Dadurch können sich Exemplarstreuungen bis zu ± 15 % durchaus ergeben. Diese reduzieren sich, wenn man beim gleichen Fabrikat bleibt, auf ±2...5 %. Da bei vielen Schaltungsanwendungen die Exemplarstreuung von ε_r unterhalb von ±2 % bleiben soll (vgl. Tafel 1.7), wird vielfach sowohl bei der Schaltungsentwicklung als auch bei der Fertigung eine zerstörungsfreie ε_r-Messung gewünscht. Der dielektrische Verlustfaktor $\tan\delta_\varepsilon$ ist zur Abschätzung der Leitungsdämpfung notwendig. Da er i.a. nicht theoretisch voraussagbar ist, muß er ebenfalls meßtechnisch bestimmt werden.

Die Anforderungen an ein zur Messung von ε_r und $\tan\delta_\varepsilon$ von Substraten geeignetes Verfahren sind:

- Meßbereich von $\varepsilon_r = 2...20$ und $\tan\delta_\varepsilon = 0{,}0001...0{,}1$;
- Meßfrequenzen 0,1 GHz...20 GHz;
- Proben in Form rechteckiger Platten mit einer Dicke von 0,2 mm ... 2 mm und Kantenlängen von 25 mm ... 100 mm;
- Zerstörungsfreie Prüfung: Keine Bearbeitung oder Metallisierung der Proben;
- Eignung für Serienmessungen: Schneller Meßvorgang, unmittelbare Auswertung;
- Meßfehler < 1 %;
- Geringe Durchbiegung und Dickenvariation der Proben sollen Meßergebnis möglichst wenig verfälschen.

Diese Anforderungen werden von herkömmlichen dielektrischen Mikrowellenmeßverfahren, z.B. nach /1.75, 1.85-1.95/, die fast alle speziell geformte Proben (z.B. Zylinder, Stäbe, Barren) benötigen, i.a. nicht erfüllt. Die herkömmlichen Methoden teilen sich in solche, die im Zeitbereich arbeiten (TDS-Verfahren: time domain spectroscopy), und solche, die im Frequenzbereich arbeiten, auf. Bei letzteren unterscheidet man zwischen Leitungsmessungen (Probe als Bestandteil einer Leitung, deren Ausbreitungskonstante γ gemessen wird) und Resonatormessungen (cavity perturbation method: Probe wird im Resonator eingeführt). Eine Übersicht ist bei /1.95/ gegeben.

Speziell für Substrate geeignete Meßverfahren sind in Tafel 1.11 zusammengestellt. Sie sind z.T. aus herkömmlichen Verfahren abgeleitet. Bei der Substratresonator-Methode /1.96-1.104/ nach Bild 1.13 wird das Substrat üblicherweise rundum an allen sechs Seiten metallisiert. Dadurch entsteht ein quaderförmiger Hohlraum, der vollständig mit einem Dielektrikum der zu bestimmenden Permittivität ε_r gefüllt ist. Er besitzt die Kantenlängen a,b und die Dicke h. Im allgemeinen Fall der H_{mnp}-Resonanz (m bzw. n bzw. p Halbwellen längs der Kanten a bzw. b bzw. h) beträgt die Resonanzfrequenz für unendlich gut leitende Metallisierung

$$f_{R,mnp} = \{c_0/(2\sqrt{\varepsilon_r})\} \cdot \sqrt{(m/a)^2 + (n/b)^2 + (p/h)^2} \quad . \tag{1.4}$$

Bei endlichen Verlusten eines Resonators erniedrigt sich dessen Resonanzfrequenz gegenüber $f_{R,mnp}$ (verlustfreier Fall) auf

$$f_{R,mnp}^{(m)} = f_{R,mnp}\left(1 - \frac{1}{2Q}\right) \quad , \tag{1.5}$$

wobei Q die Resonatorgüte ist /1.105, S.354/. In der Praxis sind die Felder wegen h << a,b bei den Resonanzen niedriger Ordnung längs h konstant, so daß p = 0 ist und nur H_{mn0}-Resonanzen auftreten. Damit erhält man aus (1.4), (1.5)

$$\varepsilon_r = \frac{c_0^2\left(1 - \frac{1}{2Q}\right)^2}{4\left(f_{R,mn0}^{(m)}\right)^2}\left\{\left(\frac{m}{a}\right)^2 + \left(\frac{n}{b}\right)^2\right\} \tag{1.6}$$

aus der gemessenen Resonanzfrequenz $f_{R,mn0}^{(m)}$ der H_{mn0}-Resonanz, der gemessenen Güte Q (zu bestimmen aus der 3-dB-Bandbreite) und der Lichtgeschwindigkeit c_0.

Zur Messung der Resonanzfrequenz wird der Resonator entweder durch ein Loch in der Mitte der Breitseite kapazitiv (Bild 1.13a) oder durch eine Aussparung in der Mitte der Schmalseite induktiv mit einer Koppelschleife (Bild 1.13b) an eine Koaxialleitung angekoppelt. Die Resonanzfrequenz erkennt man an einem spitzenförmigen Einbuch im Frequenzverlauf des Reflexionsfaktors. Man kann auch die vier schmalen Seitenflächen $a \times h$, $b \times h$ von Metallisierung freihalten (näherungsweise Leerlauf oder magnetische Wand) und nur die großen Flächen $a \times b$ metallisieren. Dieser Resonator läßt sich auf einfache Weise kapazitiv ankoppeln, indem man ihn zwischen den

Tafel 1.11. Meßverfahren für die relative Permittivität ε_r und den dielektrischen Verlustfaktor tan δ_ε von Substraten

Meßverfahren	zerstörungsfrei ?	tanδ_ε-Messung möglich ?	Genauigkeit ε_r-Messung	Genauigkeit tanδ_ε-Messung	Frequenzbereich in GHz	Auswertung	Anordnung	Literatur
Substratresonatormethode								
a) allseitig metallis. Substrat, kapaz. Koppelung	nein	nein	1...2 %	-	1...12	einfach	Bild 1.13.a	/1.98-1.101, 1.103/
b) allseitig metallis. Substrat, indukt. Koppelung	nein	nein	0,5...1 %	-	1...12	einfach	Bild 1.13.b	/1.97, 1.99, 1.101, 1.102/
c) seitlich unmetallis. Substrat, kapaz. Koppelung	nein	nein	1...2 %	-	1...12	einfach	Bild 1.13.c	/1.96, 1.99, 1.101/
Hohlraumresonatormethode	ja	ja	0,5 %	5 %	4..8 bzw. 8...12 *	Computer-progr.	Bild 1.14.a	/1.106-1.108/
Leitungsmethode	ja	ja	1 %	2...3 %	4...8 bzw. 8...12 *	Computer-progr.	Bild 1.14.b	/1.109, 1.110/
Hohlleiteraperturmethode	ja	ja	1 %	10 %	4...8 bzw. 8...12 *	Computer-progr.	Bild 1.14.c	/1.111, 1.112/
Streifenleitungsresonatormethode	ja	nein	1...2 %	-	1...12	einfach	Bild 1.14.d	/1.113-1.115/

*) Frequenzband des jeweils verwendeten Hohlleiters

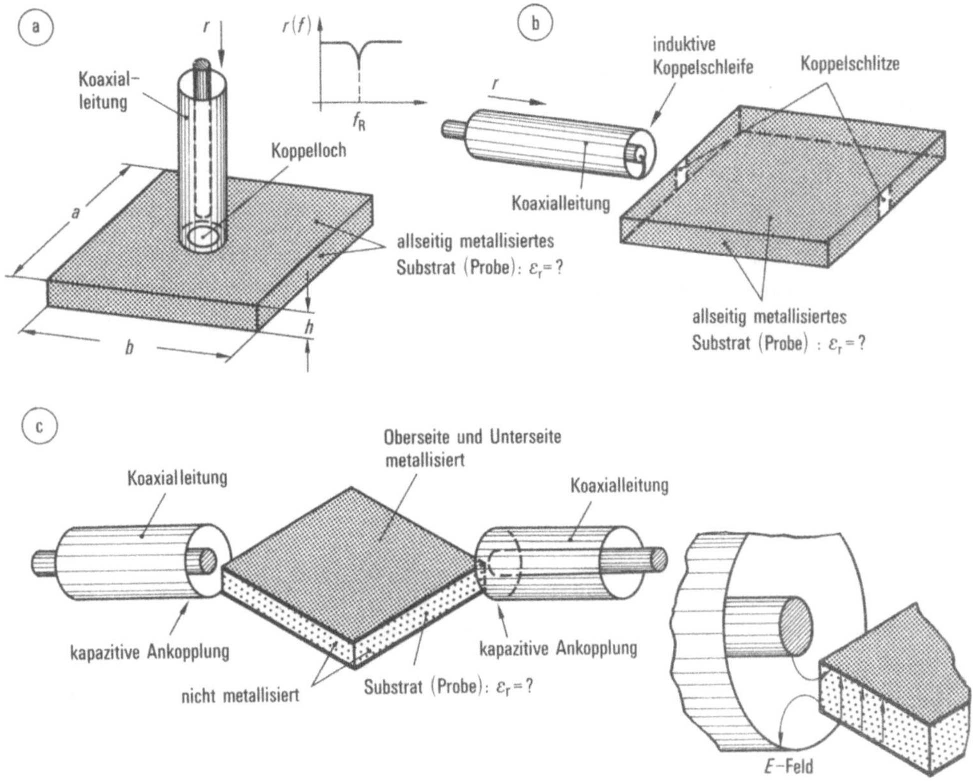

Bild 1.13. Substratresonatormethode zur Messung der relativen Substratpermittivität. a) Kapazitive Ankoppelung an allseitig metallisiertes Substrat nach /1.100/; b) induktive Ankoppelung an allseitig metallisiertes Substrat nach /1.94, 1.99/; c) kapazitive Ankoppelung an nur ober- und unterseitig metallisiertes Substrat nach /1.93, 1.96, 1.98/

Außen- und den Innenleiter eines leerlaufenden Koaxialleitungsendes einklemmt (Bild 1.13c). Es gilt ebenfalls (1.6). Der Nachteil aller Substratresonanzverfahren ist, daß die Prüfung nicht zerstörungsfrei erfolgt, da die Substrate metallisiert werden müssen. Für eine $\tan\delta_\varepsilon$-Messung sind diese Verfahren nicht geeignet, da die Wandverluste gegenüber den dielektrischen Verlusten dominieren. Meßfehler entstehen durch die Ankoppelung, die Substratdicken- und Kantenlängenungenauigkeit und die Substratdurchbiegung.

Bei den H o h l r a u m r e s o n a t o r m e t h o d e n /1.06-1.108/ wird in einem Hohlraumresonator ein Substrat eingeführt. Das Substrat nimmt hier nur einen Teil des felderfüllten Innenraums ein, so daß die Auswertung der Messung wesentlich komplizierter ist und i.a. Datenverarbeitungsanlagen bzw. Tischrechner benötigt werden. Ein Beispiel eines zylindrischen Hohlraumresonators, der mit seiner H_{111}-Resonanz erregt wird /1.106/, zeigt Bild 1.14a. Für eine Messung bei Frequenzen von 8 GHz ... 12 GHz sind die Abmessungen D = 20 mm, a = 4,5 mm, h = 0,5 mm ... 1,2 mm. Die Probe wird mittig an der Stelle maximalen elektrischen Feldes und verschwindender Wandströme eingesetzt. Man mißt die Resonanzfrequenz f_R, die Güte Q und den Transmissionsfaktor $|\underline{S}_{21}|$ bei Resonanz. Hieraus lassen sich nach Auflösen transzendenter Gleichungen ε_r und $\tan\delta_\varepsilon$ bestimmen. Wegen der hohen Güte des Hohlraumresonators ohne Substrat eignet sich das Verfahren auch zur Bestimmung von $\tan\delta_\varepsilon$. Bei einem weiteren Verfahren nach /1.107/ wird das Substrat auf den Boden eines quaderförmigen Hohlraumresonators gelegt. Diese Verfahren sind Ableger der "cavity perturbation"-Methode /1.90-1.92/, die jedoch i.a. mit sehr kleinen Proben arbeitet.

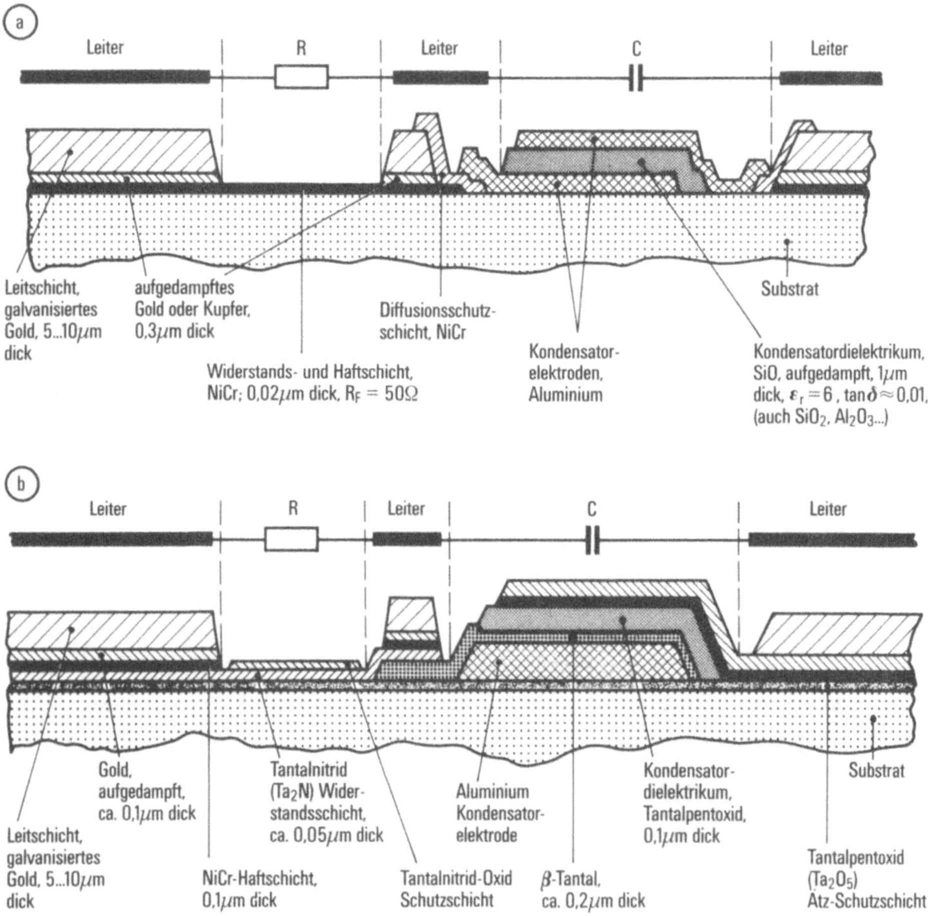

Bild 1.14. Weitere Verfahren zur Messung von ε_r und tan δ_ε von Substraten. a) Hohlraumresonatormethode (zylindr. Hohlraum) nach /1.106/; b) Leitungsmethode nach /1.109, 1.110/; c) Hohlleiteraperturmethode nach /1.111, 1.112/; d) Streifenleitungsresonator-Methode nach /1.114/

Die Leitungsmethode /1.109, 1.110/ erlaubt ebenfalls, ε_r und $\tan\delta_\varepsilon$ zerstörungsfrei zu messen. Man setzt in einen Längsschlitz in der Breitseite eines Rechteckhohlleiters auf eine Länge b das zu untersuchende Substrat ein und regt eine LSE_{01}-Längsschnittwelle (entartete H_{01}-Welle) an (Bild 1.14b). Aus der Änderung von Phasenmaß β und Dämpfungsmaß α in diesem Leitungsstück durch Einfügen des Substrats wird ε_r und $\tan\delta_\varepsilon$ berechnet (transzendente Gleichungen).

Auch die Hohlleiteraperturmethode nach /1.111, 1.112/ gestattet eine zerstörungsfreie Messung von ε_r und $\tan\delta_\varepsilon$. Nach Bild 1.14 c wird auf den Flansch eines leerlaufenden Rechteckhohlleiter-Endes das zu untersuchende Substrat gelegt. Die freie Substratfläche wird mit einer Metallplatte abgedeckt. Den Hohlleiter erregt man in seiner H_{10}-Grundwelle. Aus der Amplitude und der Phase des gemessenen Reflexionsfaktors $\underline{r}$ dieser Anordnung lassen sich ε_r und $\tan\delta_\varepsilon$ des Substrats berechnen. Die Bezugsebene für den Reflexionsfaktor liefert ein Kurzschluß (Metallplatte) an Stelle des Substrats. Zur Auswertung ist ein Rechnerprogramm notwendig.

Die Streifenleitungsresonatormethode /1.113-1.115/ liefert im Gegensatz zu den bisher beschriebenen Verfahren nur eine Relativmessung von ε_r. Sie arbeitet zerstörungsfrei. Nach Bild 1.14d wird eine auf einer nachgiebigen Kunststoffolie befindliche Filter- oder Resonator-Streifenleiterstruktur auf einer Seite auf das zu untersuchende Substrat gepreßt. Die gemessene Resonanzfrequenz dieser Anordnung ist ein Maß für ε_r der Probe. Wegen der hohen Leiterverluste der Streifenleitungsanordnung ist $\tan\delta_\varepsilon$ nicht meßbar. Eicht man die Apparatur mit Substraten bekannten ε_r-Wertes, so ist auch eine Absolutmessung möglich.

Vielfach wird auch die im MHz-Bereich arbeitende Zweiflüssigkeitenmethode /1.116/ angewandt, welche auch bei nicht ebenen Substraten genaue Ergebnisse liefert. Weitere Verfahren zur Messung von ε_r und $\tan\delta_\varepsilon$ von Substraten sind bei /1.117-1.126/ beschrieben. Zur Messung der lokalen Permittivität auf dem Substrat kann man dieses nach /1.121, 1.123/ zwischen zwei kleine dielektrische Resonatoren einsetzen. Die Messung der verschiedenen richtungsabhängigen ε_r-Werte dielektrisch anisotroper Substrate behandeln /1.127-1.131/. Bei /1.131/ wurden sogar an Al_2O_3-Keramik leicht anisotrope Eigenschaften gemessen.

1.4.5 Bearbeitung von Keramiksubstraten

Die Substratbearbeitung erstreckt sich erstens auf das i.a. geradlinige Trennen (Zerschneiden) von Substraten und zweitens auf das "Bohren" von i.a. runden Löchern. Wir beschränken uns hier auf das sehr häufig angewandte Substatmaterial, die Al_2O_3-Keramik. Tafel 1.12 gibt einen Überblick über verschiedene Verfahren zur Substratbearbeitung. Zum Trennen wird meistens das Verfahren der Laserperforation ver-

Tafel 1.12. Übersicht über Bearbeitungsverfahren für Keramiksubstrate

Verfahren	Bemerkung
Trennen	
- Sägen (Diamantsäge)	langsam, Schnittverlust, sehr genaue Kanten
- Laserperforation und Brechen	sehr schnell, kein Schnittverlust, recht genaue Kanten, automatisierbar
- Diamantritzen und Brechen	schnell, kein Schnittverlust, genaue Kanten
Bohren	
- Diamantbohrer	langsam, gute Kantenqualität
- Sandstrahlgebläse	mäßig schnell, trichterförmige Löcher
- Ultraschallbohren	mäßig schnell, gute Kantenqualität
- Laserbohren	sehr schnell, gute Kantenqualität, automatisierbar, auch nicht-runde Löcher

wendet. Der Laser muß auf Wellenlängen arbeiten, welche vom Substratmaterial absorbiert werden (CO_2-Laser, YAG-Laser bei Al_2O_3-Keramik).

Löcher mit Durchmessern im Bereich von 0,3 mm bis 1,5 mm werden für Durchkontaktierungen, also leitende Verbindungen zwischen beiden Substatseiten, benötigt. Die in das unbeschichtete Substrat gebohrten Löcher werden dann beim Bedampfen des Substrats am Rand metallisiert. Dadurch entsteht eine leitende Verbindung. Beim Sandstrahlen wird ein feiner Sandstrahl gegen das Substrat geschleudert. Die Lochwände werden dadurch gebogen. Beim Ultraschallbohren wird ein mit hoher Frequenz (z.B. 20 kHz) vibrierendes Rohr auf die Keramik aufgesetzt. Es zertrümmert das Substratmaterial. Rückstände werden durch das Rohrinnere abgesaugt. Beim Laserbohren durchschneidet der Laser das Substrat längs der Lochkanten (auch nicht-runde Löcher möglich).

1.5 Herstellungsverfahren (Technologien) für integrierte Mikrowellenschaltungen

1.5.1 Übersicht

Zur Herstellung integrierter Mikrowellenschaltungen sind verschiedene Technologien gebräuchlich (Tafel 1.13). Sie unterscheiden sich vor allem im Substratmaterial, in den Herstellungsverfahren für Leiterbahnen, Widerstandsbahnen und Kondensatoren und in dem Integrationsgrad. Der Integrationsgrad ist ein Maß für den Anteil der "integrierten Elemente" an allen in einer Schaltung möglichen Bauelementetypen.

Tafel 1.13. Übersicht über die wichtigsten Technologien für integrierte Mikrowellenschaltungen (Lt: Streifenleiter; R: Widerstände; C: Kondensatoren)

	Ätztechnik kuperkasch. Kunststoffplatten	Dünnfilm-Hybridtechnik	Dickschicht-Hybridtechnik	Halbleiter-auf-Saphir	monolithische MIC
integrierte Elemente	Lt	Lt, R, (C)	Lt, R, C	Lt, R, C, Halbleiter	Lt, R, C, Halbleiter
hybride Elemente	R, C, Halbleiter, Verbindungselemente	Halbleiter, (C), Verbindungselemente	Halbleiter, Verbindungselemente	keine	keine
typ. Substratmaterial	glasfaserverstärktes Teflon (ε_r = 2,5)	Al_2O_3-Keramik (ε_r = 9,8)	Al_2O_3-Keramik (ε_r= 9,8)	Saphir (ε_r = 11,6 bzw. 9,4)	Silizium (ε_r = 11,9), GaAs (ε_r = 13)
typ. Substratdicke	1/16" = 1,59 mm	25 mil = 0,635 mm	25 mil = 0,635 mm	25 mil = 0,635 mm	0,15 mm
typ. Schaltungsfläche	50 × 100 mm^2	25 × 25 mm^2	25 × 25 mm^2	25 × 25 mm^2	2 × 2 mm^2
typ. Leitermaterial	Kupfer	Kupfer,Gold	Silberpalladium, Goldp.	Gold	Gold
kleinste Leiter- und Spaltbreite	ca. 0,2 mm	0,02...0,05 mm	ca. 0,1 mm	0,02...0,05 mm (Streifenleiter); ca. 1 µm (Halbleiter)	5...10 µm (Streifenleiter); ca. 0,5 µm (Halbleiter)
typ. Leiterdicke	17 µm, 35 µm	5...10 µm	25 µm	5...10 µm (Streifenleiter); einige 0,1 µm (Halbleiter)	1...2 µm (Streifenleiter); einige 0,1 µm (Halbleiter)
Hybridierungsverfahren	Löten, Kleben	Löten, Kleben, Legieren, US- u. Thermokompress. Bonden	Löten, Kleben, (US- u. Thermokompress. Bond.)	keine	keine
Integrationsgrad	sehr niedrig	mittlerer Grad	mittlerer Grad	hoch	sehr hoch
Geräteinvestitionen	sehr niedrig	hoch	mäßig	sehr hoch	sehr hoch
Frequenzbereich	$\lesssim$ 10 GHz	$\lesssim$ 50 GHz	$\lesssim$ 20 GHz	$\lesssim$ 50 GHz	$\lesssim$ 300 GHz

Integrierte Elemente sind dadurch definiert, daß sie zusammen mit den Leiterstrukturen im gleichen Gesamtprozeß hergestellt werden. Hybride Elemente werden dagegen vom Schichtschaltungshersteller in fertigem Zustand bezogen und nachträglich in die Schaltung eingesetzt. Je höher der Integrationsgrad ist, desto höher liegen die technologischen Geräteinvestitionen zur Schaltungsherstellung, desto länger sind die Entwicklungszeiten der Schaltungen und desto größer sind i.a. die minimalen Fertigungsstückzahlen, oberhalb derer eine Fertigung in der jeweiligen Technologie rentabel ist. Der Begriff "Technologie" wird in einer Doppelbedeutung gebraucht: Zum einen bezeichnet er das Verfahren und zum anderen charakterisiert er die Ausführung einer Schaltung.

Tafel 1.13 gibt eine nach steigendem Integrationsgrad geordnete Übersicht über die wichtigsten MIC-Technologien. Den geringsten Integrationsgrad besitzt die einfache Ätztechnik kaschierter Platten, bei der lediglich Leiterbahnen integriert sind. Die monolithischen integrierten Mikrowellenschaltungen benützen überhaupt keine hybriden Elemente - auch Halbleiter und Verbindungselemente sind integriert. Am bedeutendsten ist die Dünnfilm-Hybridtechnik. Aufgrund der Verwendung hybrid eingesetzter Halbleiter besitzt sie die größte schaltungstechnische Flexibilität, da das gesamte auf dem Markt erhältliche Halbleiterspektrum zur Verfügung steht.

1.5.2 Ätztechnik kupferkaschierter Kunststoffplatten

Die Ätztechnik kupferkaschierter Kunststoffplatten (Substrate) ist der einfachste und kostengünstigste Weg zur Herstellung integrierter Mikrowellenschaltungen (Tafel 1.13). Man benötigt lediglich eine Fotoätzeinrichtung, mit welcher die Leiterstruktur aus den im Handel bereits in beidseitig kupferkaschierter Ausführung erhältlichen Kunststoffplatten herausgeätzt wird. Widerstände, Kondensatoren und Halbleiter müssen hybrid in die Schaltung eingesetzt werden. Dafür bedient man sich der Weichlötung und in selteneren Fällen des Klebens mit Leitklebern (Klebstoffe mit eingelagerten Silberteilchen). Die von der Dünnfilmtechnik gewohnte Vielfalt der Kontaktiermöglichkeiten wie Thermokompressionsschweißen, Ultraschallschweißen und Legieren besitzt man normalerweise nicht. Daher muß man auf den Einbau besonders kleiner Bauteile wie Halbleiterchips (ungehäuste Transistoren, Dioden) und Beamlead-Halbleiterelemente verzichten.

Als Ausgangsmaterial zur Schaltungsherstellung werden verlustarme K u n s t s t o f f - s u b s t r a t e mit typischen Dicken von 1/32 Zoll = 0,80 mm, 1/16 Zoll = 1,59 mm und 1/8 Zoll = 3,18 mm und mit maximalen Flächen von etwa 40 × 50 cm^2 verwendet. Sie werden bereits vom Hersteller beidseitig mit Kupferkaschierung versehen. Handelsübliche Metallisierungsdicken sind 35 µm. Vielfach wird die Metallisierungsdicke in Unzen Gewicht pro Fläche von einem Quadratfuß (oz per square foot) angegeben (1 oz = 28,35 g; 1 ft = 30,48 cm). Eine oz/ft^2 entspricht einer Kupfermetallisierungsdicke von 35 µm. Die Kupferschicht kann in Folienform unter Hitze und Druck aufgeschmolzen oder mit Kleber aufgeklebt (höhere dielektrische Kleberverluste!) bzw. elektrochemisch abgeschieden werden (electrodeposition). Das letztere Verfahren liefert die reinsten und verlustärmsten Schichten.

Die verschiedenen Kunststoffsubstrate (Abschnitt 1.4) eignen sich unterschiedlich gut zur Metallisierung mit Kupfer. So ist z.B. reines Teflon äußerst schwierig zu beschichten: Meist müssen zusätzlich Klebstoffe zu Hilfe genommen werden, die i.a. hohe dielektrische Verluste besitzen.

Die Eigenschaften von reinen Kunststoffsubstraten, wie Teflon (PTFE: Polytetrafluorethylen), Polyolefin und Polystyren und durch Glasfasern oder Glasgewebe verstärkten Kunststoffen sind in Abschnitt 1.4.2 angegeben. Alle diese Materialien besitzen niedrige Permittivität $\varepsilon_r = 2{,}1\ldots2{,}7$ und niedrige Wärmeleitfähigkeit. Sie lassen sich leicht mechanisch bearbeiten (Bohren, Fräsen, Sägen, Drehen). Detailliertere Angaben über Kunststoffsubstrate werden bei /1.55, 1.66, 1.70, 1.80, 1.81, 1.132, 1.133/ gemacht.

Neben der Gruppe der reinen und mit Glasgewebe oder Glasfasern verstärkten Kunststoffe gibt es noch die Gruppe der mit K e r a m i k p u l v e r gefüllten Kunststoffe. Sie besitzen größere relative Permittivitäten von $\varepsilon_r = 6\ldots25$, zeigen aber auch höhere dielektrische Verluste und stärkere Temperaturabhängigkeit von ε_r und $\tan\delta_\varepsilon$. Keramikpulvergefülltes Teflon wird vielfach mit $\varepsilon_r = 10$, dem gleichen Wert, den Al_2O_3-Keramik besitzt, angeboten /1.76, 1.77/. Mit keramikpulvergefülltem Polystyren lassen sich Werte von $\varepsilon_r = 3\ldots15$ und mit keramikpulvergefülltem Silikonharz lassen sich Werte bis zu $\varepsilon_r = 25$ herstellen. Auch diese Substrate werden kupferkaschiert geliefert.

Die Hybridschaltungen auf Kunststoffsubstraten unterscheiden sich in folgenden Punkten von den Dünnfilm-Hybridschaltungen auf Al_2O_3-Keramiksubstrat (Abschnitte 1.3, 1.5.3):

- Geringerer Miniaturisierungsgrad wegen niedrigerem ε_r (gilt nicht für keramikgefüllte Kunststoffe);
- Wesentlich geringere Investitionen zur Herstellung der Schaltungen notwendig;
- Einfachere Reparierbarkeit der Schaltung im Labor ohne technologische Hilfsmittel (schnelle Laborentwicklung);
- Grobere Leiterstrukturen, daher Ausschluß bestimmter Leitungsbauelemente (z.B.

Interdigitalkoppler) und bestimmter hybrider Elemente (z.B. Halbleiterchips ohne Gehäuse);
- Geringere thermische Stabilität, wesentlich niedrigere maximale erlaubte Temperatur;
- Geringere mechanische Stabilität;
- Einfachere mechanische Bearbeitbarkeit;
- Geringere Vielfalt der Hybridierungsverfahren (normalerweise nur Weichlöten, Kleben) und daher der einsetzbaren hybriden Elemente;
- Schlechtere Wärmeableitung von Bauteilen auf der Substratoberfläche;
- Höhere dielektrische Verluste, insbesondere bei hohen Frequenzen f > 3...10 GHz;
- Geringere Leiterdämpfung wegen breiterer Streifenleiter (gilt nicht für keramikpulvergefüllte Kunststoffe);
- Höhere übertragbare mittlere Leistung wegen geringerer Leiterdämpfung (gilt nicht für keramikpulvergefüllte Kunststoffe);
- Schlechte Eignung für hohe Frequenzen f > 5...10 GHz wegen parasitärer Wellentypen (Querresonanzen) und hoher dielektrischer Verluste.

1.5.3 Dünnfilm-Hybridschaltungen

Schaltungsaufbau, Materialien

Das bedeutendste technologische Verfahren zur Herstellung integrierter Mikrowellenschaltungen ist die Dünnfilm-Hybridtechnik /1.1, 1.8, 1.17, 1.18, 1.32, 1.67-1.69, 1.134-1.190/. Die Dünnfilmtechnik ist durch das Verfahren zur Erzeugung der Leiter, Widerstände und Kondensatoren eher als durch die Dicke der Schichten definiert: Bei dem Verfahren handelt es sich entweder um Aufdampf- oder Aufstäubprozesse, die beide im Vakuum stattfinden und Schichten mit Dicken unterhalb von 1 µm liefern. Bei Mikrowellenanwendungen werden die Leitschichten noch auf Dicken von 5...10 µm galvanisch verstärkt, um die Verluste niedrig zu halten. In der Dünnfilmtechnik können Leiter wie auch Widerstände und Kondensatoren als integrierte Elemente hergestellt werden (Tafel 1.13). In der Praxis verzichtet man jedoch meistens im Interesse einer billigeren technologischen Ausrüstung, geringerer Fertigungskosten und höherer Ausbeute auf integrierte Kondensatoren. Man setzt die Kondensatoren zusammen mit allen Halbleiterbauelementen (Transistoren, Dioden) als hybride Elemente in die fertige Schaltung ein. Zu dieser häufigsten Form der Dünnfilm-Hybridschaltungen gehören die in den Bildern 1.1, 1.3, 1.6 bis 1.11 gezeigten Schaltungsbeispiele.

Als Substrate für Dünnfilmschaltungen sind alle in Abschnitt 1.4 angegebenen anorganischen Materialien geeignet (s. Tafeln 1.8, 1.9). Nicht alle Materialien haben jedoch die gleiche technische Bedeutung. Die weitaus größte Verbreitung besitzt die Al_2O_3-Keramik (Aluminiumoxidkeramik) in den Dicken von 25 mil = 0,635 mm und 50 mil = 1,27 mm. Aufgrund ihres im mittleren Bereich liegenden ε_r von etwa 10 erlaubt sie eine hohe Miniaturisierung der Schaltungen (Wellenlängenverkürzungsfaktor etwa 2,5, geringer Leitungsquerschnitt). Dabei halten sich die Leiterverluste, die ja mit wachsendem ε_r bei konstantem Wellenwiderstand (üblicherweise 50 Ω) wegen der sich verringernden Streifenleiterbreite zunehmen, noch in technisch vertretbaren Grenzen. Zudem besitzt die Al_2O_3-Keramik sehr niedrige dielektrische Verluste bis in den mm-Wellenbereich hinein und eine geringe Temperaturabhängigkeit von ε_r. Allerdings ist die relative Permittivität ε_r Exemplarstreuungen unterworfen, die üblicherweise ± 2 % betragen. Meist verwendet man hochreine 99,5 %-ige Al_2O_3-Keramik. Ihre Eigenschaften zeigt Tafel 1.10. Sie ist für Leitschichten und integrierte Widerstände, nicht jedoch für integrierte Kondensatoren, geeignet. Für letztere ist die Oberfläche zu rauh und zu häufig mit mikroskopischen Defekten belegt. Für Dünnfilmschaltungen mit Kondensatoren muß man entweder die Keramikoberfläche zumindest lokal glasieren oder S a p h i r verwenden, welcher glasglatte Oberfläche besitzt. Die sonstigen Eigenschaften entsprechen etwa denen von Al_2O_3-Keramik, mit der Ausnahme, daß Saphir anisotrop ist und daß seine ε_r-Streuung vernachlässigbar klein ist. Enthalten integrierte Mikrowellenschaltungen magnetische Elemente wie Zirkulatoren, so sind F e r r i t e oder G r a n a t e als Substrate notwendig. Kunststoffsubstrate sind für die Dünnfilmtechnik ungeeignet, da sie einenteils die hierbei auftretenden, bis zu etwa 400 °C reichenden, Temperaturen nicht vertragen und andernteils wegen ihres Ausgasens die Erzeugung von Hochvakuum sehr erschweren.

S t r e i f e n l e i t e r fungieren elektrisch als Teile der Mikrostreifenleitung und mechanisch als Kontaktstellen für den Anschluß hybrider Elemente. Die Anforderungen an sie sind:

- Niedriger spezifischer Widerstand ρ (geringere Leitungsdämpfung);
- Leiterdicke $t > 3\delta$ (δ: Skineffekt Eindringtiefe, z.B. δ = 2 µm bei Kupfer für f = 1 GHz);
- Gute Strukturkantengenauigkeit (Kantenversatz < 5...10 µm gegenüber Fotomaske);
- Geringe Anfälligkeit gegen Oxidation und Schadgase H_2S und SO_2;
- Lötbarkeit (keine Diffusion des Lotes in Leitermaterial);
- Eignung für verschiedene Kontaktierverfahren wie Legieren, Thermokompressionsschweißen, Ultraschallschweißen;
- Gute Haftfestigkeit auf dem Substrat auch bei mechanischer Beanspruchung (Vibration), Temperaturwechsel;
- Stabilität bei Alterung;

- Bei Mehrschichtleitern: Geringe Wechselwirkung, Diffusion der einzelnen Metalle (ergäbe Widerstandserhöhung).

Verschiedene für die Dünnfilmtechnologie geeignete Leitermaterialien zeigt Tafel 1.14. Alle guten Leiter wie Silber (Ag), Kupfer (Cu), Gold (Au) und Aluminium (Al) haften auf anorganischen Substraten wie Al_2O_3-Keramik schlecht. Schlechte Leiter wie Chrom (Cr), Tantal (Ta) und Titan (Ti) besitzen jedoch sehr gute Haftfestigkeit.

Tafel 1.14. Eigenschaften von Leitermaterialien für die Dünnfilmtechnik nach /1.2/: Da: Aufdampfen; Galv.: elektrolytisch Abscheiden; St: Aufstäuben (Sputtern); $\rho_{Cu} = 1{,}72 \cdot 10^{-6}\ \Omega cm$

Material	bezogener spez. Widerstand ρ/ρ_{Cu}	Skineffekt-Eindringtiefe (2 GHz) in µm	therm. Ausdehnungskoeff. $\Delta l_{Th}/(l\Delta T)$ in $10^{-6}/K$	Haftfähigkeit auf Al_2O_3-Keramik	Beschichtungsmethode
Leitschichtmaterialien					
Ag (Silber)	0,95	1,4	21	schlecht	Da
Cu (Kupfer)	1,0	1,5	18	schlecht	Da, Galv
Au (Gold)	1,36	1,7	15	schlecht	Da, Galv
Al (Aluminium)	1,6	1,9	26	schlecht	Da
Haftschichtmaterialien					
Cr (Chrom)	7,6	4	8,5	gut	Da
Ta (Tantal)	9,1	4,5	6,6	gut	St, Da
Ti (Titan)	27,7	7,8	9,0	gut	Da,St
Trennschichtmaterialien					
Pt (Platin)	6,2	3,6	9,0	-	St, Da
Pd (Palladium)	6,2	3,6	11,0	-	Da, St

Das Haftvermögen dieser Schichten auf der Substratoberfläche entsteht durch chemische Bindungskräfte, van der Waalsche Kräfte als Anziehungskräfte zwischen den Molekülen und atomare Haltekräfte. Zum Aufbau gut leitender und gut haftender Schichten von etwa 5...10 µm Dicke wird daher zunächst eine sehr dünne Haftschicht aus Cr, Ta oder Ti und auf diese eine Leitschicht (Dicke ca. 0,1 µm) aus Ag, Cu, Au oder Al aufgedampft oder aufgestäubt. Danach wird die Schicht auf eine Dicke von 5...10 µm galvanisch verstärkt. Dabei haften die Leitschichten sehr gut auf den Haftschichten. Bei derartigen Mehrschichtaufbauten ist zu beachten, daß zwischen den Schichten Diffusion auftreten kann. Diese führt zu einer unerwünschten Erhöhung des spezifischen Widerstands der Leitschicht /1.159-1.163/. Man kombiniert daher nur Metalle mit geringer Diffusion oder man baut ein drittes Metall, z.B. Pt oder Pd als Diffusionstrennschicht ein (Tafel 1.14). Die Dicken der Haftschicht und der Diffusionstrennschicht werden mit etwa 0,05 µm so klein gewählt, daß eine Erhöhung der Leitungsdämpfung vernachlässigbar ist. Von den Leitschichten wird Gold i.a. bevorzugt, da es die beste Stabilität gegen Umwelteinflüsse besitzt und für alle Kontaktierverfahren geeignet ist.

W i d e r s t a n d s s c h i c h t e n benötigt man als Hochfrequenzwiderstände zum Aufbau von Dämpfungsgliedern und Abschlußwiderständen (Wellensümpfe) und als Gleichstromwiderstände für Stromversorgungsnetzwerke. Die Anforderungen an sie sind:

- Niedriger Temperaturkoeffizient;
- Geringe Änderung des Widerstandswerts bei Alterung;
- Schichtdicke $\ll \delta$ (δ: Skineffekt-Eindringtiefe, z.B. δ = 5,5 µm bei Cr für f = 1 GHz), damit Widerstandswert frequenzunabhängig bleibt;
- Abgleichbarkeit;
- Spezifischer Oberflächenwiderstand in Größenordnung von 50 Ω (üblicher Leitungs-Wellenwiderstand), z.B. 10...500 Ω;
- Geringes Rauschen;
- Stabilität gegen Umwelteinflüsse (Feuchtigkeit, Schadgase H_2S, CO_2);
- Keine Wechselwirkung mit anschließenden Leitschichten;
- Hohe maximale Leistung.

Die Eigenschaften der wichtigsten Widerstandsmaterialien zeigt Tafel 1.15. Nickelchrom (NiCr: Legierung aus 80 % Nickel und 20 % Chrom) und Tantal werden wegen ihrer Stabilität bzgl. Hitze, Umweltbelastung und Alterung vorgezogen. Man benutzt üblicherweise die Haftschichten zugleich als Widerstandsschichten. Da die Haupt-Widerstandsdrift bei hohen Temperaturen nach der Herstellung auftritt, führt man i.a. eine Voralterung (z.B. 5 Stunden bei 250 °C) durch.

D i e l e k t r i s c h e S c h i c h t e n werden zum Aufbau integrierter Dünnfilmkondensatoren benötigt. Diese Kondensatoren verwendet man in integrierten Mikrowellenschaltungen als Koppel- und Blockkondensatoren (C = 10...200 pF) und gelegentlich in frequenzselektiven Kreisen (C = 0,2...10 pF). Die Anforderungen an Dünnfilmkondensatoren sind:

- Geringe ε_r-Exemplarstreuung;
- Niedriger Temperaturkoeffizient von ε_r;
- Geringe dielektrische Verluste $\tan\delta$;

- Niedriger Widerstand und genügend große Dicke $t \gg \delta$ (δ: Skineffekt-Eindringtiefe) der Elektroden;
- Kapazitätsbereich 0,2...200 pF;
- Hohe Durchbruchspannung, möglichst bipolar;
- Niedriger Reststrom;
- Abgleichbarkeit;
- Stabilität gegen Umwelteinflüsse (Feuchtigkeit, Schadgase H_2S, SO_2);
- Geringe Exemplarstreuung der Dielektrikumfilmdicke.

Tafel 1.15. Eigenschaften von Dünnfilmwiderständen, nach /1.2, 1.167/: Da: Aufdampfen; St: Aufstäuben (Sputtern)

Material	spez. Oberflächenwiderstand ($t \ll \delta$) $R_F = \rho/t$ in Ω	Temp. Koeff. d. Widerstands $\Delta R/(R \cdot \Delta T)$ in 10^{-6}/K	Stabilität $\Delta R/(R \cdot \Delta t)$ in %/1000 h	Herstellung
NiCr Nickelchrom	40...250	-100...+100	< 0,2 gut	Da
Cr Chrom	10...500	-300...+300	mäßig	Da
Ta Tantal	40...200	-200...+200	< 1 mäßig	St
Ta_2N Ta-Nitrid	10...100	-60...+30	< 0,2 gut	Reaktives St
Ti Titan	5...2000	-500...+500	mäßig	Da
Cr-SiO-Cerment	500...2000	-250...+250	< 0,5 mäßig	Flash-St

Einige Eigenschaften der wichtisten Dünnfilmdielektrika zeigt Tafel 1.16. Am häufigsten wird Siliziummonoxid (SiO) zusammen mit NiCr-Haftschichten und Au-Leitschichten sowie Tantalpentoxid Ta_2O_5 zusammen mit Tantal-Haftschichten und Au-Leitschichten angewandt. SiO läßt sich leicht aufdampfen, zeigt eine sehr gute Stabilität (< 2 %/10000 h) und hat, im Vergleich mit anderen Dielektrika, relativ kleine Verluste. Wegen der Gefahr von Riß- und Porenbildung hält man die Schichtdicken oberhalb von 0,1 µm. Al_2O_3- und Ta_2O_5-Kondensatoren werden durch anodische Oxidation der entsprechenden Metalle Al bzw. Ta hergestellt.

Technologievarianten

Es gibt optimale Kombinationen von Haftschichtmaterialien (zugleich Widerstandsmaterialien) mit Leitschichtmaterialien und Dielektrikumsfilmmaterialien. Diese resultieren aus technologischen Forderungen wie einfache Herstellbarkeit, Verträglichkeit der Materialien, Vermeidung von Diffusion, aus schaltungstechnischen Forderungen wie Wertebereiche von R und C, geringe Dämpfung und aus Stabilitätsforde-

Tafel 1.16. Eigenschaften von Dünnfilmkondensator-Dielektrika, nach /1.167/

Material	relative Permittivität ε_r	Verlustfaktor $\tan\delta$	Temp.-Koeffiz. der Kap. $\Delta C/(C\Delta T)$ in 10^{-6}/K	Durchbruchspannung U_{Br} in V	dielektr. Durchschlagfestigkt. in 10^6 V/cm	Flächenkapazität C_F in nF/cm²	Dickenbereich in µm
Silizium-Monoxid (SiO)	5...7	0,01... 0,3	150... 400	50... 100	1...2	5...20	0,2...4
Silizium-Dioxid (SiO_2)	4	0,004... 0,04	100	50...200	3	4...20	0,08...1
Tantal-Pentoxid (Ta_2O_5)	22...27	0,01... 0,5	250...350	50	1...3	10...500	0,05... 0,25
Titan-Dioxid (TiO_2)	30...200	0,01...1	200...800	25...90	0,3...1	10...2000	0,1...0,2
Aluminiumoxid (Al_2O_3)	8...10	0,2... 0,24	200...300	25...120	2...4	10...200	0,04... 0,25

rungen. Von der Vielzahl möglicher Kombinationen /1.1, 1.8, 1.18, 1.32, 1.67, 1.68, 1.69, 1.134, 1.141, 1.142, 1.145-1.150, 1.164, 1.166, 1.167, 1.172/ werden hier die NiCr-Au-SiO-Technologie, die NiCr-Cu-SiO-Technologie und die Tantaltechnologie betrachtet.

Den Aufbau von Leitern, Widerständen und integrierten Kondensatoren in der NiCr-Au-SiO-Technologie /1.1, 1.8, 1.18, 1.32, 1.67, 1.69, 1.134, 1.145, 1.148, 1.149, 1.150, 1.164, 1.166, 1.167/ zeigt Bild 1.15a. NiCr wird wegen seiner guten Haftfähigkeit auf Keramik und seiner guten Stabilität sowie seiner geringen Temperaturabhängigkeit als Haftschicht und Widerstandsschicht verwendet. Nach einer Kupfer-Zwischenschicht, die, ebenso wie das NiCr, aufgedampft wird, scheidet man die Goldschicht galvanisch ab. Das SiO wird ebenfalls aufgedampft. Die Goldschichten ermöglichen alle gebräuchlichen Verbindungstechniken, wie Löten, Kleben, Ultraschallschweißen, Thermokompressionsschweißen und Legieren. Die NiCr-Cu-SiO-Technologie ist ähnlich aufgebaut: Es wird lediglich die Galvanik-Goldschicht durch eine 5...10 µm dicke Galvanik-Kupferschicht, welche mit einer ca. 1...2 µm dicken Au-Schutzschicht überzogen ist, ersetzt.

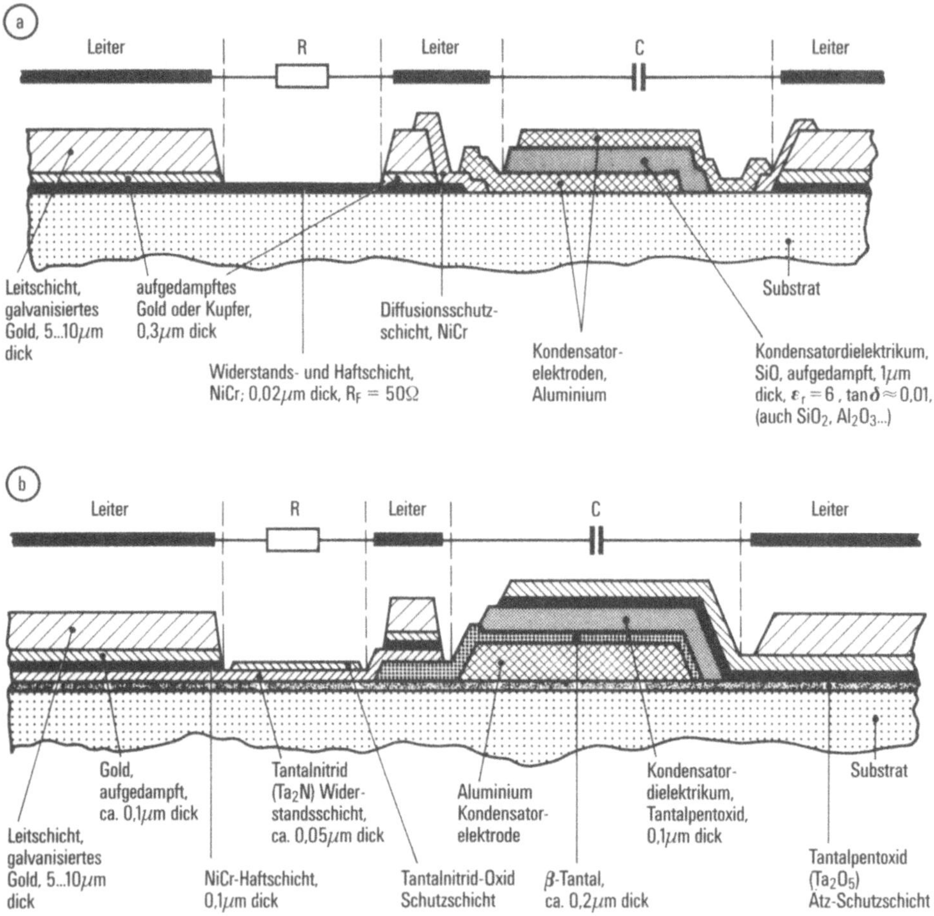

Bild 1.15. Dünnfilm-Schichtsysteme für integrierte Mikrowellenschaltungen, Schichtaufbau nach /1.164/. a) Nickelchrom-Gold-SiO-Technologie; b) Tantaltechnologie

Den Aufbau von Leitern, Widerständen und Kondensatoren in T a n t a l t e c h n o l o g i e /1.67, 1.69, 1.139, 1.145, 1.146, 1.148, 1.164, 1.170, 1.171/ zeigt Bild 1.15b. Ta ist chemisch sehr beständig und ist für Schichtschaltungen deshalb so interessant, weil bei seiner Oxidation das Tantalpentoxid (Ta_2O_5), ein von den Tantal-Elektrolytkondensatoren her bekanntes, sehr gutes Dielektrikum entsteht. Wegen seines hohen Widerstands und seiner guten Haftfähigkeit auf Keramik läßt sich Ta als Widerstands- und Haftschicht verwenden. Als Leitermaterial wird Gold über einer aufgedampften NiCr-Haftschicht galvanisch aufgebracht. Für Widerstandsschichten wird entweder aufgestäubtes Tantalnitrid (Ta_2N) für hochstabile Widerstände mit Flächenwiderstandswerten von 10...100 Ω oder eine bei hohen Stromdichten entstehende Ta-Variante verwendet. Die Widerstände bringt man auf den richtigen Wert, indem man die Ta- bzw. Ta_2N-Schichtdicke mit Hilfe elektrolytischer Oxidation (anodische Oxidation, Anodisation) kontinuierlich verringert. Die Ta_2O_5-Dielektrikumschichten der Kondensatoren werden ebenfalls durch anodische Oxidation der β-Tantal-Grundschicht hergestellt. Zur Verringerung des Serienwiderstands des Kondensators wird die Ta-Grundelektrode mit Aluminium unterlegt. Die Deckelektrode dampft man aus Gold über einer NiCr-Haftschicht auf und galvanisiert sie ggf. zur Verringerung der Verluste. Die Tantalschichten werden aufgestäubt (Kathodenzerstäubung, Sputtern), da Verdampfen wegen des niedrigen Dampfdruckes von Ta (10^{-10} Torr bei 2000 °C) sehr schwierig ist.

Neben der Dünnfilmtechnik auf Keramik sind auch andere Varianten wie die Dünnfilmtechnik auf Porzellan-Stahl-Substraten /1.82-1.84/ und die Dünnfilmtechnik auf speziellen Kunststoff-Folien, z.B. dem Polyimid, /1.189, 1.190/ sowie die stromlose Abscheidung dünner Schichten auf Keramik /1.67, 1.186-1.188/ bekannt geworden. Ihre Bedeutung für integrierte Mikrowellenschaltungen bleibt jedoch gering.

Herstellungsablauf

Der Herstellungsablauf einer integrierten Mikrowellenschaltung in Dünnfilm-Hybridtechnik ist in Tafel 1.17 grob vereinfacht dargestellt. Die strichliert umrandeten Prozesse werden dabei nur bei Bedarf durchlaufen. Vor der Bedampfung bzw. dem Sputtern des Substrats müssen Löcher für Durchkontaktierungen gebohrt werden. Diese werden dann beim darauffolgenden Bedampfungsprozeß an ihrer Innenwand metallisiert.

Eine Voralterung (z.B. bei 125 °C 1 Woche lang) ist nur notwendig, wenn sich viele ungehäuste Halbleiterbauelemente in der Schaltung befinden. Dünnfilm-Hybridschaltungen werden vielfach "im Nutzen" gefertigt. Das bedeutet, daß auf einem Großsubstrat (z.B. Fläche 4 Zoll × 4 Zoll) viele Einzelschaltungen von gleichem Aufbau im gleichen technologischen Prozeß hergestellt werden. In diesem Fall werden die Großsubstrate nach der Hybridierung in Einzelsubstrate zertrennt.

Fotomaskenherstellung

Fotomasken sind Filme oder Glasplatten, auf denen die auf dem Substrat gewünschte Leiterstruktur im Maßstab 1 : 1 mit hoher Präzision (Abweichungen i.a. < 1...5 µm) als Schwärzung abgebildet ist. Zur fotolithografischen Herstellung kompletter Schaltungen sind aus vielen Masken bestehende Maskensätze notwendig. Fotomasken können manuell oder automatisch hergestellt werden.

Bei der manuellen Fotomaskenherstellung wird die gewünschte Leiterstruktur, das Layout, mit i.a. zehnfacher Vergrößerung aus einer "Rubilith"-

Tafel 1.17. Vereinfachter Herstellungsablauf von integrierten Mikrowellenschaltungen in Dünnfilm-Hybridtechnik mit integrierten Leitern und Widerständen; strichlierte Kästchen werden nur im Bedarfsfall durchlaufen

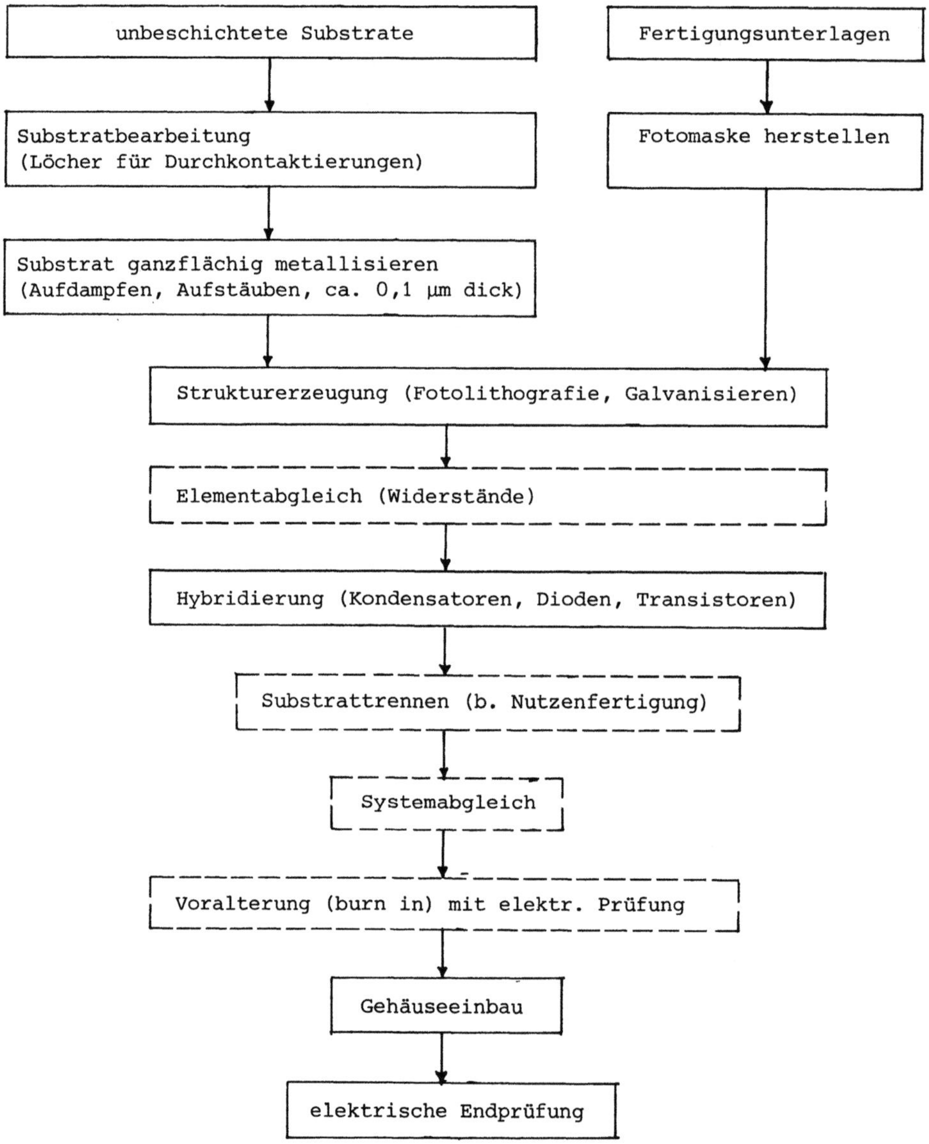

Doppelfolie herausgeschält. Hierzu bedient man sich eines Koordinatografen. Das ist ein Arbeitstisch, auf dem ein Messerchen in zwei Koordinatenrichtungen präzis geführt werden kann (Genauigkeit ±20 µm). Die Doppelfolie besteht aus einer transparenten und einer fast undurchsichtigen, roten Schicht. In letztere werden die Layoutumrisse geritzt. Anschließend schält man die später schichtfreien Stellen heraus. Diese Vorlage fotografiert man mit einer Präzisions-Reduktionskamera um den Faktor 10 verkleinert und erhält so die Fotomaske (Genauigkeit ±2 µm). Man kann die Fotovorlage auch ohne Koordinatograf herstellen, indem man die Struktur von Hand einritzt (Genauigkeit ±0,2 mm).

Bei der automatischen, rechnergestützten Fotomaskenherstellung übernimmt eine Maskenzeichenmaschine, ein sog. Patterngenerator, die Belichtung der Fotomaske in Originalgröße. Diese Zeichenmaschine setzt das Strukturabbild aus einzelnen nach festen Schemata gezielt gesetzten Lichtblitzen zusammen (Genauigkeit besser als 1 µm). Die komplizierten Steuerbefehle für die Lichtkopfbewegung und Blendenöffnung sind auf einem Magnetband gespeichert. Dieses Steuerband wird von Maskenzeichenprogrammen, die auf Computern ablaufen, erzeugt. Maskenzeichenprogramme übersetzen das vom Ingenieur am Bildschirmarbeitsplatz gezeichnete Layout in Steuerbefehle für den Patterngenerator. Am Bildschirm kann ein Grundvorrat an Standardstrukturen wie Rechtecke, Kreise, Bögen, Dreiecke usw. aufgerufen werden, aus denen das Gesamtlayout zusammengesetzt wird.

Strukturerzeugung

Wir beschränken uns auf Dünnfilmschaltungen aus Streifenleitern und Widerständen ohne integrierte Kondensatoren. Das technologische Verfahren zur Erzeugung der Leiter und Widerstandsstrukturen /1.67-1.69, 1.139, 1.145-1.147, 1.164, 1.166, 1.170/ beginnt mit der Herstellung der Haftschicht, welche zugleich die Widerstandsschicht ist und einer darüberliegenden, sehr dünnen Grundschicht aus Leitermaterial (Kupfer oder Gold, Dicke etwa 0,1 µm). Diese Schichten werden ganzflächig auf dem Substrat aufgebracht. Hierfür kommen zwei verschiedene Verfahren, nämlich die Aufdampftechnik und die Aufstäubtechnik (Kathodenzerstäubung, Sputtertechnik) in Frage. Beide arbeiten im Hochvakuum bzw. Vakuum bei Drücken von 10^{-6} Torr bis 10^{-2} Torr. Diese Drücke werden in einem durch Vakuumpumpen zu evakuierenden Behälter, dem Rezipienten, erzeugt.

Bei der Aufdampftechnik (Bild 1.16a) wird das zu verdampfende Material in einen elektrisch beheizbaren Behälter ("Schiffchen") eingelegt, welcher aus Materialien (Wolfram, Molybdän) mit über der Verdampfungstemperatur des Schiffcheninhalts liegenden Schmelzpunkt besteht. Im Hochvakuum bei Drücken unterhalb von

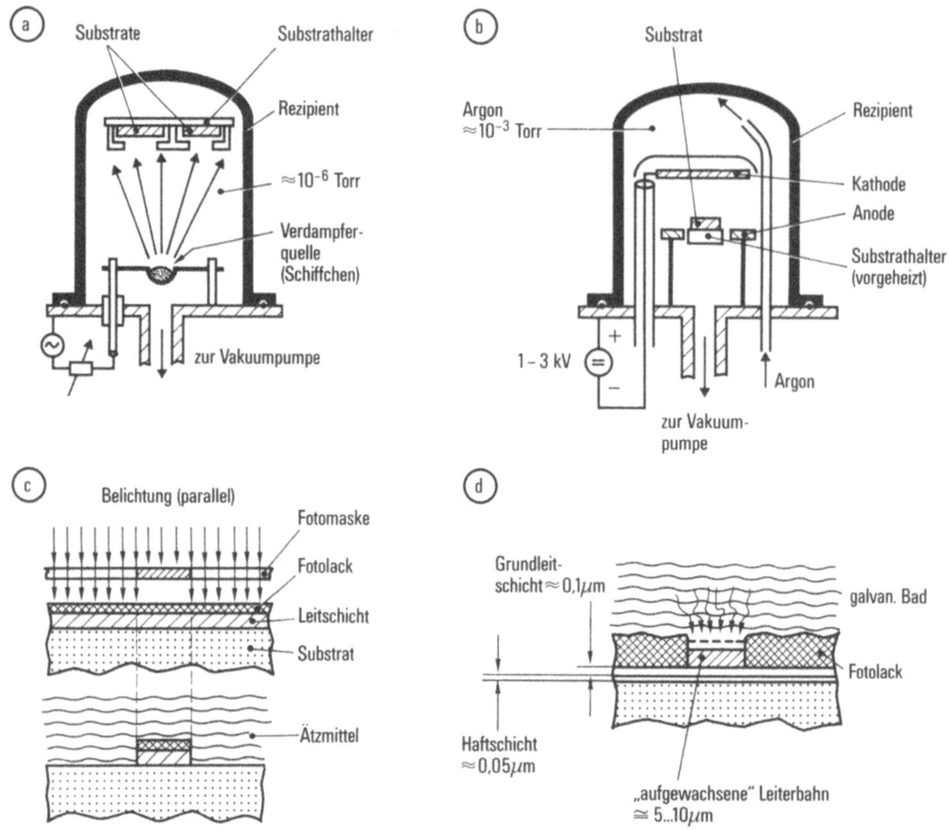

Bild 1.16. Dünnfilmtechnologie. a) Aufdampfanlage; b) Aufstäubanlage (Sputtern, Kathodenzerstäubung); c) Fotolithografie (Positivverfahren); d) galvanisches Aufwachsen von Leiterbahnen zwischen Fotolackwänden

10^{-6} Torr wird das Verdampfungsgut auf Temperaturen von ca. 1000 °C hochgeheizt. Es verdampft und schlägt sich nach geradliniger Ausbreitung im Hochvakuum auf dem Substrat nieder.

Bei der Kathodenzerstäubung (Sputtern) nach Bild 1.16b wird der Rezipient mit Argon bei einem Druck von etwa 10^{-3} Torr gefüllt. Der Rezipient enthält eine Gasentladungsanlage in Form zweier metallischer Platten, die als Anode und Kathode wirken. An diese Platten wird eine Spannung von einigen 1000 Volt angelegt, die eine Gasentladung verursacht und ein Plasma aus Ar^+-Ionen zwischen Anode und Kathode erzeugt. Die Ar^+-Ionen werden zu der Kathode hin beschleunigt, welche aus dem zu zerstäubenden Material (Target) besteht. Durch die Aufprallenergie der Ar^+-Ionen werden Atome aus dem Target herausgeschlagen. Sie bewegen sich im Raum zwischen Anode und Kathode und schlagen sich auf den Substraten, welche bei der Anode angeordnet sind, nieder.

Wegen der geringen verdampften bzw. zerstäubten Materialraten gibt man den ersten beiden Schichten Haft- und Grundleitschicht nur eine Dicke von 0,01 µm bis maximal 1 µm. Die für integrierte Mikrowellenschaltungen notwendige gesamte Leitschichtdicke von ca. 10 µm wird durch galvanische Verstärkung der Grund-Leitschicht im elektrolytischen Bad erzeugt. Jetzt ist immer noch das Substrat ganzflächig metallisiert. Zur Erzeugung der Struktur wird das Fotoätzverfahren (Fotolithografie, Bild 1.16c) angewandt. Voraussetzung ist die Existenz einer Fotomaske, welche das Abbild der gewünschten Leiterstruktur im Maßstab 1 : 1 trägt.

Beim Negativverfahren sind die Leiterteile durchscheinend und die leiterfreien Teile geschwärzt. Man beschichtet das ganzflächig metallisierte Substrat mit Fotolack und belichtet diesen durch die aufgelegte Maske. Nach dem Entwickeln läßt sich der nicht belichtete Fotolack abwaschen. Das Substrat wird in ein Ätzbad gegeben, wo die nicht von Fotolack bedeckten Schichtteile weggeätzt werden. Die gewünschte Leiterstruktur bleibt übrig. Beim Positivverfahren (Bild 1.16c) sind auf der Fotomaske die Leiterteile geschwärzt. Nach dem Entwickeln läßt sich der belichtete Teil des Fotolacks abwaschen, und die darunter liegenden Schichtteile werden abgeätzt.

Das geschilderte Verfahren ist grob vereinfacht und wird in dieser Form wegen der geringen Strukturgenauigkeit nur noch wenig angewandt. Moderne Verfahren stellen eine Modifikation dieses Prinzips dar: So beschichtet man bei der Aufwachstechnik zwischen Fotolackwänden das ganzflächig mit je 0,05...0,1 µm dicker Haft- und Grundleitschicht metallisierte Substrat mit Fotolack und belichtet diesen durch die Fotomaske (Bild 1.16d): Nach dem Belichten wird bei den Flächen, welche später Struktur tragen sollen, der Fotolack ausgewaschen. So entstehen sehr steile, ca. 10 µm hohe Fotolackwände. Zwischen diesen Fotolackwänden galvanisiert man eine ca. 5...10 µm dicke Au- oder Cu-Leitschicht auf. Hierbei ist die Kantenungenauigkeit 3...10 µm. Anschließend werden an den nicht galvanisierten Stellen die dünne Haft- und Grundleitschicht weggeätzt.

Da die Fotolackwände steiler als die Kanten dicker galvanisierter Metallschichten verlaufen, liefert die Aufwachstechnik zwischen Fotolackwänden genauere Strukturen. Widerstände erzeugt man durch selektives Wegätzen der Leitschichten an den entsprechenden Stellen. Hierzu sind separate Widerstands-Fotomasken notwendig.

Abgleich

Für einen Abgleich /1.67, 1.68, 1.69, 1.168, 1.169/ kommen bei integrierten Mikrowellenschaltungen hauptsächlich integrierte Widerstände, seltener Leiterbahnen und nur in sehr wenigen Fällen integrierte Kondensatoren in Frage. Es ist zwischen dem

Elementabgleich und dem Funktionsabgleich zu unterscheiden (vgl. Tafel 1.17). Beim E l e m e n t a b g l e i c h wird der Aufbau eines Elements, z.B. eines Dünnfilmwiderstands, so lange durch äußere Manipulation (z.B. Lasereinstich) verändert, bis die charakteristische Elementeigenschaft (Widerstand) einen bestimmten Wert besitzt. Beim F u n k t i o n s a b g l e i c h verändert man auch ein Einzelelement. Als Abgleichkriterium gilt jedoch eine Eigenschaft der ganzen Baugruppe, z.B. der Verstärkungswert eines Transistorverstärkers oder die Dämpfung eines Dämpfungsgliedes. Der Funktionsabgleich ist i.a. wesentlich aufwendiger als der Elementabgleich.

Verschiedene Abgleichverfahren für Schichtwiderstände sind in Tafel 1.18 und in Bild 1.17 zusammengestellt /1.67, 1.68, 1.69, 1.168, 1.169/. Am bedeutendsten ist Einstechen in Widerstandsschichten bzw. Durchtrennen von Schichten mit dem L a s e r s t r a h l (Bilder 1.17a,b,c,d,e,f,i) Es werden gepulste YAG-Laser und CO_2-Laser verwendet. Beim L-Einstich (Bild 1.17b) dient der Stich quer zur Stromrichtung dem Grobabgleich, der Stich parallel zur Stromrichtung dem Feinabgleich. Für den Abgleich von Mikrowellenwiderständen sind nur die flächige Schichtabtragung (Bilder 1.17f,g) und die anodische Oxidation (Bild 1.17k) oder das Überbrücken

Tafel 1.18. Abgleichverfahren für Schichtwiderstände

<u>mechanische kontinuierliche Schichtabtragung (stufenlose R-Erhöhung)</u>

- Sandstrahlgebläse (Arbeitsbreite 0,1...0,2 mm; i.a. nur für Dickschicht)
- Diamantspitze-Ritzen

<u>thermische kontinuierliche Schichtabtragung (stufenlose R-Erhöhung)</u>

- Laserstrahl (Arbeitsfläche $10^{-6}...10^{-4}$ cm^2)
- Elektronenstrahl
- Elektroerosion (Arbeitsbreite 20...100 µm)

<u>chemische Schichtdickenreduzierung (stufenlose R-Erhöhung)</u>

- anodische Oxidation (nur bei Ta-Widerständen)

<u>thermische Schichtdickenreduzierung (stufenlose R-Erhöhung)</u>

- definierte Widerstandsdrift und/oder Oxidation unter hoher Temperatur (350 °C)

<u>Überbrücken von Leitungen mit Drähtchen, Bändchen (gestufte R-Erniedrigung)</u>

- Ultraschallschweißen
- Thermokompressionsschweißen
- Löten

<u>Durchtrennen von Leitungen (gestufte R-Erhöhung)</u>

- Laserstrahl
- Sandstrahlgebläse

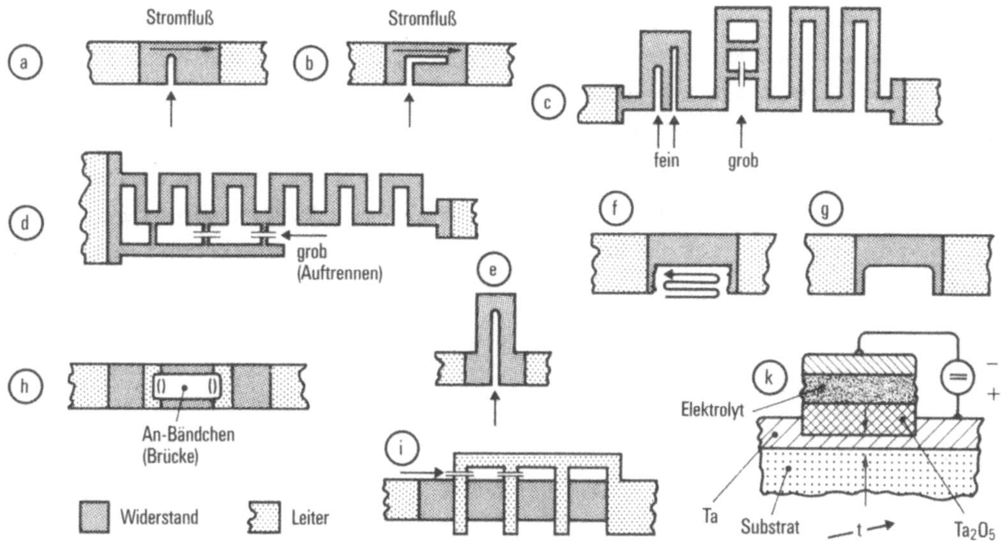

Bild 1.17. Widerstandsabgleich. a) Gerader Lasereinstich quer zur Stromflußrichtung; b) L-Einstich (L-cut); c) Grob- und Feinabgleich von Mäandern mit Einstich und Durchtrennen; d) Mäanderabgleich mit Durchtrennen; e) Widerstandsform mit großem Abgleichbereich; f) flächige Abtragung mit Laser in Stromflußrichtung für HF-Widerstand; g) flächige Abtragung mit Sandstrahlgebläse für HF-Widerstand; h) stufenweise Widerstandsreduktion mit Brücken; i) stufenweise Widerstandserhöhung durch Auftrennen; k) anodische Oxidation von Tantalwiderständen

von Teilwiderständen (Bild 1.17h) geeignet, da bei den Einstichen zu hohe kapazitive Nebenschlüsse entstehen. Die anodische Oxidation (Bild 1.17k) ist nur bei Tantalwiderständen anwendbar: Über dem Widerstandsmaterial wird ein Elektrolytgel und eine Metallkathode eingebracht. In einer elektrolytischen Entladung schaltet man den Widerstand als Anode. Die Widerstandsschicht wird dabei von oben her abgebaut und in Ta_2O_2, also nichtleitendes Tantalpentoxid, umgewandelt. Durch die Schichtdickenverringerung erhöht sich der Flächenwiderstand. Das Ta_5O_5 wirkt zugleich als Schutzschicht für den Widerstand.

Die Materialabtragung mit einem Sandstrahlgebläse /1.169/ ist im Vergleich zum Laserstrahl recht grob. Es werden durch Düsen, deren kleinster möglicher Durchmesser bei etwa 0,2 mm liegt, mit Preßluft Aluminiumoxidkörner von ca. 20 µm Durchmesser auf die Widerstandsschicht geschleudert. Beim Diamantritzen werden mit einer scharfen Diamantspitze isolierende Streifen aus der Widerstandsschicht herausgeschnitten. Bei der Elektroerosion brennt man durch Funkenentladung an einer Nadelspitze, welche gegenüber der Schicht eine Spannung von ca. 15 V trägt, die Widerstandsschicht aus. Der Elektronenstrahlabgleich wirkt wie der Laserabgleich - mit dem Unterschied, daß der Betrieb des Elektronenstrahls im Vakuum stattfinden muß.

Ein Streifenleiterabgleich (Bild 1.18) wird zur Veränderung der Längen von leerlaufenden und kurzgeschlossenen Leitungen, der Längen von Verbindungsleitungen, der Kapazität von Fleckkondensatoren und der Induktivität von Spiralen in Hochfrequenzkreisen benötigt. Die Mittel dazu sind ebenfalls eine Trennung oder Abtragung von Schichten durch Laser sowie das Aufschweißen von Drähten oder Bändchen. Der nur selten angewandte Abgleich von Schichtkondensatoren (Bild 1.19) besteht hauptsächlich im Zuschalten bzw. Abtrennen kleiner "Nebenkondensatoren".

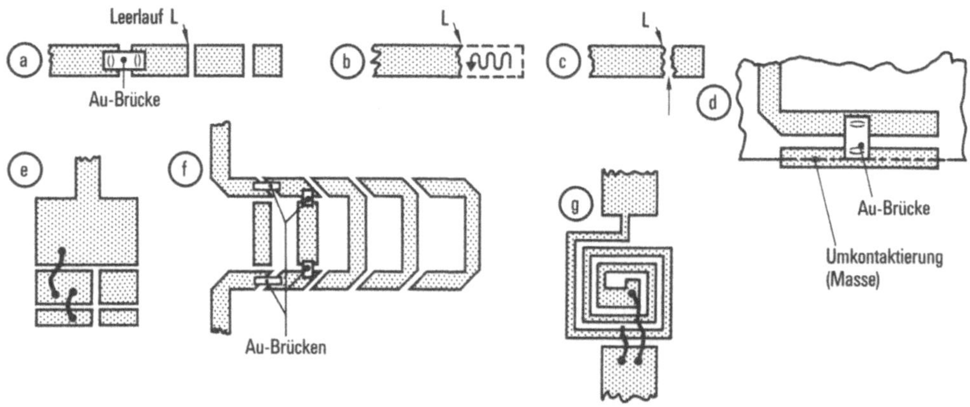

Bild 1.18. Abgleich von Streifenleitungen. a) Gestufte Verlängerung einer leerlaufenden Leitung mit Brücken; b) stufenlose Verkürzung einer leerlaufenden Leitung mit Laserabtragung; c) gestufte Verkürzung einer leerlaufenden Leitung mit Laser-Abtrennen; d) stufenlose Einstellung der Länge einer kurzgeschlossenen Leitung mit Brücke; e) gestufte Vergrößerung einer Scheibenkapazität gegen Masse mit Brücken; f) gestufte Verlängerung und Verkürzung einer angepaßten Verbindungsleitung durch Brücken; g) gestufte Verringerung einer Spiralinduktivität mit Brücken

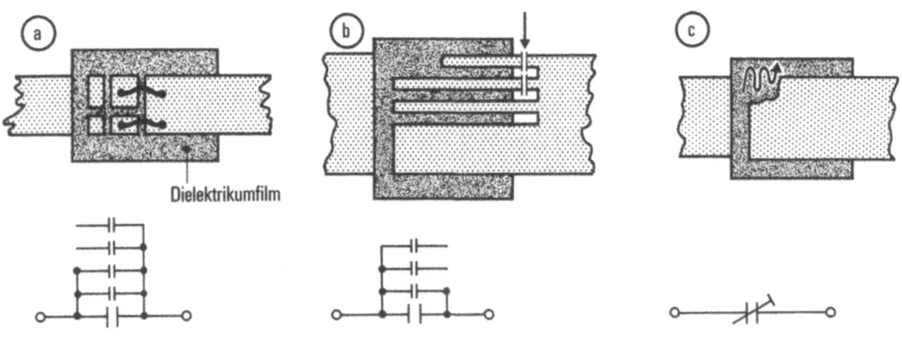

Bild 1.19. Abgleich integrierter Kondensatoren. a) Stufenweise Vergrößerung der Kapazität durch Brücken; b) gestufte Verkleinerung der Kapazität durch Auftrennen von Leitern; c) stufenlose Verkleinerung der Kapazität durch Abtragen der Deckelektrode

Einbau hybrider Elemente

Bei den meisten technischen Anwendungen von Dünnfilm-Hybridschaltungen integriert man nur die Widerstände, während man die Kondensatoren zusammen mit Dioden und Transistoren als hybride Elemente einsetzt.

Eine Zusammenstellung der wichtigsten bei integrierten Mikrowellenschaltungen verwendeten Bauformen von h y b r i d e n E l e m e n t e n /1.17, 1.68, 1.173-1.175, 1.179, 1.183, 1.184/ zeigen die Tafel 1.19 und das Bild 1.20: Mehrlagen-Chipkondensatoren (Multilayerkondensatoren) enthalten im Innern viele Metallisierungsebenen, die an den Enden jeweils abwechselnd zusammengeschaltet und mit den Anschlüssen verbunden sind. Die Porzellankondensatoren sind gegenüber den Keramikkondensatoren verlustärmer. Die Einlagen- oder Waferkondensatoren (wafer: Oblate) bestehen nur aus einem beidseitig metallisierten Keramikplättchen. Bei den Halbleiter-Kondensatorchips (MOS: metal-oxide-semiconductor; MIS: metal-insulator-semiconductor) befindet sich zwischen dem hochdotierten Halbleiterkristall und dem Au-Anschlußfleck eine dünne Isolatorschicht, z.B. SiO. Die Beamleadkondensatoren sind ebenfalls so aufgebaut. Hier sind beim Herstellungsprozeß jedoch zusätzlich kleine Au-Bändchen zum Schaltungseinbau angalvanisiert. Auch schichtschaltungskompatible abstimmbare Kondensatoren existieren in Form von Röhrchentrimmern, Scheibentrimmern und Schiebetrimmern /1.179/. Kommen in Schaltungen nur wenige Widerstände vor, so setzt man diese i.a. hybrid ein. Widerstandschips sind kleine Keramikplättchen (ca. 1,5 mm × 1,5 mm × 0,5 mm) mit Dünnfilm- oder Dickschichtwiderständen und Anschlußflecken. Man kann auch Induktivitäten in Form kleiner Spiralen auf Keramikplättchen oder als abstimmbare Ferritkernspulen hybrid in die Schaltung einsetzen.

Alle existierenden Mikrowellendiodentypen wie Schottkydioden, Punktkontaktdioden, PIN-Dioden, Begrenzerdioden, Gunndioden, Lawinenlaufzeitdioden und Varaktoren gibt es in schichtschaltungskompatiblen Bauformen. Man unterscheidet zwischen nackten Halbleiterchips (Halbleiterkristall mit mehr oder weniger aufwendiger Passivierung), nicht hermetisch dichten Gehäusen (Plastikkapselung wie beim LID-Gehäuse und SOT-23-Gehäuse) und hermetisch dichten Gehäusen (Metall-Keramik-Gehäuse) wie das Pill- und Mikropillgehäuse. Wird sehr hohe Zuverlässigkeit (geringe Ausfallwahrscheinlichkeit) der Schaltung gefordert, so muß entweder die gesamte Schaltung in ein hermetisch dichtes Gehäuse eingebaut werden oder es müssen hermetisch dicht gekapselte Halbleiterbauelemente eingesetzt werden. Es gibt jedoch auch schon hochwertige moderne Passivierungsmethoden für Halbleiterchips (z.B. mit Kompositgläsern), welche ähnliche Zuverlässigkeitsdaten wie bei hermetisch dichten Gehäusen erreichen /1.158/. Die gleichen Gesichtspunkte wie für die Dioden gelten auch für die Transistoren. Alle existierenden Mikrowellentransistortypen wie bipolare Vorstufentransistoren, Feldeffekttransistoren und Leistungstransistoren sind im schichtschaltungskompatiblen Gehäuse verfügbar.

Tafel 1.19. Bauformen hybrider Elemente für integrierte Mikrowellenschaltungen (mit Angabe des Elementewertebereichs und des maximalen Wertes der Spannung bzw. der Leistung bzw. des Stromes)

Festkondensatoren

- Mehrlagen-(Multilayer-)Keramikkondensatorchips: 1 pF...1 µF, 50...200 V
- Mehrlagen-Porzellankondensatorchips: 0,3 pF...100 nF, 50...100 V
- Einlagen-Keramikkondensatorchips (Waferchips): 0,2...1000 pF, 50...200 V
- Halbleiter-Kondensatorchips (MOS-, MIS-Kond.): 0,5...50 pF, 100...250 V
- Beamleadkondensatoren 0,5...50 pF, 50...100 V

variable Kondensatoren

- Röhrchentrimmer: 0,5-2,5 pF...2-100 pF, 100...500 V
- Scheibentrimmer: 0,2-6 pF...10-50 pF, 250 V
- Schiebetrimmer: 0,1-2 pF...0,5-9 pF, 150 V

Festwiderstände

- Dünnfilm-Widerstandschips: 10 Ω...560 kΩ; 1/8 W
- Dickschicht-Widerstandschips: 1 Ω...10 MΩ, 1/8 W

variable Widerstände

- Streifenleitungstrimmer

Festinduktivitäten

- Drähtchen, Bändchen: 0,01...5 nH
- Spiralinduktivitäten auf Miniatursubstraten: 30...250 nH

variable Induktivitäten

- Schichtschaltungsspulen auf Ferritkern: 0,016-0,019 µH...90-150 µH, 20...700 mA

Dioden

- Beamleaddioden (Schottky-, PIN-Dioden)
- Diodenchips (ungehäuster Halbleiterkristall: alle Diodentypen)
- Pillgehäuse, Mikropillgehäuse (hermet. dicht; alle Diodentypen)
- LID-Gehäuse (leadless inverted device; in Kunststoff vergossen: nur spezielle Diodentypen)
- SOT-23-Gehäuse (Kunststoffgehäuse; v.a. für Anwendungen bei $f \lesssim 2$ GHz)

Transistoren

- Transistorchips (alle Transistortypen)
- LID-Gehäuse (in Kunststoff vergossen: nur spezielle Transistortypen)
- SOT-23-Gehäuse (Kunststoffgehäuse; für $f \lesssim 2$ GHz)
- Streifenleitungsgehäuse verschied. Bauformen (Metall-Keramik; hermethisch dicht: alle Transistortypen)

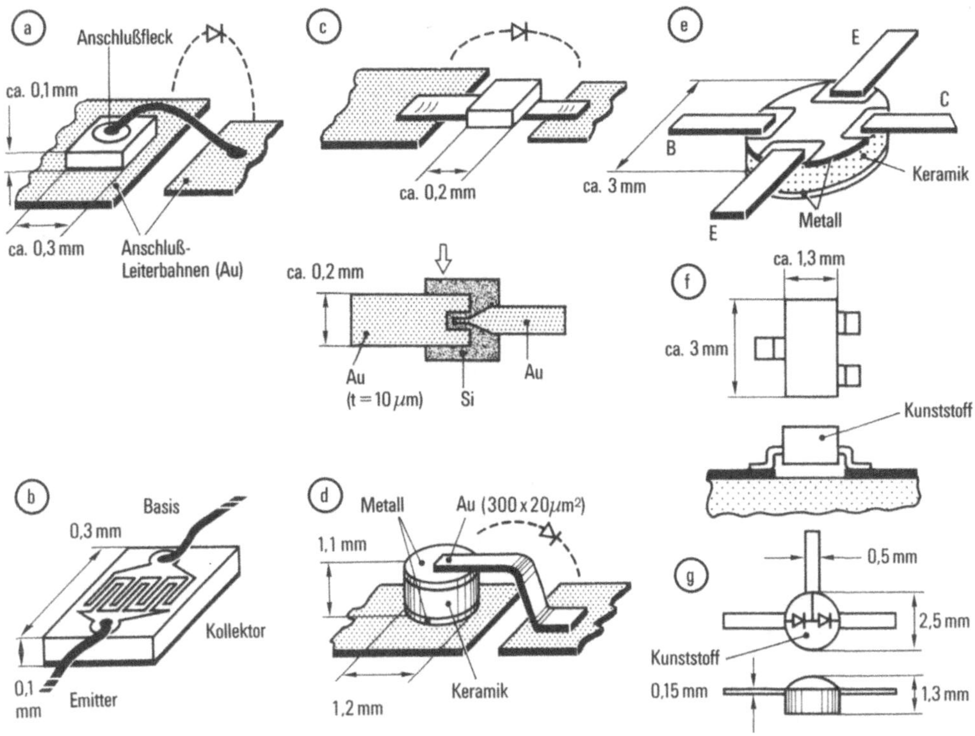

Bild 1.20. Hybride Elemente. a) Diodenchip; b) Transistorchip; c) Beamleaddiode; d) Diode im Mikropillgehäuse; e) Streifenleitungs-Transistorgehäuse; f) SOT-23-Transistorgehäuse; g) Mischerdiodenpärchen im Kunststoffgehäuse

Verschiedene Einbauverfahren für hybride Elemente, die sog. Hybridierungsverfahren /1.67, 1.68, 1.69, 1.142, 1.154-1.157, 1.173, 1.174, 1.176-1.178, 1.180-1.182, 1.184, 1.185/, sind in Tafel 1.20 und Bild 1.21 gezeigt. Eines der wichtigsten Montageverfahren ist das Weichlöten (Temperaturen 200...250 °C). Beim individuellen Einlöten einzelner Bauelemente heizt man das Substrat von unten vor (Heizplatte) und führt die restliche Hitze mit Infrarotstrahlung oder einem Heißgasstrahl zu. Man kann auch alle Bauelemente vor dem Auflöten zusammen mit Lot-Preforms oder Lotpaste auf der Schaltung positionieren und kollektiv im Durchlaufofen auflöten. Beim Löten auf Goldschichten ist zu beachten, daß bei üblichem Lot das Gold in Lösung geht und eine spröde, unzuverlässige Verbindung macht. Hier sind spezielle Lote wie goldgepufferte Lote und Lote mit hohem Bleigehalt (duktiler) zu verwenden /1.173, 1.176-1.178, 1.180/. Das Kleben mit Leitkleber /1.174, 1.176, 1.181/ ersetzt vielfach das Löten, wobei die Temperaturbelastung der Bauelemente wesentlich geringer bleibt. Leitkleber sind mit kleinen Silber- oder Goldteilchen gefüllte Klebstoffe, meist auf Epoxidbasis. Das Legieren /1.67-

1.69, 1.174/ beschränkt sich auf die Montage von Halbleiterchips auf Goldleitern: Der Kristall wird bei einer Temperatur von etwa 400 °C unter Druck und reibender Bewegung auf die Gold-Leiterbahn aufgesetzt. Es entsteht eine eutektische Schmelze zwischen Silizium und Gold, welche als Lot wirkt.

Tafel 1.20. Hybridierungsverfahren und ihre Anwendungen

Weichlöten

- alle Festkondensatoren außer Beamleadkond. und Halbleiterkondensatoren, alle variablen Kondensatoren
- alle Festwiderstände, variable Widerstände
- alle Dioden- und Transistorbauformen außer Beamlead- und Chipformen

Kleben mit Leitkleber

- alle Festkondensatoren außer Beamleadkond., alle variablen Kondensatoren
- alle Festwiderstände, variable Widerstände
- alle Dioden- und Transistorbauformen außer Beamleadformen

Legieren (Si auf Au-Leiterbahnen)

- Dioden- und Transistorchips
- Halbleiterkondensatorchips

Ultraschallschweißen (Au-, Al-Drähtchen, typ. 20 µm Durchmesser)

- Festinduktivitäten als Drähtchen, Bändchen
- Verbindung Kontaktflecken auf Bauelementeoberseite mit Leiterstruktur über Drähtchen

Thermokompressionsschweißen (Au-Drähtchen, Au-Bändchen typ. 20 × 200 μm^2 Querschnitt auf Au-Leiterbahnen)

- wie bei Ultraschallschweißen

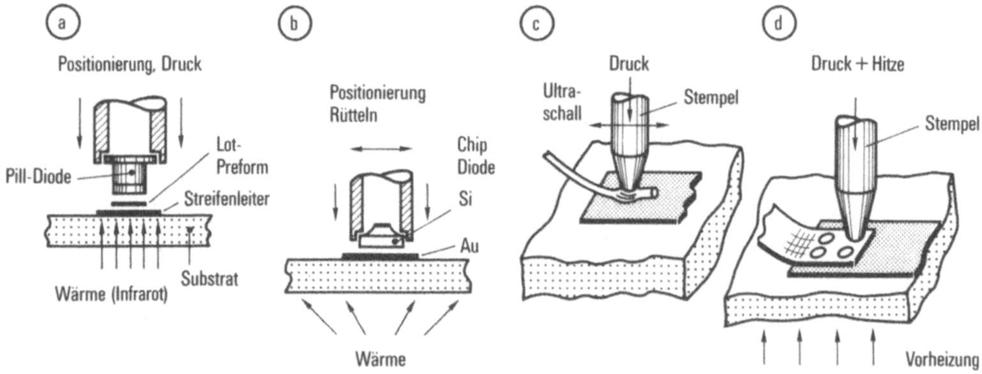

Bild 1.21. Hybridierungsverfahren, schematisch. a) Infrarot-Löten; b) Legieren; c) Ultraschallschweißen; d) Thermokompressionsschweißen

Beim *Ultraschallschweißen*, auch Ultraschallbonden genannt, werden dünne Drähtchen aus Al oder Au (Durchmesser 15...40 μm) unter reibender Ultraschalleinwirkung auf die Leiterbahnen gedrückt und dadurch verschweißt. Das *Thermokompressionsschweißen*, auch Thermokompressionsbonden genannt, ist eine Diffusionsschweißung, welche unter Druck und Hitze (ca. 250...400 °C) entsteht. Es kann zum Aufschweißen von Drähtchen und Goldbändchen (Querschnitte 0,02 mm × 0,05 mm bis etwa 0,05 mm × 0,8 mm) verwendet werden. Drähtchen und Bändchen dienen als Verbindungselemente zwischen hybriden Elementen und der Leiterstruktur.

1.5.4 Dickschicht-Hybridschaltungen

Die Dickschichttechnik /1.68, 1.69, 1.144, 1.150, 1.191-1.209/ ist ein Verfahren zur Herstellung von Leiterstrukturen, Widerständen und Kondensatoren auf anorganischen Substraten. Es werden Keramiksubstrate, vornehmlich Aluminiumoxid (Al_2O_2)-Keramik verwendet. Somit ist die Dickschichttechnik eine Alternative zur Dünnfilmtechnik zur Herstellung integrierter Mikrowellen-Hybridschaltungen /1.144, 1.150, 1.191-1.196/. Halbleiterbauelemente (Dioden, Transistoren) werden wie bei der Dünnfilmtechnik als hybride Elemente nachträglich in die Schaltung eingebaut.

In der Dickschichttechnik gibt es zwei Verfahren, die Siebdrucktechnik und die Dickschicht-Ätztechnik. Wir betrachten das gebräuchlichere und kostengünstigere Verfahren, die *Siebdrucktechnik* (Bild 1.22). Bei dieser Technik wird ein auf einen Spannrahmen aufgespanntes, extrem feinmaschiges Sieb aus Kunststoff oder Stahl benötigt (Bild 1.22a). Die Siebe besitzen 50 bis 150 Fäden/cm. Auf dem Sieb wird mit einer fotoempfindlichen Emulsion das Abbild der auf dem Substrat gewünschten Leiterstruktur erzeugt. Hierzu belichtet man das ganzflächig mit Emulsion beschichtete Sieb (Bild 1,22b) durch einen Film mit dem Abbild der Leiterstruktur. Nach dem Belichten werden auf dem Sieb die Flächen, welche Leiterstrukturen ergeben sollen, herausgewaschen, so daß das Sieb durchlässig wird. Die restlichen Flächen bleiben mit der entwickelten Emulsion abgedeckt (Bild 1.22c). Das Sieb wird auf das unbeschichtete Keramiksubstrat aufgelegt und mit Hilfe eines Streichwerkzeuges von der Breite des Siebs ("Rakel") wird Siebdruckpaste durch die durchlässigen Siebteile auf das Substrat gedruckt (Bild 1.22d). Dadurch entsteht die Leiterstruktur. Die gedruckten Pasten werden mit genau definierten Temperaturprofilen getrocknet (100... 200 °C) und dann bei Temperaturen zwischen 700 °C und 1000 °C eingebrannt. *Dickschichtpasten* sind ein Gemisch aus Metall- und Glaspulver, dem organische Lösungs- und Bindemittel beigesetzt sind. Für Leitschichten werden Pasten aus Gold, Gold-Palladium, Silber-Palladium verwendet. Reines Silber ist wegen seiner Korrosionsanfälligkeit und der bei ihm auftretenden Ionenwanderung im elektrischen Feld (electromigration) nicht zu empfehlen. Für Widerstandsschichten werden Pasten mit

Mischungen aus Metallen (z.B. Silber) und Metalloxiden (z.B. Palladiumoxid) verwendet. Durch das Mischungsverhältnis läßt sich ein weiter Bereich des Flächenwiderstands von 10 Ω bis 1 MΩ einstellen. Die Temperaturkoeffizienten liegen unterhalb von 100 ppm/K, die Langzeitstabilität ist ΔR/R < 0,3 %. Für Dielektrika werden Pasten aus einem Gemisch von Glas und verschiedenen Keramiken verwendet. Die relative Permittivität der Dielektrika reicht von ε_r = 10...2000 (Flächenkapazität C_F von 0,2...40 nF/cm^2). Der Temperaturkoeffizient der Kapazität liegt unterhalb von 100 ppm/K.

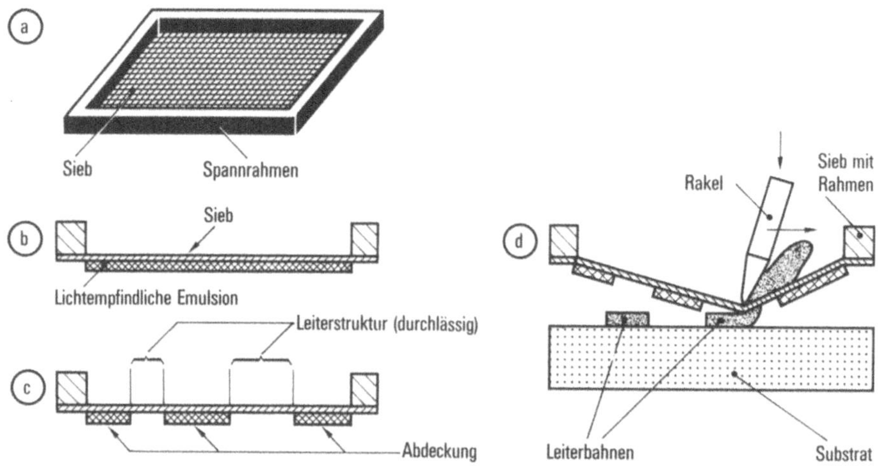

Bild 1.22. Dickschichttechnik. a) Sieb; b) mit Fotoemulsion beschichtetes Sieb; c) Sieb mit belichteter und entwickelter Fotoschicht (Strukturabbild); d) Aufdrucken der Leiterpasten

Die Dickschichttechnik ist hinsichtlich der Substratauswahl, des Miniaturisierungsgrades (Wellenlängenverkürzungsfaktor), der thermischen Stabilität, der Wärmeableitung von Bauelementen, der mechanischen Stabilität und der hohen Schaltungsflexibilität durch die Verwendung hybrider Halbleiterbauelemente mit der Dünnfilmtechnik vergleichbar. In folgenden Eigenschaften unterscheidet sich jedoch die Dickschichttechnik von der Dünnfilmtechnik:

- Geringere Investitionen an technologischen Apparaten notwendig (keine Vakuumtechnik, keine Galvanik);
- Geringere Fertigungskosten wegen weniger und einfacherer Prozeßschritte und höherer Produktionsrate;
- Grobere Leiterstrukturen: Kleinste Spalt- und Leiterbreiten 100...200 μm; Kantenungenauigkeit 20...30 μm (wegen Maschenbreite der Siebe);

- Größere Schichtdicken (ca. 25 µm);
- Größerer Widerstandswertebereich;
- Beschränkung der Hybridierungsverfahren bei Standardleitermaterialien auf Löten und Kleben; lediglich bei Goldleitern ist Thermokompressions- und Ultraschallschweißen möglich /1.198/.

1.5.5 Halbleiter-Saphirtechnik

Ein Zwischenstadium zwischen den Hybridschaltungen mit nachträglich eingesetzten Halbleitern und den monolithischen integrierten Mikrowellenschaltungen stellt die Halbleiter-Saphirtechnik /1.210-1.221/ dar. Wie bei den hybriden Mikrostreifenleitungsschaltungen auf Al_2O_3-Keramiksubstrat (Abschnitt 1.5.3) befinden sich hier die Mikrostreifenleitungen auf einem verlustarmen dielektrischen Substrat aus Saphir. Das Substrat ist rückseitig ganzflächig metallisiert. Saphir ist dielektrisch anisotop mit den beiden relativen Hauptachsenpermittivitäten $\varepsilon_{r\parallel} = 11{,}60$, $\varepsilon_{r\perp} = 9{,}40$. Der Wellentyp auf der Mikrostreifenleitung wird durch die Anisotropie nur wenig beeinflußt. Die Leiterbahnen werden wie bei der Dünnfilmtechnik (Abschnitt 1.5.3) erzeugt. Bild 1.23 zeigt als Schaltungsbeispiel einen Gegentaktmischer. Typische Substratgrößen sind 1" × 1" (25,4 mm × 25,4 mm) bis 1" × 2" bei Dicken von 10 mil (0,254 mm) und 25 mil (0,635 mm).

Die Besonderheit der Halbleiter-Saphirschaltungen ist, daß Halbleiterbauelemente in Form von Dünnfilmhalbleitern unmittelbar auf dem Saphirsubstrat als integrierte Elemente hergestellt werden: Auf dem noch unmetallisierten Substrat baut man an der Stelle der Dioden und Transistoren kleine Inseln aus dem Halbleitermaterial Silizium (Si) oder Gallium Arsenid (GaAs) auf. Das Halbleitermaterial wird zunächst ganzflächig heteroepitaxial aufgewachsen. Die nicht benötigten Flächen entfernt man danach mit Hilfe der Fotoätztechnik. Auf diesen Halbleiterinseln erzeugt man nach den halbleitertechnologischen Verfahren wie Diffusion und Metallisierung die Halbleiter-Bauelemente. Es lassen sich Schottky-Dioden, bipolare Transistoren und Feldeffekttransistoren sowie MOS-Transistoren herstellen. Damit kann man Mikrowellenmischer und Transistorverstärker aufbauen. Bei /1.211/ wird über einen 10-GHz-Mischer, bei /1.210/ über 4-GHz-Transistorverstärker berichtet. Auch für schnelle Digitalschaltungen und Pulsschaltungen wird die Halbleiter-Saphirtechnik angewandt /1.219, 1.221/. Die mit Silizium als Halbleitermaterial aufgebauten Schaltungen werden vielfach SOS-Schaltungen (Silicon-on-Sapphire) genannt.

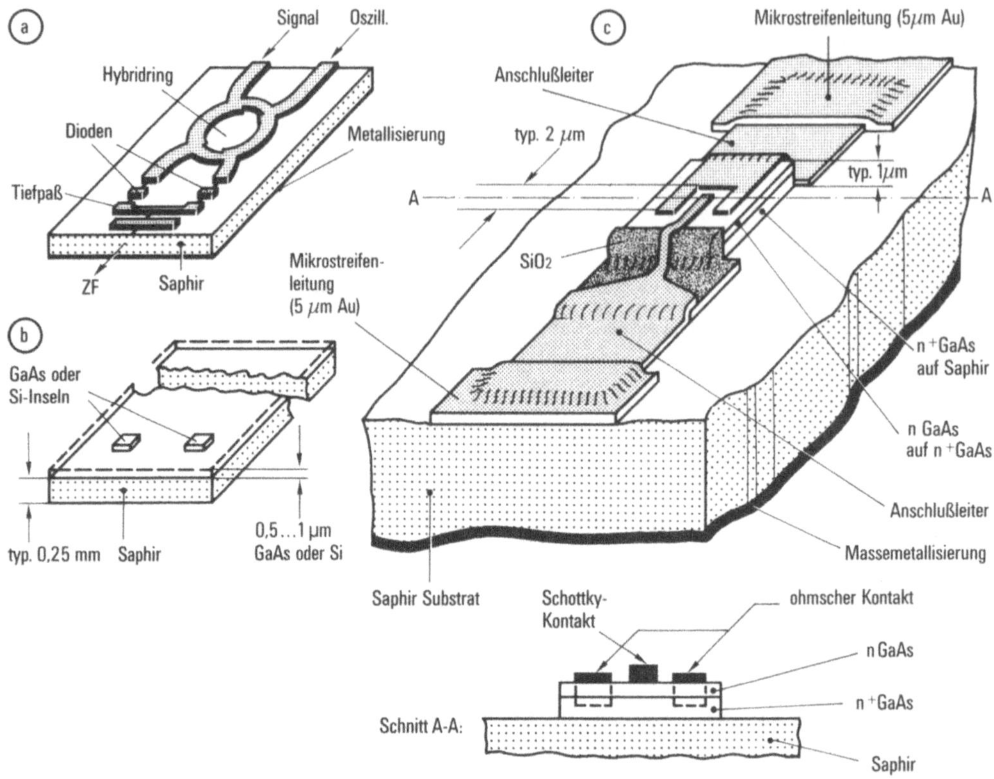

Bild 1.23. Halbleiter-Saphir-Technologie (Silicon on Sapphire, GaAs on Sapphire). a) Aufbau eines Empfangsmischers; b) selektiv heteroepitaxial aufgewachsene Halbleiterinseln; c) typischer Aufbau einer Dünnfilm-Halbleiterdiode nach /1.211/

In folgenden Eigenschaften unterscheidet sich die Halbleiter-Saphirtechnik von der Dünnfilm-Hybridtechnik (Abschnitt 1.5.3):

- Höhere technologische Investitionen notwendig (zusätzliche Halbleitertechnologie);
- Etwas geringere schaltungstechnische Flexibilität, da nicht alle Halbleiterbauelemente in Dünnfilmtechnik verfügbar;
- Bessere Eignung für höhere Frequenzen wegen des Wegfalls von Gehäuse- und Bondreaktanzen bei Halbleiterbauelementen;
- Hauptanwendungsgebiete: sehr komplexe Schaltungen mit vielen gleichartigen Halbleiterbauelementen.

Gegenüber den monolithischen integrierten Mikrowellenschaltungen (Abschnitt 1.5.6) bietet die speziell mit Silizium arbeitende SOS-Technologie den Vorteil einer größeren Halbleiterauswahl: Es steht die Standard-Siliziumhalbleitertechnologie, welche alle bipolaren Halbleiter einschließt, zur Verfügung. Zudem können von der GaAs-Technologie die unipolaren Schottkydioden und Feldeffekttransistoren auf Si übertragen werden.

1.5.6 Monolithische integrierte Mikrowellenschaltungen

Definition

Monolithische integrierte Mikrowellenschaltungen /1.222-1.301/ haben seit etwa dem Jahr 1978 durch ein Zusammentreffen mehrerer Umstände stark an Bedeutung gewonnen: Erstens lernte man, großflächige, extrem verlustarme Halbleiterscheiben aus Gallium-Arsenid (GaAs) mit guter Ausbeute großindustriell herzustellen (sog. semiisolierendes GaAs). Zweitens gelangten die Schottky-Gate-Feldeffekttransistoren (MESFETs) sowohl in rauscharmer Ausführung als auch als Leistungsverstärker für Anwendungen von Gleichstrom bis in den Millimeterwellenbereich zu einem Stand hoher technischer Reife. Drittens konkretisierten sich bei phasengesteuerten Antennen (phased arrays) und bei dem Satellitenfernsehen Systemanwendungen für integrierte Mikrowellenschaltungen in großer Stückzahl.

Die monolithische integrierte Mikrowellenschaltung (MMIC: monolithic microwave integrated circuit) ist dadurch definiert, daß alle passiven und aktiven Schaltelemente sowie alle Verbindungen zwischen diesen Elementen durch einen einzigen technologischen Gesamtprozeß unter oder auf der Oberfläche eines Halbleitersubstrats hergestellt werden. Der Gesamtprozeß schließt aus der Halbleitertechnik bekannte Teilprozesse wie die Epitaxie und die Ionenimplantation zur Erzeutung "aktiver", d.h. dotierter Halbleiterzonen und aus der Dünnfilmtechnik bekannte Teilprozesse wie Aufdampfen, Aufstäuben, galvanische Verstärkung und die Fotolithografie ein.

Im Gegensatz zu den Hybridschaltungen findet bei den monolithischen Schaltungen keine Hybridierung wie sie das Aufbonden von Drähtchen oder Bändchen, das Einlöten oder Einkleben von hybriden Elementen darstellt, statt (vgl. Tafel 1.13). Auch ein Abgleich von Schaltelementen entfällt. Die Schaltungen sind somit nicht mehr reparierbar. Daher muß der Schaltungsentwickler die Exemplarstreuung der Halbleiterbauelemente und die Herstellungstoleranzen der Streifenleiterstrukturen sowie die parasitären Blindelemente der Schichtschaltungsbauelemente in seinen Entwurf einbeziehen. Das ist i.a. nur mit Hilfe rechnergestützter Entwicklung (computer aided design: CAD) möglich: Man berechnet die Hochfrequenzeigenschaften von Streifenleiterstrukturen mit numerischen Rechnerprogrammen und die Übertragungseigenschaften der Gesamtschaltungen mit Netzwerkanalyseprogrammen. Bauelementestreuungen werden dabei einbezogen.

Substrate

Das Substrat hat bei monolithischen MICs zunächst einmal den gleichen Zweck wie bei den hybriden MICs: Es soll ausschließlich ein verlustarmes Dielektrikum sein, welches als Schaltungsträger, wellenleitendes Medium und technologisches Medium wirkt (Tafel 1.7). Die Funktion des technologischen Mediums ist bei monolithischen MICs jedoch erweitert: Das Substrat bildet zugleich das Ausgangsmeterial für halbleitertechnologische Prozeßschritte, welche an seiner Oberfläche inselförmige aktive Zonen (dotierte Zonen) zur Herstellung der Transistoren und Dioden einpflanzen. Auf diese Inseln bleibt das eigentliche halbleitertypische Verhalten wie Sperrschichtbildung oder Ladungsträgerrekombination beschränkt.

Als Substratmaterialien kommen ausschließlich Silizium (Si) und Gallium-Arsenid (GaAs) in Frage. Diese Materialien sind in Tafel 1.21 zwei gebräuchlichen reinen dielektrischen Substraten, nämlich Saphir und Al_2O_3-Keramik, gegenübergestellt. Bei den Halbleitermaterialien muß man zwischen dem semiisolierenden Halbleiter und dem aktiven Halbleiter unterscheiden. Der semiisolierende Halbleiter stellt ein reines Dielektrikum dar, in welchem sich keine oder wenigstens nur vernachlässigbar wenige frei bewegliche Ladungsträger befinden. Der semiisolierende Halbleiter ist daher nicht wie etwa das für Transistoren oder Dioden verwen-

Tafel 1.21. Eigenschaften von Halbleitersubstraten im Vergleich zu den Hybridschaltungssubstraten Saphir und Al_2O_3-Keramik, nach /1.263/

	relative Permitt. ε_r	therm. Leitfähigkeit κ_{Th} in W/(cm K)	spezif. Widerstand ρ in Ω cm	Elektronen-Beweglichkeit μ_n in $cm^2/(Vs)$	Dichte D in g/cm^3
aktives GaAs (dotiert)	12,9	0,46	0,015	4300 *	5,32
aktives Si (dotiert)	11,9	1,45	0,09	700 *	2,33
semiisolierendes GaAs	12,9	0,46	$10^7 \ldots 10^9$	-	5,32
semiisolierendes Si	11,9	1,45	$10^3 \ldots 10^5$	-	2,33
Saphir	11,6 (Hauptachse)	0,42	$> 10^{14}$	-	3,98
Al_2O_3-Keramik	9,8	0,37	$10^{11} \ldots 10^{14}$	-	3,89

*) bei einer Dotierung von 10^{17} cm^{-3}

dete Halbleitermaterial mit Akzeptoren oder Donatoren dotiert, sondern er wird in einer von Verunreinigungen weitgehend freien Form hergestellt. Nur so läßt sich der für niedrige Ableitungsverluste geforderte hohe spezifische Widerstand ρ erreichen. Bei der Herstellung von bzgl. hoher Temperatur und Alterung stabilen semiisolierendem GaAs wird das reine Halbleitermaterial mit Sauerstoff oder Chrom dotiert /1.222, 1.267, 1.274-1.281/. Diese Störstellen liefern keine frei beweglichen Ladungsträger, sondern sie stabilisieren den hohen Widerstand ρ. GaAs-Scheiben (wafers: halbleiterspezifische Bezeichnung für Substrate) üblicher Durchmesser von 2,5...7,5 cm werden meistens nach der Czochralski-Methode hergestellt. Die Substratdicken liegen bei 0,1...0,2 mm für Leistungsverstärker (gute Wärmeableitung) und bei 0,3...0,6 mm für rauscharme Vorverstärker (niedrige Dämpfung!). Typische Substratgrößen für Einzelschaltungen schwanken von 0,5 mm × 0,5 mm bis 5 mm × 5 mm. Integrierte MICs werden grundsätzlich nach dem Verfahren der Nutzenfertigung (viele Einzelschaltungen auf einer GaAs-Scheibe) hergestellt. Bei einer quadratischen Scheibe der Kantenlänge 2,5 cm bringt man bei einer Arbeitsfrequenz von 4 GHz etwa 40 Schaltungen und bei f = 20 GHz etwa 100 Schaltungen unter.

Das aktive Halbleitermaterial ist das Ausgangsmaterial für die Halbleiterbauelemente, also die Dioden und Transistoren. Es ist in definierter Weise mit Störstellen dotiert. Solche Störstellen sind entweder zusätzliche Elektronen (Donatoren: n-leitender Halbleiter) oder zusätzliche Löcher (Akzeptoren: p-leitender Halbleiter). Dadurch werden freie Ladungsträger geschaffen und der spezifische Widerstand ρ des Halbleitermaterials erniedrigt sich so stark, daß es nicht mehr als Substrat geeignet ist. Er errechnet sich zu

$$\rho = \frac{1}{e(n_n \mu_n + n_p \mu_p)} \qquad (1.7)$$

aus den Konzentrationen n_n der Elektronen und n_p der Löcher sowie den Beweglichkeiten μ_n der Elektronen und μ_p der Löcher ($e = 1{,}6 \cdot 10^{-19}$ As: Elektronenladung). Bei n-dotiertem GaAs mit einer für die Halbleiterherstellung üblichen Konzentration von $n_n = 10^{16}...10^{17}\ \mathrm{cm}^{-3}$ erniedrigt sich der spezifische Widerstand bereits auf $\rho = 0{,}015...0{,}15\ \Omega\mathrm{cm}$. Wegen des niedrigen Widerstands beschränkt man die aktiven Zonen nur auf kleine Inseln an den Stellen auf der Substratoberfläche, an denen die Transistoren und Dioden hergestellt werden.

Beim Vergleich zwischen dem semiisolierenden GaAs und dem semiisolierenden Si zeigt das GaAs eine eindeutige Überlegenheit (Tafel 1.21): Zum einen liegt bei GaAs der spezifische Widerstand ρ etwa um den Faktor 10^4 höher als bei Si. Dabei sind bei $\rho > 10^7\ \Omega\mathrm{cm}$ die durch die Eigenleitfähigkeit hervorgerufenen Substratverluste vernachlässigbar, so daß das semiisolierende GaAs den üblichen verlustarmen Dielektrika wie Saphir und Al_2O_3-Keramik ebenbürtig ist. Das Si läßt sich zwar in der für hohen spezifischen Widerstand notwendigen äußerst reinen Form herstellen; es behält aber diese Reinheit während der Hochtemperatur-Diffusionsprozesse nicht bei. Daher entstehen in semiisolierendem Si letzlich relativ hohe Ableitungsverluste. Dementsprechend sind die monolithischen MICs auf Si stark verlustbehaftet /1.240, 1.266/. In diesem Zusammenhang muß jedoch erwähnt werden, daß bei der monolithischen Si-Technologie eine größere Auswahl an Halbleiterbauelementen besteht: Es lassen sich sowohl die anhand der GaAs-Technologie entwickelten Feldeffekt-Transistoren und Dioden als auch die bereits früher entwickelten bipolaren Siliziumhalbleiter-Bauelemente aufbauen.

Es gibt noch einen zweiten Grund für die Überlegenheit des semiisolierenden GaAs gegenüber dem semiisolierenden Si als Substratmaterial: Die Trägerbeweglichkeit μ_n in den bei der Dotierung entstehenden aktiven Zonen, aus denen die Transistoren und Dioden hergestellt werden, liegt bei GaAs etwa um den Faktor 6 höher als bei Si. Aus diesem Grund lassen sich bei den GaAs MESFETs höhere obere Frequenzen und höhere maximale Leistungen erreichen. So ist z.B. ein Silizium-MESFET mit 1 µm Gate-Elektrodenlänge maximal bis etwa 4 GHz einsetzbar, während sich bei einem entsprechenden GaAs-MESFET die Frequenzgrenze bis über 12 GHz hinaus verschiebt. Aus diesen Gründen hat sich GaAs als Substratmaterial für monolithische MICs durchgesetzt.

Aufbau und Herstellung

Zunächst sei an dem in Bild 1.24 gezeigten einfachen Beispiel einer monolithischen integrierten GaAs-Mikrowellenschaltung (mm-Wellen Empfangsmischer) der prinzipielle Aufbau derartiger Schaltungen gezeigt: Auf dem Substrat befinden sich Streifenleitungsstrukturen (Hybridring, Tiefpaßstrukturen, Anschluß-Mikrostreifenleitungen) und die beiden Dioden D_1, D_2 (Bild 1.24a). Das Substrat selbst besteht aus semiisolierendem GaAs, welches als verlustarmes Dielektrikum wirkt. Aktives, also dotiertes Halbleitermaterial existiert nur auf zwei Inseln von einigen μm^2 Fläche mit der Tiefe von einigen µm (Bild 1.24b). Auf diesen Inseln werden die Dioden D_1, D_2 hergestellt (Bild 1.24c,d).

Zur Herstellung der aktiven Halbleiterinseln auf dem semiisolierenden GaAs-Substrat gibt es vier Verfahren (Bild 1.25), die selektive epitaxiale Aufwachstechnik, die Mesaätztechnik, die Ionenimplantationstechnik und die Isolationsimplantationstechnik. Bei der selektiven epitaxialen Aufwachstechnik (Bild 1.25a) erzeugt man zunächst an den für die aktiven Inseln vorge-

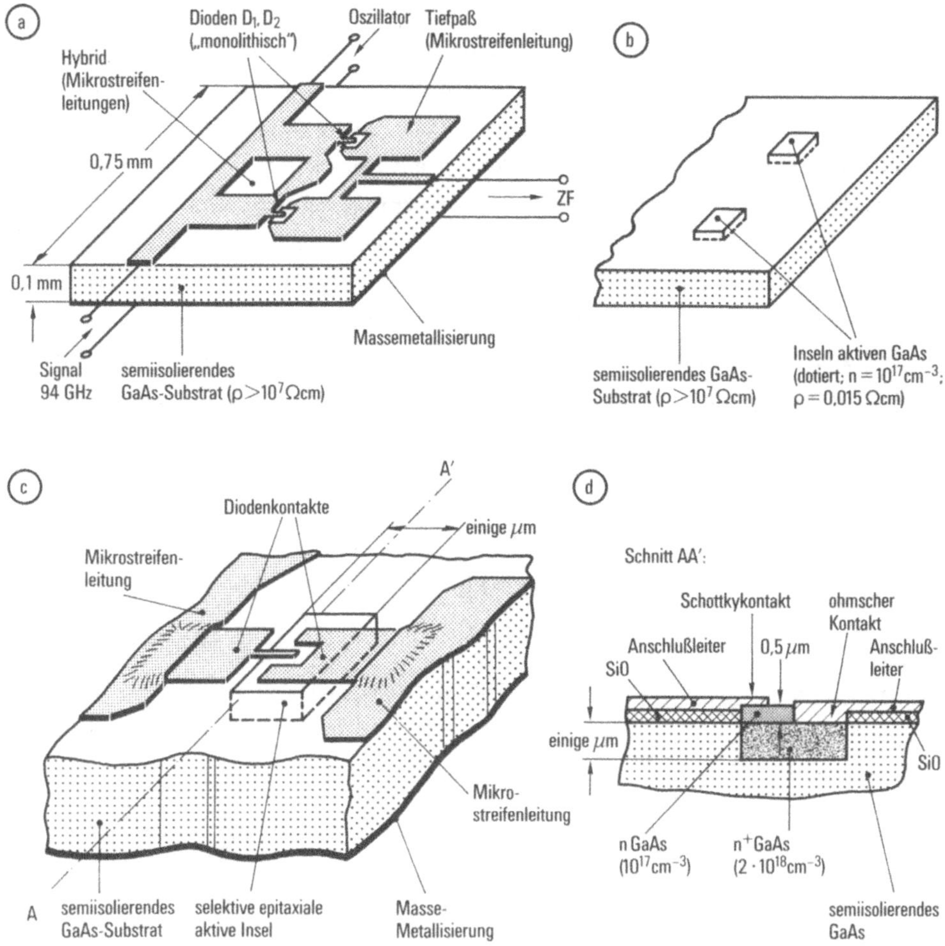

Bild 1.24. 94-GHz-Millimeterwellenmischer /1.222/ als Beispiel einer monolithischen integrierten Mikrowellenschaltung in GaAs-Technologie. a) Aufbau des Mischers; b) selektiv epitaxial aufgewachsene aktive GaAs-Inseln auf semiisolierendem Substrat; c) Aufbau der Schottkydiode; d) Querschnitt durch Schottkydiode

sehenen Stellen Löcher von einigen μm Tiefe. In diesen Löchern, die von der SiO_2- oder Si_3N_4-Maskierungsschicht frei sind, wird eine dotierte Einkristallschicht bis zur Substratoberfläche hin epitaxial abgeschieden /1.222, 1.272, 1.283, 1.284/. Bei der Mesaätztechnik (Bild 1.25b) läßt man eine ganzflächige, einige μm dicke Schicht aktiven GaAs epitaxial aufwachsen und ätzt mit Hilfe der Fotolithografie die Schicht mit Ausnahme der aktiven Inseln für die Halbleiter wieder weg /1.222/. Diese Inseln stehen im Gegensatz zu den mit selektiver Aufwachstechnik hergestellten Inseln über die Substratoberfläche hinaus. Man nennt diese Inseln daher Mesas. Bei der Ionenimplantation (Bild 1.25c), dem bedeutendsten

Verfahren, werden nach einer Maskierung der Substratoberfläche mit einer Fotolackschicht an den freien Stellen Störstellenatome direkt in die Oberfläche des semiisolierenden Halbleiters bis auf eine Tiefe von ca. 1 µm implantiert /1.272, 1.285, 1.286/. Die Vorteile dieser Methode sind, daß keine Mesas mit ihren für nachfolgende Beschichtungsprozesse problematischen Kanten entstehen und daß eine selektive Dotierung (verschiedene Dotierungsprofile an verschiedenen Stellen) möglich ist. Bei der Isolationsimplantation (Bild 1.25d) wächst man - wie bei der Mesaätztechnik - zunächst eine epitaxiale aktive GaAs-Schicht von etwa 1 µm Dicke über die ganze Substratoberfläche auf. Nach der Maskierung der Stellen, wo die Halbleiter sitzen, werden auf der verbleibenden Fläche mit Hilfe der Ionenimplantation Sauerstoffatome implantiert, welche hochohmiges, d.h. semiisolierendes GaAs erzeugen. Der Vorteil ist auch hier, daß keine Mesas entstehen.

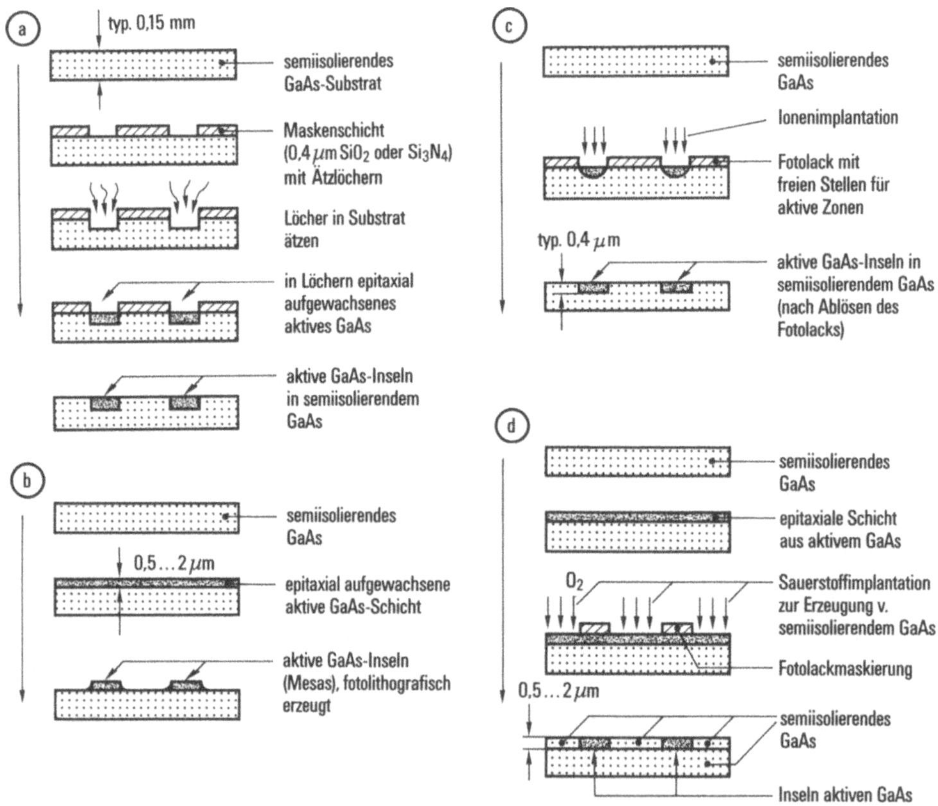

Bild 1.25. Verfahren zur Herstellung aktiver GaAs-Inseln auf semiisolierendem GaAs-Substrat. a) Selektive epitaxiale Aufwachstechnik (selective epitaxial growth); b) Mesa-Ätztechnik epitaxial aufgewachsener aktiver GaAs-Schicht (mesa etching); c) Ionenimplantation (ion implantation); d) Isolationsimplantation (isolation implantation)

An die Herstellung der aktiven GaAs-Inseln auf dem semiisolierenden GaAs-Substrat schließen sich eine Fülle von aus der Halbleitertechnik und der Dünnfilmtechnik bekannten Prozessen zur Herstellung der Halbleiter- und Streifenleiterbauelemente sowie der Kondensatoren und Widerstände an /1.222, 1.232, 1.235, 1.258, 1.260, 1.263, 1.267, 1.271/. Zur Herstellung der Dioden und Transistoren werden die Dotierungsprofile der aktiven Inseln definiert verändert und es werden ohmsche Kontakte und Schottkykontakte hergestellt. Dazu sind Ionenimplantation, Fotolithografie, Aufdampfen und Aufstäuben von Metall- und Dielektrikumschichten notwendig. Leiterstrukturen und konzentrierte Elemente (Kondensatoren, Spulen) werden ebenfalls durch Aufdampfen, Aufstäuben und galvanische Verstärkung aufgebaut (vgl. Abschnitt 1.5.3). Jede Art von Hybridierungsverfahren wie das Bonden von Drähten und Bändchen bzw. das Löten, Kleben, Legieren sowie jede Art von Abgleich bleiben jedoch aus dem Herstellungsverfahren ausgeschlossen.

Eine Übersicht über die mit der Technologie monolithischer GaAs-MICs herstellbaren B a u e l e m e n t e gibt Tafel 1.22. Die übliche Streifenleitungsbauform ist die Mikrostreifenleitung (wie in Bild 1.2e), bestehend aus einem Streifenleiter auf der Substratoberseite und einer ganzflächigen Massemetallisierung auf der Substratrückseite. Die verfügbaren Dünnfilmelemente (Leitungen, konzentrierte Elemente) sind im wesentlichen die gleichen Elemente wie sie auch für Dünnfilm-Hybridschaltungen zur Verfügung stehen (Abschnitt 1.7).

Die verfügbaren integrierten Halbleiterbauelemente beschränken sich auf die in planarer Technologie herstellbaren Schottky-Dioden und MESFETs (Metall-Halbleiter-Feldeffekttransistoren). Letztere sind als rauscharme Vorstufentransistoren für Frequenzen bis zu 30 GHz sowie als Leistungsverstärker und in der Ausführung des Doppel-Gate-Feldeffekttransistors (dual gate FET) für digital oder analog modulierbare Verstärker verfügbar. S c h o t t k y d i o d e n /1.288/ nach Bild 1.26a bestehen aus einer üblicherweise mit einer Konzentration von $1 \cdot 10^{17}$ cm^{-3} n-dotierten aktiven GaAs-Insel der Tiefe 0,4 µm, an der zwei Metallkontakte, nämlich ein ohmscher Kontakt und ein sog. Schottkykontakt, angebracht sind. Der ohmsche Metall-Halbleiterkontakt besitzt die Strom-Spannungskennlinie eines sehr niedrigen ohmschen Widerstands. Sie ist bzgl. der Richtung der angelegten Spannung symmetrisch. Der Schottky-Metall-Halbleiterkontakt besitzt eine unsymmetrische Strom-Spannungskennlinie mit Gleichrichtereffekt. Zwischen beiden Metallanschlüssen ergibt sich somit die Wirkung einer Gleichrichterdiode. Über die Entstehung eines ohmschen Kontaktes oder eines Schottkykontaktes an der Grenzschicht zwischen Metall und Halbleiter entscheidet die Halbleiterdotierung in der Grenzschicht und die Art des Metalls /1.288/. So ergeben hochdotierte Halbleiterschichten mit Konzentrationen von etwa

Tafel 1.22. In der Technologie monolithischer integrierter Mikrowellenschaltungen (MMICs) auf GaAs realisierbare Bauelemente

---

aktive, integrierte Halbleiterbauelemente

- Schottkydioden
- Kleinsignal-MESFET
- Leistungs-MESFET
- Dual-Gate-MESFET

Dünnfilm-Blindelemente

- Leitungen (distributed elements): $l \lesssim \lambda/4$; für $f \gtrsim 20$ GHz
  - Mikrostreifenleitung (Hauptleitung)
  - Hilfsleitungen: Koplanar-, Schlitz-, Doppelstreifenleitung
- konzentrierte Elemente (lumped elements): $l \lesssim \lambda/10$; für $f \gtrsim 20$ GHz
  - Induktivitäten: Kurze Leitungen (0,01...0,5 nH), Mäanderleitungen, Spiralen (0,5...10 nH)
  - Streifenleiterkondensatoren: Koppelspalt (0,001...0,05 pF), Interdigitalkondensator (0,01...0,5 pF)
  - Dünnfilm-Overlaykondensatoren (MIM-Kond.): 0,05...100 pF

Verbindungselemente

- Masse-Durchkontaktierungen (via hole grounds, "via holes")
- Luftbrücken (air bridges, "vias")
- Dielektrikumsbrücken

Widerstände

- Halbleiterwiderstände (Mesaätztechnik oder Ionenimplantation)
- Dünnfilmwiderstände (NiCr, Ta, usw.)

Halbleiterkondensatoren

Mikrostreifenleitungen auf aktivem Halbleitersubstrat

- MIS-Leitung
- Schottkykontakt-Leitung

$1 \cdot 10^{18}$ cm^{-3} (sog. n^+-Schichten) zusammen mit einer AuGe-Metallschicht oder einer GeAuCrAu-Schicht ohmsche Kontakte und "normale" Dotierungskonzentrationen von $1 \cdot 10^{17}$ cm^{-3} mit TiPtAu-Metallschichten Schottkykontakte.

Die Feldeffekttransistoren sind ähnlich aufgebaut. Bei monolithischen MICs verwendet man die Feldeffekttransistorvariante des *Schottky-Feldeffekttransistors* oder des MESFET (Bild 1.26b). MESFET ist die Abkürzung für metal semiconductor fieldeffect transistor. Mit Schottkykontakt bzw. "metal-semiconductor" wird dabei die Art des Gate-Elektrodenanschlußes an den aktiven Halbleiterkanal charakterisiert: Es handelt sich hier, im Gegensatz zum MOSFET, welcher eine Oxidschicht am Gate besitzt, um einen Schottkykontakt /1.288/. Die beiden anderen Elektroden,

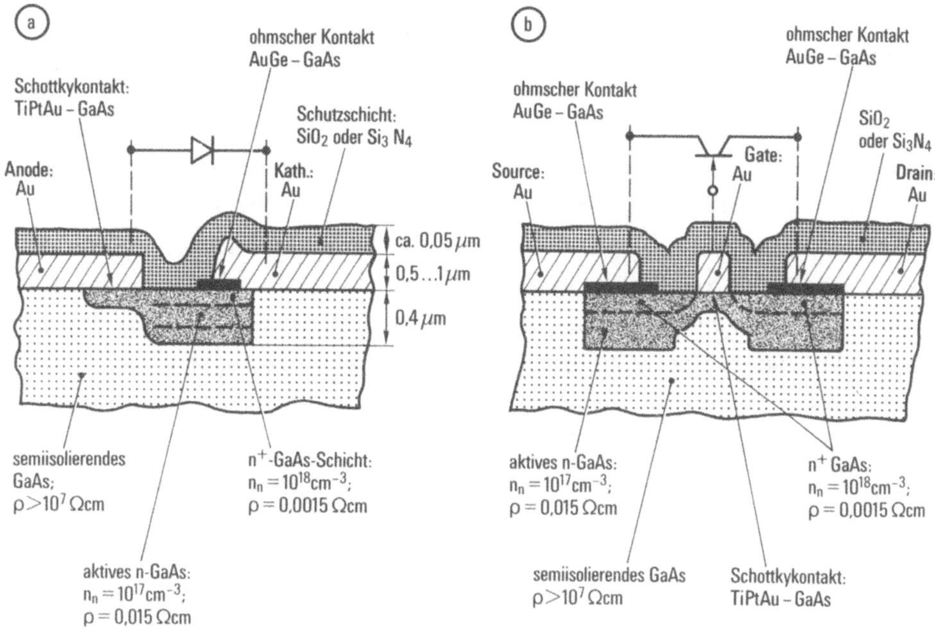

Bild 1.26. Unipolare Halbleiterelemente für monolithische MICs. a) Schottkydiode; b) Metall-Halbleiterkontakt-Feldeffekttransistor (MESFET)

nämlich Drain und Source, sind durch einen ohmschen Metall-Halbleiterkontakt mit der aktiven Insel verbunden. Die übliche Breite der Gateelektrode liegt etwa zwischen 0,3 μm und 1 μm. Leiterstrukturen, die breiter als 0,7 μm sind, können mit normaler Fotolithografie (Fotomasken) hergestellt werden. Leiter, die schmaler als 0,7 μm sind, erzeugt man mit der Elektronenstrahllithografie /1.300/:

Im Vakuum werden durch einen programmiert geführten Elektronenstrahl nicht benötigte Schichtteile aus einer ganzflächigen Metallisierung herausgebrannt.

Die Einschränkung der verfügbaren Halbleiterelemente besteht darin, daß Dioden für sehr hohe Leistungen, also IMPATT-Dioden, bislang nicht möglich sind, da bei diesen die Leistungsdichten zu hoch sind und die Leistung nicht mehr abgeführt werden kann. Mit Leistungsaddierern und FETs lassen sich bislang 10 W CW-Leistung bei etwa 10 GHz auf einem Halbleiterchip erzeugen /1.287/.

Zu den für monolithische MICs spezifischen Bauelementen gehören die Verbindungselemente in Form der Brücken und Durchkontaktierungen, die Halbleiterwiderstände und die Mikrostreifenleitungen auf aktivem (dotiertem) Halbleitersubstrat (Tafel 1.22). Zur Verbindung von nicht benachbarten Metallisierungsflecken verwendet man kapazitätsarme Luftbrücken (air-bridges, "vias") oder Dielektrikumsbrücken

(Bilder 1.27a,b). Sie werden als zweite Metallisierungsebene mit dem Verfahren der Aufdampftechnik, Fotolithografie und galvanischen Verstärkung hergestellt. Zur Erdung von auf der Substratoberseite liegenden Anschlüssen, z.B. der Sourceelektrode von FETs, benutzt man D u r c h k o n t a k t i e r u n g e n ("via hole ground" oder "via holes"). Das sind chemisch geätzte Löcher im Substrat, die zusammen mit der Herstellung der Masseschicht innen metallisiert werden (Bild 1.27c). W i d e r s t ä n d e gibt es in den Ausführungen als Halbleiterwiderstände (Bilder 1.28a,b) oder als Dünnfilmwiderstände mit resistiven Metallschichten aus NiCr, Ta oder Cr (Bild 1.28c) Letztere sind aus der Dünnfilmtechnik (Abschnitt 1.5.3) bekannt. Bei den Halbleiterwiderständen wird das resistive Element durch eine dünne aktive (d.h. dotierte) Halbleiterschicht mit ohmschen Anschlußkontakten gebildet. Diese aktive Schicht kann

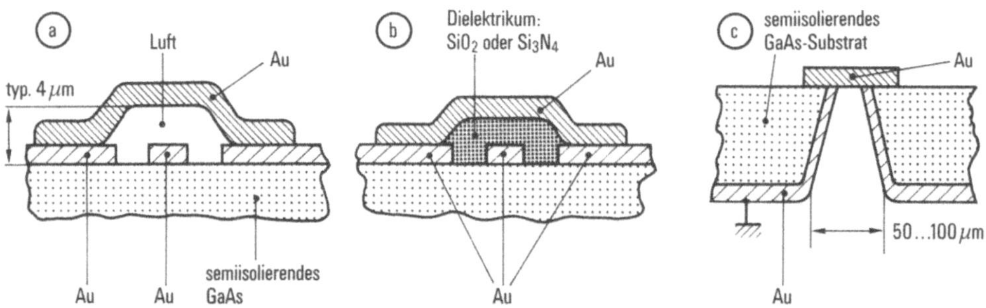

Bild 1.27. Verbindungselemente für monolithische MICs. a) Luftbrücke (air bridge, "via"); b) Dielektrikumsbrücke; c) Masse-Durchkontaktierung (via hole ground, "via hole")

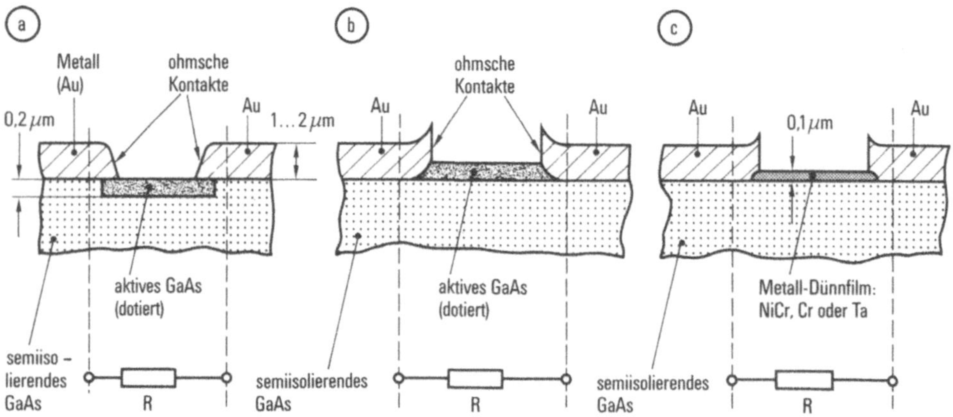

Bild 1.28. Widerstandsbauformen für monolithische MICs auf GaAs. a) Implantierter Halbleiterwiderstand (Flächenwiderstand $R_F > 20\ \Omega$); b) Mesa-Halbleiterwiderstand ($R_F > 3\ \Omega$); c) aufgedampfter bzw. aufgestäubter Dünnfilmwiderstand ($3\ \Omega < R_F < 100\ \Omega$)

man entweder nach dem Verfahren der Ionenimplantation (Bild 1.28a) oder aus ganzflächigen epitaxialen Schichten mit Hilfe der Mesaätztechnik (Bild 1.28b) herstellen. Halbleiterwiderstände zeigen eine starke Temperaturabhängigkeit und nichtlineares Verhalten bei hohen Strömen - Eigenschaften, welche bei den Metallschichtwiderständen nicht auftreten. Daher sind die Metallschichtwiderstände beliebter.

Bei den Kondensatoren gibt es die Ausführungsformen der Dünnfilmkondensatoren und der Halbleiterkondensatoren. Die von der Dünnfilmtechnik (Abschnitte 1.5.3, 1.7.2) bekannten Dünnfilmkondensatoren kennt man als Koppelspalt- und Interdigitalkondensatoren mit einer einzigen Metallisierungsebene und als Dielektrikumfilm-Overlaykondensatoren mit zwei Metallisierungsebenen, zwischen denen eine dielektrische Schicht aus SiO_2 oder Si_3N_4 liegt. Ausschließlich auf monolithische MICs ist der Schottkykontakt-Kondensator (Bild 1.29a) beschränkt: Er besteht aus einer hochdotierten Halbleiterinsel mit einem ohmschen Anschluß und einem großflächigen Schottkykontakt. Diese "Diode" wirkt, wenn sie in Sperrichtung vorgespannt ist, als Kondensator, da sich unter dem Schottkykontakt eine Ladungsträger-Verarmungszone der Dicke t ausbildet. Durch ein Variieren der Sperrspannung U_{Sperr} läßt sich die Kapazität modulieren.

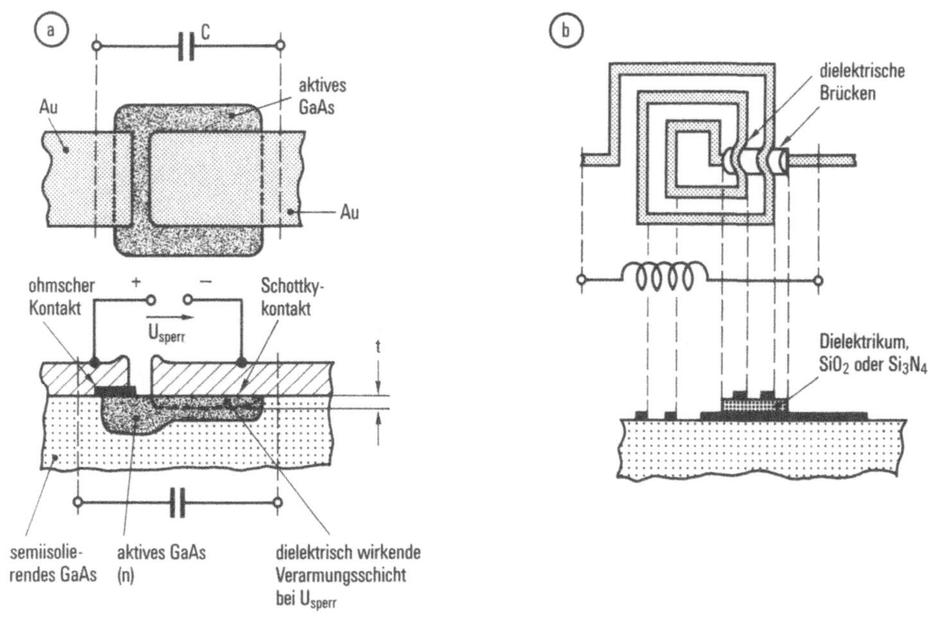

Bild 1.29. Für monolithische MICs spezifische konzentrierte Blindelemente.
a) Schottkykontakt-Kondensator; b) Spiralinduktivität mit Dielektrikumsbrücken

Als Induktivitäten werden die von der Dünnfilm-Hybridtechnik bekannten kurzen hochohmigen Leitungen, die man auch mäandrieren kann, verwendet (s. Abschnitt 1.7). Eine für monolithische MICs spezifische Induktivitätsbauform ist die Spirale mit dielektrischer Unterbrückung der Verbindungsleitung, welche das innere Spiralenende mit der außen liegenden Schaltung verbindet (Bild 1.29b).

In dem in Bild 1.30 gezeigten Querschnitt durch einen Teil einer hypothetischen monolithischen GaAs-MIC sind die Bauelemente Mikrostreifenleitung, Schottkydiode, Durchkontaktierung, Feldeffekttransistor, Luftbrücke, Dielektrikum-Overlaykondensator und Halbleiterwiderstand enthalten. Der Feldeffekttransistor ist ein Leistungs-MESFET, bestehend aus mehreren parallelgeschalteten Einzel-FETs, bei denen die Sourceelektroden über zwei Luftbrücken miteinander und über zwei Durchkontaktierungen mit Masse verbunden sind.

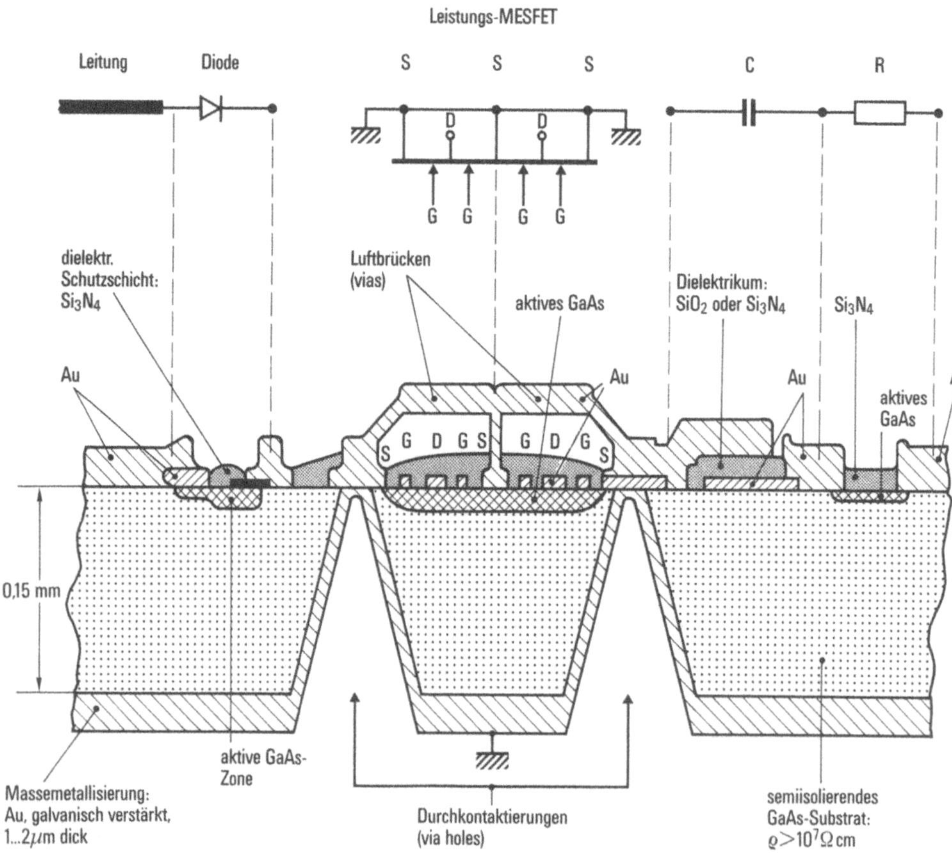

Bild 1.30. Querschnitt durch eine typische monolithische MIC in GaAs-Ionenimplantationstechnik, nach /1.263/ (S: Source; G: Gate; D: Drain bei MESFET)

Neben der Mikrostreifenleitung auf dielektrisch wirkendem semiisolierendem GaAs (Bild 1.31a) sind noch zwei weitere, für monolithische MICs spezifische Mikrostreifenleitungs-Varianten bekannt, nämlich die MIS-Mikrostreifenleitung und die Schottkykontakt-Mikrostreifenleitung (Bilder 1.31b,c). Beide werden auf hoch dotiertem, also sehr niederohmigem, aktiven Halbleitersubstrat mit Dotierungskonzentrationen von $10^{17}...10^{14}$ cm^{-3}, entsprechend einem spezifischen Widerstand von etwa ρ = 0,01 ...10 Ωcm, hergestellt. Trotzdem breitet sich bei beiden Leitungen in einem bestimmten, ungefähr zwischen 1...10 GHz liegenden, Frequenzbereich ein verlustarmer Wellentyp in Form einer Verzögerungswelle (slow wave) aus /1.289-1.294/. Die Geschwindigkeit dieser Welle ist um den Faktor 30...50 kleiner als die Lichtgeschwindigkeit und hängt von der Dicke t_ε der dielektrischen Zwischenschicht ab. t_ε läßt sich durch die angelegte Vorspannung modulieren. Dadurch kann man mit diesen Leitungen steuerbare Phasenschieber, Phasenmodulatoren und Frequenzvervielfacher herstellen. Bei der M I S - L e i t u n g (metal-insulator-semiconductor)befindet sich eine dünne dielektrische Schicht zwischen dem Streifenleiter und dem Substrat (Bild 1.31b). Zusätzlich entsteht beim Anlegen einer Sperrspannung eine dielektrisch wirkende Trägerverarmungsschicht. Bei der S c h o t t k y k o n t a k t - M i k r o s t r e i f e n l e i t u n g (Bild 1.31c) muß für den Betrieb stets eine Sperrspannung angelegt werden, damit die dielektrische Zwischenschicht in Form der Trägerverarmungszone t_ε entsteht.

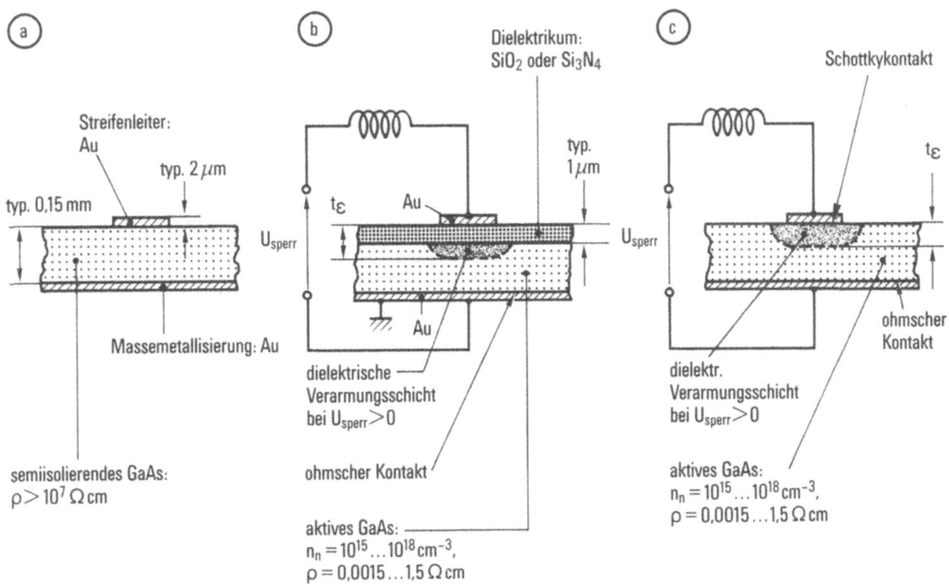

Bild 1.31. Mikrostreifenleitungs-Varianten auf Halbleitersubstrat (GaAs). a) Leitung auf dielektrisch wirkendem semiisolierendem Substrat; b) MIS-Leitung (metal-insulator-semiconductor); c) Schottkykontakt-Leitung

Schaltungsanwendungen

Die meisten von der Dünnfilm-Hybridtechnik bekannten Mikrowellenkomponenten lassen sich auch in monolithischer MIC-Technologie auf GaAs realisieren. Lediglich Schaltungen mit Halbleitern hoher Leistungsdichte (IMPATT-Dioden), Resonatoren hoher Güte und vielen großen Spulen und Kondensatoren sind für eine monolithische Integration nicht geeignet. Man kann bei monolithischen MICs zwischen drei Schaltungstechniken unterscheiden:

- Konzentrierte Schaltungstechnik mit Spulen und Kondensatoren als Blindelemente für den Frequenzbereich unterhalb von etwa 20 GHz;
- Leitungs-Schaltungstechnik mit Streifenleitungen als Blindelemente für $f \gtrsim 20$ GHz;
- Direkt gekoppelte Schaltungstechnik unter Verzicht auf jegliche Blindelemente.

In monolithischer GaAs-Technik kann man Schottkydioden zum Aufbau von Demodulatoren, Mischern, Schaltern und Begrenzern sowie Kleinsignal-MESFETs zum Aufbau rauscharmer Vorverstärker, Mischer, ZF-Verstärker und Oszillatoren und auch Leistungs-MESFETs zum Aufbau von Leistungsverstärkern und Leistungsoszillatoren herstellen. Von besonderer Bedeutung ist der mit zwei Steuerelektroden versehene Dual-Gate-MESFET. Er ist für Gegentakt- und Doppelgegentaktmischer /1.296/, Vervielfacher /1.297/, Modulatoren, Schalter und spannungsgesteuerte Verstärker geeignet. Speziell für monolithische MICs geeignete Schaltungskonzepte sind Kettenverstärker /1.246/, direkt gekoppelte Verstärker /1.245/, verstärkende (aktive) Mischer mit Dual-Gate-FETs /1.242/ sowie FET-Verstärker mit aktiver Anpassungsschaltung /1.254/.

Nachfolgend werden einige Schaltungsbeispiele genannt (Stand 1981): Rauscharme FET-Vorverstärker, z.B. für f = 20,5...22,2 GHz mit 7,5 dB Verstärkung und 6,2 dB Rauschzahl /1.247/, baut man bis zu Frequenzen von 30 GHz (Substratfläche ca. 2 mm × 2 mm). Typische Breitbandvorverstärker überdecken die Frequenzbereiche von 40... 1000 MHz /1.258/ bis 0,1...10 GHz /1.250/ bei Rauschzahlen von 4...7 dB. Leistungsverstärker erreichen Ausgangsleistungen zwischen 2...10 W bei etwa 10 GHz /1.287/. Auch komplexe Funktionseinheiten wie aktive, aus Oszillator, Mischer, Leistungsverstärker, HF-Vorverstärker und ZF-Verstärker bestehende Phased-Array-Module /1.298/ oder Empfänger für das Satellitenfernsehen (FET-Vorverstärker, Dual-Gate-FET-Mischer, FET-Oszillator) nach /1.299/ lassen sich auf Halbleiterchips von der Fläche 10 mm × 10 mm integrieren. Schnelle Digitalschaltungen (SDFL: Schottky-Dioden-FET-Logik) mit Grenzfrequenzen von 5...10 GHz und Datenraten von 2...10 Gbit/s baut man ebenfalls in GaAs-Technologie auf /1.262/.

Vergleich mit Dünnfilm-Hybridschaltungen

Gegenüber Dünnfilm-Hybridschaltungen auf Al_2O_3-Keramiksubstrat (Abschnitt 1.5.3) unterscheiden sich die monolithischen MICs auf GaAs-Substrat hauptsächlich in folgenden Eigenschaften:

- Höhere obere Grenzfrequenz und größere erreichbare Bandbreiten wegen induktivitäts- und kapazitätsarmer Verbindungstechniken;
- Bessere Reproduzierbarkeit der Eigenschaften aufgrund des Wegfalls von Draht- und Bändchenverbindungen in der Schaltung;
- Größere Packungsdichte, kleinere Substratgrößen, höherer Miniaturisierungsgrad, größere Stückzahl (bis einige 100 Schaltungen) pro Großsubstrat bei Nutzenfertigung;
- Billiger bei großen Stückzahlen;
- Kein Abgleich möglich;
- Etwas geringere Halbleiterbauelemente-Auswahl (z.B. keine IMPATTs), dafür aber Ermöglichung neuer Schaltungskonzepte (aktive Transistoranpassung, aktiver Mischer);
- Höhere Geräteinvestitionen zur Herstellung;
- Schwierigere schaltungstechnische Entwicklung, Rechnerhilfe (CAD) notwendig.

1.6 Gehäuseeinbau und elektrische Anschlüsse

1.6.1 Anforderungen an Schaltungsgehäuse

Schaltet man integrierte Mikrowellenschaltungen wie z.B. Verstärker oder Mischer zum Aufbau eines gesamten Gerätes, z.B. eines Richtfunkgerätes, mit anderen Komponenten zusammen, so muß die Schichtschaltung zusammen mit ihren Bauelementen in ein Gehäuse eingebaut werden. Am Beispiel von Dünnfilm-Hybridschaltungen in Mikrostreifenleitungstechnik (s. Bilder 1.1, 1.6-1.11) werden die beim Gehäuseeinbau auftretenden Probleme /1.30, 1.302-1.361/ erläutert. Die Aufgaben eines Gehäuses für integrierte Mikrowellenschaltungen sind:

- Schutz der Schaltung vor Umwelteinflüssen mechanischer Art (Berührung), chemischer Art (Schadgase, z.B. SO_2, H_2S), klimatischer Art (Feuchte, Betauung) und elektrischer Art (Einstrahlung von Fremdfeldern: elektrische Abdichtung, i.a. > 80 dB; EMV: Elektromagnetische Verträglichkeit);
- Lösbare elektrische Verbindung mit dem Gesamtgerät;
- Lösbare mechanische Verbindung mit dem Gesamtgerät;

- Ableitung der in der Schaltung entstehenden Verlustwärme (niedriger Wärmewiderstand zwischen Bauelementen in der Schaltung und der Wärmesenke außerhalb des Gehäuses);
- Verhinderung parasitärer elektromagnetischer Abstrahlung an die Umgebung.

Zudem fordert man von dem Gehäuse, daß es gegen mechanische Umweltbelastung (Vibration, mechanischer Stoß), chemische Umweltbelastung (H_2S-, SO_2-Gase), thermische Belastung (Temperaturzyklen, Temperaturschocks, z.B. im Bereich von - 55 °C bis + 80 °C oder bis + 125 °C) sowie klimatische Belastung (feuchte Wärme) unempfindlich ist, d.h. weder korrodiert noch zerstört wird. Weiterhin soll das Gehäuse geringes Gewicht besitzen und es soll die elektrischen Eigenschaften der Schichtschaltung nicht verändern (Vermeidung von Feldverzerrungen bei der Mikrostreifenleitung und Gehäuseresonanzen).

1.6.2 Konstruktive Auslegung des Hochfrequenz-Übergangs

Ein fundamentales Problem beim Entwurf von Gehäusen für integrierte Mikrowellenschaltungen ist der Aufbau von verlustarmen und reflexionsarmen Übergängen zwischen der Mikrostreifenleitung auf dem Substrat und der koaxialen Anschlußleitung am Schaltungsgehäuse (Bild 1.32). Das Problem hat eine elektrische und eine mechanische Seite. Aus elektrischer Sicht muß die Formgebung des Übergangs im Hinblick auf eine geringere Feldstörung optimiert werden. Aus der nachfolgend betrachteten mechanischen Sicht müssen unter der Berücksichtigung von Herstellungstoleranzen und von unterschiedlichen thermischen Ausdehnungen von Substrat und Gehäuse kurze Stromwege und sichere Kontakte im Übergang gewährleistet werden: Das gilt für die Verbindung zwischen dem Streifenleiter auf dem Substrat und dem Koaxialleitungs-Innenleiter einerseits und für die Verbindung zwischen der Substrat-Massemetallisierung und dem Koaxialleitungs-Außenleiter andererseits. Hierbei muß berücksichtigt werden, daß bei Mikrowellenfrequenzen (1...20 GHz) der Skineffekt den Stromfluß in Leitern nur auf eine äußerst dünne Schicht der Dicke von ca. 0,5...2 μm unter der Leiteroberfläche beschränkt.

Man stellt üblicherweise den Innenleiterkontakt mit einem am Innenleiter befestigten, auf den Streifenleiter aufgepreßten oder aufgelöteten dünnen Kontaktfederchen von der Breite des Streifenleiters her (geringe Feldverzerrung!). Schmalere Federchen ergäben Serieninduktivitäten, eine Verlängerung des gesamten Innenleiters bis über den Streifenleiter hätte eine Parallelkapazität zur Folge. Der Massekontakt entsteht durch Aufpressen (oder Löten) des Substrats auf dem Gehäuseboden, welcher seinerseits mit dem Koaxialleitungs-Außenleiter verschraubt ist. Es ist darauf zu achten, daß keine Spalte zwischen der Massemetallisierung und dem Gehäuseboden sowie zwischen dem Koaxialleitungsflansch und dem Gehäuse auftreten und daß das Innenleiterfederchen nicht von der flächenhaften Auflage abweicht. Beachtet man das nicht, so entstehen parasitäre Serieninduktivitäten, welche Reflexionen und eine Dämpfung des zu übertragenden Signals hervorrufen.

Das bedeutet für die konstruktive Auslegung des Gehäuses:

1. Wegen der Längentoleranz Δl_S des Substrats und wegen der Fertigungstoleranz Δl_G der lichten Gehäuseweite sowie zum Ausgleich unterschiedlicher thermischer Längenausdehnung $\Delta l_S^*(T) - \Delta l_G^*(T)$ zwischen Substrat und Gehäuse ist die Gehäuseweite l_G stets größer als die Substratlänge l_S zu wählen (Bild 1.32). Der dadurch entstehende Spalt s (Feldverzerrung wegen fehlendem Dielektrikum) ist durch enge Toleranzen Δl_S und Δl_G und durch die Wahl des Gehäusematerials mit ähnlichem Wärmeausdehnungskoeffizienten wie das Substrat möglichst klein zu halten.

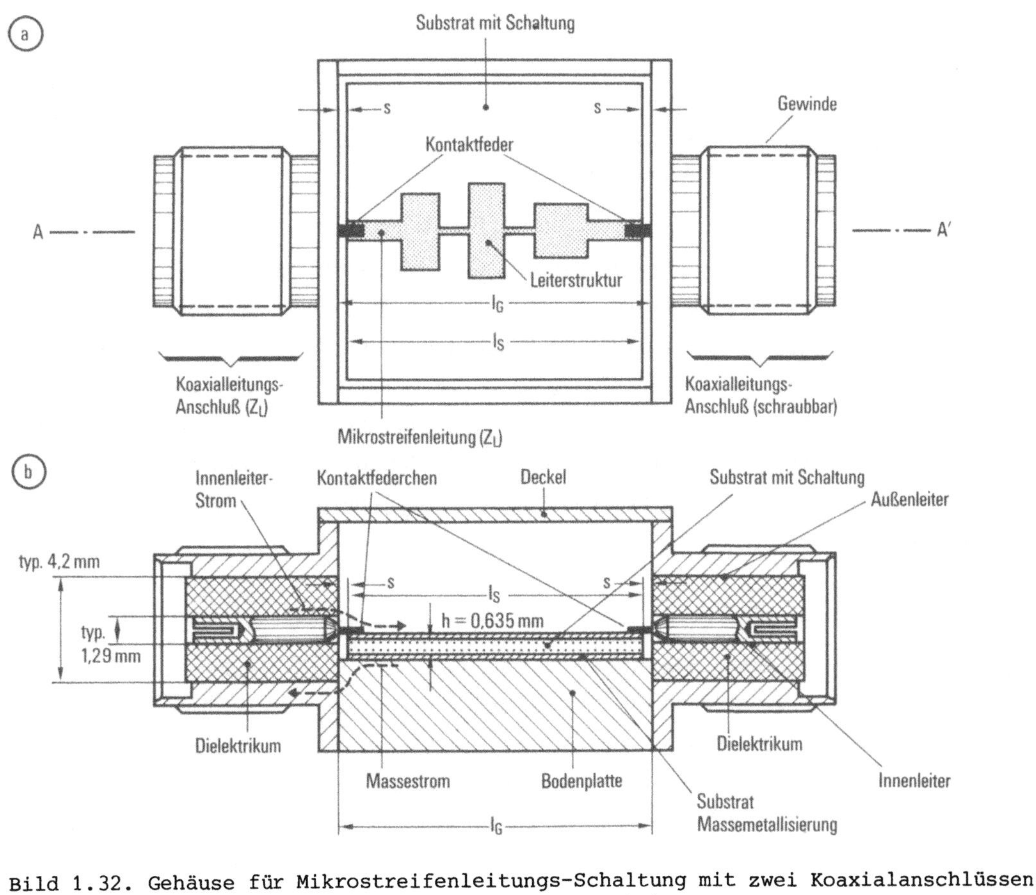

Bild 1.32. Gehäuse für Mikrostreifenleitungs-Schaltung mit zwei Koaxialanschlüssen, schematisch. a) Draufsicht ohne Deckel; b) Querschnitt

2. Die Substratdickentoleranz Δh (typ. $\Delta h = 0{,}05$ mm bei Al_2O_3-Keramik mit h = 25 mil = 0,635 mm) ist bei der Festlegung des Abstands a zwischen der Kontaktfeder und dem Gehäuseboden zu berücksichtigen (Bilder 1.32, 1.33). Ist a < h, so wird die Feder abgeschert, ist a > h, dann liegt die Feder nicht auf. Auswege sind eine vertikale Justierbarkeit des Koaxialflansches oder ein federndes Druckstück auf der Kontaktfeder.

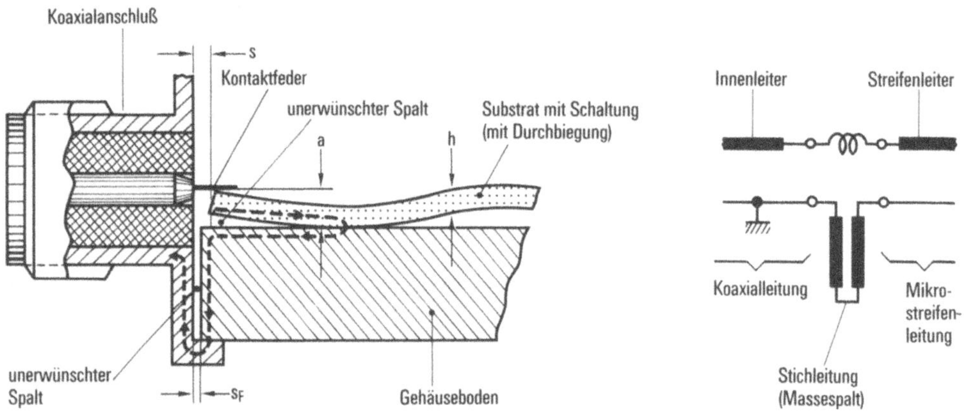

Bild 1.33. Wirkung eines welligen Substrats und eines Massespalts beim realen Übergang Mikrostreifenleitung - Koaxialleitung

3. Die makroskopische Welligkeit (Durchbiegung, camber) Δh_W des Substrats (typ. $\Delta h_W = 0{,}05$ mm bei Al_2O_3-Keramik mit h = 25 mil = 0,635 mm) ist beim Schaltungseinbau zu berücksichtigen (Bild 1.33). Sie geht auf die Festlegung von a ein. Sie kann auch eine zum Massestromweg in Serie geschaltete, am Ende kurzgeschlossene Stichleitung ergeben. Ist die Strichleitung $\lambda/4$ lang, so wird der Signalfluß gänzlich gesperrt. Abhilfe liefert ein Federblech zwischen dem Substrat und dem Gehäuseboden. Ein unerwünschter Spalt s_F kann auch am Koaxialleitungsflansch entstehen.

1.6.3 Gehäusetechnik

Verschiedene Möglichkeiten des Substateinbaus in das Gehäuse zeigt Bild 1.34. Eine lösliche Verbindung erhält man durch die Klemmtechnik (Bild 1.34a). Das Substrat wird an den Kanten, Ecken oder auch durch Substratlöcher (Durchmesser ca. 2...3 mm) mittels Schrauben (M2) oder Druckfedern auf die Bodenplatte gedrückt. Eine Positionierung erhält man durch Anschlag von zwei Substratkanten an die Gehäusewände oder an Paßstifte. Zur Vermeidung der in Bild 1.33 gezeigten Spalte ist es zweckmäßig, ein Federblech nach Bild 1.34b zwischen das Substrat und den Boden einzulegen. Bei dem ganzflächigen Einlöten (Weichlöten) oder Einkleben mit sog. Leitklebern (Epoxydkleber mit eingelagerten Silberteilchen) nach Bild 1.34c wird ebenfalls ein Spalt vermieden. Allerdings ist flächenhafte Lötung wegen der Bildung von Lunkern und Lufteinschlüssen schwierig zu beherrschen /1.302-1.304, 1.314 -1.316/. Durch richtige Lotauswahl ist zu verhindern, daß das Gold der Leiterbahnen im Lot in Lösung geht. Zudem tritt das Problem des unterschiedlichen thermischen Ausdehnungskoeffizienten von Keramik ($\Delta l/l = 0{,}63 \cdot 10^{-5}$/K) und dem Gehäuseboden auf. Die thermische Ausdehnung des Gehäusebodens liegt mit $\Delta l/l = 2{,}4 \cdot 10^{-5}$/K bei Aluminium und $\Delta l/l = 1{,}2 \cdot 10^{-5}$/K bei Stahl höher als bei Al_2O_3-Keramik. Daher ist ein Aufreißen der Lötstelle oder eine Schichtablösung bei unterschiedlichen Temperaturen zu befürchten. Lediglich einige teure und schwer bearbeitbare Stahllegierungen, nämlich Invar ($\Delta l/l = 0{,}2 \cdot 10^{-5}$/K) und Kovar sowie Titan und Beryllium liegen in der Größenordnung von Keramik. Untersuchungen /1.302 -1.304/ haben jedoch gezeigt, daß eine Lötung auf 6061-T6-Aluminium-Legierung (oberflächen-galvanisiert) Temperaturbelastungen übersteht. Oft wird auch ein Zwischenträger aus Invar oder Kovar verwendet (Bild 1.34d). Der Erfolg der Klebetechnik hängt von sorgfältiger Kleberauswahl, Verarbeitung und Aushärtung ab /1.317/.

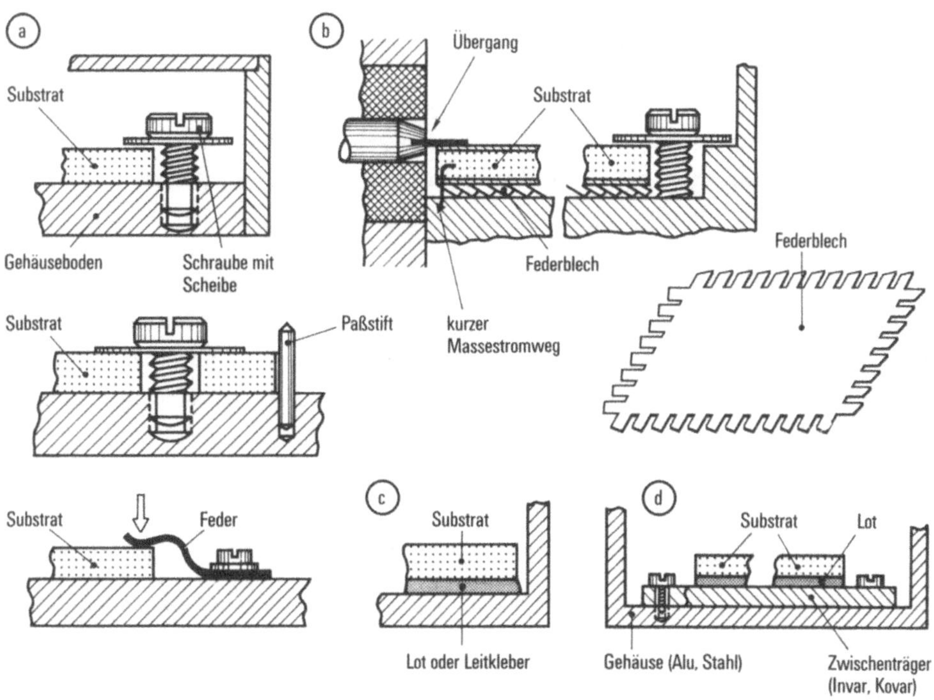

Bild 1.34. Möglichkeiten des Substrateinbaus. a) Klemmen; b) Klemmen mit Federblech; c) Löten bzw. Kleben mit Leitkleber; d) Löten auf Invar-Zwischenträger

Die Wärmeableitung ist bei auf Aluminiumboden aufgelöteten Substraten am besten, bei der Federblech-Klemmtechnik am schlechtesten. Die spezifische Wärmeleitfähigkeit κ_{Th} in cal cm/(cm^2 s K) beträgt bei Al_2O_3-Keramik 0,09, bei Aluminium 0,53 und bei Stahl 0,16.

Verschiedene Möglichkeiten des Innenleiter-Anschlusses an den Streifenleiter zeigt Bild 1.35. Bei der einfachen Klemmtechnik (Bild 1.35a) wird das am Innenleiter befestigte Kontaktfederchen auf den Streifenleiter gepreßt. Feder und Streifenleiter haben die gleiche Breite. Der Innenleiter ist daher, wie Bild 1.32 zeigt, konisch verjüngt. Diese Bauform zeigt sehr geringe Reflexionen und Verluste. Um ein Abbiegen der Kontaktfeder nach oben zu vermeiden wird i.a. ein in der Höhe geringfügig justierbares Gegenstück aus Kunststoff angebracht (Bild 1.35b). Trägt das Druckstück einen gefederten Stempel, so kann man Substratdickentoleranzen ausgleichen (Bild 1.35c). Die Lötung, der Bändchenanschluß und der Drähtchenanschluß (Bilder 1.35d,e,f) besitzen höhere Reflexionen (Feldstörungen, Serieninduktivitäten) und sind nur für niedrige Frequenzen < 1 GHz... < 0,5 GHz geeignet.

Hermetisch dichte Gehäuse /1.302, 1.303, 1.305, 1.311, 1.312, 1.361/ mit Leckraten < 10^{-7} atm cm^3/s und Schutzgasfüllung werden bei Verwendung ungehäuster Halbleiterchips und bei einem Betrieb der Schaltung in korrosiver Atmosphäre (v.a. schwefelhaltige Gase H_2S, SO_2 zusammen mit Feuchtigkeit) gefordert. Dabei müssen die Übergänge durch eine Glaseinschmelzung des Innenleiters abgedichtet werden. Der Gehäusedeckel wird am besten aufgelötet oder geschweißt. Kleben bzw. ein Abdichten mit O-Ringen sind weniger dauerhaft.

Vielfach werden Mehrkammergehäuse gebaut, um hohe elektrische Entkoppelung zwischen den einzelnen Schaltungsteilen zu erreichen. Einen Übergang zwischen Rücken an Rücken liegenden Substraten, der aus einer Koaxialleitung mit hochgezogener Masseschirmung besteht, zeigt Bild 1.36a /1.302-1.305/. In nebeneinanderliegenden Kammern eingebaute Schaltungen werden elektrisch durch einen Übergang nach Bild 1.36b verbunden.

1.6.4 Elektrische Auslegung der Übergänge Mikrostreifenleitung - Koaxialleitung

Nachfolgend werden verschiedene Möglichkeiten für den Aufbau von Übergängen zwischen der Mikrostreifenleitung (bevorzugt auf Al_2O_3-Keramiksubstrat) und einer Koaxialleitung gezeigt /1.318-1.327, 1.352, 1.353, 1.355/.

Dabei wird die Wechselwirkung zwischen der Formgebung des Übergangs (insbesondere des Innenleiterbereiches) und den elektrischen Eigenschaften betrachtet. Die elek-

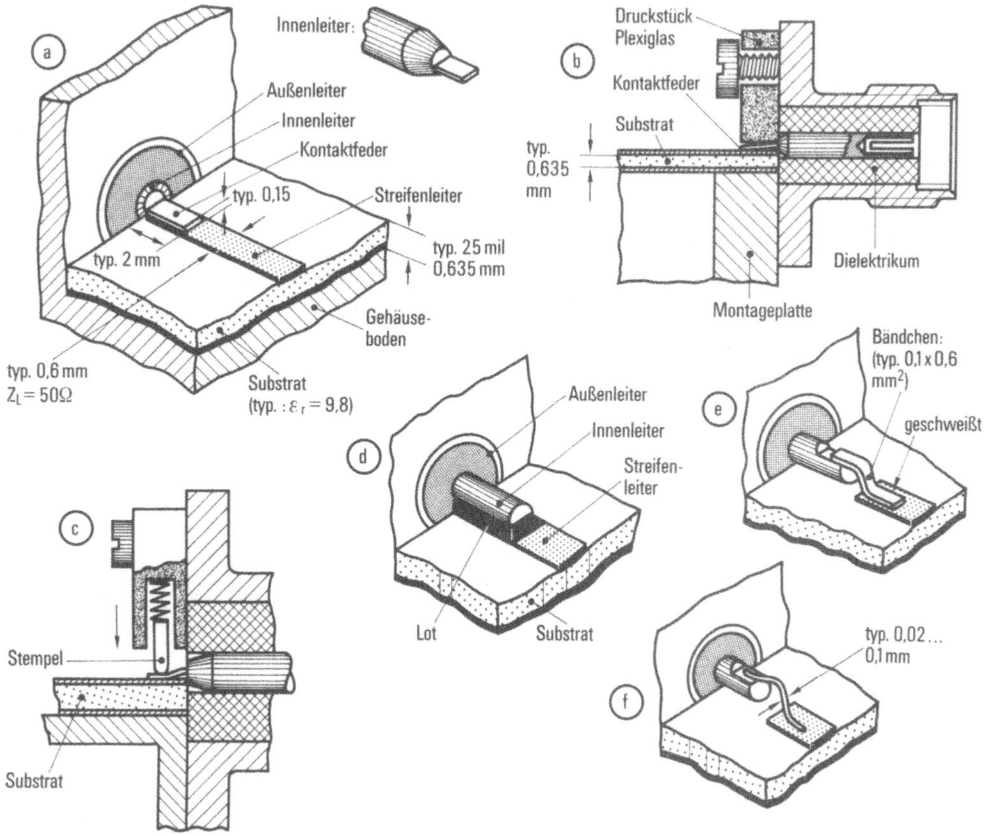

Bild 1.35. Möglichkeiten des Innenleiteranschlusses. a) Klemmtechnik mit Kontaktfederchen (f $\lesssim$ 18 GHz); b) wie a, aber mit Kunststoff-Druckstück; c) wie a, aber mit gefedertem Stempel; d) angelöteter Innenleiter (f $\lesssim$ 1 GHz); e) angeschweißtes Bändchen (f $\lesssim$ 0,5 GHz); f) angeschweißtes Drähtchen (f $\lesssim$ 0,2 GHz)

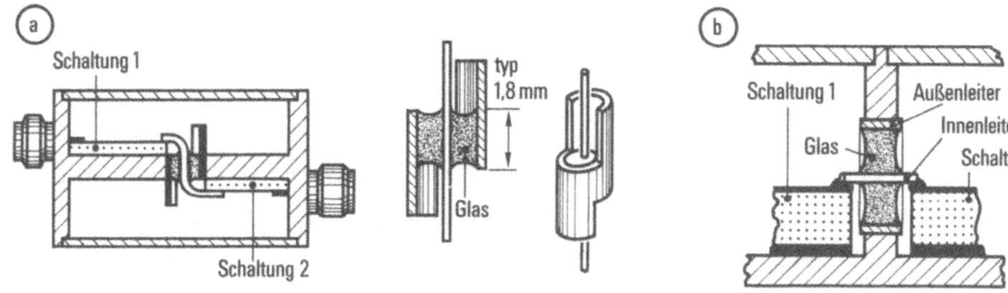

Bild 1.36. Mehrkammergehäuse, nach /1.303/. a) Verbindung für Rücken-an-Rücken-liegende Schaltungen; b) nebeneinanderliegende Kammern

trischen Kontakte werden als ideal angenommen. Der Übergang (Bild 1.37a) stellt grundsätzlich ein Zweitor dar, welches zwei TEM-Leitungen von gleichem Wellenwiderstand Z_L (üblicherweise $Z_L = 50\ \Omega$), aber von unterschiedlichen Leitungsquerschnitten, also auch von unterschiedlichen Feldlinienbildern (Bilder 1.37b,c), miteinander verbindet. Die Bezugsebenen T_1, T_2, zwischen denen das Zweitor definiert ist, mögen so weit in die Koaxialleitung bzw. in die Mikrostreifenleitung hineingeschoben sein, daß an ihrer Stelle ungestörte Felder vorhanden sind. Ohmsche Leiterverluste werden für folgende Betrachtungen vernachlässigt. Die Übertragungseigenschaften des Übergangs beschreibt man durch eine Zweitor-Streumatrix mit den Reflexionsfaktoren $\underline{S}_{11}$, $\underline{S}_{22}$ und den Übertragungsfaktoren $\underline{S}_{21}$, $\underline{S}_{12}$ (Bild 1.37d).

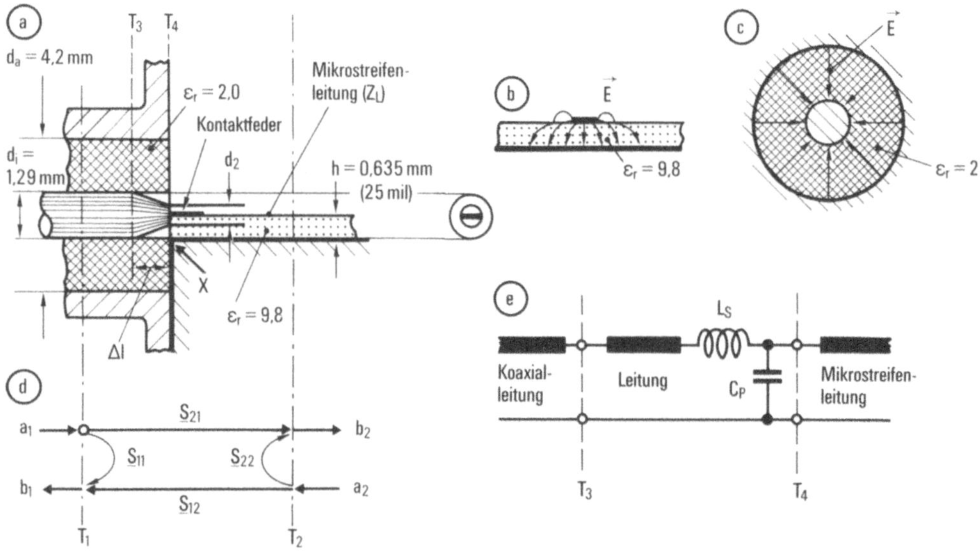

Bild 1.37. Übergang SMA-Koaxialleitung auf Mikrostreifenleitung, elektrische Eigenschaften. a) Querschnitt; b) elektr. Feldbild der Mikrostreifenleitung; c) elektr. Feldbild der Koaxialleitung; d) allg. Streuparameter $\underline{S}_{ij}$ eines Übergangs; e) Ersatzschaltbild des kompensierten Übergangs nach a

Das Problem der Dimensionierung des Übergangs liegt in einer möglichst reflexionsarmen Feldanpassung. Zur Verdeutlichung werden einige Spezialfälle betrachtet. Ein hypothetischer idealisierter Vergleichsfall möge davon ausgehen, daß die Leitungsquerschnitte und auch die Feldbilder auf beiden Seiten des "Übergangs" gleich sind. Dann wäre bei allen Frequenzen $S_{11} = S_{22} = 0$ und $\underline{S}_{21} = \underline{S}_{12} = \exp(-j\beta l)$ mit $|\underline{S}_{12}| = |\underline{S}_{21}| = 1$. Das sind die Eigenschaften eines *idealen Übergangs*, das Entwicklungsziel für jeden realen Übergang zwischen verschiedenen Leitungsquerschnitten. Ein zweiter hypothetischer Fall möge davon ausgehen, daß die Feldbilder und damit auch die Leitungsquerschnitte inklusive der dielektrischen Füllung kontinuierlich auf einer Strecke von vielen Wellenlängen ineinander überführt werden. Bei diesem *optimalen Übergang* oder *kontinuierlichen Übergang* lassen sich auf sehr große Bandbreite die idealen Übergangseigenschaften erreichen. Dieser kontinuierliche Übergang sollte bei der Festlegung des Aufbaus realer Übergänge (Bild 1.38) stets als Leitbild dienen und möglichst eng angenähert werden. Nur dadurch kann man geringste Reflexionen und Verluste auf größter Bandbreite erreichen. Den einfachsten mechanischen Aufbau hat allerdings der *abrupte Übergang* (Sprung zwischen beiden Querschnittsformen) nach den Bildern 1.32, 1.33. Er besitzt hohe parasitäre Längsinduktivitäten und Querkapazitäten zusammen mit den zugehörigen Feldverzerrungen. Hier gilt die Regel, daß die parasitären Blindelemente zunächst durch den Aufbau minimal gehalten werden und dann *breitbandig* kompensiert werden müssen (also Quer-C durch Längs-L). Dennoch ist dieser kompensierte abrupte Übergang derjenige mit der geringsten Bandbreite (i.a. Tiefpaßcharakteristik).

Bei dem in Bild 1.37a gezeigten Übergang wurde durch die Innenleiterverjüngung zum einen die parasitäre Querkapazität gegen den Gehäuseboden minimal gehalten und zum anderen eine Serieninduktivität zur Kompensation der restlichen Querkapazität erzeugt (Ersatzschaltbild Bild 1.37e). Mit diesem Übergang läßt sich $|\underline{S}_{11}| < 3\ \%$ bzw. $|\underline{S}_{11}| < 5\ \%$ bzw. $|\underline{S}_{11}| < 10\ \%$ für $f < 4$ GHz bzw. $f < 8$ GHz bzw. $f < 12$ GHz erreichen. Weitere Varianten von Übergängen zeigt Bild 1.38. Sie stellen verschiedene Zwischenstufen zwischen dem mehrere Wellenlängen langen kontinuierlichen Übergang und dem abrupten Übergang dar. Der Reflexionsfaktor ist um so kleiner und die Bandbreite ist um so größer, je mehr sich der Koaxialleitungshalbmesser $d_a/2$ an die Substratdicke h annähert (Bilder 1.38b,c,d). So ist bei dem Übergang von Bild 1.38d $|\underline{S}_{11}| < 4\ \%$ für $f < 14$ GHz. Am konsequentesten wird das Prinzip des kontinuierlichen Übergangs bei Bild 1.38e mit einer sich stetig vergrößernden Exzentrizität des Innenleiters durchgeführt /1.319/. Hier ist $S_{11} < 4\ \%$ für $f < 18$ GHz zwischen einer 7-mm-Koaxialleitung ($d_a = 7$ mm) und einer Mikrostreifenleitung auf h = 0,635 mm dicker Al_2O_3-Keramik ($Z_L = 50\ \Omega$). Einen hermetisch dichten Übergang zeigt Bild 1.38f. Die Abdichtung erreicht man, indem man eine Glasdurchführung einbaut und die Außenleiterbuchse in die Gehäusewand einlötet.

Numerische feldtheoretische Berechnungen des Reflexionsfaktors von abrupten Übergängen einfacheren Aufbaus zwischen Koaxialleitung und Mikrostreifenleitung werden bei /1.352, 1.353/ durchgeführt. Dabei werden die an der Diskontinuität auftretende Feldverzerrung und die hybride Mikrostreifenleitungswelle voll berücksichtigt. Die Abstrahlungsverluste von schematisch vereinfachten Übergängen werden bei /1.340, 1.355/ berechnet.

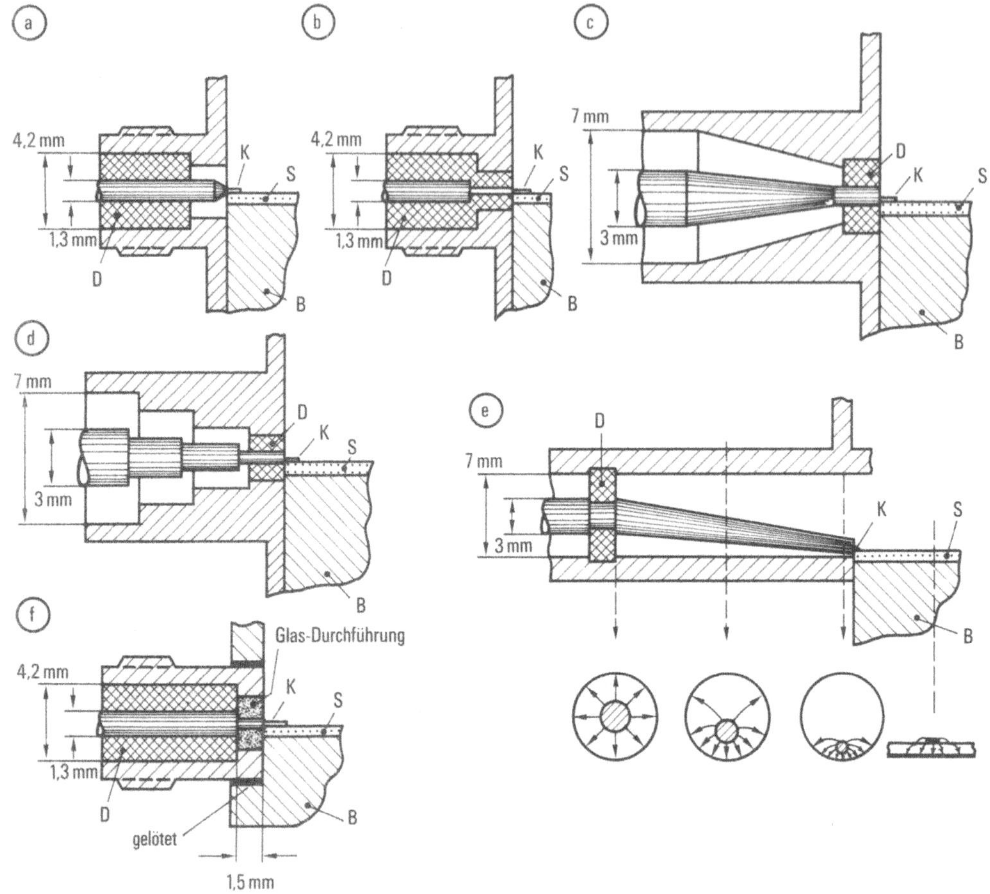

Bild 1.38. Weitere Bauformen reflexionsarmer Übergänge von 3/7-Koaxialleitung (d_i = 3 mm, d_a = 7 mm) bzw. SMA-Koaxialleitung (d_i = 1,3 mm, d_a = 4,2 mm) auf Mikrostreifenleitung auf Keramiksubstrat. S: Substrat (Dicke: 25 mil = 0,635 mm, ε_r = 9,8); K: Kontaktfeder Innenleiter; B: Gehäuseboden. a) Mit zwischengeschalteter Luftleitung; b) mit gestufter Querschnittsanpassung; c) mit kontinuierlicher Querschnittsanpassung; d) mehrfach gestuft; e) exzentrischer Koaxialleitungsübergang nach /1.319/; f) hermetisch dichter Übergang (D: Dielektrikum)

1.6.5 Messung des Reflexionsfaktors von Übergängen

Bei der Messung des Reflexionsfaktors $|\underline{S}_{11}|$ von Übergängen besteht das Problem, daß sich ein reflexionsfreier Abschlußwiderstand auf der Mikrostreifenleitung nicht realisieren läßt. Daher wird S_{11} um den Reflexionsfaktor des nichtidealen Mikrostreifenleitungs-Abschlusses verfälscht. Zur Umgehung dieses Problems gibt es drei Methoden /1.319, 1.321, 1.322, 1.324-1.327, 1.354/: Bei der Verschiebesumpfmethode (Bild 1.39a) verschiebt man einen Wellensumpf (Dämpfungskeil aus stark verlustbehaftetem dielektrischem oder magnetischem Material) auf der Mikrostreifenleitung. Der koaxialseitig gemessene Eingangsreflexionsfaktor $\underline{r}_{in}$ beschreibt dann einen Kreis mit dem Radius des Verschiebesumpf-Reflexionsfaktors r_S um den Reflexionsfaktor $\underline{S}_{11}$ des Übergangs als Mittelpunkt. Die zweite Methode ist das Überlagerungsverfahren zweier identischer Übergänge mit den Reflexionsfaktoren S_{11} mit zwischengeschalteter Mikrostreifenleitung der Länge l (Bild 1.39b). Einen reflexionsfreien Abschluß $r_{2,res} = 0$ der koaxialen Seite des zweiten Übergangs simuliert man durch einen koaxialen Verschiebesumpf (Reflexionsfaktor $\underline{r}_S$).

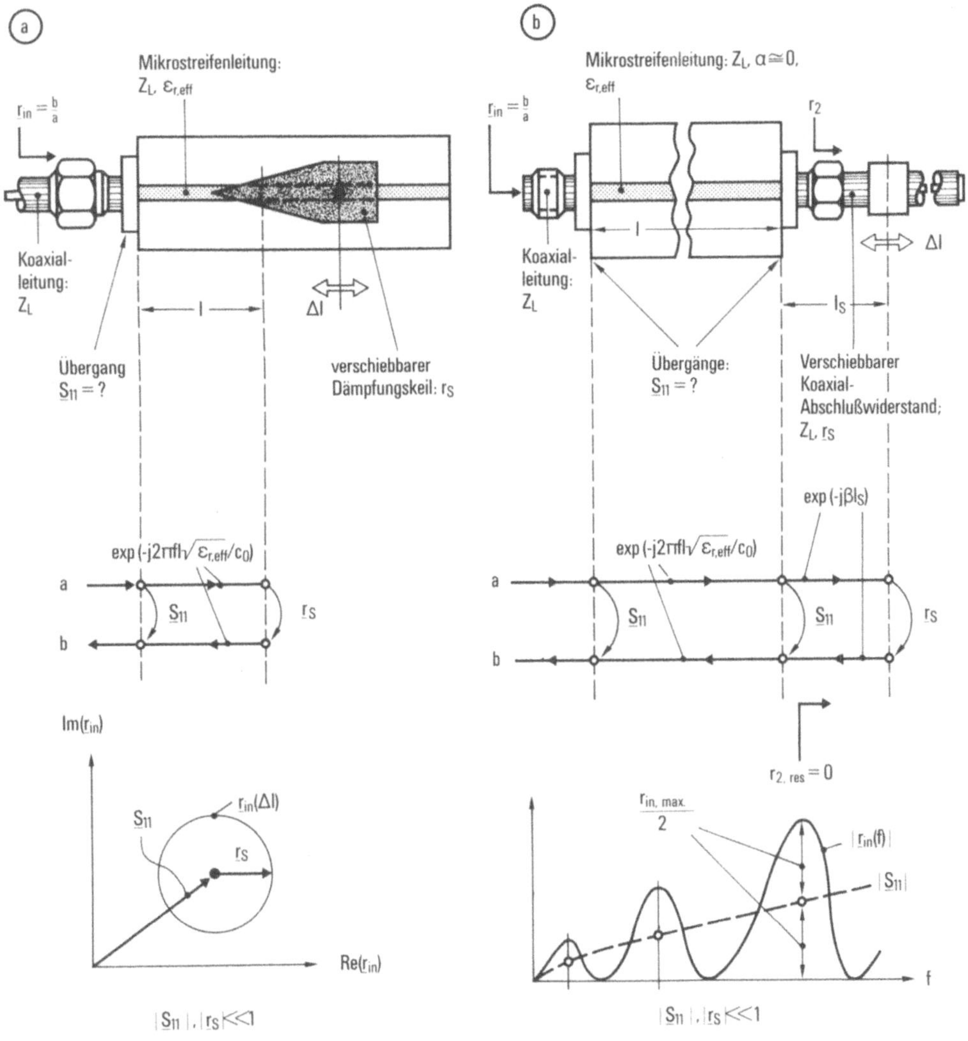

Bild 1.39. Messung des Reflexionsfaktors S_{11} von Übergängen. a) Verschiebesumpfmethode; b) Überlagerungsmethode

Die beiden gleichen Reflexionsfaktoren $\underline{S}_{11}$ überlagern sich in Abhängigkeit von der Frequenz f, wobei sie sich abwechselnd auslöschen und Maxima bilden. Unter Vernachlässigung des Dämpfungsbelags α der Mikrostreifenleitung und unter der Voraussetzung $|\underline{S}_{11}|$, $|\underline{r}_S| \ll 1$ ergibt sich bei den Frequenzen, bei denen die Maxima auftreten, S_{11} als die Hälfte des maximalen $|\underline{r}_{in}|$. Das dritte Verfahren, eine modifizierte Knotenverschiebungsmethode, bestimmt S_{11} aus den Eingangsreflexionsfaktoren eines Übergangs mit abwechselnd angeschlossenen leerlaufenden Mikrostreifenleitungen von acht verschiedenen Längen mit einem jeweiligen Unterschied von $\lambda/8$ /1.325; 1.327; 1.339, S. 130/.

1.6.6 Sonderformen von Übergängen

Neben den bei technischen Anwendungen am häufigsten auftretenden Übergängen zwischen der Mikrostreifenleitung und externen Koaxialanschlüssen kommen in Sonderfällen noch weitere Übergänge vor /1.30, 1.328-1.338, 1.342-1.351, 1.356-1.360/: Bei höheren Frequenzen von f > 12 GHz benützt man häufig Hohlleiter anstelle der Koaxialleitungen als Anschlußelemente für die integrierte Schaltung. Des weiteren werden integrierte Mikrowellenschaltungen in anderen Leitungstechniken, z.B. mit Suspended-Substrate-, Triplate-, Koplanar- oder Schlitzleitungen aufgebaut.

Drei Ausführungsformen von Übergängen zwischen einem Rechteckhohlleiter und Mikrostreifen- bzw. Suspended-Substrate-Leitungen /1.30, 1.328-1.332, 1.346-1.348, 1.356-1.359/ zeigt Bild 1.40. Bei der E-Feld-Sondeneinkoppelung (Bild 1.40a) nach /1.347/ taucht das mit dem Innenleiter versehene Substrat der Suspended-Substrate-Leitung durch die Breitseite in den WR229-Hohlleiter ein und koppelt eine Spannung ein. Anpassung wird durch eine spezielle Leiterstruktur auf der Sonde, welche ca. $\lambda/4$ Abstand vom kurzgeschlossenen Hohlleiterende besitzt, erreicht. Der Reflexionsfaktor ist < 3 % auf eine Bandbreite von 15 % um eine Mittenfrequenz von 4 GHz /1.347/. Weitere E-Sondenübergänge werden bei /1.30, 1.346, 1.348/ beschrieben. Größere Bandbreiten kann man mit dem Stufentransformator im Hohlleiter nach Bild 1.40b erreichen /1.30, 1.331, 1.332/. Es handelt sich um einen Übergang von einem RG96/U-Hohlleiter auf eine Mikrostreifenleitung auf 30 mil dickem Quarzsubstrat nach /1.30/. Für Frequenzen von 26,5 bis 30 GHz liegen der Reflexionsfaktor unter 3 % und die Dämpfung unter 0,1 dB /1.30/. Der in Bild 1.40c gezeigte Übergang zwischen einer Mikrostreifenleitung und einem Hohlleiter /1.329, 1.330/ besteht aus drei Teilen: Nach der Mikrostreifenleitung folgt ein Balun (Teil 1) als Übergang zur symmetrischen Bandleitung (Teil 2), welche sich in zwei mit den Hohlleiterbreitseiten kontaktierte Flügel auffächert. Von 18 bis 26 GHz ist der Reflexionsfaktor kleiner als 6 %. Weitere Varianten sind der Übergang zwischen einer Mikrostreifenleitung und einem Rundhohlleiter /1.333/ und die Ankoppelung eines TE_{012}-

Rundhohlraumresonators über ein Loch in der Massebeschichtung an eine Mikrostreifenleitung /1.334/.

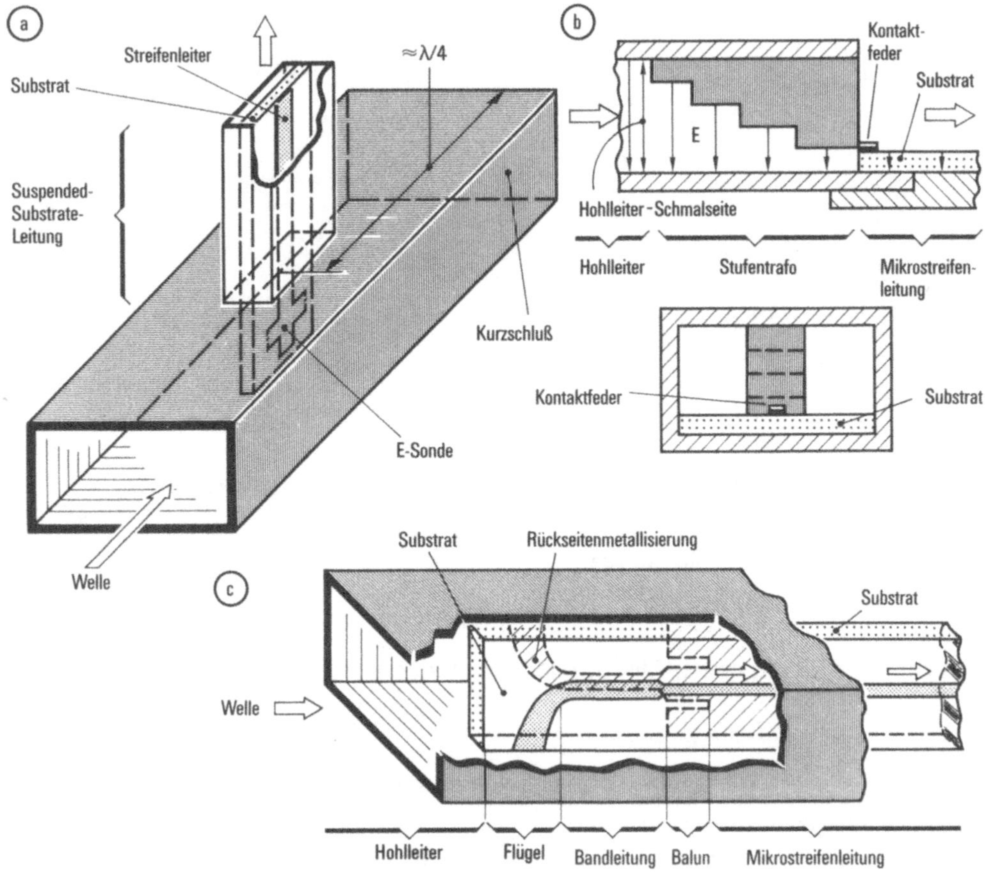

Bild 1.40. Übergänge von Rechteckhohlleiter auf Streifenleitungen. a) E-Sondeneinkoppelung von Suspended-Substrate-Leitung nach /1.347/; b) Stufentransformator-Übergang auf Mikrostreifenleitung nach /1.30/; c) Übergang auf Mikrostreifenleitung nach /1.329, 1.330/

Übergänge zwischen einer Koaxialleitung und einer Triplateleitung werden bei /1.335, 1.336, 1.338, 1.341-1.343/, solche zwischen einer Koaxialleitung und Suspended-Substrate-Leitungen werden bei /1.344, 1.345/ beschrieben. Übergänge zwischen einer Koaxialleitung und einer Schlitzleitung nach /1.349-1.351/ zeigen die Bilder 1.41a,b. Hier stellt die kreisförmige Metallisierungsaussparung einen Schlitzleitungsleerlauf dar. Bei dem Übergang Koaxialleitung - Koplanarleitung (Bild 1.41c) wird die Masse beidseitig des Streifenleiters mit dem Gehäuseflansch über Federchen verbunden.

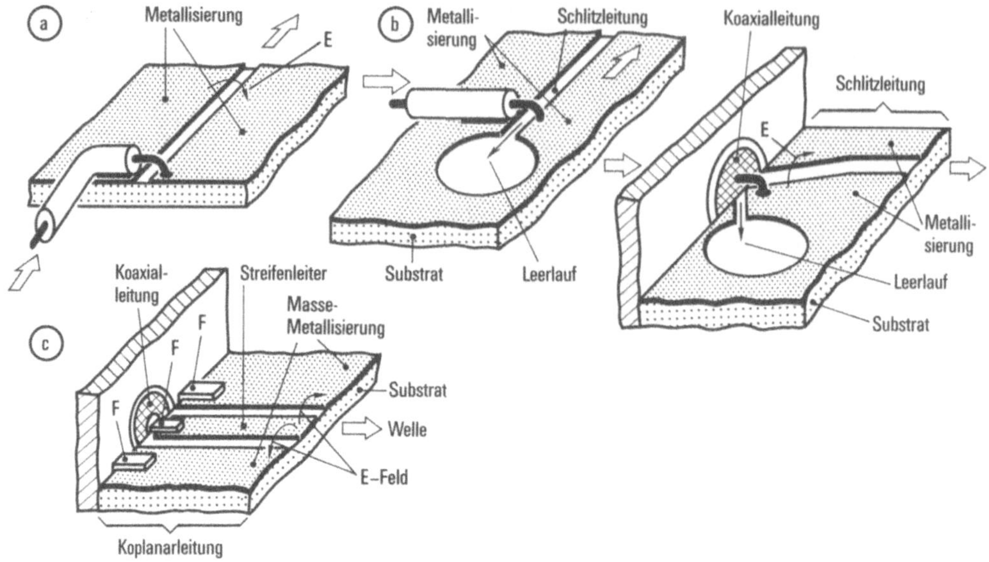

Bild 1.41. Übergänge von Koaxialleitung auf Schlitz- bzw. Koplanarleitung.
a) Schlitzleitungsübergang am Substratrand /1.349, 1.350/; b) Schlitzleitungsübergänge mit Leerlaufkreisen /1.351/; c) Koplanarleitungsübergang (F: Kontaktfederchen für Innenleiter und Masse)

1.7 Bauelemente für integrierte Mikrowellenschaltungen

1.7.1 Streifenleitungs-Bauformen

Die Streifenleitungen erfüllen bei integrierten Mikrowellenschaltungen die gleiche Funktion wie die Koaxialleitungen und die Hohlleiter bei konventionellen Mikrowellenschaltungen. Der Name "Streifenleitung" wird hier als Sammelbegriff für alle Wellenleiter, bei denen mindestens eine Elektrode streifenförmig und die anderen Elektroden zumindest planar gestaltet sind, verwendet. Nahezu alle Streifenleitungen verhalten sich mit guter Näherung wie TEM-Leitungen (Transversal-Elektro-Magnetische Leitungen oder L-Leitungen). Aufgrund der Mannigfaltigkeit der integrierten Schaltungsfunktionen, der Substrate, der Technologien und aufgrund der verschiedenen Frequenzbereiche ist eine Vielzahl von Streifenleitungsvarianten (Bilder 1.42-1.46) entstanden.

Als Hauptleitungen (Bild 1.42) werden hier die Leitungstypen bezeichnet, welche zum Aufbau einer eigenständigen komplexen Schaltkreistechnik geeignet sind. Oft wird die Schaltkreistechnik nach dem verwendeten Hauptleitungstyp benannt (Tafel 1.3). So benützen die in den Bildern 1.1, 1.6-1.11 gezeigten Schaltungen "in Mikrostreifenleitungstechnik" die Mikrostreifenleitung als Hauptleitung. Wegen ihres einfachen Aufbaus stellt die Mikrostreifenleitung (Bild 1.42a) die am weitesten verbreitete Hauptleitung dar. Die Suspended-Substrate-Leitung (Bild 1.42c) besitzt. größere Güte und Genauigkeit der elektrischen Eigenschaften, ist aber voluminöser und schwieriger herzustellen. Die in der Anfangszeit der integrierten Schaltungstechnik häufig verwendete Triplate-Leitung wird nur auf Kunststoffsubstraten aufgebaut. Als H i l f s l e i t u n g e n werden hier die Leitungstypen, welche i.a. keine eigenständige Schaltkreistechnik bilden können, bezeichnet (Bilder 1.43a-f). Sie erfüllen meistens Hilfsfunktionen in Mikrostreifenleitungsschaltungen, so z.B., um solche Schaltungsfunktionen, die allein mit Mikrostreifenleitungen nicht erreichbar sind, zu realisieren. So erlauben die planaren Leitungen der Bilder 1.43a-d Serienverzweigungen, während mit der Mikrostreifenleitung nur Parallelverzweigungen möglich sind. Ein Beispiel für die kombinierte Schaltungstechnik ist die in dem Doppelgegentaktmischer von Bild 1.11 enthaltene entkoppelte Viertorverzweigung, welche durch eine Kombination von Mikrostreifen-, Koplanar- und Schlitzleitungen entsteht. Die masseseitig geschlitzte Mikrostreifenleitung von Bild 1.43e erweitert den Wellenwiderstandsbereich gegen hohe Werte.

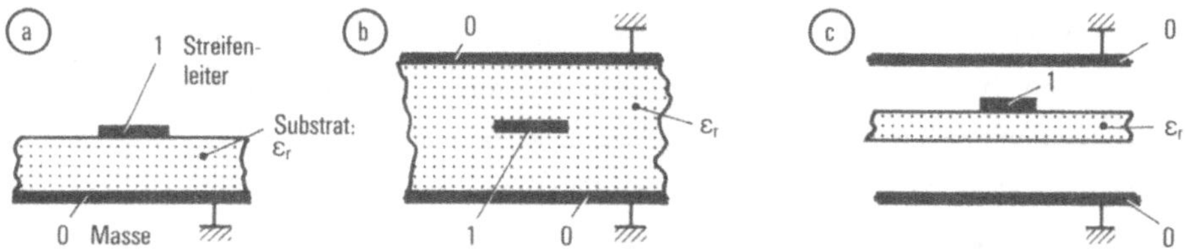

Bild 1.42. Hauptleitungs-Bauformen mit eigener Schaltkreistechnik. a) Mikrostreifenleitung; b) Triplateleitung; c) Suspended-Substrate-Leitung

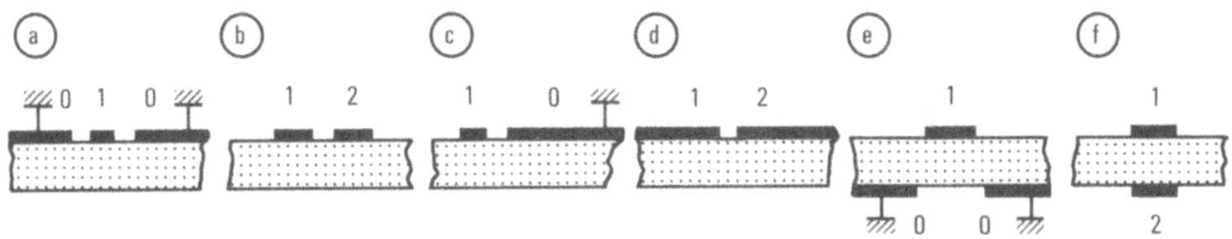

Bild 1.43. Hilfsleitungen für Mikrostreifenleitungsschaltungen. a) Koplanarleitung; b) koplanare Zweibandleitung; c) unsymmetrische Koplanarleitung; d) Schlitzleitung (slotline); e) Mikrostreifenleitung mit Masseschlitz; f) Bandleitung

Ausschließlich für M i l l i m e t e r w e l l e n (etwa 30 GHz ... 100 GHz) geeignete Hauptleitungstypen zeigen die Bilder 1.44a-c. Bei der Finleitung (fin: Flosse) von Bild 1.44a befindet sich ein mit geschlitzter Metallisierung versehenes Substrat in einem Hohlleiter. Bei den dielektrischen Wellenleitern, von denen Bild

1.44b die Variante der dielektrischen Bildleitung zeigt, wird die Welle in einem über einer Metallebene angebrachten dielektrischen Streifen geführt. Die Microguide-Leitung (Bild 1.44c) besitzt im Vergleich zur Mikrostreifenleitung einen wesentlich breiteren Streifenleiter, so daß sich auf ihr eine Oberwelle mit einer Querresonanz (Nullstelle des elektrischen Feldes in der Streifenleitermitte) ausbreitet.

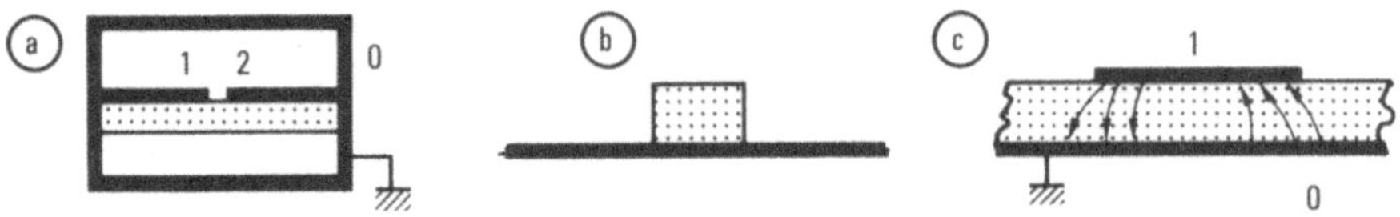

Bild 1.44. Leitungen für Millimeterwellenschaltungen. a) Finleitung (finline); b) dielektrische Bildleitung (dielectric image guide); c) Microguide

Die in Bild 1.45 gezeigten Leitungssonderformen besitzen eine nur sehr eingeschränkte eigene Schaltkreistechnik (nur einfache Komponenten, z.B. Richtkoppler, Filter). Bei der sog. High-Q-Triplate (Bild 1.45c) schaltet man zwei Streifenleiter parallel, um höhere Güte zu erreichen. Die geführte invertierte Mikrostreifenleitung (trapped inverted microstrip) von Bild 1.45e ermöglicht wegen der Feldenergiekonzentration in dem mitlaufenden Massekanal eine stärkere Entkoppelung benachbarter Leitungen als die einfache Mikrostreifenleitung. Bei der Kammerleitung (Bild 1.45d) läuft sogar eine vollständige Schirmung mit dem Streifenleiter mit.

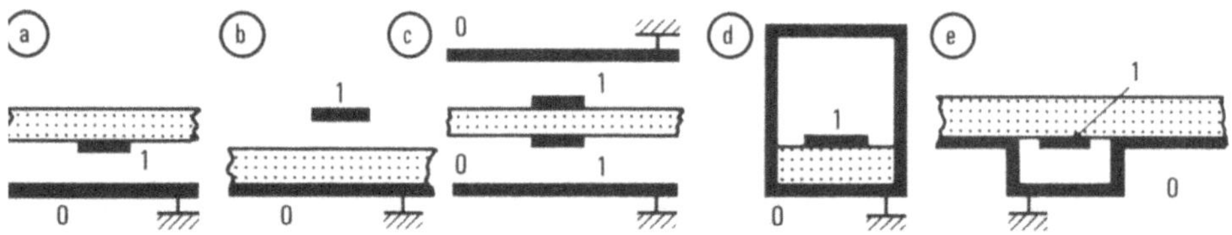

Bild 1.45. Leitungs-Sonderformen. a) Invertierte Mikrostreifenleitung (inverted microstrip); b) Mikrostreifenleitung mit hochgesetztem Streifenleiter (elevated microstrip); c) High-Q-Triplateleitung; d) Kammerleitung; e) geführte invertierte Mikrostreifenleitung (trapped inverted microstrip)

Alle in den Bildern 1.42 bis 1.45 gezeigten Leitungen sind Einzelleitungen. Von jedem Leitungstyp gibt es auch elektromagnetisch gekoppelte Leitungspaare sowie Mehrfachkoppelanordnungen. Verschiedene Arten elektromagnetisch gekoppelter (d.h. eng benachbarter) Mikrostreifenleitungen zeigen die Bilder 1.46a-g. Die Standardausführung (Bild 1.46a) des gekoppelten Mikrostreifenleitungspaars zeigt wegen des inhomogenen Dielektrikums (Schichtung Luft - Substrat) nichtideale Kopplereigenschaften. Zur Kompensation dieser nichtidealen Eigenschaften bringt man entweder eine dielektrische Auflage (Bild 1.46b), einen Masseschlitz (Bild 1.46c) oder eine zweite Masseebene symmetrisch zur Substrat-Masseebene (Bild 1.46d) an. Weitere Varianten gekoppelter Leitungen sind das unsymmetrische gekoppelte Leitungspaar (Bild 1.46f) und die gekoppelte Mehrleiteranordnung (Bild 1.46g). Gekoppelte Leitungen werden zum Aufbau von Richtkopplern und Filtern benötigt.

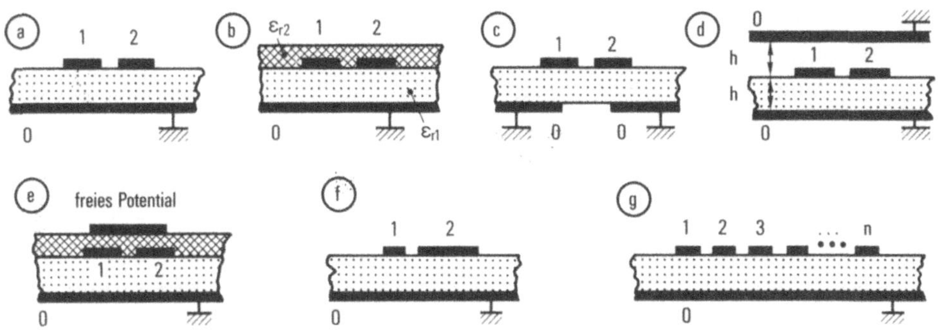

Bild 1.46. Gekoppelte Mikrostreifenleitungen. a) symmetrisches gekoppeltes Leitungspaar; b) wie a, mit dielektrischer Auflage; c) wie a, mit Masseschlitz; d) wie a, mit zusätzlicher Masseplatte; e) wie a, mit zusätzlicher Elektrode auf freiem Potential; f) unsymmetrisches gekoppeltes Leitungspaar; g) Mehrleitersystem

Alle bisher in den Bildern 1.42 bis 1.46 gezeigten Leitungen besitzen üblicherweise ein ausschließlich dielektrisch wirkendes Substrat. Leitungen auf Sondersubstraten werden wegen ihres abweichenden elektrischen Verhaltens getrennt betrachtet. Bei der Mikrostreifenleitung gehören hierzu die Leitungen auf Halbleitersubstrat (semiisolierendes Halbleitersubstrat, MIS-Leitung und Schottky-Kontaktleitung nach Bild 1.31) sowie die Leitungen auf Ferritsubstrat. Bei letzteren unterscheidet man die Standard-Mikrostreifenleitung auf jeweils in verschiedener Richtung vormagnetisiertem Substrat von der Mikrostreifenleitung mit überbreitem Streifenleiter, welche eine periphere Welle (edge guided wave) trägt.

Ein weiteres Kriterium zur Unterscheidung der Leitungen ist die Art der Schirmung. Es gibt beidseitig offene Leitungen (z.B. Bilder 1.43a-f), einseitig offene Leitungen (z.B. Bild 1.42a), oben und unten geschirmte Leitungen (z.B. Bilder 1.42b,c) und allseitig geschirmte Leitungen (z.B. Bild 1.45d). Die Symmetrie des Aufbaus ist ebenfalls ein Kriterium. Es gibt Leitungen mit zwei symmetrischen Elektroden (z.B. Bild 1.43b), solche mit unsymmetrischen Elektroden (z.B. Bild 1.42a) und solche mit symmetrischer Masseführung (z.B. Bilder 1.42b,c und 1.43a). Auch in der Anzahl der von Elektroden besetzten Ebenen unterscheiden sich die Leitungen. In den Bildern 1.42-1.45 sind bei den Leitungen mit symmetrischen Elektroden die beiden Elektroden mit 1 und 2, bei unsymmetrischen Leitungen die Elektroden mit 1 und 0 (Masse) bezeichnet. Bei den gekoppelten Leitungen von Bild 1.46 kennzeichnen die Ziffern 1 und 2 die beiden spannungsführenden Elektroden und 0 die Masse.

1.7.2 Schaltelemente für Mikrostreifenleitungsschaltungen

Es werden nachfolgend die Bauelemente der untersten hierarchischen Stufe, d.h. die einfachsten, nicht mehr zerlegbaren Grundbauelemente von Mikrostreifenleitungsschaltungen betrachtet (vgl. Tafeln 1.1 und 1.2). Der Hauptleitungstyp zur Realisierung der Wellenleiternetzwerke ist die Mikrostreifenleitung als Einzelleitung (Bild 1.42a) und in gekoppelter Form (Bilder 1.46a-g). Daneben müssen die Zusammenschaltungen geradliniger Leitungsstücke (z.B. Wellenwiderstandsstufe, Parallelverzweigung) und die Leitungsabschlüsse (Leerlauf, Kurzschluß), die sog. Diskontinuitäten (Bilder 1.47a-h) wegen der bei ihnen auftretenden Feldinhomogenitäten als eigene Elemente betrachtet werden. Manchmal werden auch eine oder mehrere der in Bild 1.43 gezeigten Hilfsleitungen in Kombination mit der Mikrostreifenleitung verwendet. Zur Abblockung oder direkt in HF-Kreisen verwendete Kondensatoren baut man entweder als integrierte Kondensatoren (Koppelspalt, Interdigitalkondensator, Overlaykondensator, Scheibenkondensator gegen Masse) nach den Bildern 1.48a-d oder als hybride Kondensatoren (Multilayer- oder Einlagenchip, Halbleiterkondensator) nach Tafel 1.19 ein. Ebenso kann man für zur Abblockung und in HF-Kreisen benötigte Induktivitäten die in Bild 1.49 gezeigten integrierten Induktivitäten oder hybride Spulenchips nach Tafel 1.19 einsetzen. Resistive Elemente verwendet man als konzentrierte rechteckige Widerstände (Bild 1.50a) an beliebiger Stelle in HF-Schaltungen sowie als konzentrierte Abschlüsse (Bild 1.50b), als verteilte Schichtwiderstände (Bild 1.50c) und als Wellensümpfe mit aufgelegtem Dämpfungskeil (Bild 1.50d) zum reflexionsarmen Leitungsabschluß. Eine typische in Stromversorgungsschaltungen verwendete Bauform ist der Mäanderwiderstand (Bild 1.50e). Weitere Elemente sind Halbleiterbauelemente (Transistoren, Dioden), Verbindungselemente (Drähtchen, Bändchen, Durchkontaktierungen) und Sonderelemente wie Zirkulatoren oder dielektrische Resonatoren.

Streifenleitungsresonatoren (Bild 1.51) bilden schon den Übergang zur zweiten Hierarchiestufe der Bauelemente, welche durch typische Vertreter wie Richtkoppler, Leistungsteiler (Bilder 1.4a-d) und Filter (Bilder 1.5a-f) charakterisiert wird. Aus Bauelementen der ersten und zweiten Hierarchiestufe setzen sich die Bauelemente der dritten Hierarchiestufe, hier als Komponenten bezeichnet, zusammen. Das sind komplette Schaltungen wie Schalter, Phasenschieber, Mischer, Verstärker, Oszillatoren (Tafel 1.6, Bilder 1.1, 1.6-1.11).

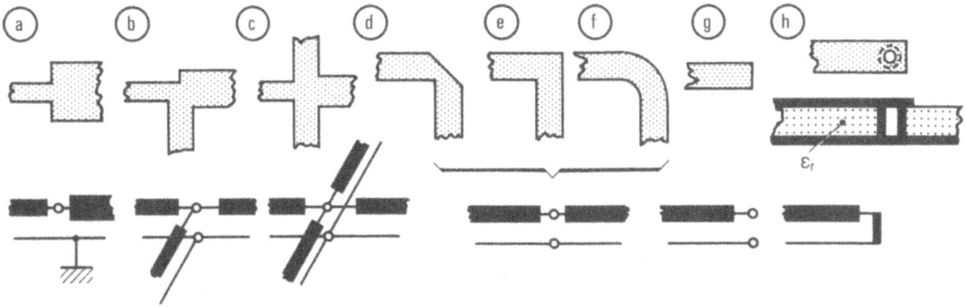

Bild 1.47. Mikrostreifenleitungs-Diskontinuitäten: Struktur und idealisiertes Ersatzschaltbild. a) Wellenwiderstandsstufe; b) Parallelverzweigung; c) Kreuzung; d) kompensierter Knick; e) unkompensierter Knick; f) Biegung; g) Leerlauf; h) Kurzschluß

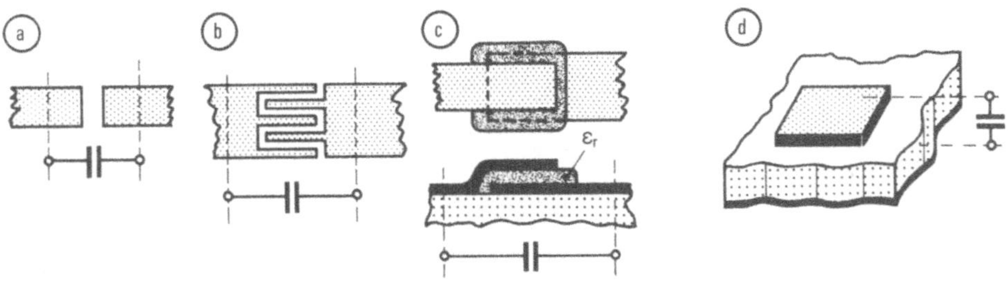

Bild 1.48. Kondensatoren. a) Koppelspalt; b) Interdigitalkondensator; c) dielektrischer Overlaykondensator; c) Scheibenkondensator

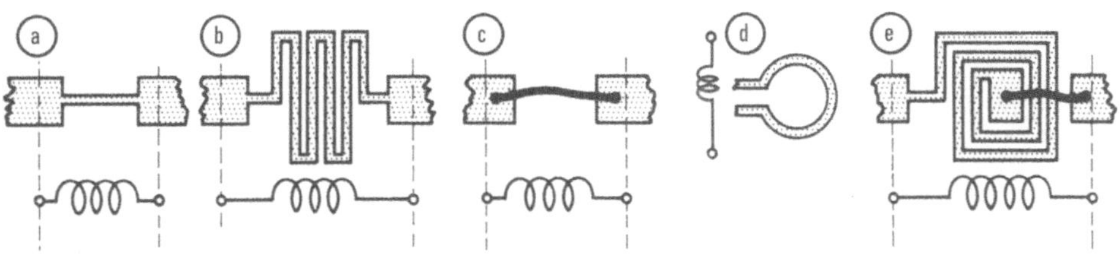

Bild 1.49. Induktivitäten. a) Schmaler Streifenleiter; b) mäandrierter schmaler Streifenleiter; c) dünnes Drähtchen; d) ringförmiger Streifenleiter; e) Spirale

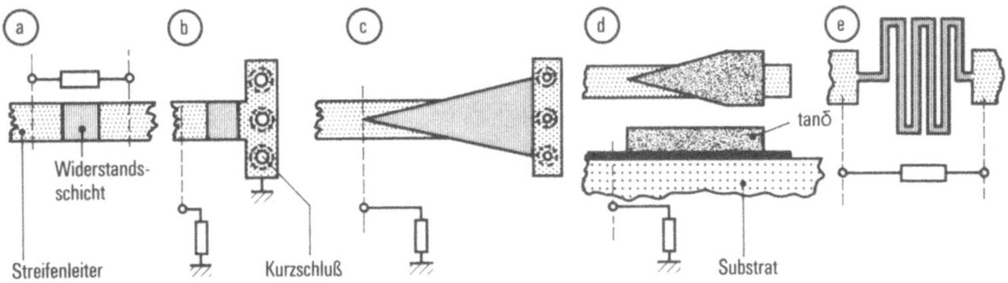

Bild 1.50. Resistive Elemente. a) HF-Widerstand; b) konzentrierter Abschlußwiderstand; c) verteilter Abschlußschichtwiderstand; d) Wellensumpf mit Dämpfungskeil; e) mäandrierter Widerstand für Gleichstrom und niedrigere Frequenzen

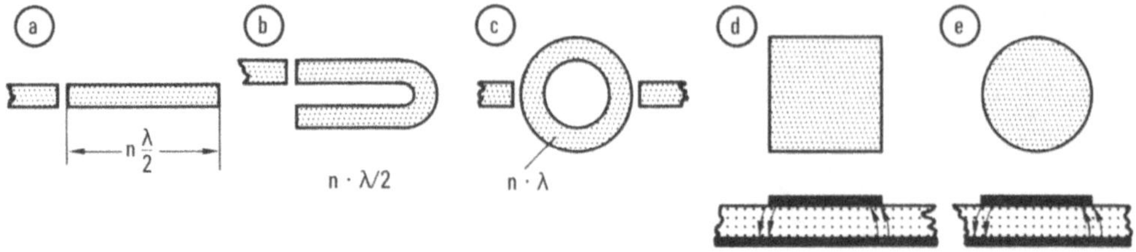

Bild 1.51. Mikrostreifenleitungs-Resonatoren. a) gestreckter Resonator; b) Haarnadelresonator; c) Ringresonator; d) Rechteck-Scheibenresonator; e) Kreisscheibenresonator

2 Allgemeine Streifenleitungseigenschaften

2.1 Wellentypen auf Streifenleitungen

2.1.1 Übersicht

Auf den verschiedenen Streifenleitungsvarianten (Abschnitt 1.7.1, Bilder 1.42-1.46) breiten sich - je nach dem Aufbau der Elektroden und nach der Art und Weise, auf welche der Feldraum mit Dielektrikum gefüllt ist - unterschiedliche Wellentypen aus. Man unterscheidet Leitungen mit reinen TEM-Wellen, mit Quasi-TEM-Wellen und mit allgemeinen hybriden Wellen. Für die nachfolgenden Betrachtungen werden stets verlustfreie Leitungselektroden (spez. Widerstand $\rho = 0$) sowie isotropes, homogenes und verlustfreies rein dielektrisches Substratmaterial (relative Permittivität ε_r) vorausgesetzt.

2.1.2 TEM-Leitungen und TEM-Wellen

Reine TEM-Leitungen /2.1, S. 48; 2.2, S. 79; 2.3, S. 356; 2.4, S. 239/, auch L-Leitungen genannt, sind vom Aufbau her durch zwei voneinander isolierte Leitungselektroden und durch homogenes Dielektrikum im gesamten felderfüllten Leitungsquerschnitt gekennzeichnet. Von den in den Bildern 1.42-1.46 gezeigten Leitungsformen gehört die Triplateleitung (Bild 1.42b) zu den TEM-Leitungen. Die Bedingung voneinander isolierter Leitungselektroden schließt ein, daß zumindest eine der beiden Elektroden endliche Ausdehnung haben muß. Hätte man z.B. zwei durch einen Schlitz getrennte Halbebenen, wie es bei der in Bild 1.43d gezeigten Schlitzleitung der Fall ist, so wären diese im Unendlichen miteinander verbunden, d.h., es läge auch bei $\varepsilon_r = 1$ keine TEM-Leitung vor. Die auf der TEM-Leitung im Frequenzbereich $0 \leq f < \infty$ ausbreitungsfähige Grundwelle ist eine TEM-Welle. Die TEM-Welle ist dadurch gekennzeichnet, daß sie ausschließlich transversal zur Ausbreitungsrichtung gerichtete elektrische und magnetische Feldkomponenten besitzt. Alle Feldlinien liegen also in der Querschnittsebene der Leitung. Auf den Elektroden fließen nur Längsströme, d.h. Ströme in der Ausbreitungsrichtung der Welle. Die Spannung zwischen beiden Elektroden ist von den Bezugspunkten auf diesen unabhängig. Die TEM-Leitung wird durch einen Wellenwiderstand Z_L und eine Phasengeschwindigkeit $v_P = c_0/\sqrt{\varepsilon_r} \leq c_0$ (c_0: Lichtgeschwindigkeit) gekennzeichnet. Z_L und v_P sind von der Frequenz unabhängig.

Zur Analyse der TEM-Leitung berechnet man ihren Kapazitätsbelag C' mit Hilfe der konformen Abbildung /2.5-2.10/, wie es z.B. von /2.11-2.13/ für die Triplateleitung, von /1.31, 2.14-2.16/ für die Mikrostreifenleitung in homogenem Dielektrikum ($\varepsilon_r = 1$) und von /2.17, 2.18/ für die Koplanarleitung mit $\varepsilon_r = 1$ durchgeführt worden ist. Aus C' errechnet sich $Z_L = \sqrt{\varepsilon_r}/(C'c_0)$. Auch die in den Bildern 1.42a-c, 1.43a,b,c,e,f, 1.45a-e, 1.46a-g gezeigten Leitungen tragen TEM-Wellen, wenn man das Substrat wegläßt bzw. $\varepsilon_r = 1$ setzt.

2.1.3 Quasi-TEM-Leitungen und Quasi-TEM-Wellen

Quasi-TEM-Leitungen sind in ihrem Aufbau wie die reinen TEM-Leitungen durch zwei voneinander isolierte Leitungselektroden gekennzeichnet. Im Gegensatz zu den reinen TEM-Leitungen besitzen die Quasi-TEM-Leitungen jedoch inhomogenes Dielektrikum im felderfüllten Leitungsquerschnitt. Bei den technischen Quasi-TEM-Leitungen der Bilder 1.42a,c, 1.43a,b,c,e,f, 1.45a-e und 1.46a-g handelt es sich um eine Schichtung aus dem Substrat ($\varepsilon_r > 1$) und Luft ($\varepsilon_r = 1$). Auf den Quasi-TEM-Leitungen breitet sich im Frequenzbereich $0 < f < \infty$ eine hybride Welle vom Typ der Quasi-TEM-Welle als Grundwelle aus.

Allgemeine hybride Wellen besitzen Längskomponenten $E_{\text{längs}}$, $H_{\text{längs}}$ und Querkomponenten E_{quer}, H_{quer} sowohl des elektrischen Feldes E als auch des magnetischen Feldes H und stellen somit die allgemeinste Form einer elektromagnetischen Welle dar. Auf den Elektroden fließen sowohl Längsströme (Stromdichte $g_{\text{längs}}$) als auch Querströme (Stromdichte g_{quer}). Bild 2.1a zeigt das am Beispiel der Mikrostreifenleitung. Aufgrund des Auftretens der Querströme ist ein Leitergesamtstrom I nicht mehr eindeutig definiert. Zudem ist wegen der Existenz der Längsfeldstärken $E_{\text{längs}}$ die als Wegintegral über die elektrische Feldstärke definierte Spannung $U = \int E \cdot ds$ von dem Integrationsweg s abhängig (vgl. Hohlleiter). Das bedeutet, daß die Spannung U zwischen den beiden Elektroden auch von dem Ort der Punkte, zwischen denen sie gemessen wird, abhängt ($U_1 \neq U_2 \neq U_i \neq U_n$ bei Bild 2.1a). Somit ist auch die Leiterspannung nicht mehr eindeutig definiert. Da U und I mehrdeutig sind, ist auch ein Wellenwiderstand $Z_L = U/I$ bei der hybriden Welle nicht mehr definierbar bzw. unendlich vieldeutig (vgl. Abschnitt 2.6). Lediglich eine von der Frequenz f abhängige Phasengeschwindigkeit v_P kann der hybriden Welle eindeutig zugeschrieben werden.

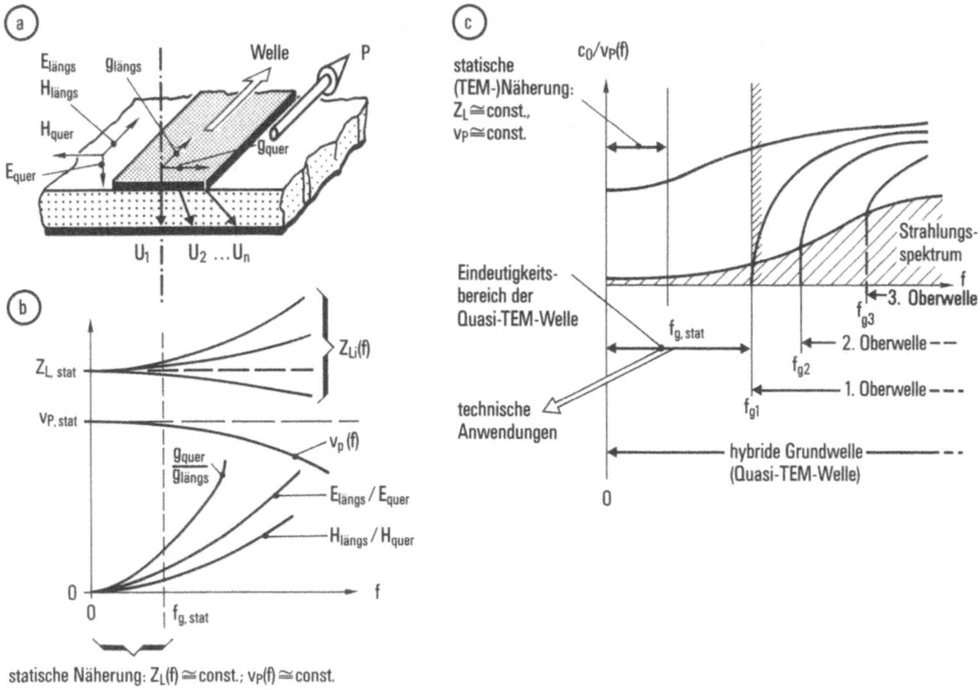

Bild 2.1. Quasi-TEM-Welle. a) Mikrostreifenleitung als Quasi-TEM-Leitung; b) typ. frequenzabhängiges Verhalten; c) Wellentypen

Die auf den eingangs beschriebenen Quasi-TEM-Leitungen existierende *Quasi-TEM-Welle* ist eine spezielle Form der hybriden Welle. Die Quasi-TEM-Welle hat große Ähnlichkeit mit einer reinen TEM-Welle. Diese Ähnlichkeit entsteht dadurch, daß zwei voneinander isolierte Elektroden vorhanden sind. Die allgemeine Form der hybriden Welle, zu der auch die Wellentypen in inhomogen gefüllten Hohlleitern und in dielektrischen Stäben gehören, schließt diese Bedingung hingegen nicht ein. Die Quasi-TEM-Welle ist dadurch gekennzeichnet, daß die TEM-spezifischen Eigenschaften der hybriden Welle dominieren. Das bedeutet, daß die Querfeldkomponenten über die Längsfeldkomponenten dominieren, also $E_{längs}/E_{quer} \ll 1$ und $H_{längs}/H_{quer} \ll 1$ sind und daß die Längsströme über die Querströme dominieren, daß also $g_{quer}/g_{längs} \ll 1$ ist. Je niedriger die Frequenz f ist, desto größer wird die Ähnlichkeit der Quasi-TEM-Welle mit einer reinen TEM-Welle, d.h., desto kleiner werden $E_{längs}/E_{quer}$, $H_{längs}/H_{quer}$ und $g_{quer}/g_{längs}$, bis diese Quotienten bei $f = 0$ ganz verschwinden und wir eine reine TEM-Welle haben (Bild 2.1b). Auch die Ortsabhängigkeit der Spannung ist nur gering und nimmt ebenfalls mit sinkender Frequenz f ab. Daher verwendet man bei der Quasi-TEM-Welle wieder - in Analogie zur reinen TEM-Welle - den Begriff des Wellenwiderstands Z_L. Z_L ist zwar nach wie vor unendlich vieldeutig und die einzelnen Definitionen $Z_L = U/I$, $Z_L = 2P/I^2$ und $Z_L = U^2/(2P)$ (P: in Ausbreitungsrichtung transportierte Leitung) liefern nach wie vor unterschiedliche Werte. Der Unterschied ist aber gering und nimmt ebenfalls mit sinkender Frequenz ab, bis er bei f = 0 verschwindet. Die Variation der Phasengeschwindigkeit v_P über die Frequenz f ist ebenfalls gering und wird mit sinkender Frequenz immer kleiner, bis $v_P(f)$ bei f = 0 in den statischen Wert $v_{P,stat}$ einmündet (Bild 2.1b).

Neben der hybriden Grundwelle in der Form der Quasi-TEM-Welle besitzen Quasi-TEM-Streifenleitungen noch hybride Oberwellen, welche jedoch endliche untere Grenzfrequenzen $f_{gi} > 0$ haben (Bild 2.1c). Die hybriden Oberwellen haben normalerweise keinen Quasi-TEM-Charakter, sondern besitzen ausgeprägte Längsfeldkomponenten. So zählt z.B. die in Bild 1.44c gezeigte Microguide-Leitung nicht zu den Quasi-TEM-Leitungen, da sie ausschließlich auf der Mikrostreifenleitungs-Oberwelle betrieben wird, welche ein der H_{10}-Rechteckhohlleiterwelle ähnliches Feldbild besitzt. Bei einigen Analysen der Mikrostreifenleitung /2.19-2.24/ wurde zusätzlich zu den ausbreitungsfähigen Wellen auch ein kontinuierliches Spektrum von Strahlungstypen und Leckwellen entdeckt (Bild 2.1c). Strahlungstypen sind Wellen, welche seitlich im Unendlichen nicht abgeklungen sind, sich aber längs des Wellenleiters ausbreiten. Beiden Wellen kommt jedoch keine praktische Bedeutung zu. Der für technische Anwendungen geeignete Frequenzbereich liegt im Eindeutigkeitsbereich der Quasi-TEM-Welle.

Die Tatsache, daß bei inhomogenem Dielektrikum für f > 0 keine reinen TEM-Wellen möglich sind, läßt sich bei der Annahme einer Schichtung aus Luft und Substrat im felderfüllten Querschnitt folgendermaßen veranschaulichen: Eine TEM-Welle müßte sich im Luftraum mit der Lichtgeschwindigkeit c_0 und im Substrat mit der Geschwindigkeit $c_0/\sqrt{\varepsilon_r}$ ausbreiten, wenn wir es mit einer reinen TEM-Welle zu tun hätten. Beide Teilwellen mit unterschiedlicher Geschwindigkeit lassen sich aber nicht zu einer einzigen Welle zusammenfassen. Somit kann es sich nicht um TEM-Wellen handeln. Von c_0 in Luft abweichende Wellengeschwindigkeiten sind jedoch möglich, wenn man der Welle Längskomponenten "erlaubt" (vgl. Hohlleiter). So läßt sich die hybride Welle als eine Überlagerung von TE- und TM-Wellen darstellen. Eine theoretische Begründung der Existenz der hybriden Welle wird bei /2.19, 2.25-2.28/ gegeben. Die Existenz von Längsfeldkomponenten wurde bei der Mikrostreifenleitung von /2.29/ experimentell nachgewiesen.

Bei der Analyse von Quasi-TEM-Leitungen, also bei der Berechnung der Feldverteilung, der Phasengeschwindigkeit und ggf. des Wellenwiderstands, unterscheidet man zwischen der statischen und dynamischen Analyse. Die allgemeine Analyse ist die dynamische Analyse. Sie berechnet die hybride Grundwelle (Quasi-TEM-Welle) und meist noch zusätzlich die hybriden Oberwellen unter Berücksichtigung aller Feldkomponenten und liefert frequenzabhängige Werte der Phasengeschwindigkeit $v_p(f)$ und des Wellenwiderstands $Z_L(f)$ nach jeweils einer der unendlich vielen Definitionen. Bei der dynamischen Analyse werden die hybriden Wellen als Eigenlösungen der elektrischen Feldgrößen $\underline{E}$ und $\underline{H}$ dargestellt, welche den durch den Leitungsaufbau diktierten Randbedingungen gehorchen. Diese Eigenlösungen sind Lösungen der Helmholtzschen Wellengleichungen /2.30, 2.31/, welche mit Hilfe numerischer Verfahren auf Digitalrechnern gewonnen werden /2.32-2.36/. Speziell für planare Wellenleiter werden i.a. das Differenzenverfahren /2.37/, das Verfahren endlicher Elemente /2.38/, Integralgleichungsansätze mit Lösungen durch die Momentenmethode /2.39-2.45/, Variationsverfahren /2.46, 2.47/, das "Mode-Matching"-Verfahren /2.22, 2.48-2.50/ und die dynamische Variante der Methode der Geraden /2.86, 2.87/ benützt. Einfache analytische Näherungsausdrücke für $Z_L(f)$ und $v_p(f)$ lassen sich mit Hilfe empirischer, einfach analysierbarer Wellenleitermodelle, welche prinzipiell ähnliches Dispersionsverhalten wie die betrachteten Streifenleitungen besitzen, der sog. D i s p e r s i o n s m o d e l l e /2.51-2.59/, gewinnen. Diese müssen jedoch i.a. mit Hilfe exakter Analysen korrigiert werden und gelten nur für die hybride Grundwelle.

Zur näherungsweisen Analyse der Quasi-TEM-Leitungen für niedrige Frequenzen verwendet man die s t a t i s c h e A n a l y s e oder TEM-A n a l y s e. Sie geht von der Existenz einer reinen TEM-Welle (statischer Fall für f = 0) als Voraussetzung aus und vernachlässigt die Längsfeldkomponenten $E_{längs}$, $H_{längs}$ und die Querströme g_{quer}. Die Ergebnisse sind von der Frequenz unabhängige Werte des jetzt eindeutig definierten Wellenwiderstands $Z_{L,stat}$ und der Phasengeschwindigkeit $v_{P,stat}$. Bei den statischen Analyseverfahren (Lösung der Laplacegleichung anstelle der Helmholtzgleichung) werden stets der Kapazitätsbelag C' der Originalleitung und C_0' der Leitung ohne Substrat bestimmt. Hieraus berechnet man $Z_{L,stat}$ und $v_{P,stat}$ (Abschnitt 2.3). Wegen des inhomogenen Mediums sind für die C'-Berechnung numerische, auf Digitalrechnern auszuwertende feldtheoretische Verfahren notwendig, die i.a. auf einer Diskretisierung des Leitungsquerschnitts beruhen. Hierzu gehören die Teilflächenmethode /2.60-2.65/, die Methode endlicher Differenzen (finite differences method) /2.66-2.72/, die Variationsmethode /2.72-2.75/, die Integralgleichungsmethode /2.76-2.83/, die Methode analoger Netzwerke /2.84, 2.85/ und die Methode der Geraden /2.88, 2.89/. Analytische Näherungsausdrücke für C', $Z_{L,stat}$ und $v_{P,stat}$ erhält man mit verschiedenen näherungsweisen statischen Analyseverfahren wie der modifizierten konformen Abbildung /1.30, 1.31, 1.33, 2.90-2.98/ und der Überlagerung von Teilkapazitäten /2.99, 2.100/, vgl. Abschnitt 2.5. Der Fehler der statischen Näherung im Vergleich zur exakten dynamischen Analyse nimmt mit wachsender Frequenz f zu. Daher sollte die statische Näherung nur bis zu einer gewissen maximalen Frequenz $f_{g,stat}$ benützt werden. Diese ist so festzulegen, daß für $f < f_{g,stat}$ die Querschnittsabmessungen x_i der Leitung $x_i \ll \lambda_0 = c_0/f$ sind. $f_{g,stat}$ liegt bei technischen Streifenleitungen i.a. bei einigen GHz.

2.1.4 Streifenleitungen mit allgemeinen hybriden Wellen (Nicht-Quasi-TEM-Wellen)

Streifenleitungen in inhomogenem Medium, welche zwar hybride Grundwellen, aber nicht solche vom Quasi-TEM-Charakter tragen, sind vom Aufbau dadurch gekennzeichnet, daß sie nicht zwei voneinander isolierte Elektroden besitzen. Hierzu gehören die Schlitzleitung von Bild 1.43d (beide Elektroden im Unendlichen verbunden), die Finleitung von Bild 1.44a (beide Elektroden über den Metallschirm kurzgeschlossen) und der dielektrische Wellenleiter von Bild 1.44b (nur eine Elektrode vorhanden). Auf diesen Leitungen existiert als Grundwelle eine allgemeine hybride Welle (Abschnitt 2.1.3) ohne die spezifischen Quasi-TEM-Eigenschaften. So sind i.a. starke Längsfeldkomponenten vorhanden und die Spannung zwischen beiden Elektroden ist in starkem Maße von den Bezugspunkten abhängig.

Mit sinkender Frequnz f steigert sich hier i.a. das dispersive Verhalten, also die frequenzabhängige Variation der Wellengeschwindigkeit $v_p(f)$ und des Wellenwiderstands $Z_{Li}(f)$. Manche derartige Leitungen wie z.B. die Finleitung besitzen eine endliche untere Grenzfrequenz. Bei anderen Leitungen wie bei der Schlitzleitung und bei dem dielektrischen Wellenleiter existiert die Grundwelle bis zu $f = 0$. Bei einer Unterschreitung bestimmter Frequenzen wird jedoch die Feldenergie nicht mehr vom Schlitz bzw. vom dielektrischen Streifen geführt, sondern verteilt sich immer mehr auf den gesamten Raum, so daß die Leitungen technisch nicht mehr anwendbar sind.

2.2 Näherung: Schwach gedämpfte TEM-Leitung

Bei den meisten technischen Streifenleitungen handelt es sich um schwach gedämpfte TEM- oder Quasi-TEM-Leitungen (Abschnitte 2.1.2, 2.1.3), wobei für die Quasi-TEM-Leitung meist die statische Analyse verwendet wird. Nachfolgend werden die für schwach gedämpfte TEM-Leitungen (Beispiel: geschirmte Triplateleitung nach Bild 2.2) geltenden grundlegenden Beziehungen zwischen den Stoffeigenschaften der Elektroden und des homogenen, isotropen dielektrisch und magnetisch wirksamen Mediums einerseits und den elektrischen Leitungseigenschaften andererseits zusammengestellt /2.1, S. 48; 2.2, S. 79; 2.3, S. 356; 2.4, S. 239/. Die Leitungselektroden werden durch ihren spezifischen Widerstand ρ beschrieben. Das Medium wird bzgl. seiner dielektrischen Eigenschaften durch die relative Permittivität ε_r und den di-

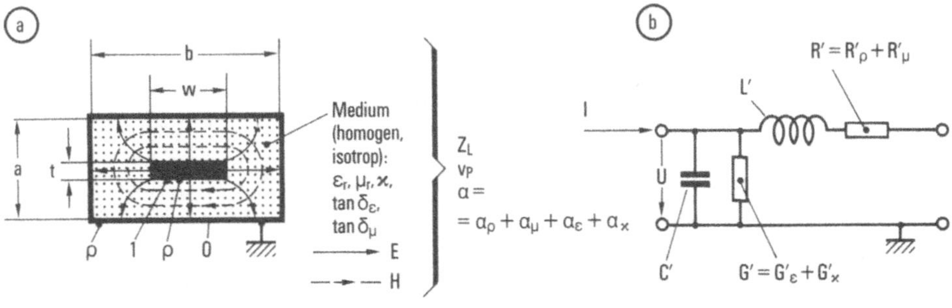

Bild 2.2. TEM-Leitung mit homogenem Medium: geschirmte Triplateleitung. a) Querschnitt; b) differentielles Ersatzschaltbild, Leitungsbeläge

elektrischen Verlustfaktor $\tan\delta_\varepsilon$, bzgl. seiner magnetischen Eigenschaften durch die relative Permeabilität μ_r und den magnetischen Verlustfaktor $\tan\delta_\mu$ sowie zusätzlich durch die spezifische Leitfähigkeit κ gekennzeichnet. Zu den elektrischen Leitungseigenschaften zählen die Leitungsbeläge L', C', R', G', der Wellenwiderstand Z_L, die Phasengeschwindigkeit v_p und der Dämpfungsbelag α. Die Gleichungen gelten auch für inhomogenes dielektrisch und magnetisch wirkendes Medium, wenn man die Stoffgrößen ε_r, μ_r, $\tan\delta_\varepsilon$, $\tan\delta_\mu$, κ durch die später zu erläuternden effektiven Stoffgrößen $\varepsilon_{r,eff}$, $\mu_{r,eff}$, $\tan\delta_{\varepsilon,eff}$, $\tan\delta_{\mu,eff}$, κ_{eff} ersetzt.

Die mit beliebigen Verlusten behaftete TEM-Leitung wird durch vier Leitungsbeläge, den Kapazitätsbelag C', den Induktivitätsbelag L', den Längswiderstandsbelag R' und den Querleitwertsbelag G' gekennzeichnet (Dimensionen z.B. pF/Längeneinheit, nH/Längeneinheit usw.). Alternativ hierzu kann man sie durch einen komplexen Wellenwiderstand $\underline{Z}_L$ und eine komplexe Ausbreitungskonstante $\underline{\gamma}$ beschreiben. Für beliebige Verluste ist

$$\underline{Z}_L = \sqrt{(R' + j\omega L')/(G' + j\omega C')} \quad , \tag{2.1}$$

$$\underline{\gamma} = \alpha_{(N)} + j\beta = \sqrt{(R' + j\omega L') \cdot (G' + j\omega C')} \tag{2.2}$$

mit dem Dämpfungsbelag $\alpha_{(N)}$ in Neper/Längeneinheit, dem Phasenmaß β in 1/Längeneinheit und der Kreisfrequenz $\omega = 2\pi f$ (f: Frequenz).

Bei der schwach gedämpften Leitung sind die Längs- und Querverlustfaktoren

$$\tan\delta_{längs} = R'/(\omega L') \ll 1 \quad , \tag{2.3}$$

$$\tan\delta_{quer} = G'/(\omega C') \ll 1 \quad . \tag{2.4}$$

Damit wird der komplexe Wellenwiderstand $\underline{Z}_L$ näherungsweise reell zu Z_L. $\underline{Z}_L$, Z_L, $\underline{\gamma}$, β, die Phasengeschwindigkeit v_P und die Leitungswellenlänge λ werden

$$\underline{Z}_L = \sqrt{L'/C'} \cdot \{1-j((\tan\delta_{\text{längs}} - \tan\delta_{\text{quer}})/2)\} \cong \sqrt{L'/C'} \quad , \tag{2.5}$$

$$Z_L = \sqrt{L'/C'} \quad , \tag{2.6}$$

$$\underline{\gamma} = \alpha_{(N)} + j\beta = j\omega\sqrt{L'C'}\{1 - \frac{j}{2}(\frac{R'}{\omega L'} + \frac{G'}{\omega C'})\} \quad , \tag{2.7}$$

$$\beta = \omega\sqrt{L'C'} = \omega/v_P = 2\pi/\lambda \quad , \tag{2.8}$$

$$v_P = 1/\sqrt{L'C'} \quad , \tag{2.9}$$

$$\lambda = v_P/f \quad , \tag{2.10}$$

$$L' = Z_L/v_P \quad , \tag{2.11}$$

$$C' = 1/(Z_L v_P) \quad . \tag{2.12}$$

Der Dämpfungsbelag α setzt sich nach (2.7) zu $\alpha = \alpha_{\text{längs}} + \alpha_{\text{quer}}$ aus dem Längs- und Querdämpfungsbelag zusammen mit

$$\alpha_{\text{längs}(N)} = R'\sqrt{C'/L'}/2 = R'/(2Z_L) = (\beta/2) \cdot \tan\delta_{\text{längs}} \quad , \tag{2.13}$$

$$\alpha_{\text{quer}(N)} = G'\sqrt{L'/C'}/2 = G'Z_L/2 = (\beta/2) \cdot \tan\delta_{\text{quer}} \quad . \tag{2.14}$$

Der Längsdämpfungsbelag setzt sich zu $\alpha_{\text{längs}} = \alpha_\rho + \alpha_\mu$ aus dem durch endliche Leitfähigkeit der Elektroden hervorgerufenen Leiterdämpfungsbelag α_ρ (Längswiderstandsbelag R'_ρ) und dem durch einen magnetischen Verlustfaktor $\tan\delta_\mu > 0$ im Medium hervorgerufenen magnetischen Dämpfungsbelag α_μ zusammen. Da das Magnetfeld durch den Leiterstrom erzeugt wird, beschreibt man die magnetischen Verluste durch einen Längswiderstandsbelag $R'_\mu = \omega L'\tan\delta_\mu$. Der Querdämpfungsbelag setzt sich zu $\alpha_{\text{quer}} = \alpha_\varepsilon + \alpha_\kappa$ aus dem durch einen dielektrischen Verlustfaktor $\tan\delta_\varepsilon > 0$ im Medium entstehenden dielektrischen Dämpfungsbelag α_ε und aus dem durch endliche spezifische Leitfähigkeit $\kappa > 0$ des Mediums hervorgerufenen Ableitungsdämpfungsbelag α_κ zusammen. Da α_ε durch die Leitungsspannung entsteht, werden die dielektrischen Verluste durch einen Parallelleitwertsbelag $G'_\kappa = \omega C'\tan\delta_\varepsilon$ beschrieben. Mit (2.13), (2.14) ergibt sich somit bei homogenem isotropem Medium für die Dämpfungsbeläge in Neper/

Längeneinheit (Index N)

$$\alpha_{\rho(N)} = R'_\rho/(2Z_L) \quad , \tag{2.15}$$

$$\alpha_{\mu(N)} = R'_\mu/(2Z_L) = \omega L'\tan\delta_\mu/(2Z_L) = \pi f \cdot \tan\delta_\mu/v_P = \pi \cdot \tan\delta_\mu/\lambda \quad , \tag{2.16}$$

$$G'_\kappa = C'\kappa/(\varepsilon_0\varepsilon_r) \quad , \tag{2.17}$$

$$\alpha_{\varepsilon(N)} = G'_\varepsilon Z_L/2 = Z_L\omega C'\tan\delta_\varepsilon/2 = \omega\sqrt{L'C'}\cdot\tan\delta_\varepsilon/2 = \pi f \cdot \tan\delta_\varepsilon/v_P = \pi \cdot \tan\delta_\varepsilon/\lambda \quad , \tag{2.18}$$

$$\alpha_{\kappa(N)} = G'_\kappa Z_L/2 = Z_L C'\kappa/(2\varepsilon_0\varepsilon_r) = \kappa\sqrt{L'C'}/(2\varepsilon_0\varepsilon_r) = \kappa/(2v_P\varepsilon_0\varepsilon_r) = \kappa/(2f\lambda\varepsilon_0\varepsilon_r) \quad . \tag{2.19}$$

Die alternativ zu α verwendete unbelastete Resonatorgüte Q /2.2, S. 346/ berechnet sich zu $Q = P_B/P_W$ aus der Blindleistung P_B und der Wirkleistung P_W. Mit $P_B = I^2\omega L'/2$, $P_W = I^2R'/2$ sowie (2.3), (2.9), (2.10), (2.13) erhält man für die durch $R' = R'_\rho + R'_\mu$ beschriebenen Längsverluste

$$Q_{\text{längs}} = \frac{1}{\tan\delta_{\text{längs}}} = \frac{\omega L'}{R'} = \frac{\omega L'\sqrt{C'}}{2\alpha_{\text{längs}(N)}\sqrt{L'}} = \frac{\pi}{\alpha_{\text{längs}(N)}\lambda} = \frac{\pi f}{\alpha_{\text{längs}(N)}v_P} = \frac{27{,}288}{\alpha_{\text{längs}}\lambda} \tag{2.20}$$

mit $\alpha_{\text{längs}(N)}$ in Neper/Längeneinheit und $\alpha_{\text{längs}}$ in dB/Längeneinheit. Analog dazu ergibt sich mit $P_B = U^2\omega C'/2$, $P_W = U^2G'/2$ sowie (2.4), (2.9), (2.10), (2.14) die durch Querverluste $G' = G'_\varepsilon + G'_\kappa$ verursachte Güte Q_{quer} und mit $\alpha = \alpha_{\text{längs}} + \alpha_{\text{quer}} = \alpha_\rho + \alpha_\mu + \alpha_\varepsilon + \alpha_\kappa$ die Gesamtgüte Q gemäß

$$Q_{\text{quer}} = \frac{1}{\tan\delta_{\text{quer}}} = \frac{\pi}{\alpha_{\text{quer}(N)}\lambda} = \frac{\pi f}{\alpha_{\text{quer}(N)}v_P} = \frac{27{,}288}{\alpha_{\text{quer}}\lambda} \quad , \tag{2.21}$$

$$1/Q = (1/Q_{\text{längs}}) + (1/Q_{\text{quer}}) = (1/Q_\rho) + (1/Q_\mu) + (1/Q_\varepsilon) + (1/Q_\alpha) \quad , \tag{2.22}$$

$$Q = \frac{\pi}{\alpha_{(N)}\lambda} = \frac{20\pi}{\alpha\lambda\cdot\ln(10)} = \frac{27{,}288}{\alpha\lambda} \quad . \tag{2.23}$$

Jetzt soll eine TEM-Leitung, deren Feldraum homogen mit einem Medium der relativen Permittivität ε_r und der relativen Permeabilität μ_r (Skalar) gefüllt ist, mit einer Leitung gleicher Abmessungen mit Vakuum ($\mu_r = \varepsilon_r = 1$) im Feldraum verglichen werden. Die erste Leitung habe die Parameter Z_L, v_P, L', C', α_ρ, die zweite Leitung die Parameter Z_{L0}, c_0, L'_0, C'_0, $\alpha_{\rho 0}$. Bei TEM-Leitungen gilt, daß die dielektrische Stoffkonstante ε_r nur das elektrische Feld und damit nur C' und nicht L' beeinflußt. Damit ergibt sich für die Leitungsbeläge L', C' sowie mit (2.6), (2.9) für Z_L, v_P und mit (2.15), (2.6) für den Leiterdämpfungsbelag α_ρ.

$$C' = C'_0 \varepsilon_r \quad , \tag{2.24}$$

$$L' = L'_0 \mu_r \quad , \tag{2.25}$$

$$Z_L = Z_{L0}\sqrt{\mu_r/\varepsilon_r} \quad , \tag{2.26}$$

$$v_P = c_0/\sqrt{\mu_r \varepsilon_r} \quad , \tag{2.27}$$

$$\alpha_\rho = \alpha_{\rho 0}\sqrt{\varepsilon_r/\mu_r} \quad . \tag{2.28}$$

(2.24)-(2.28) lassen sich auch auf Quasi-TEM-Leitungen mit inhomogenem isotropem dielektrischem und magnetischem Medium anwenden. In diesen Fällen sind ε_r und μ_r durch die später zu definierenden effektiven Größen $\varepsilon_{r,eff}$ und $\mu_{r,eff}$ zu ersetzen.

2.3 Statische (TEM-) Näherung für Streifenleitungen mit inhomogenem Dielektrikum

2.3.1 Wellenwiderstand und Phasengeschwindigkeit

Nachfolgend werden Streifenleitungen mit inhomogenem Dielektrikum vom Quasi-TEM-Typ (Abschnitt 2.1.3, Bilder 1.42a,c, 1.43a,b,c,e,f und 1.45a-e) nach der statischen Näherung betrachtet. Als Beispiel diene die in Bild 2.3a gezeigte Kammerleitung mit einem aus einer Schichtung von Luft ($\varepsilon = \varepsilon_0$) und Substrat ($\varepsilon = \varepsilon_0\varepsilon_r$) bestehenden Dielektrikum im felderfüllten Raum. Diese Leitungen werden durch die Beläge L', C', R', G' (Abschnitt 2.2) und für den Fall kleiner Verluste durch einen reellen, frequenzunabhängigen Wellenwiderstand Z_L, eine frequenzunabhängige Phasengeschwindigkeit v_P und einem zu $\sqrt{f}$ proportionalen Dämpfungsbelag α beschrieben. Nachfolgend werden nur Z_L und v_P betrachtet.

Die Leitungen mit inhomogenem Dielektrikum unterscheiden sich von den homogen gefüllten Leitungen dadurch, daß die Phasengeschwindigkeit v_P nicht nur von ε_r des Substrats, sondern auch von der Verteilung des Substrats im felderfüllten Leitungsquerschnitt und von den Abmessungen der Leitungselektroden abhängt. Es ist stets $c_0/\sqrt{\varepsilon_r} < v_P < c_0$. Je größer der Substratanteil am Leitungsquerschnitt ist, desto mehr nähert sich v_P dem Wert $c_0/\sqrt{\varepsilon_r}$ an. Daher sind zur eindeutigen Kennzeichnung

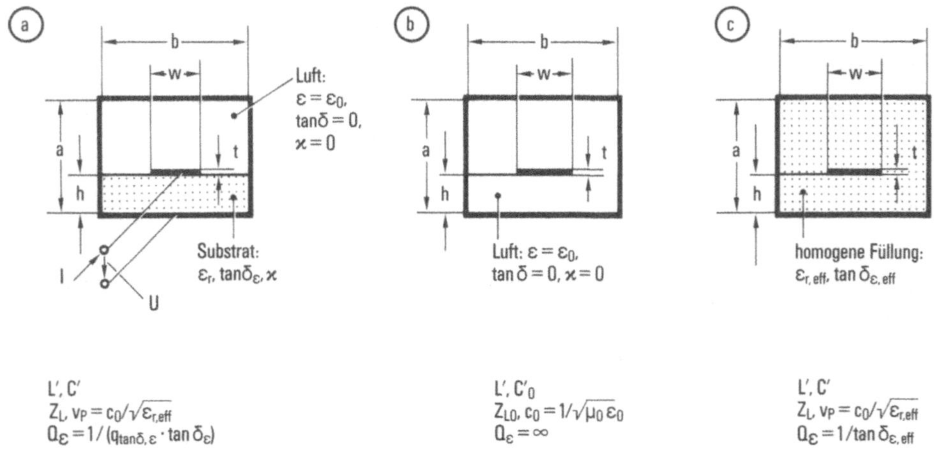

Bild 2.3. Zur Definition der effektiven Permittivität $\varepsilon_{r,eff}$ und des effektiven dielektrischen Verlustfaktors $\tan\delta_{\varepsilon,eff}$. a) Querinhomogene Leitung; b) gleiche Leitung mit Luftfüllung; c) gleiche Leitung mit homogener Füllung mit rel. Permittivität $\varepsilon_{r,eff}$ und Verlustfaktor $\tan\delta_{\varepsilon,eff}$

einer verlustfreien querinhomogenen Leitung entweder das Wertepaar aus dem Kapazitätsbelag C' und dem Induktivitätsbelag L' oder der Kapazitätsbeläge C' der Originalleitung und C_0' der Leitung gleicher Abmessungen, aber ohne Substrat (d.h. mit Vakuumfüllung bzw. $\varepsilon_r = 1$: Bild 2.3b), nowendig. Da L' von ε_r unabhängig ist, kann man nach $c_0 = 1/\sqrt{L'C_0'}$ oder

$$L'/\mu_0 = \varepsilon_0/C_0' \tag{2.29}$$

die Beläge L' und C_0' ineinander umrechnen. Man analysiert diese Leitungen üblicherweise durch die Berechnung der beiden Kapazitätsbeläge C_0' und C' mit Hilfe der konformen Abbildung und numerischer Methoden (Abschnitte 2.1.2, 2.1.3). Mit (2.6), (2.9) sowie $Z_{L0} = \sqrt{L'/C_0'}$ und $v_{P0} = c_0 = 1/\sqrt{L'C_0'}$ lassen sich hieraus

$$v_P = c_0\sqrt{C_0'/C'} \quad , \tag{2.30}$$

$$Z_L = \eta_0/\sqrt{(C'/\varepsilon_0)\cdot(C_0'/\varepsilon_0)} \tag{2.31}$$

ermitteln ($\eta_0 = 120\pi\Omega$: Feldwellenwiderstand des freien Raums, c_0 = Lichtgeschwindigkeit).

2.3.2 Effektive Permittivität

Bei querinhomogenen Quasi-TEM-Leitungen ist es üblich, alternativ zur Phasengeschwindigkeit v_P der Welle eine sog. effektive (relative) Permittivität $\varepsilon_{r,eff}$ zu verwenden. Nach der Phasengeschwindigkeitsdefinition

$$\varepsilon_{r,eff} = (c_0/v_P)^2 = (\lambda_0/\lambda)^2 \tag{2.32}$$

ist $\varepsilon_{r,eff}$ die relative Permittivität, mit welcher der felderfüllte Querschnitt der betrachteten Leitung vollständig, also homogen, gefüllt sein müßte (Bild 2.3c), damit sich die gleiche Phasengeschwindigkeit v_P wie bei der inhomogen gefüllten Originalleitung (Bild 2.3a) einstellen würde. (2.32) ergibt sich aus $v_P = c_0/\sqrt{\varepsilon_r'}$ und $\lambda = \lambda_0/\sqrt{\varepsilon_r'}$ einer homogen mit ε_r' gefüllten Leitung. Da für diese Leitung auch $Z_L = Z_{L0}/\sqrt{\varepsilon_r'}$ und $C' = C_0'\varepsilon_r'$ ist, läßt sich $\varepsilon_{r,eff}$ auch nach

$$\varepsilon_{r,eff} = (Z_{L0}/Z_L)^2 \quad , \tag{2.33}$$

$$\varepsilon_{r,eff} = C'/C_0' \tag{2.34}$$

definieren. (2.33) ist die Wellenwiderstandsdefinition und (2.34) ist die Kapazitätsbelagsdefinition. C_0', c_0, λ_0, Z_{L0} beschreiben die vollständig mit Vakuum gefüllte Leitung gleicher Abmessungen (Bild 2.3b).

Die Phasengeschwindigkeitsdefinition (2.32) gilt sowohl für die statische als auch für die dynamische Analyse von querinhomogenen Leitungen (auch Nicht-Quasi-TEM-Leitungen). Die beiden anderen Definitionen (2.33), (2.34) hingegen werden nur für die statische Analyse von Quasi-TEM-Leitungen benützt, da nur hier der Kapazitätsbelag und der Wellenwiderstand definiert sind. Bei der statischen Analyse liefern alle drei Definitionen den gleichen Wert. Es ist stets

$$1 < \varepsilon_{r,eff} < \varepsilon_r \quad . \tag{2.35}$$

Aus dem Wertepaar Z_L und $\varepsilon_{r,eff}$ bzw. Z_{L0} und $\varepsilon_{r,eff}$ errechnen sich mit $Z_{L0} = \sqrt{L'/C_0'}$, $c_0 = 1/\sqrt{L'C_0'}$ sowie (2.32), (2.33) die Leitungsbeläge zu

$$L'/\mu_0 = (Z_L/\eta_0)/(v_P/c_0) = Z_L\sqrt{\varepsilon_{r,eff}}/\eta_0 = Z_{L0}/\eta_0 \quad , \tag{2.36}$$

$$C'/\varepsilon_0 = 1/\{(Z_L/\eta_0)\cdot(v_P/c_0)\} = \eta_0\sqrt{\varepsilon_{r,eff}}/Z_L = \eta_0\varepsilon_{r,eff}/Z_{L0} \quad . \tag{2.37}$$

2.3.3 Dielektrischer Füllfaktor

Der dielektrische Füllfaktor q_ε ist eine alternative Größe zur effektiven Permittivität $\varepsilon_{r,eff}$, um bei der statischen Analyse das für die elektrischen Leitungseigenschaften relevante Ausmaß der dielektrischen Belegung des felderfüllten Querschnitts von querinhomogenen Leitungen darzustellen.

Eine anschauliche Definition des dielektrischen Füllfaktors q_ε ist bei speziellen querinhomogenen Leitungsquerschnitten möglich, bei denen die dielektrische Grenzlinie der Schichtung aus Luft und Substrat mit einer elektrischen Feldlinie zusammenfällt. Solche Leitungsquerschnitte, nämlich eine symmetrische Kammerleitung, eine hypothetische Mikrostreifenleitungsvariante mit gekrümmter Substratoberfläche und eine koplanare Doppelstreifenleitung auf unendlich dickem Substrat zeigt Bild 2.4a. Bildet man diese Leitungsquerschnitte konform auf einen idealen Plattenkondensator ab, so wird die dielektrische Grenzlinie zwischen dem Substrat und der Luft durch eine gerade Linie senkrecht zu den Plattenkondensatorelektroden wiedergegeben. D.h., die Grenzlinie fällt auch beim konformen Abbild im Plattenkondensator mit einer elektrischen Feldlinie zusammen. Man bekommt einen Plattenkondensator mit zwei längsgeschichteten Dielektrika Substrat ($\varepsilon = \varepsilon_0\varepsilon_r$) und Luft ($\varepsilon = \varepsilon_0$).

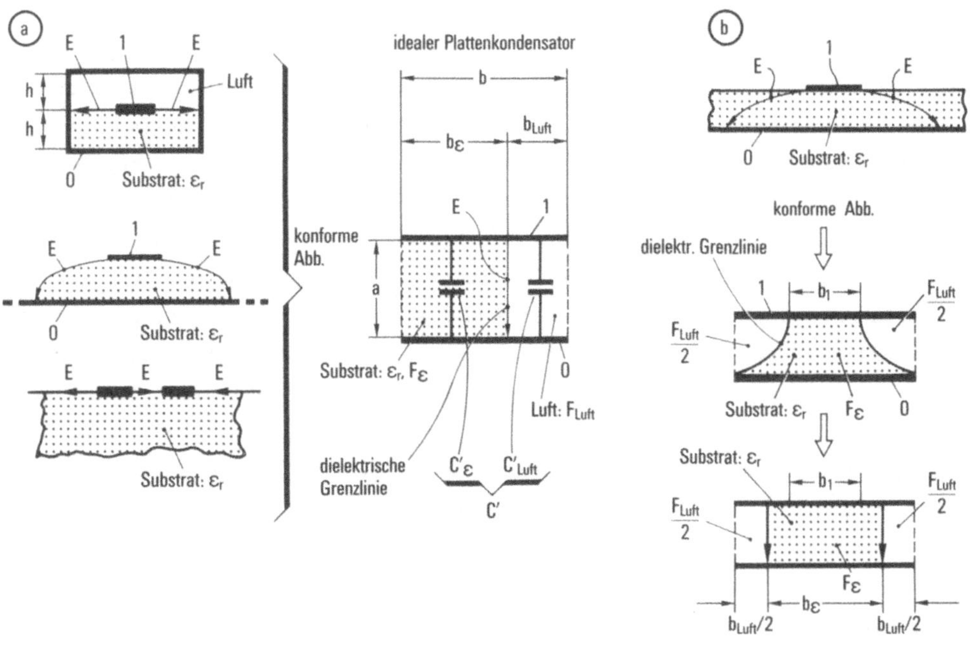

Bild 2.4. Zur Definition des dielektrischen Füllfaktors q_ε bei querinhomogenen Leitungen. a) Dielektrische Grenzlinie fällt mit elektrischer Feldlinie E zusammen; b) dielektrische Grenzlinie fällt nicht mit elektrischer Feldlinie zusammen

Der dielektrische Füllfaktor q_ε wird aus dem konformen Plattenkondensator-Abbild der Leitung als das Flächenverhältnis

$$q_\varepsilon = F_\varepsilon/F = F_\varepsilon/(F_\varepsilon + F_{Luft}) = b_\varepsilon/b = b_\varepsilon/(b_\varepsilon + b_{Luft}) \qquad (2.38)$$

der vom Substrat eingenommenen Fläche $F_\varepsilon = b_\varepsilon$ a und der Gesamtfläche F = b a (vgl. Bild 2.4a) definiert /1.30, 2.90/. $F_{Luft} = b_{Luft}$ a ist die vom Luftanteil eingenommene Fläche. Man kann auch die effektive Permittivität $\varepsilon_{r,eff}$ der jeweiligen Originalleitung aus dem konformen Plattenkondensatorabbild gemäß $\varepsilon_{r,eff} = C'/C'_0$ berechnen. Mit $C' = C'_\varepsilon + C'_{Luft}$ und $C'_\varepsilon = \varepsilon_0\varepsilon_r\, b_\varepsilon/a$ sowie $C'_{Luft} = \varepsilon_0\, b_{Luft}/a$ und $C'_0 = \varepsilon_0\, b/a$ wird

$$\varepsilon_{r,eff} = \frac{C'}{C'_0} = \frac{C'_\varepsilon + C'_{Luft}}{C'_0} = \frac{(\varepsilon_0\varepsilon_r b_\varepsilon/a) + (\varepsilon_0 b_{Luft}/a)}{(\varepsilon_0 b/a)} = 1 + \frac{\varepsilon_r b_\varepsilon}{b} - \frac{b_\varepsilon}{b} \quad . \qquad (2.39)$$

Da $q_\varepsilon = b_\varepsilon/b$ ist, ergibt sich die Umrechnungsbeziehung zwischen q_ε und $\varepsilon_{r,eff}$ für die betrachteten Leitungen mit dielektrischer Grenzschicht parallel zu einer elektrischen Feldlinie zu

$$\varepsilon_{r,eff} = 1 + q_\varepsilon(\varepsilon_r - 1) \quad \leftrightarrow \quad q_\varepsilon = (\varepsilon_{r,eff} - 1)/(\varepsilon_r - 1) \quad . \qquad (2.40)$$

Bei den meisten der in den Bildern 1.42a,c, 1.43a-f und 1.45a-e gezeigten technischen querinhomogenen Streifenleitungen fällt die Grenzlinie zwischen dem Substrat und der Luft nicht mit einer elektrischen Feldlinie zusammen. Die dielektrische Grenzlinie bildet sich dann konform in eine g e k r ü m m t e L i n i e in dem idealen Plattenkondensator ab, wie es bei der Mikrostreifenleitung (Bild 2.4b) der Fall ist /1.30, 2.90/. Bei diesen Leitungen wendet man einfach formal (2.40) zur Berechnung von q_ε aus dem exakt durch (2.32), (2.33) oder (2.34) definierten $\varepsilon_{r,eff}$ an. Aber auch hier kann man q_ε physikalisch definieren, indem man aus dem konformen Plattenkondensatorabbild mit der krummlinigen dielektrischen Grenze einen äquivalenten längsgeschichteten Plattenkondensator herleitet (Bild 2.4b). Äquivalenz bedeutet hier Gleichheit der Kapazitätsbeläge. Im allgemeinen Fall wird allerdings die Breite b_ε und damit auch der Füllfaktor $q_\varepsilon = b_\varepsilon/b$ von ε_r abhängig, was bei den Leitungstypen nach Bild 2.4a nicht der Fall ist. Da bei den meisten allgemeinen Leitungstypen zumindest in den Bereichen hoher elektrischer Feldenergiekonzentration (Streifenleiterecken) die elektrischen Feldlinien mit guter Näherung parallel zur dielektrischen Grenzlinie verlaufen, ist die ε_r-Abhängigkeit von q_ε jedoch i.a. nur wenig ausgeprägt (z.B. bei der Mikrostreifenleitung).

Für allgemeine querinhomogene Quasi-TEM-Leitungen kann man q_ε auch aus der auf der gesamten Leitung pro Längeneinheit gespeicherten e l e k t r i s c h e n F e l d e n e r -

g i e W'_e und der ausschließlich im Substrat pro Längeneinheit gespeicherten elektrischen Feldenergie $W'_{e,\varepsilon}$ herleiten. Durch feldtheoretische Betrachtungen /2.101-2.103/ läßt sich nachweisen, daß

$$\partial W'_e/\partial\varepsilon_r = W'_{e,\varepsilon}/\varepsilon_r \tag{2.41}$$

ist. Auf homogene dielektrische Füllung mit $\varepsilon_{r,eff}$ angewandt, lautet (2.41) dann

$$\partial W'_e/\partial\varepsilon_{r,eff} = W'_e/\varepsilon_{r,eff} \quad , \tag{2.42}$$

woraus sich zusammen mit (2.41) der bezogene Feldenergieanteil im Substrat zu

$$W'_{e,\varepsilon}/W'_e = (\partial\varepsilon_{r,eff}/\partial\varepsilon_r)\cdot(\varepsilon_r/\varepsilon_{r,eff}) \tag{2.43}$$

in Abhängigkeit von ε_r und $\varepsilon_{r,eff}$ errechnet. Nach Einführung des Füllfaktors q_ε nach (2.40) erhält man für den allgemeinen Fall eines von ε_r abhängigen q_ε

$$\partial\varepsilon_{r,eff}/\partial\varepsilon_r = q_\varepsilon + (\partial q_\varepsilon/\partial\varepsilon_r)\cdot(\varepsilon_r - 1) \quad , \tag{2.44}$$

$$W'_{e,\varepsilon}/W_e = (q_\varepsilon\varepsilon_r/\varepsilon_{r,eff}) + \{(\partial q_\varepsilon/\partial\varepsilon_r)\cdot(\varepsilon_r - 1)\varepsilon_r/\varepsilon_{r,eff}\} \quad , \tag{2.45}$$

wofür keine allgemeine Auflösung nach q_ε möglich ist. Bei den speziellen Leitungen, bei denen die dielektrische Grenzlinie im Querschnitt mit einer elektrischen Feldlinie zusammenfällt, ist $q_\varepsilon(\varepsilon_r)$ = const. und damit $\partial q_\varepsilon/\partial\varepsilon_r = 0$ und $\partial\varepsilon_{r,eff}/\partial\varepsilon_r = q_\varepsilon$. Damit gilt

$$W'_{e,\varepsilon}/W_e = q_\varepsilon\varepsilon_r/\varepsilon_{r,eff} \quad , \tag{2.46}$$

$$q_\varepsilon = \partial\varepsilon_{r,eff}/\partial\varepsilon_r = (W'_{e,\varepsilon}/W'_e)\cdot(\varepsilon_{r,eff}/\varepsilon_r) \quad . \tag{2.47}$$

In vielen Fällen, so z.B. bei der Mikrostreifenleitung /1.30/, werden (2.46), (2.47) auch angewandt, wenn die dielektrische Grenzlinie zwar nicht exakt, aber wenigstens im Hauptfeldenergiebereich näherungsweise mit einer elektrischen Feldlinie zusammenfällt.

(2.46) läßt sich auch aus dem konformen Plattenkondensatorabbild (Bild 2.4a) herleiten: Ist U die Spannung am Kondensator, so werden $W'_{e,\varepsilon} = U^2C'_\varepsilon/2$ und $W'_e = U^2C'/2$. Mit $C'_\varepsilon = \varepsilon_0\,\varepsilon_r\,b_\varepsilon/a$ und $C' = \varepsilon_0\,\varepsilon_{r,eff}\,b/a$ sowie $b_\varepsilon/b = q_\varepsilon$ erhält man sukzessive

$$\frac{W'_{e,\varepsilon}}{W'_e} = \frac{U^2C'_\varepsilon/2}{U^2C'/2} = \frac{\varepsilon_0\varepsilon_r b_\varepsilon/a}{\varepsilon_0\varepsilon_{r,eff}b/a} = \frac{\varepsilon_r b_\varepsilon}{\varepsilon_{r,eff}b} = \frac{\varepsilon_r}{\varepsilon_{r,eff}}q_\varepsilon \quad . \tag{2.48}$$

2.4 Dämpfung von Streifenleitungen mit inhomogenem Dielektrikum nach statischer Näherung

2.4.1 Einführung

In vorliegendem Abschnitt 2.4 werden Quasi-TEM-Streifenleitungen (s. Abschnitt 2.1.3) mit einem aus einer Schichtung von Luft ($\varepsilon = \varepsilon_0$, verlustfrei) und einem verlustbehafteten dielektrischen Substrat (relative Permittivität $\varepsilon_r > 1$, dielektrischer Verlustfaktor $\tan\delta_\varepsilon > 0$, spezifische Leitfähigkeit $\kappa > 0$) bestehenden dielektrischen Medium nach der statischen Näherung behandelt (Beispiel: Bild 2.3a). Die Streifenleiter besitzen einen endlichen spezifischen Widerstand $\rho > 0$. Die Dämpfung entsteht durch die Leiterverluste α_ρ, die dielektrischen Verluste α_ε und die Ableitungsverluste α_κ.

Bei "kleinen Verlusten" gemäß (2.3), (2.4), die hier stets vorausgesetzt werden, ist die durch die Verluste bewirkte Änderung der Feldverteilung vernachlässigbar, und der Dämpfungsbelag α läßt sich nach der "Power-Loss"-Methode /2.2, S. 93, 2.104, S. 42, 2.105/ berechnen: Unter der Annahme, daß die auf der Leitung transportierte Leistung $P_z(z)$ über die Leitungskoordinate z exponentiell abnimmt, wird die pro Längeneinheit verbrauchte Verlustleistung

$$P'_V(z) = -\frac{dP_z(z)}{dz} = -\frac{d}{dz}\{P_z(z=0)\cdot\exp(-2\alpha_{(N)}z)\} \tag{2.49}$$

$$= 2\alpha_{(N)}\cdot P_z(z=0)\cdot\exp(-2\alpha_{(N)}z) = 2\alpha_{(N)}\cdot P_z(z)$$

mit $\alpha_{(N)}$ in Neper/Längeneinheit. Daraus erhält man für den Dämpfungsbelag

$$\alpha_{(N)} = P'_V(z)/\{2P_z(z)\} \quad , \tag{2.50}$$

$$\alpha = 8{,}686\, P'_V(z)/\{2P_z(z)\} = \{20/\ln(10)\}\cdot P'_V(z)/\{2P_z(z)\} \tag{2.51}$$

mit α in dB/Längeneinheit.

2.4.2 Skineffekt

Als Basis für die Berechnung der Leiterdämpfung werden nachfolgend die wichtigsten den Skineffekt beschreibenden Gleichungen angegeben. Skineffekt bedeutet, daß sich bei Wechselstrom der Stromfluß in Leitern auf eine unmittelbar unter der Leiteroberfläche liegende dünne Schicht konzentriert /2.2, S. 48; 2.4, S. 8; 2.104, S. 286; 2.106/. Bei ebenen, unendlich dicken Leitern (Bild 2.5a) nimmt die

Stromdichte g nach

$$g(x) = g_0 \exp\{-x(1+j)/\delta\} = g_0 \cdot \exp\{-x(1+j)\sqrt{\pi f \mu_0 \mu_r/\rho}\} \quad (2.52)$$

exponentiell mit der Leitertiefe x ab (j: imaginäre Einheit; g_0: Stromdichte an der Leiteroberfläche). Die Eindringtiefe δ ist als die Leitertiefe definiert, bei welcher sich g(x) auf $g_0/e = g_0/2{,}72$ verringert hat. Nach (2.52) ist

$$\delta = \sqrt{\rho/(\pi f \mu_0 \mu_r)} \;, \quad (2.53)$$

$$\delta = 2{,}09 \cdot \sqrt{\rho/\rho_{Cu}}/\sqrt{f\mu_r} \;. \quad (2.54\ Z)$$

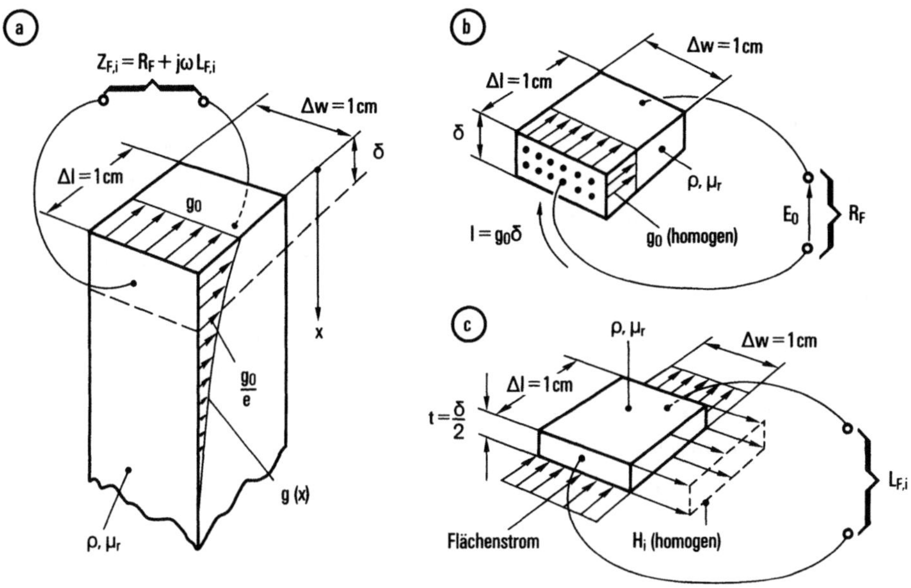

Bild 2.5. Skineffekt. a) Stromdichteverlauf im Inneren von Leitern: b) Modell für den spezifischen Oberflächenwiderstand R_F; c) Modell für die spezifische innere Induktivität $L_{F,i}$

Bei (2.54 Z) sind δ in µm, die Frequenz f in GHz, der spezifische Leiterwiderstand ρ in Ωcm und $\rho_{Cu} = 1{,}72 \cdot 10^{-6}$ Ωcm (spez. Widerstand von Kupfer) einzusetzen. μ_r ist die relative Permeabilität des Leitermaterials (üblicherweise bei Kupfer, Gold usw.: $\mu_r = 1$).

Aus dem Stromdichteverlauf (2.52) kann man einen komplexen spezifischen, inneren Oberflächenwiderstand $\underline{Z}_{F,i}$ (Bild 2.5a)

$$\underline{Z}_{F,i} = R_F + j\omega L_{F,i} = (1+j)\rho/\delta = (1+j)\sqrt{\pi f \rho \mu_0 \mu_r} \;, \quad (2.55)$$

$$R_F = \sqrt{\pi f \rho \mu_0 \mu_r} = \rho/\delta \quad , \tag{2.56}$$

$$R_F = 8{,}24 \cdot 10^{-3} \sqrt{f \mu_r (\rho/\rho_{Cu})} \quad , \tag{2.57 Z}$$

$$L_{F,i} = 0{,}5\sqrt{\rho \mu_0 \mu_r/(\pi f)} = \rho/(2\pi f \delta) = \mu_0 \mu_r \delta/2 \tag{2.58}$$

herleiten. Bei (2.57 Z) ergibt sich R_F in Ω mit f in GHz, ρ in Ωcm und ρ_{Cu} = $1{,}72 \cdot 10^{-6}$ Ωcm (Kupfer). Der Realteil R_F ist der für die Leiterverluste verantwortliche spezifische Oberflächenwiderstand. Wegen $R_F = \rho/\delta$ kann man den unendlich tiefen Leiter bzgl. seiner ohmschen Verluste R_F durch eine Platte von der Dicke der Eindringtiefe δ mit homogener Stromdichteverteilung im Inneren ersetzen (Bild 2.5b). Daher bezeichnet man δ auch als äquivalente Leitschichtdicke.

Die spezifische innere Induktivität $L_{F,i}$, deren Blindwiderstand $\omega L_{F,i}$ stets gleich R_F ist, muß bei der Berechnung der Gesamtinduktivität von Leiteranordnungen zur äußeren Induktivität $L_{F,a}$ gezählt werden. Aus $L_{F,i} = \mu_0\, \mu_r\, \delta/2$ kann man analog zu der Platte von der Dicke δ als Modell für R_F auch ein Modell zur Darstellung von $L_{F,i}$ ableiten /2.106/: Es läßt sich zeigen, daß eine homogen von magnetischer Feldstärke H_i erfüllte Platte (Einheitsfläche) des spez. Widerstands der relativen Permeabilität μ_r und der Dicke t, auf deren Bodenfläche in unendlich dünner Schicht ein das Magnetfeld erzeugender Strom fließt, die Induktivität $\mu_0\, \mu_r\, t$ besitzt. Ein Vergleich mit (2.58), letzter Ausdruck, ergibt: Eine derartige Platte von der Einheitsfläche und der Dicke $t = \delta/2$ nach Bild 2.5c besitzt die gleiche spezifische innere Induktivität $L_{F,i}$ wie der unendlich tiefe Leiter. Dabei denkt man sich den Gesamtstrom unterhalb der Einheitsfläche des unendlich tiefen Leiters (d.h. seine Oberflächenstromdichte) als Flächenstrom auf der Leiteroberfläche, d.h. auf der Oberfläche der δ/2-dicken Platte, konzentriert.
Dieses Modell liefert die Grundlage zur Ableitung der Regel vom Induktivitätsinkrement zur Bestimmung des Hochfrequenz-Verlustwiderstands einer Leiteranordnung aus deren äußerer Induktivität (s. Abschnitt 2.4.3).

2.4.3 Leiterdämpfung

Berechnung der Leiterdämpfung aus dem Strombelag

Der Leiterdämpfungsbelag α_ρ (Dimension: dB/Längeneinheit) entsteht durch den Stromfluß in den beiden verlustbehafteten Elektroden der Leitung (spez. Widerstände ρ_1 und ρ_2). Bei niedrigen Verlusten, also $R'_\rho \ll \omega L'$, ist die durch die Verluste bewirkte Änderung der Feldverteilung vernachlässigbar und α_ρ läßt sich nach der Power-Loss-Methode (2.50), (2.51) berechnen.

Die transportierte Leistung errechnet sich aus den Scheitelwerten U und I der Spannung und des Stroms auf der Leitung (Wellenwiderstand Z_L) zu $P_z(z) = U\,I/2 = I^2 Z_L/2$. Die durch den Stromfluß in den Leiterelektroden entstehende Verlustleistung $P'_V(z) = P'_\rho(z)$ erhält man durch Integration über die Verlustleistung $\Delta P'_\rho = g^2(s)\, R_F\, \Delta s/2$ pro Länge Δs längs der Leiteroberfläche (vgl. Beispiel in Bild 2.6a). Damit ergibt sich für die gesamte Verlustleistung pro Längeneinheit P'_ρ und mit (2.51) für den Dämpfungsbelag

$$P'_\rho(z) = 0{,}5\,\{ R_{F1} \oint_{S_1} g_1^2(s_1)\, ds_1 + R_{F2} \oint_{S_2} g_2^2(s_2)\, ds_2 \} \quad , \tag{2.59}$$

$$\alpha_\rho = \frac{4{,}34}{Z_L}\,\{ R_{F1} \oint_{S_1} \frac{g_1^2(s_1)}{I^2}\, ds_1 + R_{F2} \oint_{S_2} \frac{g_2^2(s_2)}{I^2}\, ds_2 \} \quad . \tag{2.60}$$

R_{F1} und R_{F2} sind die spezifischen Oberflächenwiderstände der Leiter 1 und 2 nach (2.56), (2.57). Das Integral ist jeweils über den gesamten vom Strombelag $g_1(s_1)$ durchflossenen Rand s_1 des Leiters 1 bzw. über den gesamten vom Strombelag $g_2(s_2)$ durchflossenen Rand s_2 des Leiters 2 zu nehmen.

Berechnung der Leiterdämpfung nach der Regel vom Induktivitätsinkrement

Die Regel vom Induktivitätsinkrement oder incremental inductance rule /2.105, 2.106/ ermöglicht die Berechnung des Leiterdämpfungsbelags α_ρ für schwach gedämpfte Leitungen im Rahmen der statischen Näherung. Es muß hierfür die funktionale Abhängigkeit des die verlustfreie Leitung beschreibenden Induktivitätsbelags L' von den Querschnittsabmessungen der Leitung bekannt sein. Sie errechnet sich nach (2.36) aus dem Wellenwiderstand Z_{L0}, welchen die Leitung nach Entfernen des Substrats besitzt. Eine weitere Voraussetzung ist, daß der Skineffekt (Abschnitt 2.4.2) den Leiterwiderstandsbelag R'_ρ bestimmt, d.h., daß die Leiterdicken mindestens dreimal so groß wie die Eindringtiefe δ nach (2.53), (2.54 Z) sind.

Die Regel vom Induktivitätsinkrement in ihrer *allgemeinen Form* /2.106/ ermöglicht die Bestimmung des Hochfrequenz-Verlustwiderstands R einer beliebigen Leiteranordnung (z.B. Bild 2.6b) aus deren äußerer Induktivität L_a. Nun setzt sich die Gesamtinduktivität L einer beliebigen verlustbehafteten Leiteranordnung ($\rho > 0$) - analog zu dem vorher betrachteten Leiterausschnitt von der Einheitsfläche - gemäß $L = L_a + L_i$ aus ihrer äußeren Induktivität L_a (verbunden mit dem äußeren Magnetfeld) und ihrer inneren Induktivität L_i zusammen. L_i entsteht bei nicht-

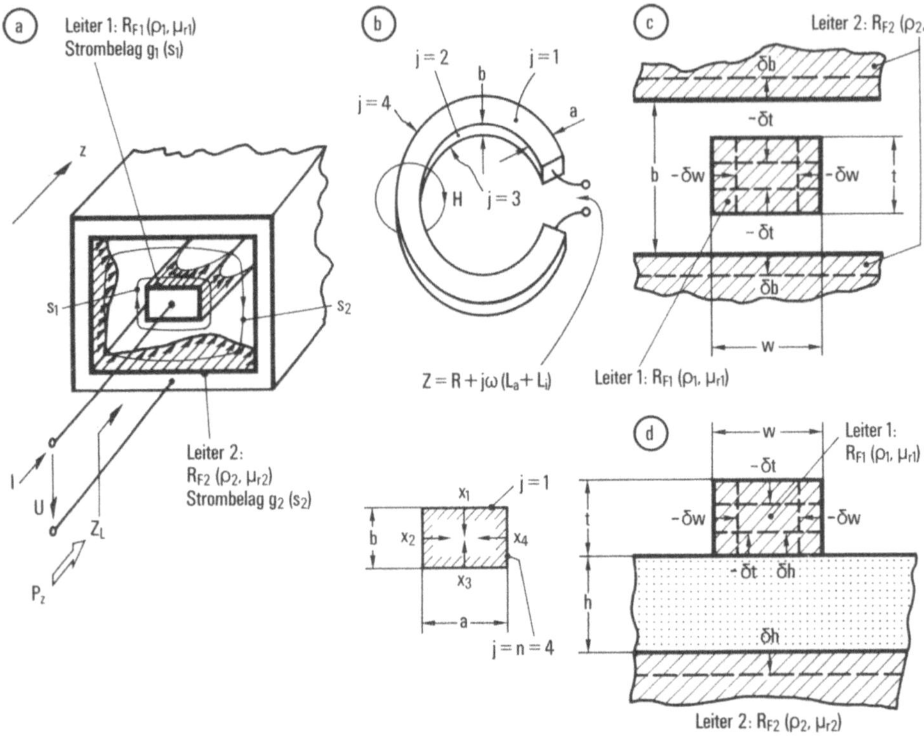

Bild 2.6. Berechnung des Leiterdämpfungsbelags α_ρ. a) α_ρ aus Strombelägen; b) zur Regel vom Induktivitätsinkrement; c) Anwendung der Regel vom Induktivitätsinkrement bei der Triplateleitung; d) Anwendung bei der Mikrostreifenleitung

idealen Leitern ($\rho > 0$) durch das Eindringen des Magnetfelds in das Metallinnere. Bei $\rho = 0$ wäre auch $L_i = 0$. Bei technischen Anordnungen ist jedoch $L_i \ll L_a$, so daß L_i i.allg. vernachlässigt werden kann. Die Berechnung von L_i eröffnet jedoch mit Hilfe der Regel vom Induktivitätsinkrement einen Weg zur Berechnung des Verlustwiderstands R der Leiteranordnung, indem man (2.55) auf allgemeine Leiteranordnungen generalisiert. Hierbei muß man davon ausgehen, daß man zur Berechnung der äußeren Induktivität üblicherweise den verlustfreien Fall ($\rho = 0$) mit Wechselstromaussteuerung, d.h. einen unendlich dünnen Stromfilm unmittelbar unterhalb der Leiteroberfläche annimmt. Stellt man sich vor, daß dieser Stromfilm an allen Stellen der Leiteranordnung um eine Strecke Δx weiter in das Leiterinnere hinein verlegt wird, so muß das in einer Erhöhung der Gesamtinduktivität L_a der Leiteranordnung um ΔL_a resultieren, da ja der Leiterquerschnitt verringert wird.

Die *erste Aussage* der Regel vom Induktivitätsinkrement ist nun, daß der bei diesem Gedankenexperiment entstehende Zuwachs der äußeren Induktivität ΔL_a (Induktivitätsinkrement) dann genau der gesamten inneren Induktivität L_i der verlustbehafteten Anordnung entspricht, wenn man alle Leiteroberflächen um die halbe Skineffekt-Eindringtiefe, also um $\Delta x = \delta/2$, in das Leiterinnere zurückversetzt. Das ist eine Generalisierung des Verhaltens des Leiterausschnitts von der Einheitsfläche, nämlich der Regel, daß nach (2.58), letzter Ausdruck, bzw. nach dem in Bild 2.5c gezeigten Modell eine von homogenem Magnetfeld erfüllte Schicht der Dicke $\delta/2$ gerade die spezifische Induktivität $L_{F,i}$ besitzt. Die zweite Aussage der Regel vom Induktivitätsinkrement ist, daß der Blindwiderstand der durch den Rückversatz $\Delta x = \delta/2$ entstehenden Induktivitätsvergrößerung $\Delta L_a = L_i$ gleich dem Gesamtverlustwiderstand R der Anordnung ist, also $\omega \cdot \Delta L_a = \omega L_i = R$. Das ist eine Generalisierung der Gleichheit des spezifischen Oberflächenwiderstands R_F und des Blindwiderstands $\omega L_{F,i}$ der spezifischen inneren Induktivität gemäß (2.55) bei dem Leiterausschnitt von der Einheitsfläche auf allgemeine Leiteranordnungen.

Daher kann man den durch den Skineffekt an der j-ten Leiteroberfläche der Anordnung entstehenden inneren Induktivitätsanteil $\Delta L_{i,j}$ und damit auch den Beitrag ΔR_j der j-ten Leiteroberfläche zum gesamten Verlustwiderstand R der Anordnung als die Erhöhung der äußeren Gesamtinduktivität L_a bei einem Zurücksetzen der j-ten Leiteroberfläche um $\Delta x = \mu_{r,j}\ \delta_j/2$ berechnen, d.h.

$$\Delta L_{i,j} = (\mu_{r,j}\delta_j/2) \cdot (\partial L_a/\partial x_j) \quad , \tag{2.61}$$

$$\begin{aligned}\Delta R_j &= 2\pi f \cdot \Delta L_{i,j} = 2\pi f \mu_{r,j}(\delta_j/2) \cdot (\partial L_a/\partial x_j) \\ &= (R_{F,j}/\mu_0) \cdot (\partial L_a/\partial x_j) \quad .\end{aligned} \tag{2.62}$$

Den gesamten durch den Skineffekt bewirkten Verlustwiderstand R der Leiteranordnung von der äußeren Gesamtinduktivität L_a erhält man durch Summierung über alle n Leiteroberflächen zu

$$R = \sum_{j=1}^{j=n} \Delta R_j = (1/\mu_0) \cdot \sum_{j=1}^{n} R_{F,j} \cdot (\partial L_a/\partial x_j) \quad . \tag{2.63}$$

Dabei sind Δx_j der senkrecht auf der j-ten Leiteroberfläche stehende, ins Leiterinnere zeigende Oberflächenvektor, $R_{F,j}$ der spezifische Oberflächenwiderstand nach (2.56), δ_j die Eindringtiefe nach (2.53) und $\mu_{r,j}$ die relative Permeabilität des Leitermaterials unter der jeweils j-ten Leiteroberfläche.

Die Regel von Induktivitätsinkrement ist somit eine Formel, welche den durch den Skineffekt entstehenden Hochfrequenz-Verlustwiderstand R von beliebigen Leiteranordnungen allein mit der Hilfe von Induktivitätsberechnungen liefert. Ihr großer Wert liegt in der allgemeinen Gültigkeit für alle Leiteranordnungen, bei denen der

Stromfluß durch den Skineffekt bestimmt wird. Letzteres bedeutet, daß die Dicken und Krümmungsradien der Metallelektroden groß im Vergleich zur Eindringtiefe δ nach (2.53) sein müssen. Die Regel vom Induktivitätsinkrement ist z.B. auf TEM-Leitungsquerschnitte, Drahtschleifen, Toroidspulen, Zylinderspulen, Transformatoren mit Eisenkern sowie Abschirmprobleme anwendbar /2.106/.

Die allgemeine Regel vom Induktivitätsinkrement (2.63) soll nun auf Quasi-TEM-Leitungen, welche durch die Beläge L' und C' bzw. durch die Leitungsparameter Z_L und $\varepsilon_{r,eff}$ gekennzeichnet sind (vgl. Abschnitte 2.2, 2.3), angewandt werden. Hierzu ersetzt man bei (2.63) die äußere Induktivität L_a durch den Induktivitätsbelag L' und den Verlustwiderstand R durch den Widerstandsbelag für Leiterverluste R'_ρ. Mit $\alpha_\rho = 8{,}686\, R'_\rho/(2Z_L)$ nach (2.15) erhält man die Regel vom Induktivitätsinkrement zur Berechnung des Leiterdämpfungsbelags α_ρ (in dB/Längeneinheit) von TEM-Leitungen zu

$$\alpha_\rho = \frac{4{,}343}{Z_L} R'_\rho = \frac{4{,}343}{Z_L} \sum_{j=1}^{n} \Delta R'_{\rho,j} = \frac{4{,}343}{Z_L \mu_0} \sum_{j=1}^{n} R_{F,j} \frac{\partial L'}{\partial x_j} . \qquad (2.64)$$

Die Summe ist über alle n das elektromagnetische Feld des Leitungsquerschnitts berührenden Leiteroberflächen zu nehmen, wobei $R_{F,j}$ der spezifische Oberflächenwiderstand nach (2.56) und x_j der ins Leiterinnere zeigende Oberflächenvektor ist. (2.64) besagt, daß man den Leiterdämpfungsbelag α_ρ durch Summierung der einzelnen Induktivitätsbelagsinkremente, die durch Rückversetzung der jeweils j-ten Leiteroberfläche um $\mu_{r,j}\ \delta_j/2$ entstehen, berechnen kann. Mit $L'/\mu_0 = \varepsilon_0/C'_0$, $Z_L = Z_{L0}/\sqrt{\varepsilon_{r,eff}}$, $Z_{L0} = L'c_0$ und $Z_{L0} = 1/(C'_0\ c_0)$ nach (2.29), (2.33), (2.11), (2.12), wobei Z_{L0} und C'_0 die Leitung ohne Substrat beschreiben, erhält man andere Darstellungsformen von (2.64) gemäß

$$\alpha_\rho = 4{,}343 \frac{\sqrt{\varepsilon_{r,eff}}}{\eta_0 L'} \sum_{j=1}^{n} R_{F,j} \frac{\partial L'}{\partial x_j} , \qquad (2.65)$$

$$\alpha_\rho = - \frac{4{,}343\sqrt{\varepsilon_{r,eff}}}{\eta_0 C'_0} \sum_{j=1}^{n} R_{F,j} \frac{\partial C'_0}{\partial x_j} , \qquad (2.66)$$

$$\alpha_\rho = \frac{4{,}343\sqrt{\varepsilon_{r,eff}}}{\eta_0\ Z_{L0}} \sum_{j=1}^{n} R_{F,j} \frac{\partial Z_{L0}}{\partial x_j} . \qquad (2.67)$$

Zur Erläuterung wird die Regel vom Induktivitätsinkrement (2.64) auf die Triplate-Leitung (Bild 2.6c) angewandt /2.107/. Es ist $L' = f(b,w,t)$. Die Rückversetzungen ∂x_j der insgesamt $n = 6$ Leiteroberflächen müssen durch die Querschnittsabmessungen b,w,t ausgedrückt werden. Dabei zählen x_j positiv ins Leiterinnere und das Differential der Querschnittsabmessungen ∂b, ∂w, ∂t positiv in Richtung eines anwachsenden Wertes. Aus (2.64) erhält man

$$\alpha_\rho = \frac{4,343}{Z_L \mu_0} \{ R_{F1} \cdot \left(-\frac{\partial L'}{\partial t} - \frac{\partial L'}{\partial t} - \frac{\partial L'}{\partial w} - \frac{\partial L'}{\partial w}\right) + R_{F2}\left(\frac{\partial L'}{\partial b} + \frac{\partial L'}{\partial b}\right) \} \quad . \tag{2.68}$$

Auf ähnliche Weise ergibt sich für die in Bild 2.6d gezeigte Mikrostreifenleitung /1.31, 2.105, 3.68, 2.108/ mit $L' = f(w,t,h)$

$$\alpha_\rho = \frac{4,343}{Z_L \mu_0} \{ R_{F1} \cdot \left(-\frac{\partial L'}{\partial w} - \frac{\partial L'}{\partial w} - \frac{\partial L'}{\partial t} - \frac{\partial L'}{\partial t} + \frac{\partial L'}{\partial h}\right) + R_{F2} \frac{\partial L'}{\partial h} \} \quad . \tag{2.69}$$

Das Differential ∂x_j der Streifenleiterunterseite kann sowohl durch $-\partial t$ als auch durch ∂h ausgedrückt werden. Nach /1.31, 2.105/ wird die Streifenleiterunterseite doppelt berücksichtigt, wenn man beide Beiträge anrechnet. Eine Anrechnung beider Beiträge stimmte mit experimentellen Ergebnissen am besten überein /2.105/.

2.4.4 Dielektrische Dämpfung

Bei einer querinhomogenen Quasi-TEM-Leitung (Beispiel: Bild 2.3) soll der dielektrische Dämpfungsbelag α_ε nach der statischen Näherung unter der Voraussetzung "kleiner Verluste" berechnet werden. Das Substrat (rel. Permittivität ε_r) besitzt einen dielektrischen Verlustfaktor $\tan\delta_\varepsilon \ll 1$, während die Luft verlustfrei ist. Da der Feldraum nur teilweise verlustbehaftetes Material enthält, ist α_ε nicht nur von $\tan\delta_\varepsilon$, sondern auch vom Ausmaß der Belegung des Feldraums mit dem Substratmaterial und von den Querschnittsabmessungen der Leitung abhängig. Daher definiert man gemäß

$$\tan\delta_{\varepsilon,eff} = q_{\tan\delta,\varepsilon} \cdot \tan\delta_\varepsilon \tag{2.70}$$

einen *effektiven dielektrischen Verlustfaktor* $\tan\delta_{\varepsilon,eff}$ und einen *Füllfaktor für dielektrische Verluste* $q_{\tan\delta,\varepsilon}$ /2.101, 2.102, 2.103, 2.109/. Letzterer darf nicht mit dem dielektrischen Füllfaktor q_ε nach (2.40) verwechselt werden. $\tan\delta_{\varepsilon,eff}$ ist dadurch definiert, daß eine *homogen* mit einem Dielektrikum der relativen Permittivität $\varepsilon_{r,eff}$ und des dielektrischen Verlustfaktors $\tan\delta_{\varepsilon,eff}$ gefüllte Ersatzleitung (Bild 2.3c) mit gleichen Querschnittsabmessungen wie die Originalleitung (Bild 2.3a) den gleichen dielektrischen Dämpfungsbelag α_ε besitzt. Bei (2.70) ist $\tan\delta_\varepsilon$ eine reine Materialkonstante, während $q_{\tan\delta,\varepsilon}$ von ε_r, den Leiterabmessungen und dem Ausmaß der Belegung des Feldquerschnitts mit Substratmaterial abhängt. Bei vollständiger Belegung mit Substratmaterial ist $q_{\tan\delta,\varepsilon} = 1$, bei verschwindender Belegung geht $q_{\tan\delta,\varepsilon}$ gegen Null.

Ersetzt man gemäß der Definition von $\tan\delta_{\varepsilon,\mathrm{eff}}$ bei (2.18) und (2.21) $\tan\delta_\varepsilon$ durch $\tan\delta_{\varepsilon,\mathrm{eff}}$, so erhält man für den dielektrischen Dämpfungsbelag α_ε und die unbelastete dielektrische Resonatorgüte Q_ε

$$\alpha_{\varepsilon(N)} = \pi f q_{\tan\delta,\varepsilon} \cdot \tan\delta_\varepsilon \cdot \sqrt{\varepsilon_{r,\mathrm{eff}}}/c_0 \quad , \tag{2.71}$$

$$\alpha_\varepsilon = 0{,}91\ q_{\tan\delta,\varepsilon} \cdot \tan\delta_\varepsilon \cdot f\sqrt{\varepsilon_{r,\mathrm{eff}}} \quad , \tag{2.72 Z}$$

$$Q_\varepsilon = 1/\tan\delta_{\varepsilon,\mathrm{eff}} = 1/(q_{\tan\delta,\varepsilon} \cdot \tan\delta_\varepsilon) \quad . \tag{2.73}$$

Bei (2.72 Z) sind f in GHz und α_ε in dB/cm einzusetzen, $\alpha_{\varepsilon(N)}$ errechnet sich in Neper/Längeneinheit.

Nun soll eine Beziehung zwischen $q_{\tan\delta,\varepsilon}$ und ε_r, $\varepsilon_{r,\mathrm{eff}}$ hergeleitet werden: Zunächst wird $Q_\varepsilon = 1/\tan\delta_{\varepsilon,\mathrm{eff}}$ durch die auf der gesamten Leitung pro Längeneinheit gespeicherte elektrische Feldenergie $W'_e = C'U^2/2$ und die auf der Leitung pro Längeneinheit entstehende dielektrische Verlustleitung P'_V dargestellt (U: Spannung auf der Leitung).

Nach /2.1, S. 116; 2.2, S. 345/ ist

$$Q_\varepsilon = \omega W'_e/P'_V = 1/\tan\delta_{\varepsilon,\mathrm{eff}} \quad . \tag{2.74}$$

Analog zu (2.74) ist $\tan\delta_\varepsilon$ des Substrats aus P'_V, die ja nur im Substrat auftritt, und der pro Längeneinheit im Substrat gespeicherten elektrischen Feldenergie $W'_{e,\varepsilon}$ zu

$$\tan\delta_\varepsilon = P'_V/(\omega W'_{e,\varepsilon}) \tag{2.75}$$

definiert. Mit der sich aus (2.74), (2.75) ergebenden F e l d e n e r g i e d e f i n i t i o n des Füllfaktors für dielektrische Verluste $q_{\tan\delta,\varepsilon} = W'_{e,\varepsilon}/W'_e$ und (2.43) wird

$$q_{\tan\delta,\varepsilon} = \frac{W'_{e,\varepsilon}}{W'_e} = \frac{\varepsilon_r}{\varepsilon_{r,\mathrm{eff}}} \cdot \frac{\partial\varepsilon_{r,\mathrm{eff}}}{\partial\varepsilon_r} = \frac{\varepsilon_r}{\varepsilon_{r,\mathrm{eff}}} \{q_\varepsilon + \frac{\partial q_\varepsilon}{\partial\varepsilon_r}(\varepsilon_r - 1)\} \quad . \tag{2.76}$$

Die für beliebige Quasi-TEM-Leitungen gültigen Gleichungen (2.74)-(2.76) vereinfachen sich mit (2.46), (2.47) für solche Leitungen, bei denen die dielektrische Grenzlinie zwischen dem Substrat und Luft mit einer elektrischen Feldlinie zusammenfällt (z.B. Bild 2.4a) zu

$$q_{\tan\delta,\varepsilon} = \frac{\varepsilon_r}{\varepsilon_{r,\mathrm{eff}}} q_\varepsilon = \frac{1 - (1/\varepsilon_{r,\mathrm{eff}})}{1 - (1/\varepsilon_r)} \quad . \tag{2.77}$$

(2.77) läßt sich jedoch auch bei solchen Leitungen, bei denen die Parallelitätsbedingung zwischen der dielektrischen Grenzlinie und dem elektrischen Feld nur in einem Punkt hoher Feldenergiekonzentration, nicht aber im gesamten Querschnitt, erfüllt ist, mit guter Näherung anwenden. Hierzu gehört die Mikrostreifenleitung /2.101, 2.102/.

2.4.5 Ableitungsdämpfung

Der Ableitungsdämpfungsbelag α_κ entsteht aufgrund einer endlichen spezifischen Luftfähigkeit κ des Substratmaterials. Bei Halbleitersubstraten muß vielfach κ mit seinem Beitrag zur Leitungsdämpfung berücksichtigt werden. Zur Beschreibung der Ableitungsverluste definiert man analog zu $\tan\delta_\varepsilon$ einen Ableitungsverlustfaktor

$$\tan\delta_\kappa = dP_V/(\omega \cdot dW_e) \tag{2.78}$$

des Substratmaterials /2.2, S. 91; 2.109, 2.110/. Mit der Verlustleistung $dP_V = E^2\kappa dV/2$ und der elektrischen Feldenergie $dW_e = E^2\varepsilon_0\,\varepsilon_r\,dV/2$ im Volumenelement dV wird

$$\tan\delta_\kappa = \kappa/(\omega\varepsilon_0\varepsilon_r) \quad , \tag{2.79}$$

$$\tan\delta_\kappa = 1{,}8 \cdot 10^3\kappa/(f\varepsilon_r) \quad . \tag{2.80 Z}$$

Bei (2.80 Z) sind κ in $(\Omega\text{cm})^{-1}$ und f in GHz einzusetzen.

Der Ableitungsdämpfungsbelag α_κ und die unbelastete Resonatorgüte durch Ableitungsverluste Q_κ errechnen sich, indem man $\tan\delta_\kappa$ anstelle von $\tan\delta_\varepsilon$ in (2.72 Z), (2.73) einsetzt, zu

$$\alpha_\kappa = 1{,}64 \cdot 10^3 \cdot q_{\tan\delta,\varepsilon} \cdot \kappa\sqrt{\varepsilon_{r,eff}}/\varepsilon_r \quad , \tag{2.81 Z}$$

$$Q_\kappa = f\varepsilon_r/(1800\, q_{\tan\delta,\varepsilon} \cdot \kappa) \quad . \tag{2.82 Z}$$

Speziell für solche Leitungsbauformen, bei denen die Grenzlinie zwischen dem Substrat und Luft im Leitungsquerschnitt mit einer elektrischen Feldlinie zusammenfällt (z.B. Bild 2.4a) vereinfachen sich (2.81 Z), (2.82 Z) wegen (2.77) zu

$$\alpha_\kappa = 1{,}64 \cdot 10^3 \,\frac{\sqrt{\varepsilon_{r,eff}} - (1/\sqrt{\varepsilon_{r,eff}})}{\varepsilon_r - 1}\,\kappa \quad , \tag{2.83 Z}$$

$$Q_\kappa = \frac{1 - (1/\varepsilon_r)}{\tan\delta_\kappa \cdot \{1 - (1/\varepsilon_{r,eff})\}} = \frac{f \cdot (\varepsilon_r - 1)}{1800\,\kappa\,\{1 - (1/\varepsilon_{r,eff})\}} \quad . \tag{2.84 Z}$$

Bei (2.81 Z)-(2.84 Z) sind κ in $(\Omega\text{cm})^{-1}$, f in GHz und α_κ in dB/cm einzusetzen.

(2.83 Z), (2.84 Z) gelten näherungsweise auch für solche Leitungen, bei denen die Parallelitätsbedingung mit der elektrischen Feldlinie nur angenähert erfüllt ist, wie z.B. die Mikrostreifenleitung (Bild 2.4b).

2.5 Näherungsverfahren für die statische Analyse von Quasi-TEM-Leitungen

2.5.1 Übersicht

Bei Quasi-TEM-Leitungen (Abschnitt 2.1.3) mit einer Schichtung von dielektrischem (isotropem) Substratmaterial ($\varepsilon_r > 1$) und Luft ($\varepsilon = \varepsilon_0$) im felderfüllten Querschnitt gibt es keine exakten analytischen Ausdrücke für die Kapazitätsbeläge C', C_0' bzw. die Leitungsparameter Z_L, $\varepsilon_{r,eff}$. Diese elektrischen Eigenschaften können mit großer Genauigkeit nur punktweise mit Hilfe numerischer Feldberechnungsmethoden auf Digitalrechnern bestimmt werden. Für praktische Entwicklungsaufgaben und Schaltungsoptimierungen werden jedoch einfache analytische Ausdrücke für die Leitungsparameter benötigt.

Derartige Formeln lassen sich mit guter Genauigkeit nach dem Verfahren der unter Berücksichtigung der dielektrischen Grenzschicht modifizierten konformen Abbildung und der Überlagerung von Teilkapazitäten im Luftraum und im Substrat ermitteln. Hieraus kann man einfache Regeln zur Umrechnung der Leitungsparameter bei einer Änderung der Substratpermittivität ε_r herleiten. Alle drei Verfahren gelten bei Streifenleitungen, bei denen die dielektrische Grenzfläche des Substrats mit einer elektrischen Feldlinie zusammenfällt, exakt (z.B. Bild 2.4a). Ist diese Bedingung nur in bestimmten Feldbereichen erfüllt, so gelten die Verfahren näherungsweise (z.B. Mikrostreifenleitung Bild 2.4b). Je stärker die dielektrische Grenzschicht von der elektrischen Feldlinie abweicht, um so geringer ist die Genauigkeit der Näherungen.

2.5.2 Modifizierte konforme Abbildung unter Berücksichtigung der dielektrischen Grenzfläche

Mit dem Verfahren der konformen Abbildung /2.5-2.10/ läßt sich der Kapazitätsbelag von Leitungen nur dann exakt bestimmen, wenn sie entweder homogenes Dielektrikum besitzen oder wenn eine Schichtung aus Luft und Substratmaterial im Feldraum vorliegt und die Nebenbedingung der Parallelität zwischen der dielektrischen Grenzfläche und einer elektrischen Feldlinie erfüllt ist (z.B. Bild 2.4a). Dann läßt sich eine magnetische Wand bei der dielektrischen Grenzfläche einziehen und man kann die Leiteranordnung ohne Feldveränderung in zwei Teilanordnungen mit jeweils homogenem Dielektrikum aufspalten. Die dielektrische Grenzlinie bildet sich dabei stets in eine senkrecht auf den Elektroden des Plattenkondensators stehende Gerade ab.

Fällt die dielektrische Grenzfläche hingegen nicht mit einer elektrischen Feldlinie zusammen, so bildet sich die dielektrische Grenzlinie des Leitungsquerschnitts konform in eine g e k r ü m m t e Linie im Plattenkondensator ab. Das ist z.B. bei der M i k r o s t r e i f e n l e i t u n g der Fall (Bilder 2.4b, 2.7a,b). Der Kapazitätsbelag C' kann daher nicht mehr exakt mit der konformen Abbildungsfunktion berechnet werden, da die Plattenkondensatorkapazität unbekannt ist. Zur Berechnung des Kapazitätsbelags des Plattenkondensators nach der Näherungsmethode der modifizierten konformen Abbildung /2.90/ stellt man die gekrümmte dielektrische Grenzlinie durch eine aus parallel- und längsgeschichtetem Dielektrikum bestehende Treppenkurve dar. Die Form der ursprünglichen gekrümmten Linie muß dabei möglichst gut angenähert werden (Bild 2.7c). Die dadurch entstehenden Teilkondensatoren können berechnet werden. Als Kriterium zur Festlegung der Treppenkurve kann man die Gleichheit der vom Substratmaterial belegten Flächen wählen, z.B. $F_2 = F_3 = F_1/2$ (Bilder 2.7b,c). Mit Hilfe der bekannten Abbildungsfunktion für die Leiterelektroden und des Füllfaktors $q_\varepsilon = b_\varepsilon/b$ des äquivalenten Plattenkondensators von Bild 2.7d lassen sich analytische Ausdrücke für C', Z_L und $\varepsilon_{r,eff}$ in Abhängigkeit von den Querschnittsabmessungen der Originalleitung (Bild 2.7a) und ε_r angeben.

Nach dem gleichen Verfahren, wie es für die Mikrostreifenleitung beschrieben worden ist, kann man auch andere Quasi-TEM-Streifenleitungen, bei denen die Substratgrenze ebenfalls nicht mit einer elektrischen Feldlinie zusammenfällt, näherungsweise analysieren. Bei der koplanaren Dreibandleitung und einem Substrat endlicher

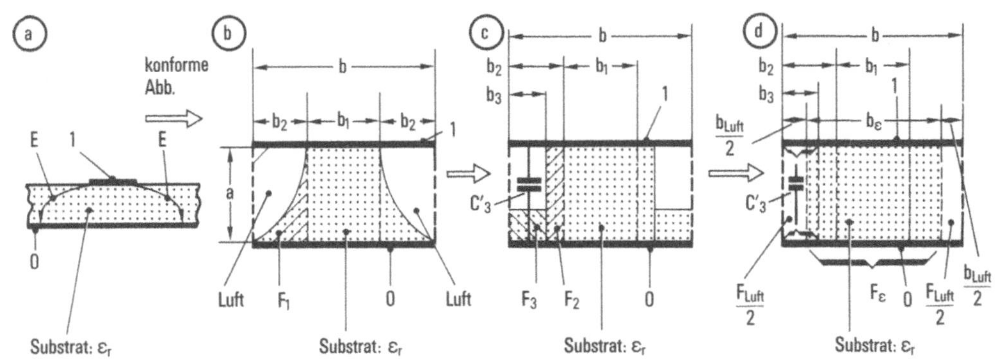

Bild 2.7. Verfahren der modifizierten konformen Abbildung am Beispiel der Mikrostreifenleitung. a) Originalleitungsquerschnitt; b) konforme Abbildung mit dielektrischer Grenzlinie; c,d) Ableitung des äquivalenten Plattenkondensators

Dicke (Bild 2.8a) bildet sich der Luftbereich unterhalb des Substrats in einen elliptisch geformten Hohlraum der Fläche F_1 ab, den man durch ein Rechteck annähert /2.111, 2.112/. Bei der unendlich periodischen Mikrostreifenleitungs-Vielleiteranordnung (Bild 2.8b) ist die Elementarzelle jeweils für Gleichtakterregung ($U_{i,0} = U_{i+1,0}$) und für Gegentakterregung ($U_{i,0} = -U_{i+1,0}$) separat in einen Plattenkondensator abzubilden /2.113/. Auch hier werden die gekrümmten dielektrischen Grenzlinien durch Treppenkurven angenähert. Allgemein gilt die Regel, daß sich das konforme Abbild der dielektrischen Grenzlinie um so stärker einer Geraden annähert, je genauer die Parallelitätsbedingung mit einer elektrischen Feldlinie im Hauptfeldenergiebereich bei der Originalleitung erfüllt ist.

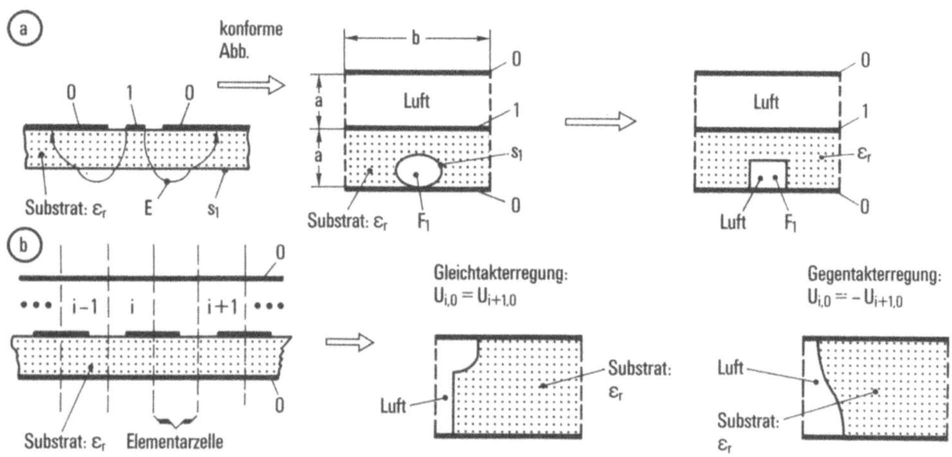

Bild 2.8. Weitere Beispiele für die modifizierte konforme Abbildung. a) Koplanare Dreibandleitung; b) Mikrostreifen-Mehrleiteranordnung

2.5.3 Verfahren der Überlagerung von Teilkapazitäten

Das Verfahren der Überlagerung von Teilkapazitäten dient ebenfalls wie das Verfahren der modifizierten konformen Abbildung zur Herleitung analytischer Näherungsausdrücke für die Leitungsparameter C', Z_L, $\varepsilon_{r,eff}$ von Quasi-TEM-Leitungen aus geschichtetem Dielektrikum Substrat - Luft. Es sind wieder zwei Fälle, nämlich Leitungen, bei denen die dielektrische Grenzfläche mit einer elektrischen Feldlinie zusammenfällt, und solche, bei denen die Grenzfläche nicht mit einer Feldlinie zusammenfällt, zu unterscheiden.

Bei dem ersten Leitungstyp, bei dem die dielektrische Grenzfläche des Substrats mit einer elektrischen Feldlinie zusammenfällt (Bilder 2.4a, 2.9a), gilt das Verfahren der Überlagerung von Teilkapazitäten exakt: Man kann an der dielektrischen Grenzlinie eine magnetische Wand einziehen und die Gesamtanordnung mit dem Kapazi-

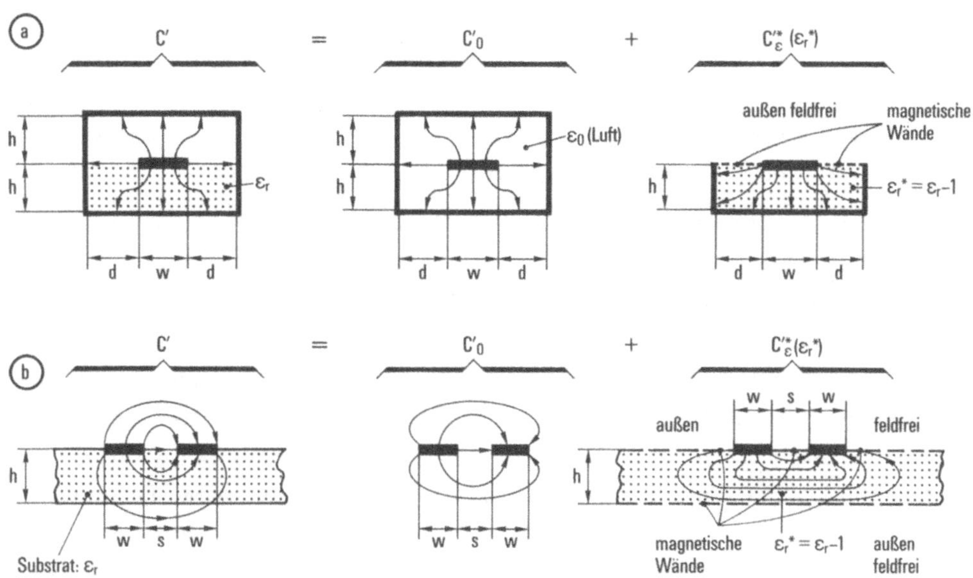

Bild 2.9. Verfahren der Überlagerung von Teilkapazitäten. a) Exakte Anwendung bei der symmetrischen Kammerleitung; b) näherungsweise Anwendung bei der koplanaren Zweibandleitung

tätsbelag C' in zwei Teilanordnungen mit homogener Luftfüllung (Kapazitätsbelag C'_{Luft}) und mit homogener Substratmaterialfüllung (Kapazitätsbelag C'_{ε}) aufteilen. Dabei wird das elektrische Feld nicht verändert. Es ist $C' = C'_{Luft} + C'_{\varepsilon}$. Es läßt sich aber die Gesamtkapazität C' auch auf andere Weise aus Teilkapazitäten zusammensetzen, nämlich aus dem Kapazitätsbelag C'_0 der G e s a m t a n o r d n u n g ohne Substrat und dem Kapazitätsbelag C'^*_{ε} der Teilanordnung mit homogener Substratfüllung, wobei aber die Permittivität ε_r des Substrats um $\Delta\varepsilon_r = 1$ auf $\varepsilon_r{}^* = \varepsilon_r - 1$ reduziert wurde. Die Reduktion gleicht die bei C'_0 überzählig vorhandene, ursprünglich mit Substratmaterial gefüllte Teilanordnung aus. Das läßt sich durch den Rechengang

$$C' = C'_{Luft} + C'_{\varepsilon} = C'_{Luft} + C'_{\varepsilon 0}\varepsilon_r = (C'_{Luft} + C'_{\varepsilon 0}) + C'_{\varepsilon 0}\varepsilon_r - C'_{\varepsilon 0}$$
$$= C'_0 + C'_{\varepsilon 0} \cdot (\varepsilon_r - 1) \tag{2.85}$$

darstellen. Somit lautet das Verfahren der Überlagerung von Teilkapazitäten

$$C' = C'_0 + C'^*_{\varepsilon}(\varepsilon^*_r = \varepsilon_r - 1) \quad . \tag{2.86}$$

Der gesamte Kapazitätsbelag C' einer Anordnung berechnet sich als Summe des Kapazitätsbelags C'_0 dieser Gesamtanordnung ohne Substrat (also $\varepsilon_r = 1$) und des Kapazitätsbelags der nur mit Substratmaterial belegten Teilanordnung C'^*_{ε}, wobei die Substratpermittivität ε_r auf $\varepsilon_r{}^* = \varepsilon_r - 1$ reduziert wird. Die mit Substratmaterial belegte Teilanordnung erhält man, indem man an den Substratgrenzen magnetische Wände einzieht und die restlichen Teile der Gesamtanordnung entfernt (Bild 2.9a). Es ist zu beachten, daß C'^*_ε unter der Bedingung zu berechnen ist, daß der Raum außerhalb der magnetischen Wände feldfrei ist. Sowohl C'_0 als auch C'^*_ε lassen sich exakt nach der konformen Abbildung für homogen gefüllte Leitungen berechnen.

Die Überlagerung der Teilkapazitäten nach (2.86) läßt sich auch mit guter Näherung auf Quasi-TEM-Streifenleitungen anwenden, bei denen die dielektrische Grenzlinie des Substrats nur näherungsweise mit einer elektrischen Feldlinie zusammenfällt. Ein Beispiel ist die koplanare Zweibandleitung bei endlicher Substratdicke (Bild 2.9b). Die Parallelitätsbedingung ist zwar auf der von Streifenleitern belegten Substratseite, nicht jedoch auf der von Streifenleitern freien Substratgrenzfläche erfüllt. Die beiden Ersatzanordnungen sind das Streifenleiterpaar im freien Raum für C'_0 und ein außen feldfreies, durch magnetische Wände begrenztes Substrat mit $\varepsilon_r^* = \varepsilon_r - 1$ und dem Streifenleiterpaar /2.99, 2.100/. Der Vorteil dieses Verfahrens im Vergleich zur modifizierten konformen Abbildung von Abschnitt 2.5.2 liegt darin, daß die Ermittlung der Treppenkurve für die Darstellung der krummlinigen Substratgrenzlinie wegfällt. Dafür ist eine zusätzliche konforme Abbildung zur Berechnung von C'^*_ε notwendig, die jedoch häufig elementar herleitbar ist oder aus Tabellenwerken bekannt ist /2.5-2.10/.

2.5.4 Umrechnung der Leitungsparameter für andere Substratpermittivitäten

Bei beliebigen Quasi-TEM-Leitungen (Bilder 1.42a,c, 1.43a,b,c,e,f, 1.45a-e, 1.46 a-g) sind der Kapazitätsbelag C', der Wellenwiderstand Z_L und die effektive Permittivität $\varepsilon_{r,eff}$ von den Querschnittsabmessungen und von ε_r des Substrats abhängig. Die Abhängigkeit von ε_r ist i.a. nicht linear.

Bei speziellen Leitungstypen, bei denen die dielektrische Grenzfläche des Substrats mit einer elektrischen Feldlinie zusammenfällt, bildet sich jedoch die dielektrische Grenzlinie des Leitungsquerschnitts konform in eine auf den Elektroden senkrecht stehende gerade Linie in dem Plattenkondensator ab (Bilder 2.4a, 2.10a). D.h., daß man die Gesamtleiteranordnung mit dem Kapazitätsbelag C' ohne Veränderung des Feldes in zwei getrennte Teilanordnungen längs der dielektrischen Grenzlinie aufspalten kann. Diese Teilanordnungen sind ein homogen mit Luft gefüllter Teilkondensator mit dem Kapazitätsbelag C'_{Luft} und ein homogen mit Substratmaterial ε_r gefüllter Teilkondensator mit dem Kapazitätsbelag C'_ε. Beide sind parallelgeschaltet, d.h. $C' = C'_{Luft} + C'_\varepsilon$, wobei $C'_\varepsilon = C'_{\varepsilon 0} \cdot \varepsilon_r$ ist. $C'_{\varepsilon 0}$ stellt die Kapazität des mit Substratmaterial gefüllten Teilkondensators dar, wenn man $\varepsilon_r = 1$ setzt. Für den Fall ohne Substrat ist $C'_0 = C'_{Luft} + C'_{\varepsilon 0}$. Bei der Leitung mit Substrat wächst also, falls man die Leiterabmessungen konstant läßt, gemäß C' =

$C'_{Luft} + C'_{\varepsilon} = C'_{Luft} + C'_{\varepsilon 0}\,\varepsilon_r$ der Kapazitätsbelag linear mit ε_r an, beginnend bei C'_0 (Bild 2.10b). Wegen $\varepsilon_{r,eff} = C'/C'_0$ wächst $\varepsilon_{r,eff}$ ebenfalls linear mit ε_r an, beginnend bei $\varepsilon_{r,eff} = 1$ (Bild 2.10c). Der Verlauf des Wellenwiderstands ist durch $Z_L = Z_{L0}/\sqrt{\varepsilon_{r,eff}}$ ebenfalls festgelegt. Somit kann man aus den für eine bestimmte Substratpermittivität ε_{r1} gegebenen Leitungseigenschaften C'_1, $\varepsilon_{r,eff,1}$, Z_{L1} die Leitungseigenschaften C', $\varepsilon_{r,eff}$, Z_L für eine beliebige andere Substratpermittivität $\varepsilon_r \neq \varepsilon_{r1}$ nach

$$C' = C'_0 + (C'_1 - C'_0)\frac{\varepsilon_r - 1}{\varepsilon_{r1} - 1}\;, \tag{2.87}$$

$$\varepsilon_{r,eff} = 1 + (\varepsilon_{r,eff,1} - 1)\frac{\varepsilon_r - 1}{\varepsilon_{r1} - 1}\;, \tag{2.88}$$

$$Z_L = Z_{L1}\sqrt{\varepsilon_{r,eff,1}/\varepsilon_{r,eff}} \tag{2.89}$$

berechnen. Voraussetzung ist, daß die Querschnittsabmessungen konstant bleiben. Es ist $C'_0 = C'(\varepsilon_r = 1)$.

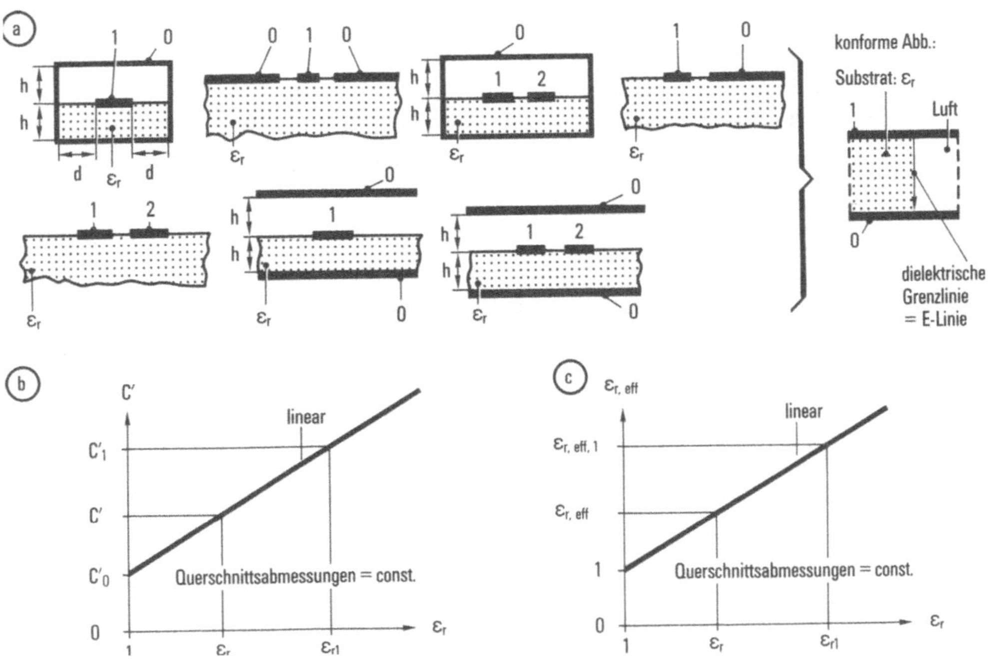

Bild 2.10. Umrechnung der Leitungsparameter für Substrate mit anderem ε_r. a) Leitungsbauformen mit exakt linearer Abhängigkeit $C'(\varepsilon_r)$; b) Verlauf des Kapazitätsbelags C' über ε_r; c) Verlauf der effektiven Permittivität $\varepsilon_{r,eff}$ über ε_r

Die Umrechnungsformeln (2.87)-(2.89) lassen sich auch bei Leitungen, bei denen die dielektrische Grenzfläche nicht genau, wohl aber im Bereich größter elektrischer Feldenergiekonzentration näherungsweise parallel zu einer elektrischen Feldlinie verläuft, mit guter Näherung anwenden (Bilder 1.42a, 1.43a,b,c,e,f, 1.45a,d,e). So liegt z.B. bei der Mikrostreifenleitung (Bild 1.42a: Leiterbreite w, Substratdicke h) in den Bereichen $0{,}05 \leq w/h \leq 10$ und $1 \leq \varepsilon_r \leq 100$ die Abweichung von der $\varepsilon_{r,eff}$-Linearität unterhalb von 1 %, wenn man die nach (2.88) umgerechneten Werte mit numerischen Ergebnissen nach /2.86/ vergleicht. Bei diesem Vergleich wurde jeweils von einem Stützwert $\varepsilon_{r,eff,1}(\varepsilon_{r1} = 10)$ für die Umrechnung mit (2.88) ausgegangen.

2.6 Wellenwiderstandsdefinitionen bei Quasi-TEM-Wellen

2.6.1 Einführung

Der Wellenwiderstand Z_L ist in der Mikrowellenschaltungstechnik eine wichtige Kenngröße von Leitungen: Zur reflexionsfreien Leistungsübertragung über Leitungen muß deren Wellenwiderstand gleich der Quell- und Lastimpedanz gewählt werden. Bei Transformations- und Filterschaltungen bestimmen die Wellenwiderstände die Übertragungseigenschaften.

Bei *reinen TEM-Leitungen*, also Leitungen mit zwei Elektroden in *homogenem* Dielektrikum (Bild 1.42b, Abschnitt 2.1.2) ist der Wellenwiderstand durch

$$Z_L = U/I = 2P_z/I^2 = U^2/(2P_z) = Z_{LN}(1+r)/(1-r) \tag{2.90}$$

aus der Leiterspannung U, dem Leiterstrom I (Scheitelwerte) und der transportierten Leistung $P_z = U\,I/2$ bei der angepaßten Leitung definiert. Da keine Längsfeldkomponenten vorhanden sind, ist U von der Wahl der Bezugspunkte unabhängig und I auf beiden Leitern gleich. Aus dem Reflexionsfaktor $r = (Z_L - Z_{LN})/(Z_L + Z_{LN})$, der bei einem idealen (streufeldfreien) Übergang von einer fremden Leitung bekannten Wellenwiderstands Z_{LN} auf unsere betrachtete Leitung mit dem Wellenwiderstand Z_L auftritt, kann man ebenfalls den Wellenwiderstand Z_L unserer Leitung definieren. Der Reflexionsfaktor r wird dabei von der Seite der Leitung Z_{LN} gemessen.

Bei *Quasi-TEM-Leitungen*, also Leitungen mit zwei Elektroden in *inhomogenem* Dielektrikum (Bilder 1.42a,c, 1.43a,b,c,e,f, 1.45a-e, 1.46a-g, Abschnitt 2.1.3) existieren Längskomponenten des E- und H-Feldes. Daher wird die Leiterspannung U von den auf den Leitern gewählten Bezugspunkten abhängig, d.h., sie ist unendlich vieldeutig. Der Längsstrom I besitzt auf dem Streifenleiter und auf der Masseelektrode unterschiedliche Werte (Bild 2.11a). Die transportierte Leistung P_Z ist nach wie vor eindeutig definiert. Das alles bewirkt, daß der Wellenwiderstand Z_L bei Quasi-TEM-Leitungen nicht mehr eindeutig definiert ist bzw. unendlich vieldeutig ist: Jede der vier Definitionen von (2.90) liefert andere Werte. In technischen Frequenzbereichen weichen die einzelnen Definitionen jedoch nur um einige Prozent voneinander ab, wobei der Unterschied um so geringer ist, je niedriger die Frequenz f liegt. Bei $f \to 0$ gehen die einzelnen Werte in den statischen Wert $Z_{L,stat}$ über (Bild 2.1b). Am Beispiel der Mikrostreifenleitung werden bei /1.352, 1.353, 2.46, 2.56, 2.57-2.59, 2.114-2.122/ die Wellenwiderstände nach verschiedenen Definitionen berechnet. Gehen wir auf allgemeine hybride Wellenleiter (Abschnitt 2.1.4) wie die Schlitzleitung (Bild 1.43d) über, so treten gegenüber den Quasi-TEM-Leitungen stärkere Abweichungen der nach den verschiedenen Definitionen berechneten Wellenwiderstände auf.

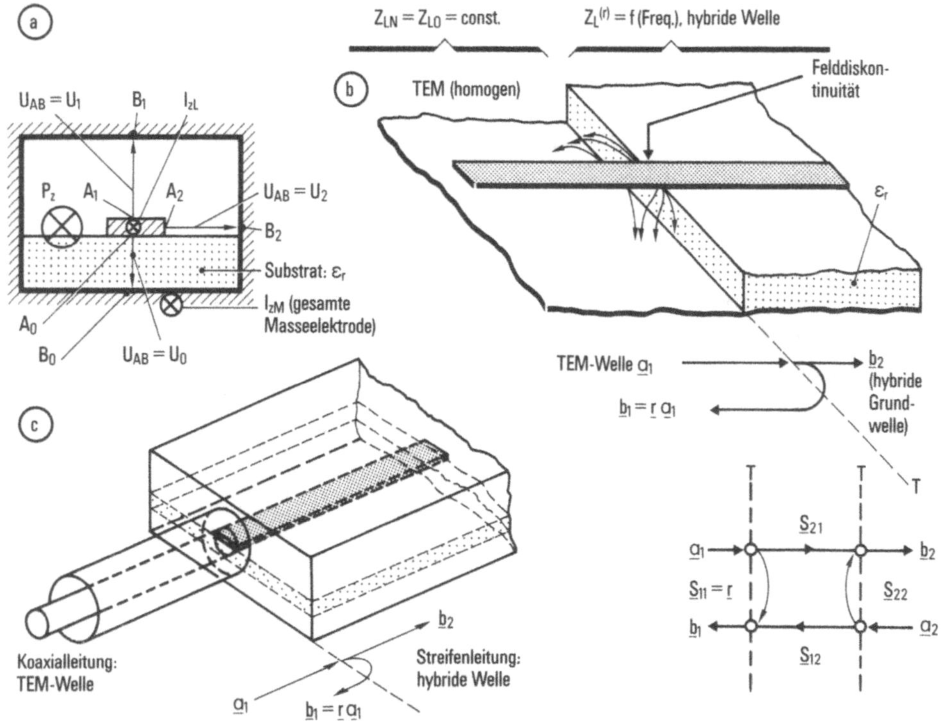

Bild 2.11. Zur Wellenwiderstandsdefinition bei Quasi-TEM-Wellen. a) Aus Spannung, Strom und Leistung; b) aus dem Reflexionsfaktor einer Stoßstelle mit einer Leitung gleichen Aufbaus ohne Substrat; c) aus dem Reflexionsfaktor einer Stoßstelle mit einer Koaxialleitung

2.6.2 Wellenwiderstandsdefinitionen aus Strom, Spannung und Leistung

Am Beispiel der hybriden Grundwelle (Quasi-TEM-Welle) der geschirmten Mikrostreifenleitung (Bild 2.11a) werden die Wellenwiderstandsdefinitionen aus Strom, Spannung und Leistung bei Quasi-TEM-Leitungen erläutert /1.352, 2.46, 2.56-2.58, 2.116 -2.119/. Eine Welle wird in eine angepaßte bzw. unendlich lange Leitung eingespeist. Dadurch entsteht eine Leiterspannung U_{AB}, die von der Wahl der Bezugspunkte A, B auf den Elektroden abhängt. Ein Längsstrom $I_{zi} = I_{zL}$ fließt auf dem Streifenleiter und ein Längsstrom $I_{zi} = I_{zM}$ fließt auf der Masseelektrode ($I_{zL} \neq I_{zM}$). Die Leistung P_z wird transportiert. Entsprechend den ersten drei Definitionen von (2.90) für die reine TEM-Leitung kann man bei den Quasi-TEM-Leitungen drei Wellenwiderstandsdefinitionen

$$Z_L^{(UI)} = U_{AB}/I_{zi} \quad , \tag{2.91}$$

$$Z_L^{(PI)} = 2P_z/I_{zi}^2 \quad , \tag{2.92}$$

$$Z_L^{(PU)} = U_{AB}^2/(2P_z) \tag{2.93}$$

aus Strom I_{zi}, Spannung U_{AB} (beides Scheitelwerte) und Leistung P_z festlegen. Es werden (2.91) die Strom-Spannungsdefinition, (2.92) die Leistungs-Stromdefinition und (2.93) die Leistungs-Spannungsdefinition genannt. Alle drei Definitionen liefern unterschiedliche Z_L-Werte, wobei (2.91) unendlich vieldeutig, (2.92) doppeldeutig und (2.93) unendlich vieldeutig ist. Wählt man jeweils gleiche Definitionen für U_{AB} und I_{zi}, so folgt aus (2.91)-(2.93), daß die drei Z_L-Definitionen mit Hilfe der Umformung

$(U_{AB}/I_{zi})^2 = \{U_{AB}^2/(2P_z)\} \cdot \{2P_z/I_{zi}^2\}$ nach

$$\{Z_L^{(UI)}\}^2 = Z_L^{(PU)} \cdot Z_L^{(PI)} \tag{2.94}$$

ineinander umrechenbar sind.

Bei der Mikrostreifenleitung (Bild 2.11a) bezieht man üblicherweise die Spannung gemäß $U_{AB} = U_0$ auf die substratseitige Streifenleitermitte A_0 und den gegenüberliegenden Massepunkt B_0, wobei der Streifenleiterstrom $I_{zi} = I_{zL}$ benützt wird /2.46, 2.56-2.58, 2.116-2.119/. Alternative Spannungsdefinitionen sind $U_{AB} = U_2$ zwischen der Streifenleiterkante A_2 und der Seitenwand B_2 und ein Spannungsmittelwert $U_m = (U_0 + U_1 + U_2)/3$ /2.57, 2.58, 2.122/. Hierbei ist U_1 zwischen der oberseitigen Streifenleitermitte A_1 und dem Deckel B_1 definiert. Die Frequenzverläufe der Wellenwiderstände nach verschiedenen Definitionen unter Verwendung von I_{zL}, I_{zM}, U_0, U_1 und U_m werden bei /2.58, 2.122/ für die Mikrostreifenleitung miteinander verglichen. Genaue Werte der Spannungen und Ströme gewinnt man numerisch durch Integration über die Felder /2.46, 2.116-2.118/. Näherungsweise kann man diese Werte auch aus den Feldern von teil-empirischen Dispersionsmodellen der Mikrostreifenleitung berechnen /2.56-2.58, 2.119/.

2.6.3 Weitere Wellenwiderstandsdefinitionen

Aus Analogiebetrachtungen zu den reinen TEM-Leitungen lassen sich weitere Wellenwiderstandsdefinitionen neben (2.91)-(2.93) für Quasi-TEM-Leitungen herleiten.

Die "Epsilon-Effektiv-Definition" /2.114, 2.121/ erhält man durch Anwendung der für die statische Näherung nach (2.33) exakt geltenden Beziehung $Z_{L,stat} = Z_{L0}/\sqrt{\varepsilon_{r,eff,stat}}$ auf die dynamische Analyse mit frequenzabhängiger effektiver Permittivität $\varepsilon_{r,eff}(f)$ zu

$$Z_L^{(\varepsilon\text{-eff})} = Z_{L0}/\sqrt{\varepsilon_{r,eff}} = Z_{L,stat}\sqrt{\varepsilon_{r,eff,stat}/\varepsilon_{r,eff}} \quad . \tag{2.95}$$

Hierbei ist $Z_{L0} = Z_{L,stat}(\varepsilon_r = 1) = Z_L(\varepsilon_r = 1)$ eindeutig definiert und frequenzunabhängig.

Die Reflexionsfaktor-Definition /1.352, 1.353, 2.115, 2.120/

$$Z_L^{(r)} = Z_{LN} \cdot (1 - |\underline{r}|)/(1 + |\underline{r}|) \tag{2.96}$$

erhält man aus dem Reflexionsfaktor $\underline{r} = \underline{b}_1/\underline{a}_1$ einer Verbindungsstelle zwischen der betrachteten Quasi-TEM-Leitung und einer reinen TEM-Normleitung, welche den (eindeutig definierten) Wellenwiderstand Z_{LN} besitzt. Der Reflexionsfaktor $\underline{r}$ wird von der Seite der Normleitung her definiert. Er ist auf Z_{LN} bezogen. Die Normleitung muß homogenes Dielektrikum (i.a. Luft mit $\varepsilon_r = 1$) besitzen. Wählt man für die Normleitung die gleiche Streifenleiterkonfiguration bei gleichen Abmessungen wie für die betrachtete Leitung mit dem Wellenwiderstand $Z_L^{(r)}$, wobei bei der Normleitung lediglich das Substrat weggelassen wird, so ist $Z_{LN} = Z_{L0}$. D.h., der Wellenwiderstand Z_{LN} der Normleitung ist gleich dem (frequenzunabhängigen, eindeutig definierten) Wellenwiderstand der betrachteten Leitung ohne Substrat (Bild 2.11b).

Der frequenzabhängige, komplexe Reflexionsfaktor $\underline{r}(f)$ beinhaltet die an der Stoßstelle T sich einstellenden Feldverzerrungen. Hierzu beschreibt man die Stoßstelle durch eine Zweitor-Streumatrix. Zu ihrer Berechnung geht man von einer auf der Seite der Normleitung einfallenden reinen TEM-Welle $\underline{a}_1$ aus. Ein Teil von $\underline{a}_1$ wird als TEM-Welle $\underline{b}_1 = \underline{r}\,\underline{a}_1$ reflektiert. Ein weiterer Teil von $\underline{a}_1$ breitet sich auf der Quasi-TEM-Leitung in Form der hybriden Grundwelle $\underline{b}_2$ und in Form von hybriden Oberwellen aus. Der frequenzabhängige Reflexionsfaktor wurde für die Mikrostreifenleitungs-Stoßstelle von Bild 2.11b von /2.115, 2.120/ berechnet. Man kann als Normleitung auch eine luftgefüllte Koaxialleitung definieren (Bild 2.11c). Für diese Anordnung muß $\underline{r}$ ebenfalls numerisch berechnet werden /1.352, 1.353/. Durch die willkürliche Definition der Normleitung besteht eine unendliche Vieldeutigkeit für $Z_L^{(r)}$.

Da in dem Reflexionsfaktor $\underline{r}$ die Felddiskontinuitäten des Übergangs von der Normleitung Z_{LN} auf die Quasi-TEM-Leitung eingerechnet sind, ist $Z_L^{(r)}$ der Quasi-TEM-Leitung von der Wahl der Normleitung abhängig. Somit ist $Z_L^{(r)}$ keine ausschließliche Eigenschaft der betrachteten Quasi-TEM-Leitung mehr, wie das bei den anderen Definitionen wie $Z_L^{(UI)}$, $Z_L^{(PI)}$ usw. der Fall war. Die Gleichung (2.96) ist eine Spezialisierung der allg. komplexen Gleichung $Z_L^{(r)} = Z_{LN}(1+\underline{r})/(1-\underline{r})$ für den i.allg. bei allen Abmessungen vorliegenden Fall $Z_L^{(r)} < Z_{LN}$, d.h. $\underline{r} = -|\underline{r}|$.

Während die Definitionen (2.91)-(2.93), (2.95), (2.96) für $f \to 0$ dem statischen Wert $Z_{L,stat}$ zustreben, nimmt die Feldwellenwiderstandsdefinition /2.59, 2.121/

$$Z_F = |E_x/H_y| = |E_y/H_x| = |E_{quer}/H_{quer}| \tag{2.97}$$

einen hiervon abweichenden Wert an. Entsprechend dem Feldwellenwiderstandskonzept /2.123, 2.124/ für Wellenleiter wird Z_F aus den an einem Ort x,y des Leitungsquerschnitts auftretenden Querfeldkomponenten E_x, E_y, H_x, H_y definiert. Legt man das Getsingersche Dispersionsmodell /2.51/ für die Mikrostreifenleitung zugrunde, so wird mit dieser Definition $Z_F = \eta_0/\sqrt{\varepsilon_{r,eff}}$, mit $\eta_0 = 120\,\pi\Omega$. D.h., daß Z_F nach (2.97) die gleiche Frequenzabhängigkeit wie $Z_L^{(\varepsilon\text{-}eff)}$ nach (2.95) besitzt, also $Z_L^{(\varepsilon\text{-}eff)} \sim Z_F(f)$ ist. Das gilt bei Betrachtung der tatsächlich auf der Originalleitung existierenden hybriden Welle allerdings nur näherungsweise, da die Quotienten E_x/H_y bzw. E_y/H_x nicht an allen Raumpunkten x,y den gleichen Wert besitzen /2.59/. Lediglich im statischen Grenzfall ($f = 0$) sind die Quotienten an allen Raumpunkten gleich.

2.7 Ähnlichkeitsgesetze bei linearer Vergrößerung von Leiteranordnungen

2.7.1 Lineare Vergrößerung von Leitungsquerschnitten

Die in allgemeiner Form bei /2.125, S. 488/ beschriebenen elektrodynamischen Ähnlichkeitsgesetze werden hier auf längshomogene Streifenleitungen (Bilder 1.42-1.46) angewandt. Reine TEM-Leitungen, Quasi-TEM-Leitungen und allgemeine hybride Wellenleiter sind eingeschlossen. Nachfolgende Angaben gelten unter der bei den meisten Streifenleitungen gegebenen Voraussetzung, daß sich im Feldraum isotropes Dielektrikum befindet. Es kann homogen oder inhomogen sein. Bei magnetischem Medium gelten auch Ähnlichkeitsgesetze - dieser Fall wird jedoch hier nicht betrachtet, da er selten vorkommt. Die Ähnlichkeitsgesetze geben das Verhalten der Leitungskenngrößen (z.B. Wellenwiderstand, Leitungsbeläge, Dämpfungsbeläge) an, wenn der Leitungsquerschnitt linear vergrößert wird: Das bedeutet, daß alle linearen Abmessungen um den gleichen Faktor k verändert werden, wobei die relativen Permittivitäten ε_{ri} der einzelnen Dielektrika im felderfüllten Querschnitt konstant bleiben. Auch die Abmessungen der einzelnen Dielektrikumsschichten werden um den Faktor k vergrößert. Den ursprünglichen Leitungsquerschnitt und den dermaßen vergrößerten oder verkleinerten Leitungsquerschnitt bezeichnet man als ähnliche Leitungsquerschnitte (z.B. Bild 2.12a für die geschirmte Mikrostreifenleitung).

Zunächst werden verlustfreie reine TEM-Leitungen (Abschnitt 2.1.2, Bild 1.42b) und Quasi-TEM-Leitungen (Abschnitt 2.1.3, Bilder 1.42a,c, 1.43a,b,c,e,f, 1.45a-e, 1.46) nach der statischen Näherung betrachtet. Hier lautet das Ähnlichkeitsgesetz: Ähnliche Leistungsquerschnitte besitzen ähnliche elektrische und magnetische Feldlinienbilder und damit gleichen Induktivitätsbelag L' und gleiche Kapazitätsbeläge C' und $C_0' = C'(\varepsilon_r = 1)$. Wegen (2.6), (2.9), (2.34), (2.40) sind dann auch der Wellenwiderstand Z_L, die Phasengeschwindigkeit v_P, die effektive Permittivität $\varepsilon_{r,eff}$ und der dielektrische Füllfaktor q_ε gleich. Das besagt, daß alle diese Kenngrößen nach

$$Z_L, \varepsilon_{r,eff}, v_P, q_\varepsilon, C' = F(x_1/x_i, x_2/x_i \dots x_n/x_i; \varepsilon_{r1}, \varepsilon_{r2} \dots \varepsilon_{rm}) , \tag{2.98}$$

$$L', C_0' = F(x_1/x_i, x_2/x_i \dots x_n/x_i) \tag{2.98a}$$

nur von den relativen Querschnittsabmessungen, d.h., von den auf irgendeine Querschnittsabmessung x_i bezogenen Querschnittsabmessungen $x_1, x_2 \dots x_n$ und den relativen Permittivitäten $\varepsilon_{r1}, \varepsilon_{r2} \dots \varepsilon_{rm}$ der einzelnen Schichten des dielektrischen Mediums abhängen. F kennzeichnet bei (2.98) eine funktionale Abhängigkeit, welche natürlich für jede Leitungskenngröße von anderer Art ist. Bei dem in Bild 2.12a gezeigten Beispiel ist mit einer Wahl von $x_i = h$ und $x_1 = w$, $x_2 = t$, $x_3 = a$, $x_4 = b$

$$Z_L, \varepsilon_{r,eff}, v_p, q_\varepsilon, C' = F(w/h, t/h, a/h, b/h; \varepsilon_r) \quad . \tag{2.99}$$

$$L', C'_0 = F(w/h, t/h, a/h, b/h) \quad . \tag{2.99a}$$

Der dielektrische Füllfaktor q_ε soll für Leitungen, bei denen das dielektrische Medium aus nur einem einzigen Substrat ($\varepsilon_r > 1$) und aus Luft (ε_0) besteht, näher betrachtet werden: Fällt bei solchen Leitungen die dielektrische Grenzlinie zwischen dem Substrat und der Luft mit einer elektrischen Feldlinie zusammen (Bilder 2.4a, 2.10a), so wächst $\varepsilon_{r,eff}$ nach (2.88) linear mit ε_r an. Daher wird der nach (2.40) berechnete dielektrische Füllfaktor von ε_r unabhängig und es gilt $q_\varepsilon = F(x_1/x_i, x_2/x_i \ldots x_n/x_i)$. Diese Abhängigkeit gilt auch noch näherungsweise bei den Leitungen, bei welchen die dielektrische Grenzlinie nur ungefähr, aber nicht genau mit einer elektrischen Feldlinie zusammenfällt (z.B. Mikrostreifenleitung, Bild 2.4b).

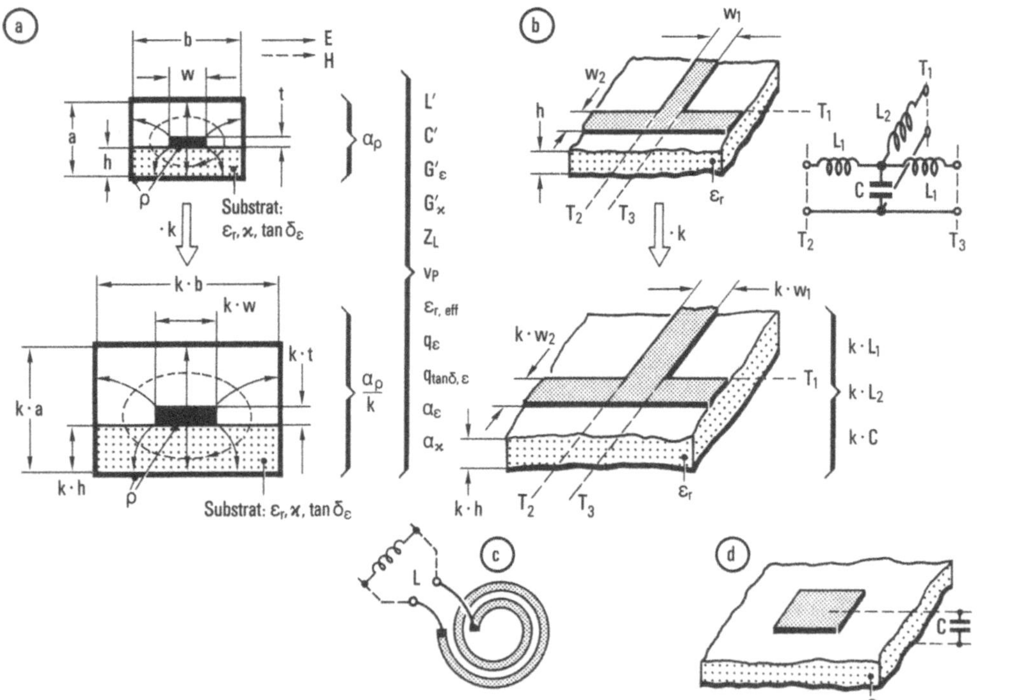

Bild 2.12. Ähnlichkeitsgesetze bei Streifenleitungsanordnungen. a) Statische Ähnlichkeitsgesetze bei Leitungsquerschnitten, Beispiel: Geschirmte Mikrostreifenleitung; b) statische Ähnlichkeitsgesetze bei dreidimensionalen Anordnungen, Beispiel: Leitungsverzweigung; c) Spiralinduktivität; d) Rechteckscheibenkondensator

Jetzt werden ähnliche schwach gedämpfte TEM- und Quasi-TEM-Leitungen nach der statischen Näherung betrachtet (Bild 2.12a). Für die Ähnlichkeit zweier Leitungsquerschnitte gilt hier als zusätzliche Voraussetzung, daß die Verlustkenngrößen, also die spezifischen Widerstände $\rho_1, \rho_2 \ldots \rho_p$ der Leiter, die dielektrischen Verlustfaktoren $\tan\delta_{\varepsilon,1}, \tan\delta_{\varepsilon,2} \ldots \tan\delta_{\varepsilon,q}$ und die spezifischen Leitfähigkeiten $\kappa_1, \kappa_2 \ldots \kappa_r$ der einzelnen dielektrischen Schichten bei der linearen Vergrößerung des Querschnitts konstant bleiben. Da bei schwach gedämpften Leitungen die Beeinflussung der Felder durch die Verluste vernachlässigt wird, bleiben auch hier die Leitungskenngrößen Z_L, $\varepsilon_{r,eff}$ usw. nach (2.98) bei linearer Vergrößerung des Querschnitts gleich.

Der durch Leiterverluste entstehende Widerstandsbelag R'_ρ erniedrigt sich um den Faktor k, um welchen der Leitungsquerschnitt vergrößert worden ist. Dafür gilt als Voraussetzung, daß der Skineffekt (Abschnitt 2.4.2) den Stromfluß bestimmt, d.h., daß die Dicke eines jeden Leiters groß gegenüber der Skineffekt-Eindringtiefe δ nach (2.53) ist. Dann wächst die Länge des Strombandes von der Dicke δ proportional zu k an, d.h. $R'_\rho \sim 1/k$. Wenn zudem alle Leiter aus gleichem Material bestehen, ist wegen (2.63) $R'_\rho \sim R_F$ mit dem spezifischen Oberflächenwiderstand $R_F \sim \sqrt{\rho f}$ nach (2.56). Mit $\alpha_\rho \sim R'_\rho/(2Z_L)$ nach (2.15) und $Z_L = Z_{L0}/\sqrt{\varepsilon_{r,eff}}$ nach (2.33) sind der Widerstandsbelag R'_ρ und der Leiterdämpfungsbelag α_ρ nach

$$R'_\rho = (\sqrt{\rho f}/x_i) \cdot F(x_1/x_i,\ x_2/x_i \ldots x_n/x_i), \tag{2.100}$$

$$\alpha_\rho = (\sqrt{\varepsilon_{r,eff} \cdot \rho \cdot f}/x_i) \cdot F(x_1/x_i,\ x_2/x_i \ldots x_n/x_i) \tag{2.101}$$

von den auf irgendeine Querschnittsabmessung x_i normierten Querschnittsabmessungen $x_1, x_2 \ldots x_n$, der Abmessung x_i selbst, dem spezifischen Leiterwiderstand ρ, der Frequenz f und der effektiven Permittivität $\varepsilon_{r,eff}$ abhängig. Die Substratpermittivitäten $\varepsilon_{r1}, \varepsilon_{r2} \ldots \varepsilon_{rm}$ bleiben auf R'_ρ ohne Einfluß. Speziell für das in Bild 2.12a gezeigte Leitungsbeispiel lauten (2.100), (2.101) bei einer Wahl von $x_i = h$

$$R'_\rho = (\sqrt{\rho f}/h) \cdot F(w/h, t/h, a/h, b/h) \quad , \tag{2.102}$$

$$\alpha_\rho = (\sqrt{\varepsilon_{r,eff} \cdot \rho \cdot f}/h) \cdot F(w/h, t/h, a/h, b/h) \quad . \tag{2.103}$$

Bei linearer Vergrößerung des Leitungsquerschnitts um den Faktor k und gleichen Werten von f, ρ, ε_r erniedrigt sich somit der Leiterdämpfungsbelag α_ρ um den Faktor k, und die Güte Q_ρ steigt um den Faktor k an.

Der **dielektrische Dämpfungsbelag** α_ε bleibt dagegen bei linearer Querschnittsvergrößerung konstant: Setzt man vereinfachend voraus, daß das dielektrische Medium aus einer Schichtung von Substrat (ε_r, $\tan\delta_\varepsilon$) und Luft (ε_0, $\tan\delta_\varepsilon = 0$) besteht, so lassen sich aus (2.4), (2.70), (2.71), (2.76), (2.98) für den Füllfaktor für dielektrische Verluste $q_{\tan\delta,\varepsilon}$, den dielektrischen Ableitungsbelag G'_ε und α_ε die Abhängigkeiten

$$q_{\tan\delta,\varepsilon} = F(x_1/x_i,\ x_2/x_i \dots x_n/x_i;\ \varepsilon_r) \quad , \tag{2.104}$$

$$G'_\varepsilon = f \cdot \tan\delta_\varepsilon \cdot F(x_1/x_i,\ x_2/x_i \dots x_n/x_i;\ \varepsilon_r) \quad , \tag{2.105}$$

$$\alpha_\varepsilon = f \cdot \tan\delta_\varepsilon \cdot F(x_1/x_i,\ x_2/x_i \dots x_n/x_i;\ \varepsilon_r) \tag{2.106}$$

von den Querschnittsabmessungen x_1, $x_2 \dots x_i \dots x_n$ und von ε_r, $\tan\delta_\varepsilon$ und der Frequenz f herleiten. Bei Leitungsbauformen, bei denen die dielektrische Grenzlinie zwischen dem Substrat und Luft genau oder wenigstens näherungsweise mit einer elektrischen Feldlinie zusammenfällt (vgl. Abschnitte 2.3.3, 2.4.4), berechnet man $q_{\tan\delta,\varepsilon}$ nach (2.77) anstatt nach (2.76). Bei den Leitungen, bei welchen die dielektrische Grenzlinie exakt auf eine Feldlinie fällt (Bilder 2.4a, 2.10a), wächst $\varepsilon_{r,eff}$ nach (2.88) mit ε_r linear an. Daher wird der nach (2.40) berechnete dielektrische Füllfaktor q_ε von ε_r unabhängig und es gilt exakt $q_\varepsilon = F(x_1/x_i,\ x_2/x_i \dots x_n/x_i)$ Setzt man dieses in (2.77) ein, so vereinfachen sich (2.104)...(2.106) zu

$$q_{\tan\delta,\varepsilon} = (\varepsilon_r/\varepsilon_{r,eff}) \cdot F(x_1/x_i,\ x_2/x_i \dots x_n/x_i), \tag{2.107}$$

$$G'_\varepsilon = f \cdot \tan\delta_\varepsilon \cdot \varepsilon_r \cdot F(x_1/x_i,\ x_2/x_i \dots x_n/x_i) \quad , \tag{2.108}$$

$$\alpha_\varepsilon = (f \cdot \tan\delta_\varepsilon \cdot \varepsilon_r/\sqrt{\varepsilon_{r,eff}}) \cdot F(x_1/x_i,\ x_2/x_i \dots x_n/x_i) \quad . \tag{2.109}$$

Diese drei Gleichungen gelten in guter Näherung auch für Leitungen, bei denen die dielektrische Grenzlinie nur näherungsweise mit einer elektrischen Feldlinie zusammenfällt (z.B. Bild 2.4b).

(2.107)-(2.109) gelten auch mit guter Näherung für die Mikrostreifenleitung. Die durch das Symbol F dargestellte funktionale Abhängigkeit ist bei (2.100)-(2.109) i.a. von unterschiedlicher Art. Für die in Bild 2.12a gezeigte Leitung erhält man aus (2.109) somit näherungsweise

$$\alpha_\varepsilon = (f \cdot \tan\delta_\varepsilon \cdot \varepsilon_r/\sqrt{\varepsilon_{r,eff}}) \cdot F(w/h,\ t/h,\ a/h,\ b/h) \quad . \tag{2.110}$$

Der durch endliche Substratleitfähigkeit $\kappa > 0$ entstehende Ableitungsdämpfungsbelag α_κ bleibt ebenfalls bei linearer Vergrößerung des Leistungsquerschnitts invariant. Für α_κ und G'_κ gelten die gleichen Formeln wie für α_ε und G'_ε, wenn man $\tan\delta_\varepsilon$ durch $\tan\delta_\kappa = \kappa/(\omega\varepsilon_0\varepsilon_r)$ nach (2.79) ersetzt. Damit erhält man aus (2.105), (2.106) für beliebige TEM- und Quasi-TEM-Leitungen

$$G'_\kappa = \kappa \cdot F(x_1/x_i,\ x_2/x_i \ldots x_n/x_i;\ \varepsilon_r) \quad , \tag{2.111}$$

$$\alpha_\kappa = \kappa \cdot F(x_1/x_i,\ x_2/x_i \ldots x_n/x_i;\ \varepsilon_r) \tag{2.112}$$

und aus (2.108), (2.109) für Leitungen, bei denen die dielektrische Substratgrenzlinie genau oder näherungsweise mit einer elektrischen Feldlinie zusammenfällt

$$G'_\kappa = \kappa \cdot F(x_1/x_i,\ x_2/x_i \ldots x_n/x_i) \quad , \tag{2.113}$$

$$\alpha_\kappa = (\kappa/\sqrt{\varepsilon_{r,eff}}) \cdot F(x_1/x_i,\ x_2/x_i \ldots x_n/x_i) \tag{2.114}$$

in Abhängigkeit von den Querschnittsabmessungen x_1, $x_2 \ldots x_i \ldots x_n$, der spezifischen Substratleitfähigkeit κ, der effektiven Permittivität $\varepsilon_{r,eff}$ und der Frequenz f. Die durch das Symbol F dargestellte funktionale Abhängigkeit ist bei (2.111)-(2.114) i.a. von unterschiedlicher Art.

Es wird nun die statische Näherung verlassen und die dynamische Analyse von beliebigen hybriden Wellenleitern betrachtet (Bilder 1.42-1.46, vgl. Abschnitte 2.1.3, 2.1.4). Hierin sind Quasi-TEM-Wellenleiter als Sonderfall eingeschlossen. Während bei der statischen Analyse dieser Wellenleiter die Parameter Z_L und v_P gemäß (2.98) frequenzunabhängig sind, werden Z_L und v_P bei der dynamischen Analyse von der Frequenz f abhängig (vgl. Bild 2.1b). Aus der allgemeinen Form der elektrodynamischen Ähnlichkeitsgesetze /2.125, S. 488/ läßt sich herleiten, daß der Wellenwiderstand Z_L, die Phasengeschwindigkeit v_P und die effektive Permittivität $\varepsilon_{r,eff} = (c_0/v_P)^2$ nach

$$Z_L,\ \varepsilon_{r,eff},\ v_P = F(x_i/\lambda_0;\ x_1/x_i,\ x_2/x_i \ldots x_n/x_i;\ \varepsilon_r) \tag{2.115}$$

von den Querschnittsabmessungen x_1, $x_2 \ldots x_i \ldots x_n$, der relativen Substratpermittivität ε_r und der Freiraumwellenlänge $\lambda_0 = c_0/f$ abhängen. Für die in Bild 2.12a gezeigte Leitung stellt sich (2.115) durch

$$Z_L,\ \varepsilon_{r,eff},\ v_P = F(h/\lambda_0;\ w/h,\ t/h,\ a/h,\ b/h;\ \varepsilon_r) \tag{2.116}$$

dar. Die funktionale Abhängigkeit F ist bei Z_L, $\varepsilon_{r,eff}$, v_P jeweils von unterschiedlicher Art. Das Ähnlichkeitsgesetz für die dynamische Analyse von Leitungen (2.115) besagt somit: Vergrößert man den Leitungsquerschnitt unter Erhaltung von ε_r des Substrats linear um einen Faktor k, so bleiben nur dann die Leitungsparameter Z_L, $\varepsilon_{r,eff}$ und v_P konstant und nur dann die Feldlinienbilder ähnlich, wenn man die Frequenz f um den Faktor k verkleinert. Gegenüber dem statischen Ähnlichkeitsgesetz (2.98) ist bei (2.115) zusätzlich die Einflußgröße x_i/λ_0 hinzugekommen. Bei Quasi-TEM-Leitungen geht das dynamische Ähnlichkeitsgesetz (2.115) für $f \to 0$ in das statische Gesetz (2.98) über, da für $f \to 0$ sich Z_L, $\varepsilon_{r,eff}$ und v_P kaum noch mit der Frequenz f ändern. Bei reinen TEM-Leitungen sind auch nach der exakten Analyse Z_L, $\varepsilon_{r,eff}$ und v_P frequenzunabhängig, so daß (2.115) für alle Frequenzen in (2.98) übergeht (Bild 2.1b, Abschn. 2.1.2).

2.7.2 Lineare Vergrößerung von dreidimensionalen Leiterstrukturen

Quasikonzentrierte dreidimensionale Leiterstrukturen in inhomogenem dielektrischem Medium, welches i.a. aus einer Schichtung aus Substrat ($\varepsilon_r > 1$) und Luft (ε_0) besteht, werden betrachtet. Der Fall des homogenen Dielektrikums ist eingeschlossen. Solche Strukturen sind Leitungsdiskontinuitäten (Bild 1.47), Kapazitäten (Bild 1.48) und Induktivitäten (Bild 1.49). Bilder 2.12 b, c und d zeigen als Beispiele eine Leitungsverzweigung, eine Spiralinduktivität und einen Rechteckscheibenkondensator. Diese Strukturen werden nach der statischen Näherung analysiert. D.h., daß die Abmessungen klein gegenüber der Wellenlänge $\lambda_0 = c_0/f$ sein müssen. Für die Induktivität von Bild 2.12c bedeutet das, daß der Strom über die gesamte Spiralenlänge hinweg die gleiche Phase besitzen muß.

Aus den allgemeinen elektrodynamischen Ähnlichkeitsgesetzen /2.125, S. 488/ lassen sich die statischen Ähnlichkeitsgesetze für derartige dreidimensionale Strukturen herleiten: Die Strukturen werden durch eine endliche Zahl von Induktivitäten L_j und/oder Kapazitäten C_j beschrieben, für welche die funktionale Abhängigkeit

$$L_j = x_i \cdot F(x_1/x_i,\ x_2/x_i \ldots x_n/x_i) \quad , \tag{2.117}$$

$$C_j = x_i \cdot F(x_1/x_i,\ x_2/x_i \ldots x_n/x_i;\ \varepsilon_r) \tag{2.118}$$

von den linearen Abmessungen x_1, $x_2 \ldots x_i \ldots x_n$ und der relativen Substratpermittivität ε_r besteht. Aufgrund der statischen Näherung sind die L_j von ε_r unabhängig. Bei dem in Bild 2.12b gezeigten Beispiel einer Leitungsverzweigung leiten sich aus (2.117), (2.118) für die Leiterdicke $t = 0$

$$L_1, L_2, L_3 = h \cdot F(w_1/h, w_2/h) \quad , \tag{2.119}$$

$$C = h \cdot F(w_1/h, w_2/h; \varepsilon_r) \tag{2.120}$$

ab. Die einheitlich durch das Symbol F dargestellte funktionale Abhängigkeit ist bei den einzelnen Elementen jeweils von unterschiedlicher Art. Bei linearer Vergrößerung einer dreidimensionalen Anordnung um einen Faktor k erhöhen sich somit die Induktivitäten L_j und Kapazitäten C_j des statischen Ersatzschaltbilds ebenfalls um den Faktor k. Die elektrischen und magnetischen Felder sind bei der ursprünglichen und bei der vergrößerten Anordnung ähnlich. Aus dem statischen Ähnlichkeitsgesetz für dreidimensionale Anordnungen kann man das statische Ähnlichkeitsgesetz (2.98) für Leitungsquerschnitte herleiten: Da die Beläge gemäß $L' = L/\Delta l$, $C' = C/\Delta l$ pro Leitungslängeneinheit definiert sind und die Bezugslänge Δl bei der linearen Querschnittsvergrößerung nicht mitvergrößert wird, bleiben L' und C' invariant.

Für die quasikonzentrierten Elemente Induktivitäten und Kapazitäten, von denen die Bilder 2.12c,d je eine Ausführungsform zeigen, gelten ebenfalls (2.117), (2.118): Bei linearer Vergrößerung der jeweiligen Anordnung um einen Faktor k erhöhen sich die Induktivität L und die Kapazität C ebenfalls um den Faktor k. Auch hier wird vorausgesetzt, daß ε_r konstant bleibt.

Die Ähnlichkeitsgesetze können auch zur Entwicklung von Streifenleitungsschaltungen anhand linear vergrößerter, auf einem Substrat gleicher Permittivität ε_r aufgebauter Modelle verwendet werden (frequency scaling). Bei /2.126/ wird die Entwicklung eines Streifenleitungsfilters nach diesem Verfahren beschrieben.

3 Leitungsparameter der Mikrostreifenleitung auf dielektrischem, isotropem Substrat

3.1 Einführung

Der A u f b a u der Mikrostreifenleitung (microstrip line) ist in Bild 3.1a dargestellt: Ein dünner Streifenleiter der Breite w und der Dicke t auf der Substrat-Vorderseite und eine ganzflächige Massemetallisierung der Dicke t auf der Substratrückseite bilden die beiden Leitungselektroden. Beide Elektroden haben den spezifischen Widerstand ρ. Die verlustarme dielektrische Trägerplatte, das Substrat (Abschn. 1.4), wird durch die Dicke h, die relative Permittivität ε_r, den dielektrischen Verlustfaktor $\tan\delta_\varepsilon$, die spezifische Leitfähigkeit κ und gelegentlich zusätzlich durch die effektive Oberflächenrauhigkeit σ_{eff} beschrieben. Die Materialparameter ρ, ε_r, $\tan\delta_\varepsilon$ und κ werden i. allg. als von der Frequenz unabhängig vorausgesetzt. Bei technischen integrierten Mikrowellenschaltungen sind $h = 0{,}1 \dots 2$ mm, $w = 0{,}05 \dots 10$ mm, $t = 1 \dots 30$ µm. Bei einer typischen Leitung sind $\varepsilon_r = 9{,}8$ (Al_2O_3-Keramik), $h = 0{,}635$ mm = 25 mil, $w = 0{,}60$ mm, $t = 8$ µm für einen Wellenwiderstand Z_L von 50 Ω.

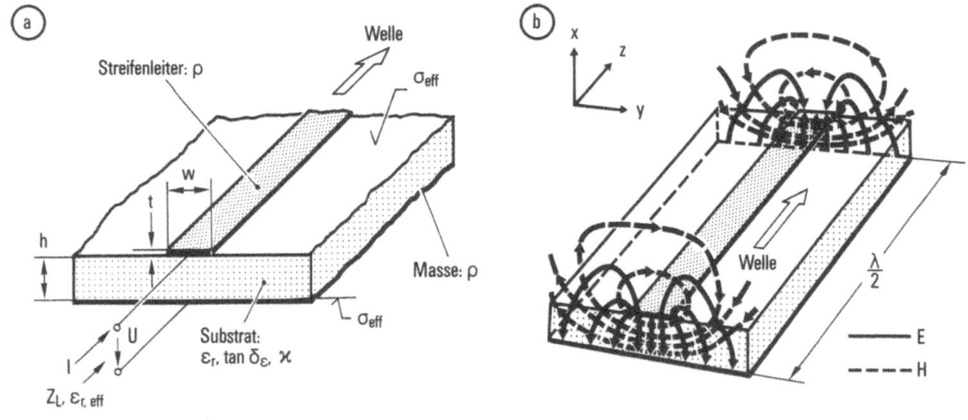

Bild 3.1. Die Mikrostreifenleitung. a) Aufbau; b) elektrische und magnetische Feldlinien bei niedrigen Frequenzen nach statischer Näherung (E: elektrisches Feld; H: magnetisches Feld)

Der sich auf der Mikrostreifenleitung ausbreitende Wellentyp ist die hybride Welle. Schaltungen werden im Eindeutigkeitsbereich der hybriden Grundwelle (Bild 2.1c), welche vom Quasi-TEM-Typ (Abschn. 2.1.3) ist, aufgebaut. Wir gehen von der Voraussetzung einer schwach gedämpften Leitung aus. Diese kann durch die reellen Leitungsparameter Wellenwiderstand Z_L und effektive Permittivität $\varepsilon_{r,eff}$ beschrieben werden, wie sie sich für die verlustfreie Leitung errechnen (Abschn. 2.2, 2.3). Verschiedene statische und dynamische Analyseverfahren der Mikrostreifenleitung, welche numerische Methoden und Formeln einschließen, werden bei /1.30, 1.31, 1.33, 2.14-2.16, 2.19, 2.22-2.29, 2.37-2.103, 2.105, 2.108-2.110, 2.113-2.122, 3.1-3.181/ beschrieben.

Bei den Feldbildern der Mikrostreifenleitung muß man zwischen der statischen und der dynamischen Analyse unterscheiden. Das statische Feldlinienbild (Bild 3.1b) beschreibt die Leitung mit guter Näherung im unteren Frequenzbereich von $f=0$ bis $f \cong f_{g,stat} \cong 1...5$ GHz (s. Bild 2.1b). Ex existieren nur Querkomponenten des E- und H-Felds. Die elektrischen (E-)Feldlinien entsprechen dem Gleichspannungsfeld. Zwischen dem Streifenleiter und der Masse dominiert das Plattenkondensatorfeld E_x. An den Streifenleiterrändern herrscht das Streufeld E_x, E_y. Das magnetische (H-)Feld hat die gleiche Verteilung wie sie sich ohne Substrat ergeben würde. Zur quantitativen Berechnung der statischen Felder sind numerische Methoden /3.1, 3.2, 3.3/ notwendig.

Beim Überschreiten der Grenzfrequenz $f_{g,stat}$ für die statische Näherung werden die Längskomponenten E_z und H_z der Felder signifikant, und zwar in um so stärkerem Maß, je höher die Frequenz wird. Die Feldbilder müssen nach dynamischen numerischen Methoden /2.20, 2.29, 2.48, 3.4-3.6, 3.97, 3.98, 3.157/ berechnet werden. Die elektrischen und magnetischen Feldlinienbilder der hybriden Grundwelle nach /3.4/ zeigt Bild 3.2. Bei dem H-Feld (Bild 3.2a) gibt es Querschnittsebenen, bei denen die Längskomponente $H_z = 0$ wird und solche, bei denen H_z maximal und $H_x, H_y = 0$ werden. Die H-Linien erster Art umschließen wie im statischen Fall den Streifenleiter, während die H-Linien zweiter Art miteinander verschmelzen. Entsprechend gibt es beim E-Feld (Bild 3.2b) Querschnittsebenen mit $E_z = 0$ und solche mit maximalem E_z und $E_x, E_y = 0$. Die E-Feldlinien erster Art landen noch auf dem Streifenleiter, während die E-Feldlinien zweiter Art miteinander verschmelzen. Je höher die Frequenz f ist, desto mehr entfernt sich das Feldlinienbild vom statischen Fall. Die Längsfeldstärken bei hohen Frequenzen wurden bei /2.29, 3.4, 3.97/ experimentell nachgewiesen. Die Messung der Feldverteilung im Luftraum mit vormagnetisierten Granatkügelchen wird bei /3.158/ beschrieben.

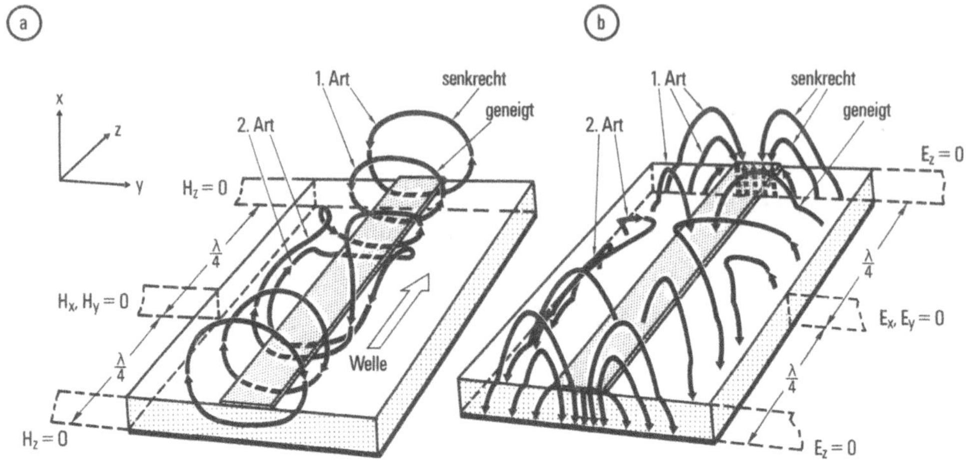

Bild 3.2. Feldlinienbilder der hybriden Grundwelle (Quasi-TEM-Welle) der Mikrostreifenleitung bei höheren Frequenzen nach der dynamischen Analyse /3.4/. a) Magnetfeld; b) elektrisches Feld

Ebenso wie bei den Feldbildern muß man bei der S t r o m v e r t e i l u n g auf den Leiteroberflächen zwischen der statischen Näherung und der dynamischen Analyse unterscheiden (Abschn. 2.1.3). Unter der Stromverteilung versteht man den Verlauf der Oberflächenstromdichten über die Elektrodenoberflächen im Leitungsquerschnitt. Die Oberflächenstromdichte g (Dimension A/cm) ist der Leiterstrom unter einer Strecke von der Längeneinheit auf der Leiteroberfläche, wobei die Strecke senkrecht zur Stromflußrichtung liegt. Bei niedrigen Frequenzen $0 \leq f \leq f_{g,stat} \cong$ $\cong$ 1...5 GHz lassen sich nach der statischen Näherung die Längskomponenten des Magnetfelds vernachlässigen. Daher existieren ausschließlich Längsströme g_{L1} (Streifenleiteroberseite), g_{L2} (Streifenleiterunterseite) und g_{L3} (Masseleiter) nach Bild 3.3a, deren Verteilung wegen der statischen Näherung unabhängig von ε_r ist. An den Streifenleiterkanten treten Strommaxima auf. Stets ist $g_{L2}(y) > g_{L1}(y)$. Bei höheren Frequenzen $f \geq f_{g,stat}$ werden die Magnetfeld-Längskomponenten H_z signifikant. Sie erzeugen Querstromdichten g_{Q1} (Streifenleiteroberseite), g_{Q2} (Streifenleiterunterseite) und g_{Q3} (Massefläche). Ihre Verteilung über den Leiteroberflächen zeigt Bild 3.3b. Die Querströme verschwinden auf der Symmetrielinie. Ihre Maximalwerte wachsen mit zunehmender Frequenz an. Sie sind ungefähr proportional zu w/λ_0 und bleiben um eine bis zwei Größenordnungen unterhalb der Längsstrombeläge, solange $w/\lambda_0 \leq 0,1$ ist /2.114, 3.7/. Zur genauen Berechnung der Stromverteilung sind numerische Verfahren /2.41, 2.60, 2.61, 2.66, 2.76, 2.77, 3.7, 3.8, 3.71, 3.145, 3.157/ notwendig.

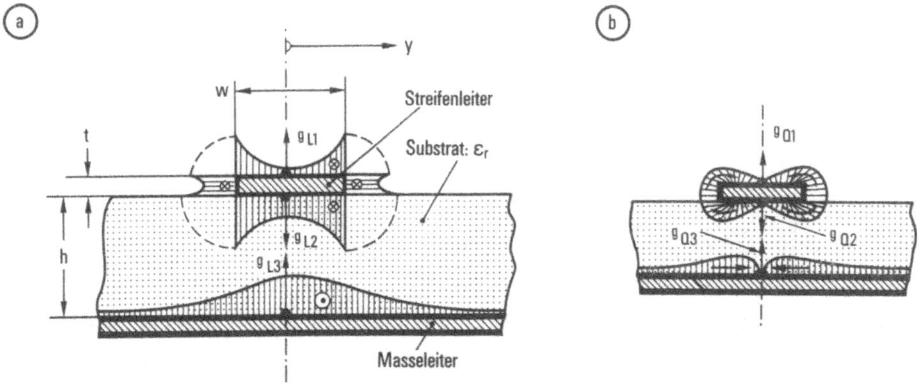

Bild 3.3. Qualitative Stromverteilung bei der Mikrostreifenleitungs-Grundwelle.
a) Längsstromdichte-Verteilung bei niedrigen Frequenzen nach statischer Näherung;
b) Querstromdichte-Verteilung bei höheren Frequenzen nach dynamischer Analyse /3.7/

3.2 Wellenwiderstand und effektive Permittivität nach statischer Näherung

3.2.1 Numerische statische Analyse der Mikrostreifenleitung

Nach der für niedrige Frequenzen $0 \leq f \leq f_{g,stat}$ (Abschn. 2.1.3, Bild 2.1b) gültigen statischen Näherung für die Quasi-TEM-Welle besteht aufgrund des elektrostatischen Ähnlichkeitsgesetzes (2.98) für die Leitungsparameter die funktionale Abhängigkeit (s. Bild 3.1a)

$$Z_L, \varepsilon_{r,eff} = f(w/h, t/h, \varepsilon_r) \quad . \tag{3.1}$$

f stellt eine funktionale Abhängigkeit dar, die für Z_L und $\varepsilon_{r,eff}$ von unterschiedlicher Art ist. Bei linearer Querschnittsvergrößerung unter gleich bleibendem ε_r verändern sich demnach im Bereich der statischen Näherung die Leitungsparameter Z_L und $\varepsilon_{r,eff}$ nicht. Die obere Frequenzgrenze für eine zweckmäßige Anwendung der statischen Näherung beim praktischen Schaltungsentwurf läßt sich empirisch zu

$$f_{g,stat} \cong 0{,}04 \cdot Z_{L0}/(h\sqrt{\varepsilon_{r,eff}}) = 0{,}04 \cdot Z_L/h \tag{3.2 Z}$$

abschätzen ($Z_{L0} = Z_L\sqrt{\varepsilon_{r,eff}}$: Wellenwiderstand der Leitung für $\varepsilon_r = 1$ in Ω, h in mm, $f_{g,stat}$ in GHz). (3.2 Z) kann man aus dem Bandleitungsmodell (Abschn. 3.2.5) unter der Bedingung herleiten, daß bei $f_{g,stat}$ dessen effektive Breite $w_{eff} = \lambda/20$ sein soll. Mit der groben empirischen Näherung $\eta_0/Z_{L0} = w_{eff}/h \cong (w/h) + 2$ und der weiteren

Näherung $\varepsilon_{r,eff} \cong (\varepsilon_r + 1)/2$ läßt sich (3.2 Z) weiterhin zu

$$f_{g,stat} \cong \frac{21{,}3}{(w + 2h)\sqrt{\varepsilon_r+1}} \qquad (3.3\ Z)$$

vereinfachen (w, h in mm, $f_{g,stat}$ in GHz). (3.2 Z) und (3.3 Z) liefern lediglich grobe Anhaltspunkte für die obere Grenzfrequenz $f_{g,stat}$ der statischen Näherung, da bei ihrer Herleitung der eigentliche Dispersionsverlauf $\varepsilon_{r,eff}(f)$ nicht berücksichtigt wurde. Als eigentliches Kriterium für $f_{g,stat}$ ist z.B. eine bestimmte prozentuale Abweichung der nach dynamischen Analyseverfahren berechneten frequenzabhängigen effektiven Permittivität $\varepsilon_{r,eff}(f)$ von der statischen effektiven Permittivität $\varepsilon_{r,eff,stat} = \varepsilon_{r,eff}(f=0)$ zu verwenden. Wie aus Bild 3.9 und Tafel 3.3 des später folgenden Abschnitts 3.3.2 zu ersehen ist, sinkt das dermaßen definierte Produkt $f_{g,stat} \cdot h$ mit wachsender Leiterbreite w und wachsender Substratpermittivität ε_r ab. Dieses prinzipielle Verhalten wird durch die Abschätzungen (3.2 Z), (3.3 Z) richtig beschrieben. Da die Dispersionsfreiheit für $\varepsilon_r = 1$ durch diese Gleichungen aber nicht erfaßt wird, sollten sie nur für $\varepsilon_r \geqq 2$ benützt werden.

Zur statischen Berechnung von Z_L, $\varepsilon_{r,eff}$ bestimmt man die statischen Kapazitätsbeläge C' der Originalleitung und $C_0' = C'(\varepsilon_r = 1)$ der Leitung gleicher Abmessungen, aber ohne Substrat. Mit (2.30), (2.31) lassen sich daraus Z_L und v_P und mit (2.34) $\varepsilon_{r,eff}$ ableiten. Den Induktivitätsbelag L' erhält man nach (2.36). Den Kapazitätsbelag C_0' kann man mit Hilfe der konformen Abbildung berechnen /1.30, 1.31, 2.5, 2.14-2.16, 3.12-3.14/. Zur genauen Bestimmung von C' bei inhomogenem Dielektrikum sind numerische, auf Digitalrechnern auszuwertende Feldberechnungsverfahren /2.60-2.85, 2.89, 3.100, 3.151-3.156/ notwendig (s. Abschn. 2.1.3).

Ein sehr genaues und rechenzeiteffizientes Verfahren zur statischen Analyse von allgemeinen Streifenleitungsstrukturen ist die Methode der Geraden /2.86, 2.87, 2.89, 3.99, 3.100/. Nach dieser Methode berechnete Werte des Wellenwiderstands Z_L und der effektiven Permittivität $\varepsilon_{r,eff}$ der in Bild 3.1a dargestellten Mikrostreifenleitung auf technisch bedeutenden Substratmaterialien zeigen die Bilder 3.4 und 3.5 sowie Tafel 3.1. Dabei wird eine normierte Streifenleiterdicke $t/h = 0$ vorausgesetzt, was bei den in der Dünnfilmtechnik üblichen Leiterdicken von $t = 2...10\ \mu m$ mit guter Näherung gilt.

Bild 3.4. Leitungsparameter Z_L, $\varepsilon_{r,eff}$ der Mikrostreifenleitung auf verschiedenen technisch wichtigen Substraten Teflon ($\varepsilon_r = 2{,}1$), Polyolefin ($\varepsilon_r = 2{,}3$), glasfaserverstärktes Teflon ($\varepsilon_r = 2{,}5$), Quarzglas (fused quartz: $\varepsilon_r = 3{,}78$), Al_2O_3-Keramik ($\varepsilon_r = 9{,}6$ bzw. 9,8 bzw. 10), semiisolierendes Silizium ($\varepsilon_r = 11{,}9$), semiisolierendes Galliumarsenid ($\varepsilon_r = 12{,}9$) und nichtmagnetisches Ferrit ($\varepsilon_r = 16$) für $t = 0$ und kleine $w/h \leqq 1{,}8$, nach der Methode der Geraden berechnet.

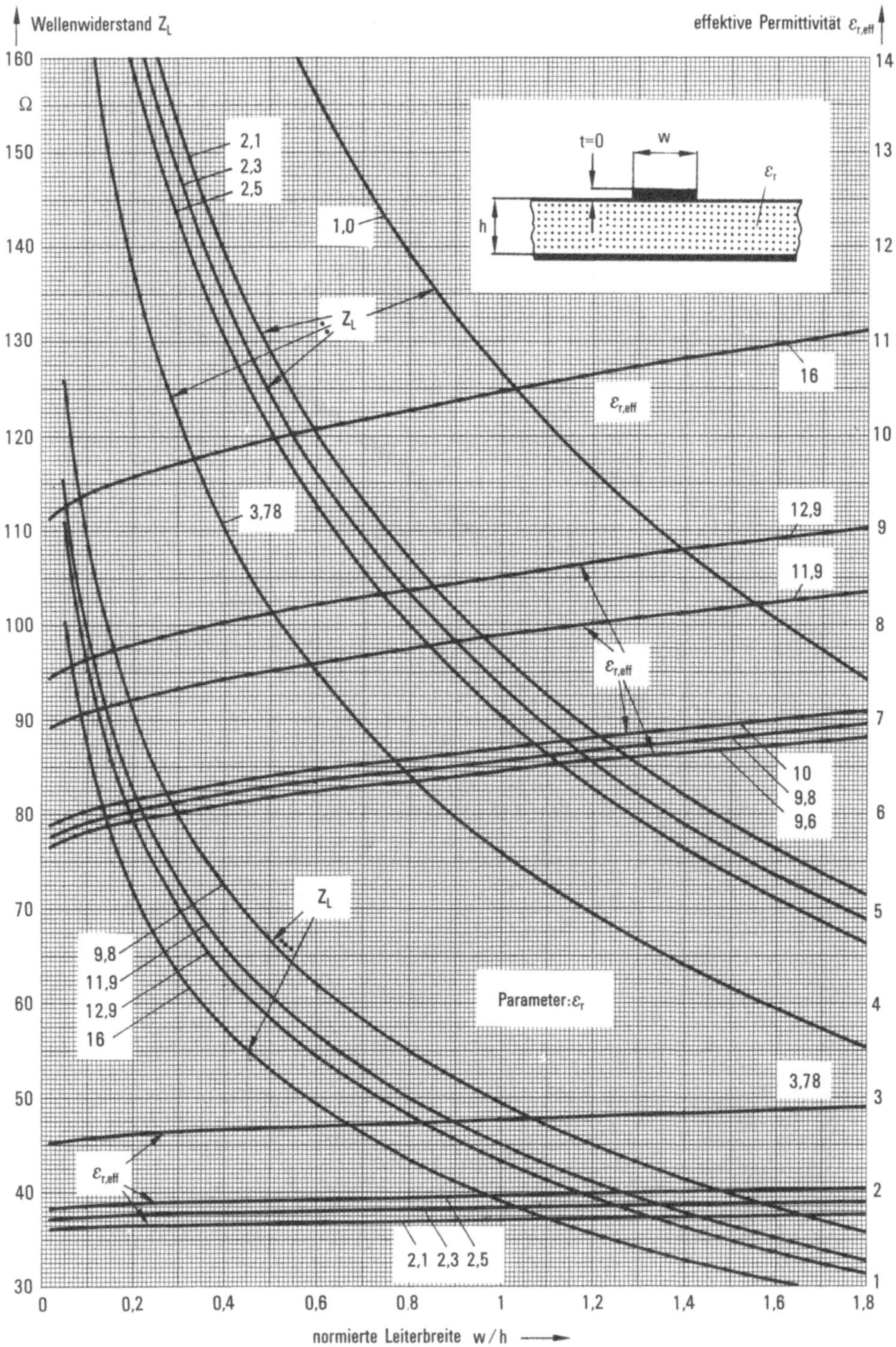
Wellenwiderstand Z_L
effektive Permittivität $\varepsilon_{r,eff}$
160
Ω
150
140
130
120
110
100
90
80
70
60
50
40
30
14
13
12
11
10
9
8
7
6
5
4
3
2
1
t=0
w
h
ε_r
2,1
2,3
2,5
1,0
Z_L
16
$\varepsilon_{r,eff}$
3,78
12,9
11,9
$\varepsilon_{r,eff}$
10
9,8
9,6
Z_L
9,8
11,9
12,9
16
Parameter: ε_r
3,78
$\varepsilon_{r,eff}$
2,1 2,3 2,5
0 0,2 0,4 0,6 0,8 1 1,2 1,4 1,6 1,8
normierte Leiterbreite w/h

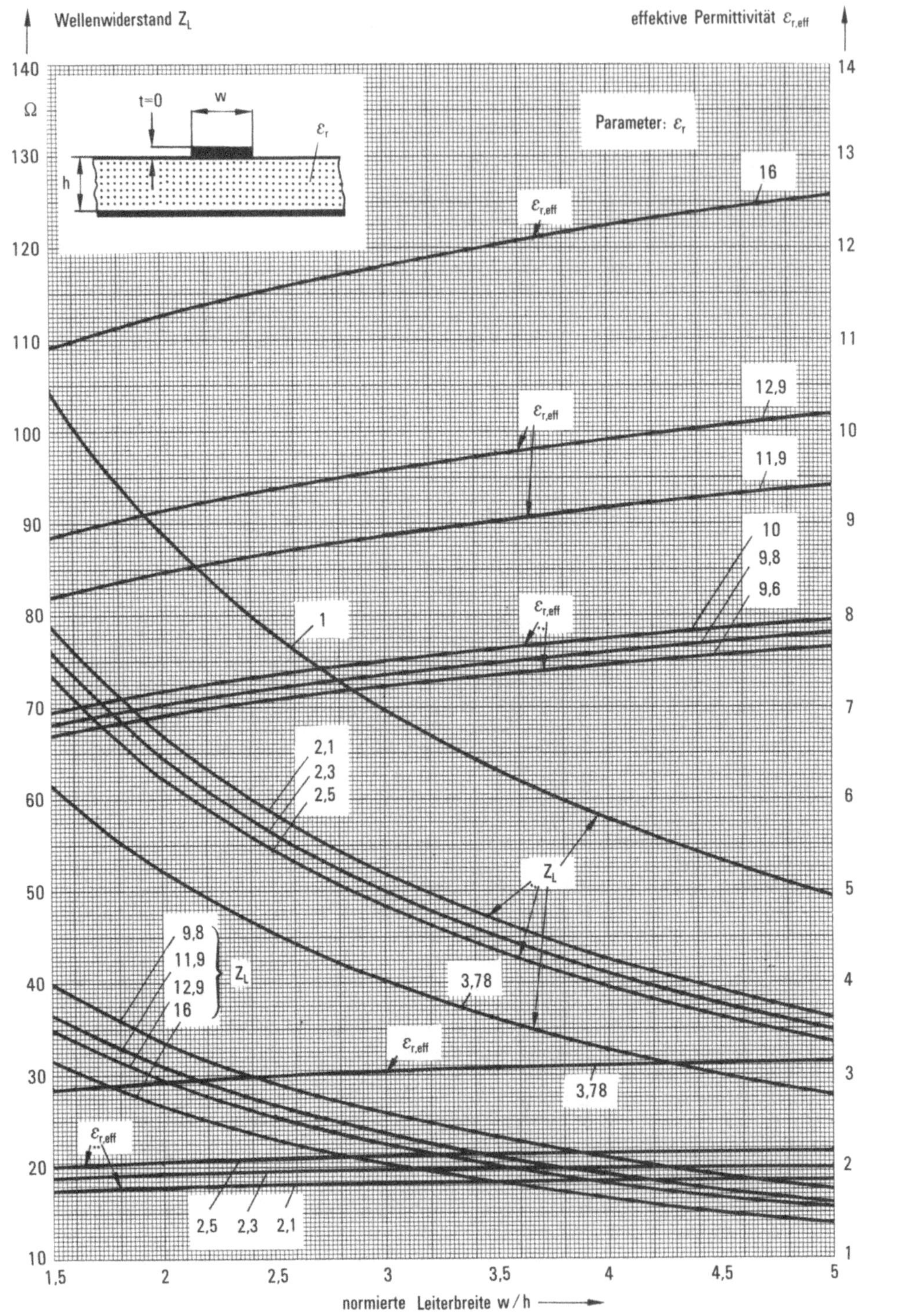

Bild 3.5. Ergänzung der in Bild 3.4 angegebenen Leitungsparameter Z_L, $\varepsilon_{r,eff}$ der Mikrostreifenleitung für große Leiterbreiten $1{,}5 \leq w/h \leq 5$.

Tafel 3.1. Nach der statischen Variante der numerischen Methode der Geraden /2.86, 2.89, 3.99, 3.100/ berechnete Leitungsparameter Z_L, $\varepsilon_{r,eff}$ der in Bild 3.1a gezeigten Mikrostreifenleitung für Teflon ($\varepsilon_r = 2,1$), Polyolefin ($\varepsilon_r = 2,3$), glasfaserverstärktes Teflon ($\varepsilon_r = 2,5$), Quarzglas (fused quartz: $\varepsilon_r = 3,78$), Al_2O_3-Keramik ($\varepsilon_r = 9,6$ bzw. 9,8 bzw. 10,0), semiisolierendes Silizium ($\varepsilon_r = 11,9$), semiisolierendes Galliumarsenid ($\varepsilon_r = 12,9$) und nichtmagnetisches Ferrit ($\varepsilon_r = 16,0$) als Substrat und für $t = 0$

w/h	Z_{L0} in Ω	effektive Permittivität $\varepsilon_{r,eff}$ für ε_r =								
		2,1	2,3	2,5	3,78	9,6	9,8	10,0	11,9	12,9	16
0,02	359,45	1,604	1,713	1,822	2,517	5,665	5,774	5,882	6,909	7,450	9,125
0,03	335,25	1,608	1,718	1,827	2,526	5,692	5,803	5,911	6,945	7,488	9,173
0,04	318,05	1,611	1,722	1,832	2,534	5,714	5,826	5,935	6,973	7,519	9,212
0,05	304,64	1,614	1,725	1,835	2,540	5,731	5,846	5,956	6,997	7,546	9,245
0,1	263,23	1,625	1,738	1,850	2,567	5,808	5,926	6,037	7,096	7,653	9,380
0,15	238,62	1,634	1,748	1,861	2,587	5,873	5,986	6,099	7,170	7,734	9,482
0,2	221,62	1,640	1,756	1,870	2,604	5,923	6,036	6,150	7,232	7,802	9,567
0,3	197,21	1,652	1,769	1,886	2,632	6,008	6,124	6,239	7,340	7,919	9,714
0,4	180,21	1,662	1,781	1,900	2,657	6,083	6,201	6.318	7,435	8,023	9,845
0,6	156,09	1,680	1,802	1,924	2,701	6,215	6,336	6,457	7,602	8,205	10,074
0,8	139,25	1,695	1,820	1,945	2,740	6,334	6,457	6.580	7,752	8,369	10,280
1,0	126,58	1,710	1,838	1,965	2,777	6,448	6,574	6.700	7,897	8,527	10,479
1,2	116,30	1,723	1,853	1,983	2,810	6,549	6.677	6.806	8,025	8,666	10,654
1,4	107,84	1,735	1,868	1,999	2,840	6,644	6,774	6,905	8,145	8,797	10,819
1,6	100,62	1,747	1,881	2,015	2,868	6,731	6,864	6,996	8,255	8,918	10,972
1,8	94,39	1,757	1,893	2,029	2,895	6.807	6,948	7,082	8,359	9,032	11,115
2,0	89,06	1,767	1,904	2,042	2,920	6,890	7,027	7,163	8,458	9,139	11,251
2,5	78,13	1,788	1,930	2,072	2,975	7,063	7,204	7,344	8,677	9,379	11,553
3,0	69,77	1,807	1,953	2,097	3,023	7,213	7,357	7,501	8,867	9,586	11,815
3,5	63,12	1,823	1,971	2,119	3,064	7,343	7,490	7,637	9,032	9,767	12,043
4,0	57,69	1,837	1,988	2,139	3,100	7,457	7,607	7,757	9,178	9,925	12,243
5,0	49,33	1,861	2,016	2,171	3,161	7,649	7,804	7,958	9,421	10,192	12,580
10,0	28,97	1,929	2,098	2,266	3.340	8,214	8,382	8,549	10,140	10,977	13,571

Die Methode der Geraden ist auf allgemeine querinhomogene Leiterstrukturen gemäß Bild 3.6a, die auch mehrere Leiter verschiedener Breite in verschiedenem Abstand in mehreren Ebenen enthalten können, anwendbar. Sie ist seit langem in der mathematischen Literatur, z.B. in /3.101, S.231-243; 3.102, S. 302-304; 3.103/ als ein Verfahren zur vereinfachten Lösung partieller Differentialgleichungen bekannt. Die Methode wurde von Pregla, Schulz /2.86, 2.87, 3.99, 3.100/ erstmals zur statischen wie auch zur dynamischen Analyse von Streifenleiterstrukturen angewandt. Nachfolgend betrachten wir die statische Analyse. Im Prinzip handelt es sich um eine Kombination aus einem Differenzenverfahren und einem analytischen Verfahren. Im Unterschied zum gewöhnlichen Differenzenverfahren, wo die Feldgleichungen in beiden Richtungen (x und y in Bild 3.6b) diskretisiert werden, wird bei der Methode der Geraden nur in einer Richtung, nämlich der x-Richtung, in der die Struktur homogen ist, diskretisiert. Die Abhängigkeit von der y-Koordinate wird unverändert belassen. Zur Auflösung der Wellengleichung legt man eine Schar von p Diskretisierungsgeraden, die alle den Abstand δ voneinander besitzen, parallel zur y-Achse in den Querschnitt.

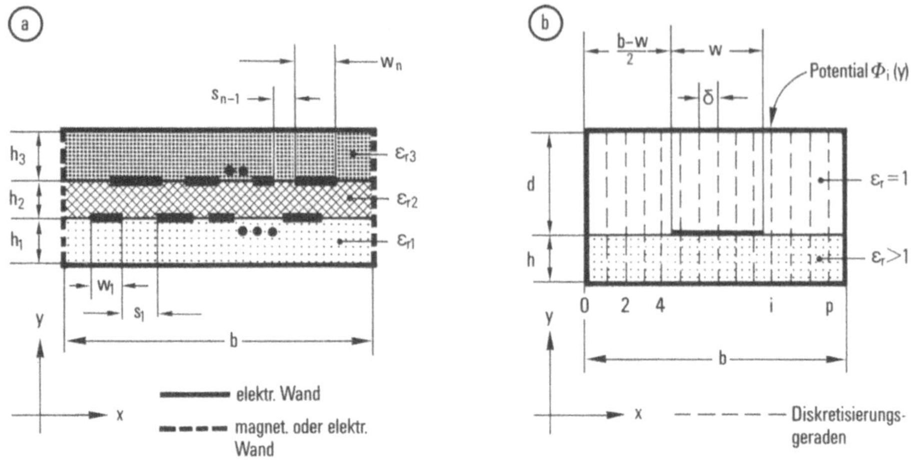

Bild 3.6. Methode der Geraden als Beispiel für ein numerisches Feldberechnungsverfahren von Streifenleiterstrukturen. a) Allg. Form eines Streifenleitungsquerschnitts ($h_1, h_3 \leq \infty$, $h_2 < \infty$, n = 10 typisch); b) Diskretisierung des Leitungsquerschnitts am Beispiel einer geschirmten Mikrostreifenleitung

Anstelle der zweidimensionalen Potentialfunktion Φ (x, y) braucht jetzt nur noch der diskrete Satz von p eindimensionalen Funktionen auf den p Geraden betrachtet werden. Das entstandene Differenzen-Differentialgleichungssystem wird durch eine geeignete Transformation in eine entkoppelte Form gebracht und kann so für jede homogene Teilschicht mit planaren Strukturen analytisch gelöst werden. Die Vorteile der Methode der Geraden sind niedrige Rechenzeit, Anwendbarkeit auf eine Vielzahl von Strukturen und große Genauigkeit (bei einigen 0,1 %). Für die Berechnung der in den Bildern 3.4, 3.5 und in Tafel 3.1 angegebenen Werte wurden bei der in Bild 3.6b gezeigten Struktur $d = \infty$ gesetzt und b so groß gewählt, daß die Änderungen von Z_L und $\varepsilon_{r,eff}$ gegenüber dem Fall $b = \infty$ unter 0,1 % blieben.

Um den Grad der Übereinstimmung zwischen verschiedenen numerischen Verfahren zur Berechnung der Leitungsparameter zu untersuchen, wurden die nach drei Verfahren berechneten Werte von Z_L und $\varepsilon_{r,eff}$ für $\varepsilon_r = 1$, 2,5, 5, 10, 15 und 20 sowie jeweils für $w/h = 0{,}1$, 0,2, 0,5 und 1 miteinander verglichen. Es handelte sich um die statische Variante der Methode der Geraden /2.86, 2.89, 3.100/, die Methode der Greenschen Funktion von Bryant, Weiss /2.77, 2.80/ und die dynamische Variationsmethode von Kowalski, Pregla /2.46, 3.32/. Bei letzterer wurde durch die Wahl von $h/\lambda_0 = 10^{-5}$ der statische Fall simuliert (Änderung von Z_L, $\varepsilon_{r,eff}$ gegenüber den statischen Werten unterhalb von 10^{-3} %). Bei den Berechnungen nach der Methode der Geraden wurde $d = \infty$ gesetzt und b so groß gewählt, daß sich $\varepsilon_{r,eff}$ und Z_L gegenüber dem Fall mit unendlich weit entfernten Seitenwänden um weniger als 0,1 % änderten (Bild 3.6b). Für alle genannten Parameterwerte liegen bei der Variationsmethode Z_L im Mittel um 0,5 % und maximal um 1,1 % unterhalb und $\varepsilon_{r,eff}$ im Mittel um 0,15 % und maximal um 0,25 % oberhalb der entsprechenden nach der Methode der Geraden berechneten Werte. Die nach der Greenschen Funktion berechneten Werte von Z_L liegen im Mittel um 0,8 % und maximal um 2 % oberhalb und die Werte von $\varepsilon_{r,eff}$ im Mittel um 0,3 % und maximal um 0,4 % unterhalb der entsprechenden Werte nach der Methode der Geraden. Einen absoluten Maßstab besitzt man für den Wellenwiderstand $Z_{L0} = Z_L(\varepsilon_r = 1)$ der Mikrostreifenleitung ohne Substrat in der Form von exakten, nach der Methode der konformen Abbildung /2.15, 2.16/ berechneten Werten. Für $\varepsilon_r = 1$ und $w/h = 0{,}02$, 0,03, 0,04, 0,05, 0,1, 0,2, 0,3, 0,4, 0,6, 0,8, 1, 2, 3, 4, 5 und 10 wurde Z_{L0} nach der Methode der Geraden den exakten, von /3.120/ nach der konformen Abbildung berechneten Z_{L0}-Werten gegenübergestellt. Dabei betrugen die Abweichungen im Mittel 0,12 % und maximal 0,22 %. Aus diesen Vergleichen kann man schließen, daß der Fehler der Methode der Geraden in jedem Fall unter 0,5 % für Z_L und 0,5 % für $\varepsilon_{r,eff}$ liegt. Bei allen Berechnungen war die Leiterdicke $t = 0$.

Die im Abschn. 2.5.4 beschriebene, angenähert lineare Abhängigkeit der effektiven Permittivität $\varepsilon_{r,eff}$ von ε_r des Substrats gilt bei der Mikrostreifenleitung mit guter Näherung. Für die Bereiche $0{,}05 \leqq w/h \leqq 10$ und $1 \leqq \varepsilon_r \leqq 100$ wurden mit der numerischen statischen Methode der Geraden /2.86, 2.89, 3.99, 3.100/ zur Kontrolle die Verläufe $\varepsilon_{r,eff}(\varepsilon_r)$ berechnet. Bei einem Stützwert $\varepsilon_{r,eff,1} = \varepsilon_{r,eff}(\varepsilon_{r1} = 10)$ lagen die Abweichungen der numerisch ermittelten $\varepsilon_{r,eff}$-Werte von den durch lineare Abhängigkeit gemäß (2.88) berechneten Werten von $\varepsilon_{r,eff}(\varepsilon_r)$ unterhalb von 1 %.

3.2.2 Formeln für den Wellenwiderstand und die effektive Permittivität für die Streifenleiterdicke Null

Übersicht

Exakte Formeln für die Leitungsparameter Z_L und $\varepsilon_{r,eff}$ der Mikrostreifenleitung lassen sich wegen des inhomogenen Dielektrikums, selbst wenn man sich auf eine Leiterdicke $t = 0$ beschränkt, nicht herleiten. Man kann jedoch nach verschiedenen Verfahren Näherungsformeln ermitteln /1.30, 1.31, 1.33, 2.90-2.98, 3.21, 3.75, 3.104-3.120, 3.159-3.166/, die bei Genauigkeiten von etwa 1 % für die Schaltungsentwicklung in der Praxis ausreichen. Zu diesen Verfahren zählen die Methode der modifizierten konformen Abbildung nach Abschn. 2.5.2 /1.30, 1.31, 1.33, 2.90, 2.92-2.98/ und die Funktionalapproximation von numerischen Ergebnissen /2.91, 3.104-3.107, 3.120/. Vergleiche zwischen den Näherungsgleichungen und numerischen Ergebnissen sind bei /2.98, 3.23, 3.24, 3.75/ angegeben.

Formeln nach modifizierter konformer Abbildung von Wheeler

Nach der in Abschn. 2.5.2 (Bild 2.7) beschriebenen Methode der für den Fall inhomogenen dielektrischen Mediums modifizierten konformen Abbildung hat Wheeler /2.90/ erstmals eine Formel für die Leitungseigenschaften der Mikrostreifenleitung (Bild 3.1a) für die Streifenleiterdicke $t = 0$ hergeleitet. Die Analysegleichungen lauten mit $e = \exp(1)$ für den Wellenwiderstand $Z_L(w/h, \varepsilon_r, t=0)$ in Ω für schmale Streifenleiter $w/h \leq 3{,}3$

$$Z_L = \frac{120}{\sqrt{2(\varepsilon_r+1)}}\left[\ln\left\{\frac{4h}{w}+\sqrt{16(h/w)^2+2}\right\}-\frac{\varepsilon_r-1}{2(\varepsilon_r+1)}\left\{\ln(\pi/2)+\frac{\ln(4/\pi)}{\varepsilon_r}\right\}\right] \tag{3.4 Z}$$

und für breite Streifenleiter $w/h \geq 3{,}3$

$$Z_L = \frac{60\pi}{\sqrt{\varepsilon_r}}\left[\frac{w}{2h}+\frac{\ln 4}{\pi}+\frac{\varepsilon_r+1}{2\pi\varepsilon_r}\left\{\ln\left(\frac{\pi e}{2}\right)+\ln\left(\frac{w}{2h}+0{,}94\right)\right\}+\frac{(\varepsilon_r-1)\cdot\ln(e\pi^2/16)}{2\pi\varepsilon_r^2}\right]^{-1} \tag{3.5 Z}$$

sowie für die effektive Permittivität $\varepsilon_{r,eff}$ für schmale Streifenleiter $w/h \leq 1{,}3$

$$\varepsilon_{r,eff} = (Z_{L0}/Z_L)^2 = \frac{1+\varepsilon_r}{2}\left(\frac{A}{A-B}\right)^2 \tag{3.6}$$

und für breite Streifenleiter $1{,}3 \leq w/h \leq 2$ (mit verminderter Genauigkeit für $w/h \geq 1{,}3$)

$$\varepsilon_{r,eff} = (Z_{L0}/Z_L)^2 = \varepsilon_r\left(\frac{E-D}{E}\right)^2 \tag{3.7}$$

mit den dimensionslosen Hilfsgrößen

$$A = \ln(8h/w)+\{(w/h)^2/32\}\ , \tag{3.8}$$

$$B = \frac{\varepsilon_r-1}{2(\varepsilon_r+1)}\left\{\ln(\pi/2)+\frac{\ln(4/\pi)}{\varepsilon_r}\right\}\ , \tag{3.9}$$

$$D = \frac{\varepsilon_r-1}{2\pi\varepsilon_r}\left[\ln\left\{\frac{\pi e}{2}\left(\frac{w}{2h}+0{,}94\right)\right\}-\frac{1}{\varepsilon_r}\ln\left(\frac{e\pi^2}{16}\right)\right]\ , \tag{3.10}$$

$$E = \frac{w}{2h}+\frac{1}{\pi}\left[\ln\left\{2\pi e\left(\frac{w}{2h}+0{,}94\right)\right\}\right]\ . \tag{3.11}$$

Die aus Wheelers Formeln abgeleiteten Synthesegleichungen $w/h(Z_L, \varepsilon_r, t=0)$ und $\varepsilon_{r,eff}(Z_L, \varepsilon_r, t=0)$ mit Z_L in Ω lauten für w/h für schmale Streifenleiter bzw. große Wellenwiderstände $Z_L \geq 44 - 2\,\varepsilon_r$

$$w/h = \left\{\frac{\exp(G)}{8}-\frac{1}{4\exp(G)}\right\}^{-1}\ , \tag{3.12 Z}$$

$$G = \frac{Z_L}{60}\sqrt{(\varepsilon_r+1)/2} + \frac{\varepsilon_r-1}{2(\varepsilon_r+1)}\left\{\ln(\pi/2) + \frac{\ln(4/\pi)}{\varepsilon_r}\right\} \tag{3.13 Z}$$

und für breite Streifenleiter bzw. niedrige Wellenwiderstände $Z_L \leqq 44 - 2\,\varepsilon_r$

$$w/h = \frac{2}{\pi}(H-1) - \frac{2}{\pi}\ln(2H-1) + \frac{\varepsilon_r-1}{\pi\varepsilon_r}\{\ln(H-1) + 0{,}293 - (0{,}517/\varepsilon_r)\}\quad , \tag{3.14 Z}$$

$$H = 60\pi^2/(Z_L\sqrt{\varepsilon_r})\quad , \tag{3.15 Z}$$

sowie für $\varepsilon_{r,eff}$ für schmale Streifenleiter $w/h \leqq 1{,}3$ bzw. große Wellenwiderstände $Z_L \geqq 63 - 2\,\varepsilon_r$

$$\varepsilon_{r,eff} = \frac{\varepsilon_r+1}{2}\left[1 + \frac{30}{Z_L}\sqrt{\frac{2}{\varepsilon_r+1}}\cdot\frac{\varepsilon_r-1}{\varepsilon_r+1}\{\ln(\pi/2) + \frac{\ln(4/\pi)}{\varepsilon_r}\}\right]^2 \tag{3.16 Z}$$

und für breite Streifenleiter $w/h \geqq 1{,}3$ und eingeschränkte Werte von $8 < \varepsilon_r < 12$ und $8 < Z_L < (63 - 2\,\varepsilon_r)$ nach /2.98/ (rein empirische Gleichung)

$$\varepsilon_{r,eff} = \varepsilon_r\left[0{,}96 + \varepsilon_r(0{,}109 - 0{,}004\,\varepsilon_r)\{\log(10 + Z_L) - 1\}\right]^{-1}\quad . \tag{3.17 Z}$$

Anstatt (3.17 Z) zu verwenden, ist zur $\varepsilon_{r,eff}$-Berechnung bei einer Synthese für $Z_L < (63 - 2\,\varepsilon_r)\,\Omega$ und beliebige ε_r jedoch vorteilhafter folgendermaßen vorzugehen: Man berechnet zuerst $w/h(Z_L, \varepsilon_r)$ nach (3.14 Z), (3.15 Z) und danach $\varepsilon_{r,eff}(w/h, \varepsilon_r)$ mit (3.7) bzw. der später angegebenen Gleichung (3.18). So bleibt der Fehler für $\varepsilon_{r,eff}$ geringer.

Die Übergangsstellen zwischen (3.4 Z) und (3.5 Z) bzw. zwischen (3.6) und (3.7) wurden im Gegensatz zu der Empfehlung $w/h = 2$ in der Wheelerschen Originalarbeit /2.90/ auf $w/h = 3{,}3$ bzw. auf $w/h = 1{,}3$ gelegt. Dadurch entsteht nach Untersuchungen von /2.98/ im technisch interessanten Bereich $8 < \varepsilon_r < 12$ die geringste Abweichung von weniger als 0,4 % an der Übergangsstelle zwischen je zwei Gleichungen und der geringste Fehler von weniger als 1 % gegenüber numerischen Ergebnissen von Bryant und Weiss /2.77, 2.80/. Außerhalb dieses ε_r-Bereiches liegen die Fehler nur unwesentlich höher. Voraussetzung hierfür ist allerdings, daß man bei (3.7) innerhalb von $1{,}3 \leqq w/h \leqq 2$ und bei (3.17 Z) innerhalb der dort angegebenen ε_r- und Z_L-Grenzen bleibt. Soll der geringe Fehler < 1 % im gesamten Bereich $w/h \geqq 1{,}3$ und $1 < \varepsilon_r < \infty$ bei der $\varepsilon_{r,eff}$-Bestimmung für große Leiterbreiten bleiben, so ist gemäß /2.98/ anstelle von (3.7) eine geringfügig im Exponenten modifizierte Version

$$\varepsilon_{r,eff} = \frac{\varepsilon_r+1}{2} + \frac{\varepsilon_r-1}{2}\left(1 + \frac{10h}{w}\right)^{-0{,}555} \tag{3.18}$$

der von Schneider /1.30, 1.31/ angegebenen $\varepsilon_{r,eff}$-Gleichung zu verwenden.

Alternativ zu (3.4 Z) ist vielfach für $w/h \leqq 1{,}7$ und beliebige ε_r

$$Z_L = \frac{120}{\sqrt{2(\varepsilon_r+1)}} \left[\ln\left(\frac{8h}{w}\right) + \frac{(w/h)^2}{32} - \frac{\varepsilon_r-1}{2(\varepsilon_r+1)}\left\{\ln(\pi/2) + \frac{\ln(4/\pi)}{\varepsilon_r}\right\}\right] \tag{3.19 Z}$$

mit Z_L in Ω gebräuchlich, wobei dann (3.5 Z) für $w/h > 1{,}7$ verwendet wird. Bei dieser Kombination (3.19 Z), (3.5 Z) liegen allerdings die Abweichung an der Übergangsstelle und der Fehler gegenüber numerischen Ergebnissen von Bryant und Weiss mit maximal 2,5 % bei höheren Werten als bei der Kombination (3.4 Z), (3.5 Z). Würde man nach dem ursprünglichen Vorschlag von Wheeler /2.90/ alle Übergangsstellen der vier Gleichungskombinationen (3.4 Z)...(3.17 Z) pauschal auf $w/h = 2$ legen, so stiegen die Abweichung an der Übergangsstelle und der Fehler gegenüber den numerischen Ergebnissen von Bryant und Weiss /2.77, 2.80/ auf maximal 2 % an /2.98/.

Formeln nach Funktionalapproximation von Schneider

Die von Schneider /1.30, 1.31/ durch Funktionalapproximation gewonnenen Gleichungen zur Beschreibung der Mikrostreifenleitung nach Bild 3.1a lauten für den Wellenwiderstand $Z_{L0}(w/h,\ t=0)$ in Ω für $0 < w/h \leqq 1$

$$Z_{L0} = Z_L(\varepsilon_r=1) = 60 \ln\left(\frac{8h}{w} + \frac{w}{4h}\right) \tag{3.20 Z}$$

und für $w/h \geqq 1$

$$Z_{L0} = Z_L(\varepsilon_r=1) = \frac{120\pi}{(w/h) + 2{,}42 - (0{,}44\,h/w) + \{1-(h/w)\}^6} \tag{3.21 Z}$$

sowie für die effektive Permittivität $\varepsilon_{r,eff}(w/h,\ \varepsilon_r,\ t=0)$ für $1 \leqq \varepsilon_r < \infty$ und $0 < w/h < \infty$

$$\varepsilon_{r,eff} = \frac{\varepsilon_r+1}{2} + \frac{\varepsilon_r-1}{2}F = \frac{1+F}{2}\varepsilon_r + \frac{1-F}{2} \quad , \tag{3.22}$$

$$F = \{1 + (10\,h/w)\}^{-0{,}5} \quad . \tag{3.23}$$

(3.20 Z), (3.21 Z) für Z_{L0} entstanden durch Funktionalapproximation an die exakten, nach der konformen Abbildung /1.31, 2.5, 2.14, 2.15, 2.16/ ermittelten Werte ($0 < w/h < 10$: Fehler $< 0{,}25$ %; $w/h > 10$: Fehler < 1 %). Der Wellenwiderstand Z_L der Originalleitung mit $\varepsilon_r > 1$ errechnet sich nach (2.33) zu

$$Z_L(w/h,\ \varepsilon_r) = Z_{L0}/\sqrt{\varepsilon_{r,eff}} \quad . \tag{3.24}$$

Die $\varepsilon_{r,eff}$-Gleichungen (3.22), (3.23) sind durch Funktionalapproximation an die mit Wheelers modifizierter konformer Abbildung ermittelten $\varepsilon_{r,eff}$-Werte nach (3.6), (3.7) entstanden (Abweichung < 2 %). Aus (3.22) ergibt sich mit (2.40) für $0 < w/h < \infty$ der in Abschn. 2.3.3 definierte dielektrische Füllfaktor

$$q_\varepsilon = (F+1)/2 \tag{3.25}$$

mit F nach (3.23) als von ε_r unabhängig.

Formeln von Wheeler nach Funktionalapproximation an bekanntes asymptotisches Verhalten

Das asymptotische Verhalten der Mikrostreifenleitung für $w/h \ll 1$ und $\varepsilon_r \cong 1$ sowie $\varepsilon_r \gg 1$ einerseits und für $w/h \gg 1$ (alle ε_r) andererseits läßt sich mit der konformen Abbildung genau bestimmen /2.90/. Durch Funktionalapproximation an dieses Verhalten und Interpolation in den dazwischenliegenden Bereichen sind von Wheeler /2.91/ die Analysegleichung $Z_L(w/h, \varepsilon_r, t=0)$ und die Synthesegleichung $w/h(Z_L, \varepsilon_r, t=0)$ für $0 < w/h < \infty$ und $1 \leqq \varepsilon_r < \infty$ zu

$$Z_L = \frac{42,4}{\sqrt{\varepsilon_r+1}} \ln\left[1 + \frac{4h}{w}\left\{\left(\frac{14+(8/\varepsilon_r)}{11}\right)\frac{4h}{w} + \sqrt{\left(\frac{14+(8/\varepsilon_r)}{11}\right)^2\left(\frac{4h}{w}\right)^2 + \frac{\pi^2}{2}\left(1+\frac{1}{\varepsilon_r}\right)}\right\}\right], \tag{3.26 Z}$$

$$w/h = 8\sqrt{\left\{\exp(Z_L\sqrt{\varepsilon_r+1}/42,4) - 1\right\}\left\{\frac{7+(4/\varepsilon_r)}{11}\right\} + \frac{1+(1/\varepsilon_r)}{0,81}} \cdot \left\{\exp(Z_L\sqrt{\varepsilon_r+1}/42,4) - 1\right\}^{-1} \tag{3.27 Z}$$

abgeleitet worden (Z_L in Ω). Der Fehler für Z_L bleibt in jedem Fall unterhalb von 2 %, meistens unterhalb von 1 %. Die effektive Permittivität errechnet sich nach (2.33) zu

$$\varepsilon_{r,eff} = (Z_{L0}/Z_L)^2 = (Z_L(\varepsilon_r=1)/Z_L)^2 . \tag{3.28}$$

Formeln von Hammerstad, Jensen nach Funktionalapproximation an numerische Ergebnisse

Von Hammerstad, Jensen /3.107/ wurden durch Funktionalapproximation analytische Ausdrücke für $Z_{L0}(w/h, t=0) = Z_L(\varepsilon_r=1)$ und $\varepsilon_{r,eff}(w/h, \varepsilon_r, t=0)$ der Mikrostreifenleitung nach Bild 3.1a hergeleitet: Für $\varepsilon_r = 1$ ergibt sich durch Approximation an exakte, nach der konformen Abbildung (Abschn. 3.2.3) ermittelte Werte der Wellenwiderstand zu

$$Z_{L0} = Z_L(\varepsilon_r=1) = \frac{\eta_0}{2\pi} \cdot \ln\left\{\frac{F_1 \cdot h}{w} + \sqrt{1 + (2h/w)^2}\right\} \quad , \qquad (3.29)$$

$$F_1 = 6 + (2\pi - 6) \cdot \exp\left\{-(30{,}666 \cdot h/w)^{0{,}7528}\right\} \qquad (3.30)$$

mit einem maximalen Fehler von 0,01 % für $w/h < 1$ und von 0,03 % für $w/h < 1000$ im Vergleich zur exakten Lösung. Akzeptiert man einen maximalen Fehler von 0,3 % für $w/h > 0{,}06$, so kann man die vereinfachte Gleichung

$$Z_{L0} = Z_L(\varepsilon_r=1) = \frac{\eta_0}{(w/h) + 1{,}98 \cdot (w/h)^{0{,}172}} \qquad (3.31)$$

benützen. (3.29)...(3.31) gelten für $0 < w/h < \infty$. Die Gleichungen

$$\varepsilon_{r,eff} = \frac{\varepsilon_r+1}{2} + \frac{\varepsilon_r-1}{2} \cdot \left(1 + \frac{10h}{w}\right)^{-a \cdot b} \quad , \qquad (3.32)$$

$$a = 1 + \frac{1}{49} \cdot \ln\left[\frac{(w/h)^4 + \{w/(52h)\}^2}{(w/h)^4 + 0{,}432}\right] + \frac{1}{18{,}7} \cdot \ln\left\{1 + \left(\frac{w}{18{,}1h}\right)^3\right\} \quad , \qquad (3.33)$$

$$b = 0{,}564 \cdot \{(\varepsilon_r - 0{,}9)/(\varepsilon_r + 3)\}^{0{,}053} \qquad (3.34)$$

für die effektive Permittivität wurden durch Funktionalapproximation an numerische, nach der statischen Methode der Greenschen Funktion /2.103/ errechnete Ergebnisse gewonnen. Für $0{,}01 \leq w/h \leq 100$ und $1 \leq \varepsilon_r \leq 128$ liegt die Abweichung unter 0,2 % /3.107/. (3.32) entstand durch Abwandlung der Schneiderschen Formeln (3.22), (3.23). Der Wellenwiderstand $Z_L(w/h, \varepsilon_r)$ wird nach (3.24) aus $Z_{L0}(w/h)$ und $\varepsilon_{r,eff}(w/h, \varepsilon_r)$ berechnet.

Vergleich verschiedener statischer Formeln mit Ergebnissen nach numerischen Verfahren

Die nach verschiedenen statischen Näherungsformeln (3.4 Z)...(3.34) berechneten Werte des Wellenwiderstands Z_L und der effektiven Permittivität $\varepsilon_{r,eff}$ der Mikrostreifenleitung (Bild 3.1a) wurden mit genauen Referenzergebnissen verglichen, um die Genauigkeit der Formeln zu beurteilen. Als Referenz diente die statische Variante der Methode der Geraden /2.86, 2.87, 2.89, 3.99, 3.100/ nach Abschn. 3.2.1, Bild 3.6. Der Vergleich wurde für alle Kombinationen von $w/h = 0{,}05$, 0,1, 0,5, 1, 2, 5, 10 und von ε_r = 1, 2,5, 5, 10, 15, 20, 40 durchgeführt.

Bei den nach der modifizierten konformen Abbildung von Wheeler abgeleiteten Formeln (3.4 Z)...(3.11) wichen für die genannten Kombinationen von w/h und ε_r der

Wellenwiderstand Z_L um maximal 0,4 % (im Mittel 0,2 %) und die effektive Permittivität $\varepsilon_{r,eff}$ um maximal 3,8 % (im Mittel 0,6 %) von den Referenzwerten ab. Der größte $\varepsilon_{r,eff}$-Unterschied trat bei $w/h = 2$ auf. Für $w/h \leqq 1$ blieb die $\varepsilon_{r,eff}$-Abweichung unter 0,5 %. Bei den von Schneider durch Funktionalapproximation abgeleiteten Formeln (3.20 Z)...(3.24) wichen die Z_L-Werte um maximal 1,5 % (im Mittel 0,7 %) und die $\varepsilon_{r,eff}$-Werte um maximal 2,9 % (im Mittel 1,1 %) von den Referenzwerten ab. Etwas genauer sind die von Wheeler durch Funktionalapproximation abgeleiteten Formeln (3.26 Z), (3.28): Die Z_L-Werte wichen um maximal 0,9 % (im Mittel 0,4 %) und die $\varepsilon_{r,eff}$-Werte um maximal 2 % (im Mittel 0,7 %) von den Referenzwerten ab. Für $w/h \leqq 1$ blieben die $\varepsilon_{r,eff}$-Abweichungen unter 1 %. Am genauesten sind die von Hammerstad, Jensen durch Funktionalapproximation gewonnenen Formeln (3.29), (3.30), (3.32)...(3.34) zusammen mit (3.24): Die Z_L-Werte wichen um maximal 0,2 % (im Mittel 0,1 %) und die $\varepsilon_{r,eff}$-Werte ebenfalls um maximal 0,2 % (im Mittel 0,06 %) von den Referenzwerten ab. Diese Gleichungen können somit als vollwertiger Ersatz für numerische Programme zum Schaltungsentwurf und bei der rechnergestützten Schaltungsoptimierung angewandt werden.

Asymptoten für den Wellenwiderstand und die effektive Permittivität für sehr kleine und sehr große Leiterbreiten

Für eine sehr kleine gegen Null gehende Leiterbreite $w/h \ll 1$ konzentriert sich die elektrische Feldenergie immer mehr in der unmittelbaren Umgebung des Streifenleiters. Wegen der dort herrschenden symmetrischen Feldscherung zwischen dem Substrat und dem Luftraum wird

$$\varepsilon_{r,eff}(w/h \to 0) = (\varepsilon_r + 1)/2 \quad . \qquad (3.35)$$

Das ergibt sich auch aus (3.22). Mit (3.20 Z) wird der Wellenwiderstand in Ω

$$Z_L(w/h \ll 1) = \{84{,}85/\sqrt{\varepsilon_r+1}\} \cdot \ln(8h/w) = \{60\sqrt{2}/\sqrt{\varepsilon_r+1}\} \cdot \ln(8h/w) \qquad (3.36\ Z)$$

Bei sehr großen, gegen Unendlich gehenden Leiterbreiten $w/h \gg 1$ kann man das Randstreufeld der Mikrostreifenleitung gegenüber dem Plattenkondensatorfeld zwischen dem Streifenleiter und der Masseplatte vernachlässigen. Der Kapazitätsbelag C' errechnet sich somit nach der Formel für den idealen Plattenkondensator zu

$$C'(w/h \gg 1) = \varepsilon_0 \varepsilon_r w/h \quad , \qquad (3.37)$$

woraus sich mit (2.12) der Wellenwiderstand Z_L in Ω und die effektive Permittivität $\varepsilon_{r,eff}$ zu

$$Z_L(w/h \gg 1) = 120\,\pi h/(w\sqrt{\varepsilon_r}) \quad , \qquad (3.38\ Z)$$

$$\varepsilon_{r,eff}(w/h \to \infty) = \varepsilon_r \tag{3.39}$$

ergeben.

3.2.3 Wellenwiderstand der Mikrostreifenleitung ohne Substrat für die Streifenleiterdicke Null

Für den Wellenwiderstand $Z_{L0}(w/h, t=0) = Z_L(w/h, t=0, \varepsilon_r=1)$ der in Bild 3.1a gezeigten Mikrostreifenleitung haben Magnus, Oberhettinger /2.5, 3.12/ für den Fall ohne Substrat (d.h. für $\varepsilon_r = 1$) nach dem Verfahren der konformen Abbildung mit Hilfe der Schwarz-Christoffel-Transformation die e x a k t e L ö s u n g angegeben. Diese von /1.30, 1.31, 2.14/ weiter aufbereitete Lösung lautet

$$Z_{L0} = \frac{\eta_0 \cdot K'(k)}{2 \cdot K(k)} , \tag{3.40}$$

$$w/h = \frac{2}{\pi} \cdot \frac{\partial}{\partial \xi} \left[\ln \left\{ \theta_4\left(\xi, \frac{K'(k)}{K(k)}\right) \right\} \right] , \tag{3.41}$$

$$dn^2\{2\xi K(k)\} = E(k)/K(k) . \tag{3.42}$$

Dabei sind $K(k)$ und $K'(k) = K(k') = K(\sqrt{1-k^2})$ die vollständigen elliptischen Integrale erster Gattung, $E(k)$ das vollständige elliptische Integral zweiter Gattung und k der Modul dieser Integrale. dn ist die Jakobische elliptische Funktion, θ_4 die Theta-Funktion, ξ eine Zwischenvariable und $\eta_0 = 120\,\pi\,\Omega$. Die konforme Abbildung zur exakten Analyse der Mikrostreifenleitung ohne Substrat wird auch bei /2.15, 2.16, 3.13, 3.14/ behandelt. Die logarithmische Ableitung der Thetafunktion in (3.41) berechnet man zweckmäßigerweise mit der rasch konvergierenden Reihe /1.31, 3.172/

$$\frac{\partial}{\partial \xi}\left[\ln\{\theta_4(\xi,\kappa)\}\right] = 4\pi \sum_{n=1}^{\infty} \frac{\sin(2n\pi\xi) \cdot \exp(-n\pi\kappa)}{1 - \exp(-2n\pi\kappa)} \tag{3.43}$$

mit $\kappa = K'(k)/K(k)$. Ein Verfahren zur Bestimmung von $Z_{L0}(w/h)$ aus (3.40)...(3.42) wird bei /1.31, 2.14/ angegeben. Exakte Werte von $Z_{L0}(w/h)$, die von /3.120/ nach der von /2.15, 2.16/ angegebenen konformen Abbildung für $0{,}0001 \leq w/h \leq 10$ berechnet worden sind, zeigt Tafel 3.2. Da die Werte für $w/h > 10$ wegen numerischen Überlaufs am Computer nicht berechnet werden konnten, wurden sie nach einem bei $\varepsilon_r = 1$ ebenfalls sehr genau arbeitenden numerischen Verfahren der Greenschen Funktion /3.150/ bestimmt.

Zur Berechnung von $Z_{L0}(w/h, t=0)$ nach den exakten Gleichungen (3.40)...(3.42) geht man folgendermaßen vor /1.31/: Man geht von einem bestimmten Modul k aus und bestimmt $K(k)$, $K'(k)$, $E(k)$ nach Tabellen oder Reihen in /12.50, 12.51/. Damit ist

Tafel 3.2. Exakte Werte des Wellenwiderstands Z_{L0} der Mikrostreifenleitung für $\varepsilon_r = 1$ und $t = 0$ nach /3.120/. Die Werte für $w/h \leq 10$ wurden nach der konformen Abbildung /2.15, 2.16/, die Werte für $w/h > 10$ nach der Methode der Greenschen Funktion /3.150/ berechnet

a	Z_{L0} in Ω für w/h =								
	a	2a	3a	4a	5a	6a	7a	8a	9a
0,0001	677,387	635,799	611,470	594,210	580,821	569,882	560,632	552,621	545,554
0,001	539,232	497,643	473,316	456,055	442,666	431,727	422,478	414,466	407,399
0,01	401,077	359,488	335,163	317,903	304,516	293,579	284,333	276,3237	269,260
0,1	262,941	221,408	197,173	180,041	166,815	156,073	147,053	139,300	132,520
1	126,512	89,0906	69,8283	57,7592	49,3999	43,2334	38,4811	34,6984	31,6111
10	29,0411	16,137	11,221	8,6138	6,9944	5,8896	5,0874	4,4781	3,9996
100	3,6138	1,8412	1,2360	0,93043	0,74604	0,62267	0,53433	0,46795	0,41624
1000	0,37485	0,18791	0,12540	0,09409	0,07530	0,06276	0,05380	0,04708	0,04185

der zu k gehörige Wellenwiderstand Z_{L0} nach (3.40) bekannt. Zur Ermittlung des dazu gehörenden w/h-Wertes berechnet man zunächst $dn^2(2\xi K)$ nach (3.42) aus E und K und hieraus $2\xi K = \text{arcdn}\sqrt{E/K}$. Damit erhält man ξ. Die Reihe (3.43) liefert nun die logarithmische Ableitung der Thetafunktion θ_4 $(\xi, \kappa = K'/K)$, und damit ist w/h nach (3.41) bekannt. Die Thetafunktionen werden bei /3.172, S. 1-83; 3.173, S. 1-72/ behandelt. Einführungen in die Schwarz-Christoffel-Transformation, wie sie zur konformen Abbildung der Mikrostreifenleitung auf einen idealen Plattenkondensator benötigt wird, geben /3.175, S. 157-224; 3.176, S. 339-357; 3.177, S. 82-101/. Zur praktischen Schaltungsdimensionierung ist eine Auswertung der Gleichungen (3.40) ...(3.42) jedoch zu umständlich. Hierfür sind die nachfolgend angegebenen Näherungsformeln zu empfehlen.

In Abschn. 3.2.2 sind bereits die jeweils durch Funktionalapproximation an die exakte Lösung (3.40)...(3.42) gewonnenen Näherungsgleichungen (3.20 Z), (3.21 Z) von Schneider /1.30, 1.31/ und (3.29), (3.30), (3.31) von Hammerstad, Jensen /3.107/ für $Z_{L0} = f(w/h, t/h = 0, \varepsilon_r = 1)$ angegeben worden. Je eine den gesamten Bereich $0 < w/h < \infty$ bei einem unterhalb von 1 % liegenden Fehler abdeckende Analyse- und Synthesegleichung

$$Z_{L0} = 30 \cdot \ln\left[1 + \frac{4h}{w}\left\{\frac{8h}{w} + \sqrt{(8h/w)^2 + \pi^2}\right\}\right] , \qquad (3.44\ Z)$$

$$w/h = 8 \cdot \sqrt{\exp(Z_{L0}/30) - 1 + (\pi^2/4)}/\{\exp(Z_{L0}/30) - 1\} \qquad (3.45\ Z)$$

gibt Wheeler /2.91/ an. Sie ist ebenfalls durch Funktionalapproximation an Ergebnisse der exakten Lösung (3.40)...(3.42) abgeleitet worden (Z_{L0} in Ω).

Synthesegleichungen für w/h (Z_{L0}, t = 0) hat Hilberg /2.14, 3.15, 3.16/ ebenfalls aus der konformen Abbildung abgeleitet. Bei einem Fehler < 0,6 % gilt mit Z_{L0} in Ω für $Z_{L0} \leq 132\ \Omega$

$$w/h = \frac{2}{\pi} \cdot \left[\frac{60\pi^2}{Z_{L0}} - \ln(2) - \ln\{\frac{60\pi^2}{Z_{L0}} - \ln(2)\} - 1\right] \tag{3.46 Z}$$

und für $Z_{L0} \geq 132\ \Omega$

$$w/h = 8/\exp(Z_{L0}/60) \quad . \tag{3.47 Z}$$

Der Fehler von (3.46 Z) und (3.47 Z) ist an der Überlappungsstelle $Z_{L0} = 132\ \Omega$ maximal (0,6 %). Er geht bei (3.46 Z) für $Z_{L0} \to 0$ und bei (3.47 Z) für $Z_{L0} \to \infty$ gegen Null.

3.2.4 Berücksichtigung endlicher Streifenleiterdicke bei der Berechnung der Leitungsparameter der Mikrostreifenleitung

Übersicht

Zur genauen Berechnung der Leitungsparameter Z_L, $\varepsilon_{r,eff}$, L' und C' der Mikrostreifenleitung (Bild 3.1a) mit beliebiger, endlicher Streifenleiterdicke t sind numerische, auf Digitalrechnern auszuwertende Verfahren notwendig. Für $\varepsilon_r = 1$ kann der Wellenwiderstand $Z_{L0}(w/h, t/h)$ für beliebige Leiterdicke auch mit der konformen Abbildung berechnet werden /3.17/. In der Praxis besitzen in Ätztechnik, Dünnfilmtechnik und Dickschichttechnik (Abschn. 1.5) hergestellte Streifenleiter jedoch nur geringe Dicken von t = 1...35 µm, d.h. es ist i.allg. t/h < 0,05. Zur Berücksichtigung kleiner normierter Streifenleiterdicken t/h < 0,3 wurden Leitungsparameter-Formeln /1.30, 1.31, 2.90, 2.91, 2.97, 3.21, 3.107-3.112, 3.114, 3.116/ mit Hilfe des Verfahrens der äquivalenten Leiterbreite, welches erstmals von Wheeler /2.90/ vorgeschlagen worden ist, abgeleitet. Hiernach ersetzt man die Originalleitung mit der Leiterbreite w/h, der Substratpermittivität ε_r und endlicher Streifenleiterdicke t/h > 0 durch eine äquivalente Leitung mit der Streifenleiterdicke t = 0, gleicher Substratpermittivität ε_r und einer gemäß

$$w_{eq,i} = w + \Delta w_{t,i} \tag{3.48}$$

korrigierten Leiterbreite, wie es in Bild 3.7a gezeigt ist. Die Äquivalenz ist für jeweils einen bestimmten Leitungsparameter LP_i, z.B. Z_L, C', L' oder $\varepsilon_{r,eff}$, definiert. D.h., die äquivalente Leitung mit t = 0 besitzt den gleichen Wert des Parameters LP_i wie die Originalleitung mit t > 0. Wie später gezeigt wird, ergeben sich bei der Mikrostreifenleitung mit $\varepsilon_r > 1$ jeweils unterschiedliche äquivalente Leiterverbreiterungen $\Delta w_{t,i}$ für die verschiedenen Leitungsparameter C', L', Z_L, $\varepsilon_{r,eff}$.

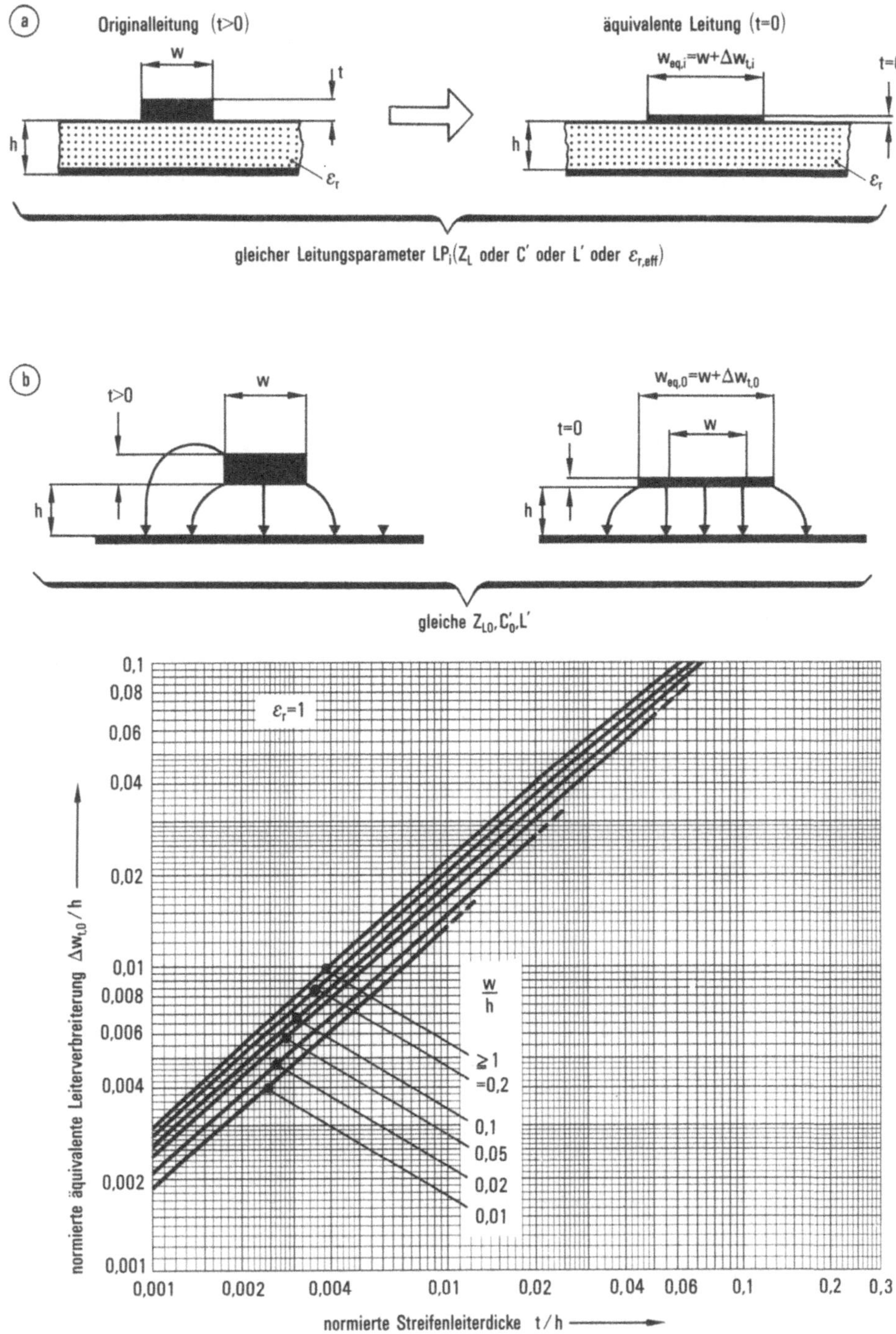

Bild 3.7. Mikrostreifenleitung mit endlicher Streifenleiterdicke t. a) Definition der äquivalenten Leiterbreite $w_{eq,i}$ bei $\varepsilon_r > 1$; b) äquivalente Leiterbreite $w_{eq,0}$ bei $\varepsilon_r = 1$

Äquivalente Leiterverbreiterung bei der Mikrostreifenleitung ohne Substrat nach Wheeler

Bei der Mikrostreifenleitung ohne Substrat (d.h. $\varepsilon_r = 1$) wird eine äquivalente Streifenleiterverbreiterung $\Delta w_{t,i} = \Delta w_{t,0}$ dadurch definiert, daß für die Originalleitung und die äquivalente Leitung der gleiche Kapazitätsbelag C'_0 gefordert wird. Das zusätzliche, bei $t > 0$ an den senkrechten Streifenleiterkanten entstehende elektrische Streufeld wird bei der äquivalenten Leitung durch eine Vergrößerung der Streifenleiterbreite um $\Delta w_{t,0}$ erzeugt. Wegen $Z_{L0} = \eta_0 \varepsilon_0 / C'_0$ und $L' = \mu_0 \varepsilon_0 / C'_0$ hat dann die um $\Delta w_{t,0}$ verbreiterte äquivalente Leitung nicht nur den gleichen Kapazitätsbelag C'_0, sondern auch gleiche Werte des Wellenwiderstands Z_{L0} und des Induktivitätsbelags L' wie die Originalleitung. Das bedeutet, daß bei $\varepsilon_r = 1$ die äquivalenten Streifenleiterverbreiterungen $\Delta w_{t,C0}$ für den Kapazitätsbelag, $\Delta w_{t,ZL0}$ für den Wellenwiderstand und $\Delta w_{t,L}$ für den Induktivitätsbelag gemäß

$$\Delta w_{t,C0} = \Delta w_{t,ZL0} = \Delta w_{t,L} = \Delta w_{t,0} = w_{eq,0} - w \tag{3.49}$$

gleich sind. Ersetzt man also bei den für $t = 0$ geltenden Diagrammen und Formeln w durch $w_{eq,0} = w + \Delta w_{t,0}$, so erhält man Z_{L0}, C'_0 und L' für die Originalleitung mit $t > 0$. Bei der Vergrößerung von t erhöht sich C'_0 um $\Delta C'_0$, während sich L' um $\Delta L'$ und Z_{L0} um ΔZ_{L0} erniedrigen.

Zur Berechnung von $\Delta w_{t,0}$ hat Wheeler /2.90/ Näherungsgleichungen erster Ordnung für kleine Leiterdicken $t/w < 0,1$ und zugleich $t/h < 0,1$ aus der konformen Abbildung für Extremfälle $w/h \ll 1$ und $w/h \gg 1$ abgeleitet. Sie bilden die Grundlage für viele Leitungsdämpfungsberechnungen nach der Regel von Induktivitätsinkrement (Abschn. 2.4.3 und Kap. 6). Demnach ist für schmale Streifenleiter mit $w/h \leqq 1/(2\pi) = 0,16$ und $2t/h < w/h$, $2t/h < 0,16$

$$\Delta w_{t,0}(t,w) = (t/\pi) \cdot \{1 + \ln(4\pi w/t)\} \tag{3.50}$$

und für breite Streifenleiter mit $w/h \geqq 0,16$

$$\Delta w_{t,0}(t,h) = (t/\pi) \cdot \{1 + \ln(2h/t)\} \quad . \tag{3.51}$$

Den gesamten Bereich $0 < w/h < \infty$ überdecken genauere Näherungsgleichungen zweiter Ordnung von Wheeler /2.91/, die zusätzlich für einen größeren Leiterdickenbereich $t/w < 1$, $t/h < 1$ gelten. In der Analyseform $\Delta w_{t,0}/h(t/h, w/h)$ und in der Syntheseform $\Delta w_{t,0}/h(t/h, w_{eq,0}/h)$ lauten sie mit $e = 2,718 = \exp(1)$

$$\Delta w_{t,0} = \frac{t}{\pi} \cdot \ln\left[\frac{4e}{\sqrt{(t/h)^2 + \{\frac{1/\pi}{(w/t) + 1,10}\}^2}}\right] \quad , \tag{3.52}$$

$$\Delta w_{t,0} = \frac{t}{\pi} \cdot \ln \left[\frac{4e}{\sqrt{(t/h)^2 + \{\frac{1/\pi}{(w_{eq,0}/t) - 0,26}\}^2}} \right] \quad . \tag{3.53}$$

Werte nach (3.52) sind in Bild 3.7b dargestellt.

Äquivalente Leiterverbreiterung bei der Mikrostreifenleitung mit Substrat

Bei der Mikrostreifenleitung mit Substrat ($\varepsilon_r > 1$) nach Bild 3.1a muß man bei der Herleitung der äquivalenten Ersatzleitung (Bild 3.7a) bei gleicher Dicke t/h der Originalleitung unterschiedliche Werte von $w_{eq,i}$ bzw. von $\Delta w_{t,i}$ ansetzen, je nachdem, für welchen Leitungsparameter LP_i (z.B. Z_L, C', L' oder $\varepsilon_{r,eff}$) die Äquivalenz gelten soll.

Da der Induktivitätsbelag L' durch das Substrat nicht beeinflußt wird (TEM-Welle), beträgt die für Äquivalenz bezüglich des Induktivitätsbelags gültige äquivalente Leiterverbreiterung

$$\Delta w_{t,L} = \Delta w_{t,0} > 0 \tag{3.54}$$

mit $\Delta w_{t,0}$ nach (3.50)...(3.53). Die relative Vergrößerung des Kapazitätsbelags C' aufgrund $t > 0$ und dementsprechend die für Äquivalenz bezüglich des Kapazitätsbelags gültige äquivalente Leiterverbreiterung $\Delta w_{t,C}$ wird um so geringer, je größer ε_r ist, je stärker sich also das elektrische Feld auf das Substratinnere konzentriert. Für $\varepsilon_r \to \infty$ wird die durch $t > 0$ bedingte Kapazitätsbelagserhöhung zu Null und daher auch $\Delta w_{t,C} = 0$ (Luftraum feldfrei). Das berücksichtigt man in erster Näherung nach /2.90, 2.91/ durch

$$\Delta w_{t,C} = \Delta w_{t,0}/\varepsilon_r > 0 \tag{3.55}$$

mit $\Delta w_{t,0}$ nach (3.50)...(3.53). Zur Bestimmung der für Äquivalenz bezüglich des Wellenwiderstands Z_L gültigen äquivalenten Leiterverbreiterung $\Delta w_{t,Z_L}$ kann man näherungsweise $\Delta Z_L/Z_L = -\Delta w_{t,Z_L}/w$, $\Delta C'/C' = \Delta w_{t,C}/w$ und $\Delta L'/L' = -\Delta w_{t,L}/w$ setzen. Mit $Z_L = \sqrt{L'/C'}$ erhält man $\Delta Z_L/Z_L = (\Delta L'/L' - \Delta C'/C')/2$. Daraus ergibt sich mit (3.54), (3.55)

$$\Delta w_{t,ZL} = \Delta w_{t,0}\{1 + (1/\varepsilon_r)\}/2 > 0 \quad . \tag{3.56}$$

Auf ähnliche Weise erhält man mit $\varepsilon_{r,eff} = C'/C_0'$ und $\Delta\varepsilon_{r,eff}/\varepsilon_{r,eff} = \Delta C'/C' - \Delta C_0'/C_0'$ sowie $\Delta C_0'/C_0' = \Delta w_{t,0}/w$ für die für Äquivalenz bezüglich der effektiven Permittivität $\varepsilon_{r,eff}$ gültige äquivalente Streifenleiterverschmälerung in erster Näherung zu

$$\Delta w_{t,\varepsilon} = \Delta w_{t,0}\{(1/\varepsilon_r) - 1\} < 0 \tag{3.57}$$

mit $\Delta w_{t,0}$ nach (3.50)...(3.53). Dabei ist $\Delta Z_L/Z_L = \{Z_L(w/h, t>0) - Z_L(w/h, t=0)\}/Z_L(w/h, t=0)$. Entsprechendes gilt für $\Delta C'/C'$, für $\Delta L'/L'$, für $\Delta\varepsilon_{r,eff}/\varepsilon_{r,eff}$ und für $\Delta C_0'/C_0'$.

Zur Berechnung der Leitungsparameter Z_L, C', L' oder $\varepsilon_{r,eff}$ einer Mikrostreifenleitung endlicher Dicke t ist somit $w_{eq,i}$ nach (3.48) mit Hilfe von $\Delta w_{t,i}$ nach (3.54), (3.55), (3.56) oder (3.57), je nachdem, für welchen Leitungsparameter die Äquivalenz gefordert wird, zu berechnen. Diese $w_{eq,i}$ ist in die für $t=0$ geltenden Diagramme oder Formeln für den jeweiligen Leitungsparameter einzusetzen. Erhöht man bei gleich bleibenden Werten von w,h und ε_r die Leiterdicke t, so erniedrigen sich L', Z_L und $\varepsilon_{r,eff}$, während C' größer wird. Erhöht man bei gleich bleibenden Werten von h und ε_r im Falle $t=0$ (äquivalente Leitung) die Leiterbreite von w um $\Delta w_{t,i}$ auf $w_{eq,i}$, so erniedrigen sich L' und Z_L, während C' und $\varepsilon_{r,eff}$ ansteigen. Eine Erhöhung von t einerseits und eine Erhöhung von w im Falle $t=0$ andererseits haben also bei den Leitungskenngrößen L', Z_L und C' die gleiche Wirkung, während sie bei $\varepsilon_{r,eff}$ entgegengesetzte Wirkung besitzen. Daher sind $\Delta w_{t,L}$, $\Delta w_{t,C}$ und $\Delta w_{t,ZL}$ nach (3.54)...(3.56) positiv (Erhöhung von $w_{eq,L}$, $w_{eq,C}$, $w_{eq,ZL}$ bei t-Erhöhung), während $\Delta w_{t,\varepsilon}$ nach (3.57) negativ ist (Erniedrigung von $w_{eq,\varepsilon}$ bei t-Erhöhung). - Bei $\varepsilon_r \to \infty$ wird $\Delta w_{t,ZL} = 0{,}5\,\Delta w_{t,0}$, weil nur L', nicht aber C' von t beeinflußt wird. Weiterhin wird bei $\varepsilon_r \to 1$ das $\Delta w_{t,\varepsilon} = 0$, weil bei beliebiger Dicke t stets $\varepsilon_{r,eff} = 1$ ist. Für $\varepsilon_r \to \infty$ geht $\Delta w_{t,\varepsilon} \to -\Delta w_{t,0}$, was sich aber nicht auswirkt, da ohnehin wegen $C' \to \infty$ auch $\varepsilon_{r,eff} \to \infty$ geht.

Vielfach möchte man jedoch zur Berechnung von Z_L, $\varepsilon_{r,eff}$ bei $t>0$ ausschließlich den für $\varepsilon_r = 1$ geltenden Korrekturwert $\Delta w_{t,0}$ nach (3.50), (3.51) bzw. (3.52) und den für $\varepsilon_r > 1$ für Äquivalenz bzgl. des Kapazitätsbelags C' geltenden Korrekturwert $\Delta w_{t,C}$ nach (3.55) benützen und die ungenaueren Schätzwerte $\Delta w_{t,Z_L}$ und $w_{t,\varepsilon}$ nach (3.56), (3.57) vermeiden. Sollen nach wie vor die Formeln für $Z_L(w/h, \varepsilon_r, t=0)$ und $\varepsilon_{r,eff}(w/h, \varepsilon_r, t=0)$ verwendet werden, so darf hier nicht einfach $w_{eq,C} = w + \Delta w_{t,C}$ eingesetzt werden. Ausgehend von (2.31), (2.34) müssen vielmehr gemäß $C_0' = \eta_0\varepsilon_0/(Z_L\sqrt{\varepsilon_{r,eff}})$ und $C' = \eta_0\varepsilon_0\sqrt{\varepsilon_{r,eff}}/Z_L$ zunächst die Kapazitätsbeläge jeweils für $w_{eq,0}$ und $w_{eq,C}$ berechnet werden. Mit $\varepsilon_{r,eff}(w/h, t/h, \varepsilon_r) = C'(w_{eq,C}/h, \varepsilon_r)/C_0'(w_{eq,0}/h)$ und $Z_L(w/h, t/h, \varepsilon_r) = \eta_0\varepsilon_0/\sqrt{C'(w_{eq,C}/h, \varepsilon_r)\cdot C_0'(w_{eq,0}/h)}$ erhält man die Berechnungsvorschriften

$$\varepsilon_{r,eff}(w/h, t/h, \varepsilon_r) = \frac{Z_L(w_{eq,0}/h, \varepsilon_r)}{Z_L(w_{eq,C}/h, \varepsilon_r)}\cdot\sqrt{\varepsilon_{r,eff}(w_{eq,0}/h, \varepsilon_r)\cdot\varepsilon_{r,eff}(w_{eq,C}/h, \varepsilon_r)}$$

$$= \frac{Z_{L0}(w_{eq,0}/h)}{Z_{L0}(w_{eq,C}/h)}\cdot\varepsilon_{r,eff}(w_{eq,C}/h, \varepsilon_r) \quad , \qquad (3.58)$$

$$Z_L(w/h,\, t/h,\, \varepsilon_r) = \sqrt{Z_L(w_{eq,C}/h,\, \varepsilon_r) \cdot Z_L(w_{eq,0}/h,\, \varepsilon_r)} \cdot \sqrt[4]{\frac{\varepsilon_{r,eff}(w_{eq,0}/h,\, \varepsilon_r)}{\varepsilon_{r,eff}(w_{eq,C}/h,\, \varepsilon_r)}}$$

$$= \sqrt{\frac{Z_{L0}(w_{eq,C}/h) \cdot Z_{L0}(w_{eq,0}/h)}{\varepsilon_{r,eff}(w_{eq,C}/h,\, \varepsilon_r)}} \quad . \tag{3.59}$$

Hierbei sind $Z_{L0} = Z_L(\varepsilon_r = 1)$ und $w_{eq,0} = w + \Delta w_{t,0}$ sowie $w_{eq,C} = w + \Delta w_{t,C}$ mit $\Delta w_{t,0}$ nach (3.52) und $\Delta w_{t,C}$ nach (3.55) zu berechnen. Die Werte von Z_L, $\varepsilon_{r,eff}$, Z_{L0} für die äquivalenten Leiterbreiten $w_{eq,0}$, $w_{eq,C}$ gelten für $t = 0$.

Empirische Gleichungen nach Hammerstad, Jensen zur Berücksichtigung endlicher Streifenleiterdicke bei der Mikrostreifenleitung mit und ohne Substrat

Von Hammerstad, Jensen /3.107/ werden durch Funktionalapproximation an numerische Ergebnisse für $t > 0$ gewonnene empirische Gleichungen zur Berechnung der äquivalenten Leiterbreite $w_{eq,i} = w + \Delta w_{t,i}$ angegeben, welche den Anspruch größerer Genauigkeit für schmale Streifenleiter und kleine ε_r-Werte im Vergleich zu (3.50)...(3.57) erheben. Das Konzept der äquivalenten Leiterbreite $w_{eq,i}$ (Bild 3.7a) wird beibehalten. Demnach errechnet sich für die Mikrostreifenleitung ohne Substrat ($\varepsilon_r = 1$) die zur Berechnung von L', C_0', Z_{L0} nach (3.49) gleichermaßen geltende äquivalente Streifenleiterverbreiterung zu

$$\Delta w_{t,0} = \frac{t}{\pi} \cdot \ln\left\{1 + \frac{4\exp(1)}{(t/h) \cdot \coth^2(\sqrt{6{,}517 \cdot w/h})}\right\} \tag{3.60}$$

mit $e = \exp(1)$ und $w_{eq,0} = w + \Delta w_{t,0}$. Die bei der Mikrostreifenleitung mit Substrat ($\varepsilon_r > 1$) für eine Äquivalenz bezüglich des Wellenwiderstands Z_L gültige äquivalente Leiterverbreiterung ist

$$\Delta w_{t,ZL} = \frac{\Delta w_{t,0}}{2}\left(1 + \frac{1}{\cosh\sqrt{\varepsilon_r - 1}}\right) \tag{3.61}$$

mit $w_{eq,ZL} = w + \Delta w_{t,ZL}$. (3.61) gilt nicht für L', C' und $\varepsilon_{r,eff}$! Will man im Verein mit den für $t = 0$ geltenden Formeln für $Z_{L0}(w/h)$, $\varepsilon_{r,eff}(w/h,\, \varepsilon_r)$, z.B. mit (3.24), (3.29)...(3.34), ausschließlich $\Delta w_{t,0}$ und $\Delta w_{t,ZL}$ verwenden, so sind ähnliche Umrechnungen wie zur Herleitung von (3.58), (3.59) notwendig. Hieraus erhält man

$$Z_L(w/h,\, t/h,\, \varepsilon_r) = Z_L(w_{eq,ZL}/h,\, t{=}0,\, \varepsilon_r) = \frac{Z_{L0}(w_{eq,ZL}/h,\, t{=}0)}{\sqrt{\varepsilon_{r,eff}(w_{eq,ZL}/h,\, t{=}0,\, \varepsilon_r)}} \quad , \tag{3.62}$$

$$\varepsilon_{r,eff}(w/h, t/h, \varepsilon_r) = \left[\frac{Z_{L0}(w_{eq,0}/h, t=0)}{Z_L(w_{eq,ZL}/h, t=0, \varepsilon_r)}\right]^2$$

$$= \varepsilon_{r,eff}(w_{eq,ZL}/h, t=0, \varepsilon_r) \cdot \left[\frac{Z_{L0}(w_{eq,0}/h, t=0)}{Z_{L0}(w_{eq,ZL}/h, t=0)}\right]^2 \quad (3.63)$$

mit $Z_{L0} = Z_L(\varepsilon_r = 1)$.

3.2.5 Statisches Bandleitungsmodell für die Mikrostreifenleitung

Das ursprünglich von /3.86-3.89/ für die Triplateleitung eingeführte und von Wolff und Mitarbeitern /3.64-3.67, 3.82-3.85, 3.90-3.92, 3.121/ auf die in Bild 3.1a gezeigte Mikrostreifenleitung erweiterte Bandleitungsmodell (planar wave guide model) besitzt große Bedeutung für verschiedene Näherungsverfahren in der Mikrostreifenleitungs-Schaltungstechnik: Es wird zur Grobabschätzung der seitlichen Austrittsweite des Mikrostreifenleitungsfeldes sowie der Grenzfrequenz $f_{g,HE1}$ der ersten Mikrostreifenleitungs-Oberwelle und der Grenzfrequenz $f_{g,stat}$ nach (3.2 Z), (3.3 Z) für die statische Näherung verwendet (vgl. Bilder 2.1b,c). Außerdem liefert es die Basis für eine einfache näherungsweise Berechnung der Mikrostreifenleitungs-Diskontinuitäten (Bild 1.47, Kap. 10) unter Berücksichtigung der Feldverzerrungen.

Man unterscheidet ein statisches und ein dynamisches Bandleitungsmodell (Bilder 3.8a,b,c). Das nachfolgend betrachtete statische Bandleitungsmodell für die Mikrostreifenleitung ist eine ideale Bandleitung, welche den gleichen Wellenwiderstand Z_L und die gleiche effektive Permittivität $\varepsilon_{r,eff}$ und somit auch die gleichen Werte der Phasengeschwindigkeit v_p und der Leitungswellenlänge λ wie die Original-Mikrostreifenleitung besitzt (Bild 3.8b). Willkürlich festgelegte, aber naheliegende Zusatzbedingungen sind, daß der Abstand der Elektroden 1 und 2 des Bandleitungsmodells gleich der Substratdicke h ist und daß die Bandleitung homogen mit einem fiktiven Dielektrikum einer relativen Permittivität, die gleich der effektiven Permittivität $\varepsilon_{r,eff}$ der Original-Mikrostreifenleitung ist, gefüllt ist. Die ideale Bandleitung ist hierbei durch zwei parallele Streifenleiter, deren Feldraum seitlich durch magnetische Wände mit verschwindender Normalkomponente des elektrischen und verschwindender Tangentialkomponente des magnetischen Feldes abgegrenzt ist, definiert. Somit herrscht im Inneren homogenes elektrisches und magnetisches Feld, während der Außenraum feldfrei bleibt. Die Breite der Streifenleiter des Bandleitungsmodells wird als e f f e k t i v e L e i t e r b r e i t e w_{eff} der Mikrostreifenleitung bezeichnet, da das Bandleitungsmodell gewissermaßen das seitliche Randstreufeld der Mikrostreifenleitung mit einschließt. Der Kapazitätsbelag C' und der Wellenwiderstand Z_L des Bandleitungsmodells berechnen sich zu

$$C' = \varepsilon_0 \varepsilon_{r,eff} w_{eff}/h \quad , \tag{3.64}$$

$$Z_L = \eta_0 \varepsilon_0 \sqrt{\varepsilon_{r,eff}}/C' = \eta_0 h/(w_{eff}\sqrt{\varepsilon_{r,eff}}) \quad . \tag{3.65}$$

Aus (3.65) läßt sich die effektive Leiterbreite w_{eff} der durch die Leitungsparameter Z_L und $\varepsilon_{r,eff}$ beschriebenen Mikrostreifenleitung zu

$$w_{eff} = \eta_0 h/(Z_L\sqrt{\varepsilon_{r,eff}}) = \eta_0 h/Z_{L0} \tag{3.66}$$

definieren. Setzt man die statischen (frequenzunabhängigen) Werte von Z_L und $\varepsilon_{r,eff}$ ein, so spricht man von dem statischen Bandleitungsmodell. Bei dem dynamischen Bandleitungsmodell (Bild 3.8c) werden $\varepsilon_{r,eff}$ und w_{eff} als frequenzabhängig angesetzt (Abschn. 3.3.4).

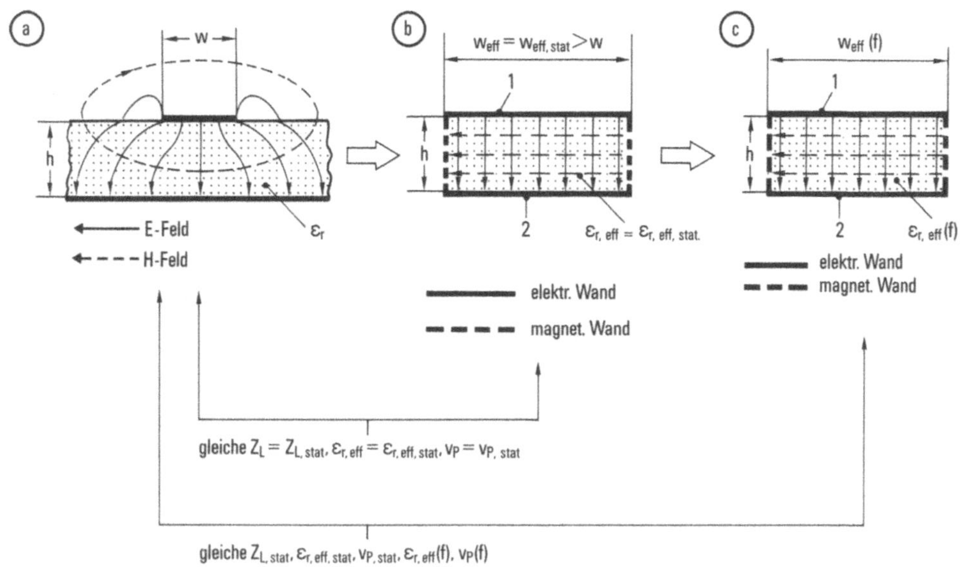

Bild 3.8. Bandleitungsmodell für die Mikrostreifenleitung. a) Originalleitung; b) statisches Bandleitungsmodell; c) dynamisches Bandleitungsmodell

3.3 Wellenwiderstand und effektive Permittivität für die hybride Grundwelle der Mikrostreifenleitung nach dynamischer Analyse

3.3.1 Dynamische Analyse nach numerischen Verfahren

Auf der in Bild 3.1a gezeigten Mikrostreifenleitung breitet sich wegen des inhomogenen Dielektrikums im felderfüllten Leitungsquerschnitt als Grundwelle eine hybride Welle vom Quasi-TEM-Typ aus (Abschn. 2.1.3). Oberhalb einer nach (3.2 Z) bzw. (3.3 Z) abschätzbaren statischen Grenzfrequenz $f_{g,stat}$ zeigt sich eine signifikante Frequenzabhängigkeit des Wellenwiderstands Z_L und der effektiven Permittivität $\varepsilon_{r,eff}$ dieser Grundwelle. Daher ist zur Berechnung dieser Leitungsparameter eine dynamische Analyse (Abschn. 2.1.3) notwendig. Zudem wird der Wellenwiderstand Z_L unendlich vieldeutig (Abschn. 2.6). Aufgrund der dynamischen Ähnlichkeitsgesetzte (2.115) von Abschn. 2.7.1 sind die Leitungsparameter bei der dynamischen Analyse gemäß $Z_L, \varepsilon_{r,eff} = f(w/h, t/h, \varepsilon_r, h/\lambda_0)$ von den Querschnittsabmessungen w, t, h, der Substratpermittivität ε_r und dem Quotienten h/λ_0 aus h und der Freiraumwellenlänge $\lambda_0 = c_0/f$ bzw. dem Produkt $h \cdot f$ abhängig. Vergrößert man den Leitungsquerschnitt linear um einen Faktor k, so muß man die Frequenz f um diesen Faktor k erniedrigen, wenn die Leitungseigenschaften Z_L, $\varepsilon_{r,eff}$ gleich bleiben sollen. Die prinzipiellen Frequenzverläufe $Z_L(f)$ und $\varepsilon_{r,eff}(f)$ zeigt Bild 2.1b.

Die auf Digitalrechnern auszuwertenden numerischen dynamischen Analyseverfahren /1.352, 1.353, 2.20-2.24, 2.26, 2.27, 2.29, 2.37-2.46, 2.48-2.50, 2.86, 2.87, 2.114-2.118, 3.4-3.7, 3.35-3.49, 3.97, 3.98-3.100, 3.122-3.124, 3.129, 3.134, 3.167-3.171/ stellen die genaueste Berechnung der Leitungsparameter Z_L, $\varepsilon_{r,eff}$ aus w/h, t/h, h, ε_r und der Frequenz f dar (Abschn. 2.1.3). Vielfach wird $t/h = 0$ angenommen und nur $\varepsilon_{r,eff}(f)$ berechnet. Bei /1.352, 1.353, 2.46, 2.114-2.121, 3.40, 3.134/ wird neben $\varepsilon_{r,eff}(f)$ auch $Z_L(f)$ berechnet. /2.20, 2.21, 2.44, 2.48, 3.4, 3.36, 3.38, 3.41, 3.48, 3.124/ analysieren neben der hybriden Grundwelle auch die hybriden Oberwellen der Mikrostreifenleitung - i.allg. jedoch nur deren untere Grenzfrequenz $f_{g,HEm}$ und Dispersion $\varepsilon_{r,eff,HEm}(f)$.

Eines der dynamischen Verfahren ist die Variationsmethode /2.46, 2.73, 2.75, 3.32/: Hier wird ein Variationsausdruck für die Ausbreitungskonstante verwendet. Dieser Ausdruck ist hinsichtlich der Feldkomponenten stationär und ermöglicht daher eine genaue Berechnung der Wellengeschwindigkeit aus relativ grob geschätzten Feldkomponenten. Die Feldkomponenten werden ihrerseits wieder von geschätzten Stromdichteverteilungen auf den Leitern abgeleitet. Dadurch reduziert sich das gesamte dynamische Analyseproblem auf die Bestimmung der Leiterstromver-

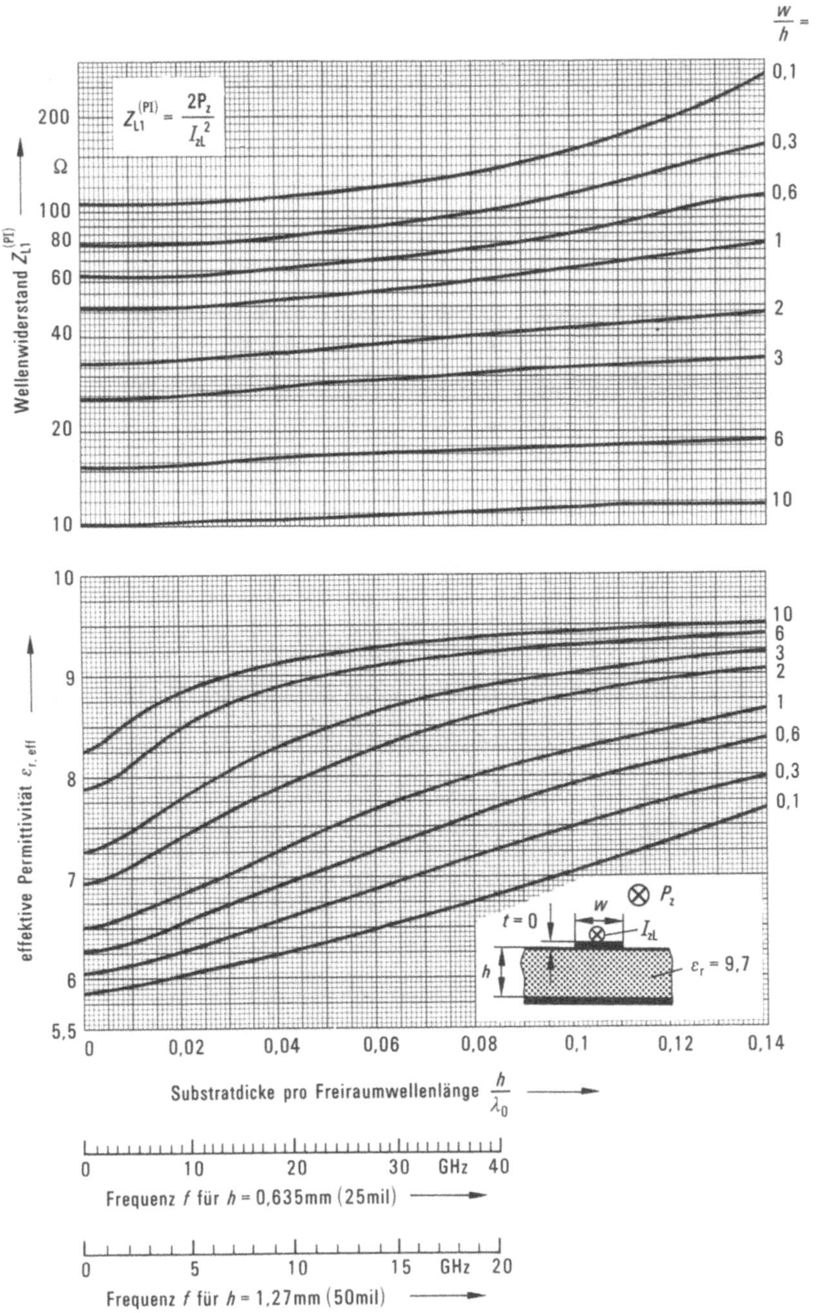

Bild 3.9. Frequenzabhängigkeit des Wellenwiderstands $Z_{L1}^{(PI)}$ und der effektiven Permittivität $\varepsilon_{r,eff}$ der Mikrostreifenleitung auf Al_2O_3-Keramiksubstrat ($\varepsilon_r = 9,7$) nach der Variationsmethode von Kowalski, Pregla /2.46, 3.32/.

Tafel 3.3. Dispersion $\varepsilon_{r,eff}(f)$ der Mikrostreifenleitung nach numerischen Ergebnissen der Variationsmethode von Kowalski, Pregla /2.46, 3.32/ für verschiedene Substratmaterialien: Glasfaserverstärktes Teflon ($\varepsilon_r = 2{,}5$), Quarzglas ($\varepsilon_r = 3{,}78$), Al_2O_3-Keramik ($\varepsilon_r = 9{,}8$), Zirkonate ($\varepsilon_r = 20$ und 40)

ε_r	w/h	Dispersion $\varepsilon_{r,eff}(f)$ für h/λ_0 =						
		10^{-5}	0,01	0,02	0,03	0,04	0,05	0,06
2,5	0,1	1,853	1,856	1,861	1,869	1,877	1,886	1,896
2,5	0,5	1,914	1,919	1,928	1,939	1,952	1,966	1,980
2,5	1	1,966	1,972	1,984	1,999	2,015	2,032	2,049
2,5	3	2,100	2,111	2,130	2,152	2,174	2,196	2,216
2,5	5	2,176	2,190	2,214	2,238	2,261	2,282	2,300
2,5	8	2,243	2,261	2,287	2,311	2,332	2,349	2,364
3,78	0,1	2,571	2,579	2,594	2,613	2,634	2,656	2,680
3,78	0,5	2,683	2,696	2,720	2,749	2,782	2,815	2,850
3,78	1	2,779	2,796	2,828	2,865	2,906	2,947	2,988
3,78	2	2,923	2,947	2,990	3,039	3,089	3.137	3.183
3.78	5	3.170	3,210	3,270	3.328	3.379	3.423	3.460
9,8	0,1	5,938	5,989	6,081	6,191	6,311	6,438	6,571
9,8	0,5	6,280	6,366	6,517	6,691	6,873	7,056	7,235
9,8	1	6,579	6,696	6,895	7,116	7,337	7,547	7,743
9,8	5	7,826	8,091	8,410	8,661	8,849	8,990	9,098
20	0,1	11,634	11,821	12,139	12,506	12,903	13,326	13,774
20	0,5	12,364	12,679	13,197	13,761	14,326	14,869	15,378
20	1	13,006	13,436	14,108	14,796	15,433	16,000	16,492
20	5	15,706	16,607	17,473	18,047	18,427	18,687	18,880
40	0,1	22,800	23,433	24,444	25,593	26,853	28,215	29,646
40	0,5	24,290	25,353	26,959	28,601	30,145	31,532	32,741
40	1	25,605	27,044	29,056	30,913	32,472	33,726	34,726
40	5	31,153	33,842	35,823	36,915	37,578	38,022	38,332

teilung. Das Verfahren liefert auch bei grob geschätzter Stromverteilung recht genaue Analysen. In Bild 3.9 und Tafel 3.3 sind nach der Variationsmethode von Kowalski, Pregla /2.46, 3.32/ berechnete Frequenzverläufe des Wellenwiderstands $Z_L^{(PI)}$ und der effektiven Permittivität $\varepsilon_{r,eff}$ angegeben. Der Wellenwiderstand ist nach (2.92) gemäß $Z_L^{(PI)} = 2P_z/I_{zL}^2$ aus der in der Ausbreitungsrichtung der Welle transportierten Leistung P_z und dem Längsstrom I_{zL} auf dem Streifenleiter definiert.

3.3.2 Verschiedene Wellenwiderstandsdefinitionen bei der dynamischen Analyse

Nach Abschn. 2.6 ist bei der Mikrostreifenleitung (Bild 3.1a) wegen des inhomogenen Dielektrikums der Wellenwiderstand Z_L erstens frequenzabhängig und zweitens unendlich vieldeutig. Dabei kann man keine der verschiedenen Definitionen als die "richtige" bezeichnen, da bei der Zusammenschaltung von Mikrostreifenleitungen verschiedener Breite (z.B. Leiterbreitenstufen, T-Verzweigungen) und von Mikrostreifenleitungen mit Koaxialleitungen in Wirklichkeit eine Feldanpassung mit

Feldverzerrungen an der Stelle der Diskontinuität vorliegt. Es ist jedoch sinnvoll, innerhalb derselben Schaltung alle Leitungen nach der gleichen Wellenwiderstandsdefinition zu bemessen.

Für die Mikrostreifenleitung werden alle in Abschn. 2.6 angegebenen Definitionen verwendet /1.352, 1.353, 2.46, 2.56-2.59, 2.114-2.122, 3.40, 3.134/. Am gebräuchlichsten sind die aus Strom, Spannung und Leistung nach (2.91)...(2.93) gebildeten Definitionen $Z_L^{(UI)}$, $Z_L^{(PI)}$ und $Z_L^{(PU)}$. Dabei ist die in Wellenausbreitungsrichtung z transportierte Leistung P_z eindeutig aus dem Poynting-Vektor zu berechnen. Der in Wellenausbreitungsrichtung z verlaufende Strom I_z ist doppeldeutig: Er kann als Streifenleiterstrom I_{zL} und als Massestrom I_{zM} definiert werden. Die Leiterspannung U ist unendlich vieldeutig und von den Punkten A auf dem Streifenleiter und B auf der Massemetallisierung abhängig (Bild 2.11a). Daher sind $Z_L^{(UI)}$ und $Z_L^{(PU)}$ unendlich vieldeutig. $Z_L^{(PI)}$ ist doppeldeutig.

Aus P_z, I_z und U definierte Wellenwiderstände werden bei /1.352, 2.46, 2.56-2.59, 2.116-2.119, 3.134/ nach numerischen Verfahren berechnet. Nach der ersten Art der Leistungs-Stromdefinition (2.92) gemäß

$$Z_{L1}^{(PI)} = 2P_z/I_{zL}^2 \tag{3.67}$$

mit dem Variationsverfahren /2.46/ berechnete Werte zeigt Bild 3.9. Einen Vergleich der drei Z_L-Definitionen $Z_{L1}^{(PI)}$ sowie

$$Z_{L1}^{(UI)} = U_0/I_{zL} \quad , \tag{3.68}$$

$$Z_{L1}^{(PU)} = U_0^2/(2P_z) \tag{3.69}$$

zeigt Bild 3.10. U_0 ist die Spannung in der Streifenleitermitte. $Z_L^{(UI)}$ wurde ebenfalls nach /2.46/ berechnet. $Z_L^{(PU)}$ wurde mit (2.94) aus $Z_L^{(UI)}$ und $Z_L^{(PI)}$ berechnet. Zum Vergleich wurde noch $Z_L^{(\varepsilon\text{-eff})}$ nach (2.95) eingezeichnet, wobei $\varepsilon_{r,eff}(f)$ nach der Variationsmethode /2.46/ berechnet worden ist.

Weitere Varianten der P_z-U-I-Definitionen erhält man, wenn man anstelle des Streifenleiterlängsstroms I_{zL} den Masselängsstrom I_{zM} und anstelle der Spannung U_0 zwischen der Streifenleitermitte und Masse die Spannung U_1 zwischen der Mitte der Streifenleiteroberseite und einem auf Massepotential befindlichen metallischen Deckel wählt /2.122/. Da sich die Feldenergie der Quasi-TEM-Welle mit wachsender Frequenz immer mehr im Substrat konzentriert, wird die Spannung U_0 größer, die Spannung U_1 in Luft dagegen nimmt ab. Daher wird $Z_{L2}^{(PU)} = U_1^2/(2P_z)$ mit wachsender Frequenz kleiner. Wellenwiderstände $Z_L^{(r)}$ nach der Reflexionsfaktordefinition

(2.96) fallen ebenfalls mit wachsender Frequenz /2.115, 2.120/. Dabei wurde als TEM-Normleitung der gleiche Leitungsaufbau, jedoch ohne Substrat (also $\varepsilon_r = 1$), gewählt (Bild 2.11b). Bei einer koaxialen Luftleitung als Normleitung (Bild 2.11c) fällt $Z_L^{(r)}$ ebenfalls mit der Frequenz /1.352, 1.353/.

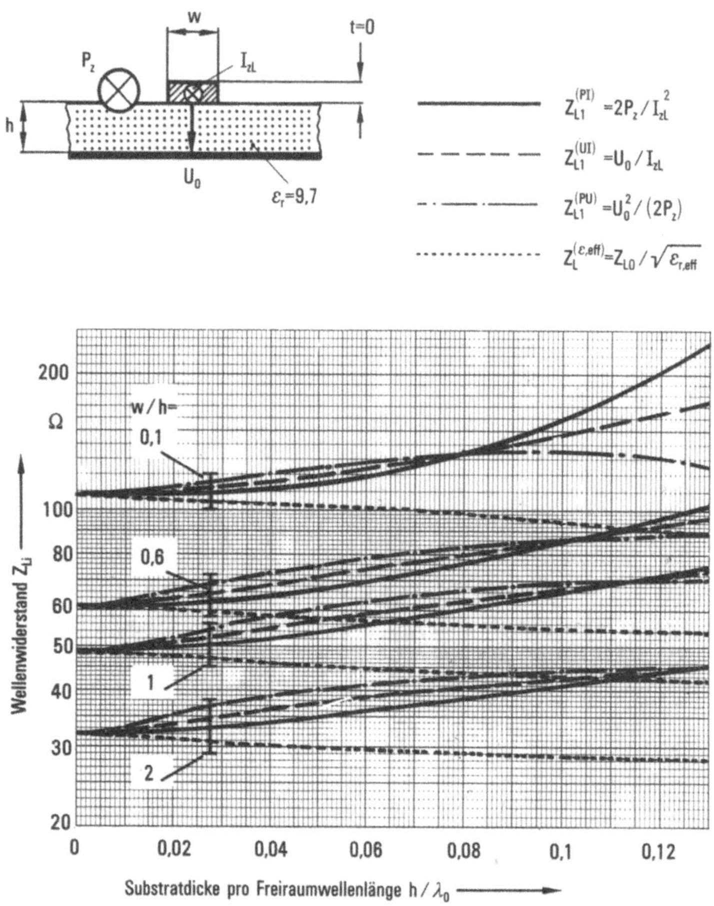

Bild 3.10. Vergleich der Frequenzabhängigkeit von vier Wellenwiderstandsdefinitionen $Z_{L1}^{(PI)}$, $Z_{L1}^{(UI)}$, $Z_{L1}^{(PU)}$ und $Z_L^{(\varepsilon\text{-eff})}$ bei der Mikrostreifenleitung auf Al_2O_3-Keramiksubstrat.

3.3.3 Dispersionsformeln für die effektive Permittivität

Dispersionsmodelle

Unter Dispersionsmodellen /2.51-2.59/ für die effektive Permittivität $\varepsilon_{r,eff}$ der Mikrostreifenleitung (Bild 3.1a) versteht man bestimmte Wellenleitertypen, deren Aufbau eine im Vergleich zur Mikrostreifenleitung ähnliche prinzipielle Frequenzabhängigkeit der effektiven Permittivität $\varepsilon_{r,eff}(f)$ erwarten läßt. Die Dispersionsmodelle müssen so einfach aufgebaut sein, daß sich ihre "Dispersion" $\varepsilon_{r,eff}(f)$ durch analytische Ausdrücke darstellen läßt. Die Dispersionsfunktion $\varepsilon_{r,eff}(f)$ des Dispersionsmodells beschreibt den Frequenzverlauf der effektiven Permittivität $\varepsilon_{r,eff}(f)$ der Mikrostreifenleitung daher nur näherungsweise. Zur Adaptierung der Dispersionsfunktion des Dispersionsmodells an die Dispersionsfunktion der Originalleitung müssen Umrechnungsbeziehungen zwischen den Abmessungen des Dispersionsmodells und der Originalleitung aufgestellt werden. Diese Beziehungen gewinnt man empirisch durch Vergleich der Dispersion $\varepsilon_{r,eff}(f)$ des Modells mit numerisch bestimmten, genauen theoretischen Werten oder mit Meßwerten von $\varepsilon_{r,eff}(f)$ der Original-Mikrostreifenleitung. Somit ist für eine verbindliche Festlegung von Dispersionsmodellen bereits die Kenntnis der Dispersion $\varepsilon_{r,eff}(f)$ der Originalleitung notwendig. Der Nutzen der Dispersionsmodelle liegt damit nicht in der Analyse der Leitung, sondern in der einfachen formelmäßigen Darstellung der theoretisch oder meßtechnisch nur unter großem Aufwand zu ermittelnden Leitungseigenschaften. Die Ergebnisse der statischen Analyse der Leitung, die in diesem Abschnitt mit $Z_{L,stat}$ und $\varepsilon_{r,eff,stat}$ zur Unterscheidung von den frequenzabhängigen Leitungseigenschaften Z_L, $\varepsilon_{r,eff}$ bezeichnet werden, müssen zur Aufstellung von Dispersionsmodellen bekannt sein.

Das LSE-Wellen-Dispersionsmodell von Getsinger /2.51/ nach Bild 3.11a besteht aus einem Wellenleiter, welcher elektrische Längsschnittwellen (longitudinal section electric modes) führt /2.30, S. 224/. Das Wellenleitermodell ist durch elektrische Wände mit verschwindender Tangentialkomponente E_{tan} des elektrischen Feldes und verschwindender Normalkomponente H_{norm} des magnetischen Feldes und durch magnetische Wände mit verschwindender Normalkomponente E_{norm} des elektrischen Feldes und verschwindender Tangentialkomponente H_{tan} des Magnetfelds umgrenzt. Das Dispersionsmodell besitzt nicht genau die gleiche Dispersionsfunktion $\varepsilon_{r,eff}(f)$ wie die Originalleitung, da die Feldverteilungen bei beiden Wellenleitern unterschiedlich sind. Folgende Ähnlichkeiten der Feldverteilung lassen jedoch auf eine ähnliche Dispersionsfunktion schließen: Bei der Mikrostreifenleitung konzentriert sich die Feldenergie hauptsächlich auf den Bereich unterhalb des Streifenleiters (Plattenkondensatoranteil) und auf die Streifenleiterränder (Streufeldanteil). Nahe den Streifenleiterrändern verlaufen das elektrische Feld hauptsächlich parallel und das magnetische Feld hauptsächlich senkrecht zur dielektrischen Grenzschicht. Diese Verhältnisse werden durch die drei ohne Feldverzerrung parallelgeschalteten idealen Bandleitungen I, II und II' des LSE-Modells dargestellt (Bild 3.11a): Die mittlere, mit der Substratpermittivität ε_r gefüllte Bandleitung, der willkürlich ein Plattenabstand vom Wert der Substratdicke h zugeteilt worden ist, erzeugt das Plattenkondensatorfeld. Die beiden äußeren luftgefüllten Bandleitungen II und II' repräsentieren den Feldanteil im Luftraum der Originalleitung. Da der Luftraum weiter als das Substrat ausgedehnt ist, besitzen die äußeren Bandleitungen einen größeren Plattenabstand. Auch bei dem idealisierten LSE-Modell verlaufen die E-Feldlinien parallel und die H-Feldlinien senkrecht zur dielektrischen Grenzfläche.

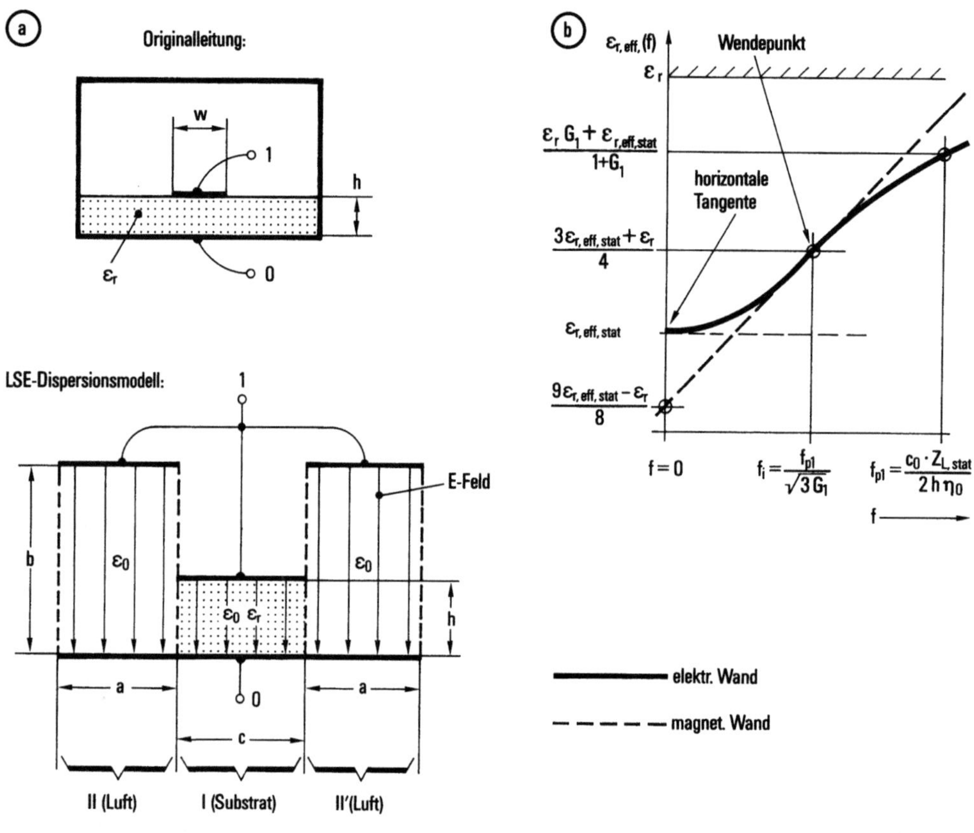

Bild 3.11. LSE-Dispersionsmodell nach Getsinger /2.51/. a) Herleitung des Modells; b) Konstruktion der Dispersionskurve $\varepsilon_{r,eff}(f)$

Die Abmessungen b/a, c/h und b/h sind zunächst noch offen. Sie werden auf eine solche Weise mit den Eigenschaften der Originalleitung in Beziehung gesetzt, daß sich die Dispersionsfunktion des Modells möglichst gut an die Dispersionsfunktion der Originalleitung annähert. Hierzu erzwingt man zunächst gleiche statische Leitungsparameter $Z_{L,stat}$ und $\varepsilon_{r,eff,stat}$ von Modell und Originalleitung durch die Festlegung von b/a und c/h. Danach bestimmt man nach der Querresonanzmethode /2.30, 3.125/ die Dispersionsfunktion $\varepsilon_{r,eff}(f)$ des Modells. Paßt man diese an die von numerischen Verfahren bekannte Dispersionsfunktion der Originalleitung an, so läßt sich der letzte Parameter b/h bestimmen. Als Ergebnis dieser Berechnungen /2.51/ erhält man die Dispersionsfunktion

$$\varepsilon_{r,eff}(f) = \varepsilon_r - \frac{\varepsilon_r - \varepsilon_{r,eff,stat}}{1 + G_1 \cdot (f/f_{p1})^2} \quad , \tag{3.70}$$

$$f_{p1} = c_0 Z_{L,stat}/(2h\eta_0) \quad , \tag{3.71}$$

$$G_1 = 0{,}6 + 0{,}009 \cdot Z_{L,stat} \tag{3.72 Z}$$

für die Mikrostreifenleitung nach Bild 3.1a mit dem statischen Wellenwiderstand $Z_{L,stat} = Z_L(f=0)$ und der statischen effektiven Permittivität $\varepsilon_{r,eff,stat} = \varepsilon_{r,eff}(f=0)$ auf einem Substrat der relativen Permittivität ε_r.

Bei (3.72 Z) ist $Z_{L,stat}$ in Ω einzusetzen. G_1 ist eine dimensionslose Hilfsgröße, durch deren Wahl die Dispersionsfunktionen des Modells und der Originalleitung aneinander angepaßt werden. Die lineare Abhängigkeit der Größe G_1 von dem Wellenwiderstand $Z_{L,stat}$ gemäß (3.72 Z) wurde von /2.51/ durch Vergleich von $\varepsilon_{r,eff}$-Messungen bei $f = 10$ GHz an Mikrostreifenleitungen der Wellenwiderstände $Z_{L,stat} = 15...90\ \Omega$ auf 0,635 mm (25 mil) und 1,27 mm (50 mil) dicken Al_2O_3-Keramiksubstraten ($\varepsilon_r \cong 10$) mit dem durch das Modell vorausgesagten $\varepsilon_{r,eff}(f)$-Verlauf ermittelt. Somit ist (3.72 Z) an diese Parameterwerte angepaßt. Eine an alle Substratarten mit unterschiedlichem ε_r angepaßte Hilfsgröße

$$G_1 = \frac{\pi^2(\varepsilon_r - 1)}{12\varepsilon_{r,eff,stat}} \sqrt{2\pi Z_{L,stat}/\eta_0} \tag{3.73}$$

wurde von Hammerstad, Jensen /3.107/ durch Vergleich mit numerischen dynamischen Ergebnissen für verschiedene ε_r-Werte gefunden. f_{p1} ist die untere Grenzfrequenz der ersten Oberwelle auf der Mikrostreifenleitung. f_{p1} läßt sich aus dem Bandleitungsmodell (Abschn. 3.2.5) nach der Querresonanzmethode ableiten, indem man in (3.66) $w_{eff} = \lambda_{p1}/2$ mit $\lambda_{p1} = c_0/(f_{p1}\sqrt{\varepsilon_{r,eff,stat}})$ setzt.

Aus der Dispersionsfunktion (3.70) des LSE-Modells kann man das in Bild 3.11b dargestellte Verfahren zur näherungsweisen K o n s t r u k t i o n der Dispersionskurve $\varepsilon_{r,eff}(f)$ ableiten. Der hier gezeigte prinzipielle Verlauf stimmt auch mit numerischen dynamischen Analysen, z.B. mit der Analyse nach der Methode gekoppelter Integralgleichungen /2.26/, überein. Hiernach geht $\varepsilon_{r,eff}(f)$ mit horizontaler Tangente aus dem statischen Wert $\varepsilon_{r,eff,stat}$ bei $f = 0$ hervor, steigt mit f an, durchläuft bei $f_i = f_{p1}/\sqrt{3G_1}$ einen Wendepunkt und mündet bei $f = \infty$ mit $\varepsilon_{r,eff} = \varepsilon_r$ ein. Zur Konstruktion der Steigung im Wendepunkt sind die in Bild 3.11b bei $f = 0$ und bei $f = f_{p1}$ eingezeichneten Punkte zu verwenden. Für $Z_L \cong 50\,\Omega$ vereinfacht sich der Punkt $\varepsilon_{r,eff}(f = f_{p1})$ gemäß $\varepsilon_{r,eff}(f_{p1}) = (\varepsilon_r + \varepsilon_{r,eff,stat})/2$, da $G_1 \cong 2$ wird.

Ein zweites Dispersionsmodell für die Mikrostreifenleitung neben dem LSE-Modell von Getsinger ist das Modell gekoppelter TEM-TE-Leitungen (Bild 3.12) von Carlin /2.53, 2.54/. Die grundsätzliche Idee zur Darstellung der Ausbreitungskonstante von Wellenleitern in inhomogenem Medium durch gekoppelte Wellenleiter stammt von Schelkunoff /3.126/. Er zeigte, daß die Dispersion metallischer Hohlleiter, die teilweise mit Dielektrikum gefüllt sind, durch eine unendliche Anzahl gekoppelter TE- und TM-Leitungen dargestellt werden kann. In der Praxis beschränkt man sich i.allg. auf zwei gekoppelte Leitungen. So haben /2.54, 3.127/ Rechteckhohlleiter, die teilweise mit einem dielektrischen Stab gefüllt sind, durch zwei gekoppelte TE-Leitungen und Rundhohlleiter mit konzentrischem runden dielektrischen Stab durch gekoppelte TE- und TM-Leitungen modelliert. Zur Darstellung der Dispersionseigenschaften der Mikrostreifenleitung eignet sich eine TEM-Leitung, welche mit einer TE-Leitung elektrisch gekoppelt ist (Bild 3.12). Eine der beiden Leitungen muß eine TEM-Leitung sein, weil die untere Grenzfrequenz der Mikrostreifenleitung Null ist und sich für $f \to 0$ eine TEM-Welle ausbreitet. Für die zweite der beiden Leitungen wird eine TE-Leitung gewählt, da die erste Oberwelle der Mikrostreifenleitung eine Quasi-TE-Welle ist (Kap. 4).

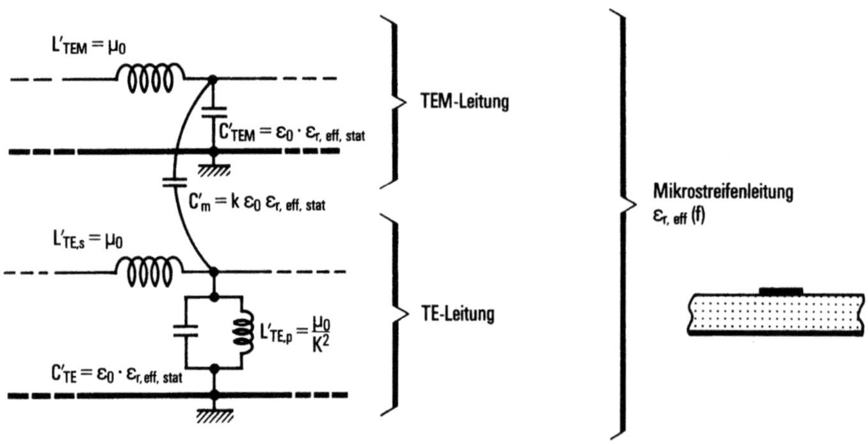

Bild 3.12. Dispersionsmodell aus gekoppelten TEM- und TE-Leitungen nach Carlin /2.53, 2.54/.

Die frequenzabhängige effektive Permittivität $\varepsilon_{r,eff} = (c_0/v_P)^2$ der Mikrostreifenleitung wird durch die Phasengeschwindigkeit v_P der sich auf dem gekoppelten Leitungspaar ausbreitenden Grundwelle dargestellt. v_P errechnet sich aus den Eigenwerten $\beta = \omega/v_P$ des gekoppelten Leitungssystems. Damit die effektive Permittivität $\varepsilon_{r,eff}$ des gekoppelten Leitungspaars die Mikrostreifenleitung beschreibt, werden die offenen Parameter der in Bild 3.12 angegebenen Leitungsbeläge aus dem für die Mikrostreifenleitung typischen $\varepsilon_{r,eff}(f)$-Verlauf bestimmt. Das sind der kapazitive Koppelkoeffizient k und die Grenzwellenzahl K der ungekoppelten TE-Welle. Letztlich ergibt sich die Dispersionsfunktion

$$\varepsilon_{r,eff}(f) = \varepsilon_{r,eff,stat}\left[1 + \frac{2k^2}{(f_{p2}/f)^2 + \sqrt{(2k)^2 + (f_{p2}/f)^4}}\right] , \tag{3.74}$$

$$f_{p2} = \frac{c_0 Z_{L,stat}}{h\,\eta_0} \cdot \sqrt{k/(4{,}143\,G_2)} , \tag{3.75}$$

$$k = (\varepsilon_r - \varepsilon_{r,eff,stat})/\varepsilon_{r,eff,stat} , \tag{3.76}$$

$$G_2 = 0{,}5 + 0{,}001 \cdot Z_{L,stat}^{3/2} . \tag{3.77 Z}$$

f_{p2} ist die aus dem Wendepunkt der Dispersionskurve bestimmte Grenzfrequenz der TE-Leitung. G_2 ist ein dimensionsloser Faktor ($Z_{L,stat}$ in Ω) analog zu G_1 nach (3.72 Z).

Ein drittes Dispersionsmodell für die Mikrostreifenleitung nach Jain, Makios, Chudobiak /2.52, 2.55/ besteht aus einer Verkoppelung zwischen einer TEM-Welle und einer TM_0-Oberflächenwelle. Oberflächenwellen breiten sich auf rückseitig metallisierten Substraten aus, auch wenn kein Streifenleiter vorhanden ist. Der niedrigste Oberflächenwellentyp ist die TM_0-Oberflächenwelle mit einer unteren Grenzfrequenz Null /2.30, S. 453-474/. Das TEM-TM_0-Dispersionsmodell führt zu einer Dispersionsfunktion

$$\varepsilon_{r,eff}(f) = \left[\frac{\sqrt{\varepsilon_{r,eff,stat}} + \sqrt{\varepsilon_{r,eff,TM0}}}{2} + \sqrt{\varepsilon_{12}^2 + \left(\frac{\sqrt{\varepsilon_{r,eff,stat}} - \sqrt{\varepsilon_{r,eff,TM0}}}{2}\right)^2}\,\right]^2 \tag{3.78}$$

$$\varepsilon_{12}^2 = 0{,}22(\sqrt{\varepsilon_r}-1)^2 \cdot (w/h)^{3/4} \cdot (f/f_{p3})^{4/3} , \tag{3.79}$$

$$f_{p3} = \frac{c_0}{2\pi h}\sqrt{\frac{2}{\varepsilon_r - 1}} \cdot \frac{1}{\sqrt{1 - \{1 + (10h/w)\}^{-0{,}5}}} \cdot \arctan\left[\varepsilon_r \sqrt{\frac{1 + \{1 + (10h/w)\}^{-0{,}5}}{1 - \{1 + (10h/w)\}^{-0{,}5}}}\right] . \tag{3.80}$$

Die effektive Permittivität $\varepsilon_{r,eff,TM0}$ für die TM_0-Oberflächenwelle auf dem rückseitig metallisierten Substrat (Dicke h, relative Permittivität ε_r) ist grafisch zu bestimmen /2.30, S. 453-474/. ε_{12} ist der Koppelkoeffizient zwischen der TEM-Welle und der TM_0-Oberflächenwelle. Die Formel für ε_{12} wurde empirisch durch Vergleich der Dispersionsfunktion mit typischen Verläufen von $\varepsilon_{r,eff}(f)$ der Original-Mikrostreifenleitung bestimmt /2.52, 2.55/. f_{p3} ist die Frequenz, bei der $\varepsilon_{r,eff}(f)$ der Mikrostreifenleitung und $\varepsilon_{r,eff,TM0}(f)$ der TM_0-Oberflächenwelle gleich sind (synchrone Verkoppelung beider Wellen, vgl. Abschn. 15.1).

Funktionalapproximation von theoretischen Ergebnissen und Meßwerten

Eine empirische, grobe Näherungsformel für die Dispersion von $\varepsilon_{r,eff}(f)$ der Mikrostreifenleitung hat Schneider /3.34/ hergeleitet, indem er eine mathematische Funktion aufstellte, welche vier markante Eigenschaften des $\varepsilon_{r,eff}(f)$-Verlaufes der Mikrostreifenleitung erfüllt. Diese Eigenschaften sind (vgl. Bild 3.11b):

1. $\varepsilon_{r,eff}$ ist eine monoton ansteigende Funktion von der Frequenz.
2. Die Phasengeschwindigkeit $v_P = c_0/\sqrt{\varepsilon_{r,eff}}$ geht mit horizontaler Tangente bei $f = 0$ aus dem statischen Wert $v_{P,stat} = c_0/\sqrt{\varepsilon_{r,eff,stat}}$ hervor.
3. Die Phasengeschwindigkeit wird $v_P = c_0/\sqrt{\varepsilon_r}$ für $f \to \infty$.
4. Der Verlauf $v_P(f)$ hat bei der Grenzfrequenz f_{p4} der TE_1-Oberflächenwelle /2.30, S. 470-477/ auf dem rückseitig metallisierten Substrat einen Wendepunkt.

Diese Anforderungen werden von der Dispersionsfunktion

$$\varepsilon_{r,eff}(f) = \varepsilon_{r,eff,stat}\left[1 + \left(\frac{f}{f_{p4}}\right)^2 \cdot \frac{1 - \sqrt{\varepsilon_{r,eff,stat}/\varepsilon_r}}{1 + (f/f_{p4})^2 \cdot \sqrt{\varepsilon_{r,eff,stat}/\varepsilon_r}}\right]^2 , \qquad (3.81)$$

$$f_{p4} = c_0/(4h\sqrt{\varepsilon_r - 1}) \qquad (3.82)$$

erfüllt. Diese Dispersionsfunktion stellt für den technisch interessanten, bei $f \ll f_{p4}$ liegenden Frequenzbereich nur eine grobe Näherung dar, da sie sich im gesamten Bereich $0 < f < \infty$ nur auf drei Werte stützt.

Eine zweite, von Yamashita, Atsuki und Ueda /3.128/ angegebene Dispersionsformel stützt sich hingegen auf eine Vielzahl theoretischer Rechenwerte. Sie wurde durch Funktionalapproximation an numerisch nach der Integralgleichungs-Methode /3.129/ gewonnene Werte von $\varepsilon_{r,eff}(f)$ für die Bereiche $2 \leq \varepsilon_r \leq 16$, $0{,}06 \leq w/h \leq 16$ und $0{,}1\ \text{GHz} \leq f \leq 100\ \text{GHz}$ bei $h = 1$ mm (entsprechend $0{,}0033 \leq h/\lambda_0 \leq 0{,}33$)

abgeleitet und lautet

$$\varepsilon_{r,eff}(f) = \left[\frac{\sqrt{\varepsilon_r} - \sqrt{\varepsilon_{r,eff,stat}}}{1 + 4 \cdot F_1^{-1,5}} + \sqrt{\varepsilon_{r,eff,stat}}\right]^2 , \tag{3.83}$$

$$F_1 = (4hf\sqrt{\varepsilon_r - 1}/c_0) \cdot \left[0,5 + \{1 + 2\log(1 + (w/h))\}^2\right] . \tag{3.84}$$

Auch hier ist die Frequenz auf die Grenzfrequenz f_{p4} der TE_1-Oberflächenwelle nach (3.82) normiert. Die Abweichungen von den theoretischen Werten nach /3.129/ liegen gemäß /3.128/ für die vorher angegebenen Bereiche von f, w/h und ε_r unterhalb von 1 %. Die Ergebnisse der Dispersionsformel werden bei /3.130/ für die Frequenzen von 2...50 GHz und ε_r-Werte von 2,5; 2,62 und 9,0 experimentell bestätigt.

Weitere Dispersionsformeln für die Mikrostreifenleitung (Bild 3.1a), welche die vorher angegebenen $\varepsilon_{r,eff}(f)$-Gleichungen an Genauigkeit und an Breite der Parameterbereiche übertreffen, wurden von K i r s c h n i n g, J a n s e n /3.178/ angegeben. Sie wurden durch Funktionalapproximation mit Hilfe rechnergestützter Optimierungsverfahren unter Einbeziehung der ersten Ableitung $d\{\varepsilon_{r,eff}(f)\}/d(w/h)$ zum einen an bekannte Grenzfälle $w/h \ll 1$, $w/h \gg 1$ und zum andern an numerische Ergebnisse einer genauen Hybridwellenanalyse /3.139, 3.179/ für den Zwischenbereich $0 < w/h \ll \infty$ hergeleitet. Sie lauten

$$\varepsilon_{r,eff} = \varepsilon_r - \frac{\varepsilon_r - \varepsilon_{r,eff,stat}}{1 + P} , \tag{3.84a}$$

$$P = P_1 \cdot P_2 \cdot \{(0,1844 + P_3 \cdot P_4) \cdot 10f \cdot h\}^{1,5763} , \tag{3.84b}$$

$$P_1 = 0,27488 + (w/h) \cdot \left[0,6315 + \{0,525/(1 + 0,157 \cdot f \cdot h)^{20}\}\right] -0,065683 \cdot \exp(-8,7513 \cdot w/h) , \tag{3.84c Z}$$

$$P_2 = 0,33622\{1 - \exp(-0,03442 \cdot \varepsilon_r)\} , \tag{3.84d}$$

$$P_3 = 0,0363 \cdot \exp(-4,6\, w/h) \cdot \left[1 - \exp\{-(fh/3,87)^{4,97}\}\right] , \tag{3.84e Z}$$

$$P_4 = 1 + 2,751 \cdot \left[1 - \exp\{-(\varepsilon_r/15,916)^8\}\right] . \tag{3.84f}$$

Dabei ist das Produkt h·f aus der Substratdicke h und der Frequenz f in GHz · cm einzusetzen ($h \cdot f \sim h/\lambda_0$). Die eigentliche Dispersionsgleichung (3.84a) hat die gleiche Form wie die Getsingersche Dispersionsformel (3.70), welche das prinzipielle Dispersionsverhalten richtig darstellt. Lediglich der frequenzabhängige Parameter P im Nenner wurde hier durch die Funktionen (3.84b Z)...(3.84f) genau an numerische Ergebnisse der Hybridwellenanalyse für den Zwischenbereich $0 \ll w/h \ll \infty$ angepaßt. Der Fehler von $\varepsilon_{r,eff}(f)$ nach (3.84a)...(3.84f) liegt im Vergleich zu einer genauen Hybridwellenanalyse /3.139, 3.179/ unterhalb von 0,6 % für $0{,}1 \leq (w/h) \leq 100$, für $1 \leq \varepsilon_r \leq 20$ und $0 \leq (h/\lambda_0) \leq 0{,}13$, entsprechend $0 \leq f \cdot h \leq 3{,}9\,\mathrm{GHz} \cdot \mathrm{cm}$. Damit liegt bei 25 mil (0,635 mm) dicken Substraten die obere Frequenzgrenze der Gleichungen bei etwa 60 GHz.

Empirische Dispersionsformeln, die aus Meßergebnissen von $\varepsilon_{r,eff}(f)$ hergeleitet sind, werden bei /3.50, 3.51/ angegeben. Sie erstrecken sich jedoch i.allg. nur auf einen sehr begrenzten Parameterbereich von w/h, ε_r und f.

Vergleich der Dispersionsformeln mit numerischen Ergebnissen nach der Variationsmethode

Die vier Dispersionsformeln für $\varepsilon_{r,eff}(f)$ von Getsinger (modifiziert von Hammerstad, Jensen), Carlin, Schneider und Yamashita et al. wurden mit Referenzergebnissen $\varepsilon_{r,eff}(f)$ nach der numerischen Variationsmethode von Kowalski, Pregla /2.46, 3.32/ verglichen, um die Genauigkeit der Formeln zu prüfen. Die für die Dispersionsformeln benötigten statischen Werte $\varepsilon_{r,eff,stat}$ und $Z_{L,stat}$ wurden ebenfalls mit der Variationsmethode für den quasistatischen Fall $h/\lambda_0 = 10^{-5}$ berechnet. Der Vergleich wurde für alle Kombinationen von $\varepsilon_r = 2{,}5$ und 9,8, von $w/h = 0{,}1$, 0,5, 1 und 5 sowie von $h/\lambda_0 = 0{,}01$, 0,02 (entsprechend $f = 10\,\mathrm{GHz}$ bei $h = 0{,}6\,\mathrm{mm}$) und 0,04 (entsprechend $f = 20\,\mathrm{GHz}$ bei $h = 0{,}6\,\mathrm{mm}$) durchgeführt.

Die nach den Getsingerschen Formeln (3.70), (3.71) mit (3.73) für den Faktor G_1 nach Hammerstad, Jensen berechnete Dispersion $\varepsilon_{r,eff}(f)$ wich für die genannten Kombinationen von ε_r und w/h bei $h/\lambda_0 \leq 0{,}02$ um maximal 1,2 % (im Mittel 0,5 %) und bei $h/\lambda_0 \leq 0{,}04$ um maximal 1,7 % (im Mittel 0,7 %) von den Referenzwerten ab. Bei $\varepsilon_r = 2{,}5$ blieb die Abweichung für $h/\lambda_0 \leq 0{,}04$ unter 0,5 %. Die nach den Formeln (3.74)...(3.77 Z) von Carlin berechnete Dispersion $\varepsilon_{r,eff}(f)$ wich bei $h/\lambda_0 \leq 0{,}02$ um maximal 1,8 % (im Mittel 0,6 %) und bei $h/\lambda_0 \leq 0{,}04$ um maximal 5,2 % (im Mittel 1,1 %) von den Referenzwerten ab. Etwas ungenauer sind die empirischen Schneiderschen Dispersionsformeln (3.81), (3.82): Die Abweichungen von den Referenzwerten lagen für $h/\lambda_0 \leq 0{,}02$ bei maximal 6 % (im Mittel 1,4 %) und für $h/\lambda_0 \leq 0{,}04$ bei maximal 8 % (im Mittel 1,8 %). Bei der Funktionalapproximation (3.83), (3.84) von Yamashita et al. betrugen die Abweichungen von den Referenzwerten bei $h/\lambda_0 \leq 0{,}02$ maximal 1,2 % (im Mittel 0,5 %) und bei $h/\lambda_0 \leq 0{,}04$ maximal 2,3 % (im Mittel 0,7 %). Diese und die Getsingerschen Formeln liefern somit die genauesten Ergebnisse. Noch genauer sind die in dem Vergleich nicht enthaltenen Dispersionsformeln (3.84a)...(3.84f) von Kirschning, Jansen (siehe dort).

3.3.4 Dynamisches Bandleitungsmodell für die Mikrostreifenleitung

Das in Bild 3.8c gezeigte dynamische Bandleitungsmodell /2.119, 3.64-3.67, 3.82 -3.85, 3.90-3.92, 3.121, 3.133/ für die Mikrostreifenleitung besitzt den gleichen Aufbau wie das statische Bandleitungsmodell (Abschn. 3.2.5, Bild 3.8b). Der Plattenabstand bleibt nach wie vor frequenzunabhängig gleich der Substratdicke h der Originalleitung. Die weiteren Parameter des dynamischen Modells, die hier zur Unterscheidung vom statischen Modell (Parameter $\varepsilon_{r,eff,stat}$, $w_{eff,stat}$, $v_{P,stat}$, $Z_{L,stat}$) mit w_{eff}, $\varepsilon_{r,eff}$, v_P, Z_L bezeichnet werden, sind jedoch frequenzabhängig: Die relative Permittivität der dielektrischen Füllung wird gleich dem frequenzabhängigen $\varepsilon_{r,eff}(f)$ der Mikrostreifenleitung nach Abschn. 3.3.1, 3.3.3 gesetzt, so daß beide Leitungen die gleiche frequenzabhängige Phasengeschwindigkeit $v_p(f)$ besitzen. Dabei ist $\varepsilon_{r,eff}(f=0) = \varepsilon_{r,eff,stat}$. Die Art der Frequenzabhängigkeit der effektiven Breite $w_{eff}(f)$ kann nach verschiedenen Kriterien, z.B. für den gleichen Frequenzverlauf des Wellenwiderstands $Z_L(f)$ nach einer der unendlich vielen Definitionen für das Modell und die Originalleitung oder für eine möglichst genaue Beschreibung der Oberwellen der Originalleitung festgelegt werden. Das letztere Kriterium gilt, wenn man das Bandleitungsmodell zur näherungsweisen Berechnung von Mikrostreifenleitungs-Diskontinuitäten (Bild 1.47, Kap. 10) unter Einschluß der hybriden Oberwellen verwenden will. Indem man die Diskontinuitäten der Originalleitung durch Bandleitungsdiskontinuitäten modelliert, läßt sich der Rechenaufwand beträchtlich reduzieren. Für diese Aufgabe muß die Frequenzabhängigkeit $w_{eff}(f)$ möglichst genau die unteren Grenzfrequenzen der Mikrostreifenleitungs-Oberwellen darstellen. Hierfür hat Mehran /3.67, 3.85/ die empirische Gleichung

$$w_{eff}(f) = w + \frac{w_{eff,stat} - w}{1 + (f/f_{p5})} = w_{eff,stat}\,\frac{1 + (f/f_{p5}) \cdot (w/w_{eff,stat})}{1 + (f/f_{p5})} , \qquad (3.85)$$

$$f_{p5} = c_0/(2w\sqrt{\varepsilon_r}) \qquad (3.86)$$

angegeben, wobei $w_{eff,stat}(Z_{L,stat})$ nach (3.66) berechnet wird. f_{p5} kann formal als die nach der Bedingung $w = \lambda/2$ berechnete Grenzfrequenz der TE_{10}-Oberwelle auf der Mikrostreifenleitung bei Vernachlässigung des Rand-Streufeldes (magnetische Wände an den Leiterkanten) aufgefaßt werden. f_{p5} hat den gleichen Wert wie die Grenzfrequenz der TE_{10}-Welle eines mit Dielektrikum ε_r gefüllten Rechteckhohlleiters mit der Breitseite w. Es ist $w_{eff}(f=0) = w_{eff,stat}$ und $w_{eff}(f=\infty) = w$. Dadurch wird dargestellt, daß sich die Mikrostreifenleitungswelle mit zunehmender Frequenz immer mehr in das Substratinnere unter dem Streifenleiter zurückzieht.

3.3.5 Dispersionsmodelle für den Wellenwiderstand

In gleicher Weise wie man die Frequenzabhängigkeit der effektiven Permittivität $\varepsilon_{r,eff}(f)$ durch Dispersionsmodelle darstellen kann (Abschn. 3.3.3, Bilder 3.11, 3.12), lassen sich auch leicht analysierbare Wellenleitermodelle zur Beschreibung der Frequenzabhängigkeit des Wellenwiderstands $Z_L(f)$ der Mikrostreifenleitung aufstellen /2.56-2.59, 3.131-3.133/. Diese Wellenwiderstands-Dispersionsmodelle sind ebenfalls Wellenleiter, die vom Aufbau des Leitungsquerschnitts her oder von den auf ihnen ausbreitungsfähigen Wellentypen her eine prinzipiell ähnliche Frequenzabhängigkeit $Z_L(f)$ erwarten lassen. Sie liefern allerdings keine Analyse der Originalleitung. Der Vorteil der Modelle besteht vielmehr darin, daß sich bei ihnen $Z_L(f)$ mit einem im Vergleich zur Originalleitung wesentlich geringeren Rechenaufwand aus den Modellparametern (Abmessungen usw.) bestimmen läßt. Durch einen Vergleich mit numerisch analysierten $Z_L(f)$-Verläufen der Originalleitung müssen empirische Beziehungen zwischen den Parametern von Modell und Originalleitung gefunden werden, damit der $Z_L(f)$-Verlauf des Modells an den $Z_L(f)$-Verlauf der Originalleitung möglichst genau adaptiert wird.

Zur Darstellung von $Z_L(f)$ eignen sich die gleichen Dispersionsmodelle, wie sie für $\varepsilon_{r,eff}(f)$ verwendet werden, also das LSE-Modell (Bild 3.11) und das gekoppelte TEM-TE-Leitungspaar (Bild 3.12). Das LSE-Dispersionsmodell von Getsinger /2.51/ wurde von /2.57, 2.58/ zur Berechnung des Frequenzverlaufes $Z_L(f)$ und zum Vergleich der Frequenzverläufe der auf verschiedene Weise definierten Wellenwiderstände verwendet. Da die Felder im Leitungsquerschnitt analytisch darstellbar sind, lassen sich die Wellenwiderstände einfach berechnen. Auf ähnliche Weise wie das LSE-Modell kann man auch das gekoppelte TEM-TE-Leitungsmodell (Bild 3.12) von Carlin /2.53, 2.54/ zur Modellierung des Frequenzverlaufes des Wellenwiderstands nach verschiedenen Definitionen verwenden /2.56, 2.58, 3.132/.

Neben diesen echten Dispersionsmodellen kann man auch das dynamische Bandleitungsmodell nach Abschn. 3.3.4 und Bild 3.8c als Dispersionsmodell verwenden /2.119, 3.133/. Es besitzt jedoch nicht wie die Modelle von Getsinger und Carlin einen eigenständigen strukturspezifischen $Z_L(f)$-Verlauf. Vielmehr muß durch empirische Wahl des Frequenzverlaufs $w_{eff}(f)$ der von der Mikrostreifenleitung bekannte $Z_L(f)$-Verlauf erzwungen werden. Einen an den Frequenzverlauf des nach der Strom-Spannungsdefinition (3.68) berechneten Wellenwiderstands $Z_{L1}^{(UI)}$ der Mikrostreifenleitung angepaßten Verlauf des Wellenwiderstands

$$Z_L(f) = h\eta_0/\{w_{eff}(f) \cdot \sqrt{\varepsilon_{r,eff}(f)}\} \tag{3.87}$$

der Bandleitung erhält man bei einer Wahl von $w_{eff}(f)$ nach Owens /2.119/ zu

$$w_{eff}(f) = w + \frac{w_{eff,stat} - w}{1 + (f/f_{p6})^2} \quad , \tag{3.88}$$

$$f_{p6} = c_0/(2w_{eff,stat}\sqrt{\varepsilon_{r,eff,stat}}) \quad . \tag{3.89}$$

Durch die Quadrierung der normierten Frequenz f/f_{p6} wird bei (3.88) im Gegensatz zu (3.85) für $Z_L(f)$ eine horizontale Tangente bei $f = 0$ erzwungen. f_{p6} ist die Grenzfrequenz der TE_{10}-Oberwelle des Bandleitungsmodells. $w_{eff,stat}$ ist aus $Z_{L,stat}$ nach (3.66) zu berechnen. Die Abweichung des $Z_L(f)$ von numerisch berechneten $Z_{L1}^{(UI)}(f)$-Verläufen /2.116/ liegt für $h = 0{,}635$ mm, $w/h = 0{,}96$, $\varepsilon_r = 9{,}7$, $0 < f < 18$ GHz unter 1,4 % /2.119/.

Eine weitere Variante für die Funktion $w_{eff}(f)$ wird von Pues, van der Capelle /3.133/ vorgeschlagen: $w_{eff}(f)$ wird nach (3.88) berechnet, wobei jedoch anstelle von f_{p6} die modifizierte Grenzfrequenz

$$f_{p7} = c_0/\{2w_{eff} \cdot \sqrt{\varepsilon_{r,eff} - 1}\} \tag{3.90}$$

mit $w_{eff} = w_{eff}(f)$ und $\varepsilon_{r,eff} = \varepsilon_{r,eff}(f)$ eingesetzt wird. Dadurch wird die bei (3.87)...(3.89) inherente Dispersion für $\varepsilon_r = 1$ vermieden. (3.87) und (3.88), in welche f_{p7} nach (3.90) anstelle von f_{p6} eingesetzt wird, beschreiben den Wellenwiderstand $Z_{L1}^{(PI)}$ nach der Leistungs-Stromdefinition (3.67), wie er von /3.134/ berechnet worden ist, mit guter Näherung. Setzt man (3.90) in (3.88) ein, so erhält man eine kubische Gleichung für $w_{eff}(f)$. Die Lösung hierfür lautet

$$w_{eff}(f) = (w/3) + \sqrt[3]{r + p} - \sqrt[3]{r - p} \quad , \tag{3.91}$$

$$p = (w/3)^3 + (u/2) \cdot \{w_{eff,stat} - (w/3)\} \tag{3.92}$$

$$q = (u/3) - (w/3)^2 \quad , \tag{3.93}$$

$$r = \sqrt{p^2 + q^3} \quad , \tag{3.94}$$

$$u = c_0^2/\{4f^2(\varepsilon_{r,eff} - 1)\} \tag{3.95}$$

mit $\varepsilon_{r,eff} = \varepsilon_{r,eff}(f)$.

Sehr genaue Formeln für den frequenzabhängigen Wellenwiderstand der Mikrostreifenleitung (Bild 3.1a) $Z_{L1}^{(PI)}$ nach der Leistungs-Stromdefinition (3.67) sind von Jansen, Kirschning /3.180/ abgeleitet worden. /3.180/ verwendeten dazu eine mehrdimensionale Funktionalapproximation mit Computeroptimierung an die Ergebnisse einer rigorosen numerischen Hybridwellenlösung /3.179/. Dabei wurde von sehr vielen (etwa 10^4) numerischen Stützwerten ausgegangen. Ein Wellenleitermodell wie z.B. das LSE-Modell wurde nicht benützt. Die Formeln für den Wellenwiderstand $Z_{L1}^{(PI)}$ in Abhängigkeit von der normierten Leiterbreite w/h, von der relativen Substratpermittivität ε_r und von dem Produkt hf in GHz · mm aus der Substratdicke h und der Frequenz f für eine Streifenleiterdicke t = 0 lauten

$$Z_{L1}^{(PI)} = Z_{L,stat} \cdot (R_{13}/R_{14})^{R_{17}} , \quad (3.96)$$

$$R_1 = 0{,}03891 \cdot \varepsilon_r^{1{,}4} , \quad (3.97)$$

$$R_2 = 0{,}267 \cdot (w/h)^{7{,}0} , \quad (3.98)$$

$$R_3 = 4{,}766 \cdot \exp\{-3{,}228 \cdot (w/h)^{0{,}641}\} , \quad (3.99)$$

$$R_4 = 0{,}016 + (0{,}0514 \cdot \varepsilon_r)^{4{,}524} , \quad (3.100)$$

$$R_5 = (hf/28{,}843)^{12{,}0} , \quad (3.101\ Z)$$

$$R_6 = 22{,}20 \cdot (w/h)^{1{,}92} , \quad (3.102)$$

$$R_7 = 1{,}206 - 0{,}3144 \cdot \exp(-R_1) \cdot \{1-\exp(-R_2)\} , \quad (3.103)$$

$$R_8 = 1 + 1{,}275 \cdot \left[1 - \exp\{-0{,}004625 \cdot R_3 \cdot \varepsilon_r^{1{,}674} \cdot (hf/18{,}365)^{2{,}745}\}\right] , \quad (3.104\ Z)$$

$$R_9 = 5{,}086 \cdot R_4 \cdot \frac{R_5}{0{,}3838 + 0{,}386 \cdot R_4} \cdot \frac{\exp(-R_6)}{1 + 1{,}2992 \cdot R_5} \cdot \frac{(\varepsilon_r - 1)^6}{1 + 10(\varepsilon_r - 1)^6} , \quad (3.105)$$

$$R_{10} = 0{,}00044 \cdot \varepsilon_r^{2{,}136} + 0{,}0184 , \quad (3.106)$$

$$R_{11} = \frac{(hf/19{,}47)^6}{1 + 0{,}0962 \cdot (hf/19{,}47)^6} , \quad (3.107\ Z)$$

$$R_{12} = 1/\{1 + 0{,}00245 \cdot (w/h)^2\} , \quad (3.108)$$

$$R_{13} = 0{,}9408 \cdot \varepsilon_{r,eff}^{R_8} - 0{,}9603 , \quad (3.109)$$

$$R_{14} = (0{,}9408 - R_9) \cdot \varepsilon_{r,eff,stat}^{R_8} - 0{,}9603 , \quad (3.110)$$

$$R_{15} = 0{,}707 \cdot R_{10} \cdot (hf/12{,}3)^{1{,}097} , \quad (3.111\ Z)$$

$$R_{16} = 1 + 0{,}0503 \cdot \varepsilon_r^2 \cdot R_{11} \cdot \left[1 - \exp\{-((w/h)/15)^6\}\right] , \quad (3.112)$$

$$R_{17} = R_7 \cdot \left[1 - 1{,}1241 \cdot (R_{12}/R_{16}) \cdot \exp\{-0{,}026 \cdot (hf)^{1{,}15656} - R_{15}\}\right] \quad . \qquad (3.113\ Z)$$

$R_1 \ldots R_{17}$ sind dimensionslose Hilfsgrößen. Weiterhin sind $\varepsilon_{r,eff,stat} = \varepsilon_{r,eff}(w/h, \varepsilon_r, f=0)$ die statische effektive Permittivität und $Z_{L,stat} = Z_L(w/h, \varepsilon_r, f=0)$ der statische Wellenwiderstand jeweils für die Frequenz Null nach Abschn. 3.2 sowie $\varepsilon_{r,eff} = \varepsilon_{r,eff}(w/h, \varepsilon_r, hf)$ die frequenzabhängige effektive Permittivität nach Abschn. 3.3.1 und 3.3.3. Bei der Programmierung dieser Gleichungen auf einem Computer sollten R_1, R_2 und R_6 kleiner als 20 gehalten werden, um numerischen Überlauf zu verhindern.

Für die Bereiche $0{,}1 \leq w/h \leq 10$ sowie $1 \leq \varepsilon_r \leq 18$ und $0 \leq hf \leq 30$ GHz · mm liegt der Fehler von (3.96)...(3.113 Z) gegenüber den Ergebnissen der rigorosen Hybridwellenanalyse /3.179/ unter 1 % /3.180/. Außerhalb dieser Bereiche nimmt der Fehler nur langsam zu, da bei den Formeln das korrekte asymptotische Verhalten in Abhängigkeit von den einzelnen Parametern berücksichtigt ist und nicht allgemeine Approximationspolynome verwendet worden sind. Zur Erreichung sehr genauer Ergebnisse kombiniert man am besten die Gleichungen (3.96)...(3.113 Z) mit den ebenfalls genauen statischen Formeln (3.24), (3.29), (3.30) für $Z_{L,stat}$ und (3.32)...(3.34) für $\varepsilon_{r,eff,stat}$ nach Hammerstad, Jensen sowie mit den genauen Dispersionsformeln (3.84a)...(3.84f) für $\varepsilon_{r,eff}(f)$ nach Kirschning, Jansen.

Die Leistungs-Stromdefinition $Z_{L1}^{(PI)}$ nach (3.67) für den Wellenwiderstand ist nach der Argumentation von /3.180/ am besten für den Entwurf integrierter Mikrowellenschaltungen geeignet, da bei ihr das TEM-Leitungs-äquivalente Verhalten am ausgeprägtesten vorhanden ist. Beim Schaltungsentwurf selbst, d.h. bei der Netzwerkanalyse der Schaltung, werden die Mikrostreifenleitungen ja ebenfalls als Quasi-TEM-Leitungen behandelt. Reflexionsfaktormessungen an Übergängen von Koaxial- auf Mikrostreifenleitungen zeigten nun eine sehr geringe Frequenzabhängigkeit des Reflexionsfaktors und damit auch des Mikrostreifenleitungs-Wellenwiderstands bis zu hohen Frequenzen. Gerade bei der Leistungs-Stromdefinition $Z_{L1}^{(PI)}$ ist aber die Frequenzabhängigkeit auch am geringsten (s. Bild 3.10). Daß die Leistung P_z in jedem Fall in der Wellenwiderstandsdefinition eingeschlossen sein muß, haben /3.181/ gezeigt: Bei der Berechnung von Diskontinuitäten liefern nur Wellenwiderstandsdefinitionen mit P_z eine korrekte Beschreibung des Leistungsverhaltens und der Reziprozität der zugehörigen Netzwerksmatrizen.

4 Oberwellen der Mikrostreifenleitung

4.1 Übersicht

Die auf der in Bild 3.1a gezeigten Mikrostreifenleitung ausbreitungsfähigen hybriden Wellen (Abschn. 2.1.3) bestehen aus der hybriden Grundwelle und unendlich vielen hybriden Oberwellen /2.20-2.23, 2.45, 2.48, 3.41, 3.48, 3.81-3.85, 3.121/. Die hybriden Wellen werden auch als EH_m- oder HE_m-Wellen ($m = 0, 1, 2, 3 \ldots \infty$) bezeichnet, da bei dem E- und dem H-Feld neben den Quer- auch Längskomponenten vorhanden sind. Nachfolgend wird die Bezeichnung HE_m-Welle verwendet, da bei den niedrigsten Oberwellen das H-Längsfeld gegenüber dem E-Längsfeld dominiert (Quasi-H-Wellen). Die Grundwelle ist mit $m = 0$ die HE_0-Welle oder Quasi-TEM-Welle mit einer unteren Grenzfrequenz $f_{g,HE0} = 0$ (Kap. 3) Mit ihr werden die schaltungstechnischen Funktionen der Mikrostreifenleitung realisiert. Die parasitären hybriden HE_m-Oberwellen ($m \geq 1$) besitzen eine endliche untere Grenzfrequenz $f_{g,HEm} > 0$, die definitionsgemäß mit der Ordnungszahl m ansteigt. Sie zeigen ein ausgeprägtes dispersives Verhalten, das um so stärker wird, je mehr man sich ihrer Grenzfrequenz nähert. Zudem haben für eines der beiden Felder - i.allg. das H-Feld - die Längskomponenten die gleiche Größenordnung wie die Querkomponenten.

Zur Aufstellung einer Systematik der hybriden Wellen muß man zwischen der geschirmten und der offenen Mikrostreifenleitung unterscheiden: Bei der allseitig geschirmten Mikrostreifenleitung (Bild 2.3a) ist die Grundwelle die bereits von Kap. 3 bekannte Quasi-TEM-Welle. Die Oberwellen sind durch den Streifenleiter und durch das Substrat gestörte Hohlleiterwellen mit einer Hauptfeldenergie-Konzentration im Luftraum oberhalb des Streifenleiters /2.26, 2.29, 2.43, 2.45, 3.4, 3.5, 3.38, 3.41, 3.42, 3.81, 3.98, 3.124/. Sie führen bei Schaltungen im geschlossenen Gehäuse zu störenden Gehäuseresonanzen (Abschn. 15.2). Bei der offenen Mikrostreifenleitung (Bild 3.1a) ist die Grundwelle ebenfalls die in Kap. 3 beschriebene Quasi-TEM-Welle. Bei den hybriden Oberwellen konzentriert sich hier jedoch die Hauptfeldenergie im Substrat zwischen dem Streifenleiter und der Masseplatte /2.20-2.23, 2.48, 3.48/. Auf diese Oberwellen beschränken wir uns nachfolgend.

Die HE_m-Oberwellen der offenen Mikrostreifenleitung sind im Gegensatz zur Quasi-TEM-Welle dadurch gekennzeichnet, daß ihre Feldkomponenten im Leitungsquerschnitt längs des Streifenleiters und bei $m \gg 1$ auch senkrecht zu diesem in ihren Amplituden Maxima und Minima durchlaufen, ähnlich wie es bei den H_{mn}-Wellen oder TE_{mn}-Wellen des Rechteckhohlleiters der Fall ist. Die vom Rechteckhohlleiter her bekannte regelmäßige Periodizität tritt jedoch hier wegen der Feldverzerrung am Streifenleiterrand nicht auf. Lediglich bei $h/\lambda_0 \ll 1$ und $w/h \gg 1$ stellt sich ein angenähert periodischer Verlauf der Feldamplituden längs des Streifenleiters im Querschnitt ein (Abschn. 4.2).

Das Dispersionsdiagramm für die HE_0-Grundwelle (Quasi-TEM-Welle) und die ersten beiden Oberwellen der offenen Mikrostreifenleitungen für $h/\lambda_0 \ll 1$ nach einer numerischen Eigenwellenanalyse von Ermert /2.22, 2.23/ zeigt Bild 4.1. Bei allen HE_m-Wellen steigt die effektive Permittivität $\varepsilon_{r,eff,HEm}$ mit der Frequenz an und strebt für $f \to \infty$ dem Wert ε_r zu (zunehmende Energiekonzentration im Sub-

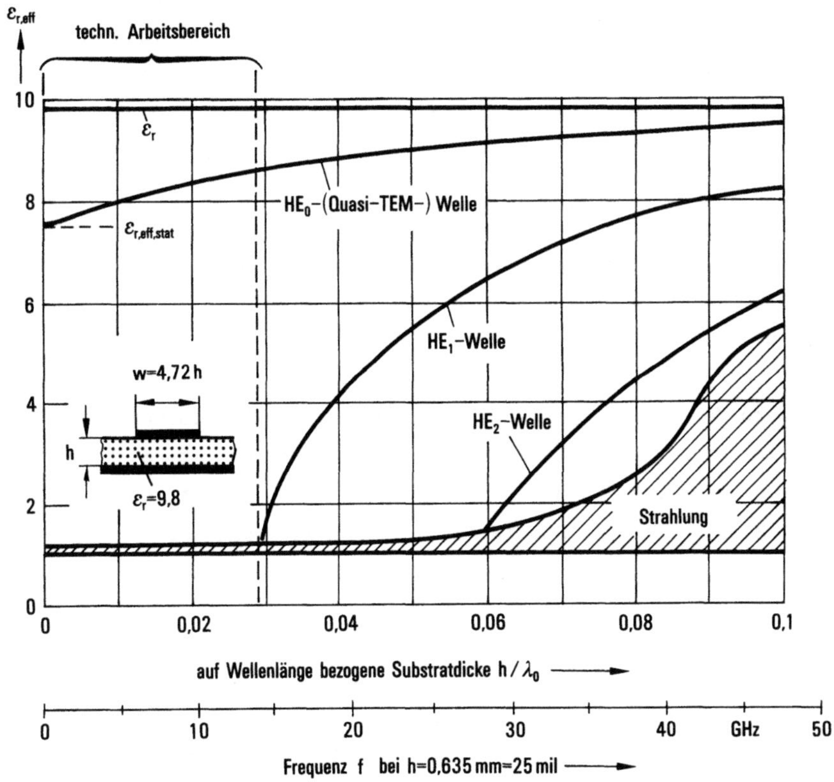

Bild 4.1. Dispersionsdiagramm für die hybride HE_0-Grundwelle und die ersten beiden hybriden HE_1- und HE_2-Oberwellen der Mikrostreifenleitung nach numerischer Analyse von /2.22, 2.23/.

strat). Das zusätzlich eingezeichnete kontinuierliche Strahlungsspektrum, welches die Analyse von /2.22/ ebenfalls ergeben hat, deutet darauf hin, daß die Mikrostreifenleitung bei Diskontinuitäten Energie abstrahlen kann (Abschn. 11.2).

4.2 Oberwellen nach dem Bandleitungsmodell

In der Schaltungstechnik wird die Frage nach den Grenzfrequenzen $f_{g,HE1}$, $f_{g,HE2}$ der beiden niedrigsten Oberwellen gestellt, da hier parasitäre Effekte (z.B. Signalsperrung) die Schaltung funktionsunfähig machen können. Da $f_{g,HE1}$ um so niedriger liegt, je breiter der Streifenleiter ist, sind zur Abschätzung der oberen Grenze des Betriebsfrequenzbereiches einer Schaltung deren breiteste Streifenleiter heranzuziehen. Unter der stets erfüllten Bedingung kleiner Substratdicke $h/\lambda_0 \ll 1$ schwanken bei $w/h \gg 1$ die Feldamplituden der Oberwellen der Mikrostreifenleitung angenähert periodisch längs des Streifenleiters im Leitungsquerschnitt, während sie in Richtung senkrecht zum Streifenleiter angenähert konstant bleiben. In diesen Fällen läßt sich das dynamische Bandleitungsmodell von Abschn. 3.3.4 (Bild 3.8c) zur Veranschaulichung der Feldbilder und zur Herleitung einfacher analytischer Ausdrücke für die Grenzfrequenzen $f_{g,HEm}$ und die Dispersion $\varepsilon_{r,eff,HEm}(f)$ der HE_m-Oberwellen verwenden /3.64-3.67, 3.82-3.85, 3.90-3.92, 3.121/.

Bei beliebigen Abmessungen w_{eff} und h im Vergleich zu λ_0 existieren auf der Bandleitung ebenso wie in einem Rechteckhohlleiter unendlich viele H_{mn}- und E_{mn}-Wellen, wobei m die Anzahl der Halbwellen der Feldamplituden längs der Breitseite w_{eff} und n die Anzahl der Halbwellen der Feldamplituden längs der Schmalseite h sind. Die Feldbilder der H_{mn}- und E_{mn}-Wellen der Bandleitung kann man aus den Feldbildern der entsprechenden Wellen des Rechteckhohlleiters gleicher Querschnittsabmessungen w_{eff}, h herleiten: Dazu entfernt man im Feldbild die senkrechten elektrischen Wände E (Metallwände) und zieht um $\lambda/4$ seitlich versetzte magnetische Wände M als seitliche Bandleitungsgrenzen ein. Das ist in Bild 4.2a für die H_{10}-Welle gezeigt.

Bei dem technisch wichtigen Fall kleiner Substratdicke $h/\lambda_0 \ll 1$ ist $n = 0$, d.h., die Feldamplituden zwischen den beiden Bandleitungselektroden bleiben in der Richtung senkrecht zu den Elektroden konstant. Auf der Bandleitung existieren dann die H_{00}-Welle oder TEM-Grundwelle mit einem Feldbild nach Bild 3.8b,c und einer Grenzfrequenz $f_{g,H00} = 0$ und die H_{m0}-Oberwellen ($m = 1, 2, 3...$) mit m Halbwellen der Feldamplituden längs der Bandelektroden im Leitungsquerschnitt und endlichen Grenzfrequenzen $f_{g,Hm0}$. Von Mehran /3.67, 3.85/ wurde die durch (3.85),

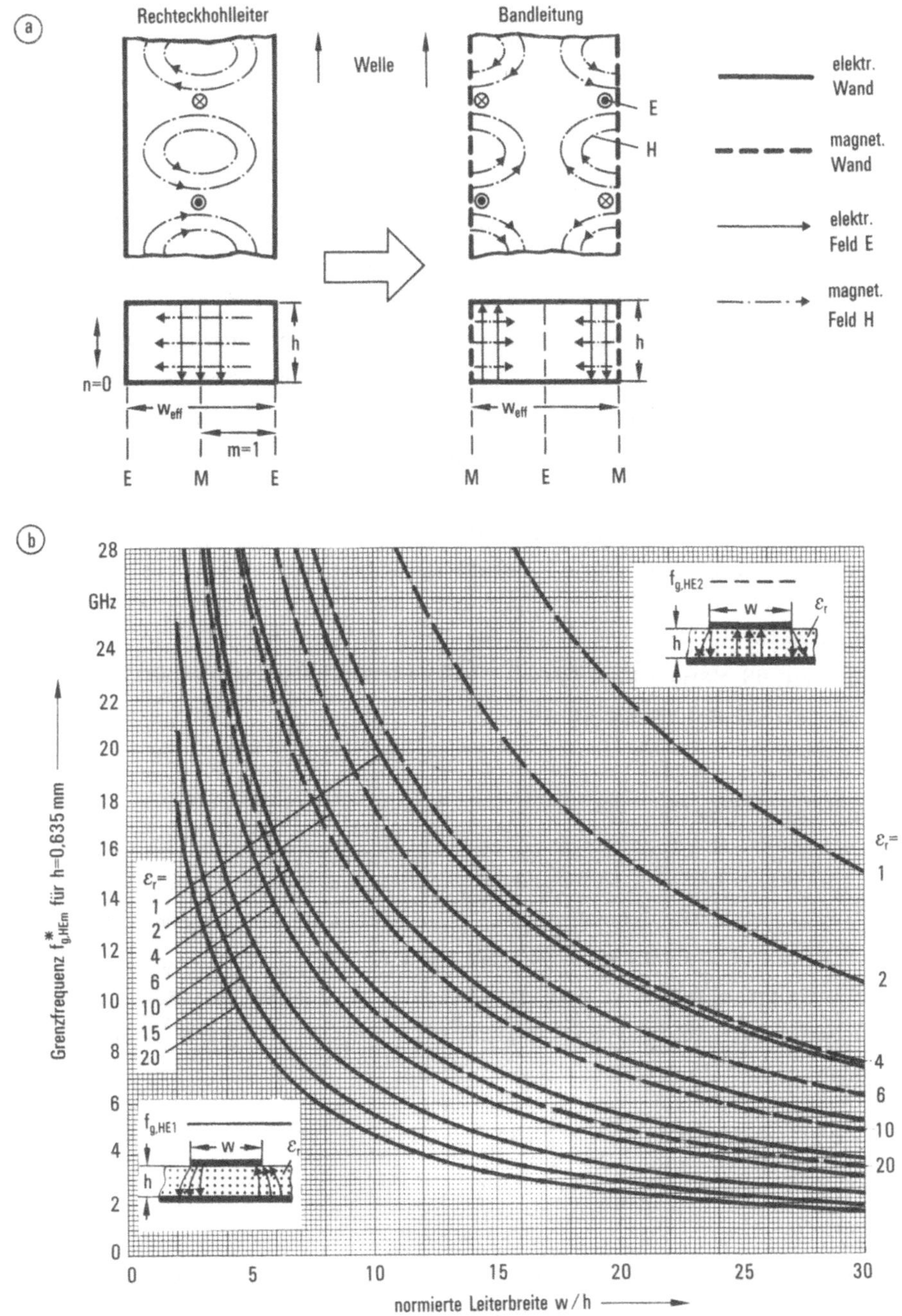

Bild 4.2. Oberwellen der Mikrostreifenleitung nach dem Bandleitungsmodell. a) Ableitung des Feldbilds der H_{10}-Bandleitungswelle (rechts) aus dem Feldbild der H_{10}-Rechteckhohlleiterwelle (links); b) Grenzfrequenzen $f^*_{g,HE1}$ und $f^*_{g,HE2}$ der ersten beiden Oberwellen der Mikrostreifenleitung für h = 0,635 mm.

Für beliebige Substratdicke h beträgt die Grenzfrequenz $f_{g,HEm} = f^*_{g,HEm} \cdot 0{,}635/h$ mit h in mm und $f^*_{g,HEm}$ aus dem Diagramm.

(3.86) dargestellte empirische Frequenzabhängigkeit $w_{eff}(f)$ unter dem Kriterium einer möglichst genauen Modellierung der Grenzfrequenzen der ersten und zweiten Oberwellen (HE_1-, HE_2-Oberwellen) der Mikrostreifenleitung durch die entsprechenden H_{10}- und H_{20}-Oberwellen des Bandleitungsmodells aufgestellt.

Vergleiche zwischen den hiermit berechneten theoretischen Grenzfrequenzen $f_{g,H10}$ und $f_{g,H20}$ der beiden ersten Oberwellen des Bandleitungsmodells und den für $\varepsilon_r = 2{,}32$, $h = 1{,}56$ mm, $w/h = 4...15$ von /3.67, 3.85/ bzw. für $\varepsilon_r = 9{,}7$, $h = 0{,}635$ mm, $w/h = 5...40$ von /3.65, 3.92/ gemessenen Grenzfrequenzen $f_{g,HE1}$, $f_{g,HE2}$ der Oberwellen der Original-Mikrostreifenleitung ergaben gute Übereinstimmung. Weiterhin zeigten nach einer Kurzschlußschiebermethode und einer Sliding-Load-Methode durchgeführte Messungen der Dispersion $\varepsilon_{r,eff,HE1}(f)$ und $\varepsilon_{r,eff,HE2}(f)$ der ersten beiden HE_1- und HE_2-Oberwellen für $\varepsilon_r = 2{,}32$, $h = 1{,}62$ mm, $w/h = 28$ und für $\varepsilon_r = 9{,}7$, $h = 0{,}635$ mm, $w/h = 14{,}4$ im Bereich 4 GHz < f < 13 GHz, daß durch das vorher beschriebene Bandleitungsmodell auch die Dispersion der ersten beiden Oberwellen der Mikrostreifenleitung mit guter Genauigkeit erfaßt wird /3.121/.

Somit errechnen sich für $h/\lambda_0 \ll 1$ und $w/h \gg 1$ mit $n = 1$ die G r e n z f r e q u e n z e n $f_{g,HEm} = c_0/\lambda_{g,HEm}$ der HE_m-Oberwellen der Mikrostreifenleitung als die Grenzfrequenzen $f_{g,Hm0}$ des Bandleitungsmodells zu

$$f_{g,HEm} = f_{g,Hm0} = c_0 m/(2w_{eff}\sqrt{\varepsilon_{r,eff}}) \quad . \tag{4.1}$$

Dabei sind $w_{eff}(f)$ nach (3.85), (3.86) und $\varepsilon_{r,eff}(f)$ nach Abschn. 3.3.1, 3.3.3 zu berechnen. Bild 4.2b zeigt die Grenzfrequenzen der ersten beiden Oberwellen in Abhängigkeit von w/h. Die D i s p e r s i o n der nach $\varepsilon_{r,eff,HEm}(f) = (c_0/v_{P,HEm})^2 = (\lambda_0/\lambda_{HEm})^2$ definierten effektiven Permittivität der HE_m-Oberwellen der Mikrostreifenleitung berechnet sich als die Dispersion $\varepsilon_{r,eff,Hm0}(f)$ der H_{m0}-Oberwellen der Bandleitung zu

$$\begin{aligned} \varepsilon_{r,eff,HEm}(f) &= \varepsilon_{r,eff,Hm0}(f) = \varepsilon_{r,eff}\{1 - (f_{g,HEm}/f)^2\} \\ &= \varepsilon_{r,eff}\{1 - (\lambda_0/\lambda_{g,HEm})^2\} \quad , \end{aligned} \tag{4.2}$$

wobei $\varepsilon_{r,eff}$ die frequenzabhängige effektive Permittivität der Grundwelle der Mikrostreifenleitung nach Abschn. 3.3.1, 3.3.3 ist. $\lambda_{g,HEm}$ ist die Grenzwellenlänge, λ_{HEm} die Leitungswellenlänge und $v_{P,HEm}$ die Phasengeschwindigkeit der HE_m-Welle.

Zur Berechnung der in Bild 4.2b dargestellten Werte der Grenzfrequenzen $f_{g,HE1}$, $f_{g,HE2}$ nach (4.1) wurde die Frequenzabhängigkeit sowohl bei w_{eff} nach (3.85),

(3.86) als auch bei $\varepsilon_{r,eff}$ berücksichtigt. $\varepsilon_{r,eff}(f)$ wurde nach den bei /3.85/ angegebenen Formeln 2.3 und 2.4, welche insbesondere für sehr hohe Frequenzen adaptiert sind, berechnet. $w_{eff,stat}$ wurde nach (3.66) unter der Verwendung von $Z_{L,stat}$ nach (3.26 Z) und von $\varepsilon_{r,eff,stat}$ nach (3.22), (3.23) berechnet.

Für eine schnelle *grobe Abschätzung* der Grenzfrequenzen $f_{g,HE1}$, $f_{g,HE2}$ kann man in (4.1) anstelle der frequenzabhängigen Werte von w_{eff} und $\varepsilon_{r,eff}$ die statischen Werte $w_{eff,stat}$ nach (3.66) und $\varepsilon_{r,eff,stat}$ näherungsweise einsetzen. Daraus erhält man die Näherungsgleichungen

$$f_{g,HEm} \cong c_0 m Z_{L,stat}/(2\eta_0 h), \qquad (4.3)$$

$$f_{g,HEm} \cong 0{,}4\, m\, Z_{L,stat}/h. \qquad (4.4\ Z)$$

Bei (4.4 Z) ergibt sich $f_{g,HEm}$ in GHz mit dem Wellenwiderstand $Z_{L,stat}$ in Ω und der Substratdicke h in mm.

Die Grenzfrequenzen und die Dispersion der H_{m0}-Wellen des Bandleitungsmodells nach (4.1), (4.2) gleichen den entsprechenden Größen des mit einem Dielektrikum $\varepsilon_{r,eff}(f)$ homogen gefüllten Rechteckhohlleiters gleicher Querschnittsabmessungen w_{eff}, h für $h/\lambda_0 \ll 1$ /1.339, 2.1, 2.2, 2.4, 2.30/.

Die Feldbilder verschiedener HE_m-Oberwellen der Mikrostreifenleitung für $h/\lambda_0 \ll 1$ zeigt Bild 4.3. Diese entstehen aus den H_{m0}-Bandleitungs-Feldbildern, indem man an den Streifenleiterkanten die bei der Bandleitung abrupt endigenden magnetischen Feldlinien schließt und elektrische Streufeldlinien hinzufügt. Dadurch erhält man die dominierenden Feldlinien der hybriden HE_m-Oberwellen. Da die H-Längskomponenten zu den dominierenden Feldern gehören, werden die HE_m-Oberwellen als *Quasi-H_{m0}-Oberwellen* oder Quasi-TE_{m0}-Oberwellen bezeichnet. Verschiedene bei den Grenzfrequenzen der Oberwellen auftretende Übertragungsstörungen für die Grundwelle /3.64, 3.67, 3.82, 3.83, 3.91-3.96/ zeigt Bild 4.4 ($\underline{S}_{ij}$: Streuparameter). Vielfach ist der Signalweg gesperrt ($\underline{S}_{21} = 0$). Durch eine Unterbrechung der Querströme mit Längsschlitzen im Streifenleiter lassen sich die Oberwellen unterdrücken (Bild 4.4e). Der Längsschlitz muß dabei an die Stelle maximalen longitudinalen Magnetfelds (entsprechend der Stelle maximaler Querströme) gesetzt werden, also z.B. zur Unterdrückung der HE_1-Oberwelle in die Streifenleitermitte (vgl. Bild 4.3b).

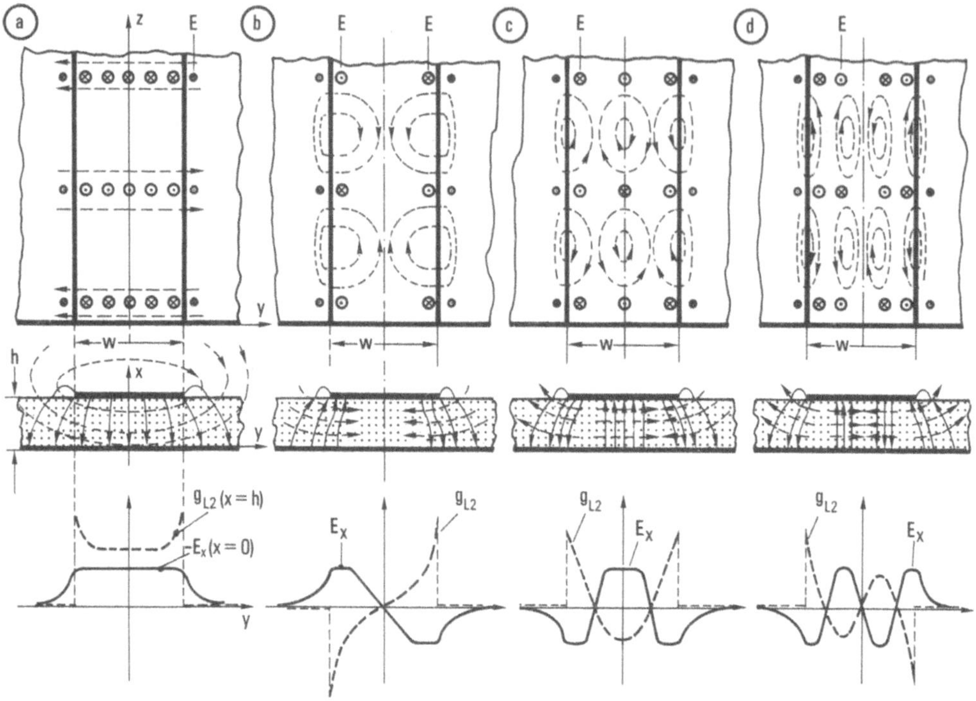

Bild 4.3. Vereinfachte Feldlinienbilder (dominierende Felder) der Grundwelle und Oberwellen der Mikrostreifenleitung für $h/\lambda_0 \ll 1$ und $w/h \gg 1$ (durchgezogene Linien: elektr. Feld; strichlierte Linien: magnet. Feld; E_x: elektr. Feldstärke auf der Masseplattenoberfläche; g_{L2}: Längsstrombelag auf der Streifenleiterunterseite nach /2.20, 2.21/. a) HE_0- oder Quasi-TEM-Welle (Grundwelle); b) HE_1-Welle (erste Oberwelle); c) HE_2-Welle (zweite Oberwelle); d) HE_3-Welle (dritte Oberwelle)

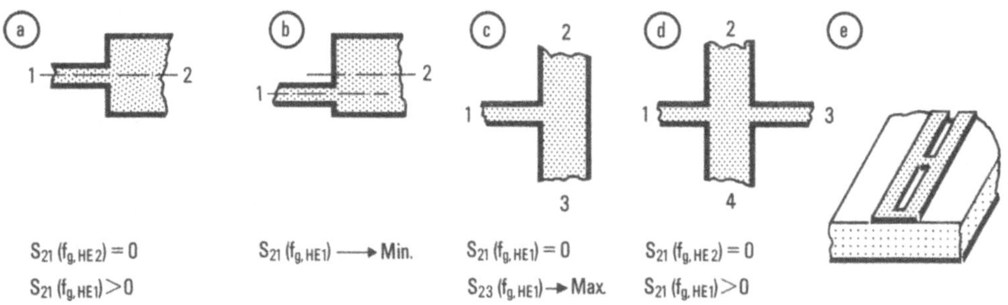

Bild 4.4. Besondere Effekte an Leitungsdiskontinuitäten bei den Grenzfrequenzen der hybriden Oberwellen. a) Symmetrische Leiterbreitenstufe; b) unsymmetrische Leiterbreitenstufe; c) symmetrische Verzweigung; d) symmetrische Kreuzung; e) Unterdrückung der HE_1-Oberwelle durch Längsschlitze im Streifenleiter

5 Einfluß des Schaltungsgehäuses auf die Leitungsparameter der Mikrostreifenleitung

5.1 Einfluß des Gehäusedeckels

Führt man einen auf Massepotential gehaltenen Gehäusedeckel immer näher an eine Mikrostreifenleitung heran, so erhöhen sich die Kapazitätsbeläge C' und $C_0'=C'(\varepsilon_r=1)$, und der relative elektrische Feldenergieanteil im Luftraum nimmt zu. Daher erniedrigen sich der Wellenwiderstand Z_L und die effektive Permittivität $\varepsilon_{r,eff}=C'/C_0'$. Zur genauen Berechnung der Leitungsparameter Z_L, $\varepsilon_{r,eff}$ der Mikrostreifenleitung mit Deckel sind statische numerische Feldberechungsmethoden /2.65, 2.66, 2.71-273, 2.79, 2.80, 2.82, 2.84, 2.89, 3.26, 3.29-3.31/ oder dynamische numerische Feldberechnungsmethoden /2.22, 2.23, 2.26, 2.27, 2.29, 2.41-2.45, 2.48, 2.86, 2.87, 2.117, 3.4, 3.5, 3.35, 3.36, 3.41-3.46, 3.49, 3.97, 3.99, 3.100, 3.124/ notwendig. Leitungsparameterformeln werden durch Funktionalapproximation an numerische Ergebnisse oder durch die Addition von Teilkapazitäten hergeleitet /3.116-3.119, 3.166/.

Bild 5.1 zeigt den Einfluß des Deckelabstands a nach numerischen Berechnungen mit der statischen Version der Methode der Geraden /2.86, 2.89, 3.99, 3.100/. Für andere ε_r-Werte kann man den Deckeleinfluß nach Abschn. 2.5.4 berechnen. Ein Spezialfall liegt bei symmetrischem Feldbild für $a=h$ vor: Unabhängig von w/h beträgt der Kapazitätsbelag im Luftraum $C_0'/2$ und der Kapazitätsbelag im Substrat gegen den Boden $C_0'\varepsilon_r/2$, wobei $C_0'=C'(\varepsilon_r=1)$ ist. Somit ist der gesamte Kapazitätsbelag $C'=(C_0'/2)+(C_0'\varepsilon_r/2)$. Daher ist stets $\varepsilon_{r,eff}=C'/C_0'=(\varepsilon_r+1)/2$. Z_L kann exakt mit der für die Triplateleitung geltenden Formel berechnet werden (Abschn. 12.5, 12.6).

5.2 Einfluß der Gehäuse-Seitenwand

Führt man eine auf Massepotential liegende leitende Seitenwand (Bild 5.2) an die Mikrostreifenleitung heran, so erhöhen sich die Kapazitätsbeläge C' und $C_0'=C'(\varepsilon_r=1)$ und der relative elektrische Feldenergieanteil im Luftraum. Daher nehmen der Wellenwiderstand Z_L und die effektive Permittivität $\varepsilon_{r,eff}=C'/C_0'$ ab. Bild 5.2 zeigt den Einfluß einer einseitigen Gehäusewand auf Z_L und $\varepsilon_{r,eff}$ nach

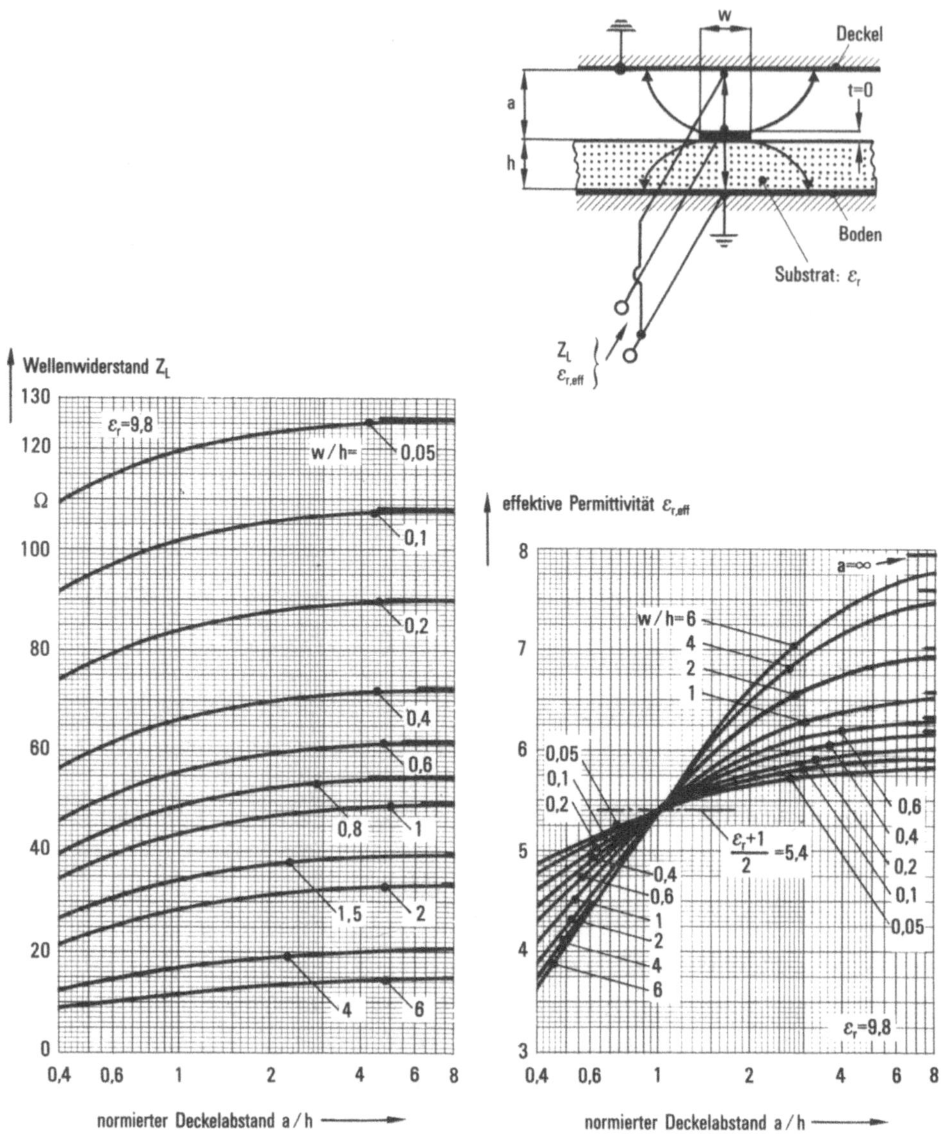

Bild 5.1. Einfluß des Gehäusedeckels auf den Wellenwiderstand Z_L und die effektive Permittivität $\varepsilon_{r,eff}$ der Mikrostreifenleitung auf Al_2O_3-Keramiksubstrat ($\varepsilon_r = 9,8$).

numerischen Berechnungen mit der statischen Variante der Methode der Geraden /2.86, 2.89, 3.99, 3.100/ für Al_2O_3-Keramiksubstrat ($\varepsilon_r = 9,8$). Für $d/h \to 0$ geht $\varepsilon_{r,eff} \to (\varepsilon_r + 1)/2$. Die Parameter Z_L, $\varepsilon_{r,eff}$ der Mikrostreifenleitung mit einseitiger Seitenwand im Abstand d sind gleich den Gegentaktparametern $Z_{L,odd}$, $\varepsilon_{r,eff,odd}$ des gekoppelten Mikrostreifenleitungspaars (Kap. 9) mit gleichen Werten von w/h, h und ε_r und einer Spaltbreite $s = 2\,d$, da bei Gegentakterregung des

Leitungspaars eine elektrische Wand in der Mittelebene eingezogen werden kann. Nach Abschn. 2.5.4 kann man den Seitenwandeinfluß für verschiedene ε_r-Werte mit Hilfe der in Bild 5.2 für $\varepsilon_r = 9{,}8$ angegebenen Z_L- und $\varepsilon_{r,eff}$-Werte berechnen.

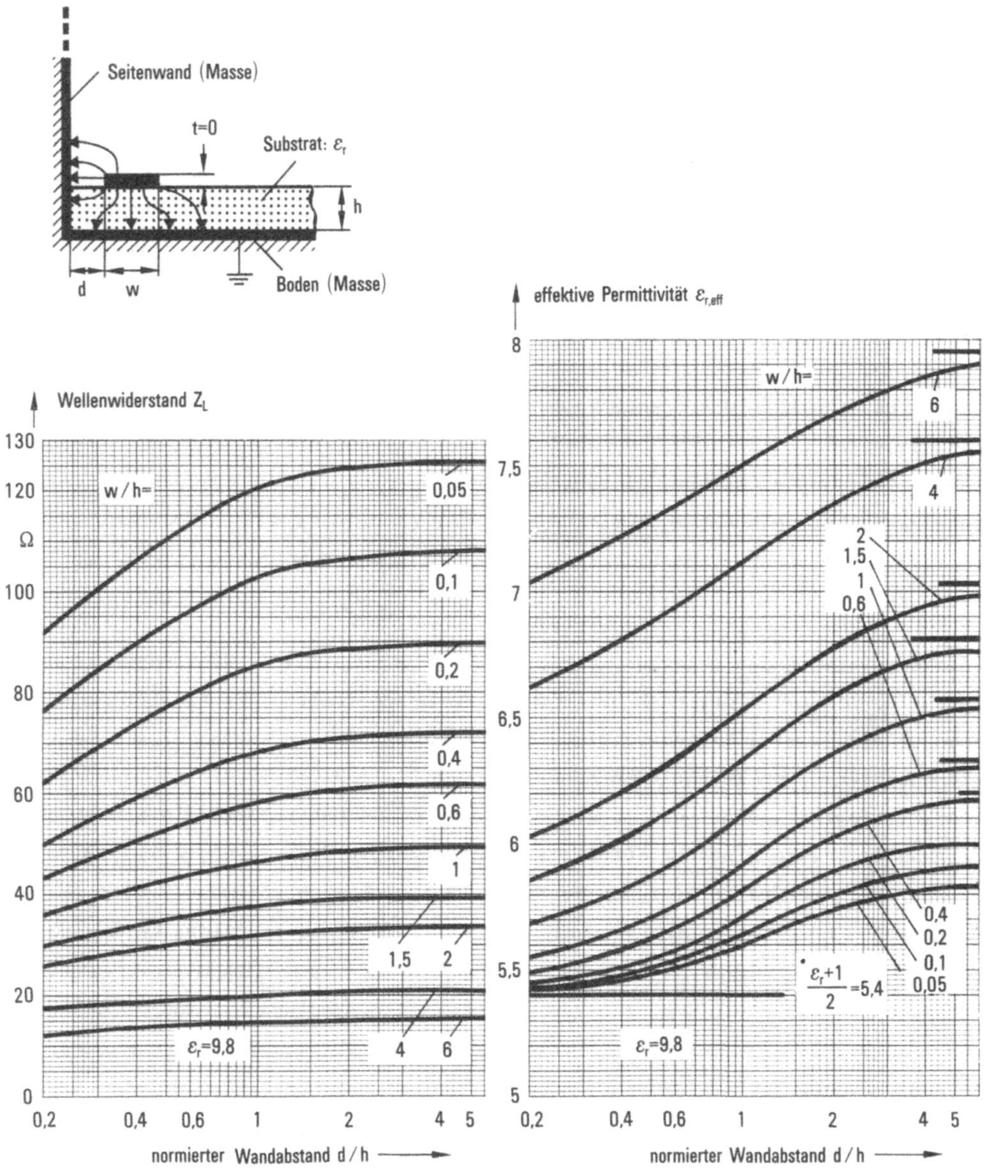

Bild 5.2. Einfluß der Gehäuse-Seitenwand auf den Wellenwiderstand Z_L und die effektive Permittivität $\varepsilon_{r,eff}$ der Mikrostreifenleitung auf Al_2O_3-Keramiksubstrat (ε_r = 9,8).

6 Dämpfung der Mikrostreifenleitung

6.1 Leiterdämpfung

6.1.1 Übersicht

Der Leiterdämpfungsbelag α_ρ der in Bild 3.1a gezeigten Mikrostreifenleitung /1.30, 1.31, 2.66, 2.72, 2.91, 2.92, 2.94, 2.95, 2.105, 2.110, 3.2, 3.7, 3.68-3.71, 3.77, 3.79, 3.135-3.145, 3.147-3.149, 3.168/ entsteht durch den endlichen spezifischen Widerstand $\rho > 0$ des Streifenleiters und der Massemetallisierung. Zur genauen Berechnung von α_ρ müssen die frequenzabhängigen Längs- und Querstromdichten der hybriden Welle (Bild 3.3) nach d y n a m i s c h e n Analyseverfahren bestimmt werden /3.139, 3.140, 3.149, 3.168/. Hieraus errechnet sich α_ρ mit (2.60). Es gilt die allgemeine funktionale Abhängigkeit $\alpha_\rho = \sqrt{\rho f} \cdot F(w/h, t/h; \varepsilon_r; h/\lambda_0)$. Demnach wächst α_ρ im allg. Fall nicht proportional zu $\sqrt{f}$ an, da die Stromdichten ihrerseits frequenzabhängig sind (Einflußgröße h/λ_0).

Für niedrige Frequenzen berechnet man α_ρ nach s t a t i s c h e n Näherungsverfahren wie z.B. mit Hilfe der nach numerischen Methoden ermittelten Längsstrombeläge /2.66, 2.72, 3.7, 3.71, 3.140-3.142, 3.145/ oder mit der in Abschn. 2.4.3 beschriebenen Regel vom Induktivitätsinkrement /1.30, 1.31, 2.91, 2.105, 3.68/. Das letztere Verfahren liefert einfache α_ρ-Formeln. Grobe Näherungsfomeln erhält man aus schematisch vereinfachten Stromverteilungen /2.92, 2.94, 2.95, 2.110, 3.79, 3.135, 3.138/. Auch mit grafischen Methoden läßt sich α_ρ bestimmen /3.147/. Nach der statischen Näherung bestehen gemäß (2.23), (2.101) die funktionalen Abhängigkeiten $\alpha_\rho = \{\sqrt{\varepsilon_{r,eff}\, \rho\, f}/h\} \cdot F(w/h, t/h)$ und $Q_\rho = (h\sqrt{f/\rho}) \cdot F(w/h, t/h)$. Für gleichbleibende Werte von w/h, t/h und ε_r nehmen die Dämpfung α_ρ proportional zur Substratdicke h ab und die Güte Q_ρ proportional zu h zu. I.allg. setzt man zur α_ρ-Berechnung eine Leiterdicke $t > 3\,\delta$ voraus (δ: Skineffekt-Eindringtiefe nach (2.53)), so daß die Verluste auf stromdurchflossenenen Leiterquerschnitten durch deren spezifischen Oberflächenwiderstand R_F (Abschn. 2.4.2) dargestellt werden können. Von /2.109, 3.70/ wurden dagegen auch Berechnungen von α_ρ für beliebige t durchgeführt. Danach erreicht $\alpha_\rho(t)$ für $t \cong 3\,\delta$ ein Minimum.

6.1.2 Dämpfungsformel nach der Regel vom Induktivitätsinkrement

Nach der in Abschn. 2.4.3 angegebenen allgemeinen Regel vom Induktivitätsinkrement (2.64)...(2.67) und ihrer speziell auf die Mikrostreifenleitung angewandten Form (2.69) kann man eine Formel für den Leiterdämpfungsbelag α_ρ ableiten, wenn Formeln für den Wellenwiderstand Z_L und die effektive Permittivität $\varepsilon_{r,eff}$ für endliche Leiterdicke $t > 0$ bekannt sind. Dazu muß die Skineffekt-Bedingung $t > 3\delta$ mit δ nach (2.53) erfüllt sein.

Mit den Wheelerschen Formeln (3.4 Z)...(3.11) für $Z_L(w/h, t=0, \varepsilon_r)$ und $\varepsilon_{r,eff}(w/h, t=0, \varepsilon_r)$ und den Korrekturformeln (3.48), (3.50), (3.51) für $t > 0$ haben P u c e l , M a s s é und H a r t w i g /2.105, 3.68/ Gleichungen für α_ρ nach der Regel vom Induktivitätsinkrement hergeleitet. Danach ist

$$\alpha_\rho = \{R_F/(Z_L h)\} \cdot A_\rho \; . \tag{6.1}$$

Der von ε_r unabhängige Geometriefaktor $A_\rho(w/h, t/h)$ in dB beträgt für $0 < w/h < 1/(2\pi) = 0{,}16$

$$A_\rho = \frac{8{,}68}{2\pi} \{1 - (\frac{w_{eq,0}}{4h})^2\} \cdot \left[1 + \frac{h}{w_{eq,0}} + \frac{h}{\pi w_{eq,0}} \{\frac{t}{w} + \ln(\frac{4\pi w}{t})\}\right] \; , \tag{6.2 Z}$$

für $0{,}16 \leq w/h \leq 2$

$$A_\rho = \frac{8{,}68}{2\pi} \{1 - (\frac{w_{eq,0}}{4h})^2\} \cdot \left[1 + \frac{h}{w_{eq,0}} + \frac{h}{\pi \cdot w_{eq,0}} \{\ln(\frac{2h}{t}) - \frac{t}{h}\}\right] \tag{6.3 Z}$$

und für $2 < w/h < \infty$

$$A_\rho = \frac{8{,}68 \cdot \left[\frac{w_{eq,0}}{h} + \frac{w_{eq,0}/(\pi h)}{\{w_{eq,0}/(2h)\} + 0{,}94}\right]}{\left[\frac{w_{eq,0}}{h} + \frac{2}{\pi} \cdot \ln\{5{,}44\pi \cdot (\frac{w_{eq,0}}{2h} + 0{,}94)\}\right]^2} \cdot \left[1 + \frac{h}{w_{eq,0}} + \frac{h}{\pi w_{eq,0}} \cdot \{\ln(\frac{2h}{t}) - \frac{t}{h}\}\right] \; . \tag{6.4 Z}$$

Die äquivalente Leiterbreite $w_{eq,0}$ zur Berücksichtigung endlicher Leiterdicke t errechnet sich nach (3.48) mit $\Delta w_{t,i} = \Delta w_{t,0}$ nach (3.50), (3.51). R_F ist der spezifische Oberflächenwiderstand des Leitermaterials nach (2.56), (2.57 Z). Der nach (6.1)...(6.4 Z) berechnete Dämpfungsbelag α_ρ ist in Bild 6.1 in normierter Form zur Umrechnung für beliebige Substratmaterialien, Leitermaterialien, Substratdicken und Frequenzen dargestellt. Weitere α_ρ-Formeln wurden von Schneider /1.30, 1.31/ mit der Regel vom Induktivitätsinkrement aus den Wellenwiderstandsformeln (3.20 Z), (3.21 Z) hergeleitet. Die gegenseitigen Abweichungen der Werte nach (6.2 Z)...(6.4 Z) an den Übergangsstellen liegen bei $w/h = 0{,}16$ unter 6 % und bei $w/h = 2$ unter 8 %. In Bild 6.1 wurde eine grafische Glättung durchgeführt.

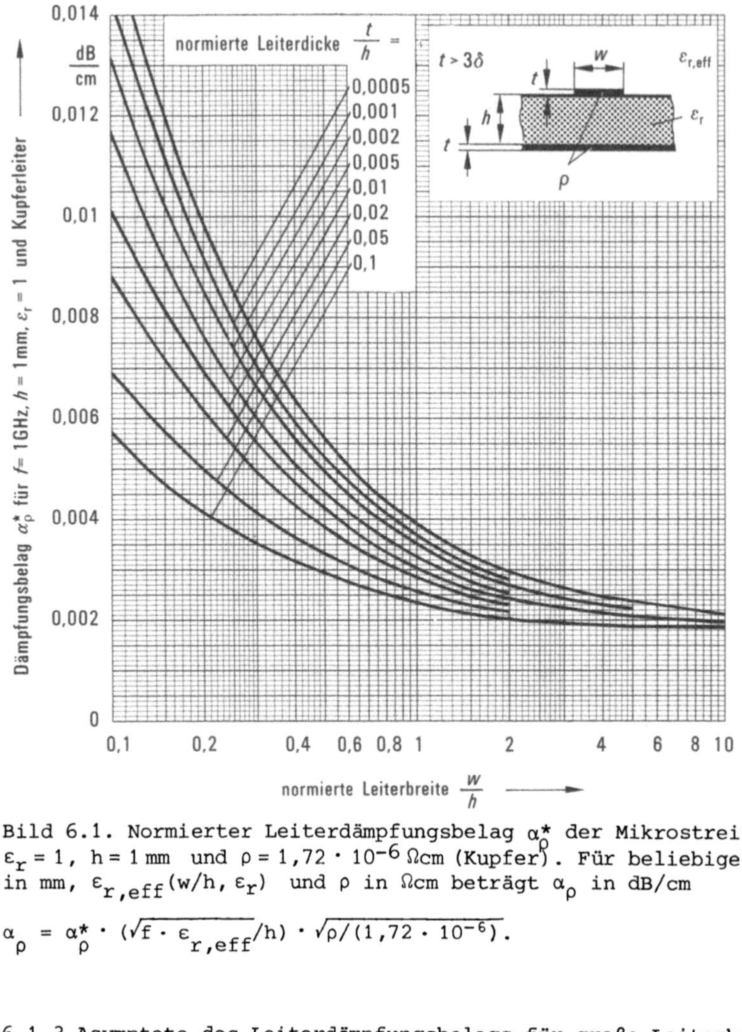

Bild 6.1. Normierter Leiterdämpfungsbelag α_ρ^* der Mikrostreifenleitung für f = 1 GHz, $\varepsilon_r = 1$, h = 1 mm und $\rho = 1{,}72 \cdot 10^{-6}\ \Omega$cm (Kupfer). Für beliebige Werte von f in GHz, h in mm, $\varepsilon_{r,eff}(w/h, \varepsilon_r)$ und ρ in Ωcm beträgt α_ρ in dB/cm

$$\alpha_\rho = \alpha_\rho^* \cdot (\sqrt{f \cdot \varepsilon_{r,eff}}/h) \cdot \sqrt{\rho/(1{,}72 \cdot 10^{-6})}.$$

6.1.3 Asymptote des Leiterdämpfungsbelags für große Leiterbreite

Eine Asymptote in der Form eines maximalen Dämpfungsbelags $\alpha_{\rho,max}$, an welchen sich mit wachsendem $w/h \gg 1$ die Leiterdämpfung immer mehr annähert, erhält man mit folgender vereinfachter Strombelegung: Die Stromdichte auf der Streifenleiterunterseite beträgt $g_{L2} = I/w$ (I: Leitungsstrom). Auf der Masseplatte ist die Stromdichte auf der Projektion des Streifenleiters ebenfalls $g_{L3} = I/w$. Außerhalb des Streifenleiterbereiches ist $g_{L3} = 0$. Die Ströme auf der Streifenleiteroberseite werden vernachlässigt, d.h. $g_{L1} = 0$ (Bezeichnungen nach Bild 3.3a). Mit Z_L in Ω, R_F in Ω, w, h in mm, f in GHz, ρ in Ωcm und $\rho_{Cu} = 1{,}72 \cdot 10^{-6}$ Ωcm (Kupfer) erhält man aus (2.60) und (3.38 Z) $\alpha_{\rho,max}$ in dB/cm, h zu

$$\alpha_{\rho,max} = \alpha_\rho(w/h \gg 1) = 86{,}8\, R_F/(wZ_L) \doteq 0{,}72\sqrt{f \cdot \rho/\rho_{Cu}}/(wZ_L)$$
$$= 0{,}002\sqrt{f\varepsilon_r \cdot \rho/\rho_{Cu}}/h \quad . \qquad (6.5\ Z)$$

6.1.4 Einfluß der Haftschicht auf die Leiterdämpfung

Bei der Dünnfilmtechnik (Abschn. 1.5.3, Bild 1.15) ist eine dünne, ca. 0,02...0,1 µm dicke Haftschicht zwischen dem Substrat und der eigentlichen Leitschicht des Streifenleiters sowie der Massemetallisierung notwendig. Während die Leitschicht (spez. Widerstand ρ_L, spez. Oberflächenwiderstand $R_{F,L}$, Dicke t_L) aus relativ gut leitendem Material, z.B. aus Gold mit $\rho_L = 2{,}6 \cdot 10^{-6}$ Ωcm, besteht, sind für die Haftschicht (spez. Widerstand ρ_H, spez. Oberflächenwiderstand $R_{F,H}$, Dicke t_H) schlechte Leiter wie Chrom mit $\rho_H = 13 \cdot 10^{-6}$ Ωcm oder Tantal mit $\rho_H = 15{,}6 \cdot 10^{-6}$ Ωcm notwendig (Tafel 1.14). Die Dicke der Leitschicht t_L beträgt einige Skineffekt-Eindringtiefen δ_L nach (2.53), üblicherweise 2...10 µm, so daß $t_L \gg \delta_L$ ist. Die Haftschicht macht man möglichst dünn, i.allg. ist $t_H \ll \delta_H$. Durch die Haftschicht erhöht sich der Leiterdämpfungsbelag gegenüber dem für homogenen Schichtaufbau in Abschn. 6.1.2 berechneten Wert α_ρ auf $\alpha_{\rho,eff}$.

Zur Berechnung des Leiterdämpfungsbelags $\alpha_{\rho,eff}$ der Mikrostreifenleitung mit der Haftschicht unter der Leitschicht nach Bild 6.2a /1.2, 1.34, 3.143, 3.144/ verwendet man die in den Abschn. 2.4.3, 6.1.2 für homogenen Schichtaufbau (Bild 6.2b) angegebenen Gleichungen. Es wird lediglich der spezifische Oberflächenwiderstand $R_F = R_{F,L}$ der Leitschicht durch einen effektiven spezifischen Oberflächenwiderstand $R_{F,eff}$ der Kombination Haftschicht - Leitschicht ersetzt. $R_{F,eff}$ ist nach der Theorie des Skineffekts (Abschn. 2.4.2) vereinfachend als der spezifische Oberflächenwiderstand eines ebenen, unendlich tiefen Leiters ($t_L \gg \delta_L$) aus dem Leitschichtmaterial (ρ_L), der mit einer dünnen Deckschicht der Dicke $t_H \gtreqless \delta_H$ aus dem Haftschichtmaterial (ρ_H) überzogen ist, definiert. Wegen $\alpha_\rho \sim R_F$ nach (6.1) ist bei gleichartigem Schichtaufbau von Streifenleiter und Masse $\alpha_{\rho,eff}/\alpha_\rho = R_{F,eff}/R_F$.

Nach /1.2; 2.104, S. 298/ ist mit $t' = t_H/\delta_H$

$$\frac{\alpha_{\rho,eff}}{\alpha_\rho} = \frac{R_{F,eff}}{R_{F,L}} =$$

$$= \frac{1}{k} \cdot \mathrm{Re}\left[(1+j) \cdot \frac{\{(1+k)\exp(2t') + (k-1)\}\cos(t') + j\,\{(1+k)\exp(2t') - (k-1)\}\sin(t')}{\{(1+k)\exp(2t') - (k-1)\}\cos(t') + j\,\{(1+k)\exp(2t') + (k-1)\}\sin(t')}\right]$$

$$= \frac{1}{k} \cdot \frac{(1+k)^2\exp(4t') + 2(k^2-1)\exp(2t')\sin(2t') - (k-1)^2}{(1+k)^2\exp(4t') - 2(k^2-1)\exp(2t')\cos(2t') + (k-1)^2}\,, \tag{6.6}$$

$$k = R_{F,L}/R_{F,H} = \sqrt{\rho_L \mu_{r,L}/(\rho_H \cdot \mu_{r,H})}\ . \tag{6.7}$$

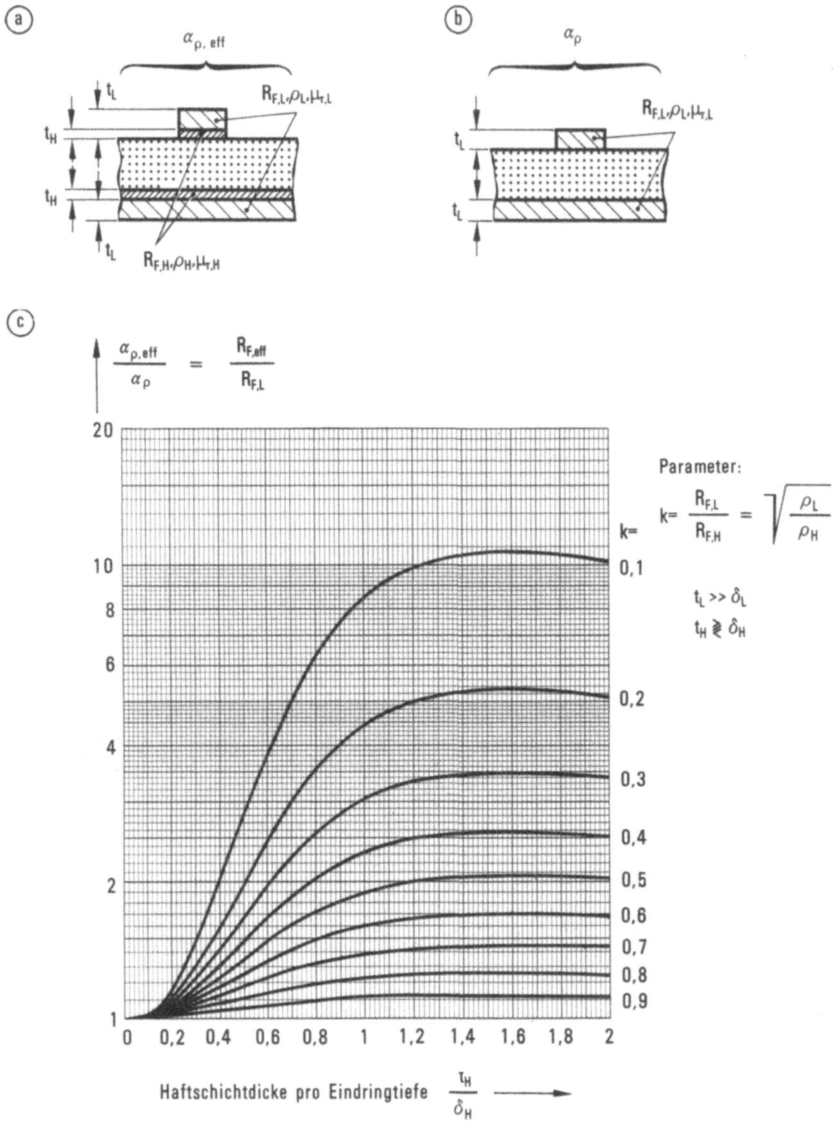

Bild 6.2. Einfluß der Haftschicht auf die Leiterdämpfung. a) Leitung mit Haftschicht; b) Vergleichsleitung ohne Haftschicht; c) haftschichtbedingte Leiterdämpfungserhöhung $\alpha_{\rho,eff}/\alpha_\rho$

Die Gleichungen gelten für beliebige $t_H \gtreqless \delta_H$ und für $t_L \gg \delta_L$. $\mu_{r,L}$ und $\mu_{r,H}$ sind die relativen Permeabilitäten der Leitschicht und der Haftschicht (i.allg. ist $\mu_{r,L} = \mu_{r,H} = 1$). δ_L und δ_H sind die Skineffekt-bedingten Eindringtiefen bei der Leitschicht und der Haftschicht nach (2.53), (2.54 Z). $j = \sqrt{-1}$ ist die imaginäre Einheit. Bild 6.2c zeigt die haftschichtbedingte Leiterdämpfungszunahme $\alpha_{\rho,eff}/\alpha_\rho$

nach (6.6), (6.7) für $R_{F,H} > R_{F,L}$. Bei technisch üblichen Schichtparametern bleibt die haftschichtbedingte Dämpfungszunahme gering: Für eine Chrom-Haftschicht und eine Gold-Leitschicht liegt bei $f < 10$ GHz und $t_H < 0{,}1$ µm bzw. $t_H < 0{,}2$ µm die Dämpfungserhöhung unter 0,5 % bzw. 2 %.

Mit (6.6) wird der Dämpfungsbelag $\alpha_{\rho,eff}$ im Vergleich zur realen Dünnfilmleitung geringfügig zu hoch abgeschätzt, denn mit $\alpha_{\rho,eff}/\alpha_\rho = R_{F,eff}/R_{F,L}$ wird eine ringsum von Haftschicht überzogene Leitschicht simuliert. Zudem ist die für eine genaue Dämpfungsberechnung eines Doppelschichtaufbaus für kleine Schichtdicken $t_H < 0{,}1$ µm vorhandene Abhängigkeit des ρ_H von t_H /3.72/ nicht berücksichtigt. - Die Dämpfungserhöhung durch einen Dreischichtenaufbau aus einer Leitschicht und zwei Haftschichten wird bei /1.34/ berechnet.

6.1.5 Einfluß der Substrat-Oberflächenrauhigkeit auf die Leiterdämpfung

Alle Substrate besitzen eine im mikroskopischen Bereich rauhe Oberfläche /1.54/ in Form einer unregelmäßigen Berg-Tal-Struktur (Bild 1.12a). Diese Struktur bildet sich bei der Metallisierung auf die an das Substrat angrenzenden Leiteroberflächen ab. Dadurch entsteht wegen der skineffektbedingten Stromkonzentration unterhalb der Leiteroberfläche eine im Rhythmus der Berg-Tal-Struktur inhomogene Stromverteilung, die zu einer Erhöhung des Leiterdämpfungsbelags vom Wert α_ρ bei glattem Substrat auf den Wert $\alpha_{\rho,eff}$ bei rauhem Substrat führt.

Zur Spezifizierung der Oberflächenrauhigkeit wird von einem periodischen Verlauf des Oberflächenprofils $\sigma(x)$ mit einer Periodenlänge X_p nach Bild 6.3a bei quer zur Stromrichtung verlaufenden Gräben ausgegangen. Man definiert eine e f f e k t i v e O b e r f l ä c h e n r a u h t i e f e σ_{eff} als den quadratischen Mittelwert

$$\sigma_{eff} = \sqrt{\frac{1}{X_p} \int_0^{X_p} \sigma^2(x)\,dx} \quad . \tag{6.8}$$

Bei polierter Al_2O_3-Keramik ist $\sigma_{eff} \cong 0{,}05$ µm, bei gebrannter, unpolierter Al_2O_3-Keramik ("as-fired") ist $\sigma_{eff} \cong 0{,}25$ µm, bei manchen Kunststoffsubstraten ist $\sigma_{eff} \cong 1{,}5$ µm.

Bei technischen Anwendungen sind $\sigma_{eff} \ll \lambda$ und $X_p \ll \lambda$ (λ:Leitungswellenlänge). Daher verwendet man zur Berechnung des Leiterdämpfungsbelags $\alpha_{\rho,eff}$ bei rauher Oberfläche (Bild 6.3b) die für eine glatte Oberfläche (Bild 6.3c) geltenden α_ρ-Gleichungen (Abschn. 2.4.3, 6.1.2) und ersetzt den spezifischen Oberflächenwiderstand

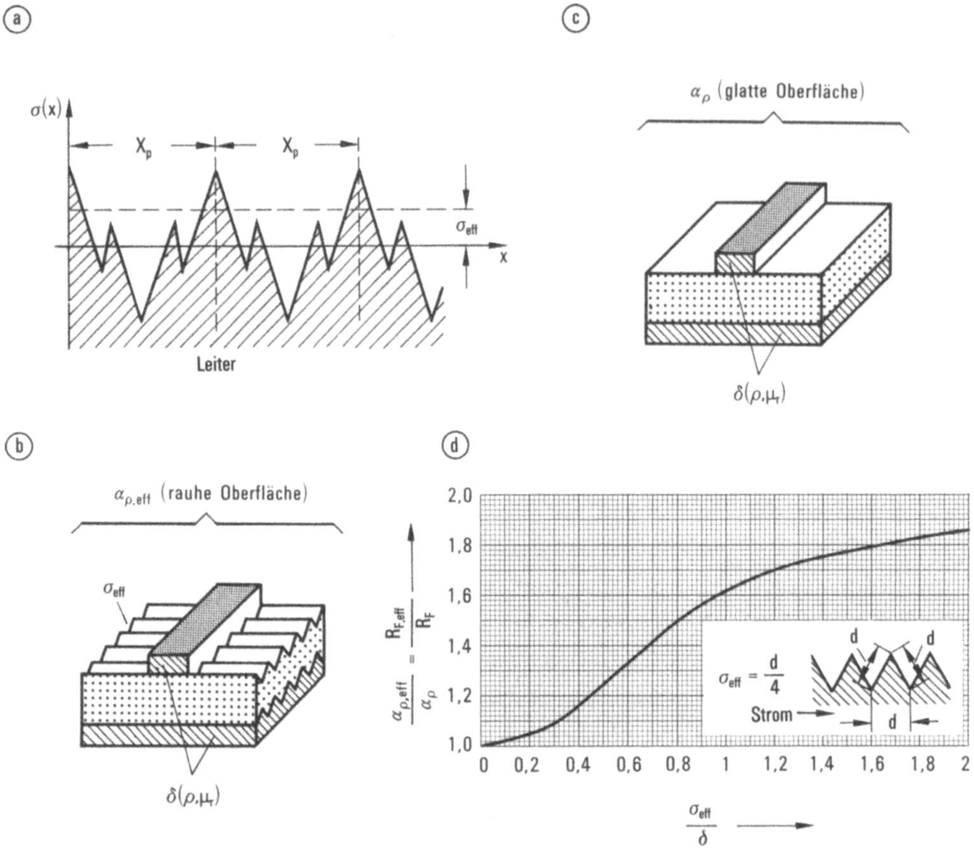

Bild 6.3. Einfluß der Substrat-Oberflächenrauhigkeit auf die Leiterdämpfung. a) Definition der effektiven Oberflächenrauhtiefe σ_{eff}; b) vereinfachtes Modell mit dreieckförmigen Quergräben; c) Vergleichsleitung auf glattem Substrat; d) Leiterdämpfungserhöhung durch dreieckförmige Quergräben nach /3.73/

R_F der glatten Oberfläche durch einen effektiven spezifischen Oberflächenwiderstand $R_{F,eff}$ des Leiters mit rauher Oberfläche. Wegen $\alpha_\rho \sim R_F$ wird bei gleichem Material ρ beider Leiter $\alpha_{\rho,eff}/\alpha_\rho = R_{F,eff}/R_F$.

Die rauhigkeitsbedingte Erhöhung $R_{F,eff}/R_F$ des spezifischen Oberflächenwiderstands von ebenen Leitern wird bei /3.73, 3.74/ berechnet; s. auch /1.2, 3.69/. $R_{F,eff}/R_F$ hängt dabei von der Form σ(x) des Oberflächenprofils und von der auf die Skineffekt-Eindringtiefe δ nach (2.53) normierten effektiven Rauhtiefe σ_{eff}/δ ab. Wie Morgan /3.73/ an dreieckigen, quadratischen und allgemein rechteckigen Profilen σ(x) gezeigt hat, geht die Form des Oberflächenprofils nur in geringem Maß auf $R_{F,eff}$ ein. Von Morgan nach numerischen Verfahren berechnete Werte von $R_{F,eff}/R_F = \alpha_{\rho,eff}/\alpha_\rho$ für ein Profil σ(x) aus gleichschenkeligen Dreiecken sind in Bild 6.3d dargestellt.

Man kann diese Kurve durch

$$\alpha_{\rho,\mathrm{eff}}/\alpha_\rho = R_{F,\mathrm{eff}}/R_F = 1 + (2/\pi)\cdot\arctan\{1{,}4\,(\sigma_{\mathrm{eff}}/\delta)^2\}$$
$$= 1 + (2/\pi)\cdot\arctan\{0{,}32\,\sigma_{\mathrm{eff}}^2\, f\cdot\rho_{Cu}/\rho\} \qquad (6.9\ \mathrm{Z})$$

mit σ_{eff} in µm, f in GHz, ρ in Ωcm, $\rho_{Cu} = 1{,}72\cdot 10^{-6}$ Ωcm und δ nach (2.53) approximieren /3.75, 3.76, 3.107/. Messungen /1.2, 3.77/ bestätigen die näherungsweise Gültigkeit von (6.9 Z). Durch (6.9 Z) wird allerdings $\alpha_{\rho,\mathrm{eff}}/\alpha_\rho$ etwas zu hoch abgeschätzt, da die ebenfalls von Strom durchflossene Streifenleiteroberseite i. allg. glatt ist und da technische Substrate keine Quergräben, sondern eine Berg-Tal-Struktur mit Profil in Längs- und Querrichtung besitzen (Bild 1.12a).

6.2 Dielektrische Dämpfung

Die dielektrischen Verluste der in Bild 3.1a gezeigten Mikrostreifenleitung /2.101 -2.103, 2.109, 3.78, 3.79, 3.139, 3.141, 3.142, 3.149, 3.168/ entstehen durch Umladeverluste im Substrat, die durch einen näherungsweise frequenzunabhängigen dielektrischen Verlustfaktor $\tan\delta_\varepsilon$ beschrieben werden. Bei gebräuchlichen verlustarmen Substraten ist $\tan\delta_\varepsilon \cong 0{,}0001\ldots0{,}001$ (Tafel 1.8). Der Luftraum oberhalb des Substrats ist verlustfrei. Der dielektrische Dämpfungsbelag α_ε nimmt neben dem Leiterdämpfungsbelag α_ρ mit wachsender Frequenz einen zunehmenden Anteil an den Gesamtverlusten ein.

Zur Berechnung von α_ε nach der s t a t i s c h e n N ä h e r u n g gelten die in Abschn. 2.4.4 angegebenen Gleichungen. Dabei läßt sich die vereinfachte Berechnung des Füllfaktors für dielektrische Verluste $q_{\tan\delta,\varepsilon}$ nach (2.77) bei der Mikrostreifenleitung mit guter Näherung anwenden, da die elektrischen Feldlinien an den Streifenleiterkanten parallel zur Grenzfläche Substrat - Luft verlaufen. Mit dem $\varepsilon_{r,\mathrm{eff}}$-Variationsbereich $(\varepsilon_r + 1)/2 < \varepsilon_{r,\mathrm{eff}} < \varepsilon_r$ nach (3.35), (3.39) für den Streifenleiterbreitenbereich $0 < w/h < \infty$ erhält man mit (2.77) eine Variation des F ü l l f a k t o r s f ü r d i e l e k t r i s c h e V e r l u s t e zu $\varepsilon_r/(\varepsilon_r + 1) < q_{\tan\delta,\varepsilon} < 1$. Bei Substraten mit hohem ε_r liegt daher $q_{\tan\delta,\varepsilon}$ im gesamten w/h-Bereich nur wenig unterhalb von 1, d.h., der Hauptanteil der elektrischen Feldenergie befindet sich nach (2.76) im Substrat. So ergibt sich für Al_2O_3-Keramiksubstrate mit $\varepsilon_r = 10$ der Bereich $0{,}91 < q_{\tan\delta,\varepsilon} < 1$. Durch Einsetzen von $\varepsilon_{r,\mathrm{eff}}(w/h,\, \varepsilon_r)$ nach den Schneiderschen Formeln (3.22), (3.23) in (2.77) erhält man für $0 < w/h < \infty$ und $1 \leq \varepsilon_r < \infty$ mit F(w/h) nach (3.23)

$$q_{\tan\delta,\varepsilon} = \left\{1 + \frac{1-F}{\varepsilon_r(1+F)}\right\}^{-1} \quad . \qquad (6.10)$$

Verläufe des nach (2.72 Z), (2.77) mit $\varepsilon_{r,eff}$ nach /2.77, 2.80/ berechneten dielektrischen Dämpfungsbelags α_ε sind in Bild 6.4 dargestellt. Es gilt die prinzipielle funktionale Abhängigkeit $\alpha_\varepsilon = \tan\delta_\varepsilon \cdot f \cdot f(w/h, \varepsilon_r)$. Für $\varepsilon_r > 9$ ist wegen $q_{\tan\delta,\varepsilon} \cong 1$ näherungsweise $\alpha_\varepsilon \cong 0{,}91 \tan\delta_\varepsilon \cdot f\sqrt{\varepsilon_{r,eff}}$ (α_ε in dB/cm, f in GHz). Mit $\varepsilon_{r,eff}$ nach (3.22) und mit (2.72 Z) wird der dielektrische Dämpfungsbelag für $0 < w/h < \infty$, $1 \leqq \varepsilon_r < \infty$ und $\tan\delta_\varepsilon < 0{,}1$ mit f in GHz, α_ε in dB/cm und F(w/h) nach (3.23)

$$\alpha_\varepsilon = 0{,}91 \cdot \tan\delta_\varepsilon \cdot f \cdot \sqrt{\frac{\varepsilon_r(1+F)}{2} \cdot \left\{1 + \frac{1-F}{\varepsilon_r(1+F)}\right\}^{-1}} , \qquad (6.11\ Z)$$

Für die **dielektrische Leitungsgüte** Q_ε gilt die funktionale Abhängigkeit $Q_\varepsilon = f(w/h, \varepsilon_r)/\tan\delta_\varepsilon$, d.h. Q_ε ist frequenzunabhängig. Für $\varepsilon_r > 9$ ist $Q_\varepsilon \cong 1/\tan\delta_\varepsilon$ wegen $q_{\tan\delta,\varepsilon} \cong 1$. α_ε und Q_ε bleiben bei linearer Querschnittsvergrößerung der Leitung konstant. Mit $\varepsilon_{r,eff}$ nach (3.22), mit (2.73) und mit (2.77) wird die dielektrische Leitungsgüte für $0 < w/h < \infty$, $1 \leqq \varepsilon_r < \infty$ und $\tan\delta_\varepsilon < 0{,}1$ mit F(w/h) nach (3.23)

$$Q_\varepsilon = \frac{1}{\tan\delta_\varepsilon} \left\{1 + \frac{1-F}{\varepsilon_r(1+F)}\right\} . \qquad (6.12)$$

Numerische Berechnungen von α_ε nach statischen und dynamischen Verfahren werden bei /2.78, 3.139, 3.141, 3.142, 3.149, 3.168/, weitere Näherungsgleichungen bei /3.79/ beschrieben.

6.3 Ableitungsdämpfung

Die Ableitungsverluste der in Bild 3.1a gezeigten Mikrostreifenleitung /2.108, 2.109, 3.80, 3.146/ entstehen durch die endliche spezifische Leitfähigkeit $\kappa > 0$ des Substratmaterials. Während bei üblichen dielektrischen Substraten wie Teflon, Keramik wegen $\kappa < 10^{-13}(\Omega\text{cm})^{-1}$ die Ableitungsdämpfung vernachlässigbar klein ist, muß sie bei semiisolierenden Halbleitersubstraten, insbesondere bei semiisolierendem Silizium mit $\kappa = 10^{-5}...10^{-3}(\Omega\text{cm})^{-1}$, berücksichtigt werden (Tafeln 1.10, 1.21).

Zur Berechnung des Ableitungsdämpfungsbelags α_κ gelten die in Abschn. 2.4.5 angegebenen Gleichungen. Stellt man in den Gleichungen für α_ε und Q_ε den Substrat-Verlustfaktor $\tan\delta_\varepsilon = \tan\delta_\kappa$ durch κ gemäß (2.79), (2.80 Z) dar, so erhält man Gleichungen für α_κ. Es besteht die funktionale Abhängigkeit $\alpha_\kappa = (\kappa/\varepsilon_r) \cdot f(w/h, \varepsilon_r)$. α_κ ist somit frequenzunabhängig. Für $\varepsilon_r > 9$ ist wegen $q_{\tan\delta,\varepsilon} \cong 1$ nach (2.81 Z) näherungsweise $\alpha_\kappa \cong 1640\ \kappa\sqrt{\varepsilon_{r,eff}}/\varepsilon_r$ mit α_κ in dB/cm, κ in $(\Omega\text{cm})^{-1}$. Durch Einsetzen

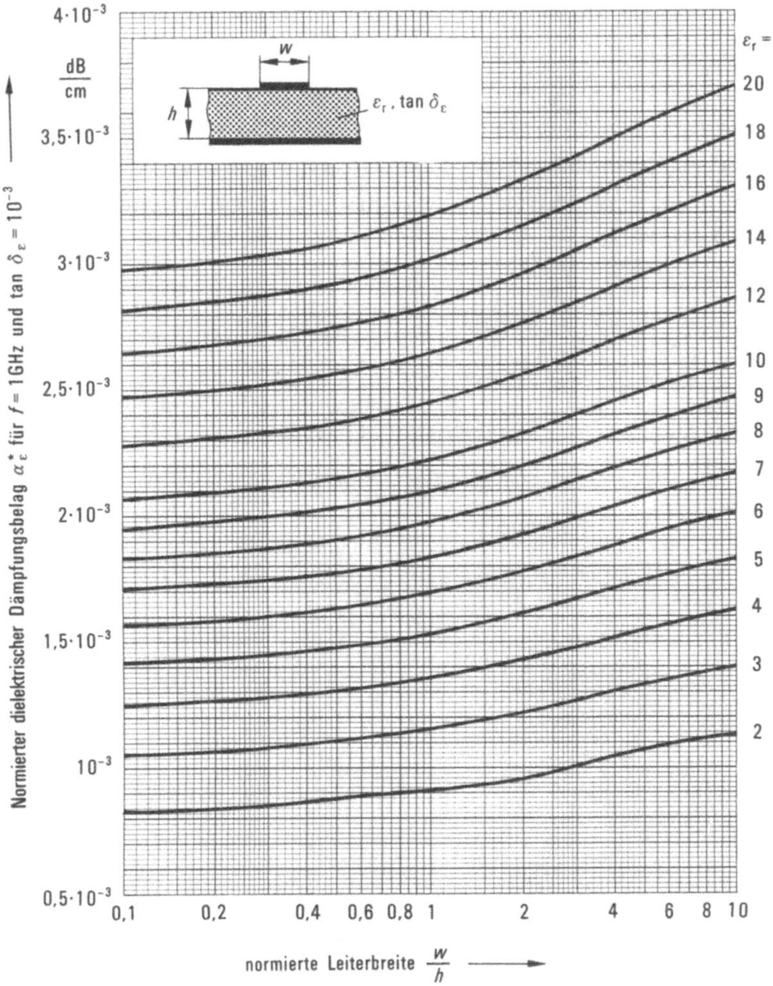

Bild 6.4. Normierter dielektrischer Dämpfungsbelag α^*_ε der Mikrostreifenleitung für $f = 1\,\mathrm{GHz}$, $\tan\delta_\varepsilon = 0{,}001$. Für beliebige Werte der Frequenz f in GHz und des Verlustfaktors $\tan\delta_\varepsilon$ beträgt der Dämpfungsbelag in dB/cm

$$\alpha_\varepsilon = \alpha^*_\varepsilon \cdot f \cdot \tan\delta_\varepsilon \cdot 1000.$$

von $\tan\delta_\kappa$ nach (2.80 Z) in (6.11 Z) und (6.12) erhält man für $0 < w/h < \infty$, $\varepsilon_r \leq 1 < \infty$ und $\kappa < 0{,}1\,\omega\,\varepsilon_0\,\varepsilon_r$

$$\alpha_\kappa = 1{,}64 \cdot 10^3 \kappa \sqrt{\frac{1+F}{2} \cdot \{\varepsilon_r + (\frac{1-F}{1+F})\}^{-1}} \quad , \tag{6.13 Z}$$

$$Q_\kappa = 0{,}56 \cdot 10^{-3}\,\frac{f}{\kappa}\,(\varepsilon_r + \frac{1-F}{1+F}) \tag{6.14 Z}$$

mit κ in $(\Omega\text{cm})^{-1}$, α_κ in dB/cm, f in GHz und F(w/h) nach (3.23). Für die Güte gilt die funktionale Abhängigkeit $Q_\kappa = (f \cdot \varepsilon_r/\kappa) \cdot f(w/h, \varepsilon_r)$. Für $\varepsilon_r > 9$ wird wegen $q_{\tan\delta,\varepsilon} \cong 1$ die Güte $Q_\kappa \cong 1/\tan\delta_\kappa = \omega\varepsilon_0\varepsilon_r/\kappa$. Verläufe des nach (2.81 Z) zusammen mit (2.77) und mit $\varepsilon_{r,eff}$ nach /2.77, 2.80/ berechneten Ableitungsdämpfungsbelags zeigt Bild 6.5. Bei linearer Querschnittsvergrößerung und ε_r = const., κ = const. verändert sich α_κ nicht. Über Messungen von α_κ bei Mikrostreifenleitungen auf Halbleitersubstrat berichtet /3.80/.

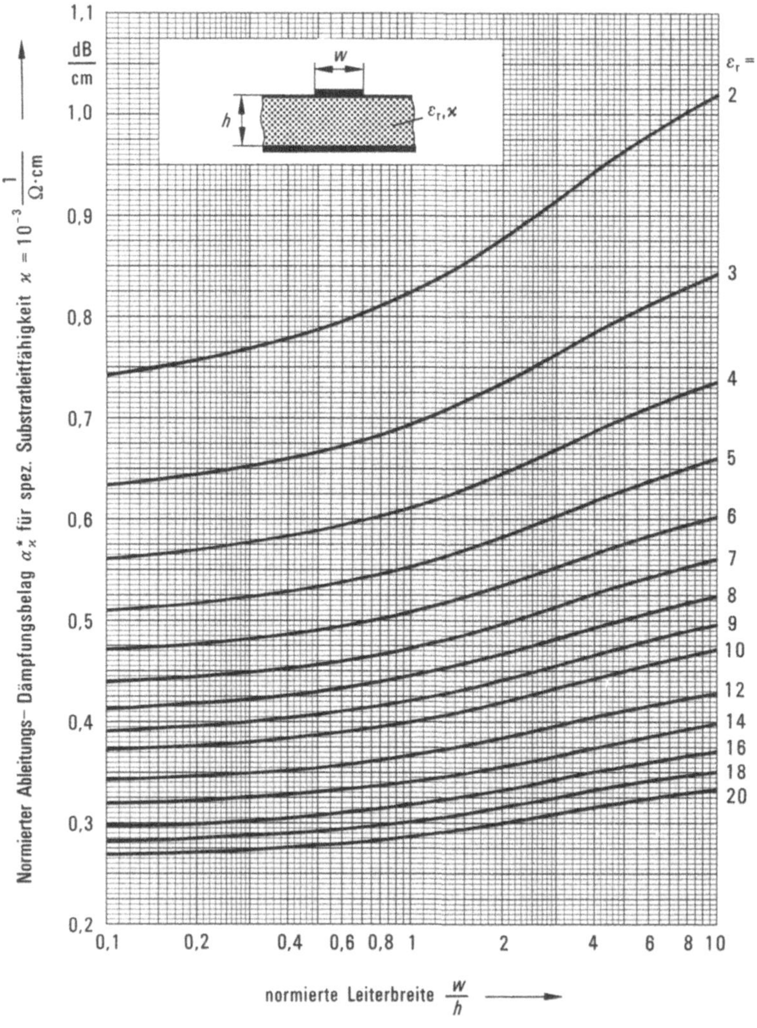

Bild 6.5. Normierter Ableitungsdämpfungsbelag α_κ^* der Mikrostreifenleitung für $\kappa = 0{,}001\ (\Omega\text{cm})^{-1}$. Für beliebige Werte von κ in $(\Omega\text{cm})^{-1}$ beträgt der Dämpfungsbelag

$\alpha_\kappa = \alpha_\kappa^* \cdot 1000\,\kappa$.

7 Messung der Leitungsparameter der Mikrostreifenleitung

7.1 Einführung

Bei der meßtechnischen Bestimmung der Leitungsparameter Wellenwiderstand Z_L, effektive Permittivität $\varepsilon_{r,eff}$ und Gesamtdämpfungsbelag α (bzw. unbelastete Leitungsgüte Q) der Mikrostreifenleitung /1.101, 3.52-3.63, 7.1-7.9/ besteht die Schwierigkeit, daß diese Größen mit herkömmlichen Mikrowellenmeßgeräten nicht unmittelbar gemessen werden können. Mikrowellenmeßgeräte messen üblicherweise die bei /7.10-7.13/ erläuterten komplexen Streuparameter $\underline{S}_{ij}$ von Zweitoren, bezogen auf ein Koaxialleitungssystem von definiertem Wellenwiderstand Z_0 (üblicherweise $Z_0 = 50\,\Omega$). Somit besteht die Aufgabe, Standardverfahren der Mikrowellenmeßtechnik /1.87, 1.89, 7.14/ so zu modifizieren, daß Z_L, $\varepsilon_{r,eff}$, α, Q aus den gemessenen Streuparametern $\underline{S}_{ij}$ von Leitungsanordnungen abgeleitet werden können.

7.2 Ringresonatormethode

Die Resonatorverfahren besitzen große Bedeutung zur Messung von $\varepsilon_{r,eff}$ und Q, da sie - insbesondere für $\varepsilon_{r,eff}$ - relativ genau sind. Der Wellenwiderstand Z_L kann mit diesen Methoden jedoch nicht bestimmt werden. Der Dämpfungsbelag läßt sich aus der gemessenen Güte Q mit (2.23) errechnen. Zunächst wird die Ringresonatormethode nach Bild 7.1 betrachtet /1.74, 1.101, 3.52, 3.54, 3.58, 3.61, 3.62, 7.1, 7.15/. Eine einen geschlossenen Ring mit dem mittleren Durchmesser D_m (Mittellinie des Streifenleiters) formende Mikrostreifenleitung der mittleren Länge $l_m = \pi D_m$ bildet das Meßobjekt (Bild 7.1a). Die effektive Permittivität $\varepsilon_{r,eff}(f_{Rn})$ und die Güte $Q(f_{Rn})$ lassen sich bei den diskreten Resonanzfrequenzen f_{Rn} des Rings, bei denen sich ein ganzzahliges Vielfaches der Leitungswellenlänge $\lambda_{Rn} = c_0/(f_{Rn}\sqrt{\varepsilon_{r,eff}(f_{Rn})})$ auf dem Ringumfang verteilt, messen.

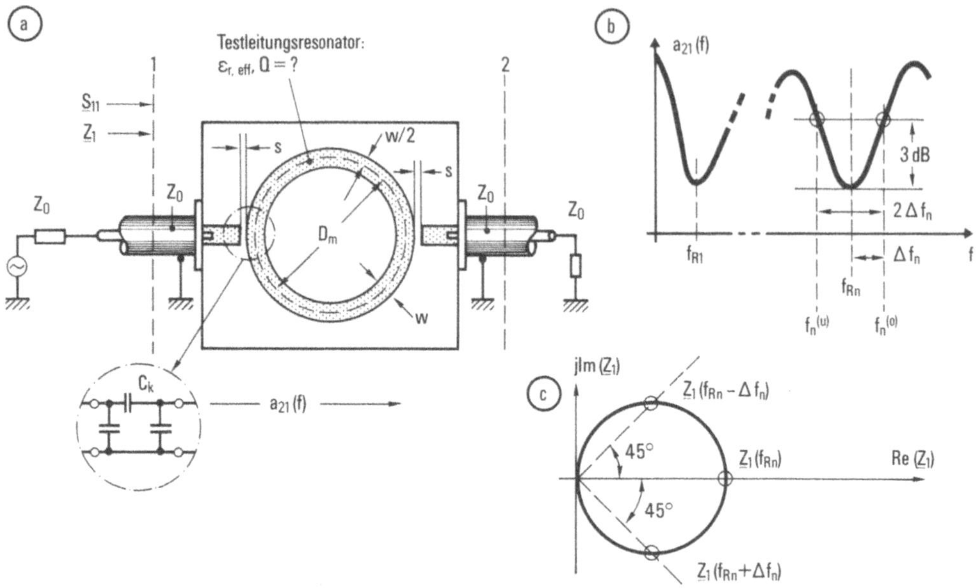

Bild 7.1. Ringresonatormethode zur Messung von $\varepsilon_{r,eff}$ und Q. a) Meßanordnung; b) Ablesen der Resonanzfrequenzen f_{Rn} und der 3-dB-Bandbreiten $2\Delta f_n$ aus dem Dämpfungsverlauf; c) Ablesen der Bandbreitenpunkte aus der Ortskurve des Eingangswiderstands $\underline{Z}_1$

Mit $n \cdot \lambda_{Rn} = \pi D_m$ kann man daher nach

$$\varepsilon_{r,eff}(f_{Rn}) = \{c_0 n/(\pi f_{Rn} D_m)\}^2 \tag{7.1}$$

die effektive Permittivität $\varepsilon_{r,eff}$ bei der zu messenden n-ten Resonanzfrequenz f_{Rn} $(n = 1, 2, 3 \ldots)$ bestimmen. Zur Detektierung der Resonanzfrequenzen f_{Rn} ist der Ringresonator über Koppelspalte s (Koppelkapazitäten C_k) an zwei Mikrostreifenleitungen, die zu einem S-Parametermeßgerät führen, schwach angekoppelt. Von der gesamten Anordnung werden die Streuparameter $|\underline{S}_{11}(f)|$, $|\underline{S}_{21}(f)|$ über der Frequenz gemessen. Die Minima der Dämpfung $a_{21}(f) = -20 \log|\underline{S}_{21}(f)|$ bzw. die Minima des Reflexionsfaktors $|\underline{S}_{11}(f)|$ geben die Resonanzfrequenzen f_{Rn} an (Bild 7.1b). Zur genauen Bestimmung von $\varepsilon_{r,eff}$ muß man berücksichtigen, daß die Resonanzfrequenz eines verlustbehafteten Resonators, also die gemessene Resonanzfrequenz $f_{Rn}^{(m)}$, gemäß

$$f_{Rn}^{(m)} = f_{Rn}\{1 - \frac{1}{2Q}\} \tag{7.2}$$

etwas niedriger als die Resonanzfrequenz f_{Rn} des gleichen, aber verlustfreien Resonators liegt /1.105, S. 354; 2.2; 7.16, S. 70/. Dabei ist die auf den verlustfreien Resonator bezogene Resonanzfrequenz f_{Rn} in (7.1) einzusetzen.

Die sog. belastete Güte Q_L des Ringresonators erhält man aus den Bandbreitenpunkten $f_n^{(u)} = f_{Rn} - \Delta f_n$ und $f_n^{(o)} = f_{Rn} + \Delta f_n$ (Bild 7.1b) zu

$$Q_L(f_{Rn}) = f_{Rn}/(2\Delta f_n) = f_{Rn}/(f_n^{(o)} - f_n^{(u)}) \quad . \tag{7.3}$$

Q_L ist die Güte des Resonators einschließlich der über die Koppelkapazitäten C_k angekoppelten Quell- und Lastwiderstände Z_0 der S-Parameter-Meßanordnung (Bild 7.1a). Die Frequenzen $f_n^{(u)}$, $f_n^{(o)}$ in der Umgebung der Resonanzfrequenzen sind bei der Transmissionsmessung (Resonator als Durchgangselement, Bild 7.1a), d.h. aus $|\underline{S}_{21}(f)|$, dadurch definiert, daß die Leistung im Verbraucher Z_0 am Tor 2 auf den halben Wert gegenüber der bei f_{Rn} auftretenden Leistung abgesunken ist /1.87, S. 311, 7.14/. D.h., daß sich die Dämpfung a_{21} bei $f_n^{(u)}$ und $f_n^{(o)}$ um 3 dB gegenüber der Dämpfung a_{21} bei der Resonanzfrequenz f_{Rn} erhöht hat (Bild 7.1b). Aus der Reflexionsmessung (Resonator als Abschlußelement) sind die Bandbreitenpunkte $f_n^{(u)}$, $f_n^{(o)}$ dadurch definiert, daß bei ihnen die Eingangsimpedanz $\underline{Z}_1$ des Resonators einen Phasenwinkel von $+45°$ bzw. $-45°$ besitzt (Bild 7.1c).

Es interessiert allerdings nicht die belastete Güte Q_L, sondern die unbelastete Güte Q des Ringresonators allein, also ohne die zusätzliche Belastung durch die Widerstände Z_0 der Meßanordnung. Eine Methode zur Messung von Q besteht darin, daß man den Koppelspalt s (Bild 7.1a) so groß macht, daß die Ankoppelung der Widerstände Z_0 der Meßapparatur an den Resonator vernachlässigbar ist. Zu diesem Zweck erhöht man s solange, bis sich Q_L nicht mehr ändert. Dann ist $Q_L \cong Q$. Das ist bei einer Resonanzfrequenzdämpfung $a_{21}(f_{Rn})$ von etwa 40 dB der Fall. Arbeitet man mit stärkerer Ankoppelung, so muß man eine Korrektur des gemessenen Q_L durchführen /1.87, 7.14, 7.16/: Im Falle der Transmissionsmessung besteht zwischen Q_L und Q die Beziehung zu /1.87, S. 303 und S. 310/

$$Q = Q_L(1 + 2k) \quad , \tag{7.4}$$

wobei k der Ankoppelfaktor auf jeder Seite des Resonators an die Quelle bzw. den Verbraucher Z_0 ist. Den Koppelfaktor kann man aus der Einfügungsdämpfung $a_{21}(f_{Rn}) = -20 \log|\underline{S}_{21}(f_{Rn})|$ bei der Resonanzfrequenz f_{Rn} zu

$$k(f_{Rn}) = \frac{|\underline{S}_{21}(f_{Rn})|}{2\,\{1 - |\underline{S}_{21}(f_{Rn})|\}} \tag{7.5}$$

bestimmen, woraus sich mit (7.4) die Umrechnungsbeziehung

$$Q(f_{Rn}) = \frac{Q_L(f_{Rn})}{1 - |\underline{S}_{21}(f_{Rn})|} \tag{7.6}$$

ergibt.

Bei der Ringresonatormethode ist zu beachten, daß zwei weitere Quellen für Meßfehler auftreten können: Erstens können durch die Ankoppelung parasitärer Oberflächenwellenresonanzen (Abschn. 11.1, 15.1) auf dem Substrat die Meßwerte von f_{Rn} und Δf verfälscht werden. Daher müssen die Oberflächenwellen abgedämpft werden (verlustbehaftete Dielektrikumsstücke auf dem Substrat). Zweitens besitzt eine gebogene Leitung aufgrund der Feldverzerrung geänderte Werte von $\varepsilon_{r,eff}$ gegenüber der geraden Leitung /3.54, 3.61, 3.62/, wobei der Unterschied um so größer ist, je kleiner D_m/λ_0 ist. Daher sollte bei der interessierenden Frequenz f_{Rn} der Ringumfang größer als etwa 4λ sein. Zudem ist zu beachten, daß die gemessene Güte Q nicht allein die durch die Leitungsdämpfung α verursachten dissipativen Leitungsverluste (Güte Q_α) beschreibt, sondern auch gemäß $1/Q = (1/Q_\alpha) + (1/Q_{Rad})$ die Strahlungsverluste des Resonators, dargestellt durch die Strahlungsgüte Q_{Rad} (Abschn. 11.3), enthält. Bei einem offenen Gehäuse geht die abgestrahlte Leistung in dem Luftraum verloren. Bei einem geschlossenen Gehäuse wird durch die Strahlung des Testresonators die Hohlraumresonanz des Gehäuses angekoppelt (Abschn. 15.2). Dabei wird dem Testresonator um so weniger Strahlungsenergie entzogen, je weiter die Gehäuseresonanzfrequenz von der Meßfrequenz entfernt ist.

7.3 Methode des geraden Resonators

Bei der Methode des geraden Resonators /1.101, 3.53, 3.55, 3.60, 3.63, 7.2-7.4/ nach Bild 7.2a ist der zu untersuchende Mikrostreifenleitungs-Resonator mit den unbekannten Eigenschaften $\varepsilon_{r,eff}$, Q und der Länge l an seinen Enden über einen Koppelspalt der Breite s an zwei Anschlußleitungen schwach angekoppelt. Das Ersatzschaltbild für den Koppelspalt besteht aus einer π-Schaltung aus einer Koppelkapazität C_k und zwei Massekapazitäten C_M. Diese Anordnung ist mit Hilfe von zwei Übergängen in ein koaxiales Streuparameter-Meßsystem eingefügt. Unter der Voraussetzung eines idealen, streufeldfreien Leerlaufs an den Resonatorenden ($C_M = C_k = 0$) findet bei Resonanz ein ganzzahliges Vielfaches von $\lambda/2$ auf der Länge l Platz und $\varepsilon_{r,eff}$ errechnet sich aus der gemessenen n-ten Resonanzfrequenz f_{Rn} mit $n = 1, 2, 3...$ zu

$$\varepsilon_{r,eff}(f_{Rn}) = \{n\, c_0/(2\, l\, f_{Rn})\}^2 \quad . \tag{7.7}$$

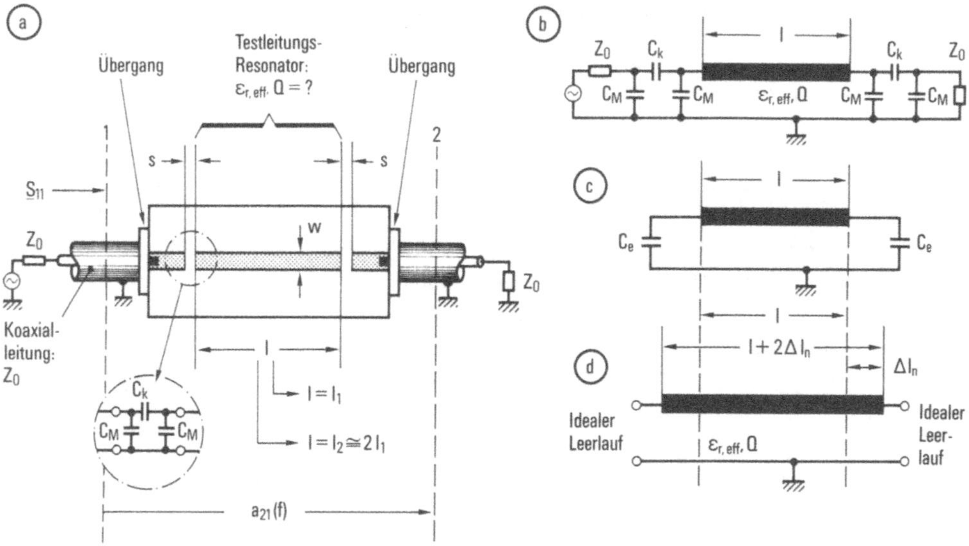

Bild 7.2. Methode des geraden Resonators zur Messung von $\varepsilon_{r,eff}$ und Q. a) Meßanordnung; b,c,d) Ableitung des Ersatzresonators mit idealen Leerläufen

Die Kapazitäten C_k und C_M des Ankoppelspaltes an den Enden des realen Resonators verändern jedoch die Resonanzfrequenz gegenüber dieser idealisierten, streufeldfreien Anordnung so stark, daß eine $\varepsilon_{r,eff}$-Bestimmung nach (7.7) mit zu großen Fehlern behaftet wäre.

Wie /7.4/ gezeigt hat, kann man die π-Schaltung aus C_k und C_M (Bild 7.2b) jedoch in eine einzige Massekapazität C_e an den Resonatorenden (Bild 7.2c) umrechnen und diese wiederum durch eine äquivalente Leitungsverlängerung Δl_n, die frequenzabhängig ist, darstellen (Bild 7.2d). Somit ist die wirksame Resonatorlänge $l_{eff} = l + 2\Delta l$. Das Prinzip des die Wirkung von C_k und C_M berücksichtigenden Meßverfahrens besteht nun darin, zwei verschieden lange, aber sonst gleiche Resonatoren miteinander zu vergleichen und dadurch den Einfluß der Feldstörung an den Leitungsenden zu eliminieren. Die erste Testleitung besitze die Länge $l = l_1$. Bei ihren Resonanzfrequenzen $f_{Rn}^{(1)}$ ist die äquivalente Leitungsverlängerung jeweils $\Delta l_n^{(1)} = \Delta l(f_{Rn}^{(1)})$. Bei Resonanz gilt

$$l_1 + 2 \cdot \Delta l_n^{(1)} = n \cdot \lambda_n^{(1)}/2 = \frac{n c_0}{2 f_{Rn}^{(1)} \sqrt{\varepsilon_{r,eff}(f_{Rn}^{(1)})}} \quad . \tag{7.8}$$

Eine gleichartige Leitung der Länge $l = l_2$ ist in der Nähe der Resonanzfrequenzen $f_{Rn}^{(1)}$ ebenfalls in Resonanz, wenn l_2 doppelt so groß wie l_1 gewählt wird. Für die

Leitung 2 gilt dann bei Resonanz, wobei $\Delta l_n^{(2)} = \Delta l(f_{Rn}^{(2)})$ ist,

$$l_2 + 2 \cdot \Delta l_n^{(2)} = 2n\lambda_n^{(2)}/2 = \frac{n\,c_0}{f_{Rn}^{(2)}\sqrt{\varepsilon_{r,eff}(f_{Rn}^{(2)})}} . \tag{7.9}$$

Da $f_{Rn}^{(2)} \cong f_{Rn}^{(1)}$ ist, sind die äquivalenten Verlängerungen $\Delta l_n^{(1)}$ und $\Delta l_n^{(2)}$ praktisch gleich. Ebenso wird $\varepsilon_{r,eff}(f_{Rn}^{(2)}) = \varepsilon_{r,eff}(f_{Rn}^{(1)})$ angenommen. Subtrahiert man (7.8) von (7.9), so erhält man die Bestimmungsgleichung

$$\varepsilon_{r,eff}(f_{Rn}^{(1)}) = \left\{\frac{n\,c_0}{2(l_2 - l_1)} \cdot \frac{2f_{Rn}^{(1)} - f_{Rn}^{(2)}}{f_{Rn}^{(1)} \cdot f_{Rn}^{(2)}}\right\}^2 \tag{7.10}$$

für $\varepsilon_{r,eff}$ bei den Resonanzfrequenzen $f_{Rn}^{(1)}$, welche die äquivalenten Verlängerungen Δl_n nicht mehr enthält. (7.10) gilt allerdings nur, wenn sich $f_{Rn}^{(1)}$ und $f_{Rn}^{(2)}$ nur wenig voneinander unterscheiden. Das erreicht man, wenn l_2 geringfügig (etwa um $2\,\Delta l_n^{(1)}$) größer als $2l_1$ gewählt wird. Um eine möglichst gleiche Beschaffenheit beider Leitungen zu erreichen, stellt man die beiden Testobjekte l_1 und $l_2 \cong 2\,l_1$ nacheinander auf demselben Substrat an derselben Stelle her, wobei die erste Struktur nach der Vermessung wieder abgeätzt wird (gleiches ε_r und gleiche Substratdicke h bei beiden Leitungen). In keinem Fall dürfen die beiden Testleitungen auf verschiedenen Substraten aufgebaut werden, da die ε_r-Streuung das Meßergebnis zu stark verfälschen würde.

Es wird darauf hingewiesen, daß eine absolute Gleichheit der Längen $2l_1$ und l_2 sowie der Resonanzfrequenzen $f_{Rn}^{(1)}$ und $f_{Rn}^{(2)}$ nicht zu den Bedingungen dieses Meßverfahrens gehört. Das ist auch aus (7.10) ersichtlich. Die jeweiligen Größen sollen nur ungefähr gleich sein. Für das erlaubte Maß ihrer Abweichung voneinander gilt als einzige Bedingung, daß $\Delta l_n^{(1)} = \Delta l_n^{(2)}$ und $\varepsilon_{r,eff}(f_{Rn}^{(1)}) = \varepsilon_{r,eff}(f_{Rn}^{(2)})$ mit guter Genauigkeit erfüllt sein müssen. Dabei wird mit $f_{Rn}^{(2)}$ in der Resonanzbedingung (7.9) nur jede zweite Resonanz der Leitung l_2 erfaßt.

Bei einer Variante des Verfahrens /3.53, 7.3/, bei welcher der Resonator bis zum Substratende reicht und durch die Luft an je einen Innenleiterstift einer Koaxialleitung angekoppelt wird, mißt man zunächst die Leitung l_2 und verkürzt diese dann auf l_1, indem man das Substrat absägt. (7.10) gilt auch für einen an beiden Enden kurzgeschlossenen Resonator mit induktiver Ankoppelung /3.55/. Das Verfahren des geraden Resonators hat gegenüber der Ringresonatormethode den Vorteil, daß eine Verfälschung des Meßergebnisses für $\varepsilon_{r,eff}$ durch die Leitungsbiegung wegfällt und man somit auch bei sehr niedrigen Frequenzen und großen Leiterbreiten genaue Ergebnisse erzielt. Messungen bei Resonanzfrequenzen von 1...18 GHz lassen sich mit guter Genauigkeit durchführen. Die Resonanzfrequenzen werden wie bei der Ringresonatormethode (Abschn. 7.2) durch Transmissions- und Reflexionsmessungen detektiert (Bild 7.1b). Ebenso bestimmt man die Resonatorgüte $Q(f_{Rn}^{(1)})$ bei den Resonanzfrequenzen $f_{Rn}^{(1)}$ nach (7.3), (7.6) wie bei dem Ringresonator. Auch hier beschreibt Q nicht allein die dissipativen Leitungsverluste Q_α, sondern enthält gemäß $1/Q = (1/Q_\alpha) + (1/Q_{Rad})$ auch die Abstrahlungsverluste des Resonators, dargestellt durch seine Strahlungsgüte Q_{Rad} (Abschn. 11.3).

7.4 Weitere Meßverfahren

Bei der direkten Streuparametermessung (Bild 7.3a) wird eine auf einer Montageplatte montierte Mikrostreifenleitung (Parameter Z_L, $\varepsilon_{r,eff}$, α) mittels zweier Übergänge auf Koaxialleitungen (vgl. Abschn. 1.6) direkt in ein koaxiales S-Parameter-Meßsystem (z.B. Netzwerkanalysator) mit dem Bezugswellenwiderstand Z_0 eingefügt /3.57, 3.79, 7.7/. Für eine gemäß $Z_L = Z_0$ an das koaxiale Meßsystem angepaßte Leitung lassen sich unter der Annahme idealer (reflexionsfreier) Übergänge auf einfache Weise nach $\sqrt{\varepsilon_{r,eff}} = \arg(\underline{S}_{21}) \cdot c_0/(2\pi f l)$ und $\alpha = -20 \log|\underline{S}_{21}|/l$ die Parameter $\varepsilon_{r,eff}$ und α aus dem gemessenen Übertragungsfaktor $\underline{S}_{21}$, der Frequenz f und der Leitungslänge l bestimmen. Da man mit Phasenmeßfehlern $\Delta\arg(\underline{S}_{21})$ von einigen Grad und Dämpfungsmeßfehlern Δa_{21} von einigen Zehntel dB rechnen muß, sollte die Leitungslänge l möglichst groß gewählt werden. Das erreicht man z.B. durch eine weitschweifige Mäandrierung der Testleitung. Auf einem Substrat der Fläche $10 \times 10\,\text{cm}^2$ läßt sich so $l \cong 50\,\text{cm}$ unterbringen.

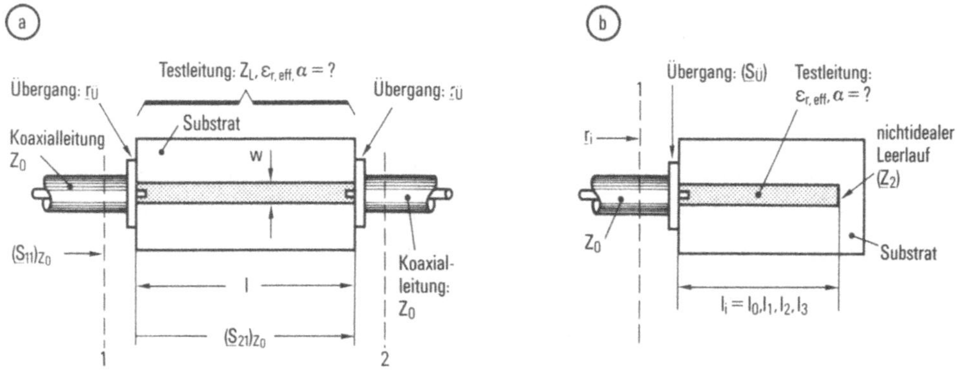

Bild 7.3. Weitere Meßverfahren. a) Direkte Streuparametermessung; b) Vier-Reflexionen-Methode

Ist die Mikrostreifenleitung mit $Z_L \neq Z_0$ fehlangepaßt, so läßt sich ihr Wellenwiderstand Z_L aus dem Eingangsreflexionsfaktor $|\underline{S}_{11}|$ und dem Wellenwiderstand Z_0 des Meßsystems bestimmen. Hierfür müssen bestimmte Bedingungen für die Meßfrequenz f eingehalten werden: Wählt man f, so daß $l = n \cdot \lambda/2$ mit $n = 1, 2, 3...$ ist, so mißt man am Eingang 1 einfach eine Überlagerung der beiden Eigenreflexionsfaktoren $r_Ü$ der Übergänge gemäß $|\underline{S}_{11}| = |\underline{r}_Ü + \underline{r}_Ü|$. Wählt man f so, daß $l = (2n+1) \cdot \lambda/4$ mit $n = 1, 2, 3...$ ist, so wirkt sich Z_L am stärksten auf $|\underline{S}_{11}|$ aus: Z_0 an der Ebene 2 wird über die Mikrostreifenleitung in Z_L^2/Z_0 transformiert. Damit errechnet sich $Z_L = Z_0\sqrt{(1+\underline{S}_{11})/(1-\underline{S}_{11})}$. Hierbei ist im Falle $Z_L > Z_0$ der Eingangsreflexionsfaktor $\underline{S}_{11}$ positiv reell, also $\underline{S}_{11} = |\underline{S}_{11}|$, und im Falle $Z_L < Z_0$ der Eingangsreflexionsfaktor $\underline{S}_{11}$ negativ reell, also $\underline{S}_{11} = -|\underline{S}_{11}|$. Der Reflexionsfaktor $r_Ü$ der Übergänge ist bei dieser Rechnung vernachlässigt worden.

Die Impulsreflektometermethode /1.87, 7.7/ gestattet lediglich eine grobe Bestimmung des Wellenwiderstandsmittelwertes $Z_{L,m}$ über den Meßfrequenzbereich des Impulsreflektometers. Bei Impulsanstiegszeiten von ca. 30 ps liegt dieser bei 0...12 GHz. Die Meßanordnung entspricht der von Bild 7.3a: Das Impulsreflektometer speist in die Eingangsleitung bei Tor 1 einen stufenförmigen Impuls ein. Aus dem zeitlichen Ablauf des Echoimpulses $U_r(t)$, insbesondere aus dem beim Übergang zwischen den beiden Wellenwiderständen Z_0 und Z_L auftretenden Reflexionsfaktorsprung r, läßt sich Z_L bei bekanntem Z_0 zu $Z_L = Z_0(1+r)/(1-r)$ bestimmen. Diese Gleichung gilt für die am Impulsreflektometer gemessene zeitlich früheste Impulsstufe und den ihr zugeordneten Reflexionsfaktorsprung r, welche den bei der Einspeisestelle 1 liegenden ersten Wellenwiderstandssprung von Z_0 auf Z_L beschreiben. Ein stufenförmiger Anstieg der dieser Stelle zugeordneten reflektierten Spannung entspricht einem positiven Reflexionsfaktor $r > 0$. Das besagt, daß $Z_L > Z_0$ ist. Umgekehrt entspricht ein stufenförmiger Abfall der dieser Stelle zugeordneten reflektierten Spannung einem negativen Reflexionsfaktorsprung $r < 0$. Das bedeutet, daß $Z_L < Z_0$ ist.

Bei der Vier-Reflexionen-Methode /3.56, 7.6/ nach Bild 7.3b werden nacheinander vier unterschiedlich lange, aber sonst gleiche Testleitungen über einen Übergang an ein koaxiales Reflexionsfaktor-Meßsystem angeschlossen. Sowohl der Effekt eines nichtidealen Leerlaufs (Impedanz $\underline{Z}_2$) am Ende der Testleitung als auch die Wirkung eines nichtidealen Übergangs (Zweitorstreumatrix $S_Ü$) werden durch die Methode eliminiert. Bei einer beliebigen Frequenz f mißt man mit demselben Übergang jeweils die komplexen Eingangsreflexionsfaktoren $\underline{r}_0$, $\underline{r}_1$, $\underline{r}_2$, $\underline{r}_3$ für die vier Leitungen mit gleichem Querschnitt und gleichem ε_r, aber unterschiedlichen Längen l_0, l_1, l_2 und l_3. Die komplexe Ausbreitungskonstante $\gamma = a + j\beta$ mit

$\beta = 2\pi f\sqrt{\varepsilon_{r,eff}}/c_0$ bei dieser Frequenz ist implizit in

$$\frac{(\underline{r}_0 - \underline{r}_1)(\underline{r}_2 - \underline{r}_3)}{(\underline{r}_0 - \underline{r}_2)(\underline{r}_1 - \underline{r}_3)} = \frac{\{1-\exp(-2\gamma a_1)\}\{\exp(-2\gamma a_2) - \exp(-2\gamma a_3)\}}{\{1-\exp(-2\gamma a_2)\}\{\exp(-2\gamma a_1) - \exp(-2\gamma a_3)\}} \tag{7.11}$$

gegeben mit $a_k = l_k - l_0$ und $l_0 < l_1 < l_2 < l_3$. (7.11) ist mit Computern iterativ aufzulösen. Wenn die Längen der speziellen Bedingung $l_1 - l_0 = l_2 - l_1 = l_3 - l_2$ gehorchen, reduziert sich (7.11) zu

$$\cosh^2(\gamma a_1) = \frac{(\underline{r}_0 - \underline{r}_1)(\underline{r}_2 - \underline{r}_3)}{2(\underline{r}_0 - \underline{r}_2)(\underline{r}_1 - \underline{r}_3)} , \tag{7.12}$$

worin die Ausbreitungskonstante γ explizit gegeben ist. Das Prinzip dieser Vier-Reflexionen-Methode beruht auf der von Deschamps /7.17/ für die Mikrowellenmeßtechnik nutzbar gemachten Tatsache der Invarianz des Verhältnisses komplexer Zahlen unter einer bilinearen konformen Abbildung. Nach einer verwandten Methode /7.6/ genügen zwei Mikrostreifenleitungen gleichen Querschnitts, aber unterschiedlicher Länge l_1, $l_2 > l_1$, die über zwei nichtideale Übergänge mit einem koaxialen Meßsystem verbunden sind. Hier müssen allerdings die vier komplexen Streuparameter $\underline{S}_{ij}$ für jede der beiden Anordnungen gemessen werden.

Die Knotenverschiebungsmethode für Eintore /7.8/ zur Messung der effektiven Permittivität $\varepsilon_{r,eff}$ und des Wellenwiderstands Z_L der Mikrostreifenleitung ist eine Abwandlung der Knotenverschiebungsmethode für Zweitore /1.339, 7.18/. Man benötigt dazu eine koaxiale Meßleitung mit einer E-Feldsonde und eine am Ende kurzgeschlossene Test-Mikrostreifenleitung. In einer ersten Meßphase schließt man die Meßleitung mit einem Kurzschluß ab und merkt sich die Lage von einem Spannungsminimum (Bezugsknoten). In der zweiten Meßphase entfernt man den Kurzschluß und schließt statt dessen am Ende der Meßleitung die am Ende kurzgeschlossene Test-Mikrostreifenleitung über einen Übergang an. Durch diese Manipulation verschiebt sich der Bezugsknoten um Δl in Richtung auf das Meßleitungsende zu. Aus der Knotenverschiebung $\Delta l(f)$ und der Länge l der Testleitung kann man $\varepsilon_{r,eff}$ und Z_L berechnen.

8 Mikrostreifenleitung auf dielektrisch anisotropem Substrat

8.1 Einführung

Die in Kap. 2...6 beschriebenen Eigenschaften der Mikrostreifenleitung gelten für isotrope dielektrische Substrate, bei denen die relative Permittivität ε_r ein Skalar ist. Die Wechselwirkung zwischen einem von außen erzeugten elektrischen Feld (Streifenleitungsfeld) $\vec{E}$ und dem Substrat ist von der Richtung dieses Feldes unabhängig. Bei dielektrisch anisotropen Substraten (Abschn. 1.4) hingegen ist die Wechselwirkung des Substratmaterials mit dem Feld $\vec{E}$ (z.B. Feld einer Mikrostreifenleitung) von der Richtung des Feldes bzgl. der Hauptachsen des dielektrisch anisotropen Materials abhängig. Die Hauptachsenrichtungen sind durch die interne Kristallstruktur des Dielektrikums festgelegt. Die Richtungsabhängigkeit wird durch eine tensorielle relative Substratpermittivität $\overleftrightarrow{\varepsilon}_r$ dargestellt. Baut man Mikrostreifenleitungen gleicher Querschnittsabmessungen w, h auf gleichen anisotropen Substraten, die jedoch unterschiedliche Richtung ihrer Hauptachsen bzgl. der Substratoberfläche und der Streifenleiterrichtung besitzen, auf, so haben diese Mikrostreifenleitungen verschiedene Leitungsparameter Z_L, $\varepsilon_{r,eff}$. Ja selbst in verschiedener Richtung auf demselben Substrat (also bei gleicher Hauptachsenrichtung bzgl. der Substratoberfläche) verlaufende Mikrostreifenleitungen besitzen im allgemeinen Fall (d.h. bei beliebiger Richtung der Hauptachsen bzgl. der Substratoberfläche) unterschiedliche Leitungsparameter. In Spezialfällen wie z.B. bei uniaxial anisotropen Substraten mit der Kristallachse senkrecht zur Substratoberfläche sind jedoch die Leitungsparameter von der Richtung der Leitung unabhängig. Auf diesen Fall beschränkt man sich i.allg. beim Aufbau technischer integrierter Mikrowellenschaltungen.

Anisotrope dielektrische Materialien sind Kristalle, deren Kristallstruktur keine sphärische Symmetrie aufweist. Hierzu gehören der monokristalline Saphir mit den Hauptachsenpermittivitäten $\varepsilon_{r\|} = 11{,}60$, $\varepsilon_{r\perp} = 9{,}40$ /8.1, 8.2, 8.3/, der α-Quarz mit $\varepsilon_{r\|} = 4{,}637$, $\varepsilon_{r\perp} = 4{,}52$ /8.2, 8.3/, monokristallines Magnesiumfluorid mit $\varepsilon_{r\|} = 4{,}826$, $\varepsilon_{r\perp} = 5{,}50$ /8.2/ und pyrolitisches Bor-Nitrid mit $\varepsilon_{r\|} = 3{,}40$, $\varepsilon_{r\perp} = 5{,}12$

/8.4, 8.5/. Alle diese Dielektrika sind dielektrisch uniaxial anisotrop, wobei $\varepsilon_{r\|}$ die parallel und $\varepsilon_{r\perp}$ die senkrecht zur Kristallhauptachse (C-Achse) wirksame relative Permittivität ist.

Zur Messung der Hauptachsenpermittivitäten $\varepsilon_{r\|}$, $\varepsilon_{r\perp}$ /1.127-1.131, 8.2, 8.3, 8.6, 8.7, 8.8-8.10/ werden vor allem Mikrowellenmeßmethoden wie z.B. Hohlraumresonatoren, aber auch optische Methoden verwendet. Geringe Anisotropien wurden auch bei üblicherweise als isotrop betrachteten Materialien, so von /1.131/ bei Al_2O_3-Keramik und von /1.128/ bei glasfaserverstärktem Teflon, festgestellt. Anisotrope Substrate sind zwar i.allg. teurer als übliche isotrope dielektrische Substrate wie Al_2O_3-Keramik. Integrierte Mikrowellenschaltungen auf anisotropen Substraten /1.127-1.131, 3.120, 3.150, 7.2, 8.1-8.31/ besitzen jedoch manche Vorteile. So gilt für deren wichtigsten Vertreter, den Saphir: Wegen seiner porenfreien, extrem glatten Oberfläche ist er zur Herstellung von Dünnfilm-Kondensatoren (Abschn. 1.5.3) wie auch für die Aufwachstechnik mit Halbleitern ("silicon-on-sapphire", Abschn. 1.5.5) geeignet. Die Hauptachsenpermittivitäten $\varepsilon_{r\perp}$, $\varepsilon_{r\|}$ sind keinen Exemplarstreuungen unterworfen (gute Schaltungsreproduzierbarkeit).

8.2 Permittivitätstensor bei dielektrisch anisotropen Substraten

Das anisotrope Verhalten von Dielektrika wird durch eine tensorielle relative Permittivität $\overleftrightarrow{\varepsilon}_r = \vec{D}(x,y,z)/\{\varepsilon_0 \vec{E}(x,y,z)\}$ beschrieben /2.2, S. 33; 2.104, S. 147/. $\vec{E}$ ist die elektrische Feldstärke und $\vec{D}$ die elektrische Flußdichte im Aufpunkt x,y,z (Vektoren). Die materialspezifischen Bezugsgrößen für die Richtung von $\vec{E}$ bzw. von $\vec{D}$ sind die drei Kristall-Hauptachsen ξ, η, ζ des Dielektrikums, welche lediglich von der an allen Stellen in einem Dielektrikumsblock gleichartigen Orientierung der Kristalle abhängen. Die in der Richtung der Hauptachsen wirksamen relativen Permittivitäten nennt man Hauptachsenpermittivitäten $\varepsilon_{r\xi}$, $\varepsilon_{r\eta}$, $\varepsilon_{r\zeta}$. Durch sie sind die dielektrischen Eigenschaften eindeutig beschrieben. An ihrer Stelle werden auch oft die Hauptachsen-Brechungsindizes $n_\xi = \sqrt{\varepsilon_{r\xi}}$, $n_\eta = \sqrt{\varepsilon_{r\eta}}$, $n_\zeta = \sqrt{\varepsilon_{r\zeta}}$ angegeben. Das Vorliegen von drei Kristallhauptachsen, die stets ein orthogonales, kartesisches Koordinatensystem bilden, ist der allgemeine Fall dielektrischer Anisotropie. Viele technisch bedeutende anisotrope Dielektrika besitzen jedoch nur eine einzige Hauptachse η, oft auch C-Achse genannt. Dies bezeichnet man als uniaxiale Anisotropie. Die dielektrischen Eigenschaften werden hier durch zwei Hauptachsenpermittivitäten beschrieben, nämlich die bei Feldern parallel zur Hauptachse η wirksame relative Permittivität $\varepsilon_{r\|} = \varepsilon_{r\eta}$ und die bei Feldern senkrecht zur Hauptachse η wirksame relative Permittivität $\varepsilon_{r\perp}$. Letztere gilt in beliebiger Richtung in der Ebene, auf welcher die Hauptachse η senkrecht steht.

Der allgemeinste Fall einer Mikrostreifenleitung auf dielektrisch anisotropem Substrat ist in Bild 8.1a dargestellt: Die Kristall-Hauptachsen ξ, η, ζ des Substrats fallen nicht mit dem Strukturkoordinatensystem x, y, z der Mikrostreifenleitung (x,y in der Leitungsquerschnittsebene, z in Streifenleiterrichtung) zusammen. In dem Koordinatensystem x, y, z werden die Feldgleichungen für die Mikrostreifenleitung angesetzt. Die Beziehung zwischen $\vec{E}(x,y,z)$ und $\vec{D}(x,y,z)$ lautet dann in der allgemeinsten Form

$$\begin{bmatrix} D_x \\ D_y \\ D_z \end{bmatrix} = \varepsilon_0 \overleftrightarrow{\varepsilon}_r \begin{bmatrix} E_x \\ E_y \\ E_z \end{bmatrix} = \varepsilon_0 \begin{bmatrix} \varepsilon_{r,xx} & \varepsilon_{r,xy} & \varepsilon_{r,xz} \\ \varepsilon_{r,yx} & \varepsilon_{r,yy} & \varepsilon_{r,yz} \\ \varepsilon_{r,zx} & \varepsilon_{r,zy} & \varepsilon_{r,zz} \end{bmatrix} \cdot \begin{bmatrix} E_x \\ E_y \\ E_z \end{bmatrix} . \tag{8.1}$$

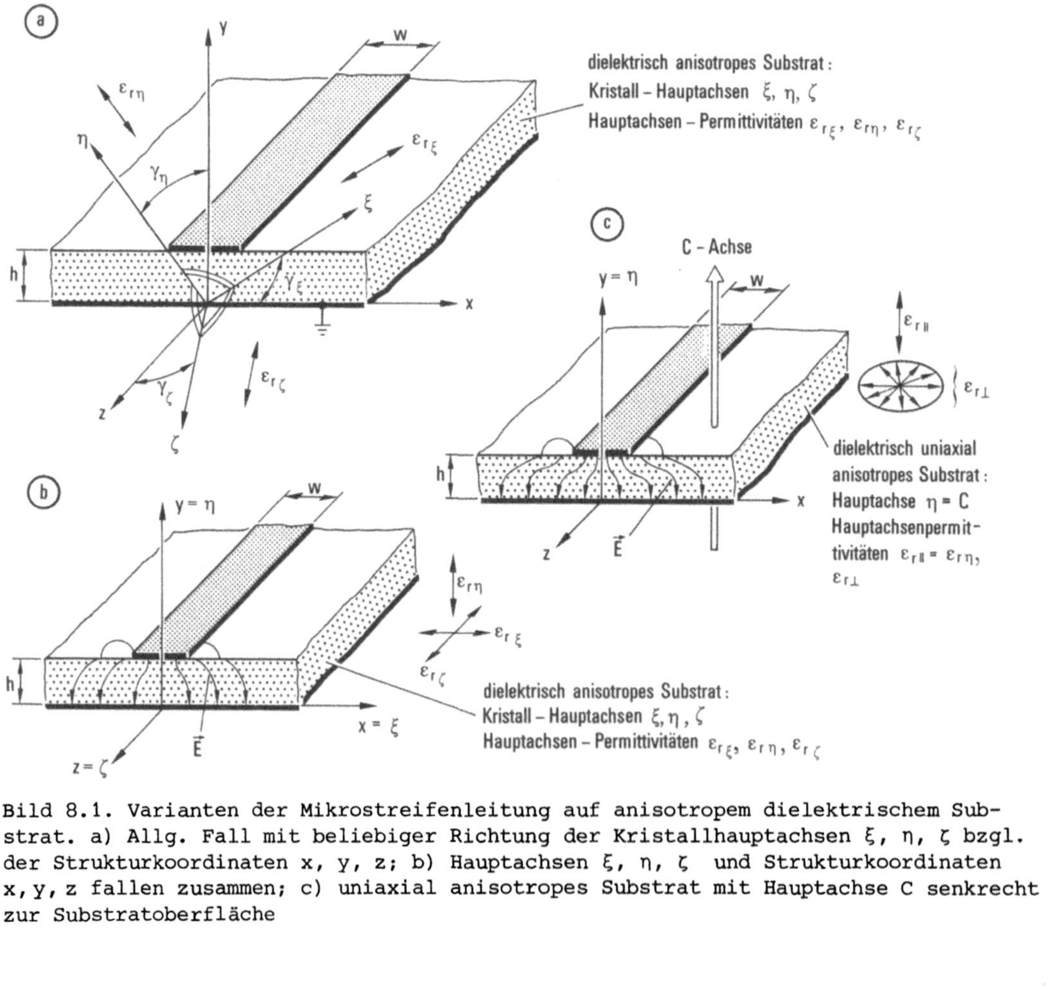

Bild 8.1. Varianten der Mikrostreifenleitung auf anisotropem dielektrischem Substrat. a) Allg. Fall mit beliebiger Richtung der Kristallhauptachsen ξ, η, ζ bzgl. der Strukturkoordinaten x, y, z; b) Hauptachsen ξ, η, ζ und Strukturkoordinaten x, y, z fallen zusammen; c) uniaxial anisotropes Substrat mit Hauptachse C senkrecht zur Substratoberfläche

Der Permittivitätstensor $\overleftrightarrow{\varepsilon}_r$ ist hier vollständig besetzt. Seine auf das Strukturkoordinatensystem der Leitung x,y,z bezogenen Komponenten $\varepsilon_{r,xx}$, $\varepsilon_{r,xy}$ usw. lassen sich aus den Hauptachsenpermittivitäten $\varepsilon_{r\xi}$, $\varepsilon_{r\eta}$, $\varepsilon_{r\zeta}$ und den Drehwinkeln γ_ξ, γ_η, γ_ζ zwischen den beiden Koordinatensystemen errechnen. Betrachten wir nun die Mikrostreifenleitung: Nach der statischen Näherung besitzt sie nur ein Querfeld, es ist also $E_z = 0$. Ändert man die Richtung z des Streifenleiters und damit die Lage des Strukturkoordinatensystems x,y,z bzgl. der Kristallhauptachsen ξ, η, ζ, so ändern sich die Tensorkomponenten $\varepsilon_{r,xx}$, $\varepsilon_{r,xy}$ usw. und damit auch die Wechselwirkungsbeziehung (8.1). D.h., daß für die Querfeldstärken E_x, E_y andere Tensorkomponenten wirksam werden. Damit ändert sich der Kapazitätsbelag C' der Leitung. Das bedeutet, daß bei diesem allgemeinen Fall die Leitungsparameter Wellenwiderstand Z_L und effektive Permittivität $\varepsilon_{r,eff}$ der Mikrostreifenleitung von deren Richtung auf dem Substrat abhängen.

Eine Vereinfachung der Wechselwirkungsbeziehung (8.1) zu

$$\begin{bmatrix} D_x \\ D_y \\ D_z \end{bmatrix} = \varepsilon_0 \overleftrightarrow{\varepsilon}_r \begin{bmatrix} E_x \\ E_y \\ E_z \end{bmatrix} = \varepsilon_0 \begin{bmatrix} \varepsilon_{r\xi} & 0 & 0 \\ 0 & \varepsilon_{r\eta} & 0 \\ 0 & 0 & \varepsilon_{r\zeta} \end{bmatrix} \cdot \begin{bmatrix} E_x \\ E_y \\ E_z \end{bmatrix} \tag{8.2}$$

tritt ein, wenn die Hauptachsen ξ, η, ζ mit dem Strukturkoordinatensystem x,y,z zusammenfallen (Bild 8.1b). Ändert man die Streifenleiterrichtung z bezüglich ζ unter Beibehaltung von $y = \eta$, so verändern sich die Leitungsparameter Z_L, $\varepsilon_{r,eff}$, da immer noch die allgemeine Form der Anisotropie mit drei Hauptachsenpermittivitäten vorausgesetzt wird.

Von der Streifenleiterrichtung z unabhängige Leitungsparameter Z_L, $\varepsilon_{r,eff}$ erhält man nur bei u n i a x i a l a n i s o t r o p e n Substraten mit der Hauptchse η senkrecht zur Substratebene (Bild 8.1c). Hier ist $\varepsilon_{ry} = \varepsilon_{r\eta} = \varepsilon_{r\|}$, und in beliebiger Richtung in der Substratebene ist die Permittivität stets $\varepsilon_{r\perp}$, also auch $\varepsilon_{rx} = \varepsilon_{rz} = \varepsilon_{r\perp}$. Das ist der übliche Kristallschnitt für technisch angewandte anisotrope Substrate. Die Wechselwirkungsbeziehung (8.1) wird hier

$$\begin{bmatrix} D_x \\ D_y \\ D_z \end{bmatrix} = \varepsilon_0 \overleftrightarrow{\varepsilon}_r \begin{bmatrix} E_x \\ E_y \\ E_z \end{bmatrix} = \varepsilon_0 \begin{bmatrix} \varepsilon_{r\perp} & 0 & 0 \\ 0 & \varepsilon_{r\|} & 0 \\ 0 & 0 & \varepsilon_{r\perp} \end{bmatrix} \cdot \begin{bmatrix} E_x \\ E_y \\ E_z \end{bmatrix} \quad . \tag{8.3}$$

Bei der statischen Näherung genügt die Betrachtung der x- und y-Komponenten, da $E_z = D_z = 0$ ist. Der Permittivitätstensor wird dann

$$\overleftrightarrow{\varepsilon}_r = \begin{bmatrix} \varepsilon_{r\perp} & 0 \\ 0 & \varepsilon_{r\parallel} \end{bmatrix} . \tag{8.4}$$

8.3 Mikrostreifenleitung auf unaxial anisotropem Substrat mit der Hauptachse senkrecht zur Substratoberfläche

8.3.1 Wellentyp, statische Näherung

Für technische Anwendungen zum Aufbau integrierter Mikrowellenschaltungen werden uniaxial anisotrope Substrate wie Saphir normalerweise so geschnitten, daß ihre Hauptachse oder C-Achse senkrecht zur Substratoberfläche steht (Bilder 8.1c, 8.2a). Da bei beliebiger Streifenleiterrichtung z im Leitungsquerschnitt stets die gleichen Tensorkomponenten $\varepsilon_{rx} = \varepsilon_{r\perp}$ und $\varepsilon_{ry} = \varepsilon_{r\parallel}$ wirksam sind, haben die Leitungsparameter C', Z_L, L' und $\varepsilon_{r,eff}$ unabhängig von der Streifenleiterrichtung stets die gleichen Werte. Wie bei isotropen Substraten (Kap. 3), so breitet sich auch auf der Mikrostreifenleitung auf dielektrisch anisotropem Substrat eine hybride Welle vom Quasi-TEM-Typ (Abschn. 2.1.3) aus. Sie wird bis zu einer empirisch nach (3.2 Z), (3.3 Z) abzuschätzenden Grenzfrequenz $f_{g,stat}$ mit guter Genauigkeit durch frequenzunabhängige Parameter Wellenwiderstand Z_L und effektive Permittivität $\varepsilon_{r,eff}$ nach der statischen Näherung beschrieben (Abschn. 2.3). Die funktionale Abhängigkeit ist $Z_L, \varepsilon_{r,eff} = f(w/h, t/h; \varepsilon_{r\perp}, \varepsilon_{r\parallel})$. Zur genauen statischen Analyse verwendet man numerische Feldberechnungsverfahren /3.150, 8.1, 8.4, 8.5, 8.13 -8.18, 8.20, 8.24, 8.25, 8.27, 8.30, 8.31/, wie sie auch für die Leitung auf isotropem Substrat gebräuchlich sind (z.B. die Methode endlicher Differenzen, die Variationsmethode und die Methode der Greenschen Funktion).

8.3.2 Äquivalenztransformation für statische Leitungsparameter

Die Äquivalenztransformation /8.11, 8.21/ ist eine theoretisch exakte Methode zur Herleitung einer äquivalenten Leitung gleicher Querschnittsform auf dielektrisch isotropem Substrat aus einer gegebenen Leitung auf einem dielektrisch anisotropen Substrat. Die Äquivalenz ist dabei durch gleiche Werte des statischen Kapazitätsbelages beider Leitungen definiert. Damit reduziert sich das statische Analyseproblem für die Mikrostreifenleitung auf dielektrisch anisotropem Substrat auf das bereits vielfältig gelöste statische Analyseproblem der Mikrostreifenleitung auf dielektrisch isotropem Substrat (Abschn. 2.1.3, 2.3, 2.5, Kap. 3).

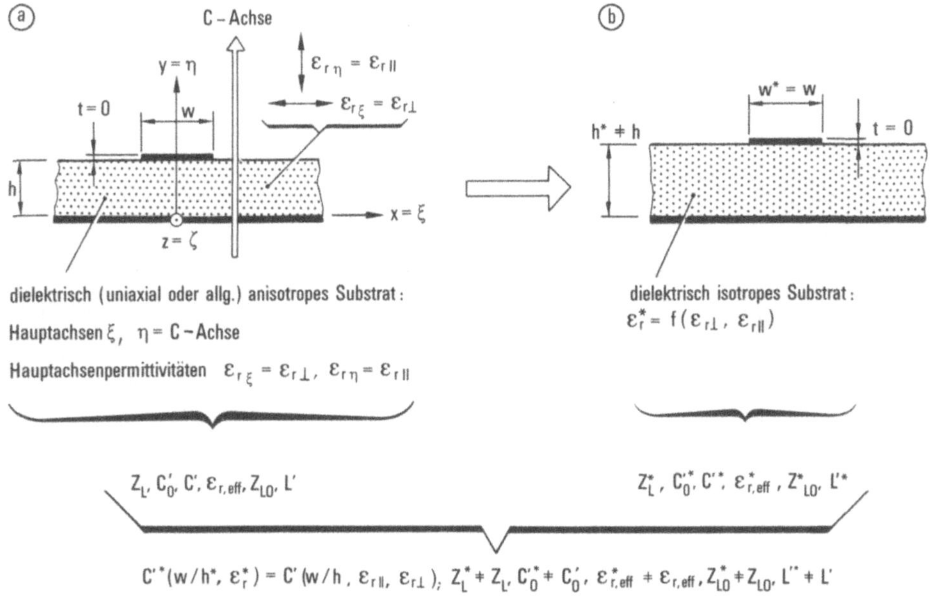

Bild 8.2. Äquivalenztransformation für die Mikrostreifenleitung auf uniaxial bzw. allg. anisotropem dielektrischen Substrat mit der C-Achse senkrecht zur Substratoberfläche bzw. den Hauptachsen ξ, η in der Querschnittsebene parallel und senkrecht zur Substratoberfläche. a) Originalleitung; b) äquivalente isotrope Ersatzleitung mit gleichem Kapazitätsbelag C'

Nachfolgend wird die Äquivalenztransformation auf die in Bild 8.2a gezeigte Mikrostreifenleitung auf uniaxial anisotropem Substrat mit der Hauptachse (C-Achse) senkrecht zur Substratoberfläche angewandt. Das Substrat ist durch die Hauptachsenpermittivitäten $\varepsilon_{r\|}$, $\varepsilon_{r\perp}$ gekennzeichnet. Da die Mikrostreifenleitung nach der statischen Näherung nur Querfeldkomponenten besitzt ($E_z = 0$), gilt die Äquivalenztransformation zur statischen Analyse der Leitung auch bei allgemein (also nicht uniaxial) anisotropem Substrat mit der Hauptachsenlage $\xi = x$ und $\eta = y$ und den Hauptachsenpermittivitäten $\varepsilon_{r\xi}$, $\varepsilon_{r\eta}$. Es ist dann $\varepsilon_{r\xi} = \varepsilon_{r\perp}$ und $\varepsilon_{r\eta} = \varepsilon_{r\|}$ zu setzen. Mit Hilfe einer affinen Transformation der Variablen y in den Laplace-Gleichungen für das elektrische Feld der Leitung (Äquivalenztransformation) kann man theoretisch exakt für die in Bild 8.2a gezeigte Originalleitung auf anisotropem Substrat eine *äquivalente isotrope Leitung* (Bild 8.2b) auf dielektrisch isotropem Substrat der relativen Permittivität $\varepsilon_r^* = f(\varepsilon_{r\perp}, \varepsilon_{r\|})$ herleiten. Die *Äquivalenztransformation* lautet

$$w^* = w, \tag{8.5}$$

$$h^* = h\sqrt{\varepsilon_{r\perp}/\varepsilon_{r\|}} = h\sqrt{\varepsilon_{r\xi}/\varepsilon_{r\eta}} \quad , \tag{8.6}$$

$$\varepsilon_r^* = \sqrt{\varepsilon_{r\perp} \cdot \varepsilon_{r\|}} = \sqrt{\varepsilon_{r\xi} \cdot \varepsilon_{r\eta}} \quad . \tag{8.7}$$

Sie gilt für beliebige Abmessungen w,h und beliebige Materialien $\varepsilon_{r\xi} = \varepsilon_{r\perp}$, $\varepsilon_{r\eta} = \varepsilon_{r\|}$. Die äquivalente isotrope Leitung besitzt gleiche Leiterbreite w , aber geänderte Substratdicke h*. Sie besitzt die gleiche Querschnittsform.

Mit Hilfe der Äquivalenztransformation (8.5)...(8.7) sollen nun die Leitungsparameter Z_L, $\varepsilon_{r,eff}$ der in Bild 8.2a gezeigten Leitung unter ausschließlicher Verwendung von Analyseverfahren für eine Leitung auf isotropem Substrat berechnet werden. Die Originalleitung (Bild 8.2a) wird durch den Wellenwiderstand $Z_L(w/h, \varepsilon_{r\|}; \varepsilon_{r\perp})$, die effektive Permittivität $\varepsilon_{r,eff}(w/h, \varepsilon_{r\|}, \varepsilon_{r\perp})$, den Kapazitätsbelag $C'(w/h, \varepsilon_{r\|}, \varepsilon_{r\perp})$ und den Kapazitätsbelag $C_0'(w/h) = C'(w/h, \varepsilon_{r\|} = \varepsilon_{r\perp} = 1)$ ohne Substrat beschrieben. Die entsprechenden die äquivalente Leitung (Bild 8.2b) kennzeichnenden Größen sind $Z_L^*(w/h^*, \varepsilon_r^*)$, $\varepsilon_{r,eff}^*(w/h^*, \varepsilon_r^*)$, $C'^*(w/h^*, \varepsilon_r^*)$ und $C_0'^*(w/h^*) = C'^*(w/h^*, \varepsilon_r^* = 1)$. Die Kapazitätsbeläge beider Leitungen sind definitionsgemäß gleich, also $C'^*(w/h^*, \varepsilon_r^*) = C'(w/h, \varepsilon_{r\|}, \varepsilon_{r\perp})$. Es ist aber $C_0'^*(w/h^*) \neq C_0'(w/h)$, weil nach (8.6) $h^* \neq h$, aber nach (8.5) $w^* = w$ ist, d.h., Z_L^* und $\varepsilon_{r,eff}^*$ der äquivalenten Leitung weichen von den entsprechenden Parametern Z_L und $\varepsilon_{r,eff}$ der Originalleitung ab!

Wegen $Z_L = \eta_0 \varepsilon_0/\sqrt{C_0' C'}$ und $\varepsilon_{r,eff} = C'/C_0'$ nach (2.31), (2.34) ist vielmehr

$$Z_L = \eta_0 \varepsilon_0 / \sqrt{C_0' \cdot C'^*} \quad , \tag{8.8}$$

$$\varepsilon_{r,eff} = C'^*/C_0' \quad , \tag{8.9}$$

wobei $C_0'(w/h)$ für die Originalleitung (Bild 8.2a) und $C'^*(w/h^*, \varepsilon_r^*)$ für die äquivalente Leitung zu berechnen sind. Will man ausschließlich Formeln für $\varepsilon_{r,eff}$ und Z_L von Leitungen mit isotropem Substrat und für Z_{L0} von der Leitung ohne Substrat verwenden, so kann man in (8.8), (8.9) nach (2.37) die Kapazitätsbeläge gemäß $C' = \varepsilon_0 \eta_0 \varepsilon_{r,eff}/Z_{L0} = \varepsilon_0 \eta_0 \sqrt{\varepsilon_{r,eff}}/Z_L$ und $C_0' = \varepsilon_0 \eta_0 / Z_{L0}$ ersetzen und erhält

$$Z_L = \sqrt{Z_{L0} \cdot Z_{L0}^*/\varepsilon_{r,eff}^*} = \sqrt{Z_{L0} \cdot Z_L^*/\sqrt{\varepsilon_{r,eff}^*}} = Z_L^* \sqrt{Z_{L0}/Z_{L0}^*} \quad , \tag{8.10}$$

$$\varepsilon_{r,eff} = \varepsilon_{r,eff}^* Z_{L0}/Z_{L0}^* = \sqrt{\varepsilon_{r,eff}^*} \cdot Z_{L0}/Z_L^* = Z_{L0} \cdot Z_{L0}^*/Z_L^{*2} \tag{8.11}$$

mit $Z_{L0}(w/h)$, $Z_{L0}^*(w/h^*)$, $Z_L^*(w/h^*, \varepsilon_r^*)$ und $\varepsilon_{r,eff}^*(w/h^*, \varepsilon_r^*)$. Es ist zu beachten, daß die äquivalente Leitung nur den gleichen Kapazitätsbelag, nicht aber den gleichen Wellenwiderstand und die gleiche effektive Permittivität wie die Originalleitung besitzt. Der Grund ist, daß die beiden letzteren Parameter nicht nur von C', sondern auch von dem Induktivitätsbelag L' bzw. dem aus L' errechenbaren Kapazitätsbelag C'_0 ohne Substrat abhängen. L' und C'_0 sind aber aus den Abmessungen w, h der Originalleitung definiert. Z_{L0} ist durch $\varepsilon_{r\|} = \varepsilon_{r\perp} = 1$ und Z^*_{L0} durch $\varepsilon^*_r = 1$ definiert.

Die Leitungsparameter Z^*_{L0}, Z^*_L, C'* der äquivalenten isotropen Leitung werden nach den in Abschn. 3.2 angegebenen statischen numerischen Verfahren oder Formeln berechnet, indem man anstelle von h und ε_r die transformierten Größen h* und ε^*_r nach (8.6), (8.7) einsetzt. Unter Verwendung von (3.31) von Hammerstad für Z_{L0} und (3.22), (3.23) von Schneider für $\varepsilon_{r,eff}$ erhält man beispielsweise mit (8.10), (8.11) für die Leitungsparameter Z_L, $\varepsilon_{r,eff}$ der anisotropen Leitung von Bild 8.2a für $0{,}06 \leq (w/h,\ w/h^*) < \infty$, $1 \leq (\varepsilon_{r\|},\ \varepsilon_{r\perp}) < \infty$

$$Z_L = \eta_0 \left[\left\{ \frac{w}{h} + 1{,}98 \left(\frac{w}{h}\right)^{0,172} \right\} \left\{ \frac{w}{h^*} + 1{,}98 \left(\frac{w}{h^*}\right)^{0,172} \right\} \left\{ \frac{\varepsilon^*_r + 1}{2} + \frac{\varepsilon^*_r - 1}{2} \left(1 + \frac{10h^*}{w}\right)^{-0,5} \right\} \right]^{-0,5} , \tag{8.12}$$

$$\varepsilon_{r,eff} = \left\{ \frac{\varepsilon^*_r + 1}{2} + \frac{\varepsilon^*_r - 1}{2} \left(1 + \frac{10h^*}{w}\right)^{-0,5} \right\} \frac{(w/h^*) + 1{,}98 \cdot (w/h^*)^{0,172}}{(w/h) + 1{,}98 \cdot (w/h)^{0,172}} \tag{8.13}$$

mit h*, ε^*_r nach (8.6), (8.7). Die genauesten Ergebnisse liefern die Hammerstadschen Gleichungen (3.29), (3.30), (3.32)...(3.34) zur Berechnung von Z_{L0}, Z^*_{L0}, $\varepsilon^*_{r,eff}$ in (8.10), (8.11).

Sehr genaue Ergebnisse für Z_L, $\varepsilon_{r,eff}$ der anisotropen Leitung von Bild 8.2a erhält man durch eine Kombination der Äquivalenztransformation (8.5)...(8.7) mit der statischen Variante der numerischen Methode der Geraden /2.86, 2.87, 2.89, 3.99, 3.100/ für isotrope Leitungen (Abschn. 3.2.1) zur Berechnung von Z_{L0}, Z^*_{L0}, Z^*_L, $\varepsilon^*_{r,eff}$, C'_0, C'*, in (8.8)...(8.11). Die Resultate sind in Bild 8.3 und Tafel 8.1 für das technisch bedeutende Saphir-Substrat dargestellt. Ein für w/h = 1, 2 und 4 durchgeführter Vergleich mit Ergebnissen einer numerischen statischen Analyse von Owens et al. /8.1/ nach dem Verfahren der Greenschen Funktion ergab Abweichungen < 0,26 % für Z_L und < 0,04 % für $\varepsilon_{r,eff}$. Ein Vergleich mit einer Analyse mit der Greenschen Funktion von /3.150/ für C'(w/h = 10) ergab einen Unterschied von nur 0,01 %.

8.3.3 Dispersion bei Saphir als Substrat

Oberhalb der empirisch nach (3.2 Z), (3.3 Z) abzuschätzenden Frequenz $f_{g,stat}$ tritt eine nennenswerte Frequenzabhängigkeit von Z_L und $\varepsilon_{r,eff}$ auf, so daß für die Leitung von Bild 8.2a eine dynamische Analyse anstelle der statischen Analyse tre-

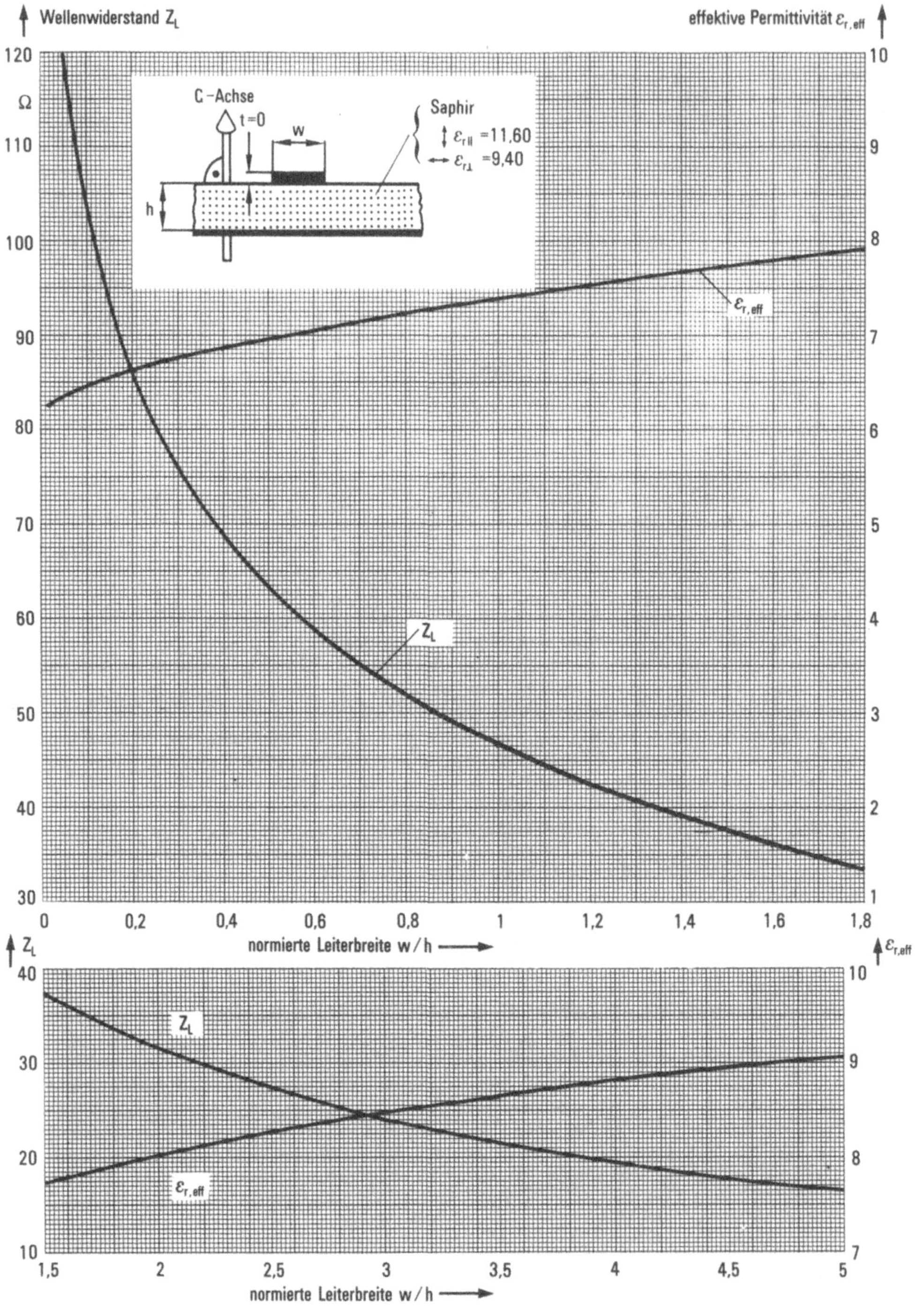

Bild 8.3. Leitungsparameter Z_L, $\varepsilon_{r,eff}$ der Mikrostreifenleitung auf Saphir mit der Kristallhauptachse senkrecht zur Substratoberfläche, berechnet nach der Methode der Geraden zusammen mit der Äquivalenztransformation.

Tafel 8.1. Leitungsparameter Z_L, $\varepsilon_{r,eff}$ der Mikrostreifenleitung auf Saphir mit der Kristall-Hauptachse senkrecht zur Substratoberfläche (Bild 8.2a), berechnet nach der Äquivalenztransformation und der Methode der Geraden (t = 0)

w/h	C_0'/ε_0	C'/ε_0	Z_L in Ω	$\varepsilon_{r,eff}$
0,02	1,0480	6,5376	144,03	6,238
0,03	1,1238	7,0553	133,88	6,278
0,04	1,1846	7,4761	126,68	6,311
0,05	1,2369	7,8402	121,06	6,339
0,1	1,4316	9,2361	103,68	6,452
0,15	1,5786	10,3231	93,39	6,539
0,2	1,6998	11,2392	86,25	6,612
0,3	1,9102	12,8710	76,03	6,738
0,4	2,0903	14,3187	68,91	6,850
0,6	2,4133	17,0050	58,85	7,046
0,8	2,7051	19,5349	51,86	7,222
1	2,9759	21,9897	46,60	7,389
1,2	3,2390	24,4100	42,40	7,536
1,4	3,4964	26,8197	38,93	7,671
1,5	3,6201	28,0038	37,44	7,736
1,6	3,7437	29,1940	36,06	7,798
1,8	3,9907	31,5818	33,58	7,914
2	4,2299	33,9417	31,46	8,024
2,5	4,8212	39,8512	27,20	8,266
3	5,3991	45,7428	23,99	8,472
3,5	5,9679	51,6228	21,48	8,650
4	6,5292	57,4933	19,46	8,806
5	7,6361	69,2147	16,40	9,064
10	13,0023	127,6146	9,25	9,815

ten sollte. Nach der üblicherweise mit numerischen Feldberechnungsverfahren /8.26/ durchgeführten dynamischen Analyse besteht die funktionale Abhängigkeit Z_L, $\varepsilon_{r,eff} = f(w/h, t/h; h/\lambda_0; \varepsilon_{r\perp}, \varepsilon_{r\|})$. Die Dispersion $\varepsilon_{r,eff}(f)$ von Mikrostreifenleitungen auf Saphir wurde von /7.2/ für 2 GHz < f < 18 GHz und 10 Ω < Z_L < 100 Ω nach der Methode des geraden Resonators (Abschn. 7.3) gemessen. In Anlehnung an diese Ergebnisse paßten /7.2/ das in Abschn. 3.3.3 (Bild 3.11a) beschriebene, für die isotrope Mikrostreifenleitung gültige LSE-Dispersionsmodell von Getsinger an die Mikrostreifenleitung auf Saphir mit der Hauptachse senkrecht zur Substratoberfläche an. Hieraus ergab sich

$$\varepsilon_{r,eff}(f) = \varepsilon_{r,E} - \frac{\varepsilon_{r,E} - \varepsilon_{r,eff,stat}}{1+P} = \varepsilon_{r,eff,stat}\left\{1 + \frac{(\varepsilon_{r,E}/\varepsilon_{r,eff,stat}) - 1}{1 + (1/P)}\right\}, \tag{8.14}$$

$$P = (h/Z_L)^{1,33} \cdot (0,43f^2 - 0,009f^3) \quad, \tag{8.15 Z}$$

$$\varepsilon_{r,E} = 12 - \frac{1,21}{1 + 0,39\{\log(10w/h)\}^2} \tag{8.16}$$

mit h in mm, Z_L in Ω und f in GHz ($\varepsilon_{r,eff,stat}$: statische effektive Permittivität). Hierbei hat $\varepsilon_{r,E}$ die Bedeutung einer empirischen isotropen relativen Ersatzpermittivität: Eine Mikrostreifenleitung auf isotropem Substrat $\varepsilon_{r,E}$ mit gleichen Abmessungen w/h hat die gleichen Parameter Z_L, $\varepsilon_{r,eff}$ wie die anisotrope Originalleitung. $\varepsilon_{r,E}$ ist aber nicht mit ε_r^* nach (8.7) zu verwechseln!

8.4 Verallgemeinerte Äquivalenztransformation zur statischen Analyse: beliebig geneigte Hauptachse in der Querschnittsebene

Die in Abschn. 8.3.2 für die in Bild 8.2a gezeigte Mikrostreifenleitung beschriebene Äquivalenztransformation (8.5)...(8.7) wird nachfolgend auf eine beliebig schräge Lage der Hauptachse (C-Achse) des uniaxial anisotropen Substrats erweitert, wobei die Hauptachse aber noch in der Querschnittsebene der Leitung liegt (Bild 8.4a). Die Hauptachse ist um den Winkel γ gegen die Senkrechte auf der Substratoberfläche verdreht. Das Substrat wird durch die Hauptachsenpermittivitäten $\varepsilon_{r||}$, $\varepsilon_{r\perp}$ gekennzeichnet. Da die Leitung nach der statischen Näherung keine z-Komponenten des elektrischen Feldes besitzt, beschreibt die gleiche Äquivalenztransformation auch den Fall eines allgemein (also nicht uniaxial) anisotropen Substrats, bei dem zwei Hauptachsen ξ und η in der Querschnittsebene liegen. Dieses Substrat besitzt die Hauptachsenpermittivitäten $\varepsilon_{r\xi}$, $\varepsilon_{r\eta}$. Legt man η in die Richtung der C-Achse, so sind $\varepsilon_{r\xi} = \varepsilon_{r\perp}$ und $\varepsilon_{r\eta} = \varepsilon_{r||}$ zu setzen.

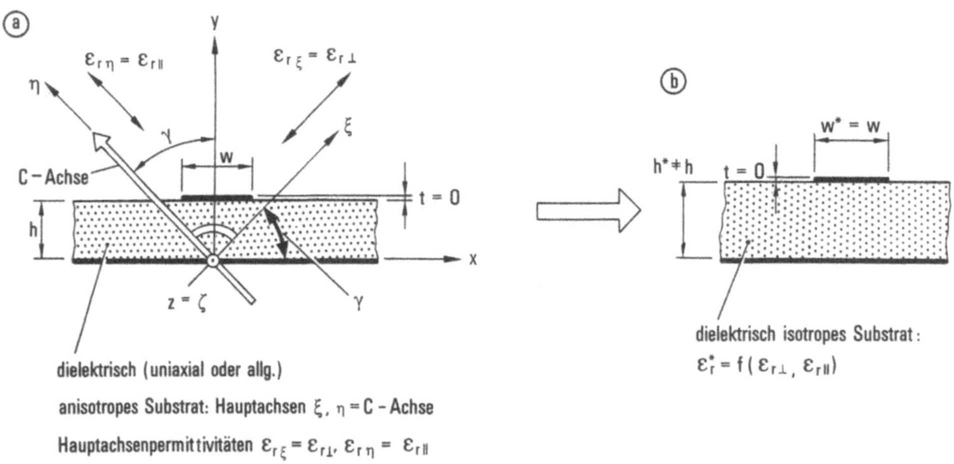

Bild 8.4. Äquivalenztransformation für die Mikrostreifenleitung auf anisotropem dielektrischem Substrat mit gegen die Querschnittskoordinaten x, y gedrehten Hauptachsen ξ, η (= C-Achse). a) Originalleitung; b) äquivalente isotrope Ersatzleitung mit gleichem Kapazitätsbelag C'

Für diese Leitung wurde von /8.19/ eine erweiterte Äquivalenztransformation abgeleitet, welche /3.120, 8.22, 8.23, 8.29/ zur Berechnung von Leitungsparametern benützten. Die Transformation lautet

$$w^* = w \quad , \tag{8.17}$$

$$h^* = \frac{\alpha \cdot h}{(\alpha^2 - 1)\cos^2\gamma + 1} \quad , \tag{8.18}$$

$$\varepsilon_r^* = \sqrt{\varepsilon_{r\perp} \cdot \varepsilon_{r\|}} = \sqrt{\varepsilon_{r\xi} \cdot \varepsilon_{r\eta}} \quad , \tag{8.19}$$

$$\alpha = \sqrt{\varepsilon_{r\|}/\varepsilon_{r\perp}} = \sqrt{\varepsilon_{r\eta}/\varepsilon_{r\xi}} \tag{8.20}$$

und gilt für $1 \leq (\varepsilon_{r\perp}, \varepsilon_{r\|}) < \infty$, $0 < w/h < \infty$. Die Abmessungen w^*, h^* und die Permittivität ε_r^* beschreiben eine äquivalente Leitung auf dielektrisch isotropem Substrat nach Bild 8.4b, welche den gleichen Kapazitätsbelag wie die Originalleitung besitzt. Wie bei dem in Bild 8.2 gezeigten Fall (Abschn. 8.3.2) wird die Originalleitung durch die Parameter $Z_L(w/h, \varepsilon_{r\|}, \varepsilon_{r\perp}, \gamma)$, $\varepsilon_{r,eff}(w/h, \varepsilon_{r\|}, \varepsilon_{r\perp}, \gamma)$, $C'(w/h, \varepsilon_{r\|}, \varepsilon_{r\perp}, \gamma)$, $C_0'(w/h) = C'(w/h, \varepsilon_{r\|} = \varepsilon_{r\perp} = 1) = \varepsilon_0 \mu_0 / L'(w/h)$ beschrieben. Die entsprechenden, die äquivalente Leitung (Bild 8.4b) kennzeichnenden Parameter sind $Z_L^*(w/h^*, \varepsilon_r^*)$, $\varepsilon_{r,eff}^*(w/h^*, \varepsilon_r^*)$, $C'^*(w/h^*, \varepsilon_r^*)$, $C_0'^*(w/h^*) = C'^*(w/h^*, \varepsilon_r^* = 1)$ $= \varepsilon_0 \mu_0/L'^*(w/h^*)$. Auch hier sind lediglich die Kapazitätsbeläge definitionsgemäß gleich, also $C'(w/h, \varepsilon_{r\|}, \varepsilon_{r\perp}, \gamma) = C'^*(w/h^*, \varepsilon_r^*)$, wogegen $Z_L^* \neq Z_L$, $C_0'^* \neq C_0'$, $Z_{L0}^* \neq Z_{L0}$, $L'^* \neq L'$ und $\varepsilon_{r,eff}^* \neq \varepsilon_{r,eff}$ sind, da für den Fall ohne Substrat beide Leitungen wegen $h^* \neq h$ und $w^* = w$ ungleiche Querschnittsabmessungen besitzen (vgl. Bild 8.2). Die Leitungsparameter Z_L, $\varepsilon_{r,eff}$ werden auch hier mit Hilfe von (8.8)...(8.11) nach den in Abschn. 8.3.2 beschriebenen Verfahren mit den Analysemethoden für isotrope Leitungen berechnet. So beschreiben (8.12), (8.13) mit h^* nach (8.18) und ε_r^* nach (8.19) die in Bild 8.4a gezeigte Leitung.

Die allgemeine Äquivalenztransformation (8.17)...(8.20) läßt sich auch auf Mehrleiteranordnungen erweitern /3.150, 8.19, 8.21/. Somit läßt sich generell das Analyseproblem für Mikrostreifen-, Suspended-Substrate-Leitungen, gekoppelte Leitungspaare und Mehrleiteranordnungen usw. auf anisotropem Substrat auf jeweils ein entsprechendes Analyseproblem auf isotropem Substrat reduzieren. Man kann z.B. zeigen, daß mit anisotropen Substraten Mikrostreifenleitungs-Richtkoppler mit idealen Eigenschaften, d.h. unendlich hoher Richtschärfe, gebaut werden können, wenn ein bestimmter Winkel γ des Kristallschnitts beim Substrat eingehalten wird /8.4, 8.5, 8.13-8.16, 8.22/. Auch zur Berechnung elektrooptischer Lichtmodulatoren lassen sich die Äquivalenzbeziehungen verwenden /3.150, 8.21/. Weiterhin wurden von /8.27/ die breitseitengekoppelten Suspended-Substrate-Leitungen, von /8.28/ der Interdigitalkoppler und von /8.29/ die Triplateleitung und das gekoppelte Tripplateleitungspaar auf anisotropem Substrat berechnet.

9 Gekoppelte Mikrostreifenleitungen auf dielektrischem Substrat

9.1 Übersicht

Ein gekoppeltes Mikrostreifenleitungspaar nach den Bildern 9.1a,b besteht aus zwei in enger Nachbarschaft im Abstand s (Koppelspaltbreite) nebeneinanderlaufenden Mikrostreifenleitungen mit gemeinsamer Massemetallisierung 0 und den beiden Streifenleitern I und II. Wir beschränken uns auf das symmetrische gekoppelte Mikrostreifenleitungspaar mit gleicher Breite w bei beiden Streifenleitern auf isotropem dielektrischem, nichtmagnetischem Substrat /2.46, 2.61, 2.64, 2.74, 2.77, 2.80, 2.81, 2.84, 2.86, 2.88, 2.89, 2.103, 2.113, 2.117, 3.10, 3.20, 3.25, 3.32, 3.40, 3.60, 3.99, 3.100, 3.105-3.107, 3.118, 3.119, 3.124, 3.139, 3.141, 3.142, 3.166, 7.4, 9.1-9.147/. Das Substrat besitzt die Dicke h und die relative Permittivität ε_r. Die Verluste werden in vorliegendem Kap. 9 vernachlässigt. Sie sind bei /3.139, 3.141, 3.142, 9.19, 9.21-9.27/ behandelt. Die beiden Leitungen I,0 und II,0 sind elektromagnetisch miteinander gekoppelt: Die elektrische Koppelung besteht darin, daß eine Spannung auf der einen Leitung ein elektrisches Feld erzeugt, dessen Feldlinien auch auf dem Streifenleiter der zweiten Leitung landen. Dadurch wird auf der zweiten Leitung durch Influenz eine Spannung erzeugt. Die magnetische Koppelung besteht darin, daß der magnetische Fluß, welcher von dem auf der einen Leitung fließenden Strom erzeugt wird, zum Teil auch die zweite Leitung durchsetzt und dort einen Strom induziert.

Ein gekoppeltes Leitungspaar von bestimmter Länge l nennt man einen K o p p e l - a b s c h n i t t. Derartige Koppelabschnitte besitzen direktionales Übertragungsverhalten (Bild 9.1a). Speist man an einem Tor 1 eine Leistung ein, so wird ein Teil dieser Leistung auf das auf der gleichen Seite wie Tor 1 liegende Ende 3 der benachbarten Leitung übergekoppelt, während das andere Ende 4 der benachbarten Leitung nahezu ohne Leistung, also isoliert bleibt. Der nicht auf Tor 3 übertragene Rest der Leistung ist am anderen Ende 2 der gespeisten Leitung verfügbar. Durch seine doppelte Symmetrie verhält sich der Koppelabschnitt bei Speisung an den anderen Toren entsprechend. Das direktionale Verhalten mit der Entkoppelung

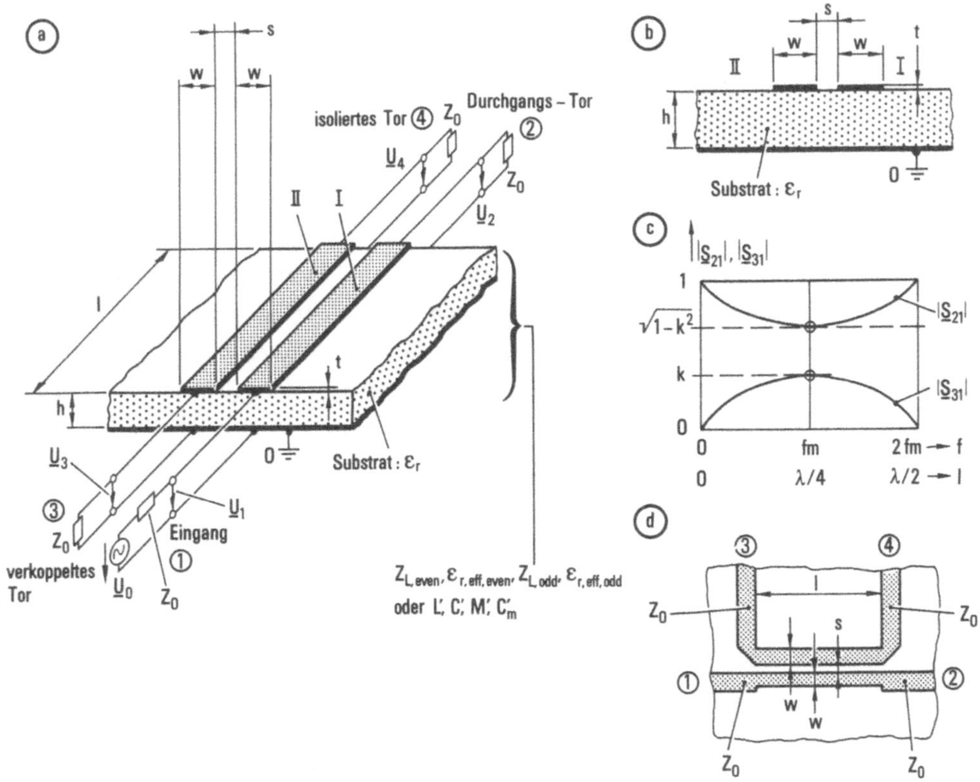

Bild 9.1. Symmetrischer Mikrostreifenleitungs-Koppelabschnitt. a) Schematischer Aufbau; b) Leitungsquerschnitt; c) prinzipielles Übertragungsverhalten (idealer TEM-Koppler); d) Einfügung in Schaltungen

eines Tores tritt jedoch nur bei bestimmter Beschaltung Z_0 auf (Abschn. 9.4.1, 9.4.3). Bei dieser Beschaltung bezeichnet man den Koppelabschnitt als *Richtkoppler*: Das Verhältnis der auf das verkoppelte Tor 3 und das Durchgangstor 2 (Speisung am Tor 1) aufgeteilten Leistungen ist frequenzselektiv (Bild 9.1c): Ist die Koppelabschnittslänge $l = \lambda/4$, so findet maximale Verkoppelung $|\underline{S}_{31}| = k$ zum verkoppelten Tor 3 statt, während minimale Leistung zum Durchgangstor 2 läuft. Die Frequenz, bei der $l = \lambda/4$ ist (λ: Leitungswellenlänge), nennt man die *Mittenfrequenz* f_m des Kopplers. Den Betrag der Verkoppelung $|\underline{S}_{31}|$ bei f_m nennt man den *Koppelfaktor k*. Bei enger Verkoppelung, d.h. bei kleinem Koppelspalt s, ist der Koppelfaktor k groß. Das logarithmische Maß $a_{Km} = -20 \log k$ für k nennt man die *Mittenfrequenzkoppeldämpfung*. Dieses vorher beschriebene Verhalten des Richtkopplers mit vollständiger Isolation des Tores 4 und einem verschwindenden Reflexionsfaktor am Tor 1 bei allen Frequenzen nennt man TEM-*Kopplerverhalten* oder *kontradirektionales* Verhalten. Das TEM-Kopplerverhalten tritt nur bei gekoppelten verlustfreien Leitungen in homogenem Dielektrikum (TEM-Leitungen) auf. $\underline{S}_{ij}$ sind hierbei die bei /7.10 - 7.13/ erläuterten Streuparameter des Kopplerviertors, bezogen auf einen Torwiderstand Z_0 (reell), welcher gleich der Beschaltung der Tore ist.

Bei technischen Anwendungen muß der Richtkoppler in die Streifenleitungsschaltung eingefügt werden. Hierfür knickt man die Zuleitungen zum Koppelabschnitt entweder bei einer Leitung (Bild 9.1d) oder bei beiden Leitungen rechtwinkelig ab, wobei die Ecke etwa bis zur Diagonale zur reflexionsarmen Anpassung der Knickstelle angeschrägt wird. Richtkoppler geringer Verkoppelung, d.h. mit großem Koppelspalt s und kleinem Koppelfaktor k, so daß $a_{Km} = 15...25$ dB ist, wendet man technisch zur Überwachung des Signalflußes und des Stehwellenverhältnisses auf Signalleitungen an. Solche Signalleitungen sind z.B. Antennenspeiseleitungen in Radar- und Richtfunkgeräten. Eine besondere Bedeutung haben die 3-dB-Koppler. Das sind Koppler, bei denen die am Eingang 1 eingespeiste Leistung P jeweils in zwei Hälften P/2 auf das verkoppelte Tor 3 und das Durchgangstor 2 aufgeteilt wird. Hier sind $k = 1/\sqrt{2}$ und $a_{Km} = 3$ dB. Der 3-dB-Koppler wird zum Aufbau vieler breitbandiger Mikrowellenkomponenten benötigt: Bei Gegentaktmischern dient er zur entkoppelten Aufteilung der Oszillatorleistung und der Empfangssignalleistung auf die beiden Mischerdioden. Bei rauscharmen Transistorverstärkern schaltet man zwei gleiche Transistoren über einen 3-dB-Koppler parallel. Dadurch wird Signalanpassung automatisch erzwungen, und die Anpassungsnetzwerke können für minimales Rauschen dimensioniert werden. Eine weitere Anwendung des 3-dB-Kopplers liegt bei den digital geschalteten PIN-Diodenphasenschiebern für phasengesteuerte Antennen. Der allgemeine Koppelabschnitt mit beliebigem k wird zum Aufbau von Bandpässen und Bandsperren verwendet (z.B. Bild 1.5d).

Eine Eigenart des Mikrostreifenleitungs-Kopplers ist sein Abweichen vom idealen TEM-Kopplerverhalten. Das bedeutet, daß das beim idealen TEM-Koppler (Abschn. 9.4.1) entkoppelte Tor 4 (bei Speisung am Tor 1) beim Mikrostreifenleitungskoppler selbst theoretisch nicht vollständig entkoppelt ist (Abschn. 9.4.3). Der Grund ist das inhomogene Dielektrikum Substrat-Luft im felderfüllten Leitungsquerschnitt. Ein Maß für die Höhe der Entkoppelung und damit für die Richtkopplerqualität ist der Leistungsunterschied zwischen dem "entkoppelten Tor" 4 und dem verkoppelten Tor 3, also die Größe $a_R = 20 \log |\underline{S}_{31}/\underline{S}_{41}|$, die Richtschärfe oder Directivity genannt wird. Die Richtschärfe von Mikrostreifenleitungskopplern ist relativ schlecht. Daher versuchte man, sie durch gezielte Veränderungen des Koppelabschnitt-Aufbaus zu erhöhen. Diese Maßnahmen nennt man Kompensation des nichtidealen Richtkopplers (Abschn. 9.5.2).

9.2 Leitungsparameter nach statischer Näherung

9.2.1 Beziehungen zwischen den Leitungsbelägen und Leitungsparametern

Speist man in den Koppelabschnitt (Bild 9.1a) am Tor 1 eine Leistung P_1 ein, so breiten sich hybride Wellen vom Quasi-TEM-Typ nach Abschn. 2.1.3 aus. Zur Beschreibung der Leitungseigenschaften des gekoppelten Mikrostreifenleitungs-Querschnitts (Bild 9.1b) im Rahmen der statischen Näherung (Abschn. 2.3) gibt es zwei Parametersysteme /9.1-9.20/, die Leitungsbeläge in Analogie zu den Belägen L', C' der Einzelleitung und die Leitungsparameter in Analogie zum Wellenwiderstand Z_L und zu der effektiven Permittivität $\varepsilon_{r,eff}$ der Einzelleitung. Zunächst betrachten wir die Leitungsbeläge (Bild 9.2a): Das Mikrostreifenleitungspaar wird wie jedes symmetrische Leitungspaar in inhomogenem Dielektrikum durch vier voneinander unabhängige Leitungsbeläge beschrieben. Das sind der Massekapazitätsbelag C' und der Selbstinduktivitätsbelag L' einer jeden der beiden Leitungen, der Koppelkapazitätsbelag C'_m zur Darstellung der elektrischen Verkoppelung und der Gegeninduktivitätsbelag M' zur Darstellung der magnetischen Verkoppelung. Die vier Beläge sind die Spezialisierung der Kapazitäts- und Induktivitätsmatrix des allgemeinen n-Leitungssystems /2.61, 2.74, 9.28-9.40, 9.54/ für $n = 2$ und symmetrischen Aufbau. Bei der praktischen Kopplerdimensionierung verwendet man anstelle der Leitungsbeläge i.allg. die vier Leitungsparameter oder Gleichtakt-Gegentaktparameter. Das sind der Gleichtakt-Wellenwiderstand $Z_{L,even}$, die effektive Gleichtaktpermittivität $\varepsilon_{r,eff,even}$, der Gegentakt-Wellenwiderstand $Z_{L,odd}$ und die effektive Gegentaktpermittiviät $\varepsilon_{r,eff,odd}$. Diese Parameter sind aus zwei unterschiedlichen Erregungszuständen des Leitungsquerschnitts von Bild 9.1b, nämlich der Gleichtakterregung (<u>even</u> mode excitation) und der Gegentakterregung (<u>odd</u> mode excitation), definiert.

Die Gleichtakterregung ist durch gleiche Spannung (gleicher Betrag und gleiche Phase) $\underline{U}_{II} = \underline{U}_I$ auf beiden Streifenleitern (Bild 9.2b) definiert. Dadurch stellt sich ein elektrisches Feld ein, welches zu der Symmetrieebene SE_Q des Querschnitts nur Tangentialkomponenten besitzt. Daher kann man SE_Q durch eine magnetische Wand (Normalkomponente $E_{norm} = 0$, Tangentialkomponente $H_{tan} = 0$) ersetzen und die Leitung in zwei gleiche Hälften nach Bild 9.2c aufspalten. Jede Hälfte besitzt den Wellenwiderstand $Z_{L,even}$ und die effektive Permittivität $\varepsilon_{r,eff,even}$ sowie die Leitungsbeläge L'_{even}, C'_{even} und die Phasengeschwindigkeit $v_{P,even}$. Weiterhin möge $C'_{even,0} = C'_{even}(\varepsilon_r = 1)$ und $Z_{L,even,0} = Z_{L,even}(\varepsilon_r = 1)$ sein. Nach den in Abschn. 2.3.1, 2.3.2 für eine querinhomogene Einzelleitung angegebenen Beziehungen gilt für die Gleichtakt-Einzelleitung von Bild 9.2c

$$Z_{L,even} = \eta_0/\sqrt{(C'_{even}/\varepsilon_0) \cdot (C'_{even,0}/\varepsilon_0)} \quad , \tag{9.1}$$

$$\varepsilon_{r,eff,even} = C'_{even}/C'_{even,0} = (c_0/v_{P,even})^2 = (Z_{L,even,0}/Z_{L,even})^2 \tag{9.2}$$

$$Z_{L,even} = \sqrt{L'_{even}/C'_{even}} \quad , \tag{9.3}$$

$$v_{P,even} = 1/\sqrt{L'_{even} \cdot C'_{even}} \quad , \tag{9.4}$$

$$L'_{even}/\mu_0 = \varepsilon_0/C'_{even,0} \quad , \tag{9.5}$$

$$\begin{aligned} L'_{even}/\mu_0 &= Z_{L,even}c_0/(v_{P,even}\eta_0) = Z_{L,even}\sqrt{\varepsilon_{r,eff,even}}/\eta_0 \\ &= Z_{L,even,0}/\eta_0 \quad , \end{aligned} \tag{9.6}$$

$$\begin{aligned} C'_{even}/\varepsilon_0 &= \eta_0 c_0/(Z_{L,even} \cdot v_{P,even}) = \eta_0\sqrt{\varepsilon_{r,eff,even}}/Z_{L,even} \\ &= \eta_0\varepsilon_{r,eff,even}/Z_{L,even,0} \quad . \end{aligned} \tag{9.7}$$

Die Gegentakterregung ist durch gegenphasige Spannung bei gleicher Amplitude, also durch $\underline{U}_{II} = -\underline{U}_I$, auf beiden Streifenleitern I, II (Bild 9.2b) definiert. Dadurch stellt sich ein elektrisches Feld ein, welches zu der Symmetrieebene SE_Q des Querschnitts nur Normalkomponenten E_{norm} besitzt. Daher kann man jetzt die Symmetrieebene SE_Q durch eine elektrische Wand ($E_{tan} = 0$, $H_{norm} = 0$) ersetzen und die Leitung in zwei gleiche Hälften nach Bild 9.2d aufspalten: Jede Hälfte besitzt den Wellenwiderstand $Z_{L,odd}$ und die effektive Permittivität $\varepsilon_{r,eff,odd}$ sowie die Leitungsbeläge L'_{odd}, C'_{odd} und die Phasengeschwindigkeit $v_{P,odd}$. Weiterhin möge $C'_{odd,0} = C'_{odd}(\varepsilon_r = 1)$ und $Z_{L,odd,0} = Z_{L,odd}(\varepsilon_r = 1)$ sein. Auch für die eine Gegentaktwelle tragende Einzelleitung von Bild 9.2d gilt nach den allgemeinen Beziehungen von Abschn. 2.3.1, 2.3.2

$$Z_{L,odd} = \eta_0/\sqrt{(C'_{odd}/\varepsilon_0) \cdot (C'_{odd,0}/\varepsilon_0)} \quad , \tag{9.8}$$

$$\varepsilon_{r,eff,odd} = C'_{odd}/C'_{odd,0} = (c_0/v_{P,odd})^2 = (Z_{L,odd,0}/Z_{L,odd})^2 \quad , \tag{9.9}$$

$$Z_{L,odd} = \sqrt{L'_{odd}/C'_{odd}} \quad , \tag{9.10}$$

$$v_{P,odd} = 1/\sqrt{L'_{odd} \cdot C'_{odd}} \quad , \tag{9.11}$$

$$L'_{odd}/\mu_0 = \varepsilon_0/C'_{odd,0} \quad , \tag{9.12}$$

$$L'_{odd}/\mu_0 = Z_{L,odd}c_0/(\eta_0 v_{P,odd}) = Z_{L,odd}\sqrt{\varepsilon_{r,eff,odd}}/\eta_0 = Z_{L,odd,0}/\eta_0 \quad , \tag{9.13}$$

$$\begin{aligned} C'_{odd}/\varepsilon_0 &= \eta_0 c_0/(Z_{L,odd} \cdot v_{P,odd}) = \eta_0\sqrt{\varepsilon_{r,eff,odd}}/Z_{L,odd} \\ &= \eta_0\varepsilon_{r,eff,odd}/Z_{L,odd,0} \quad . \end{aligned} \tag{9.14}$$

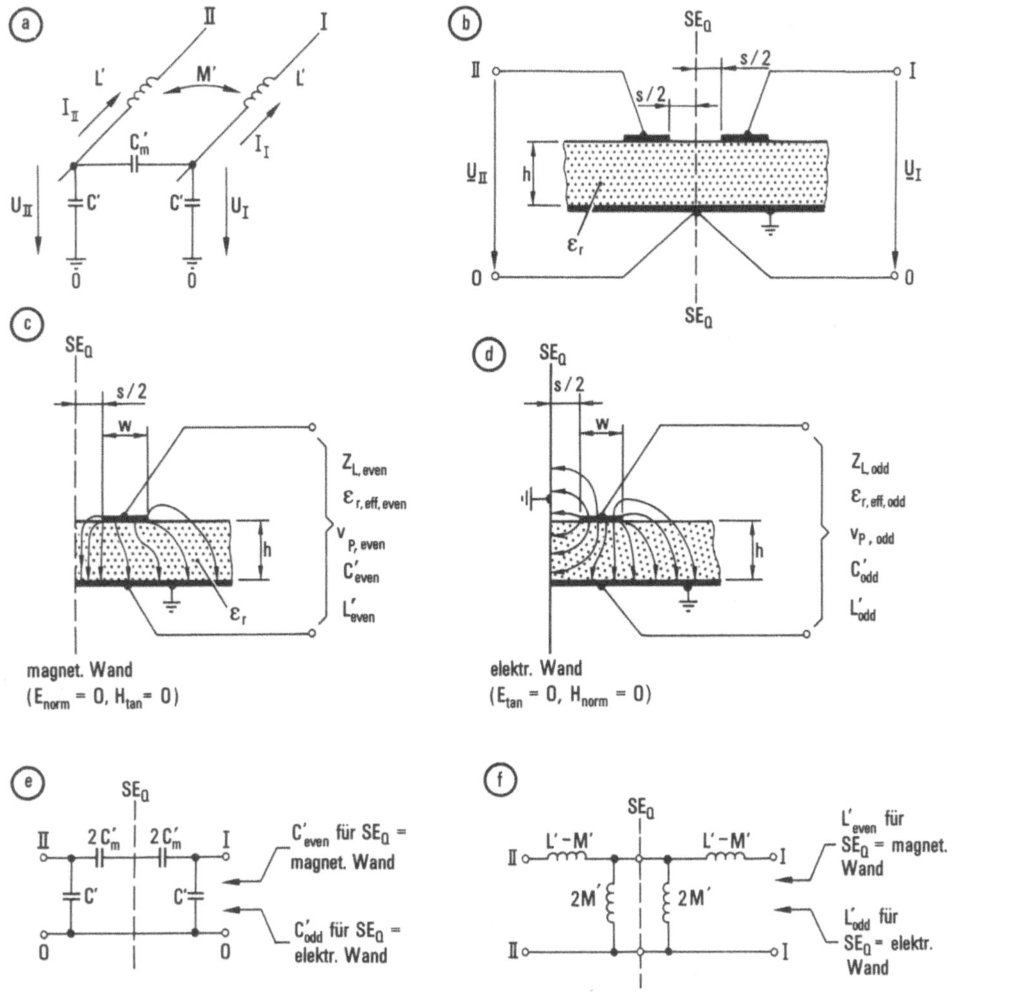

Bild 9.2. Kenngrößen des gekoppelten Leitungsquerschnitts. a) Leitungsbeläge L', C', M', C'_m; b) zur Definition der Leitungsparameter; c) Gleichtakterregung; d) Gegentakterregung; e) Kapazitätsbeläge bei Gleichtakt- und Gegentakterregung; f) Induktivitätsbeläge bei Gleichtakt- und Gegentakterregung

Die Gleichtakterregung läßt sich bei dem in Bild 9.1a gezeigten Koppelabschnitt durch gleichphasige Speisung $\underline{U}_1 = \underline{U}_3$ an einem Ende, die Gegentakterregung durch gegenphasige Speisung mit $\underline{U}_3 = -\underline{U}_1$ erreichen. Der allgemeine Wellenzustand auf dem gekoppelten Leitungspaar ergibt sich stets durch Superposition der Gleichtakt- und Gegentaktwelle, im allgemeinen Fall mit unterschiedlichen Amplituden. Für gleiche Amplituden U beider Wellen erhält man den bei Speisung an nur einem Tor auftretenden Wellenzustand (Richtkopplerbetrieb): Es wird nur an Tor 1 eine Spannung $U_0 = 2U$ eingeprägt.

Die Leitungsparameter $Z_{L,even}$, $\varepsilon_{r,eff,even}$, $Z_{L,odd}$, $\varepsilon_{r,eff,odd}$ und die Leitungsbeläge L', C', M', C'_m können als alternative Darstellungsmöglichkeiten der Leitungseigenschaften ineinander umgerechnet werden. Zur Ableitung der Umrechnungsbeziehungen wird das Leitungsbelags-Ersatzschaltbild von Bild 9.2a einer Gleichtakt-Gegentakterregung unterworfen. Damit hier eine Aufteilung in der Symmetrieebene SE_Q in zwei Hälften analog zu dem Feldbild im Leitungsquerschnitt (Bilder 9.2b,c,d) möglich ist, spaltet man C'_m in eine Serienschaltung zweier Kapazitäten $2C'_m$ auf (Bild 9.2e) und stellt den aus L' und M' gebildeten Transformator durch sein T-Ersatzschaltbild /9.41/ dar (Bild 9.2f). Zur Gleichtakterregung zieht man bei SE_Q eine magnetische Wand, die im Netzwerk einem Leerlauf entspricht, ein und trennt die beiden Hälften des aus C' und C'_m und des aus L' und M' bestehenden Netzwerks voneinander. Die resultierende Kapazität entspricht C'_{even}, und die resultierende Induktivität entspricht L'_{even}. Bei der Gegentakterregung verfährt man entsprechend: Hier zieht man bei SE_Q eine elektrische Wand, die einem Kurzschluß entspricht, ein und erhält nach den Bildern 9.2e,f für jede Hälfte die Beläge C'_{odd}, L'_{odd}. Die gesuchten Umrechnungsbeziehungen ergeben sich hieraus zu /9.1, 9.6, 9.44, 9.46/

$$L'_{even} = L' + M' \quad , \tag{9.15}$$

$$C'_{even} = C' \quad , \tag{9.16}$$

$$L'_{odd} = L' - M' \quad , \tag{9.17}$$

$$C'_{odd} = C' + 2C'_m \quad , \tag{9.18}$$

$$L' = (L'_{even} + L'_{odd})/2 \quad , \tag{9.19}$$

$$M' = (L'_{even} - L'_{odd})/2 \quad , \tag{9.20}$$

$$C'_m = (C'_{odd} - C'_{even})/2 \quad . \tag{9.21}$$

Mit Hilfe von (9.1)...(9.7), (9.8)...(9.14) und (9.15)...(9.21) erhält man die Umrechnungsbeziehungen zwischen $Z_{L,even}$, $\varepsilon_{r,eff,even}$, $Z_{L,odd}$, $\varepsilon_{r,eff,odd}$ einerseits und L', C', M', C'_m andererseits zu

$$Z_{L,even} = \sqrt{(L' + M')/C'} = \eta_0\, \varepsilon_0/\sqrt{C' \cdot C'_0} \quad , \tag{9.22}$$

$$v_{P,even} = 1/\sqrt{(L' + M')C'} = c_0/\sqrt{C'/C'_0} \quad , \tag{9.23}$$

$$\varepsilon_{r,eff,even} = \left(\frac{L' + M'}{\mu_0}\right) \cdot \left(\frac{C'}{\varepsilon_0}\right) = C'/C'_0 \quad , \tag{9.24}$$

$$Z_{L,odd} = \sqrt{(L'-M')/(C'+2C'_m)} = \eta_0\,\varepsilon_0/\sqrt{(C'+2C'_m)(C'_0+2C'_{m0})} \quad , \tag{9.25}$$

$$v_{P,odd} = 1/\sqrt{(L'-M')(C'+2C'_m)} = c_0/\sqrt{(C'+2C'_m)/(C'_0+2C'_{m0})} \quad , \tag{9.26}$$

$$\varepsilon_{r,eff,odd} = \left(\frac{L'-M'}{\mu_0}\right)\cdot\left(\frac{C'+2C'_m}{\varepsilon_0}\right) = (C'+2C'_m)/(C'_0+2C'_{m0}) \quad , \tag{9.27}$$

$$L' = \frac{1}{2}\left(\frac{Z_{L,even}}{v_{P,even}}+\frac{Z_{L,odd}}{v_{P,odd}}\right) = \frac{\mu_0}{2\eta_0}\left(Z_{L,even}\sqrt{\varepsilon_{r,eff,even}}+Z_{L,odd}\sqrt{\varepsilon_{r,eff,odd}}\right)$$
$$= (Z_{L,even,0}+Z_{L,odd,0})\cdot\frac{\mu_0}{2\eta_0} \quad , \tag{9.28}$$

$$M' = \frac{1}{2}\left(\frac{Z_{L,even}}{v_{P,even}}-\frac{Z_{L,odd}}{v_{P,odd}}\right) = \frac{\mu_0}{2\eta_0}\left(Z_{L,even}\sqrt{\varepsilon_{r,eff,even}}-Z_{L,odd}\sqrt{\varepsilon_{r,eff,odd}}\right)$$
$$= (Z_{L,even,0}-Z_{L,odd,0})\cdot\frac{\mu_0}{2\eta_0} \quad , \tag{9.29}$$

$$C' = 1/(Z_{L,even}\cdot v_{P,even}) = \varepsilon_0\eta_0\sqrt{\varepsilon_{r,eff,even}}/Z_{L,even} \quad , \tag{9.30}$$

$$C'_m = \{(Z_{L,odd}\cdot v_{P,odd})^{-1} - (Z_{L,even}\cdot v_{P,even})^{-1}\}/2$$
$$= \varepsilon_0\eta_0\{(\sqrt{\varepsilon_{r,eff,odd}}/Z_{L,odd}) - (\sqrt{\varepsilon_{r,eff,even}}/Z_{L,even})\}/2 \tag{9.31}$$

mit $C'_0 = C'(\varepsilon_r = 1)$ und $C'_{m,0} = C'_m(\varepsilon_r = 1)$.

Da wir eine TEM-Welle voraussetzen, kann man die Induktivitätsbeläge L', M' aus den Kapazitätsbelägen $C'_0 = C'(\varepsilon_r = 1)$ und $C'_{m0} = C'_m(\varepsilon_r = 1)$ der Leitung ohne Substrat bestimmen. Aus (9.1), (9.8) mit (9.16), (9.18) und (9.28), (9.29) erhält man

$$L' = \frac{\mu_0\varepsilon_0}{2}\left(\frac{1}{C'_{even,0}}+\frac{1}{C'_{odd,0}}\right) = \frac{\mu_0\varepsilon_0}{2C'_0}\left(1+\frac{1}{1+(2C'_{m0}/C'_0)}\right) \quad , \tag{9.32}$$

$$M' = \frac{\mu_0\varepsilon_0}{2}\left(\frac{1}{C'_{even,0}}-\frac{1}{C'_{odd,0}}\right) = \frac{\mu_0\varepsilon_0}{2C'_0}\left\{1-\frac{1}{1+(2C'_{m0}/C'_0)}\right\} \quad . \tag{9.33}$$

Ferner lassen sich für das gekoppelte Leitungspaar ein *elektrischer* und ein *magnetischer Koppelfaktor* k_e und k_m definieren ($0 \le k_{e,m} \le 1$). k_e, k_m steigen mit wachsender Verkoppelung beider Leitungen (sinkende Spaltbreite s) vom Wert 0 (keine Verkoppelung) bis zum Wert 1 (maximal mögliche Verkoppelung) an. Erzeugt eine auf der einen Leitung vorhandene Spannung U_I durch die kapazitive Verkoppelung eine Spannung U_{II} auf der zweiten Leitung, so ist $k_e = U_{II}/U_I$. Durch kapazitive Spannungsteilung an dem Leitungsbelags-Ersatzschaltbild 9.2a wird dann

$k_e = C'_m/(C' + C'_m)$. Induziert ein auf der einen Leitung fließender Strom I_I auf dieser Leitung einen Spannungsabfall ΔU_I an L' und durch induktive Verkoppelung M' eine Spannung ΔU_{II} auf der zweiten Leitung, so ist $k_m = \Delta U_{II}/\Delta U_I$. Dabei wird $I_{II} = 0$ vorausgesetzt. Aus den allgemeinen Transformatorgleichungen für L', M', nämlich $\Delta U_{II} = j\omega L' I_{II} + j\omega M' I_I$ und $\Delta U_I = j\omega L' I_I + j\omega M' I_{II}$ wird mit $I_{II} = 0$ dann $k_m = M'/L'$. Ersetzt man die Beläge durch die Wellenparameter nach (9.28)...(9.31), so erhält man

$$k_e = \frac{C'_m}{C' + C'_m} = \frac{C'_{odd} - C'_{even}}{C'_{odd} + C'_{even}} = \frac{(Z_{L,even}/Z_{L,odd}) - \sqrt{\varepsilon_{r,eff,even}/\varepsilon_{r,eff,odd}}}{(Z_{L,even}/Z_{L,odd}) + \sqrt{\varepsilon_{r,eff,even}/\varepsilon_{r,eff,odd}}} , \quad (9.34)$$

$$k_m = \frac{M'}{L'} = \frac{L'_{even} - L'_{odd}}{L'_{even} + L'_{odd}} = \frac{(Z_{L,even}/Z_{L,odd}) - \sqrt{\varepsilon_{r,eff,odd}/\varepsilon_{r,eff,even}}}{(Z_{L,even}/Z_{L,odd}) + \sqrt{\varepsilon_{r,eff,odd}/\varepsilon_{r,eff,even}}}$$

$$= \frac{C'_{odd,0} - C'_{even,0}}{C'_{odd,0} + C'_{even,0}} = \frac{Z_{L,even,0} - Z_{L,odd,0}}{Z_{L,even,0} + Z_{L,odd,0}} . \quad (9.35)$$

9.2.2 Leitungsparameter nach statischer numerischer Analyse

Die Analyse des gekoppelten Leitungspaars, d.h. die Berechnung der Leitungseigenschaften aus den Abmessungen w, s, t, h des Leitungsquerschnitts und aus ε_r des Substrats (Bild 9.1b) besteht jeweils in einer Analyse der in Bild 9.2c gezeigten Gleichtakt-Einzelleitung zur Berechnung von $Z_{L,even}$, $\varepsilon_{r,eff,even}$ und der in Bild 9.2d gezeigten Gegentakt-Einzelleitung zur Berechnung von $Z_{L,odd}$, $\varepsilon_{r,eff,odd}$. Die sich auf diesen Leitungen ausbreitende Gleichtaktwelle und Gegentaktwelle sind wegen des inhomogenen Dielektrikums Substrat-Luft hybride Wellen vom Quasi-TEM-Typ (Abschn. 2.1.3). Anstelle der genauen dynamischen Analyse kann man bei niedrigen Frequenzen unterhalb einer empirisch nach (3.2 Z), (3.3 Z) abzuschätzenden Frequenz $f_{g,stat}$ mit guter Näherung eine statische Analyse (Abschn. 2.3) durchführen. Für eine genaue statische Analyse sind numerische Feldberechnungsverfahren /2.64, 2.77, 2.80, 2.81, 2.84, 2.103, 2.113, 3.10, 3.25, 3.141, 3.142, 9.19, 9.42-9.54/ notwendig, da eine exakte analytische Lösung nicht existiert. Dabei werden die gleichen Methoden wie für die Einzel-Mikrostreifenleitung wie z.B. die Methode der Geraden, die Methode der Greenschen Funktion, die Teilflächenmethode und die Differenzenmethode verwendet (Abschn. 2.1.3, 3.2.1). Nach der statischen Näherung besteht nach (2.98) die funktionale Abhängigkeit $Z_{L,even}$, $\varepsilon_{r,eff,even}$, $Z_{L,odd}$, $\varepsilon_{r,eff,odd} = f(w/h, s/h, t/h; \varepsilon_r)$.

Die Bilder 9.3, 9.4 zeigen nach der statischen numerischen Methode der Greenschen Funktion von Bryant und Weiss /2.77, 2.80/ berechnete Leitungsparameter. In den Tafeln 9.1, 9.2 sind nach der dynamischen Variationsmethode von Kowalski, Pregla /2.46, 3.32/ berechnete Leitungsparameter für $t = 0$ angegeben. Zu ihrer Berechnung wurde mit der Wahl von $h/\lambda_0 = 10^{-5}$ der quasi-statische Fall simuliert. Die Werte der Tafeln 9.1, 9.2 wurden mit den nach einer weiteren Methode, nämlich der statischen Variante der Methode der Geraden /2.86, 2.89, 3.99, 3.100/, berechneten Werten verglichen. Dabei lagen die Abweichungen für $Z_{L,even}$, $Z_{L,odd}$ bei maximal 1,2 % (im Mittel 0,5 %) und für $\varepsilon_{r,eff,even}$, $\varepsilon_{r,eff,odd}$ bei maximal 0,8 % (im Mittel 0,4 %).

9.2.3 Umrechnung der Leitungsparameter für andere Substratpermittivitäten

Die in Abschn. 2.5.4 beschriebene lineare Abhängigkeit der Kapazitätsbeläge und der effektiven Permittivitäten von der Substratpermittivität ε_r bei konstant gehaltenen Querschnittsabmessungen ist auch bei den gekoppelten Mikrostreifenleitungen in sehr guter Näherung erfüllt. Der Grund ist, daß die elektrischen Feldlinien

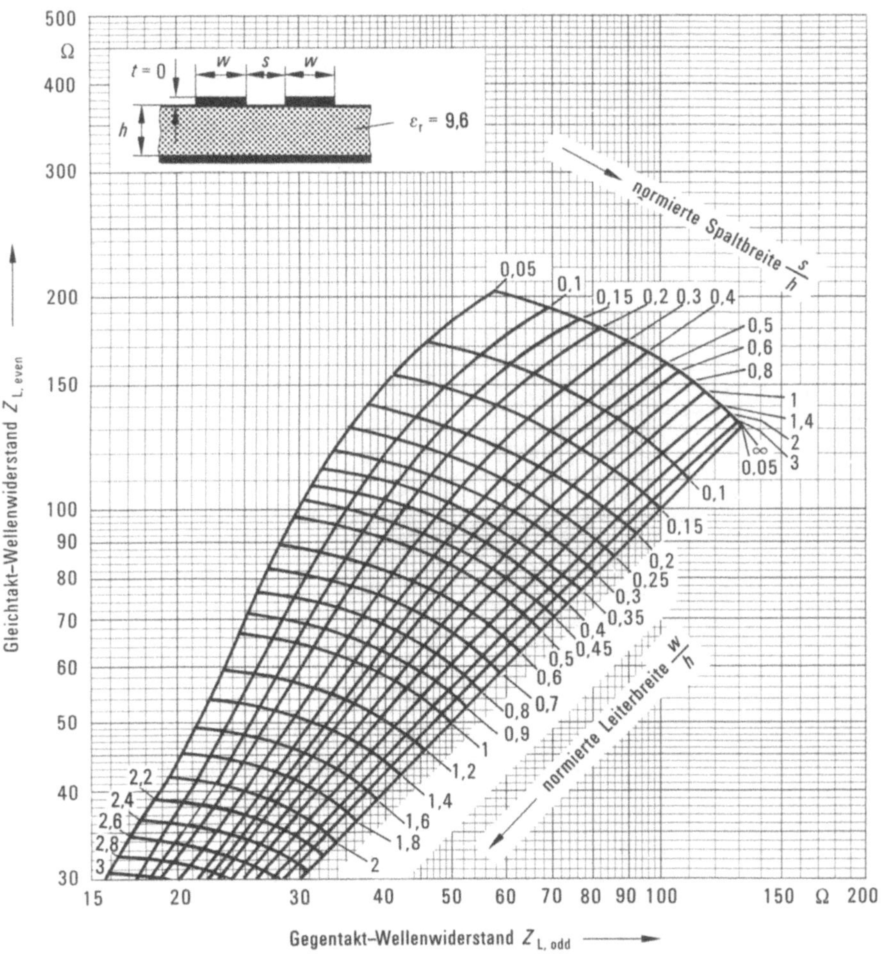

Bild 9.3. Gleichtakt- und Gegentakt-Wellenwiderstände $Z_{L,even}$, $Z_{L,odd}$ gekoppelter Mikrostreifenleitungen auf Al_2O_3-Keramiksubstrat ($\varepsilon_r = 9{,}6$) nach statischer Analyse mit der Greenschen Funktion /2.77, 2.80/.

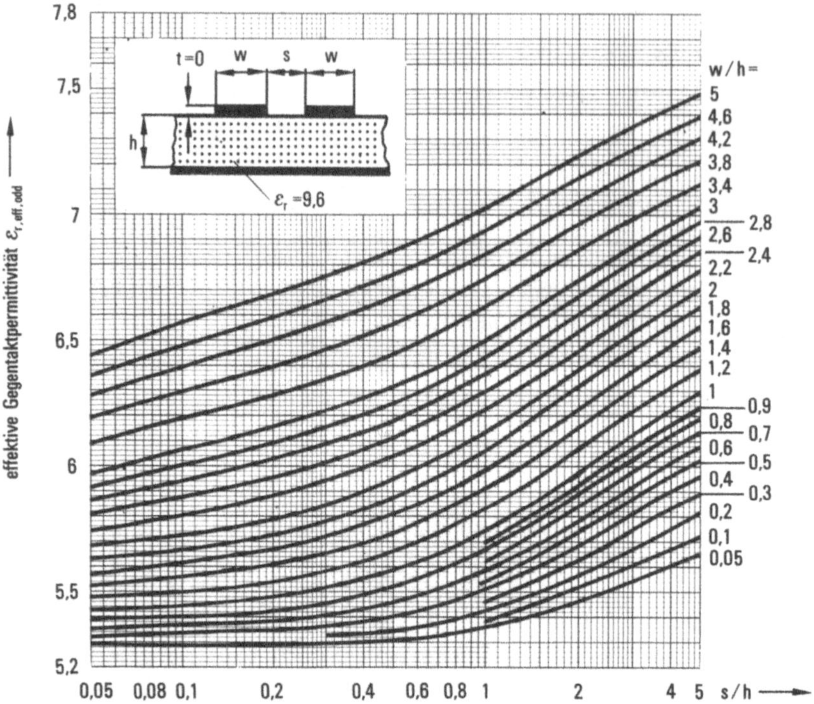

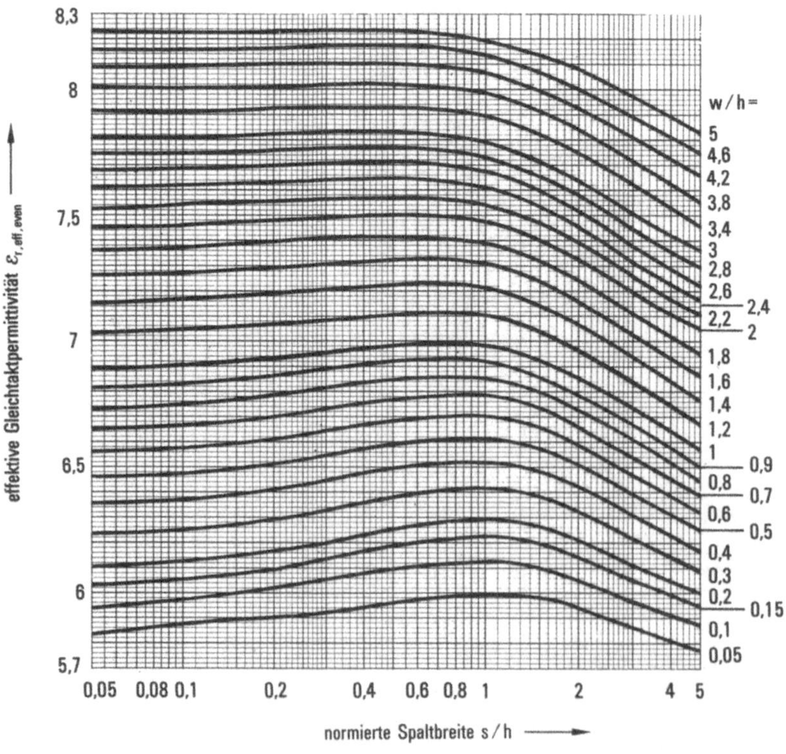

Bild 9.4. Effektive Gleichtakt- und Gegentaktpermittivitäten $\varepsilon_{r,eff,even}$, $\varepsilon_{r,eff,odd}$ gekoppelter Mikrostreifenleitungen auf Al_2O_3-Keramiksubstrat ($\varepsilon_r = 9,6$) nach statischer Analyse mit der Greenschen Funktion /2.77, 2.80/.

Tafel 9.1. Gleichtakt-Gegentakt-Wellenwiderstände $Z_{L,even}$, $Z_{L,odd}$ gekoppelter Mikrostreifenleitungen auf Al_2O_3-Keramiksubstrat ($\varepsilon_r = 9,8$) für eine Leiterdicke $t = 0$ nach der Variationsmethode /2.46, 3.32/ für den quasistatischen Fall mit $h/\lambda_0 = 10^{-5}$

w/h	Gleichtakt-Wellenwiderstand $Z_{L,even}$ in Ω für s/h =														
	0,05	0,1	0,2	0,4	0,6	0,8	1	1,2	1,4	1,6	1,8	2	2,5	3	4
0,4	106,75	104,22	99,89	93,41	88,81	85,44	82,92	81,02	79,58	78,48	77,63	76,98	75,92	75,33	74,75
0,6	88,09	86,40	83,43	78,77	75,32	72,74	70,78	69,28	68,14	67,27	66,60	66,08	65,24	64,78	64,32
0,8	75,44	74,22	72,03	68,50	65,83	63,79	62,22	61,02	60,10	59,39	58,84	58,43	57,75	57,38	57,02
1	66,17	65,23	63,54	60,77	58,64	56,99	55,71	54,73	53,97	53.39	52,94	52,60	53,05	51,75	51,47
1,2	59,03	58,29	56,94	54,71	52,96	51,60	50,54	49,72	49,09	48,60	48,23	47,95	47,50	47,26	47,03
1,4	53,34	52,74	51,64	49,80	48,34	47,20	46,31	45,61	45,08	44,67	44,35	44,12	43,75	43,55	43,37
1,6	48,69	48,19	47,27	45,73	44,50	43,53	42,76	42,17	41,71	41,36	41,09	40,90	40,59	40,43	40,28
1,8	44,81	44,39	43,62	42,30	41,24	40,40	39,73	39,23	38,83	38,53	38,31	38,14	37,88	37,75	37,63
2	41,52	41,16	40,50	39,36	38,44	37,71	37,14	36,69	36,35	36,09	35,89	35,75	35,53	35,43	35,33
2,5	35,13	34,88	34,40	33,58	32,91	32,37	31,95	31,62	31,37	31,18	31.04	30,94	30,81	30,75	30,69
3	30,48	30,29	29,93	29,31	28,80	28,38	28,06	27,81	27,62	27,48	27,38	27,31	27,22	27.19	27.14
3,5	26,93	26,79	26,51	26,02	25,61	25,29	25,03	24,83	24,68	24,58	24,50	24,45	24,39	24,37	24,55

w/h	Gegentakt-Wellenwiderstand $Z_{L,odd}$ in Ω für s/h =														
	0,05	0,1	0,2	0,4	0,6	0,8	1	1,2	1,4	1,6	1,8	2	2,5	3	4
0,4	29,93	35,12	41,72	49,87	55,12	58,85	61,61	63,72	65,37	66,67	67,72	68,57	70,10	71,09	72,21
0,6	26,88	31,22	36,66	43,34	47,63	50,69	52,96	54,71	56,07	57,16	58,05	58,77	60,11	60,98	62,00
0,8	24,86	28,66	33,32	38,98	42,59	45,15	47,06	48,53	49,69	50,62	51,38	52,01	53,18	53,96	54,89
1	23,35	26,74	30,83	35,71	38,80	40,99	42,63	43,88	44,88	45,68	46,35	46,90	47,94	48,65	49,50
1,2	22,14	25,19	28,82	33,10	35,79	37,69	39,10	40,19	41,06	41,77	42,35	42,84	43,77	44,42	45,20
1,4	21,11	23,89	27,15	30,94	33,30	34,96	36,20	37,16	37,93	38,55	39,07	39,51	40,36	40,95	41,67
1,6	20,22	22,76	25,71	29,10	31,19	32,66	33,76	34,61	35,29	35,85	36,15	36,71	37,48	38,02	38,70
1,8	19,42	21,75	24,44	27,49	29,37	30,68	31,66	32,42	33,04	33,53	33.96	34,32	35,02	35.52	36,15
2	18,70	20,86	23,32	26,08	27,77	28,95	29,85	30,51	31,07	31,52	31,91	32,24	32,89	33.36	33,94
2,5	17,15	18,96	20,97	23,18	24,51	25,44	26,13	26,67	27,11	27,48	27,79	28,06	28,60	29,00	29,49
3	15,87	17,41	19,10	20,92	21,99	22,74	23,30	23.74	24,10	24,41	24,67	24,90	25,35	25,69	26,09
3,5	14,79	16,12	17,56	19,08	19,97	20,59	21,05	21,42	21,72	21,98	22,20	22,40	22,78	23,07	23,39

Tafel 9.2. Effektive Gleichtakt-Gegentaktpermittivitäten $\varepsilon_{r,eff,even}$, $\varepsilon_{r,eff,odd}$ gekoppelter Mikrostreifenleitungen auf Al_2O_3-Keramiksubstrat ($\varepsilon_r = 9,8$) für eine Leiterdicke $t = 0$ nach der Variationsmethode /2.46, 3.32/ für den quasistatischen Fall mit $h/\lambda_0 = 10^{-5}$

w/h	effektive Gleichtakt-Permittivität $\varepsilon_{r,eff,even}$ für s/h =														
	0,05	0,1	0,2	0,4	0,6	0,8	1	1,2	1,4	1,6	1,8	2	2,5	3	4
0,4	6,491	6,516	6,558	6,620	6,656	6,672	6,673	6,662	6,644	6,621	6,594	6,567	6,501	6,444	6,361
0,6	6,705	6,726	6,764	6,818	6,849	6,860	6,856	6,841	6,819	6,793	6,763	6,733	6,661	6,599	6,509
0,8	6,891	6,910	6,943	6,989	7,014	7,020	7,012	6,994	6,969	6,939	6,908	6,876	6,800	6,735	6,640
1	7,054	7,071	7,100	7,140	7,159	7,161	7,149	7,128	7,101	7,069	7,036	7,003	6,924	6,857	6,760
1,2	7,199	7,214	7,239	7,273	7,288	7,286	7,271	7,248	7,219	7,186	7,152	7,118	7,037	6,969	6,870
1,4	7,328	7,342	7,364	7,393	7,403	7,398	7,382	7,357	7,327	7,293	7,258	7,223	7,142	7,073	6,973
1,6	7,444	7,456	7,476	7,500	7,507	7,500	7,482	7,456	7,425	7,391	7,356	7,320	7,238	7,169	7,069
1,8	7,549	7,560	7,577	7,598	7,602	7,593	7,574	7,547	7,516	7,481	7,446	7,410	7,328	7,259	7,159
2	7,643	7,653	7,669	7,687	7,689	7,679	7,658	7,631	7,599	7,565	7,529	7,494	7,412	7,344	7,244
2,5	7,844	7,853	7,865	7,877	7,876	7,863	7,842	7,814	7,782	7,748	7,714	7,679	7,600	7,533	7,435
3	8,007	8,014	8,024	8.033	8,029	8,016	7,994	7,967	7,936	7,903	7,870	7,837	7,760	7,695	7,600
3,5	8,142	8,148	8,156	8,163	8,158	8,144	8,122	8,096	8,067	8,035	8,003	7,972	7,898	7,836	7,741

w/h	effektive Gegentakt-Permittivität $\varepsilon_{r,eff,odd}$ für s/h =														
	0,05	0,1	0,2	0,4	0,6	0,8	1	1,2	1,4	1,6	1,8	2	2,5	3	4
0,4	5,428	5,439	5,457	5,495	5,535	5,577	5,620	5,661	5,702	5,740	5,777	5,810	5,883	5,941	6,022
0,6	5,458	5,474	5,501	5,552	5,603	5,653	5,702	5,750	5,795	5,838	5,877	5,914	5,992	6,054	6,139
0,8	5,496	5,519	5,554	5,617	5,676	5,733	5,788	5,840	5,889	5,934	5,976	6,014	6,095	6,159	6,247
1	5,542	5,571	5,615	5,687	5,754	5,817	5,875	5,931	5,982	6,029	6,072	6,111	6,194	6,259	6,348
1,2	5,594	5,630	5,681	5,762	5,834	5,901	5,963	6,020	6,073	6,121	6,165	6,205	6,289	6,354	6,444
1,4	5,650	5,693	5,750	5,839	5,916	5,986	6,050	6,109	6,163	6,212	6,256	6,296	6,380	6,445	6,535
1,6	5,708	5,758	5,822	5,916	5,997	6,069	6,135	6,195	6,249	6,299	6,344	6,384	6,468	6,532	6,622
1,8	5,768	5,825	5,894	5,994	6,077	6,151	6,218	6,279	6,334	6,383	6,428	6,468	6,552	6,616	6,704
2	5,829	5,893	5,967	6,071	6,156	6,231	6,299	6,360	6,415	6,464	6,509	6,549	6,632	6,695	6,783
2,5	5,980	6,060	6,146	6,257	6,345	6,421	6,489	6,550	6,604	6,653	6,697	6,736	6,816	6,878	6,964
3	6,125	6,219	6,314	6,430	6,519	6,594	6,662	6,722	6,775	6,823	6,866	6,904	6,982	7,041	7,125
3,5	6,260	6,368	6,471	6,589	6,677	6,752	6,818	6,877	6,929	6,976	7,017	7,054	7,130	7,187	7,269

- insbesondere im Fall der Gegentakterregung - in den Bereichen der Hauptkonzentration der Feldenergie an den Streifenleiterrändern parallel zur Grenzfläche aus Substrat und Luft verlaufen (Bilder 9.2c,d).

Die Genauigkeit der auf $\varepsilon_{r,eff,even}$, $\varepsilon_{r,eff,odd}$ angewandten Umrechnungsbeziehung (2.88) wurde anhand von genauen Referenzwerten der Leitungsparameter, die mit der statischen Variante der Methode der Geraden /2.86, 2.89, 3.99, 3.100/ berechnet worden sind, geprüft. Dafür wurden Referenzwerte für alle Kombinationen von $\varepsilon_r = 2{,}5$, 10, 20, 40 und $w/h = 0{,}1$, 0,2, 0,5, 1, 2 sowie $s/h = 0{,}1$, 0,2, 0,5, 1 und 2 berechnet. Ausgehend von $\varepsilon_{r,eff,even,1}$, $\varepsilon_{r,eff,odd,1}$ für $\varepsilon_{r1} = 10$ wurden dann mit (2.88) Werte für $\varepsilon_{r,eff,even}$ und $\varepsilon_{r,eff,odd}$ für $\varepsilon_r = 2{,}5$, 10, 20 und 40 bei allen Kombinationen der genannten w/h- und s/h-Werte errechnet und mit den Referenzwerten verglichen. Dabei blieb die Abweichung für $\varepsilon_{r,eff,even}$ unterhalb von 1 % und für $\varepsilon_{r,eff,odd}$ unterhalb von 0,3 %. Der Fehler der Wellenwiderstands-Umrechnung (2.89) bleibt daher für $Z_{L,even}$ unter 0,5 % und für $Z_{L,odd}$ unter 0,15 %. Beschränkt man sich auf Umrechnungen für $\varepsilon_r > \varepsilon_{r1} = 10$, so bleiben die Fehler der Näherung (2.88) für $\varepsilon_{r,eff,even}$ sogar unter 0,5 % und für $\varepsilon_{r,eff,odd}$ unter 0,15 %. Ähnliche Feststellungen machten /9.63, 9.65/.

9.2.4 Asymptoten für die Leitungsparameter

Die Leitungsparameter $Z_{L,even}$, $Z_{L,odd}$, $\varepsilon_{r,eff,even}$, $\varepsilon_{r,eff,odd}$ des gekoppelten Leitungsquerschnitts von Bild 9.1a,b zeigen bei Variation der Abmessungen w/h, s/h ein systematisches Verhalten mit asymptotischer Annäherung an die Parameter der Einzelleitung mit gleichen w/h und ε_r bzw. mit 2w/h, die hier mit $Z_L^{(E)}$, $\varepsilon_{r,eff}^{(E)}$, $C'^{(E)}$ bezeichnet werden. In den Bildern 9.5a,b sind die prinzipiellen Verläufe der Leitungsparameter abhängig von w/h und s/h gezeigt. Zu ihrer Herleitung vergleicht man die Gleichtakt- bzw. Gegentakteinzelleitung von Bild 9.2c bzw. Bild 9.2d mit der Standard-Mikrostreifenleitung von Bild 3.1a. Für den Grenzfall unendlich großen Streifenleiterabstands s gehen die Feldbilder der Bilder 9.2c,d in das Einzelleitungsfeldbild (Bild 3.1b) über. Dadurch nehmen der Gleichtakt- und Gegentaktwellenwiderstand nach

$$Z_{L,even}(s/h \to \infty,\ w/h,\ \varepsilon_r) = Z_{L,odd}(s/h \to \infty,\ w/h,\ \varepsilon_r) = Z_L^{(E)}(w/h,\ \varepsilon_r) \tag{9.36}$$

den Wert des Wellenwiderstands der Einzelleitung gleicher Breite w/h an. Entsprechend gilt für die effektiven Permittivitäten

$$\begin{aligned}\varepsilon_{r,eff,even}(s/h \to \infty,\ w/h,\ \varepsilon_r) &= \varepsilon_{r,eff,odd}(s/h \to \infty,\ w/h,\ \varepsilon_r)\\ &= \varepsilon_{r,eff}^{(E)}(w/h,\ \varepsilon_r)\quad .\end{aligned} \tag{9.37}$$

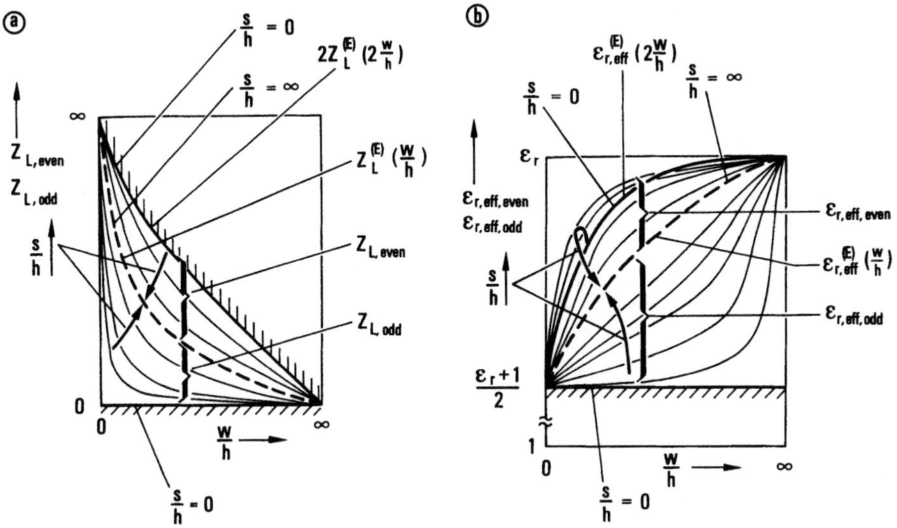

Bild 9.5. Prinzipielle Verläufe der Leitungsparameter des gekoppelten Leitungspaars über die Abmessungen w/h, s/h. a) Wellenwiderstände $Z_{L,even}$, $Z_{L,odd}$; b) effektive Permittivitäten $\varepsilon_{r,eff,even}$, $\varepsilon_{r,eff,odd}$

Bei verschwindendem Spalt mit $s/h \to 0$ verschmelzen beide Streifenleiter. Für die Gleichtaktleitung (Bild 9.2c) erhält man eine "halbe" Mikrostreifen-Einzelleitung mit doppelter Leiterbreite, so daß

$$Z_{L,even}(s/h=0, w/h, \varepsilon_r) = 2 \cdot Z_L^{(E)}(2w/h, \varepsilon_r) \quad , \tag{9.38}$$

$$\varepsilon_{r,eff,even}(s/h=0, w/h, \varepsilon_r) = \varepsilon_{r,eff}^{(E)}(2w/h, \varepsilon_r) \tag{9.39}$$

ist. Die Gegentaktleitung (Bild 9.2d) wird bei $s=0$ kurzgeschlossen. Damit ist

$$Z_{L,odd}(s/h=0, w/h, \varepsilon_r) = 0 \quad , \tag{9.40}$$

Da sich für $s \to 0$ die elektrische Feldenergie der Gegentaktleitung immer mehr im Spalt s mit symmetrischer Feldscherung zwischen Substrat und Luft konzentriert, wird

$$\varepsilon_{r,eff,odd}(s/h=0, w/h, \varepsilon_r) = (\varepsilon_r+1)/2 \quad . \tag{9.41}$$

Im Bereich $0 < s/h < \infty$ ist $C'_{even}(w/h)$ der Gleichtaktleitung stets kleiner als $C'^{(E)}(w/h)$. Daher ist stets $Z_{L,even} > Z_L^{(E)}$. Damit beträgt der Variationsbereich für $Z_{L,even}$ bei Änderung von s/h

$$Z_L^{(E)}(w/h, \varepsilon_r) < Z_{L,even}(s/h, w/h, \varepsilon_r) < 2\, Z_L^{(E)}(2w/h, \varepsilon_r) \quad . \tag{9.42}$$

Da durch die magnetische Wand das elektrische Feld in das Substrat zurückgedrängt wird, ist bei $0 < s/h < \infty$

$$\varepsilon_{r,eff,even}(s/h, w/h, \varepsilon_r) > \varepsilon^{(E)}_{r,eff}(w/h, \varepsilon_r) = \varepsilon_{r,eff,even}(s/h \to \infty, w/h, \varepsilon_r) \quad . \quad (9.43)$$

Hier stellt jedoch $\varepsilon^{(E)}_{r,eff,even}(2w/h, \varepsilon_r)$ nicht den Maximalwert dar. Der Kapazitätsbelag $C'_{odd}(w/h) = C' + 2C'_m$ der Gegentaktleitung ist im Bereich $0 < s/h < \infty$ stets größer als $C'^{(E)}(w/h)$. Somit ist $Z_{L,odd} < Z^{(E)}_L$ und die Variationsbereiche von $Z_{L,odd}$ und $\varepsilon_{r,eff,odd}$ betragen für $0 < s/h < \infty$

$$0 < Z_{L,odd}(s/h, w/h, \varepsilon_r) < Z^{(E)}_L(w/h, \varepsilon_r) \quad , \quad (9.44)$$

$$(\varepsilon_r+1)/2 < \varepsilon_{r,eff,odd}(s/h, w/h, \varepsilon_r) < \varepsilon^{(E)}_{r,eff}(w/h, \varepsilon_r) \quad . \quad (9.45)$$

9.2.5 Formeln für die statischen Leitungsparameter

Zur Ableitung von Formeln für das in den Bildern 9.1a,b gezeigte Mikrostreifenleitungspaar /3.20, 3.105-3.107, 3.118, 3.119, 3.166, 9.55-9.69, 9.80/ gibt es folgende Verfahren: Man verwendet entweder eine näherungsweise, zur Berücksichtigung der dielektrischen Grenzschicht modifizierte konforme Abbildung /9.58-9.61/, oder man setzt die Kapazitätsbeläge C', C'_m aus Plattenkapazitätsbelägen und Streukapazitätsbelägen, für welche man Näherungsformeln angibt, zusammen /3.20, 3.118, 9.55-9.57, 9.64, 9.67-9.69/. Eine weitere Möglichkeit ist die Funktionalapproximation bekannter Ergebnisse numerischer Rechnerprogramme /3.105-3.107, 3.119, 3.166, 9.62, 9.80/.

Nachfolgend werden Formeln für die Wellenwiderstände $Z_{L,even,0}(w/h, s/h) = Z_{L,even}(\varepsilon_r = 1)$ und $Z_{L,odd,0}(w/h, s/h) = Z_{L,odd}(\varepsilon_r = 1)$ des gekoppelten Leitungspaars ohne Substrat und die effektiven Permittivitäten $\varepsilon_{r,eff,even}(w/h, s/h, \varepsilon_r)$ und $\varepsilon_{r,eff,odd}(w/h, s/h, \varepsilon_r)$ des gekoppelten Leitungspaars mit Substrat (Bild 9.1b) angegeben. Sie sind von Hammerstad, Jensen /3.107/ durch Funktionalapproximation an numerische, nach dem Verfahren der Greenschen Funktion /2.103/ gewonnene Ergebnisse für $t = 0$ hergeleitet worden. Für die Parameterbereiche $0{,}1 \leq w/h \leq 10$, $0{,}01 \leq s/h < \infty$ und $1 \leq \varepsilon_r < \infty$ liegen nach Angaben von /3.107/ die Abweichungen von den numerischen Ergebnissen für $Z_{L,even,0}$ und $Z_{L,odd,0}$ unterhalb von 0,8 % und für $\varepsilon_{r,eff,even}$ und $\varepsilon_{r,eff,odd}$ unterhalb von 0,6 %.

Die Wellenwiderstände für $\varepsilon_r = 1$ berechnen sich hiernach zu

$$Z_{L,even,0} = Z_{L,even}(\varepsilon_r{=}1) = \frac{Z_{L0}}{1 - (Z_{L0} \cdot A_{even}/\eta_0)} \quad , \quad (9.46)$$

$$Z_{L,odd,0} = Z_{L,odd}(\varepsilon_r=1) = \frac{Z_{L0}}{1-(Z_{L0}\cdot A_{odd}/\eta_0)} \quad . \tag{9.47}$$

Dabei ist $Z_{L0}(w/h)$ der Wellenwiderstand der Einzelleitung (Bild 3.1a) gleicher Leiterbreite w/h für $\varepsilon_r = 1$ nach (3.29), (3.30) oder (3.31). Die Wellenwiderstände für $\varepsilon_r > 1$ berechnet man zu $Z_{L,even} = Z_{L,even,0}/\sqrt{\varepsilon_{r,eff,even}}$ und $Z_{L,odd} = Z_{L,odd,0}/\sqrt{\varepsilon_{r,eff,odd}}$ mit den nachfolgend angegebenen Formeln für $\varepsilon_{r,eff,even}$, $\varepsilon_{r,eff,odd}$. Der Modifikationsparameter A_{even} für die Gleichtaktwelle, der den Einfluß der Spaltbreite in Rechnung stellt, berechnet sich nach

$$A_{even} = \frac{\phi}{\psi\cdot\{\alpha\cdot(w/h)^m + (1-\alpha)\cdot(w/h)^{-m}\}} , \tag{9.48}$$

$$\phi = 0{,}8645\cdot(w/h)^{0{,}172} , \tag{9.49}$$

$$\psi = 1 + \{s/(1{,}45h)\} + \{(s/h)^{2{,}09}/3{,}95\} \quad , \tag{9.50}$$

$$\alpha = 0{,}5\cdot\exp(-s/h) \quad , \tag{9.51}$$

$$m = 0{,}2175 + \{4{,}113 + (20{,}36h/s)^6\}^{-0{,}251} + \frac{1}{323}\cdot\ln\left[\frac{(s/h)^{10}}{1+\{s/(13{,}8h)\}^{10}}\right] \quad . \tag{9.52}$$

Der die Spaltbreite s/h berücksichtigende Modifikationsparameter A_{odd} für die Gegentaktwelle ist nach

$$A_{odd} = A_{even} - (H/\psi)\cdot\exp\{\beta\cdot(w/h)^{-n}\cdot\ln(w/h)\} \quad , \tag{9.53}$$

$$H = 1{,}729 + 1{,}175\cdot\ln\left\{1+\frac{0{,}627}{(s/h)+0{,}327\cdot(s/h)^{2{,}17}}\right\} , \tag{9.54}$$

$$\beta = 0{,}2306 + \frac{1}{301{,}8}\cdot\ln\left[\frac{(s/h)^{10}}{1+\{s/(3{,}73h)\}^{10}}\right] + \frac{1}{5{,}3}\cdot\ln\{1+0{,}646\cdot(s/h)^{1{,}175}\} \quad , \tag{9.55}$$

$$n = \left[\frac{1}{17{,}7} + \exp\{-6{,}424 - 0{,}76\cdot\ln(\frac{s}{h}) - (\frac{s}{0{,}23h})^5\}\right] \cdot\ln\left[\frac{10+68{,}3\cdot(s/h)^2}{1+32{,}5\cdot(s/h)^{3{,}093}}\right] \tag{9.56}$$

mit A_{even} nach (9.48) und ψ nach (9.50) zu berechnen. Die effektive Permittivität $\varepsilon_{r,eff,even}(w/h,\ s/h,\ \varepsilon_r)$ für die Gleichtaktwelle beträgt

$$\varepsilon_{r,eff,even} = \frac{\varepsilon_r+1}{2} + \frac{\varepsilon_r-1}{2}\cdot F_{even} \quad , \tag{9.57}$$

$$F_{even} = \{1 + (10/\mu)\}^{-a \cdot b} \quad , \tag{9.58}$$

$$\mu = \frac{s}{h} \cdot \exp\left(-\frac{s}{h}\right) + \left(\frac{w}{h}\right) \cdot \frac{20 + (s/h)^2}{10 + (s/h)^2} \tag{9.59}$$

mit $a(w/h)$ nach (3.33) und $b(\varepsilon_r)$ nach (3.34).

Für die effektive Permittivität $\varepsilon_{r,eff,odd}(w/h, s/h, \varepsilon_r)$ der Gegentaktwelle gilt

$$\varepsilon_{r,eff,odd} = \frac{\varepsilon_r + 1}{2} + \frac{\varepsilon_r - 1}{2} \cdot F_{odd} \quad , \tag{9.60}$$

$$F_{odd} = f_o \cdot \{1 + (10h/w)\}^{-a \cdot b} \quad , \tag{9.61}$$

$$f_o = f_{o1} \cdot \exp\left[p \cdot \ln(w/h) + q \cdot \sin\{\pi \cdot \ln(w/h)/\ln(10)\}\right] \quad , \tag{9.62}$$

$$p = \exp\{-0{,}745 \cdot (s/h)^{0{,}295}\}/\cosh\{(s/h)^{0{,}68}\} \quad , \tag{9.63}$$

$$q = \exp\{-1{,}366 - (s/h)\} \quad , \tag{9.64}$$

$$f_{o1} = 1 - \exp\left[-0{,}179 \cdot (s/h)^{0{,}15} - \frac{0{,}328 \cdot (s/h)^r}{\ln\{\exp(1) + (s/(7h))^{2{,}8}\}}\right] \quad , \tag{9.65}$$

$$r = 1 + 0{,}15\left[1 - \frac{\exp\{1 - ((\varepsilon_r - 1)^2/8{,}2)\}}{1 + (s/h)^{-6}}\right] \tag{9.66}$$

mit $a(w/h)$ nach (3.33) und $b(\varepsilon_r)$ nach (3.34).

Durch die spezielle Form von (9.46), (9.47) wird erreicht, daß $Z_{L,even,0}$ und $Z_{L,odd,0}$ für $s/h \to \infty$ dem Wert Z_{L0} der Einzelleitung zustreben, vgl. (9.36). Ebenso streben $\varepsilon_{r,eff,even}$ und $\varepsilon_{r,eff,odd}$ nach (9.57), (9.60) für $s/h \to \infty$ dem $\varepsilon_{r,eff}$ der Einzelleitung nach (3.32)...(3.34) zu, vgl. (9.37)

9.3 Frequenzabhängigkeit der Leitungsparameter (dynamische Analyse)

9.3.1 Leitungsparameter nach numerischer dynamischer Analyse

Das in Bild 9.1a,b gezeigte gekoppelte Mikrostreifenleitungspaar wird für die Gleichtakterregung und die Gegentakterregung durch die in den Bildern 9.2c,d gezeigten Einzelleitungen mit inhomogenem Dielektrikum dargestellt. Diese tragen hybride Gleichtakt- und Gegentaktwellen mit Grundwellen vom Quasi-TEM-Typ (Abschn. 2.1.3, 2.3). Die Grundwellen werden nachfolgend für den verlustfreien Fall betrachtet. Dabei ist es sinnvoll, oberhalb einer nach (3.2 Z) bzw. (3.3 Z) abzuschätzenden Frequenz $f_{g,stat}$ eine dynamische Analyse anstelle der statischen Analyse durchzuführen, da die Frequenzabhängigkeit der Leitungsparameter $Z_{L,even}$, $Z_{L,odd}$, $\varepsilon_{r,eff,even}$, $\varepsilon_{r,eff,odd}$ mit zunehmender Frequenz immer stärker wird. Zudem wird der Begriff der Wellenwiderstände $Z_{L,even}$, $Z_{L,odd}$ mehrdeutig, wie es auch bei der Einzelleitung der Fall ist (Abschn. 2.6, 3.3.2).

Nach (2.115) besitzen die Wellenparameter nach der dynamischen Analyse die funktionalen Abhängigkeiten $Z_{L,even}$, $Z_{L,odd}$, $\varepsilon_{r,eff,even}$, $\varepsilon_{r,eff,odd} = f(h/\lambda_0; w/h, s/h, t/h; \varepsilon_r)$ von den Querschnittsabmessungen w, s, t, h, der Substratpermittivität ε_r und der Frequenz $f = c_0/\lambda_0$. Zur genauen Analyse sind numerische dynamische Feldberechnungsverfahren /2.46, 2.86, 2.117, 3.32, 3.40, 3.99, 3.100, 3.124, 3.139, 9.70-9.72/ notwendig. Hierbei handelt es sich im Prinzip um die gleichen Verfahren, wie sie auch zur dynamischen Analyse der Einzel-Mikrostreifenleitung benützt werden (Abschnitt 2.1.3, 3.3.1). Nach der Variationsmethode von Kowalski, Pregla /2.46, 3.32/ für $t = 0$ berechnete Frequenzverläufe der Leitungsparameter für Al_2O_3-Keramik als Substrat zeigen die Bilder 9.6a,b. Wie bei der Einzelleitung (Bild 3.9), so gehen auch hier die frequenzabhängigen effektiven Permittivitäten $\varepsilon_{r,eff,even}(f)$ und $\varepsilon_{r,eff,odd}(f)$ bei $f = 0$ aus den statischen Werten $\varepsilon_{r,eff,even,stat}$, $\varepsilon_{r,eff,odd,stat}$ nach Abschn. 9.2 hervor und steigen mit zunehmender Frequenz f an, bis sie für $f = \infty$ den Wert ε_r annehmen. Die Wellenwiderstände $Z_{L,even}(f)$, $Z_{L,odd}(f)$ gehen bei $f = 0$ ebenfalls aus den statischen Werten $Z_{L,even,stat}$, $Z_{L,odd,stat}$ nach Abschn. 9.2 hervor. Zur M e s s u n g der frequenzabhängigen Leitungsparameter, insbesondere der effektiven Permittivitäten, verwendet man hauptsächlich gerade und ringförmige Resonatoren /3.60, 7.4, 9.73-9.79/.

9.3.2 Dispersionsformeln

Zur einfachen Darstellung der Dispersion der Gleichtakt- und der Gegentaktwelle, also der Frequenzabhängigkeit von $\varepsilon_{r,eff,even}$ und $\varepsilon_{r,eff,odd}$, des gekoppelten Mikrostreifenleitungspaars (Bilder 9.1a,b) durch analytische Ausdrücke stellt man Dispersionsmodelle auf /3.119, 3.166, 9.81, 9.82/. Sie lassen vom Aufbau her ähnliches Dispersionsverhalten wie die Originalleitung erwarten, sind aber wesentlich einfacher analysierbar und liefern semiempirische Dispersionsformeln für die Originalleitung. Dabei müssen die statischen Werte von $\varepsilon_{r,eff,even}$ und $\varepsilon_{r,eff,odd}$ bekannt sein. Die Prinzipien zur Aufstellung von Dispersionsmodellen sind anhand der Einzelleitung in Abschn. 3.3.3 beschrieben.

Die den Gleichtakt- und den Gegentaktbetrieb des gekoppelten Leitungspaares darstellenden Leitungen der Bilder 9.2c,d haben den gleichen prinzipiellen Aufbau wie

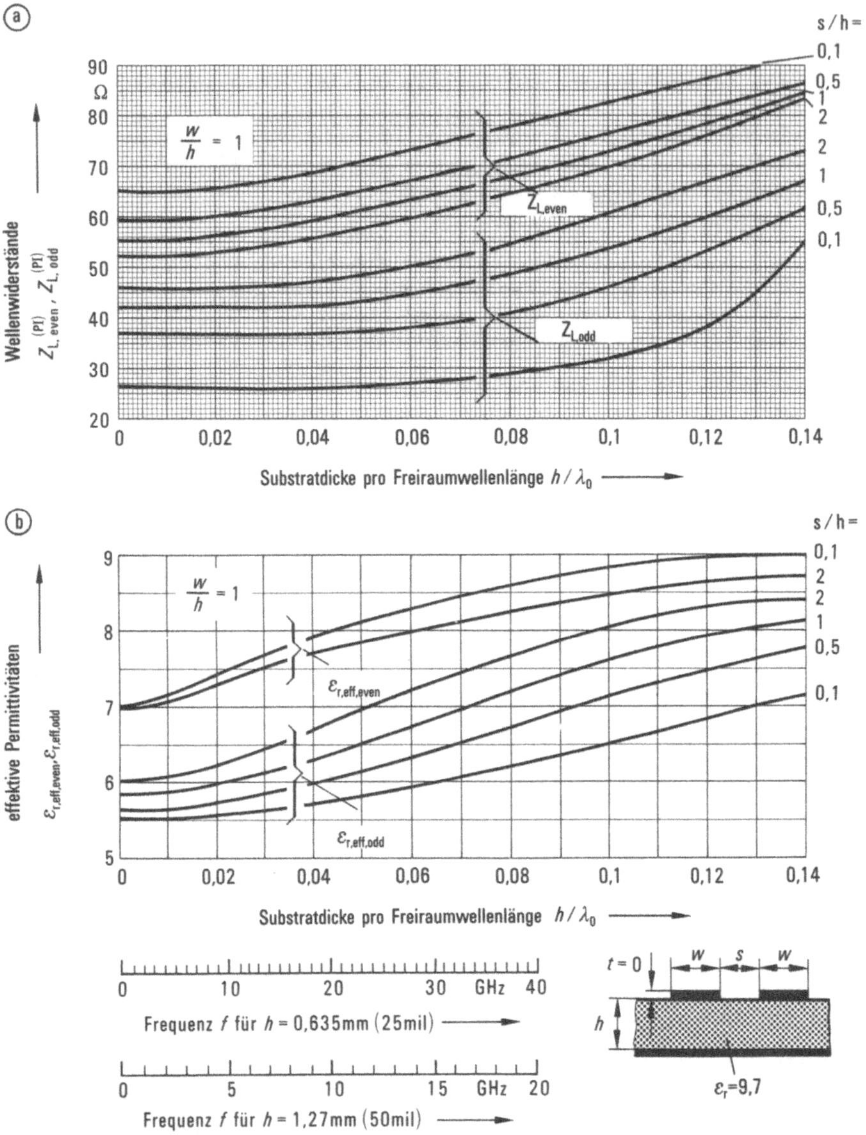

Bild 9.6. Frequenzabhängigkeit der Leitungsparameter gekoppelter Mikrostreifenleitungen auf Al_2O_3-Keramiksubstrat mit $\varepsilon_r = 9{,}7$. a) Wellenwiderstände $Z_{L,even}^{(PI)}$, $Z_{L,odd}^{(PI)}$ nach der Strom-Leistungsdefinition; b) effektive Permittivitäten $\varepsilon_{r,eff,even}$, $\varepsilon_{r,eff,odd}$

die Mikrostreifen-Einzelleitung von Bild 3.1a (querinhomogene Quasi-TEM-Leitung). Daher sind im Prinzip alle in Abschn. 3.3.3 für die Einzelleitung angegebenen Dispersionsmodelle auch zur Beschreibung der Dispersion der Gleichtakt- und Gegentaktwelle geeignet. So läßt sich z.B. das Getsingersche LSE-Modell /2.51/ von

Bild 3.11a zur Darstellung der Dispersion der gekoppelten Leitungen verwenden /9.81/. Dabei geht man von dem Grundgedanken aus, daß das für die Einzelleitung abgeleitete Dispersionsmodell auf das komplette, jeweils im Gleichtakt oder im Gegentakt erregte Zweileitungssystem und nicht auf die in den Bildern 9.2c,d gezeigten Einzelleitungen angewandt wird. Für den Gleichtaktbetrieb bedeutet das, daß beide Streifenleiter I und II (Bild 9.2b) parallelgeschaltet werden und daher die resultierende Leitung bei gleichem $\varepsilon_{r,eff,even}$ den Wellenwiderstand $Z_{L,even}/2$ besitzt. Daher ersetzt man in (3.71) und (3.72 Z) den Wellenwiderstand $Z_{L,stat}$ der Einzelleitung durch den halben statischen Gleichtakt-Wellenwiderstand $Z_{L,even,stat}/2$ und erhält somit unter Beibehaltung der Dispersionsfunktion (3.70) für die Dispersion $\varepsilon_{r,eff,even}(f)$ der Gleichtaktwelle

$$\varepsilon_{r,eff,even}(f) = \varepsilon_r - \frac{\varepsilon_r - \varepsilon_{r,eff,even,stat}}{1 + G_{1even} \cdot (f/f_{p1,even})^2} , \tag{9.67}$$

$$f_{p1,even} = c_0 Z_{L,even,stat}/(4h\eta_0) , \tag{9.68}$$

$$G_{1even} = 0{,}6 + 0{,}0045\, Z_{L,even,stat} . \tag{9.69 Z}$$

Bei Gegentaktbetrieb werden beide Leitungen in Serie geschaltet, d.h., das Doppelleitungssystem wird an beiden Streifenleitern I und II (Bild 9.2b) als Anschlußelektroden gespeist. Hier ist der Wellenwiderstand $2Z_{L,odd}$ wirksam. Daher ist bei (3.71), (3.72 Z) $Z_{L,stat}$ durch den doppelten statischen Gegentakt-Wellenwiderstand $2Z_{L,odd,stat}$ zu ersetzen und man erhält für die Dispersion der Gegentaktwelle unter Beibehaltung von (3.70)

$$\varepsilon_{r,eff,odd}(f) = \varepsilon_r - \frac{\varepsilon_r - \varepsilon_{r,eff,odd,stat}}{1 + G_{1odd} \cdot (f/f_{p1,odd})^2} , \tag{9.70}$$

$$f_{p1,odd} = c_0 Z_{L,odd,stat}/(h \cdot \eta_0) , \tag{9.71}$$

$$G_{1odd} = 0{,}6 + 0{,}018\, Z_{L,odd,stat} . \tag{9.72 Z}$$

Bei (9.69 Z), (9.72 Z) sind die Wellenwiderstände in Ω einzusetzen.

$\varepsilon_{r,eff,even,stat}$ und $\varepsilon_{r,eff,odd,stat}$ sind die als bekannt vorausgesetzten statischen effektiven Permittivitäten.

9.4 Übertragungseigenschaften (S-Parameter) des Mikrostreifenleitungs-Koppelabschnitts

9.4.1 Idealer kontradirektionaler Richtkoppler (TEM-Koppler)

Der in den Bildern 9.7a,b dargestellte ideale Rückwärtskoppler oder ideale kontradirektionale Richtkoppler besteht aus zwei elektromagnetisch gekoppelten Leitungen I,0 und II,0 bestimmter Länge l in homogenem Dielektrikum der relativen Permittivität ε_r (0: Masse). Da sich wegen des homogenen Dielektrikums reine TEM-Wellen ausbreiten (Abschn. 2.1.2), wird er auch als TEM-Koppler bezeichnet. Der hier betrachtete symmetrische TEM-Koppler ist im Leitungsquerschnitt symmetrisch bzgl. der beiden Leitungen I,0 und II,0 aufgebaut (Symmetrieebene SE_Q). Der ideale TEM-Koppler wird i.allg. als Referenz für den realen Mikrostreifenleitungskoppler von Bild 9.1a mit inhomogenem Dielektrikum verwendet, da die bei dem realen Mikrostreifenleitungskoppler dominierenden, aber durch das inhomogene Dielektrikum leicht verfälschten Koppeleigenschaften in dem idealen TEM-Koppler "in Reinkultur" auftreten: Der ideale TEM-Koppler ist ein reiner kontradirektionaler Koppler oder Rückwärtskoppler, d.h., bei einer Speisung an Tor 1 ist das am anderen Ende des Koppelabschnitts die andere Leitung abschließende Tor 4 bei allen Frequenzen vollständig entkoppelt ($\underline{S}_{41} = 0$).

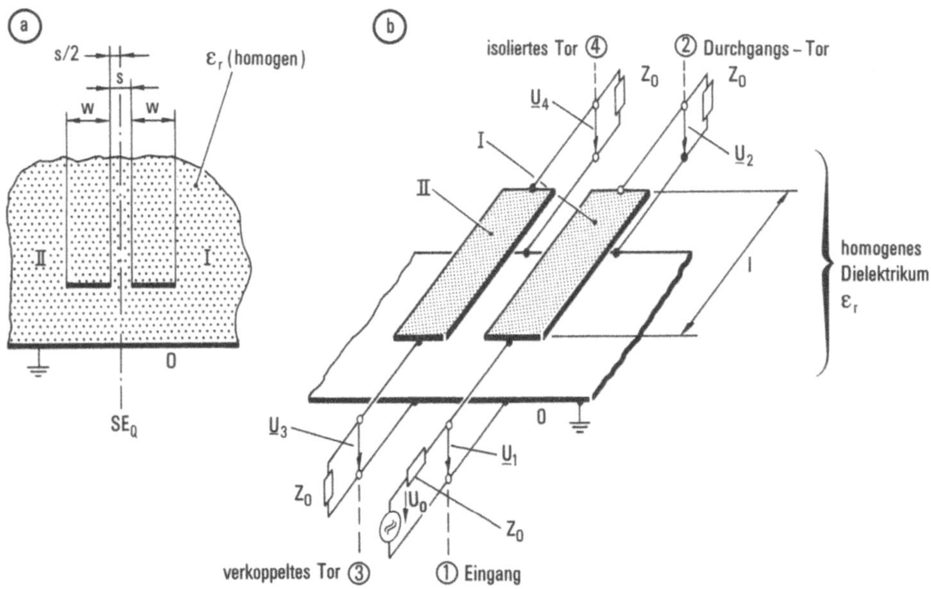

Bild 9.7. Idealer symmetrischer TEM-Koppler. a) Leitungsquerschnitt; b) Koppelabschnitt

Das ideale, symmetrische gekoppelte TEM-Leitungspaar in homogenem Dielektrikum ε_r (Bild 9.7a) wird wie der nichtideale Koppelquerschnitt (Abschn. 9.2.1) durch zwei Parametersysteme beschrieben, nämlich die Leitungsparameter $Z_{L,even}$, $Z_{L,odd}$, $\varepsilon_{r,eff,even}$, $\varepsilon_{r,eff,odd}$ und die Leitungsbeläge L', C', M', C'_m. Wegen des homogenen Dielektrikums sind die Geschwindigkeiten $v_{P,even}$ und $v_{P,odd}$ der Gleichtakt- und Gegentaktwelle und ebenso die effektiven Permittivitäten $\varepsilon_{r,eff,even}$, $\varepsilon_{r,eff,odd}$ gleich und nur von ε_r abhängig (Synchronitätsbedingung), also

$$\varepsilon_{r,eff} = (c_0/v_P)^2 = \varepsilon_{r,eff,even} = (c_0/v_{P,even})^2 = \varepsilon_{r,eff,odd}$$
$$= (c_0/v_{P,odd})^2 = \varepsilon_r \quad . \tag{9.73}$$

Wegen gleicher Geschwindigkeiten sind auch die vier Leitungsbeläge L', C', M', C'_m nicht mehr voneinander unabhängig, und es bestehen nach (9.23), (9.26) wegen $v_{P,even} = v_{P,odd}$ die Beziehungen

$$(L' + M')C' = \varepsilon_{r,eff}/c_0^2 = \varepsilon_r/c_0^2 = \varepsilon_r\,\varepsilon_0\,\mu_0 \quad , \tag{9.74}$$

$$(L' - M') \cdot (C' + 2C'_m) = \varepsilon_{r,eff}/c_0^2 = \varepsilon_r/c_0^2 = \varepsilon_r\,\varepsilon_0\,\mu_0 \quad , \tag{9.75}$$

die sich zu der Verknüpfung

$$L'C'_m = M' \cdot (C' + C'_m) \tag{9.76}$$

zwischen den Belägen zusammenfassen lassen. Somit wird der ideale TEM-Koppler durch die Angabe von drei voneinander unabhängigen Leitungsbelägen bereits voll charakterisiert. Wegen (9.73) bzw. (9.76) werden der elektrische und der magnetische Koppelfaktor k_e und k_m nach (9.34), (9.35) gleich und berechnen sich zu

$$k = k_e = k_m = \frac{C'_m}{C' + C'_m} = \frac{M'}{L'} = \frac{C'_{odd} - C'_{even}}{C'_{odd} + C'_{even}} = \frac{L'_{even} - L'_{odd}}{L'_{even} + L'_{odd}} = \frac{Z_{L,even} - Z_{L,odd}}{Z_{L,even} + Z_{L,odd}} \,. \tag{9.77}$$

Ist der ideale TEM-Koppelabschnitt von Bild 9.7b mit beliebigen Widerständen Z_0 an den vier Toren abgeschlossen, so besitzt er keine Richtkopplereigenschaften. Für ideales kontradirektionales Kopplerverhalten (Rückwärtskopplerverhalten) sind zwei Rückwärtskoppler-Bedingungen zu erfüllen: Die erste Bedingung ist die Synchronitätsbedingung, d.h. die Gleichheit der Geschwindigkeit $v_{P,even}$ der Gleichtaktwelle und $v_{P,odd}$ der Gegentaktwelle. Sie ist nach (9.73) wegen des TEM-Wellentyps bei beliebigen Parametern $Z_{L,even}$, $Z_{L,odd}$ und beliebiger

Beschaltung Z_0 erfüllt. Die zweite Bedingung ist die Anpassungsbedingung

$$Z_0 = Z_L = \sqrt{Z_{L,even} \cdot Z_{L,odd}} \tag{9.78}$$

für die Wahl der Kopplerbeschaltung Z_0. Z_L bezeichnet man als den Wellenwiderstand des Kopplers. Unter der Einhaltung dieser Rückwärtskoppler-Bedingungen lauten die Übertragungseigenschaften des idealen TEM-Kopplers /9.1 -9.4, 9.83-9.87/ in der Form frequenzabhängiger Streuparameter

$$\{\underline{S}_{11}\}_{ZL} = 0 \quad , \tag{9.79}$$

$$\{\underline{S}_{21}\}_{ZL} = \frac{\sqrt{1-k^2}}{\sqrt{1-k^2}\cdot\cos\Theta + j\sin\Theta} = \sqrt{\frac{1-k^2}{1-k^2\cos^2\Theta}} \cdot \exp\left\{-j\arctan\left(\frac{\tan\Theta}{\sqrt{1-k^2}}\right)\right\} \quad , \tag{9.80}$$

$$\{\underline{S}_{31}\}_{ZL} = \frac{jk\sin\Theta}{\sqrt{1-k^2}\cos\Theta + j\sin\Theta} = \frac{k\sin\Theta}{\sqrt{1-k^2\cos^2\Theta}} \cdot \exp\left\{-j\arctan\left(\frac{\tan\Theta}{\sqrt{1-k^2}}\right) + j\frac{\pi}{2}\right\} \, , \tag{9.81}$$

$$\{\underline{S}_{41}\}_{ZL} = 0 \tag{9.82}$$

mit dem Koppelfaktor k nach (9.77) und der elektrischen Länge Θ sowie der Mittenfrequenz f_m nach

$$\Theta = 2\pi l/\lambda = 2\pi f l/v_p = 2\pi f l\sqrt{\varepsilon_{r,eff}}/c_0 = (\pi/2)\cdot(f/f_m) \quad , \tag{9.83}$$

$$f_m = v_p/(4\cdot l) = c_0/(4l\sqrt{\varepsilon_{r,eff}}) \quad . \tag{9.84}$$

Bei homogenem Dielektrikum ist $\varepsilon_{r,eff} = \varepsilon_r$ gemäß (9.73).

Es sind $\underline{S}_{11}$ der Reflexionsfaktor, $\underline{S}_{21}$ der Durchgangsübertragungsfaktor, $\underline{S}_{31}$ der Koppelübertragungsfaktor und $\underline{S}_{41}$ die Isolation oder der Überkoppelfaktor. Hieraus berechnen sich nach

$$a_{21} = -20\log\left|\underline{S}_{21}\right| = -20\log\left|2\underline{U}_2/U_0\right| \quad , \tag{9.85}$$

$$a_{31} = -20\log\left|\underline{S}_{31}\right| = -20\log\left|2\underline{U}_3/U_0\right| \quad , \tag{9.86}$$

$$a_{41} = -20\log\left|\underline{S}_{41}\right| = -20\log\left|2\underline{U}_4/U_0\right| \quad , \tag{9.87}$$

$$a_R = -20\log\left|\underline{S}_{41}/\underline{S}_{31}\right| = -20\log\left|\underline{U}_4/\underline{U}_3\right| = a_{41} - a_{31} \tag{9.88}$$

die Durchgangsdämpfung a_{21}, die Koppeldämpfung a_{31}, die Isolationsdämpfung a_{41} und die Richtschärfe oder Directivity a_R. Aufgrund der Symmetrie sind $\underline{S}_{11} = \underline{S}_{22} = \underline{S}_{33} = \underline{S}_{44}$, $\underline{S}_{12} = \underline{S}_{34}$, $\underline{S}_{31} = \underline{S}_{42}$, $\underline{S}_{41} = \underline{S}_{32}$ sowie $\underline{S}_{ij} = \underline{S}_{ji}$. Diese Bezeichnungen gelten grundsätzlich für alle idealen und nichtidealen kontradirektionalen Koppelabschnitte. Bei der Mittenfrequenz f_m ist $l = \lambda/4$ und es werden

$$\{\underline{S}_{21}(f_m)\}_{ZL} = -j\sqrt{1-k^2} \quad , \tag{9.89}$$

$$\{\underline{S}_{31}(f_m)\}_{ZL} = k \quad , \tag{9.90}$$

so daß die Koppeldämpfung $a_{31}(f_m)$ minimal und die Durchgangsdämpfung $a_{21}(f_m)$ maximal wird (Bild 9.1c). Man nennt

$$a_{Km} = a_{31}(f_m) = -20\log(k) \tag{9.91}$$

die Mittenfrequenzkoppeldämpfung. Sie ist ein Maß für die Stärke der Verkoppelung. Beim idealen TEM-Koppler ist für alle Frequenzen die Phasendifferenz zwischen dem Durchgangstor 2 und dem verkoppelten Tor 3

$$\Delta\phi_{32} = \arg\{\underline{S}_{31}(f)\}_{ZL} - \arg\{\underline{S}_{21}(f)\}_{ZL} = \pi/2 \quad . \tag{9.92}$$

Aus Gründen der Energieerhaltung ist

$$\left|\underline{S}_{21}(f)\right|^2 + \left|\underline{S}_{31}(f)\right|^2 = 1 \quad . \tag{9.93}$$

Die Bedeutung der Streuparameter zur Beschreibung der Übertragungseigenschaften von Mehrtoren ist bei /7.10-7.12, 9.88/ erläutert.

9.4.2 Streuparameter des nichtidealen Koppelabschnitts in inhomogenem Dielektrikum bei beliebiger Beschaltung

Nachfolgend werden die frequenzabhängigen Streuparameter $\underline{S}_{ij}(f)$ des symmetrischen, verlustfreien Koppelabschnitts in inhomogenem Dielektrikum für beliebige reelle Torbeschaltung Z_0 angegeben. Zu diesem Kopplertyp gehören der in Bild 9.1a gezeigte Mikrostreifenleitungskoppler sowie alle sonstigen querinhomogenen, symmetrischen Koppler (z.B. Bilder 1.46b,c). Der Koppelabschnitt wird durch die vier voneinander unabhängigen Leitungsparameter $Z_{L,even}$, $Z_{L,odd}$, $\varepsilon_{r,eff,even}$, $\varepsilon_{r,eff,odd}$, die beliebige Werte annehmen dürfen, und die Länge l charakterisiert (Bild 9.8a).

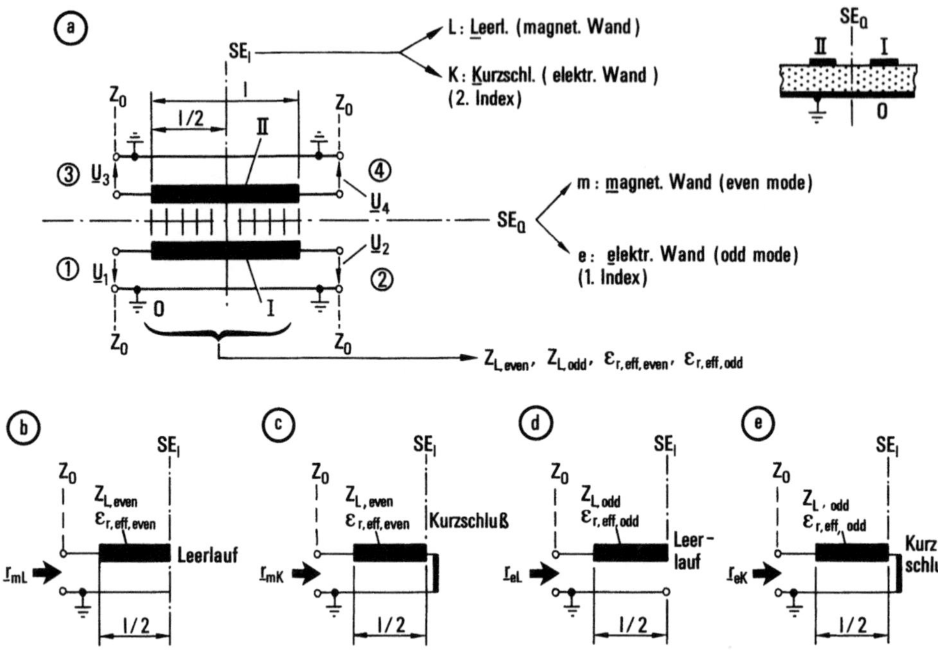

Bild 9.8. Zur Berechnung der Streuparameter des allgemeinen, nichtidealen (querinhomogenen) Kopplers. a) Aufspaltung des Kopplers in vier Eintore; b, c, d, e) vier Eintore zur Berechnung der Reflexionsfaktoren $\underline{r}_{mL}$, $\underline{r}_{mK}$, $\underline{r}_{eL}$, $\underline{r}_{eK}$

Zur Berechnung der Streuparameter ziehen wir Nutzen aus der doppelten Symmetrie zu den Ebenen SE_Q und SE_l (Bild 9.8a) des allgemeinen Kopplers. Nach dem Bisektions-Theorem /9.89; 9.90, S. 110; 9.91, S. 28; 9.92, S. 84, 119/ kann man die Streuparameter doppelt symmetrischer Viertore durch die Überlagerung von jeweils vier verschiedenen Reflexionsfaktoren $\underline{r}_{mL}$, $\underline{r}_{mK}$, $\underline{r}_{eL}$, $\underline{r}_{eK}$ gemäß /9.7, 9.20, 9.93/ zu

$$\{\underline{S}_{11}\}_{Z0} = (\underline{r}_{mL} + \underline{r}_{mK} + \underline{r}_{eL} + \underline{r}_{eK})/4 \quad , \tag{9.94}$$

$$\{\underline{S}_{21}\}_{Z0} = (\underline{r}_{mL} - \underline{r}_{mK} + \underline{r}_{eL} - \underline{r}_{eK})/4 \quad , \tag{9.95}$$

$$\{\underline{S}_{31}\}_{Z0} = (\underline{r}_{mL} + \underline{r}_{mK} - \underline{r}_{eL} - \underline{r}_{eK})/4 \quad , \tag{9.96}$$

$$\{\underline{S}_{41}\}_{Z0} = (\underline{r}_{mL} - \underline{r}_{mK} - \underline{r}_{eL} + \underline{r}_{eK})/4 \quad , \tag{9.97}$$

berechnen. Diese Reflexionsfaktoren entstehen gleichermaßen an allen vier Toren des Viertors, wenn man elektrische Wände (d.h. Kurzschlüsse) und magnetische Wände (d.h. Leerläufe) in vier möglichen Kombinationen bei den beiden Symmetrieebenen

SE_Q und SE_1 einzieht. Die Reflexionsfaktoren beziehen sich auf den Torwiderstand Z_0 des Viertors bzw. Kopplers. Der erste Index bezeichnet mit m eine magnetische Wand (entsprechend der Gleichtakterregung) und mit e eine elektrische Wand (entsprechend der Gegentakterregung) in der Mittelebene SE_Q (Bilder 9.2b, 9.8a). Der zweite Index bezeichnet mit L einen Leerlauf (magnetische Wand) und mit K einen Kurzschluß (elektrische Wand) in der bei l/2 liegenden Ebene SE_1. Somit sind für den allgemeinen Koppelabschnitt die vier Reflexionsfaktoren $\underline{r}_{mL}$, $\underline{r}_{mK}$, $\underline{r}_{eL}$, $\underline{r}_{eK}$ aus den in den Bildern 9.8b,c,d,e gezeigten, aus Einzelleitungen bestehenden Eintoren zu berechnen. Man erhält

$$\underline{r}_{mL} = \exp\left[-j2\arctan\{(Z_0/Z_{L,even})\cdot\tan(\Theta_{even}/2)\}\right] , \tag{9.98}$$

$$\underline{r}_{mK} = \exp\left[j2\arctan\{(Z_0/Z_{L,even})\cdot\cot(\Theta_{even}/2)\}\right] , \tag{9.99}$$

$$\underline{r}_{eL} = \exp\left[-j2\arctan\{(Z_0/Z_{L,odd})\cdot\tan(\Theta_{odd}/2)\}\right] , \tag{9.100}$$

$$\underline{r}_{eK} = \exp\left[j2\arctan\{(Z_0/Z_{L,odd})\cdot\cot(\Theta_{odd}/2)\}\right] , \tag{9.101}$$

mit den elektrischen Längen für die Gleichtakt- und Gegentaktwelle

$$\Theta_{even} = 2\pi l/\lambda_{even} = 2\pi f l\sqrt{\varepsilon_{r,eff,even}}/c_0 = (\pi/2)\cdot f/f_{m,even} \tag{9.102}$$

$$\Theta_{odd} = 2\pi l/\lambda_{odd} = 2\pi f l\sqrt{\varepsilon_{r,eff,odd}}/c_0 = (\pi/2)\cdot f/f_{m,odd} \tag{9.103}$$

und den aus $l = \lambda_i/4$ definierten Mittenfrequenzen für die Gleichtakt- und Gegentaktwelle

$$f_{m,even} = v_{P,even}/(4\cdot l) = c_0/(4\cdot l\sqrt{\varepsilon_{r,eff,even}}) , \tag{9.104}$$

$$f_{m,odd} = v_{P,odd}/(4\cdot l) = c_0/(4\cdot l\sqrt{\varepsilon_{r,eff,odd}}) . \tag{9.105}$$

(9.94)...(9.105) geben die auf einen beliebigen Torwiderstand Z_0, d.h. eine beliebige Torbeschaltung, bezogenen Streuparameter des allgemeinen querinhomogenen (nichtidealen) Koppelabschnitts mit beliebigen Parametern $Z_{L,even}$, $Z_{L,odd}$, $\varepsilon_{r,eff,even}$, $\varepsilon_{r,eff,odd}$, l an. Dieser besitzt keine Richtkopplereigenschaften, d.h., es sind kodirektionale und kontradirektionale Koppelanteile gleichermaßen vorhanden. Ihre Verteilung hängt von der Wahl der Leitungsparameter und der Beschaltung Z_0 ab. So erhält man den in Abschn. 9.4.1 beschriebenen rein kontradirektionalen Koppler (TEM-Koppler), wenn die Synchronitätsbedingung (9.73) und die Anpassungsbedingung (9.78) erfüllt sind. In diesem Fall reduzieren sich die allgemeinen Gleichungen (9.94)...(9.105) auf (9.79)...(9.84).

9.4.3 Mikrostreifenleitungs-Koppelabschnitt als quasi-kontradirektionaler Koppler (Quasi-TEM-Koppler)

Während die in Abschn. 9.4.2 angegebenen Streuparameter den allgemeinen Mikrostreifenleitungs-Koppelabschnitt (Bild 9.1a) beschreiben, der nicht speziell als Richtkoppler dimensioniert ist, wird in diesem Abschnitt die Arbeitsweise dieses Koppelabschnitts als quasi-kontradirektionaler Richtkoppler betrachtet. Das bedeutet, daß zwischen $Z_{L,even}$, $Z_{L,odd}$ und der Beschaltung Z_0 eine Beziehung bestehen muß, welche gewährleistet, daß die in Abschn. 9.4.1 angegebenen Übertragungseigenschaften des rein kontradirektionalen Kopplers möglichst weitgehend angenähert werden. In Abschn. 9.4.1 haben wir gesehen, daß zur Erreichung reiner kontradirektionaler Kopplereigenschaften $\underline{S}_{11}(f) = 0$ und $\underline{S}_{41}(f) = 0$ zwei Bedingungen, nämlich die Synchronitätsbedingung $\varepsilon_{r,eff,even} = \varepsilon_{r,eff,odd}$ und die Anpassungsbedingung $Z_0 = Z_L = \sqrt{Z_{L,even} \cdot Z_{L,odd}}$ erfüllt werden müssen. Die Synchronitätsbedingung läßt sich aufgrund des inhomogenen Dielektrikums ohne Veränderung des Kopplerquerschnitts nicht erreichen. Es ist aber aus Bild 9.4 ersichtlich, daß nur geringe Unterschiede

$$\frac{\Delta\varepsilon_{r,eff}}{\varepsilon_{r,eff,m}} = \frac{\varepsilon_{r,eff,even} - \varepsilon_{r,eff,odd}}{\varepsilon_{r,eff,m}} = \frac{2 \cdot (\varepsilon_{r,eff,even} - \varepsilon_{r,eff,odd})}{\varepsilon_{r,eff,even} + \varepsilon_{r,eff,odd}} \ll 1 \qquad (9.106)$$

zwischen den effektiven Permittivitäten bestehen. D.h., daß die *Synchronitätsbedingung* (9.73) näherungsweise erfüllt ist. Das legt den Schluß nahe, daß das kontradirektionale Verhalten bei dem Mikrostreifenleitungskoppler dominiert. Man kann nämlich zeigen, daß mit kleiner werdendem Unterschied zwischen $\varepsilon_{r,eff,even}$ und $\varepsilon_{r,eff,odd}$ der kodirektionale Koppelanteil (von Tor 1 nach Tor 4) abnimmt und der kontradirektionale Koppelanteil (von Tor 1 nach Tor 3) zunimmt. Um die idealen kontradirektionalen Kopplereigenschaften (9.79)...(9.82) möglichst weitgehend anzunähern, muß man die für den idealen TEM-Koppler exakt hergeleitete *Anpassungsbedingung* (9.78) auch bei dem realen Mikrostreifenleitungs-Koppelabschnitt anwenden (Z_L: Wellenwiderstand des Kopplers).

Die *Streuparameter* dieses als kontradirektionaler Richtkoppler dimensionierten Mikrostreifenleitungs-Koppelabschnitts (Bild 9.1a) berechnet man nach (9.94)...(9.105) exakt, wobei die Anpassungsbedingung (9.78) zu berücksichtigen ist. Dabei ergeben sich charakteristische Ähnlichkeiten mit den nach (9.79)...(9.84) berechneten Streuparametern des idealen Rückwärtskopplers. Zur quantitativen Abschätzung dieser Ähnlichkeiten entwickelt man die allgemeinen Streuparametergleichungen (9.94)...(9.105) für eine mittig zwischen $f_{m,even}$ nach (9.104) und $f_{m,odd}$

nach (9.105) liegende Mittenfrequenz

$$f_{m1} = \frac{f_{m,even} + f_{m,odd}}{2} = \frac{f_{m,even}}{2}\left(1 + \sqrt{\varepsilon_{r,eff,even}/\varepsilon_{r,eff,odd}}\right) \tag{9.107}$$

unter Einhaltung der Anpassungsbedingung (9.78) in eine Reihe /9.5, 9.7, 9.14/. Daraus erhält man

$$\{\underline{S}_{11}(f_{m1})\}_{ZL} = -j\frac{\pi}{8}\cdot k\sqrt{1-k^2}\,\frac{\Delta\varepsilon_{r,eff}}{\varepsilon_{r,eff,m}}\ , \tag{9.108}$$

$$\{\underline{S}_{21}(f_{m1})\}_{ZL} = -j\sqrt{1-k^2}\ , \tag{9.109}$$

$$\{\underline{S}_{31}(f_{m1})\}_{ZL} = k\ , \tag{9.110}$$

$$\{\underline{S}_{41}(f_{m1})\}_{ZL} = -\frac{\pi}{8}\cdot(1-k^2)\cdot\frac{\Delta\varepsilon_{r,eff}}{\varepsilon_{r,eff,m}}\ , \tag{9.111}$$

$$\{a_R(f_{m1})\}_{ZL} = -20\log\left|\frac{\pi}{8}\left(\frac{1}{k}-k\right)\cdot\frac{\Delta\varepsilon_{r,eff}}{\varepsilon_{r,eff,m}}\right| \tag{9.112}$$

mit $\Delta\varepsilon_{r,eff}/\varepsilon_{r,eff,m}$ nach (9.106). a_R ist die bei der Mittenfrequenz auftretende Richtschärfe nach (9.88). k wird nach (9.77) und Z_L nach (9.78) berechnet. Dem Koppelfaktor k ist die Mittenfrequenzkoppeldämpfung a_{Km} nach (9.91) zugeordnet. Die Dämpfungsmaße a_{21}, a_{31}, a_{41}, a_R berechnen sich aus den Streuparametern $\underline{S}_{ij}$ nach (9.85)...(9.88). Der nach (9.108) berechnete Reflexionsfaktor $|\underline{S}_{11}|$ hat beim 3-dB-Koppler ($k=\sqrt{0,5}$) sein Maximum. Dieses beträgt $|\underline{S}_{11}| \cong 0,2\ \Delta\varepsilon_{r,eff}/\varepsilon_{r,eff,m}$. Man erkennt, daß sich durch die Wirkung kleiner Abweichungen $\Delta\varepsilon_{r,eff}/\varepsilon_{r,eff,m} \ll 1$ von der Synchronitätsbedingung nur der Reflexionsfaktor $\underline{S}_{11}$ und die Isolation $\underline{S}_{41}$ in erster Näherung gegenüber den idealen Kopplereigenschaften (9.79)...(9.82) ändern. Dabei bleiben aber $|\underline{S}_{11}| \ll 1$ und $|\underline{S}_{41}| \ll 1$. Die nach (9.108), (9.112) berechneten, bei Einhaltung der Anpassungsbedingung (9.78) durch $\Delta\varepsilon_{r,eff}$ hervorgerufenen endlichen Werte des Reflexionsfaktors $|\underline{S}_{11}(f_m)|$ und der Richtschärfe a_R nach (9.88) sind in Bild 9.9 dargestellt. Die Werte gelten für beliebige querinhomogene Koppler. Die Verschlechterung der Richtschärfe a_R ist besonders signifikant. Man erkennt, daß eine bestimmte Abweichung $\Delta\varepsilon_{r,eff}/\varepsilon_{r,eff,m}$ von der Synchronität die Richtschärfe a_R um so mehr verschlechtert, je geringer das Leitungspaar verkoppelt ist, d.h. je kleiner der Koppelfaktor k und je größer die Mittenfrequenz-Koppeldämpfung a_{Km} ist. Für den Reflexionsfaktor S_{11} gilt das umgekehrte. Dabei ist zu beachten, daß bei technischen Anwendungen i.allg. $a_R > 20$ dB gefordert wird. Man erkennt weiterhin durch Vergleich von (9.109), (9.110) mit den idealen Kopplereigenschaften (9.89), (9.90), daß sich der Durchgangsübertragungsfaktor $\underline{S}_{21}$ und der Koppelübertragungsfaktor $\underline{S}_{31}$ in erster Näherung durch die Unterschiede $\Delta\varepsilon_{r,eff}/\varepsilon_{r,eff,m}$

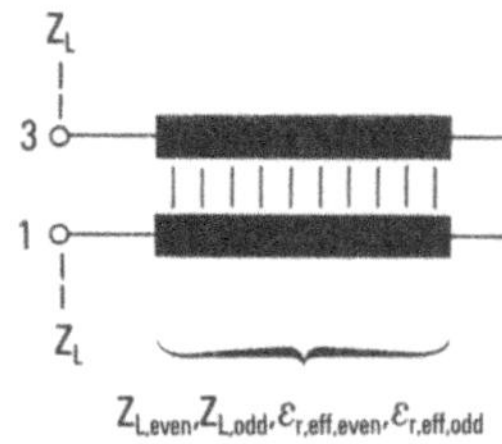

$$Z_L = \sqrt{Z_{L,even}\, Z_{L,odd}}$$

$$a_{Km} = -20 \log k = -20 \log \frac{Z_{L,even} - Z_{L,odd}}{Z_{L,even} + Z_{L,odd}}$$

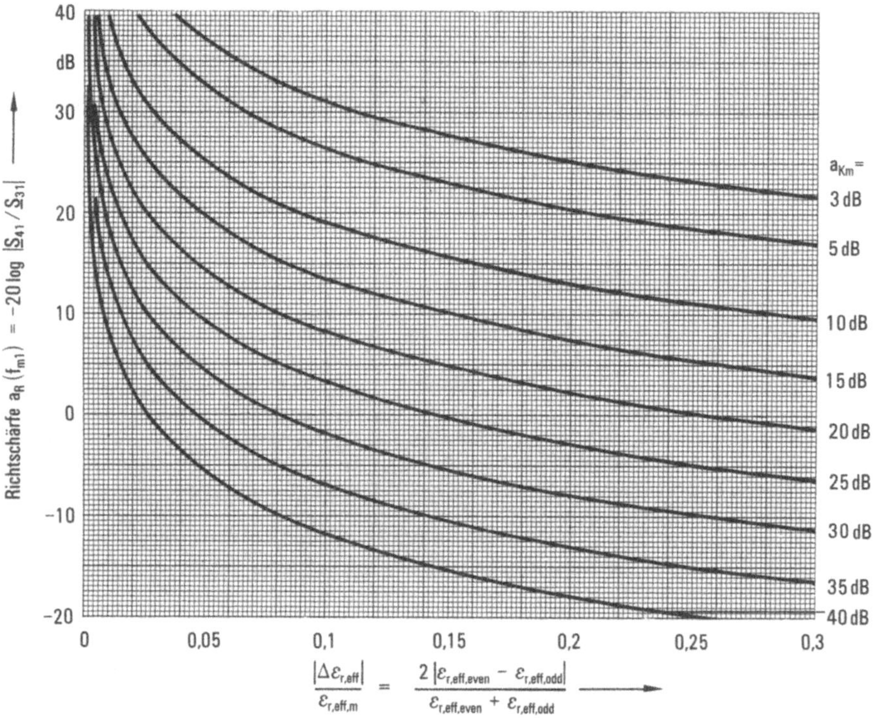

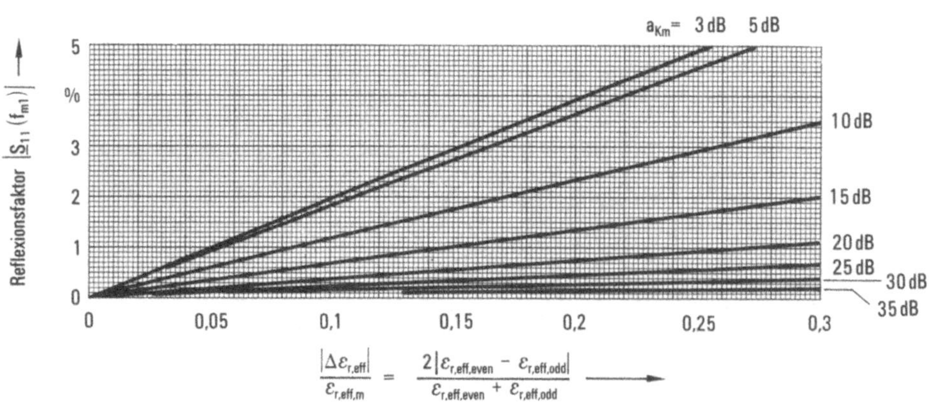

Bild 9.9. Richtschärfe a_R und Reflexionsfaktor $|\underline{S}_{11}|$ des nichtidealen, querinhomogenen Koppelabschnitts mit $\varepsilon_{r,eff,even} \neq \varepsilon_{r,eff,odd}$, bei dem die Anpassungsbedingung $Z_L = \sqrt{Z_{L,even} \cdot Z_{L,odd}}$ erfüllt ist, bei der Mittenfrequenz f_{m1}.

nicht ändern. So werden auch die Frequenzverläufe $\underline{S}_{21}(f)$ und $\underline{S}_{31}(f)$ in guter Näherung durch die für den idealen TEM-Koppler gültigen Gleichungen (9.80), (9.81) beschrieben und die Phasenquadratur (9.92) bleibt in erster Näherung erhalten.

Die angenäherte Gleichheit von $\underline{S}_{21}$ bzw. $\underline{S}_{31}$ für den idealen und den nichtidealen Koppler bei Einhaltung der Anpassungsbedingung (9.78) erlaubt, die Dimensionierungsvorschriften des idealen Kopplers auf den (nichtidealen) Mikrostreifenleitungskoppler zu übertragen. Das Dimensionierungsproblem für einen Koppler stellt sich grundsätzlich so, daß dessen Wellenwiderstand Z_L und dessen Mittenfrequenz-Koppeldämpfung a_{Km} (also dessen Koppelfaktor k) sowie dessen Mittenfrequenz f_{mK}, bei der das Koppeldämpfungs-Minimum auftritt, bestimmte Werte annehmen sollen (z.B. $Z_L = 50\,\Omega$, $a_{Km} = 10$ dB; $f_{mK} = 1$ GHz). Da der Koppelübertragungsfaktor $\underline{S}_{31}(f)$ des Mikrostreifenleitungskopplers und des idealen Kopplers angenähert gleich sind, sind bei $\Delta\varepsilon_{r,eff}/\varepsilon_{r,eff,m} \ll 1$ die nach (9.34), (9.35) berechneten Koppelfaktoren $k_e \cong k$ und $k_m \cong k$ mit k nach (9.77). Aus (9.77) und der ebenfalls für beide Koppler gültigen Anpassungsbedingung (9.78) erhält man die Synthesegleichungen

$$Z_{L,even} = Z_L\sqrt{(1+k)/(1-k)} \quad , \tag{9.113}$$

$$Z_{L,odd} = Z_L\sqrt{(1-k)/(1+k)} = Z_L^2/Z_{L,even} \tag{9.114}$$

zur Berechnung der Gleichtakt-Gegentakt-Wellenwiderstände. Hieraus lassen sich bei gegebenem ε_r und h die Leiterbreite w und Spaltbreite s nach Abschn. 9.2.2, 9.2.5 bestimmen. Aus den Werten von w/h, s/h, ε_r erhält man $\varepsilon_{r,eff,even}$, $\varepsilon_{r,eff,odd}$, so daß man mit (9.104), (9.105), (9.107) die Koppelabschnittslänge l festlegen kann.

In Bild 9.10 sind die für den Aufbau von Mikrostreifenleitungs-Richtkopplern mit verschiedener Mittenfrequenz-Koppeldämpfung a_{Km} nach (9.91) und einem Wellenwiderstand von $Z_L = 50\,\Omega$ notwendigen Abmessungen w/h, s/h für Al_2O_3-Keramik ($\varepsilon_r = 9{,}6$) als Substratmaterial angegeben. Diese Koppler wurden, wie vorher beschrieben, mit (9.113), (9.114) und der statischen Analyse von Abschn. 9.2.2 (Bilder 9.3, 9.4) dimensioniert. Will man für gute Reproduzierbarkeit in der Fertigung mit der Koppelspaltbreite s oberhalb von 50 µm bleiben, so liegt die niedrigste, bei einer Substratdicke h = 25 mil = 0,635 mm erreichbare Mittenfrequenz-Koppeldämpfung bei etwa 6 dB.

Die nach den allgemeinen Streuparametergleichungen (9.94)...(9.105) unter Einhaltung der Anpassungsbedingung (9.78) für den Mikrostreifenleitungskoppler (Bilder

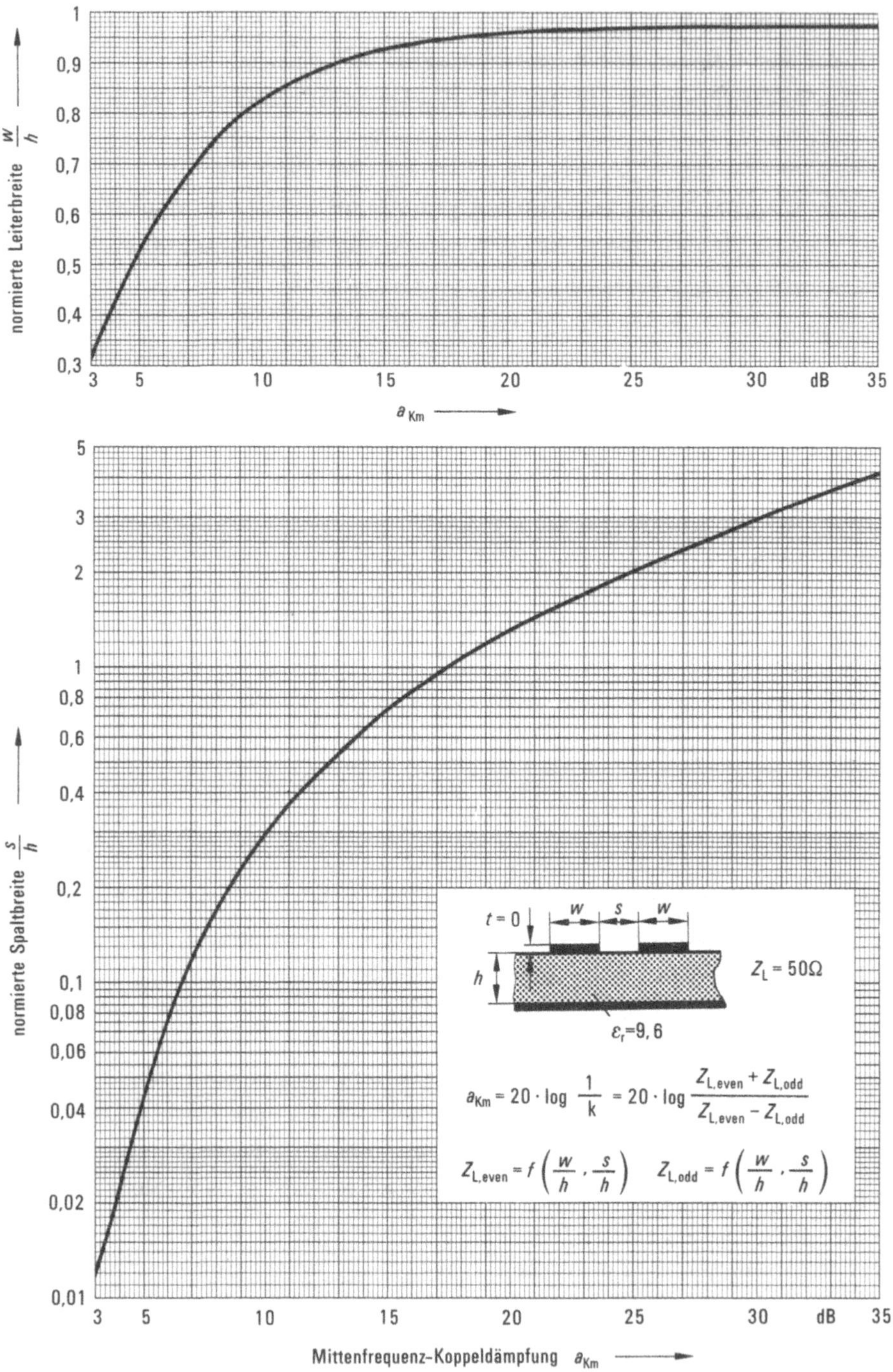

Bild 9.10. Querschnittsabmessungen w/h, s/h von Mikrostreifenleitungs-Richtkopplern für $\varepsilon_r = 9,6$ (Al_2O_3-Keramiksubstrat) und $Z_L = 50\,\Omega$, abhängig von der Mittenfrequenz-Koppeldämpfung a_{Km}.

9.1a,b) auf Al_2O_3-Keramiksubstrat berechnete Richtschärfe a_R nach (9.88) ist in Bild 9.11 dargestellt. Es handelt sich um die nach Bild 9.10 für $Z_L = 50\,\Omega$ dimensionierten Koppler. Die Frequenz ist auf $f_{m,even}$ nach (9.104) normiert. Der ebenfalls nach (9.94), (9.98)...(9.105) berechnete Reflexionsfaktor $|\underline{S}_{11}(f)|$ steigt mit sinkender Mittenfrequenz-Koppeldämpfung a_{Km} und mit wachsender Frequenz f an. Er nimmt für $a_{Km} = 3\,dB$ für $f/f_{m,even} = 0{,}5$ bzw. 1 bzw. 1,5 die Werte 2 % bzw. 3,3 % bzw. 5.7 % an und liegt bei $a_{Km} > 15\,dB$ für $0{,}5 < f/f_{m,even} < 1{,}5$ unter 2 % ($Z_L = 50\,\Omega$, $\varepsilon_r = 9{,}7$). Das Minimum der nach (9.86), (9.96), (9.98)...(9.105) berechneten Koppeldämpfung $a_{31}(f)$ liegt etwa in der Mitte zwischen $f_{m,even}$ nach (9.104) und $f_{m,odd}$ nach (9.105). Schätzt man die durch $(a_{31})_{min}$ definierte Mittenfrequenz f_{mK} durch f_{m1} nach (9.107) ab, so liegt für Koppler mit $\varepsilon_r = 9{,}7$ und $Z_L = 50\,\Omega$ bei $3\,dB \leq a_{Km} \leq 35\,dB$ der Fehler unter 1 %. Verwendet man statt f_{m1} die Näherung (wobei $\varepsilon_{r,eff,m} = (\varepsilon_{r,eff,even} + \varepsilon_{r,eff,odd})/2$ ist)

$$f_{m2} = c_0/(4 \cdot l\sqrt{\varepsilon_{r,eff,m}}) = f_{m,even}\sqrt{2/\{1 + (\varepsilon_{r,eff,odd}/\varepsilon_{r,eff,even})\}}\,, \tag{9.115}$$

so liegt der Fehler unter 0,5 %. Das Maximum der nach den genauen Formeln (9.85), (9.95), (9.98)...(9.105) berechneten Durchgangsdämpfung $a_{21}(f)$ der Richtkoppler liegt ebenfalls ungefähr in der Mitte zwischen $f_{m,even}$ und $f_{m,odd}$ bei f_{m1} bzw. f_{m2}. Es fällt jedoch nicht exakt auf die aus $(a_{31})_{min}$ definierte Mittenfrequenz f_{mK}.

Man kann die aus $(a_{31})_{min}$ definierte Mittenfrequenz f_{mK} auch durch eine Frequenz $f_{m3} = c_0/(4l\sqrt{\varepsilon_{r,eff}})$, bei welcher eine Einzelleitung (Bild 3.1a) gleicher Leiterbreite w/h und gleichen ε_r-Wertes wie das gekoppelte Leitungspaar eine Länge $l = \lambda/4$ besitzt, abschätzen. $\varepsilon_{r,eff} = \varepsilon_{r,eff}(w/h, \varepsilon_r)$ berechnet man dann für diese Einzelleitung. Der Fehler von f_{m3} gegenüber f_{mK} liegt für $3\,dB \leq a_{Km} \leq 12\,dB$ bei maximal 1,6 % und für $a_{Km} > 12\,dB$ bei maximal 0,5 % ($Z_L = 50\,\Omega$, $\varepsilon_r = 9{,}7$). Wegen der geringen frequenzabhängigen Änderung von $a_{21}(f)$ und $a_{31}(f)$ in der Umgebung der Mittenfrequenz genügt eine auf etwa 1 % genaue Bestimmung der Mittenfrequenz bei praktischen Koppleranwendungen.

Die Übertragungseigenschaften des nichtidealen (querinhomogenen) Mikrostreifenleitungs-Koppelabschnitts werden ferner bei /9.1, 9.5-9.12, 9.14-9.20/ analysiert.

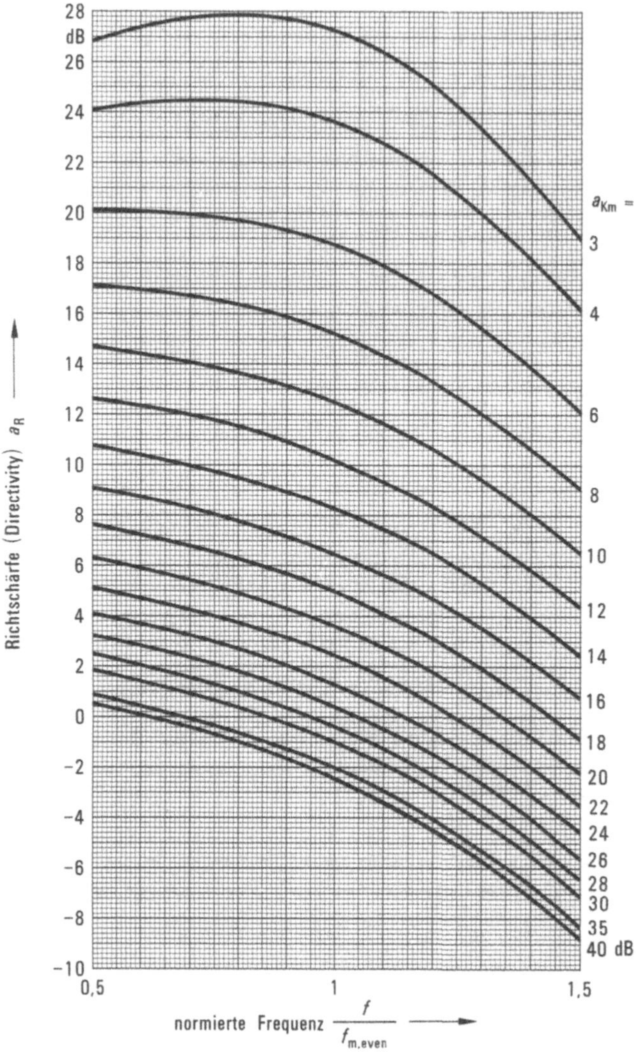

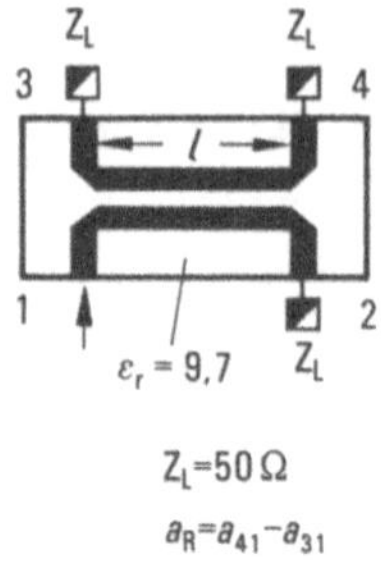

Bild 9.11. Richtschärfe a_R des Mikrostreifenleitungskopplers mit einem Wellenwiderstand Z_L von 50 Ω auf Al_2O_3-Keramiksubstrat ($\varepsilon_r = 9,7$) bei verschiedenen Mittenfrequenz-Koppeldämpfungen a_{Km}.

9.5 Modifizierte Mikrostreifenleitungs-Koppelabschnitte zur Erreichung hoher Verkoppelung und hoher Richtschärfe

9.5.1 Für 3-dB-Koppler geeignete modifizierte Koppelabschnitte

Bei dem technisch bedeutenden 3-dB-Koppler findet eine gleiche Aufteilung der beim Eingangstor 1 eingespeisten Leitung zu je der Hälfte auf die Ausgänge 2 und 3 statt (Bild 9.1a). D.h., daß der Koppelfaktor nach (9.110) $k = 1/\sqrt{2} = 0,707$ und die Mittenfrequenz-Koppeldämpfung nach (9.91) $a_{Km} = 3\,dB$ werden. Zur Herstellung eines 3-dB-Mikrostreifenleitungskopplers des in Bild 9.1a gezeigten Aufbaus ist bei 25 mil (0,635 mm) dickem Al_2O_3-Keramiksubstrat und $Z_L = 50\,\Omega$ eine Spaltbreite s von etwa 7,4 µm notwendig (Bild 9.10). Solche enge Spalte sind in großer Stückzahl nicht fertigbar. Daher müssen zur Realisierung des 3-dB-Kopplers Sonderformen von Koppelabschnitten, die von Bild 9.1a abweichen, gefunden werden.

Eine dieser Formen ist der Koppler mit metallisierter dielektrischer Auflage /9.94-9.96/ nach Bild 9.12a: Über dem Streifenleiterpaar wird eine dielektrische Auflage A auf die Länge des Koppelabschnitts angebracht, welche eine an den Koppelabschnittsenden leerlaufende Metallisierung M trägt. Dadurch wird einerseits C'_m erhöht, andererseits kommt eine zusätzliche Koppelkapazität $\Delta C'/2$ dazu, so daß sich $a_{Km} = 3\,dB$ erreichen läßt. - Eine zweite Sonderform ist der Interdigitalkoppler /2.88, 2.89, 9.97-9.106/ nach Bild 9.12b: Er besteht aus vier parallellaufenden Leitungen, von denen je zwei nicht benachbarte Leitungen an den Enden parallelgeschaltet sind. Dadurch wird ebenfalls die resultierende Koppelkapazität erhöht. - Beim Tandemkoppler /9.107-9.110, 9.122/ nach Bild 9.12c werden zwei gleiche Einzelkoppler in Tandemschaltung zusammengeschaltet. Dadurch läßt sich bei $a_{Km} = 8{,}34\,dB$ der Einzelkoppler eine Koppeldämpfung $a_{Km} = 3\,dB$ der Tandemanordnung erreichen.

Beim Streifen-Schlitzkoppler /9.111-9.115, 9.146, 9.147/ nach Bild 9.12d verschmelzen beide gekoppelten Streifenleiter zu einer einzigen Leitung L. Stattdessen wird ein Schlitz S in der Massemetallisierung eingeführt, der an den Enden durch kreisförmige Aussparungen Le leerläuft. Da die Massebeschichtung beidseitig des Schlitzes sehr breit ist, ist auch die Koppelkapazität über den Schlitz groß. - Eine zu der Gruppe der kodirektionalen Koppler gehörende Sonderform ist der Kammleitungskoppler /9.116-9.121/ nach Bild 9.12e: Durch kammartiges Ineinandergreifen der beiden Streifenleiter wird die Koppelkapazität erhöht. Zugleich wird die Gegentaktwelle wesentlich langsamer als die Gleichtaktwelle. Daher wirkt dieser Koppler im Gegensatz zu allen weiteren hier betrachteten Kopplern als Vorwärtskoppler (kodirektionaler Koppler).

In Bild 9.12f ist der Querschnitt eines allgemeinen verkoppelten n-Leitungssystems gezeigt, wie es mit $n = 4$ für den Interdigitalkoppler von Bild 9.12b verwendet worden ist. Mit $n = 6$ aufgebaute Interdigitalkoppler sind speziell für Kunststoffsubstrate mit niedrigem $\varepsilon_r = 2{,}1 \ldots 2{,}5$ geeignet /9.97/. Auch zum Aufbau von Interdigitalfiltern (Bild 1.5e), Kamm- und Haarnadelfiltern wird das verkoppelte n-Leitungssystem benötigt /9.28-9.40, 9.54/.

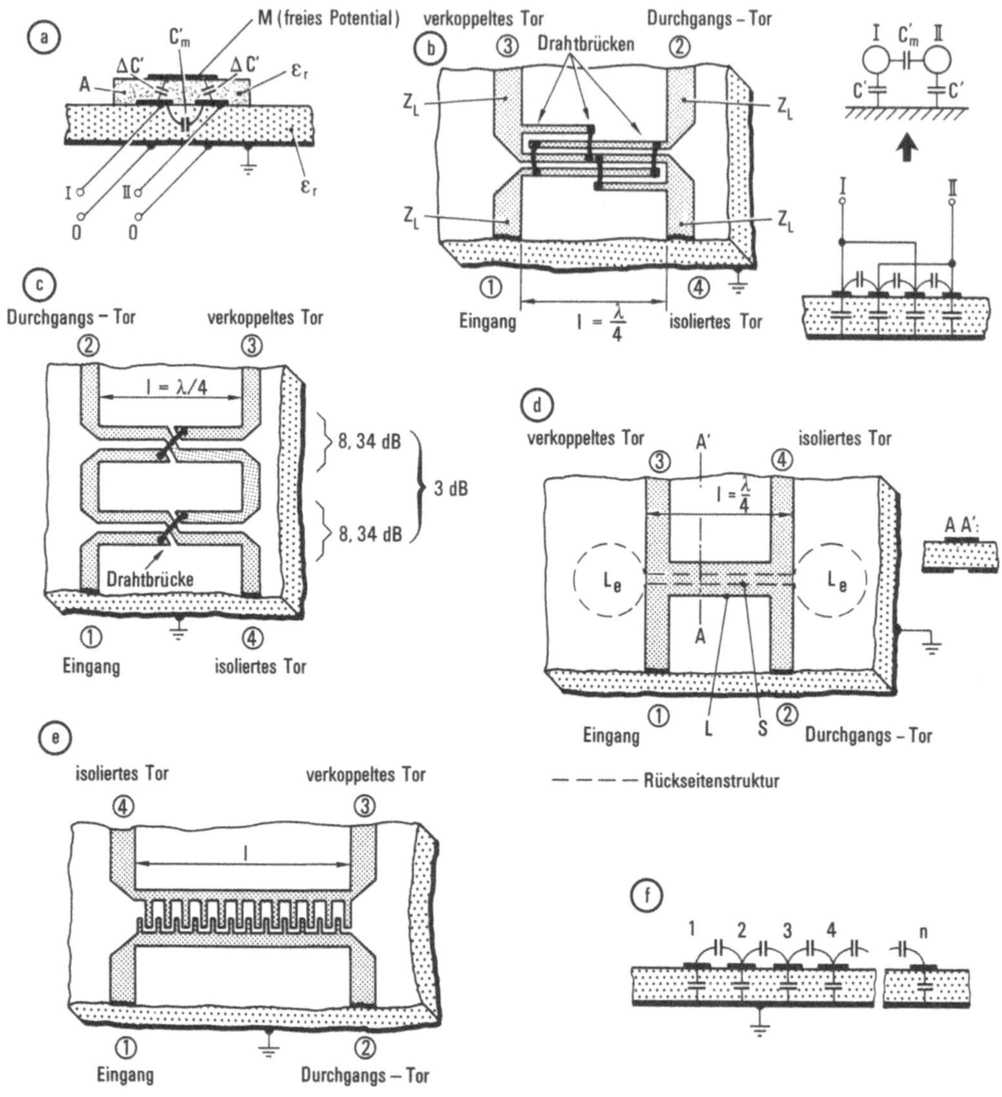

Bild 9.12. Für 3-dB-Koppler geeignete modifizierte Koppelabschnitte. a) Koppler mit metallisierter dielektrischer Auflage; b) Interdigitalkoppler; c) Tandemkoppler; d) Streifen-Schlitzkoppler; e) Kammleitungskoppler; f) Mikrostreifen-Mehrleitungssystem

9.5.2 Schwach verkoppelte Koppelabschnitte mit hoher Richtschärfe

Je höher die Koppeldämpfung a_{Km} des Mikrostreifenleitungskopplers ist, desto geringer wird seine Richtschärfe. So ist z.B. bei Al_2O_3-Keramiksubstrat und $Z_L = 50\,\Omega$ die Richtschärfe $a_R < 12$ dB für $a_{Km} > 10$ dB (Bild 9.11). Bei technischen Anwendungen wie z.B. bei der Messung von Stehwellenverhältnissen wird jedoch i.allg. eine

Richtschärfe $a_R > 20$ dB gefordert, wobei man relativ hohe Mittenfrequenz-Koppeldämpfungen $a_{Km} \cong 20...25$ dB benötigt. Das läßt sich mit dem Standard-Koppelabschnitt der Bilder 9.1a,b nicht erreichen. Der Grund für die schlechten Richtschärfewerte ist die Abweichung der effektiven Permittivitäten $\varepsilon_{r,eff,even}$, $\varepsilon_{r,eff,odd}$ voneinander, wobei stets $\varepsilon_{r,eff,even} > \varepsilon_{r,eff,odd}$ ist. Alle Kompensationsmaßnahmen dieses Koppelabschnitts zur Erreichung hoher Richtschärfe a_R laufen darauf hinaus, $\varepsilon_{r,eff,even} = \varepsilon_{r,eff,odd}$ zu erreichen, sei es durch Erhöhung von $\varepsilon_{r,eff,odd}$ oder Erniedrigen von $\varepsilon_{r,eff,even}$. Erhöhung von $\varepsilon_{r,eff}$ bedeutet, daß der elektrische Feldenergieanteil im Substrat gegenüber dem Anteil im Vakuum bei dem jeweiligen Erregungszustand (even, odd) vergrößert wird. Erniedrigen von $\varepsilon_{r,eff}$ bedeutet, daß ersterer verkleinert wird.

Beim Sägezahnkoppler /9.122-9.126/ nach Bild 9.13a wird durch die Zahnung der Kapazitätsbelag C'_{odd} für die Gegentakterregung selektiv erhöht, wobei C'_{even} etwa gleich bleibt. Dadurch wird $v_{P,odd}$ kleiner, d.h., nach (9.9) wird $\varepsilon_{r,eff,odd}$ größer. - Der Koppler mit dielektrischer Auflage /3.40, 9.5, 9.127 -9.134/ von Bild 9.13b erhöht $C'_{odd} = C' + 2C'_m$ selektiv, indem durch die Auflage C'_m vergrößert wird. - Der Doppelleiter-Schlitzkoppler /9.135-9.141/ nach Bild 9.13c besitzt einen Schlitz s_M in der Masse unterhalb der Streifenleiter. Dadurch tritt bei Gleichtakterregung ein Teil des E-Feldes in den Luftraum unterhalb des Schlitzes aus, wodurch sich $\varepsilon_{r,eff,even}$ erniedrigt. - Der Koppler mit symmetrischer Schirmung /9.15, 9.142/ von Bild 9.13d besitzt bei beliebigen Verkopplungen "automatisch" die theoretische Richtschärfe $a_R = \infty$. Der Grund ist, daß das E-Feld mit der Substratoberfläche als Symmetrieebene symmetrisch von den Streifenleitern gegen die beiden auf Masse liegenden Elektroden Gehäuseboden B und Gehäusedeckel D verläuft. Dadurch ist stets $\varepsilon_{r,eff,even} = \varepsilon_{r,eff,odd} = (\varepsilon_r + 1)/2$ (Abschn. 12.6).

Während die Kopplerformen der Bilder 9.13a bis d längshomogen kompensiert sind und breitbandig hohe Richtschärfe besitzen, werden bei dem Koppler mit Querkapazitäten /9.20, 9.93, 9.143-9.145/ von Bild 9.13e Kondensatoren C an den Enden des Standard-Koppelabschnitts parallel zu den Streifenleitern geschaltet. Sie erhöhen selektiv die Laufzeit der Gegentaktwelle, was einer $\varepsilon_{r,eff,odd}$-Erhöhung entspricht. Die Gleichtaktwelle bleibt unbeeinflußt. Mit dieser Maßnahme ist es möglich, bei einer wählbaren Frequenz Kompensation mit $a_R = \infty$ zu erreichen.

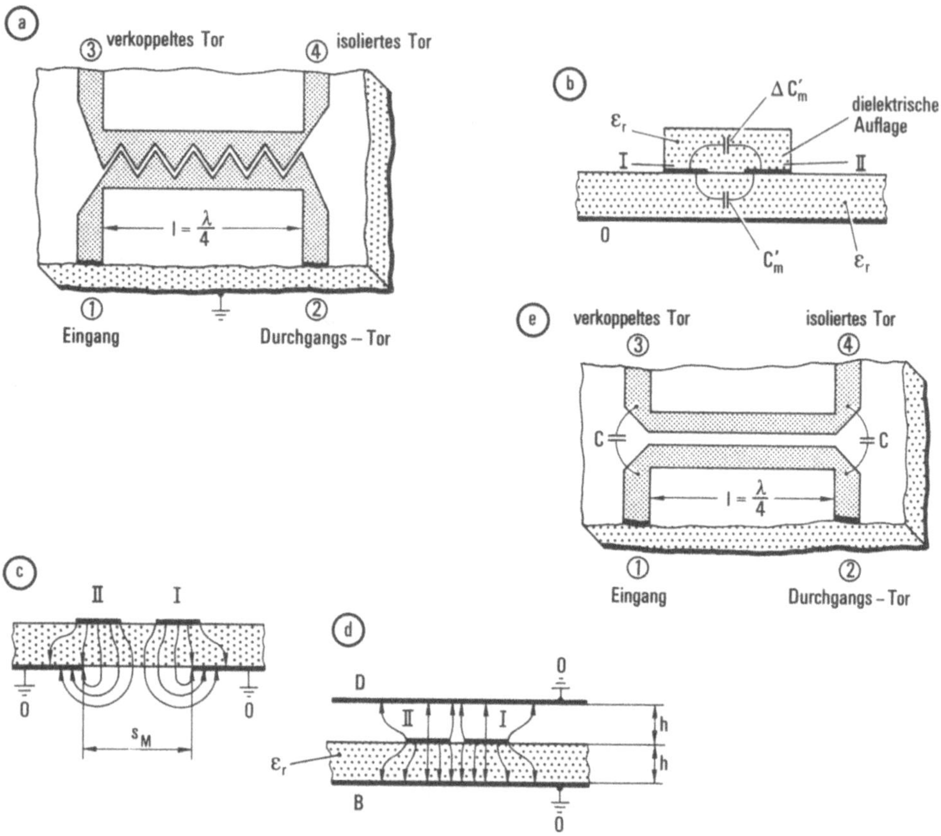

Bild 9.13. Schwach verkoppelte Richtkoppler mit erhöhter Richtschärfe. a) Sägezahnkoppler; b) Koppler mit dielektrischer Auflage; c) Doppelstreifen-Schlitzkoppler mit dem elektrischen Feldbild der Gleichtaktwelle; d) Koppler mit symmetrischer Schirmung mit dem elektrischen Feldbild der Gleichtaktwelle; e) Koppler mit kapazitiver Beschaltung

9.6 Verfälschung der Richtschärfe und des Reflexionsfaktors von Richtkopplern durch Reflexionen an den Übergängen

Bei in Schaltungen eingebauten Richtkopplern (z.B. Bild 9.1d) sind normalerweise zwei oder auch alle vier Anschlußleitungen über Knicke mit dem Koppelabschnitt verbunden. Durch die Felddiskontinuitäten entstehen hier zusätzliche Reflexionsfaktoren $\underline{r}_{Ü}$. Auch bei der Messung der Richtkopplereigenschaften in einem koaxialen Meßsystem treten an den Übergängen zu den Koaxialleitungen Reflexionen auf. Diese Reflexionen verändern in starkem Maß die Richtschärfe a_R und den Reflexionsfaktor $\underline{S}_{11}$ des Kopplers. Um diesen Einfluß abzuschätzen, betrachten wir folgendes Modell: An alle vier Tore des in Bild 9.1a gezeigten Richtkopplers denken wir uns je ein

Zweitor mit den Reflexionsfaktoren $\underline{S}_{11,Ü} = \underline{S}_{22,Ü} = \underline{r}_Ü$ und den Übertragungsfaktoren $|\underline{S}_{21,Ü}| = |\underline{S}_{12,Ü}| \cong 1$ angeschlossen, welches den jeweiligen Übergang darstellt. Nachfolgend wird die Verfälschung der "internen" Streuparameter $\underline{S}_{11}$, $\underline{S}_{21}$, $\underline{S}_{31}$, $\underline{S}_{41}$ a_R (Richtschärfe) des eigentlichen Koppelabschnitts durch die Reflexionsfaktoren $\underline{r}_Ü$ der Übergänge untersucht. Der Koppler einschließlich der Übergänge wird durch die externen Streuparameter $\underline{S}_{11,ext}$, $\underline{S}_{21,ext}$, $\underline{S}_{31,ext}$, $\underline{S}_{41,ext}$ und die externe Richtschärfe $a_{R,ext}$ gekennzeichnet. Für kleine Reflexionsfaktoren $|\underline{S}_{11}| \ll 1$ und $|\underline{r}_Ü| \ll 1$ kann man anhand eines z.B. nach /9.88/ erstellten Signalflußdiagramms des Kopplers zeigen, daß der Einfluß von $\underline{r}_Ü$ auf die Durchgangs- und Koppelübertragungsfaktoren vernachlässigbar ist, also $\underline{S}_{21,ext} \cong \underline{S}_{21}$ und $\underline{S}_{31,ext} \cong \underline{S}_{31}$ sind. Daher wird nachfolgend lediglich der Einfluß von $\underline{r}_Ü$ auf den Reflexionsfaktor $\underline{S}_{11}$ und die Richtschärfe a_R betrachtet. Es wird davon ausgegangen, daß der "externe" Koppler (Koppler einschließlich der Übergänge $\underline{r}_Ü$) mit dem Wellenwiderstand Z_L nach (9.78) an allen Toren abgeschlossen ist. Die Streuparameter $\underline{S}_{ij}$ sind durch die Tornumerierung von Bild 9.1a definiert (Speisung stets an Tor 1). Aus den $\underline{S}_{ij}$ leiten sich die mit (9.85)...(9.88) berechneten Dämpfungsmaße a_{ij} her.

Die externe R i c h t s c h ä r f e $a_{R,ext} = -20\log|\underline{S}_{41,ext}/\underline{S}_{31,ext}|$ kann man aus der internen Richtschärfe $a_R = -20\log|\underline{S}_{41}/\underline{S}_{31}|$ und aus $\underline{r}_Ü$ nach dem Koppler-Signalflußdiagramm näherungsweise zu

$$a_{R,ext} = -20\log\left|\frac{(\underline{S}_{41}/\underline{S}_{31}) + 2\underline{r}_Ü \cdot \underline{S}_{21}}{1+(\underline{S}_{41}/\underline{S}_{31}) \cdot \underline{r}_Ü \cdot \underline{S}_{21}}\right| \cong -20\log|(\underline{S}_{41}/\underline{S}_{31}) + 2\underline{r}_Ü\underline{S}_{21}| \tag{9.116}$$

berechnen. Zur Herleitung von (9.116) wurden nur die an den Toren 2 und 3 wirksamen Reflexionsfaktoren $\underline{r}_Ü$, für welche gleiche Beträge und gleiche Phasenwinkel vorausgesetzt wurden, berücksichtigt ($|\underline{r}_Ü| < 0{,}1$). Der Reflexionsfaktor $\underline{r}_Ü$ an Tor 4 wurde vernachlässigt. $\underline{S}_{21}$ und $\underline{S}_{31}$ können beliebige Werte annehmen. Der linke Ausdruck von (9.116) gilt für beliebige $\underline{S}_{41}$, während der rechte Ausdruck eine Näherung für $|\underline{S}_{41}/\underline{S}_{31}| \ll 1$ darstellt ($a_R > 15$ dB).

Läßt man beliebige Phasenwinkel für $\underline{r}_Ü$ zu, so schwankt die meßbare äußere Richtschärfe zwischen einem minimalen Wert $a_{R,ext,min} < a_R$ und einem maximalen Wert $a_{R,ext,max} > a_R$. Für $a_R > 15$ dB wird aus (9.116) in weiterer Näherung

$$a_{R,ext,min} = -20\log\left(10^{-a_R/20} + 2 \cdot |\underline{r}_Ü| \cdot |\underline{S}_{21}|\right) \quad , \tag{9.117}$$

$$a_{R,ext,max} = -20\log\left|10^{-a_R/20} - 2 \cdot |\underline{r}_Ü| \cdot |\underline{S}_{21}|\right| \quad . \tag{9.118}$$

Bei $\underline{r}_Ü = 10^{-a_R/20}/(2 \cdot |S_{21}|)$ mißt man $a_{R,ext} = \infty$!

Der extern meßbare Reflexionsfaktor $|\underline{S}_{11,ext}|$ läßt sich ebenfalls mit Hilfe eines Signalflußdiagramms für den Richtkoppler für $|\underline{r}_Ü| \ll 1$, $|\underline{S}_{11}| \ll 1$, $a_R > 15$ dB zu

$$\underline{S}_{11,ext} = \underline{S}_{11} + \underline{r}_Ü + \underline{S}_{21}^2 \underline{r}_Ü + \underline{S}_{31}^2 \underline{r}_Ü \cong \underline{S}_{11} + \underline{r}_Ü + \underline{S}_{21}^2 \underline{r}_Ü \tag{9.119}$$

ableiten. Auch hier sind nur die an den Toren 1, 2 und 3 wirksamen Reflexionsfaktoren $\underline{r}_Ü$, für welche gleiche Beträge und gleiche Phasenwinkel vorausgesetzt werden, berücksichtigt. Der Reflexionsfaktor am Tor 4 wurde vernachlässigt, da er wegen $a_R > 15$ dB nur geringen Einfluß besitzt. Bei dem linken Ausdruck von (9.119) können $\underline{S}_{21}$ und $\underline{S}_{31}$ beliebige Werte annehmen, während für den rechten Ausdruck $|\underline{S}_{31}| \ll 1$ bzw. eine hohe Mittenfrequenz-Koppeldämpfung $a_{Km} > 10$ dB vorausgesetzt wird. Den maximalen Wert erhält man zu

$$|\underline{S}_{11,ext}|_{max} = |\underline{S}_{11}| + |\underline{r}_Ü| \cdot (1 + |\underline{S}_{21}|^2 + |\underline{S}_{31}|^2) \cong |\underline{S}_{11}| + 2|\underline{r}_Ü| \quad . \tag{9.120}$$

Bei (9.116)...(9.120) wurden bezüglich Betrag und Phasenwinkeln gleiche Reflexionsfaktoren $\underline{r}_Ü$ an allen Toren des Richtkopplers vorausgesetzt. Geht man von verschiedenen Reflexionsfaktoren $\underline{r}_{Ü1}$, $\underline{r}_{Ü2}$, $\underline{r}_{Ü3}$ an den Toren 1, 2 und 3 (Bild 9.1a) aus ($\underline{r}_{Ü4}$ an Tor 4 vernachlässigt), so verändert sich (9.116) unter Beibehaltung der sonstigen Voraussetzungen zu

$$a_{R,ext} = -20\log\left|\frac{(\underline{S}_{41}/\underline{S}_{31}) + \underline{S}_{21}(\underline{r}_{Ü2} + \underline{r}_{Ü3})}{1 + (\underline{S}_{41}/\underline{S}_{31}) \cdot \underline{r}_{Ü2} \cdot \underline{S}_{21}}\right| \cong -20\log|(\underline{S}_{41}/\underline{S}_{31}) + \underline{S}_{21}(\underline{r}_{Ü2} + \underline{r}_{Ü3})| \quad . \tag{9.121}$$

Der rechte Ausdruck gilt wieder für hohe innere Richtschärfe $a_R > 15$ dB. Weiterhin verändert sich (9.119) unter Beibehaltung der sonstigen Voraussetzungen zu

$$\underline{S}_{11,ext} = \underline{S}_{11} + \underline{r}_{Ü1} + \underline{S}_{21}^2 \underline{r}_{Ü2} + \underline{S}_{31}^2 \underline{r}_{Ü3} \cong \underline{S}_{11} + \underline{r}_{Ü1} + \underline{S}_{21}^2 \underline{r}_{Ü2} \quad . \tag{9.122}$$

Der rechte Ausdruck gilt wieder für hohe Mittenfrequenz-Koppeldämpfung $a_{Km} > 10$ dB.

Zur numerischen Auswertung von (9.116)...(9.122) sind $\underline{S}_{21} = -j\sqrt{1-k^2}$ und $\underline{S}_{31} = k$ einzusetzen ($k = 10^{-a_{Km}/20}$: Koppelfaktor; a_{Km}: Mittenfrequenz-Koppeldämpfung).

10 Mikrostreifenleitungs-Diskontinuitäten

10.1 Einführung

Unter einer Leitungsdiskontinuität versteht man eine Abweichung von dem geradlinigen, längs der Leitungskoordinate homogenen Verlauf einer Leitung. Die Abweichung ist i.allg. quasi-konzentriert, d.h., die Abmessungen sind klein gegenüber der Leitungswellenlänge λ. Nachfolgend werden Diskontinuitäten der in Bild 3.1a gezeigten Mikrostreifenleitung beschrieben /2.96, 3.52, 3.64-3.67, 3.82-3.96, 3.100, 3.104, 10.1-10.121/, von denen Bild 1.47 eine Auswahl zeigt.

Die realen Diskontinuitäten weichen in folgenden Eigenschaften von den in Bild 1.47 unten gezeigten idealen Leitungs-Verbindungen und -Abschlüssen ab:

a) Es treten Verzerrungen des elektrischen und magnetischen Feldes sowie der Stromlinien gegenüber der längshomogenen Leitung auf. Zur Berücksichtigung dieser Verzerrungen muß die Diskontinuität als ein eigenes Schaltelement (Eintor, Zweitor...n-Tor) behandelt werden. Dieses wird im allgemeinen Fall durch frequenzabhängige n-Tor-Streuparameter $\underline{S}_{ij}(f)$, bei niedrigen Frequenzen oft auch näherungsweise durch ein konzentriertes Ersatzschaltbild aus Blindelementen L,C dargestellt.

b) Ein Teil der über die Leitung laufenden Energie wird an der Diskontinuität als Raumwelle abgestrahlt (Antennenwirkung). Bei geschlossenen Schaltungsgehäusen werden dadurch Hohlraumresonanzen angeregt (Abschn. 11.1, 11.2, 15.2).

c) Ein weiterer Teil der über die Diskontinuität laufenden Leistung wandelt sich in eine TM_0-Oberflächenwelle um, die bei $f > 0$ auf einem rückseitig metallisierten Substrat ausbreitungsfähig ist (Abschn. 11.1, 11.2, 15.1). Das führt zu parasitären Verkoppelungen zwischen Schaltungsteilen.

In vorliegendem Kap. 10 wird ausschließlich die reaktive, die Dimensionierung von Mikrostreifenleitungs-Schaltungen wesentlich beeinflussende Wirkung a) der Diskontinuitäten behandelt. Durch eine Einbeziehung der reaktiven Eigenschaften der Diskontinuitäten in den Schaltungsentwurf wird die Übereinstimmung zwischen den vorausberechneten und den an der fertigen Schaltung tatsächlich auftretenden elektrischen Eigenschaften gegenüber dem Entwurf unter Annahme idealisierter Diskontinuitäten wesentlich verbessert (Computer-Aided-Design /1.19/). Das wurde z.B. an Filterstrukturen, Hybridringen (Bild 1.4a) und Transistorverstärkern nachgewiesen /10.1-10.6, 10.33-10.39, 10.46, 10.47/. Dabei analysiert man Streifenleitungen und Diskontinuitäten einer Schaltung jeweils voneinander unabhängig als getrennte Bausteine und setzt sie dann zur Gesamtschaltung zusammen. Für dieses Verfahren werden in Kap. 10 die Diskontinuitäteneigenschaften angegeben.

Neuerdings versucht man, mit Hilfe des sog. planaren Schaltungskonzepts (planar circuit concept) sogar noch einen Schritt weiter zu gehen: Man berechnet die Übertragungseigenschaften kompletter, aus Diskontinuitäten und Leitungen zusammengesetzter Strukturen (z.B. Hybridring nach Bild 1.4a) unmittelbar aus den Abmessungen der Gesamtstruktur und dem ε_r des Substrats /10.40-10.45/. Dieses Verfahren findet jedoch wegen seines großen rechnerischen Aufwands und wegen seiner geringen Flexibilität hinsichtlich der Anwendbarkeit auf verschiedenartige Schaltungen in der Praxis noch kaum Verbreitung.

10.2 Mikrostreifenleitungs-Leerlauf

10.2.1 Elektrisches Verhalten, Analyseverfahren

Mikrostreifenleitungs-Leerläufe /2.96, 3.52, 3.87, 3.104, 10.1, 10.7-10.32/ in der Form abrupt endigender Streifenleiter (Bild 10.1a) kommen z.B. in Filtern, Anpassungsnetzwerken und Resonatoren vor (Abschn. 1.3). Der reale Leerlauf unterscheidet sich von einem idealen Leerlauf (Abschlußwiderstand $\underline{Z} = \infty$ am Leitungsende) durch das Auftreten eines elektrischen Streufelds am Leitungsende. Dieses wird im Ersatzschaltbild durch eine bei der Bezugsebene T angeschlossene Endkapazität C_L (Bild 10.1b) dargestellt. Die Bezugsebene T ist die Querschnittsebene am geometrischen Ende des Streifenleiters. Alternativ dazu kann man das Streufeld durch eine längshomogene äquivalente Leitungsverlängerung Δl_L nach Bild 10.1c mit idealem Leerlauf (magnetische Wand in der Querschnittsebene, Abschlußwiderstand $\underline{Z} = \infty$) am Ende darstellen. Die in den Ersatzschaltbildern bis zur Bezugsebene T verlaufenden Leitungen betrachtet man grundsätzlich als längshomogen. Durch Gleichsetzen der Eingangswiderstände der Kapazität C_L und der Leitung Z_L, $\varepsilon_{r,eff}$, Δl_L erhält man die Umrechnungsbeziehung zwischen C_L und Δl für beliebige Δl_L zu

$$C_L = \{2\pi f Z_L \cot(2\pi f \Delta l_L \sqrt{\varepsilon_{r,eff}}/c_0)\}^{-1} \leftrightarrow \Delta l_L = \{c_0/(2\pi f \sqrt{\varepsilon_{r,eff}})\} \cdot \operatorname{arcot}\{1/(2\pi f C_L Z_L)\} \quad (10.1)$$

und für $\Delta l_L \ll \lambda = c_0/(f\sqrt{\varepsilon_{r,eff}})$, was in der Praxis immer gegeben ist, zu

$$\Delta l_L = C_L/C' = C_L Z_L c_0/\sqrt{\varepsilon_{r,eff}} \quad \leftrightarrow \quad C_L = \Delta l_L \sqrt{\varepsilon_{r,eff}}/(Z_L c_0) \quad . \tag{10.2}$$

Die genaueste, bis zu höchsten Frequenzen gültige Analyse ist die dynamische (frequenzabhängige) numerische Analyse des Leerlaufs /10.25, 10.26, 10.28/, die z.B. mit Variationsausdrücken für die Endadmittanz oder mit Verfahren im Spektralbereich arbeitet. Zum Teil werden auch die in den Luftraum abgestrahlten und in Oberflächenwellen auf dem Substrat umgewandelten Energieanteile mit berechnet /10.28/. Nach einer dynamischen Spektralbereichslösung /10.25, 10.26/ fällt mit ansteigender Frequenz bei $\varepsilon_r = 9{,}7$ und $0{,}2 \leqq w/h \leqq 5$ zunächst Δl_L um 4...5 % ab (Minimum bei $h/\lambda_0 \cong 0{,}025$ für $w/h = 0{,}2$ und bei $h/\lambda_0 \cong 0{,}012$ für $w/h = 5$) und steigt dann kontinuierlich an. Der statische Wert wird wieder bei $h/\lambda_0 \cong 0{,}05$ für $w/h = 0{,}2$ und bei $h/\lambda_0 \cong 0{,}03$ für $w/h = 5$ erreicht. Nach der dynamischen Analyse besteht die funktionale Abhängigkeit $C_L, \Delta l_L = h \cdot f(w/h, t/h, \varepsilon_r, h/\lambda_0)$.

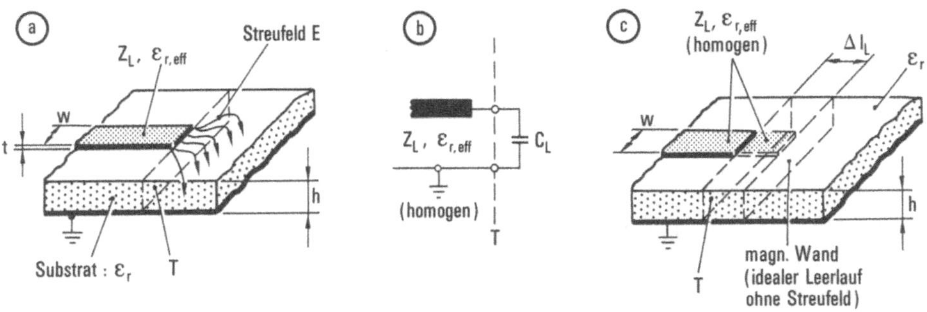

Bild 10.1. Mikrostreifenleitungs-Leerlauf. a) Aufbau mit elektrischem Streufeld E; b) Ersatz-Endkapazität C_L; c) äquivalente Leitungsverlängerung Δl_L

Bei Frequenzen unterhalb von 6...10 GHz liegt die frequenzbedingte Δl_L-Änderung unter 2 % ($h \cong 1$ mm). Daher können mit guter Genauigkeit statische numerische Feldberechnungsverfahren /10.9-10.17/ wie die Garlekin-Methode oder Fouriertransformationsmethoden zur Analyse angewandt werden. Nach der statischen Analyse besteht die funktionale Abhängigkeit $\Delta l_L, C_L = h \cdot f(w/h, t/h, \varepsilon_r)$. Experimentelle Verfahren /2.96, 3.52, 10.1, 10.7-10.9, 10.19, 10.20, 10.23, 10.24, 10.30/ benützen i.allg. zwei an den Enden leerlaufende Leitungsresonatoren mit etwa um den Faktor 2 unterschiedlichen Längen (Elimination von $\varepsilon_{r,eff}$, vgl. Abschn. 7.3). Näherungsgleichungen für Δl_L bzw. C_L /2.96, 3.87, 3.104, 10.10, 10.21, 10.22, 10.27, 10.29, 10.31/ werden hauptsächlich durch Funktionalapproximation numerischer statischer Ergebnisse, seltener durch Approximation experimentell ermittelter Werte, abgeleitet. Vergleiche verschiedener numerischer Verfahren ergaben gute Übereinstimmung /10.9, 10.13, 10.25, 10.26/.

10.2.2 Analysegleichungen

Von Hammerstad /3.104/ ist durch Funktionalapproximation numerischer statischer Ergebnisse von Silvester, Benedek /10.10/ für $\varepsilon_r = 1$, 2,5, 4,2, 9,6, 16 und 51 für die Leiterdicke $t = 0$ die einfache statische Formel

$$\Delta l_L/h = 0{,}412\,\frac{(\varepsilon_{r,eff} + 0{,}3)\cdot\{(w/h) + 0{,}262\}}{(\varepsilon_{r,eff} - 0{,}258)\cdot\{(w/h) + 0{,}813\}} \qquad (10.3)$$

abgeleitet werden. Im Vergleich zu einer rigorosen, numerischen Hybridwellenlösung /10.25, 10.26/ ist für $0{,}3 \leqq w/h \leqq 2$ und $1 \leqq \varepsilon_r \leqq 50$ der Fehler unterhalb von etwa 5 %. Außerhalb dieses w/h-Bereiches steigt er stark an. Hinsichtlich der Werte für $w/h \gg 1$ korrigierte Gleichungen für Δl_L gibt /10.31/ an. Die genauesten statischen Gleichungen haben Kirschning, Jansen, Koster /10.27/ durch Funktionalapproximation an die für niedrige Frequenzen berechneten Ergebnisse einer rigorosen Hybridwellenanalyse /10.25, 10.26/ abgeleitet. Sie lauten für $t = 0$

$$\Delta l_L/h = A \cdot C \cdot E/D \quad , \qquad (10.4)$$

$$A = 0{,}434907\,\frac{(\varepsilon_{r,eff}^{0,81} + 0{,}26)\cdot\{(w/h)^{0,8544} + 0{,}236\}}{(\varepsilon_{r,eff}^{0,81} - 0{,}189)\cdot\{(w/h)^{0,8544} + 0{,}87\}} \quad , \qquad (10.5)$$

$$B = 1 + \{(w/h)^{0,371}/(2{,}358\varepsilon_r + 1)\} \quad , \qquad (10.6)$$

$$C = 1 + (0{,}5274/\varepsilon_{r,eff}^{0,9236})\cdot\arctan\{0{,}084\cdot(w/h)^{1,9413/B}\} \quad , \qquad (10.7)$$

$$D = 1 + 0{,}0377\cdot\left[6 - 5\cdot\exp\{0{,}036(1-\varepsilon_r)\}\right]\cdot\arctan\{0{,}067\cdot(w/h)^{1,456}\} \quad , \qquad (10.8)$$

$$E = 1 - 0{,}218\cdot\exp(-7{,}5w/h) \quad . \qquad (10.9)$$

Der Fehler liegt für $0{,}01 \leqq w/h \leqq 100$ und $1 \leqq \varepsilon_r \leqq 50$ unter 2,5 %. In Bild 10.2 sind $\Delta l_L/h$-Werte nach (10.4)...(10.9) für verschiedene Substratmaterialien dargestellt.

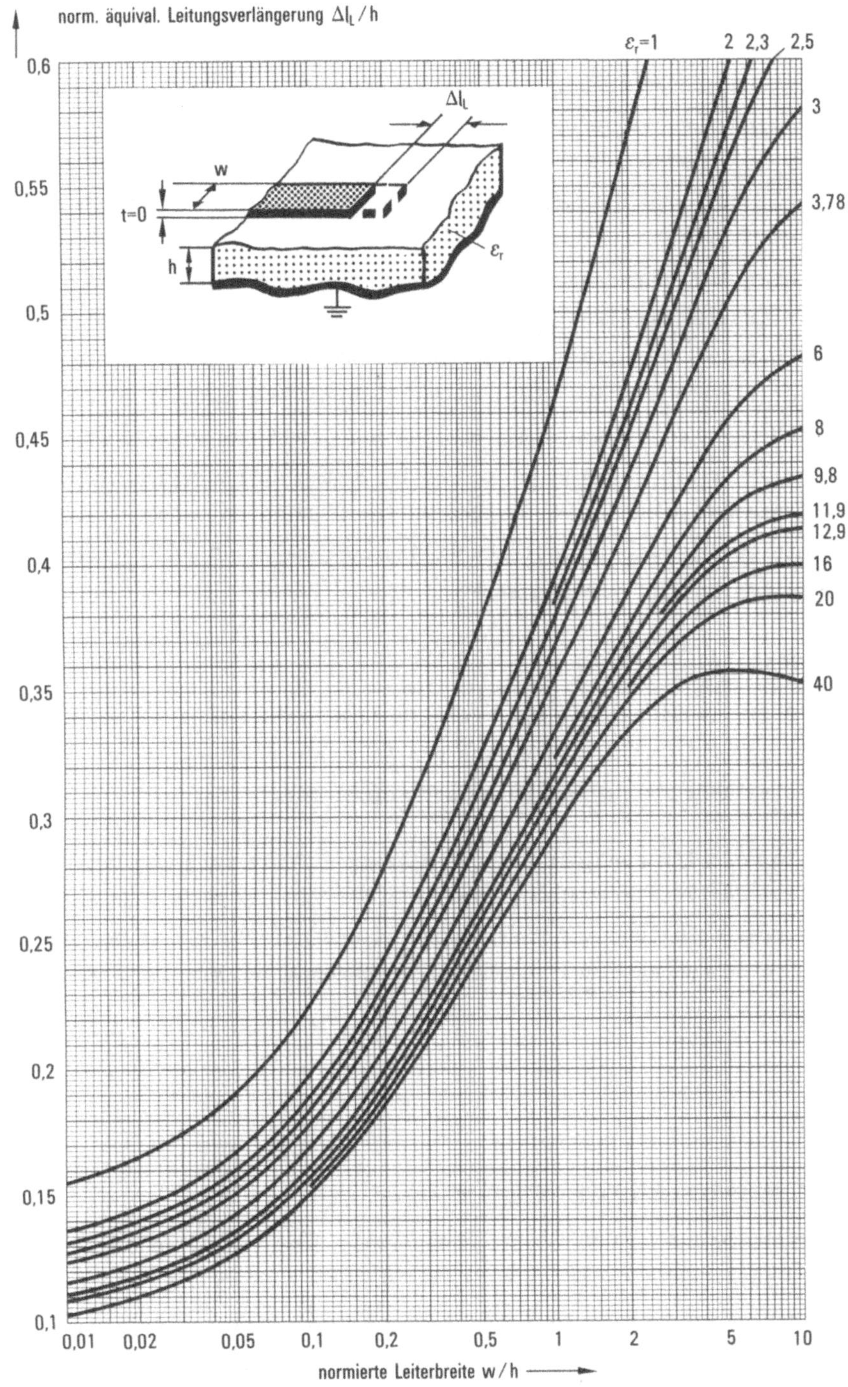

Bild 10.2. Äquivalente Leitungsverlängerung Δl_L des Mikrostreifenleitungs-Leerlaufs nach (10.4)...(10.9) für verschiedene Substratmaterialien (Polyolefin: $\varepsilon_r = 2{,}3$; glasfaserverstärktes Teflon: $\varepsilon_r = 2{,}5$; Quarzglas: $\varepsilon_r = 3{,}78$; Al_2O_3-Keramik: $\varepsilon_r = 9{,}8$; semiisolierendes Silizium: $\varepsilon_r = 11{,}9$, semiisolierendes Gallium-Arsenid: $\varepsilon_r = 12{,}9$; nichtmagnetisches Ferrit: $\varepsilon_r = 16$).

Die auf die Leiterbreite bezogene Endkapazität C_L/w nimmt mit wachsendem w/h ab, da bereits bei w/h = 0 durch das Eckenstreufeld ein endlicher Wert von C_L vorhanden ist, der relative Eckenstreufeldanteil jedoch mit wachsendem w/h kleiner wird. Für große Leiterbreiten $w/h \gg 1$ ändert sich C_L/w kaum mehr und strebt einem Wert

$$C_{L,\infty}/w = (C_L/w)_{w/h \gg 1} = C'_{f,\infty} \cong 0{,}012 + 0{,}0039\,\varepsilon_r \tag{10.10 Z}$$

zu, der ungefähr gleich dem Randstreukapazitätsbelag $C'_{f,\infty} = (C' - C'_P)/2$ der Mikrostreifenleitung (C': Kapazitätsbelag; $C'_P = \varepsilon_0 \varepsilon_r w/h$: Plattenkondensatoranteil) für $w/h \gg 1$ ist ($C_{L,\infty}/w$ in pF/mm). (10.10 Z) wurde durch Funktionalapproximation an genaue Stützwerte $C'(w/h \gg 1)$ für die Mikrostreifenleitung hergeleitet: C' wurde hierzu bei $\varepsilon_r = 1$ nach der exakten konformen Abbildung /3.120/ für w/h = 30 (Tafel 3.2) sowie bei $\varepsilon_r = 2{,}5$ für w/h = 20 und bei $\varepsilon_r = 5$, 10, 20 und 40 für w/h = 10 nach der statischen Variante der Methode der Geraden /2.86, 2.87, 2.89, 3.99, 3.100/ berechnet. Die normierte äquivalente Leitungsverlängerung $\Delta l_L/h = C_L/(C'h)$ nach (10.2) strebt ebenfalls für $w/h \gg 1$ einem Wert

$$\Delta l_{L,\infty}/h = (\Delta l_L/h)_{w/h \gg 1} \cong \{\Delta w/(2h)\}_{w/h \gg 1} \cong (1{,}35/\varepsilon_r) + 0{,}44 \tag{10.11 Z}$$

zu, der sich aus (10.2), (10.10 Z) mit $C'_\infty/w = \varepsilon_0 \varepsilon_r/h$ errechnet. Für $\varepsilon_r \to \infty$ wird der Wert $\Delta l_{L,\infty}/h = (2/\pi) \cdot \ln(2) \cong 0{,}44$ erreicht, der von Altschuler, Oliner /3.87/ für den Triplateleitungsleerlauf für $w/h \to \infty$ berechnet worden ist.

Bei /10.29/ werden Formeln für den Leerlauf der Mikrostreifenleitung mit Deckel, bei /3.87/ Formeln für den Triplateleitungsleerlauf, bei /10.32/ Berechnungen des Leerlaufs der Mikrostreifenleitung auf Ferritsubstrat und bei /10.25, 10.26/ dynamische numerische Berechnungen eines leerlaufenden gekoppelten Mikrostreifenleitungspaars angegeben.

10.3 Leiterbreitenstufe

10.3.1 Elektrisches Verhalten, Analyseverfahren

Leiterbreitenstufen /3.82, 3.83, 3.86, 3.87, 3.92, 3.95, 3.96, 10.7, 10.8, 10.11, 10.12, 10.17, 10.22, 10.37, 10.52, 10.55-10.73, 10.75, 10.77-10.82, 10.115, 10.117, 10.118-10.120/ von Mikrostreifenleitungen bestehen aus einer abrupten Änderung der Streifenleiterbreite von w_1 auf w_2, wobei sich das Substrat bzgl. seiner Dicke h und bzgl. ε_r nicht verändert (Bild 10.3a). Sie kommen bei Tiefpäßen (Bild 1.5a), Impedanztransformatoren und allgemeinen Transformationsschaltungen vor. Die Felddiskontinuitäten zeigen sich in einer Einschnürung der Stromlinien, die hauptsächlich

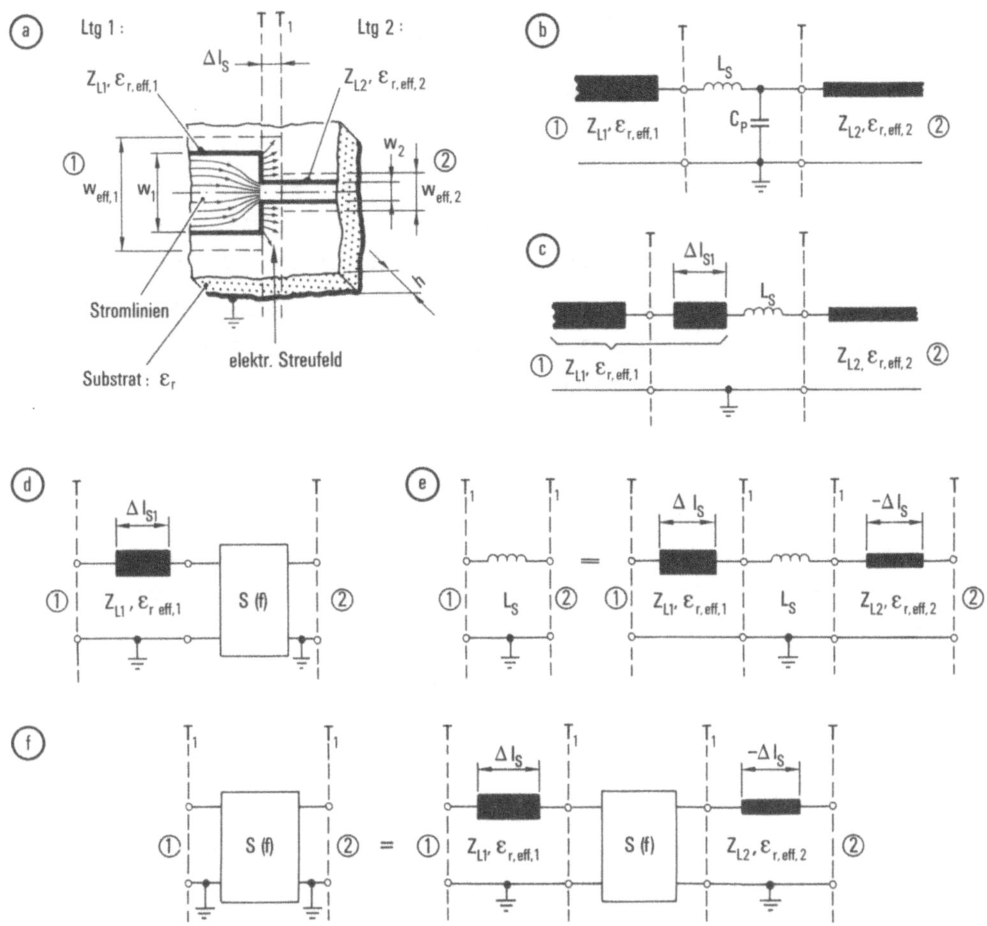

Bild 10.3. Leiterbreitenstufe. a) Aufbau; b) konzentriertes Ersatzschaltbild; c) Ersatzschaltbild mit Zusatzleitung Δl_{S1} anstelle von C_P; d) Berücksichtigung des Stirnkantenstreufelds durch Zusatzleitung Δl_{S1} beim allgemeinen S-Parameterersatzschaltbild nach der Bandleitungsanalyse; e) konzentriertes Ersatzschaltbild mit variabler Bezugsebene T_1; f) allgemeines S-Parameterersatzschaltbild für Bandleitungsanalyse unter Einschluß der Oberwellen

auf dem breiteren Streifenleiter auftritt, und in einem elektrischen Streufeld auf der Stirnseite der breiteren Leitung. Aus der Stromeinschnürung ergibt sich die Serieninduktivität L_S und aus dem Streufeld die Parallelkapazität C_P des in Bild 10.3b gezeigten Ersatzschaltbilds. Dieses ist auf die Querschnittsebene T der Breitenstufe bezogen (Bezugsebene T). Weitere Ersatzschaltbilder zeigen die Bilder 10.3c...f.

Zur A n a l y s e der mit Feldverzerrungen behafteten, realen Leiterbreitenstufe kennt man folgende Verfahren, die sich auch auf die meisten anderen Diskontinuitäten anwenden lassen:

a) Die allgemeinste, bis zu höchsten Frequenzen gültige Analyse ist die dynamische numerische Analyse der Originalstruktur /10.25, 10.26, 10.55, 10.57-10.60/ unter Einschluß der Inhomogenität Substrat-Luft.

b) Für niedrige Frequenzen $f \leq f_{g,stat}$ nach (3.2 Z) bzw. (3.3 Z) werden mit statischen numerischen Analysen der Originalstruktur jeweils frequenzunabhängige Werte für L_S nach /10.61-10.66, 10.115/ und für C_P nach /10.17, 10.62, 10.67 -10.69, 10.115/ unabhängig voneinander berechnet (Ersatzschaltbild 10.3b).

c) Bei der dynamischen Analyse des Bandleitungsmodells für die Leiterbreitenstufe mit der Bandleitungs-Grundwelle /3.83, 3.86, 3.87, 10.70, 10.119/ erhält man Näherungsformeln für frequenzabhängige Werte von L_S (Ersatzschaltbilder 10.3b,c,e) für niedrige Frequenzen $f \leq f_{g,stat}$.

d) Die dynamische numerische Analyse des Bandleitungsmodells für die Leiterbreitenstufe unter Einschluß der Grund- und Oberwellen der Bandleitung /3.82, 3.83, 3.92/ liefert numerische Werte der frequenzabhängigen Streuparameter $\underline{S}_{ij}(f)$ des Leiterbreitenstufen-Zweitors (Ersatzschaltbilder 10.3d,f). Die Analyse ist etwa bis zur dritten Oberwelle der breiten Leitung recht genau.

e) Bei der experimentellen Bestimmung der Ersatzschaltbildelemente L_S, C_P /10.7, 10.8, 10.62, 10.71-10.73, 10.117/ setzt man die Leiterbreitenstufe in gerade Resonatoren /10.8, 10.62, 10.71, 10.117/, Ringresonatoren /10.7/ oder durchgehende Leitungen /10.72, 10.73/ ein.

f) Näherungsformeln für die Ersatzschaltbildelemente /10.22/ erhält man durch Funktionalapproximation statischer numerischer Ergebnisse.

10.3.2 Statische Analyse der Originalstruktur

Die frequenzunabhängigen Ersatzschaltbildelemente L_S und C_P (Bild 10.3b) werden bei der statischen Näherung getrennt voneinander nach unterschiedlichen Methoden bestimmt. Bild 10.4a zeigt die nach einer numerischen statischen Analyse der Originalstruktur von /10.62, 10.68/ mit Hilfe der Greenschen Funktion berechnete Parallelkapazität C_P. Dabei wird eine Leiterdicke $t = 0$ vorausgesetzt. Von dieser Voraussetzung wird auch weiterhin in Abschn. 10.3 ausgegangen. Es gilt die funktionale Abhängigkeit $C_P = h \cdot f(w_1/h, w_2/h, \varepsilon_r)$. In Bild 10.4b ist die nach einer numerischen statischen Analyse der Originalstruktur von /10.65/ mit der Garlekin-Methode (erweiterte Methode endlicher Differenzen) berechnete Serieninduktivität L_S dargestellt. Aufgrund der statischen Näherung ist L_S für beliebige ε_r-Werte gleich. Es ist $L_S = h \cdot f(w_1/h, w_2/h)$. Durch Funktionalapproximation statischer numerischer Ergebnisse abgeleitete Formeln für L_S und C_P werden bei /10.22/ angegeben.

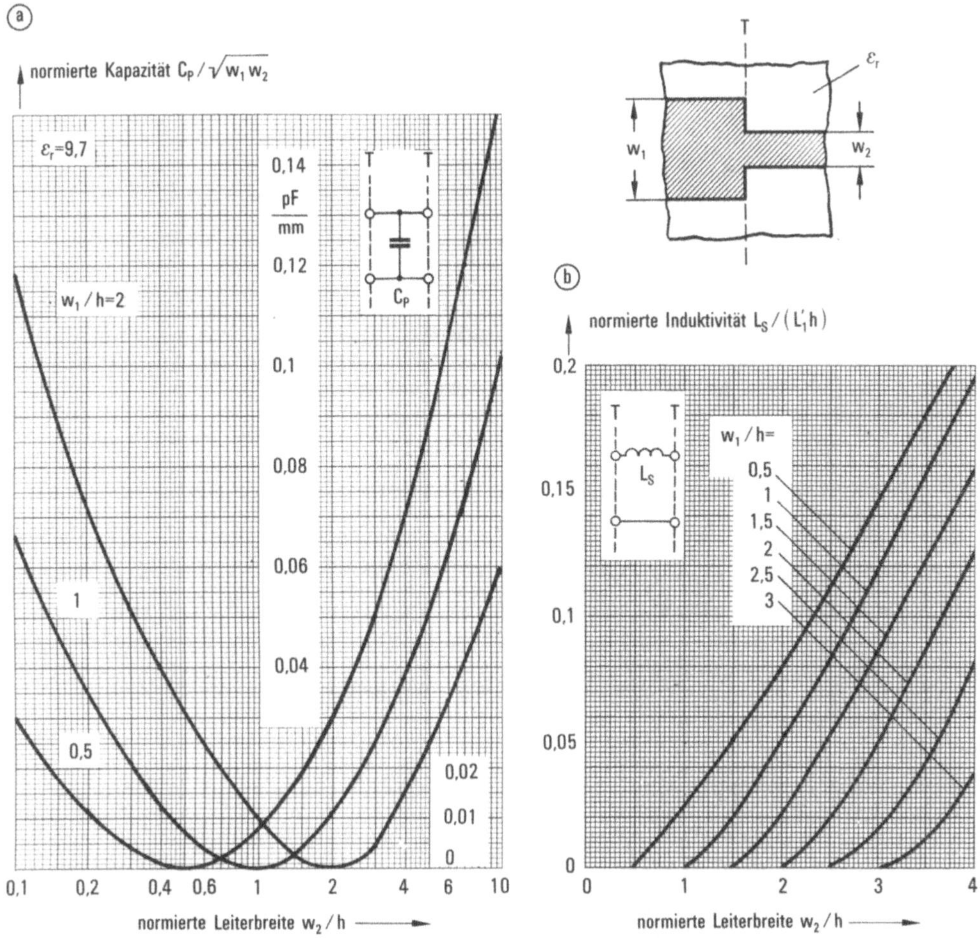

Bild 10.4. Statische Ersatzschaltbildelemente der Leiterbreitenstufe (Leiterdicke $t = 0$). a) Parallelkapazität C_P für Al_2O_3-Keramiksubstrat ($\varepsilon_r = 9{,}7$) nach /10.62, 10.68/; b) Serieninduktivität L_S nach /10.65/ mit $L_1' = Z_{L1}\sqrt{\varepsilon_{r,eff,1}}/c_0 = Z_{L1,0}/c_0$, gültig für beliebiges ε_r

10.3.3 Dynamische Analyse mit der Grundwelle des Bandleitungsmodells

Stellt man jede der beiden Leitungen 1 und 2 der Leiterbreitenstufe durch deren Bandleitungsmodell nach Abschn. 3.2.5 bzw. 3.3.4 dar, so kann man näherungsweise davon ausgehen, daß die Übertragungseigenschaften der so entstandenen Bandleitungs-Leiterbreitenstufe (Bild 10.5a) gleich den Eigenschaften der Leiterbreitenstufe der Originalleitung (Bild 10.3a) sind. Die beiden Bandleitungen werden an der Stelle der Bezugsebene T aneinandergesetzt. Dabei wird die Stirnseite der breiteren Leitung 1 mit einer magnetischen Wand abgeschlossen. Das Bandleitungsmodell gestattet somit lediglich die Berechnung der Auswirkung der Strom-

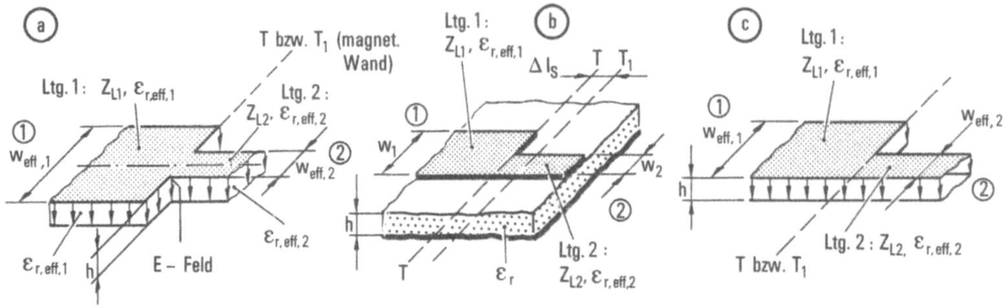

Bild 10.5. Zur Analyse mit dem Bandleitungsmodell. a) Bandleitungsmodell für die symmetrische Leiterbreitenstufe; b) unsymmetrische Leiterbreitenstufe; c) Bandleitungsmodell für die unsymmetrische Leiterbreitenstufe

linien- bzw. Feldverzerrungen innerhalb der Bandleitung in Form der Induktivität L_S. Es ermöglicht jedoch nicht die Berechnung des stirnseitigen elektrischen Streufelds der breiten Leitung, also die Berechnung der Kapazität C_P. Hierfür wird später eine Abschätzung angegeben. - Setzt man im Bandleitungsmodell nur die Grundwelle an und vernachlässigt die Oberwellen, so lassen sich wegen des abgeschlossenen, homogen gefüllten Feldraums der Bandleitung einfache analytische Ausdrükke für L_S angeben /3.83, 3.86, 3.87, 10.70/.

Dieses Verfahren der äquivalenten Bandleitung wurde erstmals von Altschuler, Oliner u.a. /3.86-3.88/ zur Berechnung verschiedener Triplateleitungs-Diskontinuitäten angewandt. Dabei wird grundsätzlich die Diskontinuität der Originalleitung (Triplate- oder Mikrostreifen-Leitung) durch die entsprechende Diskontinuität des Bandleitungsmodells (Abschn. 3.2.5, 3.3.4) dargestellt. Mit Hilfe des bei /3.86 -3.88; 3.125, S. 28, 174; 10.74, S. 76/ beschriebenen Babinbetschen Dualitätsprinzips kann man eine zur Bandleitungsdiskontinuität duale Rechteckhohlleiter-Diskontinuität angeben. Formeln für die Ersatzschaltbildelemente der letzteren sind in einschlägigen Standardwerken wie z.B. /1.339, 3.125, 10.74, 10.83, 10.84/ angegeben. Aus den Ersatzschaltbildern und Formeln für die Hohlleiterdiskontinuität kann man durch einfache duale Umformungen Ersatzschaltbilder und Formeln für die Bandleitungsdiskontinuität angeben. Mit den Umformungen (3.65), (3.66) lassen sich diese Formeln in solche für die Orignal-Mikrostreifenleitungs-Diskontinuität umwandeln.

Durch die Anwendung dieses Verfahren /3.86, 3.87/ erhält man für die Induktivität L_S der Ersatzschaltbilder 10.3b,c,e

$$\frac{2\pi f L_S}{Z_{L1}} = \frac{4 w_{eff,1}}{\delta \cdot \lambda_1} \cdot \ln\{1/\sin(\frac{\pi}{2} \cdot \frac{w_{eff,2}}{w_{eff,1}})\} \tag{10.12}$$

mit $\lambda_1 = c_0/(f\sqrt{\varepsilon_{r,eff,1}})$. Setzt man $w_{eff,1}$, $w_{eff,2}$ nach der statischen Näherung (3.66) ein, so ergibt sich

$$\frac{L_S}{h} = \frac{2\mu_0}{\delta\cdot\pi}\cdot \ln\{1/\sin\left(\frac{\pi}{2}\,\frac{Z_{L1}\sqrt{\varepsilon_{r,eff,1}}}{Z_{L2}\sqrt{\varepsilon_{r,eff,2}}}\right)\} = \frac{2\mu_0}{\delta\cdot\pi}\cdot \ln\{1/\sin(\frac{\pi}{2}\cdot\frac{Z_{L1,0}}{Z_{L2,0}})\} \tag{10.13}$$

mit $Z_{L1,0} = Z_{L1}(\varepsilon_r = 1)$, $Z_{L2,0} = Z_{L2}(\varepsilon_r = 1)$. (10.12), (10.13) gelten unter der Voraussetzung $w_{eff,1} > w_{eff,2}$, d.h. $w_1 > w_2$ bzw. $Z_{L1} < Z_{L2}$. Für die symmetrische Breitenstufe (Bilder 10.3a, 10.5a) ist $\delta = 2$, für die in den Bildern 10.5b,c gezeigte unsymmetrische Breitenstufe ist $\delta = 1$ zu setzen $(Z_{L1} < Z_{L2})$. Genaue Gleichungen für die Induktivität L_S (Bilder 10.3a,c,e), welche die Frequenzabhängigkeit von L_S einschließen und demzufolge bis zu höheren Frequenzen als (10.12), (10.13) gelten, lassen sich aus der bei Schwinger, Saxon /10.74, S. 123, Gln. (107) und (108)/ angegebenen Analyse der Bandleitungs-Höhenstufe durch Anwendung des Babinbetschen Prinzips ableiten /3.83, 10.70/. Sie lauten

$$\frac{2\pi f L_S}{Z_{L1}} = \frac{4\,w_{eff,1}}{\delta\cdot\lambda_1}\left[\ln\left(\frac{1-a^2}{4a}\right)\cdot\left(\frac{1+a}{1-a}\right)^{\frac{a+(1/a)}{2}} + 2\,\frac{A+B+2D}{AB-D^2} + \left(\frac{w_{eff,1}}{2\delta\cdot\lambda_1}\right)^2\cdot\left(\frac{1-a}{1+a}\right)^{4a}\cdot\left(\frac{5a^2-1}{1-a^2}+\frac{4a^2 D}{3A}\right)^2\right], \tag{10.13a}$$

$$A = \left(\frac{1+a}{1-a}\right)^{2a}\cdot\frac{1+\sqrt{1-\{2w_{eff,1}/(\delta\cdot\lambda_1)\}^2}}{1-\sqrt{1-\{2w_{eff,1}/(\delta\cdot\lambda_1)\}^2}} - \frac{1+3a^2}{1-a^2}, \tag{10.13b}$$

$$B = \left(\frac{1+a}{1-a}\right)^{\frac{2}{a}}\cdot\frac{1+\sqrt{1-\{2w_{eff,2}/(\delta\cdot\lambda_2)\}^2}}{1-\sqrt{1-\{2w_{eff,2}/(\delta\cdot\lambda_2)\}^2}} + \frac{3+a^2}{1-a^2}, \tag{10.13c}$$

$$D = \{4a/(1-a^2)\}^2, \tag{10.13d}$$

$$a = w_{eff,2}/w_{eff,1} \tag{10.13e}$$

mit $\lambda_1 = c_0/(f\sqrt{\varepsilon_{r,eff,1}})$ und $\lambda_2 = c_0/(f\sqrt{\varepsilon_{r,eff,2}})$ der beiden Leitungen 1 und 2 ($Z_{L1} < Z_{L2}$ bzw. $w_1 > w_2$) und den effektiven Leiterbreiten $w_{eff,1}$, $w_{eff,2}$ der beiden Leitungen 1 und 2 (Bild 10.3a) nach der statischen Näherung (3.66) bzw. (genauer) nach der dynamischen Formel (3.85). Auch hier ist $\delta = 2$ für die symmetrische Breitenstufe (Bilder 10.3a, 10.5a) und $\delta = 1$ für die unsymmetrische Breitenstufe (Bilder 10.5b,c). Der Fehler von (10.13a)...(10.13e), bezogen auf die Bandleitungsstufe, liegt bei einigen % für die Gültigkeitsbereiche $0 < Z_{L1} < Z_{L2}$ und $0 < f < f_{g,HE2}$. Dabei ist $f_{g,HE2} = f_{g,H20}$ die Grenzfrequenz der zweiten Oberwelle des Bandleitungsmodells (Kap. 4, Gleichung (4.1)) der breiteren Leitung 1.

Die Induktivität L_S nach (10.13a)...(10.13e) bleibt bei niedrigen Frequenzen $f < 0{,}2\ f_{g,HE1}$ angenähert konstant und steigt dann mit wachsender Frequenz in zunehmendem Maße an, bis sie bei $f_{g,HE1}$ unendlich groß wird. Dieser Verlauf ist von /3.83/ auch durch Berechnung von L_S aus den Streuparametern $\underline{S}_{ij}$ der Leiterbreitenstufe festgestellt worden. Dabei waren die Streuparameter nach dem in Abschn. 10.3.5 beschriebenen Verfahren des Bandleitungsmodells unter Einschluß der Oberwellen numerisch bestimmt worden. Ein Vergleich dieser genauen Werte mit L_S nach (10.13a) ...(10.13e) zeigte für den ganzen Bereich $0 < f < f_{g,HE2}$ sehr gute Übereinstimmung ($\varepsilon_r = 2{,}32$, $h = 1{,}5$ mm, $w_1 = 30$ mm, $w_2 = 5$ mm). Die einfacheren Gleichungen (10.12), (10.13) stellen dagegen nur eine Niederfrequenznäherung für $f \ll f_{g,HE2}$ dar.

10.3.4 Berücksichtigung des elektrischen Streufelds bei der Bandleitungsanalyse

Bei der Analyse der Leiterbreitenstufe nach dem Bandleitungsmodell wird das stirnseitige elektrische Streufeld der breiten Leitung 1 (Bild 10.3a) nicht erfaßt. Daher muß dessen Wirkung nach getrennten Näherungsverfahren berechnet und in den Ersatzschaltbildern 10.3b-f durch die Kapazität C_P bzw. die Zusatzleitungen Δl_S, Δl_{S1} dargestellt werden. Die Kapazität C_P läßt sich nach mehreren Verfahren berechnen. Das erste Verfahren ist die genaue statische, numerische Analyse mit Ergebnissen nach Bild 10.4a. Nach einem zweiten Verfahren /10.37, 10.75/ denkt man sich über die stirnseitige Kantenlänge $w_1 - w_2$ die an jedem der beiden Außenränder der breiten Leitung auftretende Streukapazität $C'_{f1} = (C'_1 - (\varepsilon_0\, \varepsilon_r\, w_1/h))/2$ wirksam und erhält mit $C'_1 = \sqrt{\varepsilon_{r,eff,1}}/(Z_{L1}\, c_0)$ näherungsweise

$$C_P = \left[\{\sqrt{\varepsilon_{r,eff,1}}/(Z_{L1} c_0)\} - (\varepsilon_0 \varepsilon_r w_1/h)\right] \cdot (w_1 - w_2)/2 = C'_{f1}(w_1 - w_2) \quad . \qquad (10.14)$$

Nach einem dritten Verfahren berechnet man $C_P = C_L(w_1) - C_L(w_2)$ als die Differenz der Leerlaufkapazitäten von Leitungsenden der Breiten w_1 und w_2 nach (10.2) mit (10.3) bzw. mit (10.4)...(10.9). Nach einem vierten näherungsweisen Verfahren nimmt man längs der Stirnkante $w_1 - w_2$ den Streukapazitätsbelag $C'_{f,\infty}$ einer Leitung großer Breite $w/h \gg 1$ nach (10.10 Z) an und erhält $C_P = (0{,}012 + 0{,}0039\ \varepsilon_r)(w_1 - w_2)$ mit C_P in pF und w_1, w_2 in mm.

Eine Alternative zur Parallelkapazität C_P ist der Einbau von Zusatzleitungen Δl_{S1} in den Ersatzschaltbildern 10.3c,d zur Darstellung des elektrischen Streufelds: Die breite Leitung mit dem Kapazitätsbelag $C'_1 = \sqrt{\varepsilon_{r,eff,1}}/(Z_{L1}\, c_0)$ wird um Δl_{S1} verlängert, so daß $C_P = \Delta l_{S1} \cdot C'_1$ ist. Daraus errechnet sich Δl_{S1}. Für

$w_1/h \gg 1$ strebt mit dem vorher angegebenen C_P und $C_1' = \varepsilon_0 \varepsilon_r w_1/h$ die Verlängerung dem Wert

$$\Delta l_{S1} = \{(1{,}35/\varepsilon_r) + 0{,}44\} \cdot \{1 - (w_2/w_1)\} \cdot h \tag{10.15}$$

zu.

Nach einer weiteren, in den Ersatzschaltbildern 10.3e,f gezeigten Möglichkeit stellt man das Stirnkantenstreufeld durch einen Versatz der Leiterbreitenstufe um eine Strecke Δl_S von der Bezugsebene T auf eine neue Bezugsebene T_1 dar (Bezugsebenenverschiebung). Die Ergebnisse L_S bzw. $\underline{S}(f)$ (Streuparameter) der Bandleitungsmodell-Analyse beziehen sich dann auf T_1. Das entspricht einer Verlängerung der breiten Leitung und einer Verkürzung der schmalen Leitung jeweils um Δl_S. Δl_S kann man ebenfalls nach mehreren Verfahren abschätzen: Nach einem ersten Verfahren /10.37/ berechnet man die Endkapazität der breiten Leitung für $w_2 = 0$ zu $C_{L1} = C_{f1}' w_1$ aus ihrem Randstreukapazitätsbelag $C_{f1}' = (C_1' - (\varepsilon_0 \varepsilon_r w_1/h))/2$ und drückt C_{L1} nach $C_{L1} = C_1' \Delta l_S$ durch ein kurzes Stück Leitung der Breite w_1 und Länge Δl_S aus. Man erhält

$$\Delta l_S = \left(1 - \frac{w_1 Z_{L1} \varepsilon_r}{h\eta_0 \sqrt{\varepsilon_{r,eff,1}}}\right)\frac{w_1}{2} = \left(1 - \frac{w_1 \cdot \varepsilon_r}{w_{eff,1} \cdot \varepsilon_{r,eff,1}}\right)\frac{w_1}{2} . \tag{10.16}$$

Die im C_{L1} zuviel enthaltene Endkapazität $C_{f1}' w_2$ der schmalen Leitung wird näherungsweise wieder dadurch abgezogen, daß bei der Bezugsebenenverschiebung von T auf T_1 die Leitung 2 um Δl_S verkürzt wird. Nach einem zweiten Näherungsverfahren nimmt man an der Stirnseite der breiten Leitung das Randstreufeld einer unendlich breiten Mikrostreifenleitung an und erhält $\Delta l_S = \Delta l_{L,\infty}$ nach (10.11 Z). Nach einem dritten Verfahren setzt man nach $\Delta l_S = \Delta l_L(w_1)$ die Bezugsebenenverschiebung Δl_S einer äquivalenten Leitungsverlängerung Δl_L eines Leerlaufs der Leiterbreite w_1 nach Abschn. 10.2 gleich.

10.3.5 Dynamische Analyse mit dem Bandleitungsmodell unter Einschluß der Oberwellen

Die vorher beschriebene dynamische Analyse mit Hilfe der Grundwelle des Bandleitungsmodells für die Leiterbreitenstufe (Bild 10.5a) kann man durch die Einbeziehung der H_{m0}-Oberwellen ($m \geq 1$) des Bandleitungsmodells (entsprechend den hybriden HE_m-Oberwellen der Mikrostreifenleitung) nach Kap. 4 erweitern /3.82, 3.83, 3.92/. Diese Methode ist von Wolff und Mitarbeitern /3.64-3.67, 3.82-3.85, 3.90-3.93, 3.121, 10.78, 10.79, 10.88, 10.89, 10.99, 10.100/ generell zur Analyse von Mikrostreifenleitungs-Diskontinuitäten entwickelt worden. Man berücksichtigt i.allg. bis zu $m = 10$ Oberwellen. Diese Oberwellen werden grundsätzlich an Diskontinuitäten angeregt. Je nach Frequenz bilden sie ausbreitungsfähige Wellen oder aperiodisch abklingende Felder und beeinflussen so die Diskontinuitäteneigenschaften. Eine analytische Darstellung dieser Eigenschaften ist nicht mehr möglich. Durch eine sinnvolle Aufteilung der Diskontinuität in Teilbereiche sowie eine Eigenwellenanalyse und eine Feldanpassung an den Bereichsgrenzen, z.B. nach dem "Mode-Matching-Verfahren" /10.90/, werden die frequenzabhängigen Streuparameter $\underline{S}_{ij}(f)$ der Ersatzschaltbilder 10.3d,f mit numerischen Verfahren auf Digitalrechnern berechnet. Dadurch wird der Frequenzbereich für die Gültigkeit der Analyse bis etwa zur Grenzfrequenz $f_{g,HE3}$ der dritten Oberwelle (Kap. 4) erweitert. Durch die Einbeziehung der Oberwellen liefert die Analyse bei höheren Frequenzen spezifische Eigenschaften von Diskontinuitäten, die besonders bei den Grenzfrequenzen der Oberwellen signifikant auftreten (Abschn. 4.2, Bilder 4.4a-d). Hierzu gehört die Signalsperrung bei $f_{g,HE2}$ bei der symmetrischen Leiterbreitenstufe. Derartige Effekte sind bis zur Grenzfrequenz der dritten Oberwelle experimentell nachgewiesen worden /3.66, 3.67, 3.82, 3.84, 3.90, 3.91, 10.120/.

Nach diesem Verfahren /3.82, 3.92/ berechnete Streuparameter $\underline{S}_{ij}$ für die Ersatzschaltbilder 10.3d,f zeigen die Bilder 10.6a,b. Bei $f = 0$ gehen die Streuparameter grundsätzlich aus den Werten $\underline{S}_{11,id} = -\underline{S}_{22,id} = \{(Z_{L2}/Z_{L1}) - 1\}/\{(Z_{L2}/Z_{L1}) + 1\}$ und $\underline{S}_{21,id} = \underline{S}_{12,id} = \sqrt{1 - |\underline{S}_{11,id}|^2}$ der idealen feldverzerrungsfreien Leiterbreitenstufe /10.76, S. 66/ hervor. Bei der symmetrischen Stufe (Bild 10.6a)

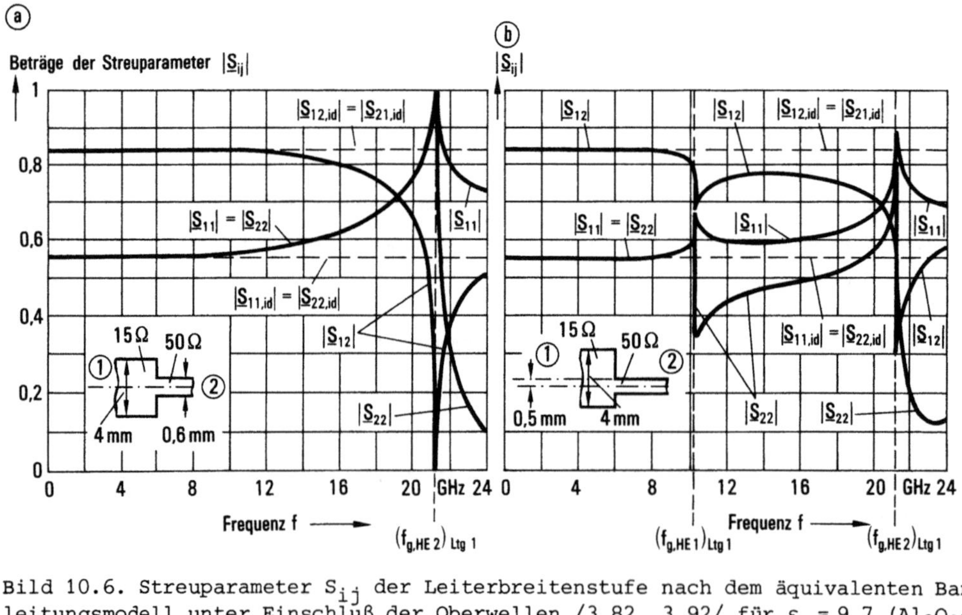

Bild 10.6. Streuparameter $\underline{S}_{ij}$ der Leiterbreitenstufe nach dem äquivalenten Bandleitungsmodell unter Einschluß der Oberwellen /3.82, 3.92/ für $\varepsilon_r = 9{,}7$ (Al_2O_3-Keramiksubstrat), $h = 0{,}635$ mm, $w_1 = 4$ mm ($Z_{L1} = 15\,\Omega$), $w_2 = 0{,}6$ mm ($Z_{L2} = 50\,\Omega$). a) Symmetrische Stufe; b) exzentrische Stufe mit einem Achsenversatz $e = 0{,}5$ mm

können nur geradzahlige HE_m-Oberwellen ($m = 2, 4, 6...$) angeregt werden. Bei ihren Grenzfrequenzen $f_{g,HEm}$ wird die Leistungsübertragung bei $w_{eff,2} < w_{eff,1}/2$ total gesperrt. Bei kleinen Wellenwiderstandsunterschieden $w_{eff,1}/2 < w_{eff,2} < w_{eff,1}$ tritt nur ein Einbruch, aber keine volle Sperrung ein. Bei der unsymmetrischen Breitenstufe (Bild 10.6b) werden alle HE_m-Oberwellen angeregt. Es tritt bereits bei der Grenzfrequenz $f_{g,HE1}$ der ersten Oberwelle der breiten Leitung eine Störung des Übertragungsverhaltens ein. Auch bei der Bandleitungsanalyse unter dem Einschluß der Oberwellen wird die Wirkung des stirnseitigen Randstreufelds der breiten Leitung nicht berücksichtigt. Daher muß als Bezugsebene für die Streuparameter $\underline{S}_{ij}$ die Ebene T_1 gewählt werden (Bild 10.3f).

Eine gezielte Schaltungsbeeinflussung durch die Ausnützung der bei den Grenzfrequenzen der Oberwellen in der Leiterbreitenstufe auftretenden Effekte (z.B. bei Tiefpässen) wird bei /3.95, 3.96, 10.77/ beschrieben. Diese Effekte sind auch experimentell bestätigt worden /3.82, 3.92, 10.120/. Aus den numerisch berechneten S-Parametern kann man auch die Elemente von generell für unsymmetrische Zweitore gültigen Ersatzschaltbildern zur Darstellung der Leiterbreitenstufe ableiten /3.83, 3.92/. Eine Charakterisierung der Streifenleitersprünge nach dem Bandleitungsmodell unter Einschluß der Oberwellen ergab bei Bandfiltern gute Übereinstimmung mit Meßwerten /10.34, 10.37/.

10.3.6 Sonderformen

Bild 10.7 zeigt einige Sonderformen von Leiterbreitenveränderungen. Der Streifenleiterversatz von Bild 10.7a kann nach der Methode des Bandleitungsmodells unter Einschluß der Oberwellen berechnet werden /10.78/. Durch Abrunden der Ecken der breiteren Leitung nach Bild 10.7b lassen sich "kompensierte" Leiterbreitenstufen mit verringerter Streukapazität herstellen /10.52, 10.56/. Der in Bild 10.7c gezeigte, mehrere Wellenlängen lange kontinuierliche Leiterbreitenübergang (engl.:

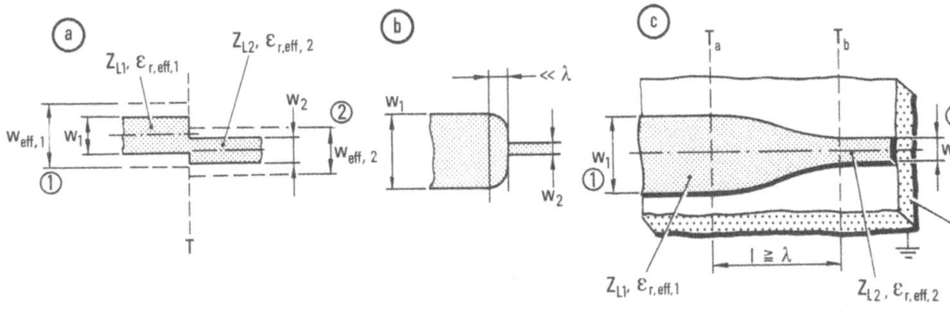

Bild 10.7. Sonderformen von Leiterbreitenveränderungen. a) Streifenleiterversatz; b) "kompensierte" Stufe mit abgerundeten Ecken; c) kontinuierlicher Leiterbreitenübergang (Taper)

taper) gestattet im Gegensatz zum abrupten Übergang, die Reflexionen S_{11} und S_{22} durch geeignete Wahl der Leiterbreiten-Ortsfunktion und durch eine möglichst große Länge l beliebig niedrig zu halten /10.79, 10.80, 10.118/. Dabei wird zweckmäßigerweise die für die Koaxialleitung bekannte optimale "Taperung" /10.81, 10.82/ auf die Mikrostreifenleitung adaptiert /10.80/.

10.4 Symmetrische rechtwinklige Verzweigung

10.4.1 Elektrisches Verhalten, statische Analyse der Originalstruktur

Die in Bild 10.8a gezeigte rechtwinkelige Mikrostreifenleitungsverzweigung /3.64, 3.66, 3.67, 3.84-3.88, 3.91-3.94, 10.1-10.6, 10.8, 10.11-10.13, 10.16, 10.17, 10.22, 10.24, 10.31, 10.33-10.39, 10.46, 10.47, 10.61-10.65, 10.67, 10.68, 10.85 -10.89, 10.108, 10.114/ kommt meist in der symmetrischen Ausführung (Bild 10.8b) in nahezu allen integrierten Mikrowellenkomponenten wie z.B. Transistorverstärkern, Filtern, Leistungsteilern vor (Bilder 1.1, 1.4-1.11). Gegenüber der idealisierten Verzweigung in der Form einer reinen Parallelschaltung von drei Leitungen

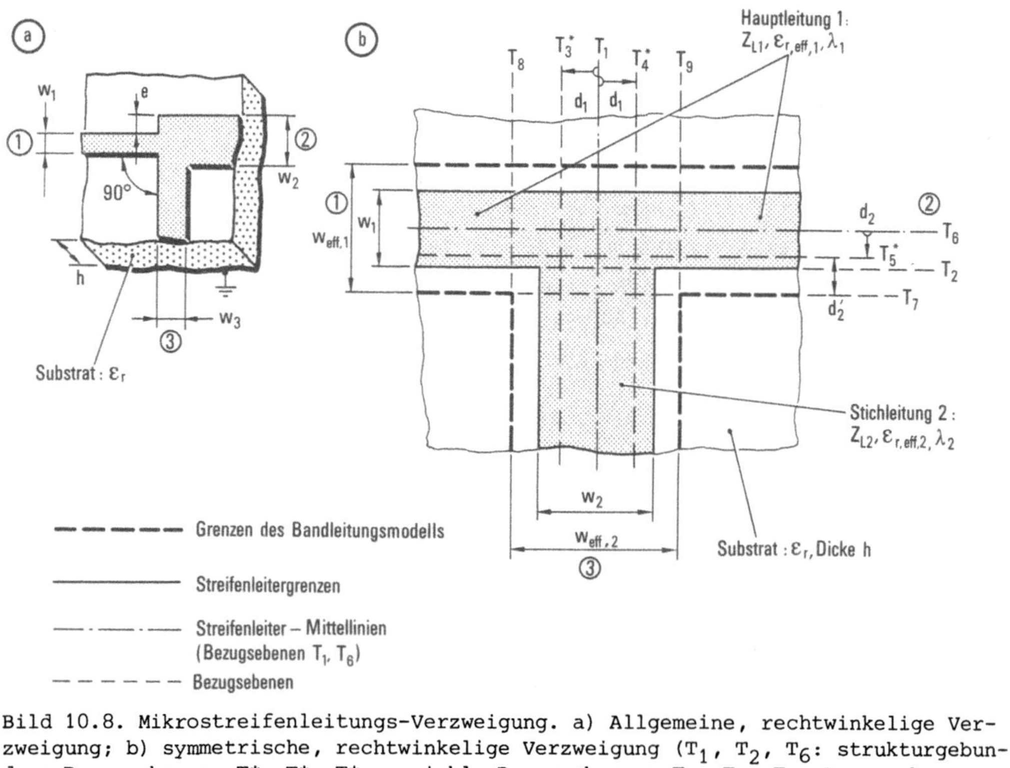

Bild 10.8. Mikrostreifenleitungs-Verzweigung. a) Allgemeine, rechtwinkelige Verzweigung; b) symmetrische, rechtwinkelige Verzweigung (T_1, T_2, T_6: strukturgebundene Bezugsebenen; T_3^*, T_4^*, T_5^*: variable Bezugsebenen; T_7, T_8, T_9: Bezugsebenen auf Bandleitungsgrenzen)

besitzt die reale Verzweigung folgende reaktiven Eigenschaften: Es treten Verzerrungen der Stromlinien auf den Streifenleitern und der Masseplatte und Verzerrungen der elektrischen und magnetischen Felder gegenüber der längshomogenen Mikrostreifenleitung auf. Diese Verzerrungen stellt man durch die in den Bildern 10.9a ...d gezeigten, später erläuterten Ersatzschaltbilder dar. Zur Analyse der realen Verzweigung sind grundsätzlich die in Abschn. 10.3.1 unter a)...f) für die Leiterbreitenstufe angegebenen Verfahren geeignet.

Für den unteren Frequenzbereich $f \leqq f_{g,stat}$ nach (3.2 Z), (3.3 Z) liefert die *statische numerische Analyse* der Originalstruktur frequenzunabhängige Werte für die Längsinduktivitäten L_{S1}, L_{S2} und die Parallelkapazität C_{P1}

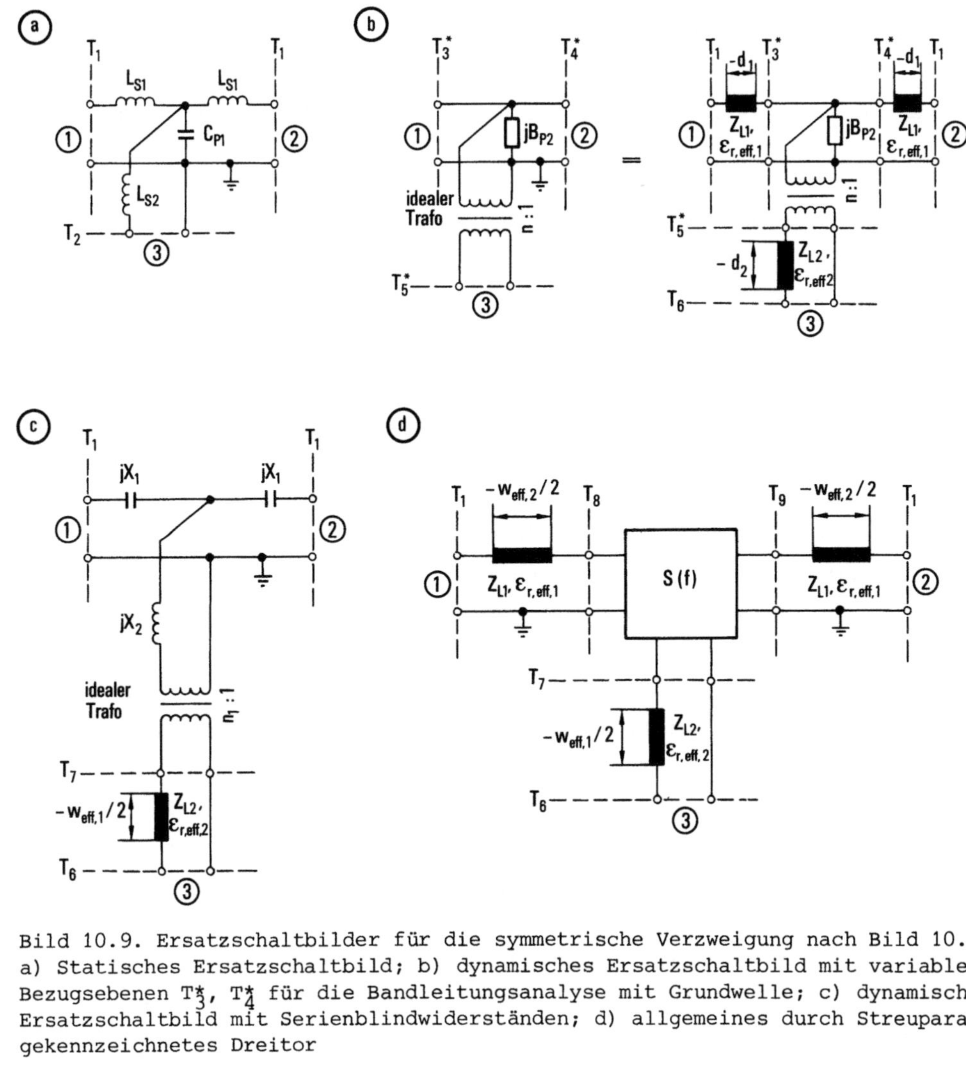

Bild 10.9. Ersatzschaltbilder für die symmetrische Verzweigung nach Bild 10.8b. a) Statisches Ersatzschaltbild; b) dynamisches Ersatzschaltbild mit variablen Bezugsebenen T_3^*, T_4^* für die Bandleitungsanalyse mit Grundwelle; c) dynamisches Ersatzschaltbild mit Serienblindwiderständen; d) allgemeines durch Streuparameter gekennzeichnetes Dreitor

des konzentrierten Einschaltbilds 10.9a. Nach Abschn. 2.7.2 bestehen die funktionalen Abhängigkeiten L_{S1}/h, $L_{S2}/h = f(w_1/h, w_2/h)$ und $C_{P1}/h = f(w_1/h, w_2/h, \varepsilon_r)$. Die Induktivitäten und Kapazitäten werden unabhängig voneinander nach getrennten Verfahren berechnet: Statische numerische Verfahren zur Berechnung von L_{S1}, L_{S2} /10.61-10.65, 10.68, 10.114/ sind z.B. die Methode endlicher Elemente oder die Methode des Überschußstroms. Statische numerische Verfahren für C_{P1} /10.10-10.13, 10.16, 10.17, 10.61, 10.62, 10.68, 10.85-10.87, 10.108/ wie z.B. die Matrixinversionsmethode, die Variationsmethode und die Garlekinsche Methode berechnen die Überschußladung an der Diskontinuität. Durch Funktionalapproximation an statische numerische Ergebnisse abgeleitete Näherungsgleichungen für C_{P1}, L_{S1}, L_{S2} werden bei /10.22/ angegeben. Nach /10.8/ stimmen die statischen Ersatzschaltbildelemente bei 0,635 mm dickem Al_2O_3-Keramiksubstrat bis zu $f \cong 5$ GHz gut mit Messungen überein. Darüber werden die Elemente frequenzabhängig. Zur experimentellen Bestimmung der statischen Ersatzschaltbildparameter setzt man die Verzweigungen in leerlaufende Resonatoren mit Stichleitungen in der Mitte ein /10.1, 10.8, 10.24/.

10.4.2 Dynamische Analyse mit der Grundwelle des Bandleitungsmodells

Die dynamische Analyse mit Hilfe der äquivalenten Bandleitungsverzweigung unter ausschließlicher Berücksichtigung der Bandleitungs-Grundwelle /3.86-3.88, 10.2, 10.5/ liefert frequenzabhängige Werte von B_{P2}, n, d_1, d_2 für das in Bild 10.9b gezeigte Ersatzschaltbild der symmetrischen Verzweigung von Bild 10.8b. Dieses Ersatzschaltbild besteht aus einem Parallel-Blindleitwert jB_{P2} und einem idealen Transformator mit dem Übersetzungsverhältnis $n : 1$, wenn man es zwischen den variablen Bezugsebenen T_3^*, T_4^*, T_5^* (Bild 10.8b) definiert. Zu den variablen Bezugsebenen gelangt man von den strukturgebundenen Bezugsebenen T_1 und T_6 (Mittellinien der Leitungen) aus, wenn man zusätzlich Anschlußleitungsstücke der jeweiligen Längen $-d_1$ bzw. $-d_2$ zwischenschaltet (Bild 10.9b). Mit Hilfe des Bandleitungsmodells lassen sich, wie es in Abschn. 10.3.3 für die Leiterbreitenstufe beschrieben worden ist, durch die Anwendung des Babinbetschen Dualitätsprinzips diese Ersatzschaltbildelemente aus den Eigenschaften einer zur Bandleitungsverzweigung dualen Rechteckhohlleiterverzweigung ableiten. Das bei der Leiterbreitenstufe aufgetretene Problem der fehlenden Charakterisierung des stirnseitigen elektrischen Streufelds der breiten Leitung ist bei der Verzweigung nicht vorhanden, da diese keine teilweise stumpf endigenden Bandleitungen besitzt.

Nach einer Analyse mit der Grundwelle des Bandleitungsmodells von /3.88, 10.5/ erhält man für das in Bild 10.9b gezeigte Ersatzschaltbild der symmetrischen Verzweigung von Bild 10.8b die Elemente d_1, d_2, n, B_{P2}, die durch die folgenden

Gleichungen beschrieben werden:

$$d_1 = \{\lambda_1/(2\pi)\}\cdot\arctan(-X_1/Z_{L1}) \quad , \tag{10.17}$$

$$d_2' = \{\lambda_2/(2\pi)\}\cdot\arctan(n_1^2 X_2/Z_{L2}) \quad , \tag{10.18}$$

$$d_2 = (w_{eff,1}/2) - d_2' \quad , \tag{10.19}$$

$$n = n_1 \frac{\cos(2\pi d_2'/\lambda_2)}{\cos(2\pi d_1/\lambda_1)} \quad , \tag{10.20}$$

$$B_{P2} Z_{L1} = 2\tan(2\pi d_1/\lambda_1) - (n^2 Z_{L1}/Z_{L2})\cdot\tan(2\pi d_2'/\lambda_2) \quad , \tag{10.21}$$

$$X_1/Z_{L1} = -w_{eff,1} Z_{L1} (n_1^*\pi/4)^2/(\lambda_1 Z_{L2}) = -(w_{eff,2}/\lambda_2)\cdot(\pi\cdot n_1^*/4)^2 \quad , \tag{10.22}$$

$$n_1^* = n_1\sqrt{Z_{L1}/Z_{L2}} \quad , \tag{10.23}$$

$$n_1 = \frac{\sin\{\pi w_{eff,1} Z_{L1}/(\lambda_1 Z_{L2})\}}{\pi w_{eff,1} Z_{L1}/(\lambda_1 Z_{L2})} = \frac{\sin(\pi w_{eff,2}/\lambda_2)}{\pi w_{eff,2}/\lambda_2} \quad , \tag{10.24}$$

$$\frac{B_t Z_{L1}}{2} = \frac{2w_{eff,1}}{\lambda_1}\left[\ln\sqrt{1+\tan^{-2}\{\frac{\pi Z_{L1}}{2Z_{L2}}\}} + 0{,}5\,\{\frac{w_{eff,1}}{\lambda_1}\}^2 \cos^4\{\frac{\pi Z_{L1}}{2Z_{L2}}\}\right] \quad , \tag{10.25}$$

für $Z_{L1}/Z_{L2} \leqq 0{,}5$ gilt

$$\frac{X_2}{Z_{L1}} = -\frac{X_1}{2Z_{L1}} + \left[\frac{B_t Z_{L1}}{2} + \frac{2w_{eff,1}}{\lambda_1}\{\ln(2) + \frac{\pi Z_{L1}}{6Z_{L2}} + 1{,}5(\frac{w_{eff,1}}{\lambda_1})^2\}\right]\cdot\frac{1}{n_1^2} \tag{10.26}$$

und für $Z_{L1}/Z_{L2} > 0{,}5$ gilt

$$\frac{X_2}{Z_{L1}} = -\frac{X_1}{2Z_{L1}} + \frac{2w_{eff,1}}{n_1^2\lambda_1}\{\ln(\frac{1{,}43\,Z_{L2}}{Z_{L1}}) + 2(\frac{w_{eff,1}}{\lambda_1})^2\} \quad . \tag{10.27}$$

Z_{L1}, $\varepsilon_{r,eff,1}$, $\lambda_1 = c_0/(f\sqrt{\varepsilon_{r,eff,1}})$ und $w_{eff,1}$ nach (3.66) sind die Parameter der Hauptleitung 1, Z_{L2}, $\varepsilon_{r,eff,2}$, λ_2 und $w_{eff,2}$ die Parameter der Stichleitung 2. In Bild 10.10 sind die Ersatzschaltbildelemente für die Mikrostreifenleitungs-Verzweigung von Bild 10.8b grafisch dargestellt. Die Ersatzschaltbildparameter $d_1/w_{eff,2}$, $d_2/w_{eff,1}$, n, n_1, n_1^*, $B_{P2}Z_{L1}$, X_1/Z_{L1}, X_2/Z_{L1} sind von $h/(\lambda_0 Z_{L1})$ und Z_{L1}/Z_{L2} abhängig. Das bedeutet, anders ausgedrückt, eine Abhängigkeit der Parameter d_1/h, d_2/h, n, n_1, n_1^*, B_{P2}, X_1, X_2 von den Größen w_1/h, w_2/w_1, ε_r und h/λ_0 (bzw. $h\cdot f$). Bei d_1, d_2, d_2', n und $B_{P2}Z_{L1}$ kommt als Einflußgröße neben $h/(\lambda_0 Z_{L1})$ und Z_{L1}/Z_{L2} noch λ_1/λ_2 hinzu. Es ist jedoch $\lambda_1/\lambda_2 \cong 1$, so daß diese Einflußgröße i.allg. vernachlässigt werden kann.

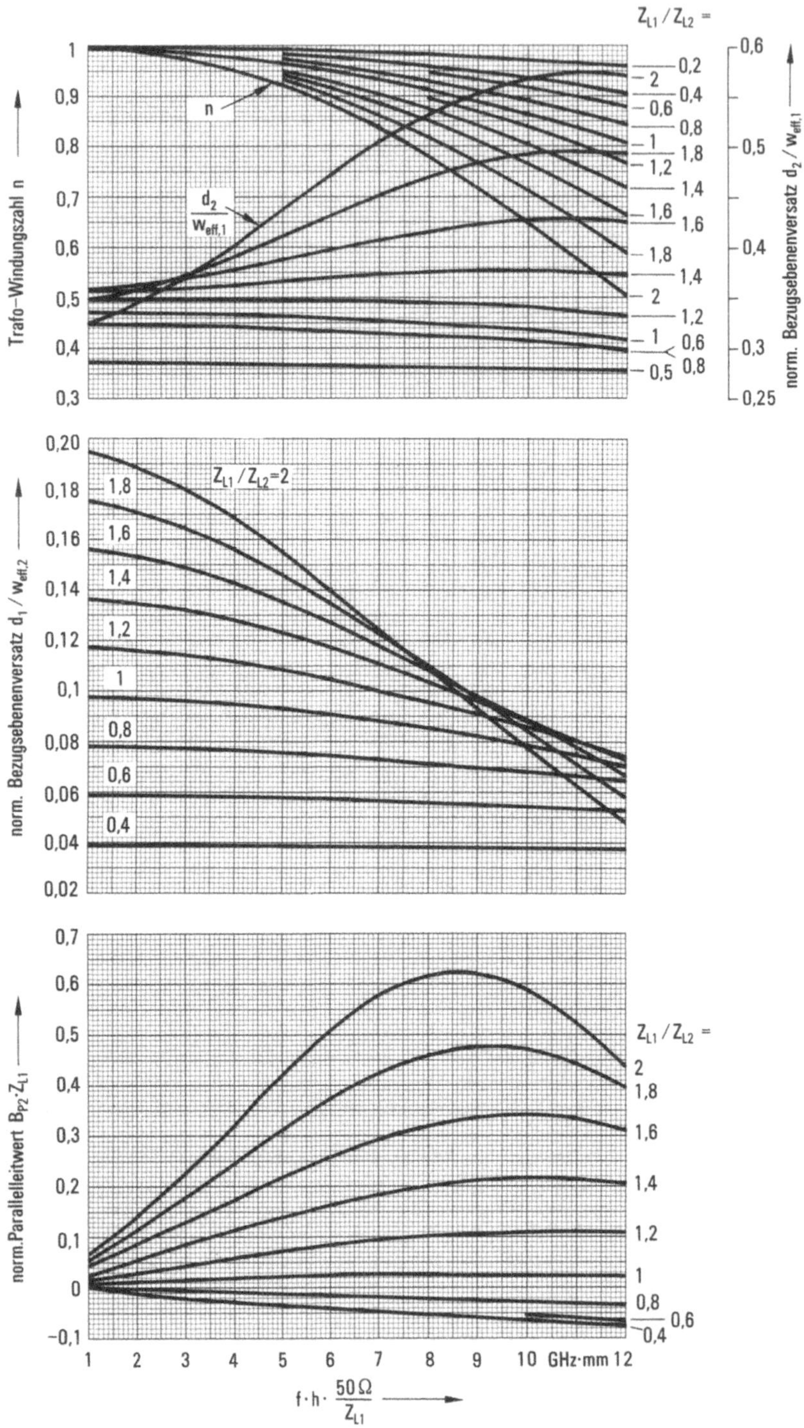

Bild 10.10. Elemente d_1, d_2, n, B_{P2} des dynamischen Ersatzschaltbilds 10.9b nach dem Bandleitungsmodell mit der Grundwelle.

Das Ersatzschaltbild 10.9b mit den Parametern nach (10.17)...(10.27) für die Verzweigung wurde von /10.2-10.6, 10.46, 10.47/ in den Entwurf von Hybriden, Duplexern und PIN-Diodenschaltern einbezogen. Dadurch verbesserte sich die Genauigkeit der Vorausberechnung wesentlich gegenüber dem Entwurf unter der vereinfachenden Annahme idealer Verzweigungen. Weitere Gleichungen für die Elemente des Ersatzschaltbilds 10.9b wurden durch eine Kombination der Bandleitungsanalyse mit experimentellen Ergebnissen von /10.31/ abgeleitet.

Ein zu Bild 10.9b alternatives dynamisches Ersatzschaltbild für die symmetrische Verzweigung von Bild 10.8b zeigt Bild 10.9c /3.86, 3.87, 10.2, 10.47/. Die Längsblindwiderstände X_1, X_2 und das Übersetzungsverhältnis n_1 des idealen Transformators berechnen sich ebenfalls mit der Bandleitungsanalyse nach (10.22)-(10.27). Die Elemente des Ersatzschaltbildes 10.9b gehen durch eine Äquivalenztransformation /3.88/ aus denen des Ersatzschaltbilds 10.9c hervor. Diese Transformation ist in (10.17)...(10.21) gegeben. Grundsätzlich sind zur Darstellung eines symmetrischen verlustfreien Dreitors, wie es die Verzweigung von Bild 10.8b darstellt, vier voneinander unabhängige Ersatzschaltbildparameter notwendig. Das Ersatzschaltbild 10.9c enthält jedoch nur drei Parameter X_1, X_2 und n_1. Zur Vervollständigung des Ersatzschaltbilds wäre es notwendig, eine zusätzliche Leitung der Länge l' an der Stelle T_7 des Ersatzschaltbildes 10.9c einzufügen /3.87, 3.88/. Theoretische Näherungsbetrachtungen und experimentelle Untersuchungen /3.87/ zeigten aber, daß in allen Fällen $l' \cong 0$ ist. Daher ist die Leitung l' im Ersatzschaltbild 10.9c gleich weggelassen worden.

10.4.3 Dynamische Analyse mit dem Bandleitungsmodell unter Einschluß der Oberwellen

Schließt man in die mit dem äquivalenten Bandleitungsmodell (Bild 10.8b) durchgeführte Analyse auch die H_{m0}-Oberwellen ein /3.64, 3.67, 3.84, 3.85, 3.91-3.94, 10.88, 10.89/, so wird der Gültigkeits-Frequenzbereich bis etwa zur Grenzfrequenz $f_{g,HE3}$ der dritten Oberwelle wesentlich gegen höhere Frequenzen hin erweitert. Das Grundprinzip dieses Verfahrens ist in Abschn. 10.3.5 für die Leiterbreitenstufe beschrieben worden. Bild 10.11 zeigt die Frequenzverläufe der mit dem Bandleitungsmodell unter Verwendung von 10 Oberwellen nach einem numerischen Verfahren /3.67, 3.85/ berechneten Streuparameter $\underline{S}_{ij}(f)$. Sie gelten für das in Bild 10.9d gezeigte Ersatzschaltbild der symmetrischen Verzweigung von Bild 10.8b. Bei der Bandleitungsanalyse wählt man üblicherweise die Bandleitungsgrenzen T_7, T_8, T_9 als Bezugsebenen. Zur Umrechnung der Phasen der Streuparameter $\underline{S}_{ij}$ auf die strukturgebundenen Bezugsebenen T_1, T_6 müssen, wie in Bild 10.9d gezeigt, Leitungsstücke der Längen $-w_{eff,1}/2$ bzw. $-w_{eff,2}/2$ zwischengeschaltet werden. Da die Streuparameter auf die Wellenwiderstände Z_{L1}, Z_{L2} der Anschlußleitungen bezogen sind, sind die Beträge $|\underline{S}_{ij}|$ von der Lage der Bezugsebenen unabhängig. Bei $f = 0$ gehen die Streuparameter aus den Werten $\underline{S}_{11,id} = \underline{S}_{22,id} = -X/(2+X)$, $\underline{S}_{33,id} = (X-2)/(X+2)$, $\underline{S}_{13,id} = \underline{S}_{23,id} = \sqrt{(1-|\underline{S}_{33,id}|^2)/2}$ und $\underline{S}_{21,id} = \sqrt{\{(1+|\underline{S}_{33,id}|^2)/2\} - |\underline{S}_{11,id}|^2}$ der idealen Verzweigung mit $X = Z_{L1}/Z_{L2}$ hervor /10.76, S. 56/.

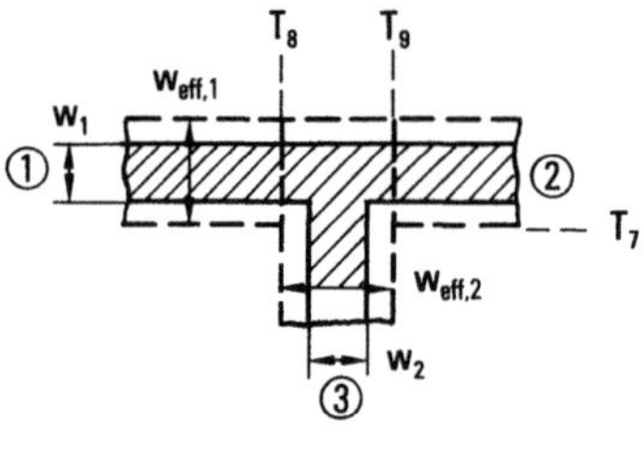

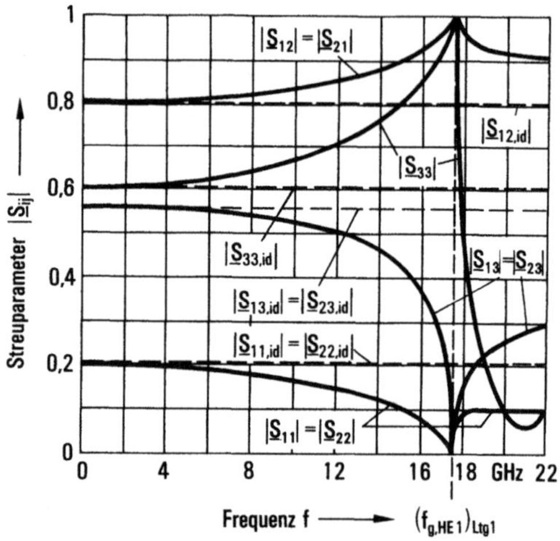

Bild 10.11. Streuparameter $|\underline{S}_{ij}(f)|$ für das Ersatzschaltbild 10.9d der symmetrischen Verzweigung nach dem Bandleitungsmodell unter Einschluß der Oberwellen für $\varepsilon_r = 9{,}7$ (Al_2O_3-Keramiksubstrat), $h = 0{,}635$ mm, $w_1 = 2$ mm ($Z_{L1} = 25\,\Omega$), $w_2 = 0{,}6$ mm ($Z_{L2} = 50\,\Omega$), nach /3.67, 3.85/.

Die Analyse zeigt ein besonderes Verhalten der Verzweigung bei den Grenzfrequenzen der Oberwellen, welches von /3.67, 3.84/ auch experimentell nachgewiesen worden ist: Grundsätzlich werden auf der Hauptleitung 1 wegen ihrer unsymmetrischen Ankoppelung alle H_{m0}-Oberwellen ($m = 1, 2, 3, 4...$) angeregt, während auf der Stichleitung 2 aufgrund von deren symmetrischer Ankoppelung nur die symmetrischen Wellentypen, also die geradzahligen Oberwellen mit $m = 2, 4, 6...$ angeregt werden. Für den in Bild 10.11 dargestellten Fall $w_1 > w_2$ gilt: Die Durchgangsleitung 1 besitzt die niedrigste Grenzfrequenz $f^{(1)}_{g,HE1}$. Bei dieser Frequenz wird die an der Stichleitung bei Tor 3 eingespeiste Energie total reflektiert ($|\underline{S}_{33}| = 1$), und die Übertragung zur Hauptleitung ist gesperrt ($\underline{S}_{13} = \underline{S}_{23} = 0$). Andererseits fließt die bei Tor 1 in die Hauptleitung eingespeiste Energie voll zu Tor 2 ($|\underline{S}_{21}| = 1$), und die Stichleitung bleibt entkoppelt ($\underline{S}_{31} = \underline{S}_{32} = 0$). Die S-Parameter sind von w_1/h, w_2/w_1, ε_r und h/λ_0 abhängig (vgl. Abschn. 2.7.2). Die Leiterdicke wird bei den Analysen i.allg. zu $t = 0$ angenommen.

Die Einbeziehung der durch diese Streuparameter $\underline{S}_{ij}$ charakterisierten reaktiven Eigenschaften der realen Verzweigung in den Entwurf von Filtern verbesserte wesentlich die Genauigkeit der Vorausberechnung /10.34-10.37/. Die Bandleitungsanalyse unter dem Einschluß der Oberwellen ist nicht auf die symmetrische Verzweigung beschränkt: Sie ist grundsätzlich zur Analyse der allgemeinen, rechtwinkeligen Verzweigung nach Bild 10.8a mit beliebigen Leiterbreiten w_1, w_2, w_3 geeignet /3.66, 3.67, 3.84/.

10.4.4 Sonderformen

Bild 10.12 zeigt verschiedene Sonderformen von Verzweigungen. Nach dem Verfahren des Bandleitungsmodells unter Einschluß der Oberwellen wird von /10.48, 10.49/ die 120°-Verzweigung mit allseitig gleichen Wellenwiderständen Z_L (Bild 10.12a) und mit verschiedenen Wellenwiderständen Z_{L1} und Z_{L2} (Bild 10.12b) berechnet. /10.50/ analysiert nach dem gleichen Verfahren die in Bild 10.12c gezeigte Verzweigung mit beliebigem Winkel α und verschiedenen Wellenwiderständen Z_{L1} und Z_{L2}. Die in Bild 10.12d gezeigte Verzweigung mit reduzierter Koppelapertur regt nach einer Bandleitungsanalyse /10.51/ in besonders starkem Maße Oberwellen an und kann auf diese Weise zur Versteilerung der Flanken von Stichleitungsfiltern ausgenützt werden. Abgerundete Ecken nach Bild 10.12e ermöglichen eine Kompensation parasitärer Feldverzerrungen /10.52/.

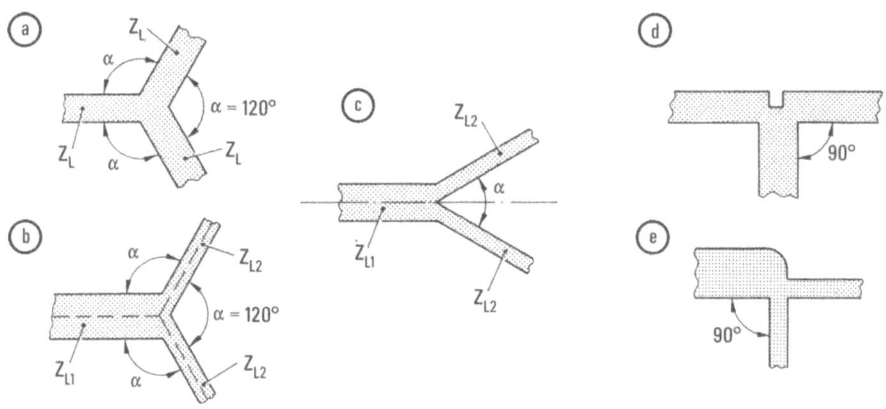

Bild 10.12. Sonderformen von Mikrostreifenleitungs-Verzweigungen. a,b) Symmetrische Y-Verzweigungen mit $\alpha = 120°$; c) Y-Verzweigung mit beliebigem Öffnungswinkel α; d) rechtwinkelige Verzweigung mit reduzierter Koppelapertur; e) kompensierte Verzweigung mit abgerundeter Ecke

10.5 Leitungsknick

10.5.1 Elektrisches Verhalten, Kompensation

Der Leitungsknick /3.67, 3.85-3.87, 3.89, 3.93, 3.94, 10.7, 10.8, 10.24, 10.50, 10.53, 10.54, 10.62-10.64, 10.71, 10.85, 10.86, 10.89, 10.91-10.102, 10.114-10.116/ wird meist in der Form des in den Bildern 10.13a,b gezeigten rechtwinkeligen, symmetrischen Knicks zur abrupten Richtungsänderung von Mikrostreifenleitungen beim Schaltungsaufbau verwendet (s. Bilder 1.1, 1.4, 1.6-1.9, 1.11). Im Knickbereich treten Feld- und Stromlinienverzerrungen auf. So stellt sich bei dem Knick von Bild 10.13a eine Stromlinienkonzentration an der inneren Ecke und ein zusätzliches elektrisches Streufeld an der äußeren Ecke im Vergleich zur längshomogenen Leitung ein. Daher kann der Knick nicht einfach als ein Stück homogener Leitung Z_L, $\varepsilon_{r,eff}$ bestimmter Länge aufgefaßt werden, sondern muß durch eines der in den Bildern 10.14a...d gezeigten Ersatzschaltbilder dargestellt werden.

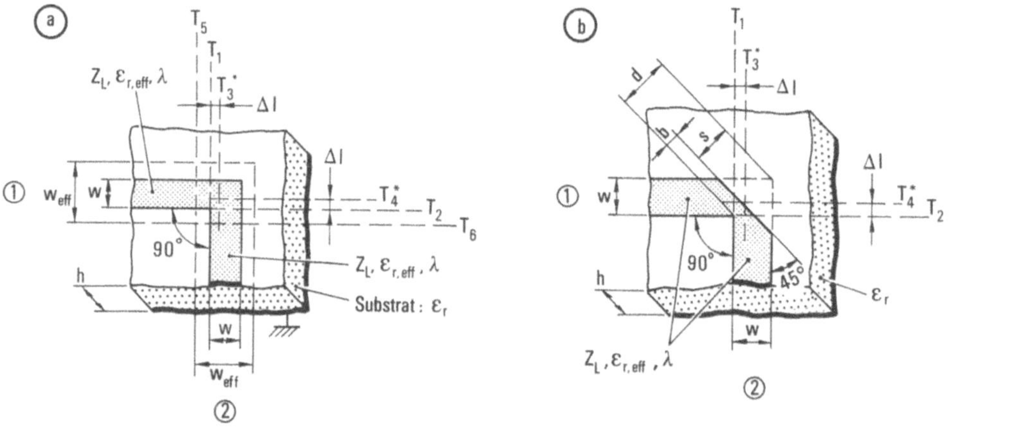

Bild 10.13. Rechtwinkeliger, symmetrischer Mikrostreifenleitungsknick (T_1, T_2: strukturgebundene Bezugsebenen; T_3^*, T_4^*: variable Bezugsebenen; T_5, T_6: an die Bandleitungsgrenzen gebundene Bezugsebenen). a) Unkompensierter Knick; b) Knick mit Eckanschrägung zur Kompensation

Für niedrige Frequenzen $f \leq f_{g,stat}$ nach (3.2 Z), (3.3 Z) gilt das in Bild 10.14a gezeigte T-Ersatzschaltbild mit frequenzunabhängigen Elementen L_1, C_1. Die Längsinduktivität L_1 stellt die Stromlinienverzerrung und die Parallelkapazität C_1 die elektrische Feldverzerrung in bezug auf die durch die Streifenleiterränder festgelegten strukturgebundenen Bezugsebenen T_1, T_2 dar. Aus dem konzentrierten Ersatzschaltbild 10.14a läßt sich das in Bild 10.14b gezeigte Ersatzschaltbild mit den längshomogenen Leitungsstücken der Längen Δl und einer restlichen Parallelkapazität C_2 ableiten: Δl wird so gewählt, daß $\Delta l \cdot L' = L_1$ ist (L': Induktivitätsbelag). Man erhält für $\Delta l \ll \lambda$

$$\Delta l = L_1/L' = L_1 c_0/(Z_L\sqrt{\varepsilon_{r,eff}}) = L_1 c_0/Z_{L0} \quad , \tag{10.28}$$

$$C_2 = C_1 - 2C'\Delta l = C_1 - \{2\Delta l\sqrt{\varepsilon_{r,eff}}/(Z_L c_0)\} \quad . \tag{10.29}$$

Daraus ergibt sich, daß man den allgemeinen Knick der Bilder 10.13a,b auch durch eine zwischen zwei variablen Bezugsebenen T_3^*, T_4^* liegende Parallelkapazität C_2 nach Bild 10.14b darstellen kann. T_3^*, T_4^* sind von den strukturgebundenen Bezugsebenen T_1, T_2 jeweils um die Länge Δl entfernt.

Bei dem unangeschrägten Knick nach Bild 10.13a tritt stets an der äußeren Ecke überschüssige elektrische Feldenergie auf. Das bewirkt, daß der Wellenwiderstand $Z_{L1} \cong \sqrt{2L_1/C_1}$ (Niederfrequenzwert) des T-Ersatzschaltbilds 10.14a unterhalb von Z_L der Leitung liegt bzw. daß im Ersatzschaltbild 10.14b eine restliche Parallelkapazität $C_2 > 0$ übrigbleibt. Beim praktischen Schaltungsaufbau wünscht man reflexionsfreie Leitungsknicke. Daher reduziert man die Parallelkapazität des

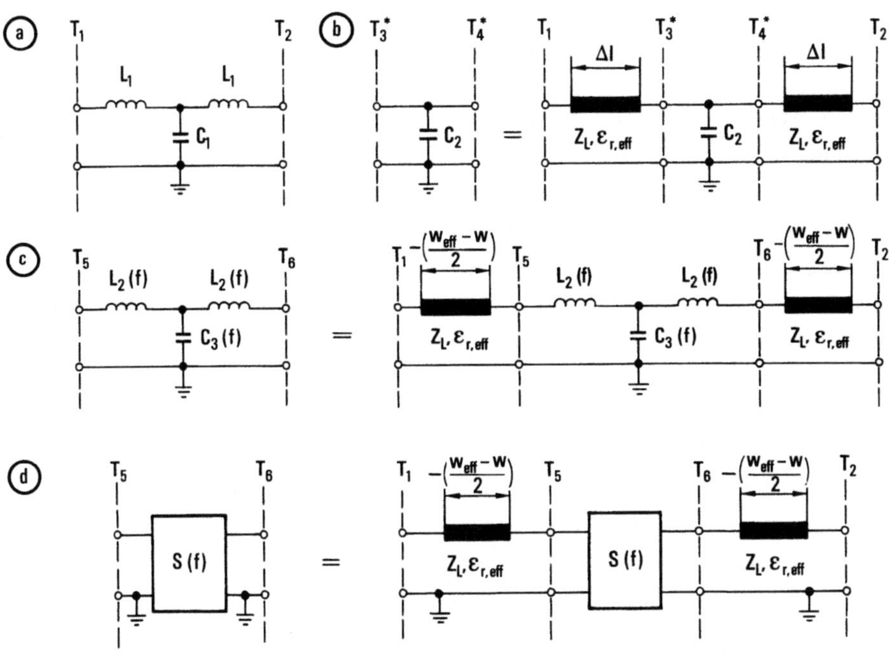

Bild 10.14. Ersatzschaltbilder für den symmetrischen Knick. a) und b) Statische Ersatzschaltbilder; c) Ersatzschaltbild für die dynamische Analyse mit der Grundwelle des Bandleitungsmodells; d) Ersatzschaltbild für die Bandleitungsanalyse unter Einschluß der Oberwellen (Streuparameter)

Knicks, indem man die Ecke nach Bild 10.13b symmetrisch unter 45° abschneidet. Die relative Eckanschrägung (engl. chamfer oder mitre) in % ist durch

$$S^* = 100s/d = (1 - \frac{b}{d})100 = \{1 - \frac{b}{w\sqrt{2}}\}100 \qquad (10.30\ Z)$$

definiert. Der beliebig angeschrägte Knick wird auch als teilweise kompensierter Knick bezeichnet. Vergrößert man S^*, so reduziert sich C_2 in Bild 10.14b. Bei der optimalen Anschrägung S^*_{opt} wird $C_2 = 0$ und wir haben den reflexionsfrei an die Zuleitungen angepaßten kompensierten Knick erreicht. Für $S^* > S^*_{opt}$ wird $C_2 < 0$ (Überkompensation, Mangel an elektrischer Feldenergie). Der optimal kompensierte Knick wird durch eine Ersatzleitungslänge $2\Delta l$ zwischen den Bezugsebenen T_1, T_2 dargestellt.

10.5.2 Rechtwinkeliger Knick ohne Eckanschrägung (unkompensiert)

Wir betrachten den symmetrischen rechtwinkeligen Knick ohne Eckanschrägung nach Bild 10.13a. Nach der numerischen statischen Analyse aus der Originalstruktur werden von /10.62-10.64, 10.91-10.93, 10.114-10.116/ frequenzunabhängige Werte für $L_1 = h \cdot f(w/h)$ und von /10.85, 10.86, 10.93, 10.115, 10.116/ frequenzunabhängige Werte für $C_1 = h \cdot f(w/h, \varepsilon_r)$ des T-Ersatzschaltbildes 10.14a berechnet. Die Leiterdicke wird dabei i.allg. zu $t = 0$ angenommen.

Für die Kapazität gilt bei $w/h > 0{,}5$ in grober Näherung $C_1 \cong C'w$. Durch Funktionalapproximation abgeleitete Formeln für die statischen Elemente L_1, C_1 gibt /10.22/ an. Messungen an geraden bzw. endlosen runden Resonatoren, in welche Knicke eingesetzt waren /10.7, 10.53, 10.62, 10.71, 10.94-10.96/, ergaben, daß bei 0,66 mm dicker Al_2O_3-Keramik als Substrat ($\varepsilon_r = 9{,}8$) die Elemente L_1, C_1 bis zu einer Frequenz von etwa 4 GHz nahezu konstant bleiben und darüber mit der Frequenz leicht ansteigen.

Nach der Analyse mit Hilfe der Grundwelle des äquivalenten Bandleitungsmodells (Breite w_{eff}) von Abschn. 3.2.5 und 3.3.4 erhält man für den Knick von Bild 10.13a frequenzabhängige Werte einer Längsinduktivität L_2 und einer Querkapazität C_3 in dem Ersatzschaltbild 10.14c. Die Bezugsebenen T_5, T_6 sind die Innenkanten des äquivalenten Bandleitungsknicks (Bild 10.13a). Durch die Anwendung des Dualitätsprinzips (vergl. Abschn. 10.3.3) ergibt sich aus den bei /1.339, S. 312/ angegebenen Ersatzschaltbildelementen des dualen Rechteckhohlleiterknicks nach /3.86, 3.87/ unter Verwendung der statischen effektiven Leiterbreite nach (3.66)

$$L_2 = \{h\mu_0/(2\pi)\}\left[1{,}756 + 4\{\eta_0 h/(Z_L\lambda_0)\}^2\right] , \qquad (10.31)$$

$$C_3 = h\varepsilon_0(\eta_0/Z_L)^2\left[1 - 0{,}456\{\eta_0 h/(Z_L\lambda_0)\}^2\right]^{-1} \quad . \tag{10.32}$$

Die Eigenschaften des Knicks bis zu höchsten, über die Grenzfrequenz $f_{g,HE1}$ der ersten Leitungsoberwelle hinausgehenden Frequenzen werden mit Hilfe des Bandleitungsmodelles unter Einbeziehung von dessen Oberwellen nach numerischen Verfahren /3.67, 3.85, 3.93, 3.94, 10.89/ berechnet (näher in Abschn. 10.3.5 erläutert). Die Ergebnisse sind zwischen den Bezugsebenen T_5, T_6 (Ersatzschaltbild 10.14d) definierte frequenzabhängige Streuparameter $\underline{S}_{ij}(f)$. Es zeigt sich, daß bei allen Grenzfrequenzen $f_{g,HEm}$ $(m = 1, 2, 3...)$ der Oberwellen der Leitung (Kap. 4) die Signalübertragung über den Knick gesperrt wird ($\underline{S}_{21} = 0$, $|\underline{S}_{11}| = 1$).

10.5.3 Kompensierter rechtwinkeliger Knick

Wir betrachten den in Bild 10.13b gezeigten Knick mit variabler Eckanschrägung S* nach (10.30 Z). Messungen /10.7, 10.53, 10.62, 10.94-10.97/ der Parameter L_1, C_1, Δl, C_2 der Ersatzschaltbilder 10.14a,b haben ergeben, daß mit zunehmender Anschrägung S* die Induktivität L_1 steigt und die Kapazitäten C_1, C_2 sinken. Douville, James /10.53/ haben umfangreiche experimentelle Untersuchungen (Ringresonatormethode) an Knicken verschiedener Anschrägung für $h = 5{,}08$ mm, $\varepsilon_r = 2{,}6$ und 10,8 sowie $0{,}2$ GHz $\leq f \leq 3$ GHz und $0{,}25 \leq w/h \leq 3$ durchgeführt und mit Ergebnissen anderer Autoren zu Dimensionierungsvorschriften für kompensierte Knicke verarbeitet. Die Bilder 10.15a,b zeigen die hieraus resultierenden Frequenzverläufe der Elemente Δl, C_2 des Ersatzschaltbilds 10.14b für verschiedene Anschrägungen S* bei $\varepsilon_r = 10{,}8$ und $w/h = 0{,}9$ ($Z_L = 50\ \Omega$). Man erkennt, daß für $S^* \cong 70$ % optimale Kompensation auftritt, d.h. $C_2 = 0$ wird.

Die gleichen experimentellen Untersuchungen ergaben, daß die optimale Anschrägung mit $C_2 = 0$ für beliebige $w/h \geq 0{,}25$ sowie $1 \leq \varepsilon_r \leq 25$ und $f \cdot h < 10$ GHz · mm nach der empirischen Gleichung

$$S^*_{opt} = 52 + 65\exp(-1{,}35w/h) \tag{10.33 Z}$$

in erster Näherung von ε_r unabhängig ist (S^*_{opt} in %, Fehler < 4 %). Für die 50-Ω-Leitung auf Al_2O_3-Keramik ($\varepsilon_r = 9{,}8$) mit $w/h \cong 1$ wird $S^*_{opt} = 69$ % und übersteigt damit die vielfach angewandte 50-%-Anschrägung. Bei $w/h \to \infty$ geht $S^*_{opt} \to 52$ %. Für $0 \leq fh \leq 10$ GHz mm bleibt der Reflexionsfaktor des Knicks nach (10.33 Z) unter 5 %. Beschränkt man sich auf Knicke von Leitungen mit dem Wellenwiderstand $Z_L = 50\ \Omega$, so berechnet sich die optimale Anschrägung für $1 \leq \varepsilon_r \leq 16$ und $0 \leq fh \leq 10$ GHz · mm vereinfacht nach $S^*_{opt} = 46 + 2{,}5\ \varepsilon_r$. Den ebenfalls von /10.53/ experimentell bestimmten Niederfrequenzwert der elektrischen Ersatzlänge $2\Delta l$ (Bild 10.14b) des

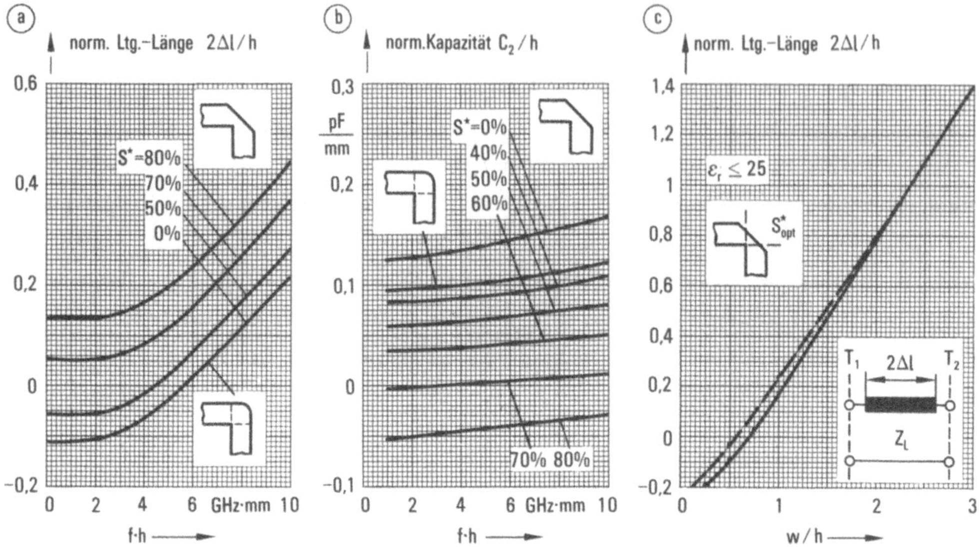

Bild 10.15. Rechtwinkeliger Mikrostreifenleitungsknick mit Eckanschrägung S* zur Kompensation, experimentelle Daten nach /10.53/. a) und b) Elemente 2Δl und C_2 des Ersatzschaltbilds 10.14b für verschiedene relative Eckanschrägung S* für $\varepsilon_r = 10{,}8$, $w/h = 0{,}9$ ($Z_L = 50\,\Omega$); c) Ersatzlänge 2Δl des optimal kompensierten Knicks (durchgezogene Kurve: experimentelle Werte nach /10.53/; strichlierte Kurve: theoretische Werte nach (10.34))

gemäß (10.33 Z) optimal angeschrägten Leitungsknicks zeigt Bild 10.15c. 2Δl/h bleibt für $0 \leqq fh \leqq 2$ GHz mm angenähert konstant und steigt dann leicht in positiver Richtung an. Der durchschnittliche Anstieg bis zu fh = 7 GHz mm liegt bei einem Betrag von etwa 0,1. Nach einer numerischen, statischen Analyse des in Bild 10.13b gezeigten angeschrägten Knicks von Anders, Arndt /10.54/ liegen bei $\varepsilon_r = 9{,}8$ für w/h = 0,5 bzw. 1 bzw. 2 die optimalen Anschrägungen S^*_{opt} bei 75 %. bzw. 63 % bzw. 56 %. Sie weichen damit nur wenig von den entsprechenden Werten von 85 % bzw. 69 % bzw. 56,4 % nach (10.33 Z) ab.

Das Verfahren der Diskontinuitätenanalyse mit Hilfe des Bandleitungsmodells für die Mikrostreifenleitung läßt sich besonders einfach für die spezielle Anschrägung S* = 50 % anwenden /3.89, 10.98, 10.99, 10.102/. Die Elemente der Ersatzschaltbilder 10.14c,d dieses Knicks erhält man aus den Eigenschaften einer rechtwinkeligen, symmetrischen Bandleitungskreuzung (Bild 10.16a): Erregt man die Kreuzung an den Toren 1 und 4 im Gleichtakt, so kann man in der Diagonalebene $X_1 - X_2$ ohne Veränderung des Feldbildes eine magnetische Wand einziehen. Dadurch läßt sich die Kreuzung in zwei angeschrägte Knicke mit S* = 50 % nach Bild 10.16b aufspalten. Durch die magnetische Wand (streufeldfreier Leerlauf) bleibt jedoch das elektrische Streufeld an der Schrägkante unberücksichtigt. Somit beschreibt dieses Modell einen realen, streufeldbehafteten Knick mit $S^* > 50\,\%$. Der Grund ist, daß man das Streufeld an der Schrägkante eines realen Knicks ersatzweise durch eine Verringerung der Anschrägung s um Δa darstellen kann, wobei dann aber an der neuen Schrägkante $X_1 - X_2$ kein Streufeld mehr vorhanden ist (Bild 10.16c). Die relative Anschrägung des realen Knicks ist somit $S^* = 100(s + \Delta a)/d = 50\,\% + 100\,\Delta a/d$. Die Zurücksetzung Δa der Schrägkante kann man näherungsweise zu $\Delta a = \Delta l_L$ als die äquivalente Leitungsverlängerung Δl_L einer leerlaufenden Mikrostreifenleitung der normierten Leiterbreite $w\sqrt{2}/h$ nach (10.3) bzw. (10.4)...(10.9) abschätzen.

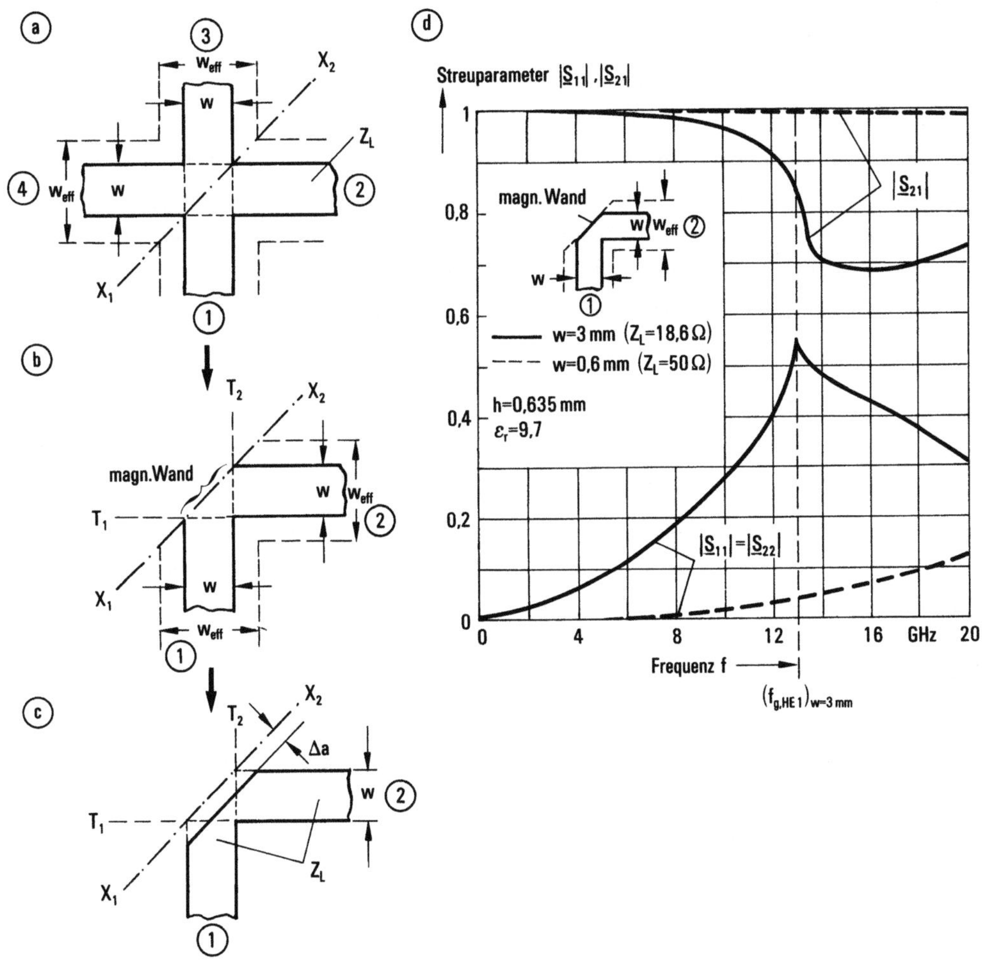

Bild 10.16. Angeschrägter symmetrischer, rechtwinkeliger Mikrostreifenleitungsknick nach dem Bandleitungsmodell. a,b,c) Herleitung aus symmetrischer Leitungskreuzung; d) Streuparameter des Knicks von b, c nach Bandleitungsmodell unter Einschluß der Oberwellen /10.99/

Für $w/h \gg 1$ ist auch eine Abschätzung zu $\Delta a = \Delta l_{L,\infty}$ der unendlich breiten Leitung nach (10.11) oder als $\Delta a = (w_{eff} - w)/2$ möglich. Dadurch nähert sich die Anschrägung S^* des realen (streufeldbehafteten) Knicks, der durch die halbierte Leitungskreuzung beschrieben wird, an S^*_{opt} nach (10.33 Z) des optimal kompensierten Knicks an.

Unter ausschließlichem Ansatz der Grundwelle des Bandleitungsmodells wurden von /3.89, 10.102/ frequenzabhängige Werte von L_2, C_3 des Ersatzschaltbildes 10.14c für diesen in den Bildern 10.16b,c gezeigten Knick berechnet. /10.98/ erweiterte dieses Verfahren auf beliebige Anschrägung S^*.

Schließt man in die Analyse auch die Oberwellen des Bandleitungsmodells ein /10.99, 10.100/, so erweitert sich der Frequenzbereich der Gültigkeit der Analyse bis etwa zur Grenzfrequenz $f_{g,HE2}$ der zweiten Oberwelle. Die solchermaßen nach /10.99/ berechneten und in Bild 10.16d dargestellten Streuparameter eines Knicks nach den Bildern 10.16b,c weisen im Vergleich zu den Parametern des unangeschrägten Knicks keine Signalsperrung bei den Grenzfrequenzen $f_{g,HEm}$ ($m = 1, 2, 3...$) der Oberwellen auf. Durch die Anschrägung wird insbesondere der Reflexionsfaktor $|\underline{S}_{11}|$ kleiner. Die für niedrige Frequenzen $f \ll f_{g,HE1}$ aus $\arg(\underline{S}_{21})$ berechnete Ersatzlänge dieses Knicks der Bilder 10.16b,c zwischen den Ebenen T_1 und T_2 läßt sich durch

$$2 \cdot \Delta l/h = 0{,}5(w/h)^{1{,}08} - (0{,}45/\sqrt{\varepsilon_r}) - 0{,}12 \qquad (10.34)$$

für $0{,}1 \leq w/h \leq 10$ und $1 \leq \varepsilon_r \leq 20$ darstellen. Bei $\varepsilon_r > 5$ bleibt der Einfluß von ε_r gering. (10.34) beschreibt mit guter Näherung die Ersatzlänge des nach (10.33 Z) optimal kompensierten Knicks. Die nach (10.34) berechnete Ersatzlänge $2\Delta l/h$ ist in Bild 10.15c strichliert eingezeichnet.

10.5.4 Sonderformen

Der unsymmetrische, rechtwinkelige Knick von Bild 10.17a wird nach statischen, numerischen Verfahren bei /10.24, 10.114-10.116/ und mit Hilfe des Bandleitungsmodells unter Einschluß der Oberwellen bei /3.67, 3.93, 10.50/ berechnet. Der unkompensierte Knick von Bild 10.17b mit beliebigem Winkel γ wird nach statischen Verfahren bei /10.116/ und nach dem Bandleitungsmodell unter Einschluß der Oberwellen von /10.50, 10.89/ analysiert. In seiner symmetrischen Ausführung ($w_1 = w_2$) wird er unter alleinigem Ansatz der Grundwelle aus den Daten des dualen Rechteckhohlleiterknicks von /3.86, 3.87/ berechnet. Zur optimalen Kompensation eines Mikrostreifenleitungsknicks nach Bild 10.17c mit $\gamma = 135°$, $\varepsilon_r = 10{,}2$ und $w_1/h = w_2/h = 0{,}9$ ($Z_L = 50\,\Omega$) wurde $s/d = 0{,}3$ experimentell gefunden /10.53/. In einer numerischen statischen Analyse /10.54, 10.115/ dieses kompensierten Knicks (Bild 10.17c) ergab sich für $\varepsilon_r = 9{,}8$ optimale Kompensation bei den Wertepaaren s/d(γ) = 0,92(60°), 0,63(90°), 0,41(120°), 0,25(140°) und 0,19(150°) für w/h = 1 und bei den Wertepaaren s/d(γ) = 0,98(60°), 0,75(90°), 0,45(120°), 0,24(140°) und 0,12(150°) für w/h = 0,5. Der in Bild 10.17d gezeigte unsymmetrische 90°-Knick mit spezieller Anschrägung läßt sich ebenfalls nach dem Bandleitungsmodell aus einer unsymmetrischen, rechtwinkeligen Leitungskreuzung (strichliert) berechnen /10.99/. Der allgemeine Knick mit doppelter Anschrägung von Bild 10.17e wird bei /10.100/ mit Hilfe des Bandleitungsmodells unter Einschluß der Oberwellen analysiert. Bei einer Abrundung der Ecke nach Bild 10.17f ist die Kompensationswirkung nach Messungen von /10.53/ (s. Bild 10.15a,b) und einer statischen Analyse /10.116/ gering. Für rechteckige Aussparungen wurden von /10.101/ für $Z_L = 50\,\Omega$ und $\varepsilon_r = 10{,}8$ zur Kompensation eine optimale Aussparung s/w = 0,52 für das innere Rechteck (Bild 10.17g) und s/w = 0,9 für das äußere Rechteck (Bild 10.17h) experimentell festgestellt.

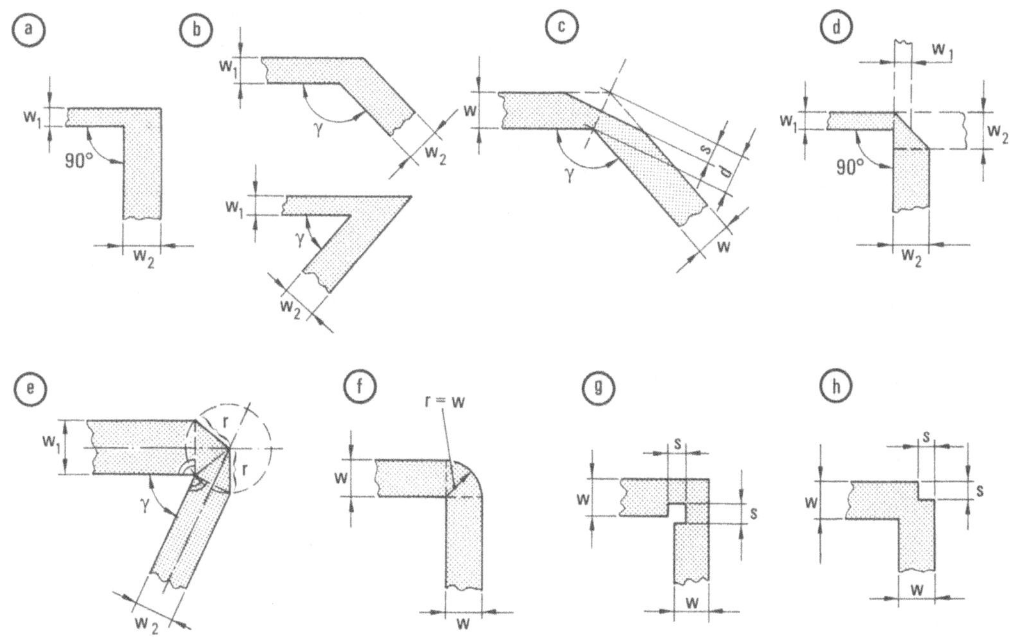

Bild 10.17. Leitungsknick-Sonderformen. a) Rechtwinkeliger, unsymmetrischer Knick; b) unkompensierter und c) kompensierter Knick unter beliebigem Winkel γ; d) unsymmetrischer kompensierter Knick; e) Knick mit doppelter Anschrägung zur Kompensation; f) Knick mit Eckabrundung; g) und h) durch Rechteckaussparung kompensierte Knicke

10.6 Kurzschluß

10.6.1 Elektrisches Verhalten, Ersatzschaltbilder

Kurzschlüsse /3.100, 10.26, 10.105, 10.106/ werden in der Mikrostreifenleitungs-Schaltungstechnik bei Bandfiltern, $\lambda/4$-Abblockleitungen sowie ganz allgemein zur Erzeugung von Massepunkten auf der Substratoberseite verwendet (Bilder 1.5e, 1.8). Eine häufig praktizierte Methode zum Kurzschließen von Streifenleiter und Massemetallisierung ist der runde, metallische Kurzschlußstift des Durchmessers d (Bild 10.18). Derartige Kurzschlüsse stellt man her, indem man in ein in das Substrat gebohrtes Loch einen Metallstift oder eine Metallhülse einschiebt und mit dem Streifenleiter und der Massemetallisierung verlötet. In der Dünnfilmtechnik bohrt man häufig die Löcher in das unbeschichtete Substrat und läßt bei den Bedampfungs- und Galvanisierungsprozessen den inneren Rand zusammen mit den Substratoberflächen metallisieren. Der ideale Kurzschluß wäre eine unendlich kurze Verbindung vom Widerstand Null zwischen dem Streifenleiter und Masse bei einer bis zum Kurzschlußort homogen verlaufenden Leitung. Der reale Kurzschluß endlicher Abmessungen wird durch Feld- und Stromlinienverzerrungen auf der Leitung und einen endlichen Stromweg zwischen beiden Leitungselektroden gekennzeichnet.

Zur Beschreibung des Kurzschlußstifts im Leitungszug (Bild 10.18a) läßt sich grundsätzlich jedes Ersatzschaltbild für ein symmetrisches Zweitor /1.339, S. 110; 3.125, S. 104; 10.103, S. 106; 10.104, S. 148/ wie z.B. ein symmetrisches π- oder T-Glied verwenden. Die physikalischen Verhältnisse am Stift werden am besten durch das in Bild 10.18b gezeigte konzentrierte T-Ersatzschaltbild mit der Mittelebene T des Stiftes als Bezugsebene dargestellt. Unter der Voraussetzung von Verlustfreiheit wird hiernach der Kurzschluß durch einen Serien- und einen Parallelblindwiderstand X_S und X_P beschrieben. Diese berechnen sich aus den bei Verlustfreiheit rein imaginären Elementen $\underline{Z}_{ij} = jX_{ij}$ der auf T bezogenen Zweitor-Widerstandsmatrix $\underline{Z}$ des Kurzschlußstiftes von Bild 10.18a zu

$$jX_S = j\omega L_S = Z_{11} - Z_{12} = j(X_{11}-X_{12}) \quad , \tag{10.35}$$

$$jX_P = j\omega L_P = Z_{12} = jX_{12} \quad . \tag{10.36}$$

Da am Kurzschluß die magnetische Feldenergie dominiert, haben X_S und X_P in erster Näherung das Frequenzverhalten von Induktivitäten L_S und L_P: $L_P = X_P/\omega$ stellt die induktive Wirkung des Stiftes, $L_S = X_S/\omega$ stellt den fehlenden Streifenleiterstrom vom Stiftrand bis zur Stiftmitte dar. Daher ergibt die Analyse $L_P > 0$ und $L_S < 0$. Bei niedrigen Frequenzen sind L_S und L_P näherungsweise frequenzunabhängig.

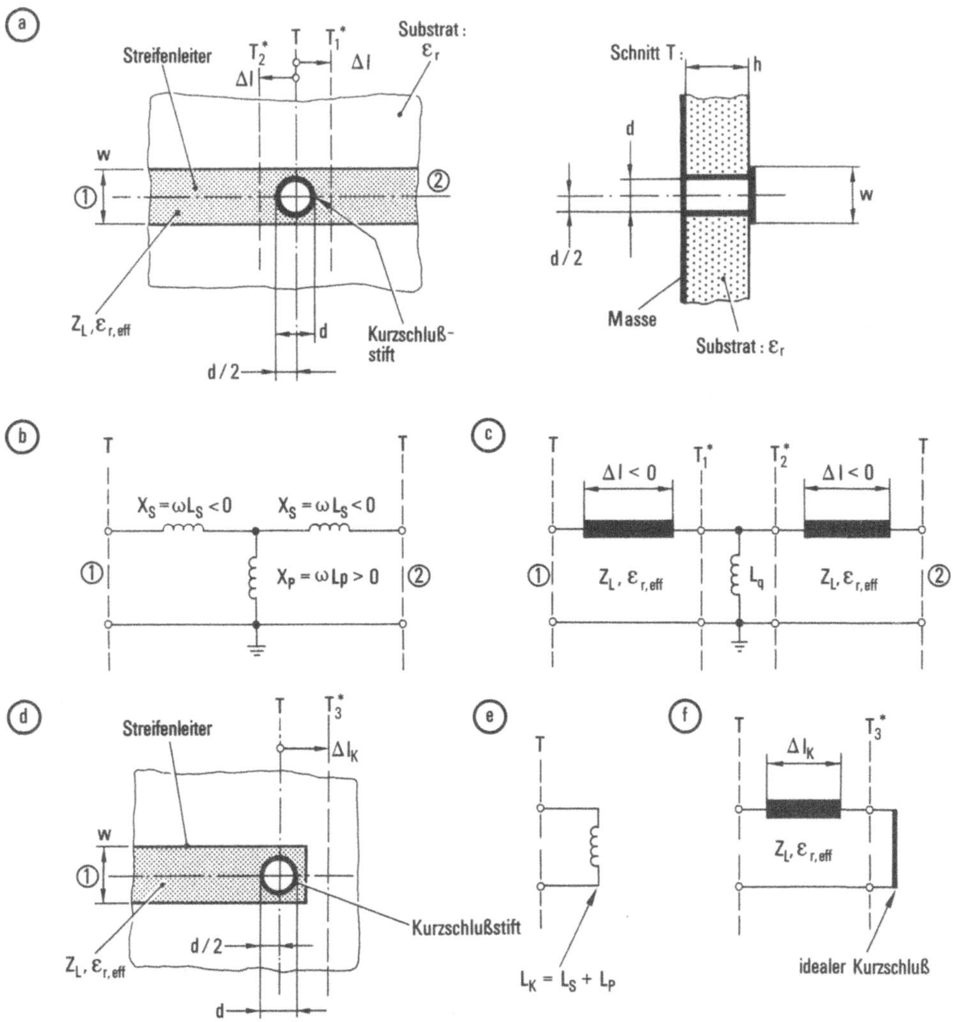

Bild 10.18. Kurzschlußstift (T: strukturgebundene Bezugsebene; T_1^*, T_2^*: variable Bezugsebenen). a) Kurzschlußstift im Zuge einer Leitung; b) konzentriertes Ersatzschaltbild für (a); c) Leitungsersatzschaltbild für (a); d) Kurzschlußstift am Leitungsende; e) Ersatzinduktivität L_K für (d); f) äquivalente Leitungsverlängerung Δl_K für (d)

Das T-Ersatzschaltbild 10.18b kann man in ein äquivalentes Leitungsersatzschaltbild 10.18c mit

$$\Delta l = \frac{c_0}{2\pi f\sqrt{\varepsilon_{r,eff}}} \{-\frac{\pi}{2} - \arctan(Z_L/X_S)\} \quad , \tag{10.37}$$

$$X_q = 2\pi f L_q = Z_L \left[2\tan\{\frac{2\pi f \Delta l\sqrt{\varepsilon_{r,eff}}}{c_0} + \arctan\frac{Z_L}{X_S + 2X_P}\}\right]^{-1} \tag{10.38}$$

umrechnen, wobei die Δl langen Leitungen die gleichen Parameter Z_L, $\varepsilon_{r,eff}$ wie die Anschlußleitungen haben. Mit $X_S < 0$ wird $\Delta l < 0$. In der Praxis sind stets $|X_S|/Z_L \ll 1$, $|X_P|/Z_L \ll 1$. Dann vereinfachen sich (10.37), (10.38) näherungsweise zu

$$\Delta l = c_0 L_S/(Z_L\sqrt{\varepsilon_{r,eff}}) = c_0 L_S/Z_{L0} \quad , \tag{10.39}$$

$$L_q = L_P \tag{10.40}$$

mit $Z_{L0} = Z_L(\varepsilon_r = 1)$. Auch Δl und L_q sind bei niedrigen Frequenzen in erster Näherung frequenzunabhängig. Somit besitzt auch X_q näherungsweise das Frequenzverhalten einer Induktivität. Bei (10.37), (10.38) ist zu beachten, daß X_S vorzeichenrichtig, also im Falle des realen Kurzschlußes negativ eingesetzt werden muß. Ebenso ist bei (10.39) L_S vorzeichenrichtig, also beim realen Kurzschluß negativ einzusetzen.

Der Kurzschlußstift am L e i t u n g s e n d e (Bild 10.18d) wird bzgl. der Mittelebene T durch die Kurzschlußinduktivität

$$L_K = L_S + L_P \tag{10.41}$$

nach Bild 10.18e oder alternativ durch eine mit idealem Kurzschluß abgeschlossene Leitungsverlängerung nach Bild 10.18f mit den Parametern Z_L, $\varepsilon_{r,eff}$ der Anschlußleitung und der Länge

$$\Delta l_K = \frac{c_0}{2\pi f\sqrt{\varepsilon_{r,eff}}}\{-(\pi/2) - \arctan(Z_L/X_S) + \arctan(X_q/Z_L)\} \tag{10.42}$$

beschrieben. Bei in der Praxis stets vorliegendem $|X_S|/Z_L \ll 1$ und $|X_q|/Z_L \ll 1$ vereinfacht sich (10.42) zum frequenzunabhängigen Wert

$$\Delta l_K = c_0(L_S + L_P)/(Z_L\sqrt{\varepsilon_{r,eff}}) = c_0(L_S + L_P)/Z_{L0} \tag{10.43}$$

mit $Z_{L0} = Z_L(\varepsilon_r = 1)$.

Auch bei (10.41)...(10.43) ist zu beachten, daß die Blindwiderstände X_S, X_q und die Induktivitäten L_S, L_P vorzeichenrichtig eingesetzt werden müssen. Beim realen Kurzschluß sind also X_S und L_S negativ einzusetzen. Damit wird die "Leitungsverlängerung" $\Delta l_K < 0$ nach (10.42), (10.43), sofern $|L_S| > |L_P|$ ist (Stifte mit großem Durchmesser d), d.h. man erhält eine Leitungsverkürzung um $|\Delta l_K|$. Das bedeutet, daß der reale Kurzschluß am Leitungsende mit Achse in der Ebene T, sofern $|L_S|$

$>|L_P|$ bzw. $|X_S|>|X_P|$ ist, durch einen idealen Kurzschluß in der um $|\Delta l_K|$ nach innen zurückversetzten Ebene T_3^* dargestellt wird (Bilder 10.18d,f), da $\Delta l_K < 0$ ist. Lediglich bei sehr schmalen Stiften ($d/w \ll 1$) überwiegt die Parallelinduktivität $|L_P|>|L_S|$ und es wird $\Delta l_K > 0$.

Die in den Bildern 10.18a,d angegebenen Bezugsebenenverschiebungen Δl und Δl_K haben hierbei stets Zählpfeilcharakter, d.h., sie zeigen die Richtung der Bezugsebenenverschiebung für den Fall, daß Δl bzw. Δl_K positiv ist, an. Bei $\Delta l < 0$ rücken z.B. T_1^* auf die linke Seite von T und T_2^* auf die rechte Seite von T. Bei $\Delta l_K < 0$ rückt T_3^* auf die linke Seite von T. Auf entsprechende Weise sind in den Ersatzschaltbildern 10.18c,f die Leitungslängen vorzeichenrichtig einzusetzen. Für $\Delta l < 0$ bzw. $\Delta l_K < 0$ werden den Leitungen zwischen T und T_1^*, zwischen T und T_2^* bzw. zwischen T und T_3^* negative Längen zugewiesen. So besagt das Ersatzschaltbild 10.18c für $\Delta l < 0$ folgendes: Zur Darstellung der Eigenschaften des Kurzschlußstiftes von Bild 10.18a schneidet man links und rechts von der Mittelebene jeweils ein Stück homogener Leitung der Länge Δl heraus und verbindet die so entstehenden Leitungsenden unter Parallelschaltung einer Induktivität L_q.

10.6.2 Analyse nach dem Bandleitungsmodell

Da eine theoretische Analyse der in Bild 10.18a gezeigten Kurzschluß-Originalstruktur unter Einschluß der Grenzschicht Luft-Substrat sehr aufwendig ist, sucht man nach einfacheren näherungsweisen Analyseverfahren. Ein solches ist die von Schulz /3.100/ vorgeschlagene Analyse anhand eines äquivalenten Bandleitungskurzschlußes nach Bild 10.19. Die Mikrostreifenleitung von Bild 10.18a wird hierbei durch ihr äquivalentes Bandleitungsmodell nach Abschn. 3.2.5 bzw. 3.3.4 ersetzt. Da man im Bandleitungsmodell die Feldenergiedichte in der Mitte am Ort des Stifts verringert hat, muß man in entsprechendem Maß die Querabmessungen des Stift im Bandleitungsmodell von d auf die effektive Breite d_{eff} erhöhen. Ein plausibles Kriterium für die Wahl von d_{eff}/d ist, daß die auf den Streuquerschnitt $d \cdot h$ bzw. $d_{eff} \cdot h$ auftretende Leistung einer einfallenden Grundwelle gleich sein soll. Das führt zu $d_{eff} = d \cdot \varepsilon_r/\varepsilon_{r,eff}$. Da zur Veränderung des Stiftdurchmessers in Wellenausbreitungsrichtung keine Veranlassung besteht, bekommt der Stift im Bandleitungsmodell einen ellipsenförmigen Querschnitt. Dieses in Bild 10.19 gezeigte Kurzschluß-Bandleitungsmodell stellt ein den Hohlleiterstiften ähnliches Feldanalyseproblem dar und kann einfach berechnet werden.

Von Schulz /3.100/ werden die Feldgleichungen mit Hilfe der Methode der Geraden durch eine Diskretisierung des Bandleitungsquerschnitts parallel zu den Plattenelektroden gelöst. Dieses Verfahren liefert die frequenzabhängigen Elemente

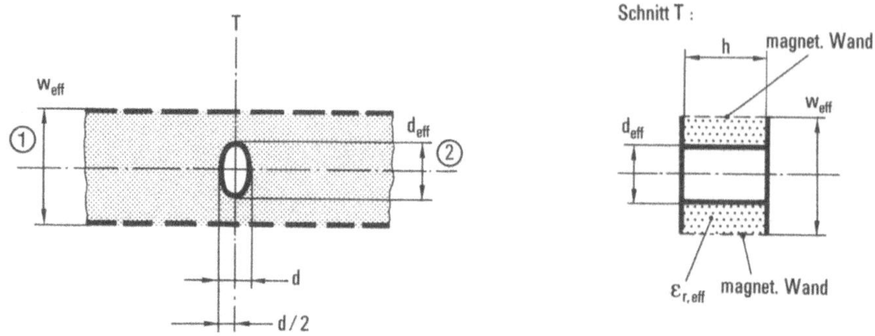

Bild 10.19. Äquivalentes Bandleitungsmodell für den Kurzschlußstift im Zuge der Mikrostreifenleitung nach Schulz /3.100/.

$\underline{Z}_{ij} = jX_{ij}$ der Widerstandsmatrix bzgl. der Ebene T, aus denen mit (10.35), (10.36) die Induktivitäten L_S, L_P des Ersatzschaltbildes 10.18b und mit (10.37)...(10.43) die Elemente Δl, L_q, L_K, Δl_K der weiteren Ersatzschaltbilder 10.18c,e,f berechnet werden können.

Die Bilder 10.20...10.22 zeigen die nach dem Bandleitungsmodell mit Hilfe der Methode der Geraden /3.100/ berechneten Eigenschaften des Kurzschlußstiftes in der Mikrostreifenleitung nach den Bildern 10.18a,d. Die Querinduktivität des Ersatzschaltbilds 10.18c ist dabei in sehr guter Näherung $L_q = L_P$. Die Werte der Bilder 10.20, 10.21 wurden für $\varepsilon_r = 9{,}8$ (Al_2O_3-Keramik) und niedrige Frequenzen ($h/\lambda_0 = 0{,}001$ bzw. $h \cdot f = 0{,}3$ GHz · mm) berechnet. Grundsätzlich sind die normierten Ersatzschaltbildelemente L_S/h, L_P/h, L_q/h, $\Delta l/h$, $\Delta l_K/h$, L_K/h von ε_r, w/h, d/w, h/λ_0 abhängig. Wie aus den Bildern 10.22a,b zu erkennen ist, kann man aber für $0 < h \cdot f \leq 6$ GHz mm und $2{,}3 \leq \varepsilon_r \leq 20$ näherungsweise den Einfluß der Frequenz f und der Substratpermittivität ε_r vernachlässigen und die Werte der Bilder 10.20, 10.21 verwenden. Bei den Bildern 10.20...10.22 wird eine Streifenleiterdicke $t = 0$ vorausgesetzt. Das Bandleitungsmodell beschreibt den realen Kurzschluß um so genauer, je größer w/h und ε_r und je kleiner d/w und $h \cdot f$ sind.

Für $d/w \ll 1$ kann man die Längsinduktivität L_S vernachlässigen, und die Parallelinduktivität L_P strebt der bei /10.107, S. 48/ angegebenen Induktivität eines runden Drahtes

$$(L_P/h)_{d/w \ll 1} = 0{,}2\left[\ln(4h/d) + \{d/(2h)\} - 1\right] \qquad (10.44\ Z)$$

in nH/mm zu. Den in Serie zu L_P wirksamen Verlustwiderstand dieses Stifts kann man für homogene Stromverteilung zu

$$(R_P)_{d/w \ll 1} = 2{,}63 \cdot 10^{-3}(h/d) \cdot \sqrt{f \cdot \rho/\rho_{Cu}} \qquad (10.45\ Z)$$

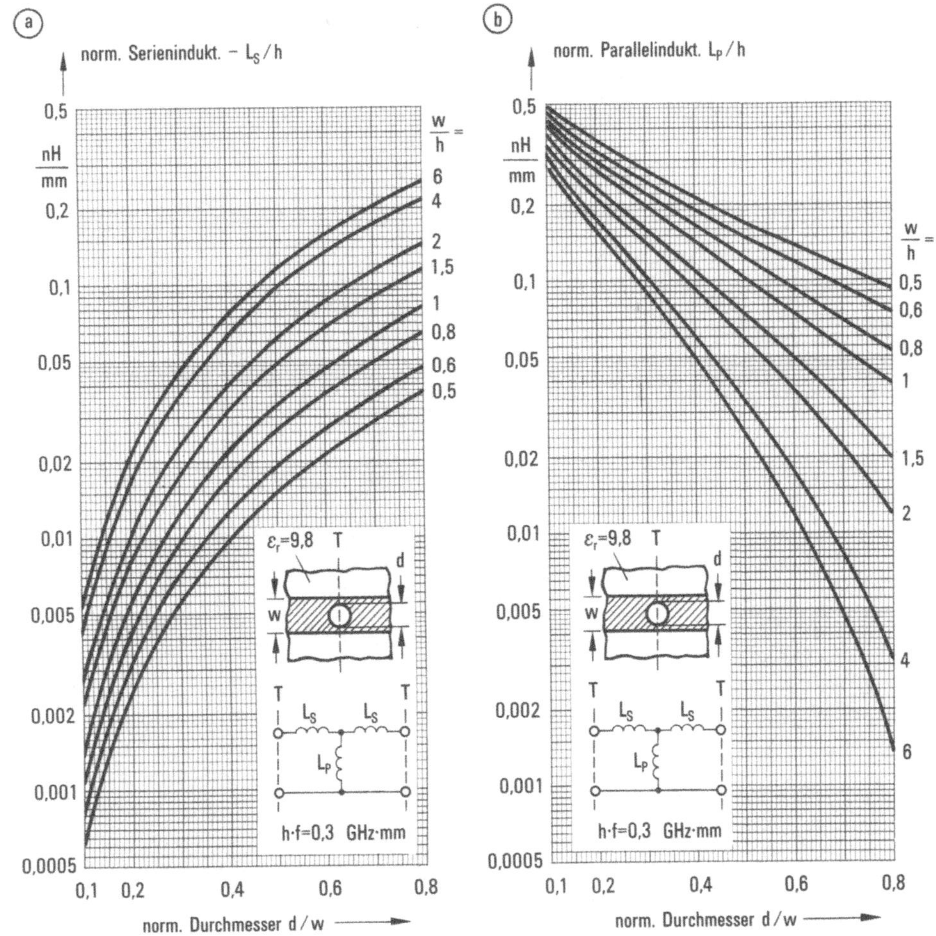

Bild 10.20. Elemente des konzentrierten Ersatzschaltbilds 10.18b für den Kurzschlußstift im Zuge der Mikrostreifenleitung für $\varepsilon_r = 9{,}8$ und $h/\lambda_0 = 0{,}001$ (niedrige Frequenzen) nach dem Bandleitungsmodell. a) Serieninduktivität L_S; b) Parallelinduktivität L_P

mit R_ρ in Ω, dem spezifischen Widerstand ρ des Stiftmaterials in $\Omega \cdot$ cm, $\rho_{Cu} = 1{,}72 \cdot 10^{-6}\,\Omega$ cm und f in GHz abschätzen.

Zur Messung der Ersatzschaltbildelemente L_S, L_P setzt man einen Kurzschlußstift in einen Ringresonator ein /10.105, 10.106/. Durch Gleichtakt- und Gegentakterregung des Stiftes kann man Längs- und Parallelelemente des Ersatzschaltbildes separat bestimmen. Ein Vergleich zwischen experimentell von /10.106/ ermittelten Eigenschaften für $\varepsilon_r = 10{,}6$, $w/h = 2{,}6$, $h = 5$ mm, $d/w = 0{,}12$ und $0{,}37$ sowie $0 \leq h \cdot f \leq 10$ GHz mm und theoretischen Daten, die mit dem Bandleitungsmodell von Bild 10.19 nach Schulz /3.100/ berechnet worden sind, ergab gute Übereinstimmung.

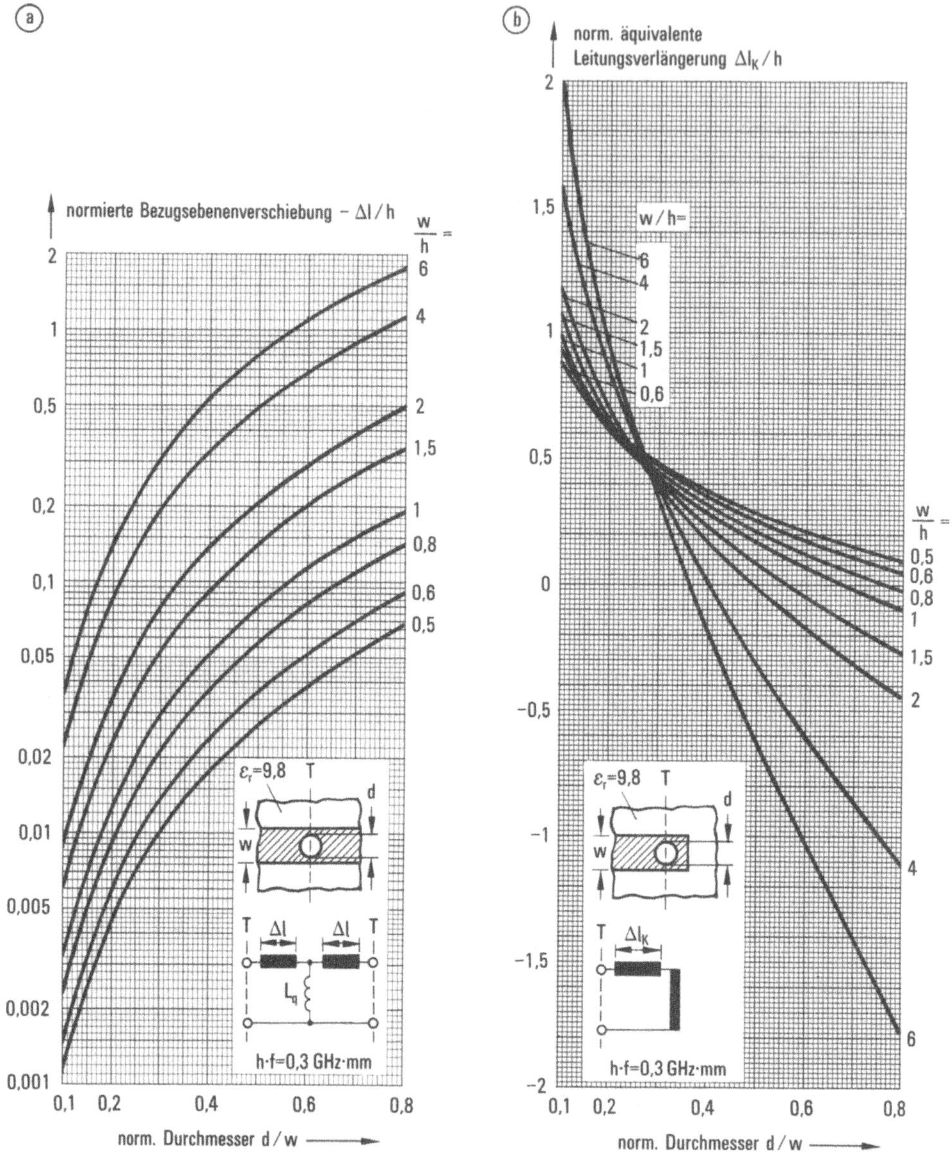

Bild 10.21. Äquivalente Leitungsverlängerungen für den Kurzschlußstift bei der Mikrostreifenleitung für $\varepsilon_r = 9,8$ und $h/\lambda_0 = 0,001$ (niedrige Frequenzen) nach dem Bandleitungsmodell. a) Δl für das Ersatzschaltbild 10.18c des Stifts im Leitungszug; b) Δl_K für das Ersatzschaltbild 10.18f des Stifts am Leitungsende

10.6.3 Sonderformen

Bild 10.23 zeigt einige Sonderformen von Kurzschlüssen. Durch eine möglichst gut leitende, senkrecht zur Substratoberfläche stehende Metallwand W am Ende einer Mikrostreifenleitung, mit welcher die Massemetallisierung und der Streifenleiter

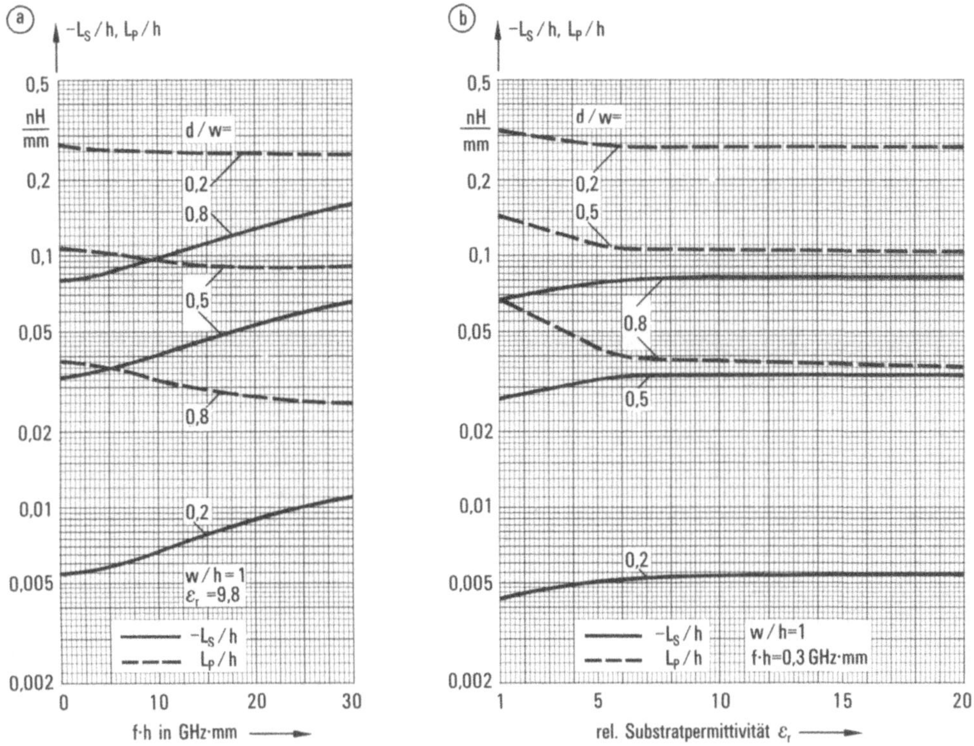

Bild 10.22. Weitere Einflußgrößen auf die Elemente L_S, L_P des Kurzschluß-Ersatzschaltbilds 10.18b nach dem Bandleitungsmodell. a) Einfluß der Frequenz f für $\varepsilon_r = 9{,}8$ und $w/h = 1$; b) Einfluß der relativen Substratpermittivität ε_r für $h/\lambda_0 = 0{,}001$ (niedrige Frequenzen) und $w/h = 1$

verbunden sind (Bild 10.23a), wird der "ideale" Mikrostreifenleitungskurzschluß am ehesten angenähert. Derartige Kurzschlüsse benützt man als Eichnormalien in der Mikrostreifenleitungs-Meßtechnik. Eine "Umkontaktierung" in der Form eines auf den Streifenleiter und die Massemetallisierung geschweißten Bändchens B zeigt Bild 10.23b. Die Parallelinduktivität L_P/h in nH/mm und der Widerstand R_ρ in Ω des Bändchens der Breite b, der Dicke t und der Länge h können nach /10.107, S. 51/ zu

$$L_P/h = 0{,}2\left[\ln\{2h/(b+t)\} + 0{,}2235\{(b+t)/h\} + 0{,}5\right] \quad , \qquad (10.46\ \mathrm{Z})$$

$$R_\rho = 4{,}13\cdot 10^{-3} h\sqrt{f\cdot\rho/\rho_{Cu}}/(b+t) \qquad (10.47\ \mathrm{Z})$$

mit f in GHz, dem spezifischen Bändchenwiderstand ρ in Ω cm, $\rho_{Cu} = 1{,}72\cdot 10^{-6}\ \Omega\,\mathrm{cm}$ (Kupfer) und b,h,t in mm abgeschätzt werden. Der in Bild 10.23c gezeigte Kurzschluß in der Form einer abrupten Streifenleiterverbreiterung, die mit den auf Massepotential befindlichen Gehäusewänden verbunden ist, wird bei /10.26/ analysiert.

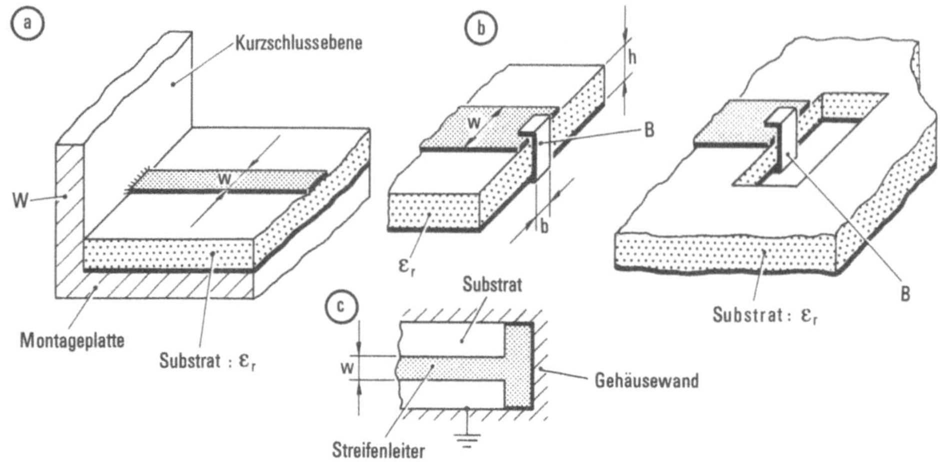

Bild 10.23. Sonderformen von Mikrostreifenleitungs-Kurzschlüssen. a) Senkrechte Metallwand W am Leitungsende (elektrische Wand); b) Umkontaktierung; c) kurzgeschlossene Streifenleiterverbreiterung

10.7 Spalt im Streifenleiter

Ein Querspalt im Streifenleiter einer Mikrostreifenleitung /3.86, 3.87, 10.14, 10.15, 10.17, 10.20, 10.22, 10.23, 10.31, 10.67, 10.108-10.112, 10.121/ kommt meist in der Form des in den Bildern 10.24a,b gezeigten symmetrischen Querspalts mit gleicher Leiterbreite der beiden Leitungen auf den beiden Seiten des Spalts in Schaltungen zur schwachen Signalankoppelung und speziellen Filterschaltungen (Bild 1.5c) vor. Im allg. Erregungszustand (Bild 10.24a) existieren elektrische Feldlinien zwischen jeweils einem Streifenleiterende und Masse und zwischen den beiden Streifenleitern. Daraus ergibt sich das in Bild 10.24b gezeigte Ersatzschaltbild aus zwei Parallelkapazitäten C_P und einer Serienkapazität C_S. Das Ersatzschaltbild ist zwischen den durch die geometrischen Leiterenden festgelegten Bezugsebenen T_1, T_2 definiert. Ein Spalt zwischen den Enden zweier Leitungen unterschiedlicher Breite (Bilder 10.24c,d) wird als unsymmetrischer Koppelspalt bezeichnet.

Numerische statische Analyseverfahren für den symmetrischen Spalt wie die Variationsmethode, Garlekin-Methode, Matrix-Inversionsmethode /10.14, 10.15, 10.17, 10.67, 10.108/ liefern frequenzunabhängige Werte für C_S und C_P, die bei üblichen Substratdicken $h \cong 1$ mm bis zu Frequenzen von etwa 20 GHz in guter Näherung gelten. Bild 10.25 zeigt nach dem numerischen, statischen Verfahren von Benedek, Silvester /10.67/ von /10.108/ berechnete Werte für $C_P/h = f(w/h,\ s/h,\ \varepsilon_r)$ und $C_S/h = f(w/h,\ s/h,\ \varepsilon_r)$ des symmetrischen Koppelspalts von Bild 10.24a für $\varepsilon_r = 9{,}6$ (Al_2O_3-Keramik). Aus Berechnungen von /10.67, 10.108/ läßt sich erkennen, daß C_S/h und C_P/h bei $w/h = \text{const.}$ und $s/h = \text{const.}$ in guter Näherung linear mit ε_r anwachsen. Für $s/h \to 0$ werden $C_P = 0$ und $C_S = \infty$. Für $s/h \to \infty$ wird $C_S = 0$ und C_P strebt der Streukapazität C_L des Leerlaufs nach Abschn. 10.2 zu. Für kleine Spaltbreiten $s/h < 0{,}2$

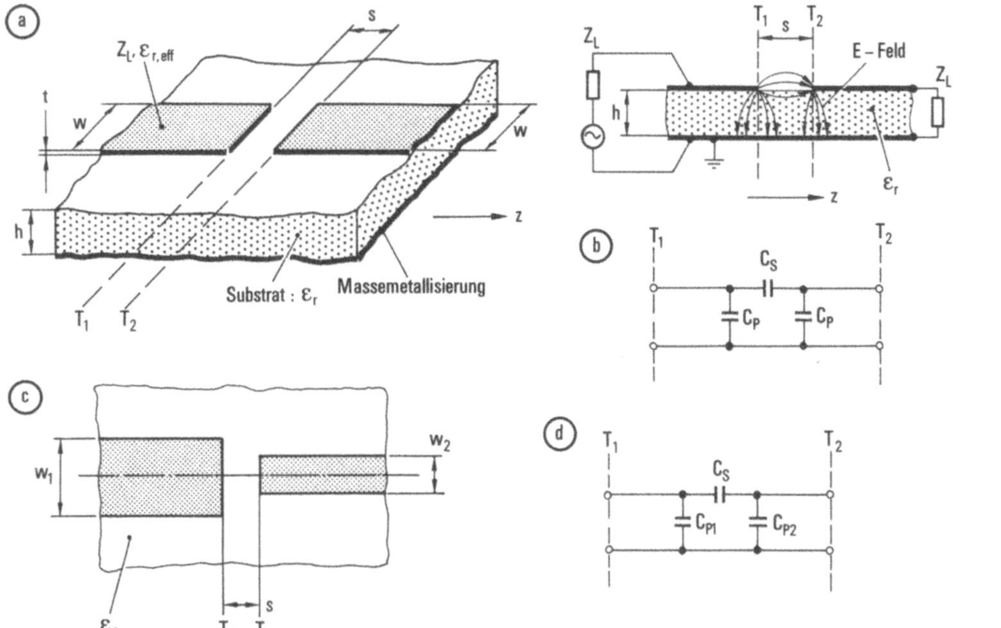

Bild 10.24. Mikrostreifenleitungs-Koppelspalt. a) Symmetrischer Spalt; b) Ersatzschaltbild für (a); c) unsymmetrischer Spalt; d) Ersatzschaltbild für (c)

wächst, wie aus Berechnungen von /10.108/ ersichtlich ist, C_P/h näherungsweise linear mit s/h und dem Kapazitätsbelag C' der Anschlußleitungen gemäß $C_P/h \cong 0{,}45\, C'\, s/h$ an ($0{,}5 \leqq w/h \leqq 4$, $1 \leqq \varepsilon_r \leqq 15$; C': Kapazitätsbelag der Leitung).

N ä h e r u n g s g l e i c h u n g e n für die Ersatzschaltbildelemente des Koppelspalts in der Mikrostreifenleitung werden bei /10.22, 10.31, 10.111/ angegeben. Der Koppelspalt in der Triplateleitung wird bei /3.86, 3.87/ berechnet. Zur M e s s u n g von C_S, C_P wird der Koppelspalt in einen Resonator eingebaut und im Gleichtakt sowie im Gegentakt erregt /10.19, 10.23, 10.24, 10.109, 10.110/. Nach einer rigorosen H y b r i d w e l l e n a n a l y s e des Koppelspalts /10.55/ sinken C_P und C_S leicht mit zunehmender Frequenz, durchlaufen ein flaches Minimum bei $h/\lambda_0 \cong 0{,}02$ und steigen danach wieder leicht an. Bei C_S ist die Frequenzabhängigkeit ausgeprägter als bei C_P. Nach der gleichen Methode wird von /10.55/ auch der unsymmetrische Spalt (Bilder 10.24c,d) berechnet.

Genaue Formeln für die Kapazitäten C_S, C_{P1} und C_{P2} des Ersatzschaltbildes (Bild 10.24d) des in Bild 10.24c gezeigten unsymmetrischen Spalts in der Mikrostreifenleitung geben Kirschning, Jansen, Koster /10.121/ an. Sie gelten für die Bereiche $0{,}1 \leqq (w_1/h) \leqq 3$, $0{,}1 \leqq (w_2/h) \leqq 3$, $1 \leqq (w_1/w_2) \leqq 3$, $0{,}2 \leqq (s/h) < \infty$, für die Substratpermittivitäten $6 \leqq \varepsilon_r \leqq 13$ und den Frequenzbereich $0 \leqq h \cdot f \leqq 12$ GHz · mm (Voraussetzung $w_1 > w_2$) und lauten

$$C_S = 0{,}50 \cdot h \cdot Q_1 \cdot \exp(-1{,}86\, s/h) \cdot \left[1 + 4{,}19\{1 - \exp(-0{,}785\sqrt{h/w_2}\, w_1/w_2)\}\right], \quad (10.48\ Z)$$

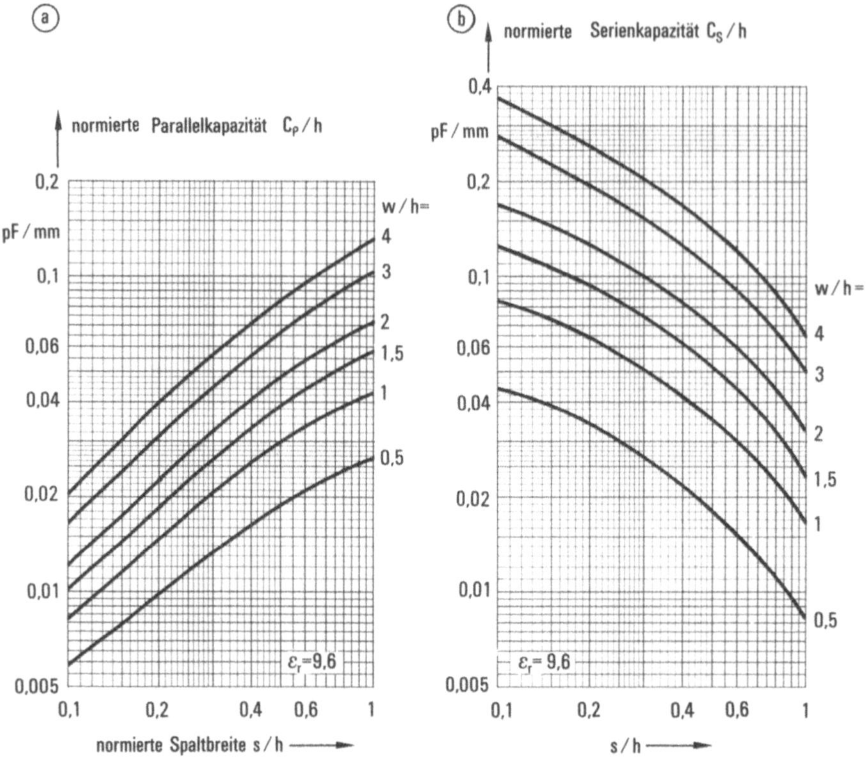

Bild 10.25. Ersatzschaltbildelemente des symmetrischen Koppelspalts für $\varepsilon_r = 9{,}6$ (Al_2O_3-Keramiksubstrat) und eine Leiterdicke $t = 0$ nach /10.67, 10.108/. a) Parallelkapazität C_P; b) Serienkapazität C_S

$$C_{P2} = C_{L2} \cdot (Q_2 + Q_3)/(1 + Q_2) \quad , \tag{10.49}$$

$$C_{P1} = C_{L1} \cdot (Q_2 + Q_4)/(1 + Q_2) \quad , \tag{10.50}$$

$$Q_1 = 0{,}04598\{0{,}03 + (w_2/h)^{Q_5}\}(0{,}272 + 0{,}07\varepsilon_r) \quad , \tag{10.51}$$

$$Q_2 = 0{,}107\left(\frac{w_2}{h} + 9\right) \cdot \left(\frac{s}{h}\right)^{3{,}23} + 2{,}09\left(\frac{s}{h}\right)^{1{,}05} \cdot \frac{1{,}5 + (0{,}3\,w_2/h)}{1 + (0{,}6\,w_2/h)} \quad , \tag{10.52}$$

$$Q_3 = \exp\{-0{,}5978(w_1/w_2)^{1{,}35}\} - 0{,}55 \quad , \tag{10.53}$$

$$Q_4 = \exp\{-0{,}5978(w_2/w_1)^{1{,}35}\} - 0{,}55 \quad , \tag{10.54}$$

$$Q_5 = 1{,}23/\left[1 + 0{,}12\{(w_1/w_2) - 1\}^{0{,}9}\right] \quad . \tag{10.55}$$

C_{L1} und C_{L2} sind die Endkapazitäten von Leerläufen mit den Leiterbreiten w_1 und w_2 nach Abschn. 10.2, am genauesten zu berechnen nach (10.2), (10.4)...(10.9). Bei (10.48 Z) ergibt sich C_S in pF mit h in mm. $Q_1 \ldots Q_5$ sind dimensionslose Hilfsgrößen. Der Fehler von (10.48 Z)...(10.55) gegenüber den nach einer rigorosen Spektralbereichsanalyse berechneten Basiswerten /10.26, 10.55/ liegt für C_S/h, C_{P1}/h und C_{P2}/h stets unterhalb von 0,006 pF/mm bei $w_2/h > 1$ und wesentlich unterhalb dieses Wertes bei $w_2/h < 1$. Der symmetrische Spalt ($w_1 = w_2$) ist eingeschlossen.

11 Abstrahlung bei Mikrostreifenleitungs-Schaltungen

11.1 Übersicht

In die Dimensionierung von Mikrostreifenleitungs-Schaltungen wie z.B. Transistorverstärker oder Filter werden i.allg. nur die reaktiven und dissipativen Eigenschaften der Bauelemente (Streifenleitungen, Diskontinuitäten, hybride Elemente) für die Mikrostreifenleitungs-Grundwelle einbezogen. Beginnend bei der Frequenz Null, strahlen jedoch die Bauelemente mit wachsender Frequenz in stark zunehmendem Maße einen Teil der über sie transportierten Leistung in die Umgebung ab /1.340, 3.75-3.77, 3.136-3.138, 10.28, 10.112, 11.1-11.40/. Das ist in den Bildern 11.1a,b,c symbolisch dargestellt: Die abgestrahlte Leistung teilt sich in eine Oberflächenwellenstrahlung parallel zur Substratoberfläche und eine Raumwellenstrahlung senkrecht zur Substratoberfläche auf /10.28, 11.1, 11.2, 11.4, 11.14, 11.28/.

Die von einem Bauelement ausgehende Oberflächenwellenstrahlung regt auf dem rückseitig metallisierten Substrat eine für alle Frequenzen $f > 0$ existenzfähige TM_0-Oberflächenwelle an (Abschn. 15.1). Diese breitet sich in beliebiger Richtung quer über das Substrat - auch an Stellen ohne Vorderseitenstruktur - aus und wird an den Substraträndern, Gehäuseseitenwänden und Bauelementen mehrfach reflektiert. Dadurch entstehen Oberflächenwellen-Resonanzen in der Schaltung ohne Gehäusedeckel. Diese Resonanzen führen mit wachsender Frequenz in zunehmendem Maß zu unkontrollierbaren, parasitären Verkoppelungen zwischen Schaltungsteilen, welche an sich für die Mikrostreifenleitungs-Grundwelle allein eine hohe gegenseitige Isolation aufweisen /11.14, 11.40/. Das ist in Bild 11.1b symbolisch dargestellt.

Die von einem Bauelement ausgehende Raumwellenstrahlung führt bei einer offenen Schaltung nicht zu parasitären Verkoppelungen, sondern nur zu Energieverlusten. Die Verkoppelung unterbleibt auch bei in geschlossene Gehäuse eingebauten Schaltungen, wenn die Betriebsfrequenz unterhalb der Grenzfrequenz der Hohlleiterwellen des Gehäuses liegt. Ein allseitig geschlossenes Schaltungsgehäuse wirkt als

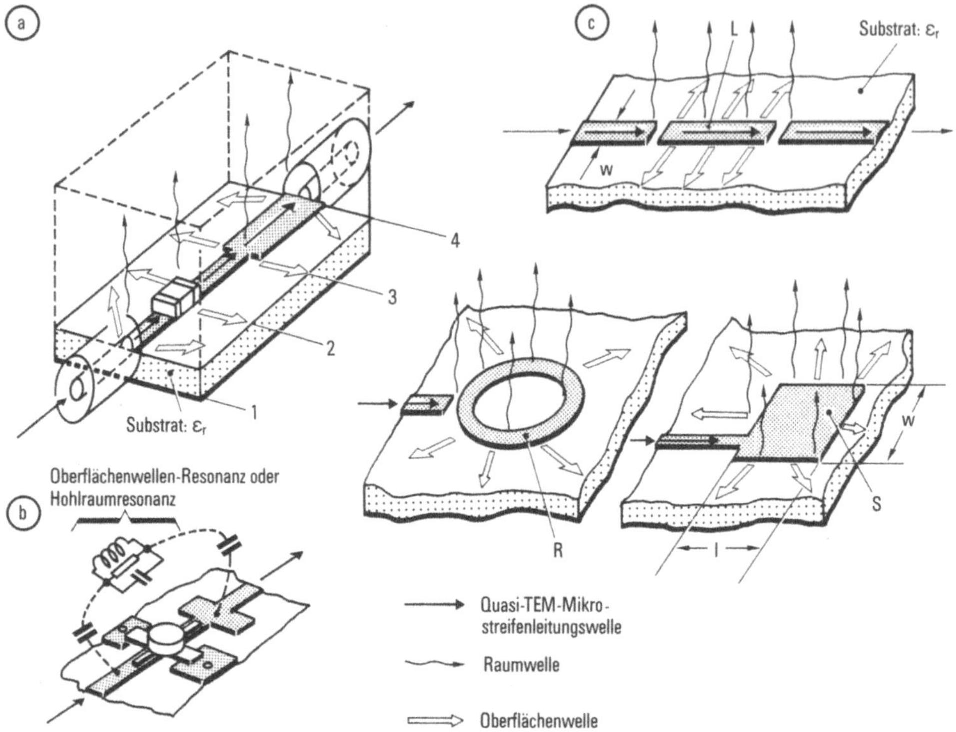

Bild 11.1. Abstrahlungseffekte in integrierten Mikrowellenschaltungen. a) Konzentrierte Strahlungsquellen (1 und 4: Übergänge; 2: hybrides Element; 3: Leitungsdiskontinuität); b) symbolische Darstellung der Verkoppelung über parasitäre Resonanzen; c) Resonatoren als Strahlungsquellen (L: gerader Leitungsresonator; R: Ringresonator; S: Scheibenresonator)

Hohlraumresonator und besitzt eine Vielzahl diskreter Resonanzfrequenzen, die alle über der Hohlleitergrenzfrequenz liegen (Abschn. 15.2). Liegen diese Resonanzfrequenzen im Betriebsfrequenzbereich der Schaltung, so werden durch die von den Bauelementen ausgehende Raumwellenstrahlung Gehäuseresonanzen angeregt. Auf den Resonanzfrequenzen kommt es zu starken parasitären Verkoppelungen zwischen Schaltungsteilen (Bild 11.1b). Dadurch wird die Schaltung funktionsunfähig. Aber auch in der Nachbarschaft der Resonanzfrequenzen tritt eine nennenswerte Verkoppelung auf, welche die Schaltung stören kann. Eine weitere Wirkung der Abstrahlung ist die Erhöhung der V e r l u s t e in der Schaltung, insbesondere eine Reduzierung der Güte von Resonatoren. Zum Aufbau von Mikrostreifenleitungs-A n t e n n e n wird die Raumwellenstrahlung von Diskontinuitäten und Resonatoren technisch ausgenützt.

Abstrahlende Elemente sind mit Ausnahme der unendlich langen, geradlinigen Mikrostreifenleitung, welcher in realen Schaltungen die geradlinigen, angepaßten Leitungsstücke nahekommen, alle Bauelemente. Man kann sie in Leitungsdiskontinuitäten (Bild 1.47, Kap. 10; z.B. Knicke, Leerläufe, Breitenstufen), konzentrierte Elemente (Bilder 1.48, 1.49; z.B. Spiralinduktivität, Interdigitalkondensator), hybride Elemente (Bild 1.20; z.B. Dioden, Transistoren), Leitungsübergänge (Bilder 1.35...1.38, 1.41; z.B. Übergänge zwischen Koaxial- und Mikrostreifenleitungen) und Resonatoren (Bild 1.51; z.B. Ringresonatoren) aufteilen. Die Resonatoren (Bild 11.1c) müssen i.allg. als örtlich verteilte Strahlungsquellen behandelt werden, während man die restlichen Elemente näherungsweise als punktförmige Strahlungsquellen analysiert.

11.2 Abstrahlung bei Leitungsdiskontinuitäten und Übergängen

11.2.1 Strahlungsleistungen verschiedener Diskontinuitäten

Die von Mikrostreifenleitungs-Diskontinuitäten und Übergängen ausgehende Strahlung wird bei /1.340, 3.136, 3.137, 10.28, 11.1-11.8, 11.20-11.28/ analysiert. Ein mit der Näherung punktförmiger Strahlungsquellen arbeitendes Analyseverfahren ist die Poyntingvektor-Methode von Lewin /1.340/, die auch von vielen anderen Autoren /3.136, 11.8, 11.12, 11.21-11.24/ angewandt wurde. Hierbei werden als Strahlungsquellen ein linienförmig in der Streifenleitermitte konzentrierter Längsstrom und - im Fall des Mikrostreifenleitungs-Leerlaufs - ein senkrecht dazu fließender Polarisationsstrom angenommen. Bei anderen Diskontinuitäten werden entsprechende andere mit dem Längsstrom verbundene Polarisationseffekte angesetzt. Aus dem Fernfeld dieser Ströme wird der Poynting-Vektor und hieraus die gesamte abgestrahlte Leistung berechnet. Die Methode ist auf schmale Streifenleiter mit einer Leiterbreite $w \ll \lambda_0$ und kleine Substratdicken $h \ll \lambda_0$ sowie lokal wenig ausgedehnte Diskontinuitäten beschränkt, also nicht für Resonatoren geeignet. Dabei wird die Schichtung Substrat-Luft durch die Annahme eines homogenen Dielektrikums mit einer relativen Permittivität, die gleich der effektiven Permittivität $\varepsilon_{r,eff}$ der Mikrostreifenleitung ist, dargestellt.

Die von einer beliebigen Diskontinuität i als Raumwelle abgestrahlte Leistung $P_{Rad,RW,i} = P_{Hin} \cdot f(\varepsilon_{r,eff}, Z_L, h/\lambda_0)$ berechnet sich nach dieser Poynting-Vektor-Methode zu

$$P_{Rad,RW,i}/P_{Hin} = 2\pi\eta_0 \cdot (h/\lambda_0)^2 \cdot F_i/Z_L \tag{11.1}$$

für $w,h \ll \lambda_0$. $P_{Hin} = U_{Hin} \cdot I_{Hin}/2 = I_{Hin}^2 Z_L/2 = U_{Hin}^2/(2Z_L)$ ist die Leistung der auf die Diskontinuität zulaufenden Welle mit dem Strom I_{Hin} und der Spannung U_{Hin} (Scheitelwerte). Die Mikrostreifenleitung wird durch den Wellenwiderstand Z_L, die effektive Permittivität $\varepsilon_{r,eff}$, die Leiterbreite w, die Substratdicke h und die relative Substratpermittivität ε_r beschrieben (Bild 3.1a). Der dimensionslose Strahlungsfaktor $F_i(\varepsilon_{r,eff})$ charakterisiert die spezifischen Strahlungseigenschaften der jeweiligen Diskontinuität i. Er ist nur von $\varepsilon_{r,eff}$ abhängig. (11.1) ist die entnormierte Form der von Lewin /1.340/ für $I_{Hin,eff} = I_{Hin}/\sqrt{2} = 1A$ angegebenen normierten Strahlungsleistung $P^* = 60\,(k\,h)^2 F_i$ in W mit $k = 2\pi/\lambda_0$. Die Strahlungsleistung $P_{Rad,OW,i}$ der Oberflächenwelle ist bei niedrigen Frequenzen $h/\lambda_0 \ll 1$ gegenüber dem Raumwellenanteil vernachlässigbar.

Die von den in Bild 11.2 gezeigten Diskontinuitäten und Übergängen abgestrahlten Raumwellenleistungen berechnen sich nach (11.1) zusammen mit den folgenden Strahlungsfaktoren:

a) Leerlauf am Substratrand /1.340/ nach Bild 11.2a (gilt auch für Leerlauf in der Substratmitte nach Bild 11.2n):

$$F_1 = \frac{\varepsilon_{r,eff}+1}{\varepsilon_{r,eff}} - \frac{(\varepsilon_{r,eff}-1)^2}{2\varepsilon_{r,eff}\sqrt{\varepsilon_{r,eff}}} \cdot \ln\left(\frac{\sqrt{\varepsilon_{r,eff}}+1}{\sqrt{\varepsilon_{r,eff}}-1}\right) \cong \frac{8}{3\varepsilon_{r,eff}} \quad . \tag{11.2}$$

b) Kurzschlußstift (Widerstand Z = 0, Dicke ≪h) am Leitungsende oder im Leitungszug /1.340/ nach Bild 11.2b:

$$F_2 = 3 - \frac{1}{\varepsilon_{r,eff}} - \left(3 + \frac{1}{\varepsilon_{r,eff}}\right) \frac{\varepsilon_{r,eff}-1}{2\sqrt{\varepsilon_{r,eff}}} \cdot \ln\left(\frac{\sqrt{\varepsilon_{r,eff}+1}}{\sqrt{\varepsilon_{r,eff}}-1}\right)$$

$$\cong \frac{16}{15\varepsilon_{r,eff}^2}\left(1 + \frac{2}{7\varepsilon_{r,eff}}\right) \cong \frac{16}{15\varepsilon_{r,eff}^2} \quad . \tag{11.3}$$

c) Rechtwinkeliger, reflexionsfrei kompensierter Leitungsknick /1.340/ nach Bild 11.2c:

$$F_3 = A(x = \varepsilon_{r,eff}) - A(x = 2\varepsilon_{r,eff} - 1) \cong 4/(3\varepsilon_{r,eff}) \quad , \tag{11.4}$$

$$A(x) = \frac{x+1}{\sqrt{x}} \cdot \ln\left(\frac{\sqrt{x}+1}{\sqrt{x}-1}\right) \quad . \tag{11.5}$$

d) Parallel zur Leitung geschalteter Widerstandsstift (Dicke ≪h) vom Widerstandswert $R = Z_L$ am Leitungsende als Abschlußwiderstand (Bild 11.2d) oder rechtwinkelig abknickender, koaxialleitungsseitig mit Z_L reflexionsfrei abgeschlossener Koaxialleitungsübergang (Bild 11.2e) nach /1.340/:

$$F_4 = 1 - \frac{\varepsilon_{r,eff}-1}{2\sqrt{\varepsilon_{r,eff}}} \cdot \ln\left(\frac{\sqrt{\varepsilon_{r,eff}}+1}{\sqrt{\varepsilon_{r,eff}}-1}\right) \cong \frac{2}{3\varepsilon_{r,eff}}\left(1 + \frac{1}{5\varepsilon_{r,eff}}\right) \cong \frac{2}{3\varepsilon_{r,eff}} \quad . \tag{11.6}$$

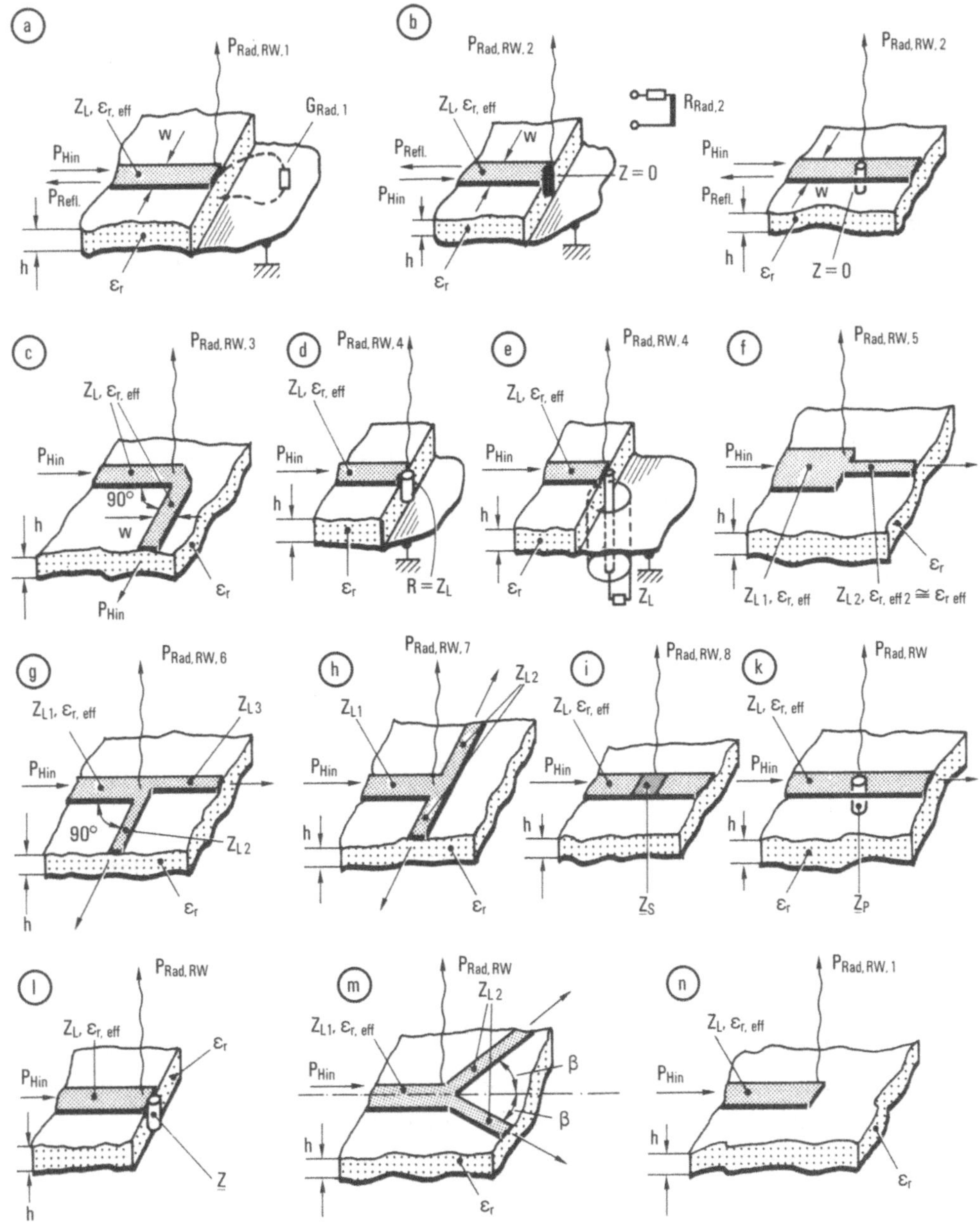

Bild 11.2. Abstrahlung bei Leitungsdiskontinuitäten und Übergängen. a) Leerlauf am Substratrand; b) Kurzschlußstift am Substratrand und im Leitungszug; c) reflexionsfreier, rechtwinkeliger Leitungsknick; d) angepaßter Abschlußwiderstand; e) reflexionsfreier, rechtwinkeliger Koaxialleitungsübergang; f) Leiterbreitenstufe; g) rechtwinkelige Leitungsabzweigung; h) symmetrische T-Verzweigung; i) komplexer Serienwiderstand $\underline{Z}_S$; k) komplexer Parallelwiderstand $\underline{Z}_P$; l) fehlangepaßter Leitungsabschluß $\underline{Z}$; m) symmetrische Y-Verzweigung; n) Leerlauf in der Substratmitte

e) L e i t e r b r e i t e n s t u f e /11.23/ nach Bild 11.2f mit den Leitungs-Wellenwiderständen Z_{L1}, Z_{L2} (F_1 nach (11.2)):

$$F_5 = F_1 \cdot \left(\frac{Z_{L2} - Z_{L1}}{Z_{L2} + Z_{L1}}\right)^2 \quad . \tag{11.7}$$

f) Rechtwinkelige L e i t u n g s a b z w e i g u n g /11.23/ mit dem Leistungsfluß und den Wellenwiderständen Z_{L1}, Z_{L2}, Z_{L3} nach Bild 11.2g unter der Bedingung der Anpassung, d.h. $1/Z_{L1} = (1/Z_{L2}) + (1/Z_{L3})$ (F_3 nach (11.4), (11.5)):

$$F_6 = F_3 \cdot \left(\frac{Z_{L3}}{Z_{L2} + Z_{L3}}\right)^2 \quad . \tag{11.8}$$

g) Symmetrische T - V e r z w e i g u n g /11.23/ nach Bild 11.2h unter der Bedingung der Anpassung, d.h. $Z_{L2} = 2Z_{L1}$:

$$F_7 = \frac{(3\varepsilon_{r,eff}+1)^2}{8\varepsilon_{r,eff}^{3/2}} \cdot \ln\left(\frac{\sqrt{\varepsilon_{r,eff}}+1}{\sqrt{\varepsilon_{r,eff}}-1}\right) - \frac{\varepsilon_{r,eff}}{2\varepsilon_{r,eff}-1} \cdot \ln\left(\frac{\varepsilon_{r,eff}+\sqrt{2\varepsilon_{r,eff}-1}}{\varepsilon_{r,eff}-\sqrt{2\varepsilon_{r,eff}-1}}\right) - \frac{\varepsilon_{r,eff}+1}{4\varepsilon_{r,eff}} \cong \frac{2}{3\varepsilon_{r,eff}} \quad . \tag{11.9}$$

h) Komplexer S e r i e n w i d e r s t a n d $\underline{Z}_S$ /11.23/ im Zuge einer Leitung nach Bild 11.2i (F_1 nach (11.2)):

$$F_8 = F_1 \cdot |\underline{Z}_S/(\underline{Z}_S + 2Z_L)|^2 \quad . \tag{11.10}$$

Die bei (11.2)...(11.10) jeweils rechts angegebenen Näherungen gelten für große $\varepsilon_{r,eff}$-Werte (Fehler $\leq 12\,\%$ bei $\varepsilon_{r,eff} \geq 2{,}3$). Sie wurden durch Reihenentwicklung für die ln-Funktion gewonnen. Der Übergang von Bild 11.2e hat den gleichen Strahlungsfaktor wie der Abschlußwiderstand von Bild 11.2d, da der Koaxialleitungs-Innenleiter und der Impedanzstift die gleiche Strombelegung besitzen. Für die am stärksten abstrahlende Diskontinuität, den Leerlauf (Bild 11.2a), ist der Bruchteil der abgestrahlten Raumwellenleistung $P_{Rad,RW,1}/P_{Hin}$ nach (11.1), (11.2) in Bild 11.3 für verschiedene Substrate dargestellt. Die Strahlungsfaktoren des komplexen Parallelwiderstands $\underline{Z}_P$ nach Bild 11.2k und des fehlangepaßten Leitungsabschlußes $\underline{Z}$ nach Bild 11.2l werden bei /1.340/ angegeben. Die von einem Querschlitz im

Bild 11.3. Abgestrahlte Raumwellenleistung $P_{Rad,RW,1}$ des Mikrostreifenleitungs-Leerlaufs für verschiedene Substratmaterialien ($\varepsilon_r = 2{,}5$: glasfaserverstärktes Teflon; $\varepsilon_r = 9{,}8$: Al_2O_3-Keramik; $\varepsilon_r = 16$: nichtmagnetisches Ferrit; $\varepsilon_r = 20$: Zirkonatvariante; $\varepsilon_r \cong 40$: Zirkonatvariante, Bariumtetratitanat) nach (11.1), (11.2)

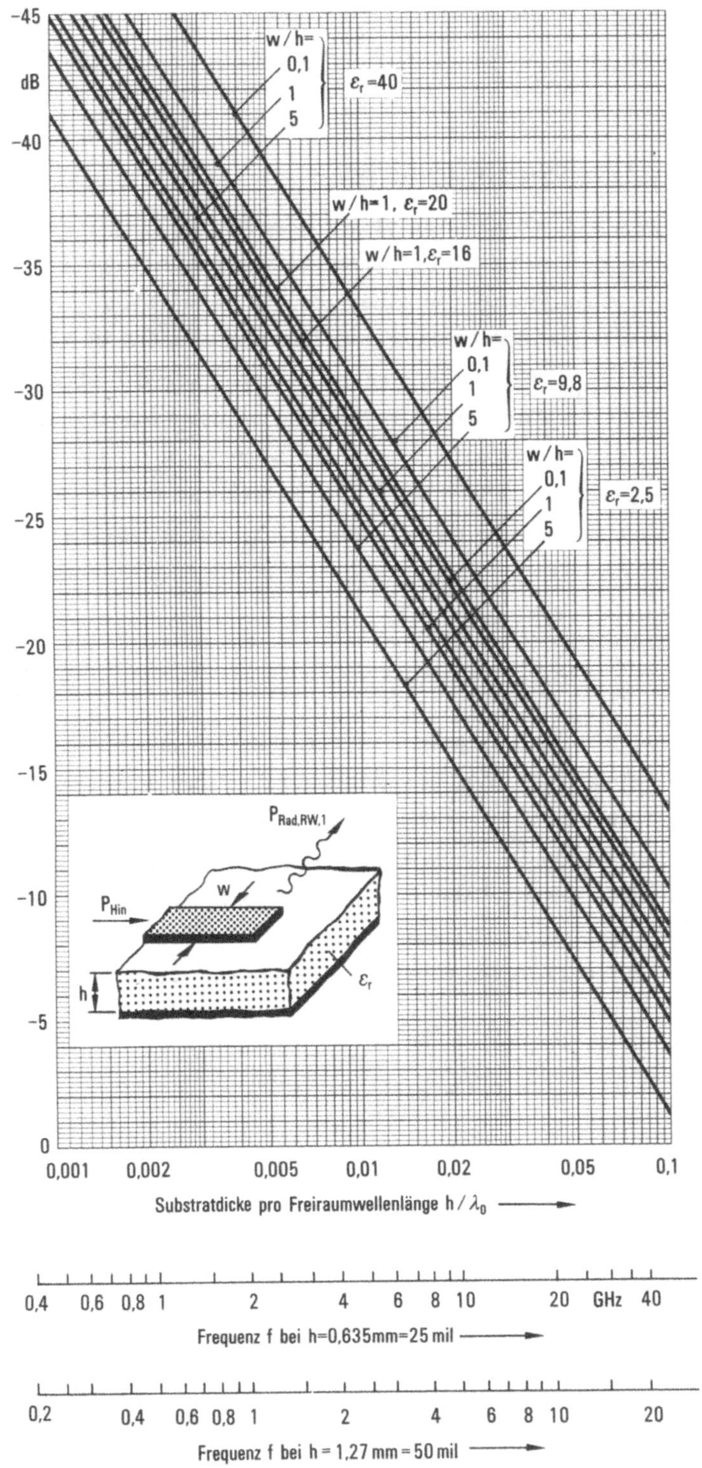

-45
dB
-40
-35
-30
-25
-20
-15
-10
-5
0
normierte abgestrahlte Leistung 10 log(P_Rad,RW,1 / P_Hin)
w / h=
0,1
1
5
ε_r =40
w / h= 1, ε_r=20
w / h=1,ε_r=16
w / h=
0,1
1
5
ε_r=9,8
w / h=
0,1
1
5
ε_r=2,5
P_Rad,RW,1
w
P_Hin
h
ε_r
0,001 0,002 0,005 0,01 0,02 0,05 0,1
Substratdicke pro Freiraumwellenlänge h / λ_0
0,4 0,6 0,8 1 2 4 6 8 10 20 GHz 40
Frequenz f bei h=0,635mm=25 mil
0,2 0,4 0,6 0,8 1 2 4 6 8 10 20
Frequenz f bei h = 1,27 mm = 50 mil

Streifenleiter (Bild 10.24a) ausgehende Strahlung wird bei /10.112, 11.1, 11.2, 11.27/, die Strahlungsleistung der Y-Verzweigung von Bild 11.2m bei /11.22/ berechnet.

11.2.2 Strahlungsleitwerte und Strahlungswiderstände

Man kann bei Diskontinuitäten i mit vernachlässigbarem Nebenschluß $Z_i \gg Z_L$ zur Leitung (z.B. beim Leerlauf mit $Z_i = \infty$) wie auch bei Diskontinuitäten im Zuge einer Leitung (z.B. Leiterbreitenstufe) oder Übergängen einen reellen Strahlungsleitwert G_{Rad} parallel zur Leitung am Ort der Diskontinuität definieren, um die Wirkung der Abstrahlung zu beschreiben. G_{Rad} setzt die gleiche Leistung wie die abgestrahlte Leistung $P_{Rad,i} = U_i^2 G_{Rad,i}/2$ in Wärme um (U_i: Spannung an der Diskontinuität parallel zu $G_{Rad,i}$). Für $G_{Rad} \ll 1/Z_L$ läßt sich U_i aus der Leistung P_{Hin} der auf den Leerlauf zulaufenden Welle zu $U_i = 2U_{Hin} = 2\sqrt{2P_{Hin}Z_L}$ berechnen. Daraus errechnet sich der Strahlungsleitwert des Leerlaufs mit (11.1) und F_1 nach (11.2) zu

$$G_{Rad,1} = \frac{P_{Rad,RW,1}}{4Z_L P_{Hin}} = \frac{\pi\eta_0 F_1}{2Z_L^2}\left(\frac{h}{\lambda_0}\right)^2 \cong \frac{8\pi\eta_0}{6Z_L^2\varepsilon_{r,eff}}\left(\frac{h}{\lambda_0}\right)^2 \quad . \tag{11.11}$$

In Analogie dazu läßt sich bei Diskontinuitäten i mit starkem Nebenschluß $Z_i \ll Z_L$ zur Leitung, z.B. beim Kurzschluß mit $Z_i = 0$, ein Strahlungswiderstand R_{Rad}, welcher die Strahlungsleistung $P_{Rad,i} = I_i^2 R_{Rad,i}/2$ verbraucht, in Serie zum Nebenschluß angeben (I_i: Strom durch den Nebenschluß bzw. durch R_{Rad}). Für $R_{Rad} \ll Z_L$ kann man I_i aus der Leistung P_{Hin} der auf den Kurzschluß zulaufenden Welle zu $I_i = 2I_{Hin} = 2\sqrt{2P_{Hin}/Z_L}$ berechnen. Daraus erhält man den Strahlungswiderstand des Kurzschlußes (Bild 11.2b) mit (11.1) und F_2 nach (11.3) zu

$$R_{Rad,2} = \frac{Z_L P_{Rad,RW,2}}{4P_{Hin}} = \pi\eta_0 F_2 \cdot (h/\lambda_0)^2/2 \cong \frac{8\pi\eta_0}{15\varepsilon_{r,eff}^2}\left(1+\frac{2}{7\varepsilon_{r,eff}}\right)\cdot(h/\lambda_0)^2 \quad . \tag{11.12}$$

Die bei (11.11), (11.12) rechts angegebenen Näherungen gelten für großes $\varepsilon_{r,eff} \geq 2,3$.

11.2.3 Abstrahlung von Übergängen

Nach einem von der Lewin'schen Poynting-Vektor-Methode abweichenden Verfahren haben Henderson, James /11.28/ die Strahlungsleitwerte von zwei in Bild 11.4 gezeigten Übergängen berechnet: Es wird ein Variationsausdruck für den Scheinleitwert der am Übergang auftretenden Diskontinuität gebildet /11.26/, und das Strahlungsfeld wird durch räumliche Integration über die Feldkomponenten berechnet.

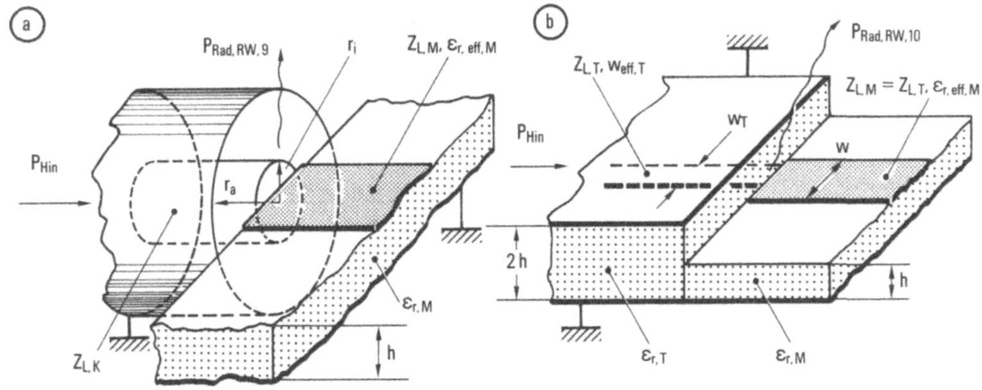

Bild 11.4. Abstrahlung bei Übergängen. a) Koaxialleitungs-Übergang; b) Triplateleitungs-Übergang

Daraus ergibt sich ein Strahlungsleitwert $G_{Rad,9}$ bzw. $G_{Rad,10}$, der zur Darstellung der abgestrahlten Leistung jeweils an der Stoßstelle parallel zu den Leitungen geschaltet wird. Für den Übergang zwischen einer Koaxialleitung (Innenleiterradius r_i, Außenleiterradius r_a, Wellenwiderstand $Z_{L,K}$) und einer Mikrostreifenleitung (Wellenwiderstand $Z_{L,M}$, relative Substratpermittivität $\varepsilon_{r,M}$) nach Bild 11.4a ergibt sich für $r_a/\lambda_0 \ll 1$, $r_i/\lambda_0 \ll 1$ und $\varepsilon_{r,M} \to 1$ der Strahlungsleitwert unter der Bedingung der Anpassung ($Z_{L,K} = Z_{L,M}$)

$$G_{Rad,9} \cong 480\pi(r_a - r_i)^2 r_i^2/(9\eta_0 \cdot \lambda_0^2 \cdot h^2) \quad . \tag{11.13}$$

Eine Formel für den Strahlungsleitwert $G_{Rad,10}$ des in Bild 11.4b gezeigten Übergangs zwischen einer Triplateleitung und einer Mikrostreifenleitung wird ebenfalls bei /11.28/ abgeleitet.

11.2.4 Weitere Strahlungsberechnungen für den Leerlauf

Die von dem Leerlauf (Bild 11.2a) abgestrahlte Leistung wurde von van der Pauw /11.1, 11.2/ nach einem von Lewins Poynting-Vektor-Methode abweichenden Verfahren berechnet. Dieses gestattet die getrennte Ermittlung der als Raumwelle abgestrahlten Leistung $P_{Rad,RW,1}$ und der als Oberflächenwelle abgestrahlten Leistung $P_{Rad,OW,1}$. Hierfür werden bei /11.1, 11.2/ Formeln angegeben. Wegen $P_{Rad,RW,1} \sim f^2$ und $P_{Rad,OW,1} \sim f^3$ ist die Raumwellenstrahlung bei niedrigen Frequenzen ($h/\lambda_0 \ll 1$) wesentlich stärker als die Oberflächenwellenstrahlung. So ist z.B. für $f = 5$ GHz, $h = 0{,}635$ mm, $w/h = 1$, $\varepsilon_r = 10$, $Z_L = 50\,\Omega$ der Raumwellenanteil $P_{Rad,RW,1}/P_{Hin} = 0{,}002$ und der Oberflächenwellenanteil $P_{Rad,OW,1}/P_{Hin} = 0{,}00031$. Ein Vergleich /11.2,

11.24/ der nach Lewin und van der Pauw berechneten Strahlungsleistungen des Leerlaufs ergibt einen Unterschied von i.allg. weniger als 10 %. Bei /10.28, 11.4, 11.14, 11.28/ werden der Raumwellen- und Oberflächenwellenanteil von Leerlauf, Triplateleitungsübergang und Koaxialleitungsübergang ebenfalls getrennt berechnet.

Die von einem Mikrostreifenleitungs-Leerlauf auf einem unendlich großen Substrat (Bild 11.2n) als Raum- und Oberflächenwelle abgestrahlte Leistung wird von James, Henderson /10.28/ ohne die bei Lewin und van der Pauw vorausgesetzte Beschränkung auf niedrige Frequenzen berechnet. Für niedrige Frequenzen, also für $w,h \ll \lambda_0$, zeigt sich gute Übereinstimmung mit den Ergebnissen von Lewin /1.340/ nach (11.1), (11.2) und van der Pauw /11.1, 11.2/. Das bedeutet, daß die von Lewin und van der Pauw für den Leerlauf am Substratende (Bild 11.2a) angegebenen Gleichungen auch mit guter Näherung den in Bild 11.2n gezeigten Leerlauf in der Substratmitte beschreiben. Die rigorose Analyse von /10.28/ zeigt jedoch in Abhängigkeit von der Frequenz ein Maximum des Strahlungsleitwertes $G_{Rad,RW,1}$, d.h. maximale Abstrahlung, bei höheren Frequenzen gemäß $h/\lambda_0 \cong 1/(4\sqrt{\varepsilon_r})$. Bei darüber liegenden Frequenzen sinkt $G_{Rad,RW,1}$ wieder und geht für $f \to \infty$ gegen Null, da sich die Welle für hohe Frequenzen in das Substrat zurückzieht.

Eine Verfeinerung des Lewinschen Verfahrens wird bei /11.21/ beschrieben. Zur experimentellen Bestimmung der von Leerläufen abgestrahlten Leistung mißt man den Eingangsreflexionsfaktor einer leerlaufenden Leitung /11.3/. Von /11.14/ wurde der Anregungs-Wirkungsgrad $-10 \log|P_{Rad,OW,1}/P_{Hin}|$ des Leerlaufs für den Oberflächenwellen-Anteil zu 30...40 dB bei $f \cong 10$ GHz gemessen, was in der Größenordnung der theoretischen Ergebnisse liegt.

11.3 Abstrahlung bei Resonatoren, Antennen

11.3.1 Abstrahlung bei Leitungsresonatoren

Bei der theoretischen Analyse der von Resonatoren abgestrahlten Leistung /1.340, 3.76, 3.136, 11.2, 11.7-11.10, 11.17-11.19, 11.27, 11.29-11.37/ muß man zwischen geraden Leitungsresonatoren, gekrümmten Leitungsresonatoren (z.B. Ringresonatoren) und Scheibenresonatoren unterscheiden (Bild 11.1c). Bei den geraden Leitungsresonatoren sind die Querabmessungen w (Leiterbreite) $\ll \lambda_0$. Bei den Scheibenresonatoren bilden sich in Längs- und Querrichtung stehende Wellen aus, da $w,l \gtreqless \lambda_0$ ist. Durch die von einem Resonator abgestrahlte Leistung $P_{Rad,ges}$ erniedrigt sich dessen allein aus dissipativen Verlusten berechnete Güte Q_α gemäß $1/Q = (1/Q_\alpha) + (1/Q_{Rad})$ auf die neue Gesamtgüte Q. Zur alleinigen Beschreibung der Abstrahlungsverluste des Resonators dient die S t r a h l u n g s g ü t e Q_{Rad}. Sie ist nach der allgemeinen

Gütedefinition $Q_{Rad} = \omega_R W_{ges} / P_{Rad,ges}$ aus der gesamten abgestrahlten Leistung $P_{Rad,ges} = P_{Rad,OW} + P_{Rad,RW}$, der Resonanzkreisfrequenz ω_R und der zeitlich konstanten Summe W_{ges} aus den gespeicherten elektrischen und magnetischen Feldenergien definiert ($P_{Rad,OW}$: Oberflächenwellenstrahlung; $P_{Rad,RW}$: Raumwellenstrahlung).

Gerade durch Leerläufe oder Kurzschlüsse abgeschlossene Leitungsresonatoren /1.340, 3.76, 3.136, 11.2, 11.7-11.9, 11.11-11.13, 11.27, 11.29/ strahlen Energie ab, da ihre Strombelegung von der einer unendlich langen, angepaßten, längshomogenen, geraden Leitung abweicht. Streng genommen muß $P_{Rad,ges}$ aus der Strombelegung des gesamten Resonators berechnet werden /11.1, 11.2/. Man kann jedoch näherungsweise davon ausgehen, daß sich die beiden abstrahlenden Diskontinuitäten an den Resonatorenden nicht in ihrer Abstrahlung beeinflussen und $P_{Rad,ges}$ des Resonators als die Summe der Strahlungsleistungen der beiden Abschlußdiskontinuitäten berechnen /1.340/.

Bei einem geraden, an beiden Enden leerlaufenden $\lambda/2$-Resonator mit der Resonanzfrequenz $f_R = c_0/\lambda_{0,R}$ und der Länge $l = \lambda/2 = \lambda_{0,R}/(2\sqrt{\varepsilon_{r,eff}})$ nach Bild 11.5a addiert man nach diesem Verfahren die Einzelstrahlungsleistungen der Leerläufe nach (11.1), (11.2), zu $P_{Rad,ges,1} \cong 2P_{Rad,RW,1}$. Mit $W_{ges} = U^2_{max}/(8Z_L f_R)$ und $P_{Hin} = U^2_{max}/(8Z_L)$ liefert die Q_{Rad}-Definition für den Resonator von Bild 11.5a

$$Q_{Rad,1} = \frac{Z_L}{2\eta_0 F_1 \cdot (h/\lambda_{0,R})^2} = \frac{\pi}{4\,Z_L G_{Rad,1}} \cong \frac{3\,Z_L\,\varepsilon_{r,eff}}{16\eta_0 \cdot (h/\lambda_{0,R})^2} \tag{11.14}$$

mit F_1 nach (11.2) und $G_{Rad,1}$ nach (11.11). Bei einem auf der n-ten Oberwelle schwingenden Resonator ($l = n\lambda/2$ mit $n = 1, 2, 3...$) erhöht sich bei gleicher Resonanzfrequenz f_R die Strahlungsgüte zu $Q^{(n)}_{Rad,1} = n\,Q_{Rad,1}$, da W_{ges} proportional zu n ansteigt, jedoch $P_{Rad,ges}$ konstant bleibt.

Nach dem Verfahren der Addition der Einzelstrahlungsleistungen der Diskontinuitäten kann man auch die Strahlungsgüte $Q_{Rad,2}$ des geraden, an den Enden kurzgeschlossenen $\lambda/2$-Resonators (Bild 11.5b) berechnen. Mit $P_{Rad,ges,2} \cong 2P_{Rad,RW,2}$ nach (11.1), (11.3) und $W_{ges} = I^2_{max} Z_L/(8f_R)$ sowie $P_{Hin} = I^2_{max} Z_L/8$ erhält man

$$Q_{Rad,2} = \frac{Z_L}{2\eta_0 F_2 \cdot (h/\lambda_{0,R})^2} = \frac{\pi Z_L}{4R_{Rad,2}} \cong \frac{15\,Z_L\,\varepsilon^2_{r,eff}}{32\eta_0 \cdot (h/\lambda_{0,R})^2 \cdot [1 + \{2/(7\varepsilon_{r,eff})\}]} \,. \tag{11.15}$$

Der Ringresonator nach Bild 11.5c mit der Resonanzfrequenz $f_R = c_0/\lambda_{0,R}$ und dem Umfang $l = \pi \cdot d = \lambda = \lambda_{0,R}/\sqrt{\varepsilon_{r,eff}}$ kann nicht durch die Addition der Einzel-

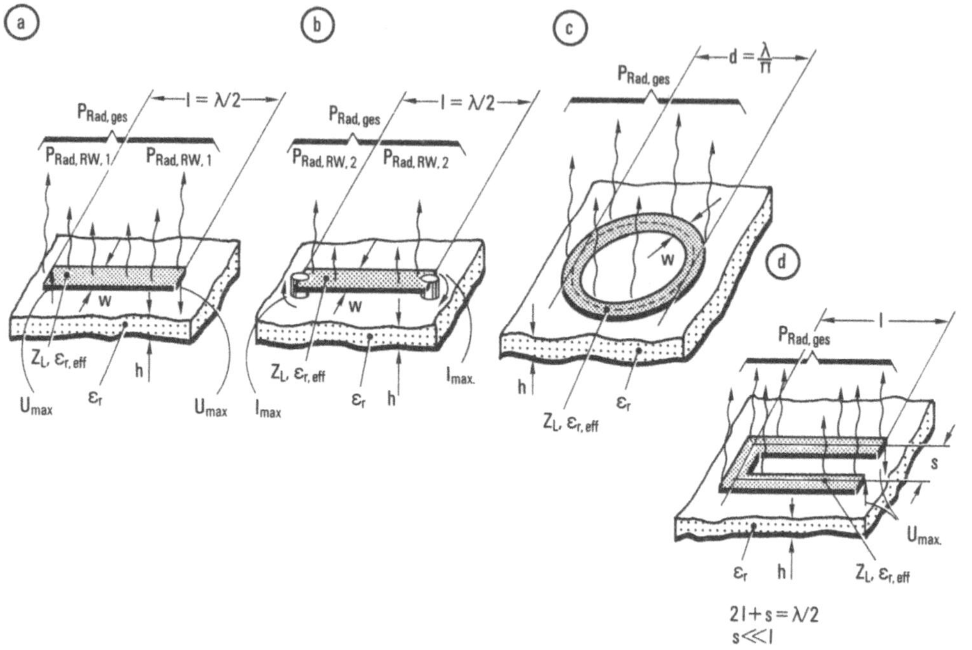

Bild 11.5. Abstrahlung bei Leitungsresonatoren. a) Leerlaufender, gerader Resonator; b) kurzgeschlossener, gerader Resonator; c) Ringresonator; d) Haarnadelresonator

Strahlungsleistungen von Diskontinuitäten berechnet werden, da die Diskontinuität "Leiterbiegung" über den gesamten Umfang gleichmäßig verteilt ist. Hier muß vielmehr der gesamte Resonator als strahlendes Element analysiert werden. Das ergibt für $w,h \ll \lambda_0$ nach dem Verfahren von van der Pauw /11.2/ eine Strahlungsgüte

$$Q_{Rad,3} = \frac{\varepsilon_{r,eff} Z_L}{\pi^2 \eta_0 \cdot (h/\lambda_{0,R})^2 \cdot \left[1 - \{4/(3\varepsilon_r)\} + \{8/(15\varepsilon_r^2)\}\right]} . \tag{11.16}$$

Nach dem gleichen Verfahren läßt sich eine Formel für die Strahlungsgüte $Q_{Rad,4}$ des geraden Haarnadelresonators nach Bild 11.5d ableiten /11.2/. Mit sinkendem Abstand s wird $Q_{Rad,4}$ größer, da sich die Strahlungsfelder der gegenphasig schwingenden Leerläufe in zunehmendem Maß auslöschen.

Ein Vergleich der Q_{Rad}-Werte zeigt, daß der leerlaufende, gerade Resonator und der Ringresonator die schlechtesten Gütewerte besitzen, wogegen der Haarnadelresonator die geringsten Strahlungsverluste aufweist. Diese Effekte sind von /3.138, 11,13, 11.15/ experimentell bestätigt worden. Zur Messung der Strahlungsgüte /3.77, 3.138, 11.9, 11.11-11.13, 11.15/ werden i.allg. die Gesamtgütewerte Q des Resonators mit und ohne Schaltungsgehäuse miteinander verglichen. Bei allen Resonatoren nimmt Q_{Rad} mit wachsendem f, h, w/h und sinkendem ε_r ab. Zur Verringerung der Abstrahlung von Resonatoren und Bandfiltern /11.5, 11.13, 11.15, 11.16/ legt man gegenphasig schwingende Diskontinuitäten (z.B. Leerläufe) möglichst nahe zusammen (Haarnadelresonator) oder man unterbricht Ringresonatoren durch einen Spalt.

11.3.2 Abstrahlung bei Scheibenresonatoren und Antennen

Zur Berechnung der von Scheibenresonatoren (Bilder 11.6a,b,c) abgestrahlten Leistung läßt sich das Konzept des Linienstroms in der Streifenleitermitte, wie es für die Diskontinuitäten und Leitungsresonatoren verwendet worden ist, nicht mehr benützen. Der Grund ist, daß z.B. bei dem Rechteckresonator sowohl die Längsabmessung l als auch die Querabmessung w in der Größenordnung der Wellenlänge λ_0 liegen. Es wird lediglich $h \ll \lambda_0$ vorausgesetzt. Zu den verschiedenen Berechnungsmethoden für die Strahlung von Scheibenresonatoren /3.76, 11.10, 11.17-11.19, 11.29-11.37/ gehören z.B. die rigorose numerische Analyse mit Hilfe des Vektor-Potentials /11.30/, die Darstellung des leerlaufenden Randes als strahlende Apertur /3.76, 11.29, 11.31/ und die näherungsweise Wellenleiteranalyse /11.32, 11.33/. Die Strahlung entsteht durch das Streufeld am leerlaufenden Rand der Scheibe. Da-

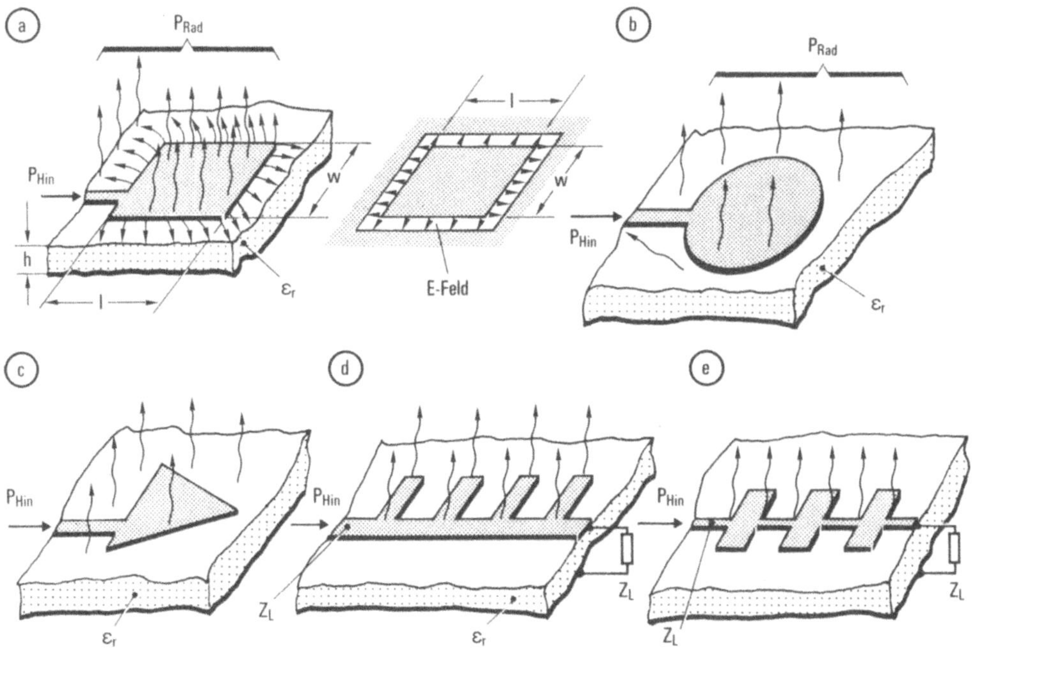

Bild 11.6. Scheibenresonator- und Wanderwellen-Antennen. a) Rechteckscheibenresonator; b) Kreisscheibenresonator; c) Dreieckscheibenresonator; d) und e) Wanderwellenantennen

bei spielen die E-Feldkomponenten parallel zur Substratoberfläche die Hauptrolle. Somit läßt sich der Rechteckresonator von Bild 11.6a bzgl. seines Strahlungsverhaltens durch einen umlaufenden, in den oberen Halbraum strahlenden Schlitz darstellen.

Mikrostreifenleitungs-Resonatoren werden wegen ihrer Energieabstrahlung technisch zum Aufbau von Mikrostreifenleitungs-Antennen /11.23, 11.28, 11.31-11.39/ verwendet. Hierzu gehören die in den Bildern 11.6a,b,c gezeigten Scheibenresonatoren. So läßt sich bei der Rechteckscheibe (Bild 11.6a) durch spezifische Amplitudenbelegung des Randstreufeldes die Strahlungscharakteristik beeinflussen. Bei den Wanderwellenantennen (travelling wave antennas) /11.38/, von denen die Bilder 11.6d,e zwei Beispiele zeigen, entsteht die Strahlung durch die Überlagerung der Strahlungen von periodisch längs einer abgeschlossenen Leitung angeordneten Resonatoren oder Diskontinuitäten.

12 Varianten der Mikrostreifenleitung

12.1 Mikrostreifenleitung mit Masseschlitz

Spart man bei der in Kap. 3 (Bild 3.1a) beschriebenen Mikrostreifenleitung einen Teil der Massemetallisierung in der Form eines symmetrisch unter dem Streifenleiter verlaufenden Spaltes der Breite g aus (Bild 12.1a), so treten elektrische Feldlinien in den unter dem Substrat liegenden Luftraum hinaus (Bild 12.1b). Dadurch werden bei gleicher Leiterbreite die Kapazitätsbeläge C' und $C_0' = C'(\varepsilon_r = 1)$ kleiner, und der Wellenwiderstand $Z_L = 1/(c_0\sqrt{C'\,C_0'})$ wächst an. Die effektive Permittivität $\varepsilon_{r,eff}$ nimmt wegen des größeren relativen Luftfeldanteils ab. In technischen Schaltungen befindet sich unter dem Substrat im Abstand d ein Gehäuseboden B, der wie die beiden Substratunterseiten-Metallisierungen M_1, M_2 auf Massepotential liegt und ebenfalls elektrische Feldlinien auf sich zieht.

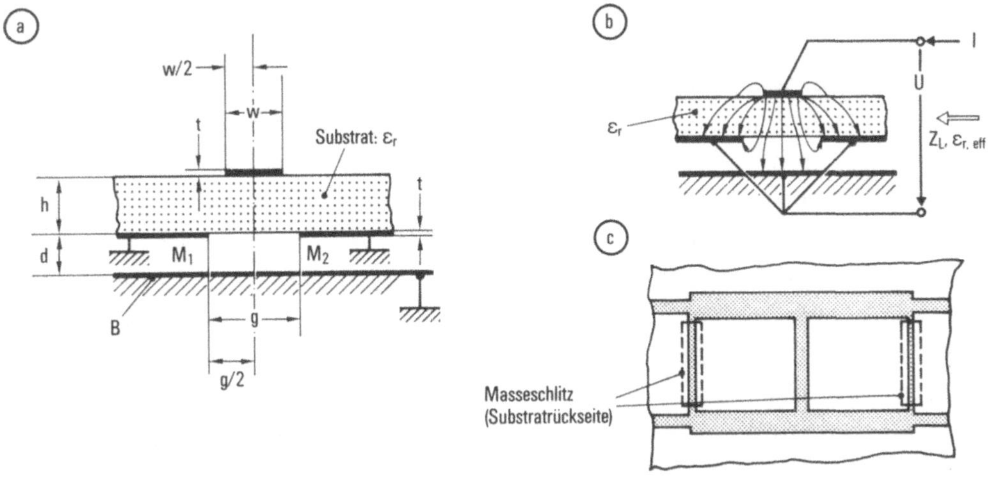

Bild 12.1. Mikrostreifenleitung mit Masseschlitz. a) Leitungsquerschnitt; b) elektrisches Feldbild für die Quasi-Mikrostreifenleitungswelle; c) Anwendungsbeispiel: Dreiarmhybrid

Durch diese Mikrostreifenleitung mit Masseschlitz /12.1-12.21/ läßt sich der Bereich der technisch realisierbaren Wellenwiderstände bei gegebener kleinster herstellbarer Leiterbreite w_{min} gegen hohe Werte erweitern: Während bei der Standard-Mikrostreifenleitung (Bild 3.1a) bei Al_2O_3-Keramiksubstrat ($\varepsilon_r = 9{,}8$) für $w_{min}/h \cong 0{,}05$ die obere Wellenwiderstandsgrenze bei $Z_L(w_{min}/h) \cong 110\ \Omega$ liegt, läßt sich diese Grenze durch die Einführung des Masseschlitzes g auf etwa 150 Ω verschieben. Die Mikrostreifenleitung mit Masseschlitz wird beim Aufbau von Schaltungen in Kombination mit der Standard-Mikrostreifenleitung zur Erweiterung des Bereichs realisierbarer Wellenwiderstände verwendet. Das ist z.B. bei dem in Bild 12.1c gezeigten Dreiarmhybrid /12.5/ bei den äußeren Querverbindungsleitungen oder bei Anpassungsnetzwerken in Transistorverstärkern /12.7/ der Fall.

Bei dem in den Bildern 12.1a,b gezeigten Erregungszustand mit beiden Metallisierungshalbebenen M_1 und M_2 auf Massepotential trägt diese Leitung eine Quasi-TEM-Welle (Abschn. 2.1.3, 2.3). Diese Welle wird hier als Quasi-Mikrostreifenleitungswelle bezeichnet. Die Leitungsparameter besitzen nach der in Abschn. 2.3 erläuterten statischen Lösung /12.4, 12.5, 12.13/ die funktionale Abhängigkeit $Z_L, \varepsilon_{r,eff} = f(w/h,\ g/h,\ d/h,\ t/h;\ \varepsilon_r)$. Bild 12.2 zeigt nach der in Abschn. 3.2.1 erläuterten statischen Variante der Methode der Geraden /2.86, 2.89, 3.99, 3.100/ berechnete Werte von Z_L, $\varepsilon_{r,eff}$ für Al_2O_3-Keramiksubstrat. Bei der dynamischen Analyse /12.7, 12.13-12.16, 12.18, 12.19, 12.21/ kommt als Einflußgröße auf Z_L, $\varepsilon_{r,eff}$ noch der Quotient h/λ_0 hinzu.

Bei einem alternativen Erregungszustand nach Bild 12.3a /12.14-12.16, 12.18, 12,19/ prägt man eine Spannung zwischen den beiden Metallisierungshalbebenen auf der Substratunterseite an den Rändern des Schlitzes g ein. Auf diese Weise entsteht eine Quasi-TE-Welle mit starker Frequenzabhängigkeit der Leitungsparameter $Z_{L,S}$, $\varepsilon_{r,eff,S}$. Diese Welle entspricht einer durch den auf freiem Potential liegenden Streifenleiter gestörten Schlitzleitungswelle und wird hier als Quasi-Schlitzleitungswelle bezeichnet (s. Abschn. 2.1.4, Kap. 14). $Z_{L,S}$ steigt, beginnend bei $Z_{L,S}(f = 0) = 0$, bei niedrigen Frequenzen stark mit der Frequenz an. Die Strombelegung auf den Elektroden M_1, M_2 zieht sich mit wachsender Frequenz immer mehr in die Nähe der Schlitzränder zurück. Die Quasi-Schlitzleitungswelle tritt bei dem in Bild 12.3b gezeigten Streifenschlitzkoppler /12.8-12.12, 12.17, 12.20/ als Gegentaktwelle auf, während sich die Quasi-Mikrostreifenleitungswelle bei dessen Gleichtakterregung einstellt. Der Streifenschlitzkoppler eignet sich zum Aufbau von 3-dB-Richtkopplern (Abschn. 9.5.1).

Bild 12.2. Statische Leitungsparameter Z_L und $\varepsilon_{r,eff}$ der Mikrostreifenleitung mit Masseschlitz auf Al_2O_3-Keramiksubstrat ($\varepsilon_r = 9{,}8$) bei einem Bodenabstand $d/h = 1$ (Quasi-Mikrostreifenleitungswelle), berechnet nach der Methode der Geraden. ▶

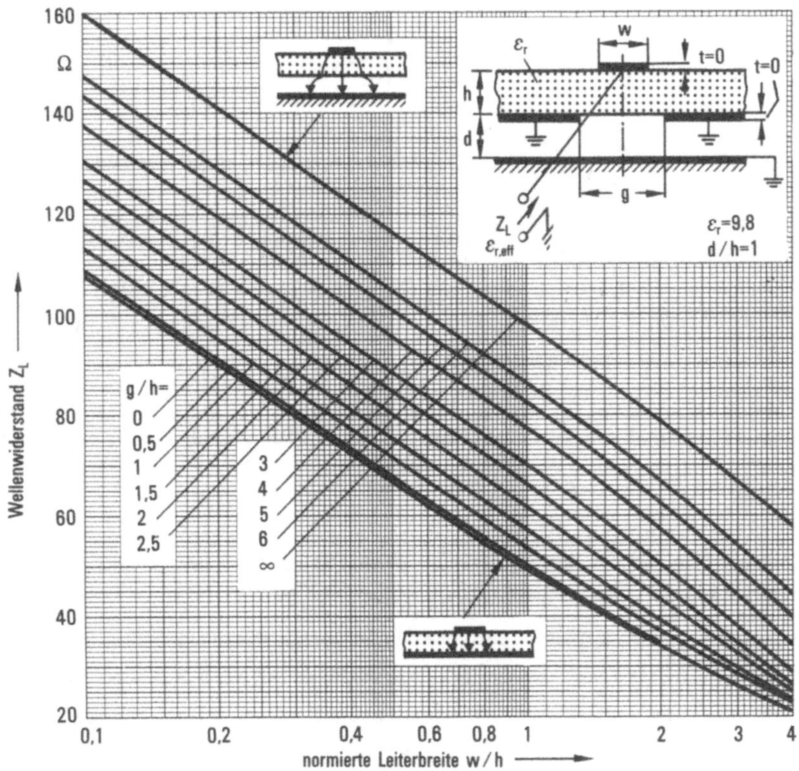
160
Ω
140
120
100
80
60
40
20
Wellenwiderstand Z_L
0,1
0,2
0,4
0,6
0,8
1
2
3
4
normierte Leiterbreite w / h
g / h=
0
0,5
1
1,5
2
2,5
3
4
5
6
∞
w
ε_r
t=0
t=0
h
d
g
Z_L
$\varepsilon_{r,eff}$
ε_r=9,8
d / h=1

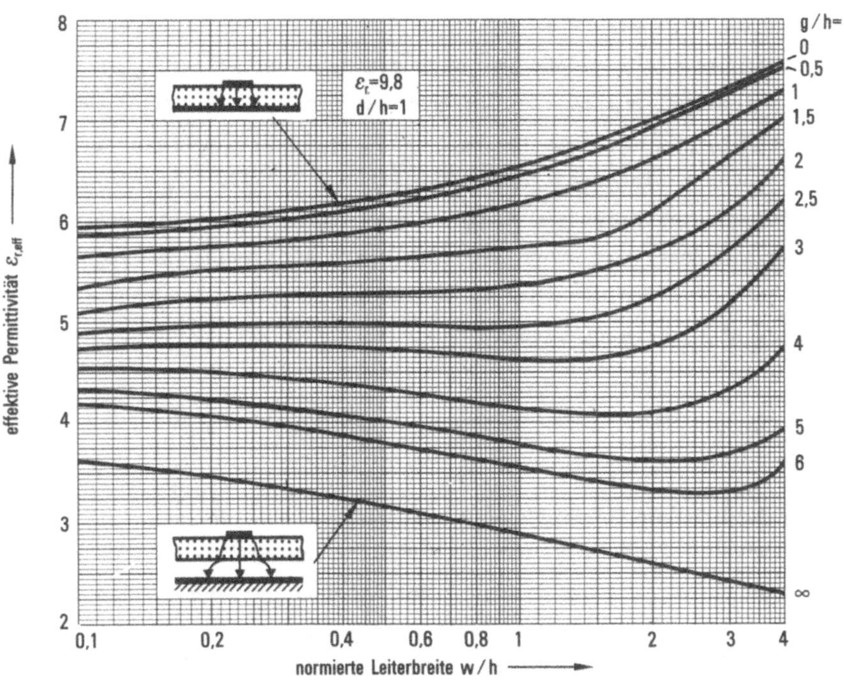
8
7
6
5
4
3
2
effektive Permittivität $\varepsilon_{r,eff}$
0,1
0,2
0,4
0,6
0,8
1
2
3
4
normierte Leiterbreite w / h
ε_r=9,8
d / h=1
g / h=
0
0,5
1
1,5
2
2,5
3
4
5
6
∞

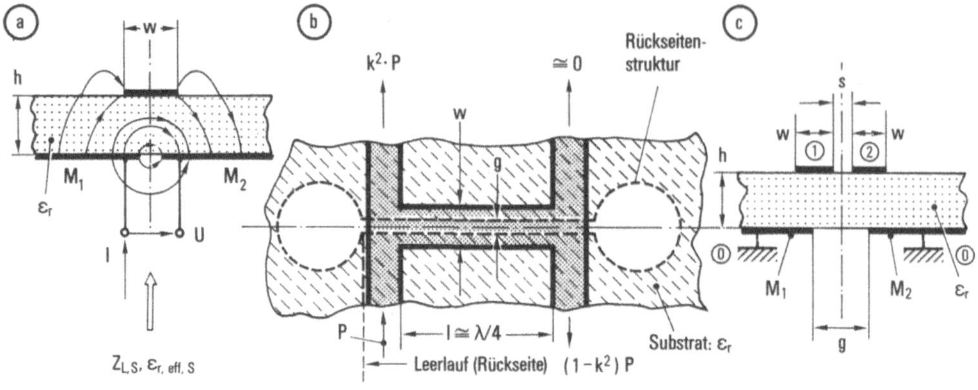

Bild 12.3. Varianten der Mikrostreifenleitung mit Masseschlitz. a) Anregung der Quasi-Schlitzleitungswelle; b) Streifen-Schlitzkoppler; c) Doppelstreifen-Schlitzkoppler

Zu der Klasse der Quasi-TEM-Leitungskoppler (vgl. Kap. 9) gehört der in Bild 12.3c gezeigte Doppelstreifen-Schlitzkoppler /12.1-12.7, 12.13, 12.21/. Bei ihm wird vorausgesetzt, daß sich die Substratunterseiten-Metallisierungen M_1 und M_2 auf gleichem Potential (Masse) befinden. Damit breitet sich auf dem Koppler sowohl bei Gleichtakt- als auch bei Gegentakterregung einer Quasi-TEM-Welle aus. Durch die Einführung des Masseschlitzes g erreicht man zwei Vorteile im Vergleich zum Standard-Mikrostreifenleitungskoppler (Kap. 9, Bilder 9.1a,b): Zum einen wird die effektive Gleichtaktpermittivität $\varepsilon_{r,eff,even}$, welche beim Standardkoppler zu groß im Vergleich zur effektiven Gegentaktpermittivität $\varepsilon_{r,eff,odd}$ ist, durch den Schlitz erniedrigt. Bei bestimmter Schlitzbreite g kann dann Gleichheit gemäß $\varepsilon_{r,eff,even} = \varepsilon_{r,eff,odd}$ erreicht werden. Dann liegt ein kompensierter Richtkoppler mit unendlich hoher Richtschärfe vor (s. Abschn. 9.5.2). Zum anderen läßt sich bei gleichem Streifenleiterabstand s eine höhere Verkoppelung erreichen, wenn man den Massespalt g einführt. Der Grund ist, daß bei gleichbleibendem Koppler-Wellenwiderstand Z_L die Streifenleiterbreite w anwachsen muß und dadurch eine stärkere Koppelkapazität C'_m erzeugt wird.

12.2 Kammerleitung

Die in Bild 12.4a gezeigte Kammerleitung /2.79, 2.84, 3.25, 3.122, 12.22-12.25/ ist eine in einem Gehäuse befindliche Mikrostreifenleitung (Bild 3.1a). Es rücken jedoch die Seitenwände W_1, W_2 und der Deckel D des Gehäuses so nahe an den Streifenleiter heran, daß die Leitungsparameter Wellenwiderstand Z_L und effektive Permittivität $\varepsilon_{r,eff}$ durch die Breite a und Höhe b des Gehäuses stark beeinfluß wer-

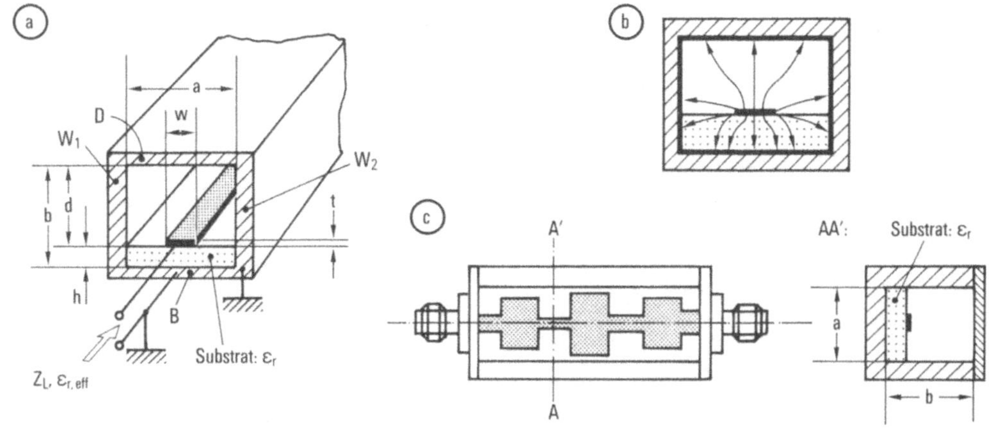

Bild 12.4. Kammerleitung. a) Aufbau; b) elektrische Feldlinien; c) Anwendungsbeispiel: Tiefpaß

den. Die elektrischen Feldlinien landen nicht nur auf dem Gehäuseboden, sondern auch auf den Seitenwänden und dem Deckel (Bild 12.4b). Meistens wird allerdings $b \gg h$ gewählt, so daß der Deckeleinfluß vernachlässigbar bleibt.

Der Vorteil der Kammerleitungsschaltungen liegt in der hohen Entkoppelung verschiedener Schaltungsteile, wie sie häufig in der Richtfunktechnik /12.25/ gefordert wird. Diese hohe Entkoppelung entsteht dadurch, daß alle Streifenleitungen einer Schaltung in jeweils sie begleitenden Gehäusekanälen der Breite a geführt werden und dadurch gegenseitig abgeschirmt sind. Die Innenabmessungen a, b des Gehäusekanals werden außerdem so klein gewählt, daß die unterste Grenzfrequenz der Hohlleiterwellen (Abschn. 15.2) weit über dem Betriebsfrequenzbereich der Schaltung liegt. Somit existiert nur die Quasi-TEM-Mikrostreifenleitungswelle und parasitäre Überkoppelungen über Hohlraumresonanzen fehlen. So weist der in Bild 12.4c gezeigte Kammerleitungs-Tiefpaß auch im Sperrbereich eine hohe Entkoppelung zwischen dem Eingang und Ausgang auf. Wegen der Notwendigkeit der die Leitungsführung begleitenden Gehäusegräben bleibt der Einsatz der Kammerleitung jedoch auf Schaltungen geringer Komplexität, i.allg. auf symmetrisch zu einer Längsachse aufgebaute Schaltungen, beschränkt.

Die Grundwelle der Kammerleitung ist eine Quasi-TEM-Welle (Abschn. 2.1.3), deren Leitungsparameter Z_L, $\varepsilon_{r,eff}$ nach der statischen Näherung von den Größen w/a, h/a, b/a, t/a und ε_r abhängen. Bei der dynamischen Analyse /3.122, 12.23/ kommt noch die Einflußgröße a/λ_0 hinzu. Bild 12.5 zeigt statische Werte von Z_L und $\varepsilon_{r,eff}$ für großen Deckelabstand $d/h \gg 1$ für Al_2O_3-Keramikstubstrat. Die Werte für beide Bilder wurden nach der in Abschn. 3.2.1 erläuterten statischen Variante

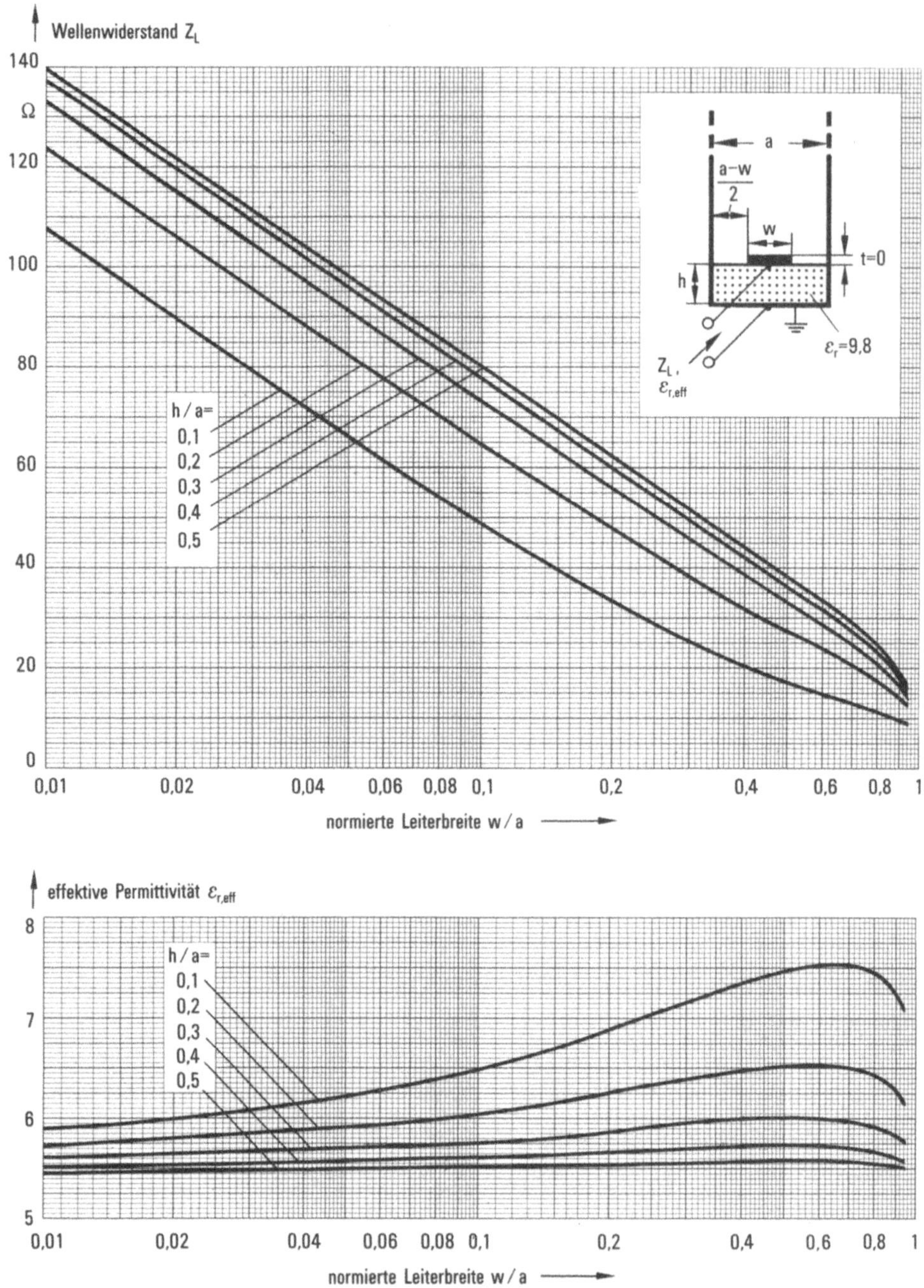

Bild 12.5. Statische Leitungsparameter Z_L und $\varepsilon_{r,eff}$ der Kammerleitung auf Keramiksubstrat ($\varepsilon_r = 9{,}8$) für großen Deckelabstand $d/h \gg 1$.

der Methode der Geraden /2.86, 2.89, 3.99, 3.100/ berechnet. Da bei der Kammerleitung die elektrischen Feldlinien nahezu parallel zur Substratoberfläche verlaufen, besteht in sehr guter Näherung eine lineare Abhängigkeit des Kapazitätsbelags C' von ε_r, so daß mit Hilfe der in Bild 12.5 angegebenen Werte von Z_L und $\varepsilon_{r,eff}$ für $\varepsilon_r = 9{,}8$ mittels (2.88), (2.89) die Z_L- und $\varepsilon_{r,eff}$-Werte für andere Substratpermittivitäten ε_r berechnet werden können (Fehler < 1 %). Die Wirkung des Deckelabstands d/h wurde ebenfalls mit der Methode der Geraden untersucht: Bei $h/a = 0{,}2$ und $w/a < 0{,}8$ verringern sich gegenüber dem Fall $d = \infty$ der Wellenwiderstand Z_L um weniger als 2 %, solange $d/h > 2{,}3$ ist und $\varepsilon_{r,eff}$ um weniger als 2 %, solange $d/h > 2{,}6$ ist ($\varepsilon_r = 9{,}8$).

12.3 Bandleitung

Die in Bild 12.6a gezeigte symmetrische Bandleitung besteht aus zwei einander auf unterschiedlichen Substratseiten gegenüberliegenden Streifenleitern gleicher Breite w. Wegen der Symmetrie des Feldbildes zur Substratmittelebene SE_1 (Bild 12.6b) kann man bei SE_1 eine elektrische Wand, welche einer unendlich dünnen, unendlich gut leitenden Metallplatte entspricht, einziehen. Dadurch spaltet man die Bandleitung in zwei Mikrostreifenleitungen (Bild 12.6c) mit gleicher Streifenleiterbreite w, aber halber Substratdicke $h_M = h_B/2$ auf. Das Feldbild wird dadurch nicht verändert. Somit lassen sich die Leitungsparameter Wellenwiderstand $Z_{L,B}$ und effektive Permittivität $\varepsilon_{r,eff,B}$ der Bandleitung (w, h_B, ε_r) aus den entsprechenden Parametern $Z_{L,M}$, $\varepsilon_{r,eff,M}$ der Mikrostreifenleitung mit gleicher Leiterbreite w und halber Substratdicke $h_M = h_B/2$ auf dem Substrat mit gleichem ε_r (Kap. 3) zu

$$Z_{L,B}(w/h_B, t/h_B, \varepsilon_r) = 2Z_{L,M}(w/h_M = 2w/h_B, t/h_M=2t/h_B, \varepsilon_r) \quad , \tag{12.1}$$

$$\varepsilon_{r,eff,B}(w/h_B, t/h_B, \varepsilon_r) = \varepsilon_{r,eff,M}(w/h_M = 2w/h_B, t/h_M=2t/h_B, \varepsilon_r) \tag{12.2}$$

berechnen. Die dielektrische Dämpfung α_ε ist bei beiden Leitungen ebenfalls gleich (Abschn. 2.4.4, 6.2). Die Leiterdämpfung α_ρ ist hingegen verschieden. Die Bandleitung wird häufig in komplexen Mikrostreifenleitungs-Schaltungen in Kombination mit den Mikrostreifenleitungen zur Realisierung hoher Wellenwiderstände und besonderer schaltungstechnischer Anordnungen (z.B. entkoppelte Verzweigungsschaltungen bei Gegentaktmischern) verwendet.

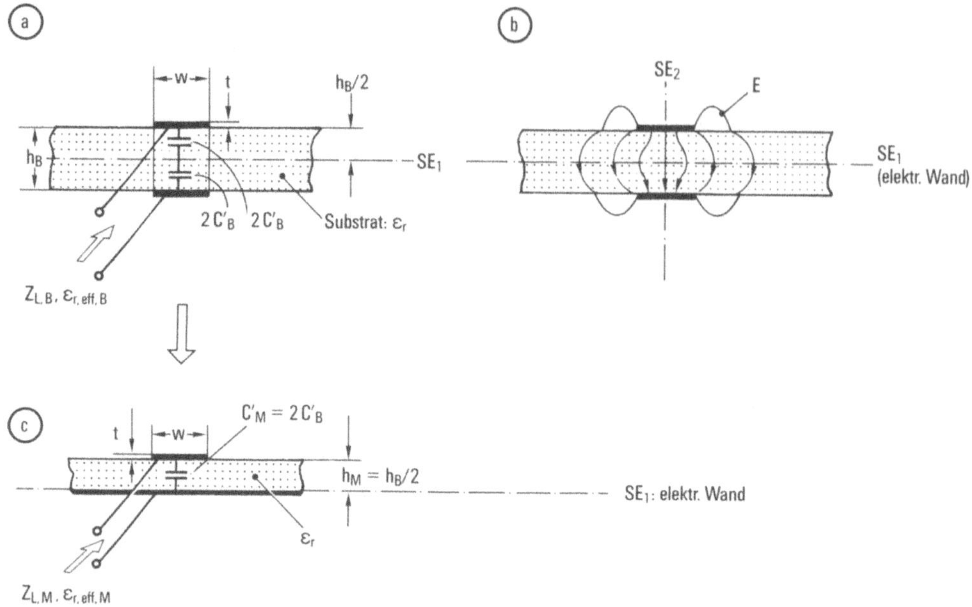

Bild 12.6. Symmetrische Bandleitung. a) Leitungsquerschnitt; b) elektrisches Feldlinienbild E; c) Mikrostreifenleitung mit gleichem Feldlinienbild und doppeltem Kapazitätsbelag $C'_M = 2C'_B$ (C'_B: Kapazitätsbelag der Bandleitung a)

12.4 Suspended-Substrate-Leitung

12.4.1 Einzelstreifen-Suspended-Substrate-Leitung

Bei der Standardform der Suspended-Substrate-Leitung, der in Bild 12.7a gezeigten Einzelstreifen-Suspended-Substrate-Leitung /1.344-1.348, 2.67-2.70, 2.72, 2.73, 2.79, 2.82, 2.84, 2.101, 2.102, 3.26, 3.30, 3.122, 3.151, 12.26-12.49/ befindet sich der Streifenleiter L auf einem Substrat, welches ungefähr mittig zwischen zwei Masseplatten (Deckel D, Boden B des Schaltungsgehäuses) aufgehängt ist ("suspended"). Technisch übliche Substrate sind die dünnfilmkompatible Al_2O_3-Keramik der Dicken 0,635 mm (25 mil) und 1,27 mm (50 mil) und glasfaserverstärktes Teflon der Dicken 1/32 Zoll bis 1/8 Zoll (Abschn. 1.4). Im Vergleich zur Mikrostreifenleitung besitzt die Suspended-Substrate-Leitung folgende Vorteile: Ihre Leiterdämpfung α_ρ ist wegen größerer Leiterbreite und der doppelt vorhandenen Masseelektrode niedriger. Die durch ε_r-Schwankungen und Strukturungenauigkeiten bedingten Streuungen der Leitungsparameter Z_L, $\varepsilon_{r,eff}$ sind wegen des größeren Feldanteils in Luft und wegen der größeren Leiterbreite geringer. Zudem lassen sich höhere Wellenwiderstände Z_L realisieren. Die Nachteile sind geringerer Miniaturisierungsgrad, kritische Gehäusetechnik (Gehäuse als Leitungselektrode) und schwie-

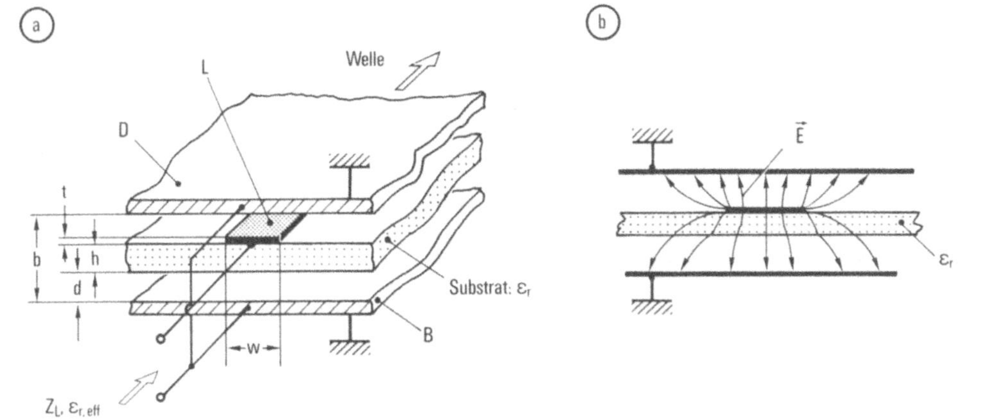

Bild 12.7. Einzelstreifen-Suspended-Substrate-Leitung. a) Leitungsquerschnitt; b) elektrisches Feldlinienbild E

riger Einbau hybrider Elemente. Letztere müssen im Fall der Parallelschaltung zur Leitung aus Symmetriegründen sogar doppelt, jeweils zu jeder der beiden Masseplatten, eingebaut werden.

Mit der Suspended-Substrate-Leitung werden ein großer Teil der üblichen Mikrowellenbauelemente wie z.B. Leistungsteiler, Richtkoppler, Transistorverstärker, Empfangsmischer und Frequenzvervielfacher aufgebaut /1.348, 12.37-12.43/. Wegen der symmetrischen Masseschirmung eignet sie sich gut zum Aufbau von integrierten Schaltungen in Kombination mit Hohlleiteranordnungen /1.344-1.348/. Übergänge auf Hohlleiter wurden in Abschn. 1.6.6 beschrieben.

Die G r u n d w e l l e der Suspended-Substrate-Leitung ist eine Quasi-TEM-Welle (Abschn. 2.1.3) mit einem elektrischen Feldlinienbild nach Bild 12.7b. Die Leitungsparameter Wellenwiderstand Z_L und effektive Permittivität $\varepsilon_{r,eff}$ sind nach der in Abschn. 2.3 erläuterten statischen Näherung /2.67-2.70, 2.72, 2.79, 2.82, 2.84, 3.26, 3.30, 3.151, 12.22, 12.29, 12.30, 12.36/ von w/b, h/b, d/b, t/b und ε_r abhängig. Bei der dynamischen Lösung /3.122, 12.23/ kommt noch die Einflußgröße b/λ_0 hinzu. Bild 12.8 zeigt die nach der numerischen statischen Methode von Smith /12.29/ berechneten Leitungsparameter bei mittig liegendem Al_2O_3-Keramiksubstrat. Die Leitungsparameter für andere Substrate sind in guter Näherung nach (2.88), (2.89) zu berechnen. Leitungsparameter für endliche Leiterdicke $t > 0$ werden bei /2.82/ berechnet. Die Leiterdämpfung entspricht näherungsweise der Dämpfung der Triplateleitung (Abschn. 12.5) für eine dielektrische Füllung mit $\varepsilon_{r,eff}$. Die dielektrische Dämpfung α_ε wird näherungsweise bei /2.101, 2.102/ berechnet. Der nutzbare Frequenzbereich wird gegen hohe Frequenzen durch die untere Grenzfrequenz

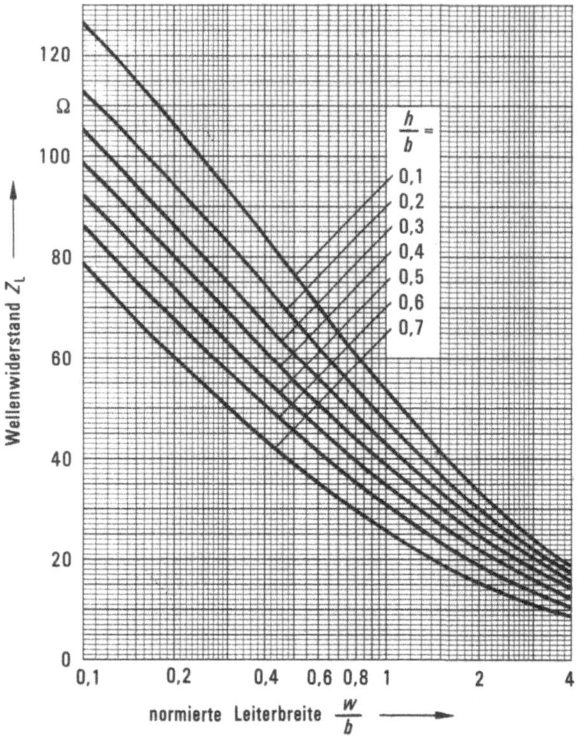
Wellenwiderstand Z_L
Ω
120
100
80
60
40
20
0
h/b =
0,1
0,2
0,3
0,4
0,5
0,6
0,7
0,1
0,2
0,4
0,6
0,8
1
2
4
normierte Leiterbreite w/b

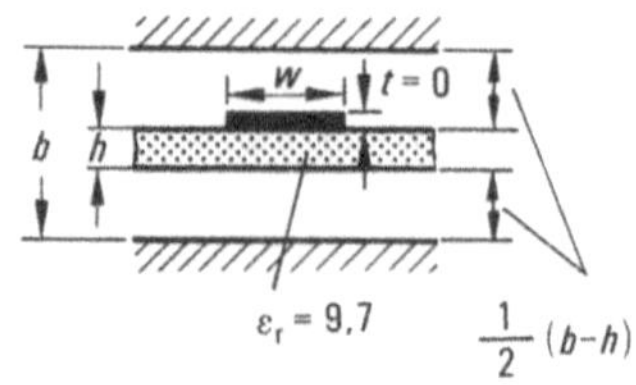
w
t = 0
b
h
ε_r = 9,7
1/2 (b−h)

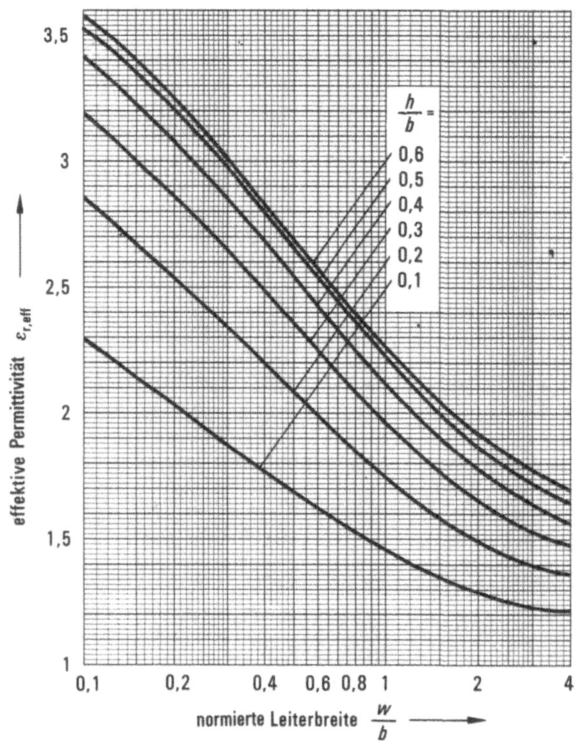
effektive Permittivität $\varepsilon_{r,eff}$
3,5
3
2,5
2
1,5
1
h/b =
0,6
0,5
0,4
0,3
0,2
0,1
0,1
0,2
0,4
0,6
0,8
1
2
4
normierte Leiterbreite w/b

der LSM_{10}-Längsschnittwelle im Hohlleiter mit eingesetzter dielektrischer Platte begrenzt (Abschn. 15.3).

12.4.2 Doppelstreifen-Suspended-Substrate-Leitung

Bei der Doppelstreifen-Suspended-Substrate-Leitung /2.13, 2.67-2.70, 2.72, 12.34, 12.44-12.49, 12.55-12.57/ nach Bild 12.9 besteht die spannungsführende Elektrode aus zwei auf unterschiedlichen Substratseiten einander gegenüberliegenden Streifenleitern L_1, L_2 gleicher Breite w, die parallelgeschaltet sind. Das Substrat (relative Permittivität ε_r, Dicke h) ist mittig zwischen zwei ebenfalls parallelgeschalteten, auf Massepotential liegenden Metallplatten, die vom Boden B und vom Deckel D des Schaltungsgehäuses gebildet werden, aufgehängt. Somit haben wir es trotz der vier Elektroden mit einer Einzelleitung zu tun. Im Unterschied zur Einzelstreifen-Suspended-Substrate-Leitung (Abschn. 12.4.1) hat die Doppelstreifen-Ausführung geringere Dämpfung und vollständige Symmetrie im Aufbau, was bei Filterstrukturen von Vorteil ist. Die sonstigen Vorteile und Nachteile entsprechen denen der Einzelstreifen-Ausführung.

Die G r u n d w e l l e der Doppelstreifen-Suspended-Substrate-Leitung ist eine Quasi-TEM-Welle (Abschn. 2.1.3). Ihre Leitungsparameter Z_L, $\varepsilon_{r,eff}$ sind nach der in Abschn. 2.3 erläuterten statischen Näherung /2.67, 2.69, 2.70/ von w/b, h/b, a/b, t/b und ε_r abhängig. Die Gehäusebreite wird i.allg. zu $a = \infty$ angenommen. Bei der dynamischen Lösung /12.55/ kommt als weitere Einflußgröße der Quotient b/λ_0 hinzu. Bild 12.9 zeigt die nach der in Abschn. 3.2.1 erläuterten statischen Variante der numerischen Methode der Geraden /2.86, 2.89, 3.99, 3.100/ für Al_2O_3-Keramik als Substratmaterial berechneten Leitungsparameter. Eine analytische Näherungsformel für den Wellenwiderstand der im Vakuum befindlichen Doppelstreifen-Suspended-Substrateleitung ($\varepsilon_r = 1$) erhält man durch Aufspaltung des Kapazitätsbelags in Teilkapazitäten /2.13/. Mit Hilfe der konformen Abbildung läßt sich $Z_{L0} = Z_L(\varepsilon_r = 1) = f(h/b, w/b, t = 0, a = \infty)$ auch exakt berechnen /2.13/.

12.4.3 Sonderformen der Suspended-Substrate-Leitung

Verschiedene Sonderformen der Suspended-Substrate-Leitung zeigt Bild 12.10. Bei der Leitung mit mitlaufenden Massestreifen /12.33/ nach Bild 12.10a lassen sich ein niedrigerer Wellenwiderstand Z_L und höheres $\varepsilon_{r,eff}$ erreichen. Die Bilder 12.10b bis f zeigen gekoppelte Leitungspaare. Der symmetrische Standard-Koppelabschnitt /2.70, 12.29, 12.30, 12.32/ nach Bild 12.10b dient als schwach verkoppelter

◀ Bild 12.8. Statische Leitungsparameter Z_L und $\varepsilon_{r,eff}$ der Einzelstreifen-Suspended-Substrate-Leitung auf Al_2O_3-Keramiksubstrat ($\varepsilon_r = 9{,}7$), berechnet nach /12.29/.

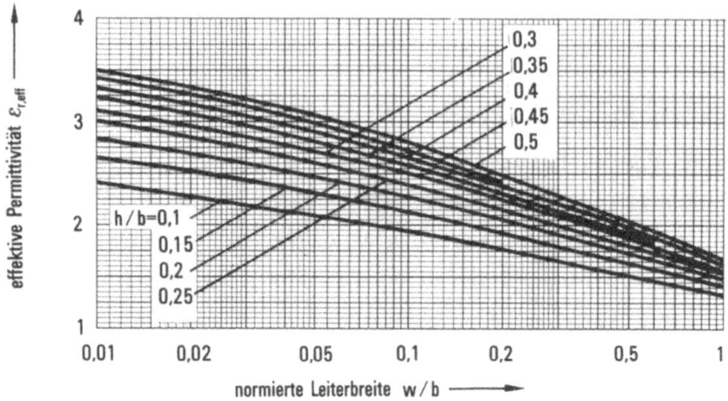

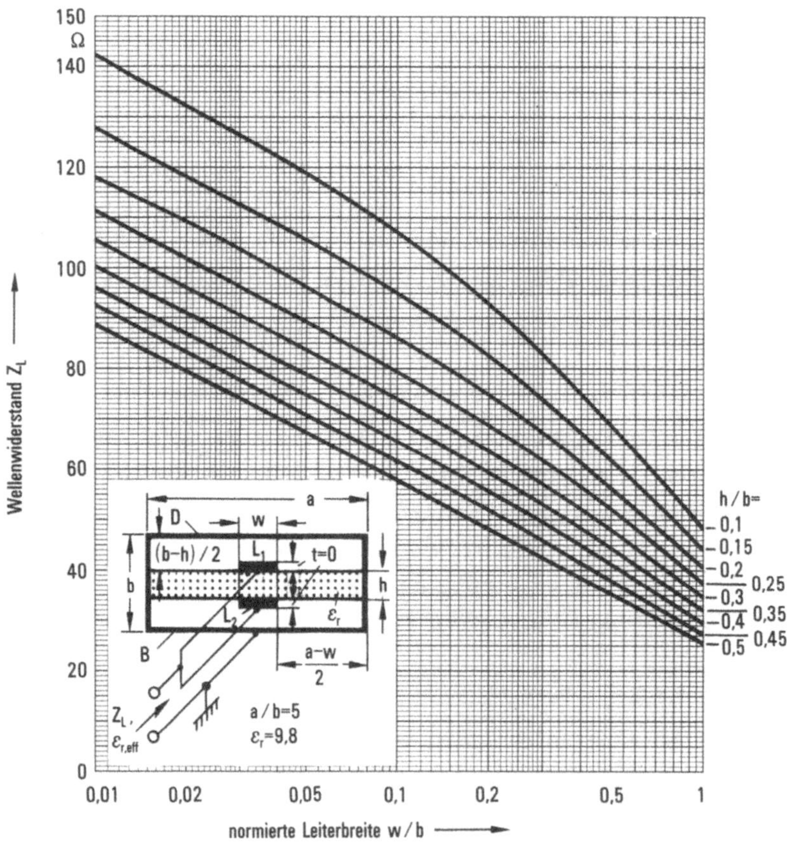

Bild 12.9. Statische Leitungsparameter Z_L und $\varepsilon_{r,eff}$ der Doppelstreifen-Suspended-Substrate-Leitung auf Al_2O_3-Keramiksubstrat ($\varepsilon_r = 9{,}8$), berechnet nach der Methode der Geraden.

Quasi-TEM-Richtkoppler und als Bauelement für Bandfilter. Eine Variante mit parallellaufenden Massestreifen /12.33/ zeigt Bild 12.10c. Durch die Massestreifen wird die Gleichtakt-Wellengeschwindigkeit erniedrigt und an die Gegentakt-Wellengeschwindigkeit angeglichen. Das ermöglicht eine Kompensation des Kopplers (vgl. Abschn. 9.5.2).

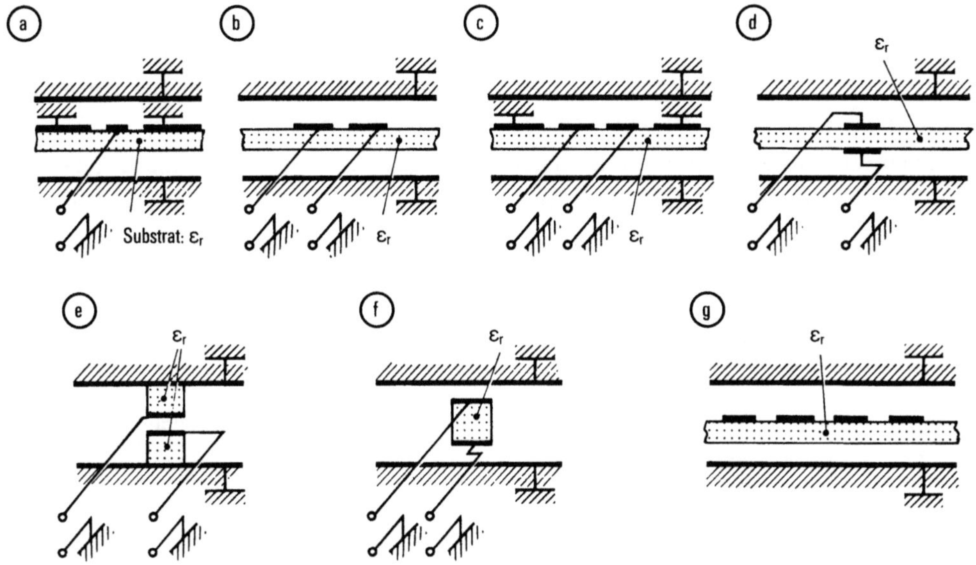

Bild 12.10. Varianten der Suspended-Substrate-Leitung. a) Leitung mit parallellaufenden Massestreifen; b) kantengekoppeltes Leitungspaar; c) kantengekoppeltes Leitungspaar mit parallellaufenden Massestreifen; d) breitseitengekoppeltes Leitungspaar; e) und f) breitseitengekoppeltes Leitungspaar auf dielektrischen Stegen; g) Mehrleiteranordnung

Die breitseitengekoppelte Ausführung /12.26, 12.28, 12.34, 12.37, 12.44, 12.55 -12.57/ von Bild 12.10d ist für enge Verkoppelung, z.B. für 3-dB-Koppler, geeignet. Sie kann wegen der stark voneinander abweichenden effektiven Permittivitäten $\varepsilon_{r,eff,even} \ll \varepsilon_{r,eff,odd}$ der Gleichtakt- und Gegentaktwelle nicht mehr zu den kontradirektionalen Quasi-TEM-Kopplern (Kap. 9) gezählt werden, sondern zeigt kodirektionales Koppelverhalten /12.26/. Die Varianten von Bild 12.10e sind zur Erreichung von $\varepsilon_{r,eff,even} \gg \varepsilon_{r,eff,odd}$ und von Bild 12.10f zur Erreichung von $\varepsilon_{r,eff,even} \ll \varepsilon_{r,eff,odd}$ geeignet /12.35/. Die Suspended-Substrate-Mehrleitungsanordnung /12.29, 12.32/ von Bild 12.10g dient zum Aufbau von Interdigital-, Kammleitungs- und Haarnadelbandfiltern.

12.5 Triplate-Leitung

12.5.1 Wellenwiderstand der Triplate-Einzelleitung

Die in den Bildern 12.11a,b gezeigte Triplateleitung /1.341-1.343, 2.11-2.14, 2.107, 3.15, 3.17, 3.86-3.89, 10.70, 10.98, 12.52-12.54, 12.58-12.112/, englisch oft "stripline" genannt, ist ein zur Mikrostreifenleitung (Kap. 3) alternativer Leitungstyp. Sie ist zum Aufbau von Mikrowellenkomponenten wie z.B. Filter, Leistungsteiler, Koppler, Verstärker, Frequenzvervielfacher, Empfänger und Oszillatoren /1.341-1.343, 12.61, 12.62, 12.69-12.71/ geeignet. In der neueren Entwicklung dominiert jedoch die Mikrostreifenleitung, da die Triplateleitung nicht für die Dünnfilmtechnologie auf Keramiksubstrat geeignet ist und beim Einbau hybrider Elemente wegen der vollständigen dielektrischen Füllung Probleme bereitet. Bei der Triplateleitung ist der Streifenleiter L (Breite w, Dicke t) mittig zwischen zwei auf Massepotential liegenden Platten M_1, M_2, die von dem Boden und Deckel des Schaltungsgehäuses gebildet werden, in homogenes Dielektrikum der relativen Permittivität ε_r eingebettet.

Die Grundwelle der Triplateleitung ist für den verlustfreien Fall wegen des homogenen Dielektrikums eine reine TEM-Welle (Abschn. 2.1.2, 2.2) mit frequenzunabhängigen Werten des Wellenwiderstands $Z_L = Z_{L0}/\sqrt{\varepsilon_r}$ und der Phasengeschwindigkeit $v_P = c_0/\sqrt{\varepsilon_r}$. Somit ist die in (2.32)...(2.34) definierte effektive Permittivität

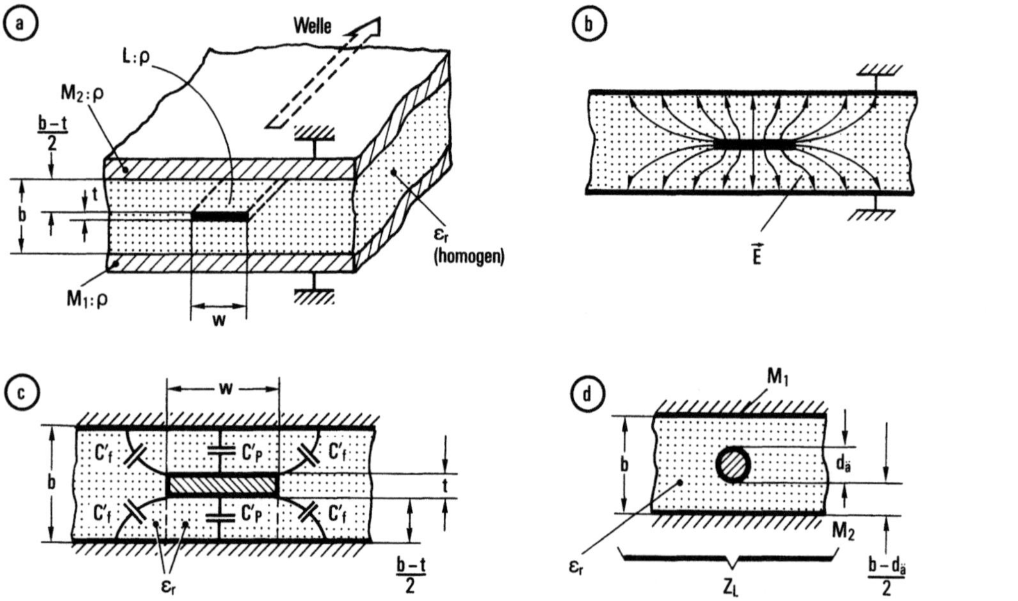

Bild 12.11. Triplateleitung. a) Aufbau; b) elektrisches Feldbild; c) Teilkapazitäten; d) äquivalente Leitung mit rundem Innenleiter für kleine Leiterbreiten w

$\varepsilon_{r,eff} = \varepsilon_r$. Eine exakte Berechnung des Wellenwiderstands Z_L ermöglicht die konforme Abbildung /2.12/ für die Streifenleiterdicke Null zu

$$Z_L = Z_{L0}/\sqrt{\varepsilon_r} = \eta_0 K(k)/\{4\sqrt{\varepsilon_r} K(k')\} \quad , \tag{12.3}$$

$$k = \mathrm{sech}\{\pi w/(2b)\} = [\cosh\{\pi w/(2b)\}]^{-1} \quad , \tag{12.4}$$

$$k' = \sqrt{1-k^2} = \tanh\{\pi w/(2b)\} \quad . \tag{12.5}$$

$K(k)$ ist das vollständige elliptische Integral erster Gattung von dem Modul k bzw. dem komplementären Modul $k' = \sqrt{1-k^2}$, tabelliert in /12.50, 12.51/. $Z_{L0} = Z_L(\varepsilon_r = 1)$ ist der Wellenwiderstand für Vakuumfüllung. $K(k)$ steigt, beginnend bei $K(k=0) = \pi/2$, monoton mit k an bis zum Wert $K(k=1) = \infty$. Der Definitionsbereich ist $0 \leq k < 1$. Es ist $K(k') = K'(k)$. Den Verlauf von $K(k)$ zeigt Abschn. 13.6.

Wegen des häufigen Auftretens des vollständigen elliptischen Integrals erster Gattung bei der Analyse verschiedener Streifenleitungsarten werden nachfolgend Näherungsformeln zu dessen Berechnung angegeben: Reihenentwicklungen von /12.50/ lauten für $0 \leq k \leq 0{,}71$

$$K(k) = (\pi/2) \cdot \{1 + 2(k^2/8) + 9(k^2/8)^2 + 50(k^2/8)^3 + 306{,}250(k^2/8)^4 + \ldots\} \tag{12.6}$$

und für $0{,}71 < k \leq 1$

$$K(k) = p + \{p-1\}(k'^2/4) + 9\{p-(7/6)\}(k'^4/64) + 25\{p-(37/30)\}(k'^6/256) + \ldots \quad , \tag{12.7}$$

$$p = \ln(4/k') = \ln(4/\sqrt{1-k^2}) \quad . \tag{12.8}$$

Der maximale relative Fehler der Reihen (12.6), (12.7) tritt an der Übergangsstelle $k = \sqrt{0{,}5} \cong 0{,}71$ auf. Er beträgt 0,3 %. Für $k \to 0$ bzw. $k \to 1$ geht der relative Fehler von (12.6) bzw. (12.7), (12.8) gegen Null.

Einfache Näherungsformeln für den Quotienten $K(k')/K(k)$ sind von Hilberg /12.52 -12.54/ mit Hilfe der stereographischen Projektion hergeleitet worden: Für $0 < k \leq 0{,}173$ bzw. $2 \leq K(k')/K(k) < \infty$ ist

$$K(k')/K(k) = (4/\pi) \cdot \ln(2/\sqrt{k}) \quad , \tag{12.9}$$

$$k = 4\exp\{-\frac{\pi K(k')}{2K(k)}\} \tag{12.10}$$

und für $0{,}173 < k \leqq 1$ bzw. $0 \leqq K(k')/K(k) < 2$ ist

$$K(k')/K(k) = \frac{\pi}{\ln\{2(1+\sqrt{k})/(1-\sqrt{k})\}} = \frac{\pi}{\ln(2)+2\mathrm{Artanh}\sqrt{k}} , \tag{12.11}$$

$$k = \left[\frac{\exp\{\pi K(k)/K(k')\}-2}{\exp\{\pi K(k)/K(k')\}+2}\right]^2 = \left[\tanh\left\{\frac{\pi K(k)}{2K(k')} - \frac{\ln(2)}{2}\right\}\right]^2 . \tag{12.12}$$

Der relative Fehler bleibt bei (12.9), (12.11) unter 0,24 %. Die Funktion $K(k')/K(k)$ hat bei $k = 0$ den Wert ∞. Sie fällt mit wachsendem k monoton, bis sie bei $k = 1$ den Wert Null erreicht. Der Definitionsbereich liegt bei $0 < k \leqq 1$. Für $k = 1/\sqrt{2}$ ist $K(k')/K(k) = 1$. Den Verlauf von $K(k')/K(k)$ zeigt Abschn. 13.6.

Durch Einsetzen von (12.9), (12.11) in (12.3) ergeben sich mit (12.4), (12.5) einfach auswertbare Analysegleichungen für den Wellenwiderstand Z_L der Triplateleitung. Noch weiter vereinfachte Gleichungen für Z_L erhält man, indem man die Methode der stereographischen Projektion in einer etwas anderen Weise anwendet, als sie zu den Näherungen (12.9)...(12.12) geführt hat. Nach diesem Verfahren /12.52, S. 61 und S. 115/ erhält man bei einem Fehler < 0,24 % gegenüber der exakten Lösung (12.3)...(12.5) für $t = 0$ und $0 < w/b \leqq 0{,}56$ die Analysegleichungen zu

$$Z_L = \frac{\eta_0}{2\pi\sqrt{\varepsilon_r}} \ln\{2\coth(\frac{\pi w}{4b})\} \tag{12.13}$$

und für $0{,}56 < w/b < \infty$ zu

$$Z_L = \frac{\eta_0 \pi}{8\sqrt{\varepsilon_r}\ln\{2\exp(\pi w/(2b))\}} . \tag{12.14}$$

Der nach (12.13), (12.14) berechnete Wellenwiderstand $Z_{L0} = Z_L\sqrt{\varepsilon_r} = f(w/b, t = 0)$ ist in Bild 12.12 dargestellt (oberste Kurve). Weitere Wellenwiderstandsberechnungen für $t = 0$ werden nach der konformen Abbildung bei /2.107, 12.65-12.67, 12.80, 12.81/ und nach der Zusammensetzung des Kapazitätsbelags aus der Plattenkondensator-Kapazität und den Streukapazitäten bei /2.12, 12.88/ angegeben.

Für e n d l i c h e S t r e i f e n l e i t e r d i c k e $t > 0$ kann man den Kapazitätsbelag C' der Triplateleitung gemäß $C' = 2C_p' + 4C_f'$ aus dem Plattenkapazitätsbelag $C_p' = 2\varepsilon_0\varepsilon_r w/(b-t)$ zwischen einer Streifenleiterseite und einer Masseplatte und dem Streukapazitätsbelag C_f' zwischen einer Streifenleiterecke und einer Masseplatte zusammensetzen /2.12/, wie es in Bild 12.11c gezeigt ist. Solange $w/(b-t) \geqq 0{,}35$ bleibt, läßt sich die gegenseitige Beeinflussung der Streukapazitäten C_f' an den beiden Enden des Streifenleiters vernachlässigen und es berechnet sich C_f' von w

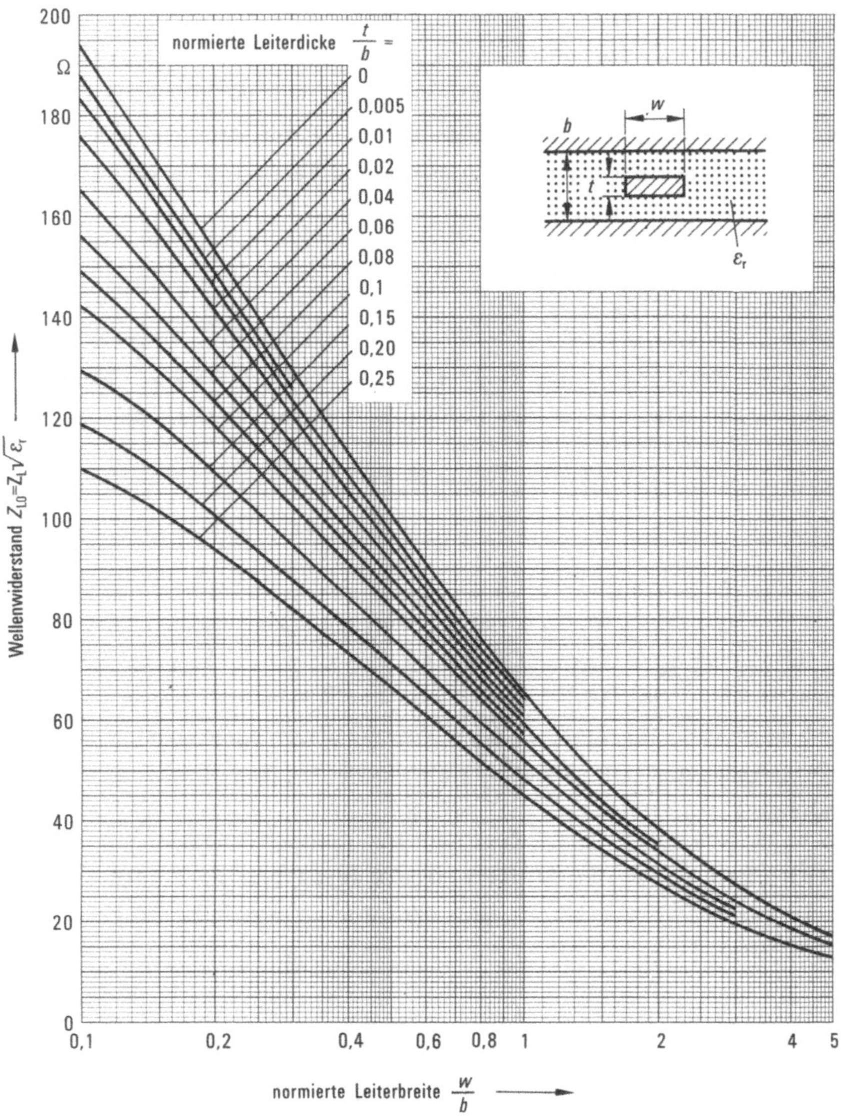

Bild 12.12. Wellenwiderstand Z_{L0} der Triplateleitung für $\varepsilon_r = 1$. Für beliebiges ε_r ist der Wellenwiderstand $Z_L = Z_{L0}/\sqrt{\varepsilon_r}$.

unabhängig zu

$$C'_f = \frac{\varepsilon_0 \varepsilon_r}{\pi} \left[\frac{2b}{b-t} \ln\left(\frac{2b-t}{b-t}\right) - \frac{t}{b-t} \ln\left\{\frac{b^2}{(b-t)^2} - 1\right\} \right] . \tag{12.15}$$

Für $w/(b-t) \geqq 0{,}35$ ist daher der W e l l e n w i d e r s t a n d mit $C'_p = 2\varepsilon_0 \varepsilon_r w/(b-t)$ und C'_f nach (12.15) gleich

$$Z_L = \eta_0 \varepsilon_0 \sqrt{\varepsilon_r}/C' = \eta_0 \varepsilon_0 \sqrt{\varepsilon_r}/(2C'_p + 4C'_f) \quad . \tag{12.16}$$

Bei kleinen Leiterbreiten $w/(b-t) < 0{,}35$ wird C_f' von der Streifenleiterbreite w abhängig. Hier geht man den Weg über eine äquivalente Leitung mit einem kreisförmigen Innenleiter des Durchmessers $d_ä$, der mittig zwischen zwei im Abstand b auseinanderliegenden Metallplatten M_1, M_2 sitzt (Bild 12.11d). Unter der Bedingung, daß diese Leitung und die Triplateleitung den gleichen Kapazitätsbelag haben, ist nach /1.339, S. 264/ für $0 \leqq t/w \leqq 1$ (Fehler < 0,5 %)

$$d_ä = \frac{w}{2}\left[1 + \frac{t}{\pi w}\{1 + \ln(\frac{4\pi w}{t})\} + 0{,}236\,(\frac{t}{w})^{1{,}65}\right] \quad . \tag{12.17}$$

Der Wellenwiderstand der Triplateleitung (Bild 12.11a) ist für $0 \leqq t/w \leqq 1$ (Fehler <1,2 %) und $w/(b-t) < 0{,}35$ daher gleich dem bekannten Wellenwiderstand der Anordnung von Bild 12.11d gemäß /2.12/

$$Z_L = \frac{\eta_0}{2\pi\sqrt{\varepsilon_r}} \ln\left(\frac{4b}{\pi d_ä}\right) \quad . \tag{12.18}$$

Für $t/w > 1$ ist in (12.17) $d_ä/w$ durch $d_ä/t$ und t/w durch w/t zu ersetzen. Akzeptiert man bei $d_ä$ einen Fehler <0,5 % für $t/w < 0{,}1$ und < 4 % für $t/w < 0{,}5$, so kann man den ad tiven Korrekturterm +0,236... in (12.17) weglassen. Die Wellenwiderstände $Z_{L0} = Z_L\sqrt{\varepsilon_r}$ für $t > 0$ nach (12.15)...(12.18) sind in Bild 12.12 dargestellt. Weitere Analysen für $t > 0$ sind bei /3.17, 12.65, 12.68, 12.76, 12.79, 12.80, 12.87 -12.95, 12.97/ angegeben.

S y n t h e s e g l e i c h u n g e n für die Triplateleitung (Bild 12.11a) erhält man für $t = 0$ durch Auflösung von (12.15)...(12.18) nach w/b: Für $Z_{L0} = Z_L\sqrt{\varepsilon_r} \geqq 120\ \Omega$ (entsprechend $w/b \leqq 0{,}35$) ist

$$w/b = 8/\{\pi \exp(2\pi Z_L\sqrt{\varepsilon_r}/\eta_0)\} \tag{12.19}$$

und für $0 < Z_{L0} = Z_L\sqrt{\varepsilon_r} \leqq 120\ \Omega$ (entsprechend $w/b \geqq 0{,}35$) ist

$$\frac{w}{b} = \frac{\eta_0}{4Z_L\sqrt{\varepsilon_r}} - \frac{2\ln(2)}{\pi} = \frac{\eta_0}{4Z_L\sqrt{\varepsilon_r}} - 0{,}4413 \quad . \tag{12.20}$$

Aus der exakten Z_L-Gleichung (12.3) hergeleitete Synthesegleichungen werden bei /12.112/ angegeben. Diese benützen Reihenentwicklungen. Daneben kann man aus den exakten Z_L-Gleichungen (12.3)...(12.5) auch mit den Näherungen (12.10), (12.12) einfache Synthesegleichungen für die Bereiche $0 < k \leqq 0{,}173$ und $0{,}173 < k < \infty$ herleiten.

12.5.2 Dämpfung der Triplate-Einzelleitung

Zur Berechnung des Leiterdämpfungsbelags α_ρ unter der Voraussetzung kleiner Verluste (Abschn. 2.2, 2.4.3) wird angenommen, daß der Streifenleiter L und die Masseplatten M_1, M_2 (Bild 12.11a) jeweils den gleichen spezifischen Widerstand ρ besitzen. Weiterhin soll die in (2.53) angegebene Skineffekt-Eindringtiefe $\delta < t/3$ sein. Mit der in Abschn. 2.4.3 angegebenen Regel vom Induktivitätsinkrement (2.64) bzw. (2.68) erhält man nach /2.107/ mit dem spezifischen Oberflächenwiderstand R_F nach (2.57 Z) und Z_L nach (12.15), (12.16) für breite Streifenleiter $w/(b-t) \geqq 0{,}35$

$$\alpha_\rho = \frac{2{,}02 \cdot 10^{-6} \varepsilon_r Z_L \sqrt{f \cdot \rho/\rho_{Cu}}}{b} \cdot \left\{\frac{b}{b-t} + \frac{2wb}{(b-t)^2} + \frac{b(b+t)}{\pi(b-t)^2} \ln\left(\frac{2b-t}{t}\right)\right\} \qquad (12.21\ Z)$$

und mit Z_L nach (12.17), (12.18) für schmale Streifenleiter $w/(b-t) \leqq 0{,}35$

$$\alpha_\rho = \frac{0{,}01141 \sqrt{f \cdot \rho/\rho_{Cu}}}{Z_L b} \left[1 + \frac{b}{d_ä} \left\{0{,}5 + \frac{t}{2\pi w} + \frac{0{,}5}{\pi} \ln\left(\frac{4\pi w}{t}\right) + 0{,}1947 \left(\frac{t}{w}\right)^{0{,}65} - 0{,}0767 \left(\frac{t}{w}\right)^{1{,}65}\right\}\right] . \qquad (12.22\ Z)$$

Bei (12.21 Z), (12.22 Z) ergibt sich α_ρ in dB/cm mit Z_L in Ω, der Frequenz f in GHz, ρ in Ωcm, $\rho_{Cu} = 1{,}72 \cdot 10^{-6}\ \Omega$ cm (Kupfer) sowie b, t, w und $d_ä$ in cm. Es besteht die funktionale Abhängigkeit $\alpha_\rho = (\sqrt{\varepsilon_r f \rho}/b) \cdot A(w/b, t/b)$. A ist ein von ε_r und ρ unabhängiger Geometriefaktor, der die Feldverteilung darstellt. Bleibt $t/w < 0{,}1$, so können bei (12.22 Z) die beiden letzten Korrekturterme 0,1947... und 0,0767... weggelassen werden. Bild 12.13 zeigt den Leiterdämpfungsbelag α_ρ nach (12.21 Z), (12.22 Z). Weitere α_ρ-Berechnungen werden bei /12.65, 12.66, 12.80, 12.88/ beschrieben. Der dielektrische Dämpfungsbelag α_ε berechnet sich nach (2.72 Z) in Abschn. 2.4.4, indem man $\varepsilon_{r,eff} = \varepsilon_r$ setzt.

12.5.3 Weitere Probleme

Die oberen Frequenzgrenzen für den Betriebsfrequenzbereich entstehen zum einen durch die untere Grenzfrequenz $f_{g,1} = 150/(b\sqrt{\varepsilon_r})$ von Wellen zwischen leitenden Masseplatten M_1, M_2 (b in mm, $f_{g,1}$ in GHz). Genauere Abschätzungen unter Einbeziehung der Streifenleiter werden bei /12.58, 12.97, 12.98/ angegeben. Bei großer Leiterbreite $w/b \gg 1$ rückt zum anderen die untere Grenzfrequenz $f_{g,2}$ der ersten Oberwelle, bei der Querresonanz zwischen dem Streifenleiter w und der Masseplatte auftritt, nach unten. Analog zu Abschn. 4.2 kann man eine effektive Leiterbreite $w_{eff} = (b-t)\eta_0/(4Z_L\sqrt{\varepsilon_r})$ definieren und die Grenzfrequenz zu $f_{g,2} = c_0/(2w_{eff}\sqrt{\varepsilon_r}) = 2c_0 Z_L/\{(b-t)\eta_0\}$ für $w_{eff} = \lambda/2$ berechnen. Weitere Querresonanzberechnungen stehen bei /12.75/.

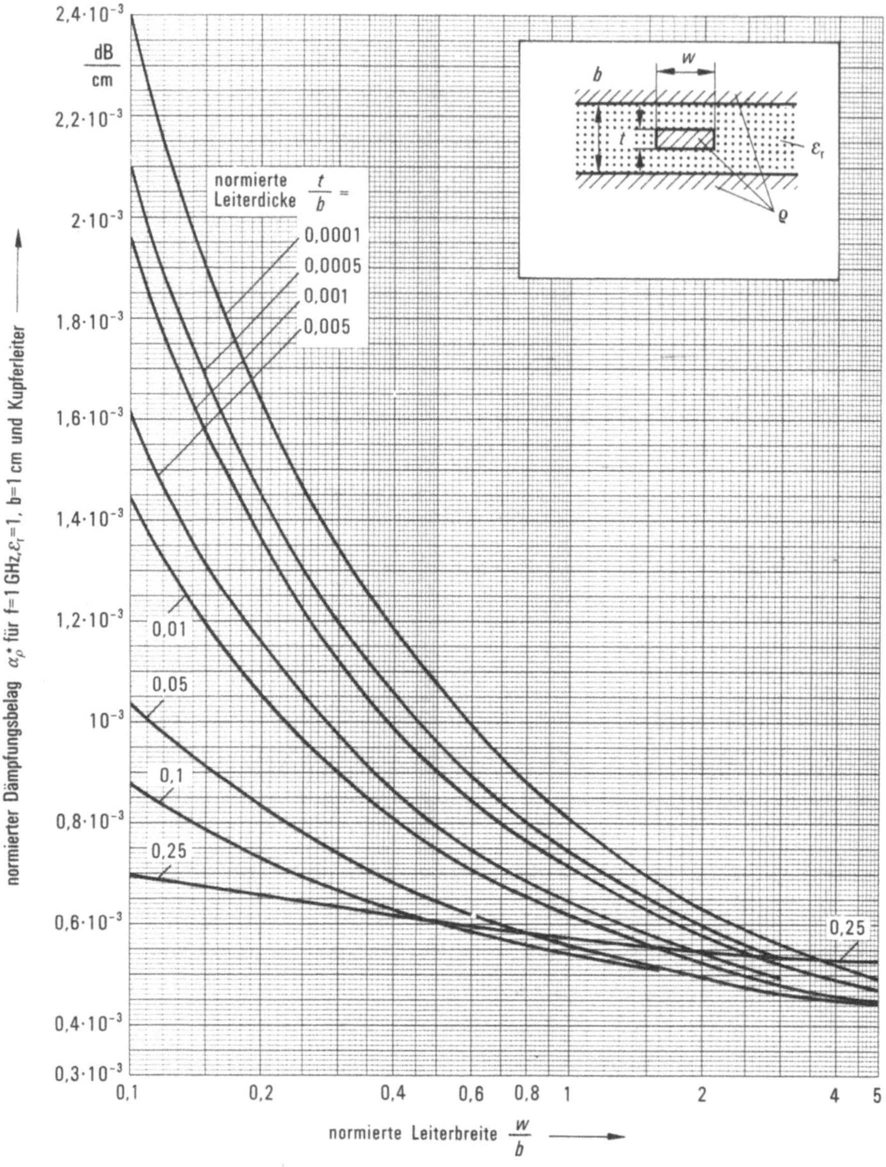

Bild 12.13. Leiterdämpfungsbelag α_ρ^* der Triplateleitung für f = 1 GHz, $\varepsilon_r = 1$, b = 1 cm und Kupferleiter. Für beliebige Werte der Frequenz f in GHz, der relativen Substratpermittivität ε_r, des Masseplattenabstands b in cm und des spezifischen Widerstands ρ der Leiter in Ωcm ($\rho_{Cu} = 1,72 \cdot 10^{-6}\,\Omega$cm) berechnet sich der Dämpfungsbelag zu

$\alpha_\rho = \alpha_\rho^* \sqrt{f\varepsilon_r}\sqrt{\rho/\rho_{Cu}}/b.$

Die Diskontinuitäten (Leerlauf, T-Verzweigung, Kreuzung, Leiterbreitenstufe, Koppelspalt) der Triplateleitung werden, wie bei Abschn. 10 für die Mikrostreifenleitung angegeben, i.allg. mit Hilfe des äquivalenten Bandleitungsmodells berechnet /3.86-3.89, 10.70, 10.98/.

Die maximale über die Triplateleitung transportierbare Leistung wird einerseits durch die ohmschen Verluste des Streifenleiters und die daraus entstehende Erwärmung /12.63, 12.64, 12.80, 12.99/ auf CW-Leistungen zwischen ca. 100 W und einigen 1000 W begrenzt. Andererseits begrenzt der elektrische Felddurchschlag an den Streifenleiterkanten die maximale Pulsleistung für Tastverhältnisse $\ll 10$ % auf ca. 1 kW...30 kW /12.80, 12.99/.

12.5.4 Varianten der Triplateleitung

Die Bilder 12.14a...e zeigen verschiedene Sonderformen der Triplate-Einzelleitung. Die unsymmetrische Triplateleitung mit exzentrischem Streifenleiter ($d_1 \neq d_2$) nach Bild 12.14a wird bei /12.82, 12.84-12.86/ für eine Leiterdicke $t = 0$ und bei /3.17, 12.76, 12.83, 12.87, 12.109/ für $t > 0$ analysiert. Eine Analyse der symmetrischen Triplateleitung mit Seitenwänden von Bild 12.14b wird für $t = 0$ von /12.96, 12.102 -12.104/ und für $t > 0$ von /12.68, 12.95, 12.97, 12.102, 12.109/ durchgeführt. Die exzentrische Leitung mit Seitenwänden (Bild 12.14c) analysieren /12.82, 12.84, 12.109/ für $t = 0$. Eine weitere Variante ist die Leitung mit senkrecht stehendem Streifenleiter /12.100, 12.101, 12.103/ nach Bild 12.14d. Der Einfluß endlicher Masseplattenbreite A (Bild 12.14e) wird von /12.67/ berechnet.

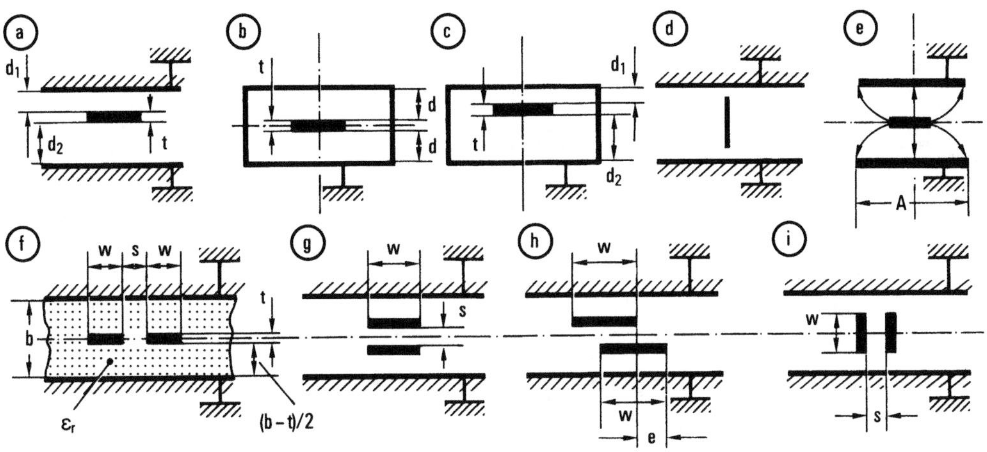

Bild 12.14. Varianten der Triplateleitung. a) Unsymmetrische Leitung; b) symmetrische, allseitig geschirmte Leitung; c) unsymmetrische, allseitig geschirmte Leitung; d) senkrecht stehender Streifenleiter; e) endliche Masseplattenbreite; f) kantengekoppeltes Leitungspaar; g) breitseitengekoppeltes Leitungspaar; h) versetztes, breitseitengekoppeltes Leitungspaar; i) senkrecht stehendes, breitseitengekoppeltes Leitungspaar

Verschiedene Bauformen des gekoppelten Triplate-Leitungspaars zeigen die Bilder 12.14f...i. Die Standardform des kantengekoppelten Leitungspaars (Bild 12.14f) für schwache Verkoppelung (Koppeldämpfungen ≧ 6 dB) ist in Abschn. 12.5.5 beschrieben. Für stärkere Verkoppelungen, z.B. den 3-dB-Koppler, sind die breitseitengekoppelte Leitung in symmetrischer Ausführung /2.13, 12.105, 12.109/ nach Bild 12.14g oder mit versetzten Streifenleitern /12.60, 12.74/ nach Bild 12.14h notwendig. Auch die Variante von Bild 12.14i mit senkrecht stehenden Streifenleitern /12.100, 12.101/ eignet sich für starke Verkoppelungen.

12.5.5 Kantengekoppelte Triplateleitungen

Das in Bild 12.14f gezeigte symmetrische, kantengekoppelte Triplate-Leitungspaar /2.11, 12.59, 12.72, 12.106-12.112/ ist zum Aufbau schwach gekoppelter Richtkoppler mit Mittenfrequenz-Koppeldämpfungen von 6...30 dB geeignet. Es besitzt wegen der homogenen dielektrischen Füllung des gesamten Feldraums ideale TEM-Kopplereigenschaften (Abschn. 9.4.1). Die effektiven Permittivitäten der Gleichtakt- und Gegentaktwelle sind bei beliebigen Abmessungen gleich: $\varepsilon_{r,eff,even} = \varepsilon_{r,eff,odd} = \varepsilon_r$.

Die W e l l e n w i d e r s t ä n d e $Z_{L,even}$ der Gleichtaktwelle und $Z_{L,odd}$ der Gegentaktwelle lassen sich mit der konformen Abbildung /2.11/ für $t = 0$, $0 < w/b < \infty$ und $0 < s/b < \infty$ zu

$$Z_{L,even} = Z_{L,even,0}/\sqrt{\varepsilon_r} = \eta_0 K(k'_{even})/\{4\sqrt{\varepsilon_r}K(k_{even})\} \quad , \qquad (12.23)$$

$$k_{even} = \tanh(\frac{\pi w}{2b}) \cdot \tanh\{\frac{\pi(w+s)}{2b}\} \quad , \qquad (12.24)$$

$$k'_{even} = \sqrt{1 - k_{even}^2} \quad , \qquad (12.25)$$

$$Z_{L,odd} = Z_{L,odd,0}/\sqrt{\varepsilon_r} = \eta_0 K(k'_{odd})/\{4\sqrt{\varepsilon_r}K(k_{odd})\} \quad , \qquad (12.26)$$

$$k_{odd} = \tanh(\frac{\pi w}{2b}) \cdot \coth\{\frac{\pi(w+s)}{2b}\} \quad , \qquad (12.27)$$

$$k'_{odd} = \sqrt{1 - k_{odd}^2} \qquad (12.28)$$

berechnen. Dabei sind $K(k_{even})$, $K(k'_{even})$, $K(k_{odd})$, $K(k'_{odd})$ die vollständigen elliptischen Integrale erster Gattung von den Moduln k_{even}, k_{odd} bzw. den komplementären Moduln k'_{even}, k'_{odd}, tabelliert bei /12.50, 12.51/. Mit Hilfe der Reihen (12.6) ...(12.8) für K(k) oder der Näherungsformeln (12.9), (12.11) für den Quotienten $K(k')/K(k)$ lassen sich (12.23)...(12.28) einfach auswerten. Dabei ist jeweils $k = k_{even}$ bzw. $k = k_{odd}$ zu setzen. Die Wellenwiderstände $Z_{L,even,0} = Z_{L,even}(\varepsilon_r = 1)$

$= Z_{L,even} \cdot \sqrt{\varepsilon_r}$ und $Z_{L,odd,0} = Z_{L,odd}(\varepsilon_r = 1) = Z_{L,odd}\sqrt{\varepsilon_r}$ sind in Bild 12.15 dargestellt. Sie wurden nach (12.23)...(12.28) berechnet. Weitere Analysen des gekoppelten Leitungspaars von Bild 12.14f sind für $t = 0$ bei /12.106, 12.110-12.112/ und für $t > 0$ bei /2.11, 12.59, 12.72, 12.107-12.109/ beschrieben.

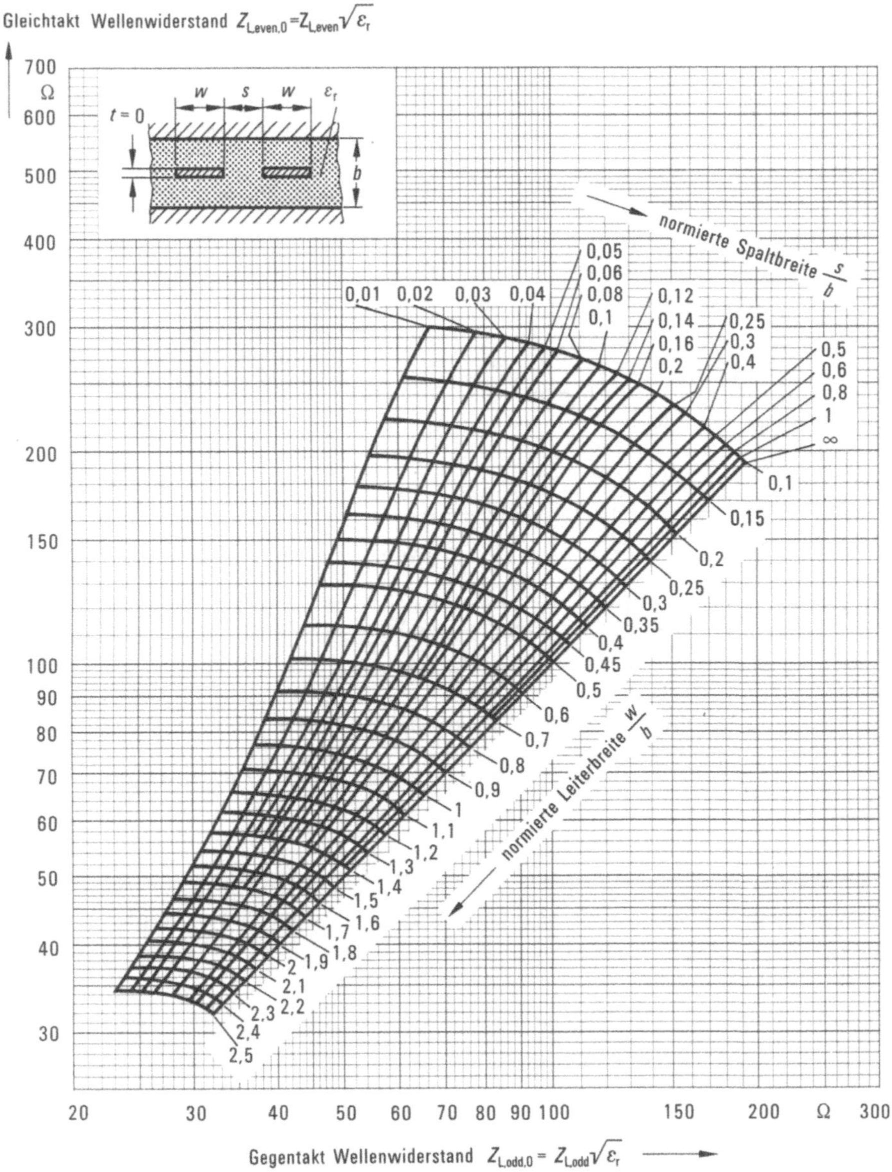

Bild 12.15. Gleichtakt-Gegentakt-Wellenwiderstände $Z_{L,even,0}$, $Z_{L,odd,0}$ des gekoppelten Triplate-Leitungspaars nach der konformen Abbildung für $\varepsilon_r = 1$. Bei $\varepsilon_r > 1$ sind $Z_{L,even} = Z_{L,even,0}/\sqrt{\varepsilon_r}$ und $Z_{L,odd} = Z_{L,odd,0}/\sqrt{\varepsilon_r}$.

S y n t h e s e g l e i c h u n g e n zur Berechnung der Abmessungen w/b, s/b aus $Z_{L,even}$, $Z_{L,odd}$ für $t = 0$ lassen sich aus den Analysegleichungen (12.23)...(12.28) ableiten. Aus (12.24), (12.27) erhält man für $0 < w/b < \infty$, $0 < s/b < \infty$

$$w/b = (2/\pi) \cdot \mathrm{Artanh}\sqrt{k_{even} \cdot k_{odd}} \quad , \tag{12.29}$$

$$s/b = (2/\pi) \cdot (\mathrm{Artanh}\sqrt{k_{even}/k_{odd}} - \mathrm{Artanh}\sqrt{k_{even} \cdot k_{odd}}) \quad , \tag{12.30}$$

Zur Berechnung von $k_{even}(Z_{L,even})$ und $k_{odd}(Z_{L,odd})$ verwendet man die Näherungen (12.10) und (12.12). Mit (12.10) ergibt sich für $\eta_0/2 = 188{,}5\ \Omega \leqq (Z_{L,even}\sqrt{\varepsilon_r} = Z_{L,even,0}) < \infty$ bzw. $\eta_0/2 = 188{,}5\ \Omega \leqq (Z_{L,odd}\sqrt{\varepsilon_r} = Z_{L,odd,0}) < \infty$

$$k_{even} = 4\exp(-2\pi Z_{L,even}\sqrt{\varepsilon_r}/\eta_0) \quad , \tag{12.31}$$

$$k_{odd} = 4\exp(-2\pi Z_{L,odd}\sqrt{\varepsilon_r}/\eta_0) \quad , \tag{12.32}$$

und mit (12.12) erhält man für $0 \leqq (Z_{L,even}\sqrt{\varepsilon_r} = Z_{L,even,0}) < \eta_0/2 = 188{,}5\ \Omega$ bzw. für $0 \leqq (Z_{L,odd}\sqrt{\varepsilon_r} = Z_{L,odd,0}) < \eta_0/2 = 188{,}5\ \Omega$

$$k_{even} = \left[\frac{\exp\{\pi\eta_0/(4Z_{L,even}\sqrt{\varepsilon_r})\} - 2}{\exp\{\pi\eta_0/(4Z_{L,even}\sqrt{\varepsilon_r})\} + 2}\right]^2 = \left[\tanh\{\frac{\pi\,\eta_0}{8Z_{L,even}\sqrt{\varepsilon_r}} - \frac{\ln(2)}{2}\}\right]^2 \quad , \tag{12.33}$$

$$k_{odd} = \left[\frac{\exp\{\pi\eta_0/(4Z_{L,odd}\sqrt{\varepsilon_r})\} - 2}{\exp\{\pi\eta_0/(4Z_{L,odd}\sqrt{\varepsilon_r})\} + 2}\right]^2 = \left[\tanh\{\frac{\pi\,\eta_0}{8Z_{L,odd}\sqrt{\varepsilon_r}} - \frac{\ln(2)}{2}\}\right]^2 \quad . \tag{12.34}$$

Weitere, aus der exakten Lösung (12.23)...(12.28) hergeleitete Synthesegleichungen werden bei /12.112/ angegeben. Hier werden $k_{even}(Z_{L,even})$ und $k_{odd}(Z_{L,odd})$ mittels Reihen berechnet.

Einfachere Synthesegleichungen lassen sich für einen eingeschränkten Bereich der Abmessungen näherungsweise ableiten /2.11, 12.111/: Sie lauten für beliebige Spaltbreiten s/b und Leiterbreiten $w/b \geqq 0{,}35$ sowie $t = 0$

$$s/b = (1/\pi) \cdot \ln\{\coth(E/2)\} \quad , \tag{12.35}$$

$$w/b = \{\eta_0/(4Z_{L,even}\sqrt{\varepsilon_r})\} - (1/\pi) \cdot \ln\{2(1 + \exp(-E))\} \quad , \tag{12.36}$$

$$E = \frac{\eta_0\pi}{4\sqrt{\varepsilon_r}}\left(\frac{1}{Z_{L,odd}} - \frac{1}{Z_{L,even}}\right) \quad . \tag{12.37}$$

(12.35)...(12.37) entstanden aus Analysegleichungen, welche die Kapazitätsbeläge C' und C'_m des gekoppelten Leitungspaars aus dem Plattenkapazitätsbelag und den Rand-Streukapazitätsbelägen zusammensetzen.

12.6 Symmetrisch geschirmte Mikrostreifenleitung

Bei der in Bild 12.16a gezeigten symmetrisch geschirmten Mikrostreifenleitung /12.113-12.117/ handelt es sich um eine Mikrostreifenleitung (Bild 3.1a), welche mit einem zusätzlichen auf Massepotential gehaltenen Deckel D versehen ist. Der Abstand des Deckels von der Substratoberseite hat den gleichen Wert h wie die Substratdicke. Die Leitung zeichnet sich durch Kompatibilität mit der Dünnfilmtechnik, durch geringe Dispersion $\varepsilon_{r,eff}(f)$ und durch hohe Richtschärfe bei Richtkopplern aus. Beim Schaltungsaufbau ist auf symmetrischen Masseanschluß an Boden und Deckel zu achten.

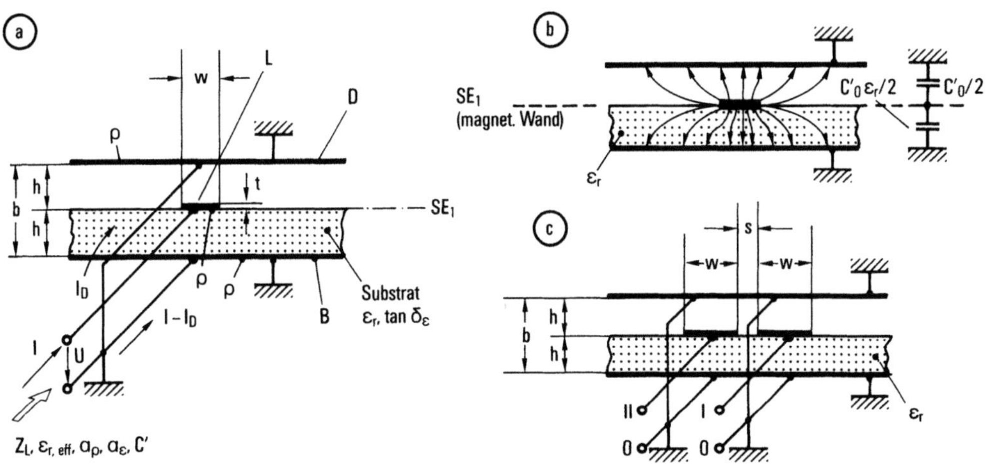

Bild 12.16. Symmetrisch geschirmte Mikrostreifenleitung. a) Aufbau; b) elektrisches Feldbild; c) gekoppeltes Leitungspaar

Wegen der symmetrisch zur Mittelebene SE_1 verlaufenden Feldlinien (Bild 12.16b) kann man bei SE_1 eine magnetische Wand einziehen und die Leitung in zwei homogen gefüllte Teilleitungen mit den jeweiligen Kapazitätsbelägen $C'_0/2$ und $C'_0\,\varepsilon_r/2$ aufspalten, wobei $C'_0 = C'(\varepsilon_r = 1)$ ist. Die effektive Permittivität bleibt daher von der Leiterbreite w/h unabhängig und wird

$$\varepsilon_{r,eff} = C'/C'_0 = \{(C'_0/2) + (C'_0\varepsilon_r/2)\}/C'_0 = (\varepsilon_r + 1)/2 \quad . \tag{12.38}$$

Der Wellenwiderstand ist $Z_L = Z_{L0}/\sqrt{\varepsilon_{r,eff}}$, wobei Z_{L0} der in Abschn. 12.5.1 angegebene Wellenwiderstand der Triplateleitung für $\varepsilon_r = 1$ ist (Bild 12.12). Der Leiterdämpfungsbelag ist $\alpha_\rho = \alpha_{\rho 0}\sqrt{\varepsilon_{r,eff}}$. Dabei ist $\alpha_{\rho 0}$ der Dämpfungsbelag der Triplateleitung (Abschn. 12.5.2) für $\varepsilon_r = 1$. Der dielektrische Dämpfungsbelag berechnet sich nach (2.72 Z) mit $\varepsilon_{r,eff}$ nach (12.38).

Bei dem in Bild 12.16c gezeigten symmetrisch geschirmten g e k o p p e l t e n L e i t u n g s p a a r /12.114, 12.115, 12.117/ sind wegen der sowohl für die Gleichtakt- als auch für die Gegentakterregung sich einstellenden symmetrischen Feldscherung bei allen Abmessungen w/h, s/h die effektiven Permittivitäten gemäß $\varepsilon_{r,eff,even} = \varepsilon_{r,eff,odd} = (\varepsilon_r + 1)/2$ gleich. Das bedeutet, daß nach der statischen Näherung die Richtschärfe dieser Koppler unendlich hoch ist (Abschn. 9.4.1, 9.5.2). Das Leitungspaar wird mit den für den Triplateleitungskoppler in Abschn. 12.5.5 angegebenen Gleichungen dimensioniert, wobei ε_r durch $\varepsilon_{r,eff}$ nach (12.38) zu ersetzen ist bzw. $Z_{L,even} = Z_{L,even,0}/\sqrt{\varepsilon_{r,eff}}$ und $Z_{L,odd} = Z_{L,odd,0}/\sqrt{\varepsilon_{r,eff}}$ gesetzt werden. Nach der dynamischen Analyse weichen allerdings $\varepsilon_{r,eff,even}$ und $\varepsilon_{r,eff,odd}$ geringfügig voneinander ab, so daß gegen höhere Frequenzen die theoretische Koppler-Richtschärfe auf endliche Werte absinkt /12.4/.

13 Koplanarleitungen

13.1 Symmetrische koplanare Dreibandleitung mit unendlich breiten Massestreifen

13.1.1 Einführung

Die Familie der Koplanarleitungen /2.10, 2.17, 2.18, 2.99, 2.100, 2.111, 2.112, 3.141, 3.168, 12.33, 12.52-12.54, 13.1-13.41/ ist dadurch gekennzeichnet, daß sich alle Leitungselektroden (Streifenleiter) auf nur einer Substratseite befinden. Mindestens eine Elektrode hat endliche Abmessungen, so daß sich eine Quasi-TEM-Welle (Abschn. 2.1.3, 2.3) ausbreitet. Diese Leitungen werden in nur wenigen Fällen für sich allein zur Realisierung von Mikrowellenkomponenten eingesetzt /13.24, 13.26, 13.30, 13.31, 13.38/. Man verwendet sie vielmehr meistens als Hilfsleitungen in Kombination mit Mikrostreifenleitungen und mit Schlitzleitungen (z.B. Bild 1.11) zur Erweiterung der schaltungstechnischen Möglichkeiten von Mikrostreifenleitungs-Schaltungen /13.23, 13.25, 13.27-13.29, 13.39, 13.40/. Auf diese Weise baut man z.B. Leistungsteiler, Gegentaktmischer und Filter.

Die symmetrische koplanare Dreibandleitung mit unendlich breiten Massestreifen /2.10, 2.17, 2.18, 2.99, 2.111, 2.112, 3.141, 12.33, 12.52, 12.54, 13.5-13.9, 13.14-13.20, 13.22/ nach Bild 13.1a besteht aus einem Streifenleiter L der Breite w und Dicke t und zwei im Abstand s von diesem entfernten Metallisierungshalbebenen M_1 und M_2. Diese liegen auf Massepotential. Den Feldlinienverlauf zeigt Bild 13.1b. Die Längsstromdichte $g_z(y)$ nimmt nach Bild 13.1c an den Schlitzkanten maximale Werte an. Sie fällt auf den Massemetallisierungen M_1, M_2 nach außen hin rasch ab, so daß sich die Leitungseigenschaften bei nur endlicher Breite von M_1, M_2 nur wenig ändern (Abschn. 13.2). Das Potential besitzt nach der statischen Näherung an jedem Ort y auf den Massemetallisierungen den gleichen Wert. Auch auf dem Streifenleiter bleibt es konstant. Gegen hohe Frequenzen zu wird die Spannung ortsabhängig und der Längsstrom konzentriert sich stärker in der Schlitznähe. Dadurch nähert sich die Quasi-TEM-Welle der Koplanarleitung immer stärker an eine Schlitzleitungs-Welle (Kap. 14) an.

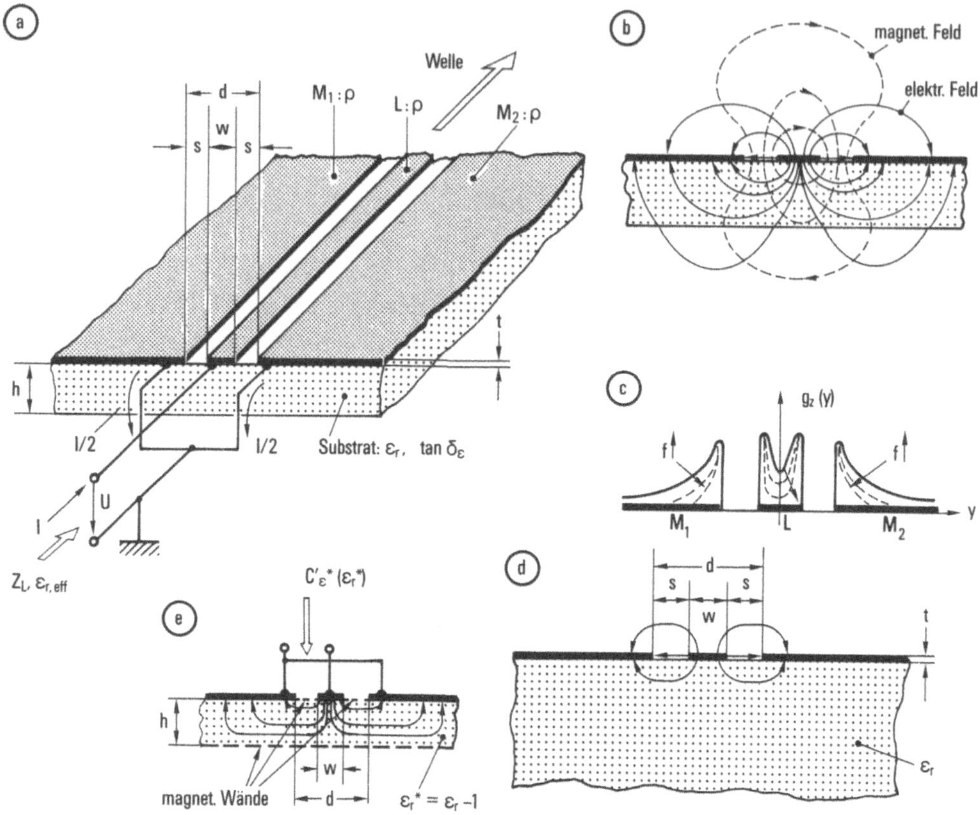

Bild 13.1. Symmetrische koplanare Dreibandleitung mit unendlich breiten Massestreifen. a) Aufbau; b) statisches Feldbild; c) Längsstromverteilung; d) Variante mit unendlich dickem Substrat; e) zur Bestimmung des Kapazitätsbelags $C_{\varepsilon}'^{*}$ der Ersatzleitung

13.1.2 Leitungsparameter bei unendlich dickem Substrat

Für $s/h \ll 1$ entsprechen die Leitungsparameter Wellenwiderstand Z_L und effektive Permittivität $\varepsilon_{r,eff}$ der Koplanarleitung mit endlicher Substratdicke h (Bild 13.1a) in guter Näherung denen der Koplanarleitung auf unendlich dickem Substrat (Bild 13.1d). Letztere sind mit Hilfe der konformen Abbildung jedoch wesentlich einfacher zu analysieren: Wegen der symmetrischen Feldscherung durch die dielektrische Grenzschicht besteht im Luftraum der Kapazitätsbelag $C_0'/2$ und im Dielektrikumsraum der Kapazitätsbelag $C_0'\,\varepsilon_r/2$, wobei $C_0' = C'(\varepsilon_r = 1)$ ist. Wegen $\varepsilon_{r,eff} = C'/C_0'$ besitzt $\varepsilon_{r,eff}$ für beliebige Abmessungen w/d stets den Wert

$$\varepsilon_{r,eff} = (\varepsilon_r + 1)/2 \quad . \tag{13.1}$$

Der Wellenwiderstand Z_L berechnet sich nach der konformen Abbildung /2.10, 2.17, 12.52, 12.54, 13.5, 13.10, 13.16/ für eine Leiterdicke $t = 0$ zu

$$Z_L = Z_{L0}/\sqrt{\varepsilon_{r,eff}} = \eta_0 K(k')/\{4\sqrt{\varepsilon_{r,eff}} \cdot K(k)\} \quad , \tag{13.2}$$

$$k = w/d \quad , \tag{13.3}$$

$$k' = \sqrt{1 - k^2} = \sqrt{1 - (w/d)^2} \quad . \tag{13.4}$$

$K(k)$ ist das vollständige elliptische Integral erster Gattung von dem Modul k bzw. dem komplementären Modul k'. Es wird nach den Reihen (12.6)...(12.8) berechnet. Mit den Näherungen (12.9)...(12.12) für den Quotienten $K(k')/K(k)$ in (13.2) erhält man Analyse- und Synthesegleichungen für $0 < w/d \leq 0{,}173$ bzw. $\eta_0/2 \leq Z_{L0} = Z_L\sqrt{\varepsilon_{r,eff}} < \infty$ zu

$$Z_{L0} = Z_L\sqrt{\varepsilon_{r,eff}} = (\eta_0/\pi) \cdot \ln(2\sqrt{d/w}) \quad , \tag{13.5}$$

$$w/d = 4\exp(-2Z_{L0}\pi/\eta_0) \tag{13.6}$$

und für $0{,}173 \leq w/d \leq 1$ bzw. $0 < Z_{L0} = Z_L\sqrt{\varepsilon_{r,eff}} \leq \eta_0/2$ zu

$$Z_{L0} = Z_L\sqrt{\varepsilon_{r,eff}} = \frac{\pi\eta_0}{4}\{\ln(2\,\frac{1+\sqrt{w/d}}{1-\sqrt{w/d}})\}^{-1} = \frac{\pi\eta_0}{4}\cdot\{\ln(2) + 2\operatorname{Artanh}\sqrt{w/d}\}^{-1} \quad , \tag{13.7}$$

$$w/d = \left[\frac{\exp\{\pi\eta_0/(4Z_{L0})\} - 2}{\exp\{\pi\eta_0/(4Z_{L0})\} + 2}\right]^2 = \{\tanh(\frac{\pi\eta_0}{8Z_{L0}} - \frac{\ln(2)}{2})\}^2 \quad . \tag{13.8}$$

Der Fehler von (13.5), (13.7) liegt unterhalb von 0,24 % gegenüber (13.2)...(13.4). Auch hier ist die Leiterdicke $t = 0$.

13.1.3 Leitungsparameter für endliche Substratdicke

Auf der in Bild 13.1a gezeigten Koplanarleitung auf einem Substrat endlicher Dicke h breitet sich ebenfalls eine Quasi-TEM-Welle (Abschn. 2.1.3, 2.3) aus. Die Leitungsparameter Z_L, $\varepsilon_{r,eff}$ sind nach der statischen Näherung von w/d, h/d, t/d und ε_r abhängig. Sie werden üblicherweise nach statischen numerischen Verfahren /2.111, 3.141, 12.33, 13.15, 13.18, 13.22/ berechnet. Die Bilder 13.2 und 13.3 zeigen die Parameter Z_L, $\varepsilon_{r,eff}$ dieser Leitung für Al_2O_3-Keramiksubstrat. Sie sind nach der in Abschn. 3.2.1 erläuterten statischen Variante der Methode der Geraden /2.86, 2.89, 3.99, 3.100/ für $t = 0$ berechnet worden. Für andere ε_r-Werte lassen sich Z_L und $\varepsilon_{r,eff}$ in guter Näherung nach Abschn. 2.5.4 umrechnen. Nach Analysen für $t > 0$ /3.141, 13.6, 13.13, 13.18/ nehmen Z_L und $\varepsilon_{r,eff}$ mit wachsender Leiterdicke t ab.

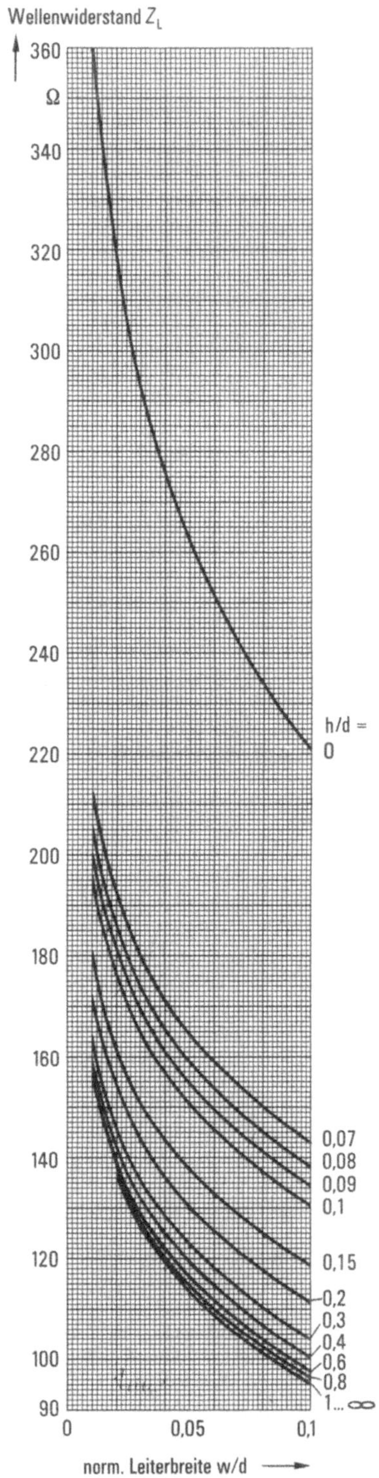
Wellenwiderstand Z_L
360
Ω
340
320
300
280
260
240
220
200
180
160
140
120
100
90
0
0,05
0,1
h/d =
0
0,07
0,08
0,09
0,1
0,15
0,2
0,3
0,4
0,6
0,8
1...∞
norm. Leiterbreite w/d

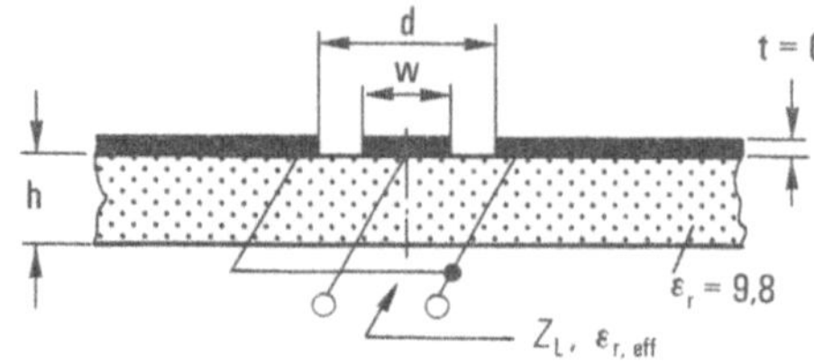
d
w
t = 0
h
$\varepsilon_r = 9{,}8$
Z_L, $\varepsilon_{r,\,eff}$

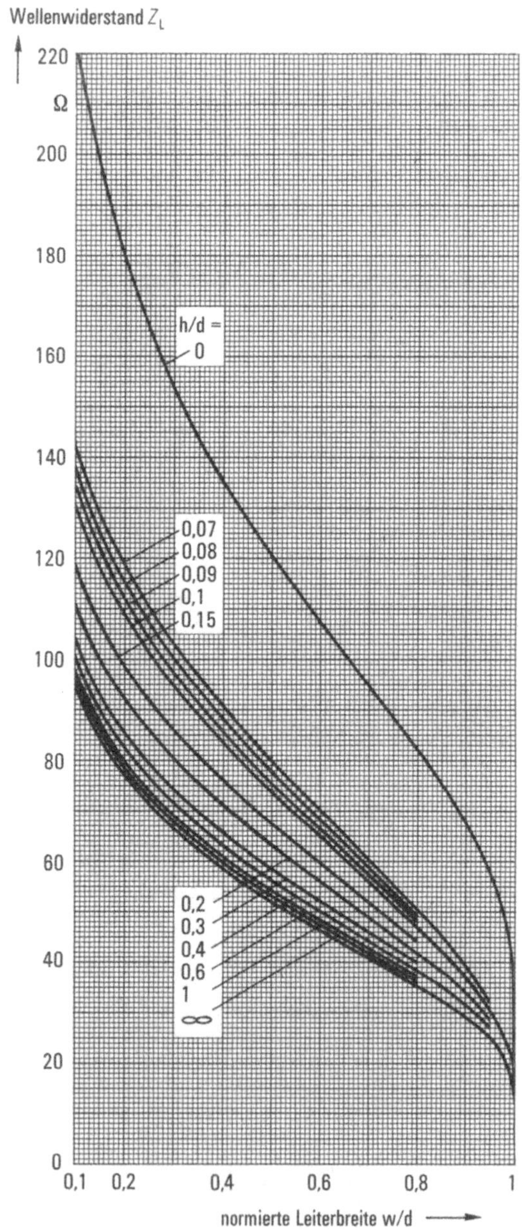
Wellenwiderstand Z_L
220
Ω
200
180
160
140
120
100
80
60
40
20
0
h/d =
0
0,07
0,08
0,09
0,1
0,15
0,2
0,3
0,4
0,6
1
∞
0,1
0,2
0,4
0,6
0,8
1
normierte Leiterbreite w/d

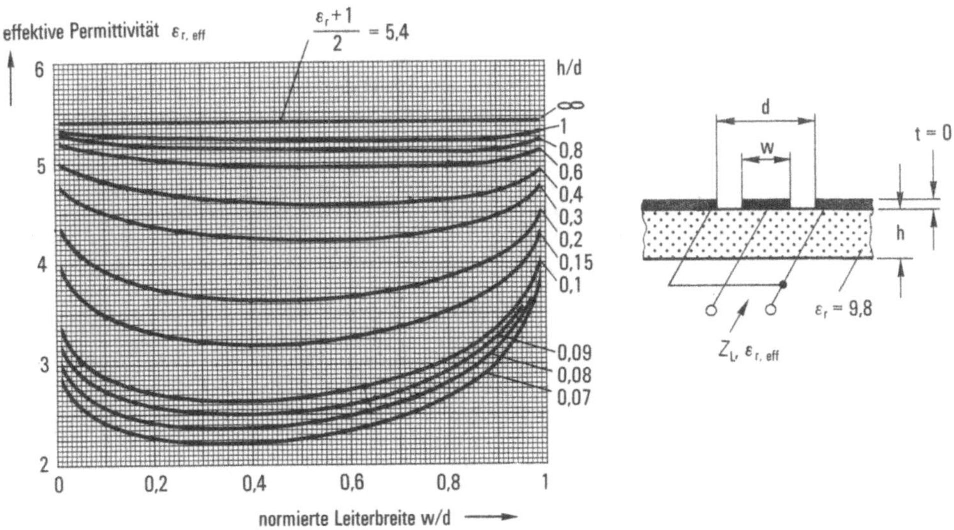

Bild 13.3. Statische effektive Permittivität $\varepsilon_{r,eff}$ der symmetrischen koplanaren Dreibandleitung mit endlicher Substratdicke von Bild 13.1a auf Al_2O_3-Keramiksubstrat ($\varepsilon_r = 9,8$), berechnet nach der Methode der Geraden.

Nach dem Verfahren der Überlagerung von Teilkapazitäten (Abschn. 2.5.3, Bild 2.9) kann man die statischen Parameter Z_L, $\varepsilon_{r,eff}$ der Leitung mit endlicher Substratdicke h auch mit der konformen Abbildung berechnen /2.99/, da die elektrischen Feldlinien im Hauptenergiebereich näherungsweise parallel zur dielektrischen Grenzschicht verlaufen. Nach (2.86) läßt sich der Kapazitätsbelag C' der Originalleitung (Bild 13.1a) als Summe aus $C'_0 = C'(\varepsilon_r = 1)$ für die Leitung ohne Substrat und aus C'^*_ε einer Ersatzleitung auf einem Substrat mit $\varepsilon^*_r = \varepsilon_r - 1$, an dessen Grenzflächen sich magnetische Wände befinden (Bild 13.1e), darstellen. Nach (13.2) ist

$$C'_0 = 1/(Z_{L0}c_0) = 4\varepsilon_0 \cdot K(k)/K(k') \tag{13.9}$$

mit k und k' nach (13.3), (13.4). Nach /2.99/ ist

$$C'^*_\varepsilon = 2\varepsilon_0(\varepsilon_r-1) \cdot K(k'_1)/K(k_1) \quad , \tag{13.10}$$

$$k_1 = \sqrt{1/(1+q)} \quad , \tag{13.11}$$

$$q = \frac{[\sinh\{\pi w/(4h)\}]^2}{\sinh\{\pi s/(2h)\} \cdot \sinh\{\pi(w+s)/(2h)\}} \quad , \tag{13.12}$$

◀ Bild 13.2. Statischer Wellenwiderstand Z_L der symmetrischen koplanaren Dreibandleitung mit endlicher Substratdicke h von Bild 13.1a auf Al_2O_3-Keramiksubstrat ($\varepsilon_r = 9,8$), berechnet nach der Methode der Geraden.

$$k_1' = \sqrt{1-k_1^2} = \sinh\{\pi w/(4h)\}/\sinh\{\pi(w+2s)/(4h)\} \quad . \tag{13.13}$$

Daraus erhält man mit $C' = C_0' + C_\varepsilon'^*(\varepsilon_r^* = \varepsilon_r - 1)$ die Leitungsparameter für $t = 0$ und endliche Substratdicke h zu

$$Z_L = \frac{\eta_0 \varepsilon_0}{\sqrt{C'C_0'}} = \frac{\eta_0 K(k')}{4K(k)} \left\{1 + \frac{(\varepsilon_r - 1)\cdot K(k_1')\cdot K(k')}{2\cdot K(k_1)\cdot K(k)}\right\}^{-\frac{1}{2}} = \frac{\eta_0 K(k')}{4K(k)\sqrt{\varepsilon_{r,eff}}} \quad , \tag{13.14}$$

$$\varepsilon_{r,eff} = 1 + \frac{(\varepsilon_r - 1)\cdot K(k_1')\cdot K(k')}{2\cdot K(k_1)\cdot K(k)} = 1 + (C_\varepsilon'^*/C_0') \quad . \tag{13.15}$$

Die vollständigen elliptischen Integrale erster Gattung $K(k)$, $K(k')$, $K(k_1)$, $K(k_1')$ sind nach Reihen (12.6)...(12.8) zu berechnen. Setzt man die Näherungen (12.9) und (12.11) für $K(k')/K(k)$ bzw. $K(k_1')/K(k_1)$ ein, so erhält man analytische Ausdrücke für Z_L und $\varepsilon_{r,eff}$. Der Fehler der Näherung (13.15) für $\varepsilon_{r,eff}$ liegt im Vergleich zur genauen numerischen Analyse mit Hilfe der Methode der Geraden (Bilder 13.2, 13.3) unter 1,5 % ($\varepsilon_r = 9{,}8$). Eine zweite Möglichkeit der näherungsweisen Analyse der Leitung von Bild 13.1a ist die modifizierte konforme Abbildung nach Abschn. 2.5.2 und Bild 2.8a /2.111, 2.112/, bei der ebenfalls die untere Substratgrenzlinie in die konforme Abbildung eingeschlossen wird.

Nach der dynamischen Analyse /3.168, 13.6, 13.8, 13.12, 13.19, 13.20, 13.22/ sind die Leitungsparameter Z_L, $\varepsilon_{r,eff}$ von w/d, h/d, t/d, ε_r und $d/\lambda_0 = df/c_0$ abhängig. Mit wachsender Frequenz steigt $\varepsilon_{r,eff}$ an und $Z_L^{(PU)}$ sinkt leicht ab. Die Einflüsse eines im Abstand a_D über der Substratoberseite liegenden Gehäusedeckels auf Massepotential und eines im Abstand a_B unter der Substratunterseite liegenden Gehäusebodens (ebenfalls auf Masse) wurden mit der Methode der Geraden /2.86, 2.89, 3.99, 3.100/ für $\varepsilon_r = 9{,}8$ untersucht: Für $0 < w/d \leq 0{,}75$, $d = 2h$ gilt: Wenn $a_D/h > 2{,}5$ ist, sinkt durch den Deckeleinfluß der Wellenwiderstand Z_L gegenüber der freien Koplanarleitung um weniger als 2 %. Solange $a_B/h > 1{,}5$ bleibt, sinkt durch den Bodeneinfluß der Wellenwiderstand Z_L ebenfalls um weniger als 2 %. Als Substratoberseite ist dabei die Substratseite, welche die Streifenleiter trägt, definiert. Die Koplanarleitung mit Gehäusedeckel und -boden wird ebenfalls bei /3.168, 12.33, 13.8, 13.15, 13.18/ analysiert.

13.1.4 Dämpfung

Der L e i t e r d ä m p f u n g s b e l a g α_ρ der koplanaren Dreibandleitung von Bild 13.1a besitzt nach der statischen Näherung /3.141, 3.168, 13.16-13.18/ für $t > 3\delta$ (δ: Skineffekteindringtiefe nach (2.53)) die funktionale Abhängigkeit $\alpha_\rho = R_F A/(Z_L h)$ mit dem Geometriefaktor A(w/h, s/h, t/h) und dem spezifischen Oberflächenwiderstand $R_F \sim \sqrt{f\rho}$ nach (2.57 Z), vgl. Abschn. 2.2, 2.4.3. Wegen

$Z_L = Z_{L0}/\sqrt{\varepsilon_{r,eff}}$ ist $\alpha_\rho(\varepsilon_r) = \alpha_\rho(\varepsilon_r = 1)\sqrt{\varepsilon_{r,eff}}$. Bild 13.4 zeigt den Leiterdämpfungsbelag α^*_ρ der Leitung von Bild 13.1a in normierter Form für gleichen spezifischen Widerstand ρ aller drei Elektroden L, M_1, M_2. Die Werte sind nach der Teilflächenmethode /13.18/ aus den Strombelägen der Leiter berechnet worden.

Einen analytischen Näherungsausdruck für α_ρ der in den Bildern 13.1a und d gezeigten Leitungen kann man mit Hilfe der konformen Abbildung /13.16/ aus dem Stromdichteverlauf zu

$$\alpha_\rho = \frac{8{,}68\ R_F}{1{,}6\ Z_L d \cdot K^2(k) \cdot \{1 - (w/d)^2\}} \cdot \left[\frac{2d}{w}\left\{\pi + \ln\left(\frac{4\pi w(1-(w/d))}{t(1+(w/d))}\right)\right\} + 2\left\{\pi + \ln\left(\frac{4\pi d(1-(w/d))}{t(1+(w/d))}\right)\right\}\right]$$

$$= \frac{8{,}68 \cdot R_F\sqrt{\varepsilon_{r,eff}}}{0{,}4 \cdot \eta_0 d \cdot K(k) \cdot K(k') \cdot \{1 - (w/d)^2\}} \cdot \left[\frac{2d}{w}\left\{\pi + \ln\left(\frac{4\pi w(1-(w/d))}{t(1+(w/d))}\right)\right\} + 2\left\{\pi + \ln\left(\frac{4\pi d(1-(w/d))}{t(1+(w/d))}\right)\right\}\right] \quad (13.16\,Z)$$

ableiten mit dem spezifischen Oberflächenwiderstand R_F nach (2.57 Z) in Ω, dem Wellenwiderstand Z_L in Ω, d in mm und α_ρ in dB/cm ($t > 3\delta$, $t \ll w$, s). Je nachdem, ob man die Leitung nach Bild 13.1a oder Bild 13.1d betrachtet, ist $\varepsilon_{r,eff}$ nach (13.15) bzw. Bild 13.3 oder nach (13.1) einzusetzen. $K(k = w/d)$ ist das vollständige elliptische Integral erster Gattung von dem Modul w/d, zu berechnen nach (12.6)...(12.8).

Den dielektrischen Dämpfungsbelag α_ε berechnet man nach (2.72 Z), Abschn. 2.4.4, mit $\varepsilon_{r,eff}$ nach Bild 13.3 bzw. nach (13.15) für die in Bild 13.1a gezeigte Leitung auf einem Substrat endlicher Dicke h und mit $\varepsilon_{r,eff}$ nach (13.1) bei unendlich dickem Substrat (Bild 13.1d). Bei /13.18/ wird α_ε nach der Teilflächenmethode numerisch berechnet.

13.1.5 Varianten der koplanaren Dreibandleitung

Läßt man anstelle des einen Streifenleiters L zwei Streifenleiter der Breiten w symmetrisch zwischen den beiden Masseplatten M_1, M_2 (Bild 13.1a) verlaufen, so erhält man ein gekoppeltes Koplanarleitungspaar /2.18, 2.112, 12.33, 12.52, 13.15, 13.20/. Es ist zum Aufbau von Quasi-TEM-Richtkopplern geeignet. Die Koplanarleitung mit der Substratoberseitenbelegung nach Bild 13.1a und einer ganzflächigen Massemetallisierung auf der Substratunterseite wird bei /13.9, 13.36/ analysiert. Für ungleiche Spaltbreiten s der in Bild 13.1a gezeigten Leitung werden von /13.35/ die Parameter berechnet.

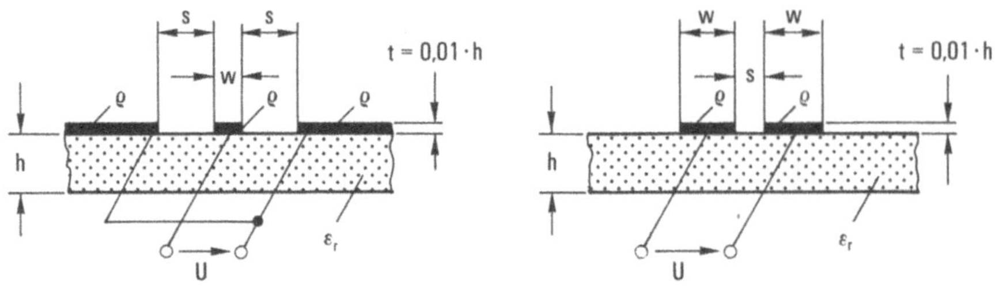

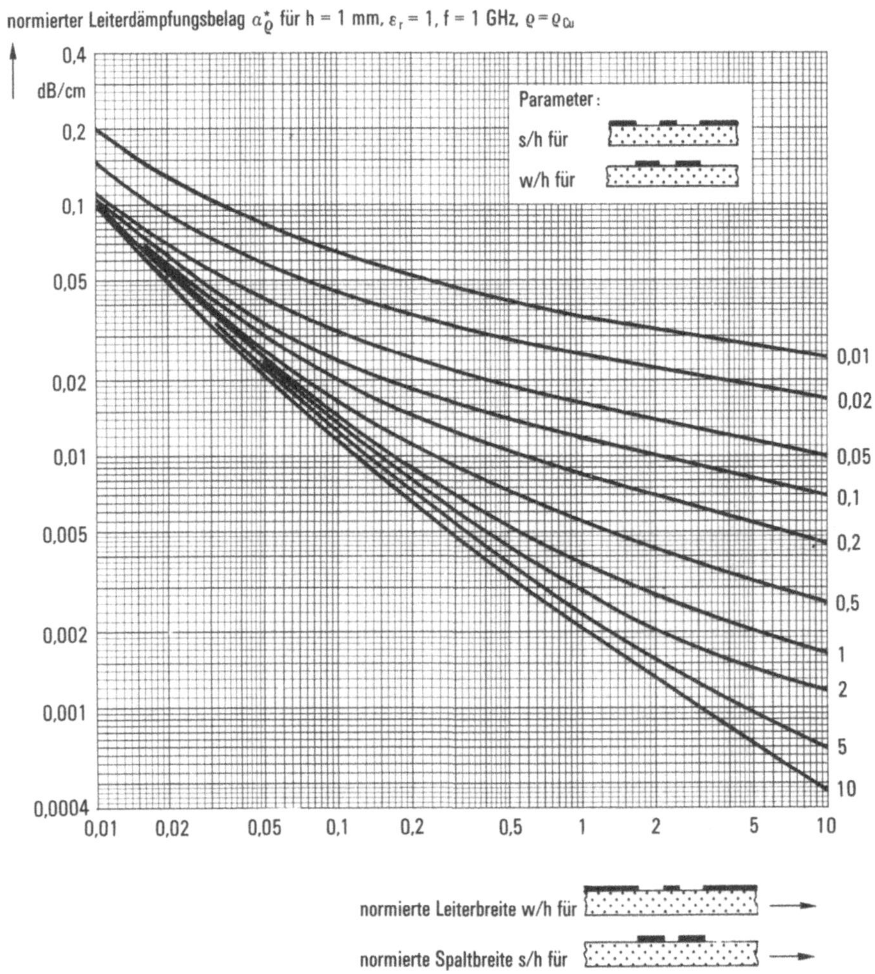

Bild 13.4. Leiterdämpfungsbelag α_ρ^* der symmetrischen koplanaren Dreibandleitung und der koplanaren Zweibandleitung für $t/h = 0{,}01$, $h = 1$ mm, $\varepsilon_r = 1$, $f = 1$ GHz und Kupferleiter ($\rho = \rho_{Cu}$) nach der Teilflächenmethode /13.18/.

Für beliebige Werte der Substratdicke h in mm, der Frequenz f in GHz, des spezifischen Leiterwiderstands ρ in Ωcm und der effektiven Permittivität $\varepsilon_{r,eff}(w/h, s/h, \varepsilon_r)$ ist mit $\rho_{Cu} = 1{,}72 \cdot 10^{-6}\,\Omega$cm (Kupfer) und α_ρ^* in dB/cm der Dämpfungsbelag in dB/cm

$$\alpha_\rho = \alpha_\rho^* \sqrt{f \cdot \varepsilon_{r,eff} \cdot \rho/\rho_{Cu}}/h.$$

Bei der Einzelleitung von Bild 13.1a treten wegen des hybriden Wellentyps mit zunehmender Frequenz immer stärkere Längs-Magnetfeldkomponenten auf, die ein elliptisch polarisiertes Magnetfeld in den Schlitzen erzeugen. Dieses liefert die Voraussetzung zum Aufbau gyromagnetischer Ferritbauelemente /2.17, 13.20, 13.26, 13.32, 13.33, 13.38/ wie Dreitorzirkulatoren, differentielle Phasenschieber und Resonanzisolatoren: Hierzu legt man entweder Ferritstäbchen in Längsrichtung über die Spalte s oder man verwendet unmittelbar ein Ferritsubstrat. Das Ferrit wird mit einem magnetischen Gleichfeld vormagnetisiert.

13.2 Symmetrische koplanare Dreibandleitung mit endlicher Massestreifenbreite

Da die in Bild 13.1a gezeigte Leitung mit unendlich breiten Massestreifen technisch nicht realisierbar ist, interessiert die Veränderung der Leitungsparameter, wenn man den Massestreifen M_1, M_2, wie in Bild 13.5a gezeigt, nur eine endliche Breite a gibt /2.10, 2.99, 12.52, 13.14, 13.18, 13.36/.

Für unendlich dickes Substrat ($h=\infty$: Bild 13.5b) ist wegen symmetrischer Feldscherung an der dielektrischen Grenzschicht bei allen Abmessungen $\varepsilon_{r,eff} = (\varepsilon_r + 1)/2$. Der Wellenwiderstand Z_L berechnet sich für diesen Fall nach der kon-

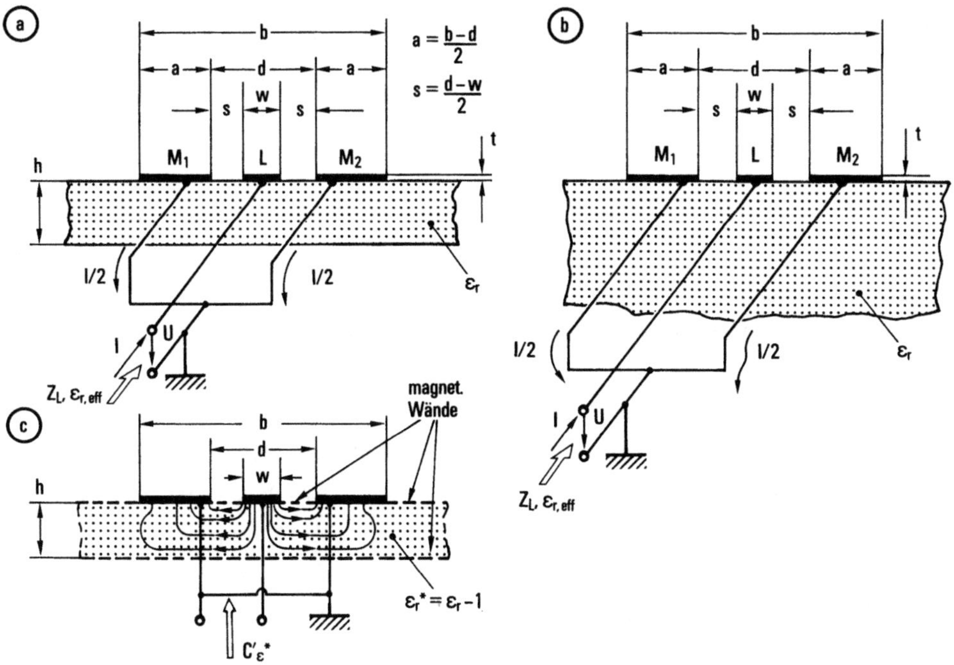

Bild 13.5. Symmetrische koplanare Dreibandleitung mit endlicher Massestreifenbreite. a) Aufbau mit endlicher Substratdicke; b) Variante mit unendlich dickem Substrat; c) zur Bestimmung des Kapazitätsbelags $C_\varepsilon'^*$ der Ersatzleitung

formen Abbildung /2.10, 2.99, 12.52, 13.36/ für t = 0 zu

$$Z_L = Z_{L0}/\sqrt{\varepsilon_{r,eff}} = \eta_0 \cdot K(k)/\{4\sqrt{\varepsilon_{r,eff}} \cdot K(k')\} \quad , \tag{13.17}$$

$$k = \sqrt{\frac{1-(w/d)^2}{1-(w/b)^2}} \quad , \tag{13.18}$$

$$k' = \sqrt{1-k^2} \tag{13.19}$$

mit dem vollständigen elliptischen Integral erster Gattung K(k) von dem Modul k bzw. dem komplementären Modul k'. K(k') und K(k) sind nach den Reihen (12.6)...(12.8) zu berechnen. Durch Einsetzen der Näherungen (12.9)...(12.12) für K(k')/K(k) in (13.17) erhält man analytische Ausdrücke für $Z_L(w/d, b/d, \varepsilon_r)$ sowie Synthesegleichungen für $w/d = f(Z_L, \varepsilon_r, b/d)$. Setzt man die Näherungen (12.9), (12.11) unter Verwendung von k nach (13.18) in (13.17) ein, so ergibt sich mit

$$T = \sqrt[4]{\frac{1-(w/b)^2}{1-(w/d)^2}} \tag{13.19a}$$

für $1 < T \leqq 2{,}4$ bzw. $\eta_0/8 = 47{,}12\,\Omega \leqq (Z_{L0} = Z_L\sqrt{\varepsilon_{r,eff}}) < \infty$

$$Z_L = Z_{L0}/\sqrt{\varepsilon_{r,eff}} = \{\eta_0/(4\pi\sqrt{\varepsilon_{r,eff}})\} \cdot \{\ln(2) + 2\text{Artanh}(1/T)\} \tag{13.19b}$$

und für $2{,}4 < T < \infty$ bzw. $0 < (Z_{L0} = Z_L\sqrt{\varepsilon_{r,eff}}) < \eta_0/8 = 47{,}12\,\Omega$

$$Z_L = Z_{L0}/\sqrt{\varepsilon_{r,eff}} = \pi\eta_0/\{16\sqrt{\varepsilon_{r,eff}}\ln(2T)\} \quad . \tag{13.19c}$$

Für die Leitungsparameter der in Bild 13.5a gezeigten Leitung mit endlicher Substratdicke h besteht nach der statischen Näherung die funktionale Abhängigkeit Z_L, $\varepsilon_{r,eff} = f(w/d, b/d, h/d, t/d, \varepsilon_r)$. Eine numerische, statische Analyse wird bei /13.18/ durchgeführt. Mit Hilfe des Verfahrens der Überlagerung von Teilkapazitäten (Abschn. 2.5.3; Bild 2.9) nach /2.99/ lassen sich jedoch handliche Formeln auch bei $h < \infty$ gewinnen ($t = 0$): Danach ist der Kapazitätsbelag C' der Originalleitung (Bild 13.5a) gemäß $C' = C_0' + C_\varepsilon'^*(\varepsilon_r^* = \varepsilon_r - 1)$ aus C_0' der Leitung für $\varepsilon_r = 1$ und C'^* einer Ersatzleitung nach Bild 13.5c mit magnetischen Wänden an den Substratgrenzen (strichliert) und einem Substrat $\varepsilon_r^* = \varepsilon_r - 1$ zusammengesetzt. Nach (13.17) ist

$$C_0' = 1/(Z_{L0}c_0) = 4\varepsilon_0 \cdot K(k')/K(k) \tag{13.20}$$

mit k nach (13.18) und k' nach (13.19). Nach /2.99/ ist

$$C'^{*}_{\varepsilon} = 2\varepsilon_0(\varepsilon_r-1)\cdot K(k_1')/K(k_1) \quad , \tag{13.21}$$

$$k_1 = \sqrt{\frac{1+q_1+q_2}{(1+q_1)(1+q_2)}} \quad , \tag{13.22}$$

$$q_1 = \frac{\sinh\{\pi a/(2h)\}\cdot\sinh\{\pi(a+w+2s)/(2h)\}}{\sinh\{\pi s/(2h)\}\cdot\sinh\{\pi(w+s)/(2h)\}} \quad , \tag{13.23}$$

$$q_2 = \frac{\sinh^2\{\pi w/(4h)\}}{\sinh\{\pi s/(2h)\}\cdot\sinh\{\pi(w+s)/(2h)\}} \quad , \tag{13.24}$$

$$k_1' = \sqrt{1-k_1^2} \quad . \tag{13.25}$$

Mit $C' = C_0' + C'^{*}_{\varepsilon}$ berechnen sich die Leitungsparameter der Leitung von Bild 13.5a zu

$$\varepsilon_{r,eff} = 1 + \frac{(\varepsilon_r-1)\cdot K(k)\cdot K(k_1')}{2\cdot K(k')\cdot K(k_1)} = 1 + (C'^{*}_{\varepsilon}/C_0') \quad , \tag{13.26}$$

$$Z_L = \eta_0\varepsilon_0/\sqrt{C'C_0'} = Z_{L0}/\sqrt{\varepsilon_{r,eff}} = \eta_0\cdot K(k)/\{4\cdot K(k')\cdot\sqrt{\varepsilon_{r,eff}}\} \quad . \tag{13.27}$$

$K(k)$, $K(k')$, $K(k_1)$, $K(k_1')$ sind die vollständigen elliptischen Integrale erster Gattung von den Moduln k, k_1 und den komplementären Moduln k', k_1', zu berechnen nach den Reihen (12.6)...(12.8). Durch Einsetzen der Näherungen (12.9)...(12.12) für $K(k')/K(k)$ bzw. $K(k_1')/K(k_1)$ in (13.20)...(13.27) erhält man einfache analytische Ausdrücke für Z_L, $\varepsilon_{r,eff}(w/d, b/d, h/d, \varepsilon_r)$ für $t = 0$.

Der Einfluß der seitlichen Massemetallisierungsbreite a/d auf die Leitungsparameter Z_L, $\varepsilon_{r,eff}$ wurde auch nach der Methode der Geraden /2.86, 2.89, 3.99, 3.100/ berechnet: Liegt die Massestreifenbreite a oberhalb des halben Massestreifenabstands d, ist also $a > d/2$, so ist ihr Einfluß auf Z_L und $\varepsilon_{r,eff}$ i.allg. vernachlässigbar ($\Delta Z_L/Z_{L,\infty} < 2\,\%$, $\Delta\varepsilon_{r,eff}/\varepsilon_{r,eff,\infty} < 1\,\%$, wobei $Z_{L,\infty}$ und $\varepsilon_{r,eff,\infty}$ für $a = \infty$ gelten; weiterhin ist $\varepsilon_r = 9{,}8$, $0 < w/d \leq 0{,}75$, $d = 2h$ vorausgesetzt).

13.3 Symmetrische koplanare Zweibandleitung

13.3.1 Übersicht

Die in Bild 13.6a gezeigte symmetrische koplanare Zweibandleitung /2.10, 12.52, 13.1, 13.2, 13.5, 13.10-13.13, 13.16, 13.18-13.20, 13.22, 13.34/ besteht aus zwei im Abstand s verlaufenden Streifenleitern L_1, L_2 gleicher Breite w auf einem Sub-

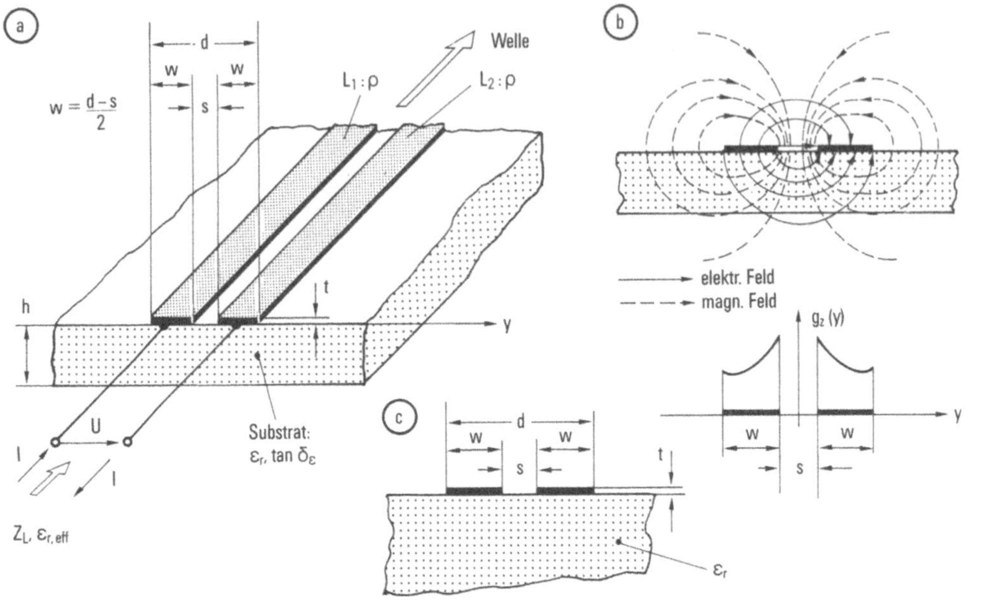

Bild 13.6. Symmetrische koplanare Zweibandleitung. a) Aufbau mit endlicher Substratdicke; b) statisches Feldbild und Längsstromverteilung; c) Variante mit unendlich dickem Substrat

strat der relativen Permittivität ε_r und der Dicke h. Auf der Leitung breitet sich eine Quasi-TEM-Welle (Abschn. 2.1.3, 2.3) mit dem in Bild 13.6b gezeigten statischen Feldbild aus. Die Längsstromdichte $g_z(y)$ auf den Streifenleitern nimmt nach außen hin ab (Bild 13.6b).

13.3.2 Leitungsparameter für unendlich dickes Substrat

Für unendlich dickes Substrat ($h = \infty$) nach Bild 13.6c läßt sich der statische Wellenwiderstand Z_L nach der konformen Abbildung /2.10, 12.52, 13.1, 13.5, 13.16, 13.34/ berechnen. Wegen symmetrischer Feldscherung an der dielektrischen Grenzschicht ist $\varepsilon_{r,eff} = (\varepsilon_r + 1)/2$ bei allen Abmessungen s/d. Der Wellenwiderstand ist nach der konformen Abbildung für $t = 0$

$$Z_L = Z_{L0}/\sqrt{\varepsilon_{r,eff}} = \eta_0 K(k)/\{\sqrt{\varepsilon_{r,eff}}\,K(k')\} \quad , \tag{13.28}$$

$$k = s/d = \frac{s/w}{2 + (s/w)} \quad , \tag{13.29}$$

$$k' = \sqrt{1 - k^2} = \sqrt{1 - (s/d)^2} \tag{13.30}$$

mit dem vollständigen elliptischen Integral erster Gattung K(k) von dem Modul k bzw. dem komplementären Modul k'. K(k) und K(k') sind nach den Reihen (12.6)...

(12.8) zu berechnen. Mit den Näherungen (12.9)...(12.12) erhält man aus (13.28) ...(13.30) die Analyse- und Synthesegleichungen für kleine Spaltbreiten $0 < s/d \leqq 0{,}173$ bzw. niedrige Wellenwiderstände $0 < Z_{L0} = Z_L\sqrt{\varepsilon_{r,eff}} \leqq \eta_0/2$ zu

$$Z_L = \frac{Z_{L0}}{\sqrt{\varepsilon_{r,eff}}} = \frac{\pi\eta_0}{4\sqrt{\varepsilon_{r,eff}}\cdot \ln(2\sqrt{d/s})} \quad , \tag{13.31}$$

$$s/d = 4\exp\{-\pi\eta_0/(2Z_{L0})\} \tag{13.32}$$

und für große Spaltbreiten $0{,}173 \leqq s/d < 1$ bzw. hohe Wellenwiderstände $\eta_0/2 \leqq Z_{L0} = Z_L\sqrt{\varepsilon_{r,eff}} < \infty$ zu

$$Z_L = \frac{Z_{L0}}{\sqrt{\varepsilon_{r,eff}}} = \frac{\eta_0}{\pi\sqrt{\varepsilon_{r,eff}}}\cdot \ln\{2\frac{1+\sqrt{s/d}}{1-\sqrt{s/d}}\} = \frac{\eta_0}{\pi\sqrt{\varepsilon_{r,eff}}}\{\ln(2) + 2\mathrm{Artanh}\sqrt{s/d}\} \quad , \tag{13.33}$$

$$s/d = \left[\frac{\exp(\pi Z_{L0}/\eta_0) - 2}{\exp(\pi Z_{L0}/\eta_0) + 2}\right]^2 = \tanh^2\{\frac{\pi Z_{L0}}{2\eta_0} - \frac{\ln(2)}{2}\} \quad . \tag{13.34}$$

Der Fehler von (13.31), (13.33) liegt gegenüber (13.28)...(13.30) unter 0,24 % (Leiterdicke $t = 0$).

13.3.3 Leitungsparameter für endliche Substratdicke

Die Leitungsparameter Z_L, $\varepsilon_{r,eff}$ der Zweibandleitung auf einem Substrat endlicher Dicke h nach Bild 13.6a sind nach der statischen Näherung von s/d, h/d, t/d und ε_r abhängig. Sie werden nach statischen numerischen Feldberechnungsverfahren bei /13.11, 13.13, 13.18/ berechnet. Die Bilder 13.7, 13.8 zeigen nach der in Abschn. 3.2.1 beschriebenen statischen Variante der Methode der Geraden /2.86, 2.89, 3.99, 3.100/ berechnete Werte von Z_L, $\varepsilon_{r,eff}$ für $t = 0$ und $\varepsilon_r = 9{,}8$. Für andere ε_r-Werte lassen sich Z_L, $\varepsilon_{r,eff}$ in guter Näherung nach Abschn. 2.5.4 umrechnen.

Nach dem Verfahren der Überlagerung von Teilkapazitäten (Abschn. 2.5.3, Bild 2.9) kann man die Parameter Z_L, $\varepsilon_{r,eff}$ für $t = 0$ auch bei $h < \infty$ mit der konformen Abbildung /2.99, 2.100, 13.34/ berechnen, da die elektrischen Feldlinien im Hauptenergiebereich (Spalt s) näherungsweise parallel zur dielektrischen Grenzschicht verlaufen. Nach (2.86) und Bild 2.9b ist der Kapazitätsbelag der Originalleitung von Bild 13.6a $C' = C'_0 + C'^*_\varepsilon$ mit $C'_0 = C'(\varepsilon_r = 1)$. C'^*_ε ist der Kapazitätsbelag der in Bild 2.9b rechts dargestellten Ersatzleitung mit magnetischen Wänden an den Substratgrenzen und einer relativen Substratpermittivität $\varepsilon^*_r = \varepsilon_r - 1$. Nach

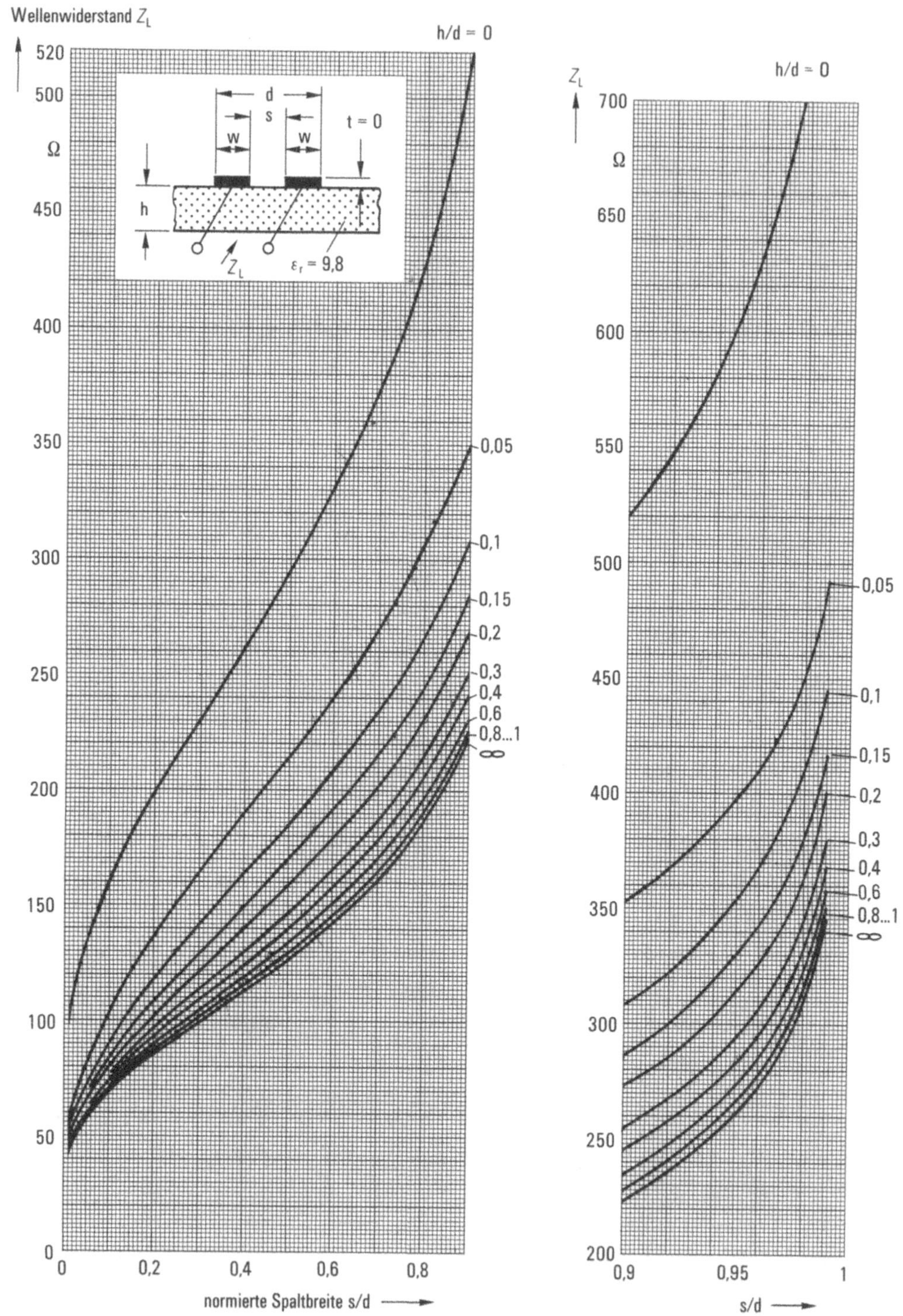

Bild 13.7. Statischer Wellenwiderstand Z_L der symmetrischen koplanaren Zweibandleitung mit endlicher Substratdicke von Bild 13.6a auf Al_2O_3-Keramiksubstrat ($\varepsilon_r = 9{,}8$), berechnet nach der Methode der Geraden.

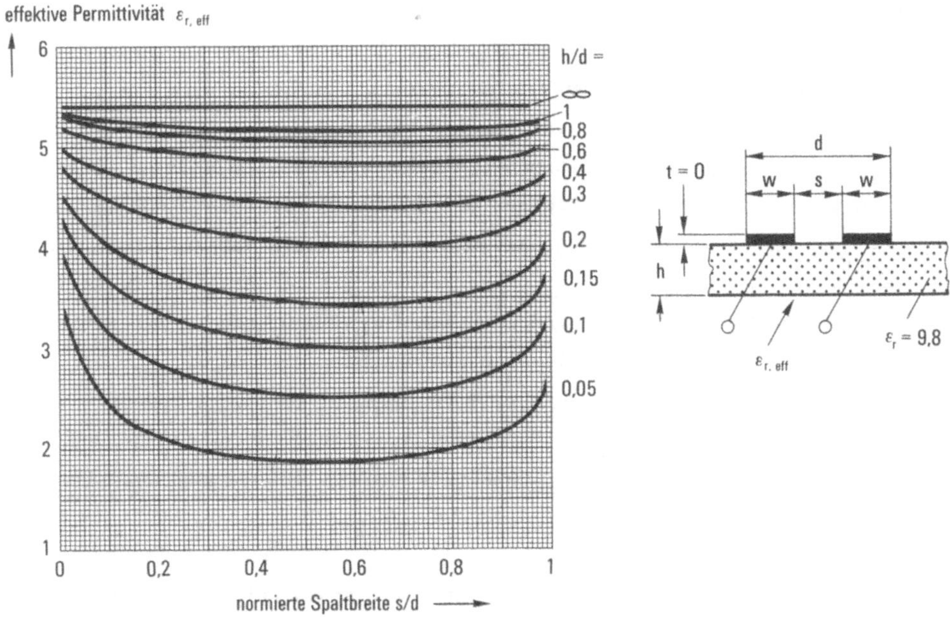

Bild 13.8. Statische effektive Permittivität $\varepsilon_{r,eff}$ der symmetrischen koplanaren Zweibandleitung mit endlicher Substratdicke von Bild 13.6a auf Al_2O_3-Keramiksubstrat ($\varepsilon_r = 9{,}8$), berechnet nach der Methode der Geraden.

(13.28) ist

$$C_0' = 1/(Z_{L0}c_0) = \varepsilon_0 \cdot K(k')/K(k) \tag{13.35}$$

mit k, k' nach (13.29), (13.30). Nach /2.99, 2.100, 13.34/ ist

$$C_\varepsilon'^* = \varepsilon_0 \cdot (\varepsilon_r - 1) \cdot K(k_1')/\{2K(k_1)\} \quad , \tag{13.36}$$

$$k_1 = \frac{\tanh\{\pi s/(4h)\}}{\tanh\{\pi d/(4h)\}} \quad , \tag{13.37}$$

$$k_1' = \sqrt{1 - k_1^2} \tag{13.38}$$

$$\varepsilon_{r,eff} = \frac{C'}{C_0'} = 1 + \frac{(\varepsilon_r - 1) \cdot K(k_1') \cdot K(k)}{2 \cdot K(k_1) \cdot K(k')} = 1 + (C_\varepsilon'^*/C_0') \quad . \tag{13.39}$$

Z_L berechnet sich aus (13.28)...(13.30) bzw. (13.31), (13.33), wobei im Falle endlicher Substratdicke $\varepsilon_{r,eff}$ nach (13.39) eingesetzt wird. $K(k)$, $K(k')$, $K(k_1)$ und $K(k_1')$ sind die vollständigen elliptischen Integrale erster Gattung, zu berechnen nach den Reihen (12.6)...(12.8). Durch Einsetzen der Näherungsgleichungen (12.9) ...(12.12) für $K(k')/K(k)$ bzw. $K(k_1')/K(k_1)$ in (13.35)...(13.39) erhält man einfache Analyse- und Synthesegleichungen für die Leitungsparameter Z_L, $\varepsilon_{r,eff}$.

Die Abweichungen der Ergebnisse (13.35)...(13.39) des Näherungsverfahrens der Überlagerung von Teilkapazitäten von genauen, nach der statischen Variante der Methode der Geraden /2.86, 2.89, 3.99, 3.100/ berechneten Werten sind für $\varepsilon_r = 9{,}8$ untersucht worden. Die Abweichungen sind bei $h/d \cong 0{,}2$ und $s/d \to 1$ maximal und betragen $|\Delta\varepsilon_{r,eff}/\varepsilon_{r,eff,MG}| \cong 14$ %. Hält man s/d fest und variiert h/d, so sinkt der Fehler, ausgehend von dem Maximalfehler bei $h/d \cong 0{,}2$, mit $h/d \to 0$ und mit $h/d \to \infty$ auf $\Delta\varepsilon_{r,eff}/\varepsilon_{r,eff,MG} \to 0$ ab. Bei festgehaltenem h/d und einer Variation von s/d sinkt der Fehler mit abnehmendem s/d (größere Feldenergiekonzentration im Spalt mit symmetrischer Feldscherung). Für $h/d > 0{,}6$ ist für alle $0 < s/d < 1$ der Fehler $|\Delta\varepsilon_{r,eff}/\varepsilon_{r,eff,MG}| < 5$ %. Für den Wellenwiderstandsfehler gilt $\Delta Z_L/Z_{L,MG} \cong 0{,}5 \cdot \Delta\varepsilon_{r,eff}/\varepsilon_{r,eff,MG}$. Dabei ist $\Delta\varepsilon_{r,eff} = \varepsilon_{r,eff,TK} - \varepsilon_{r,eff,MG}$ und $\Delta Z_L = Z_{L,TK} - Z_{L,MG}$. $\varepsilon_{r,eff,TK}$ und $Z_{L,TK}$ sind nach der Methode der Überlagerung von Teilkapazitäten, $\varepsilon_{r,eff,MG}$ und $Z_{L,MG}$ nach der Methode der Geraden berechnet. Es ergab sich bei allen Abmessungen $\varepsilon_{r,eff,TK} < \varepsilon_{r,eff,MG}$.

Nach der dynamischen Analyse, die mit numerischen Feldberechnungsverfahren /13.12, 13.19, 13.20, 13.22/ durchgeführt wird, sind Z_L, $\varepsilon_{r,eff}$ von s/d, h/d, t/d, ε_r und d/λ_0 abhängig. Mit wachsender Frequenz f steigt $\varepsilon_{r,eff}$ an und der Wellenwiderstand $Z_L^{(PI)}$ nach der Leistungs-Stromdefinition sinkt ab.

13.3.4 Dämpfung

Der Leiterdämpfungsbelag α_ρ der koplanaren Zweibandleitung von Bild 13.6a besitzt nach der in Abschn. 2.4.3 erläuterten statischen Näherung /3.168, 13.16, 13.18/ für $t > 3\,\delta$ (δ: Skineffekteindringtiefe nach (2.53)) die funktionale Abhängigkeit $\alpha_\rho = R_F A/(Z_L h)$ mit dem Geometriefaktor A(w/h, s/h, t/h) und dem spezifischen Oberflächenwiderstand $R_F \sim \sqrt{\rho f}$ nach (2.57 Z). Die in Bild 13.4 für die Dreibandleitung von Bild 13.1a dargestellten Dämpfungsverläufe in Abhängigkeit von der normierten Leiterbreite w/h und der normierten Spaltbreite s/h beschreiben nach Dualitätstrachtungen /13.16, 13.41/ zugleich die Zweibandleitung von Bild 13.6a, wenn man s/h und w/h gegeneinander vertauscht ($t \ll s$, w und $t > 3\,\delta$). Die Dualität und damit die Anwendbarkeit von Bild 13.4 auf beide Leitungsarten gilt genaugenommen nur für $\varepsilon_r = 1$. Daher muß zur Umrechnung von $\alpha_\rho(\varepsilon_r = 1)$ in $\alpha_\rho(\varepsilon_r > 1)$ jeweils der für die betrachtete Leitung (Zwei- oder Dreibandleitung) gültige $\varepsilon_{r,eff}$-Wert verwendet werden. Bezüglich der Werte von $\alpha_\rho(\varepsilon_r > 1)$ liegt keine Dualität für die beiden Leitungsarten mehr vor. Für die Umrechnung gilt $\alpha_\rho(\varepsilon_r > 0) = \alpha_{\rho 0}\sqrt{\varepsilon_{r,eff}}$ mit $\alpha_{\rho 0} = \alpha_\rho(\varepsilon_r = 1)$.

Mit Hilfe der konformen Abbildung kann man aus den Strombelägen nach /13.16/ den Leiterdämpfungsbelag α_ρ der in den Bildern 13.6a und c gezeigten Leitungen zu

$$\alpha_\rho = \frac{8{,}68\ R_F}{0{,}4\ Z_L d \cdot K^2(k') \cdot \{1-(s/d)^2\}} \cdot \left[\frac{2d}{s}\{\pi + \ln(\frac{4\pi s(1-(s/d))}{t(1+(s/d))})\} + 2\{\pi + \ln(\frac{4\pi d(1-(s/d))}{t(1+(s/d))})\}\right]$$

$$= \frac{8{,}68\ R_F \sqrt{\varepsilon_{r,eff}}}{0{,}4 \cdot \eta_0 d \cdot K(k) \cdot K(k') \cdot \{1-(s/d)^2\}} \cdot \left[\frac{2d}{s}\{\pi + \ln(\frac{4\pi s(1-(s/d))}{t(1+(s/d))})\} + 2\{\pi + \ln(\frac{4\pi d(1-(s/d))}{t(1+(s/d))})\}\right] \qquad (13.40\ Z)$$

berechnen mit R_F in Ω nach (2.57 Z), Z_L in Ω, d in mm und α_ρ in dB/cm. K(k') ist das vollständige elliptische Integral erster Gattung von dem komplementären Modul $k' = \sqrt{1-(s/d)^2}$, zu berechnen nach den Reihen (12.6)...(12.8). Je nachdem, ob man die Leitung nach Bild 13.6a oder Bild 13.6c betrachtet, ist $\varepsilon_{r,eff}$ nach (13.39) bzw. Bild 13.8 oder gemäß $\varepsilon_{r,eff} = (\varepsilon_r + 1)/2$ einzusetzen. K(k) ist das vollständige elliptische Integral erster Gattung von dem Modul $k = s/d$ nach (12.6)...(12.8). Gleichung (13.40 Z) setzt voraus, daß $t \ll w, s$ sowie $t > 3\,\delta$ mit der Skineffekt-Eindringtiefe δ nach (2.54 Z) ist.

Den dielektrischen Dämpfungsbelag α_ε berechnet man nach (2.72 Z), Abschn. 2.4.4, mit $\varepsilon_{r,eff}$ nach (13.39) bzw. Bild 13.8 für die Leitung auf einem Substrat endlicher Dicke (Bild 13.6a) und mit $\varepsilon_{r,eff} = (\varepsilon_r + 1)/2$ für unendlich dikkes Substrat (Bild 13.6c). Bei /13.18/ wird α_ε nach der Teilflächenmethode numerisch berechnet.

13.4 Koplanare Zweibandleitung mit unendlich breitem Massestreifen

Die in Bild 13.9a gezeigte koplanare Zweibandleitung mit unendlich breitem Massestreifen /2.10, 2.100, 12.54, 13.5/ besteht aus einer auf Massepotential liegenden Metallisierungshalbebene M und einem im Abstand s parallel dazu verlaufenden Streifenleiter L der Breite w. Beide liegen auf einer Seite eines Substrats der relativen Permittivität ε_r und der Dicke h. Das statische Feldbild der Quasi-TEM-Welle (Abschn. 2.1.3, 2.3) dieser Leitung zeigt Bild 13.9b. Nach der statischen Näherung sind die Leitungsparameter Z_L, $\varepsilon_{r,eff}$ von s/d, h/d, t/d und ε_r abhängig. Nach der dynamischen Analyse kommt die Einflußgröße d/λ_0 hinzu.

Für unendlich dickes Substrat (Bild 13.9c) ist wegen symmetrischer Feldscherung an der dielektrischen Grenzschicht $\varepsilon_{r,eff} = (\varepsilon_r + 1)/2$ bei allen Abmessungen s/d. Der Wellenwiderstand Z_L berechnet sich nach der konformen Abbildung /2.10, 2.100, 12.54, 13.5/ für eine Leiterdicke $t=0$ zu

$$Z_L = Z_{L0}/\sqrt{\varepsilon_{r,eff}} = \eta_0 \cdot K(k)/\{2\sqrt{\varepsilon_{r,eff}} \cdot K(k')\} \quad , \tag{13.41}$$

$$k = \sqrt{s/d} \quad , \tag{13.42}$$

$$k' = \sqrt{1-k^2} = \sqrt{1-(s/d)} \tag{13.43}$$

mit dem vollständigen elliptischen Integral erster Gattung $K(k)$ von dem Modul k bzw. dem komplementären Modul k', zu berechnen nach den Reihen (12.6)...(12.8). Durch Einsetzen der Näherungen (12.9)...(12.12) für $K(k')/K(k)$ in (13.41) lassen sich Analysegleichungen für $Z_L(s/d, \varepsilon_r)$ und Synthesegleichungen für $s/d(Z_L, \varepsilon_r)$ gewinnen.

So erhält man für $0 \leq s/d \leq 0{,}03$ bzw. $0 \leq (Z_{L0} = Z_L\sqrt{\varepsilon_{r,eff}}) \leq \eta_0/4 = 94{,}25\ \Omega$

$$Z_L = Z_{L0}/\sqrt{\varepsilon_{r,eff}} = \pi\eta_0/\{8\sqrt{\varepsilon_{r,eff}} \cdot \ln(2\cdot\sqrt[4]{d/s})\} \tag{13.43a}$$

und für $0{,}03 < s/d < 1$ bzw. $\eta_0/4 = 94{,}25\ \Omega < (Z_{L0} = Z_L\sqrt{\varepsilon_{r,eff}}) < \infty$

$$Z_L = Z_{L0}/\sqrt{\varepsilon_{r,eff}} = \{\eta_0/(2\pi\sqrt{\varepsilon_{r,eff}})\} \cdot \{\ln(2) + 2\,\mathrm{Artanh}\sqrt[4]{s/d}\} \quad . \tag{13.43b}$$

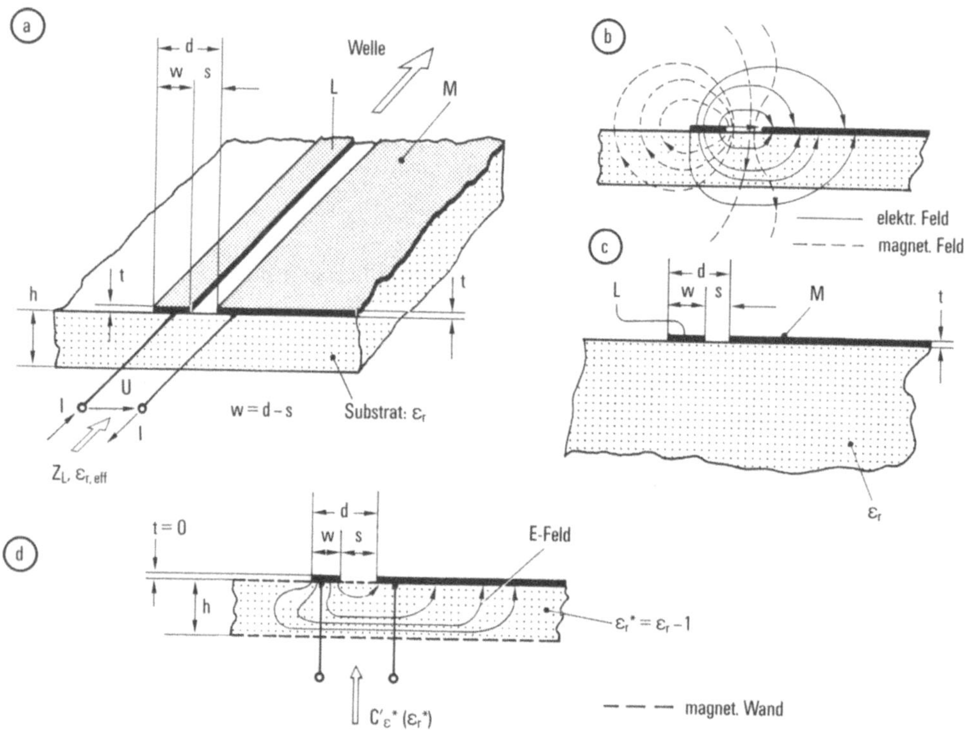

Bild 13.9. Koplanare Zweibandleitung mit unendlich breitem Massestreifen. a) Aufbau bei endlicher Substratdicke; b) statisches Feldbild; c) Variante mit unendlich dickem Substrat; d) Ersatzleitung zur Bestimmung des Kapazitätsbelags C'^*_ε

Für die Leitung mit e n d l i c h e r S u b s t r a t d i c k e (Bild 13.9a) kann man die Leitungsparameter Z_L, $\varepsilon_{r,eff}$ nach dem Verfahren der Ü b e r l a g e r u n g v o n T e i l k a p a z i t ä t e n (Abschn. 2.5.3, Bild 2.9) berechnen. Danach ist der Kapazitätsbelag der Originalleitung $C' = C_0' + C_\varepsilon'^*$ mit $C_0' = C'(\varepsilon_r = 1)$. $C_\varepsilon'^*$ ist der Kapazitätsbelag einer Ersatzleitung (Bild 13.9d) mit magnetischen Wänden an den Substratgrenzen und einem Substrat der relativen Permittivität $\varepsilon_r^* = \varepsilon_r - 1$. Nach (13.41) ist

$$C_0' = 1/(Z_{L0}c_0) = 2\varepsilon_0 \cdot K(k')/K(k) \tag{13.44}$$

mit k, k' nach (13.42), (13.43). Nach /2.100/ ist

$$C_\varepsilon'^* = \varepsilon_0 \cdot (\varepsilon_r - 1) \cdot K(k_1)/K(k_1') \quad , \tag{13.45}$$

$$k_1 = \sqrt{\frac{(t_1 - t_2)(1 - t_2)}{(t_1 + t_2)(1 + t_2)}} \quad , \tag{13.46}$$

$$k_1' = \sqrt{1 - k_1^2} \quad , \tag{13.47}$$

$$t_i = \frac{\exp(\lambda_i) - 1}{\exp(\lambda_i) + 1} \quad , \quad i = 1; 2, \tag{13.48}$$

$$\lambda_1 = \frac{\pi}{2}\left(\frac{2d}{h} - \frac{s}{h}\right) = \frac{\pi}{2}\left(\frac{2w}{h} + \frac{s}{h}\right) \quad , \tag{13.49}$$

$$\lambda_2 = \pi s/(2h) \quad . \tag{13.50}$$

Mit $C' = C_0' + C_\varepsilon'^*$ wird

$$\varepsilon_{r,eff} = \frac{C'}{C_0'} = 1 + \frac{(\varepsilon_r - 1) \cdot K(k_1) \cdot K(k)}{2 \cdot K(k_1') \cdot K(k')} = 1 + (C_\varepsilon'^*/C_0') \quad . \tag{13.51}$$

Z_L berechnet sich nach (13.41) mit $\varepsilon_{r,eff}$ nach (13.51). K(k), K(k'), $K(k_1)$, $K(k_1')$ sind die vollständigen elliptischen Integrale erster Gattung, zu berechnen nach den Reihen (12.6)...(12.8). Mit den Näherungen (12.9)...(12.12) für K(k')/K(k) und $K(k_1')/K(k_1)$ lassen sich aus (13.41), (13.44)...(13.51) einfache analytische Ausdrücke für Z_L, $\varepsilon_{r,eff}$ der Leitung von Bild 13.9a ableiten. Bei (13.44)...(13.51) wird ebenfalls t = 0 vorausgesetzt.

13.5 Unsymmetrische koplanare Zweibandleitung

Die aus zwei nebeneinander laufenden Streifenleitern unterschiedlicher Breiten w_1, w_2 bestehende unsymmetrische Zweibandleitung kann man für u n e n d l i c h d i c k e s S u b s t r a t (Bild 13.10a) nach der Methode der konformen Abbildung /2.10, 2.100,

13.3, 13.4, 13.21/ analysieren. Wegen symmetrischer Feldscherung an der dielektrischen Grenzschicht ist bei allen Abmessungen $\varepsilon_{r,eff} = (\varepsilon_r + 1)/2$. Der Wellenwiderstand ist für die Leiterdicke $t = 0$ nach der konformen Abbildung

$$Z_L = Z_{L0}/\sqrt{\varepsilon_{r,eff}} = \eta_0 \cdot K(k)/\{2\sqrt{\varepsilon_{r,eff}} \cdot K(k')\} \quad , \tag{13.52}$$

$$k = \sqrt{(1 + \frac{b}{d} - \frac{s}{d}) \cdot \frac{s}{b}} = \sqrt{1 - \frac{1}{\{1+(s/w_1)\} \cdot \{1+(s/w_2)\}}} \quad , \tag{13.53}$$

$$k' = \sqrt{1 - k^2} = \sqrt{w_1 w_2/\{(w_1+s)(w_2+s)\}} = \sqrt{w_1 w_2/(d \cdot b)} \tag{13.54}$$

mit dem vollständigen elliptischen Integral erster Gattung $K(k)$ von dem Modul k bzw. dem komplementären Modul k', zu berechnen nach den Reihen (12.6)...(12.8). Durch Einsetzen der Näherungen (12.9)...(12.12) für $K(k')/K(k)$ in (13.52) lassen sich einfache analytische Ausdrücke für $Z_L(b/d, s/d, \varepsilon_r)$ sowie Synthesegleichungen angeben. So erhält man für $0 \leq k \leq 0{,}173$ bzw. $0 \leq (Z_{L0} = Z_L\sqrt{\varepsilon_{r,eff}}) \leq \eta_0/4 = 94{,}25\,\Omega$

$$Z_L = Z_{L0}/\sqrt{\varepsilon_{r,eff}} = \eta_0\pi/\{8\sqrt{\varepsilon_{r,eff}} \cdot \ln(2/\sqrt{k})\} \tag{13.54a}$$

und für $0{,}173 < k < 1$ bzw. $\eta_0/4 = 94{,}25\,\Omega < (Z_{L0} = Z_L\sqrt{\varepsilon_{r,eff}}) < \infty$

$$Z_L = Z_{L0}/\sqrt{\varepsilon_{r,eff}} = \{\eta_0/(2\pi\sqrt{\varepsilon_{r,eff}})\} \cdot \{\ln(2) + 2\operatorname{Artanh}\sqrt{k}\} \quad . \tag{13.54b}$$

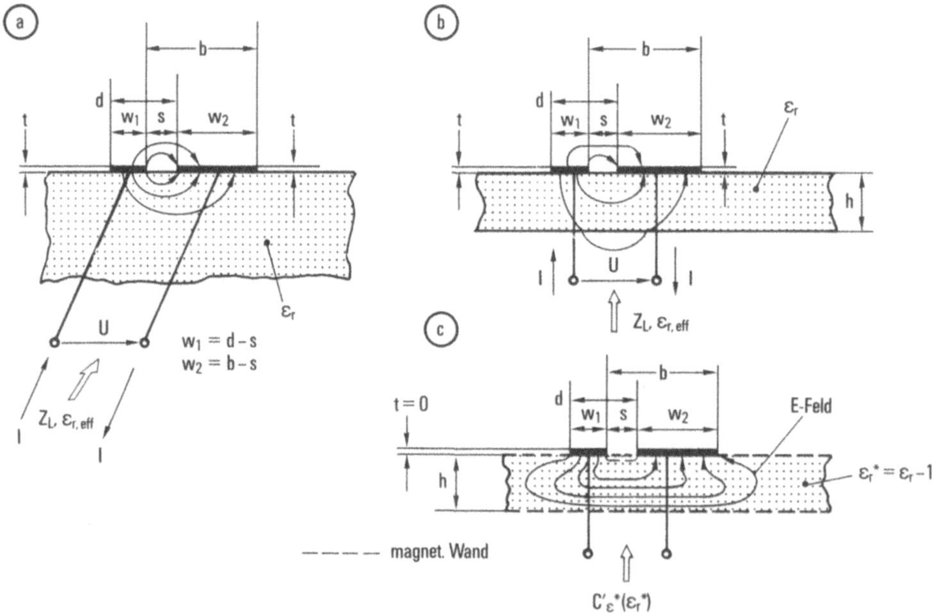

Bild 13.10. Unsymmetrische koplanare Zweibandleitung. a) Aufbau bei unendlich dickem Substrat; b) Aufbau bei endlicher Substratdicke; c) Ersatzleitung zur Bestimmung des Kapazitätsbelags C'^{*}_{ε}

Für die in Bild 13.10b gezeigte Leitung mit endlicher Substratdicke h kann man nach dem Verfahren der Überlagerung von Teilkapazitäten (Abschn. 2.5.3, Bild 2.9) ebenfalls analytische Ausdrücke für Z_L, $\varepsilon_{r,eff}$ mit Hilfe der konformen Abbildung für $t = 0$ herleiten. Danach ist der Kapazitätsbelag C' der Originalleitung von Bild 13.10b gemäß $C' = C_0' + C_\varepsilon'^*$ aus $C_0' = C'(\varepsilon_r = 1)$ und $C_\varepsilon'^*$ einer Ersatzleitung (Bild 13.10c) mit magnetischen Wänden an den Substratgrenzen und einem Substrat mit der relativen Permittivität $\varepsilon_r^* = \varepsilon_r - 1$ zusammengesetzt. Nach (13.52) ist

$$C_0' = 1/(Z_{L0}c_0) = 2\varepsilon_0 \cdot K(k')/K(k) \tag{13.55}$$

mit k, k' nach (13.53), (13.54). Nach /2.100/ ist

$$C_\varepsilon'^* = \varepsilon_0(\varepsilon_r - 1) \cdot K(k_1)/K(k_1') \quad , \tag{13.56}$$

$$k_1 = \sqrt{\frac{(t_1 - t_2)(t_3 - t_2)}{(t_1 + t_2)(t_3 + t_2)}} \quad , \tag{13.57}$$

$$t_i = \frac{\exp(\lambda_i) - 1}{\exp(\lambda_i) + 1} \quad ; \quad i = 1; 2; 3, \tag{13.58}$$

$$\lambda_1 = \frac{\pi}{2}\left(\frac{2b}{h} - \frac{s}{h}\right) = \frac{\pi}{2}\left(\frac{2w_2}{h} + \frac{s}{h}\right) \quad , \tag{13.59}$$

$$\lambda_2 = \pi s/(2h) \quad , \tag{13.60}$$

$$\lambda_3 = \frac{\pi}{2}\left(\frac{2d}{h} - \frac{s}{h}\right) = \frac{\pi}{2}\left(\frac{2w_1}{h} + \frac{s}{h}\right) \quad , \tag{13.61}$$

$$k_1' = \sqrt{1 - k_1^2} \quad . \tag{13.62}$$

Mit $C' = C_0' + C_\varepsilon'^*$ wird die effektive Permittivität der in Bild 13.10b gezeigten Leitung für $t = 0$ und $h < \infty$

$$\varepsilon_{r,eff} = \frac{C'}{C_0'} = 1 + \frac{(\varepsilon_r - 1) \cdot K(k_1) \cdot K(k)}{2 \cdot K(k_1') \cdot K(k')} = 1 + (C_\varepsilon'^*/C_0') \quad . \tag{13.63}$$

Z_L berechnet sich nach (13.52) mit $\varepsilon_{r,eff}$ nach (13.63). K(k), K(k'), $K(k_1)$, $K(k_1')$ sind die vollständigen elliptischen Integrale erster Gattung von den Moduln k, k_1 bzw. den komplementären Moduln k', k_1', zu berechnen nach den Reihen (12.6)... (12.8). Mit den Näherungen (12.9)...(12.12) für K(k')/K(k) und $K(k_1')/K(k_1)$ lassen sich aus (13.52), (13.55)...(13.63) einfache analytische Ausdrücke für Z_L, $\varepsilon_{r,eff}$ der Leitung von Bild 13.10b sowie Synthesegleichungen für diese Leitung ableiten. Bei den Bildern 13.10a, b und c sind die statischen elektrischen Feldlinienverläufe eingezeichnet.

13.6 Hilfskurven für elliptische Integrale zur Bestimmung der Parameter von Koplanar- und Triplateleitungen

In diesem Abschnitt werden Kurvendarstellungen für den Quotienten $K(k')/K(k) = K'(k)/K(k)$ der vollständigen elliptischen Integrale erster Gattung angegeben, welcher in den exakten Gleichungen für den Wellenwiderstand Z_L der Triplate- und Koplanarleitungen bei einer Streifenleiterdicke $t = 0$ auftritt. Mit Hilfe dieser Darstellungen lassen sich auf einfache Weise die Wellenwiderstände Z_L der Triplate-Einzelleitung (Abschn. 12.5.1, Gleichungen (12.3)...(12.5)), des gekoppelten Triplate-Leitungspaars (Abschn. 12.5.5, Gleichungen (12.23)...(12.28)) sowie der in den Abschnitten 13.1 bis 13.5 beschriebenen verschiedenen Koplanarleitungsvarianten bestimmen.

Für alle diese Leitungstypen sind die Wellenwiderstandsformeln für Vakuumfüllung durch die konforme Abbildung des Leitungsquerschnitts auf einen idealen Plattenkondensator hergeleitet worden. Aus diesem Verfahren ergeben sich die elliptischen Integrale. Aber auch für die Leitungen in inhomogenem Dielektrikum (auf dielektrischen Substraten) wie z.B. für die in Bild 13.1a gezeigte koplanare Dreibandleitung lassen sich Z_L und die effektive Permittivität $\varepsilon_{r,eff}$ näherungsweise mit Hilfe des Quotienten $K(k')/K(k)$ bestimmen. Hierzu bestimmt man Z_L und $\varepsilon_{r,eff}$ mit der in Abschnitt 2.5.3 beschriebenen Überlagerung von Teilkapazitäten näherungsweise. Das führt z.B. bei der koplanaren Dreibandleitung zu (13.14), (13.15).

$K(k)$ bzw. $K(k')$ ist das vollständige elliptische Integral erster Gattung von dem Modul k bzw. von dem komplementären Modul $k' = \sqrt{1-k^2}$ /12.50, 12.51/. Es ist $K(k') = K'(k)$. Der Definitionsbereich ist $0 \leqq k < 1$. $K(k)$ steigt, beginnend bei $K(k=0) = \pi/2$, monoton mit k an bis zum Wert $K(k=1) = \infty$. Der Quotient $K(k')/K(k)$ fällt, beginnend beim Wert Unendlich für $k = 0$, mit wachsendem k monoton, bis er bei $k = 1$ den Wert Null annimmt. Für $k = 1/\sqrt{2}$ ist $K(k')/K(k) = 1$. Die Reihen (12.6)...(12.8) für $K(k)$ und die Näherungsgleichungen (12.9)...(12.12) für den Quotienten $K(k')/K(k)$ und die Umkehrfunktion $k = f(K'/K)$ sind in Abschn. 12.5.1 angegeben.

In den Bildern 13.11 und 13.12 sind die mit diesen Gleichungen berechneten Verläufe von $K(k)$ und von dem Quotienten $K(k')/K(k)$ angegeben. Der Fehler der diesen Bildern zugrundeliegenden Werte lag für $K(k)$ unter 0,3 % und für $K(k')/K(k)$ unter 0,24 %. Während Z_L und $\varepsilon_{r,eff}$ ausschließlich von dem Quotienten $K(k')/K(k)$ abhängen, wird zur Dämpfungsberechnung bei der koplanaren Dreiband- und Zweibandleitung mit (13.16 Z) und (13.40 Z) die Funktion $K(k)$ allein benötigt.

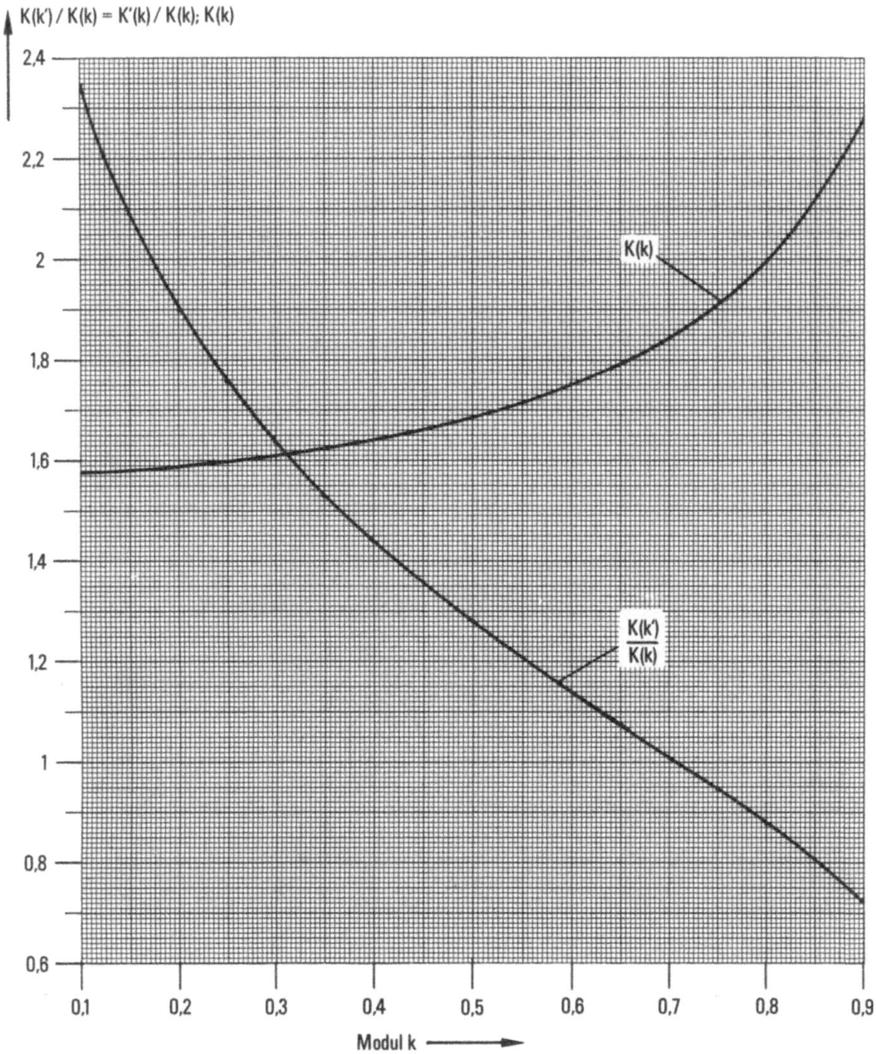

Bild 13.11. Vollständiges elliptisches Integral erster Gattung K(k) und der Quotient K(k')/K(k) = K'(k)/K(k) mit dem komplementären Modul $k' = \sqrt{1-k^2}$ für den mittleren Modulbereich $0{,}1 \leq k \leq 0{,}9$

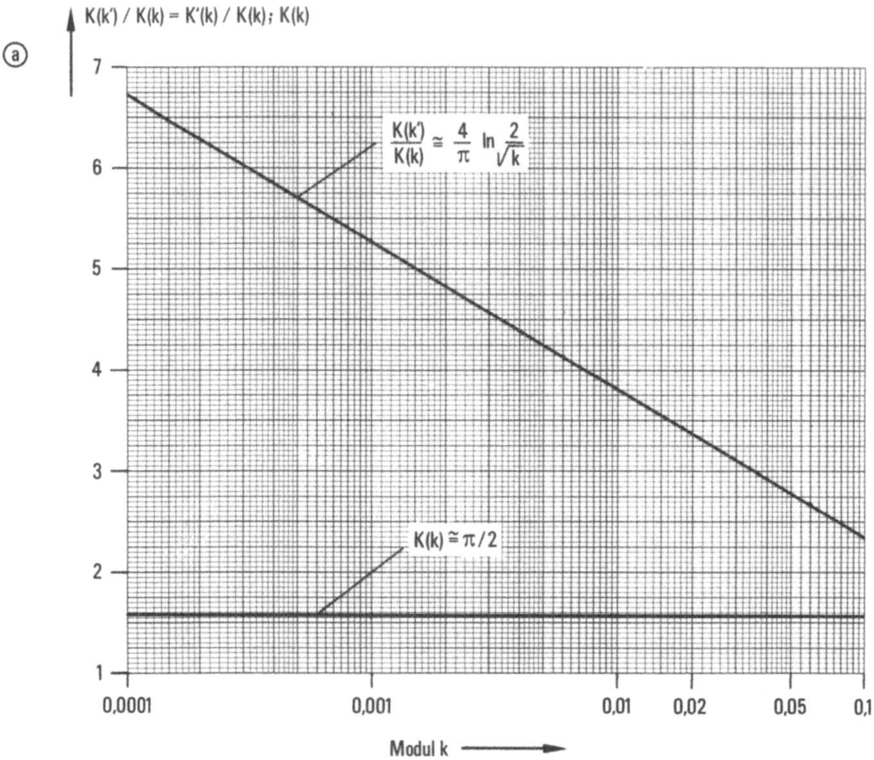

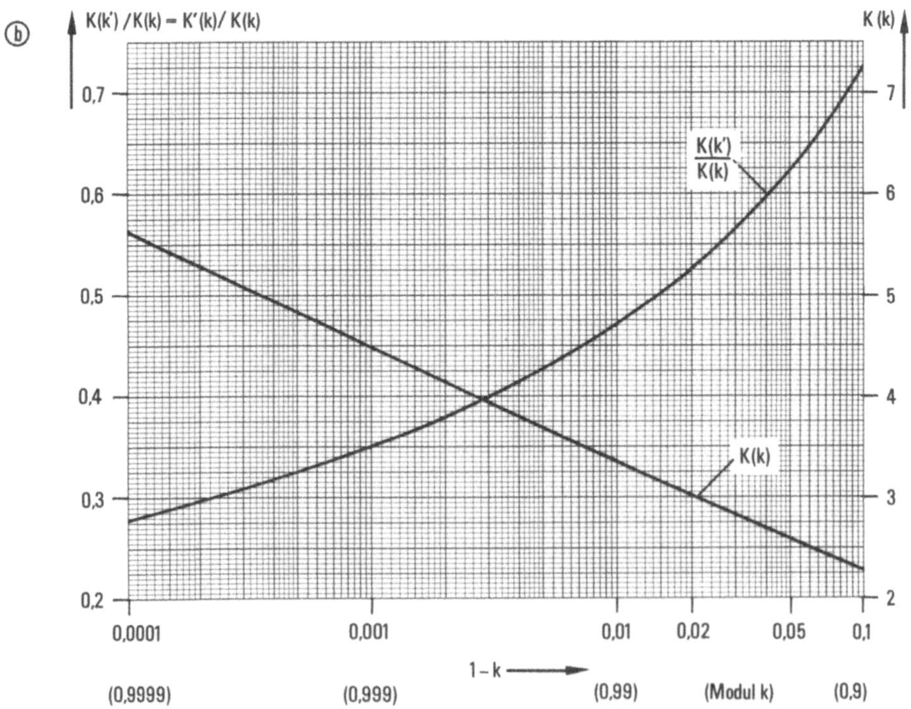

Bild 13.12. Vollständiges elliptisches Integral erster Gattung K(k) und der Quotient $K(k')/K(k) = K'(k)/K(k)$ mit dem komplementären Modul $k' = \sqrt{1-k^2}$. a) Für kleine Module $0{,}0001 \leq k \leq 0{,}1$; b) für große Module $0{,}9 \leq k \leq 0{,}9999$

14 Schlitzleitung

14.1 Wellentyp und Leitungsparameter

Die in Bild 14.1a gezeigte Schlitzleitung (engl.: slotline) /1.349-1.351, 3.140, 12.14, 13.19, 13.20, 13.26, 13.27, 14.1-14.47/ besteht aus zwei durch einen Schlitz der Breite s getrennten Metallisierungshalbebenen I, II auf einer Seite eines verlustarmen dielektrischen Substrats der relativen Permittivität ε_r und der Dicke h. Entlang des Schlitzes breitet sich eine h y b r i d e W e l l e vom Q u a s i - T E - T y p (transversal-elektrisch) aus (Abschn. 2.1.4). Die Quasi-TE-Welle besitzt zwar alle sechs Feldkomponenten E_x, E_y, E_z, H_x, H_y, H_z der hybriden Welle. Es dominieren jedoch die TE-Wellen-spezifischen Komponenten E_x, E_y, H_x, H_y, H_z über die elektrische Längsfeldkomponente E_z. Die elektrische Längsfeldkomponente E_z besitzt im Vergleich zu den elektrischen Querfeldkomponenten E_x, E_y eine wesentlich kleinere Amplitude. Dagegen liegt die magnetische Längsfeldkomponente H_z in der gleichen Größenordnung wie die Querkomponenten H_x, H_y. Die dominierenden TE-Wellenfelder der Schlitzleitungswelle sind in Bild 14.1b gezeigt. Sie ähneln denen einer TE_{10}- bzw. H_{10}-Rechteckhohlleiterwelle. Numerische Analysen der Feldkomponenten werden bei /1.349, 1.351, 3.140, 12.14, 14.1/ beschrieben. Die von anderen Streifenleitungstypen bekannte Quasi-TEM-Welle (Abschn. 2.1.3) ist bei der Schlitzleitung nicht existenzfähig, da ihre beiden Elektroden I und II unendliche Ausdehnung besitzen und der Kapazitätsbelag daher $C' = \infty$ ist. Somit wäre der TEM-Wellenwiderstand $Z_L = 1/(v_p C') = 0$. $Z_L = 0$ stellt sich tatsächlich als Grenzfall für die Quasi-TE-Welle bei $f \to 0$ ein.

Die Quasi-TE-Schlitzleitungswelle besitzt folgende C h a r a k t e r i s t i k a , die zum Teil von den Eigenschaften der Quasi-TEM-Wellen abweichen:

a) Der Existenzbereich liegt bei Frequenzen $0 < f < \infty$.

b) Die Hauptfeldenergie befindet sich im Schlitz und in dessen unmittelbarer Umgebung. Mit zunehmender Entfernung $|y|$ und $|x|$ vom Schlitz nehmen die Feldenergie und die Feldstärken sehr schnell ab, wobei die seitliche Austrittsweite des

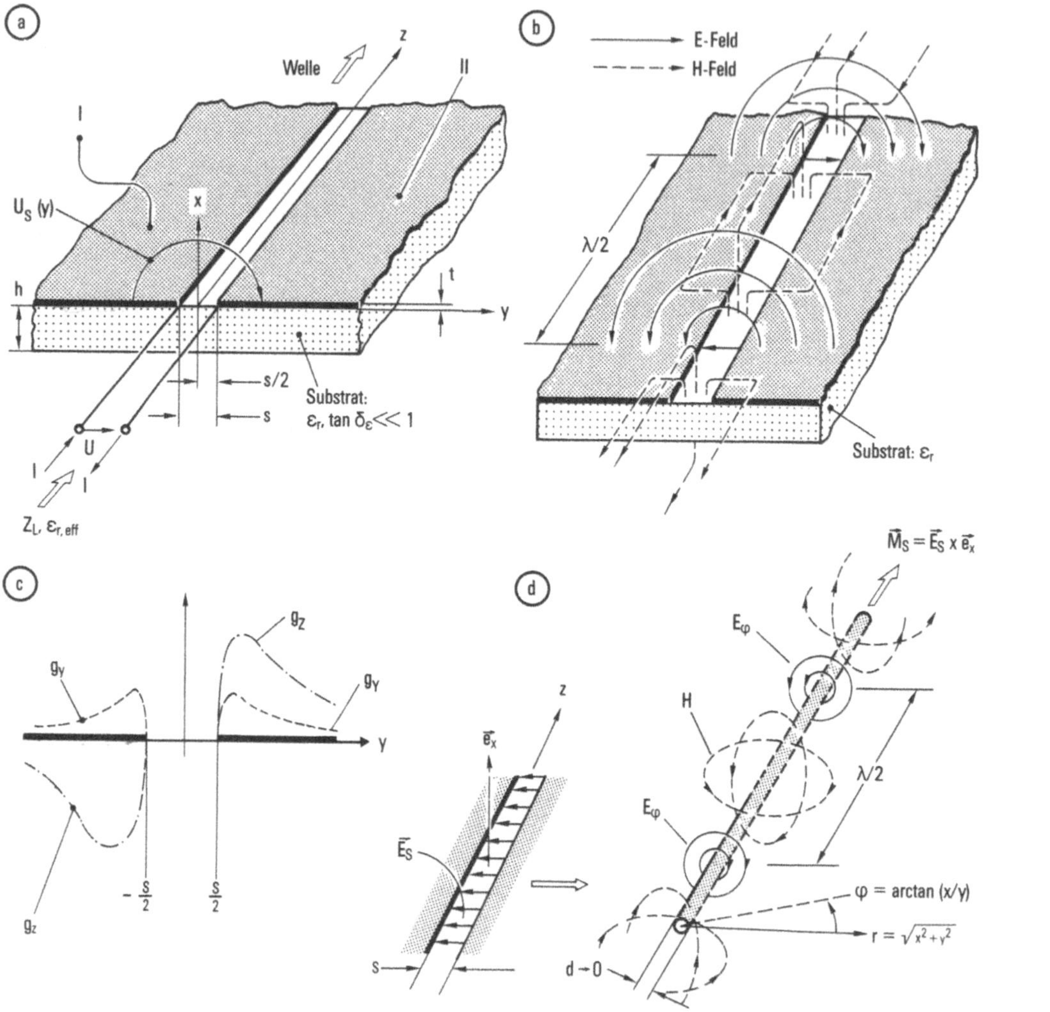

Bild 14.1. Schlitzleitung. a) Aufbau; b) Feldbild nach TE-Wellennäherung; c) qualitative Verläufe der Längs- und Querstromdichten g_z und g_y auf jeweils einer Seite der Elektroden I, II; d) magnetisches Linienstrommodell

Feldes wiederum stark frequenzabhängig ist: Mit zunehmender Frequenz konzentriert sich die Feldenergie auf eine immer enger werdende Umgebung des Schlitzes. Die Längsstromdichte g_z und Querstromdichte g_y konzentrieren sich ebenfalls in der Umgebung des Schlitzes (Bild 14.1c).

c) Mit abnehmender Frequenz f werden die effektive Permittivität $\varepsilon_{r,eff} = (c_0/v_p)^2$ und der Wellenwiderstand Z_L in immer stärkerem Maß frequenzabhängig (zunehmende Dispersion). Die magnetische Längsfeldkomponente H_z geht mit sinkender Frequenz jedoch nicht wesentlich zurück.

d) Der Unterschied zwischen den nach verschiedenen Definitionen (Abschn. 2.6) berechneten Wellenwiderständen ist bei der Schlitzleitung wesentlich größer als bei Quasi-TEM-Leitungen.

e) Die Schlitzleitungsspannung $U_S(y)$ ist in starkem Maß von der Entfernung y von der Schlitzmitte abhängig. U_S nimmt mit wachsender Entfernung y schnell ab. Dabei ist $U_S(y)$ hier als das Wegintegral über die elektrische Feldstärke E längs eines im Leitungsquerschnitt (Ebene x,y) liegenden Halbkreises um den Koordinatenursprung zwischen den Punkten -y und +y auf den Elektroden I und II ($x = 0$) definiert. Der Halbkreis soll auf der nicht vom Substrat belegten Seite der leitenden Metallhalbebenen I und II liegen (Bild 14.1a).

Die verlustfreie Schlitzleitung wird durch die Angabe der Leitungsparameter Wellenwiderstand Z_L und effektive Permittivität $\varepsilon_{r,eff}$ charakterisiert. $\varepsilon_{r,eff}$ ist eindeutig nach (2.32) definiert. Der Wellenwiderstand Z_L ist wie bei jeder Hybridwelle unendlich vieldeutig (Abschn. 2.6). Man benützt üblicherweise die von (2.91)...(2.93) abgeleiteten Definitionen $Z_L^{(UI)} = U_{S0}/I_z$, $Z_L^{(PI)} = 2P_z/I_z^2$ und $Z_L^{(PU)} = U_{S0}^2/(2P_z)$. Dabei sind U_{S0} die über den Schlitz s zwischen den Leiterkanten längs der Substratgrenzlinie wirksame Spannung, I_z der Längsstrom auf einer der beiden Elektroden und P_z die in Ausbreitungsrichtung transportierte Leistung. Es besteht die funktionale Abhängigkeit Z_L, $\varepsilon_{r,eff} = f(s/h, t/h, \varepsilon_r, h/\lambda_0)$.

Zur Analyse der Schlitzleitung verwendet man i.allg. numerische Feldberechnungsverfahren wie z.B. das Differenzenverfahren oder die Mode-Matching-Methode /1.351, 3.140, 12.14, 13.19, 14.2-14.4, 14.7, 14.8, 14.32, 14.34-14.36, 14.38, 14.39/. Einen vereinfachten Lösungsansatz machte Cohn /1.349, 1.350/, indem er die Schlitzleitung als eine schlitzförmige, mit einer Dielektrikumsplatte (= Substrat) hinterlegte Hohlleiterblende auffaßte. Seine Ergebnisse stimmen sehr gut mit numerischen Analysen überein. Die Bilder 14.2, 14.3 zeigen die nach Cohns Methode berechneten Leitungsparameter $Z_L^{(PU)} = U_{S0}^2/(2P_z)$ und $\varepsilon_{r,eff}$ der Schlitzleitung auf Al_2O_3-Keramiksubstrat. Nach der numerischen dynamischen Variationsmethode von Pregla, Pintzos /14.3/ berechnete Wellenwiderstände nach der Strom-Spannungsdefinition $Z_L^{(UI)} = U_{S0}/I_z$ zeigt Bild 14.4.

Wie man durch Vergleich der Bilder 14.2 und 14.4 erkennt und wie von /1.351/ allgemein gezeigt wird, ist bei allen Abmessungen und allen Frequenzen $Z_L^{(UI)} < Z_I^{(PU)}$. Mit (2.94) folgt daraus $Z_L^{(PI)} < Z_L^{(UI)} < Z_L^{(PU)}$. Sowohl Z_L als auch $\varepsilon_{r,eff}$ steigen mit wachsender Frequenz an. Wendet man die Modellvorstellung einer durch die Beläge L' und C' gekennzeichneten TEM-Leitung an, so ergibt sich, daß aufgrund der

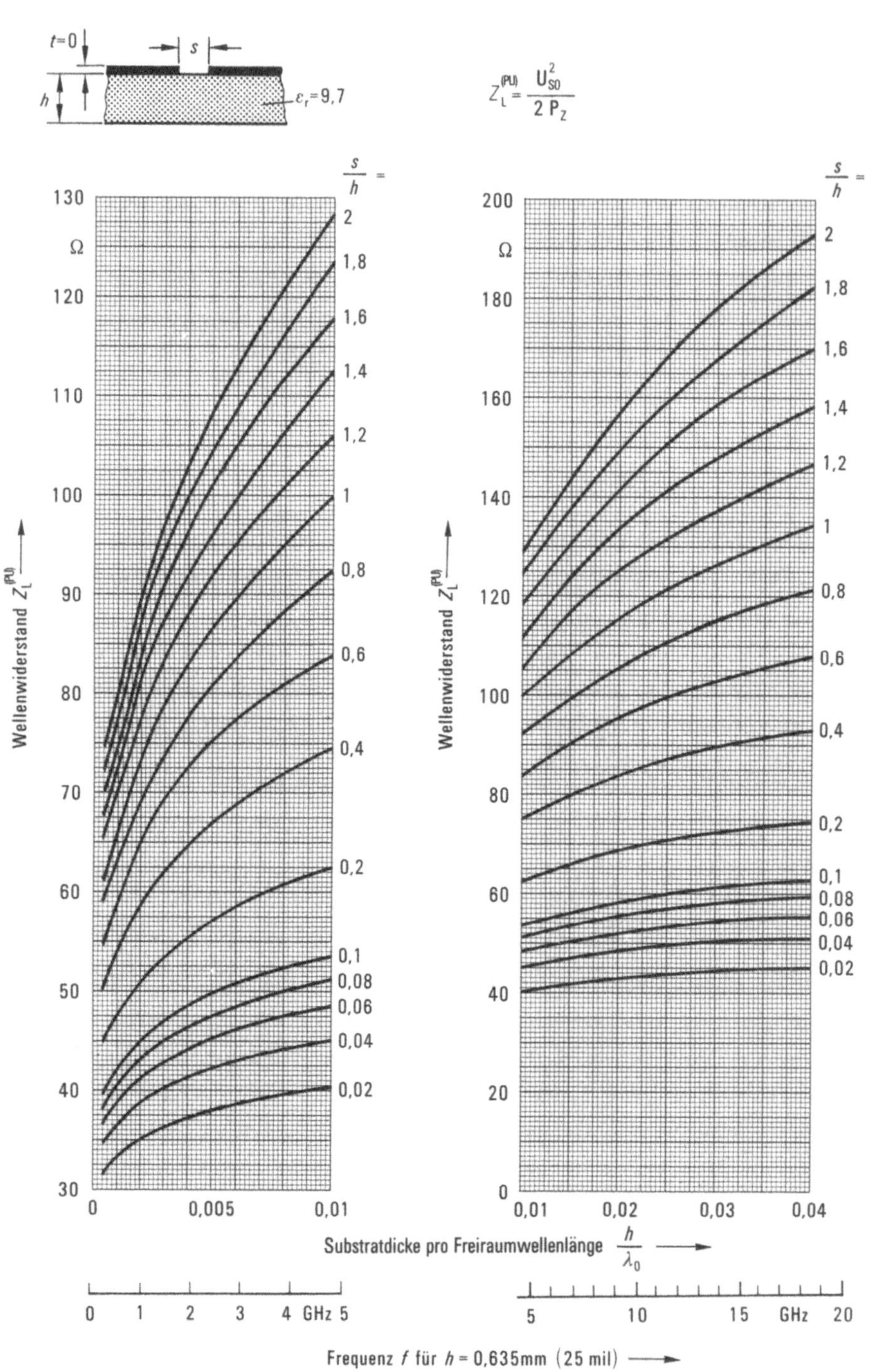

Bild 14.2. Wellenwiderstand $Z_L^{(PU)}$ der Schlitzleitung auf Al_2O_3-Keramiksubstrat ($\varepsilon_r = 9,7$) nach der Spannungs-Leistungsdefinition, berechnet nach dem Hohlleiterblendenmodell / 1.349/.

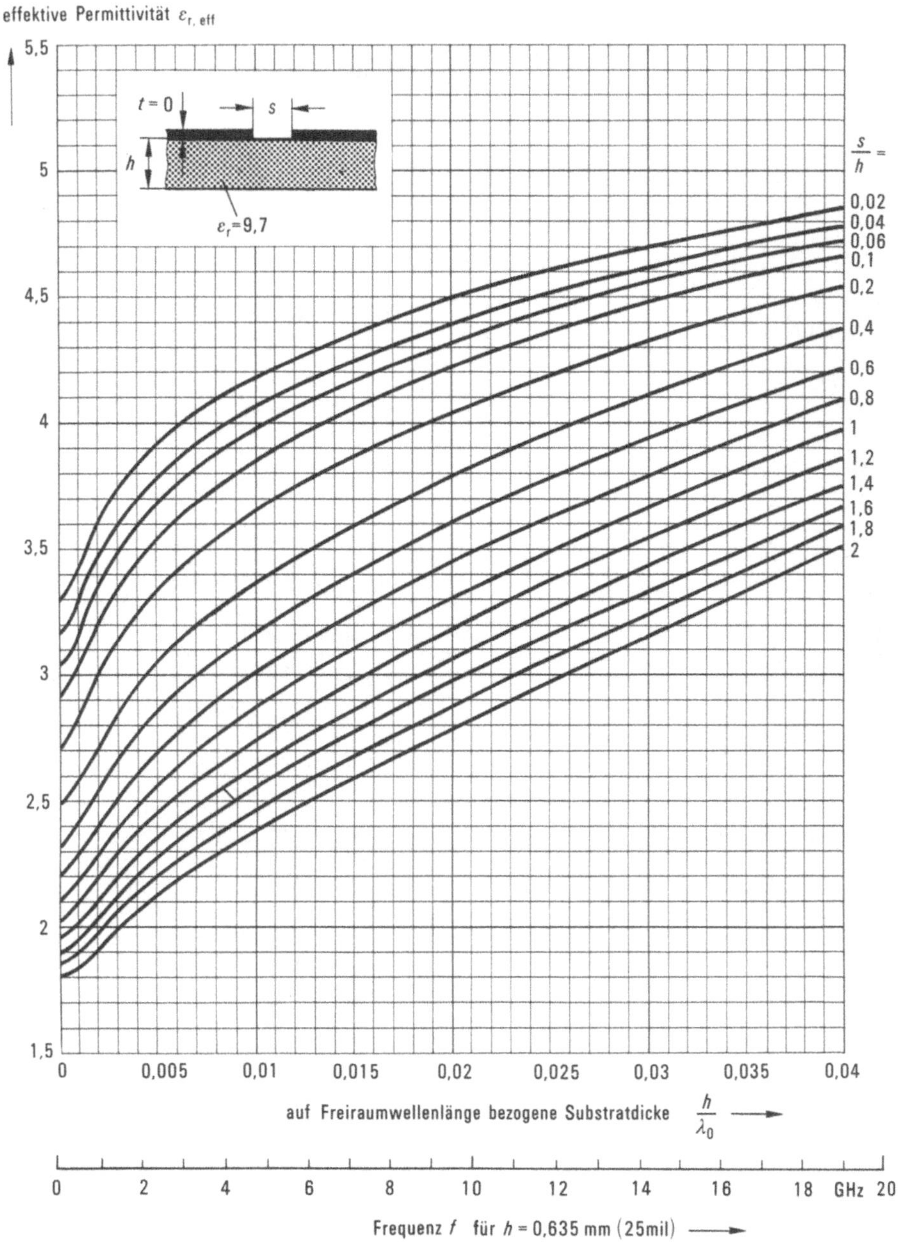

Bild 14.3. Effektive Permittivität $\varepsilon_{r,eff}$ der Schlitzleitung auf Al_2O_3-Keramiksubstrat ($\varepsilon_r = 9,7$), berechnet nach dem Hohlleiterblendenmodell /1.349/.

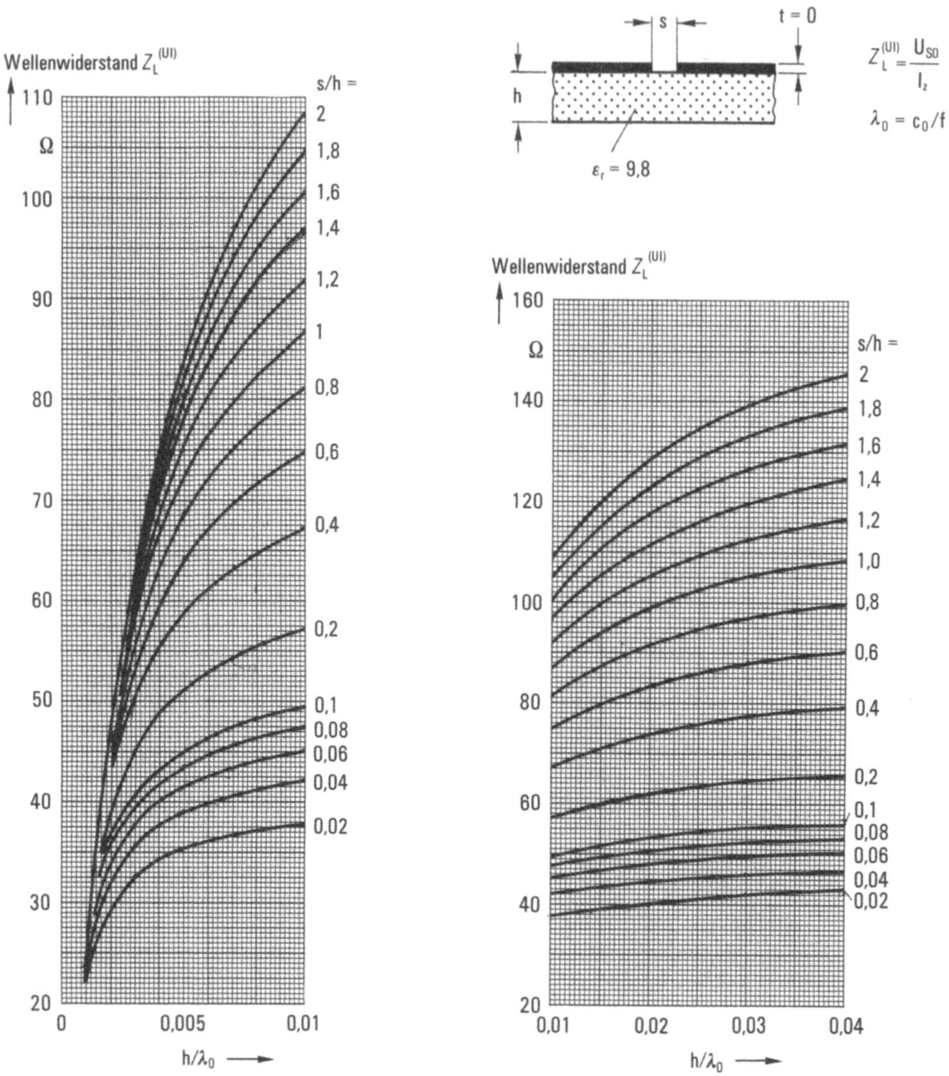

Bild 14.4. Wellenwiderstand $Z_L^{(UI)}$ der Schlitzleitung auf Al_2O_3-Keramiksubstrat ($\varepsilon_r = 9{,}8$) nach der Spannungs-Strom-Definition, berechnet nach der Variationsmethode /14.3/.

zunehmenden Energiekonzentration am Schlitzrand mit wachsender Frequenz L' steigt und C' sinkt. Daher steigt $Z_L = \sqrt{L'/C'}$. Erhöht man die Metallisierungsdicke t auf endliche Werte, so erniedrigen sich Z_L und $\varepsilon_{r,eff}$ /1.351, 14.2, 14.7, 14.35/. Die hybriden Oberwellen der Schlitzleitung werden bei /1.351, 14.4, 14.6, 14.38, 14,42/ berechnet.

Durch Funktionalapproximation an Ergebnisse von Cohn /1.349/ hat /14.10/ Näherungsformeln für die Leitungsparameter $Z_L^{(PU)}$, $\varepsilon_{r,eff}$ der in Bild 14.1a gezeigten Schlitzleitung abgeleitet. Sie gelten für die Bereiche $9{,}7 \leq \varepsilon_r \leq 20$ und $0{,}02 \leq s/h \leq 1$ sowie $0{,}01 \leq h/\lambda_0 \leq h/\lambda_{g,TE0}$ mit einem Fehler < 2 %. Dabei ist $\lambda_{g,TE0} = 4h\sqrt{\varepsilon_r - 1} = c_0/f_{g,TE0}$ die Grenzwellenlänge der TE_0-Oberflächenwelle auf einseitig ganzflächig metallisiertem Substrat ε_r (Abschn. 15.1). Für $0{,}02 \leq s/h \leq 0{,}2$ ist

$$\lambda/\lambda_0 = 1/\sqrt{\varepsilon_{r,eff}} = 0{,}923 - 0{,}448 \log(\varepsilon_r) + 0{,}2(s/h) - \{0{,}29(s/h) + 0{,}047\} \cdot \log(100h/\lambda_0) \quad , \tag{14.1 Z}$$

$$\begin{aligned} Z_L^{(PU)} = {} & 72{,}62 - 35{,}19 \cdot \log(\varepsilon_r) + \frac{50\{(s/h) - 0{,}02\} \cdot \{(s/h) - 0{,}1\}}{s/h} \\ & + \log(100s/h) \cdot \{44{,}28 - 19{,}58 \cdot \log(\varepsilon_r)\} - \{0{,}32 \cdot \log(\varepsilon_r) \\ & - 0{,}11 + (s/h) \cdot (1{,}07 \cdot \log(\varepsilon_r) + 1{,}44)\} \cdot \{11{,}4 - 6{,}07 \cdot \log(\varepsilon_r) \\ & -100\,(h/\lambda_0)\}^2 \end{aligned} \tag{14.2 Z}$$

und für $0{,}2 \leq s/h \leq 1$ ist

$$\lambda/\lambda_0 = 1/\sqrt{\varepsilon_{r,eff}} = 0{,}987 - 0{,}483 \cdot \log(\varepsilon_r) + (s/h) \cdot (0{,}111 - 0{,}0022\varepsilon_r) - \{0{,}121 + 0{,}094(s/h) - 0{,}0032\varepsilon_r\} \cdot \log(100h/\lambda_0) \quad , \tag{14.3 Z}$$

$$\begin{aligned} Z_L^{(PU)} = {} & 113{,}19 - 53{,}55 \cdot \log(\varepsilon_r) + 1{,}25 \cdot (s/h) \cdot \{114{,}59 - 51{,}88 \cdot \log(\varepsilon_r)\} \\ & + 20\{(s/h) - 0{,}2\} \cdot \{1 - (s/h)\} - \{0{,}15 + 0{,}23 \cdot \log(\varepsilon_r) + (s/h) \\ & \cdot (-0{,}79 + 2{,}07 \cdot \log(\varepsilon_r))\} \cdot \{10{,}25 - 5\log(\varepsilon_r) + (s/h) \\ & \cdot (2{,}1 - 1{,}42 \log(\varepsilon_r)) - 100\,(h/\lambda_0)\}^2 \quad . \end{aligned} \tag{14.4 Z}$$

Dabei ergibt sich $Z_L^{(PU)}$ in Ω. Weitere Näherungsformeln gibt /14.9/ an.

14.2 Dämpfung

Der Leiterdämpfungsbelag α_ρ der Schlitzleitung (Bild 14.1a) ist gemäß $\alpha_\rho = \{R_F/(Z_L \cdot h)\} \cdot A_\rho$ mit $A_\rho = f(s/h, t/h, h/\lambda_0, \varepsilon_r)$ von den Abmessungen s/h, t/h, h, der Frequenz $f = c_0/\lambda_0$, ε_r sowie dem Wellenwiderstand Z_L und dem spezifischen Oberflächenwiderstand R_F nach (2.56) abhängig. Im Gegensatz zu den TEM-Leitungen wächst hier α_ρ nicht proportional zu $\sqrt{f}$, sondern wesentlich stärker mit zunehmender Frequenz f an. Der Grund ist, daß sich das Feldbild mit zunehmender Frequenz so ändert, daß sich die Ströme immer mehr in der Umgebung des Schlitzes konzentrieren. Der Dämpfungsfaktor A_ρ ist somit nicht nur von den Abmessungen wie bei den

Quasi-TEM-Leitungen nach statischer Näherung, sondern auch von der Frequenz abhängig. Verläufe von $A_\rho(s/h)$, die von /3.140/ aus der numerisch mit der Momentenmethode bestimmten Feldverteilung berechnet worden sind, sind in Bild 14.5 dargestellt. Während bei Mikrostreifenleitungen α_ρ mit wachsendem Wellenwiderstand Z_L ansteigt, sinkt bei der Schlitzleitung α_ρ mit wachsendem Z_L, d.h. mit steigendem s/h. Nach Abschätzungen von /1.351, 3.140/ kann man zur Berechnung von α_ρ die Querströme näherungsweise vernachlässigen.

Der dielektrische Dämpfungsbelag α_ε /1.351/ besitzt die funktionale Abhängigkeit $\alpha_\varepsilon = \tan\delta_\varepsilon \cdot F(s/h, t/h, \varepsilon_r, h/\lambda_0)$ vom dielektrischen Substrat-Verlustfaktor $\tan\delta_\varepsilon$, den Abmessungen s,t,h, dem ε_r und der Frequenz $f = c_0/\lambda_0$. Mit der TE-Wellennäherung /1.351/ kann gezeigt werden, daß der Einfluß der Schlitzbreite s/h auf α_ε sehr gering ist. Für schmale Schlitze $s/h \ll 1$ und hohe Frequenzen (große Werte h/λ_0) läßt sich α_ε nach (2.72 Z), (2.77) mit $\varepsilon_{r,eff} = (\varepsilon_r+1)/2$ grob abschätzen.

Über Messungen der Gesamtdämpfung der Schlitzleitung mit Ringresonatoren wird bei /14.16/ berichtet.

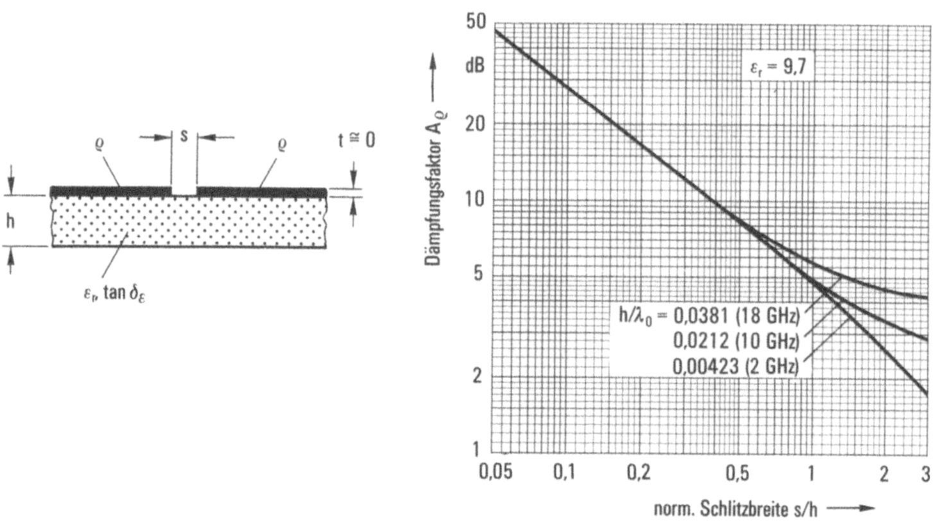

Bild 14.5. Leiterdämpfungsfaktor $A_\rho = \alpha_\rho Z_L h/R_F$ der Schlitzleitung auf Al_2O_3-Keramiksubstrat ($\varepsilon_r = 9{,}7$) nach /3.140/; Frequenzangaben gelten für h = 0,635 mm.

14.3 Frequenzabhängigkeit der seitlichen Feldausdehnung

Bei der Verwendung von Schlitzleitungen als Teil von Schaltungen zusammen mit anderen Leitungen ist die Weite des seitlichen Feldaustritts (y-Richtung in Bild 14.1a) wichtig, da durch sie der geforderte Abstand zu anderen Leitungen bzw. die

Überkoppelung zu diesen festgelegt werden. Zur Abschätzung der Feldamplituden, der Schlitzleitungsspannung und der Oberflächenströme in Abhängigkeit von der Querkoordinate y eignet sich die näherungsweise Darstellung der Schlitzleitung durch einen magnetischen Linienstrom /1.349/. Sie gilt für die Felder im oberen, luftgefüllten Halbraum $x > 0$ und in großem Abstand $x, y \gg s$ vom Schlitz. Nach der Linienstromnäherung wird die Schlitzleitung, wie Bild 14.1d zeigt, durch ein Band der Breite s, welches mit konstanter, auf der Schlitzleitung herrschender Querfeldstärke $E_S = U_{S0}/s$ belegt ist, ersetzt. Für $s \ll \lambda_0$ kann man dieses Band durch einen magnetischen Leiter des Durchmessers d darstellen. Für $d \to 0$ wird dieser Leiter zu einem magnetischen Linienleiter, der einen magnetischen Linienstrom $\vec{M}_S = \vec{E}_S \times \vec{e}_x$ ($\vec{e}_x$: Einheitsvektor in x-Richtung) führt /2.31, S. 34; 2.104, S. 663/. Der magnetische Linienleiter ist im Gegensatz zum elektrischen Linienleiter dadurch definiert, daß auf seiner Oberfläche die Tangentialkomponente des Magnetfeldes verschwindet und nur dessen Normalkomponente existiert. Er trägt ähnlich wie die Schlitzleitung eine TE-Welle mit einer Feldverteilung nach Bild 14.1d.

Aus dem Verlauf der elektrischen Feldstärke $E_\phi(r)$ des Linienstrommodells kann man den seitlichen Abfall der Schlitzleitungsspannung $U_S(y)$ gegenüber der unmittelbar zwischen den Schlitzrändern wirksamen Spannung $U_{S0} = U_S(y = s/2)$ zu

$$|\underline{U}_S(y)/\underline{U}_{S0}| = (\pi/2) \cdot \beta_{quer} \cdot y \cdot |H_1^{(1)}(j\beta_{quer} y)| \quad , \tag{14.5}$$

$$\beta_{quer} = 2\pi\sqrt{\varepsilon_{r,eff} - 1}/\lambda_0 \tag{14.6}$$

berechnen /1.349/. β_{quer} ist der seitliche Abklingkoeffizient der Felder mit $\varepsilon_{r,eff} = (\lambda_0/\lambda)^2$. $H_1^{(1)}(j\beta_{quer} y)$ ist die Hankelfunktion erster Art, erster Ordnung, tabelliert bei /12.50, 12.51/. Bei rein imaginärem Argument ist $H_1^{(1)} = -|H_1^{(1)}|$. Der Betrag von $H_1^{(1)}$ sinkt vom Wert Unendlich bei $\beta_{quer} y = 0$ monoton mit steigendem $\beta_{quer} y$ auf den Wert Null bei $\beta_{quer} y = \infty$. Aus (14.6) erkennt man, daß der seitliche Abklingkoeffizient β_{quer} proportional zur Frequenz $f = c_0/\lambda_0$ anwächst, daß also die durch einen bestimmten seitlichen Feldamplitudenabfall definierte seitliche Feldabklingweite proportional zu 1/f ist. Diese Abklingweite sinkt somit mit wachsender Frequenz f.

Für größere Entfernung y von der Schlitzmitte entsprechend $\beta_{quer} y > 4$ bzw. $y/\lambda_0 > 1/\sqrt{\varepsilon_r - 1}$ kann man (14.5) mit Hilfe der bei /12.50, 12.51/ angegebenen Näherungsgleichungen für die Hankelfunktion $H_1^{(1)}(j\beta_{quer} y) = -(2/\pi)\sqrt{\pi/(2\beta_{quer} y)} \cdot \exp(-\beta_{quer} y)$ durch

$$\begin{aligned} |\underline{U}_S(y)/\underline{U}_{S0}| &= \sqrt{\pi \cdot \beta_{quer} y/2} \cdot \exp(-\beta_{quer} y) \\ &= \pi\sqrt{y/\lambda_0} \cdot \sqrt[4]{(\varepsilon_r - 1)/2} \cdot \exp(-\pi\sqrt{2(\varepsilon_r - 1)} \cdot y/\lambda_0) \end{aligned} \tag{14.7}$$

darstellen (Fehler <8 %). Dabei wurde näherungsweise $\varepsilon_{r,eff} = (\varepsilon_r + 1)/2$ gesetzt. Bild 14.6a zeigt den seitlichen Spannungsabfall für drei verschiedene Substratarten nach (14.5), (14.6).

Man kann weiterhin nach $-20 \log|U_S(y = \Delta y_{10dB})/U_{S0}| = 10$ dB bzw. nach $-20 \log|U_S(y = \Delta y_{20dB})/U_{S0}| = 20$ dB eine seitliche 10-dB- bzw. 20-dB-Markierung

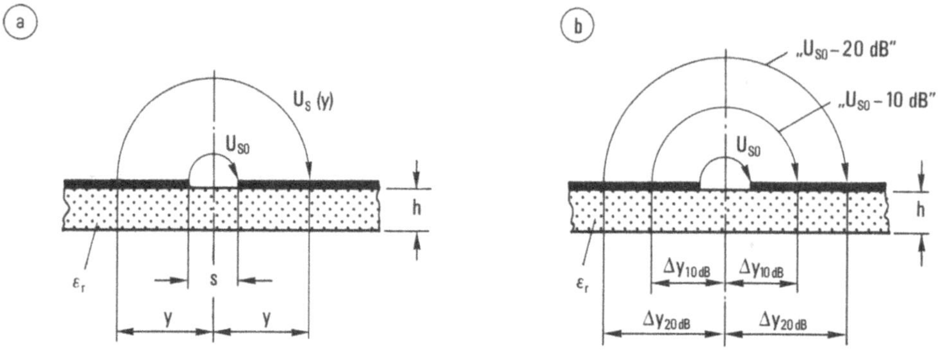

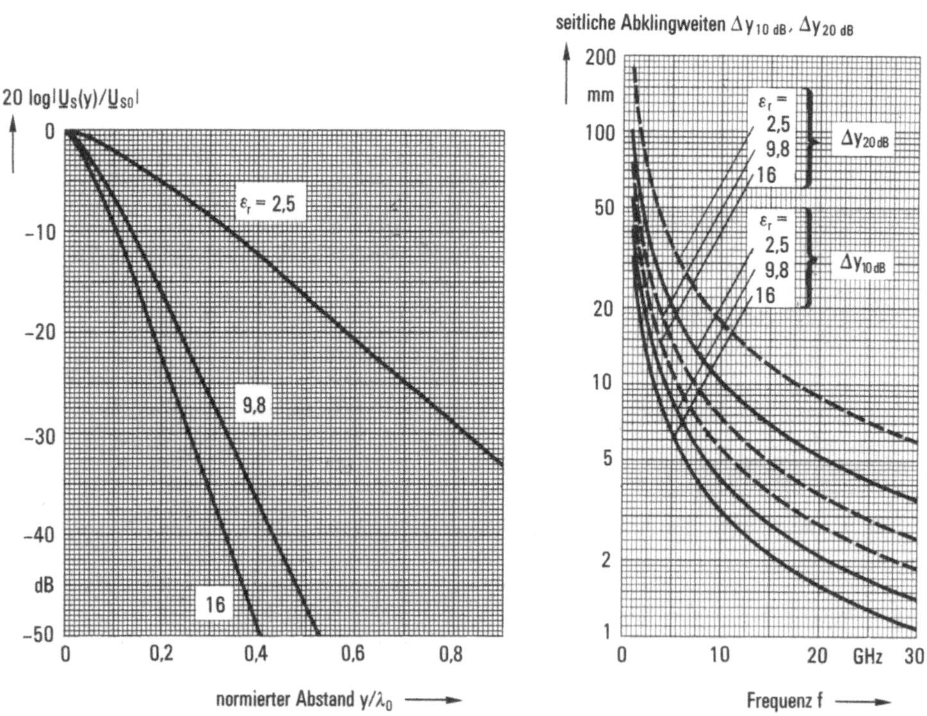

Bild 14.6. Seitliches Abklingen der Schlitzleitungsspannung in größerer Entfernung vom Schlitz. a) Seitlicher Verlauf der normierten Schlitzleitungsspannung $U_S(y)/U_{S0}$; b) seitliche Abklingweiten Δy_{10dB}, Δy_{20dB} für einen Spannungsabfall um 10 dB bzw. 20 dB

weite Δy_{10dB} bzw. Δy_{20dB} definieren. Bei diesen Abklingweiten ist die Schlitzleitungsspannung U_S um 10 dB bzw. 20 dB gegenüber dem Wert U_{S0} am Schlitzrand abgefallen. Bild 14.6b zeigt diese Abklingweiten für drei Substratmaterialien. Diese Abschätzungen gelten nur in größerer Entfernung $r = \sqrt{x^2 + y^2} \gg s$ vom Schlitz. Zur Feststellung der Feldverteilung im Schlitz selbst und zur Berechnung des Einflusses von s und h sind numerische Feldberechnungsmethoden /1.349, 1.351, 3.140, 12.14, 14.1/ notwendig.

14.4 Varianten und Bauelemente der Schlitzleitung

Eine Variante der Schlitzleitung ist die Sandwich-Schlitzleitung /14.12/: Hier befinden sich die beiden Metallisierungsebenen I, II zwischen zwei Substraten. Das symmetrische gekoppelte Schlitzleitungspaar /13.19, 13.20, 14.3, 14.41, 14.47/ besteht aus zwei in festem Abstand parallellaufenden Schlitzen in einer Metallisierungsebene. Die Schlitzleitung auf einem doppellagigen Substrat wird bei /14.41, 14.46/, die Schlitzleitung auf dielektrisch anisotropem Saphirsubstrat bei /14.47/ analysiert. Der Schlitzleitungskurzschluß in der Form eines abrupt endigenden Schlitzes wird nach Messungen /14.11/ durch eine Ersatzinduktivität dargestellt.

Da die Schlitzleitung ein elliptisch polarisiertes Magnetfeld besitzt, ist sie zum Aufbau nichtreziproker gyromagnetischer Bauelemente wie differentieller Phasenschieber, durch Vormagnetisierung schaltbarer Phasenschieber, Isolatoren und Zirkulatoren geeignet /13.26, 14.13-14.15, 14.24, 14.30, 14.31, 14.33/. Die Polarisiationsebenen liegen im Schlitz in Ebenen $y = \text{const.}$ (senkrecht zum Substrat). In diesen Bereich muß ein mit einem magnetischen Gleichfeld H_0 senkrecht zur Polarisationsebene vormagnetisiertes Ferrit gebracht werden. Hierzu legt man entweder einen schmalen Ferritstab in Längsrichtung über den Schlitz oder man verwendet überhaupt Ferrit als Substratmaterial. Auch Feldverdrängungs-Isolatoren /14.24, 14.31/, Dreitorzirkulatoren /13.26/ und Viertorzirkulatoren /14.24/ lassen sich in Schlitzleitungstechnik aufbauen.

Die Schlitzleitung wird vielfach in Kombination mit der Mikrostreifenleitung und Koplanarleitungen zum Aufbau von Komponenten wie Mischer, Filter oder PIN-Diodenschalter verwendet /13.25, 13.27, 13.29, 14.26, 14.28, 14.29, 14.44, 14.45/. Ein Beispiel eines Mischers zeigt Bild 1.11. Auch mit der Schlitzleitung allein lassen sich einfache Bauelemente wie z.B. Filter und Richtkoppler aufbauen /14.19, 14.20, 14.37, 14.44/. Sie ist jedoch für eine eigenständige Schaltungstechnik wenig geeignet. Übergänge zwischen der Schlitzleitung und anderen Leitungstypen wie Mikrostreifen- und Koplanarleitungen werden bei /1.349-1.351, 13.39, 13.40, 14.23, 14.27, 14.40/ beschrieben (s. auch Abschn. 1.6.6, Bilder 1.41a,b). Auch Antennen werden mit Schlitzleitungen aufgebaut /14.22, 14.25/.

15 Parasitäre Wellen in Streifenleitungsschaltungen

15.1 Oberflächenwellen in offenen Mikrostreifenleitungsschaltungen

15.1.1 Übersicht

Bei nach oben offenen Mikrostreifenleitungs-Schaltungen (ohne Gehäusedeckel, mit oder ohne Seitenwände), wie sie z.B. in den Bildern 1.1, 1.6-1.11 gezeigt werden, sind neben den von den Streifenleitern geführten Grund- und Oberwellen der Mikrostreifenleitung (Kap. 3, 4) noch parasitäre, also unerwünschte Wellen in Form der Oberflächenwellen ausbreitungsfähig. Diese beeinflussen die durch die Mikrostreifenleitungs-Grundwelle definierten Schaltungseigenschaften auf zweierlei Weise, nämlich durch die Diskontinuitätenverkoppelung und die synchrone Verkoppelung.

15.1.2 Diskontinuitätenverkoppelung

Die Diskontinuitätenverkoppelung zwischen der für alle Frequenzen $f > 0$ existenzfähigen TM_0-Oberflächenwelle (Grundwelle) und der Mikrostreifenleitungsschaltung kann bei beliebigen Frequenzen erfolgen und steigert mit wachsender Frequenz ihre Intensität. Sie entsteht dadurch, daß an jeder Diskontinuität i in der Schaltung (Kap. 10) ein bestimmter Anteil $P_{Rad,OW,i} = \eta_{A,i} P_{Hin}$ der Leistung der auf die Diskontinuität zulaufenden Mikrostreifenleitungs-Grundwelle P_{Hin} in eine TM_0-Oberflächenwelle abgestrahlt wird (Kap. 11, Bild 11.1). Dabei ist $\eta_{A,i}$ der Anregungswirkungsgrad. Die TM_0-Oberflächenwelle breitet sich unabhängig von der Streifenleiterführung quer über das Substrat aus und kann an beliebigen anderen Diskontinuitäten j wieder zu einem Anteil $P_{M,j} = \eta_{E,j} \cdot P_{OW}$ der auf sie einfallenden Oberflächenwellenleistung P_{OW} in eine Mikrostreifenleitungs-Grundwelle zurückverwandelt werden ($\eta_{E,j}$: Einkoppelungs-Wirkungsgrad).

Alle an den Diskontinuitäten einer Schaltung angeregten Oberflächenwellen werden an den Substratgrenzen (ohne Seitenwand: Leerlauf; mit Seitenwand: Kurzschluß) und Streifenleiterstrukturen mehrfach reflektiert und bilden stehende Oberflächenwellen aus. Durch die mehrfache Ein- und Auskoppelung entstehen bei der Streifenleitungsschaltung parasitäre Signalnebenschlüsse über Oberflächenwellen (Abschn. 11.1, Bild 11.1b), welche bei Schaltungen mit geringer Dämpfung eine Welligkeit überlagern. Bei stark entkoppelten Schaltungsteilen (z.B. Sperrbereich von Filtern) wird dadurch die Isolation auf ca. 60 dB, 40 dB bzw. 20 dB bei $f = 1$ GHz, 5 GHz bzw. 10 GHz reduziert. Bei Resonatoren wird die Güte reduziert und die Resonanzfrequenz verstimmt. Messungen lieferten bei $f \cong 10$ GHz für einen Leerlauf ein $\eta_A \cong 35$ dB und $\eta_E \cong 30$ dB /11.14/. Besonders starke parasitäre Verkoppelungen treten bei den Resonanzfrequenzen der stehenden Oberflächenwellen auf.

15.1.3 Eigenschaften der Oberflächenwellen

Oberflächenwellen /2.2, S. 130; 2.30, S. 453; 2.104, S. 470; 15.1-15.8/ sind grundsätzlich auf leitenden metallischen Ebenen, die mit einer dielektrischen Deckschicht versehen sind, ausbreitungsfähig. Diesen dielektrisch beschichteten Ebenen entsprechen die rückseitig ganzflächig metallisierten Substrate. Eine Vorderseitenstruktur benötigen die Oberflächenwellen nicht. Die Eigenschaften der Oberflächenwellen werden an dem idealisierten Modell einer unendlich ausgedehnten, mit dielektrischer Schicht (Substrat: Dicke h, relative Permittivität ε_r) überzogenen, unendlich gut leitenden Ebene betrachtet (Bilder 15.1a,b): Es gibt zwei Typen, die transversal magnetischen oder TM_n- und die transversal elektrischen oder TE_n-Oberflächenwellen ($n = 0, 1, 2, 3...$). Bei den TM_n-Wellen besitzt nur das elektrische Feld, bei den TE_n-Wellen nur das magnetische Feld Längskomponenten. Die Grundwelle wird durch $n = 0$, die Oberwellen werden durch $n \geq 1$ beschrieben. Es wird eine sich in z-Richtung ausbreitende Wellenfront angenommen.

Die in der y-Richtung konstanten, nur von x und z abhängigen Feldkomponenten E_x, E_z, H_y der TM_n- und E_y, H_x, H_z der TE_n-Oberflächenwellen verlaufen innerhalb des Substrats sinusförmig in Abhängigkeit von x und klingen außerhalb des Substrats in x-Richtung exponentiell ab. Daher ist der Haupt-Energieanteil im Substrat konzentriert. Das in Bild 15.1a gezeigte Feldbild der TM_0-Oberflächenwelle ähnelt mit seinen starken E_x-Komponenten wesentlich mehr der Quasi-TEM-Mikrostreifenleitungswelle als das Feldbild der TE_0-Welle (Bild 15.1b). Deshalb ist die TM_0-Welle leichter als die TE_0-Welle in Mikrostreifenleitungs-Schaltungen ankoppelbar. Die TE_0-Welle wird allenfalls durch das Streufeld E_y von Diskontinuitäten angeregt.

Die TM_n- und TE_n-Oberflächenwellen existieren jeweils oberhalb der Grenzfrequenzen ($n = 0, 1, 2...$)

$$f_{g,TMn} = c_0 n/(2h\sqrt{\varepsilon_r - 1}) = 2n \cdot f_{g,TE0} , \tag{15.1}$$

$$f_{g,TEn} = c_0 (1+2n)/(4h\sqrt{\varepsilon_r - 1}) = (1+2n) \cdot f_{g,TE0} . \tag{15.2}$$

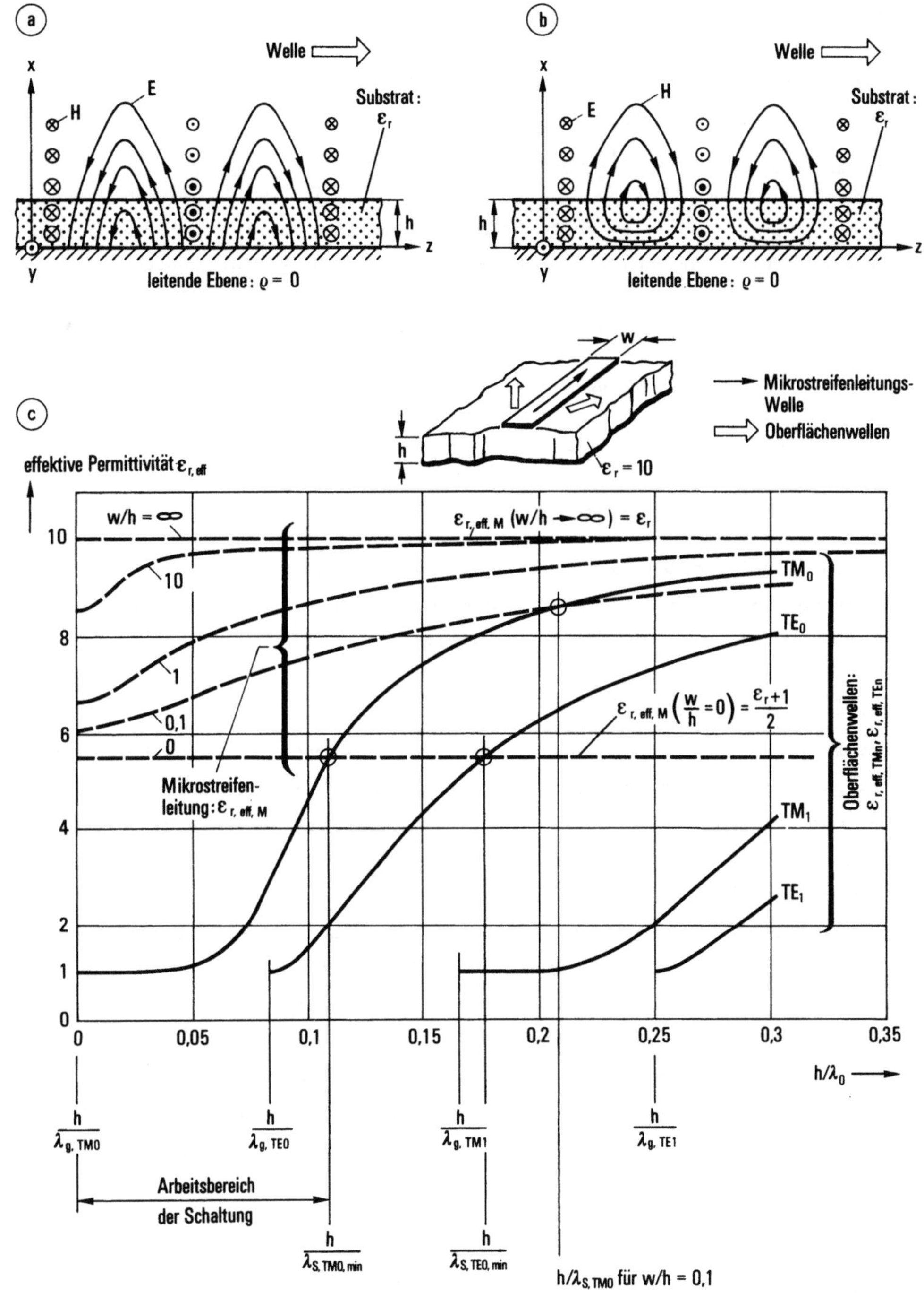

Bild 15.1. Oberflächenwellen auf Mikrostreifenleitungs-Schaltungen. a) Feldbild der TM_0-Oberflächenwelle; b) Feldbild der TE_0-Oberflächenwelle; c) Dispersionsdiagramm für die Mikrostreifenleitungs-Grundwelle (strichliert) und die Oberflächenwellen (durchgezogen)

Der übliche Betriebsfrequenzbereich von Mikrostreifenleitungsschaltungen liegt bei $0 < f < f_{g,TE0}$. So ist für $\varepsilon_r = 10$, $h = 0{,}635$ z.B. $f_{g,TE0} \cong 40\,\mathrm{GHz}$. In diesem Bereich ist nur die TM_0-Welle mit $f_{g,TM0} = 0$ ausbreitungsfähig. Bei den TM_n- und TE_n-Wellen sind die Phasengeschwindigkeiten $v_{P,TMn} < c_0$, $v_{P,TEn} < c_0$ und variieren zwischen $v_{P,TMn}(f_{g,TMn}) = c_0$ bzw. $v_{P,TEn}(f_{g,TEn}) = c_0$ und $v_{P,TMn}(f\to\infty) = v_{P,TEn}(f\to\infty) = c_0/\sqrt{\varepsilon_r}$. Die Dispersionsverläufe $\varepsilon_{r,eff,TMn} = (c_0/v_{P,TMn})^2$ der TM_n-Wellen bzw. $\varepsilon_{r,eff,TEn} = (c_0/v_{P,TEn})^2$ der TE_n-Wellen sind als Funktion von h/λ_0, ε_r und n implizit in der ersten bzw. der zweiten der beiden transzendenten Gleichungen

$$\frac{h}{\lambda_0} = \frac{\arctan\{\varepsilon_r \sqrt{(\varepsilon_{r,eff,TMn}-1)/(\varepsilon_r - \varepsilon_{r,eff,TMn})}\} + n\pi}{2\pi\sqrt{\varepsilon_r - \varepsilon_{r,eff,TMn}}} , \tag{15.3}$$

$$\frac{h}{\lambda_0} = \frac{\mathrm{arccot}\{-\sqrt{(\varepsilon_{r,eff,TEn}-1)/(\varepsilon_r - \varepsilon_{r,eff,TEn})}\} + n\pi}{2\pi\sqrt{\varepsilon_r - \varepsilon_{r,eff,TEn}}} \tag{15.4}$$

gegeben und in Bild 15.1c dargestellt. Für arctan und arccot sind jeweils die Hauptwerte zu verwenden. In Bild 15.1c sind zugleich die Grenzwellenlängen $\lambda_{g,TMn} = c_0/f_{g,TMn}$ und $\lambda_{g,TEn} = c_0/f_{g,TEn}$ angegeben.

15.1.4 Synchrone Verkoppelung

Neben der vorher beschriebenen Diskontinuitätenverkoppelung gibt es noch die synchrone Verkoppelung zwischen Oberflächenwellen und der Mikrostreifenleitungs-Grundwelle. Die synchrone Verkoppelung findet zwischen einer geraden Mikrostreifenleitung und der Oberflächenwelle bei einer bestimmten Frequenz, bei welcher beide Wellen die gleiche Phasengeschwindigkeit v_P besitzen, statt. Bei dieser synchronen Koppelfrequenz tritt ein so starker wechselseitiger Energieaustausch auf, daß die Schaltung funktionsunfähig wird /3.137, 15.9/. Für jeden Oberflächenwellentyp und jede Mikrostreifenleitung bestimmter Breite w/h gibt es eine von w/h, ε_r, h abhängige synchrone Koppelfrequenz $f_{S,TMn}$ bzw. $f_{S,TEn}$, die durch den Schnittpunkt der $\varepsilon_{r,eff}(f)$-Kurve der Mikrostreifenleitung und der $\varepsilon_{r,eff}(f)$-Kurve der betreffenden Oberflächenwelle nach (15.3) bzw. (15.4) definiert ist. Die zugehörigen synchronen Koppelwellenlängen $\lambda_{S,TMn} = c_0/f_{S,TMn}$ und $\lambda_{S,TEn} = c_0/f_{S,TEn}$ sind in Bild 15.1c angegeben.

In der Praxis ist ausschließlich die synchrone Koppelfrequenz $f_{S,TM0}$ mit der TM_0-Oberflächenwelle von Bedeutung. Sie schwankt zwischen einem Minimalwert $f_{S,TM0,min}$ für $w/h \to 0$ und $\varepsilon_{r,eff,M} = (\varepsilon_r + 1)/2$ (effektive Permittivität der Mikrostreifenleitung für $w/h \to 0$ nach (3.35)) und einem Maximalwert $f_{S,TM0,max} = \infty$ für $w/h \to \infty$ und $\varepsilon_{r,eff,M} = \varepsilon_r$ gemäß (3.39). Die minimale mögliche synchrone Koppelfrequenz $f_{S,TM0,min}$

stellt daher eine obere Frequenzgrenze für einen verkoppelungsfreien Betrieb von Mikrostreifenleitungsschaltungen mit Leitungen beliebiger Breite w/h dar. Sie berechnet sich durch Einsetzen von $\varepsilon_{r,eff,TM0} = (\varepsilon_r + 1)/2$ in (15.3) unter Vernachlässigung der Dispersion der Mikrostreifenleitung zu

$$f_{S,TM0,min} = \frac{c_0 \cdot \arctan(\varepsilon_r)}{\pi h\sqrt{2(\varepsilon_r - 1)}} \quad . \qquad (15.5)$$

Sie liegt um so höher, je dünner das Substrat und je größer dessen ε_r ist. Für große ε_r vereinfacht sich (15.5) mit $\arctan(\varepsilon_r) \cong \pi/2$ bei einem Fehler $<1{,}4$ % für $\varepsilon_r \geqq 10$ mit h in mm und $f_{S,TM0,min}$ in GHz zu

$$f_{S,TM0,min} = 106/(h\sqrt{\varepsilon_r - 1}) \quad . \qquad (15.6\ Z)$$

Bei dieser synchronen Koppelfrequenz $f_{S,TM0,min} = c_0/\lambda_{S,TM0}$ liegt die Substratdicke gemäß $h = 0{,}35\ \lambda_{S,TM0}/\sqrt{\varepsilon_r - 1}$ geringfügig oberhalb einer Viertel-Wellenlänge.

Die nächsthöhere synchrone Koppelfrequenz für $w/h \rightarrow 0$ tritt bei einer Verkoppelung mit der TE_0-Oberflächenwelle auf und ergibt sich mit $\varepsilon_{r,eff,TE0} = (\varepsilon_r + 1)/2$ in (15.4) zu

$$f_{S,TE0,min} = \frac{3c_0}{4h\sqrt{2(\varepsilon_r - 1)}} \quad . \qquad (15.7)$$

Sie ist ebenfalls in Bild 15.1c eingezeichnet.

15.1.5 Unterdrückung von Oberflächenwellen

Die Störungen durch parasitäre Verkoppelungen der Mikrostreifenleitungsschaltung mit Oberflächenwellen können gering gehalten werden, indem man die nicht von Leiterstruktur belegten Teile der Substratoberfläche in einem gewissen Abstand von der Struktur mit einer dämpfenden Widerstandsmetallisierung versieht. Alternativ kann man auch mit starken dielektrischen oder magnetischen Verlusten behaftete Isolierstoffplatten auf das Substrat auflegen und so die Oberflächenwellen abdämpfen. Dielektrische Dämpfung ist insbesondere an leerlaufenden Substraträndern ohne Gehäuseseitenwände von Nutzen (Spannungsmaximum!).

15.2 Hohlleiterwellen in geschlossenem Mikrostreifenleitungs-Schaltungsgehäuse

15.2.1 Übersicht über die parasitären Hohlleiterwellen

Bei einer Mikrostreifenleitungsschaltung in einem allseitig geschlossenen Gehäuse (strichliert in Bild 11.1a) können entartete Längsschnitt-Hohlleiterwellen oberhalb von ihren Grenzfrequenzen existieren und stehende Wellen (Gehäuseresonanzen) ausbilden. Sie werden durch die von den Diskontinuitäten der Schaltung (Kap. 10) senkrecht zur Substratebene ausgehende Raumwellenstrahlung angeregt (Abschn. 11.1, 11.2). Die Eigenschaften der Mikrostreifenleitungsschaltung werden oberhalb der niedrigsten Längsschnittwellen-Grenzfrequenz durch die nicht vom Streifenleiter geführte Hohlleiterwelle in gleicher Weise wie durch die Oberflächenwellen verändert (Abschn. 11.1, Bild 11.1b, Abschn. 15.1.2): Durch vielfache Ein- und Auskoppelung von Hohlleiterwellen an den Diskontinuitäten und durch Reflexion der Hohlleiterwellen an den Gehäusewänden entstehen parasitäre Signalnebenschlüsse, welche die Schaltungseigenschaften verschlechtern.

Nachfolgend werden die Hohlraumresonanzfrequenzen von Mikrostreifenleitungs-Schaltungen in geschlossenem, quaderförmigem Gehäuse abgeschätzt. Hierfür vernachlässigen wir näherungsweise die Existenz der Streifenleiterstrukturen und verwenden als Schaltungsmodell den in Bild 15.2a gezeigten Hohlquader mit den Innenmaßen B, L, H, auf dessen Boden ein oberseitig unbeschichtetes Substrat der Dicke h und der relativen Permittivität ε_r liegt.

Zunächst werden die Wellen in einem unendlich langen Rechteckhohlleiter mit dielektrischer Bodenplatte nach Bild 15.2b betrachtet, um daraus später die Resonanzbedingungen für den Hohlraum von Bild 15.2a abzuleiten. In dem Hohlleiter von Bild 15.2b sind L ä n g s s c h n i t t w e l l e n /1.339, S. 387; 2.30, S. 224; 3.1; 15.10-15.21/ ausbreitungsfähig. Es gibt zwei Arten von Längsschnittwellen, magnetische und elektrische Längsschnittwellen. Beide Arten sind hybride Wellen mit fünf Feldkomponenten.

Bei den m a g n e t i s c h e n L ä n g s s c h n i t t w e l l e n oder LSM-Wellen (longitudinal section magnetic) verschwindet die magnetische Feldkomponente H_x senkrecht zur dielektrischen Grenzschicht im gesamten Feldraum, so daß diese Wellen die Komponenten E_x, E_y, E_z, H_y, H_z besitzen. Die magnetischen Feldlinien verlaufen auf Ebenen x = const. parallel zur dielektrischen Grenzschicht, den sog. Längsschnittebenen. Es existieren unendlich viele magnetische Längsschnittwellen. Das sind die LSM_{mn}-Wellen (m = 1, 2, 3..., n = 1, 2, 3...). m ist die Anzahl der Halbwellen längs der Kante parallel zur dielektrischen Grenzfläche (y-Richtung), n ist die Nummer der Nullstelle der später angegebenen Querresonanzgleichung zur Bestim-

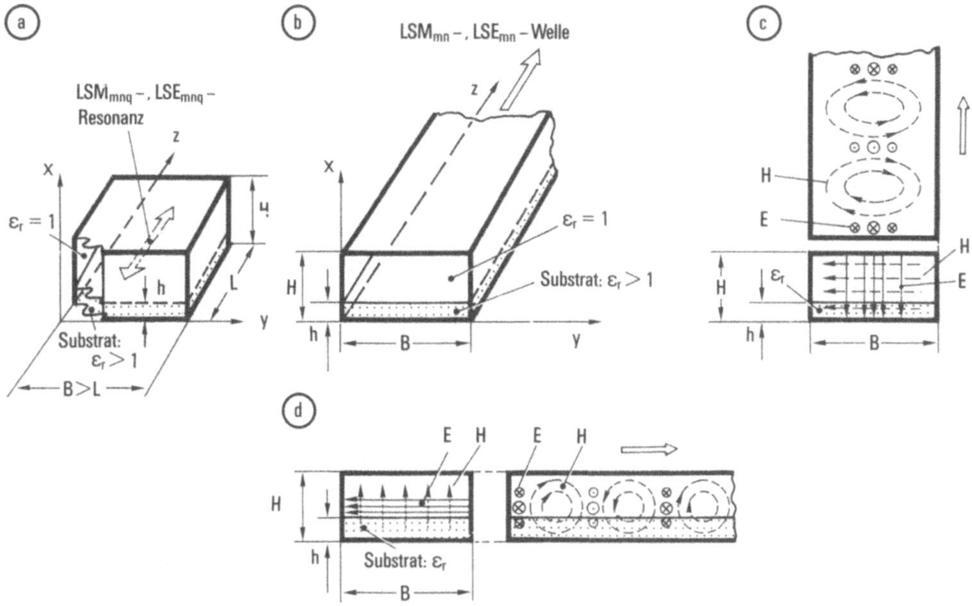

Bild 15.2. Hohlraumwellen im Mikrostreifenleitungs-Schaltungsgehäuse. a) Modell für Schaltung im Gehäuse; b) Längsschnittwellen-Hohlleiter; c) vereinfachtes Feldbild (dominierende Felder) der LSM_{11}- oder Quasi-TE_{10}-Welle; d) vereinfachtes Feldbild der LSE_{01}- oder verzerrten TE_{01}-Welle

mung der Grenzfrequenzen. Die Grundwelle der LSM-Wellen mit der niedrigsten unteren Grenzfrequenz ist die LSM_{11}-Welle. Geht die Substratdicke h gegen Null, so entartet sie in eine TE_{10}-Rechteckhohlleiterwelle, weshalb sie auch als Quasi-TE_{10}-Welle bezeichnet wird. Ihr dominierendes Feldbild zeigt Bild 15.2c.

Bei den e l e k t r i s c h e n L ä n g s s c h n i t t w e l l e n oder LSE-Wellen (longitudinal section electric) verschwindet die elektrische Feldkomponente E_x senkrecht zur dielektrischen Grenzschicht im gesamten Feldraum, so daß diese Wellen die Komponenten E_y, E_z, H_x, H_y, H_z besitzen. Die elektrischen Feldlinien verlaufen auf Ebenen x = const. parallel zur dielektrischen Grenzschicht, den sog. Längsschnittebenen. Es existieren die LSE_{0n}- und die LSE_{mn}-Wellen (m = 1, 2, 3..., n = 1, 2, 3...). m ist wiederum die Zahl der Halbwellen längs der Kante parallel zur dielektrischen Grenzschicht (y-Richtung). n ist die Nummer der Nullstelle der Querresonanzgleichung zur Bestimmung der Grenzfrequenzen. Die LSE_{0n}-Wellen sind als einzige Längsschnittwellen keine hybriden Wellen, sondern reine TE_{0n}-Wellen mit $E_z = 0$, bei denen der Feldverlauf durch das Dielektrikum verzerrt ist. Die Grundwelle der LSE-Wellen mit der niedrigsten Grenzfrequenz ist die LSE_{01}-Welle oder verzerrte TE_{01}-Welle, deren Feldbild in Bild 15.2d dargestellt ist.

15.2.2 Magnetische Längsschnittwellen im Schaltungsgehäuse

Wir betrachten zunächst die LSM_{11}-Grundwelle in dem in Bild 15.2b gezeigten Hohlleiter. Sie hat für ein flaches Gehäuse mit $H \ll B$ die niedrigste Grenzfrequenz. Die Leitungswellenlänge λ_{LSM11} und Phasengeschwindigkeit $v_{P,LSM11}$ werden formal durch die effektive Permittivität $\varepsilon_{r,eff,LSM11} = (c_0/v_{P,LSM11})^2 = (\lambda_0/\lambda_{LSM11})^2$ dargestellt. Die von λ_0/B, H/B, h/H, ε_r abhängige effektive Permittivität ist implizit in der transzendenten Dispersionsgleichung (mit $\lambda_0 = c_0/f$)

$$\frac{1}{\varepsilon_r} \cdot \sqrt{\frac{\varepsilon_r - \varepsilon_{r,eff,LSM11} - (\frac{\lambda_0}{2B})^2}{1 - \varepsilon_{r,eff,LSM11} - (\frac{\lambda_0}{2B})^2}} + \frac{\tan\left\{\frac{2\pi(H-h)}{\lambda_0}\sqrt{1 - \varepsilon_{r,eff,LSM11} - (\frac{\lambda_0}{2B})^2}\right\}}{\tan\left\{\frac{2\pi h}{\lambda_0}\sqrt{\varepsilon_r - \varepsilon_{r,eff,LSM11} - (\frac{\lambda_0}{2B})^2}\right\}} = 0 \qquad (15.8)$$

gegeben, welche nach dem Querresonanzverfahren /1.339, S. 387; 2.30, S. 224/ abgeleitet worden ist. Für $H, h \ll \lambda_0$ (niedrige Frequenzen) und für $H \ll B$ kann man mit $\tan x \cong x$ für $x \ll \pi/2$ (15.8) näherungsweise gemäß

$$\varepsilon_{r,eff,LSM11} = \left\{1 - \frac{h}{H}(1 - \frac{1}{\varepsilon_r})\right\}^{-1} - (\frac{\lambda_0}{2B})^2 \qquad (15.9)$$

nach der effektiven Permittivität auflösen.

Die untere Grenzfrequenz $f_{g,LSM11} = c_0/\lambda_{g,LSM11}$ für die LSM_{11}-Welle in dem Hohlleiter von Bild 15.2b erhält man, indem man bei (15.8) $\lambda_{LSM11} \to \infty$ bzw. $\varepsilon_{r,eff,LSM11} \to 0$ gehen läßt. Dann wird $\lambda_0 = \lambda_{g,LSM11}$. Das ergibt die Querresonanzgleichung

$$\frac{1}{\varepsilon_r}\sqrt{\varepsilon_r - (\frac{\lambda_{g,LSM11}}{2B})^2} \cdot \tan\left[\frac{2\pi h}{\lambda_{g,LSM11}}\sqrt{\varepsilon_r - (\frac{\lambda_{g,LSM11}}{2B})^2}\right]$$
$$- \sqrt{(\frac{\lambda_{g,LSM11}}{2B})^2 - 1} \cdot \tan\left[\frac{2\pi(H-h)}{\lambda_{g,LSM11}}\sqrt{(\frac{\lambda_{g,LSM11}}{2B})^2 - 1}\right] = 0 \qquad (15.10)$$

für die von B, H/B, h/H, ε_r abhängige Grenzwellenlänge $\lambda_{g,LSM11}$. Für ein flaches Gehäuse mit $H \ll B$ läßt sich die Grenzfrequenz auch aus (15.9) herleiten, indem man $\varepsilon_{r,eff,LSM11} \to 0$ gehen läßt und $\lambda_0 = \lambda_{g,LSM11}$ setzt. Man erhält

$$f_{g,LSM11}/f_{g,TE10} = \sqrt{1 - (h/H) \cdot \{1 - (1/\varepsilon_r)\}} \qquad (15.11)$$

mit einem Fehler < 4 % bei $H/B < 0{,}5$, $h/H < 0{,}2$, $\varepsilon_r < 10$. $f_{g,TE10} = c_0/(2B)$ ist die Grenzfrequenz der TE_{10}-Welle des leeren Hohlleiters. Bild 15.3a zeigt die nach (15.10) berechnete Grenzfrequenz $f_{g,LSM11}$ der LSM_{11}-Welle im Hohlleiter von Bild 15.2b.

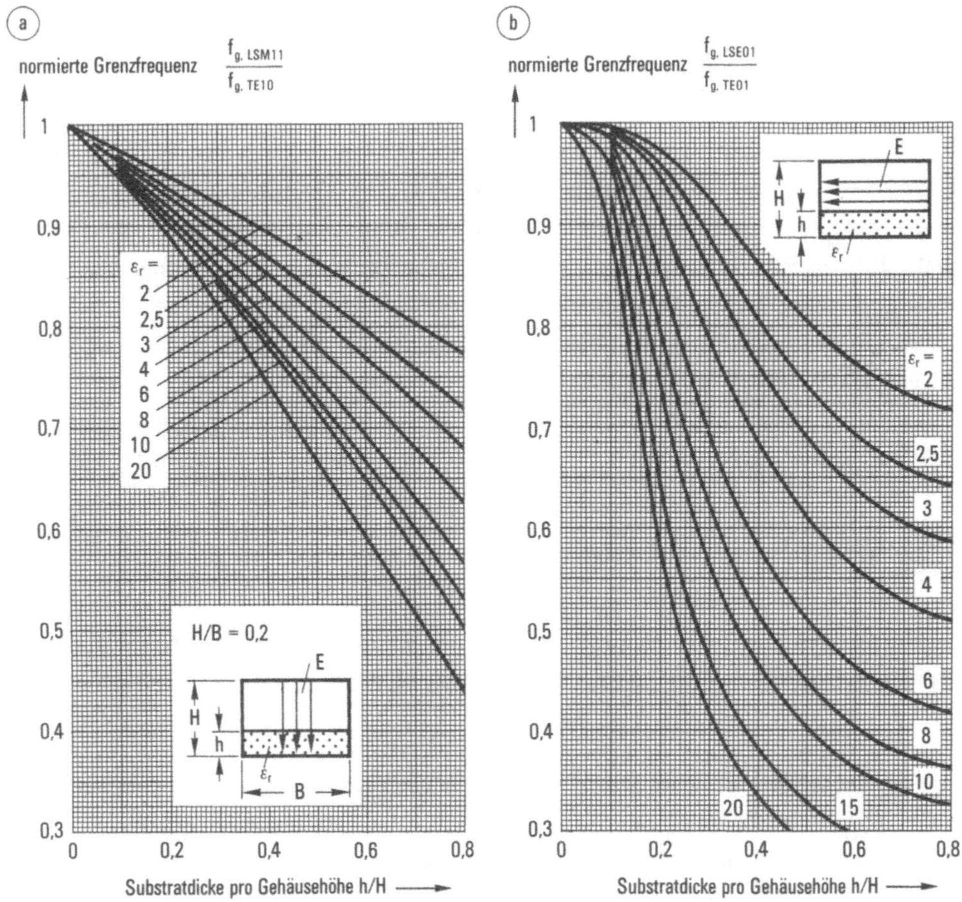

Bild 15.3. Grenzfrequenzen der niedrigsten Längsschnittwellen im Mikrostreifenleitungs-Hohlleiter mit Substrat von Bild 15.2b. a) Grenzfrequenz $f_{g,LSM11}$ der LSM_{11}- oder Quasi-TE_{10}-Welle, normiert auf $f_{g,TE10} = c_0/(2B)$, für $H/B = 0,2$; b) Grenzfrequenz $f_{g,LSE01}$ der LSE_{01}- oder verzerrten TE_{01}-Welle, normiert auf $f_{g,TE01} = c_0/(2H)$

15.2.3 Gehäuseresonanzen der magnetischen Längsschnittwellen

Die Resonanzfrequenzen des in Bild 15.2a gezeigten Mikrostreifenleitungs-Schaltungsgehäuses, welches einen an den Enden kurzgeschlossenen Hohlleiter nach Bild 15.2b von der Länge L darstellt, liegen für ein flaches Gehäuse mit $H \ll B$ stets oberhalb der in (15.10) bzw. (15.11) gegebenen Grenzfrequenz $f_{g,LSM11}$. Daher muß man für Breitbandschaltungen das Gehäuse so dimensionieren, daß $f_{g,LSM11}$ oberhalb des Betriebsfrequenzbereichs der Schaltung liegt. Die Zuordnung von L, B zu den Gehäuseseiten ist zur Berechnung der Grenzfrequenz so zu wählen, daß $B > L$ ist.

Die in einem technischen Schaltungsaufbau angeregten Hohlraumresonanzen hängen experimentellen Untersuchungen /15.22/ zufolge von Art und Lage der abstrahlenden Diskontinuitäten ab.

Die niedrigsten möglichen Resonanzfrequenzen des Gehäusemodells von Bild 15.2a treten für die LSM_{m1}-Wellen in dem Hohlleiter von Bild 15.2b auf. Es handelt sich um die LSM_{m1q}-Resonanzen /15.23/ mit $m = 1, 2, 3...$ und $q = 1, 2, 3....$ Man erhält ihre Resonanzfrequenzen $f_{R,LSMm1q}$ durch Einsetzen der Resonanzbedingung $\lambda_{LSMm1} = 2L/q$ in die Dispersionsgleichung der LSM_{m1}-Wellen, die in /15.14, 15.15/ angegeben ist bzw. aus (15.8) und (15.9) entsteht, indem man $\lambda_0/(2B)$ durch $\lambda_0 \cdot m/(2B)$ ersetzt. Mit der solchermaßen auf $\varepsilon_{r,eff,LSMm1}$ der LSM_{m1}-Welle erweiterten Näherungsgleichung (15.9) erhält man mit der Resonanzbedingung die Resonanzfrequenzen $f_{R,LSMm1q}$ der LSM_{m1q}-Resonanzen für $H \ll B$ zu

$$\frac{f_{R,LSMm1q}}{f_{g,TEq0}} = \sqrt{\{1 - \frac{h}{H}(1 - \frac{1}{\varepsilon_r})\} \cdot \{1 + (\frac{L \cdot m}{B \cdot q})^2\}} \quad . \tag{15.12}$$

Die Bezugsgröße ist die Grenzfrequenz $f_{g,TEq0} = c_0 q/(2L)$ der TE_{q0}-Welle im leeren Rechteckhohlleiter von der Breite L. Die niedrigste Resonanzfrequenz entsteht für $m = q = 1$.

Bei Schmalbandschaltungen kann man die Betriebsfrequenz auch oberhalb der Grenzfrequenz $f_{g,LSM11}$ legen, wenn man vermeidet, daß eine der Resonanzfrequenzen $f_{R,LSMm1q}$ in den Betriebsfrequenzbereich fällt. Bei sehr hohen Betriebsfrequenzen müssen evtl. außer den LSM_{m1q}-Resonanzen alle LSM_{mnq}- und LSE_{0nq}- sowie LSE_{mnq}-Resonanzen ($m, n, q = 1, 2, 3...$) berücksichtigt werden. Sie sind aus den allgemeinen in /15.14, 15.15/ angegebenen Dispersionsgleichungen der LSE- und LSM-Wellen mit der Resonanzbedingung $\lambda = 2L/q$ zu berechnen. Zudem ist eine geringfügige Verschiebung der Resonanzfrequenzen durch die Einwirkung der Streifenleiter zu berücksichtigen (Abschn. 15.2.5).

15.2.4 Gehäuseresonanzen der elektrischen Längsschnitt-Grundwelle

Nachfolgend wird die Grundwelle der elektrischen Längsschnittwellen, also die elektrische Längsschnittwelle mit der niedrigsten Grenzfrequenz betrachtet. Es ist die LSE_{01}-Welle oder verzerrte TE_{01}-Welle (Bild 15.2d). Sie hat bei hohem Gehäuse mit $H \cong B$ von allen Längsschnittwellen die niedrigste Grenzfrequenz. Ihre Dispersionsgleichung für die durch die effektive Permittivität $\varepsilon_{r,eff,LSE01} = (c_0/v_{P,LSE01})^2 = (\lambda_0/\lambda_{LSE01})^2$ dargestellte Phasengeschwindigkeit $v_{P,LSE01}$ und Leitungswellenlänge λ_{LSE01} kann ebenfalls nach dem Querresonanzverfahren /1.339, S. 387; 2.30, S. 224/ sowie nach anderen Verfahren /15.14-15.18/ aufgestellt werden. Sie lautet für den in Bild 15.2b gezeigten Mikrostreifenleitungs-Hohlleiter (mit $\lambda_0 = c_0/f$)

$$\sqrt{\varepsilon_r - \varepsilon_{r,eff,LSE01}} \cdot \tan\{\frac{2\pi(H-h)}{\lambda_0}\sqrt{1-\varepsilon_{r,eff,LSE01}}\} + \sqrt{1-\varepsilon_{r,eff,LSE01}} \cdot \tan\{\frac{2\pi h}{\lambda_0}\sqrt{\varepsilon_r - \varepsilon_{r,eff,LSE01}}\} = 0 \quad . \tag{15.13}$$

$\varepsilon_{r,eff,LSE01}(\lambda_0/H, h/H, \varepsilon_r)$ ist implizit in dieser transzendenten Gleichung gegeben.

Mit $\lambda_{LSE01} \to \infty$ und $\lambda_0 = \lambda_{g,LSE01}$ erhält man aus (15.13) die Querresonanzgleichung

$$\sqrt{\varepsilon_r} \cdot \tan\{2\pi(H-h)/\lambda_{g,LSE01}\} + \tan(2\pi h\sqrt{\varepsilon_r}/\lambda_{g,LSE01}) = 0 \tag{15.14}$$

zur iterativen Bestimmung der unteren Grenzfrequenz $f_{g,LSE01} = c_0/\lambda_{g,LSE01} = f(h/H, \varepsilon_r)$ des Hohlleiters von Bild 15.2b für die LSE_{01}-Welle. Diese Grenzfrequenz ist, auf die Grenzfrequenz $f_{g,TE01} = c_0/(2H)$ des leeren Hohlleiters für die TE_{01}-Welle normiert, in Bild 15.3b dargestellt.

Die Resonanzfrequenzen $f_{R,LSE01q}$ der LSE_{01}-Wellen in dem Gehäuse von Bild 15.2a mit der Länge L erhält man durch Einsetzen der Resonanzbedingung $\lambda_{LSE01} = 2L/q$ in die Dispersionsgleichung (15.13). Die niedrigste Resonanzfrequenz ergibt sich für $q = 1$ (stehende LSE_{011}-Welle). Zur Bestimmung der Resonanzfrequenzen der allgemeinen LSE_{mnq}-Resonanzen setzt man die Resonanzbedingung in die allgemeinen bei /15.14, 15.15/ angegebenen Dispersionsgleichungen für die LSE_{0n}- und LSE_{mn}-Wellen ein.

15.2.5 Unterdrückung von Gehäuseresonanzen, Einfluß der Streifenleiter

Einige Methoden zur Unterdrückung von Gehäuseresonanzen zeigt Bild 15.4. Die Entstehung der LSM_{111}-Resonanz läßt sich mit einem Kurzschlußstift S im elektrischen Feldmaximum (Bild 15.4a) oder durch eine Unterbrechung der Wandströme mittels $\lambda/4$ tiefer Nuten N (Eingangswiderstand ∞) nach Bild 15.4b /15.24/ verhindern. Die Resonanzen können ferner durch eine Widerstandsschicht W auf dem nicht von Streifenleiterstrukturen belegten Substratteilen nach Bild 15.4c über die Wandströme bedämpft werden /15.22, 15.24/. Eine weitere Dämpfungsmöglichkeit ist die E-Feld-dämpfung über eine mit dielektrischen Verlusten behaftete Isolierstoffplatte D unter dem Gehäusedeckel (Bild 15.4d).

Die Gleichungen (15.8) bis (15.14) für das in den Bildern 15.2a,b gezeigte Schaltungsmodell berücksichtigen die Streifenleiterstrukturen der realen Schaltung nicht. Diese verändern das Wellenspektrum nicht. Lediglich die Grenz-

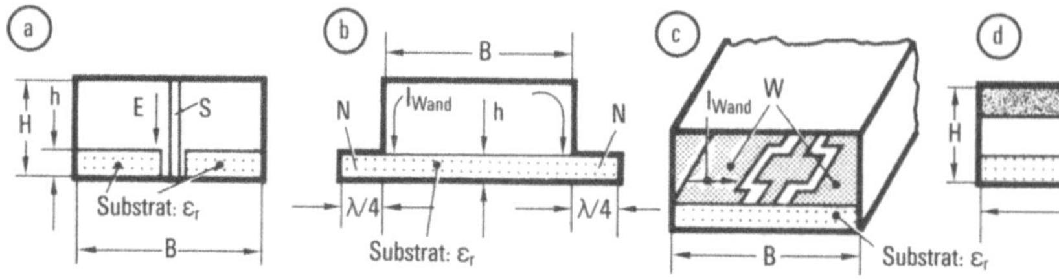

Bild 15.4. Unterdrückung von Gehäuseresonanzen. a) Leitender Stift S bei E_{max}; b) Nuten N in Seitenwand; c) Widerstandsschicht W auf strukturfreiem Teil des Substrats; d) dämpfendes Dielektrikum D unter dem Gehäusedeckel

und Resonanzfrequenzen dieser Wellen werden durch die Streifenleiter variiert. Als Beispiel wird ein Doppelleiter-Suspended-Substrate-Hohlleiter, wie er in Bild 12.9 gezeigt ist, betrachtet: In der Mitte eines Rechteckhohlleiters der Breite a und Höhe b sitzt ein Substrat (ε_r) der Dicke h, welches in der Mitte zwei Streifenleiter der Breite w auf seiner Ober- und Unterseite trägt. Nach theoretischen Untersuchungen von /12.31/ erhöht sich durch das Einbringen der Streifenleiter die Grenzfrequenz $f_{g,LSM11}$ der LSM_{11}-Welle oder Quasi-TE_{10}-Welle. Für $\varepsilon_r = 9$, $b/a < 0{,}5$, $h/b < 0{,}2$ und eine Leiterbelegung $w/a < 0{,}25$ liegt die Grenzfrequenzerhöhung unter 30 %. Ebenfalls nach /12.31/ erniedrigt sich durch das Einbringen der Streifenleiter die Grenzfrequenz $f_{g,LSE01}$ der LSE_{01}-Welle oder verzerrten TE_{01}-Welle gegenüber dem Fall ohne Streifenleiter ($w = 0$). Für $\varepsilon_r = 9$, $b/a < 0{,}5$, $h/b < 0{,}2$ und $w/a < 0{,}25$ liegt die Erniedrigung unterhalb von 10 %. Über experimentelle Untersuchungen des Streifenleitereinflußes auf die Grenz- und Resonanzfrequenzen der Längsschnittwellen in Mikrostreifenleitungsgehäusen berichtet /15.22/.

15.3 Hohlleiterwellen in geschlossenem Suspended-Substrate-Schaltungsgehäuse

Bei Schaltungen, die aus Suspended-Substrateleitungen (Abschn. 12.4, Bild 12.7a) aufgebaut sind, wird die Verwendbarkeit gegen hohe Frequenzen zu durch das Auftreten von Hohlraumresonanzen im Schaltungsgehäuse begrenzt. Es treten wie bei dem Mikrostreifenleitungs-Schaltungsgehäuse (Abschn. 15.2) auch bei dem Suspended-Substrateleitungs-Gehäuse magnetische und elektrische Längsschnittwellen (LSM_{mn}- und LSE_{mn}-Wellen) auf. Diese werden anhand des in Bild 15.5a gezeigten Schaltungsmodells ohne Streifenleiter untersucht. Dabei beschränken wir uns auf die LSM_{m1}-Wellen ($m = 1, 2, 3...$), da sie bei niedrigem Gehäuse ($b \ll a$) die niedrigsten Grenzfrequenzen besitzen.

Zur Bezeichnung der Längsschnittwellen im Suspended-Substrate-Leitungs-Hohlleiter (Bild 15.5a) wird hier die gleiche Systematik wie bei dem Mikrostreifenleitungs-

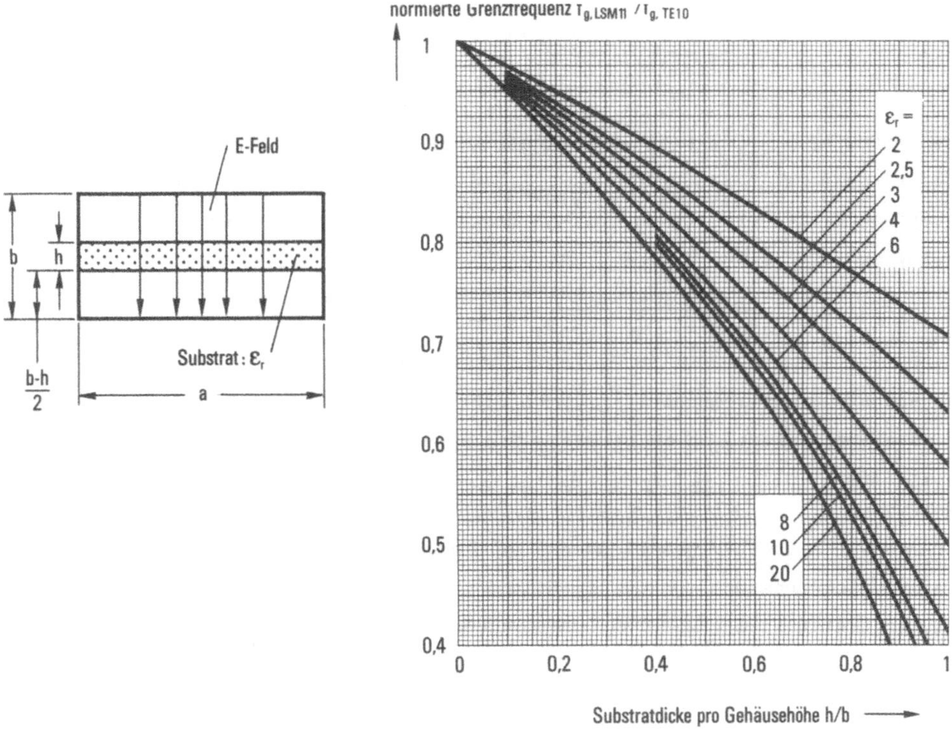

Bild 15.5. Hohlraumwellen im Suspended-Substrate-Schaltungsgehäuse. a) Modell für das Schaltungsgehäuse mit elektrischem Feld der LSM_{11}-Welle; b) Grenzfrequenz $f_{g,LSM11}$ der LSM_{11}-Welle, normiert auf die Grenzfrequenz $f_{g,TE10} = c_0/(2a)$ der TE_{10}-Welle im leeren Hohlleiter

Hohlleiter (Abschn. 15.2.1, Bild 15.2b) angewandt: So bedeuten z.B. bei den LSM_{mn}-Wellen (magnetische Längsschnittwellen) m die Anzahl der Halbwellen längs der Seite parallel zur dielektrischen Grenzlinie (Seite a) und n die Nummer der Nullstelle der Querresonanzgleichung zur Bestimmung der Grenzfrequenzen ($m = 1, 2, 3 \ldots$; $n = 1, 2, 3 \ldots$). Die Grundwelle der LSM_{mn}-Wellen ist die LSM_{11}-Welle (Quasi-TE_{10}-Welle) mit $m = n = 1$ (vgl. Abschn. 15.2.2). Sie besitzt die niedrigste Grenzfrequenz. Für verschwindende Substratdicke $h \to 0$ geht sie in die TE_{10}-Welle des Rechteckhohlleiters über. Entsprechend gehen die LSM_{m1}-Wellen in die TE_{m0}-Wellen des Rechteckhohlleiters über.

Nach der Querresonanzmethode /1.339, 2.30/ ist die Leitungswellenlänge $\lambda_{LSMm1} = v_{P,LSMm1}/f$ der LSM_{m1}-Längsschnittwelle in einer transzendenten Dispersionsgleichung gegeben, die sich für ein flaches Gehäuse mit $b/a \ll 1$

und niedrige Frequenzen zu

$$\frac{\lambda_{LSMm1}}{\lambda_0} = \left[\frac{1}{1-(h/b)\,\{1-(1/\varepsilon_r)\}} - \left(\frac{m\cdot\lambda_0}{2a}\right)^2\right]^{-1/2} \tag{15.15}$$

auflösen läßt. $v_{P,LSMm1}$ ist die Phasengeschwindigkeit der Welle. Die untere G r e n z f r e q u e n z $f_{g,LSMm1} = c_0/\lambda_{g,LSMm1}$ der LSM_{m1}-Welle in dem in Bild 15.5a gezeigten Hohlleiter erhält man durch Einsetzen von $\lambda_{LSMm1} \to \infty$ und $\lambda_0 = \lambda_{g,LSMm1}$ in (15.15) zu

$$f_{g,LSMm1}/f_{g,TE10} = \sqrt{1-(h/b)\cdot\{1-(1/\varepsilon_r)\}}\cdot m \quad . \tag{15.16}$$

Sie ist auf die Grenzfrequenz $f_{g,TE10} = c_0/(2a)$ der TE_{10}-Welle in dem leeren Hohlleiter normiert. Bild 15.5b zeigt diese Grenzfrequenz $f_{g,LSMm1} = f_{g,LSM11}$ für die Grundwelle (LSM_{11}-Welle) mit $m = 1$. Es ist $\lambda_0 = c_0/f$.

Besitzt man ein allseitig geschlossenes quaderförmiges Schaltungsgehäuse mit mittig eingesetztem Substrat von dem in Bild 15.5a gezeigten Querschnitt und der Länge l, so treten in diesem Hohlraumresonanzen auf. Für die LSM_{m1}-Wellen stellen sich LSM_{m1p}-Resonanzen mit $m = 1, 2, 3...$ und $p = 1, 2, 3...$ ein. Setzt man die Resonanzbedingung $p\lambda_{LSMm1}/2 = l$ in die Dispersionsgleichung (15.15) ein, so erhält man für die R e s o n a n z f r e q u e n z e n bei flachem Gehäuse ($b/a \ll 1$).

$$\frac{f_{R,LSMm1p}}{f_{g,TEp0}} = \sqrt{\{1-\frac{h}{b}(1-\frac{1}{\varepsilon_r})\}\cdot\{1+(\frac{l\cdot m}{a\cdot p})^2\}} \quad . \tag{15.17}$$

Bezugsgröße ist die Grenzfrequenz $f_{g,TEp0} = c_0/\lambda_{g,TEp0} = c_0 p/(2\cdot l)$ der TE_{p0}-Welle des leeren Hohlleiters vom Querschnitt $b \cdot l$.

Bei der Ableitung der Dispersionsgleichung (15.15) für die LSM_{m1}-Wellen nach der Querresonanzmethode /1.339, S. 387, 2.30, S. 224/ wird in der Mittelebene des Substrats bei b/2 (Symmetrieebene der Anordnung von Bild 15.5a) eine elektrische Wand (ideale Kurzschlußebene) eingezogen. D.h., daß der Suspended-Substrate-Hohlleiter von Bild 15.5a aus zwei bodenseitig längs der Kante B aneinandergesetzten Mikrostreifenleitungs-Hohlleitern nach Bild 15.2b zusammengesetzt werden kann. Dabei bleibt das Feldbild der LSM_{m1}-Wellen gleich (Symmetrie). Das bedeutet wiederum, daß die Gleichungen (15.15)...(15.17) für die Leitungswellenlänge λ_{LSMm1}, die Grenzfrequenz $f_{g,LSMm1}$ und die Resonanzfrequenz $f_{R,LSMm1p}$ zugleich den Mikrostreifenleitungs-Hohlleiter nach Bild 15.2b bzw. den Mikrostreifenleitungs-Resonator nach Bild 15.2a beschreiben, wenn man $b = 2H$, $h = 2h_M$, $a = B$, $l = L$ und $p = q$ setzt (h_M: Substratdicke der Mikrostreifenleitung, welche in Bild 15.2 mit h bezeichnet ist).

Die Grenzfrequenz der LSM_{11}-Welle (Quasi-TE_{10}-Welle) in einem Suspended-Substrate-Hohlleiter ähnlich demjenigen von Bild 15.5a, wobei aber das Substrat in Nuten von der Tiefe e in den Seitenwänden eingelassen ist (ähnlich Bild 15.4b bei der Mikrostreifenleitung), wird bei /15.25, 15.26/ berechnet. Es zeigte sich, daß durch die Nuten die Grenzfrequenz absinkt. Bei $a = 3{,}8$ mm, $b = 2$ mm, $h = 0{,}38$ mm, $\varepsilon_r = 3{,}8$ und einer Nutentiefe von 1,12 mm sank die Grenzfrequenz um 18 % ab.

Literaturverzeichnis

1.1 Caulton, M.: Film Technology in Microwave Integrated Circuits. Proc. IEEE 59 (1971) 10, S. 1481-1489.

1.2 Sobol, H.: Application of Integrated Circuit Technology to Microwave Frequencies. Proc. IEEE 59 (1971), S. 1200-1211.

1.3 Daly, D.A.; Knight, S.P.; Caulton, M.; Ekhold, R.: Lumped Elements in Microwave Integrated Circuits. IEEE Trans. on Microwave Theory and Tech. MTT-15 (1967) 12, S. 713-721.

1.4 Gourse, S.J.; David, R.F.: How to Use Lumped Constants in Microwave Circuit Design. Microwaves (1968) 3, S. 47-51.

1.5 Kamnitsis, C.; Minton, R.: RF Integrated Amplifiers in High-Power UHF Broadband Structures. GOMAC Digests (1968) Sept.

1.6 Schilling, R.B.: Lumped-Element Hybrid Integrated Microwave Systems. Stevens Institute of Technology Conf. (1969) 9. April.

1.7 Caulton, M.; Poole, W.E.: Designing Lumped Elements into Microwave Amplifiers. Electronics (1969) April 14, S. 100-110.

1.8 Sobol, H.: Technology and Design of Hybrid Microwave Integrated Circuits. Solid State Technology (1970) Febr., S. 49-57.

1.9 Caulton, M.: The Lumped Element Approach to Microwave Integrated Circuits. Microwave Journal (1970) Mai, S. 51-58.

1.10 Alley, G.D.; Rago, L.F.; Schill, J.: Thin Film Lumped Constant Microwave Integrated Filter Structures. IEEE - GMTT Internat. Microwave Conf. Proc. (1970), S. 2-5.

1.11 De Brecht, R.; Caulton, M.: Lumped-Elements in Microwave Integrated Circuits in the 1 - 12 GHz Range. 1970 IEEE - GMTT Internat. Microwave Conf. Proc. (1970), S. 14-18.

1.12 Caulton, M.; Hershenov, B.; Knight, S.P.; De Brecht, R.E.: Status of Lumped Elements in Microwave Integrated Circuits - Present and Future. IEEE Trans. on Microwave Theory and Techn. MTT-19 (1971) 7, S. 588-599.

1.13 Aitchison, C.S.: Konzentrierte Elemente für Mikrowellenfrequenzen. Philips techn. Rdsch. 32 (1971/72) 9/10/11/12, S. 326-335.

1.14 Fache, M.: Investigation of Technologies, Electrical Characteristics and Use of R, L, C Lumped Element Circuits up to 15 GHz. 6th European Microwave Conf. Proc. (1976), S. 697-701.

1.15 Pengelly, R.S.; Rickard, D.C.: Design, Measurement and Application of Lumped Elements up to J-Band. 7th European Microwave Conf. Proc. (1977), S. 460-464.

1.16 Aitchison, C.S.; Davies, R.; Higgins, I.D.; Longley, S.R.; Newton, B.H.; Wells, J.F.; Williams, J.C.: Lumped-Circuit Elements at Microwave Frequencies. IEEE Trans. on Microwave Theory and Techn. MTT-19 (1971) 12, S. 928-937.

1.17 Toussaint, H.-N.; Hoffmann, R.: Integrierte Mikrowellenschaltungen, Stand und Tendenzen der Entwicklung. Frequenz 25 (1971) 4, S. 100-109.

1.18 Caulton, M.; Sobol, H.: Microwave Integrated Circuit Technology-A Survey. IEEE J. Solid-State Circuits SC-5 (1970) Dez., S. 292-303.

1.19 Toussaint, H.-N.; Hoffmann, R.: Gegenwärtiger Stand und Entwicklungstendenzen der rechnergestützten Entwicklung integrierter Mikrowellenschaltungen. Frequenz 28 (1974) 6, S. 148-154.

1.20 Tahan, E.: Supercomponents. Current and Future Trends. Microwave J. (1976) März, S. 16-28.

1.21 Krems, M.; Schmidt, W.: Dünnfilmelemente für hybride, integrierte Mikrowellenschaltungen. Feinwerktechn. 73 (1969) 10, S. 426-431.

1.22 Bahl, I.J.; Trivedi, D.K.: A Designer's Guide To Microstrip Line. Microwaves (1977) Mai, S. 174-182.

1.23 Lorenz, R.W.: Mikrowellenschaltungen in Streifenleitungstechnik. Der Fernmelde-Ing. 29 (1974) 2, S. 1-33.

1.24 van Heuven, J.H.C.; van Nie, A.G.: Integrierte Mikrowellenschaltungen. Philips techn. Rdsch. 32 (1971/72) 9/10/11/12, S. 313-325.

1.25 Howe, H.: Stripline is Alive and Well. Microwave J. (1971) Juli, S. 25-28+52.

1.26 Entschladen, H.; Nagel, U.: Mikrowellen-Streifenleitungstechnik - ein Leitungssystem für integrierte Mikrowellenschaltungen - Teil I. Elektronik-Anzeiger 9 (1977) 4, S. 31-38.

1.27 - Teil II. Elektronik-Anzeiger 9 (1977) 5, S. 34-37.

1.28 - Teil III. Elektronik-Anzeiger 9 (1977) 6.

1.29 - Teil IV. Elektronik-Anzeiger 9 (1977) 8, S. 19-22.

1.30 Schneider, M.V.; Glance, B.; Bodtman, W.F.: Microwave and Millimeter Wave Hybrid Integrated Circuits for Radio Systems. Bell Syst. Techn. J. 48 (1969) July, Aug., S. 1703-1726.

1.31 Schneider, M.V.: Microstrip Lines for Microwave Integrated Circuits. Bell Syst. Techn. J. 48 (1969) Mai, Juni, S. 1421-1444.

1.32 Krems, M.; Schmidt, W.: Technologische Aspekte integrierter Mikrowellenschaltungen. Feinwerktechnik 73 (1969) 7, S. 295-300.

1.33 Sobol, H.: Extending IC Technology to Microwave Equipment. Electronics 40 (1967) März, S. 112-124.

1.34 Sobol, H.: A Review of the Technological and Electromagnetic Limitations of Hybrid Circuits for Microwave Applications. Proc. IEEE Fall Electronics Conf., Okt. 1971, revised April 1972, S. 59-66.

1.35 Sobol, H.; Hilling, A.E.: Application of Integrated Circuit Technology to Microwave Frequencies. 1971 European Microwave Conf. Proc. (1971) C1/S. 1-3.

1.36 Auer, L.; Vergleichende Betrachtung zwischen Koaxial- und Streifenleitung. Fernmeldetechnik 17 (1977) 6, S. 227-229.

1.37 Galli, J.G.; Gilchrist, B.E.; Rempel, S.T.; Peck, D.E.; Forse, R.J.: Integration Shrinks Microwave Front Ends. Microwave Syst. News (1980) Sept., S. 119-130.

1.38 Reindel, J.: Printed WG Circuits Trim Components Costs. Microwaves (1980) Okt., S. 60-63.

1.39 Matthaei, G.L.; Young, L.; Jones, E.M.T.: Microwave Filters, Impedance-Matching Networks, and Coupling Structures. New York, San Francisco, Toronto, London: Mc Graw-Hill, 1964.

1.40 Lemke, M.: Microwave Integrated Devices and Substrates on Ferrite. 1969 Europ. Microwave Conf. Proc. (1969), S. 53-56.

1.41 Lemke, M.; Schilz, W.: Integrierte Mikrowellenschaltungen auf Ferritsubstrat. Philips techn. Rdsch. 32 (1971/72) 9/10/11/12, S. 336-343.

1.42 Holst, P.; Lemke, M.: Ferrite Substrates for Microwave Integrated Systems, IEEE Trans. on Magnetics, MAG-5 (1969) 3, S. 478-480.

1.43 Tolksdorf, W.; Holst, P.: Gemeinsames Sintern von Ferriten mit unterschiedlicher Sättigungsmagnetisierung und Curie-Temperatur für integrierte Mikrowellensysteme. Ber. Dtsch. Keram. Ges. 47 (1970) 10, S. 670-673.

1.44 Masse, D.J., et al.: A New Low-Loss High-K Temperature-Compensated Dielectric for Microwave Applications. Proc. IEEE (1971) Nov., S. 1628-1629.

1.45 Lee, Y.S.; Getsinger, W.J.; Sparrow, L.R.: Barium Tetratitanate MIC Technology. IEEE Trans. on Microwave Theory and Techn. MTT-27 (1979) 7, S. 655-660.

1.46 Kell, R.C., et al.: Novel Temperature-Stable Ceramics for Microwave Dielectric Resonators and Microstrip Substrates. Electronics Letters 6 (1970) 19, S. 614-616.

1.47 Batliwala, E.R.; Aitchison, C.S.: A Low Temperature Dependent Microstrip Substrate. Proc. IEEE (1977) August, S. 1207-1208.

1.48 Kell, R.C.; Greenham, A.C.; Olds, G.C.E.: High-Permittivity Temperature Stable Ceramic Dielectrics with Low Microwave Losses, J. Americ. Ceram. Soc. 56 (1973) Juli, S. 352-354.

1.49 Bearse, S.V.; Herbaugh, R.E.: Temperature-Stable Dielectric Resonators Replace Expensive Invar, Boost Q in MICs, Microwaves (1977) Dez., S. 14-18.

1.50 Plourde, J.K., et al.: $Ba_2Ti_9O_{20}$ as a Microwave Dielectric Resonator. J. Americ. Ceram. Soc. 58 (1975) 9-10, S. 418-420.

1.51 Plourde, J.K.; Linn, D.F.: Microwave Dielectric Resonator Filters Utilizing $Ba_2Ti_9O_{20}$ Ceramics. IEEE MTT-S Internat. Microwave Symp. Dig. (1977), S. 290-293.

1.52 O'Bryan, H.M.; Thomson, J.; Plourde, J.K.; A New $BaO-TiO_2$ Compound With Temperature-Stable High Permittivity and Low Microwave Loss. J. Americ. Ceram. Soc. 57 (1974) 10, S. 450-453.

1.53 Groves, H.T.; Keister, F.Z.: Know your Thin Film Materials. Electronic Design 19 (1968) Sept. 12, S. 80-83.

1.54 Krems, M.; Schmidt, W.: Substratmaterialien für integrierte Mikrowellenschaltungen. Frequenz 25 (1971) 1, S. 2-9.

1.55 Vossberg, W.A.: Guide to Microstrip Laminates. Int. Electronics (1968) Juni/Juli, S. 34-37.

1.56 Comefero, J.E.: Properties of Ceramics for Electronic Applications. The Electronic Engineer (1967) April, S. 82-87.

1.57 Durnwirth, R.K.; Schilling, W.: The Real World of Micromin Substrates, Part 5: Design Check List For Micromin Substrates and Circuits. Microwaves (1969) Dez., S. 54-57.

1.58 Class, W.: Electrical and Chemical Requirements of High-alumina Substrates for Microstrip Applications. Electronic Packaging and Production (1978) März, S. 58-64.

1.59 Westphal, K.: Substratmaterialien für die integrierte Mikrowellentechnik. Nachrichtentechnik, Elektronik 26 (1976) 1, S. 403-407.

1.60 Niwa, K., Murakawa, K.: New Alumina Substrates for Microelectronics. Electrocomponent Science and Technology 2 (1975), S. 115-119.

1.61 Shanefield, D.J.; Mistler, R.E.: The Manufacture of Fine-Grained Alumina Substrates for Thin-Films. The Western Electric Engineer XV (1971) 2, S. 26-31.

1.62 Lehrfeld, S.; Schilling, W.: The Real World of Micromin Substrates, Part 2. Microwaves (1969) Jan.

1.63 Schilling, W.: The Real World of Micromin Substrates, Part 1. Microwaves (1968) Dez.

1.64 Peters, D.E.; Rott, D.A.: Ceramic Substrate For Thin Film Circuits. IEEE Int. Convention 71C8 (1971), S. 566.

1.65 Niwa, K.; Hashimoto, K.; Murakawa, K.: Electrical Properties and Microstructure of Alumina Substrates. Fujitsu Sci.Tech. J. 9 (1973) 1.

1.66 Traut, G.R.; Clad Laminates of PTFE Composites for Microwave Antennes. Microwave J. (1980) Nov., S. 47-51.

1.67 Berry, R.W.; Hall, P.M.; Harris, M.T.; Thin Film Technology. Toronto, London, Melbourne: van Nostrand Comp. 1968.

1.68 Delfs, H.; Hybridschaltungen. Stuttgart: Berliner Union 1973.

1.69 Lüder, E.: Bau hybrider Mikroschaltungen. Berlin, Heidelberg, New York: Springer 1977.

1.70 Olyphant, M.: Microwave Substrates Support MIC Technology - Part I. Microwaves (1980) Nov., S. 74-80.

1.71 Williams, J.C.: Evolution of Ceramic Substrates For Thick and Thin Film Components and Circuits in the United States. Bull. Am. Ceramic Soc. 56 (1977) 6, S. 580-585.

1.72 Irick, V.: Supersmooth Substrates for Electronics-State of the Art. Joint ACS - ISHM meeting, Los Angeles (1974) 25. Okt.

1.73 George, W.; Popper, P.: The Dielectric Properties of Some Commercial Alumina Materials at 9368 MHz. Proc. Brit. Ceramic Soc. 10 (1968) März, S. 63-68.

1.74 Accatino, L.; Angelucci, A.: Spread in Effective Permittivity of Alumina Substrates. Electronics Letters 15 (1979) 2, S. 64-65.

1.75 von Hippel, E.A.: "Tables of Dielectric Materials", in Dielectric Materials and Applications. New York: John Wiley a. Sons 1954.

1.76 Olyphant, M.; Demeny, D.D.; Nowicki, T.E.: EPSILAM 10 - A New High Dielectric Constant, Conformable Copper-Clad Laminate. 12th Electrical/Electronics Insulation Conf., Boston (1975) 11.-14. Nov.

1.77 Woermbke, J.D.: Better Your MIC-Design With High-K Substrates. Microwaves (1979) 3, S. 66-68.

1.78 Johnson, G.R.: Dielectric Properties of Polytetrafluoroethylene. 1966 Annual Rept., Conf. on Elec. Insulation and Dielectric Phenomena, NAS-NRG Publ.No. 1484 (1967). S. 78-83.

1.79 Caddy, J.H.; Bailey, J.T.; Olyphant, M.: Effects of Variation In Alumina Substrates on Dielectric Constant at Microwave Frequencies. IEEE-NEMA Electrical/ Electronic Insulation Conf. (1973).

1.80 Olyphant, M.: Microwave Substrates Support MIC Technology - Part II. Microwaves (1980) Dez., S. 47-52.

1.81 Howe, H.: Stripline Circuit Design. Dedham: Artech 1974.

1.82 Spector, M.: Porcelain-On-Steel Boards Can Launch a Thousand Chips. Electronics (1979) 15. März, S. 125-128.

1.83 Allington, T.R.; Coté, R.E.: Characterization of Thick Film Compositions On Porcelain Steel Substrates. Solid State Electronics (1979) Jan., S. 81-86.

1.84 Schwarzmann, A.: Performance of the Porcelain-Metal Substrate at Microwaves, IEEE Trans. on Components, Hybrids, and Manufact. Technology CHMT-2 (1979) Dez., S. 451-453.

1.85 Altschuler, H.M.: Dielectric Constant, in Handbook of Microwave Measurements. Bd. 2 (Herausgeber: Sucher, M; Fox, J.). New York: Polytechnic Press 1969.

1.86 Gardiol, F.E.: Nomograms Save Time in Determining Permittivity. Microwaves (1973) Nov., S. 68-70.

1.87 Groll, H.: Mikrowellenmeßtechnik. Braunschweig: Vieweg 1969.

1.88 Nicolsen, A.M.; Ross, G.F.: Measurements of the Intrinsic Properties of Materials by Time-Domain Techniques. IEEE Trans. on IM-19 (1970), S. 377-382.

1.89 Sucher, M.: Handbook of Microwave Measurements II. New Jersey 1963.

1.90 Spencer, E.G., et al.: Note on Cavity Perturbation Theory. J. Appl. Phys. 28 (1957), S. 130-132.

1.91 Waldron, R.A.: The Theory of Waveguides and Cavities. London: Maclaran and Sons 1967.

1.92 Rueggeberg, W.: Determination of Complex Permittivity of Arbitrarily Dimensioned Dielectric Modules at Microwave Frequencies. IEEE Trans. on Microwave Theory and Techn. MTT - 19 (1971) 6, S. 517-521.

1.93 Roussy, G.; Felden, M.: A Sensitive Method for Measuring Complex Permittivity with a Microwave Resonator. IEEE Trans. on Microwave Theory and Techn. MTT-14 (1966) 4, S. 171-175.

1.94 Cohn, S.B.; Kelly, K.C.: Microwave Measurement of High-Dielectric-Constant Materials. IEEE Trans. on Microwave Theory and Techn. MTT-14 (1966) 9, S.406-410.

1.95 Meyer, W.: Dielektrische Messungen im Mikrowellenbereich. Mikrowellen Magazin (1978) 1, S. 26-32.

1.96 Napoli, L.S.; Hughes, J.J.: A Simple Technique for the Accurate Determination of the Microwave Dielectric Constant for Microwave Integrated Circuit Substrates. IEEE Trans. on Microwave Theory and Techn. MTT-19 (1971) Juli, S. 664 - 665.

1.97 Lenzing, H.F.: Measurement of Dielectric Constant of Ceramic Substrates at Microwave Frequencies. Electronics Division of the American Ceramic Society Meeting, Washington DC (1972) 10. Mai, Paper 41.

1.98 Howell, J.Q.: A Quick Accurate Method to Measure the Dielectric Constant of Microwave Integrated-Circuit Substrates. IEEE Trans. on Microwave Theory and Techn. MTT-21 (1973) 3, S. 142-143.

1.99 Ladbrooke, P.D.; Potok, M.H.N.; England, E.H.: Coupling Errors in Cavity-Resonance Measurements on MIC Dielectrics. IEEE Trans. on Microwave Theory and Techn. MTT-21 (1973) 8, S. 560-562.

1.100 Ladbrooke, P.H.; Potok, M.H.N.; England, E.H.; Comments on "A Quick Accurate Method to Measure the Dielectric Constant of Microwave Integrated-Circuit Substrates". IEEE Trans. on Microwave Theory and Techn. MTT-21 (1973), S. 570-571.

1.101 Ladbrooke, P.H.: Some Effects of Field Pertubation upon Cavity-Resonance and Dispersion Measurement on MIC-Dielectrics. IEEE Trans. on Microwave Theory and Techn. MTT-25 (1977) 11, S. 892-903.

1.102 Deutsch, J.; Jung, H.J.: Messung der Dielektrizitätszahl von Keramikwerkstoffen, insbesondere von Substraten für Mikrowellenschaltungen. Nachrichtentechn. Z. 25 (1972) 10, S. 463-464.

1.103 Groll, H.; Wiesbeck, W.: Ermittlung der Dielektrizitätszahlen von Mikrowellen-Streifenleitungen. Nachrichtentechn. Z. 25 (1972) 6, S. 265-269.

1.104 Aitken, J.E.; Ladbrooke, P.H.; Potok, M.H.N.: Measurement of the Temperature Coefficient of Permittivity for MIC-Substrate Materials. 1973 European Microwave Conf. Proc. (1973), Sect. B.14.1.

1.105 Collin, R.E.: Foundations for Microwave Engineering, New York: McGraw-Hill 1966.

1.106 Ermert, H.: Accurate Measurement of Complex Permittivity of Low-Loss MIC Substrate Slabs. Nachrichtentechn. Z. 27 (1974) 1, S. 43-46.

1.107 Frigyes, I.: An Accurate Non-Destructive Measuring Method of the Material Parameters of MIC-Substrates. Proc. of the 5th. Coll. on Microwave Commun. Vol. 5 (1974). S. ME37-ME46.

1.108 Guillon, P.: Complex Permittivity Measurement of MIC Substrate. Arch. Elektron. u. Übertragungstechn. 35 (1981) 3, S. 102-104.

1.109 Maier, H.G.: Ein Verfahren zur Messung der komplexen Dielektrizitätszahl von Folien und dünnen Platten im Mikrowellenbereich. Frequenz 24 (1970), S. 303-307.

1.110 Tsankov, M.A.: Permittivity Measurement of a Thin Slab Centrally Located in a Rectangular Waveguide. J. Phys. E: Scientific Instrum 8 (1975) 11, S. 963-966.

1.111 Decrêton, M.C.; Ramachandraiah, M.S.: Nondestructive Measurement of Complex Permittivity for Dielectric Slabs. IEEE Trans. on Microwave Theory and Techn. MTT-23 (1975) 12, S. 1077-1079.

1.112 Decrêton, M.C.: Open Ended Waveguides: Theoretical Analysis and Application to Small Distance and Complex Permittivity Measurements. Mitt. agen. 19 (1975), S. 57-64.

1.113 Gerhard, A.R.: Measuring Dielectric Constant of Substrates for Microstrip Applications. IEEE Trans. on Microwave Theory and Techn. MTT-20 (1976) 7, S. 485-487.

1.114 Deutsch, J.; Schlagheck, E.: Eine Methode zur schnellen Prüfung und zur genauen Messung der Dielektrizitätszahl von Keramiksubstraten. Nachrichtentechn. Z. 29 (1976) 2, S. 148-149.

1.115 Itoh, T.; Mittra, R.: A New Method for Measuring Dielectric Properties of Material Media Using a Microstrip Cavity. 1973 IEEE GMTT Internat. Microwave Symp. Digest (1973), S. 138-139.

1.116 Harris, W.P.; Scott, A.H.: Precise Measurement of Dielectric Constant by the Two-Fluid Technique. Proc. of the Nat. Bureau of Stds. Conf. on Electrical Insulation, Washington DC (1962), S. 51-53.

1.117 Bahr, A.J.: Nondestructive Microwave Evaluation of Ceramics. IEEE Trans. on Microwave Theory and Techn. MTT-26 (1978), S. 676-683.

1.118 Olyphant, M.: Microwave Permittivity Measurements Using Disk Cavity Specimens. IEEE Trans. on Instruments and Measurements IM-20 (1971) 4, S. 342-344.

1.119 Olyphant, M.; Ball, J.H.: Stripline Methods For Dielectric Measurements at Microwave Frequencies. IEEE Trans. on Electrical Insulation EI-5 (1970) 1, S. 26-32.

1.120 Olyphant, M.: Practical Dielectric Measurements of Clad Microwave Substrates (Cu Tip 8), 3 M Tech. Publ. EL-CT/8 (1977).

1.121 Delaballe, J.; Guillon, P.; Garault, Y.: Local Complex Permittivity Measurement of MIC-Substrates. Arch. Elektron. u. Übertragungstechn. 35 (1981) 2, S. 80-83.

1.122 Schmidt, L.P.; Hofmann, H.: Ein Verfahren zur Ermittlung der komplexen Dielektrizitätskonstante dünner Folien im Millimeterwellenbereich. Arch. Elektron. Übertragungstechn. 33 (1979) 5, S. 185-189.

1.123 Clapeau, M.; Guillon, P.; Garault, Y.: Resonant Frequency of Superposed Dielectric Resonators: Application to the Determination of the Local Dielectric Permittivity of M.I.C. Substrates. 7th Europ. Microwave Conf. Proc. (1977), S. 545-549.

1.124 Pannel, R.M.; Jervis, B.W.: Two Simple Methods for the Measurement of the Dielectric Permittivity of Low-Loss Microstrip Substrates. IEEE Trans. on Microwave Theory and Techn. MTT-29 (1981) 4, S. 383-386.

1.125 Bertolani, F.; Falciasecca, G.; Rizzoli, V.: An Improved Method for Measuring the Complex Permittivity of Lossy Dielectrics at Millimeter Wave Frequencies. 8th European Microwave Conf. Proc. (1978), S. 538-542.

1.126 Chudobiak, W.J.; Beshir, M.R.; Wight, J.: An Open Transmission Line UHF CW Phase Technique for Thickness/Dielectric Constant Measurement, IEEE Trans. on Instrumentation and Measurement IM-28 (1979) März, S. 18-25.

1.127 Morin, G.; Nackman, M.: A New Method for Measuring Anisotropy at Microwave Frequencies. IEEE Trans. on Instrumentation and Measurements IM-28 (1979) 3, S. 198-204.

1.128 Olyphant, M.: Measuring anisotropy in microwave substrates. 1979 IEEE-MTT Internat. Microwave Symp. Digest (1979), S. 91-97.

1.129 Wolff, I.; Schwab, N.: Measurement of the Dielectric Constant of Anisotropic Dielectric Materials Using the Degenerated Modes of a Spherical Cavity. 10th European Microwave Conf. Proc. (1980), S. 241-245.

1.130 Jones, R.G.: The Measurement of Dielectric Anisotropy Using a Microwave Open Resonator. J. Phys. D: Appl. Phys. 9 (1976).

1.131 von Heuven, J.H.C.; Vlek, T.H.A.M.: Anisotropy in Alumina Substrates for Microstrip Circuits. IEEE Trans. on Microwave Theory and Techn. MTT-20 (1972) 11, S. 575-577.

1.132 Webb, R.: Specing Laminates - The Weakest Link. Microwave Systems News (1980) März, S. 97-98.

1.133 Anghel, S.: Pure Teflon Improves Circuit Designs. Microwave Systems News (1980) Nov., S. 77-80.

1.134 Curran, J.E.; Jeanes, R.V.; Sewell, H.: A Technology of Thin Film Hybrid Microwave Circuits. IEEE Trans. on Parts, Hybrids, and Packaging. PHP-12 (1976) Dez., S. 304-309.

1.135 Gunshinan, B.F.: How to Set up a Micromin Lab. Microwaves (1968) Dez., S. 36-49.

1.136 Maissel, L.I.; Glang, R.: Handbook of Thin Film Technology. New York: McGraw Hill 1970.

1.137 Holland, L.: Vacuum Deposition of Thin Films. London: Chapman & Hall 1970.

1.138 Hass, G.: Physics of Thin Films. London: Academic Press 1973.

1.139 Teredesai, M.P.; Ajit, C.N.; Jawalekar, S.R.: Thin-Film Hybrid Circuits. Int. J. Electron. 44(1978) 1, S. 41-48.

1.140 Hass, G.: Physics of Thin Films, London: Academic Press 1973.

1.141 Singh, A: Thin-Film Deposition Techniques and Design of Thin-Film Passive Components. Microelectronics and Reliability 15(1976), S. 233-238.

1.142 Krems, M.; Schmidt, W.: Dünnfilmelemente für hybride, integrierte Mikrowellenschaltungen. Feinwerktechnik 73(1969) 10, S. 426-431.

1.143 Oxley, T.H.: Microwave Integrated Circuit Techniques. GECJ of Science & Technology 43(1976) 1, S. 21-31.

1.144 Funk, W.; Schilz, W.: Comparative Investigation of Thick-Film and Thin-Film Components and MICs up to 16 GHz. Proc Conf. on Hybrid Microelectronics, Loughborough, (1975), Sept.

1.145 Aramati, V.S.; Bitler, J.S.; Pfahnl, A.; Shiflett, C.C.: Thin-Film Microwave Integrated Circuits. IEEE Trans. on Parts, Hybrids, and Packaging PHP-12 (1976) Dez., S. 309-316.

1.146 Pfahnl, A.: Present Status of Thin Film Integrated Circuit Technology. 1973 Int. Microelectron. Symp. Dig. (1973), 22.-23. Okt., San Francisco, S. 4A-2-1 bis 4A-2-8.

1.147 Groll, H.; Weidmann, W: Beschichtung von Substraten für Mikrowellen-Schaltkreise mittels Kathodenzerstäubung. Nachrichtent. Z. 26(1973) 10, S. 448-453.

1.148 Gerstenberg, D.: Thin Film Integrated Circuit Technology. Integrated Circuit Seminar (1969), April, Hoboken, S. 25-31.

1.149 Forrest, N.H.; Marietta, M.: MICs: Fabrication & Packaging. 1973 Int. Microelectronic Symp. Dig. (1973), San Francisco, S. 5A-2-1 bis 5A-2-11.

1.150 Ramy J.-P.: Cotte, M.-T.; Bolloch, J.P.; Schnitzler, R.; Guena, J.J.; Thebault, C.: Optimization of the Thick- and Thin-Film Technologies for Microwave Circuits on Alumina and Fused Silica Substrates. IEEE Trans. on Microwave Theory and Techn. MTT-26(1978) 10, S. 814-820.

1.151 Keister, F.Z.: An Evaluation of Materials and Processes for Integrated Microwave Circuits. IEEE Trans. on Microwave Theory and Techn. MTT-16(1968) Juli, S. 469-475.

1.152 Goedbloed, W; Hieber, H.; van Nie, A.G.: Ageing Tests on Microwave Integrated Circuits. The Radio and Electronic Eng. 48(1978) 1/2, S. 13-22.

1.153 Fuss, F.N.; Harwig, C.T.; Morabito, J.M.: Corrosion of Solder-Coated TiPdAu Thin Film Conductors in a Moist Chlorine Atmosphere. Thin Solid Films 43(1977) S. 189-213.

1.154 Forster, J.H.; Singleton, J.B.: Beam-Lead Sealed-Junction Integrated Circuits. Bell Lab. Rec. (1966) Okt., Nov., S. 313-318.

1.155 Eleftherion, M.P.: Beam-Lead Interconnection System. IEEE Internat. Convention Dig. (1970), S. 326-327.

1.156 Segallis, B.: Beam Leads versus Flip-Chips. Electronic Products (1969) März, S. 10-16.

1.157 Speer, R.D.: Chip Bonding: Promises and Perils. Electronic Design 22 (1969) Oct. 25, S. 62-79.

1.158 N.N.: Cermachip: A More Reliable Approach to Diode Construction. Microwave Ass. Micronotes 11(1974) Jan., S. 1-14.

1.159 Keen, R.S.; Loewenstern, L.R.; Schnable, G.L.: Mechanisms of Contact Failure in Semiconductor Devices. 6th Annual Reliability Phys. Symp. Proc. (1968), S. 216-233.

1.160 Terry, T.E.; Wilson, R.W.: Metallization Systems for Silicon Integrated Circuits. Proc. IEEE 57(1969), S. 1580-1586.

1.161 Buck, R.H.: The Glazing of Vacuum-Evaporated Gold-Chromium Films With a Lead-Containing Glass at 775 °C. J. Electrochem. Soc. 117(1970), S. 802-807.

1.162 Wilson, R.W.; Terry, L.E.: IC-Metallization Systems: A Comparison. Electron. Prod. Pkg. Microcirc. Prod., Suppl. 29, 30, 33, 34, 36, 38 and 40 (1970).

1.163 Rairden, J.R.; Neugebauer, C.A.; Sigsbee, R.A.; Interdiffusion in Thin Conductor Films - Chromium/Gold,Nickel/Gold and Chromium Silicide/Gold. Met. Trans. 2(1971) 3, S. 719-722.

1.164 Delfs, H.: Hybridschaltungen - Dünnfilmtechnik. Internat. Elektron. Rdsch. (1971) 6, S. 145-149.

1.165 Oyley, T.H.: Review of Some Microwave Integrated Circuit Components Utilizing Microstrip Techniques. The Radio and Electronic Eng. 48(1978) Jan., Febr., S. 3-12.

1.166 Keister, F.Z.; Groves, H.T.: Understand Thin Film Circuit Design. Electronic Design (1968) 21, S. 78-83.

1.167 Groves, H.T.; Keister, F.Z.: Know Your Thin-Film Material. Electronic Design (1968) 19, S. 80-83.

1.168 Delfs, H.: Hybridschaltungen - Abgleichverfahren für Widerstände. Internat. Elektron. Rdsch. (1971) 8, S. 195-199.

1.169 Zschimmer, G.: Das Mikrosand-Strahlverfahren bei der Herstellung elektrischer Bauelemente. Elektronik Produktion u. Prüffeldtechn. (1979) Okt., S. 395-398.

1.170 McLean, D.A.; Orr, W.H.: Tantalum Integrated Circuits. Bell Lab. Rec. 44(1966) Okt., Nov., S. 304-311.

1.171 McLean, D.A. et al.: Tantalum Film Technology. Proc. IEEE 52(1964), S. 1450-1462.

1.172 Mayer, G.: Dünnschichtschaltkreise in Aufdampftechnik. Siemens-Bauteile-Information (1965) 11, S. 11.

1.173 Delfs, H.: Hybridschaltungen - Zusammenbau mit konventionellen Bauelementen. Internat. Elektron. Rdsch. (1971) 9, S. 223-226.

1.174 Delfs, H.: Hybridschaltungen - Zusammenbau mit ungekapselten Halbleitern. Internat. Elektron. Rdsch. (1971) 10, S. 257-262.

1.175 Delfs, H.: Hybridschaltungen - Zusammenbau mit ungekapselten Halbleitern in Face-down-Montage. Internat. Elektron. Rdsch. (1971) 11, S. 283-286.

1.176 Dreyer, G.A.; Koudounaris, A.; Pratt, I.H.: The Reliability of Soldered or Epoxy Bonded Chip Capacitor Interconnections on Hybrids. 27th Electron. Comp. Conf. Proc. (Arlington 1977), S. 421-428.

1.177 Minetti, R.H.; Rickabaugh, L.J.: Solder Dissolution Rates of Evaporated and Sputtered Ti-Pd-Au and NiCr-Au Thin Films. 27th Electron. Comp. Conf. Proc. (Arlington 1977), S. 212-219.

1.178 Panousis, N.T.; Hall, P.M.: Applications of Grain Boundary Diffusion Studies to Soldering and Thermocompression Bonding. Thin Solid Films 53(1978), S. 183-191.

1.179 Bruning, H.R.: Packaging Discrete Variable Capacitors in MICs. Microwaves (1973) März, S. 56-61.

1.180 ten Duis, J.A.: Soldering and Reliability. Wescon tech. Papers (1972), S. 56-75.

1.181 Marshall, C.: Epoxies for Component Mounting in Thick Film Hybrids. Elektrocomponent Science and Technology 5(1978), S. 171-178.

1.182 Wagner, J.A.; Jellison, J.L.: Contamination Control in Lead Bonding to Thick and Thin Films. IEEE Trans. on Components, Hybrids, and Manufacturing Technology CHMT-3 (1980) 3, S. 281-287.

1.183 Silver, S.C.: Components and Chips for ICs. Electronic Products (1969) März, S. 18-26.

1.184 Swafford, J.H.: Failure Modes of Beamlead Semiconductors in Thin-Film Hybrid Microcircuits. IEEE Trans. on Parts, Hybrids, and Packaging PHP-12 (1976) Dez., S. 298-304.

1.185 Cavanaugh, D.M.: Thermal Comparison of Flip-Chip Relative to Chip-and-Wire Semiconductor Attachment in Hybrid Circuits: An Experimental Approach. IEEE Trans. on Parts, Hybrids, and Packaging PHP-12 (1976) Dez., S. 293-298.

1.186 Bogenschütz, A.F.: Mikrowellenschaltungen nach dem CMS-Verfahren. Wiss. Ber. AEG-Telefunken 52(1979) 1-2, S. 71-77.

1.187 Bogenschütz, A.F.; Hinrichs, H.; Jostan, J.L.: Fortschritte bei der chemisch-galvanischen Metallisierung von keramischen Streifenleiter-Substraten. Proc. Inter finish (1972), S. 208-212.

1.188 Seshadri, T.K.; Mahapatra, S.: A Modified Electroless Method for the Fabrication of Microstrip Lines on Alumina Substrates. Int. J. Electronics 43 (1977) 5, S. 461-464.

1.189 Hicks, P.E.: Polyimide Films for Hybrid Circuits. NEPCON 1972 West/East Proc. (1972), S. 34-44.

1.190 Kerns, D.V.; Kull, J.M.; Ruwe, V.W.: Thin-Film Microcircuits on Flexible Substrates. Army Missile Res. and Developm. Command Redstone Arsenal AL Engg. Lab. Rept. DRDMI-E-79-9 (1979).

1.191 Rickard, D.C.: Thick Film MIC Components in the Range 10-20 GHz. 6th Europ. Microwave Conf. Proc. (1976) Rom, S. 687-691.

1.192 Forster, T.M.: Using Thick Films for Microwave Applications. Electronic Packaging and Production 16(1976) 7, S. 156-162.

1.193 Waugh, R.; La Combe, D.; Garcia, J.: Microwave Integrated Circuits Using Thick- and Thinfilm Techniques. Solid State Technology (1973) April, S. 59.

1.194 Forster, T.; Digiondomenico, O.: Thick Film Techniques for Microwave Integrated Circuits. IEEE Trans. on Parts, Hybrids, and Packaging PHP-10(1974) Juni, S. 88-94.

1.195 Allen, J.L.: Microwave Applications of Thick-Film Technology. Proc. of the 1976 IEEE Southeastern Region 3 Conf. on Engineering in a Changing Economy, Cleanson USA (1976) 5.-7. April, S. 219-220.

1.196 Forster, T.M.: Thick Film Technique for Microwave Integrated Circuits. 1973 Int. Microelectronic Symp. Dig. San Francisco (1973), S. 5A3-1 bis 5A-3-13.

1.197 Reissing, T.C.: An Overview of Today's Thick-Film Technology. Proc. of the IEEE 59(1971) 10, S. 1448-1454.

1.198 Larry, J.R.; Rosenberg, R.M.; Uhler, R.O.: Thick-Film Technology: An Introduction to the Material. IEEE Trans. on Components, Hybrids, and Manufacturing Technology CHMT-3(1980) Juni, S. 211-225.

1.199 Rikoski, R.A.: Hybrid Microelectronic Circuits - The Thick Film. New York, London, Sydney, Toronto: Wiley 1973.

1.200 Delfs, H.: Hybridschaltung - Dickschichttechnik. Internat. Elektron. Rdsch. (1971) 7, S. 175-180.

1.201 The Thick Film Microcircuitry Handbook. Wilmington: Du Pont a. Co. Electrochemical Dept. 1969.

1.202 Linden, A.E.: Thick Film Microcicuit Design and Manufacture. Chicago: Industrial and Scientific Conference Management Nepcon 1969.

1.203 Mones, A.H.; Rosenberg, R.M.: Trends in Thick Film Materials. Solid State Technology (1976) Okt., S. 47-49.

1.204 Hetherington, D.R.: Aufbau und Anwendungen von Dickschicht-Hybridschaltungen. Elektronik-Industrie (1976)5, S. 104-106.

1.205 Sergent, J.E.; Koszykowski, A.W.: Designing Thick Film Resistors. Electronic Production (1977) Okt., S. 48-66.

1.206 Cox, J.J.; DeCoursey, D.T.: Thick Film Materials Capabilities - 1969. Integr. Circuits Seminar Hoboken (1969) April, S. 44-48.

1.207 DeGennaro, L.I.: Make Your Own Thick-Film ICs. Electronic Design (1966) Sept. 13, S. 52-55.

1.208 Dryden, W.G.: Factors Involved in Thick-Film Resistor Design. Electronic Packaging and Production (1978) Nov., S. 115-123.

1.209 Stevens, E.H.; Gilbert, D.A.; Ringo, J.A.: High-Voltage Damage and Low-Frequency Noise in Thick-Film Resistors. IEEE Trans. on Parts, Hybrids, and Packaging PHP-12(1976) 4, S. 351-356.

1.210 Zuleeg, R.: Silicon-On-Sapphire Transistors Point Way to Microwave IC's. Electronics (1967) 20. März, S. 106-108.

1.211 N.N.: GaAs On Sapphire. Electronics (1968) 8. Juli, S. 51-52.

1.212 Ronen, R.S.; Robinson, P.H.: Recent Advances in Thin-Film Silicon Devices on Saphire Substrates. Proc. of the IEEE 59(1971) 10, S. 1506-1510.

1.213 Downing, R.W.; Hagon, P.J.: Silicon-on-Sapphire Device and Integrated-Circuit Processing Technology. IEEE Wescon Tech. Papers 16A-3,A-4 (1965) August.

1.214 Miller, A.: Silicon-on-Sapphire for Freedom and Flexibility. Electronics (1967) 20. Febr.

1.215 Schlötterer, H.: Growing Silicon on Spinel Adds up to High Isolation, Fast Switching IC's. Electronics (1969) 27. Okt., S. 113-116.

1.216 Allison, J.F.; Dumin, D.J.; Heiman, F.P.; Mueller, C.W.; Robinson, P.H.: Thin-Film Silicon: Preparation, Properties, and Device Applications. Proc. of the IEEE 57(1969) 9, S. 1490-1498.

1.217 Silicon and Sapphire Getting Together for a Comeback. Electronics (1970) 8. Juni, S. 88-94.

1.218 Laighton, D.; Sasonoff, J.; Selin, J.: Silicon-on-Sapphire (SOS) Monolithic Transceiver Module Components for L- and S-Band. 1981 IEEE MTT-S Internat. Microwave Symp. Dig. (1981), S. 37-39.

1.219 Phillips, D.H.; Kinell, D.K.; Girton, D.G.; Kitajewski, L.: Very-High-Speed Silicon-on-Sapphire Integrated Circuits. The Radio and Electronic Eng. 49 (1979) Nov., S. 581-586.

1.220 Kinell, D.K.; Phillips, D.H.; Pickel, J.C.: Gallium Arsenide and Silicon-on-Sapphire F.E.T. Comparison - Speed Performance and Radiation Effects. IEEE Silicon on Sapphire Workshop. Vale, Colorado (1978) Okt.

1.221 Burns, J.R.; Scott, J.H.: Silicon-on-Sapphire Complementary MOS-Circuits for High Speed Associative Memory. AFIPS Conf. Proc. Vol. 35, Fall Joint Computer Conf. (1969).

1.222 Mehal, E.W.; Wacker, R.W.: GaAs Integrated Microwave Circuits. IEEE Trans. on Electron. Devices ED-15(1968) 7, S. 513-516.

1.223 Stubbs, M.: Gallium Arsenide ICs - The New Microwave Technology. Communications Engineering Internat. (1980) Febr., S. 16-21.

1.224 Biethan, G.; Beneking, H.: Hybrid Conception for MIC's on GaAs Substrates. 1973 European Microwave Conf. Proc. (1973) A.14.4.

1.225 Beneking, H.: Microwave Circuitry on Semiconductors - An Approach to MIC's. 1971 European Microwave Conf. Proc. (1971), C2/1.

1.226 Stork, H: Streifenleitungen auf Halbleitermaterialien. Dissertation Techn. Hochschule Aachen, 1971.

1.227 Decker, D.R.; Gupta, A.K.; Petersen, W.; Chen, D.R.: A Monolithic GaAs I.F. Amplifier for Integrated Receiver Applications. 1980 IEEE MTT-S Internat. Microwave Symp. Digest (1980), S. 363-366.

1.228 Pengelly, R.S.; Turner, J.A.: Monolithic Broadband GaAs FET Amplifiers. Electronics Letters 12(1976) Mai 13, S. 251-252.

1.229 van Tuyl, R.: A Monolithic GaAs FET RF Signal Generation Chip. IEEE ISSCC 1980 Digest (1980), S. 118-119.

1.230 van Tuyl, R.L.; Hornbuckle, D.; Estreich, D.B.: Computer Modelling of Monolithic GaAs IC's. 1980 IEEE MTT-S Internat. Microwave Symp. Dig. (1980), S. 393-394.

1.231 Pengelly, R.S.; Arnold, J.; Cockrill, J.; Stubbs, G.: Prematched and Monolithic Amplifiers convering 8-18 GHz. 9th European Microwave Conf. Proc. (1979), S. 293-297.

1.232 Pengelly, R.S.: Monolithic GaAs IC's Tackle Analog Tasks. Microwaves 18(1979) 7, S. 56-65.

1.233 Pengelly, R.S. et al.: GaAs FET Microwave Amplifiers in X- and Ku-Band Using Cascaded Monolithic Chips - Design and Performance. 1st GaAs Integrated Circuit Symp. Lake Tahoe, Nevada (1979) Sept.

1.234 Claxton, D.; Kaelberer, R.; Benavides, A.: Monolithic Microwave Preamplifier. TRW Defense and Space Syst. Group Redondo Beach Calif. (1978) Okt., Rept. AD-AO63 190/3WY.

1.235 Hammerschmitt, J.: Erster monolithisch integrierter Breitbandverstärker in GaAs-Technologie. Elektronik (1981) 1, S. 77-79.

1.236 Kniepkamp, H.; Gisdakis, S.; Kellner, W.; Ristow, D.: Technology and Microwave Performance of a 1 µm Gate GaAs Schottky-Barrier Field Effect Transisor. Siemens Forschungs- und Entwicklungs-Berichte 4(1975), S. 274-280.

1.237 Kniepkamp, H.: Der GaAs-Schottky-Feldeffekttransistor: ein rauscharmes Mikrowellenbauelement. Mikrowellen Journal (1976) 1, S. 24-28.

1.238 Ristow, D.; Enders, N.; Kniepkamp, H.: A Monolithic GaAs-Schottky-Barrier Diode Mixer for 15 GHz. 8th European Microwave Conf. (1980).

1.239 Batisda, E.M.; Donzelli, G.P.; Fanelli, N.: Cascadable Monolithic Balanced Amplifiers at Microwave Frequencies. 10th European Microwave Conf. Proc. (1980), S. 603-607.

1.240 Ertel, A: Monolithic IC Techniques Produce First All Silicon X-Band Switch. Electronics (1967) Jan. 23, S. 76-81.

1.241 Mao, S.; Jones, S.; Vendelin, G.D.: Millimeter-Wave Integrated Circuits. IEEE Trans. on Electron. Devices ED-15(1968) 7, S. 517-523.

1.242 Podell, A.F.: GaAs MIC's: Expensive, Exotic, But Exciting, Microwaves (1980) Dez., S. 54-61.

1.243 Brody, T.P.: Thin Film Active Devices - Present and Future. Proc. of the National Electronics Conf. Vol. XXVI, Chicago (1970), S. 309-315.

1.244 Urabe, S.; Uki, S.: Voltage Controlled Monolithic S.A.W. Phase Shifter Using M.Z.O.S. Structure. Electronics Letters 16 (1980) 20, S. 777-778.

1.245 Hornbuckle, D.: GaAs IC Direct-Coupled Amplifiers. 1980 IEEE MTT-S Internat. Microwave Symp. Dig. (1980), S. 387-389.

1.246 Ayasli, Y.; Vorhaus, J.L.; Mozzi, R.; Reynolds, L.: Monolithic GaAs Travelling-Wave Amplifier. Electronics Letters 17(1981) 12, S. 413-414.

1.247 Higashisaka, A.; Mizuta, T.: 20-GHz Band Monolithic GaAs FET Low-Noise Amplifier. IEEE Trans. on Microwave Theory and Techn. MTT-29 (1981) 1, S. 1-6.

1.248 Xian-Can, D.; Guo-Liang, Z.: A Planar-Type Low-Noise GaAs Monolithic Microwa Amplifier. 1981 IEEE MTT-S Internat. Microwave Symp. Dig. (1981), S. 359-361

1.249 Niclas, K.B.; Wilser, W.T.: A 2-12 GHz Feedback Amplifier on GaAs. 1981 IEEE MTT-S Internat. Microwave Symp. Dig. (1981), S. 356-358.

1.250 Petersen, W.C.; Decker, D.R.; Gupta, A.K.; Dully, J.; Chen, D.R.: A Monolithic GaAs 0,1 to 10 GHz Amplifier. 1981 IEEE MTT-S Internat. Microwave Symp. (1981), S. 354-355.

1.251 Degenford, J.E.; Boire, D.C.; Freitag, R.G.; Cohn, M.: A Study of Optimal Matching Circuit Topologies for Broadband Monolithic Power Amplifiers. 1981 IEEE MTT-S Internat. Microwave Symp. Dig. (1981), S. 351-353.

1.252 Haomo, L.: A 4-GHz Low-Noise GaAs-FET Amplifier. 1981 IEEE MTT-S Internat. Microwave Symp. Dig. (1981), S. 447-449.

1.253 Clifton, B.J.; Alley, G.D.; Murphy, R.A.; Piacentini, W.J.; Mroczkowski, I H.; Macropoulos, W.: Cooled Low Noise GaAs Monolithic Mixers at 110 GHz. 1981 IEEE MTT-S Internat. Microwave Symp. Dig. (1981), S. 444-446.

1.254 Pengelly, R.S.; Suffolk, J.R.; Cockrill, J.R.; Turner, J.A.: A Comparison Between Actively and Passively Matched S-Band GaAs Monolithic FET Amplifiers 1981 IEEE MTT-S Internat. Microwave Symp. Dig. (1981), S. 367-369.

1.255 Decker, D.R.; Gupta, A.K.; Petersen, W.C.; Chen, D.R.: An 8-GHz MMIC Preamplifier. 1981 IEEE MTT-S Internat. Microwave Symp. Dig. (1981), S. 365-366

1.256 Cardiasmenos, A.G.: MIC Millimeter Receivers with Integral GaAs FET IF Amplifiers. Microwave J. (1981) 2, S. 37-44.

1.257 N.N.: Monolithic GaAs Dominates Microwaves at ISSCC. Microwave Systems News (1980) Febr., S. 13-24.

1.258 Weidlich, H.P.; Archer, J.A.; Pettenpaul, E.; Petz, F.A.; Huber, J.: Commercial Monolithic GaAs Amp. Introduced for Television. Microwave Systems News (1981) Mai, S. 114-117.

1.259 Tserng, H.Q.; Sokolov, V.: Monolithic Microwave GaAs Power FET Amplifier. Microwave J. (1981) März, S. 53-66.

1.260 Chen, D.R.; Decker, D.R.; Petersen, W.C.; Gupta, A.K.: MMIC Linear Amplifier Design and Fabrication Techniques. Microwave J. (1981) März, S. 39-49.

1.261 Chen, D.R.; Decker, D.R.: MMIC's The Next Generation of Microwave Components Microwave J. (1980) Mai, S. 67-78.

1.262 Moncrief, F.J.: Monolithic MICs Gain Momentum As Gallium Arsenide MSI Nears. Microwaves (1979) Juli, S. 42-53.

1.263 Pucel, R.A.: Design Considerations for Monolithic Microwave Circuits. IEEE Trans. on Microwave Theory and Techn. MTT-29 (1981) 6, S. 513-534.

1.264 Mendel, J.T.: GaAs - A Technological Catch - 22. Microwave J. (1981) März, S. 24-32.

1.265 NN.: GaAs IC's Near? Microwave Systems News (1980) Febr., S. 25-33.

1.266 Hyltin T.M.: Microstrip Transmission on Semiconductor Dielectrics. IEEE Trans. on Microwave Theory and Techn. MTT-13 (1965) Nov., S. 777-781.

1.267 Nathanson, H.C.; Thomas, R.N.; Oakes, J.G.: Future of Systems Dependent on Wafer Availability. Microwave Systems News (1980) Juni, S. 37-56.

1.268 Greiling, P.T.; Lundgren, R.E.; Krumm, C.F.; Lohr, R.F.: Why Design Logic With GaAs - and How. Microwave Systems News (1980) Jan., S. 48-60.

1.269 Lundgren, R.E.; Snyder, D.E.; Lull, J.M.: A High-Speed Monolithic GaAs 10/11 Counter. 1981 IEEE MTT-S Internat. Microwave Symp. Dig. (1981), S. 362-364.

1.270 Yamamoto, R.; Higashisaka, A.: High Speed GaAs Digital Integrated Circuit With Clock Frequency of 4,1 GHz. Electronics Letters 17 (1981) 8, S. 291-292.

1.271 Weidlich, H.P.; et.al.: A GaAs Monolithic Broadband Amplifier From 40 to 1000 MHz. Dig. of Techn. Papers ISSCC New York (1981).

1.272 Kniepkamp, H.: GaAs FET's: A Comparison of Epitaxial and Ion Implanted Versions. Microwave Systems News (1978) Juni, S. 80C-F.

1.273 Ristow, D.: Monolithischer 15- GHz -Schottky-Dioden-Mischer auf Gallium-Arsenid. Mikrowellen Magazin (1979) April.

1.274 Woods, J.F.; Ainslie, N.G.; J. Appl. Phys. 34(1963), S. 1469.

1.275 Cronin, G.R.; Haisty, R.W. J. Electrochem. Soc. 111(1964), S. 874.

1.276 Woodall, J.M.; Woods, J.F.. Solid State Comm. 4(1966), S. 33.

1.277 Fairman, R.D.; Chen, R.T.; Oliver, J.R.; Ch'en, D.R.: Growth of High Purity Semi-Insulating Bulk GaAs for Integrated Circuit Applications. IEEE Trans. on Electron. Devices ED-28(1981).

1.278 Swiggard, E.M.; Lee, S.H.; Von Batchelder, F.W.: GaAs Synthesized in Pyrolytic Baron Nitride (PBN). Inst. Phys. Conf. Ser. No. 336(1977), S. 23.

1.279 AuCoin, T.R. et al.: Liquid Encapsulated Compounding and Czochralski Growth of Semi-Insulating Gallium Arsenide. Solid State Technology 22(1979) 1, S. 59.

1.280 Thomas, R.N.; et al.: Large Diameter Undoped Semi-Insulating GaAs for Direction Implanted FET Technology. Semi Insulating III-V Materials Conf. Nottingham, England (1980) April.

1.281 Metz, E.P.A.; Miller, R.C.; Mazelsky, R.: A Technique for Pulling Crystals of Volatile Materials. J. Appl. Phys. 33(1962), S. 2016.

1.282 Mullin, J.B. et al.: Liquid Encapsulated Pulling at High Pressures. J. Cryst. Growth 34(1968), S. 281.

1.283 Metal, E.W.; Haisty, R.W.; Shaw, D.W.: Trans. Metallurgical Soc. 236(1966), S. 236.

1.284 Cardwell, M.J.; Goodridge, I.; Turner, J.A.: The Growth and Characterization of GaAs Epitaxial Layers Used in the Fabrication of Microwave FETs. ESSDERC Conf. Proc. (1974).

1.285 Chen, D.R.; Eisen, F.H.: Ion Implanted High Frequency High Speed GaAs Integrated Circuit Technology. J. Vac. Sci. Technology 16(1979) 6.

1.286 Higgins, J.A.; Kuvas, R.L.; Eisen, F.H.; Chen, D.R.: Low Noise GaAs FET's Prepared by Ion Implantation. IEEE Trans. on Electron Devices ED-25(1978) Juni, S. 587.

1.287 Pucel, R.A.; Vorhaus, J.L.; Ng, P., Fabian, W.: A Monolithic GaAs X-Band Power Amplifier. IEDM Tech. Dig. (1979). S. 266-268.

1.288 Müller, R.: Bauelemente der Halbleiterelektronik. Berlin, Heidelberg, New York: Springer 1979.

1.289 Guckel, H.; Brennan, P.A.; Palocz, I.: A Parallel-Plate Waveguide Approach to Microminiaturized, Planar Transmission Lines for Integrated Circuits. IEEE Trans. on Microwave Theory and Techn. MTT-15(1967) August, S. 468-476.

1.290 Hasegawa, H.; Furukawa, M.; Yanai, H.: Slow Wave Propagation Along a Microstrip Line on Si-SiO_2-Systems. Proc. of the IEEE (1971) Feb., S. 297-299.

1.291 Hughes, G.W.; White, R.M.: Microwave Properties of Nonlinear MIS and Schottky-Barrier Microstrip. IEEE Trans. on Electron Devices ED-22(1975) 10, S.945-956.

1.292 Hasegawa, H.; Furukawa, M.; Yanai, H.: Properties of Microstrip Line on Si-SiO_2-System. IEEE Trans. on Microwave Theory and Techn. MTT-19(1971) 11, S. 869-881.

1.293 Jäger, D.: Slow-Wave Propagation Along Variable Schottky-Contact Microstrip Line. IEEE Trans. on Microwave Theory and Techn. MTT-24 (1976) 9, S. 566-573.

1.294 Ho, I.T.; Mullik, S.K.: Analysis of Transmission Lines on Integrated Circuit Chips. IEEE J. of Solid-State Circuits SC-2 (1967) Dez., S. 201-208.

1.295 Fawcette, J.: Competition Intensifies in Monolithic Gallium Arsenide. Microwave Systems News (1979) April, S. 35-48.

1.296 Cripps, S.C.; et al.: An X-Band Dual-Gate MESFET Image Rejection Mixer. IEEE MTT-S Internat. Microwave Symp. Dig. (1978), S. 300-302.

1.297 Chen, P.T.; et al.: Dual-Gate GaAs-FET as a Frequency Multiplier at Ku-Band. IEEE MTT-S Internat. Microwave Symp. Dig. (1978), S. 309-311.

1.298 Fawcette, J.: Large Radar Satellite Proposed. Microwave Systems News 8(1978) 9, S. 17-20.

1.299 Harrop, P.; Lesarte, P.; Collet, A.: GaAs Integrated All-Front-End at 12 GHz. GaAs IC Symp. Res. Abstracts, paper No. 28 (1980).

1.300 Greiling, P.T.; et al.: Electron-Beam Fabricated GaAs FET Inverter. IEEE Trans. on Electron Devices ED-25(1978) Nov., S. 1340.

1.301 Crescenzi, E.J.; Wilser, W.T.; Oglesbee, R.W.; Algeri, S.J.: A Monolithic Device For High-Gain Amplifiers. Microwaves (1981) Juli, S. 65-69.

1.302 Miley, J.E.: Impact-extruded MIC-Packaging. Electronic Packaging and Production (1976) März, S. 43-48.

1.303 Miley, J.E.; Simpson, G.: Try Impact Extrusion For Low-Cost MIC Packaging. Microwaves (1976) Juni, S. 62-68.

1.304 Dodson, B.; Lane, W.V.: Packaging Concepts; Microwave Integrated Circuit Modules. Microwave System News (1974) Juni, Juli.

1.305 Miley, J.E.; Simpson, G.: Production Engineering Measures for Packages for Microwave Integrated Circuits. Quarterly Rept. Contract DAAB05-72-C-5851, US Army Electronics Command, Fort Monmouth, N.J., with Microwave Associates Inc. Burlington, MA.

1.306 Lehrfeld, S.S.: MIC Package Design. 1973 Int. Microelectronic Symp. (1973) San Francisco, Cal., S. 5A-7-1 bis 5A-7-2.

1.307 Lehrfeld, S.S.: Hints and Kinks for Your MIC Package Design. Microwaves (1973) März, S. 62-64.

1.308 Clausen, W.: Considerations in Packaging Microwave Circuits. Electronic Packaging and Production (1979) Juli, S. 270-275.

1.309 Granberry, D.: Packaging Techniques for Microwave Integrated Circuits. Proc. of the Microelectronics Symp. (1969) Sept. 10, 11.

1.310 Baxter, G.; Anslow, J.: High Temperature Thermal Characteristics of Microelectronics Packages. IEEE Trans. on Parts, Hybrids, and Packaging PHP-13 (1977) Dez., S. 385-390.

1.311 Goodman, P.C.: Microwave Integrated Circuits Expand Options and Reduce Package Size. Electronic Products Magazine (1974) Jan. 21, S. 39-47.

1.312 Komatinsky, R.R.: A High Frequency Microcircuit Packaging and Interconnection System. IEEE Trans. on Parts, Hybrids, and Packaging PHP-10 (1974). S. 110-115.

1.313 Derdiarian, K.: Mechanical Integrity of Stripline and MIC Packages. Microwave System News (1974) Juni, Juli.

1.314 Sawyer, N.J.; Wells, D.C.; Frankland, H.G.: Interconnecting Microwave Integrated Circuits in High Temperature Applications - Part 2. Insulation/Circuits (1975) April, S. 49-53.

1.315 Olivieri, D.: Don't Overlook The Package Design. Microwaves (1975) Nov., S. 32-72.

1.316 ten Duis, J.A.: Soldering and Reliability. Wescon Int. Symp. Dig. (1972), S. 56-75.

1.317 Marshall, C.; Epoxies For Components Mounting in Thick Film Hybrids. Electrocomponent Science and Technology 5 (1978), S. 171-178.

1.318 Smith, E.: Transitions to Microwave Integrated Circuits. Communications International (1979) Juli, S. 22-26.

1.319 Eisenhart, R.L.: A Better Microstrip Connector. 1979 IEEE MTT-S Internat. Microwave Symp. Digest (1979), S. 318-320.

1.320 England, E.H.: A Coaxial to Microstrip Transition. IEEE Trans. on Microwave Theory and Techn. MTT-24(1976) Jan., S. 47-48.

1.321 Ajose, S.O.; Mathews, N.A.: Equivalent Circuit of Coaxial-to-Microstrip Connector Over the 8-12 GHz Range. Electronics Letters 13 (1977) 16, S. 465-466.

1.322 Buontempo, V.: Equivalent Circuit of Coaxial(APC-7)-to-Microstrip Transition. Electronics Letters 11 (1975) 10, S. 220-222.

1.323 Uhlir, A.: Correction for Adapters in Microwave Measurements. IEEE Trans. on Microwave Theory and Techn. MTT-22 (1974), S. 330-332.

1.324 Chapman, A.G.; Aitchison, C.S.: A Broad-Band Model for a Coaxial-to-Stripline Transition. IEEE Trans. on Microwave Theory and Techn. MTT-28(1980) 2, S. 130-136.

1.325 Ajose, S.O.; Mathews, N.A.; Aitchison, C.S.: Characterization of Coaxial-to-Microstrip Connector Suitable for Evaluation of Microstrip 2-Ports. Electronics Letters 12(1976), S. 430-431.

1.326 Bianco, B.; Parodi, M.; Ridella, S.; Selvaggi, F.: Launcher and Microstrip Characterization. IEEE Trans. on Instrumentation and Measurement IM-25 (1976) 4, S. 320-323.

1.327 Wight, J.S.; Jain, O.P.; Chudobiak, W.J.; Makios, V.: Equivalent Circuits of Microstrip Impedance Discontinuities and Launchers. IEEE Trans. on Microwave Theory and Techn. MTT-22 (1974) Jan., S. 48-52.

1.328 Hoover, J.C.: Microstrip Transmission-Line Transitions to Dielectric Filled Waveguide. IEEE Trans. on Microwave Theory and Techn. MTT-15 (1967) April, S. 273-274.

1.329 van Heuven, J.H.C.: A New Integrated Waveguide-Microstrip Transition. IEEE Trans. on Microwave Theory and Techn. MTT-24 (1976) März, S. 144-147.

1.330 Lavedan, L.J.: Design of Waveguide-to-Microstrip Transitions Specially Suited to Millimeter-Wave Applications. Electronics Letters 13(1977) 20, S. 604-605.

1.331 Araki, T.; Hirayama, M.: A 20-GHz Integrated Balanced Mixer. IEEE Trans. on Microwave Theory and Techn. MTT-19 (1971) Juli, S. 638-643.

1.332 Oxley, E.A.: Hybrid Microwave Integrated Circuits for mm-Wavelengths. 1972 IEEE - GMTT Int. Microwave Symp. Dig. (1972), S. 224-226.

1.333 Hollmann, H.: Transmission Line Transducer from Dominant-Mode Circular Waveguide to Microstrip. 8th European Microwave Conf. Proc. (1978), Paris, S. 358-362.

1.334 Hoefer, J.R.; James, D.S.: Microstrip to Waveguide Coupling Through Holes. Proc. of the 5th Coll. on Microwave Commun. Bd. IV (1974), Budapest, S. MT-221 bis MT-231.

1.335 Palermo, C.A.; Hartman, J.A.: MIC-Packaging Using Conductive Epoxy and Numerically Controlled Drill Techniques. IEEE Trans. on Parts, Hybrids, and Packaging PHP-11(1975) Juni, S. 157-158.

1.336 Traut, G.R.: Microwave Stripline Packaging with UMD's. Microwave J. (1975) August, S. 49-50.

1.337 Kumar, M.; Das, B.N.: Coupled Transmission Lines. IEEE Trans. on Microwave Theory and Techn. MTT-25 (1977) 1, S. 7-10.

1.338 Craven, J.H.: Coaxial to Strip Transmission Line Adapter. IRE Trans. on Microwave Theory and Techn. MTT-9(1961) März, S. 200-201.

1.339 Marcuvitz, N.: Waveguide Handbook, 1. Auflage New York, Toronto, London: McGraw-Hill 1951.

1.340 Lewin, L.: Radiatation from Discontinuities in Strip-Line. Proc. IEE 107C (1960), S. 163-170.

1.341 Fromm, W.E.: Characteristics and Some Applications of Stripline Components. IRE Trans. on Microwave Theory and Techn. MTT-3 (1955) 2, S. 13-20.

1.342 Torgov, E.N.; Griemsmann, J.W.E.: Miniature Strip Transmission Line for Microwave Applications. IRE Trans. on Microwave Theory and Techn. MTT-3(1955) 2, S. 57-64.

1.343 Brandley, E.H.; White, D.R.J.: Bandpass Filters Using Stripline Techniques. IRE Trans. on Microwave Theory and Techn. MTT-3(1955) 2, S. 163-169.

1.344 Levy, R.: New Coaxial-to-Stripline Transformer Using Rectangular Lines. IRE Trans. on Microwave Theory and Techn. MTT-9(1961) Mai, S. 273-274.

1.345 Pyle, J.R.: Broad-band Coaxial-to-Stripline Transitions. IEEE Trans. on Microwave Theory and Techn. MTT-12 (1964) Mai, S. 364-365.

1.346 Glance, B.; Trambarulo, R.: A Waveguide to Suspended Substrate Transition. IEEE Trans. on Microwave Theory and Techn. MTT-21 (1973) Febr., S. 117-118.

1.347 Knerr, R.H.: A New Type of Waveguide-to-Stripline Transition. IEEE Trans. on Microwave Theory and Techn. MTT-16(1968) März, S. 192-194.

1,348 Dietrich, N.R.: TH-3 Microwave Radio System: Microwave Integrated Circuits. The Bell Syst. Tech. J. 50(1971) 7, S. 2175-2194.

1.349 Cohn, S.B.: Slot Line on a Dielectric Substrate. IEEE Trans. on Microwave Theory and Techn. MTT-17(1969) 10, S. 768-778.

1.350 Mariani, E.A.; Heinzman, C.P.; Agrios, J.P.; Cohn, S.B.: Slot Line Characteristics. IEEE Trans. on Microwave Theory and Techn. MTT-17(1969) 12, S. 1091-1096.

1.351 Siegl, J.: Numerische Berechnung der Grundwelle und der höheren Wellentypen auf einer Schlitzleitung mit rechteckigem Schirm und endlicher Metallisierungsdicke. Dissertation Techn. Universität Berlin (1978).

1.352 Schminke, W.: Reflexionen am Übergang einer Koaxialleitung auf eine Streifenleitung. Arch. Elektron. und Übertragungstechn. 33(1979) 1, S. 6-12.

1.353 Schminke, W.: Das Übertragungsverhalten der Übergänge Koaxialleitung - Rechteckhohlleiter, Rechteckhohlleiter - Streifenleitung und ihre Hintereinanderschaltung. Dissertation Techn. Hochschule Darmstadt, 1978.

1.354 Standing, D.H.: Microwave Measurement of Connectors and Cable Assemblies. Electron (G.B.) 129(1978) 16. Jan., S. 45,47.

1.355 Henderson, A.; James, J.R.: Design of Microstrip Antenna Feeds. Part 1: Estimation of Radiation Loss and Design Implications. IEE Proc. H 128(1981) 1, S. 19-25.

1.356 Gazyan, L.G.; Duplenkov, D.A.: Some Experimental Results of a Study of Strip-Line Waveguide Junctions. Telecomm. a. Radio Engng. 30(1975) 2, S. 132.

1.357 Schminke, W.: Dielektrisch gefüllte Hohlleiterresonatoren mit Streifenleiterankoppelung. Frequenz 33(1979) 2, S. 37-39.

1.358 Kompa, G.: About the Frequency-Dependent Characteristics of a Microstrip-Waveguide Transition. Arch. Elektron. Nachrichtentechn. 35(1981) 2, S. 69-71.

1.359 Nanbu, S.: A Direct Stripline-to-Waveguide Transition and an Application to an MIC Stabilized Oscillator. The Trans. of the IECE of Jap. E61(1978) 4, S. 322-323.

1.360 Podcameni, A.; Coimbra, M.L.: Slotline-Microstrip Transition on Iso/Anisotropic Substrate: A More Accurate Design. Electronics Letters 16(1980) 20, S. 780-781.

1.361 Villien, P.: Microwave Integrated Circuit Process Investigation. Work Package 2: Hermetic Sealing. Danish Research Center for Applied Electronics, Hoersholm, final Rept. No. ESA-CR(P)-819-V-4(1976) 18. Okt.

2.1 Meinke, H.H.: Einführung in die Elektrotechnik höherer Frequenzen. 2. Bd. 2. Aufl. Berlin, Heidelberg, New York: Springer 1966.

2.2 Collin, R.E.: Grundlagen der Mikrowellentechnik. 1. Aufl. Berlin: VEB Verlag Technik 1973.

2.3 Küpfmüller, K.: Einführung in die theoretische Elektrotechnik. 6. Aufl. Berlin, Göttingen, Heidelberg: Springer 1959.

2.4 Meinke, H.H.; Grundlach, F.W.: Taschenbuch der Hochfrequenztechnik. 2. Aufl. Berlin, Göttingen, Heidelberg: Springer 1962.

2.5 Oberhettinger, F; Magnus, W.: Anwendungen der elliptischen Funktionen in Physik und Technik. Berlin: Springer 1949.

2.6 Byrd, P.F.; Friedman, M.D.: Handbook of Elliptic Integrals for Engineers and Scientists. 2. Aufl. Berlin: Springer 1971.

2.7 v. Koppelfels, W.; Stallmann, F.: Praxis der konformen Abbildung. Berlin, Göttingen, Heidelberg: Springer 1959.

2.8 Kober, H.: Dictionary of Conformal Representations. Dover Pub.

2.9 Betz, A.: Konforme Abbildung. Berlin, Göttingen, Heidelberg: Springer 1948.

2.10 Hachemeister, C.A.: The Impedances and Fields of some TEM Mode Transmission Lines. Research Rept. R-623-57, PIB-551 for Air Force Cambridge Research Center Contract No. AF-19(604)-2031, 16. April 1958.

2.11 Cohn, S.B.: Shielded Coupled-Strip Transmission Line. IEEE Trans. on Microwave Theory and Techn. MTT-3 (1955) Okt., S. 29-38.

2.12 Cohn, S.B.: Characteristic Impedance of the Shielded-Strip Transmission Line. IRE Trans. on Microwave Theory and Techn. MTT-2 (1954) Juli, S. 52-57.

2.13 Cohn, S.B.: Characteristic Impedances of Broadside-Coupled Strip Transmission Lines. IRE Trans. on Microwave Theory and Techn. MTT-8(1960), S. 633-637.

2.14 Hilberg, W.: Strenge Berechnung des Wellenwiderstandes von parallelen Streifenleitungen und ein Vergleich mit Näherungen. Arch. Elektrotechn. 54(1971), S. 200-205.

2.15 Palmer, H.B.: The Capacitance of a Parallel-Plate Capacitor by the Schwartz-Christoffel Transformation. Trans. Americ. Inst. Electr. Eng. 56(1937) März, S. 363-366.

2.16 Black, K.G.; Higgins, T.J.: Rigorous Determination of the Parameters of Microstrip Transmission Lines. IRE Trans. on Microwave Theory and Techn. MTT-3 (1955) März, S. 93-113.

2.17 Wen, C.P.: Coplanar Waveguide: A Surface Strip Transmission Line Suitable for Nonreciprocal Gyromagnetic Device Application. IEEE Trans. on Microwave Theory and Techn. MTT-17(1969) 12, S. 1087-1090.

2.18 Wen, C.P.: Coplanar Waveguide Directional Couplers. IEEE Trans. on Microwave Theory and Techn. MTT-18(1970) 6, S. 318-322.

2.19 Deschamps, G.A.: Theoretical Aspects of Microstrip Waveguides. IRE Trans. on Microwave Theory and Techn. MTT-2(1954), S. 100-102.

2.20 Van de Capelle, A.R.; Luypaert, P.J.: Fundamental and Higher Order Modes in Open Microstrip Lines. Electronics Letters 9(1973) 15, S. 345-346.

2.21 Van de Capelle A.R.; Luypaert, P.J.: An Investigation of the Higher Order Modes in Open Microstrip Lines. Proc. of the 5th Coll. on Microwave Communication. 3. Bd. 1974, S. ET23-31.

2.22 Ermert, H.: Guided Modes and Radiation Characteristics of covered Microstrip Lines. Arch. Elektron. Übertragungstechn. 30(1976) 2, S. 65-70.

2.23 Ermert, H.: Ein Verfahren zur Berechnung der Dispersion und der Feldverteilung von Wellentypen auf einer Mikrowellenstreifenleitung. Habilitation, Universität Erlangen 1975.

2.24 Ermert, H.: Guiding and Radiation Characteristics of Planar Waveguides. IEE J. of Microwaves, Optics and Acoustics 3(1979) März, S. 59-62.

2.25 Wu, T.T.: Theory of Microstrip. J. Appl. Phys. 28(1957), S. 299-302.

2.26 Zysman, G.I.; Varon, D.: Wave Propagation in Microstrip Transmission Lines. IEE-GMTT-Microwave Symp. Digest 1969, Sec. MAMI.

2.27 Eaves, R.E.; Bolle, D.M.: Guided Waves in Limit Cases of Microstrip. IEEE Trans. on Microwave Theory and Techn. MTT-18(1970) 4, S. 231-232.

2.28 Delonge, P.: On Wu's Theory of Microstrip. Electronics Letters 6(1970), S. 541-542.

2.29 Grünberger, G.K.; Meinke, H.H.: Experimenteller und theoretischer Nachweis der Längsfeldstärken in der Grundwelle der Mikrowellen Streifenleitung. Nachrichtentechn. Z. (1971) 7, S. 364-368.

2.30 Collin, R.E.: Field Theory of Guided Waves. New York, Toronto, London: McGraw Hill 1960.

2.31 Harrington, R.F.: Time-Harmonic Electromagnetic Fields. New York: McGraw Hill (1961).

2.32 Wexler, A.: Computation of Electromagnetic Fields. IEEE Trans. on Microwave Theory and Techn. MTT-17 (1969), S. 416-439.

2.33 Harrington, R.F.: Matrix Methods for Field Problems. Proc. IEEE 55(1967), S. 136-149.

2.34 Harrington, R.F.: Field Computation by Moment Methods. New York: Macmillan 1968.

2.35 Mittra, R.; Lee, S.W.: Analytical Techniques in the Theory of Guided Waves. New York: Macmillan 1971.

2.36 Mittra, R.: Computer Techniques for Electromagnetics. Oxford: Pergamon Press 1973.

2.37 Sinnott, D.H.; et al.: The Finite Difference Solution of Microwave Circuit Problems. IEEE Trans. on Microwave Theory and Techn. MTT-17(1969), S. 464-478.

2.38 Arlett, L.P.; et al.: Application of Finite Elements to the Solution of Helmholtz's Equation. Proc. IEE 115(1968), S. 1762-1766.

2.39 Mittra, R.; Itoh, T.: A New Method for the Analysis of the Dispersion Characteristics of Microstrip Lines. IEEE GMTT Microwave Symp. Digest 1970.

2.40 Itoh, T.; Mittra, R.: Spectral Domain Approach for Calculating the Dispersion Characteristics of Microstrip Lines. IEEE Trans. on Microwave Theory and Techn. MTT-21(1973) 7, S. 496-499.

2.41 Jansen, R.: Stückweise definierte Polynome zur Entwicklung der Stromdichte in der numerischen Lösung von Streifenleitungs-Problemen. Arch. Electron. Übertragungstechn. 29(1975) 11, S. 477-480.

2.42 Itoh, T.; Mittra, R.: A Technique for Computing Dispersion Characteristics of Shielded Microstrip Lines. IEEE Trans. on Microwave Theory and Techn. MTT-22 (1974) 10, S. 896-898.

2.43 Mittra, R.; Itoh, T.: A New Technique for the Analysis of the Dispersion Characteristics of Microstrip Lines. IEEE Trans. on Microwave Theory and Techn. MTT-19(1971) 1, S. 47-56.

2.44 Jansen, R.: A Moment Method for Covered Microstrip Dispersion. Arch. Elektron. Übertragungstechn. 29(1975), S. 17-20.

2.45 Jansen, R.: Zur numerischen Berechnung geschirmter Streifenleitungs-Strukturen. Arch. Elektron. Übertragungstechn. 29(1975) 6, S. 241-247.

2.46 Kowalski, G.; Pregla, R.: Dispersion Characteristics of Single and Coupled Microstrips. Arch. Elektron. Übertragungstechn. 26(1972), S. 276-280.

2.47 Vorst, A.S.; et al.: A Computer Optimization of the Rayleigh-Ritz Method. IEEE Trans. on Microwave Theory and Techn. MTT-17(1969), S. 454-459.

2.48 Ermert, H.: Field Distribution of Microstrip Guided Waves. Arch. Elektron. Übertragungstechn. 31(1977) 4, S. 145-149.

2.49 Kühn, E.: A Mode-Matching Method for Solving Field Problems in Waveguide and Resonator Circuits. Arch. Elektron. Übertragungstechn. 27(1973), S. 511-518.

2.50 Piefke, G.: Die Anwendung der Entwicklung nach Eigenfunktionen auf Beugungsprobleme in endlichen Gebieten. Arch. Elektron. Übertragungstechn. 22(1968), S. 275-281.

2.51 Getsinger, W.J.: Microstrip Dispersion Model. IEEE Trans of Microwave Theory and Techn. MTT-21(1973) 1, S. 34-39.

2.52 Jain, O.P.; Makios, V.; Chudobiak, W.J.: Coupled-Mode Model of Dispersion in Microstrip. Electronics Letters 7(1971) 14, S. 405-407.

2.53 Carlin, H.J.: A Simplified Circuit Model for Microstrip. IEEE Trans. on Microwave Theory and Techn. MTT-21(1973) 9, S. 589-591.

2.54 Carlin, H.J.: Representation of Dielectric Loaded Guide and Microstrip by Coupled Line Networks. Proc. of the 5th Coll. on Microwave Communication. 3. Bd. 1974, S. ET-33-43.

2.55 Jain, O.P.; Makios, V.; Chudobiak, W.J.: The Dispersive Behaviour of Microstrip Transmission Lines. European Microwave Conf. Proc. 1971, S. C3/5:1-4.

2.56 Bianco, B.; Parodi, M.; Ridella, S.: On the Definitions of Characteristic Impedance of Uniform Microstrips. Alta Frequenza 45(1976) 2, S. 111-116.

2.57 Bianco, B.; Chiabrera, A.; Granara, M.; Ridella, S.: Frequency Dependence of Microstrip Parameters. Alta Frequenza XLIII (1974) 7, S. 413-416.

2.58 Bianco, B.; Panini, L.; Parodi, M.; Ridella, S.: Some Considerations About the Frequency Dependence of the Characteristic Impedance of Uniform Microstrips. IEEE Trans. on Microwave Theory and Techn. MTT26(1978) 3, S. 182-185.

2.59 Bianco, B.; Parodi, M.; Ridella, S.: Comments on "Microstrip Characteristic Impedance". IEEE Trans. on Microwave Theory and Techn. MTT-28(1980) 2, S. 152.

2.60 Kessler, A.; Vlceck, A.; Zinke, O.: Methoden zur Bestimmung von Kapazitäten unter besonderer Berücksichtigung der Teilflächenmethode. Arch. Elektron. Übertragungstechn. 16(1962) 8, S. 365-380.

2.61 Weeks, W.T.: Calculation of Coefficients of Capacitance of Multiconductor Transmission Lines in the Presence of a Dielectric Interface. IEEE Trans. on Microwave Theory and Techn. MTT-18(1970) 1, S. 35-43.

2.62 Kammler, D.W.: Calculation of Characteristic Admittances and Coupling Coefficients for Strip Transmission Lines. IEEE Trans. on Microwave Theory and Techn. MTT-16(1968) 11, S. 925-937

2.63 Clemm, H.L.: Berechnung von Kapazität und Wellenwiderstand der Streifenleitung auf einem dielektrischen Träger (Mikrostrip) mit Hilfe der Teilflächenmethode. Frequenz 23(1969) 5, S. 143-151.

2.64 Hill, Y.M.; Reckord, N.O.; Winner, D.R.: A General Method for Obtaining Impedance and Coupling Characteristics of Practical Microstrip and Triplate Transmission Line Configurations. IBM J. Res. and Develop. 13(1969) Mai, S. 314-322.

2.65 Arndt, F.: Zur Berechnung des Kapazitätsbelags von Streifenleitungen mit der Teilflächenmethode. Bull. SEV/VSE 66(1975) 16, S. 873-879.

2.66 Schneider, M.: Computation of Impedance and Attenuation of TEM-Lines by Finite Differences Methods. IEEE Trans. on Microwave Theory and Techn. MTT-13 (1965) 6, S. 793-800.

2.67 Green, H.E.: The Numerical Solution of Some Important Transmission-Line Problems. IEEE Trans. on Microwave Theory and Techn. MTT-13(1965) 9, S. 676-692.

2.68 Green, H.E.: Correction to "The Numerical Solution of Some Important Transmission-Line Problems". IEEE Trans. on Microwave Theory and Techn. MTT-23 (1975) 5, S. 455.

2.69 Green, H.E.; Pyle, J.R.: The Characteristic Impedance and Velocity Ratio of Dielectric-Supported Stripline. IEEE Trans. on Microwave Theory and Techn. MTT-13(1965) 1, S. 135-137.

2.70 Brenner, H.E.: Numerical Solution of TEM Line Problems Involving Inhomogeneous Media. IEEE Trans. on Microwave Theory and Techn. MTT-15(1967) 8, S. 485-487.

2.71 Stinehelfer, H.A.: An Accurate Calculation of Uniform Microstrip Transmission Lines. IEEE Trans. on Microwave Theory and Techn. MTT-16(1968) 7, S. 439-444.

2.72 Brenner, H.E.: Stripline Characterization by Computer. Digest of Technical Papers, 1969 Wescon Conf. Abschn. 6/1.

2.73 Yamashita, E.: Variational Method for the Analysis of Microstrip-Like Transmission Lines. IEEE Trans. on Microwave Theory and Techn. MTT-16(1968) 8, S. 529-535.

2.74 Duncan, J.W.: Characteristic Impedance of Multiconductor Strip Transmission Lines. IEEE Trans. on Microwave Theory and Techn. MTT-13 (1965) 1, S. 107-118.

2.75 Yamashita, E.; Mittra, R.: Variational Method for the Analysis of Microstrip Lines. IEEE Trans. on Microwave Theory and Techn. MTT-16 (1968) 4, S. 251-256.

2.76 Smith, C.E.: A Coupled Integral Equation Solution for Microstrip Transmission Lines. IEEE G-MTT-Symp. Digest (1973), S. 284-286.

2.77 Bryant, T.G.; Weiss, J.A.: Parameters of Microstrip Transmission Lines and of Coupled Pairs of Microstrip Lines. IEEE Trans. on Microwave Theory and Techn. MTT-16(1968) 12, S. 1021-1027.

2.78 Silvester, B.S.: TEM Wave Properties of Microstrip Transmission Lines. Proc. IEE 115(1968) 1, S. 43-48.

2.79 Yamashita, E.; Atsuki, K.: Strip Line with Rectangular Outer Conductor and Three Dielectric Layers. IEEE Trans. on Microwave Theory and Techn. MTT-18 (1970) 5, S. 238-244.

2.80 Bryant, T.G.; Weiss, J.A.: MSTRIP (parameters of Microstrip); Computer Program Description. IEEE Trans. on Microwave Theory and Techn. MTT-19(1971), S. 418-419.

2.81 Weiss, J.A.; Bryant, T.G.: Dielectric Green's Function for Parameters of Microstrip. Electronics Letters 6(1970) 23. Juli, S. 462-464.

2.82 Yamashita, E.; Atsuki, K.: Analysis of Thick-Strip Transmission Lines. IEEE Trans. on Microwave Theory and Techn. MTT-19(1971) 1, S. 120-123.

2.83 Silvester, P.; Benedek, P.: Electrostatics of the Microstrip-Revisited. IEEE Trans. on Microwave Theory and Techn. MTT-20(1972) 11, S. 756-758.

2.84 Lennartson, B.L.: A Network Analogue Method for Computing the TEM Characteristic of Planar Transmission Lines. IEEE Trans. on Microwave Theory and Techn. MTT-20(1972) 9, S. 586-591.

2.85 Premoli, A.: A New Fast and Accurate Algorithm for the Computation of Microstrip Capacitances. IEEE Trans. on Microwave Theory and Techn. MTT-23(1975) 8, S. 642-648.

2.86 Schulz, U.; Pregla, R.: A New Technique for the Analysis of the Dispersion Characteristics of Planar Waveguides. Arch. Elektronik Übertragungstechn. 34 (1980), S. 169-173.

2.87 Schulz, U.: On the Edge Condition With the Method of Lines in Planar Waveguides. Arch. Elektronik Übertragungstechn. 34(1980), S. 176-178.

2.88 Tulaja, V.; Schiek, B.; Köhler, J.: An Interdigitated 3 dB Coupler With Three Strips. IEEE Trans. on Microwave Theory and Techn. MTT-26(1978), S.643-645.

2.89 Siegl, J.; Tulaja, V.; Hoffmann, R.: General Analysis of Interdigitated Microstrip Couplers. Siemens Forsch.-u. Entwickl.-Ber. 10(1981) 4, S. 228-236.

2.90 Wheeler, H.A.: Transmission-Line Properties of Parallel Strips Separated by a Dielectric Sheet. IEEE Trans. on Microwave Theory and Techn. MTT-13(1965) März, S. 172-185.

2.91 Wheeler, H.A.: Transmission-Line Properties of a Strip on a Dielectric Sheet on a Plane. IEEE Trans. on Microwave Theory and Techn. MTT-25(1977) 8, S. 631-647.

2.92 Black, K.G.; Higgins, T.J.: Rigorous Determination of the Parameters of Microstrip Transmission Lines. IRE Trans. on Microwave Theory and Techn. MTT-3 (1955) März, S. 93-113.

2.93 Presser, A.: RF Properties of Microstrip Line. Microwaves (1968) März, S. 53-55.

2.94 Kaden, H.: Advances in Microstrip Theory. Siemens Forsch.-u. Entwickl.-Ber. 3 (1974) 2, S. 115-124.

2.95 Kwon, A.H.: Design of Microstrip Transmission Line. Microwave J. (1976) 1, S. 61-63.

2.96 Jain, O.P.; Makios, V.; Chudobiak, W.J.: Open-End and Edge Effect in Microstrip Transmission Lines. IEEE Trans. on Microwave Theory and Techn. MTT-20 (1972) 9, S. 626-628.

2.97 Ross, R.F.G.; Howes, M.J.: Simple Formulas for Microstrip Lines. Electronics Letters 12(1976) 16, S. 410.

2.98 Owens, R.P.: Accurate analytical determination of quasi-static microstrip line parameters. The Radio and Electronic Engineer 46(1976) 7, S. 360-364.

2.99 Kuchanov, E.S.: Capacitance of a Planar Stripline Allowing for the Dielectric Substrate Width. Telecomm. a. Radio Engng. 29-30(1975) 1, S. 127-128.

2.100 Kochanov, E.S.: Parasitic Capacitances in Printed Wiring of Radio Equipment. Telecommun. Radio Engng. Part 2, 22(1967) 7, S. 129-132.

2.101 Schneider, M.V.: Dielectric Loss In Integrated Microwave Circuits. Bell Syst. Tech. J. 48(1969) Sept., S. 2325-2332.

2.102 Schneider, M.V.: Dielectric Loss in Hybrid Integrated Circuits. Proc. IEEE 57 (1969) Juni, S. 1206-1207.

2.103 Maesel, M.: A Theoretical and Experimental Investigation of Coupled Microstrip Lines. ELAB-Report TE-168, April 1971, Norwegian Institute of Technology, Universität Trondheim.

2.104 Ramo, S.; Whinnery, J.R.; van Duzer, T.: Fields and Waves in Communication Electronics. New York, London, Sidney: Wiley & Sons 1965.

2.105 Pucel, R.A.; Massé, D.J.; Hartwig, C.P.: Losses in Microstrip. IEEE Trans. on Microwave Theory and Techn. MTT-16(1968) Juni, S. 342-350.

2.106 Wheeler, H.A.: Formulas for the Skin Effect. Proc. I.R.E. 30(1942) Sept., S. 412-424.

2.107 Cohn, S.B.: Problems in Strip Transmission Lines. IRE Trans. on Microwave Theory and Techn. MTT-3(1955) März, S. 119-126.

2.108 Rao, T.C.: Losses in Microstrip Propagation over a Semiconducting Dielectric Substrate. J. Inst. Electronics and Telecom. Engrs. 21(1975) 1, S. 21-25.

2.109 Welch, J.D.; Pratt, H.J.: Losses in Microstrip Transmission Systems for Integrated Microwave Circuits. NEREM Rec. 8(1966), S. 100-101.

2.110 Assadourian, F; Rimai, E.: Simplified Theory of Microstrip Transmission Systems. Proc. IRE 40(1952) 12, S. 1651-1657.

2.111 Davis, M.E.; Williams, E.W.; Celestini, A.C.: Finite-Boundary Corrections to the Coplanar Waveguide Analysis. IEEE Trans. on Microwave Theory and Techn. MTT-21(1973) Sept., S. 594-596.

2.112 Davis, M.E.: Coplanar Waveguide Fabrication and Characteristics. Air Force Avionics Lab Wright-Patterson AFB Ohio, Report AFAL-TR-73-189 (1973), Sept.

2.113 Pregla, R.: Calculation of the Distributed Capacitances and Phase Velocities in Coupled Microstrip Lines by Conformal Mapping Techniques. Arch. Elektron. Übertragungstechn. 26(1972) 11, S. 470-474.

2.114 Denlinger, E.J.: A Frequency Dependent Solution for Microstrip Transmission Lines. IEEE Trans. on Microwave Theory and Techn. MTT-19(1971) Jan., S. 30-39.

2.115 Paul, G.-U.: Über den Wellenwiderstand der Mikrostreifenleitung. Arch. Elektron. Übertragungstechn. 30(1976) 11, S. 463-464.

2.116 Schmitt, H.J.; Sarges, K.H.: Wave Propagation in Microstrip. Nachrichtentechn. Z. 24(1971) 5, S. 260-264.

2.117 Krage, M.K.; Haddad, G.I.: Frequency-Dependent Characteristics of Microstrip Transmission Lines. IEEE Trans. on Microwave Theory and Techn. MTT-20(1972) 10, S. 678-688.

2.118 Knorr, J.B.; Tufekcioglu, A.: Spectral-Domain Calculation of Microstrip Characteristic Impedance. IEEE Trans. on Microwave Theory and Techn. MTT-23 (1975) 9, S. 725-728.

2.119 Owens, R.P.: Predicted Frequency Dependence of Microstrip Characteristic Impedance Using the Planar-Waveguide Model. Electronics Letters 12(1976) 11, S. 269-270.

2.120 Arndt, F.; Paul, G.U.: The Reflection Definition of the Characteristic Impedance of Microstrips. IEEE Trans. on Microwave Theory and Techn. MTT-27(1979) 8, S. 724-731.

2.121 Getsinger, W.J.: Microstrip Characteristic Impedance. IEEE Trans. on Microwave Theory and Techn. MTT-27(1979) 4, S. 293.

2.122 Brandis, H.; Schminke, W.: Zur Definition des Leitungswellenwiderstands der geschirmten Streifenleitung. Frequenz 34(1980) 2, S. 30-32.

2.123 Schelkunoff, S.: The Impedance Concept and its Application to Problems of Reflection, Refraction, Shielding and Power Absorption. Bell Syst. Tech. J. XVII (1938) Jan., S. 17-48.

2.124 Schelkunoff, S.: Electromagnetic Waves. Princeton, N.J.: Van Nostrand, 1943.

2.125 Stratton, J.A.: Electromagnetic Theory. New York, London: McGraw Hill, 1941.

2.126 Snell, W.W.: Low-Loss Microstrip Filters Developed by Frequency Scaling. The Bell Syst. Tech. J. 50(1971) 6, S. 1919-1931.

3.1 Csendes, Z.J.; Silvester, P.: Numerical Solution of Dielectric Loaded Waveguides: I-Finite Element Analysis. IEEE Trans. on Microwave Theory and Techn. MTT-18(1970) 12, S. 1124-1131.

3.2 Ivanov, S.A.: Solution of Asymmetrical Stripline Problem by Method of Magnetic Vector Potential. Proc. of the 5th Colloquium on Microwave Communication. Bd. III Budapest: 1974, ET169 - ET178.

3.3 Logan, J.D.; Yee, K.S.; Chan, W.K.: The Transverse Electromagnetic Field Supported by an Infinitely Conducting Plane and a Parallel Infinitely Conducting Strip. Rep. Nr. UCID-16757. Livermore: Lawrence Livermore Lab, März 1975.

3.4 Grünberger, G.K.: Das Wellenfeld der geschirmten Mikrowellen-Streifenleitung unter Berücksichtigung der Längskomponenten. Dissertation an der Techn. Universität München: April 1971.

3.5 Grünberger, G.K.; Kiene, V.; Meinke, H.H.: Longitudinal Field Components and Frequency-Dependent Phase Velocity in the Microstrip Transmission Line. Electronics Letters 6(1970), S. 683-685.

3.6 Hornsby, J.S.;Gopinath, A.: Numerical Analysis of a Dielectric Loaded Waveguide with a Microstrip-Line-Finite Differences Methods. IEEE Trans. on Microwave Theory and Techn. MTT-17(1969) 9, S. 684-690.

3.7 Wiesbeck, W.: Berechnung und Messung der Stromverteilung auf ungeschirmten Streifenleitungen. Nachrichtentechn. Z. 25(1972) 1, S. 1-6.

3.8 Gaál, E.: Current Distribution on a Strip Line. Acta Techn. Budapest 38(1962) 3-4, S. 387-397.

3.9 Maxwell, J.C.: A Treatise on Electricity and Magnetism. 1. Bd. 3. Aufl. New York: Dover 1954.

3.10 Kowalski, G.; Pregla, R.: Calculation of the Distributed Capacitances of Coupled Microstrips Using a Variational Integral. Arch. Elektronik u. Übertragungstechn. 27(1973) 1, S. 51-52.

3.11 Dukes, J.M.C.: An Investigation into Some Fundamental Properties of Strip Transmission Lines with the Aid of an Electrolytic Tank. Proc. Instn. Electr. Eng. 103(1956), S. 777-781.

3.12 Magnus, W.; Oberhettinger, F.: Die Berechnung des Wellenwiderstands einer Bandleitung mit kreisförmigem bzw. rechteckigem Außenleiterquerschnitt. Arch. Elektrotechn. 37(1943), S. 380-390.

3.13 Buchholz, H.: Berechnung von Wellenwiderstand und Dämpfung von Hochfrequenzleitungen vom Feldbild des vollkommenen Leiters her. Arch. Elektrotechn. 39 (1948), S. 79-100, 202-215.

3.14 Wheeler, H.A.: Transmission Line Properties of Parallel Wide Strips by a Conformal-Mapping Approximation. IEEE Trans. on Microwave Theory and Techn. MTT-12(1964) 5, S. 280-289.

3.15 Hilberg, W.: Eine einfache und gute Näherung für den Wellenwiderstand paralleler Streifenleitungen. Arch. Elektronik u. Übertragungstechn. 22(1968) 3, S. 122-126.

3.16 Nowak, W.: Bemerkungen zu "Hilberg: Eine einfache und gute Näherung für den Wellenwiderstand paralleler Streifenleitungen". Arch. Elektronik u. Übertragungstechn. 23(1969) 8, S. 430.

3.17 Chang, W.H.: Analytical IC Metal-Line Capacitance Formulas. IEEE Trans. on Microwave Theory and Techn. MTT-24(1976), S. 608-611.

3.18 Kaden, H.: Leitungs- und Kopplungskonstanten bei Streifenleitungen. Arch. Elektronik u. Übertragungstechn. 21(1967) 3, S. 109-111.

3.19 Kaupp, H.R.: Characteristics of Microstrip Transmission Lines. IEEE Trans. on Electronic Computers. EC-16(1967) 2, S. 185-193.

3.20 Schwarzmann, A.: Microstrip Plus Equations Adds up to Fast Design. Electronics (1967) Okt., S. 109-112.

3.21 John, S.; Arlett, P.: Simple Method for the Calculation of the Characteristic Impedance of Microstrip. Electronics Letters 10(1974) 10, S. 188-190.

3.22 Kumar, A.; Kumar, D.; Gupta, H.C.; Tripathi, K.N.; Mathur, P.C.: A Method for the Calculation of the Characteristic Impedance of Microstrip. Int. J. Electronics 40(1976) 1, S. 45-47.

3.23 Gunn, M.W.; Mar, L.: The Calculation of the Characteristic Impedance of Microstrip. Int. J. Electronics 41(1976) 5, S. 515-516.

3.24 Owens, R.P.; Potok, M.H.N.: Analytical Methods for Calculating the Characteristic Impedance of Finite-Thickness Microstrip Lines. Int. J. Electronics 41 (1976) 4, S. 399-403.

3.25 Judd, S.V.; Whiteley, I.; Clowes, R.J.; Rickard, D.C.: An Analytical Method for Calculating Microstrip Transmission Line Parameters. IEEE Trans. on Microwave Theory and Techn. MTT-18(1970) 2, S. 78-87.

3.26 Mittra, R.; Itoh, T.: Charge and Potential Distributions in Shielded Striplines. IEEE Trans. on Microwave Theory and Techn. MTT-18(1970) 3, S. 149-156.

3.27 Farrar, A.; Adams, A.T.: Characteristic Impedance of Microstrip by the Method of Moments. IEEE Trans. on Microwave Theory and Techn. MTT-18(1970) 1, S. 65 -66.

3.28 Shimosaki, M.; Kiyono, T.: Analysis of Microstrip Transmission Lines by an Integral Equations Approach. Electronics and Communications in Japan 54-B(1971) 2, S. 80-88.

3.29 Farrar, A.; Adams, A.T.: A Potential Theory Method for Covered Microstrip. IEEE Trans. on Microwave Theory and Techn. MTT-21(1973), S. 494-496.

3.30 Farrar, A.; Adams, A.T.: Multilayer Microstrip Transmission Lines. IEEE Trans. on Microwave Theory and Techn. MTT-22(1974) 10, S. 889-891.

3.31 Pregla, R.; Nokes, S.: Calculation of the Capacitance of Thick Microstrip Using a Variational Expression. Arch. Elektronik u. Übertragungstechn. 29(1975) 3, S. 125-128.

3.32 Pregla, R.; Kowalski, G.: Simple Formulas for the Determination of the Characteristic Constants of Microstrip. Arch. Elektronik u. Übertragungstechn. 28 (1974) 7/8, S. 339-340.

3.33 Schwan, K.P.: Take the Guesswork Out of Thick Microstrip K. Microwaves (1977) 12, S. 184-185.

3.34 Schneider, M.V.: Microstrip Dispersion. Proc. IEEE 60 (1972), S. 144-146.

3.35 Hornsby, J.S.; Gopinath, A.: Fourier Analysis of a Dielectric-Loaded Waveguide with a Microstrip Line. Electronics Letters 5(1969) 12, S. 265-267.

3.36 Kowalski, G.; Pregla, R.: Dispersion Characteristics of Shielded Microstrips with Finite Thickness. Arch. Elektronik u. Übertragungstechn. 25(1971) 4, S. 193-196.

3.37 Laloux, A.; van der Vorst, A.: The Dispersive Character of Microstrip Lines. European Microwave Conf. Proc. (1971), S. C3/6:1-3.

3.38 Essayag, G.; Sauve, B.: Study of Higher-Order Modes in a Microstrip Structure. Electronics Letters 8(1972) 23, S. 564-566.

3.39 Essayag, G.; Sauve, B.: Effects of Geometrical Parameters of a Microstrip on its Dispersive Properties. Electronics Letters 8(1972) 21, S. 529-530.

3.40 Kowalski, G.; Pregla, R.: Dispersion Characteristics of Single and Coupled Microstrips with Double-Layer Substrates. Arch. Elektronik u. Übertragungstechn. 27(1973) 3, S. 125-130.

3.41 Jansen, R.: A Modified Least-Squares Boundary Residual (LSBR-) Method and its Application to the Problem of Shielded Microstrip Dispersion. Arch. Elektronik u. Übertragungstechn. 28(1974) 6, S. 275-277.

3.42 Veselov, G.I.; Degtyareva, V.P.; Semenov, S.G.: The General Algorithm for Calculation of Planar Waveguide Structures. Proc. of the 5th Coll. on Microwave Communication. 3. Bd. 1974, S. ET375-384.

3.43 Dos Santos, A.F.; Figanier, J.P.: The Method of Series Expansion in the Frequency Domain Applied to Multidielectric Transmission Lines. IEEE Trans. on Microwave Theory and Techn. MTT-23(1975) 9, S. 753-757.

3.44 La Riviere, H.J.A.; Davis, J.B.: The Solution of Electromagnetic Eigenvalue Problems by Least Square Boundary Residuals. IEEE Trans. on Microwave Theory and Techn. MTT-23(1975) 5, S. 436-441.

3.45 Grünberger, G.K.; Meinke, H.H.: A Theory of the Microstrip Line including Longitudinal Components. European Microwave Conf. Proc. (1971), S. C4/2:1-4.

3.46 Itoh, T.; Mittra, R.: A Technique for Computing Dispersion Characteristics of Shielded Microstrip Lines with the Application to the Junction Problems. European Microwave Conf. Proc. (1974), S. 373-377.

3.47 Veszely, G.: The Method of Sub-Waveguides for Analyzing Waveguides of Complicated Cross-Section. Proc. of the 5th Coll. on Microwave Comm. 3. Bd. (1974), S. ET395-403.

3.48 Farrar, A.; Adams, A.T.: Computation of Propagation Constants for the Fundamental and Higher Order Modes in Microstrip. IEEE Trans. on Microwave Theory and Techn. MTT-24(1976) 7, S. 456-460.

3.49 Saha, P.K.: Dispersion in Shielded Planar Transmission Lines on Two-Layer Composite Substrate. IEEE Trans. on Microwave Theory and Techn. MTT-25 (1977) 11, S. 907-911.

3.50 Arnold, S.: Dispersive Effects in Microstrip on Alumina Substrates. Electronics Letters 5(1969) 26, S. 673-674.

3.51 Chudobiak, W.J.; Jain, O.P.; Makios, V.: Dispersion in Microstrip. IEEE Trans. on Microwave Theory and Techn. MTT-19(1971) 9, S. 783-784.

3.52 Troughton, P.: Measurement Techniques in Microstrip. Electronics Letters 5 (1969) 2, S. 25-26.

3.53 Deutsch, J.; Jung, H.J.: Measurement of the Attenuation and Effective Dielectric Constant of Microstrip Lines in the Frequency Range between 2 and 12 GHz. European Microwave Conf. Proc. (1971), S. C3/4:1-4.

3.54 Wolff, I.; Knoppik, N.: Microstrip Ring Resonator and Dispersion Measurement in Microstrip Lines. Electronics Letters 7(1971) 26, S. 779-781.

3.55 Mehmet, K.; Mc Phum, M.K.; Michie, D.F.: Simple Resonator Method for Measuring Dispersion of Microstrip. Electronics Letters 8(1972) 6, S. 165-166.

3.56 Bianco, B.; Parodi, M.: Measurement of the Effective Relative Permittivities of Microstrip. Electronics Letters 11(1975) 3, S. 71-72.

3.57 Napoli, L.S.; Hughes, J.J.: High Frequency Behaviour of Microstrip Transmission Lines. RCA-Rev. 30(1969) Juni, S. 268-276.

3.58 Troughton, P.: The Evaluation of Alumina Substrates for Use in Microstrip Microwave Integrated Circuits. European Microwave Conf. Proc. (1969).

3.59 Bianco, B.; Parodi, M.: Determination of the Propagation Constant of Uniform Microstrip Lines. Alta Frequenza 45(1976) 2, S. 107-110.

3.60 Rizzoli, V.: Resonance Measurement of Single- and Coupled Microstrip Propagation Constants. IEEE Trans. on Microwave Theory and Techn. MTT-25(1977) 2, S. 113-120.

3.61 Knoppik, N.: Vergleich und Gültigkeit verschiedener Berechnungsverfahren der Resonanzfrequenzen von Mikrostrip-Ringresonatoren. Nachrichtentechn. Z. 29 (1976) 2, S. 141-147.

3.62 Wu, Y.S.; Rosenbaum, F.J.: Mode Chart for Microstrip Ring Resonators. IEEE Trans. on Microwave Theory and Techn. MTT-21(1973) 7, S. 487-489.

3.63 Richings, J.G.: An Accurate Experimental Method for Determining the Important Properties of Microstrip Transmission Lines. The Marconi Review (1974), S. 209-216.

3.64 Wolff, I.; Kompa, G.; Mehran, R.: Calculation Method for Microstrip Discontinuities and T Junctions. Electronics Letters 8(1972) 7, S. 177-179.

3.65 Kompa, G.; Mehran, R.: Planar Waveguide Model for Calculating Microstrip Components. Electronics Letters 11(1975) 9, S. 459-460.

3.66 Wolff, I.; Menzel, W.: A Universal Method to Calculate the Dynamical Properties of Microstrip Discontinuities. European Microwave Conf. Proc. (1975), S. 263-267.

3.67 Mehran, R.: The Frequency-Dependent Scattering Matrix of Microstrip Right-Angle Bends, T-Junctions and Crossings. Arch. Elektronik u. Übertragungstechn. 29(1975) 11, S. 454-460.

3.68 Pucel, A.; Massé, D.J.; Hartwig, C.P.: Correction to "Losses in Microstrip". IEEE Trans. on Microwave Theory and Techn. MTT-16(1968) 12, S. 1064.

3.69 Caulton, M.: Film Technology in Microwave Integrated Circuits. Proc. IEEE 59 (1971) 10, S. 1481-1489.

3.70 Horton, R.; Easter, B.; Gopinath, A.: Variation of Microstrip Losses with Thickness of Strip. Electronics Letters 7(1971) 17, S. 490-491.

3.71 Wiesbeck, W.: Berechnung der Dämpfung ungeschirmter Streifenleitungen, Wiss. Ber. AEG-Telefunken 45(1972) 4, S. 162-166.

3.72 Milgram, A.A.; Chih-Shun, L.: Preparation and Properties of Chromium Films. J. Appl. Phys. 39(1968) 6, S. 2851-2856.

3.73 Morgan, S.P.: Effect of Surface Roughness on Eddy Current Losses at Microwave Frequencies. J. Appl. Phys. 20(1949), S. 352-362.

3.74 Sanderson, A.E.: Effect of Surface Roughness on Propagation of the TEM Mode. Aus Advances in Microwaves (Herausgeber L. Young). 7. Bd. New York, London: Academic Press 1971.

3.75 Hammerstad, E.O.; Bekkadal, F.: Microstrip Handbook. ELAB Report STF44 A74169. Trondheim: The Norwegian Institute of Technology, University of Trondheim, Febr. 1975.

3.76 Knoppik, N.: Der Gütefaktor von Mikrostrip Resonatoren. Arch. Elektronik u. Übertragungstechn. 30(1976) 2, S. 49-58.

3.77 van Heuven, J.H.C.: Conduction and Radiation Losses in Microstrip. IEEE Trans. on Microwave Theory and Techn. MTT-22(1974) 9, S. 841-844.

3.78 Simpson, T.L.; Tseng, B.: Dielectric Loss in Microstrip Lines. IEEE Trans. on Microwave Theory and Techn. MTT-24(9176) 2, S. 106-108.

3.79 Caulton, M.; Hughes, J.J.; Sobol, H.: Measurement of the Properties of Microstrip Transmission Lines for Microwave Integrated Circuits. RCA-Rwv. 27(1966), S. 377-391.

3.80 Hyltin, T.M.: Microstrip Transmission on Semiconductor Dielectrics. IEEE Trans. on Microwave Theory and Techn. MTT-13(1965) 11, S. 777-781.

3.81 Jansen, R.: Zur numerischen Berechnung der Eigenfrequenzen und Eigenfunktionen von Mikrostrip-Strukturen beliebiger Kontur. Dissertation, Techn. Hochschule Aachen 1975.

3.82 Kompa, G.: S-Matrix-Computation of Microstrip Discontinuities with a Planar Waveguide Model. Arch. Elektronik u. Übertragungstechn. 30(1976) 2, S. 58-64.

3.83 Kompa, G.: Design of Stepped Microstrip Components. The Radio and Electronic Engineer 48(1978) 1/2, S. 53-63.

3.84 Menzel, W.; Wolff, I.: A Method for Calculating the Frequency Dependent Properties of Microstrip Discontinuities. IEEE Trans. on Microwave Theory and Techn. MTT-25(1977) 2, S. 107-112.

3.85 Mehran, R.: Die frequenzabhängigen Übertragungseigenschaften von Streifenleitungs-T-Verzweigungen und 90°-Winkeln. Dissertation, Techn. Hochschule Aachen 1974.

3.86 Oliner, A.A.: Equivalent Circuits for Discontinuities in Balanced Strip Transmission Line. IRE Trans. on Microwave Theory and Techn. MTT-3(1955) März, S. 134-143.

3.87 Altschuler, H.M.; Oliner, A.A.: Discontinuities in the Center Conductor of Symmetric Strip Transmission Line. IRE Trans. on Microwave Theory and Techn. MTT-8(1960) 5, S. 328-339.

3.88 Franco, A.G.; Oliner, A.A.: Symmetric Strip Transmission Line Tee Junction. IRE Trans. on Microwave Theory and Techn. MTT-10(1962) 3, S. 118-123.

3.89 Campbell, J.J.: Application of the Solution of Certain Boundary Value Problems to the Symmetrical Four-Port Junction and Specially Truncated Bends in Parallel-Plate Waveguides and Balances Strip-Transmission Lines. IEEE Trans. on Microwave Theory and Techn. MTT-16(1968) 3, S. 165-176.

3.90 Kompa, G.: Excitation and Propagation of Higher Order Modes in Microstrip Discontinuities. European Microwave Conf. Proc. (1973), Abschn. B.7.6.

3.91 Wolff, I.; Kompa, G.; Mehran, R.: Streifenleitungsdiskontinuitäten und -Verzweigungen. Nachrichtentechn. Z. 25(1972) 5, S. 217-224.

3.92 Kompa, G.: Die frequenzabhängigen Übertragungseigenschaften von Streifenleitungs-Wellenwiderstandssprüngen, Filtern und Stichleitungen in Mikrostrip-Technik. Dissertation Techn. Hochschule Aachen 1975.

3.93 Mehran, R.: Frequency Dependent Equivalent Circuits for Microstrip Right-Angle Bends, T-Junctions and Crossings. Arch. Elektronik u. Übertragungstechn. 30(1976) 2, S. 80-82.

3.94 Wägel, K.-H.: Die Berechnung der Streukoeffizienten von Mikrostripdiskontinuitäten nach einem Bandleitungsmodell. Frequenz 31(1977) 4, S. 111-116.

3.95 Bianco, B.; Granara, M.; Ridella, S.: Comments on the Existence of Transmission Zeros in Microstrip Discontinuities. Alta Frequenza XLI(1972) 11, S. 905-906.

3.96 Bianco, B.; Granara, M.; Ridella, S.: Filtering Properties of Two Dimensional Lines' Discontinuities. Alta Frequenza XLII(1973) 6, S. 286-294.

3.97 Wharton, R.P.; Rodrigue, G.P.: A Dominant Mode Analysis of Microstrip. IEEE Trans. on Microwave Theory and Techn. MTT-20(1972) Aug., S. 552-555.

3.98 Daly, P.: Hybrid-Mode Analysis of Microstrip by Finite-Element Methods. IEEE Trans. on Microwave Theory and Techn. MTT-19(1971) Jan., S. 19-25.

3.99 Schulz, U.; Pregla, R.: A New Technique for the Analysis of the Dispersion Characterisitics of Planar Waveguides Demonstrated for the Coplanar Line, 10th European Microwave Conf. Proc. (1980), S. 331-335.

3.100 Schulz, U.: Die Methode der Geraden - ein neues Verfahren zur Berechnung planarer Mikrowellenstrukturen. Dissertation Fernuniversität Hagen (1980).

3.101 Michlin, S.G.; Smolizki, Ch.L.: Näherungsmethoden zur Lösung von Differential- und Integralgleichungen. Leipzig: Teubner 1969.

3.102 Ames, W.F.: Numerical Methods for Partial Differential Equations. New York: Academic Press 1977.

3.103 Liskovets, O.A.: The Method of Lines (Review). Differentsial'nye Uravnenniya 1 (1965) 12, S. 1662-1678.

3.104 Hammerstad, E.O.: Equations for Microstrip Circuit Design. Europ. Microwave Conf. Proc. (1975), S. 268-272.

3.105 Dalby, A.B.: Analysis and Synthesis of Coupled Microstrip Circuits with more than Two Coupled Strips. 7th European Microwave Conf. Proc. (1977), S. 441 -445.

3.106 Dalby, A.B.: Interdigital Microstrip Circuit Parameters Using Empirical Formulas and Simplified Model. IEEE-MTT-S Internat. Symp. Digest (1978), S. 223 -226.

3.107 Hammerstad, E.; Jensen, O.: Accurate Models for Microstrip Computer-Aided Design. IEEE MTT-S Internat. Microwave Symp. Dig. (1980), S. 407-409.

3.108 Bahl, I.J.; Trivedi, D.K.: A Designer's Guide to Microstrip Line. Microwaves (1977) 5, S. 174-182.

3.109 Bahl, I.J.; Garg, R.: Simple and Accurate Formulas for a Microstrip with Finite Thickness. Proc. IEEE 65(1977) 11, S. 1611-1612.

3.110 Gunston, M.A.R.; Weale, J.R.: Variation of Microstrip Impedance With Strip Thickness. Electronics Letters 5(1969) Dez. 27, S. 697-698.

3.111 Kumar, A. et al.: A Method for the Calculation of the Characteristic Impedance of Microstrip. Int. J. Electronics 40(1976) 1, S. 45-47.

3.112 Garg, R.: A Microstrip Design Guide. Int. J. Electronics 46(1979) 2, S. 187 -192.

3.113 Medley, M.W.: Calculate Dispersive Microstrip Line Width in Minutes. Microwaves (1978) 7, S. 66-71.

3.114 Kajfez, D.; Tew, M.D.: Pocket Calculator Program for Analysis of Lossy Microstrip. Microwave J. (1980) 12, S. 39-48.

3.115 Nisbeth, W.T.; Helszajn, J.: Microstrip Synthesized From Waveguide Equivalent. Microwave Systems News (1981) 1, S. 117-121, 136.

3.116 Bahl, I.J.: Use Exact Methods For Microstrip Design. Microwaves (1978) 12, S. 61-62.

3.117 Joshi, K.K.; Rav, J.S.; Das, B.N.: Analysis of Inhomogeneously Filled Stripline and Microstripline. Proc. IEE 127, Pt.H(1980) 1, S. 11-14.

3.118 Bedair, S.S.; Sobhy, M.I.: Accurate Formulas for Computer-Aided Design of Shielded Microstrip Circuits. Proc. IEE 127, Pt.H(1980) 6, S. 305-308.

3.119 March, S.L.: Empirical Formulas for the Impedance and Effective Dielectric Constant of Covered Microstrip for Use in the Computer-Aided-Design of Microwave Integrated Circuits. 11th European Microwave Conf. Proc. (1981), S. 671-676.

3.120 Kobayashi, M.; Terakado, R.: Accurately Approximate Formula for Effective Filling Fraction for Microstrip Lines with Isotropic Substrate and Its Application to the Case with Anisotropic Substrate. IEEE Trans. on Microwave Theory and Techn. MTT-27(1979) 9, S. 776-778.

3.121 Kompa, G.: Dispersion Measurement of the First Two Higher-Order Modes in Open Microstrip. Arch. Elektronik u. Übertragungstechn. 29(1975) 4, S. 182 -184.

3.122 Ganguly, A.K.; Spielman, B.E.: Analysis of Dispersion in Arbitrarily Configured Dielectric-Loaded Transmission Structures. IEEE MTT-S International Microwave Symp. Digest (1977), S. 459-462.

3.123 Hartwig, C.P.; Massê, D.; Pucel, R.A.: Frequency Dependent Behaviour of Microstrip. IEEE-GMTT-Microwave Symp. Digest (1968), S. 110-115.

3.124 Corr, D.G.; Davies, J.B.: Computer Analysis of the Fundamental and Higher Order Modes in Single and Coupled Microstrip. IEEE Trans. on Microwave Theory and Techn. MTT-20(1972) Okt., S. 669-678.

3.125 Montgomery, C.G.; Dicke, R.H.; Purcell, E.M.: Principles of Microwave Circuits. 1. Auflage. New York, Toronto, London: McGraw Hill 1948.

3.126 Schelkunoff, S.A.: Generalized Telegraphist's Equations for Waveguides. Bell Syst. Tech. J. 31 (1952) Juli, S. 784-801.

3.127 Noble, D.F.; Carlin, H.J.: Circuit Properties of Coupled Dispersive Transmission Lines. IEEE Trans. on Circuit Theory CT-20(1973) Jan., S. 56-65.

3.128 Yamashita, E., Atsuki, K.; Ueda, T.: An Approximate Dispersion Formula of Microstrip Lines for Computer-Aided Design of Microwave Integrated Circuits. IEEE Trans. on Microwave Theory and Techn. MTT-27(1979) 12, S. 1036-1038.

3.129 Yamashita, E.; Atsuki, K.: Analysis of Microstrip-Like Transmission Lines by Non-Uniform Discretization of Integral Equations. IEEE Trans. on Microwave Theory and Techn. MTT-24(1976) 4, S. 195-200.

3.130 Yamashita, E.; Atsuki, K.; Hirahata, T.: Microstrip Dispersion in a Wide-Frequency Range. IEEE Trans. on Microwave Theory and Techn. MTT-29(1981) 6, S. 610-611.

3.131 Bianco, B.; Ridella, S.; Civalleri, P.P.; Premoli, A.; Parodi, M.: A Circuit Model for Terminated Microstrips. 3rd Int. Symp. Network Theory, Split Jugoslawia (1975).

3.132 Cory, H.: Dispersion Characteristics of Microstrip Lines. IEEE Trans. on Microwave Theory and Techn. MTT-29(1981) 1, S. 59-61.

3.133 Pues, H.F.; van der Capelle, A.R.: Approximate Formulas for Frequency Dependence of Microstrip Parameters. Electronics Letters 16(1980) 23, S. 870-872.

3.134 Knorr, J.B.; Tufekcioglu, A.: Spectral-Domain Calculation of Microstrip Characteristic Impedance. IEEE Trans. on Microwave Theory and Techn. MTT-23 (1975), S. 725-728.

3.135 Vendelin, G.D.: High-Dielectric Substrates for Microwave Hybrid Integrated Circuitry. IEEE Trans. on Microwave Theory and Techn. MTT-15(1967) 12, S. 750-752.

3.136 Belohoubek, E.; Denlinger, E.: Loss Considerations for Microstrip Resonators. IEEE Trans. on Microwave Theory and Techn. MTT-23(1975) 6, S. 522-526.

3.137 Vendelin, G.D.: Limitations on Stripline Q. Microwave J. (1970) Mai, S. 63 -69.

3.138 Troughton, P.: High Q Factor Resonators in Microstrip. Electronics Letters 4 (1968) 24, S. 520-522.

3.139 Jansen, R.H.: High-Speed Computation of Single and Coupled Microstrip Parameters Including Dispersion, High-Order Modes, Loss and Finite Strip Thickness. IEEE Trans. on Microwave Theory and Techn. MTT-26(1978) 2, S. 75-82.

3.140 Schumacher, W.; Lehmann, R.: Berechnung der Felder von Streifen- und Schlitzleitungen, der Stromverteilung auf den Leitern der Schlitzleitung und deren Auswirkung auf die Leiterdämpfung. Arch. Elektronik u. Übertragungstechn. 38 (1979) 10, S. 417-420.

3.141 Spielman, B.E.: Computer-Aided Analysis of Dissipation Losses in Isolated and Coupled Transmission Lines for Microwave and Millimeter-Wave Integrated-Circuit Applications. Naval Research Lab Washington DC, Juli 1976, Report 8009.

3.142 Spielman, B.E.: Dissipation Loss Effects in Isolated and Coupled Transmission Lines. IEEE Trans. on Microwave Theory and Techn. MTT-25(1977) 8, S. 648-655.

3.143 Sobol, H.: Technology and Design of Hybrid Microwave Integrated Circuits. Solid State Technology (1970) Febr. S. 49-57.

3.144 Sobol, H.; Caulton, M.: Technology of Microwave Integrated Circuits. in Advances in Microwaves, New York: Academic Press 1974, Bd. 8, S. 12-64.

3.145 Schumacher, W.: Stromverteilung auf der Grundfläche der Mikrostrip-Leitung und deren Auswirkung auf die ohmsche Leitungsdämpfung. Arch. Elektronik u. Übertragungstechn. 33(1979), S. 207-212.

3.146 Jervis, B.W.; Pannell, R.M.; Steeden, J.A.H.; Attenuation in Microstrip Transmission Lines With Very Lossy Substrates. IEEE MTT-S Internat. Microwave Symp. Dig. (1980), S. 471-473.

3.147 Majer, J.: Graphical Method for Conduction Loss Calculation of TEM Transmission Lines. Electronics Letters 16(1980) 16, S. 638-639.

3.148 Collin, R.E.: A Variational Integral for Propagation Constant of Lossy Transmission Lines. IRE Trans. on Microwave Theory and Techn. MTT-8(1960) 5, S. 339-342.

3.149 Mirshekar-Syahkal, D.; Davies, J.B.: Accurate Solution of Microstrip and Coplanar Structures for Dispersion and Dielectric and Conductor Loss. IEEE Trans. on Microwave Theory and Techn. MTT-27(1979) 7, S. 694.

3.150 Kobayashi, M.: Analysis of the Microstrip and the Electrooptic Light Modulator. IEEE Trans. on Microwave Theory and Techn. MTT-26(1978) 2, S. 119-126.

3.151 Araki, K.; Naito, Y.: Upper Bound Calculations on Capacitance of Microstrip Line Using Variational Method and Spectral Domain Approach. IEEE Trans. on Microwave Theory and Techn. MTT-26(1978) 7, S. 506-509.

3.152 Seshadri, T.K.; Mahapatra, S.; Rajaiah, K.: Microstrip Transmission Line Analysis by the Use of the Least-Squares Collocation Method. Int. J. Electronics 48(1980) 2, S. 95-99.

3.153 Bianco, B.; Parodi, M.: Some Results on the Electrostatic Analysis of Uniform Microstrip Lines. Alta Frequenza (1979) 2, S. 57-62.

3.154 Seshadri, T.K.; Mahapatra, S.; Rajaiah, K.: Corner Function Analysis of Microstrip Transmission Lines. IEEE Trans. on Microwave Theory and Techn. MTT-28(1980) 4, S. 376-380.

3.155 Crampagne, R. et. al.: A Study of Wave Propagation Along Microstrip Lines Containing a Medium with Step Inhomogeneities. Int. J. Electronics 44(1978) 5, S. 545-551.

3.156 Gladwell, G.M.; Coen, S.: A Chebyshev Approximation Method for Microstrip Problems. IEEE Trans. on Microwave Theory and Techn. MTT-23(1975) 11, S. 865 -870.

3.157 van Nie, A.G.: On Fields and Currents in Microstrips. J. of Applied Science and Engineering A(1977) 2, S. 205-212.

3.158 Rothe, L.: Eine Methode zur Ermittlung der Feldverteilung von Streifenleitungen. Nachrichtentechn. - Elektronik 27(1977) 9, S. 387-390.

3.159 Wahi, P.K.; Garg, R.: Designing a Microstripline. J. Instn. Electronics a. Telecom. Engrs.23(1977) 7, S. 445-447.

3.160 Nakajima, M.: A Simplified Formula for the Characteristic Impedance of Microstrip Lines. Int. J. Electronics 44(1978) 1, S. 61-64.

3.161 Poh, S.Y.; Chew, W.C.; Kong, J.A.: Approximate Formulas for Line Capacitance and Characteristic Impedance of Microstrip Line. IEEE Trans. on Microwave Theory and Techn. MTT-29(1981) 2, S. 135-142.

3.162 Mehran, R.: Zur Dimensionierung von Mikrostreifenleitungs-Schaltungen. Mikrowellen Magazin (1981) 4, S. 415-430.

3.163 Akello, R.J.: Simple Formulae for Computing Microstrip Inductances and Capacitances. Int. J. Electronics 46(1979) 3, S. 225-228.

3.164 Cahill, L.W.: Approximate Formulae for Microstrip Lines. Proc. IREE (1974) Okt., S. 317-321.

3.165 Ivanov, S.A.; Voinov, V.R.: Calculation of the Asymmetrical Stripline Characteristic Impedance by Self-Consistent Field Method. Int. J. Electronics 46 (1979) 1, S. 81-89.

3.166 March, S.: Microstrip Packaging: Watch the Last Step. Microwaves (1981) 12, S. 83-94.

3.167 Kuester, E.F.; Chang, D.C.: An Appraisal of Methods for Computation of the Dispersion Characteristics of Open Microstrips. IEEE Trans. on Microwave Theory and Techn. MTT-27(1979) 7, S. 691-694.

3.168 Mirshekar-Syahkal, D.; Davies, B.: Accurate Solution of Microstrip and Coplanar Structures for Dispersion and for Dielectric and Conductor Loss. IEEE Trans. on Microwave Theory and Techn. MTT-27(1979) 7, S. 694-699.

3.169 Chow, Y.L.; El-Behery, I.N.: An Approximate Dynamic Spatial Green's Function for Microstriplines. IEEE Trans. on Microwave Theory and Techn. MTT-26(1978) 12, S. 978-983.

3.170 Itoh, T.: Spectral Domain Immitance Approach for Dispersion Characteristics of Generalized Printed Transmission Lines. IEEE Trans. on Microwave Theory and Techn. MTT-28(1980) 7, S. 733-736.

3.171 Kuester, E.F.; Chang, D.C.: Theory of Dispersion in Microstrip of Arbitrary Width. IEEE Trans. on Microwave Theory and Techn. MTT-28(1980) 3, S. 259-265.

3.172 Tölke, F.: Praktische Funktionenlehre, Zweiter Band, Theta-Funktionen und spezielle Weierstrass'sche Funktionen. Berlin: Springer 1966.

3.173 Bellman, R.: A Brief Introduction to Theta Functions. New York: Holt Rinehart and Winston 1961.

3.174 Fettis, H.E.; Caslin, J.C.: Ten Place Tables of the Jacobian Elliptic Functions. Aerospace Research Laboratories, Wright Paterson Air Force Base, Ohio, AD631-869, Sept. 1965.

3.175 Binns, K.J.; Lawrenson, P.J.: Electric and Magnetic Field Problems. New York: Mac Millan 1963.

3.176 Moon, P.; Spencer, D.E.: Field Theory for Engineers. New York: D. van Nostrand 1961.

3.177 Smythe, W.R.: Static and Dynamic Electricity. New York: McGraw Hill 1950.

3.178 Kirschning, M.; Jansen, R.H.: Accurate Model for Effective Dielectric Constant of Microstrip With Validity up to Millimetre-Wave Frequencies. Electronics Letters 18(1982) 6, S. 272-273.

3.179 Jansen, R.H.: Unified User-Oriented Computation of Shielded, Covered and Open Planar Microwave and Millimeter-Wave Transmission Line Characteristics. IEE J. Microwaves, Opt. and Acoust. 3(1979) 1, S. 14-22.

3.180 Jansen, R.H.; Kirschning, M.: Arguments and an Accurate Mathematical Model for the Power-Current Formulation of Microstrip Characteristic Impedance. Arch. Elektronik u. Übertragungstechn. 37(1983).

3.181 Jansen, R.H.; Koster, N.H.L.: New Aspects Concerning the Definition of Microstrip Characteristic Impedance as a Function of Frequency. IEEE MTT-S Internat. Microwave Symp. Dig. (1982), S. 305-307.

7.1 Golde, E.: Theory and Measurement of Q in Resonant Ring Circuits. IRE Trans. on Microwave Theory and Techn. MTT-8(1960) Sept., S. 560-564.

7.2 Edwards, T.C.; Owens, R.P.: 2-18-GHz Dispersion Measurements on 10-100-Ω Microstrip Lines on Sapphire. IEEE Trans. on Microwave Theory and Techn. MTT-24 (1976) 8, S. 506-513.

7.3 Deutsch, J.; Jung, H.J.: Messung der effektiven Dielektrizitätszahl von Microstrip-Leitungen im Frequenzbereich von 2 GHz bis 12 GHz. Nachrichtentechn. Z. (1970) 12, S. 620-624.

7.4 Easter, B.; Richings, J.G.; Stephenson, I.M.: Resonant Technique for the Accurate Measurement of Microstrip Properties and Equivalent Circuits. European Microwave Conf. Proc. (1973), B.7.5.

7.5 Dahele, J.S.; Cullen, A.L.: Electric Probe Measurement on Microstrip. IEEE Trans. on Microwave Theory and Techn. MTT-28(1980) 7, S. 752-755.

7.6 Bianco, B.; Parodi, M.: Determination of the Propagation Constant of Uniform Microstrip Lines. Alta Frequenza XLV(1976) Febr., S. 107-110.

7.7 Seckelmann, R.: On Measurements of Microstrip Properties. The Microwave J. (1968) Jan., S. 61-64.

7.8 Seckelmann, R.: Nodal Shift Measurements to Determine Transmission Line Properties. The Microwave J. (1968) April, S. 69-72.

7.9 Accatino, L.; Angelucci, A.: Differential Measurement Technique for Evaluating Microstrip Line Attenuation. Electronics Letters 16(1980) 11, S. 427-428.

7.10 Marko, H.: Theorie linearer Zweipole, Vierpole und Mehrtore. Stuttgart: Hirzel 1971.

7.11 S-Parameters... Circuit Analysis and Design. Appl. Note Nr. 95. Palo Alto: Hewlett Packard 1968.

7.12 Möller, D.: S-Parameter und ihre vierpoltheoretische Darstellung. Int. Elektron. Rdsch. 3(1975), S. 49-53.

7.13 Paul, M.: Schaltungsanalyse mit S-Parameter. Heidelberg: Hüthig 1977.

7.14 Ginzton, E.L.: Microwave Measurements. New York: McGraw Hill 1957.

7.15 Tischer, F.J.: Resonance Properties of Ring Circuits. IRE Trans. on Microwave Theory and Techn. MTT-5(1957) 1, S. 51-56.

7.16 Slater, J.C.: Microwave Electronics. Princetown: D. van Nostrand Company, Inc. 1950.

7.17 Deschamps, G.A.: Determination of Reflexion Coefficients and Insertion Loss of a Wave-Guide Junction. J. Appl. Phys. 24(1953), S. 1046-1050.

7.18 Weissfloch, A.: Ein Transformationssatz über verlustfreie Vierpole. Hochfrequenztechnik und Elektroakustik 60(1942) Sept. S. 67-73.

8.1 Owens, R.P.; Aitken, J.E.; Edwards, T.C.: Quasi-Static Characteristics of Microstrip on an Anisotropic Sapphire Substrate. IEEE Trans. on Microwave Theory and Techn. MTT-24(1976) 8, S. 499-505.

8.2 Fontanella, J.; Andeen, C.; Schuele, D.: Low-Frequency Dielectric Constants of α-Quartz, Sapphire, MgF_2 and MgO. J. Appl. Phys. 45(1974) 7, S. 2852-2854.

8.3 Loewenstein, E.V.; Smith, D.R.; Morgan, R.L.: Optical Constants for Infra-Red Materials. 2: Crystalline Solids. Appl. Optics 12(1973) Febr., S. 398-406.

8.4 Krowne, C.M.: Microstrip Transmission Lines on Pyrolytic Boron Nitride. Electronics Letters 12(1976) 24, S. 642.

8.5 Alexopoulos, N.G.; Uzunoglu, N.K.: An Efficient Computation of Thick Microstrip Properties on Anisotropic Substrates. J. Franklin Inst. 306(1978) Juli, S. 9-22.

8.6 Ladbrooke, P.H.; Potok, M.H.N.; England, E.H.: Coupling Errors in Cavity-Resonance Measurements on MIC Dielectrics. IEEE Trans. on Microwave Theory and Techn. MTT-21(1973) 8, S. 560-562.

8.7 Morin, G.; Nachman, M.: A New Method for Measuring Anisotropy at Microwave Frequencies. IEEE Trans. on Instrumentation and Measurement IM-28(1979) Sept., S. 198-204.

8.8 Dix, G.; Helberg, H.W.; Wartenberg, B.: Mikrowellen-Apparatur zur Messung anisotroper Dielektrizitätskonstanten - Beispiel: Anthrazen. Phys. Status Solidi 5(1971), S. 633-636.

8.9 Schlegel, D.; Stockhausen, M.: Measurements of Dielectric Anisotropy of Films in the Microwave Region by Resonator Perturbation Method. J. Phys. E: Sci. Instrum. 5(1972), S. 1045-1046.

8.10 Jones, R.G.: The Measurement of Dielectric Anisotropy Using a Microwave Open Resonator. J.Phys. D: Appl. Phys. 9(1976), S. 819-827.

8.11 Szentkuti, B.T.: Simple Analysis of Anisotropic Microstrip Lines by a Transform Method. Electronics Letters 12(1976) 25, S. 672-673.

8.12 Szentkuti, B.T.: Correction to "Simple Analysis of Anisotropic Microstrip Lines by a Transform Method". Electronics Letters 13(1977) 3, S. 92.

8.13 Alexopoulos, N.G.; Kerner, S.; Krowne, C.M.: Dispersionless Coupled Microstrip over Fused Silica-Like Anisotropic Substrates. Electronics Letters 12(1976) 22, S. 579-580.

8.14 Alexopoulos, N.G.; Kerner, S.; Krowne, C.M.: Correction to "Dispersionless Coupled Microstrip over Fused Silica-Like Anisotropic Substrates". Electronics Letters 12(1976) 25, S. 688.

8.15 Alexopoulos, N.G.; Uzunoglu, N.K.: Characteristics of Microstrip on Anisotropic Substrates. European Microwave Conf. Proc. 1977, S. 140-143.

8.16 Alexopoulos, N.G.; Krowne, C.M.: Characteristics of Single and Coupled Microstrips on Anisotropic Substrates. IEEE Trans. on Microwave Theory and Techn. MTT-26(1978) 6, S. 387-393.

8.17 Kobayashi, M.: Green's Function Technique for Solving Anisotropic Electrostatic Field Problems. IEEE Trans. on Microwave Theory and Techn. MTT-26(1978) 7, S. 510-512.

8.18 Alexopoulos, N.G.; Uzunoglu, N.K.: A Simple Analysis of Thick Microstrip on Anisotropic Substrates. IEEE Trans. on Microwave Theory and Techn. MTT-26 (1978) 6, S. 455-456.

8.19 Kobayashi, M.; Terakado, R.: New View on an Anisotropic Medium and Its Application to Transformation from Anisotropic to Isotropic Problems. IEEE Trans. on Microwave Theory and Techn. MTT-27(1979) 9, S. 769-775.

8.20 Hayashi, Y.; Kitazawa, T.: Analysis of Microstrip Transmission Line on a Sapphire Substrate. The Trans. of the IECE of Jap. E62(1979) 6, S. 426-427.

8.21 Yamashita, E.; Atsuki, K.; Mori, T.: Application of MIC Formula to a Class of Integrated-Optics Modulator Analysis; A Simple Transformation. IEEE Trans. on Microwave Theory and Techn. MTT-25(1977) 2, S. 146-150.

8.22 Kobayashi, M.; Terakado, R.: Method for Equalizing Phase Velocities of Coupled Microstrip Lines by Using Anisotropic Substrate. IEEE Trans. on Microwave Theory and Techn. MTT-28(1980) 7, S. 719-722.

8.23 Horno, M.: Calculation of Quasi-Static Characteristics of Microstrip on Anisotropic Substrate using Mapping Method. IEEE MTT-S Internat. Microwave Symp. Digest (1980), S. 450-452.

8.24 El Said, M.; Ahmed, A.A.: Microstrip Analysis on Anisotropic and/or Inhomogeneous Substrate with the Finite Element Method. IEEE MTT-S Internat. Microwave Symp. Digest (1980), S. 465-467.

8.25 Horno, M.: Quasistatic Characteristics of Microstrip on Arbitrary Anisotropic Substrates. Proc. IEEE 68(1980) 8, S. 1033-1034.

8.26 El-Sherbiny, A.M.A.: Hybrid Mode Analysis of Microstrip Lines on Anisotropic Substrates. IEEE MTT-S Internat. Microwave Symp. Dig. (1981), S. 492-494.

8.27 D'Assuncao, A.G.; Giarola, A.J.; Rogers, D.A.: Characteristics of Broadside-Coupled Microstrip Lines with Iso/Anisotropic Substrates. Electronics Letters 17(1981) 7, S. 264-265.

8.28 D'Assuncao, A.G.; Giarola, A.J.: Lange-Coupler Using Microstrips on Anisotropic Substrates. 11th European Microwave Conf. Proc. (1981), S. 614-616.

8.29 D'Assuncao, A.G.; Giarola, A.J.; Rogers, D.A.: Analysis of Single and Coupled Striplines with Anisotropic Substrates. IEEE MTT-S Internat. Microwave Symp. Dig. (1981), S. 83-85.

8.30 Kusase, S.; Terakado, R.: Mapping Theory of Two-Dimensional Anisotropic Regions. Proc. IEEE 67(1979) 1, S. 171-172.

8.31 Joglekar, A.V.: Comments on "Mapping Theory of Two-Dimensional Anisotropic Regions". Proc. IEEE 68(1980) 11, S. 1445.

9.1 Burkhardtmeier, W.; Buschbeck, W.: Gekoppelte Leitungen mit gleicher und verschiedener Phasengeschwindigkeit der Gleich- und Gegentaktwelle. Arch. Elektronik u. Übertragungstechn. 16(1962) April, S. 192-197.

9.2 Levy, R.: Directional Couplers, aus Young, L.: Advances in Microwaves Bd. 1, New York, London: Academic Press, 1966.

9.3 Wolf, H.: Zur Theorie des Reflektometers. Arch. Elektronik u. Übertragungstechn. 8(1954), S. 505-512.

9.4 Wolf, H.: Anwendung der Theorie des Reflektometers. Arch. Elektronik u. Übertragungstechn. 9(1955), S. 221-227.

9.5 Buntschuh, Ch.: Octave Bandwidth, High-Directivity Microstrip Couplers. Microwave Associates Inc. Burlington Mass, Jan. 1974, Rome Air Development Center Report Nr. RADC.-TR-73-396.

9.6 Krage, M.K.; Haddad, G.I.: Characteristics of Coupled Microstrip Transmission Lines - I: Coupled-Mode Formulation of Inhomogeneous Lines. IEEE Trans. on Microwave Theory and Techn. MTT-18(1970) April, S. 217-222.

9.7 Brenner, H.: λ/4-Richtkoppler in inhomogenem Medium mit Abweichungen der Gleich- und Gegentaktparameter vom Idealwert. Frequenz 26(1972) 6, S. 156-165.

9.8 Zysman, G.I.; Johnson, A.K.: Coupled Transmission Line Networks in an Inhomogeneous Dielectric Medium. IEEE Trans. on Microwave Theory and Techn. MTT-17. (1969) Okt., S. 753-759.

9.9 Dalley, J.E.: A Strip-Line Directional Coupler Utilizing a Non-Homogeneous Dielectric Medium. IEEE Trans. on Microwave Theory and Techn. MTT-17 (1969) Sept., S. 706-712.

9.10 Arndt, F.: Anwendung der Ähnlichkeitstransformation bei Mikrostrip-Leitungen. Nachrichtentechn. Z. (1973) 2, S. 46-49.

9.11 Speciale, R.A.: Fundamental Even- and Odd-Mode Waves for Nonsymmetrical Coupled Lines in Non-Homogeneous Media. IEEE-GMTT International Microwave Symp. Dig. (1974).

9.12 Allen, J.L.: Non-Symmetrical Coupled Lines in an Inhomogeneous Dielectric Medium. Int. J. Electronics 38(1975) 3, S. 337-347.

9.13 Briechle, R.: Übertragungseigenschaften verlustbehafteter Mehrleitersysteme mit geschichtetem Dielektrikum. Frequenz 29(1975) 3, S. 69-79.

9.14 Brenner, H.E.: Perturbation of the Critical Parameters of Quarter-Wave Directional Couplers. IEEE Trans. on Microwave Theory and Techn. MTT-15(1967) Juni, S. 384-385.

9.15 Ros, A.E.; Pompei, D.: Improvement of Performances of Microstrip Structures by Equalization of Phase Velocities. IEEE-MTT-S Symp. Dig. (1978), S. 41-43.

9.16 Kajfez, D.; Govind, S.: Effect of Difference in Odd- and Even-Mode Wavelengths on a Parallel-Coupled Bandpass-Filter. Electronics Letters 11(1975) 5, S. 117 -118.

9.17 Allen, J.L.; Barnes, W.J.: Unequal Coupled-Mode-Velocity C Section Filters. Electronics Letters 10(1974) 8, S. 128-129.

9.18 Allen, J.L.: Inhomogeneous Coupled-Line Filters with Large Mode-Velocity Ratios. IEEE Trans. on Microwave Theory and Techn. MTT-22(1974), S. 1182-1186.

9.19 Maesel, M.: A Theoretical and Experimental Investigation of Coupled Microstrip Lines. ELAB-Report TE-168, April 1971, Norwegian Institute of Technology, Universität Trondheim.

9.20 Schaller, G.: Untersuchungen an Leitungsrichtkopplern, insbesondere in Mikrostreifenleitungstechnik. Dissertation Universität Erlangen - Nürnberg, Erlangen 1976.

9.21 Rizzoli, V.: Losses in Microstrip Arrays. Alta Frequenza XLIV(1975) 2, S. 86 -94.

9.22 Egger, A.: Berechnung der Verluste im Leitungs-Richtkoppler. Nachrichtentechn. Z. 24(1971) 5, S. 227-230.

9.23 Kryger, D.: Loss Calculation in Parallel Coupled Lines. IEEE-GMTT Internat. Microwave Symp. Dig. (1972), S. 146-148.

9.24 Tripathi, V.K.: Loss Calculations for Coupled Transmission-Line Structures. IEEE Trans. on Microwave Theory and Techn. MTT-20(1972) 2, S. 178-180.

9.25 Horton, M.C.: Loss Calculations for Rectangular Coupled Bars. IEEE Trans. on Microwave Theory and Techn. MTT-18(1970) 10, S. 736-738.

9.26 Horton, R.: Loss Calculations of Coupled Microstrip Lines. IEEE Trans. on Microwave Theory and Techn. MTT-21(1973) 5, S. 359-360.

9.27 Rao, B.R.: Effect of Loss and Frequency Dispersion on the Performance of Microstrip Directional Couplers and Coupled Line Filters. IEEE Trans. on Microwave Theory and Techn. MTT-22(1974) 7, S. 747-750.

9.28 Young, L.: Microwave Filters Using Parallel Coupled Lines. Dedham: Artech-House.

9.29 Bergandt, H.G.; Pregla, R.: Microstrip Interdigital Filters. Arch. Elektronik u. Übertragungstechn. 30(1976) 9, S. 333-337.

9.30 Matsumoto, A.: Microwave Filters and Circuits. New York, London: Academic Press, 1970.

9.31 Bolljahn, J.T.; Matthaei, G.L.: A Study of the Phase and Filter Properties of Arrays of Parallel Conductors Between Ground Planes. Proc. of the IRE (1962) März, S. 299-311.

9.32 Briechle, R.: Analyse von Kammleitungsfiltern und ähnlichen Baugruppen aus gekoppelten Mehrleitersystemen. Frequenz 29(9175) 4, S. 94-100.

9.33 Briechle, R.: Kammleitungsfilter aus gekoppelten Mikrostreifenleitungen. Frequenz 30(1976) 8, S. 209-220.

9.34 Briechle, R.: Analyse gekoppelter, verlustbehafteter Lecherwellen-Leitungssysteme mit konzentrierten Anschlußnetzwerken. Dissertation Technische Hochschule Darmstadt, 1974.

9.35 Weiss, J.A.: Dispersion and Field Analysis of a Microstrip Meander-Line Slow-Wave Structure. IEEE Trans. on Microwave Theory and Techn. MTT-22(1974) 12, S. 1194-1201.

9.36 Kowalski, G.: Microstrip Meanderlines. Arch. Elektronik u. Übertragungstechn. 29(1975) 6, S. 248-250.

9.37 Daumas, R.; Pompei, D.; Rivier, E.; Ros, A.: Some new Results on Coupled or Meander Microstrip Lines by Application of Matrix Theory. IEEE-GMTT Internat. Microwave Smp. Dig. (1974), S. 87-89.

9.38 Briechle, R.: Übertragungseigenschaften gekoppelter, verlustbehafteter Mehrleitungssysteme mit geschichtetem Dielektrikum. Frequenz 29(1975) 3, S. 69-79.

9.39 Briechle, R.: Meßtechnische Ermittlung der Ausbreitungskonstanten und Leitungsbelagsmatrizen querinhomogener Mehrleitersysteme in UHF- und Mikrowellenbereich. Frequenz 30(1976) 6, S. 150-153.

9.40 Kuznetsov, P.I.; Stratonovich, R.C.: The Propagation of Electromagnetic Waves in Multiconductor Transmission Lines. New York: Pergamon 1964.

9.41 Marko, H.: Theorie linearer Zweipole, Vierpole und Mehrtore. Stuttgart: Hirzel 1971.

9.42 Bergandt, H.G.; Pregla, R.: Calculation of the Even- and Odd-Mode Capacitance Parameters for Coupled Microstrip. Arch. Elektronik u. Übertragungstechn. 26 (1972) 4, S. 153-158.

9.43 Maesel, M.: A Numerical Solution of the Characteristics of Coupled Microstrips. European Microwave Conf. Proc. (1969).

9.44 Krage, M.K.; Haddad, G.I.: Characteristics of Coupled Microstrip Transmission Lines II: Evaluation of Coupled-Line Parameters. IEEE Trans. on Microwave Theory and Techn. MTT-18(1970) 4, S. 222-228.

9.45 Chen, W.H.: Even and Odd Mode Impedance of Coupled Pairs of Microstrip Lines. IEEE Trans. on Microwave Theory and Techn. MTT-18(1970) 1, S. 55-57.

9.46 Bräckelmann, W.: Leitungskonstanten gekoppelter Streifenleitungen. Nachrichtentechn. Z. 24(1971) 3, S. 157-160.

9.47 Ramadan, M.; Westgate, W.F.: Impedance of Coupled Microstrip Transmission Lines. Microwave J. (1971) 7, S. 30-34, 56.

9.48 Okugawa, S.: Calculation of Characteristics of Embedded Coupled Microstrip Lines with Finite Thickness. Electronics Letters 8(1972) 20, S. 494-495.

9.49 Rahmat, S.Y.; Itoh, T.; Mittra, R.: A Spectral Domain Technique for Solving Coupled Microstrip Line Problems. Arch. Elektronik u. Übertragungstechn. 27 (1973) 2, S. 69-71.

9.50 Daumas, R.; Pompei, D.; Rivier, E.; Ros, A.: Faster Impedance Estimation for Coupled Microstrips with an Overrelaxation Method. IEEE Trans. on Microwave Theory and Techn. MTT-21(1973) 8, S. 552-556.

9.51 Gauthier, F.; Besse, M.: Graphical Design of Coupled Microstrip Lines. Microwave J. (1974) 2, S. 36-38, 73.

9.52 Smith, J.I.: The Even- and Odd-Mode Capacitance Parameters for Coupled Lines in Suspended Substrate. IEEE Trans. on Microwave Theory and Techn. MTT-19 (1971) 5, S. 424-431.

9.53 Koul, S.K.; Bhat, B.: Propagation Parameters of Coupled Microstrip-Like Transmission Lines for Millimeter Wave Applications. IEEE MTT-S Internat. Microwave Symp. Dig. (1981), S. 489-491.

9.54 Scalan, J.O.: Theory of Microwave Coupled-Line Networks. Proc. IEEE 68(1980) 2, S. 209-231.

9.55 Bedair, S.S.: On the Odd-Mode Capacitance of the Coupled Microstrip Lines. IEEE Trans. on Microwave Theory and Techn. MTT-28(1980) 11, S. 1225-1227.

9.56 Garg, R.; Bahl, I.J.: Characteristics of Coupled Microstriplines. IEEE Trans. on Microwave Theory and Techn. MTT-27(1979) 7, S. 700-705.

9.57 Garg, R.: Design Equations for Coupled Microstrip Lines. Int. J. Electronics 47(1979) 6, S. 587-591.

9.58 Osmani, R.M.: Correction to "The Design of Coupled Microstrip Lines". IEEE Trans. on Microwave Theory and Techn. MTT-28(1980) 6, S. 672-673.

9.59 Akhtarzad, S.; Rowbotham, T.R.; Johns, P.B.: The Design of Coupled Microstrip Lines. IEEE Trans. on Microwave Theory and Techn. MTT-23(1975) 6, S. 486-492.

9.60 Reisch, F.E.: Designing Coupled Lines With A Pocket Calculator. Microwaves (1978) Juni, S. 88-95.

9.61 Shamanna, K.N.; Rao, V.S.; Kosta, S.P.: Design of Parallel Coupled Microstrip Band-Pass Filters. Int. J. Electronics 45(1978) 1, S. 89-96.

9.62 Zehentner, J.: Analysis of Coupled Microstrip Lines. Microwave J. (1978) Mai, S. 82-83.

9.63 Ros, A.E.: Design Charts for Inhomogeneous Coupled Microstrip Lines. IEEE Trans. on Microwave Theory and Techn. MTT-26(1978) 6, S. 394-400.

9.64 Kumar, D.; Kumar, S.; Gupta, H.C.; Tripathi, K.N.; Mathur, P.C.; Srivastava, G.P.: Calculation of the Characteristic Impedance of Coupled Microstrip Lines. Int. J. Electronics 40(1976) 4, S. 341-343.

9.65 Shamasundara, S.D.; Singh, N.: Design of Coupled Microstrip Lines. IEEE Trans. on Microwave Theory and Techn. MTT-25(1977) 3, S. 232-233.

9.66 Shamasundara, S.D.; Singh, N.: Sensitivity Analysis of Coupled Microstrip Directional Couplers. IEEE Trans. on Microwave Theory and Techn. MTT-26(1978) 10, S. 788-794.

9.67 Schwarzmann, A.: Approximate Solutions for a Coupled Pair of Microstrip Lines in Microwave Integrated Circuits. Microwave J. (1969) Mai, S. 79-81.

9.68 Hornbostel, D.H.; Greenspan, M.; Taub, J.J.: Shielding Effects in Thin Film Integrated Circuits. IEEE Trans. on Electromagnetic Compatibility EMC-11(1969) 2, S. 58-66.

9.69 Prasad, R.; Lal, B.: The Design of Coupled Microstrip Directional Coupler Using Teflon Substrate. J. Instn. Electronics and Telecom. Engs. 23(1977) 8, S. 501-503.

9.70 Fritzsche, H.: Die frequenzabhängigen Übertragungseigenschaften gekoppelter Streifenleitungen im geschichteten Dielektrikum. Nachrichtentechn. Z. 26 (1973) 1, S. 1-8.

9.71 Davies, J.B.; Corr, D.G.: Computer-Analysis of the Fundamental and Higher-Order Modes in Single and Coupled Microstrip. Electronics Letters 6(1970) 25, S. 806-808.

9.72 Sharma, A.K.; Bhat, B.: Dispersion Characteristics of Shielded Coupled Microstrip Lines. Arch. Elektronik u. Übertragungstechn. 32(1978) 2, S. 503-504.

9.73 Richings, J.G.; Easter, B.: Measured Odd- and Even-Mode Dispersion of Coupled Microstrip Lines. IEEE Trans. on Microwave Theory and Techn. MTT-23 (1975) 10, S. 826-828.

9.74 Wolff, I.; Menzel, W.: The Microstrip Double-Ring Resonator. IEEE Trans. on Microwave Theory and Techn. MTT-23(1975) 5, S. 441-444.

9.75 Wolff, I.: Messung der effektiven Dielektrizitätszahlen des geraden und des ungeraden Wellentyps auf verkoppelten Mikrostrip-Leitungen. Nachrichtentechn. Z. 27(1974) 1, S. 30-34.

9.76 Napoli, L.S.; Hughes, J.J.: Characteristics of Coupled Microstrip Lines. RCA Rev. (1970) Sept., S. 479-498.

9.77 Gould, J.W.; Talboys, E.C.: Even- and Odd-Mode Guide Wavelengths of Coupled Lines in Microstrip. Electronics Letters 8(1972) 5, S. 121-122.

9.78 Denlinger, E.J.: Frequency Dependence of a Coupled Pair of Microstrip Lines. IEEE Trans. on Microwave Theory and Techn. MTT-18(1970) 10, S. 731-733.

9.79 Babu, G.R.; Banmali: A Proposed Method for the Measurement of Coupled Microstrip Line Parameters. J. Inst. Electron. a. Telecommun. Eng. 21(1975) 10, S. 541-542.

9.80 Kal, S.; Bhattacharya, D.; Chakraborti, N.B.: Empirical Relations for Capacitive and Inductive Coupling Coefficients of Coupled Microstrip Lines. IEEE Trans. on Microwave Theory and Techn. MTT-29(1981) 4, S. 386-388.

9.81 Getsinger, W.J.: Dispersion of Parallel-Coupled Microstrip. IEEE Trans. on Microwave Theory and Techn. MTT-21(1973) 3, S. 144-145.

9.82 Carlin, H.J.; Civalleri, P.P.: A Coupled-Line Model for Dispersion in Parallel-Coupled Microstrips. IEEE Trans. on Microwave Theory and Techn. MTT-23(1975) 5, S. 444-446.

9.83 Jones, E.M.T.; Bolljahn, J.T.: Coupled-Strip-Transmission-Line Filters and Directional Couplers. IRE Trans. on Microwave Theory and Techn. MTT-4(1956) April, S. 75-81.

9.84 Oliver, B.M.: Directional Electromagnetic Couplers. Proc. IRE 42(1954) Nov., S. 1686-1692.

9.85 Schwartz, R.F.: Bibliografy on Directional Couplers. Trans. IRE MTT-2(1954) Juli, S. 58-63.

9.86 Wolf, H.: Gekoppelte Hochfrequenzleitungen als Richtkoppler. Nachrichtentechn. Z. (1956) 8, S. 375-382.

9.87 Young, L.: Parallel Coupled Lines and Directional Couplers. Dedham: Artech. House 1972.

9.88 Paul, M.: Schaltungsanalyse mit S-Parameter. Heidelberg: Hüthig 1977.

9.89 Reed, J.; Wheeler, G.J.: A Method of Analysis of Symmetrical Four-Port Networks. IRE Trans. on Microwave Theory and Techn. MTT-4(1956) Okt., S. 246-252.

9.90 Montgomery, C.G.; Dicke, R.H.; Purcell, E.M.: Principles of Microwave Circuits. New York: McGraw Hill 1948.

9.91 Barlett, A.C.: The Theory of Electrical Artificial Lines and Filters. New York: Wiley 1930.

9.92 Altmann, J.L.: Microwave Circuits. Princeton: van Nostrand 1964.

9.93 Schaller, G.: Directivity Improvement of Microstrip λ/4-Directional Couplers. Arch. Elektronik u. Übertragungstechn. 26(1972) 11, S. 508-509.

9.94 Wolters, K.C.; Clar, P.L.; Stiles, C.W.: Analysis and Experimental Evaluation of Distributed Overlay Structures in Microwave Integrated Circuits. IEEE GMTT Symp. Dig. (1968), S. 123-130.

9.95 Chua, L.W.: New Broadband Matched Hybrids for Microwave Integrated Circuits. European Microwave Conf. Proc. (1971), S. C4/5:1 - C4/5:4.

9.96 Sachse, K.: A Wide-Band 3-dB Coupler with a very Tightly Coupled Cross-Section of Microstrip Lines. European Microwave Conf. Proc. Vol. 1 (1973), B.4.4.

9.97 Siegl, J.; Hoffmann, R.; Tulaja, V.: Calculated and Measured Parameters of Interdigitated Microstrip Couplers. Siemens Forsch.- u. Entwickl.-Ber. 10 (1981) 5, S. 271-279.

9.98 Lange, J.: Interdigitated Stripline Quadrature Hybrid. IEEE Trans. on Microwave Theory and Techn. MTT-17(1969) 12, S. 1150-1151.

9.99 Miley, J.E.: Looking for a 3 to 8 dB Microstrip Coupler. Microwaves (1974) 3, S. 58-62.

9.100 Waugh, R.; Lacombe, D.: "Unfolding" the Lange Coupler. IEEE Trans. on Microwave Theory and Techn. MTT-20(1972) 11, S. 777-779.

9.101 Paolino, D.D.: Design more Accurate Interdigitated Couplers. Microwaves (1976) 5, S. 34-38.

9.102 Rizzoli, V.; Lipparini, A.: The Design of Interdigitated Couplers for MIC Applications. IEEE Trans. on Microwave Theory and Techn. MTT-26 (1978) 1, S. 7 -15.

9.103 Presser, A.: Interdigitated Microstrip Coupler Design. IEEE Trans. on Microwave Theory and Techn. MTT-26(1978) 10, S. 801-805.

9.104 Tulaja, V.; Schick, B.; Köhler, J.: An Interdigitated 3-dB Coupler with Three Strips. IEEE Trans. on Microwave Theory and Techn. MTT-26(1978) 9, S. 643-645.

9.105 Malherbe, J.A.G.: Interdigital Directional Couplers with an odd or even Number of Lines and Unequal Characteristic Impedances. Electronics Letters 12 (1976) 18, S. 464-465.

9.106 Tajima, Y.; Kamihashi, S.: Multiconductor Couplers. IEEE Trans. on Microwave Theory and Techn. MTT-26(1978) 10, S. 795-801.

9.107 DuHamel, R.H.; Armstrong, M.E.: A Wide-Band Monopulse Antenna Utilizing the Tapered-Line Magic T. 15th Annual Symp. of Air Force Avionics Laboratory, Wright-Patterson AFB, Ohio, 12. Okt. 1965.

9.108 Carpenter, E.: The Virtues of Mixing Tandem and Cascade Couplers Connections. IEEE-GMTT Internat. Microwave Symp. Dig. (1971), S. 8-9.

9.109 Shelton, J.P.; Wolfe, J.; van Wagoner, R.C.: Tandem Couplers and Phase Shifters for Multi-Octave Bandwidth. Microwaves (1965) April, S. 14-19.

9.110 Hindin, H.J.; Rosenzweig, A.: 3-dB Couplers Constructed from Two Tandem Connected 8,34-dB Asymmetric Couplers. IEEE Trans. on Microwave Theory and Techn. MTT-16(1968) 2, S. 125-126.

9.111 de Ronde, F.C.: A New Class of Microstrip Directional Couplers. IEEE GMTT Int. Microwave Symp. Dig. (1970), S. 184-186.

9.112 Garcia, J.A.: A Wide-Band Quadrature Hybrid Coupler. IEEE Trans. on Microwave Theory and Techn. MTT-19(1971) 7, S. 660-661.

9.113 Schiek, B.; Köhler, J.: A New Class of High Performance Broadband 3-dB Directional Couplers in Thin Film Technique. European Microwave Conf. Proc. (1974), S. 536-540.

9.114 Schick, B.: Hybrid Branchline Couplers - A Useful New Class of Directional Couplers. IEEE Trans. on Microwave Theory and Techn. MTT-22(1974) 10, S. 864-869.

9.115 Schick, B.; Köhler, J.: Improving the Isolation of 3-dB Couplers in Microstrip-Slotline Technique. IEEE Trans. on Microwave Theory and Techn. MTT-26 (1978) 1, S. 5-7.

9.116 Gunton, D.J.; Paige, E.G.S.: Directional Coupler for Gigahertz Frequencies, based on the Coupling Properties of two Planar Comb Transmission Lines. Electronics Letters 11(1975) 17, S. 406-408.

9.117 Gunton, D.J.: Design of Coupled Combline Directional Couplers. Electronics Letters 11(1975) 24, S. 607-608.

9.118 Gunton, D.J.: Microwave Balanced-Mixer Circuits Using Combline Directional Couplers. Electronics Letters 12(1976) 8, S. 204-205.

9.119 Gunton, D.J.: Design of wideband codirectional couplers and their realisation at microwave frequencies using coupled comblines. IEE J. on Microwaves, Optics and Acoustics 2(1978) 1, S. 19-30.

9.120 Gunton, D.J.; Paige, E.G.S.: An analysis of the general asymmetric directional coupler with non-mode-converting terminations. IEE J. on Microwaves, Optics and Acoustics 2(1978) 1, S. 31-36.

9.121 Rizzoli, V.; Lipparini, A.: Bloch-Wave Analysis of Stripline- and Microstrip-Array Slow-Wave Structures. IEEE Trans. on Microwave Theory and Techn. MTT-29 (1981) 2, S. 143-150.

9.122 Podell, A.F.: A High Directivity Microstrip Coupler Technique. IEEE G-MTT International Microwave Symp. Dig. (1970), S. 33-36.

9.123 Taylor, J.L.; Prigel, D.D.: Wiggly Phase Shifters and Directional Couplers for Radio-Frequency Hybrid-Microcircuit Applications. IEEE Trans. on Parts, Hybrids, and Packaging PHP-12(1976) 4, S. 317-323.

9.124 Sugiura, T.: Analysis of Distributed-Lumped Strip Transmission Lines. IEEE Trans. on Microwave Theory and Techn. MTT-25(1977) 8, S. 656-661.

9.125 Podell, A.: Use these latest techniques to improve your GHz circuit. Electronic Design News (1974) Jan., S. 56-60.

9.126 de Ronde, F.C.: Wide-Band High Directivity in MIC Proximity Couplers by Planar Means. IEEE MTT-S Internat. Microwave Symp. Dig. (1980), S. 480-482.

9.127 Sheleg, B.; Spielman, B.E.: Broad Band Directional Couplers Using Microstrip with Dielectric Overlays. IEEE Trans. on Microwave Theory and Techn. MTT-22 (1974) 12, S. 1216-1220.

9.128 Haupt, G.; Delfs, H.: High-Directivity Microstrip Directional Couplers. Electronics Letters 10(1974) 9, S. 142-143.

9.129 Seshadri, T.K.; Mahapatra, S.: Effect of Dielectric Overlay on Microstrip Line Directional Couplers. J. Inst. Electron. a. Telecommun. Eng. 23(1977) 2, S. 88-91.

9.130 Paolino, D.D.: MIC Overlay Coupler Design Using Spectral Domain Technique. IEEE Trans. on Microwave Theory and Techn. MTT-26(1978) 9, S. 646-649.

9.131 Buntschuh, C.: High Directivity Microstrip Couplers Using Dielectric Overlays. IEEE MTT-S Internat. Microwave Symp. Dig. (1975), S. 125-127.

9.132 Spielman, B.E.: Analysis of Electrical Characteristics of Edge-Coupled Microstrip Lines with a Dielectric Overlay. Naval Research Laboratory Report 7810, Washington D.C., 25. Okt. 1974.

9.133 Sheleg, B.; Spielman, B.E.: Broadband (7-18 GHz) 10 dB Overlay Coupler for M.I.C. Application. Electronics Letters 11(1975) 8, S. 175-176.

9.134 Sheleg, B.; Spielman, B.E.: Broadband, High-Performance Couplers with Dielectric Overlays for Microwave Integrated-Circuit Applications. Naval Research Laboratory Report 7872, Washington D.C., 28. Mai 1975.

9.135 Aikawa, M.: Wide-Band Strip-Line Reverse-Phase Hybrid Ring in GHz Band. Electronics and Communications in Japan. 58-B(1975) 10, S. 521-528.

9.136 Aikawa, M.: Microstrip Line Directional Coupler with Tight Coupling and High Directivity. Electronics and Communications in Japan. J60-B(1977) 4, S. 253 -259.

9.137 Aikawa, M.: Microstrip Line Directional Coupler with Tight Coupling and High Directivity. The Transactions of the IECE of Japan. E60(1977) 4, S. 206-207.

9.138 Villotte, J.P.; Aubourg, M.; Garault, Y.: Modified Suspended Striplines for Microwave Integrated Circuits. Electronics Letters 14(1978) 18, S. 602-603.

9.139 Sachse, K.; Sawicki, A.: New Microstrip Transmission Lines for Microwave Integrated Circuits. 8th European Microwave Conf. Proc. (1978), S. 106-110.

9.140 Itoh, T.; Hebert, A.S.: A Generalized Spectral Domain Analysis for Coupled Suspended Microstriplines With Tuning Septums. IEEE Trans. on Microwave Theory and Techn. MTT-26(1978) 10, S. 820-826.

9.141 Jansen, R.H.: Microstrip Lines with Partially Removed Ground Metallization, Theory and Applications. Arch. Elektronik u. Übertragungstechn. 32(1978) 12, S. 485-492.

9.142 Garg, R.: Stripline-Like Microstrip Configuration. Microwave J. (1979) 4, S. 103-104, 116.

9.143 Schaller, G.: Optimization of Microstrip Directional Couplers with Lumped Capacitors. Arch. Elektronik u. Übertragungstechn. 31(1977) 7/8, S. 301-307.

9.144 Kajfez, D.: Raise Coupler Directivity With Lumped Compensation. Microwaves (1978) 3, S. 64-65, 68-70.

9.145 Herzog, H.-J.: Microstrip Couplers with Improved Directivity. Electronics Letters 14(1978) 3, S. 51-51.

9.146 Hoffmann, R.K.; Siegl, J.: Microstrip-Slot Coupler Design - Part I: S-Parameters of Uncomponsated and Compensated Couplers. IEEE Trans. on Microwave Theory and Techn. MTT-30(1982) 8, S. 1205-1210.

9.147 Hoffmann, R.K.; Siegl, J.: Microstrip-Slot Coupler Design - Part II: Practical Design Aspects. IEEE Trans. on Microwave Theory and Techn. MTT-30(1982) 8, S. 1211-1215.

10.1 Troughton, P.: Design of Complex Microstrip Circuits by Measurement and Computer Modelling. Proc. IEE 118(1971) März, April, S. 469-474.

10.2 Leighton, W.H.; Milnes, A.G.: Junction Reactance and Dimensional Tolerance Effects on X-Band 3-dB Directional Couplers. IEEE Trans. on Microwave Theory and Techn. MTT-19(1971) 10, S. 818-824.

10.3 Akello, R.J.; Easter, B.; Stephenson, I.M.: Effects of Microstrip Discontinuities on GaAs-M.E.S.F.E.T.-Amplifier Gain Performance. Electronics Letters 13(1977) 6, S. 160-162.

10.4 Tromp, E.; Hoffman, G.: Computer Optimization of 3-dB Microstrip Hybrids, Taking into Account Dispersive, Coupling and Junction Effect. European Microwave Conf. Proc. 1973, Abschnitt A.12.4.

10.5 Vogel, R.W.: Effects of the T-Junctions Discontinuity on the Design of Microstrip Directional Couplers. IEEE Trans. on Microwave Theory and Techn. MTT-21(1973) 3, S. 145-146.

10.6 Tromp, H.; Hofman, G.: Computer Aided Design of Microstrip Circuits. Rev. HF (Belgien) 10(1976) 2, S. 50-65.

10.7 Groll, H.; Weidmann, W.: Measurement of Equivalent Circuit Elements of Microstrip Discontinuities. Nachrichtentechn. Z. 28(1975) 2, S. 74-77.

10.8 Easter, B.: The Equivalent Circuits of Some Microstrip Discontinuities. IEEE Trans. on Microwave Theory and Techn. MTT-23(1975) 8, S. 655-660.

10.9 James, D.S.; Tse, S.H.: Microstrip End Effects. Electronics Letters 8(1972) 2, S. 46-47.

10.10 Silvester, P.; Benedek, P.: Equivalent Capacitances of Microstrip Open Circuits. IEEE Trans. on Microwave Theory and Techn. MTT-20(1972) 8, S. 511-516.

10.11 Farrar, A.; Adams, A.T.: Computation of Lumped Microstrip Capacities by Matrix Methods - Rectangular Sections and End Effect. IEEE Trans. on Microwave Theory and Techn. MTT-19(1971) 5, S. 495-497.

10.12 Farrar, A.; Adams, A.T.: Correction to "Computation of Lumped Microstrip Capacities by Matrix Methods - Rectangular Sections and End Effect". IEEE Trans. on Microwave Theory and Techn. MTT-20(1972) 4, S. 294.

10.13 Itoh, T.; Mittra, R.; Ward, R.D.: A Method for Computing Edge Capacitance of Finite and Semi-Infinite Microstrip Lines. IEEE Trans. on Microwave Theory and Techn. MTT-20(1972) 12, S. 847-849.

10.14 Rahmat-Samii, Y.; Itoh, T.; Mittra, R.: A Spectral Domain Analysis for Solving Microstrip Discontinuity Problems. IEEE Trans. on Microwave Theory and Techn. MTT-22(1974) 4, S. 372-378.

10.15 Maeda, M.: An Analysis of Gap in Microstrip Transmission Lines. IEEE Trans. on Microwave Theory and Techn. MTT-20(1972) 6, S. 390-396.

10.16 Itoh, T.; Mittra, R.; Ward, R.D.: A New Method for Solving Discontinuity Problems in Microstrip Lines. IEEE-GMTT Microwave Symp. Dig. (1972), S. 68-70.

10.17 Farrar, A.; Adams, A.T.: Matrix Methods for Microstrip Three-Dimensional Problems. IEEE Trans. on Microwave Theory and Techn. MTT-20(1972) 8, S. 497 -504.

10.18 Reitan, D.K.: Accurate Determination of the Capacitance of Rectangular Parallel-Plate Capacitors. J.Appl. Phys. 30(1959) Feb., S. 172-176.

10.19 Stinehelfer, H.E.: Microstrip Circuit Design. Tech. Rep. AFAL-TR-69-10, Feb. 1969.

10.20 Stinehelfer, H.E.: Microwave J. Engineers Technical and Buyers Guide. Dedham: Horizon House 1969, S. 72.

10.21 Napoli, L.S.; Hughes, J.J.: Foreshortening of Microstrip Open Circuits on Alumina Substrates. IEEE Trans. on Microwave Theory and Techn. MTT-19(1971) 6, S. 559-561.

10.22 Garg, R.; Bahl, I.J.: Microstrip Discontinuities. Int. J. Electronics 45 (1978) 1, S. 81-87.

10.23 Gupta, C.; Easter, B.; Gopinath, A.: Some Results on the End Effect of Microstriplines. IEEE Trans. on Microwave Theory and Techn. MTT-26(1978) 9, S. 649-652.

10.24 Easter, B.; Gopinath, A.; Stephenson, I.M.: Theoretical and Experimental Methods for Evaluating Discontinuities in Microstrip. The Radio and Electronic Eng. 48(1978) 1/2, S. 73-84.

10.25 Jansen, R.H.; Koster, N.H.L.: Accurate Results on the End Effect of Single and Coupled Microstrip Lines for Use in Microwave Circuit Design. Arch. Elektronik u. Übertragungstechn. 34(1980) 11, S. 453-459.

10.26 Jansen, R.H.: Hybrid Mode Analysis of End Effects of Planar Microwave and Millimeterwave Transmission Lines. IEE Proc. H 128(1981) 2, S. 77-86.

10.27 Kirschning, M.; Jansen, R.H.; Koster, N.H.L.: Accurate Model for Open End Effect of Microstrip Lines. Electronics Letters 17(1981) 3, S. 123-124.

10.28 James, J.R.; Henderson, A.: High-Frequency Behaviour of Microstrip Open-Circuit Terminiations. Proc. IEE on Microwaves, Optics and Acoustics MOA 3 (1979) 5, S. 205-218.

10.29 Bedair, S.S.; Sobhy, M.I.: Open-End Discontinuity in Shielded Microstrip Circuits. IEEE Trans. on Microwave Theory and Techn. MTT-29(1981) 10, S. 1107-1109.

10.30 Stephensen, J.M.; Easter, B.: Resonant Techniques for Establishing the Equivalent Circuits of Small Discontinuities in Microstrip. Electronic Letters 7(1971), S. 582-584.

10.31 Hammerstad, E.: Computer-Aided Design of Microstrip Couplers with Accurate Discontinuity Models. 1981 IEEE MTT-S Intern. Microwave Symp. Dig. (1981), S. 54-56.

10.32 Hoffmann, R.: Reflexionseigenschaften von Leerlauf und Kurzschluß einer Mikrostreifenleitung auf Ferritsubstrat. Arch. Elektronik u. Übertragungstechn. 34(1980) 9, S. 371-376.

10.33 Jansen, R.H.: Computer-Aided Design of Transistorized Microstrip Broadband Amplifiers on the Base of the Physical Circuit Structures. Arch. Elektronik u. Übertragungstechn. 32(1978), S. 145-152.

10.34 Mehran, R.: Computer-Aided Design of Microstrip Filters Considering Dispersion, Loss, and Discontinuity Effects. IEEE Trans. on Microwave Theory and Techn. MTT-27(1979) 3, S. 239-245.

10.35 Mehran, R.: Some Annular Structures in Microwave Planar Networks and their Filtering Properties. Arch. Elektronik u. Übertragungstechn. 33(1979) 6, S. 265-268.

10.36 Mehran, R.: A Method of Analysis and Design of Microstrip Directional Couplers Considering Dispersion and Discontinuity Effects. Proc. of Symp. on Computer-Aided Design of Electronics for Space Applications, Bologna, Italien (1979), S. 299-303.

10.37 Kompa, G.; Mehran, R.: Microstrip Filter Analysis Using a Microstrip Waveguide Model. The Radio and Electronic Eng. 50(1980) 1/2, S. 54-58.

10.38 Cuhaci, M.; Lo, G.J.P.: High Frequency Microstrip Branch-Line Coupler Design with T-Junction Discontinuity Compensation. Electronics Letters 17(1981) 2, S. 87-89.

10.39 Cuhaci, M.; Lo, G.J.P.: Correction to /10.38/, Electronics Letters 17 (1981) 9, S. 334.

10.40 Okoshi, T.; Imai, T.; Ito, K.: Computer-Oriented Synthesis of Optimum Circuit Pattern of 3-dB Hybrid Ring by the Planar Circuit Approach. IEEE Trans. on Microwave Theory and Techn. MTT-29(1981) 3, S. 194-202.

10.41 Okoshi, T.; Miyoshi, T.: The Planar Circuit - An Approach to Microwave Integrated Circuitry. IEEE Trans. on Microwave Theory and Techn. MTT-20(1972) 4, S. 245-252.

10.42 Okoshi, T.; Uehara, Y.; Takeuchi, T.: The Segmentation Method - An Approach to the Analysis of Microwave Planar Circuits. IEEE Trans. on Microwave Theory and Techn. MTT-24(1976) 10, S. 662-668.

10.43 Kato, F.; Saito, M.; Okoshi, T.: Computer-Aided Synthesis of Planar Circuits. IEEE Trans. on Microwave Theory and Techn. MTT-25 (1974) 10, S. 814-819.

10.44 Chadia, R.; Gupta, K.C.: Segmentation Method Using Impedance Matrices for Analysis of Planar Microwave Circuits. IEEE Trans. on Microwave Theory and Techn. MTT-29(1981) 1, S. 71-74.

10.45 Anada, T.; Jui-Pang, H.: Analysis of Microwave Planar Circuit with Short-Circuit Boundary by Normal Mode Method - Through Impedance Matrix. The Trans. of the IECE of Jap. E61(1978) 7, S. 560-561.

10.46 Anselmo, A.J.; Hinte, A.F.: Practical Realization of Broadband Microwave Diplexers. 1976 IEEE MTT-S Internat. Microwave Symp. Dig. (1976), S. 119-121.

10.47 Dydyk, M.: Master the T-Junction And Sharpen Your MIC-Designs. Microwaves (1977) 5, S. 184-186.

10.48 Menzel, W.: Frequency Dependent Transmission Properties of Microstrip Y-Junctions and 120° Bends. IEE Trans. on Microwaves, Optics and Acoustics MOA 2 (1978) 2, S. 55-59.

10.49 Menzel, W.: Die frequenzabhängigen Übertragungseigenschaften von unsymmetrischen Kreuz- und T-Verzweigungen, Y-Verzweigungen sowie 90°- und 120°-Winkeln in Mikrostreifenleitungstechnik. Dissertation Gesamthochschule Duisburg 1977.

10.50 Mehran, R.: Calculation of Microstrip Bends and Y-Junctions with Arbitrary Angle. IEEE Trans. on Microwave Theory and Techn. MTT-26(1978) 6, S. 400-405.

10.51 Kompa, G.: Reduced Coupling Aperture of Microstrip Stubs Provides New Aspects in Stub Filter Design. 6th European Microwave Conf. Proc. (1976), S. 39-43.

10.52 Malherbe, J.A.G.; Steyn, A.F.: The Compensation of Step Discontinuities in TEM-Mode Transmission Lines. IEEE Trans. on Microwave Theory and Techn. MTT-26(1978) 11, S. 883-885.

10.53 Douville, R.J.P.; James, D.S.: Experimental Study of Symmetric Microstrip Bends and Their Compensation. IEEE Trans. on Microwave Theory and Techn. MTT-26(1978) 3, S. 175-181.

10.54 Anders, P.; Arndt, F.: Kompensierte Mikrostrip-Leitungsknicke mit beliebigem Knickwinkel. Arch. Elektronik u. Übertragungstechn. 33(1979) 9, S. 371-375.

10.55 Jansen, R.H.; Koster, N.H.L.: A Unified CAD Basis for the Frequency Dependent Characterization of Strip, Slot and Coplanar MIC-Components. 11th European Microwave Conf. Proc. (1981), S. 682-687.

10.56 Larsson, M.A.: Compensation of Step Discontinuities in Stripline. 10th Europ. Microwave Conf. Proc. (1980), S. 367-371.

10.57 Chang, W.-L.: Streifenleitungsresonator und sprunghafter Übergang von Streifenleitungen. Frequenz 32(1978) 11, S. 321-326.

10.58 Chang, W.-L.: Filterelemente und Resonatoren aus geschirmten Streifenleitungen mit sprunghafter Breitenänderung. Dissertation Techn. Hochschule Darmstadt (1977).

10.59 Akhtarzad, S.; Johns, P.B.: Dispersion Characteristics of a Microstrip Line with a Step Discontinuity. Electronics Letters 11 (1975) 14, S. 310-311.

10.60 Johns, P.B.; Akhtarzad, S.: Three-Dimensional Numerical Analysis of Microwave Cavities Using the TLM Method. IEEE-MTT-S Internat. Microwave Symp. Dig. (1975), S. 200-201.

10.61 Horton, R.: A Static Approximation of the Inductive and Capacitive Elements Associated with Some Common Microstrip Discontinuities. Europ. Microwave Conf. Dig. (1973), B. 8.4.

10.62 Easter, B.; Gopinath, A.; Stephenson, I.M.: Theoretical and Experimental Methods for Evaluating Discontinuities in Microstrip. The Radio and Electronic Engineer 48(1978) 1/2, S. 73-84.

10.63 Thomson, A.F.; Gopinath, A.: Calculation of Microstrip Discontinuity Inductances. IEEE Trans. on Microwave Theory and Techn. MTT-23(1975) 8, S. 648-655.

10.64 Gopinath, A.; Silvester, P.: Calculation of Inductance of Finite-Length Strips and its Variation with Frequency. IEEE Trans. on Microwave Theory and Techn. MTT-21(1973) 6, S. 380-386.

10.65 Gopinath, A.; Thomson, A.F.; Stephenson, I.M.: Equivalent Circuit Parameters of Microstrip Step Change in Width and Cross Junctions. IEEE Trans. on Microwave Theory and Techn. MTT-24(1976) 3, S. 142-144.

10.66 Horton, R.: Equivalent Representation of an Abrupt Impedance Step in Microstrip Line. IEEE Trans. on Microwave Theory and Techn. MTT-21(1973) 8, S. 562 -564.

10.67 Benedek, P.; Silvester, P.: Equivalent Capacitances for Microstrip Gaps and Steps. IEEE Trans. on Microwave Theory and Techn. MTT-20(1972) 11, S. 729 -733.

10.68 Gopinath, A.; Neale, B.M.; Gupta, C.: Microstrip Discontinuity Parameters - An Aid to MIC Computer-Aided Design. Computer-Aided-Design of Electronic and Microwave Circuits and Systems Conf. Digest, Juli 1977, Universität Hull, S. 23-28.

10.69 Gupta, C.; Gopinath, A.: Equivalent Circuit Capacitance of Microstrip Step Change in Width. IEEE Trans. on Microwave Theory and Techn. MTT-25(1977) 10, S. 819-822.

10.70 Nalbandian, V.; Steenaart, W.: Discontinuities in Symmetric Striplines Due to Impedance Steps and Their Compensations. IEEE Trans. on Microwave Theory and Techn. MTT-20(1972) 9, S. 573-578.

10.71 Easter, B.; Richings, J.G.; Stephenson, I.M.: Resonant Techniques for the Accurate Measurement of Microstrip Properties and Equivalent Circuits. Europ. Microwave Conf. Proc. (1973), B.7.5.

10.72 Neidert, R.E.: Large-Microstrip-Step-Discontinuity Model useful to 10 GHz. Electronics Letters 11(1975) 20, S. 478-479.

10.73 Neidert, R.E.; O'Reilly, G.T.: Very Large Impedance Steps in Microstrip. IEEE Trans. on Microwave Theory and Techn. MTT-22(1974) 8, S. 808-810.

10.74 Schwinger, J.; Saxon, D.S.: Discontinuities in Waveguides. New York, London, Paris: Gordon and Breach Science Publishers 1968.

10.75 Stork, H.: Streifenleitungen auf Halbleitermaterialien. Dissertation Techn. Universität Aachen (1971).

10.76 Paul, M.: Schaltungsanalyse mit S-Parameter. Heidelberg: Hüthig 1977.

10.77 Bianco, B.; Ridella, S.: Nonconventional Transmission Zeros in Distributed Rectangular Structures. IEEE Trans. on Microwave Theory and Techn. MTT-20 (1972) 5, S. 297-303.

10.78 Kompa, G.: Frequency-Dependent Behaviour of Microstrip Offset Junctions. Electronics Letters 11(1975) 22, S. 537-538.

10.79 Menzel, W.: Calculation of Inhomogeneous Microstrip Lines. Electronics Letters 13(1977) 7, S. 183-184.

10.80 Schilder, D.: Zur Berechnung des optimalen kontinuierlichen Übergangs zwischen Streifenleitungen verschiedener Wellenwiderstände. Nachrichtentechnik 21(1971) 10, S. 342-346.

10.81 Klopfenstein, R.W.: A Transmission Line Taper of Improved Design. Proc. IRE (1956) 1, S. 31-35.

10.82 Collin, R.E.: The Optimum Tapered Transmission Line Matching Section. Proc. IRE (1956) 4, S. 539-548.

10.83 Ragan, G.L.: Microwave Transmission Circuits. 1. Auflage. New York, Toronto, London: McGraw Hill 1948.

10.84 Lewin, L.: Advanced Theory of Waveguides. 1. Auflage. London: Iliffe and Sons 1951.

10.85 Silvester, P.; Benedek, P.: Microstrip Discontinuity Capacitances for Right-Angle Bends, T Junctions and Crossings. IEEE Trans. on Microwave Theory and Techn. MTT-21(1973) 5, S. 341-346.

10.86 Silvester, P.; Benedek, P.: Correction to "Microstrip Discontinuity Capacitances for Right-Angle Bends, T Junctions, and Crossings". IEEE Trans. on Microwave Theory and Techn. MTT-23(1975) 5, S. 456.

10.87 Stouten, P.: Equivalent Capacitances of T-Junctions. Electronics Letters 9 (1973) 23, S. 552-553.

10.88 Menzel, W.: Die frequenzabhängigen Übertragungseigenschaften von unsymmetrischen Kreuz- und T-Verzweigungen, Y-Verzweigungen sowie 90°- und 120°-Winkeln in Mikrostreifenleitungstechnik. Dissertation Gesamthochschule Duisburg 1977.

10.89 Mehran, R.: Calculation of Microstrip Bends and Y-Junctions with Arbitrary Angle. IEEE Trans. on Microwave Theory and Techn. MTT-26(1978) 6, S. 400-405.

10.90 Kühn, E.: A mode-matching method for solving field problems in waveguide and resonator circuits. Arch. Elektronik u. Übertragungstechn. 27(1973) 12, S. 511 -513.

10.91 Ruehli, A.E.; Kulasza, N.; Pivnichny, J.: Inductance of Nonstraight Conductors Close to a Ground Return Plane. IEEE Trans. on Microwave Theory and Techn. MTT-23(1975) 8, S. 706-708.

10.92 Gopinath, A.; Easter, B.: Moment Method of Calculating Discontinuity Inductance of Microstrip Right-Angled Bends. IEEE Trans. on Microwave Theory and Techn. MTT-22(1974) 10, S. 880-883.

10.93 Horton, R.: The Electrical Characterization of a Right-Angled Bend in Microstrip Line. IEEE Trans. on Microwave Theory and Techn. MTT-21(1973) 6, S. 427 -429.

10.94 Stephenson, I.M.; Easter, B.: Resonant Techniques for Establishing the Equivalent Circuits of Small Discontinuities in Microstrip. Electronics Letters 7(1971) 19, S. 582-584.

10.95 Buontempo, V.; Pucci, F.: Experimental Characterization of Right-Angled Bends with Varying Degrees of Chamfer. Alta Frequenza XLIV(1975) 11, S. 713-717.

10.96 Douville, R.J.P.; James, D.S.: Experimental Characterization of Microstrip Bends and Their Frequency Dependent Behaviour. IEECE Conf. Dig. 1973, Toronto, S. 24-25.

10.97 Kelley, D.; Kramer, A.G.; Willwerth, F.C.: Microstrip Filters and Couplers. IEEE Trans. on Microwave Theory and Techn. MTT-16(1968) 8, S. 560-562.

10.98 Campbell, J.J.; Jones, W.R.: Symmetrically Truncated Right-Angle Corners in Parallel-Plate and Rectangular Waveguides. IEEE Trans. on Microwave Theory and Techn. MTT-16(1968) 8, S. 517-529.

10.99 Menzel, W.: Frequency-Dependent Transmission Properties of Truncated Microstrip Right-Angle Bends. Electronics Letters 12(1976) 24, S. 641.

10.100 Mehran, R.: The Frequency-Dependent Scattering Matrix of Twofold Truncated Microstrip Bends. Arch. Elektronik u. Übertragungstechn. 31(1977) 10, S. 411-415.

10.101 James, D.S.; Douville, R.J.P.: Compensation of Microstrip Bends by Using Square Cutouts. Electronics Letters 12(1976) 22, S. 577-579.

10.102 Iskander, M.F.; Hamid, M.A.K.: Simplified Solutions of a Cross-Junction and Specially Truncated Bends in Parallel-Plate Waveguides. The Radio and Electronic Eng. 47(1977) 6, S. 269-273.

10.103 Marko, H.: Theorie linearer Zweipole, Vierpole und Mehrpole. Stuttgart: Hirzel 1971.

10.104 Feldtkeller, R.: Einführung in die Vierpoltheorie der elektrischen Nachrichtentechnik. 8. Auflage. Stuttgart: Hirzel 1962.

10.105 Hoefer, W.; Chattopadhyay, A.: Measurement of the Equivalent Circuit Parameters of Discontinuities in a Resonant Microstrip Ring. IEEE MTTS Int. Microwave Symp. Dig. (1975), S. 103-105.

10.106 Hoefer, W.J.R.; Chattopadhyay, A.: Evaluation of the Equivalent Circuit Parameters of Microstrip Discontinuities Through Perturbation of a Resonant Ring. IEEE Trans. on Microwave Theory and Techn. MTT-23(1975) 12, S. 1067 -1071.

10.107 Terman, F.E.: Radio Engineers' Handbook. New York, London, Toronto: McGraw Hill 1950.

10.108 Gopinath, A.; Gupta, C.: Capacitance Parameters of Discontinuities in Microstriplines. IEEE Trans. on Microwave Theory and Techniques MTT-26(1978) 10, S. 831-836.

10.109 Arditi, M.: Experimental Determination of the Properties of Microstrip Components. Electrical Communication (1953) Dez., S. 283-293.

10.110 Gupta, C.; Easter, B.; Gopinath, A.: Some Results on the End Effect of Microstriplines. IEEE Trans. on Microwave Theory and Techn. MTT-26(1978) 9, S. 649-652.

10.111 Kumar, D.; Gupta, H.C.; Tripathi, K.N.; Mathur, P.C.; Srivastava, G.P.: A Study of Gaps in Microstrip Transmission Lines. Int. J. Electronics 41(1976) 6, S. 617-620.

10.112 Früchting, H.: Seitliche Abstrahlung von einer quer zur Ausbreitungsrichtung geschlitzten Bandleitung. Frequenz 31(1977) 3, S. 77-81.

10.113 Akello, R.J.; Easter, B.; Stephenson, I.M.: Equivalent Circuit of the Asymmetric Crossover Junction. Electronics Letters 13(1977) 4, S. 117-118.

10.114 Neale, B.M.; Gopinath, A.: Microstrip Discontinuity Inductances. IEEE Trans. on Microwave Theory and Techn. MTT-26(1978) 10, S. 827-831.

10.115 Anders, P.; Arndt, F.: Microstrip Discontinuity Capacitances and Inductances for Double Steps, Mitered Bends with Arbitrary Angle, and Asymmetric Right Angle Bends. IEEE Trans. on Microwave Theory and Tech. MTT-28(1980) 11, S. 1213-1217.

10.116 Anders, P.; Arndt, F.: Beliebig abgeknickte Mikrostrip-Leitungen mit bogenförmigem Übergang. Arch. Elektronik u. Übertragungstechn. 33(1979) 3, S. 93 -99.

10.117 Rizzoli, V.; Lipparini, A.L.: A Resonance Method for the Broad-Band Characterization of General Two-Port Microstrip Discontinuities. IEEE Trans. on Microwave Theory and Techn. MTT-29(1981) 7, S. 655-660.

10.118 Khilla, A.-M.: Computer-Aided Design of an Optimum Chebyshev Microstrip Taper. Arch. Elektronik u. Übertragungstechn. 35(1981) 3, S. 133-135.

10.119 Gupta, K.C.; Chadha, R.: Design Real-World Stripline Circuits. Microwaves (1978) 12, S. 70-80.

10.120 D'Inzeo, G.; Giannini, F.; Maltese, P.; Sorrentino, R.: On the Double Nature of Transmission Zeros in Microstrip Structures. Proc. IEEE 66(1978) 7, S. 800-802.

10.121 Kirschning, M.; Jansen, R.H.; Koster, N.H.L.: Measurement and Computer-Aided Modeling of Microstrip Discontinuities by an Improved Resonator Method. IEEE-GMTT Int. Microwave Symp. Dig. (1983)

11.1 van der Pauw, L.J.: The Radiation and Propagation of Electromagnetic Power by a Microstrip Transmission Line. Philips Res. Repts. 31(1976), S. 35-70.

11.2 van der Pauw, L.J.: The Radiation of Electromagnetic Power by Microstrip Configurations. IEEE Trans. on Microwave Theory and Techn. MTT-25(1977) 9, S. 719-725.

11.3 Kompa, G.: Approximate Calculation of Radiation from Open-Ended Wide Microstrip Lines. Electronics Letters 12(1976) 9, S. 222-224.

11.4 Angulo, C.M.; Chang, W.S.C.: The Launching of Surface Waves by a Parallel Plate Waveguide. IRE Trans. on Antennas and Propagation AP-7(1959) Okt., S. 359-368.

11.5 James, J.R.; Ladbrooke, P.H.: Surface Wave Phenomena Associated with Open-Circuited Stripline Terminations. Electronics Letters 9(1973) 24, S. 570 -571.

11.6 Frigyes, I.: A Variational Analysis of Radiation Effects in Microstrip. European Microwave Conf. Proc. (1971), C4, S. 1:1 - 1:4.

11.7 Sobol, H.: Radiation Conductance of Open-Circuit Microstrip. IEEE Trans. on Microwave Theory and Techn. MTT-19(1971) 11, S. 885-887.

11.8 Denlinger, E.J.: Radiation from Microstrip Resonators. IEEE Trans. on Microwave Theory and Techn. MTT-17(1969) 4, S. 235-236.

11.9 Easter, B.; Richings, F.G.: Effects Associated with Radiation in Coupled Halfwave Open-Circuit Microstrip Resonators. Electronics Letters 8(1972) 12, S. 298-299.

11.10 Schott, F.W.; Yodokawa, T.: Radiation Loss of Planar Circuit Resonators and the R/Q Parameter. IEEE Trans. on Microwave Theory and Techn. MTT-25 (1977) 5, S. 416-418.

11.11 Diener, G.; Entschladen, H.: Messung der Strahlungseigenschaften von Mikrowellen-Streifenleitungs-Resonatoren. Frequenz 31(1977) 2, S. 55-59.

11.12 Easter, B.; Roberts, R.J.: Radiation from Half-Wavelength Open-Circuit Microstrip Resonators. Electronics Letters 6(1970) 6, S. 573-574.

11.13 Roberts, R.J.; Easter, B.: Microstrip Resonators Having Reduced Radiation Loss. Electronics Letters 7(1971) 8, S. 191-192.

11.14 Collier, R.J.; White, P.D.: Surface Waves in Microstrip Circuits. European Microwave Conf. Proc. (1976), S. 632-636.

11.15 Easter, B., Richings, J.G.: Microstrip Bandpass Filters with Reduced Radiation Effects. Electronics Letters 9(1973) 4, S. 93-94.

11.16 de Ronde, F.C.; Shammas, S.: MIC Bandfilters Using Open-Ring Resonators. European Microwave Conf. Proc. (1974), S. 531-535.

11.17 Cuhaci, M.; James, D.S.: Radiation from Triangular and Circular Resonators in Microstrip. IEEE-MTT-S Int. Microwave Symp. Dig. (1977), S. 438-441.

11.18 Derneryd, A.G.; Lind, A.G.: Extended Analysis of Rectangular Microstrip Resonator Antennas. IEEE Trans. on Antennas and Propagation AP-27(1979) 6, S. 846-849.

11.19 Sorrentino, R.; Pileri, S.: Method of Analysis of Planar Networks Including Radiation Loss. IEEE Trans. on Microwave Theory and Techn. MTT-29(1981) 9, S. 942-948.

11.20 Lewin, L.; Ruehle, T.: A Note on the Complex Poynting Vector, and on the Fractional Current on the Upper Surface of a Microstrip Line. IEEE MTT-S Int. Microwave Symp. Dig. (1980), S. 223-224.

11.21 Abouzahra, M.D.: On the Radiation from Microstrip Discontinuities. IEEE Trans. on Microwave Theory and Techn. MTT-29(1981) 7, S. 666-668.

11.22 Lewin, L.: Spurious Radiation from a Microstrip Y-Junction. IEEE Trans. on Microwave Theory and Techn. MTT-26(1978) 11, S. 893-894.

11.23 Lewin, L.: Spurious Radiation from Microstrip. Proc. IEE 125(1978) 7, S. 633 -642.

11.24 Abouzahra, M.D.; Lewin, L.: Radiation from Microstrip Discontinuities. IEEE Trans. on Microwave Theory and Techn. MTT-27(1979) 8, S. 722-723.

11.25 Wood, C.; Hall, P.S.; James, J.R.: Radiation Conductance of Open-Circuit Low Dielectric Constant Microstrip. Electronics Letters 14(1978) 4, S. 121-122.

11.26 Henderson, A.; James, J.R.: Continuous Eigenvalue Mode Spectrum Analysis of Microstrip Open-Circuit Terminations. 8th Europ. Microwave Conf. Proc. (1978) S. 89-93.

11.27 Özmehmet, K.: Radiation From a Gap Cut Across the Conducting Strip of a Double Shorted Microstrip Resonator. 10th European Microwave Conf. Proc. (1980), S. 132-136.

11.28 Henderson, A.; James. J.R.: Design of Microstrip Antenna Feeds. Part 1: Estimation of Radiation Loss and Design Implications. IEE Proc. 128, Pt. H(1981) 1, S. 19-25.

11.29 Knoppik, N.: Resonanzfrequenz und Gütefaktor von Resonatoren in unsymmetrischer Streifenleitungstechnik (Mikrostrip-Technik). Dissertation D82, Techn. Hochschule Aachen, 1975.

11.30 Mosig, J.R.; Gardiol, F.E.: The Near Field of a Open Microstrip Structure. IEEE AP-S Int. Symp. Dig. (1979), S. 126-129.

11.31 James, J.R.; Wilson, C.J.: Microstrip Antennas and Arrays. Pt. I. - Fundamental Action and Limitations. IEE J. MOA 1 (1977), S. 165-174.

11.32 Munson, R.E.: Conformal Microstrip Antennas and Microstrip Phased Arrays. IEEE Trans. on Antennas and Propagation AP-22(1974), S. 74-78.

11.33 Derneryd, A.G.: Microstrip Array Antenna. 6th Europ. Microwave Conf. Proc. (1976), S. 339-343.

11.34 Howell, J.Q.: Microstrip Antennas. IEEE AP-S Int. Symp. Dig. (1972), S. 177 -180.

11.35 Howell, J.Q.: Microstrip Antennas. IEEE Trans. on Antennas and Propagation AP-23(1975), S. 90-93.

11.36 Richards, W.F.; Lo, Y.T.; Harrison, D.D.: Improved Theroy for Microstrip Antennas. Electronics Letters 15(1979), S. 42-44.

11.37 Lo, Y.T.; Solomon, D.; Richards, W.F.: Theory and Experiment on Microstrip Antennas. IEEE Trans. on Antennas and Propagation AP-27(1979), S. 137-145.

11.38 Walter, C.H.: Traveling Wave Antennas. New York: McGraw Hill 1965.

11.39 Wiesbeck, W.: Miniaturisierte Antenne in Mikrowellenstreifenleitungstechnik. Nachrichtentechn. Z. 28(1975), S. 156-159.

11.40 Armstrong, A.F.; Cooper, P.D.: Techniques for Investigating Spurious Propagation in Enclosed Microstrip. The Radio and Electronic Eng. 48(1978) 1/2, S. 64-72.

12.1 Aikawa, M.: Wide-Band Strip-Line Reverse-Phase Hybrid Ring in GHz Band. Electronics and Communications in Japan. 58-B(1975) 10, S. 521-528.

12.2 Aikawa, M.: Microstrip Line Directional Coupler with Tight Coupling and High Directivity. Electronics and Communications in Japan. J60-B(1977) 4, S. 253 -259.

12.3 Aikawa, M.: Microstrip Line Directional Coupler with Tight Coupling and High Directivity. The Transactions of the IECE of Japan. E60(1977) 4, S. 206-207.

12.4 Villotte, J.P.; Aubourg, M.; Garault, Y.: Modified Suspended Striplines for Microwave Integrated Circuits. Electronics Letters 14(1978) 18, S. 602-603.

12.5 Sachse, K.; Sawicki, A.: New Microstrip Transmission Lines for Microwave Integrated Circuits. 8th Europ. Microwave Conf. Proc. (1978), S. 106-110.

12.6 Itoh, T.; Hebert, A.S.: A Generalized Spectral Domain Analysis for Coupled Suspended Microstriplines With Tuning Septums. IEEE Trans. on Microwave Theory and Techn. MTT-26(1978) 10, S. 820-826.

12.7 Jansen, R.H.: Microstrip Lines with Partially Removed Ground Metallization, Theory and Applications. Arch. Elektronik u. Übertragungstechn. 32(1978) 12, S. 485-492.

12.8 de Ronde, F.C.: A New Class of Microstrip Directional Couplers. IEEE GMTT Int. Microwave Symp. Proc. (1970), S. 184-186.

12.9 Garcia, J.A.: A Wide-Band Quadrature Hybrid Coupler. IEEE Trans. on Microwave Theory and Techn. MTT-19(1971) 7, S. 660-661.

12.10 Schick, B.; Köhler, J.: A New Class of High Performance Broadband 3-dB Directional Couplers in Thin Film Technique. Europ. Microwave Conf. Proc. (1974), S. 536-540.

12.11 Schick, B.: Hybrid Branchline Couplers - A Useful New Class of Directional Couplers. IEEE Trans. on Microwave Theory and Techn. MTT-22(1974) 10, S. 864 -869.

12.12 Schick, B.; Köhler, J.: Improving the Isolation of 3-dB Couplers in Microstrip-Slotline Technique. IEEE Trans. on Microwave Theory and Techn. MTT-26 (1978) 1, S. 5-7.

12.13 Itoh, T.; Ratliff, D.; Hebert, A.S.: Generalized Spectral Domain Method for Multi-Conductor Printed Lines and its Application to Tunable Suspended Microstrips. IEEE MTT-S Internat. Microwave Symp. Dig. (1978), S. 76-78.

12.14 Schumacher, W.: Zur Berechnung der Leitungswellenlänge zwei- und dreischichtiger planarer Leitungen mit einer Momentenmethode. Dissertation Techn. Universität Karlsruhe (1979).

12.15 Ogawa, H.; Aikawa, M.: Analysis of Coupled Microstrip-Slot Lines. The Trans. of the IECE of Japan E62(1979) 4, S. 269-270.

12.16 Sachse K.; Citerne, J.: Frequency-Dependent Solution of Suspended Microstrip Line with Tuning Septums. Electronics Letters 16(1980) 7, S. 264-266.

12.17 Vogel, R.: Microstrip-Slotline Components for Microwave IC's. Microwave J. (1980) 5, S. 83-87, 110.

12.18 Sachse, K. et al.: Waveguide Treatment of the Suspended Microstrip Line With Tuning Septums Using the Spectral Domain Approach and the Finite-Element Method. IEEE MTT-S Internat. Microwave Symp. Dig. (1980), S. 468-470.

12.19 Schumacher, W.: Wellentypen und Feldverteilungen auf unsymmetrischen planaren Leitungen mit inhomogenem Dielektrikum. Arch. Elektronik u. Übertragungstechn. 34(1980) 11, S. 445-453.

12.20 Toutain, S.; Raszy, L.; de Vecchis, M.: Wideband Couplers using Microslot Lines. European Microwave Conf. Proc. (1973), B.4.5.

12.21 Villotte, J.P.; Aubourg, M.; Kossiavas, G.; Garault, Y.: Applications of Tunable Suspended Microstrip Lines. 11th Europ. Microwave Conf. Proc. (1981), S. 856-861.

12.22 Crampagne, R.; Ahmadpanah, J.D.M.; Gangopadhya, R.N.: A Study of Wave Propagation Along Microstrip Lines Containing a Medium With Step Inhomogeneities. Int. J. Electronics 44(1978) 5, S. 545-551.

12.23 Ganguly, A.K.; Spielman, B.S.: Dispersion Characteristics for Arbitrary Configured Transmission Media. IEEE Trans. on Microwave Theory and Techn. MTT-25(1977) 12, S. 1138-1141.

12.24 Fritsche, H.A.: Wellenwiderstand einer Mikrowellen-Kammerleitung. Frequenz 22(1968) 1, S. 20-23.

12.25 Kürzl, A.; Maurer, P.; Otremba, K.: Mikrowellen-Hybridschaltungen mit quasikonzentrierten Elementen. Frequenz 22(1968) 11, S. 323-328.

12.26 Dalley, J.E.: A Strip-Line Directional Coupler Utilizing a Non-Homogeneous Dielectric Medium. IEEE Trans. on Microwave Theory and Techn. MTT-17(1969) Sept., S. 706-712.

12.27 Allen, J.L.; Barnes, W.J.: Unequal Coupled-Mode-Velocity C-Section Filters. Electronics Letters 10(1974) 8, S. 128-129.

12.28 Allen, J.L.: Inhomogeneous Coupled-Line Filters with Large Mode-Velocity Ratios. IEEE Trans. on Microwave Theory and Techn. MTT-22(1974), S. 1182 -1186.

12.29 Smith, J.I.: The Even- and Odd-Mode Capacitance Parameters for Coupled Lines in Suspended Substrate. IEEE Trans. on Microwave Theory and Techn. MTT-19 (1971) 5, S. 424-431.

12.30 Krage, M.K.; Haddad, G.I.: Characteristics of Coupled Microstrip Transmission Lines II: Evaluation of Coupled-Line Parameters. IEEE Trans. on Microwave Theory and Techn. MTT-18(1970) 4, S. 222-228.

12.31 Pregla, R.; Schlosser, W.: Waveguide Modes in Dielectrically Supported Strip Lines. Arch. Elektronik u. Übertragungstechn. 22(1968) 8, S. 379-386.

12.32 Rizzoli, V.: A Unified Variational Solution to Microstrip Array Problems. IEEE Trans. on Microwave Theory and Techn. MTT-23(1975) 2, S. 223-234.

12.33 Hatsuda, T.: Computation of Coplanar-Type Strip-Line Characteristics by Relaxation Method and Its Application to Microwave Circuits. IEEE Trans. on Microwave Theory and Techn. MTT-23(1975) 10, S. 795-802.

12.34 Allen, J.L.; Estes, M.F.: Broadside-Coupled Strips in a Layered Dielectric Medium. IEEE Trans. on Microwave Theory and Techn. MTT-20(1972) 10, S. 662 -669.

12.35 Barnes, W.J.; Allen, J.L.: Modified Broadside-Coupled Strips in a Layered Dielectric Medium. Int. J. Electronics 40(1976) 4, S. 377-391.

12.36 Brenner, H.E.: Use a Computer to Design Suspended-Substrate ICs. Microwaves (1968) Sept., S. 38-45.

12.37 Allen, J.L.: Inhomogeneous Coupled-Line Filters. GMTT Intern. Microwave Symp. Dig. (1974), S. 159-161.

12.38 Engelbrecht, R.S.; West, J.W.: Microwave Integrated Circuits. Bell Laboratories Record (1966) Okt., Nov., S. 329-333.

12.39 Engelbrecht, R.S.; Kurokawa, K.: A Wide-Band Low Noise L-Band Balanced Transistor Amplifier. Proc. of the IEEE (1965) März, S. 237-247.

12.40 Ayer, D.R.; Wheeler, C.A.: The Evolution of Strip Transmission Line. The Microwave J. (1969) Mai, S. 31-40.

12.41 Saunders, T.E.; Stark, P.D.: An Integrated 4-GHz Balanced Transistor Amplifier. IEEE J. of Solid-State Circuits, SC-2(1967) 1, S. 3-10.

12.42 Aslaksen, E.W.: Integrated Microwave Power Distribution Network. IEEE Trans. on Electron. Devices ED-15(1968) 9, S. 679-682.

12.43 Cotner, C.B.: Suspended Substrate Stripline Directional Filters for Receiver Demultiplexing at 4 GHz. Comsat Techn. Rev. 5(1975) 1, S. 179-198.

12.44 Bahl, I.Y.; Bhartia, P.: Analysis of Broadside-Coupled Microstrip Lines. Arch. Elektronik u. Übertragungstechn. 34(1980) 5, S. 223-226.

12.45 Foster, K.: The Characteristic Impedance and Phase Velocity of High-Q Triplate Line. J. British I.R.E. (1958) Dez., S. 715-723.

12.46 Gish, D.L.; Graham, O.: Characteristic Impedance and Phase Velocity of a Dielectric-Supported Air Strip Transmission Line with Side Walls. IEEE Trans. on Microwave Theory and Techn. MTT-18(1970) März, S. 131-148.

12.47 Costamagna, E.: Fast Parameter Calculation of the Dielectric-Supported Air-Strip Transmission Line. IEEE Trans. on Microwave Theory and Techn. MTT-21 (1973) März, S. 155-156.

12.48 Earle, M.A.; Benedek, P.: Characteristic Impedance of Dielectric Supported Strip Transmission Line. IEEE Trans. on Microwave Theory and Techn. MTT-16 (1968) Okt., S. 884-885.

12.49 Pradhan, B.P.; Barrow, E.A.: Microwave Air Strip Transmissionline for S-Band. J. Inst. Electron. a. Telecommun. Eng. 23(1977) 10, S. 618-619.

12.50 Jahnke, Emde, Lösch: Tafeln höherer Funktionen. Stuttgart: Teubner Verlagsgesellschaft 1960.

12.51 Abramowitz, M.; Stegun, I.A.: Handbook of Mathematical Functions. New York: Dover 1972.

12.52 Hilberg, W.: Charakteristische Größen elektrischer Leitungen. Stuttgart, Berlin, Köln, Mainz: Berliner Union, Kohlhammer 1972.

12.53 Hilberg, W.: From Approximations to Exact Relations for Characteristic Impedance. IEEE Trans. on Microwave Theory and Techn. MTT-17(1969) 5, S. 259 -265.

12.54 Hilberg, W.: Über die Möglichkeiten, gewisse Wellenwiderstandsformeln, die elliptische Integrale enthalten, durch Näherungsformeln beliebig hoch wählbarer Genauigkeit zu ersetzen. Arch. Elektronik u. Übertragungstechn. 21 (1967) 11, S. 603-616.

12.55 Crampagne, R.; Mangin, B.; David, J.: Dispersion Characteristics of Superimposed Microstrip Couplers. Int. J. Electronics 42(1977) 5, S. 479-484.

12.56 Bahl, I.J.; Bhartia, P.: Characteristics of Inhomogeneous Broadside-Coupled Striplines. IEEE Trans. on Microwave Theory and Techn. MTT-28(1980) 6, S. 529-535.

12.57 d'Assuncao, A.G.; Giarola, A.J.; Rogers, D.A.: Inhomogeneous Broadside-Coupled Striplines. IEEE MTT-S Internat. Microwave Symp. Dig. (1981), S. 218-220.

12.58 Bräckelmann, W.; Landmann, D.; Schlosser, W.: Die Grenzfrequenzen von höheren Eigenwellen in Streifenleitungen. Archiv Elektronik u. Übertragungstechn. 21 (1967) 3, S. 112-120.

12.59 Getsinger, W.J.: Coupled Rectangular Bars between Parallel Plates. IRE Trans. on Microwave Theory and Techn. MTT-10(1962) 1, S. 65-72.

12.60 Getsinger, W.J.: A Coupled Strip Configuration Using Printed-Circuit Construction, that Allows Very Close Coupling. IRE Trans. on Microwave Theory and Techn. MTT-9(1961) Nov. S. 535-544.

12.61 Barret, R.M.: Microwave Printed Circuits - A Historical Survey. IRE Trans. on Microwave Theory and Techn. MTT-3(3955) 2, S. 1-9.

12.62 Wild, R.: Photoetched Microwave Transmission Lines. IRE Trans. on Microwave Theory and Techn. MTT-3(1955) 2, S. 21-30.

12.63 Levine, R.C.: Determination of Thermal Conductance of Dielectric Filled Strip Transmission Line from Characteristic Impedance. IEEE Trans. on Microwave Theory and Techn. MTT-15(1967) 11, S. 645-646.

12.64 Shiffres, P.: How Much CW Power Can Stripline Handle. Microwaves (1969) June, S. 25-34.

12.65 Dahlman, B.A.: A Double-Ground-Plane Strip-Line System for Microwaves. IRE Trans. on Microwave Theory and Techn. MTT-3(1955) Okt., S. 52-57.

12.66 Park, D.: Planar Transmission Lines. IRE Trans. on Microwave Theory and Techn. MTT-3(1955) April, S. 8-12.

12.67 Hayt, W.H.: Potential Solution of a Homogeneous Strip-Line of Finite Width. IRE Trans. on Microwave Theory and Techn. MTT-3(1955) Juli, S. 16-18.

12.68 Chen, T.-S.: Determination of the Capacitance, Inductance, and Characteristic Impedance of Rectangular Lines. IRE Trans. on Microwave Theory and Techn. MTT-8(1960) Sept., S. 510-519.

12.69 Jones, E.M.T.; Bolljahn, J.T.: Coupled-Strip-Transmission-Line Filters and Directional Couplers. IRE Trans. on Microwave Theory and Techn. MTT-4(1956) April, S. 75-81.

12.70 Cohn, S.B.: Parallel-Coupled Transmission-Line-Resonator Filters. IRE Trans. on Microwave Theory and Techn. MTT-6(1958) April, S. 223-231.

12.71 Matthaei, G.L.: Design of Wide-Band (and Narrow-Band) Band-Pass Microwave Filters on the Insertion Loss Basis. IRE Trans. on Microwave Theory and Techn. MTT-8(1960) Nov., S. 580-593.

12.72 Horgan, J.D.: Coupled-Strip Transmission Lines with Rectangular Inner Conductor. IRE Trans. on Microwave Theory and Techn. MTT-5 (1957) April, S. 92 -99.

12.73 Gupta, R.R.: Accurate Impedance Determination of Coupled TEM Conductors. IEEE Trans. on Microwave Theory and Techn. MTT-17(1969) 8, S. 479-489.

12.74 Shelton, J.P.: Impedances of Offset Parallel-Coupled Strip Transmission Lines. IEEE Trans. on Microwave Theory and Techn. MTT-14(1966) 1, S. 7-15.

12.75 Packard, K.S.: Optimum Impedance and Dimensions for Strip Transmission Line. IRE Trans. on Microwave Theory and Techn. MTT-5(1957) Okt., S. 244-247.

12.76 Begovich, N.A.: Capacity and Characteristic Impedance of Strip Transmission Lines with Rectangular Inner Conductors. IRE Trans. on Microwave Theory and Techn. MTT-3(1955) 2, S. 127-133.

12.77 Groll, H.; Koffler, H.: Die geschirmte Streifenleitung mit zwei Innenleitern verschiedener Breite. Nachrichtentechn. Z. (1968) 7, S. 384-388.

12.78 Hayt, W.H.: The Mutual and Input Impedance of Strips between Parallel Plates. IRE Trans. on Microwave Theory and Techn. MTT-3(1955) 2, S. 114-118.

12.79 Pease, R.L.; Mingins, C.P.: A Universal Approximate Formula for Characteristic Impedance of Strip Transmission Lines with Rectangular Inner Conductors. IRE Trans. on Microwave Theory and Techn. MTT-3(1955) 2, S. 144-148.

12.80 Bahl, I.J.; Garg, R.: A Designer's Guide to Stripline Circuits. Microwaves (1978) Jan. 90-96.

12.81 Park, D.: Addendum to Planar Transmission Lines - I. IRE Trans. on Microwave Theory and Techn. MTT-5 (1957) Jan., S. 75.

12.82 Tippet, J.C.; Chang, D.C.: Characteristic Impedance of a Rectangular Coaxial Line with Offset Inner Conductor. IEEE Trans. on Microwave Theory and Techn. MTT-26(1978) 11, S. 876-883.

12.83 Rimmon, S.: Master the Challenge of Offset Stripline Design. Microwaves (1976) Mai, S. 40-44.

12.84 Riblet, H.J.: The Characteristic Impedance of a Family of Rectangular Coaxial Structures with Off-Centered Strip Inner Conductor. IEEE Trans. on Microwave Theory and Techn. MTT-27 (1979) 4, S. 294-298.

12.85 Rao, J.S.; Das, B.N.: Analysis of Asymetric Stripline by Conformal Mapping. IEEE Trans. on Microwave Theory and Techn. MTT-27(1979) 4, S. 299-303.

12.86 Monfort, S.; Schaffner, G.: Component Advances Improve Doppler Radar. MSN (1978) Nov., S. 61-69.

12.87 Guckel, H.: Characteristic Impedance of Generalized Rectangular Transmission Lines. IEEE Trans. on Microwave Theory and Techn. MTT-13(1965) Mai, S. 270 -274.

12.88 Wheeler, H.A.: Transmission-Line Properties of a Strip Line Between Parallel Plates. IEEE Trans. on Microwave Theory and Techn. MTT-26(1978) 11, S. 866 -876.

12.89 de Buda, R.G.: A Method of Calculating the Characteristic Impedance of a Strip Transmission Line to a Given Degree of Accuracy. IRE Trans. on Microwave Theory and Techn. MTT-6(1958) Okt., S. 440-446.

12.90 Bates, R.H.T.: The Characteristic Impedance of the Shielded Slab Line. IRE Trans. on Microwaves Theory and Techn. MTT-4(1956) Jan., S. 28-33.

12.91 Riblet, H.J.: Asymmetric Even-Mode Fringing Capacitance. IEEE Trans. on Microwave Theory and Techn. MTT-25(1977) Mai, S. 410-412.

12.92 Riblet, H.J.: An Approximation for the Characteristic Impedance of Shielded-Slab Line. IEEE Trans. on Microwave Theory and Techn. MTT-27(1979) Juni, S. 557-559.

12.93 Riblet, H.J.: The Limiting Value of the Interaction Between Symmetrical Fringing Capacitances. IEEE Trans. on Microwave Theory and Techn. MTT-21 (1973) Okt., S. 644-647.

12.94 Richardson, J.K.: An Approximate Formula for Calculating Z_0 of a Symmetric Strip Line. IEEE Trans. on Microwave Theory and Techn. MTT-15(1967) Febr., S. 130-131.

12.95 Cruzan, O.R.; Garver, V.: Characteristic Impedance of Rectangular Coaxial Transmission Lines. IEEE Trans. on Microwave Theory and Techn. MTT-12(1964) Sept., S. 488-495.

12.96 Tippet, J.C.; Chang, D.C.: A New Approximation for the Capacitance of a Rectangular Coaxial-Strip Transmission Line. IEEE Trans. on Microwave Theory and Techn. MTT-24(1976) Sept., S. 602-604.

12.97 Bräckelmann: Wellentypen auf der Streifenleitung mit rechteckigem Schirm. Arch. Elektronik u. Übertragungstechn. 21(1967) 12, S. 641-648.

12.98 Ilenburg, W.-R.; Pregla, R.: Die Grenzfrequenzen von höheren Wellenformen in einer Anordnung mit mehreren Streifenleitungen. Arch. Elektronik u. Übertragungstechn. 22(1968) 5, S. 230-238.

12.99 The Microwave Engineers Handbook and Buyer's Guide 1968. Dedham: Horizon House 1968.

12.100 Park, D.: Planar Transmission Lines - II. IRE Trans. on Microwave Theory and Techn. MTT-3(1955) Okt., S. 7-11.

12.101 Giger, A.J.: Comment to "Planar Transmission Lines - II". IRE Trans. on Microwave Theory and Techn. MTT-4(1956) Juli, S. 184.

12.102 Weil, C.M.: The Characteristic Impedance of Rectangular Transmission Lines with Thin Center Conductor and Air Dielectric. IEEE Trans. on Microwave Theory and Techn. MTT-26(1978) 4, S. 238-242.

12.103 Riblet, H.J.: Two Limiting Values of the Capacitance of Symmetrical Rectangular Coaxial Strip Transmission Line. IEEE Trans. on Microwave Theory and Techn. MTT-29(1981) 7, S. 661-666.

12.104 Seshadri, T.K.; Mahapatra, S.; Rajaiah, K.: Application of the "Corner Function Approach" to Strip-Line Problems. Int. J. Electronics 44(1978) 5, S. 525-528.

12.105 Bahl, I.J.; Bhartia, P.: The Design of Broadside-Coupled Stripline Circuits. IEEE Trans. on Microwave Theory and Techn. MTT-29(1981) 2, S. 165-168.

12.106 Kajfez, D.: Even Mode Analysis of Symmetric Coupled Microstrip. Electronics Letters 17(1981) 5, S. 183-184.

12.107 Laura, P.A.A.: Comments on "Conformal Transformations Combined with Numerical Techniques, with Applications to Coupled-Bar Problems". IEEE Trans. on Microwave Theory and Techn. MTT-29(1981) 6, S. 618-619.

12.108 Levy, R.: Conformal Transformations Combined with Numerical Techniques, with Applications to Coupled-Bar Problems. IEEE Trans. on Microwave Theory and Techn. MTT-28(1980) 4, S. 369-375.

12.109 Ivanov, S.A.: Characteristic Impedances of Four-Conductor Transmission Line. IEEE Trans. on Microwave Theory and Techn. MTT-29(1981) 6, S. 611-615.

12.110 Horgan, J.D.: Coupled Strip Transmission Lines with Rectangular Inner Conductors. IRE Trans. on Microwave Theory and Techn. MTT-5(1957) April, S. 92 -99.

12.111 Richardson, J.K.: Graphical Design of Strip-Line Directional Couplers. Microwaves 6(1967) 10, S. 71-74.

12.112 Linnér, L.J.P.: Explicit Expressions for Geometrical Dimensions of Symmetrical Coupled Striplines. Electronics Letters 10(1974) 4, S. 45-46.

12.113 Garg, R.: Stripline-Like Microstrip Configuration. Microwave J. (1979) 4, S. 103-104, 116.

12.114 Wahi, P.K.: Parameters of Coupled Pair of Stripline-Like Microstrip Lines. Microwave J. (1979) 12, S. 47-49.

12.115 Ros, A.E.; Pompei, D.: Improvement of Performance of Microstrip Structures by Equalization of Phase Velocities. IEEE MTT-S Int. Microwave Symp. Dig. (1978), S. 41-43.

12.116 Arain, M.H.; Spencer, N.W.: Tapered Asymmetric Microstrip Magic Tee. IEEE MTT-S Int. Microwave Symp. Dig. (1975).

12.117 Pompei, D.; Benevello, O.; Rivier, E.: Parallel Line Microstrip Filters in an Inhomogeneous Medium. IEEE Trans. on Microwave Theory and Techn. MTT-26 (1978) 4, S. 231-238.

13.1 Crampagne, R.; Khoo, G.: Synthesis of Certain Transmission Lines Employed in Microwave Integrated Circuits. IEEE Trans. on Microwave Theory and Techn. MTT-25(1977) 5, S. 440-442.

13.2 Kumar, M.; Das, B.N.: Field and Potential Distribution of Coplanar Strips. J. Instn. Electronics and Telecom. Engrs. 23(1977) 3, S. 137-140.

13.3 Kneppo, I.; Gotzman, J.: Basic Parameters of Nonsymmetrical Coplanar Line. IEEE Trans. on Microwave Theory and Techn. MTT-25(1977) 8, S. 718.

13.4 Kneppo, I.; Gotzman, J.: Non-Symmetrical Coplanar Line. Elektrotechnicky casopis 27(1976), S. 556-567.

13.5 Crampagne, R.; Khoo, G.; Guiraud, J.L.: Analysis and Synthesis of MIC Transmission Lines. Microwave J. (1977) Juni, S. 105-106, 126.

13.6 Kitazawa, T.; Hyashi, Y.; Suzuki, M.: A Coplanar Waveguide with Thick Metal-Coating. IEEE Trans. on Microwave Theory and Techn. MTT-24(1976) Sept. S. 604-608.

13.7 Matino, H.: Characteristic Impedance Measurement of a Coplanar Waveguide. Electronics Letters 7(1971) 23, S. 678-679.

13.8 Davies, J.B.; Mirshekar-Syahkal, D.: Spectral Domain Solution of Arbitrary Coplanar Transmission Line with Multilayer Substrate. IEEE Trans. on Microwave Theory and Techn. MTT-25(1977) Febr., S. 143-146.

13.9 Noguchi, Y.; Okamoto, N.: Analysis of Characteristics of the Shielded-Coplanar Waveguide by Conformal Mapping Method. The Trans. of the IECE of Japan E60(1977) 8, S. 423-424.

13.10 Wolfe, P.N.: Capacitance Calculations for Several Simple Two-Dimensional Geometries. Proc. IRE 50(1962) Okt., S. 2131-2132.

13.11 Yamashita, E.; Yamazaki, S.: Parallel-Strip Line Embedded in or Printed on a Dielectric Sheet. IEEE Trans. on Microwave Theory and Techn. MTT-16(1968) Nov., S. 972-973.

13.12 Jansen, R.: Computer Analysis of Edge-Coupled Planar Structures. Electronics Letters 10(1974) 24, S. 520-521.

13.13 Fritzsche, H.: Capacitances of Coplanar Microstrip Lines in Integrated Circuits. Siemens Forschungs- und Entwickl.-Ber. 5(1976) 2, S. 72-75.

13.14 Dupuis, P.A.J.; Campbell, C.K.: Characteristic Impedance of Surface-Strip Coplanar Waveguide. Electronics Letters 9(1973) 16, S. 354-355.

13.15 Hatsuda, T.: Computation of the Characteristics of Coplanar-Type Strip Lines by the Relaxation Method. IEEE Trans. on Microwave Theory and Techn. MTT-20(1972) Juni, S. 413-416.

13.16 Owyang, G.H.; Wu, T.T.: The Approximate Parameters of Slot Lines and Their Complement. IRE Trans. on Antennas and Propagation (1958) Jan., S. 49-55.

13.17 Wen, C.P.: Attenuation Characteristics of Coplanar Waveguides. Proc. of the IEEE (1970) Jan., S. 141-142.

13.18 Müller, E.: Wellenwiderstand und mittlere Dielektrizitätskonstante von koplanaren Zwei- und Dreidrahtleitungen auf einem dielektrischen Träger und deren Beeinflussung durch Metallwände. Dissertation Techn. Universität Stuttgart (1977).

13.19 Knorr, J.B.; Kuchler, K.D.: Analysis of Coupled Slots and Coplanar Strips on Dielectric Substrate. IEEE Trans. on Microwave Theory and Techn. MTT-23(1975) 7, S. 541-548.

13.20 Kuchler, K.D.: Hybrid Mode Analysis of Coplanar Transmission Lines. Naval Postgraduate School Monterey Calif., Report Nr. AD-A013473(1975) Juni.

13.21 Liu, T.K.: Impedances and Field Distributions of Two Coplanar Parallel Perfectly Conducting Strips with Arbitrary Width. Dikewood Corp. Los Angeles, Calif., Report Nr. AFWL-TR-74-290(1975) Juli.

13.22 Luna, A.E.: Parallel Coplanar Strips on a Dielectric Substrate. Naval Postgraduate School Monterey Cal., Report Nr. AD-772882/7WY(1973) Dez.

13.23 Houdart, M.; Aury, C.; Jean-Frederic, A.: Coplanar Lines: Application to Lumped and Semi-Lumped Microwave Integrated Circuits. 7th Europ. Microwave Conf. Proc. (1977), S. 450-454.

13.24 Vokes, J.C.; Barr, W.P.; Dawsey, J.R.; Hughes, B.T.; Shrubb, S.J.W.: A Low Noise FET Amplifier in Coplanar Waveguide. IEEE MTT Int. Microwave Symp. Proc. (1977), S. 185-186.

13.25 Houdart, M.: Coplanar Lines: Application to Broadband Microwave Integrated Circuits. 6th Europ. Microwave Conf. Proc. (1976), S. 49-53.

13.26 Ogasawara, N.; Kaji, M.: Coplanar-Guide and Slot-Guide Junction Circulators. Electronics Letters 7(1971) 9, S. 220-221.

13.27 Holder, P.A.R.: X-Band Microwave Integrated Circuits Using Slotline and Coplanar Waveguide. The Radio and Electronic Eng. 48(1978) 1/2, S. 38-42.

13.28 Houdart, M.; Aury, C.: Various Excitation of Coplanar Waveguide. IEEE MTT-S International Microwave Symp. Proc. (1979), S. 116-118.

13.29 Davidheiser, R.A.: The Coplanar-Slot Transition and a Digital Phase Modulator. IEEE MTT-S International Microwave Symp. (1979), S. 112-115.

13.30 Gopinath, A.: A Comparison of Coplanar Waveguide and Microstrip for GaAs Monolithic Integrated Circuits. IEEE MTT-S Internat. Microwave Symp. (1979), S. 109-111.

13.31 Masumoto, T.: A Coplanar Power Divider. The Transactions of the IECE of Jap. E60(1977) 7, S. 372.

13.32 Kaneki, T.: Phase Constants of the Slot Line and the Coplanar Waveguide Loaded with the Ferrite. J. Inst. Electron. Commun. Eng. Jap. 55B(1972) 7, S. 413-420.

13.33 Aninelahi, H.: An Experimental Investigation of Microstrip Transmission Line and Coplanar Waveguide on Ferrite Substrate. Naval Postgraduate School Monterey Calif., Report Nr. AD-A031868/3WY(1976) Juni.

13.34 Hanna, V.F.: Finite Boundary Corrections to Coplanar Stripline Analysis. Electronics Letters 16(1980) 15, S. 604-606.

13.35 Hanna, V.F.; Thebault, D.: Analysis of Asymmetrical Coplanar Waveguides. Int. J. Electronics 50(1981) 3, S. 221-224.

13.36 Veyres, C.; Hanna, V.F.: Extension of the Application of Conformal Mapping Techniques to Coplanar Lines with Finite Dimensions. Int. J. Electronics 48 (1980) 1, S. 47-56.

13.37 Becker, J.-P.; Jäger, D.: Electrical Properties of Coplanar Transmission Lines on Lossless and Lossy Substrates. Electronics Letters 15(1979) 3, S. 88-90.

13.38 Naito, Y.; Yamanaka, Y.: New Nonreciprocal Devices in a Coplanar Waveguide. IEEE MTT-S Int. Microwave Symp. Dig. (1980), S. 235-237.

13.39 Hallford, B.R.: A Designer's Guide to Planar Mixer Baluns. Microwaves (1979) 12, S. 52-57.

13.40 Hallford, B.R.: Simple Balun-Coupled Mixer. IEEE MTT-S Int. Microwave Symp. Proc. (1981), S. 304-306.

13.41 Owyang, G.H.; King, R.: Complementary in the Study of Transmission Lines. IRE Trans. on Microwave Theory and Techn. MTT-8 (1960) März, S. 172-181.

14.1 Cohn, S.B.: Slot-Line Field Components. IEEE Trans. on Microwave Theory and Techn. MTT-20(1972) Febr., S. 172-174.

14.2 Siegl, J.: Phasenkonstante und Wellenwiderstand einer Schlitzleitung mit rechteckigem Schirm und endlicher Metallisierungsdicke. Frequenz 31(1977) 7, S. 216-220.

14.3 Pregla, R.; Pintzos, S.G.: Determination of the Propagation Constants in Coupled Microslots by a Variational Method. Proc. of the 5th Coll. on Microwave Comm., Vol. IV(1974), S. MT-491 bis MT-500.

14.4 Citerne, J.; Toutain, S.; Raczy, L.: Fundamental and Higher Order Modes in Microslot Lines. 5th European Microwave Conf. Proc. (1975), S. 273-277.

14.5 Garg, R.: The Effect of Tolerances on Microstripline and Slotline Performance. IEEE Trans. on Microwave Theory and Techn. MTT-26(1978) 1, S. 16-19.

14.6 Eaves, R.E.; Bolle, D.M.: Modes in Shielded Slot Lines. Arch. Elektronik u. Übertragungstechn. 24(1970) 9, S. 389-394.

14.7 Kitazawa, T.; Fujiki, Y.; Hayashi, Y.; Suzuki, M.: Slot Line with Thick Metal Coating. IEEE Trans. on Microwave Theory and Techn. MTT-21(1973) Sept., S. 580-583.

14.8 Itoh, T.; Mittra, R.: Dispersion Characteristics of Slot Lines. Electronics Letters 7(1971) 13, S. 364-365.

14.9 Krowne, C.M.: Approximations to Hybrid Mode Slot Line Behaviour. Electronics Letters 14(1978) 8, S. 258-259.

14.10 Garg, R.; Gupta, K.C.: Expressions for Wavelength and Impedance of a Slotline. IEEE Trans. on Microwave Theory and Techn. MTT-24(1976) Aug., S. 532.

14.11 Knorr, J.B.; Saenz, J.: End Effect in a Shorted Slot. IEEE Trans. on Microwave Theory and Techn. MTT-21(1973) Sept., S. 579-580.

14.12 Cohn, S.B.: Sandwich Slot Line. IEEE Trans. on Microwave Theory and Techn. MTT-19(1971) Sept., S. 773-774.

14.13 Minor, J.C.; Bolle, D.M.: Propagation in Shielded Microslot on Ferrite Substrate. Electronics Letters 7(1971) 17, S. 502-504.

14.14 Robinson, G.H.; Allen, J.L.: Slot Line Application to Miniature Ferrite Devices. IEEE Trans. on Microwave Theory and Techn. MTT-17(1969) 12, S. 1097 -1101.

14.15 Minor, J.C.; Bolle, D.C.: Propagation in a Shielded Microslot with a Ferrite Substrate. IEEE G-MTT Internat. Microwave Symp. Dig. (1971), S. 32-33.

14.16 Hoffmann, R.K.; Kurzweg, J.P.; Mutzig, J.P.: Experimentelle Untersuchung der effektiven Permittivität und der Resonatorgüte von Schlitzleitungen auf Keramiksubstrat im Frequenzbereich 1 GHz bis 18 GHz. Frequenz 27(1973) 2, S. 32 -40.

14.17 Mariani, E.; Heinzmann, C.; Agrios, J.; Cohn, S.B.: Measurement of Slot Line Characteristics. IEEE G-MTT Internat. Microwave Symp. Dig. (1969), S. 99-105.

14.18 Pintzos, S.G.; Pregla, R.: Microslot Resonators. Proc. of the 6th Coll. on Microwave Comm. Vol. 1(1978), S. III-7/42.1 bis 42.4.

14.19 Mariani, E.A.; Agrios, J.P.: Slot Line Filters. IEEE G-MTT Internat. Microwave Symp. Dig. (1970), S. 190-195.

14.20 Mariani, E.A.; Agrios, J.P.: Slot-Line Filters and Couplers. IEEE Trans. on Microwave Theory and Techn. MTT-18(1970) 12, S. 1089-1095.

14.21 Hunton, J.K.; Takeuchi, J.S.: Recent Developments in Microwave Slot-Line Mixers and Frequency Multipliers. IEEE G-MTT Int. Microwave Symp. Dig. (1970), S. 196.

14.22 Yoshikazu, Y.: A Microstripline Slot Antenna. IEEE Trans. on Microwave Theory and Techn. MTT-20(1972) Nov., S. 760-762.

14.23 Knorr, J.B.: Slot-Line Transitions. IEEE Trans. on Microwave Theory and Techn. MTT-22(1974) Mai, S. 548-554.

14.24 Courtois, L.; de Vecchis, M.: A New Class of Nonreciprocal Components Using Slot Line. IEEE Trans. on Microwave Theory and Techn. MTT-23(1975) Juni, S. 511-516.

14.25 Irzinski, E.P.: The Input Admittance of a TEM Excited Annular Slot Antenna. IEEE Trans. on Antennas and Propagation (1975) Nov., S. 829-834.

14.26 Geller, B.D.; Cohn, M.: A MIC Push-Pull FET Amplifier. IEEE MTT Int. Microwave Symp. Dig. (1977), S. 187-190.

14.27 Schick, B.; Köhler, J.: An Improved Microstrip-to-Microslot Transition. IEEE Trans. on Microwave Theory and Techn. MTT-24(1976) April, S. 231-233.

14.28 Matsumoto, T.; Aikawa, M.: A High-Speed Balanced Modulator Composed of Slot Lines. The Transactions of the IECE of Japan E60(1977) 5, S. 258-259.

14.29 Hallford, B.R.: 100-Milliwatt Output Up-Converter Using Four Schottky Diodes. IEEE MTT-S Int. Microwave Symp. Dig. (1979), S. 492-494.

14.30 Crampagne, R.; Kitlinski, M.; Gangopadhya, R.N.: A Study of Phase Shifters on Ferritedielectric Micro-Slot Lines. Proc. of the 6th Coll. on Microwave Comm. Vol. II(1978), S. IV-10/67.1.

14.31 De Vecchis, M.; Raczy, L.; Gelin, P.: A New Slot Line Broadband Isolator. Europ. Microwave Conf. Proc. (1973), B.9.6.

14.32 Jansen, R.H.: Unified User-Oriented Computation of Shielded, Covered and Open Planar Microwave and Millimeter-Wave Transmission-Line Characteristics. IEE J. on Microwave, Optics and Acoustics MOA3(1979) 1, S. 14-22.

14.33 Jakovlev, S.V.; Obraztsov, A.I.; Lebed, B.M.: Distribution of the SHF Magnetic Field in a Slotted Line on a Magnetic Substrate. Sov. Microelectronics 6(1977) 3, S. 226-228.

14.34 Knorr, J.B.; Saenz, J.: The Effect of Surface Metal Adhesive on Slot-Line Wavelength. IEEE Trans. on Microwave Theory and Techn. MTT-21(1973) Okt., S. 642-644.

14.35 Kitazawa, T.; Hayashi, Y.; Suzuki, M.: Analysis of the Dispersion Chacacteristics of Slot Line with Thick Metal Coating. IEEE Trans. on Microwave Theory and Techn. MTT-28(1980) 4, S. 387-392.

14.36 Siweris, H.J.: Slot-Line Parameters (Computer Program Description). IEEE Trans. on Microwave Theory and Techn. MTT-28(1980) 2, S. 153.

14.37 Entschladen, H.; Siweris, H.J.: Slot Line Stub Filters. Arch. Elektronik u. Übertragungstechn. 34(1980) 4, S. 152-156.

14.38 Siegl, J.: Grundwelle und höhere Wellentypen bei FIN-Leitungen. Frequenz 34(1980) 7, S. 196-200.

14.39 Samardzija, N.: Analysis of Slot Line Type Waveguides. Illinois Univ. at Urbana-Champaign. Coordinated Science Lab., Report UILU ENG-75-2232(1975) Nov.

14.40 Podcameni, A.; Coimbra, M.L.: Slotline-Microstrip Transition on Iso/Anisotropic Substrate: A More Accurate Design. Electronics Letters 16(1980) 20, S. 780-781.

14.41 Simons, R.N.: Suspended Coupled Slotline Using Double Layer Dielectric. IEEE Trans. on Microwave Theory and Techn. MTT-29(1981) 2, S. 162-165.

14.42 Mejsnar, K.: Higher-Order Modes in Slot-Lines. 10th Europ. Microwave Conf. Proc. (1980), S. 327-330.

14.43 Aikawa, M.; Ogawa, H.: A New MIC Magic-T Using Coupled Slot Lines. IEEE Trans. on Microwave Theory and Techn. MTT-28(1980) 6, S. 523-528.

14.44 Bates, R.N.: Design of Microstrip Spur-Line Bandstop Filters. IEE J. on Microwaves, Optics and Acoustics MOA1(1977) 6, S. 209-214.

14.45 Hunton, J.K.; Takeuchi, J.S.: Recent Developments in Microwave Slot-Line Mixers and Frequency Multipliers. IEEE G-MTT Int. Microwave Symp. Dig. (1970), S. 196-198.

14.46 Samardzija, N.; Itoh, T.: Double-Layered Slot Line for Millimeter-Wave Integrated Circuits. IEEE Trans. on Microwave Theory and Techn. MTT-24(1976) 11, S. 827-831.

14.47 Kitazawa, T.; Hayashi, Y.: Coupled Slots on an Anisotropic Sapphire Substrate. IEEE Trans. on Microwave Theory and Techn. MTT-29(1981) 10, S. 1035 -1040.

15.1 Attwood, S.S.: Surface-Wave Propagation Over a Coated Plane Conductor. J. Appl. Phys. 22(1951) 4, S. 504-509.

15.2 Morris, D.; Mungall, A.G.: TE Surface Waves Guided by a Dielectric-Covered Metal Plane. Canadian J. Phys. 38(1960) 12, S. 1553-1559.

15.3 Mungall, A.G.; Morris, D.: The Group Velocity of Plane Surface Waves. Canadian J. Phys. 38(1960), S. 779-786.

15.4 Mungall, A.G.; Morris, D.: Surface Wave Propagation Over a Sand Covered Conducting Plane. Canadian J. Phys. 37(1959), S. 1349-1356.

15.5 Cullen, A.L.: The Excitation of Plane Surface Waves. Proc. IEE 101(1954) Part III, S. 276-277.

15.6 Rich, G.J.: The Launching of a Plane Surface Wave. Proc. IEE 102(1955) 3, S. 237-246.

15.7 Hansen, R.C.: Single Slab Arbitrary Polarization Surface Wave Structure. IRE Trans. on Microwave Theory and Techn. MTT-5(1957) April, S. 115-120.

15.8 Barlow, H.M.; Brown, J.: Radio Surface Waves. Oxford: Clarendon Press 1962.

15.9 Mao, S.; Jones, S.; Vendelin, G.D.: Millimeter-Wave Integrated Circuits. IEEE Trans. on Electron. Devices ED-15(1968) 7, S. 517-523.

15.10 van Bladel, J.; Higgins, T.J.: Cut-Off Frequency in Two-Dielectric Layered Rectangular Wave Guides. J. Appl. Phys. 22(1951) 3, S. 329-334.

15.11 Pincherle, L.: Electromagnetic Waves in Metal Tubes Filled Longitudinally with Two Dielectrics. Phys. Rev. 66(1944) 5/6, S. 118-130.

15.12 Findakly, T.K.; Haskal, H.M.: On the Design of Dielectric Loaded Waveguides. IEEE Trans. on Microwave Theory and Techn. MTT-24(1976) 1, S. 39-43.

15.13 Vartanian, P.H.; Ayres, W.P.; Helgeson, A.L.: Propagation in Dielectric Slab Loaded Rectangular Waveguide. IRE Trans. on Microwave Theory and Techn. MTT-6(1958) April, S. 215-222.

15.14 Gardiol, F.E.: Higher-Order Modes in Dielectrically Loaded Rectangular Waveguides. IEEE Trans. on Microwave Theory and Techn. MTT-16(1968) 11, S. 919-924.

15.15 Gardiol, F.E.; van der Vorst, A.S.: Wave Propagation in a Rectangular Waveguide Loaded with an H-Plane Dielectric Slab. IEEE Trans. on Microwave Theory and Techn. MTT-17(1969) 1, S. 56-57.

15.16 Witt, H.R.; Biss, R.E.; Price, E.L.: Propagation Constants of a Waveguide Containing Parallel Sheets of Finite Conductivity. IEEE Trans. on Microwave Theory and Techn. MTT-15(1967) 4, S. 232-239.

15.17 Seckelmann, R.: Propagation of TE Modes in Dielectric Loaded Waveguides. IEEE Trans. on Microwave Theory and Techn. MTT-14(1966) 11, S. 518-527.

15.18 Eberhardt, N.: Propagation in the Off Center E-Plane Dielectrically Loaded Waveguide. IEEE Trans. on Microwave Theory and Techn. MTT-15(1967) 5, S. 282-289.

15.19 Gardiol, F.E.: Careful MIC Design Prevents Waveguide Modes. Microwaves (1977) Mai, S. 188-191.

15.20 Weeks, W.L.: Propagation Constants in Rectangular Waveguide Partially Filled with Dielectric. IRE Trans. on Microwave Theory and Techn. MTT-7(1959) 4, S. 294.

15.21 Johns, P.B.: The Solution of Inhomogeneous Waveguide Problems Using a Transmission-Line Matrix. IEEE Trans. on Microwave Theory and Techn. MTT-22(1974) 3, S. 209-215.

15.22 Armstrong, A.F.; Cooper, P.D.: Techniques for Investigating Spurious Propagation in Enclosed Microstrip. The Radio and Electronic Eng. 48(1978) 1/2, S. 64-72.

15.23 Robinson, G.H.: Resonant Frequency Calculations for Microstrip Cavities. IEEE Trans. on Microwave Theory and Techn. MTT-19(1971) 7, S. 665-666.

15.24 Schneider, M.V.; Glance, B.S.: Suppression of Waveguide Modes in Strip Transmission Lines. Proc. IEEE (1974) 8, S. 1184.

15.25 Cohn, S.B.; Osterhus, G.D.: A More Accurate Model of the TE_{10} Type Waveguide Mode in Suspended Substrate. IEEE Trans. on Microwave Theory and Techn. MTT-30(1982) 3, S. 293-294.

15.26 Cohn, S.B.; Osterhus, G.D.: Corrections to /15.25/. IEEE Trans. on Microwave Theory and Techn. MTT-30(1982) 8, S. 1291.

Sachverzeichnis

Unterstrichene Seitenzahlen weisen darauf hin, daß das betreffende Stichwort jeweils das Thema von einem Kapitel, Abschnitt, Bild, Diagramm oder einer Tafel angibt.

Abgleich 53

- von Kondensatoren 56

- - Streifenleitungen 56

- - Widerständen 54, 55

Abkling-koeffizient der Felder, Schlitzleitung 381

- -weiten der Schlitzleitungsspannung 382

Ableitungsbelag 105

- und spezif. Substratleitfähigkeit 107

Ableitungsdämpfung bei allg. Streifenleitungen 106, 107, 123

- - linearer Querschnittsvergrößerung 139

- - Mikrostreifenleitung 204, 206

- - TEM-Leitungen 106, 107

Ableitungsverlustfaktor 123

Abstrahlung bei Abschlußwiderstand 312, 313

- - Diskontinuitäten 309, 310, 311

- - Haarnadelresonator 320

- - hohen Frequenzen 318

- - Koaxialleitungs-Übergang 312, 313, 317

- - kurzgeschlossenem Resonator 319, 320

- - Kurzschluß 312, 313

- - Leerlauf 312, 313, 315, 317

- - leerlaufendem Resonator 319, 320

- - Leiterbreitenstufe 313, 314

- - Leitungsknick 312, 313

- - Leitungsresonatoren 318, 319, 320

- - Mikrostreifenleitungsschaltungen 309

- - Parallelwiderstand 312, 313, 314

- - Resonatoren 310, 311, 318, 320, 321

- - Ringresonatoren 319, 320

- - Scheibenresonatoren 321, 322

- - Serienwiderstand 313, 314

- - Spalt im Streifenleiter 313, 316

- - Übergängen 310, 312, 316, 317

- - Verzweigung 313, 314

- - Y-Verzweigung 313, 316

-, Messung 318

-, Oberflächen- und Raumwellenanteil 309, 310, 317, 318

- -seffekte in Schaltungen 310

- -smaximum über Frequenz 318

- -squellen 309, 310

- -sverminderung bei Resonatoren 320, 321

-, Übersicht 309, 310

Ähnlichkeitsgesetze bei Induktivitätsstrukturen 136, 140

- - Kapazitätsstrukturen 136, 140

- - Schaltungsentwicklung 141

- - Streifenleitungen 135

aktive Mischer 78

Akzeptoren 67

Aluminium 24

- bei Dünnfilmtechnik 44

- -oxid für Kondensatoren 47

Aluminiumoxidkeramik 28, 29

-, Eigenschaften 29

-, Herstellung 28

-, ε_r-Berechnung 31

Al_2-O_3-Keramik 28, 29, 43

Analyseverfahren, Dämpfung der Mikrostreifenleitung 196, 203, 204

-, dynamische, gekoppelte Mikrostreifenleitungen 228, 245

-, -, Mikrostreifenleitung 102, 103, 168, 171, 172

-, gekoppelte Triplateleitungen 343, 344, 345, 346

-, Kammerleitung 326, 327, 329

-, konforme Abbildung 100, 103, 124

-, koplanare Dreibandleitung 349, 351, 354

-, - - mit Deckel und Boden 354

-, - - mit endlicher Massebreite 357, 358, 359

-, - Zweibandleitung 359, 360, 361, 364

-, - - Zweibandleitung mit unendlich breiter Masse 365, 367

-, Kurzschluß 298, 301

-, Längsschnittwellen 390, 394, 397, 398

-, Leerlauf 268, 269, 270, 272

-, Leiterbreitenstufe 272, 274, 276, 277, 279, 280

-, Leitungsknick 290, 292, 293, 294, 296

-, Mikrostreifenleitung auf anisotropem Substrat 220, 225

-, - mit Deckel 193

-, - - Masseschlitz 324, 326

-, - - Oberwellen 186, 188

-, Oberflächenwellen 386

-, Schlitzleitung 373, 375, 378, 379, 380, 383, 384

-, statische, gekoppelte Mikrostreifenleitungen 228, 236

-, -, Mikrostreifenleitung 103, 143, 144, 146, 149, 151

-, Suspended-Substrate-Leitung 330, 331, 333, 335

-, symmetrisch geschirmte Mikrostreifenleitung 347, 348

-, Triplateleitung 336, 338, 343, 344

-, Überlagerung von Teilkapazitäten 126

-, unsymmetrische koplanare Zweibandleitung 367, 368

-, Verzweigung 282, 284, 287, 289

anisotropes Substrat, Äquivalenztransformation 220, 221, 226

- - bei Interdigitalkoppler 227

- - - Mikrostreifenleitung 216, 220

- - - -, effektive Permittivität 222, 223

- - - -, Wellentyp 220

- - - -, Wellenwiderstand 222, 223

- - - Richtkopplern 227

- - - Schlitzleitung 383

- - - Suspended-Substrate-Leitung 227

- - - Triplateleitung 227

- -, Permittivitätstensor 217

anisotrope Substrate 24, 26, 216, 217

anodische Oxidation 54, 55

Anpassungsbedingung bei Richtkopplern 250

Anregungs-Wirkungsgrad 385

Anschlußstecker an integrierte Mikrowellenschaltung: siehe Übergang

Antennen 321, 322

Anwendungsgebiete integr. Mikrowellenschaltungen 11

äquivalente isotrope Leitung 221, 226, 227

- Leiterverbreiterung 161, 162, 163, 165
- Leitschichtdicke 116
- Leitung 160, 161, 162, 163, 165
- - -sverlängerung des Kurzschlußes 300, 304
- - -sverlängerung des Leerlaufs 268 269, 270, 271
- -r Bandleitungskurzschluß 301, 302
- -r Plattenkondensator 125
- Substratdicke 221, 222, 226, 227
- Substratpermittivität 221, 222, 226, 227

Äquivalenztransformation bei anisotropem Substrat 220, 221

- - - -, verallgemeinerte 226

Asymptoten für Leiterdämpfung 198

- - Leitungsparameter gekoppelter Mikrostreifenleitungen 240, 241

Ätztechnik kupferkaschierter Kunststoffsubstrate 39, 40

Aufdampftechnik 51, 52

Aufstäubtechnik 52

Aufwachstechnik zwischen Fotolackwänden 52, 53

Ausbreitungskonstante bei TEM-Leitung 105

Babinbetsches Dualitätsprinzip 276

Bandleitung 93, 329, 330

-, Leitungsparameter 329

Bandleitungsmodell, dynamisch 167, 181, 182

-, effektive Leiterbreite, statisch 167

-, - -, dynamisch 181, 183

-, statisch 166, 167

- zur Analyse der Leiterbreitenstufe 275, 276, 279

- - - des Kurzschlußes 301, 302

- - - des Leitungsknicks 292, 293, 294, 295

- - Oberwellenberechnung 188, 189

Bandpaß 16

Bandsperre 16

Bariumtetratitanat (Substrat) 24, 27

Bauelemente integr. Mikrowellenschaltungen 92

Beamleadkondensatoren 57, 58

Berylliumoxid-Keramik (Substrat) 24

Bezugsebenen bei Kurzschluß 299

- - Verzweigung 282, 284

Biegefestigkeit von Substraten 29

Bisektionstheorem 252

Bohren von Substraten 38

Bor-Nitrid, pyrolytisches 216

Branchline-Koppler 14

Brechungsindizes 217

C-Achse 217, 218, 221, 224, 226

camber 29

chamfer 292

chemischer Abgleich 54,55

Chrom bei Dünnfilmtechnik 44, 46

Computer-Aided-Design 9, 268

coplanar waveguide: siehe koplanare Dreibandleitung

Corning Glas (Substrat) 24

Czochralski-Methode 67

Dämpfung allg. 106, 107, 114, 120

- : siehe auch Verluste
- bei linearer Querschnittsvergrößerung 137, 138, 139

-, Einfluß der Haftschicht 199, 200

-, - - Substrat-Oberflächenrauhigkeit 201, 202

-, gekoppelte Mikrostreifenleitungen 228

-, koplanare Dreibandleitung 354, 355, 356

-, - Zweibandleitung 356, 364, 365

-, Messung der 203, 206, 207, 209, 210, 213, 214, 215

-, Mikrostreifenleitung 121, 196, 197, 198

- -sbeläge und Leitungsbeläge 106

- -sbelag, TEM-Leitungen 105

- -sbelag und Widerstandsbelag 106, 107

-, Triplateleitung 121, 341, 342

Definition integrierter Mikrowellenschaltungen 1

Diamantspitzen-Abgleich 54

Dichte von Substraten 29

Dickeneinfluß, Streifenleiter, koplanare Dreibandleitung 351

Dickschicht Hybridschaltungen 61

- -pasten 61

- -technik 6, 39, 62

Dielektrika für Dünnfilmtechnik 45, 47

Dielektrikumsbrücken 73, 74, 75,

dielektrisch anisotrop: siehe anisotrop

dielektrische Auflage auf Mikrostreifenleitungskoppler 95, 261, 262, 263, 264

- Bildleitung 94

- Dämpfung, allg. Streifenleitungen 121

- - bei linearer Querschnittsvergrößerung 138

- -, Mikrostreifenleitung 203, 205

- Grenzschicht, Einfluß auf diel. Füllfaktor 111, 112

- -, Einfluß auf Füllfaktor für diel. Verluste 122, 123

- -, - - Streifenleitungsanalyse 124, 126, 128, 130

- -, - - Streifenleiteranalyse 124

- Leitungsgüte 204

- -r Füllfaktor bei allg. Streifenleitungen 111

- -r -, Definition 111, 112, 113

- -r - und effektive Permittivität, Umrechnung 112

- -r Verlustfaktor, effektiver 121

- -r - und spezif. Substratleitfähigkeit 123

- Verluste, allg. 106, 107

Dielektrizitäts-konstante: siehe Permittivität

- -zahl: siehe Permittivität

Diffusionstrennschicht 44, 45

Dioden, Bauformen 57, 58, 59

Directivity: siehe Richtschärfe

direkt gekoppelte Schaltungstechnik 78

direktionales Verhalten 228, 229, 230, 248, 249, 253, 254

Diskontinuitäten 267

-, Abstrahlung 309, 310, 311

-, Ähnlichkeitsgesetze 136, 140

-, allg. Eigenschaften 96, 97, 267

-, Effekte bei Oberwellen 192, 280, 281, 288, 289, 293

-, lineare Vergrößerung 136, 140

-, Triplateleitung 343

- -verkoppelung durch Oberflächenwellen 385

Diskretisierung 149, 150

Dispersion, elektrische Längsschnittwellen 395

-, gekoppelte Mikrostreifenleitungen 244, 245, 246, 247

-, magnetische Längsschnittwellen 392, 398

-, Meßverfahren 207

-, Mikrostreifenleitung 168, 169, 170, 172, 178, 180, 181, 182

-, - auf Saphir 223
-, Oberflächenwellen 388
-, Oberwellen 187, 190
- -sformeln, Wellenwiderstand, Mikrostreifenleitung 182
- -smodelle 103, 172, 174, 176
- -smodelle für Wellenwiderstand 182
- -sverlauf, Konstruktion 174, 175
Donatoren 67
Doppel-leiter-Schlitzkoppler 263, 264, 326
- -streifen-Suspended-Substrate-Leitung 333, 334
Dotierung von Halbleitern 67
- - - mit Chrom oder Sauerstoff 67
Drei-armkoppler 14
- -bandleitung mit unendlich breiten Massestreifen: siehe koplanare Dreibandleitung
- -dB-Koppler 260, 262, 326
- -dimensionale Leiterstrukturen, lineare Vergrößerung 136, 140
- -eckscheibenresonator, Abstrahlung 321
Druckfestigkeit von Substraten 29
Dual-Gate-Feldeffekttransistoren 78
Dünnfilm Hybridschaltungen 5, 6, 39, 42
- -, Abgleich 53, 54, 55, 56
- -, Aufbau 42, 44, 46, 47
- -, Einbau hybrider Elemente 57
- -, Fotomaskenherstellung 49
- -, Herstellungsablauf 49, 50
- -, Materialien 42, 44, 46, 47
- -, Strukturerzeugung 51
- -, Technologievarianten 46
Dünnfilmtechnik 6, 21, 42
-, Dielektrika 47
-, Haftschichtmaterialien 44
-, Kondensatorabgleich 56
-, Leitschichtmaterialien 44
-, Nickelchrom-Technologie 47, 48
-, Schichtsysteme 48
-, Streifenleiterabgleich 56
-, Tantaltechnologie 48
-, Trennschichtmaterialien 44
-, Widerstandsabgleich 54, 55
-, Widerstandsmaterialien 46
Durchbiegung von Substraten 29
Durchgangs-dämpfung von Richtkopplern, Definition 251
- -übertragungsfaktor von Richtkopplern, Definition 250
Durchkontaktierung: siehe auch Kurzschluß
- -en (bei monolith. integr. Mikrowellenschaltungen) 74, 76
dynamische Analyse, Mikrostreifenleitung 168
- -, Quasi-TEM-Leitungen 102, 103
- -s Bandleitungsmodell 167, 181, 182

Eckanschrägung, relative, bei Leitungsknicken, Definition 292
effektive Dielektrizitätskonstante: siehe effektive Permittivität
- Gegentaktpermittivität, Definition 232, 233
- - gekoppelter Mikrostreifenleitungen 238, 239, 240, 241, 242, 243, 244, 246, 247
- - - -, dynamisch 244, 246, 247
- Gleichtaktpermittivität, Definition 231, 233
- - gekoppelter Mikrostreifenleitungen 238, 239, 240, 241, 242, 243, 244, 246, 247
- - - -, dynamisch 244, 246, 247
- Leiterbreite 166, 167, 181, 183
- -, dynamisch 181, 183
- -, statisch 166, 167
- Oberflächenrauhtiefe 201, 202

- Permittivität, allg. Streifenleitungen 110
- - bei linearer Querschnittsvergrößerung 135
- -, Definition 110
- -, Definitionsbereich 110, 157, 158
- - (einzelne Leitungstypen): siehe Leitungsparameter (einzelne Leitungstypen) und Dispersion (einzelne Leitungstypen)
- -, elektrische Längsschnittwellen 395
- -, Gehäuseeinfluß auf 193, 194, 195
- -, magnetische Längsschnittwellen 392, 398
- -, Meßverfahren 207, 210, 213
- -, Oberflächenwellen 387, 388
- - und dielektr. Füllfaktor, Umrechnung 112
- - - Kapazitätsbelag 110
- - - Phasengeschwindigkeit 110
- - - Wellenlänge 110
- - - Wellenwiderstand 110
- -r dielektrischer Verlustfaktor 121
- relative Permittivität: siehe effektive Permittivität
- -r spezifischer Oberflächenwiderstand 199, 202

Eindringtiefe 115

Einkoppel-Wirkungsgrad 385

Einzelstreifen-Suspended-Substrate-Leitung: siehe Suspended-Substrate-Leitung

elektrische Längsschnittwellen 391, 393, 394, 395
- Verkoppelung 228, 233, 235, 236

Elektronenstrahl-abgleich 55
- -lithografie 73

Elementabgleich 54

elevated microstrip 94

elliptisch-es Integral: siehe vollständiges elliptisches Integral 1. Gattung

- polarisiertes Magnetfeld 355, 383

Endkapazität des Leerlaufs 268, 269

endliche Streifenleiterdicke bei Mikrostreifenleitung 160

Epsilon-Effektiv-Wellenwiderstandsdefinition 133

Ersatzschaltbildelemente XXX...: siehe XXX... Ersatzschaltbildelemente

Ersatzschaltbilder XXX...: siehe XXX... Ersatzschaltbilder

even-mode-parameter: siehe Gleichtaktparameter

experimentelle Untersuchung: siehe Messung

externe Streuparameter bei Richtkoppler 265, 266

Feldbilder, Mikrostreifenleitung 142, 143, 144

-, Oberwellen 187, 188, 189, 192

Feldstärkemessung bei Mikrostreifenleitung 143

Feldwellenwiderstands-Definition 134

ferrimagnetische Substrate: siehe Ferrit

Ferrit (Substrat) 24, 25, 26, 27, 43

Ferritbauelemente mit Koplanarleitungen 355
- - Schlitzleitung 383

Filter 15, 16

Finleitung 94

finline 94

Folienziehverfahren 28

Foto-ätztechnik 49, 52, 53
- -lithografie 49, 52, 53
- -maskenherstellung 49

frequency scaling 141

Frequenzgrenze für Mikrostreifenleitungen 189, 190, 388, 389

Füllfaktor, dielektrischer, allg. Streifenleitungen 111

- für dielektrische Verluste 121, 203

Funktionsabgleich 54

Galliumarsenid (Substrat) 24, 26, 66, 67, 68

galvanische Verstärkung (Dünnfilmtechnik) 52, 53

geführte invertierte Mikrostreifenleitung 94

Gegentakt Mittenfrequenz 253

- -parameter, gekoppelte Leitungen, Definition 232, 233, 234, 235

- Wellenwiderstand, Definition 232, 233

- -, gekoppelte Mikrostreifenleitungen 237, 239, 240, 241, 242, 243, 246

- -, - Triplateleitungen 344, 345, 346

Gehäuseeinbau integrierter Mikrowellenschaltungen 79, 81, 82, 83

Gehäuseeinfluß auf koplanare Dreibandleitung 354

- - Mikrostreifenleitung 193, 194, 195

Gehäuseresonanzen 390, 393, 394, 395, 396

- mit magnetischen Längsschnittwellen, Mikrostreifenleitungsgehäuse 393

-, Unterdrückung von 395, 396

Gehäusetechnik 82

gekoppelte Koplanarleitungen 355

- Leitungen auf anisotropem Substrat 227

- -, Bauformen 94, 95

- -, Leitungsbeläge 231, 234

- -, Leitungsparameter-Umrechnung 231

- Mikrostreifenleitungen 228

- -, dynamische Leitungsparameter 244, 246

- -, Leitungsparameter, Asymptoten 240, 241

- -, statische Parameter 236, 237, 238, 239, 242

- -, Verluste 228

- Schlitzleitungen 383

- Suspended-Substrate-Leitungen 335

- symmetrisch geschirmte Mikrostreifenleitungen 347, 348

- Triplateleitungen, breitseitengekoppelte 343

- -, kantengekoppelte 343, 344, 345

- -, Leitungsparameter 344, 345, 346

- -, senkrecht stehende, breitseitengekoppelte Leiter 343

- -, versetzte breitseitengekoppelte 343

glasfaserverstärktes Teflon 24, 25, 29

Gleichtakt-Mittenfrequenz 253

- -parameter, gekoppelte Leitungen, Definition 231, 233, 234, 235

- Wellenwiderstand, Definition 231, 233

- -, gekoppelte Mikrostreifenleitungen 237, 240, 241, 242, 244, 246

- -, gekoppelte Triplateleitungen 344, 345, 346

Gold bei Dünnfilmtechnik 44, 47

Granat (Substrat) 25, 27, 43

Grenzen integrierter Mikrowellenschaltungen 11

Grenzfrequenzen, Hohlraumwellen in Schaltungsgehäuse 392, 393, 395, 397, 398

-, hybride Oberwellen 101, 102, 187, 189, 190, 191

-, magnetische Längsschnittwellen 392, 393, 397, 398

-, Mikrostreifenleitung 186, 187, 189, 190, 191, 388, 389

-, Oberflächenwellen 386, 387

-, Oberwellen, Einfluß auf Verzweigung 288

-, stat. Näherung bei Mikrostreifenleitung 143, 145, 146

Grundwelle, hybride 100, 101

grüne Keramik 30

Güte, bei TEM-Leitungen 107

-, belastete 209

-, belastete und unbelastete, Umrechnung 209, 210

- durch Ableitungsverluste 107, 123, 205

- - dielektrische Verluste 107, 122, 204

- - Leiterverluste 107

-, Messung der <u>207</u>, 209, 210, 213

- und Dämpfungsbelag, Umrechnung 107

- - Leitungsbeläge 107

- - Verlustfaktor 107

- -werte, Vergleich 8, 10, 11

Haarnadelresonator 98, 320, 321

Haftschicht-einfluß auf Leiterdämpfung <u>199</u>, <u>200</u>

- -materialien bei Dünnfilmtechnik 44

Halbleiter-bauelemente bei monolith. integr. Mikrowellenschaltungen <u>73</u>

- -kondensatoren 57, 58, 72, 75

- -material, aktives (dotiertes) 66, 67

- -Saphirtechnik 6, 39, <u>63</u>, <u>64</u>

Halbleitersubstrate 24, 26, 66, 67, 68

-, Ableitungsdämpfung 123, <u>204</u>

-, Vergleich Si und GaAs 66, 68

Halbleiterwiderstand (Bauelement) 74

Härte von Substraten 29

Hauptachsen-Brechungsindizes 217

- -permittivitäten 217

- von Kristallen 217

Hauptleitung bei Verzweigung 282

- -s-Bauformen 92, <u>93</u>

HE_m-Oberwellen <u>186</u>, <u>188</u>

hermetisch dichte Gehäuse 84, 87, 88

- -r Übergang 87, 88

High-Q-Triplate: siehe Doppelstreifen-Suspended-Substrate-Leitung bzw. Suspended-Substrate-Leitung

Hilfskurven für elliptische Integrale 370, <u>371</u>, <u>372</u>

Hilfsleitungs-Bauformen 92, <u>93</u>

Hochfrequenz-Übergang, konstruktive Auslegung <u>80</u>

hochohmige Mikrostreifenleitung: siehe Mikrostreifenleitung mit Masseschlitz

Hohlleiter-aperturmethode (Substratmessung) 34, <u>36</u>, 37

- -schaltungen 8, 9, 10

- -übergänge auf Streifenleitungen 90, <u>91</u>

Hohlraumresonatormethode (Substratmessung) 34, 35, <u>36</u>

Hohlraumwellen bei Streifenleitungsschaltungen 309, 310, <u>390</u>

- im Mikrostreifenleitungsgehäuse, Dispersion 392, 395

- - -, Grenzfrequenzen 392, <u>393</u>, 395

- - -, Resonanzfrequenzen 394, 395

- - Schaltungsgehäuse, Einfluß der Streifenleiter 395, 396

Hohlraumwellen im Suspended-Substrate-gehäuse <u>396</u>, <u>397</u>, 398

hybride Elemente 3, 4, 39, <u>57</u>, <u>58</u>, <u>59</u>

- Grundwelle 100, 101, 143, 186, 187

- Oberwellen 100, 101, 102, <u>186</u>, <u>187</u>, <u>188</u>

- Wellen 100, 104

Hybrid-ierungsverfahren 59, <u>60</u>

- -ring 14

- -schaltungen 5, 6, 39, <u>40</u>, <u>42</u>, <u>61</u>

idealer TEM-Koppler, Übertragungseigenschaften <u>248</u>, 250

image guide 94

Impulsreflektometermethode 214

incremental inductance rule 117, 197, 341

Induktivitäten, Übersicht 96, 97

Induktivitätsbelag, allg. Streifenleitungen 105, 108, 109

- aus Kapazitätsbelag, Leitung ohne Substrat 109

- - Wellenwiderstand 106, 110

-, TEM-Leitung 105

- -sinkrement, Regel vom 117, 197, 341

-, spezifische innere 116, 119

Induktivitätsstrukturen, Ähnlichkeitsgesetze 136, 140

-, lineare Vergrößerung 136, 140

inhomogenes Dielektrikum 100

Innenleiteranschluß bei Übergängen 80, 81, 82, 84, 85, 88

innere Induktivität, spezifische 116 119

integrierte Elemente 3, 4, 6, 39

Interdigital-filter 16

- -kondensator 97

- -koppler 261, 262

- -koppler auf anisotropem Substrat 227

interne Streuparameter bei Richtkoppler 265

Invar 24, 83

- Zwischenträger (Gehäuseeinbau) 83

inverted microstrip 94

invertierte Mikrostreifenleitung 94

Ionen-Implantation 69, 70

Isolationsdämpfung, Richtkoppler, Definition 251

Isolationsimplantation 70

Isolation von Richtkopplern, Definition 250, 251

Kammerleitung 127, 326, 327

-, Leitungsparameter, 127, 328

Kammleitungskoppler 261 262

Kapazität-en zur Kompensation von Mikrostreifenleitungskopplern 263, 264

- -sbelag, allg. Streifenleitungen 105, 109, 110

- -sbelag aus Wellenwiderstand 106, 110

- -sbelag, TEM-Leitung 105

- -sbelag und effektive Permittivität 110

- -sstrukturen, Ähnlichkeitsgesetze 136, 140, 141

- -sstrukturen, lineare Vergrößerung 136, 140, 141

Kathodenzerstäubung 52

Kenngrößen von Leitungen: siehe Leitungsparameter

Kennzeichen integrierter Mikrowellenschaltungen 2

Keramikkondensatoren 57, 58

Kleben 39, 59, 60, 83

Knotenverschiebungsmethode 90, 215

Koaxialleitungs-anschlüsse: siehe Übergang, Koaxialleitungsübergang

- -übergang, Abstrahlung 312, 313, 317

Kompensation bei Richtkopplern 227, 230, 262, 264, 326, 335, 347

kompensierte Leiterbreitenstufe 281

- Mikrostreifenleitungskoppler 227, 262, 264, 326, 335, 347

- - mit Querkapazitäten 263, 264

- -r Leitungsknick 290, 292, 293, 294, 295, 297

- -r -, Ersatzschaltbildelemente 294, 296

- Verzweigung 289

Kondensatoren, Abgleich 56

-, Dünnfilmtechnik 45, 47, 48, 56, 97

-, hybride, Bauformen 57, 58

-, Übersicht 96, 97

konforme Abbildung, allg. 100, 103
- -, Beispiele 126
- -, koplanare Dreibandleitung 126, 351
- -, - - mit endlicher Massebreite 358
- -, - Zweibandleitung 360
- -, - - mit unendlich breiter Masse 365, 366
- -, Mehrleiteranordnung 126
- -, Mikrostreifenleitung 125, 152, 158, 159
- -, modifiziert für Quasi-TEM-Leitungen 124, 125, 126
- -, Suspended-Substrate-Leitung, mit Doppelstreifen 333
- -, Triplateleitung 337
- -, - -en, gekoppelt 344
- -, unsymmetrische koplanare Zweibandleitung 368
kontinuierliche Leiterbreitenänderung 281
kontradirektionaler Koppler 229, 230, 248
- -, Übertragungseigenschaften 248, 250
konzentrierte Elemente bei monolith. integr. Mikrowellenschaltungen 72, 75, 76
- integrierte Mikrowellenschaltungen 6
Koordinatograf 51
koplanare Dreibandleitung, 126, 129, 349, 350
- -, Dämpfung 354, 355, 356
- -, dynamische Analyse 354
- -, Einfluß Gehäuse 354
- -, - Massestreifenbreite 357, 359
- -, endliche Streifenleiterdicke 351
- -, Leitungsparameter 350, 351, 352, 353, 354
- - mit endlicher Massebreite 357
- - - - -, Leitungsparameter 357, 358, 359
- -, unsymmetrisch 355
- -, Varianten 355
- Zweibandleitung 127, 359, 360
- -, Dämpfung 356, 364, 365
- -, dynamische Analyse 364
- -, Leitungsparameter 360, 361, 362, 363, 364
- - mit unendlich breiter Masse 365
- - - - - -, Leitungsparameter 365, 366, 367
- -, unsymmetrisch: siehe unsymmetrische koplanare Zweibandleitung
Koplanarleitungen 93, 349
- : siehe auch koplanare Dreibandleitung, koplanare Dreibandleitung mit endlicher Massebreite, koplanare Zweibandleitung, koplanare Zweibandleitung mit unendlich breiter Masse und unsymmetrische koplanare Zweibandleitung
-, Ferritbauelemente 355
-, Hilfskurven für elliptische Integrale 370, 371, 372
Koplanarleitungs-Koppler 355
- -Schaltungstechnik 349
- -übergänge auf Mikrostreifenleitungen 91, 92
Koppelabschnitt 228
- -e mit Suspended-Substrate-Leitungen 335
- -e, modifizierte 260, 326, 335, 347
-, Übertragungseigenschaften 248, 251, 252, 253, 255, 260
Koppeldämpfung von Richtkopplern, Definition 251
Koppelfaktor 229, 235, 236, 249
- bei idealem TEM-Koppelabschnitt 249
-, Definition 235, 236
-, elektrischer, Definition 235, 236
-, magnetischer, Definition 235, 236
Koppel-spalt: siehe Spalt im Streifenleiter
- -übertragungsfaktor von Richtkopplern, Definition 250

Koppler: siehe auch Mikrostreifenleitungskoppler, Koppelabschnitt, Quasi-TEM-Koppler, TEM-Koppler, gekoppelte Leitung

- mit Triplateleitung: siehe gekoppelte Triplateleitungen

Kovar 83

Kreisscheibenresonator, Abstrahlung 321

Kristall-Hauptachsen 217, 218

Krümmung einer Leitung, Einfluß auf effektive Permittivität 210

Kunststoffsubstrate 23, 24, 25, 29, 40

- mit Keramikpulver 25, 41

Kupfer 24

- bei Dünnfilmtechnik 44

kupferkaschierte Kunststoffsubstrate, Ätztechnik 40

Kurzschluß 298, 299

-, Abstrahlung 312, 313, 316, 319

- am Leitungsende 299, 300, 301, 304, 306

-, äquivalente Leiterverlängerung 300, 301, 304

- -bändchen 305, 306

- -bändchen, Verluste 305

-, Bandleitungsanalyse 301, 302, 303, 304, 305

- durch Streifenleiterverbreiterung 305, 306

-, Ersatzschaltbildelemente 302, 303, 304, 305

-, Ersatzschaltbilder 298, 299

-, idealer 298, 305

- im Leitungszug 298, 299, 301, 302, 303, 304, 305

-, Messung 303

-, Schlitzleitungs- 383

-, Strahlungswiderstand 313, 316

-, Umrechnung der Ersatzschaltbildelemente 299, 300

-, Verluste 302, 305

- -wand 304, 306

-, Widerstandsmatrix des 298

Längsfeldstärken bei Quasi-TEM-Wellen 101, 143, 144

Längsschlitz im Streifenleiter 191, 192

- in der Masse: siehe Mikrostreifenleitung mit Masseschlitz

Längsschnittwellen 390, 391, 392, 393, 394, 396

-, Definition 390, 391

Längsstromdichte bei Mikrostreifenleitung 100, 101, 144, 145

Laser-bohren von Substraten 38

- -strahl-Abgleich 54, 55

- -trennen von Substraten 37, 38

Layout 49

L-cut (Abgleich) 55

Leerlauf 268

-, Abstrahlung 312, 313, 315, 316, 317

-, äquivalente Leitungsverlängerung 268, 269, 270, 271, 272

-, Endkapazität 268, 269, 272

-, gekoppeltes Mikrostreifenleitungspaar 272

-, Meßverfahren 269

-, Mikrostreifenleitung mit Deckel 272

-, Strahlungsleitwert 313, 316

-, Triplateleitung 272

Legieren 59, 60

Leistung, maximale bei Leitungen (Vergleich) 8, 11

-, maximale bei Triplateleitung 343

- -steiler 14

Leiterbreitenänderung, kontinuierlich 281

Leiterbreitenstufe 272

-, Abstrahlung 313, 314

-, Bandleitungsmodell 275, 276, 278, 279

-, Ersatzschaltbildelemente 273, 275, 276, 277, 278, 279

-, Ersatzschaltbilder 273

-, kompensiert 281

-, Messungen 274, 281
-, Sonderformen 281
-, Streufeld 278
-, Streuparameter 273, 274, 280
-, unsymmetrisch 276, 277, 280
Leiterdämpfung: siehe auch Dämpfung
-, Berechnung aus Strombelag 116
-, Mikrostreifenleitung 121, 196, 198
- nach Regel vom Induktivitätsinkrement 117
- -sbelag, TEM-Leitungen 106, 107, 108
-, Triplateleitung 121, 341, 342
Leiter-materialien für Dünnfilmtechnik 44
- -verluste, allg. 106, 107
Leit-fähigkeit, spezifische 29, 66, 123 204
- -kleber 59, 60, 83
- -schichtdicke, äquivalente 116
- -schichtmaterialien bei Dünnfilmtechnik 43, 44
Leitungsbeläge 104, 105, 108, 110
-, allg. Streifenleitungen 108
-, gekoppelte Leitungen 233, 234, 235
-, idealer TEM-Koppelabschnitt 249
Leitungsende: siehe Leerlauf
Leitungsknick 290
-, Abstrahlung 312, 313
-, Ersatzschaltbildelemente 291, 292, 293, 294, 296
-, Ersatzschaltbilder 291
-, Kompensation 290, 293, 294, 295, 296
-, Messung 292, 293, 296, 297
- mit abgerundeter Ecke 294, 297
- - doppelter Anschrägung 297
- - Eckaussparung 297
-, optimale Anschrägung 292, 293, 294, 296
-, Sonderformen 296, 297
-, Streuparameter 291, 293, 295, 296
-, unsymmetrisch 296, 297
- unter beliebigem Winkel 297
Leitungskreuzung, Verwendung zur Berechnung des Leitungsknicks 294, 295
Leitungsmethode (Substratmessung) 34, 36, 37
Leitungsparameter, Bandleitung 329
- gekoppelte Leitungen, Einfluß der Substratpermittivität 237
-, - Mikrostreifenleitungen, dynamisch 244, 246
-, - -, statisch 236, 237, 238, 239, 242
-, - Triplateleitungen 344, 345, 346
-, Kammerleitung 328
-, koplanare Dreibandleitung 350, 351, 352, 353, 354
-, - - mit endlicher Massebreite 358, 359
-, - Zweibandleitung 360, 361, 362, 363
-, - - mit unendlich breiter Masse 365, 366, 367
-, Messung der 207
-, Mikrostreifenleitung auf anisotropem Substrat 220, 222, 223, 227
-, - - Saphir 224, 225
-, -, dynamisch 168, 169, 170, 172, 182
-, - mit Masseschlitz 325
-, - ohne Substrat 158, 159, 162
-, -, statisch 145, 147, 148, 149, 151, 158, 160
-, Schlitzleitung 376, 377, 378, 379
-, Suspended-Substrate-Leitung 332, 334
-, symmetrisch geschirmte Mikrostreifenleitung 347, 348
-, Triplateleitung 337, 338, 339, 340
-, Umrechnung für andere Substratpermittivitäten 128, 129
- und Leitungsbeläge bei gekoppelten Leitungen, Umrechnung 231

-, unsymmetrische koplanare Zweibandleitung 368, 369

Leitungs-resonatoren, Abstrahlung 318, 319, 320

- -wellenlänge und Phasengeschwindigkeit 106

Lichtmodulatoren, elektro-optische 227

lineare Vergrößerung dreidimensionaler Leiterstrukturen 136, 140

- - von Diskontinuitäten 136, 140

- - - Leitungsquerschnitten 135, 136

Linienstrommodell, Schlitzleitung 374, 380, 381

Löcher in Substraten 38

lokale Permittivität (Messung) 37

Löten 39, 59, 60

- bei Gehäuseeinbau 83

LSE-Leitungs-Dispersionsmodell 173, 174, 175

LSE-Wellen: siehe elektrische Längsschnittwellen

LSM-Wellen, siehe magnetische Längsschnittwellen

Luftbrücken 73, 74, 76

Magnesiumfluorid, monokristallines 216

magnetische Längsschnittwellen 390, 391, 392, 393, 394, 397, 398

- -, Dispersion 392, 398

- -, Grenzfrequenzen 392, 393, 397, 398

- -r Linienstrom 374, 381

- Verkoppelung 228, 233, 235, 236

- Verluste allg. 106, 107

Masse-schirmung, symmetrisch über der Mikrostreifenleitung: siehe symmetrisch geschirmte Mikrostreifenleitung

- -schlitz in Mikrostreifenleitung: siehe Mikrostreifenleitung mit Masseschlitz

- -stift: siehe Kurzschluß

- -verbindung: siehe Kurzschluß

Mehrkammergehäuse 84, 85

Mehrleitersystem 95, 126, 261, 262, 335

-, konforme Abbildung 126

-, Suspended-Substrate-Leitung 335

Mesa-Ätztechnik 69, 70

- -Halbleiterwiderstand (Bauelement) 74

MESFET 72, 73, 76, 78

Messung, Abstrahlung 318

-, Dämpfung 203, 206-210, 213, 214, 215

-, - der Schlitzleitung 380

-, Felder bei Mikrostreifenleitung 143

-, Hauptachsenpermittivitäten anisotroper Substrate 217

-, Kurzschlüsse 303

-, Leerläufe 269

-, Leiterbreitenstufe 274, 281

-, Leitungsknicke 292, 293, 296, 297

-, Leitungsparameter 207

-, -, direkte Streuparametermessung 213

-, -, Impulsreflektometermethode 214

-, -, Knotenverschiebungsmethode 215

-, -, Meth. des geraden Resonators 210, 211

-, -, Ringresonatormethode 207, 208

-, -, Vier-Reflexionen-Methode 213, 214

-, Parameter gekoppelter Leitungen 245

-, Strahlungsgüte 320

-, Substrateigenschaften 32, 34

-, Verzweigung 284, 287

-, Wellenwiderstand 213, 214, 215

metal-insulator-semiconductor Mikrostreifenleitung 77

Metall-Halbleiterkontakt-Feldeffekttransistor 72, 73, 76, 78

- -stift: siehe Kurzschluß

Methode der Geraden 103, 146, 149, 150, 151

- - -, Analyse des Kurzschlußes 301, 302

MIC 1

microguide 94

Mikrostreifenleitung 8, 9, 10, 93, 142

-, Ableitungsdämpfung 204, 206

- auf anisotropem Substrat 216, 220

- - Halbleitersubstrat 77

-, Dämpfung 196

-, dielektrische Dämpfung 203, 205

-, dynamische Analyse 102, 103, 168, 169, 170, 172, 182

-, effektive Permittivität, dynamisch 169, 170, 172

-, - -, statisch 147, 148, 149, 151, 156, 163, 164, 166

-, Feldbilder 142, 143, 144

-, geführte invertierte 94

-, Gehäuseeinfluß auf Leitungsparameter 193, 194, 195

-, gekoppelte 228

-, Grenzfrequenz 186, 187, 189, 190, 191, 389

-, -, stat. Näherung 145, 146

-, Leiterdämpfung 196, 198

- mit hochgesetztem Streifenleiter 94

- - Masseschlitz 93, 323

- - -, Leitungsparameter 325

- - -, Quasi-Mikrostreifenleitungswelle 324, 325

- - -, Quasi-Schlitzleitungswelle 324, 326

- - symmetrisch liegendem Massedekkel: siehe symmetrisch geschirmte Mikrostreifenleitung

-, Oberwellen 186

- ohne Substrat, Wellenwiderstand 158, 159

- -sanschlüsse: siehe Übergänge

- -s-Antennen: siehe Antennen

- -sdiskontinuitäten: siehe Diskontinuitäten

- -skoppelabschnitt, Mittenfrequenzdefinitionen 255, 259

- -skoppelabschnitt, Übertragungseigenschaften 251, 254

- -skoppelabschnitt, Übertragungseigenschaften, Mittenfrequenznäherung 255

- -skoppelspalt: siehe Spalt im Streifenleiter

- -skoppler, Dimensionierung 253, 255, 257, 258

- -skoppler für 3 dB 260, 262

- -skoppler mit Kompensation 227, 262, 264, 326, 347

- -skoppler mit metallisierter dielektrischer Auflage 261, 262

- -skoppler mit symmetrischer Schirmung 263, 264, 347, 348

- -skoppler, Richtschärfe, Diagramm 256, 260

- -skurzschluß: siehe Kurzschluß

- -sleerlauf: siehe Leerlauf

- -sleiterbreitenstufe: siehe Leiterbreitenstufe

- -sknick: siehe Leitungsknick

-, statische Analyseverfahren 103, 143, 144, 146, 149, 151, 158, 160

-, statisches Bandleitungsmodell 166, 167

-, Stromverteilung 144, 145

- -svarianten 323

- -sverzweigung: siehe Verzweigung

-, Vergleich mit anderen Leitungen 8, 9, 10, 11

-, Wellenwiderstand, statisch 147, 148, 149, 151, 159 163, 165

-, -, dynamisch 168, 169, 170, 172, 182

Miniaturisierungsgrad (Vergleich) 8

MIS-Kondensatoren 57, 58

MIS-Mikrostreifenleitung 77

mitre 292

Mittenfrequenz bei Kopplern 229

- -definitionen, Quasi-TEM-Koppler 253, 255, 259
- idealer TEM-Koppelabschnitte 250
- -Koppeldämpfung 229, 251
- -näherung, Übertragungseigenschaften, Quasi-TEM-Koppler 255
- nichtidealer Koppelabschnitte, Definition 253, 255, 259

MMIC 65

mm-Wellen-Leitungsbauformen 93, 94

modifizierte konforme Abbildung für Quasi-TEM-Leitungen 124, 125, 126
- Koppelabschnitte 260

monolithische integrierte Mikrowellenschaltungen 5, 6, 26, 39, 65
- - -, Aufbau 68, 69
- - -, Bauelemente 71, 72...77
- - -, Definition 65
- - -, Halbleiterbauelemente 71, 72, 73
- - -, Herstellung 68, 70
- - -, konzentrierte Elemente 75, 76
- - -, Mikrostreifenleitungen 77
- - -, Schaltungsbeispiele 69, 76, 78
- - -, Substrate 66
- - -, Übersicht 39
- - -, Verbindungselemente 74
- - -, Vergleich mit Dünnfilmtechnik 79
- - -, Widerstände 74

MOS-Kondensatoren 57, 58

Negativverfahren (Fotoätztechnik) 53

Nickelchrom bei Dünnfilmtechnik 45, 46, 47
- -Technologie 48, 49

Normleitung bei Wellenwiderstandsdefinition 131, 133, 172

numerische Verfahren für Quasi-TEM-Leitungen 103

Nutzenfertigung 21, 49, 67

Oberflächenrauhigkeit von Substraten 29
- - -, Einfluß auf Dämpfung 201, 202
- -rauhtiefe, effektive 201
- -stromdichte 144, 145
- -struktur von Keramik 31

Oberflächenwellen 385
-, Dispersionsdiagramm 387
-, Einfluß auf Messung der Leitungsparameter 210
-, Feldbilder 387
-, Grenzfrequenzen 386
-, -resonanz 309, 310
- -strahlung 309, 310, 317, 318
-, Unterdrückung 389

Oberflächenwiderstand, spezifischer 116

Oberwellen bei Streifenleitungen 100, 101, 102
- der Mikrostreifenleitung 186
- - - nach Bandleitungsmodell 188, 189
-, Dispersion 187, 190
-, Einfluß bei Diskontinuitäten 192
-, - - Leitungsknick 293, 296
-, - - Verzweigung 288
-, Feldlinienbilder 189, 192
-, Grenzfrequenzen 187, 189, 190, 191
-, spezielle Effekte bei 192
-, Unterdrückung 191, 192

odd-mode-parameter: siehe Gegentaktparameter

offene Schaltung, parasitäre Wellen 385

ohmsche Dämpfung: siehe Leiterdämpfung, Dämpfung

ohmsche Kontakte bei Halbleitern 71

optimale Anschrägung bei Leitungsknicken 292, 293, 294, 296

Overlay-kondensator 97
- -koppler 261, 262, 263, 264

Palladium bei Dünnfilmtechnik 44
Parallelwiderstand, Abstrahlung 312, 313, 314
Parameter von Leitungen: siehe Leitungsparameter
parasitäre Wellen in Mikrostreifenleitungsgehäuse 309, 310, 390
- - - Streifenleitungsschaltungen 385
- -, Vergleich 8
Passivierung (Halbleiter) 57, 73
Pattern Generator 51
Permittivität, Messung 32, 34
-, -stensor 217, 218, 219, 220
- von Substraten 24, 29, 31, 66
- - -, Temperaturkoeffizient 24, 27
Phasengeschwindigkeit 106, 109, 110
-, allg. Streifenleitungen 108
- aus effektiver Permittivität 110
- - Kapazitätsbelägen 109
-, Quasi-TEM-Wellen 100, 101, 102
-, TEM-Leitung 105, 106
Phasenmaß, TEM-Leitung 105
Platin bei Dünnfilmtechnik 44
Polyimide 21, 49
Polyolefin (Substrat) 24, 41
Porösität (Keramik) 30, 31
Porzellan-kondensatoren 57, 58
- -Kupfer-Stahl-Schaltungen 27, 49
- -Substrate 27, 49
Positivverfahren (Fotoätztechnik) 52, 53
Power-Loss-Methode 114
Poyntingvektor-Methode 311
psi (Druckeinheit) 29
Pulsleistung, maximale (Vergleich) 8, 11, 343
pyrolytisches Bor-Nitrid 216

Quarzglas (Substrat) 24
Quasi-H_{m0}-Oberwellen 191
- -TEM-Koppler, Dimensionierung 253 255, 257
- -TEM-Leitungen 100, 101, 103
Querströme bei hybriden Wellen 100, 101, 144, 145

Rakel (Siebdrucktechnik) 61, 62
Ratrace-Hybrid 14
Raumwellenstrahlung 309, 310, 390, 396
realisierbare Bauelemente in integr. Mikrowellenschaltungen 13
Rechteckscheibenresonator, Abstrahlung 321, 322
rechtwinkelige-r Leitungsknick: siehe Leitungsknick
- Verzweigung: siehe Verzweigung
Reflexionsfaktor-messung bei Übergängen 88, 89
-, Quasi-TEM-Koppler, Diagramm 256
-, Quasi-TEM-Koppler, Mittenfrequenznäherungsformel 255
- von Richtkopplern, Verfälschung durch Übergänge 264
- -Wellenwiderstandsdefinition 133
Regel vom Induktivitätsinkrement 117
relative Eckanschrägung bei Leitungsknicken, Definition 292
Resonanzen in Mikrostreifenleitungsgehäuse 390
- von Oberflächenwellen in offenen Schaltungen 309, 310, 385
Resonanzfrequenz-en von Hohlraumwellen im Schaltungsgehäuse 394, 395, 398
-, Korrektur bei Verlusten 33, 208
Resonatoren als Strahlungsquellen 310, 311, 318, 320, 321
- mit verminderter Abstrahlung 320, 321
-, Strahlungsgüten 318, 319, 320
-, Übersicht 96, 98

Resonator, gerader, zur Messung der Leitungsparameter 210, 211

- -güte bei TEM-Leitungen 107

- -güte, Vergleich 8, 10, 11

Rezipient 51, 52

Richtkoppler 14, 228, 229, 230, 249, 254, 258, 260

- : siehe auch gekoppelte Leitungen, Koppelabschnitt, Mikrostreifenleitungs-Koppelabschnitt

- auf anisotropem Substrat 227

- mit Suspended-Substrate-Leitungen 335

-, Übertragungseigenschaften, Definition 250, 251

Richtschärfe-erhöhung bei Kopplern 227, 262, 264, 326, 335, 347

-, Mikrostreifenleitungskoppler, Diagramm 260

-, Quasi-TEM-Koppler, Diagramm 256

-, Quasi-TEM-Koppler, Mittenfrequenznäherungsformel 255

-, Verfälschung durch Koppler-Übergänge 264

- von Richtkopplern, Definition 230, 251

Ringresonator 98, 207, 208, 319

-, Abstrahlung 319, 320

- -methode 207, 208

Rubilith-Folie 49

Rückwärtskopplerbedingungen 249

Sägen von Substraten 38

Sägezahnkoppler 263, 264

Sandstrahl-Abgleich 54, 55

Sandwich-Schlitzleitung 383

Saphirsubstrat 24, 26, 216

- bei Mikrostreifenleitung, Leitungsparameter 222, 223, 224, 225

Schaltungs-beispiele 12

- -verkoppelung durch Abstrahlung 267, 310, 385, 390

Scheiben-kondensator 96, 97

- -resonator 98, 310, 321

- -resonatoren, Abstrahlung 310, 321, 322

Schichtsysteme der Dünnfilmtechnik 47, 48

Schlitz in der Massemetallisierung: siehe Mikrostreifenleitung mit Masseschlitz

- - - Masse zur Kompensation von Richtkopplern 263, 264, 326

Schlitzkoppler 261, 262, 326

Schlitzleitung 19, 20, 93, 373

- auf anisotropem Substrat 383

-, Dämpfung 379, 380

-, endliche Leiterdicke 378

- -en, gekoppelte 383

-, Ferritbauelemente 383

-, Kurzschluß 383

-, Leitungsparameter 376, 377, 378, 379

-, Linienstrommodell 374, 380, 381

-, Oberwellen 378

-, seitliche Feldausdehnung 380, 381, 382

- -sspannung, seitliches Abklingen 381, 382

- -sübergänge auf Mikrostreifenleitungen 91, 92, 384

-, Varianten 383

-, Zirkulatoren 383

Schottkydioden bei monolith. integr. Mikrowellenschaltungen 69, 71, 73, 76

Schottkykontakt bei Halbleitern 71

- -Kondensator 75, 76

- -Mikrostreifenleitung 77

Schwarz-Christoffel-Transformation 158

selektive epitaxiale Aufwachstechnik 68, 70

semiisolierendes Gallium-Arsenid 24, 25, 26, 66, 68

Serienwiderstand, Abstrahlung 313, 314

Siebdrucktechnik 61, 62

Silber bei Dünnfilmtechnik 44

Silicon-on-Sapphire-Technik 63, 64

Silizium-Dioxid 46, 47

- -Monoxid 46, 47, 48

- (Substrat) 24, 25, 26, 66, 67, 68

Skineffekt 114, 115

slotline: siehe Schlitzleitung

Sonderformen von Koppelabschnitten 227, 260, 262, 326, 335, 347

SOS-Technologie 63, 64

Spalt im Streifenleiter 306, 307

- - -, Abstrahlung 313, 314, 316

- - -, Ersatzschaltbild 307

- - -, Ersatzschaltbildelemente 308

- - -, unsymmetrisch 306, 307, 308

S-Parameter von Koppelabschnitten: siehe auch Übertragungseigenschaften von Koppelabschnitten

spezifische innere Induktivität 116

- Substratleitfähigkeit und Ableitungsdämpfung 123

- -r Oberflächenwiderstand 115

- -r Widerstand aktiver Halbleiter 67

- -r -, Dünnfilmmaterialien 44

Spiralinduktivität 75, 97

Sputtern 52

statisches Bandleitungsmodell 166, 167

Strahlung: siehe auch Abstrahlung

-, Einfluß auf Gütemessung 210

- -sfaktor, Definition 311, 312

- -sfaktoren für Diskontinuitäten 312, 314

- -sgüte 210, 318, 319, 320

- -sgüte, Messung 320

- -sleistung 311, 316, 317, 318, 319

Strahlungsleitwert 313, 316, 317, 318

-, Leerlauf 313, 316, 318

-, Übergang 317

Strahlungswiderstand 313, 316

-, Kurzschluß 313, 316

Streifenleiter-dicke, Einfluß auf Leitungsparameter, Mikrostreifenleitung 160, 161

- -einfluß auf Hohlraumwellen im Schaltungsgehäuse 395, 396

- -versatz 281

Streifenleitung, Definition 92

- -en, Ableitungsdämpfung 123

- -en, Dämpfungsberechnung 114

- -en, dielektr. Dämpfung 121

- -en, Leiterdämpfung 116

- -en, lineare Querschnittsvergrößerung 135, 136

- -en, Näherungs-Analyseverfahren 124

- -en, statische Näherung 108

- -santennen: siehe Antennen

- -sarten 6, 92, 93, 94, 95

- -s-Diskontinuitäten: siehe Diskontinuitäten

- -s-Resonatormethode (Substratmessung) 34, 36, 37

- -s-Sonderformen 94

Streifen-Schlitzkoppler 261, 262, 324, 326

Streufeld des kompensierten Leitungsknicks 295

Streuparameter, Bedeutung 250, 251

-, interne und externe (Koppler) 265, 266

- -messung zur Messung der Leitungsparameter 213

Stripline: siehe Triplateleitung

Stromverteilung, Mikrostreifenleitung 144, 145

Substrate 20, 40, 43, 49, 61, 66, 142

-, Anforderungen an 22

-, anisotrope 26, 216

-, anorganische 24, 25, 29, 40, 41

-, Auswahlkriterien 20, 22

-, Bearbeitung 37, 38

-, Eigenschaften 24, 29, 40, 66

-, ferrimagnetische 24, 26, 27

-, Halbleiter 24, 26, 66

Substrateinbau im Gehäuse 82, 83

Substrate, Meßverfahren 32, 34

-, organische 23, 24, 25, 29, 40, 41

-, Porzellan 27, 49

-, relative Permittivität 24, 29, 32, 66

-, Übersicht 6, 23, 24, 25

-, Verlustfaktor 24, 29, 32, 121, 203

Substrat-permittivität, Einfluß auf Leitungsparameter 128, 129, 151

- -permittivität, Einfluß auf Parameter gekoppelter Leitungen 237

- -resonatormethode 33, 34, 35

Suspended Substrate Leitung 92, 93, 330, 331, 332

- - - auf anisotropem Substrat 227

- - - -en, breitseitengekoppelt 335

- - - -en, kantengekoppelt 335

- - -, Leitungsparameter 332, 334

- - - mit Doppelstreifen 333, 334

- - - - parallelen Massestreifen 335

- - -, Sonderformen 333, 335

- - - -s-Übergänge 90, 91

symmetrische koplanare Dreibandleitung mit unendlich breiten Massestreifen: siehe koplanare Dreibandleitung

- - Zweibandleitung: siehe koplanare Zweibandleitung

- -r Leitungsknick: siehe Leitungsknick

- -r Spalt im Streifenleiter 306, 307

- Verzweigung: siehe Verzweigung

symmetrisch geschirmte Mikrostreifenleitung 347

- geschirmter Koppler 263, 264, 347, 348

synchrone Koppelfrequenz 387, 388, 389

- Verkoppelung mit Oberflächenwellen 388

Synchronitätsbedingung bei Richtkopplern 249

Tandemkoppler 261, 262

Tantal bei Dünnfilmtechnik 44, 46, 55

- -nitrid bei Dünnfilmtechnik 46, 48

- -pentoxid 47, 48, 55

- -technologie 48

taper 281, 282

Technologien 6, 38, 39

Teflon (Substrat) 24, 39, 41

Teilflächenmethode 103

TEM-Koppelabschnitt 248

- -Koppelabschnitt, Beziehungen zwischen Leitungsbelägen 249

- -Kopplerverhalten 229, 230, 248, 254

TEM Leitung-en 99, 104, 108

- -, Leitungsbeläge 104, 105, 108, 109

- - mit homogener dielektrischer Füllung 107, 108

- - - homogener magnetischer Füllung 107, 108

- -, Näherung für kleine Dämpfung 104

- Näherung, allg. Streifenleitungen 108

- -, Quasi-TEM-Wellen 100, 103

TEM-TE-Leitungs-Dispersionsmodell 176

tensorielle Permittivität 216, 217, 218, 219, 220

TE-Oberflächenwellen 386, 387, 388, 389

thermischer Abgleich 54

- Ausdehnungskoeffizient von Dünnfilmleitern 44

Thermokompressionsschweißen 54, 60, 61

Tiefpaß 16

Titan bei Dünnfilmtechnik 44, 46

- -dioxid 47

- -oxid-Keramik (Substrat) 24, 26
TM-Oberflächenwellen 386, 387, 388, 389
Transistoren, Bauformen 58, 59
trapped inverted microstrip 94
travelling wave antennas 321, 322
Trennschichtmaterialien bei Dünnfilmtechnik 44, 45
Trimmerkondensatoren 57, 58
Triplateleitung 6, 8, 9, 10, 92, 93, 336
-, allseitig geschirmt 343
- auf anisotropem Substrat 227
-, Dämpfung 341, 342
-, Diskontinuitäten 343
-, endliche Streifenleiterdicke 338, 339, 340
-, gekoppelte 343, 344
-, Grenzfrequenz 341
-, Hilfskurven für elliptische Integrale 370, 371, 372
-, Leitungsparameter 337, 338, 339, 340
-, maximale Leistung 343
-, mit Masseplatten endlicher Breite 343
-, - senkrecht stehendem Streifenleiter 343
- -skoppler: siehe gekoppelte Triplateleitungen
- -s-Übergänge (Anschlüsse) 91
-, unsymmetrisch 343
-, Varianten 343
tuning septum: siehe Mikrostreifenleitung mit Masseschlitz

Übergang (Anschlußstecker), Auslegung 80, 82, 84, 85, 86, 87, 88
Übergänge, Abstrahlung 87, 310, 312, 313, 316, 317
-, Einfluß auf Übertragungseigenschaften von Kopplern 264
-, Ersatzschaltbild 86
-, Sonderformen 90, 91, 92
- von Hohlleiter auf Streifenleitungen 90, 91
- - Koplanarleitungen auf Mikrostreifenleitungen 91, 92
- - Schlitzleitungen auf Mikrostreifenleitungen 91, 92, 384
Übergang, parasitäre Effekte 82
-, Reflexionsfaktormessung 88, 89
-, Streuparameter 86, 87, 88
Überlagerung-smethode (Messung von Übergängen) 88, 89
- von Teilkapazitäten, Kammerleitung 127
- - -, koplanare Dreibandleitung 353
- - -, - - mit endlicher Massebreite 358, 359
- - -, - Zweibandleitung 127, 361, 363
- - -, - - mit unendlich breiter Masse 367
- - -, unsymmetrische koplanare Zweibandleitung 369
- - -, Verfahren der 126, 127
Übertragungseigenschaften, allgemeiner Koppelabschnitt (nichtideal) 248, 251, 254
-, idealer TEM-Koppler 229, 248, 250, 251
-, Mikrostreifenleitungs-Koppelabschnitt, Mittenfrequenznäherung 255
-, Mikrostreifenleitungskoppler 254
-, Quasi-TEM-Koppler 254
- von Richtkopplern, Definition 250
- - -, Verfälschung durch Übergänge 264
Ultraschall-bohren von Substraten 38
- -schweißen 54, 60, 61
Umkontaktierung 305, 306
uniaxial anisotropes Substrat, Permittivitätstensor 219
- -e Anisotropie 216, 217, 219
unsymmetrische koplanare Dreibandleitung 355

- - Zweibandleitung 367
- - -, Leitungsparameter 368, 369
- Leiterbreitenstufe 276, 277, 280
- -r Spalt im Streifenleiter 306, 307, 308
Unterdrückung von Gehäuseresonanzen 395, 396

Variationsmethode 103, 168, 169, 170
Vergleich integrierte mit konventionellen Mikrowellenschaltungen 7, 8, 9, 10, 11
- verschiedener Technologien 39 , 41, 62, 64, 79
Verkoppelung durch Abstrahlung 309, 310, 385, 390, 396
- - Oberflächenwellen 385
Verluste: siehe auch Dämpfung
- durch Abstrahlung 210, 213, 309, 311
Verlustfaktor, effektiver dielektrischer 121
- -en, TEM-Leitung 105
- -en und Leitungsbeläge 105
- -en von Substraten 24, 29
Versatz des Streifenleiters 281
Verschiebesumpfmethode (Messung von Übergängen) 88, 89
Verzweigung 282
-, Abstrahlung 313, 314
-, Analyse 282, 284, 287
-, Ersatzschaltbildelemente 285, 286
-, Ersatzschaltbilder 283
-, kompensiert 289
-, Messung 284
- mit abgerundeter Ecke 289
- - reduzierter Koppelapertur 289
-, Sonderformen 289
-, Streuparameter 288
-, Verhalten bei Grenzfrequenzen der Oberwellen 288
via hole ground 74, 76
- hole's 74, 76
- -s (bei monolith. integr. Mikrowellenschaltungen) 74, 76
Vier-Reflexionen-Methode 213, 214
vollständiges elliptisches Integral 1. Gattung, Diagramme 370, 371, 372
- - - - -, Näherungsformeln, Reihen 337, 338

wafer 67
Waferkondensatoren 57, 58
Wand, elektrische 232, 233, 252, 253
Wanderwellenantennen 321, 322
Wand, magnetische 126, 127, 128, 166, 167, 231, 233, 252, 253
Wärme-ausdehnungskoeffizient von Substraten 24, 29
- -leitfähigkeit von Substraten 24, 29, 66
Wellen-länge und effektive Permittivität 110
- -typen auf Streifenleitungen 99, 100, 101, 104
Wellenwiderstand, allg. Streifenleitungen 108
- aus Kapazitätsbelägen 106, 109
- aus Leitungsbelägen 105, 106
- bei linearer Querschnittsvergrößerung 135
- (einzelne Leitungstypen): siehe Leitungsparameter (einzelne Leitungstypen)
-, Gehäuseeinfluß auf 193, 194, 195
-, Messung 213, 214, 215
-, Mikrostreifenleitung ohne Substrat 154, 156, 158, 159
-, Quasi-TEM-Wellen 100, 101, 130
- -sdefinition aus effektiver Permittivität 133
- -sdefinition aus Reflexionsfaktor 131, 133

- -definitionen aus Strom, Spannung, Leistung 132
- -sdefinitionen, Mikrostreifenleitung 169, 170, 172, 182, 184
- -sdefinitionen, Streifenleitungen 130
- -sdefinitionen, Umrechnung 132
- -ssprung: siehe Leiterbreitenstufe
-, TEM-Leitung 105, 106, 108
- und effektive Permittivität 110
- von Koppelabschnitten, Definition 250

Widerstände, Übersicht 96, 97

Widerstands-abgleich 54, 55
- -belag bei TEM-Leitung 105, 106, 107, 137
- -belag und Dämpfungsbelag 106, 107
- -materialien für Dünnfilmtechnik 45, 46

Wilkinson-Teiler 14

Y Verzweigung 289
- -, Abstrahlung 313, 316

Zirkonate (Substrate) 24, 27

Zugfestigkeit von Substraten 29

Zweibandleitung: siehe koplanare Zweibandleitung
- mit ungleicher Streifenbreite: siehe unsymmetrische koplanare Zweibandleitung

Zweiflüssigkeiten-Methode (Substratmessung) 37

Halbleiter-Elektronik

Herausgeber: W. Heywang, R. Müller

Band 1
R. Müller
Grundlagen der Halbleiter-Elektronik
3., überarbeitete Auflage. 1979. 122 Abbildungen, 3 Tabellen. 187 Seiten. DM 48,–
ISBN 3-540-09323-0

Band 2
R. Müller
Bauelemente der Halbleiter-Elektronik
2., überarbeitete Auflage. 1979. 259 Abbildungen, 6 Tabellen. 232 Seiten. DM 64,–
ISBN 3-540-09322-2

Band 3
W. Heywang, H. W. Pötzl
Bänderstruktur und Stromtransport
1976. 119 Abbildungen. 281 Seiten.
DM 64,–. ISBN 3-540-07565-8

Band 5
E. Spenke
pn-Übergänge
Ihre Physik in Leistungsgleichrichtern und Thyristoren
1979. 98 Abbildungen. 144 Seiten. DM 64,–
ISBN 3-540-09270-6

Band 6
H. Schrenk
Bipolare Transistoren
1978. 109 Abbildungen. 242 Seiten.
DM 64,–. ISBN 3-540-08491-6

Band 7
H. Beneking
Feldeffekttransistoren
1973. 113 Abbildungen. 246 Seiten.
DM 58,–. ISBN 3-540-06377-3

Band 8
G. Kesel, J. Hammerschmitt, E. Lange
Signalverarbeitende Dioden
1982. 113 Abbildungen. 224 Seiten.
DM 74,–. ISBN 3-540-11144-1

Band 9
W. Harth, M. Claassen
Aktive Mikrowellendioden
1981. 117 Abbildungen. 190 Seiten.
DM 68,–. ISBN 3-540-10203-5

Band 10
G. Winstel, C. Weyrich
Optoelektronik I
Lumineszenz- und Laserdioden
Berichtigter Nachdruck. 1981. 152 Abbildungen. 315 Seiten. DM 68,–
ISBN 3-540-09598-5

Band 12
W. Gerlach
Thyristoren
Berichtigter Nachdruck. 1981. 184 Abbildungen. 426 Seiten. DM 68,–
ISBN 3-540-09438-5

Band 13
H.-M. Rein, R. Ranfft
Integrierte Bipolarschaltungen
1980. 198 Abbildungen, 8 Tabellen.
320 Seiten. DM 68,–. ISBN 3-540-09607-8

Band 14
H. Weiß, K. Horninger
Integrierte MOS-Schaltungen
1982. 181 Abbildungen. 344 Seiten
DM 74,–. ISBN 3-540-11545-5

Band 15
R. Müller
Rauschen
1979. 188 Abbildungen. 247 Seiten.
DM 68,–. ISBN 3-540-09379-6

Springer-Verlag
Berlin Heidelberg New York Tokyo

GPSR Compliance

The European Union's (EU) General Product Safety Regulation (GPSR) is a set of rules that requires consumer products to be safe and our obligations to ensure this.

If you have any concerns about our products, you can contact us on ProductSafety@springernature.com

In case Publisher is established outside the EU, the EU authorized representative is:

Springer Nature Customer Service Center GmbH
Europaplatz 3
69115 Heidelberg, Germany

Batch number: 10620881

Printed by Printforce, the Netherlands